中国水泥技术装备
制造·安装·维护与修理

穆惠民　袁海荣　主编

中国建材工业出版社

图书在版编目（CIP）数据

中国水泥技术装备制造·安装·维护与修理/穆惠民，袁海荣主编．—北京：中国建材工业出版社，2010.8

ISBN 978-7-80227-676-5

Ⅰ.①中… Ⅱ.①穆… ②袁… Ⅲ.①水泥—干法—机械设备 Ⅳ.①TQ172.6

中国版本图书馆 CIP 数据核字（2010）第 070969 号

内 容 简 介

本书是按新型干法水泥厂生产装备分类，以水泥机械最新国家标准和行业标准为依据，较全面和系统地介绍中国水泥生产的各种先进技术装备制造、先进工艺技术、先进安装新方法和维护修理的科技图书。全书共分 40 章，约 150 多万字，主要内容包括新产品、新技术、新工艺、新装备，是一部具有国际先进水平的技术工具书，也是一部国家建材行业职业技能大型教科书。

本书通俗易懂，实用性强，具有科学性、先进性、可靠性和应用性，可供从事水泥工业科研、设计、教研、制造、安装技术人员，以及职业技能教育等方面的人员使用。

中国水泥技术装备制造·安装·维护与修理

穆惠民　袁海荣　主编

出版发行：中国建材工业出版社

地　　址：北京市西城区车公庄大街 6 号

邮　　编：100044

经　　销：全国各地新华书店

印　　刷：北京中科印刷有限公司

开　　本：787mm × 1092mm　1/16

印　　张：59

字　　数：1482 千字

版　　次：2010 年 8 月第 1 版

印　　次：2010 年 8 月第 1 次

书　　号：ISBN 978-7-80227-676-5

定　　价：150.00 元

本社网址：www.jccbs.com.cn

本书如出现印装质量问题，由我社发行部负责调换。联系电话：（010）88386906

编写委员会

主　　　　任：孙向远

副　主　　任：张　海　袁克兰　穆惠民　周昌华　姚群海　苏国富　程幸之　曹建国　巫之俊　马保国　刘振英　任汉友　李宪章　吕　明　陈志勇　彭明德

主　　　　编：穆惠民　袁海荣

副　主　　编：（排名不分先后）

张庆余　赵　勇　董建峰　李步渠　高玉宗　信　锐　周根生　王　祥　丁志升　程君强　何家斌　刘　震　王定华　陈崇光　周明海

参编、参审委员：（排名不分先后）

苏立忠　王维喜　卢玉春　顾培雨　刘　未　闫纪存　刘　刚　成庚生　刘志福　梁云玲　刘贵生　刘　龙　马孝直　迟万恩　李固成　王　琰　王保敏　张宇光　施云蛟　廖玉龙　李　巧　高　杰　彭　城　董仲平　胡绍群　向绍新　郑鸣皋　卢景德　刘持津　刘晨龙　徐兴国

参编单位

1. 中天仕名科技集团有限公司
2. 中天仕名（徐州）重型机械有限公司
3. 沈阳水泥机械有限公司
4. 沈阳重型机械集团公司
5. 河南中材环保有限公司
6. 上海建设路桥机械有限公司
7. 兴化市东方机械有限责任公司
8. 北票市理想机械工程有限责任公司
9. 南京顺风气力输送系统有限公司
10. 郑州欧亚空气炮有限公司
11. 北京嘉克新兴科技有限公司
12. 承德市联创计控设备有限公司
13. 江苏省金象减速机有限公司
14. 北京四方联科技有限责任公司
15. 朝阳重型机器有限公司
16. 唐山盾石机械制造有限责任公司
17. 天津椿本输送机械有限公司
18. 唐山中材建设有限公司
19. 唐山市建新钢球厂
20. 河北鼎基钢铁铸件制造有限公司
21. 中天仕名（淄博）重型机械有限公司
22. 江西上饶中材机械有限公司
23. 湖北哈福机械有限公司
24. 西安西矿环保科技有限公司
25. 四平鼓风机股份有限公司
26. 苏州中材建设有限公司
27. 中材国际邯郸技术装备分公司
28. 安徽省凤形耐磨材料股份有限公司
29. 扬州新建水泥技术装备有限公司

序

水泥工业是我国经济发展的重要基础和支撑，2009年我国水泥企业已发展到6000家左右，全国水泥产量已达近14亿t，占全世界水泥产量的50%以上。任何先进的生产工艺及优良的产品都是通过装备来实现的，而水泥技术装备则是水泥工业发展的先导产业，水泥技术装备质量的好坏和水平的高低，直接影响到水泥质量的优劣。水泥技术标准又是水泥技术装备制造、安装、维护修理的依据，也是保障水泥装备质量的重要手段，更是确保水泥产品、质量与使用的纽带。近年来我国水泥工业取得了突飞猛进的发展，不仅产量大幅度提升，而且技术水平也有了极大的提高。水泥技术装备目前品种繁多、门类齐全，实现了水泥技术装备大型化的发展，形成了具有世界先进水平的独立完整的工业体系，水泥产品跻身于世界先进行列，占领了国内外市场，可谓“中国制造水泥装备全球市场三分天下有其一”。

随着我国工业的大发展，水泥技术装备通过消化、吸收国外先进制造技术和开发攻关的新产品、新技术、新工艺的标准化，实现了水泥技术装备国产化，目前已制定出国家标准与行业标准80余项，80%以上标准达到了较高水平，步入了国际先进行列，基本满足了水泥技术装备行业需求。90%以上的企业实施标准，达到了标准要求。水泥技术装备行业具备了开发、科研、设计、制造、安装、监测、咨询等一条龙服务的能力。为了全面提高并掌握我国水泥技术装备制造、安装和维护修理的新技术、新标准和先进水平，适应我国工业迅速发展的需要，我们选择了水泥技术装备具有先进标准水平的产品，编辑了《中国水泥技术装备制造、安装、维护与修理》一书，并组织行业专家进行了审核。该书的出版旨在满足我国水泥生产线大型化发展的要求，推动行业技术进步和升华，确保水泥技术装备的先进性、可靠性和应用性，以及先进操作技能和安装新水平，并与国际先进水平水泥技术装备接轨。

该书在充分调查的基础上，以实践经验总结出来的新型干法水泥生产线的设备，能指导生产，控制和提高水泥产品质量为目标，反映了我国水泥技术装备的先进技术，具有较高的理论水平和实用价值，是目前我国第一部大型水泥技术装备工具书，为水泥技术装备自主创新，在国际市场上赢得竞争优势打下坚实的基础，为加快振兴水泥技术装备制造业做出更大贡献。

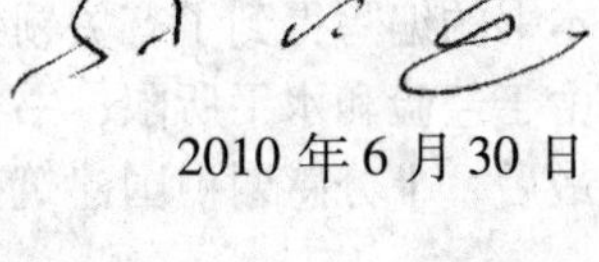

2010年6月30日

前　言

“十五”以来，中国水泥技术装备工业得到了空前的发展。以大型化为导向的改革开发不断深化，以生产能力为切入点，以标准为依据，不断地开发研究，密切引进国外先进制造技术内容，已成为发展的方向。目前，水泥万吨生产线已成定局并形成规模，因此，一部以适应生产能力为主，以实践为真知的《中国水泥技术装备制造·安装·维护与修理》大型技术工具书问世了。本书主要包括破碎设备、喂料设备、计量设备、均化设备、烧成设备、粉磨及分选设备、包装设备、除尘设备等生产线上的主机及配套系列装备。为了使本书的技术内容达到国际先进水平，我们组织了行业有丰富经验的专家和工程技术人员，对书稿内容作了全面系统的审核和修改，同时又增添了新的产品内容。本书填补了我国水泥技术装备大型化后的资料空白，内容丰富，通俗易懂，图文并茂，实用性强，产品主要结构新颖，技术特点独特，质量水平高，工艺技术先进，安装水平高，达到了国际水平。本书可作为水泥技术装备类专业大中专院校教学用书，也可以作为各种水泥机械科研设计、制造、安装使用参考资料，以及职业技术教育培训教材。

本书的编写遵循了以下原则：

（1）以实践为真知，采用先进技术和科学方法，对优良产品进行制造、安装的详细论述，以制造工艺为基础，以安装水平为保障，会同专家综合审改和分析，反复论述，多方总结，充分发挥科学发展观和职业技能的作用，以示例说明其科学性、可靠性、应用性。

（2）以主机引领为契机，辅机水平相匹配。每个产品均有明确的标准要求和工艺方法，以产品为单位，对每个产品有明确目标和指导；以标准为依据，理论与实践相结合；突出水泥技术装备工艺制造、安装和维护、修理，使广大从业者能接受相关理论、实践经验和应用技能，从而保证工作任务的完成。

（3）以装备制造工艺为重点，将安装与维护修理融为一体，体现高水平、标准化、系列化和通用化，为水泥生产规范化提供系统、完整的操作示范。

（4）以新技术、新工艺、新方法为追求，引进先进技术，并在引进基础上消化吸收，实现国产化，做好各项工作。

（5）图文并茂，方便学习。每个产品都独立存在，从概述、结构特点、工作原理、制造新工艺、安装新方法到维修等都和图形相对应；以示例说明，便于学习和掌握。

（6）以高起步、高定位、高发展、高标准为原则，确定每个产品的制造工艺过程、加工精度、工序、工步，到组装、调试、验收，以及加工技能、操作技能、安装技能和维护与修理技能，包括了量具、量仪与测量技能。

本书的编写得到了有关领导、专家以及行业工程技术人员的大力支持，在此表示感谢。

由于经验和水平所限，书中难免有不足之处，我们真诚地希望广大读者提出宝贵意见。

最后，十分感谢中国建筑材料联合会党委书记、常务副会长孙向远为本书作序。

编者

2010 年 7 月 1 日

目　录

第一章　水泥工业用管磨机 …… 1

第二节　概　述 …… 1
第二节　管磨机的制造过程 …… 2
第三节　管磨机的安装调试 …… 16
第四节　管磨机的操作、维护和检修 …… 22

第二章　水泥工业用回转窑 …… 27

第一节　概　述 …… 27
第二节　回转窑的制造 …… 28
第三节　回转窑的安装调试 …… 52
第四节　回转窑的维护与修理 …… 57

第三章　水泥工业用立式辊磨机 …… 68

第一节　概　述 …… 68
第二节　产品分类 …… 76
第三节　设备的结构与工作原理 …… 81
第四节　设备的制造与检验 …… 88
第五节　设备的安装与调试 …… 91
第六节　设备的维护与修理 …… 101
第七节　立磨在制造、安装、维护和使用中存在的问题 …… 106

第四章　水泥工业用推动篦式冷却机 …… 107

第一节　概　述 …… 107
第二节　推动篦式冷却机制造过程 …… 109
第三节　篦冷机的安装与调试 …… 113
第四节　篦冷机的操作、使用与维修 …… 118

第五章　水泥工业用回转烘干机 …… 124

第一节　概　述 …… 124
第二节　烘干机的结构与制造 …… 126
第三节　烘干机的安装 …… 133
第四节　烘干机的操作维护和检修 …… 136

第六章　水泥工业用电除尘器 …… 139

第一节　概　述 …… 139
第二节　电除尘器的结构及制造 …… 141
第三节　电除尘器的安装与调试 …… 146
第四节　电除尘器的操作维护与故障处理 …… 153

第七章　水泥工业用圆锥破碎机 …… 161

第一节　概　述 …… 161
第二节　圆锥破碎机的型号及种类 …… 161
第三节　圆锥破碎机的基本参数 …… 163
第四节　圆锥破碎机的构造原理 …… 167
第五节　圆锥破碎机的主要技术要求 …… 180
第六节　圆锥破碎机的试验方法和检验规则 …… 187
第七节　圆锥破碎机的安装和使用 …… 191

第八章　水泥工业用辊压机 …… 203

第一节　概　述 …… 203
第二节　辊压粉磨系统工艺 …… 203
第三节　工作原理及结构 …… 205
第四节　主要零件的制造工艺 …… 208
第五节　安装及调试 …… 209
第六节　设备的检修 …… 223
第七节　常见故障分析及排除 …… 227

第九章　水泥工业用预热器及分解炉 …… 230

第一节　概　述 …… 230
第二节　结构与制造 …… 230
第三节　悬浮预热器和分解炉的安装施工 …… 234

第十章　水泥工业用回转式包装机 …… 238

第一节　概　述 …… 238
第二节　结构与工作原理 …… 241
第三节　制　造 …… 255
第四节　安　装 …… 258
第五节　维护与修理 …… 264

第十一章　水泥工业用离心通风机 …… 268

第一节　概　述 …… 268

第二节　离心通风机的结构及工作原理…………………………………………………269
第三节　通风机在管网中的工作及调节…………………………………………………280
第四节　通风机与配套辅机的选用及进出风管的合理布置……………………………285
第五节　离心通风机的制造与检验………………………………………………………290
第六节　离心通风机的安装与调试………………………………………………………293
第七节　离心通风机的维护与修理………………………………………………………297

第十二章　水泥工业用分室高压脉冲袋式除尘器 ……………………………………302

第一节　概　述……………………………………………………………………………302
第二节　工作原理及主要结构……………………………………………………………304
第三节　制造及技术要求…………………………………………………………………307
第四节　安装和调试………………………………………………………………………308

第十三章　水泥工业用增湿塔……………………………………………………………313

第一节　概　述……………………………………………………………………………313
第二节　增湿塔有关参数的计算…………………………………………………………314
第三节　增湿塔的结构与制造……………………………………………………………317
第四节　增湿塔的安装……………………………………………………………………323
第五节　增湿塔的调试……………………………………………………………………326
第六节　增湿塔的操作维护和检修………………………………………………………328

第十四章　水泥工业用斗式提升机 ………………………………………………………331

第一节　概　述……………………………………………………………………………331
第二节　高效斗式提升机的优点…………………………………………………………333
第三节　高效斗式提升机的结构…………………………………………………………335
第四节　高效斗式提升机的制造…………………………………………………………338
第五节　高效斗式提升机的包装发运与贮存……………………………………………346
第六节　高效斗式提升机的安装…………………………………………………………346
第七节　高效斗式提升机的调试…………………………………………………………352
第八节　高效斗式提升机的试运转………………………………………………………353
第九节　使用规程与维护规程……………………………………………………………354
第十节　出现的问题及解决办法…………………………………………………………355

第十五章　水泥工业用熟料输送机 ………………………………………………………358

第一节　概　述……………………………………………………………………………358
第二节　结构及工作原理…………………………………………………………………358
第三节　主要零部件的特点及制造………………………………………………………362
第四节　安装及技术要求…………………………………………………………………367
第五节　试运行……………………………………………………………………………371

第六节　操作注意事项……………………………………………………………………… 371
第七节　维护与检修……………………………………………………………………… 371
第八节　故障及处理……………………………………………………………………… 372

第十六章　水泥工业用螺旋泵 …………………………………………………………… 375

第一节　概　述……………………………………………………………………………… 375
第二节　螺旋泵的结构与制造…………………………………………………………… 376
第三节　螺旋泵的安装与调试…………………………………………………………… 379
第四节　设备的管理与维修……………………………………………………………… 381

第十七章　水泥工业用空气输送斜槽 …………………………………………………… 386

第一节　概　述……………………………………………………………………………… 386
第二节　结构与工作原理………………………………………………………………… 386
第三节　型号规格及制造………………………………………………………………… 388
第四节　安　装……………………………………………………………………………… 389
第五节　使用与维护……………………………………………………………………… 390

第十八章　水泥工业用 NE 板链提升机 ………………………………………………… 391

第一节　概　述……………………………………………………………………………… 391
第二节　板链提升机的结构……………………………………………………………… 394
第三节　板链提升机的制造……………………………………………………………… 396
第四节　板链提升机的组装……………………………………………………………… 400
第五节　板链提升机的安装……………………………………………………………… 401
第六节　板链提升机的试运转…………………………………………………………… 406
第七节　板链提升机的维护和使用……………………………………………………… 407

第十九章　水泥工业用组合式选粉机 …………………………………………………… 410

第一节　概　述……………………………………………………………………………… 410
第二节　工作原理、技术性能及特点 …………………………………………………… 410
第三节　设备结构………………………………………………………………………… 412
第四节　主要参数的确定………………………………………………………………… 413
第五节　主要制造技术标准要求………………………………………………………… 414
第六节　安装要求………………………………………………………………………… 415
第七节　调试及运行……………………………………………………………………… 416
第八节　维护及维修工作………………………………………………………………… 417

第二十章　水泥工业用旋风式选粉机 …………………………………………………… 420

第一节　概　述……………………………………………………………………………… 420
第二节　工作原理、规格、性能及特点…………………………………………………… 421

第三节　主要参数的确定……422
第四节　设备结构……424
第五节　主要零部件的技术要求、制造工艺及质量检验……425
第六节　主要部件装配工艺与精度检验……427
第七节　整机组装和精度控制……430
第八节　安装与调试……430
第九节　设备的管理与维修……431

第二十一章　水泥工业用 O-Sepa 型选粉机……433

第一节　概　述……433
第二节　工作原理技术性能及特点……433
第三节　最大喂料量和风量的确定……437
第四节　O-Sepa 粉磨系统的确定……437
第五节　O-Sepa 选粉机的结构与制造……438
第六节　安装与调试……444
第七节　管理和维修……446

第二十二章　水泥工业用粗粉分离器……449

第一节　结构原理……449
第二节　制造技术要求……450
第三节　安装与维修……450

第二十三章　水泥工业用细粉分离器……451

第一节　结构原理……451
第二节　制造技术要求……451
第三节　安装与维修……452

第二十四章　水泥工业用多流股连续料流式均化库设备……453

第一节　概　述……453
第二节　结构与工作原理……454
第三节　安装与调试……455
第四节　管理与维修……456

第二十五章　水泥工业用堆料机、取料机和堆取料机……458

第一节　概　述……458
第二节　堆取料机的构造和工作原理……459
第三节　堆取料机的制造和技术条件……467
第四节　堆取料机的安装与调试……478
第五节　试车与竣工验收……491

第六节　堆取料机的操作、维护和检修 …… 495
附录 A　堆取料机验收报告 …… 502
附录 B　测量跨度采用的拉力值和修正值 …… 508

第二十六章　水泥工业用减速机 …… 509

第一节　概　述 …… 509
第二节　原理与结构 …… 510
第三节　型号与规格 …… 524
第四节　制造与工艺 …… 544
第五节　使用、维护以及常见故障及其排除 …… 546

第二十七章　水泥粉磨设备耐磨件表面堆焊制造与加工 …… 557

第一节　立式辊磨及其表面堆焊概述 …… 557
第二节　立磨耐磨件表面堆焊特点和方法 …… 563
第三节　立磨耐磨件堆焊复合制造与加工 …… 580
第四节　立磨耐磨件堆焊风险、常见问题与质量控制 …… 584
第五节　辊压机挤压辊堆焊概述 …… 586
第六节　挤压辊表面堆焊材料及工艺设计 …… 590

第二十八章　JD 型带式定量给料机 …… 595

第一节　概　述 …… 595
第二节　产品型号的编制与主要技术参数 …… 597
第三节　产品制造及检验 …… 602
第四节　产品的安装与调试 …… 604
第五节　产品的维护与修理 …… 605

第二十九章　JGL 型滑槽式固体流量计 JGLD 型滑槽式固体流量给料机 …… 607

第一节　概　述 …… 607
第二节　产品型号的编制与工作原理 …… 608
第三节　产品制造与检验 …… 611
第四节　整机测试检验 …… 612
第五节　现场安装与调试 …… 613
第六节　产品的维护与修理 …… 613

第三十章　水泥工业用空气炮清堵器 …… 614

第一节　概　述 …… 614
第二节　空气炮结构、原理和制造 …… 614
第三节　空气炮清堵器的选型及配置 …… 615
第四节　空气炮安装、调试 …… 617

第五节　维护与修理……………………………………………………………………………… 618
第六节　设备主要技术参数………………………………………………………………………… 619

第三十一章　水泥工业用链条(圆环链) …………………………………………………… 622

第一节　概　述……………………………………………………………………………………… 622
第二节　水泥工业用链条(圆环链)的制造 ……………………………………………………… 622
第三节　水泥工业用链条(圆环链)的安装及维护修理 ………………………………………… 626

第三十二章　高铬铸球 ………………………………………………………………………… 627

第一节　概　述……………………………………………………………………………………… 627
第二节　产品结构与工作原理……………………………………………………………………… 628
第三节　高铬铸球的制造与检验…………………………………………………………………… 632

第三十三章　高铬合金铸铁衬板 ……………………………………………………………… 634

第一节　概　述……………………………………………………………………………………… 634
第二节　高铬合金铸铁衬板工作原理……………………………………………………………… 634
第三节　高铬铸铁衬板制造工艺要素及质量控制………………………………………………… 637
第四节　高铬铸铁衬板的磨料磨损失效形式……………………………………………………… 638
第五节　高铬铸铁衬板在水泥工业中的应用……………………………………………………… 638
第六节　高铬铸铁衬板生产应用中注意的几个问题……………………………………………… 645

第三十四章　水泥工业用耐热钢铸件 ………………………………………………………… 646

第一节　概　述……………………………………………………………………………………… 646
第二节　结构与工作原理…………………………………………………………………………… 646
第三节　制　造……………………………………………………………………………………… 647
第四节　安　装……………………………………………………………………………………… 649
第五节　维护及修理………………………………………………………………………………… 650

第三十五章　水泥工业用密封装置 …………………………………………………………… 651

第一节　概　述……………………………………………………………………………………… 651
第二节　复合式密封的结构与原理………………………………………………………………… 651
第三节　制　作……………………………………………………………………………………… 653
第四节　安　装……………………………………………………………………………………… 653
第五节　维　护……………………………………………………………………………………… 655

第三十六章　水泥工业用锤式破碎机 ………………………………………………………… 657

第一节　概　述……………………………………………………………………………………… 657
第二节　锤式破碎机的工作原理及结构…………………………………………………………… 657
第三节　主要技术参数的设计计算………………………………………………………………… 660

第四节 基本参数与整机要求……………………………………………………………… 662
第五节 机器的安装与试运转……………………………………………………………… 663
第六节 机器的试车…………………………………………………………………………… 664
第七节 机器的维护与安全………………………………………………………………… 665

第三十七章 水泥工业用球磨机滚动轴承 …………………………………………… 666

第一节 概 述………………………………………………………………………………… 666
第二节 结构及工作原理……………………………………………………………………… 666
第三节 加工制造过程及注意事项………………………………………………………… 668
第四节 产品安装及注意事项……………………………………………………………… 669
第五节 日常管理及维护…………………………………………………………………… 670
第六节 滚动轴承球磨机中空轴、轴承、轴承座的装配润滑新技术…………………… 671

第三十八章 袋装水泥移动式汽车装车机 ……………………………………………… 673

第一节 概 述………………………………………………………………………………… 673
第二节 结构与工作原理……………………………………………………………………… 673
第三节 制 造………………………………………………………………………………… 675
第四节 安 装………………………………………………………………………………… 676
第五节 维护与修理…………………………………………………………………………… 676

第三十九章 水泥装备安装技术(参考资料一) ……………………………………… 678

第一节 概 述………………………………………………………………………………… 678
第二节 一般规定……………………………………………………………………………… 679
第三节 设备验收与设备的起重及搬运…………………………………………………… 679
第四节 基础验收与划线……………………………………………………………………… 681
第五节 垫铁施工及设备定位与地脚螺栓孔灌浆………………………………………… 682
第六节 工程验收……………………………………………………………………………… 687
第七节 破碎装备安装………………………………………………………………………… 688
实例一 锤式破碎机安装……………………………………………………………………… 688
实例二 反击式破碎机安装…………………………………………………………………… 689
实例三 颚式破碎机…………………………………………………………………………… 690
实例四 辊式破碎机…………………………………………………………………………… 692
第八节 喂料及输送装备安装………………………………………………………………… 693
实例一 板喂机………………………………………………………………………………… 693
实例二 电磁振动给料机安装………………………………………………………………… 693
实例三 斗式提升机安装……………………………………………………………………… 694
实例四 链斗输送机安装……………………………………………………………………… 695
实例五 螺旋输送机安装……………………………………………………………………… 696
实例六 固定式胶带输送机安装……………………………………………………………… 696

实例七　空气输送斜槽安装……………………………………………………………………………… 699
实例八　链式输送机安装……………………………………………………………………………… 699
实例九　电子皮带秤安装……………………………………………………………………………… 699
实例十　地中衡、汽车衡安装 ……………………………………………………………………… 700
第九节　均化装备安装………………………………………………………………………………… 700
实例一　矩形堆料机安装……………………………………………………………………………… 700
实例二　矩形取料机安装……………………………………………………………………………… 703
实例三　圆形堆取料机安装…………………………………………………………………………… 706
第十节　烧成设备安装………………………………………………………………………………… 709
实例一　回转窑的安装………………………………………………………………………………… 709
实例二　推动篦式冷却机安装………………………………………………………………………… 716
实例三　三次风管安装………………………………………………………………………………… 718
实例四　燃烧器安装…………………………………………………………………………………… 719
实例五　预热器及塔架安装…………………………………………………………………………… 719
实例六　增湿塔安装…………………………………………………………………………………… 726
实例七　水泥包装机安装……………………………………………………………………………… 727
实例八　汽车散装、火车散装安装 ………………………………………………………………… 728
实例九　旋风收尘器安装……………………………………………………………………………… 728
实例十　袋除(收)尘器安装 ………………………………………………………………………… 728
实例十一　电除尘器安装……………………………………………………………………………… 729
第十一节　粉磨及分选装备安装……………………………………………………………………… 733
实例一　双中空轴承管磨机…………………………………………………………………………… 733
实例二　滑履轴承管磨机安装………………………………………………………………………… 738
实例三　辊式立磨机安装……………………………………………………………………………… 743
实例四　大型减速机…………………………………………………………………………………… 753
实例五　辊压机安装…………………………………………………………………………………… 757
实例六　选粉机………………………………………………………………………………………… 759
第十二节　风动设备安装一般规定…………………………………………………………………… 761
实例一　离心通风机安装……………………………………………………………………………… 762
实例二　罗茨和叶氏鼓风机安装……………………………………………………………………… 764
第十三节　砌筑与保温………………………………………………………………………………… 765
实例一　砌筑工程……………………………………………………………………………………… 765
实例二　保温工程……………………………………………………………………………………… 771
第十四节　主要装备试运转…………………………………………………………………………… 774
实例一　破碎机试运转………………………………………………………………………………… 777
实例二　堆取料机试运转……………………………………………………………………………… 777
实例三　管磨机试运转………………………………………………………………………………… 779
实例四　辊式立磨试运转……………………………………………………………………………… 780
实例五　回转窑试运转………………………………………………………………………………… 780

实例六　推动篦式冷却机试运转…………………………………… 782
实例七　增湿塔调试…………………………………………………… 782
实例八　大型布袋收尘器试运行……………………………………… 783
实例九　电收尘器试运行……………………………………………… 783
实例十　水泥包装机试运转…………………………………………… 784
实例十一　无负荷联动试运转………………………………………… 784

第四十章　参考资料(二) …………………………………………… 785

第一节　水泥工业用 CXBC 型袋除尘器……………………………… 785
第二节　水泥工业用立轴式破碎机…………………………………… 793
第三节　水泥工业用预加水成球装备………………………………… 808
第四节　水泥工业用立筒预热器……………………………………… 829
第五节　BGW-2 型微机控制固定式水泥包装机 …………………… 843
第六节　机械立窑……………………………………………………… 862
第七节　HC-O2 预加水成球微机自控系统 ………………………… 891
第八节　水泥净浆搅拌机……………………………………………… 907

参考文献 …………………………………………………………… 911

第一章　水泥工业用管磨机

按　水泥工业用管磨机从1994年就制定了JC/T 334.1建材行业标准，为水泥管磨机装备技术水平的提高发挥了重要作用。随着水泥工业的发展和设备向大型化发展，特别是我国加入WTO以后，`原标准在技术水平上、性能参数上都不适应社会发展的要求。为了满足我国加入世贸组织的需要，使我国建材标准与国际接轨，率先组织行业骨干企业对该标准进行了修订，水泥工业用管磨机建材行业标准由天津水泥工业设计研究院等单位组成的标准起草组完成了标准修订工作，由国家发展和改革委员会批准发布并实施，修订后的水泥工业用管磨机建材行业标准达到了国际先进水平。实施后，推动了技术进步，加快了进入国际市场的步伐，打造出了中国品牌和中国著名品牌产品，为占领国内外市场发挥了重要作用。

第二节　概　　述

一、水泥生产中物料粉磨的意义

管磨机在水泥生产过程中占有相当重要的位置，是水泥工业生产中的核心设备。因为在水泥生产过程中经破碎机械处理的物料，其粒度在20mm左右，如果将其制成生料粉、煤粉、水泥粉，需采用粉磨设备将其磨细，因为只有将煤制成煤粉，才能在回转窑内迅速燃烧，形成煅烧熟料所需要的火焰，完成烧制的任务；生料也只有磨成一定细度的生料粉（生料浆），才能使其混合得均匀，使水泥熟料在烧成过程中的物理、化学反应顺利进行，获得高质量的熟料；水泥产品也只有粉磨到一定细度，才能在应用时产生足够的强度，发挥水泥的应有性能。水泥厂需要粉磨的物料量很大，每生产1t水泥，大约粉磨各种物料近4t；粉磨作业的电耗约占总电耗的65%～70%，粉磨成本占水泥总成本的35%左右。所以粉磨在水泥生产中占有重要的位置。

为了保证水泥的产品质量、降低电耗、降低成本，必须提高水泥机械设备的产品质量，延长使用寿命，减少维修费用。为此要求水泥机械的制造者，必须严格遵照图样的技术要求，制定合理的生产工艺，精心施工，制造出符合设计要求的水泥机械产品。

二、管磨机的工作原理及分类

管磨机是用钢板卷制的筒体，两端装有支承装置。筒体内壁安装衬板，内部装有不同规格的研磨体。当管磨机由传动装置带动运转时，研磨体由惯性离心力和摩擦力的作用使它贴附在衬板上与磨体一起回转，被带到一定高度后，因其本身的重力作用而被抛落，物料连续通过筒体，从而受到研磨体不断地冲击、挤压和研磨，最后粉磨成为合格品。

管磨机按其结构及特性不同有以下几种分类方法：

（1）按筒体长度与其直径比值大小分为短磨、中长磨与长磨，长径比在3左右的称为中长磨，长径比大于4的称为长磨；

（2）按管磨机卸料方式分为中心卸料磨与尾部卸料磨；

（3）按传动方式分为中心传动与边缘传动；

（4）按生产方式分为水泥磨、生料磨与煤磨；

（5）按粉磨方式分为开流与圈流；

（6）按大的结构方式分为普通磨与滑履磨。

管磨机的特点是粉碎比大，即产品比较细，对物料的适应性强，成品粒度易于调整，而且便于大型化。因此在水泥工业中得到了广泛的应用。

第二节　管磨机的制造过程

管磨机主要由回转部分、主轴承部分（滑履轴承）、传动装置、进料装置、出料装置（或回料装置）及冷却润滑装置组成。

一、回转部分的制造

回转部分由筒体、进出料中空轴（或传动接管）、进出料螺旋筒、大齿轮及筒体内部的衬板、隔仓板与卸料仓组成。

（一）筒体的制造

筒体是由其材质符合一定技术要求的钢板经下料、卷制、焊接、机械加工而成。其顺序如下：

1. 筒体钢板进厂检验

筒体钢板进厂后，首先按图纸要求抽查板材的化学成分及机械性能，钢板材料不低于GB/T 700—2006碳素结构钢的规定；厚度大于30mm时，应沿下料周边50mm进行超声波探伤检验，并应符合GB/T 2970—2004厚钢板超声波检验方法的规定。

2. 绘制筒体排板工艺图

钢板进厂检验合格后，按板材的有效长度和宽度，根据图纸的要求绘制筒体排板工艺放线图。

筒体板的排列拼焊应满足下列原则：

（1）充分利用材料，筒体排板应尽量减少环缝和纵缝；

（2）各条纵向焊缝应错开，其距离不小于600mm；

（3）各条焊缝到孔边的最小距离应大于75mm；

（4）焊缝不得与人孔加强板重合。

3. 筒体板材下料

筒体板材下料前须经外观检查，并用机械方法及化学方法进行除锈，然后按筒体排板工艺图放线，如图1-1所示。按图纸的实际尺寸画出切割线、检查线；对于钢板厚度大于30mm的筒体板材还要画出无损探伤检

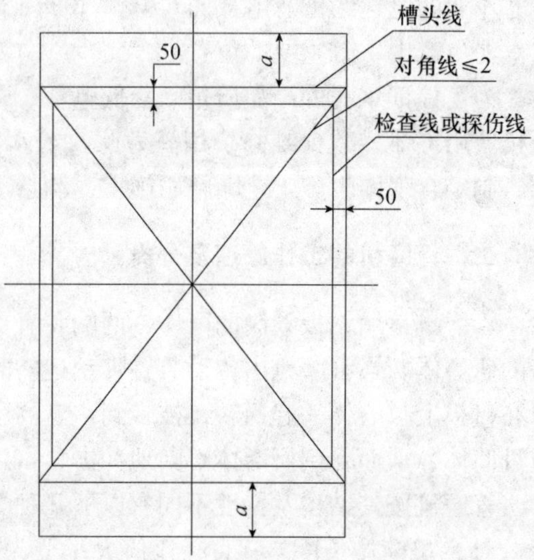

图1-1　筒体排板工艺放线图

查线。为以后卷制、校圆提供方便，不出现凸棱，一般画出如图 1-2 所示的 a 段钢板作为卷制时的槽头（“a”的长度大于卷辊半圆周长），待卷完圆后再按切割线切下。

4. 筒体单节的卷制

卷制前应检查卷辊的水平度，否则卷制的段节易出现圆锥台。在卷制过程中随时检查板材的送给是否均匀，如图 1-2 所示，a 的大小在板宽方向上应均等，保持板宽的素线与辊的中心线平行，主动辊给板材的压力要均匀一致，千万不能忽大忽小。在卷制过程中随时用不小于六分之一筒体周长的内径样板检查段节的圆度。等单节的圆度符合图纸要求时，将按原画出的槽头按切割线将其切下，割出纵向对接坡口，顺着焊缝点焊牢（但要注意对口错边量不超过 1.5mm），此单节即可按焊接工艺进行焊接。施焊完后，再到卷板机上按样板进行校圆，当圆度符合图纸要求时即可完成。注意校圆时所给压力要适度，不要三番五次地校圆，否则将使单节的内径加大，给筒体的单节对接带来困难。

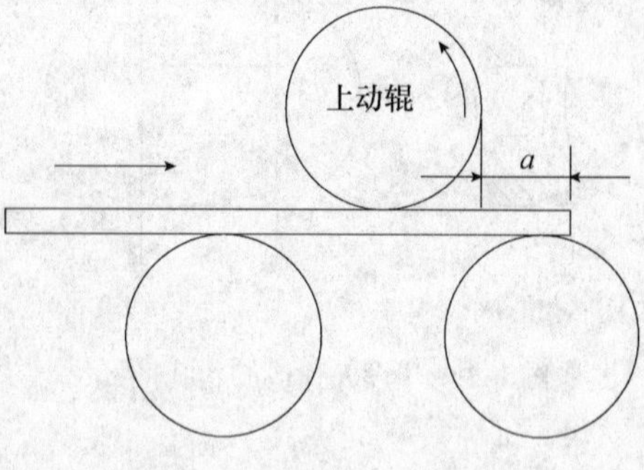

图 1-2　筒体单节的卷制

5. 车筒体单节

筒体单节安装车筒体支撑工装，找圆，上单节筒体车床，按工艺车加工环向焊接坡口及保证宽度尺寸。

6. 开设人孔或卸料孔（中卸磨）

遵照筒体排板工艺图画出人孔或卸料孔的位置，用气割切去中间部分，孔的四周每边留有不小于二分之一板厚的加工余量，然后用机械加工方法将人孔或卸料孔加工到图纸要求的几何尺寸和表面粗糙度，人孔或卸料孔孔口均需倒圆，倒圆半径为钢板厚度的十分之一，且不小于 3mm。对于人孔加强板与筒体是铆接的人孔来说，加强板的制作方法等同于筒体人孔的开设方法。但目前有些大型磨机去掉了加强板，而将人孔处的筒体板加厚，如图 1-3 所示。这样的人孔开设就比较复杂，应考虑到变形大及对焊的困难。为此在开设大孔之前先在筒体内部焊接防变形的支撑 2，再用上述方法开设大孔，加厚板 1 先按筒体样板卷制成型后用机械加工方法与其筒体大孔相配制作，使它们四周的间隙≤1mm。再进行组焊筒体与加强板 1，焊好之后进行热处理消除焊接应力。此后先割掉支撑 2，再开设人孔（留有加工余量和加工方法同上）。

7. 端盖的拼接

随着磨机规格大型化的发展，筒体与端盖的连接采用外接型法兰连接方式越来越少，此处不介绍它的制造方法；而内接型法兰连接方式如图 1-4 所示，是磨机广泛采用的结构。

（1）小型磨机端盖的拼接

图 1-4（a）为小型磨机端盖与筒体连接的方式，这种端盖一般应用于直径≤3.5m 以下的磨机，端盖主板 1 的厚度小于 60mm。一般制造时采用两块或三块拼接，焊接坡口方式如图 1-5 所示，采用埋弧自动焊工艺进行施焊；经无损探伤检查应符合 GB/T 11345—Ⅱ.B 级规定。然后焊接如图 1-4 中所示的补强板 2。焊接时要注意补强板与端盖要贴严，先焊塞焊孔，后焊里、外环焊缝，然后进行热处理消除应力，进行机械加工。

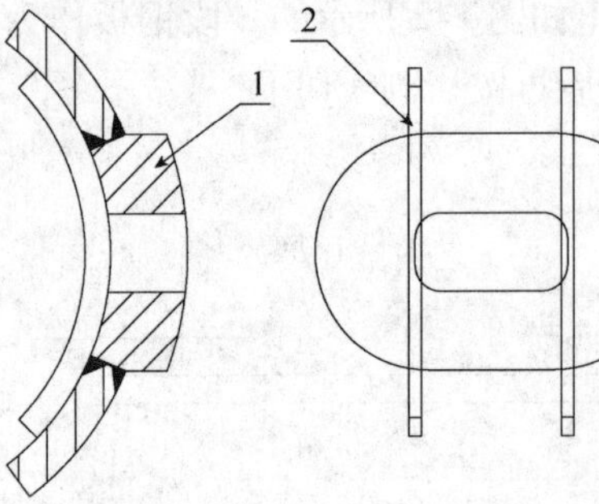

图 1-3　开设人孔或卸料孔图

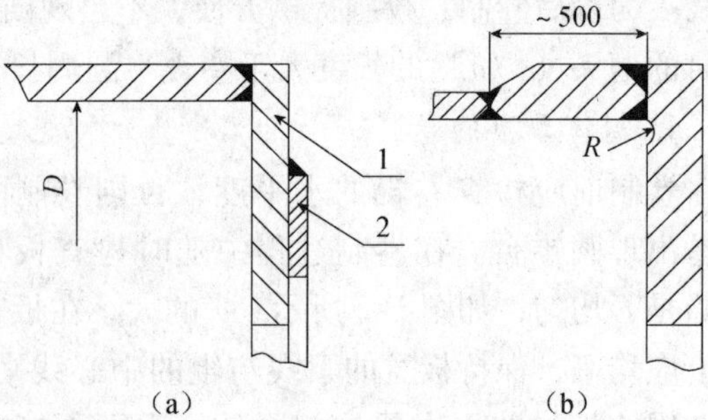

图 1-4　内接型法兰连接方式
(a) 小型磨机端盖与筒体连接的方式；
(b) 大中型磨机端盖与筒体连接的方式

(2) 大中型磨机端盖的拼接

图 1-4 (b) 为大中型磨机的端盖与筒体连接的方式，这种端盖的板厚去掉了补强板，因此在如图 1-5 所示拼接端盖时应采用埋弧自动焊或电渣焊，当然坡口方式也相应地改变。焊后应进行高温回火（约 930℃）处理，细化电渣焊缝的晶粒度。从图 1-4 (b) 中可知厚端盖不直接与筒体焊接，而在它们中间增加一个过渡节（约 500mm）。过渡节应先与端盖焊接，一般采用如图 1-6 所示的方式进行施焊。这样能尽最大限度地控制焊接变形，同时便于整体进行热处理并消除应力，最后进行端盖粗加工。

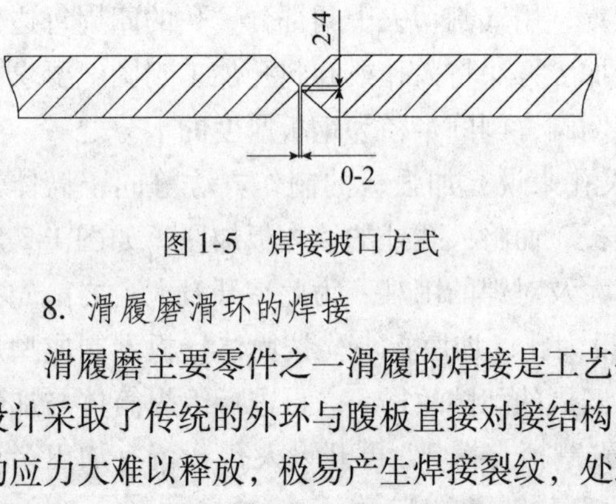

图 1-5　焊接坡口方式

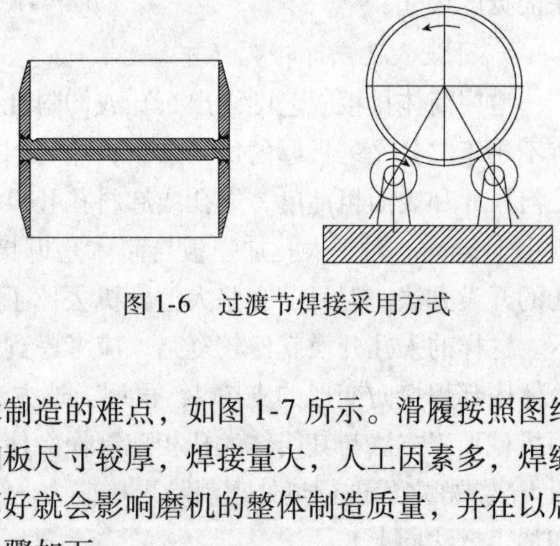

图 1-6　过渡节焊接采用方式

8. 滑履磨滑环的焊接

滑履磨主要零件之一滑履的焊接是工艺技术制造的难点，如图 1-7 所示。滑履按照图纸设计采取了传统的外环与腹板直接对接结构，钢板尺寸较厚，焊接量大，人工因素多，焊缝的应力大难以释放，极易产生焊接裂纹，处理不好就会影响磨机的整体制造质量，并在以后的运转中埋下重大安全隐患。滑履的制作工艺步骤如下：

(1) 外环及腹板材料应不低于 GB 700 中关于 Q235-C 的规定，并有钢板供货厂家质保书和检验报告；材料进厂后制造厂应进行“五元素”化验。钢板切割线的周边 50mm 区域超声波探伤，及外环中心线 150mm 区域超声波探伤（因为中心线 150mm 区域是滑环与腹板焊接部位），按照 ZBJ 74003 中 9.2 条规定执行；

(2) 按照工艺过程指导卡片提供尺寸划线及中心线打样冲标记；数控切割或半自动切割，切割精度不低于 JB/T 10045.5—1999 中Ⅱ级，并清除氧化渣；外环与腹板各自制作成型后粗加工，组对时调整好对接间隙，点焊；

(3) 外环、腹板的对接焊缝及外环与腹板的环形焊缝均采用埋弧自动焊。双面交替焊接，多层多道焊接，焊接过程中仔细观察腹板与滑环的焊接变形程度（粉线和直尺测量），及时翻转焊接减少变形。当焊接量达到腹板厚度30%时，应进行探伤检查，确定无缺陷后可继续进行焊接。每件滑环应连续焊接，如因特殊情况间断焊接，再焊时应重新预热到工艺要求温度才能继续焊接；滑环与腹板的环形埋弧焊缝，焊前预热≥150℃（采用预热装置周向均布），控制焊接区域温度差，减少焊接应力；外环与腹板的焊缝坡口填满后应进行超声波检查，合格后再进行 *R* 角的焊接；腹板上的加强角焊缝要饱满并留出相应的 *R* 区加工余量；

（4）滑环的退火：

1）外环与腹板环焊缝（自动焊）焊接完毕超声波探伤合格后，进行第一次退火；

2）滑环与整机筒体焊接完毕后，进行第二次退火。

（5）滑环粗加工外圆及环向坡口，准备与其余筒体段节组对。

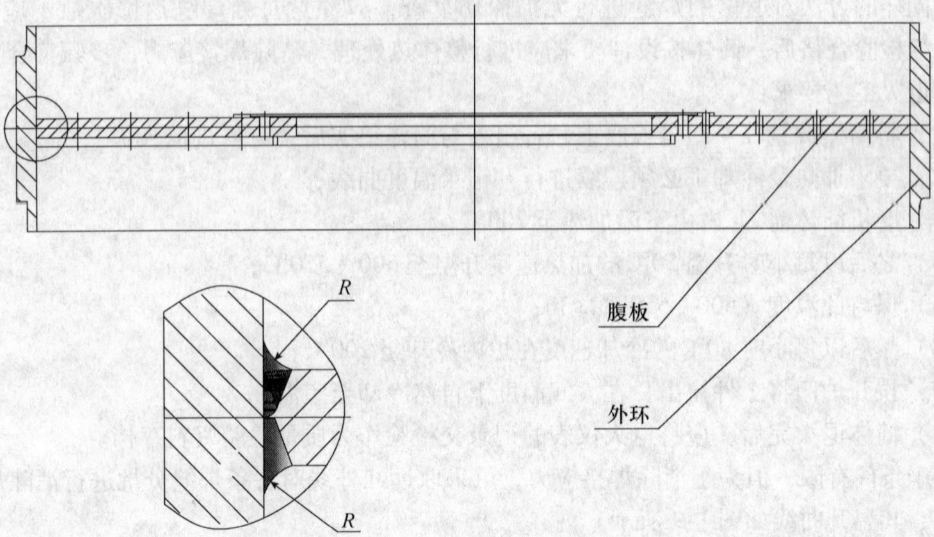

图1-7　滑履磨的焊接

9. 磨机筒体的整体组对

将车加工后的单节、人孔节（或卸料节）、端盖（或过渡节、端盖或进出口滑环）置于筒体转胎上，按图纸核实各部几何尺寸、相邻两段节衬板的位置，每条轴向焊缝应错开不小于600mm的距离，相临段节的错边量≤1.5mm，圆柱面素线直线度≤5mm，确认无误后即可点焊牢，用埋弧自动焊进行内外焊缝的焊接。如果是边缘传动的磨机在组对完筒体后，将粗加工后的大齿轮连接法兰先套装在筒体图纸规定的位置并点焊牢，然后进行施焊。

10. 筒体的焊接

筒体的焊接不论单节的纵焊缝，还是组对后的筒体环焊缝一律采用埋弧自动焊进行施焊，不准用手工焊接，因为手工焊接用的焊条难以保证性能的一致性，直接影响焊缝的质量。从外观上看，埋弧自动焊的焊缝成型整齐，内焊缝要求不能高于母材0.5mm，外焊缝不能高于母材2mm，所有焊缝要均匀、饱满、焊透，不能有夹渣、气孔、咬肉现象。对于边缘传动的磨机筒体之大齿轮连接法兰因不便于使用自动焊机施焊，可用手工焊接，但每焊完一遍要仔细清理焊渣，待清理干净后再焊下一遍。筒体每个小单节的纵焊缝焊接时由于板材不够长需对接板材时应注意：在每条纵焊缝的两端增加与筒体板厚相同、材质一样的两块板（约150×150mm），如图1-8所示，作为该条焊缝的引弧板和收弧板，焊后将其去掉，这样可保证焊缝开始和收尾的饱满。

11. 筒体焊缝的检查与应力消除

筒体焊缝的表面质量，应符合标准JC 532中Ⅰ级的规定。筒体焊接后应对焊缝进行全面检查。首先检查焊缝的外观：焊缝应饱满、均匀、整齐、无飞溅，咬边深度不大于0.3mm，咬边连续长度小于50mm，每条焊缝两侧咬边累计长度小于该条焊缝总长的5%。然后进行无损探伤检查焊缝的内在质量。对全部焊缝进行100%的超声波探伤，质量应符合GB/T 11345—Ⅱ.B级的规定，对可疑部位进行射线探伤检查，质量应符合GB/T 3323—Ⅲ级的规定。对于不合格的焊缝要根据探伤报告找出气孔、夹渣等缺陷，清理干净后再进行焊补。返修后用同样的方法对返修的焊缝进行无损探伤复查，应注意每处焊缝返修次数不应超过2次。焊缝检验合格后，筒体按设计要求应进行整体热处理，清除焊接应力，步骤符合下列磨机筒体退火工艺要求：

（1）将筒体放置在4组马鞍座上，各组需与筒体垫实后，方可进退火炉；

（2）要求加热及冷却都必须连续进行并记录温度曲线；

（3）磨机筒体需2h内由室温加热至200℃；

（4）之后以每小时升温50℃的加热速度升温至500~550℃；

（5）保持此温度（500~550℃）3h；

（6）然后以每小时80℃的冷却速度在炉内冷却至200℃；

（7）拉开炉门将工件拉出，在大气温度下自然冷却至室温；

（8）筒体退火完后，应将退火仪表的记录交检验作为质量检验资料存档。

由于条件有限，但为了消除焊接应力，可采取远红外线对各条焊缝分批进行消除焊接应力处理，其温升曲线如图1-9所示。

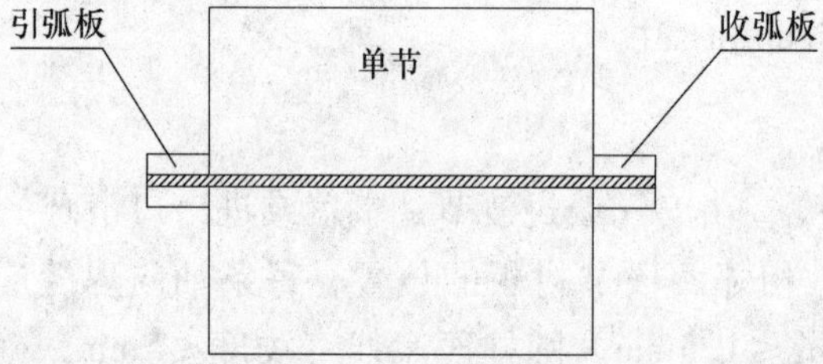

图1-8　筒体的焊接

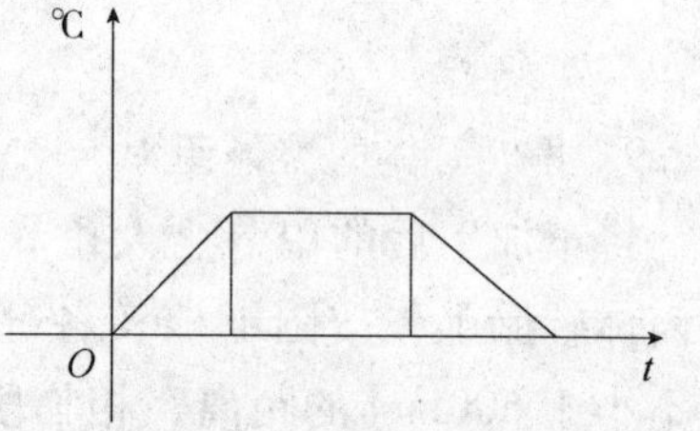

图1-9　筒体温升曲线

12. 筒体的加工

筒体是一个承载能力很大的回转体，最低转数在15r/min左右，因此要求筒体同轴度比较高。但因目前我国尚未有如此庞大圆柱体检测同轴度的方法，只有靠由加工机床加工的筒体法兰的止口精度来保证同轴度。一般生产厂采用筒体加工机床，同时加工两端盖的止口或滑环外圆，保证两端面的平面度、圆度及同轴度或滑环的圆度、同轴度及端面与滑环的垂直度。对于边缘传动的磨机筒体的法兰（连接大齿轮）也应加工好外圆及端面，这样加工出来的筒体即可保证筒体法兰与两端面止口的同轴度。对于中间卸料磨机的中间卸料孔部位的外圆及卸料密封圈也应在筒体加工机床上同时加工，确保筒体回转时卸料的密封。为此要求筒体加工机床的精度比较高，两端刀架与中间刀架都要在同一个回转中心上，同时刀架的刚性要强，避免在加工中刀架变形，使被加工的平面产生凹凸不平或出现锥度，影响产品质量。加工后筒体两端法兰定位圆的公差要求：

（1）两端法兰定位圆对筒体圆柱面轴线的同轴度公差为ϕ6mm；

（2）两端法兰定位圆同轴度公差符合 GB/T 1184 中的 9 级；

（3）两端法兰定位圆直径公差符合 GB/T 1801 中的 F9 级；

（4）法兰车加工端面对其定位圆轴线的端面全跳动公差符合 GB/T 1184 中的 8 级；

（5）法兰上螺栓孔的位置度公差为ϕ1mm；

（6）两端滑环外圆面的相对径向跳动公差为 0.4mm。

磨机衬板孔是衬板与筒体壁连接用孔。该孔的中心线应通过筒体回转中心，可通过在筒体车床上的轴向滑动钻机床分别钻出，其位置度公差为ϕ1mm，所有孔口均应倒角，表面粗糙度 R_a12.5μm。

（二）中空轴的制造

中空轴与筒体端盖连接在一起，承受整个磨体及研磨体、物料的静载荷和运转的动载荷，在交变应力作用下连续运行，中空轴则是最薄弱的环节，也是最难控制质量的机件。

中空轴类型较多，按其材质来分有铸造中空轴和钢板焊接中空轴。现就铸造中空轴的制造简述如下：

1. 毛坯

铸件如图 1-10 所示。这类中空轴的材料，一般用焊接性能及液态流动性良好的碳素钢或合金钢铸造。

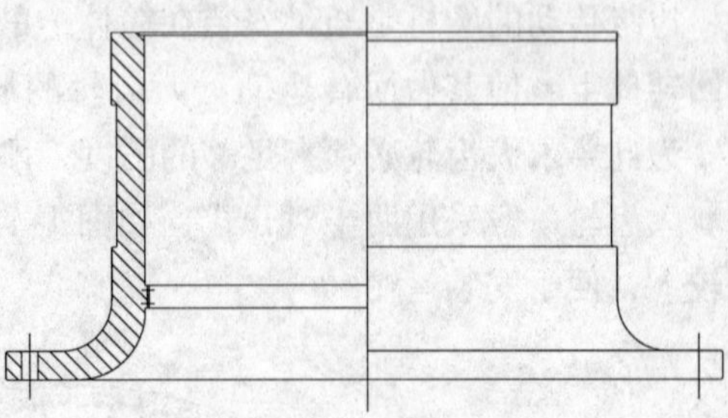

图 1-10　中空轴铸件

（1）铸钢件的材料应不低于 GB/T 11352 中关于 ZG230-450 的规定；

（2）钢板焊接件的材料应不低于 GB/T 700 中关于 Q235-B 的规定；

（3）小型磨机的中空轴允许符合 GB 1348—1988 中关于 QT400-18 的规定。

铸造方法可用砂模或铁模两种。一般批量生产则采取铁模挂砂工艺，分段铸造。经粗加工后焊接成一体成型。这种铸造方法的优点：成品率高，便于掌握冷积层，节省型砂，适于批量生产；其缺点是由于砂模厚度 δ 控制在 30 ~ 50mm，对于不同轴颈的中空轴，需制造不同的铸铁胎。

分段铸造是为解决小端法兰在铸造中容易出现砂眼、气孔、疏松等铸造缺陷而采取的补救措施。铸后的两段中空轴，经粗加工后在转胎上用埋弧自动焊进行焊接。焊前将两段中空轴预热到 150℃左右，焊接过程中在焊转胎上用远红外加热器保温。焊后经无损探伤检查合格后进行整体热处理，消除焊接应力。

2. 中空轴的精加工

中空轴的精加工一般在立车上进行，依粗加工后的大平面为基准找正，依次加工大 R 区、轴颈、小法兰端面、圆周及内侧各部尺寸。由于立车精加工大 R 区与轴颈其表面粗糙度达不到要求，因此对该表面增加一道磨削工序，磨削工序也在立车上进行，采用一套砂带磨削工装磨削后，使其表面粗糙度达到图纸要求，轴根圆角区外侧面及轴颈、轴肩圆角区表面粗糙度 R_a1.6μm，轴根圆角区内侧面表面粗糙度 R_a3.2μm。然后将中空轴倒头，依小端法兰为基准，用百分表在轴颈上相关部位找正，这样通过机床的精度即可保证大法兰与轴颈、小法兰的同轴度。

精加工中空轴的公差要求如下：

（1）轴颈直径公差应符合 GB/T 1801 中 h8 级的规定；

（2）大法兰定位圆直径公差应符合 GB/T 1801 中 F9 级的规定；

（3）大法兰定位圆对轴径的同轴度公差应符合 GB/T 1184 中 7 级的规定；

（4）大法兰端面对轴径轴线的垂直度公差应符合 GB/T 1184 中 7 级的规定；

（5）法兰上螺栓孔的位置度公差为ϕ 1mm。

3. 中空轴的焊补

铸造中空轴由于种种原因不可避免地会出现气孔、夹砂、疏松等铸造缺陷，这些缺陷的处理，除 JC/T 334.1—2006《水泥工业用管磨机》标准中规定的在 *R* 区不允许焊补外，必须在精加工前留有足够的加工量的情况下进行。焊补前首先取本样化验，确定其含碳量，选择焊条，制定补焊工艺，然后用机加工方法清除夹渣异物，露出原本金属层后，预热到 150℃左右，再进行补焊，焊后进行整体热处理，消除焊接应力。

（三）大齿轮的制造

边缘传动的磨机是通过安装在筒体上的大齿轮，将电动机的动力通过传动装置传递到磨机回转体上，使其做回转运动，大齿轮的质量将直接影响着磨机工作的平稳性、噪声和产量。为此要求大齿轮必须有足够的强度、刚度，较高的耐磨性和抗胶合能力，较长的使用寿命。大齿轮一般采用两半对开式，如图 1-11 所示。其优点是断面几何尺寸大，刚性和强度比较大，便于安装运输。

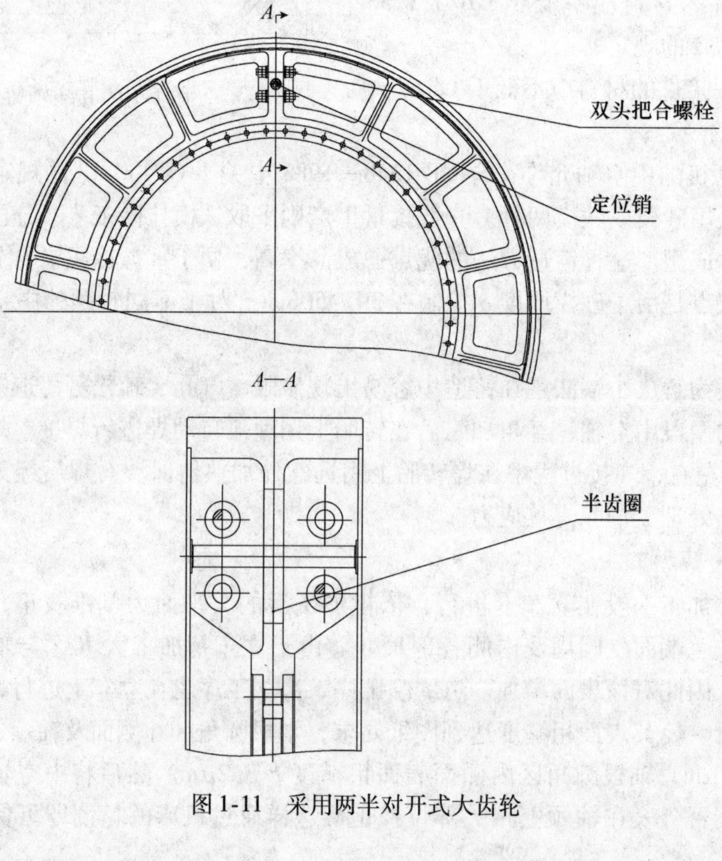

图 1-11　采用两半对开式大齿轮

1. 毛坯

大齿轮的材料一般采用不低于 GB/T 11352 中关于 ZG310-570、硬度不低于 HB180 的铸钢铸造成型，铸后毛坯退火处理。由于大齿轮结构复杂、尺寸庞大，一般不采取实样造型，而采取刮板造型铸造，可节省大量的木材。

2. 大齿轮的加工

由于大齿轮的结构复杂，同时近几年来广泛采用大变位系数滚齿，为此给加工和检测带来了困难。由于大齿轮的结构是对开式，为此先加工对口，将两半齿圈组在一起成为一个圆形齿圈，粗加工外圆及端面。然后松开对口螺栓释放应力，同时进行正火处理，硬度控制在 HB197 ~220。然后精加工对口平面、凹面，如图 1-11 所示。第二次组对两半齿圈时要在两对口之间加 0.3mm 铜垫，同时将定位销配好打紧，再进行精车外圆、端面、法兰止口，用机床精度保证外圆与止口的同轴度，最后滚齿。滚齿机加工的大齿轮能保证齿圈的周节、齿厚均匀，运转平稳，噪声小。滚齿后拆除两对口的垫片，使对口之间的周节比其他周节小 0.2 ~0.4mm，保证大齿轮安装后对口接合合理，运转平稳，降低热应力对大齿轮的影响。

3. 大齿轮的补焊

由于大齿轮是大型异型铸件，不可避免地会出现气孔、夹砂、疏松等铸造缺陷。在粗加工中出现的铸造缺陷容易消除，选用适当的焊条，视缺陷的大小确定焊补前的预热方法（整体或局部），预热温度约 150℃，焊条预热到 100℃，再进行焊补，补焊后进行整体热处理，消除焊接应力。对于精加工（精车或滚齿）后出现的铸造缺陷，要慎重处理，除 JC/T 334 规定不允许焊补只需修整的情况外，因件大、成本高、制造难度大等因素应尽量挽救，对于不影响强度的铸造缺陷可选用一种特殊焊条进行补焊，即焊前不需预热，焊后不用热处理消除应力，即可满足母材的性能。焊后经打磨修整达到图样要求。

（四）回转部分的组装

1. 普通磨机的组装

回转部分各零部件经检查合格后，即可进入组装阶段，组装中空轴前，先将筒体两端止口平面清理干净，去飞边毛刺，筒体止口平面与中空轴大法兰接触平面之间不允许有任何异物或加任何垫片，止口圆周方向为便于找正可加适当厚度的调整垫。当两端中空轴装好后，用连接螺栓拧紧。将筒体、中空轴一齐吊入一组工艺专用的主轴承瓦上，待装大齿轮。由于大齿轮是对开式的，按定位销将两半大齿轮装在筒体法兰上，用螺栓连接好。对筒体、中空轴、大齿轮进行同轴度测试，并应符合 GB/T 1958 有关同轴度误差测定的方法。但由于磨机几何尺寸大，只能用近似方法测定，其中还含有中空轴轴颈和大齿轮圆度误差。通过测试各种数据达到图样要求，再将中空轴与筒体端盖的铰孔，大齿轮与筒体法兰连接的铰孔进行镗削加工，最后配好各种铰孔螺栓，并将中空轴与端盖的铰孔螺栓装好拧紧，而大齿轮由于受运输限制，一般采取拆开发运方式，拆开后为减少大齿轮变形，半齿轮要加上防变形工装。各配件及铰制螺栓做好相应标识，以便现场的安装施工。

2. 滑履磨的组装

滑履磨多应用于大型管磨机。因用滑环替代了中空轴，安装相对简单，如：进料端与进料锥套用螺栓把合；出料端腹板止口与传动接管找好间隙铰孔配制螺栓；采用整体式篦板架结构的双隔仓，篦板架要在筒体组对时提前放入等；发货时为避免滑环的磕碰及雨淋生锈，要对滑环进行整体外包装。

对于批量生产的磨机其首台或几台应将筒体内部的零件进行试装，如阶梯衬板、盲板、篦板、篦板架等，应符合有关标准规定。

二、轴承支承

（一）主轴承支承

主轴承承受整个磨机回转部分、研磨体、物料的静载荷和运动过程中产生的动载荷。其长期在冲击重载的负荷条件下运转，粉尘大，工作环境恶劣。因此在运转中应注意防尘和润滑。主轴承如图 1-12 所示。

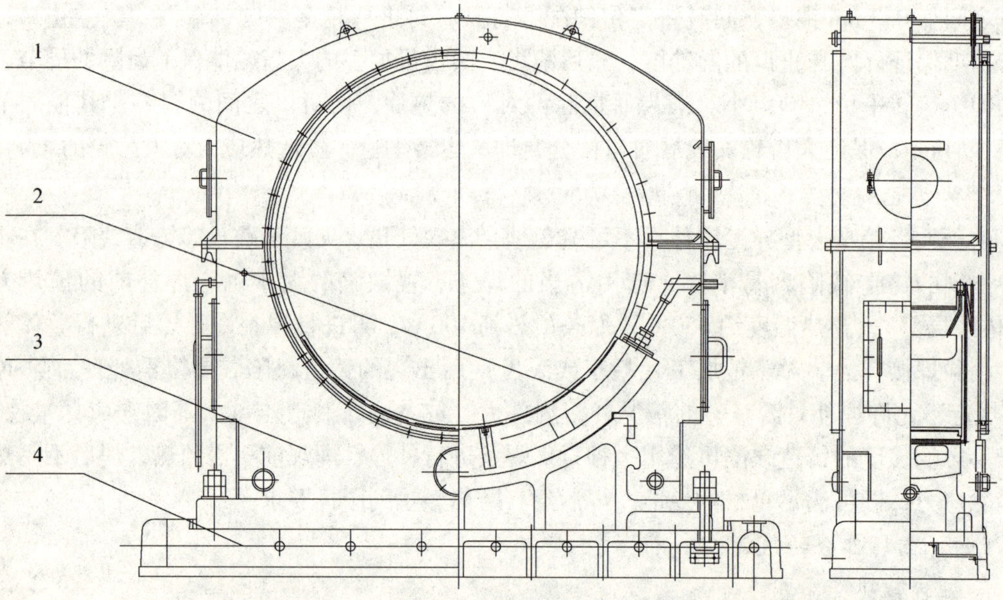

图 1-12　主轴承

1—上盖；2—球面瓦；3—轴承座；4—轴承底板

1. 轴承座的制造

（1）毛坯：由于轴承座承受巨大的载荷，因此它应具有足够的耐压强度。一般小型磨机的轴承座采用铸铁件（HT200）；对于大型磨机的轴承座则采用焊接性能及液态流动性良好的碳素钢（ZG310-500）铸造而成。不论铸铁或铸钢毛坯都必须将油池的黏砂清理干净，保证进出水道畅通无阻，确保润滑油的清洁和冷却。

（2）轴承座的加工：轴承座进行机械加工之前，应进行消除内应力的热处理，先加工底平面和对口。加工轴承座内球面是关键，一般采取两个主轴承座组在一起，在立车上进行加工，应用立车的立刀杆带一套内球面工装，车削内球面。这样既可提高工效，又便于测量内球面直径的几何尺寸。待拆开后再将主轴上盖与轴承座组在一起，加工两侧面的圆孔和密封圈，并打好标记，便于以后安装，这样加工出来的主轴承能够保证轴承座与球面的同心度，密封严密，使中空轴内少进灰尘。

2. 球面瓦

（1）毛坯：球面瓦是主轴承直接承受载荷的机件，是主轴承中最重要而又最易损坏的零件，因此要求瓦体的材质应有足够的强度。一般磨机的球面瓦体采用 HT200 铸造；对于大型磨机则采用 ZG270-500 铸造。在铸造中除注意几何尺寸外，冷却水通道的型砂应便于清理，确保在使用过程中冷却水畅通无阻，如图 1-13 所示。

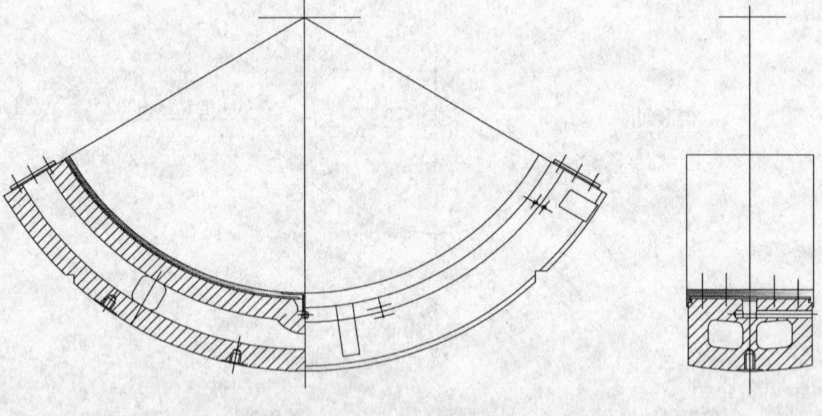

图 1-13　球面瓦冷却水通道示意图

（2）瓦体的加工：瓦体的加工比较复杂，加工前应进行消除内应力的热处理。由于球面瓦的结构形状和尺寸大小等原因，在加工中应三块瓦为一组一起加工。当然遇到特殊的情况，只需加工一块时，就需增加一块辅助瓦体。先加工 120°的两端面对口，然后组在一起，用外球面工装加工凸球面和内孔，最后加工燕尾槽至图 1-13。

（3）瓦衬的浇铸：经粗加工后的瓦体，须在瓦体与中空轴轴颈接触部位浇铸一层厚约 12mm 左右的瓦衬，其材料选用塑性好、不易破裂、易与瓦体贴附、耐磨性能良好的锡锑轴承合金。浇铸前，必须对瓦体的过水通道进行水压试验，压力为 0.45MPa，保压 10min，不渗漏；对高压启动的瓦体，还要增做油压试验，油压不能低于油泵的额定压力，保持 10min，不渗漏。再将瓦体预热至 150℃左右，在瓦内燕尾槽上挂上一层锡，这样便于轴承合金与瓦体贴附好。浇铸时用胎具将瓦体固定好，将轴承合金熔至一定温度进行浇铸。为使 120°端两处轴承合金与瓦体接触良好、不脱壳，一般在端面的适当位置钻出几个 $\phi 19 \sim \phi 20$ 的拉紧孔，确保不脱壳。

（4）球面瓦的精加工：浇铸轴承合金后的球面瓦，将 120°端面清理干净，将三块瓦再组在一起，按加工瓦体的方法对球面瓦的外球面进行精加工，同时精加工轴承合金部位。经过精加工后的球面瓦要注意保管，防止磕碰划伤。

（5）球面瓦的刮研及合瓦（图 1-14）：

1）承载角控制在 30°左右，在其范围内合瓦后接触点密度 2～3 点/（10×10）mm^2；

2）刮瓦时将瓦口侧隙增大至（0.0001～0.0002）D（D 为轴颈直径），使之形成楔形间隙，合瓦时沿瓦宽方向取间距相等的 3～5 点，用塞尺从瓦口侧隙处插入看是否符合要求，并扩展导油槽呈扇形面深入至 30°左右对应弧长深度，以使润滑油能顺利地进入并分布于瓦面吃力区；

3）在承载区两端瓦边宽约 40mm 范围稍作倒坡，并刮深 0.05～0.1mm，另外保证轴瓦与中空轴的轴肩间隙为 1～1.2mm；

4）轴瓦的球背面与瓦座接触角取30°左右，轴向接触宽度取球面宽的$\left(\frac{1}{3}\sim\frac{1}{2}\right)$，并将其打磨光滑，安装时加入石墨润滑脂，各方向转动灵活。

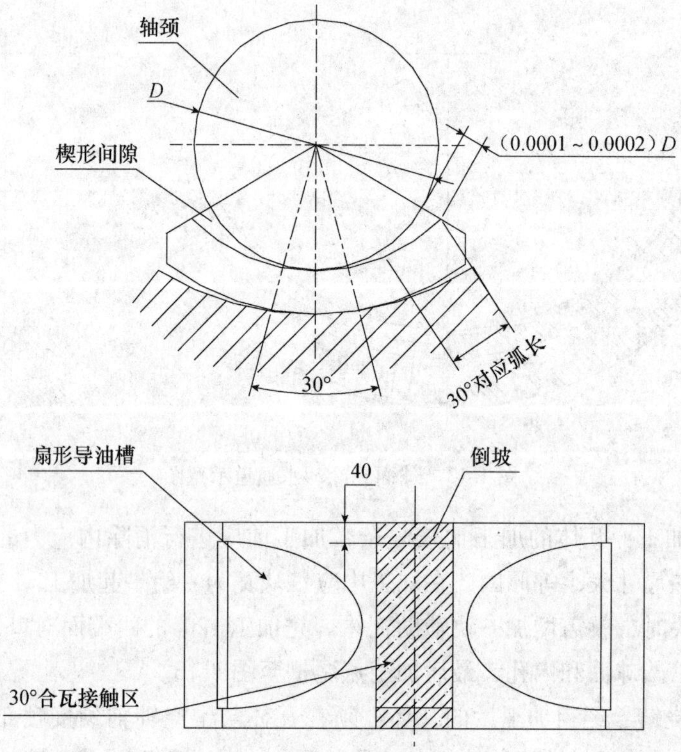

图 1-14　球面瓦的刮研及合瓦

3. 主轴承的润滑

主轴承的润滑是保证回转中空轴与球面瓦接触良好，运行平稳，不至于发生烧瓦事故的重要因素。一般中小型磨机要用回转油圈带油，通过刮油器，将油均布于中空轴轴颈上，在轴瓦与轴颈之间形成一定厚度的润滑油膜。对大型磨机采用高压启动油站和润滑油站进行外循环强制润滑，这样既起到润滑轴颈作用，又降低了中空轴轴颈的摩擦热量。高压启动油站是在磨机启动之前，在中空轴轴颈和球瓦之间注入一定量的高压润滑油，形成一定厚度的压力油膜将磨机浮起，使中空轴颈和球瓦表面完全脱离金属接触。此时，再启动磨机就能大大减少由于摩擦而产生的阻力矩，降低启动负荷，避免擦伤轴瓦，延长轴瓦的使用寿命。

4. 主轴承的组装

主轴承在制造厂应将所有零部件组装在一起，整体运输发至用户。将刮研好的球面瓦按配研标记轻轻地放入轴承座中，并在两球面接触处涂上润滑脂，接通冷却水管路和高压油管道，并对冷却水通道进行水压试验，水压0.6MPa，保压不少于20min，各接头不得有渗漏现象；对高压油管道进行油压试验，油压不小于油泵的额定压力，保压不少于10min，各接头不渗漏；主轴承座等盛油零件应做渗油试验，延续时间不少于30min。最后按加工标记将轴承上盖装上，拧紧螺栓，并将所有管路的水、油放净，拧上管堵，包装好待发。

（二）滑履轴承支承

滑履轴承是滑履磨机主体回转部分的支承装置，是磨机的关键部件之一。滑履轴承结构设计的合理性以及使用、维护好坏直接关系到磨机的运转率。

滑履轴承如图1-15所示。浇注有巴氏合金的托瓦支承滚圈，每个滑履轴承由两个呈60°对称放置的托瓦组成，瓦与底盘间采用凹凸球体及球体座以保证托瓦在各个方向上转动灵活，从而使瓦面与滚圈接触良好。两个球体座置放在水平的底盘上，底盘用地脚螺栓固定在混凝土基础上。整个滑履轴承用钢板罩子防尘。轴承测温采用 WZPM-201 端面热电阻（Pt100 型）。来自润滑站的低压润滑油通过油管被送至布油槽内，随滑环的旋转，油到达托瓦和滑环之间，完成润滑的作用。来自润滑站的高压油经油管由托瓦瓦面上的油囊射出，起到对滑环的顶升作用。

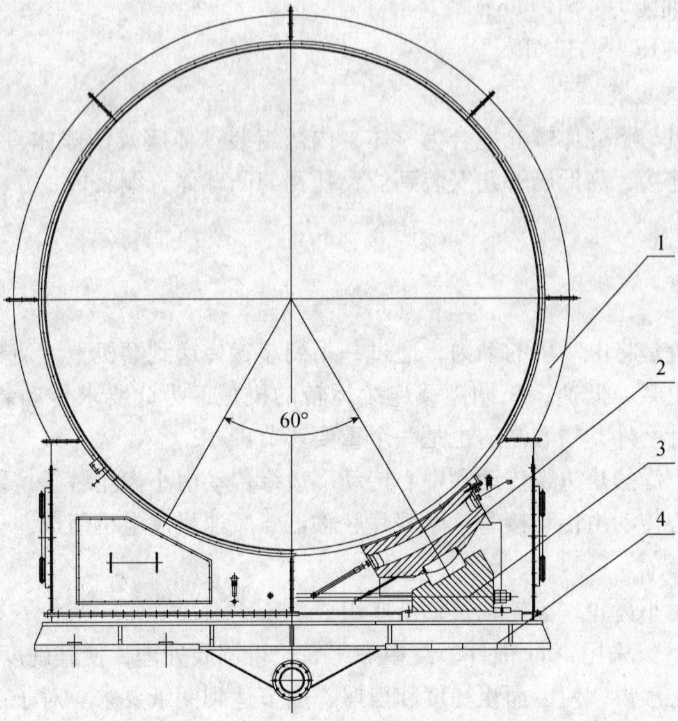

图1-15　滑履轴承

1—罩壳；2—托瓦；3—球体座；4—底盘

1. 滑履轴承托瓦与滑环外圆面的配合接触要求

（1）配合接触斑点的分布要求：斑点沿母线全长上等宽，均匀连续分布，间距不大于5mm；

（2）当配合接触斑点的分布不符合要求时，允许在规定接触范围内刮研处理，接触带周向长度不超过托瓦瓦宽。

2. 滑履轴承凹凸球体的配合接触要求

（1）球面接触带的配合接触范围的直径不超过球缺直径的一半，但不得小于5mm；

（2）配合接触斑点均匀连续分布；

（3）当配合接触斑点的分布不符合要求时，允许在规定接触范围内刮研处理，使之最终达到要求。

3. 滑履轴承的润滑

高压启动润滑装置主要由1台高低压稀油站和管件组成。1台高低压稀油站负责向一个滑履轴承内的2个托瓦供油。稀油站的2台低压油泵互为备用，正常工作时1台低压油泵同时向2个托瓦供油。稀油站的高压油泵向2个托瓦供油。轴承下罩排出的润滑油经出油管由稀油站上部回油口流回稀油站内。这就构成了润滑油的循环。

高低压油系统分别与磨机传动实行连锁。

高低压稀油站的主要技术性能如下：

（1）低压供油能力：2×80L/min；

（2）低压供油压力：0.4MPa；

（3）高压供油能力：5L/min；

（4）高压供油压力：32MPa。

4. 滑履轴承的组装

滑履轴承底盘与下壳体螺栓把合为一体，内部组装球体座及凹球体，呈60°放置的球体座用两个大螺栓连接，高低压管路安装到位；托瓦与凸球体、铜夹板、布油槽配研后，把合单独装箱。

三、传动装置

磨机传动装置是将电动机的动力，通过一系列装置传递到磨机上，使其转动的装置。因粉磨机械是一种重载、低速、长期满载连续运转的机械，为此要求传动装置适应其工作特点，除合理的设计之外，精心制造也是一个重要环节。

目前应用最广泛的是边缘传动和中心传动。边缘传动由小齿轮装置、传动轴、减速机及联轴器组成；中心传动由传动接管、摩擦片联轴器、减速机及电机组成。

1. 小齿轮装置

小齿轮装置由小齿轮、齿轮轴及轴承座组成。

（1）小齿轮一般采用40cr锻件，经粗加工后进行调质处理，使其硬度达到HB220～245左右，然后精加工滚齿，使齿面粗糙度和齿厚、周节达到图纸要求。对于小型磨机的小齿轮可以采用35SiMn铸造而成，为了提高齿面的耐磨性，精加工滚齿后，采用高频表面淬火，这样可以降低制造成本。

（2）小齿轮轴采用40cr或45锻件，粗加工后进行调质处理，其硬度达到HB198～220左右，然后精加工，为保证两端轴颈处与齿轮配合处的同轴度及粗糙度，精车后对两端轴颈采取磨削，以达到精度要求。

（3）小齿轮装置的组装：当小齿轮装置的各零部件经检验合格后，首先将小齿轮装于齿轮轴上，安装前应清理两配合面的飞边、毛刺，涂上适量的润滑油，用压力机轻轻地压入。两端轴承的安装应采取热装法，将轴承用油加热到120℃左右，保温一定时间，使其膨胀量超过其轴的过盈量，即可将轴承装在轴颈上。最后将两轴承座安装好，封密严实，轴头上涂上防锈脂。

2. 减速机

边缘传动的减速机：采用最广泛的则是ED系列及JD系列硬齿面减速机。由高速齿轮

轴、低速轴、大齿轮和齿轮箱体组成。减速机是磨机中加工精度较高的设备，因此组装减速机要认真检查每一个零部件，去掉飞边毛刺，清洗干净，保护好曲面，避免磕碰划伤。组装后认真检验齿面啮合情况、轴承间隙、齿轮的最小啮合侧隙，应符合有关规定。对外接润滑管道除清洗管内的锈蚀外，还要对管路进行油压试验，各接头不得渗漏。为了保证减速机的正常运转，出厂前对减速机要进行负荷跑合。边跑合、边观察面的啮合情况，最后达到齿面啮合接触斑点在齿长方向大于60%，在齿高方向大于45%。

中心传动的减速机：将减速机机座及下壳体吊装到基础上，通过垫铁进行粗找平；安装减速机输出齿轮轴到位，在输出齿轮轴上装有自制假轴，用百分表从轴向、径向找正减速机输出轴和磨机的同轴度。同时依据减速机出厂机座水平记录和说明书要求，用专用平尺及量块测量找正机座水平，达到要求。验收后地脚螺栓灌浆、养生；精找机座达到要求。注意：减速机输出齿轮中心应比磨机中心线低0.5mm左右；安装减速机下壳体，同时做好密封；开箱清洗各个轴瓦、传动轴及齿轮，按照先后顺序进行安装；清洗减速机内部，安装上壳体，做好密封；检查各个齿轮的啮合情况，保证齿的接触面不少于75%。

四、进料、出料装置

磨机的进料装置、出料装置是将原料输入到磨机内，经过粉磨，再由磨机将成品卸出的装置。其结构大部分是铆焊薄板件，制造时应注意其外观和密封部位。

传动接管是出料装置中最重要、最难制造的零部件，它是中心传动磨机不可缺少的零部件，它除了把动力传递给磨体外，还有输料和通风等作用。一般磨机的传动接管两端都带有法兰，一端与中空轴连接或滑环腹板止口连接，一端与减速机输出轴的膜片联轴器相连。

（一）传动接管的毛坯

传动接管是两端带法兰的筒型结构，如图1-16所示。圆筒是由符合一定材质要求的钢板卷制、焊接而成，其毛坯的制造工艺等同于筒体。而两端的法兰由于厚度要求厚，在无整板的情况下，只能采取两块或三块钢板拼接。但对于厚板的拼接，如采取埋弧焊就不易焊透，只能用电渣焊才能满足质量要求，焊后用高温回火。

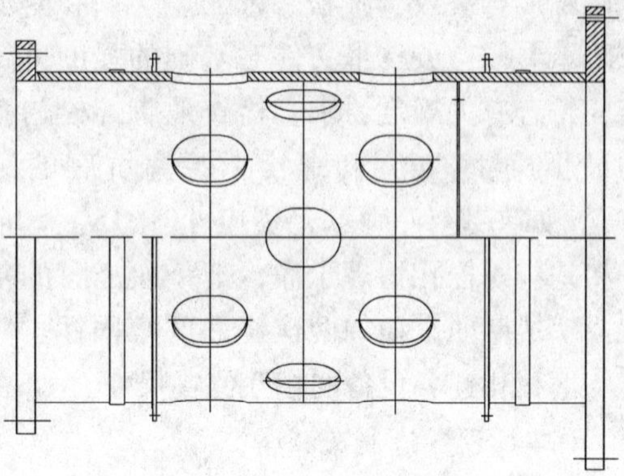

图1-16　传动接管

经粗加工后与圆筒焊接成型，经无损探伤检查后，热处理消除焊接应力。对于整体铸造的传动接管就没有这些问题，但由于是大型铸件而且壁薄，容易出现砂眼、气孔、疏松等铸造缺陷，废品率高，加工量大，造成原材料的浪费，因此焊接的传动接管应用广泛。

（二）传动接管的加工

传动接管的加工一般在立车上进行，用机床的精度来保证传动接管两端法兰的同轴度和圆度，中间卸料孔（通气孔）气割时要留有足够的余量，在镗床上加工成型，以便消除由于气割而产生的热裂缺陷。加工传动接管的关键在于如何保证它与筒体两端中空轴的同轴度，一般采用这样的顺序加工即可保证它们的同轴度：传动接管与出料中空轴的小法兰用螺栓连接，铰孔螺栓定位又起紧固作用，用加工好的出料中空轴作为定位基准，找正传动接管，再加工它们的铰孔螺栓孔，然后配好螺栓。这样加工出来的传动接管可使进料中空轴、筒体、出料中空轴和传动接管在同一个回转中心上。

滑履轴承筒体与传动接管的连接则是通过出料端腹板上止口与传动接管找间隙配铰孔，配制螺栓完成。

传动接管由于受运输条件的限制，一般在制造厂加工好后，打好标记，将中空轴与传动接管拆开，传动接管单独发货。

第三节　管磨机的安装调试

为了保证磨机在生产中能够正常运行，除了合理的设计、精确的制造外，正确的安装也是一个重要的环节，往往由于安装不好而造成磨机不能正常运行，甚至造成重大的设备事故，所以磨机的安装应参照《水泥机械设备安装工程施工及验收规范》和图纸中的要求进行。

磨机的安装方式和安装顺序基本相同，分为准备、安装、试车、验收四个阶段。

一、准备

（一）基础的验收

磨机基础不仅承受磨机的静载荷，而且要抵抗磨机运转时所产生的动载荷，因此，要求基础具有足够大的体积和良好的质量。安装前对基础进行外观检查、敲击检查和强度测定，基础不应有裂纹、疏松、麻面、空洞和露筋等缺陷。并按有关技术文件对基础的强度进行测定，符合有关规定要求。检查地脚螺栓与孔壁的最小尺寸“a”和螺栓下端离坑底的距离“b”，如图 1-17 所示，不应小于 15 ~ 20mm。并将地脚螺栓孔清理干净，把一次浇灌的基础表面铲成麻面，增加两次浇灌的牢固性。并检查与磨机相连各设备的相互位置尺寸。

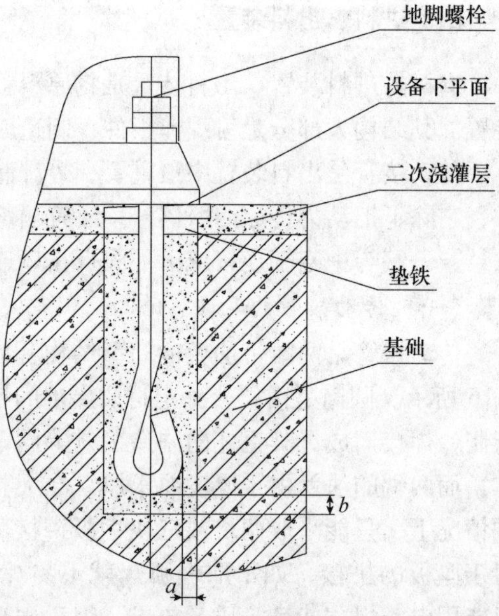

图 1-17　磨机基础

（二）设备清洗及测量

按磨机随机安装图及安装使用说明书，清点各零部件，并清洗有关的零部件，除去原防锈油、脂，露出金属表面，查是否有磕、碰、划伤现象，做必要的处理后，涂上润滑油，存放好。并要实际测量筒体长度，确定两中空轴轴颈中心或滑履轴承中心的距离，同时将原安装图纸进行修改。要按实测中心距尺寸在基础上埋放中心板，打上中心标点，作为磨机安装找正的依据。

（三）基础放线

首先检验使用的工具，如专用支架，钢琴弦、线坠和经纬仪，是否符合有关规定，然后按修改后的施工图纸在基础上划出磨机的纵、横向中心线和基准点（或标高线）及传动装置的纵、横向中心线，如图 1-18 所示，其质量应符合表 1-1 中的有关规定。中心线确定后，应在中心板上打出中心点，标出明显的标志。

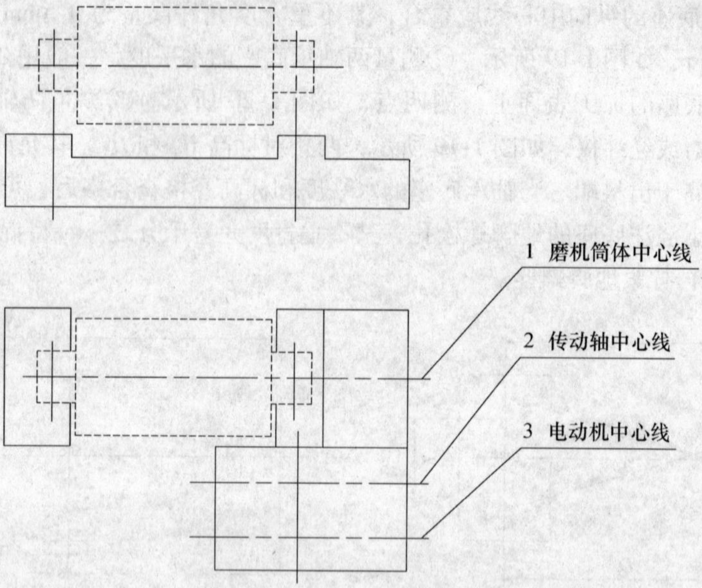

图 1-18　基础放线

表 1-1　基础放线的标准

项　次	项　目		允许差（mm）
1	基础坐标位置（纵横轴线）		±20
2	基础各不同平面上的标高		0 -20
3	基础上平面外形尺寸		±20
4	基础上平面的水平度	每米 全长	5 10
5	基础铅垂面的垂直度	每米 全长	5 20
6	预留地脚螺栓孔	中心位置 深度 孔壁的铅垂度	±10 +20 10
7	地脚螺栓孔中心位置偏差		±10

二、安装

（一）轴承支承的安装

1. 主轴承

（1）轴承底座：基础经验收合格后，以主轴承下座与底座的连接螺栓孔为基准，划出纵、横中心线作为安装找正线，然后将地脚螺栓与底座一同安装在基础上，在底座下放好垫铁，地脚螺栓与底座用专用套定位。测定：①两轴承底座在水平面的中心距离，如图 1-19 所示，应符合经修改后的实际中心距。但需考虑磨机筒体的膨胀量，其膨胀量为（0.002 ~

0.005）L 两轴承底座的纵向中心线应重合，其不重合度允许误差为0.5mm，两轴承底座的横向中心线应平行，如图1-19所示。②测量两轴承底座的水平度，一般用0.04‰~0.1‰水平仪，放在轴承底座的加工表面上，测四点，如图1-20所示。③测量两轴承底座的标高，一般用液体连通器或经纬仪，如图1-19所示，两相对标高 H_3 和 H_4，其允许误差为0.5mm，并且要求进料端高于出料端。当轴承底座的水平度和标高经检查合格后，可用10mm以下的碎石混凝土浇凝土浇注底座的地脚螺栓孔，其不垂直度允差千分之一，待混凝土达到设计强度的75%以后，再拧紧地脚螺栓。

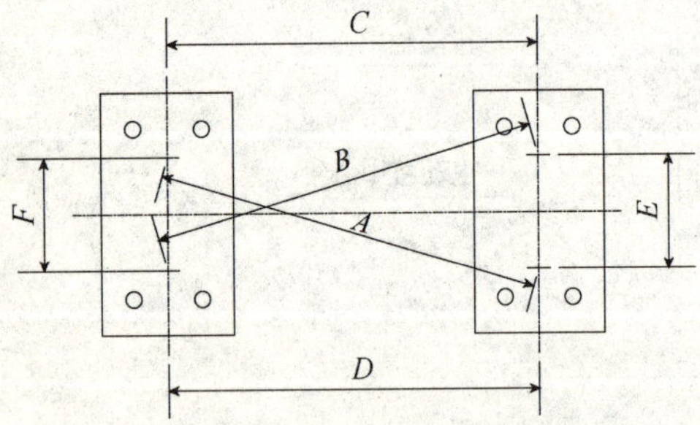

图1-19　两轴承底座图

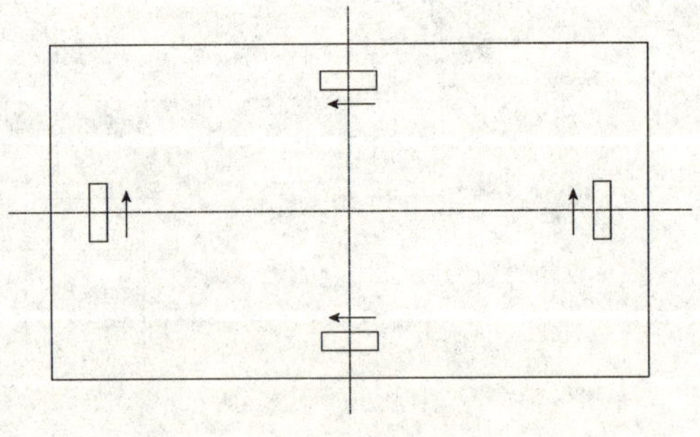

图1-20　测量两轴承底座的水平度

（2）主轴承：首先将轴承座放在底座上，以轴承座的凹球面的中心点为基准，用吊线锤的方法找出轴承座的垂直和横向中心线，使轴承座与底座的中心线相重合。轴承座与底座四周接触应均匀，局部间隙不得大于0.1mm，不接触的边长不得超过100mm，累计长度不超过四周总长的四分之一。然后将球面瓦安装在轴承座中，安装前除清洗外，用着色法检查一下凹凸球面的接触斑点，是否符合有关技术要求，两配合球面的中心夹角不小于45°。安装后保证轴瓦在轴承座中转动灵活，并对冷却水通道进行水压试验，压力为0.45MPa，保压5min各接头应不渗漏。对于轴承除进行水压试验外，还应对高压油管路进行油压试验，压力不低于高压泵的额定压力，保压5min各接头不得渗漏。最后盖好轴承上盖，待安装回转部分。

2. 滑履轴承

（1）安装前，应对筒体、滑圈、滑履轴承和减速机等重要零部件进行质量检查，如有损伤或变形应事先修理，尺寸误差过大者应提前处理并修正有关的安装尺寸。

（2）滑瓦轴承水平度允许差不大于0.1/1000，两座的相对标高允许差为0.5mm，且不允许进料端低于出料端。

（3）滑履轴承找正时，磨机纵向中心线重合度不大于0.5mm，横向中心线距离允许差不大于1mm，平行度允许差不大于0.5/1000。

（4）筒体放在滑履轴承上以后，应复查两端标高，相对标高差不超过1mm，且不允许进料端低于出料端，滑圈中心线和滑履轴承座中心线之间的距离应符合图纸规定。磨机两端滑圈的相对径向圆跳动公差为0.2mm，滑履轴承滑圈端面圆跳动偏差不大于0.5mm。

（5）滑履轴承的托瓦在安装前应做水压试验，试验压力为0.6MPa，冷却水系统安装完毕后还应做同样的水压试验，瓦及管路连接处均不得有渗漏现象。滑履轴承的高压管路也应做油压试验，具体情况见图纸技术要求。

（6）磨机传动装置另作选配，其电机、减速机和电器控制设备的安装请分别按照电机和减速机等的有关技术文件及图纸资料进行。

(7) 润滑管路和冷却水管路安装要严密、牢靠。不得漏油漏水。特别是高压和低压供油管路，安装后要打压实验，不得有漏油现象。安装前对所有管件要进行清洗。

(8) 其他方面：安装中要保证托瓦与滑环均匀接触，要保证托瓦、凹凸球面座、底座和底盘之间的配合接触面均匀接触。润滑油管要调整好，要安装牢固，防止油管布油槽之间连接松动。密封罩的下罩法兰上涂密封胶，严防漏油。弹簧刮油装置能紧贴在滚圈的两侧面。要保证密封罩与滚圈的间隙均匀，密封严密。出料端滑履轴承是固定端轴承，因此，要保证起定位作用的安装在托瓦两侧的夹板与滚圈的间隙均匀。

(二) 回转部分安装

1. 磨体安装

中小型磨机由于筒体、中空轴在制造厂已组装好，在现场安装时只需进行清洗，然后，将磨体按进出料方向安装在主轴承上。安装中应注意防止灰尘、杂物落在球面瓦上，要用清洗剂清洗瓦面，再加少许润滑油后，将筒体两端中空轴轴颈轻轻地落在轴瓦上，严禁磕、碰、划伤接触面。对于大型磨机，由于受运输条件限制，需要在现场将两中空轴或传动接管按制造厂出厂前试装标记组装在筒体上，再按上述方法将磨体安放在轴承支承上。磨体就位后，用经纬仪测定两中空轴或滑履标高，其相对（进、出料两端）标高不应超过1mm。检查轴瓦与相关件的接触精度是否符合要求。然后拧紧地脚螺栓，清理两次浇灌处的油污、铁锈，用42.5级水泥砂浆（1∶2）通过底座的预留孔，将其内部空隙填满、捣实，进行两次灌浆。

2. 磨体内部机件组装

磨体内部机件，如阶梯衬板、分级衬板、扬料板、进出料螺旋筒等均带有方向性，在安装时一定按该设备的随机技术文件的规定进行，不能装反。安装阶梯衬板时，要注意方向，让薄端向着磨机回转的方向，如图1-21所示。在衬板与筒体之间填一层约10mm左右的水泥砂浆（用42.5级水泥1∶1的比例）充满所有空间。经24h以后再均匀地用力拧紧衬板螺栓。安装镶砌衬板时，由于没有衬板螺栓，而靠“拱”的作用将衬板固定在筒体上，因此安装中要慎重，注意衬板脱落的危险。为保障镶砌衬板的顺利安装，安装前对每一块衬板要严格检查，清除衬板四周表面、衬板与筒体接触面上的凸起部分。

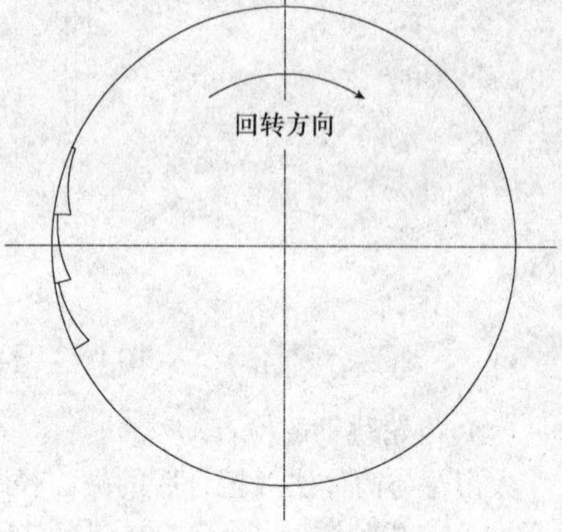

图1-21 磨体内部机件组装

安装顺序要从磨门开始，先把磨门转到最低位置，在筒体内壁上涂一层水泥砂浆，然后将衬板沿环向一块紧挨一块地放在水泥砂浆上，并用手锤敲实，让多余的水泥砂浆被挤出，待全仓的下半周都砌完后，用顶杠将衬板固定住，然后缓慢转动磨机，使之与水平线成45°，再砌45°区域的衬板，按这种方法直至把全部衬板砌完为止。

(三) 传动装置的安装

1. 大齿轮的安装

安装大齿轮前应清洗齿形、法兰止口，检查有否磕、碰、划伤，找出制造厂试组装标记。将齿轮罩下部装在下面，用火油渗透法检查轮罩下底是否渗漏。确定无渗漏后，将大齿轮的半个齿圈按试装标记安装在筒体法兰上部，用铰孔螺栓定位，连接螺栓轻微固定，再缓慢转动磨机，使装好的半个齿圈慢慢进入齿轮罩下部。然后将另一半齿圈按上述方法装在法兰上，将对口螺栓及铰孔螺栓全部装上，拧紧所有螺栓。两半齿轮把合及齿轮与筒体把合严密，接口处用塞尺检验贴合情况：0. 04mm 厚的塞尺要求达到每一周边长的4/5 以上紧密接触，不能塞入塞尺，其余塞入塞尺的区域，塞入深度不得大于接合面沿该方向尺寸的1/5；连接螺栓周边不得有间隙。按图 1-22 方式，检测大齿轮与筒体的同轴度，以筒体的回转中心为基准，用百分表（或千分表）检测大齿轮的径向和端面跳动。

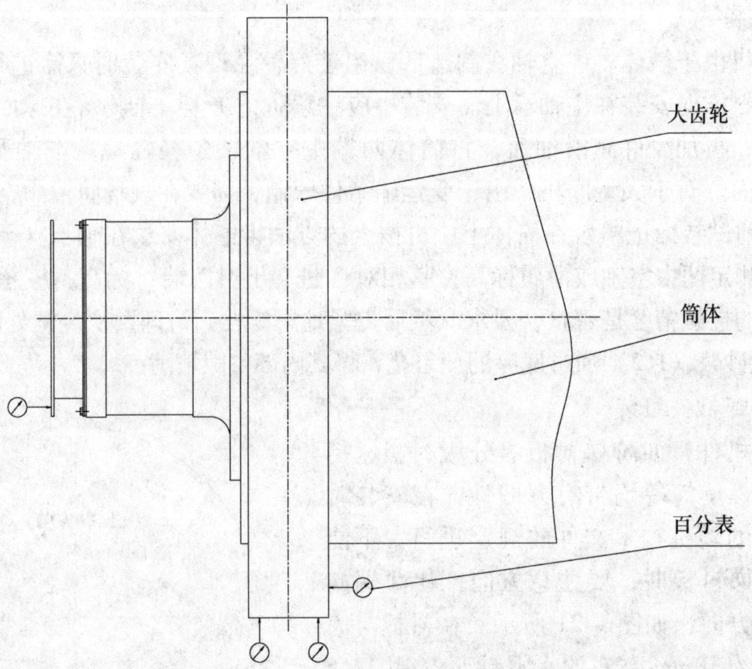

图 1-22 检测大齿轮与筒体的同轴度

（1）齿轮跳动的检查

大齿轮与筒体法兰把合后的端、径跳动：在大齿圈上沿圆周分成若干份（一般分为 8 ~ 12 等份），转动磨机，用百分表测量其轴向摆动偏差不得超过 1. 5mm，测量时要注意消除由于磨筒体窜动造成的误差，因此应在中空轴端部装一百分表，将读数综合计算以消除轴向窜动误差；径向跳动公差不得超过 1. 0mm。

（2）大小齿轮啮合间隙的检查

顶隙：用压铅法测量大小齿轮顶间隙，理论应为0. 2 ~0. 25m（m 为模数），考虑到大小齿轮的径向跳动量偏差和热膨胀量，一般应再加 0. 04 ~0. 1m，见表 1-2。

表 1-2 大小齿轮间隙的检查

中心距（mm）	1250 ~ 1600	1600 ~ 2000	2000 ~ 2500	2500 ~ 3150	3150 ~ 4000
间隙（mm）	0. 85 ~ 1. 05	1. 06 ~ 1. 30	1. 32 ~ 1. 55	1. 60 ~ 1. 90	1. 92 ~ 2. 17

侧隙：安装后啮合面的接触斑点（涂红丹）检查：高度方向不小于40%，长度方向不小于50%，以中间接触为好。

（3）其他：大齿轮与筒体把合铰制螺栓为加工安装时找正使用，在现场安装时要把铰制螺栓更换为普通螺栓，设备运转后要经常检查螺栓，防止松动；齿轮传动属于低速、重负荷的运转副，考虑到润滑油的极压性能，应选用正规厂家生产的中负荷工业 N220、N320 齿轮油，加油前要全面清理干净，防止异物进入。

2. 传动装置

当大齿轮安装找正后，即可安装小齿轮传动装置。由于小齿轮装置一般在制造厂已装好，为此只需将小齿轮装置与减速机（或与传动轴、减速机）装置装在一起，通过联轴器和电动机连接在一起。其安装要求如下：

（1）小齿轮轴、传动轴和减速机出轴的同轴度误差不大于0.026mm。

（2）装配后的大小齿轮的齿侧间隙应符合有关标准规定。

（3）大小齿轮啮合的接触斑点沿齿高不小于40%，沿齿长不小于80%，并应分布于齿宽中部。

三、试车与验收

磨机安装完毕并经严格检查，确认合格后，可以进行试运转。

（一）试运转前的准备工作

（1）检查设备内部，不准有任何遗留杂物，设备周围应没有妨碍运转的物件。

（2）检查润滑系统和冷却水系统，应符合设计要求，管道内畅通无阻，高低压稀油站的油箱应充填润滑油，使之达到规定要求。冬季试运转时，检查油的黏度，必要时先将润滑油加热，以免因油凝而影响设备正常运转。

（3）检查所有的连接螺栓和地脚螺栓，确认已拧紧无误。

（4）检查所有仪表、照明、信号装置是否完整良好。

（5）电动机及控制系统均完整良好。

（6）所有附属设备应运转正常。

（7）料仓内应有足够的物料。

（二）试运转

试运转包括空负荷和负荷试运转两个阶段。

（1）首先，启动高低压稀油站，将润滑油打入主轴承或滑履轴承，使油沿轴颈轴向均匀分布，并使高压油进入合金瓦。

（2）开动传动装置中润滑油泵。

（3）开动慢速驱动装置，使磨机慢转，检查并确认磨机转向是否符合图纸规定，并无碰撞和妨碍正常运转之处。

（4）确认润滑、冷却水系统及其他部分无异常现象之后，可停止慢速驱动，脱开离合器开动主电动机。

（5）无负荷试运转

在不加入研磨体和物料情况下，空负荷运转4h。

（6）负荷试运转

负荷试运转前，必须确认粉磨系统中各环节设备经单独试运转后无问题时，方可进行负荷试运转。

负荷试运转应按逐步加载的程序进行，并在加载的同时喂入相应的物料量。

——装入研磨体额定负荷量的30%，运转16h；

——装入研磨体额定负荷量的60%，运转36h；

——装入研磨体额定负荷量的90%，运转72h；

——按100%额定负荷量装入研磨体，连续运转96h。

（7）负荷运转时，同时按顺序开动粉磨系统各设备。

（三）试运转期间的检查

每个试运转阶段进行中和结束后，都要进行检查。

（1）检查磨机所有润滑和冷却系统工作是否正常。

（2）检查磨机运转是否平稳，轴承支承的振幅不得超过0.1mm。

（3）主轴承轴瓦温度不得超过65℃；滑履轴承托瓦温度不得超过75℃。

（4）密封是否良好，应无漏灰、漏油、漏水现象。

（5）检查所有连接螺栓、地脚螺栓和筒体衬板，端衬板螺栓是否有松动、脱落、折断现象。

（6）电动机及其控制系统应工作正常，运转中电流和电压应在规定范围内。

（7）高压浮升系统是否工作正常，自动控制是否灵敏，如不符合要求，应进行调整。

（8）检查各信号装置是否灵敏。

（9）传动装置中，减速机和电动机应按照各自有关文件和图纸进行试运转期间的检查。

（10）试运转期间要做好记录：

1）温度：

瓦及润滑油的温度；

高低压稀油站油冷却器入口、出口的油温及水温；

电动机、减速机的油温，轴承温度；

进料及出料的料温；

室内环境温度。

2）压力：

高压油进托瓦时的最高、最低压力；

低压润滑油泵的供油压力。

3）运转时间及故障（内容、原因、排除措施）和发生故障的时间。

4）电动机的电流、电压等。

第四节　管磨机的操作、维护和检修

一、管磨机的操作

磨机试运转经鉴定合格后，可以正式投入生产。生产中，磨机应由经过专门培训的人员操作，操作人员应熟练掌握磨机的主要结构、设备性能及操作要点。必须严格执行操作规程，进行科学管理。

(一) 磨机的启动

磨机及其附属设备的启动顺序如下:

(1) 磨机轴承支承和传动装置的润滑,高压浮升系统。

(2) 排风机、收尘器、选粉机及其出料输送设备。

(3) 磨机出料设备。

(4) 主电动机。

(5) 喂料系统。

(二) 紧急停磨

磨机运转中,发生下列异常情况之一时,应立即与有关岗位联系,按规定顺序停车,检查并排除故障。

(1) 轴承支承振动异常时。

(2) 主轴承瓦温度超过65℃时;滑履轴承瓦温度超过75℃时。

(3) 因信号和自动控制失灵而导致润滑系统、水冷却系统发生故障,使润滑油温升超过规定值或不能正常供油时。

(4) 各处连接螺栓发生松动、折断或脱落时。

(5) 隔仓板因堵塞而影响正常生产时。

(6) 磨机内部零件发生破裂、脱落时。

(7) 减速机、电动机出现异常振动、噪声、温升时。

(三) 停磨顺序

(1) 喂料系统。

(2) 主电动机。

(3) 磨机出料输送设备。

(4) 选粉机及收尘器。

(5) 选粉机及收尘器的出料输送设备。

(**注:** 短时间停磨时,轴承润滑系统和冷却水系统继续运转,排风机不能立即停止运转,长期停磨时另有说明。)

(四) 磨机停磨后的操作要求

(1) 磨机停止后,为避免因磨体冷缩引起擦伤滚圈和托瓦瓦面,不得停止润滑装置。

(2) 为防止因长时间停磨而引起筒体变形,应通过慢速驱动装置转动磨体。

(五) 磨机长时间停止运转时的注意事项

(1) 将研磨体倒出,以防筒体变形。

(2) 冬季应将托瓦内冷却水放净,避免瓦冻裂。

(六) 研磨体级配及其装载量

厂方提供研磨体参考级配,使用中用户可根据实际生产情况进行调整。

研磨体的质量直接关系到磨机的产量,同时关系到磨机的运转率,所以,选用质量好的研磨体极为重要,其破损率要小于1%。

(七) 润滑剂及使用

润滑油品种及用量按表1-3进行。

表1-3　润滑油品种及用量

润滑点			润滑剂		备注	
名　称	润滑方式	允许温度（℃）	名　称	标准牌号	一次加油量（L）	换油期
滑履轴承	集中连续强制润滑	≤60	N320中负荷工业齿轮油	GB 5903—1995	适量	8～10个月
主轴承	集中淋油	≤60	N220中负荷工业齿轮油	GB 5903—1995	适量	8～10个月
大小齿轮	带油		2号开式齿轮油			
小齿轮轴承	油杯		2号极压锂基润滑脂	GB 7323—2008		
主轴承密封	油杯		2号极压锂基润滑脂	GB 7323—2008		

二、管磨机的维护

磨机合理的维护是极其重要的，而且是一项经常性的工作，应与磨机的操作和检修密切配合起来进行。磨机的维护工作直接影响到磨机的运转率和使用寿命，因此应有专职人员值班检查，以便能及时排除故障，保证生产正常进行。

（1）不喂料时，磨机不能长时间运转（一般不能超过30min），以免损伤衬板和消耗钢球；

（2）均匀喂料是磨机获得最高产量的重要条件之一。因此，磨机操作人员应精心调整喂料量，使其达到高产、稳产；

（3）对于烘干磨机，应根据物料的含水量，及时调节进入磨内的风量和风温的高低；

（4）要严格控制入磨物料的粒度和含水量（对干法生产的磨机），水分一般不超过1%，最大粒度不大于25mm；

（5）主轴承、滚动轴承、滑履轴承、减速机、电动机轴承注入润滑油（脂）必须清洁，盛油处必须密封良好，使油保持干净，注油量应达到各泊位指示器要求，润滑油要按规定添加和更换，对于稀油站的回油过滤器每月最少检查并清洗一次，每半年要检查一次润滑油的质量，必要时更换新油；

（6）对新装或更换摩擦润滑件时，应将油全部倒出，刷洗油池后另换新油。换油时必须保证润滑油清洁无杂质，并符合所用的牌号要求；

（7）冬季加油或换油时，应预先将油加热至20℃左右，对已变质或不干净的油禁止使用；

（8）经常检查各轴瓦温度不得超过有关规定的温度，检查润滑点的泊位高度和润滑油系统供油压力和供油量，主轴承温度应控制在（15～60）℃之间，若低于15℃应将主轴承冷却水减少或暂时关闭；

（9）新装衬板之螺栓，在运转初期易发生松动，因此须隔一段时间检查并拧紧，并应注意检查衬板螺栓有无松动和断裂，以免磨损筒体而漏灰或漏浆；

（10）检查磨机大小齿轮的啮合情况和对口螺栓是否松动。减速机在运转中不许有异常振动和声响；

（11）注意检查各密封处的密封情况，如有损坏应及时更换；

（12）保证油泵和管路无渗漏现象；

（13）要注意检查并记录电动机电流值的变化，若电流下降时，说明磨机研磨体和衬板等磨损过多，应及时调整更换；

（14）根据入磨物料的粒度和易磨性，以及对产品细度的要求来调节钢球（棒）的级配，并及时向磨内补充研磨体，使磨内研磨体保持最佳状态；

（15）除日常维护外，要定期检查主轴承、中空轴、筒体、减速机、大小齿轮、衬板磨损情况，并做好记录，发现问题及时处理。

注意事项：

（1）在冬季时，若停磨时间较长，应将球面瓦及串水道的水排除，以免冻裂球面瓦或轴承座。

（2）冬季（北方）停磨8h以上，在开动磨机前，应将主轴承润滑油放出，加热至20℃再倒入轴承内。

（3）长期停磨时，每隔5～10min，将磨转动半圈，停在原来相反的位置上，直到磨体充分冷却为止，以防磨体变形，此时要开动高压油泵向轴承内供高压油。

（4）在运转中突然停电，应将磨机和附属设备的电动机电源拉开，以免来电时发生事故。

（5）在冬季生产时，要注意磨尾废气保温工作，若低于露点会出现冷却水，从而损坏收尘器。

三、管磨机的检修

磨机运转到一定时间，由于机械磨损和易损件的消耗，使一些零件降低了原来的精度甚至损坏，若不定期检修会影响设备正常运转，甚至会发生设备事故，为保证及时恢复每个零件的设计功能，用户必须根据设备磨损情况，订立切合实际的检修计划和使用周期，检修中包括对机件全面检查、调整、清洗和修复及部分更换。

（一）传动装置

（1）电动机的检修，应按电动机说明书的要求进行。

（2）减速机的检修，应按减速机说明书的要求进行。

（3）大、小齿轮磨损至原齿厚的25%或断裂、掉齿时，应及时更换与修复。

（4）传动轴出现深10mm裂纹，应修复或更换。

（5）弹性棒销联轴节的棒销因过负荷折断，应更换。

（6）胶块联轴节的胶块被压坏，或有严重磨损，应及时更换。

（7）滚动轴承密封不良有漏油现象，滚动轴承径向间隙大于0.3mm，应修复或更换。

（8）罩体中刮油器磨损或不起刮油作用，应修复与更换。

（9）罩体密封装置应保证良好，如不能良好密封或漏油时，应及时调整或更换。

（二）轴承支承

（1）球瓦之巴氏合金被压溃或磨损5mm，须重新浇注巴氏合金。

（2）轴承支承表面磨损出现拉丝，深度超过1mm须修复，中空轴出现裂纹，须修复与更换。

（3）刮油器、固定油圈刮油、带油情况不好时，应及时修复与更换。

（4）轴承支承密封应良好，如发现漏油应检查密封垫是否磨损，如磨损，应及时更换与调整，如刮油板、刮油刷安装角度不对，应及时调整。刮油刷安装角度、位置与磨机回转方向有关。

（5）球瓦或主轴承座漏水时，应及时更换与修复。

（三）回转部分

（1）进出料螺旋筒和叶片或进料锥体被磨穿或磨损至原来厚度的70%时，须修复或更换。

（2）篦板、隔仓板等磨损超过厚度的50%时，应更换。

（3）人孔盖及密封垫损坏时，应及时更换。

（4）钢球磨损，应定期清仓分选、及时补充，但严禁从进料螺旋筒加钢球入磨，以防止损坏进料螺旋筒等。

（5）衬板螺栓磨损，衬板发生松动，须更换螺栓。

（四）进料部分

（1）进料漏斗磨损、磨穿，须焊补或更换。

（2）进料漏斗和进料螺旋筒间的密封磨损出现漏料或漏灰时，应修复与更换。

（五）出料部分

（1）出料罩密封失效，出现漏灰时，应及时修复与更换。

（2）出料筛孔磨损过大，筛孔间磨穿或堵塞，应及时焊补、修复、清理、更换。

（3）出料罩磨至1mm厚或磨穿时，应焊补或更换。

检修注意事项：

为了保证检修计划按时和提前完成，必须做好检修前的准备工作。首先将检修项目中所需用的工具准备齐全，并按检修项目准备好所需材料，如衬板、篦板和连接螺栓等。检修时还应注意以下事项；

（1）倒研磨体时，严禁在磨机两侧站人；

（2）检修前，应先通知值班电工切断主电源，并挂检修警告牌，未经指定人员许可，任何人不得擅自启动磨机；

（3）所有检修人员必须戴安全帽；

（4）检修完毕装磨门时，事先应检查磨内各仓有无人或工具。

第二章　水泥工业用回转窑

按　《水泥工业用回转窑》在 1983 年就制定了建材行业标准，1991 年进行了修订，1996 年确认，当时这项标准只覆盖了 4000t/d 以下的水泥技术装备，对实现国产化和技术进步发挥了重要作用。随着我国水泥工业的大发展，水泥技术装备的大型化日趋成熟，为满足我国加入 WTO 的需求，改变大型设备依赖进口的局面，迅速组织行业骨干企事业单位成立标准起草工作组，由中天仕名科技集团有限公司等单位组成起草工作组，完成了标准起草任务，国家发展和改革委员会批准发布 JC/T 333—2006《水泥工业用回转窑》，达到了国际先进水平，实施后推动了水泥工业大发展和行业升华，改变了 4000 ~ 10000t/d 技术装备替代进口的历史，为我国经济建设创造出显著的经济效益，作出了重大贡献。

第一节　概　　述

回转窑是煅烧水泥熟料的主要设备，也广泛应用于冶金、化工、耐火材料等工业部门。

回转窑的筒体是一个长的回转圆筒，内部镶砌耐火材料。筒体安放在托轮支承装置上做低速旋转，与水平呈 3% ~4% 的倾斜角。

回转窑运转时，物料从窑筒体的高端（窑尾部分）输入。由于筒体的倾斜和缓慢旋转，物料将产生一个既沿着圆周方向翻滚又沿着轴向移动的综合运动，不断地向窑筒体低端（窑头部分）输送。燃料从窑头送入窑内进行燃烧，物料在流动过程中与高温气流相遇，不断被加热，完成物理化学反应。烧成的熟料从窑头部分排出。

回转窑按其生产方式可分为干法窑和湿法窑两大类。从 20 世纪 70 年代起，世界水泥工业在悬浮预热的基础上发展了窑外分解技术。采用窑外分解新技术生产水泥的新型干法窑具有热耗低、产量高、窑衬寿命长等优点，因而得到应用和发展。从 21 世纪初开始，我国新建的大中型水泥厂均采用窑外分解技术生产水泥熟料，在节能降耗方面取得了长足的进步。以提高产品质量、降低能耗、提高使用寿命为目标的回转窑智能优化控制技术，开发大型回转窑智能控制系统是回转窑的发展方向。大型化短窑两挡支承问世，使窑体结构简化，窑重减轻，操作与维护方便。

我国水泥工业通过“八五”期间“日产 4000t 水泥装备国产化一条龙”和“九五”期间的技术完善和创新，技术装备水平进一步提高。“十五”期间，国家又组织实施了日产 8000t 和日产 10000t 水泥装备国产化项目，彻底改变了我国大型水泥技术和装备基本依赖进口的局面。到 2006 年底，国外采用中国水泥技术和装备累计建成投产、正在实施和已签合同的水泥成套生产线 107 条，建设规模基本都是日产 2000t 至日产 5000t 新型干法水泥生产线。

回转窑一般由下述部件组成：

1. 窑筒体

窑筒体用钢板卷成，物料在其中进行热交换和化学反应，窑内物料的温度可达 1450℃，故筒体内部砌有耐火材料。

2. 轮带

轮带活套在筒体上，把筒体部分的质量传递给支承装置的一对托轮，并使筒体在托轮上平稳地回转。

轮带是回转窑质量最大的零件。

3. 支承装置

支承装置承受着窑筒体回转部分的全部质量。每挡支承装置由一对托轮、四个轴承组和一个大底座组成。托轮支承着轮带，使筒体和轮带能够平稳转动。

托轮轴承组有两种结构，滑动轴承的托轮轴承组和滚动轴承的托轮轴承组。

4. 挡轮装置

挡轮装置有机械挡轮和液压挡轮两种。机械挡轮和液压挡轮用来限制窑筒体的轴向窜动，目前应用最广泛的是液压挡轮。

5. 传动装置

传动装置向窑筒体回转部分传递转动力矩。回转窑一般采用机械传动方式：主电机通过减速机把力矩传递给小齿轮，小齿轮和安装在筒体上的大齿圈相啮合，使窑筒体回转。由于操作和维修需要，回转窑还设有辅助传动装置，使窑筒体以更低的转速转动。传动装置中还设有减速机供油站，将润滑油过滤、冷却后循环提供给主减速机。

6. 其他部件

回转窑筒体的两端各自设有一固定的装置。位于筒体高处的一端称为窑尾部分，水泥生料由此进入筒体；位于低处的一端称为窑头罩，煅烧后的水泥熟料由此出窑。回转窑的喷煤管从窑头罩伸入窑筒体内，通过火焰辐射将物料煅烧，窑头罩是工作人员操作和观察回转窑的地方。由于回转窑筒体的两端处于负压状态，在筒体和窑头罩、窑尾部分的接合处都设有密封装置，用以阻挡外界冷空气进入窑体内，同时也可以避免窑头窑尾冒灰这一偶然发生的正压现象。

第二节　回转窑的制造

回转窑是水泥厂的关键设备，称为水泥厂的心脏。整个水泥生产工艺线要求回转窑在运行中保持较高的运转率，增加水泥熟料的产量。任何关键零部件的损坏都有可能导致整个生产线的停产。因此，提高回转窑设备的制造质量，特别是关键零部件的制造质量，使之在运行中保持良好的可靠性，对提高运转率具有重大意义。

回转窑是一种大型设备，我国的回转窑设备已经向大型化发展。制造回转窑既要考虑设备的加工能力、采用合理的加工工艺，也要设法解决超限运输问题。

一、介绍《水泥工业用回转窑》（JC/T 333—2006）

JC/T 333—2006《水泥工业用回转窑》是中华人民共和国建材行业标准，于2006年8月19日发布，2006年12月1日开始实施。

该标准规定了水泥工业用回转窑的基本参数和型号、技术要求、试验方法和检验规则等要求。特别对回转窑的重要零部件，如筒体、轮带、支承装置、挡轮装置、传动装置等的制造、装配、检验和安装要求作了统一的、具体的规定。该标准是指导我国建材机械行业制造、安装、验收回转窑设备的技术文件。

JC/T 333—2006《水泥工业用回转窑》是在标准 JC 333—1991（1996）的基础上修订而成的。从 2005 年起，原国家建筑材料机械标准化技术委员会开始组织有关人员修订标准。编制小组在全国各地进行了大量的调研，广泛地听取有关单位技术人员的意见，又认真研究了国外的有关技术标准，对标准逐条进行讨论，编制成现行行业标准。新标准提高了回转窑的制造要求，“相当于国际先进水平”，实施后提高了我国回转窑设备的制造水平。

二、钢板的预处理

组成回转窑零部件的大部分是用钢板焊接起来的钢结构件，现代生产要求钢板在运输至制造厂后，应及时做好预处理工作。这是因为：

（1）经过轧制后的钢板表面会产生氧化层，在长途运输和长期存放过程中还会发生锈蚀，影响表面的质量。

（2）钢板在轧制、运输和存放过程中，表面还会出现不平、弯曲、扭曲和波浪形等缺陷。

如果把这种钢板未经处理而直接用于制造回转窑，其加工精度和制造质量是难以保证的。

目前，钢板的预处理技术已经在我国的船舶制造、大型化工机械制造等行业普遍采用。建材机械行业中有的制造厂已经建立了钢板预处理生产线，不少制造厂也在筹建和建造中。

采用钢板预处理工艺，就是在产品加工前对钢板进行校正、除锈和上底漆。经过处理后的钢板可以保证下料的精度，排除自动火焰切割和焊接中的断火故障，避免气孔和夹渣现象的发生，也能有效地提高结构件的抗蚀性、外观质量和尺寸精度，从而提高设备使用寿命和工作可靠性。

钢板预处理生产主要工艺流程，如图 2-1 所示。

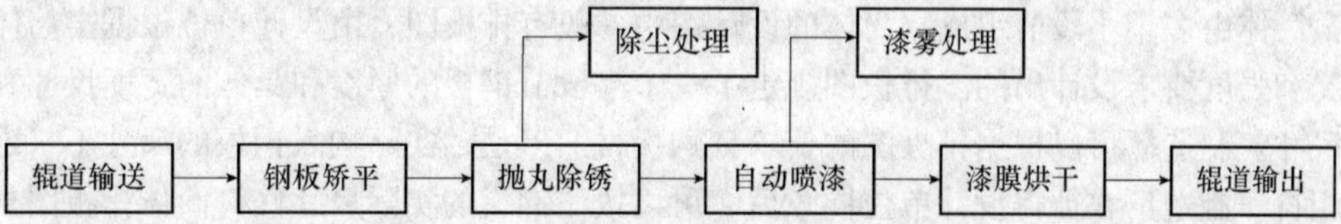

图 2-1　钢板预处理生产主要工艺流程

在整个流水生产线上，经过吹干、清理的钢板由平板车从钢板堆场输送到上料辊道，进入钢板矫平机矫平。矫平机为七辊矫平机，钢板通过矫平机的上下辊道时受到反复的弯曲变形而趋于平直。矫平后的钢板送入抛丸室清除表面的氧化层和锈蚀。抛丸室为封闭的钢结构壳体，分为抛丸仓和吹风仓两部分。抛丸采用标准型号的抛光机，在抛丸仓和吹风仓之间装有可调式清扫器。抛丸处理后的钢板由清扫器清除表面的积丸，经过吹风处理，成为平整、干净的板材了。钢板再经过封闭的喷漆室自动喷漆、烘干室漆膜烘干两道工序，最后进入下料辊道，由平板车运出。

经过预处理后的钢板具有良好的防锈性能，可以在室外条件下存放六个月不发生锈点。这种钢板也具有良好的加工性能，能够保证自动切割和焊接的连续进行，不发生断火故障。加工、装配后的产品可以直接油漆，不需要再进行除锈处理，在尺寸精度、制造质量方面得到有效的保证。

三、筒体

筒体是回转窑的主体，是最重要的组成部分。

筒体用钢板卷制而成，是一种薄壁长圆筒形的大型金属构件。筒体在运转时长时期处于250~400℃的高温状态中，承受着耐火砖、物料（包括窑皮）和自重的重载荷。为了使回转窑能够长期运转，要求筒体具有足够的强度和刚度，能保持轴线的直线度。

目前，国内回转窑筒体的直径一般在$\phi3\sim\phi6.4$m。随着水泥窑外分解技术的发展，窑筒体向大型化发展。现在，国内有的制造厂已经制造出直径大于6.4m的回转窑筒体。世界上最大的回转窑筒体直径达到7m。筒体钢板的厚度一般在22~100mm，大型筒体最厚的钢板要超过100mm。整个筒体的质量在数百吨以上。

窑筒体一般为直筒形，也有在窑头端和窑尾端扩大型的筒体。整个筒体按长度方向分为几个跨度，轮带位于支承部的小段节中，轮带处小段节的钢板最厚，其圆周表面固定着垫板。垫板用来将筒体的载荷传递到轮带上，使筒体不直接与轮带相磨损。轮带内孔与垫板外径留有一定的间隙，筒体运转时，两者产生相对滑动，接触面有磨损。

（一）准备工作

1. 材料选择

根据回转窑筒体的受力状况及其在水泥生产中的重要程度，国内外对回转窑筒体的材料十分重视。对于$D\leqslant\phi4$m窑（两挡窑除外），其Ⅱ挡轮带后方过渡钢板后的筒体，材料应不低于GB 700《碳素钢结构》中Q235B（镇静钢）的规定；对于$D>\phi4$m窑，材料应不低于GB 700《碳素钢结构》中Q235C的规定。钢材表面质量应符合GB/T 3274《碳素结构钢和低合金结构钢热轧厚钢板和钢带》的规定。

2. 修订或制定筒体排板图

窑筒体由多个小段节组成。筒体的设计图中一般有排板图，由设计单位根据窑筒体的受力情况和强度要求设计出的。排板图规定了一个小段节钢板的厚度和具体的宽度尺寸和周向长度尺寸。制造厂可以根据排板图的要求订购板材。但是，实际购入钢板的尺寸不一定与排板图相符。制造厂在征得设计单位同意后，可以按照钢板的实际尺寸修订筒体排板图。

修订后的筒体排板图应该保证原设计筒体的强度要求，筒体钢板的厚度必须符合设计要求。制造厂不能因为板材尺寸的限制而缩短较厚筒体段节的长度，该筒体小段节只能宁长勿短；筒体较薄段节的长度也只能宁短勿长，其空缺的一段应该被较厚的筒体段节所取代。

小段节尽量选用较宽的板材，这样可以减少整个筒体环向焊缝的数量，降低制造成本，减少筒体中可能产生的薄弱环节。小段节的宽度在1.8~2.5m之间，现在国内在发展3m的宽钢板，小段节的宽度还要增长。最窄的小段节不应小于1m，同一跨内宽度小于1.5m的段节不应多于1节（在特殊情况下，允许筒体两端悬臂端有2个小段节），并布置在该跨的中间部位。排板时要注意，筒体环向焊缝不能穿过卸料孔、人孔和其他开孔，孔边与焊缝的距离不得小于100mm。

小段节尽可能用整张钢板卷成，当小段节需要沿环向拼板时，每个小段节的纵焊缝不得多于2条。筒体各相邻段节的纵焊缝必须相互错开45°以上，最短拼板弧长不得小于1/4周长。纵向焊缝同样也不能穿过各种开孔。对于带有轮带垫板的小段节，纵向焊缝必须布置在两垫板的中间，不能与它们重叠。

（二）小段节

1. 小段节的展开和划线

小段节的形状一般为圆柱形，也有少数小段节形状为圆锥形。圆柱形小段节展开后为矩形，圆锥形小段节展开后为扇形。

小段节展开要考虑钢板厚度的因素。卷圆后小段节的外圆周要比内圆周长，这是因为钢板在弯卷时，其外层金属受到拉伸而内层金属受到压缩的缘故。在断面上由拉伸向压缩的过渡阶段，必有一层金属既不伸长也不缩短，称为中性层。所以，展开小段节要把“中性层”的长度作为依据。小段节钢板的中性层位置一般就在板厚的中间，其中性层与中心层重合。如果小段节的内径为 d，小段节钢板的厚度为 δ，则小段节的展开尺寸为 $(d+\delta)\cdot\pi$。

小段节的划线就是把展开图按实样画在钢板上。

划线时，除了要考虑小段节的展开尺寸外，还要考虑工艺性的伸长或收缩量和钢板的加工余量。对于厚度为38mm 和38mm 以上的厚钢板或宽度超过1.9m 的宽钢板，在轧制成型时其边缘区域容易产生分层、裂纹等缺陷，划线前要对成材边缘宽度为60mm 的区域进行超声波检查，不得有上述缺陷，按批次抽查，每台回转窑筒体钢板抽查率不低于30%，并且每种板厚不小于1张。若发现有裂纹、分层等缺陷，每发现一个超标缺陷，再相应提高该批次钢板抽检率10%，直至全检。其质量等级应达到 GB/T 2970《厚钢板超声波检验方法》中Ⅱ级的规定。

划线后要检查图形是否正确，对于矩形钢板，应检查两对边是否平行，对角线长度的差值应小于2mm。如果留有加工余量时可适当放宽。

2. 钢板下料和边缘加工

小段节的材料大多是低碳钢，段节的钢板属于中厚板，可以用火焰切割方法下料，也可以使用机械加工的方法。

制造厂常常使用半自动切割机下料，其工作原理为：小车由电动机带动，沿轨道可作直线运动，依靠半径杆可做圆周运动，装在小车上的割炬由此可以按直线或弧形进行切割。但是使用这种切割机下料所得的尺寸精度较低，还不能满足焊接和装配的需要，还要用单节筒体车床加工坡口。钢板边缘的加工就是坡口的加工。坡口的作用是使电弧焊能深入焊缝的根部，使根部焊透，从而保证整个焊缝截面的焊接质量。小段节的纵焊缝和环焊缝坡口均采用不等边“X”形式，常在筒体卷圆后用单节筒体车床加工坡口。

随着数控技术的发展，制造厂家常用数控切割机切割钢板。这些切割机通过光电跟踪或者数控装置控制执行机构按照要求的轨迹行动，能够把钢板的划线、下料和边缘加工一次性完成，从而实现了切割、加工钢板的机械化和自动化。数控切割尺寸精确，生产效率高，自动化程度高，是目前建材机械行业中最常用的生产加工方法。

3. 钢板卷圆

钢板卷圆就是用外力使之发生屈服，在卷板机上完成连续三点弯曲的过程。

卷板按卷制的不同温度可以分为冷卷和热卷。当钢板的厚度 b 大于或者等于内径 D 的四十分之一时 $[b\geq(1/40)D]$，应进行热卷；当钢板的厚度超出卷板机的实际常温卷制能力时，也可以考虑热卷。一般地说，目前我国制造的回转窑大部分小段节都是用冷卷的方法卷圆的。

用于卷板的卷板机分为三辊卷板机和四辊卷板机。卷板机有很多形式，下面介绍几种用于卷制回转窑小段节的卷板机的弯卷原理。

（1）卷板机的弯卷原理

1）对称式卷板机的弯卷原理

对称式三辊卷板机由一个上辊筒和两个对称分布的下辊筒组成，如图2-2所示，三辊筒呈“品”字形分布。钢板位于上、下辊筒之间。上辊筒在垂直方向能上下调节，调节上辊筒的位置可以给钢板施加一定的弯曲压力，获得不同程度的曲率。卷板机工作时，两下辊筒由电动机经减速机带动，以相同的转速方向转动，上辊筒是被动的。由于辊筒和钢板表面的摩擦力，下辊筒带动钢板向前移动，并使上辊筒随之旋转，钢板在上下三个辊筒的滚压过程中发生了均匀的弯曲。

对称式三辊卷板机的结构简单，但弯卷后小段节的两端边缘各自还存在着长度为$L/2$的区域没有发生弯曲，称之为剩余直边。由于剩余直边在校圆时难以完全消除，并造成较大的焊缝应力和设备负荷，容易产生质量事故和设备事故，一般应该对钢板剩余直边区域进行预弯，或者干脆在小段节卷圆后把它作为预先留有的加工余量割除。常用的预弯方法有两种：第一种方法是厚板作为弯模预弯。把具有一定曲率的厚板放入下辊筒中，钢板置于弯模上，压下上辊筒并使弯模来回滚动，使钢板的直边达到所需要的弯曲半径，这种方法只适用于较薄钢板的预弯。第二种方法是将钢板放在水压机上用压模压制，能适用于各种厚度的钢板。

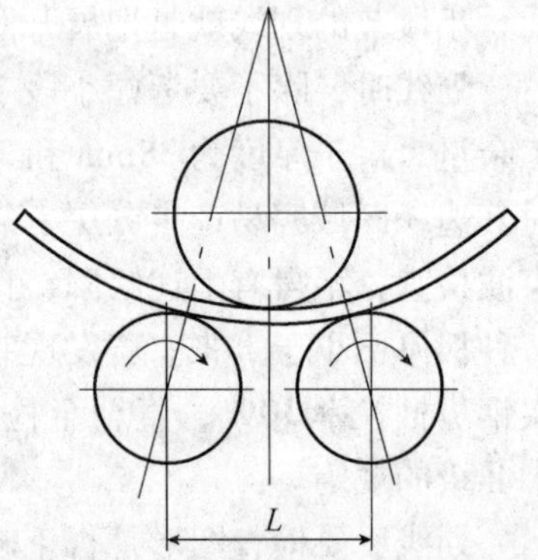

图2-2　对称式卷板机弯卷原理

2）四辊卷板机的弯卷原理

四辊卷板机由上下辊筒和两对称分布的侧辊筒组成，如图2-3所示，下辊筒能上下调节，调节的最大距离约为钢板的最大厚度。两侧辊筒能在倾斜方向调节。上下辊筒为主动旋转，两侧辊筒则是被动旋转。卷板机工作时，先把钢板送入上下辊筒之间。调节下辊筒将钢板压紧，产生一定的摩擦力，然后调节左边的侧辊筒使钢板的边缘弯曲。上下辊筒做旋转运动，带动钢板向前移动，钢板在移动中被卷弯。当钢板的后端面到达左边侧辊时，再调节右边侧辊压住卷弯的钢板，同时落下左边侧辊。辊筒继续旋转，最后把钢板的后端面也弯卷。

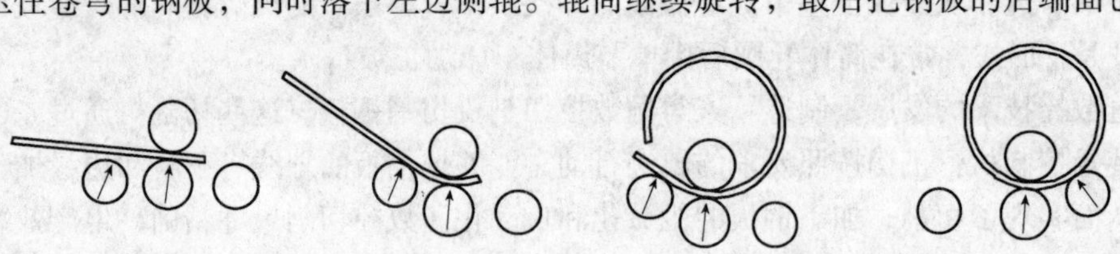
图2-3　四辊卷板机弯卷原理

使用四辊卷板机弯卷小段节，钢板的两端边缘也能得到弯曲，而且剩余直边的长度小，其值不到钢板厚度的二倍，适用卷制较厚的大型小段节。但是四辊卷板机的结构复杂，质量和体积大，耗电量大。

3）水平下调式三辊卷板机的弯卷原理

水平下调式三辊卷板机是国内开发的新品种，称为“新三辊”，如图2-4所示，具有四辊卷板机的性能。水平下调式三辊卷板机的上辊筒可以在垂直方向上下调节，两下辊筒可以在水平方向左右调节。两下辊筒为主动旋转，上辊筒为被动旋转。卷板机工作时，两下辊筒沿水平方向同时向左移动，直至右侧辊筒靠近上辊筒的位置。把钢板置于上下辊筒之间，调节上辊筒压紧钢板的边缘使之弯曲。这时，两侧辊筒做同方向旋转，像四辊卷板机那样把钢板卷圆。当钢板的后端面接近左边侧辊筒的时候，两侧辊筒沿水平方向向右移动，直至左辊筒紧靠上辊筒，再转动两侧辊筒，便完成了钢板后端边缘的弯卷。

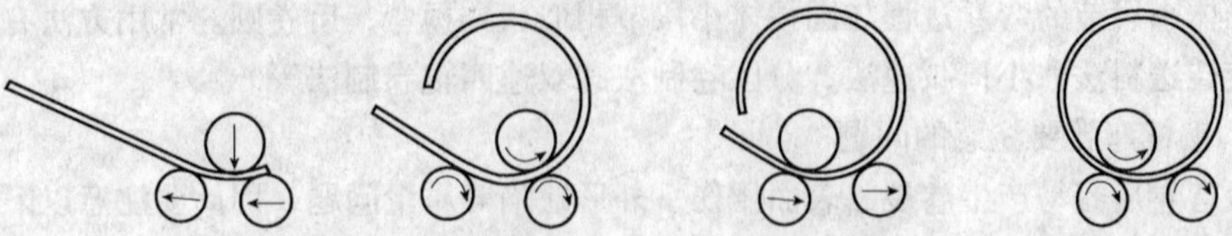

图 2-4 水平下调式三辊卷板机的弯卷原理

水平下调式三辊卷板机能对钢板的两端边缘预弯，预弯后剩余直边的长度稍大于两倍的钢板厚度，与四辊卷板机相比较，其结构紧凑、质量轻、耗电少，是卷制大型、重型小段节较为理想的工艺装备。

（2）弯卷工艺

小段节在弯卷过程中，除了把钢板两端边缘的剩余直边预弯外，还要进行钢板的对中、卷圆等工作。

1）对中

将预弯的钢板放入卷板机弯卷时，为了防止产生歪扭现象，应将钢板对中，使钢板的纵向中心线与辊筒轴线保持严格的平行。对中的方法有如图 2-5 所示的几种。

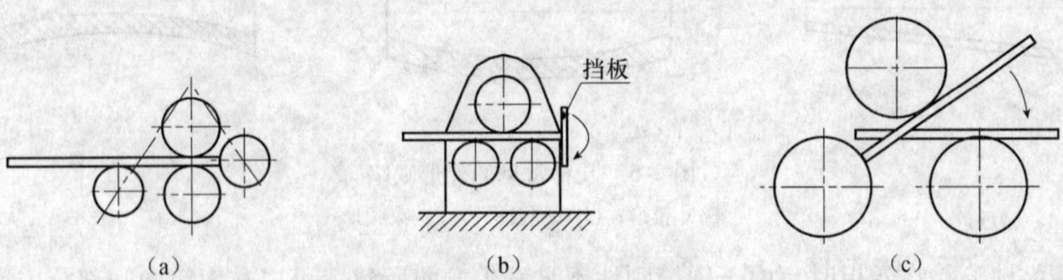

图 2-5 几种对中的方法

（a）四辊卷板机对中；（b）有对中挡块的三辊卷板机；（c）倾斜进料对中

在四辊卷板机上调节侧辊筒，使钢板边紧靠侧辊对准；在三辊卷板机上利用挡板，使钢板边线也能对中；也可将钢板抬起来使边线靠近侧辊，然后放平；此外也可以辊筒的中间位置用视线来观察上辊的母线与钢板边线是否平行来对中。

2）卷圆

卷圆方式分一次进给与多次进给两种。一般用多次进给法卷圆。多次进给法是将钢板在卷板机上来回滚动，在滚动过程中逐步调节三辊卷板机上的上辊筒或四辊卷板机上的侧辊筒的位置，使钢板的曲率半径逐渐减小。经常用至少是45°的圆弧样板在整个小段节上检查圆弧的弯曲程度，直至达到规定的要求。

由于冷卷钢板的回弹较显著，必须施加一定的过卷量，在所需的过卷量达到后，还应在此曲率下来回多卷几次。

热卷则不必考虑回弹，只要控制下料尺寸，把钢板卷至刚好闭合即可。为了防止小段节过早卸下而产生变形，应该在终卷曲率下不断滚卷，直至小段节表面颜色发暗（500℃）为止。工件冷却时，应合理放置。

3）弯卷圆锥体小段节

弯卷圆锥体小段节时，只要使上辊筒与侧辊筒的中心线调节成倾斜位置，同时使辊压线始终与扇形坯料的母线重合，就能卷成圆锥体小段节。

圆锥体小段节的弯卷过程与圆柱体小段节相似，先预弯，后卷圆。常用方法有：矩形送料法、旋转送料法、小口减速法、分区卷制法和双速四辊卷制法等。

（3）钢板弯卷要注意的问题

钢板弯卷后容易产生卷裂、表面压伤、外形缺陷等质量问题，因此要注意以下几点：

1）用冷卷方法卷板的室温应高于钢板的脆性转变温度，以防止发生卷裂现象。当室温低于5℃时，可以考虑采取一定的工艺措施，如预热等。

2）保持钢板表面的清洁，最好使用经过预处理的钢板卷板；卷板机也必须保持干净，辊筒表面不得有锈皮、毛刺、棱角或其他硬性颗粒；热卷的钢板在加热弯卷过程中要采取适当的工艺措施，尽量减少表面氧化皮的产生，并不断清除这些杂质，以免钢板表面受到压伤。

3）由于操作不当等原因，小段节往往产生锥形、腰鼓形、束腰形等缺陷，如图2-6所示，当上辊或侧辊两端的调节量不一致时，上下辊的中心线互不平行，便产生锥形缺陷。操作时应该使用样板在整个小段节长度上检查其曲率半径是否相同。如有不同，应该在曲率半径大的一端增加辊筒的进给量。

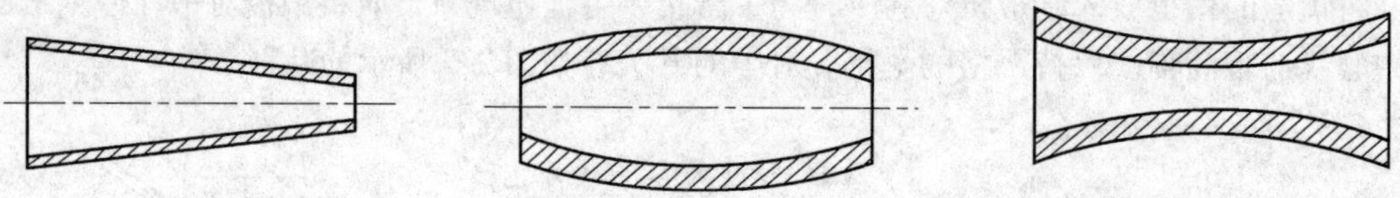

（a） （b） （c）

图2-6 几种常见的外形缺陷

（a）锥形；（b）腰鼓形；（c）束腰形

腰鼓缺陷是在卷板时，由于辊筒刚性不足发生弯曲所致。可以在辊筒中间部分应增加支承辊筒。束腰是由于上辊压力太大或下辊顶力太大，使辊筒发生反向弯曲所造成的。操作时要注意辊筒的调节压力。

4. 小段节纵向接缝的找正、焊接和矫圆

筒体小段节卷圆后，可以着手找正、焊接纵向焊缝的工作。

如前面所述，一般没有预弯工序的小段节，在钢板下料工序中已经割准圆周方向的长度尺寸并加工好纵向焊缝的坡口型式；对于一些没有设预弯工序的厚壁小段节，钢板下料时，还留有剩余直边的加工余量，此时要对小段节做圆周方向尺寸的划线下料工作。由于小段节已经卷圆，划线应以小段节的外圆为基准。用卷尺围合出外圆的周长，划出纵向切割线，再用半自动切割机割准周向尺寸和纵向接缝的坡口型式。

（1）小段节纵向接缝的找正

卷圆后，小段节的纵向焊缝不可能十分正确，会产生焊缝间隙、两端面偏差和纵缝对口错边量。焊缝间隙是由于小段节圆弧面的实际曲率与理论值不相符所致，只要在卷圆过程中经常用圆弧样板校验就可以消除。

小段节两端面偏差取决于矩形钢板的形状误差和操作方法。如果钢板下料后两对边的平行度误差和两对角线长度误差均符合要求，钢板在卷圆前也做好了对中工作，那么小段节两端面偏差也是不难控制的。小段节纵缝错边量可以用简易杠杆夹具找正，如图2-7所示。

（2）小段节纵缝的焊接

焊接小段节纵缝宜采用埋弧自动焊。就整个回转窑筒体来说，不论是纵缝，还是环缝，其几何形状都适宜采用自动焊。这对于提高生产效率和产品质量是十分有利的。

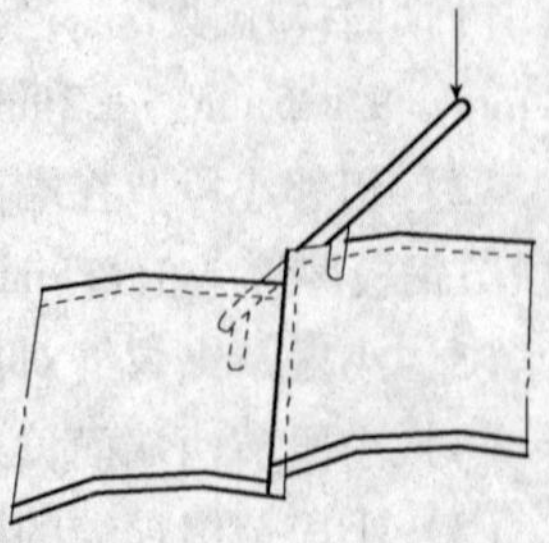

图2-7　用简易杠杆夹具找正单节纵缝错边量

使用埋弧自动焊焊接，电弧埋在焊剂层下燃烧，焊条的送进和移动是由专门机构控制完成的。埋弧焊用光焊条作填充金属，焊条常缠成盘状，在靠近电弧的地方把电流通过导电嘴引入焊条，焊剂为小颗粒状，焊接时撒在电弧的周围，把整个电弧埋在焊剂层下。所以看不见电弧光，也无金属飞溅。

整个焊丝送进机构及焊剂在焊接小车中，小车置于轨道上沿着轨道移动。小车在移动过程中带动焊丝沿焊缝匀速移动，完成整个长度的焊接工作。

小段节焊接前，先在接缝两端面焊上起弧和息弧板，以避免焊丝在小段节两端直接起弧和息弧，使焊缝在钢板的小段节接缝之间平滑过渡，从而保证该处焊缝的质量。

纵缝采用X坡口型式，先焊接内焊缝，焊后用碳弧气刨清除焊根，清除熔渣和杂质，使整个焊缝截面获得全熔透。对于壁厚较薄的小段节，下料时只需割出内焊缝的V形坡口，待内焊缝焊接后，外焊缝的坡口型式可以用碳弧气刨直接刨出。

焊缝焊接后，清除覆盖在焊缝上的焊剂，割除起弧板和息弧板，修正小段节纵缝端口的环缝坡口，小段节焊接工作结束。

（3）小段节矫圆

小段节焊接后应该进行矫圆。矫圆分加载、滚圆和卸载三个步骤。先根据经验或计算，将辊筒调节到所需要的最大矫正曲率的位置，使小段节的钢板受压。小段节在辊筒的矫正曲率下来回滚卷1~2周，要着重滚卷近焊缝区，使整圆曲率均匀一致。用圆弧样板检验合格后，在滚卷的同时，逐渐退回辊筒，使小段节在逐渐减少矫正载荷条件下多次滚卷。

小段节对接缝的棱角度缺陷为常见的外形缺陷，是由于预弯不准而造成的。当预弯不足时产生外棱角，预弯过大时造成内棱角。图2-8是用三辊和四辊卷板机矫正棱角缺陷的几种方法。

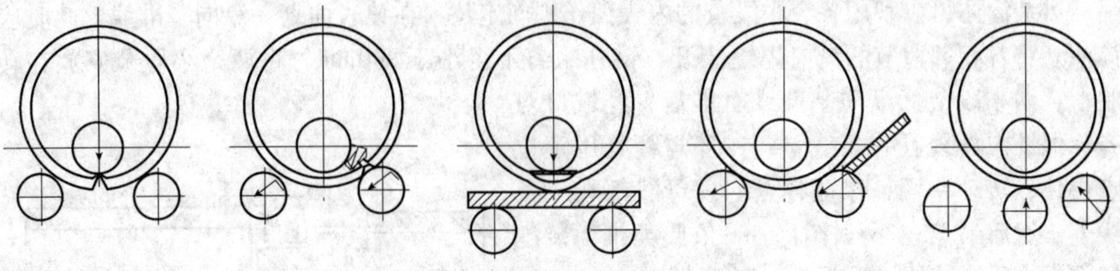

图2-8　矫正棱角的方法

小段节的圆度误差也在矫圆时矫正。

小段节矫圆以后，为了克服自重及吊运过程中发生变形，在端口装一道撑圆环板。撑圆环板也能在小段节的下一道装配工序中保证装配精度。

5. 小段节检验要求

矫圆后的小段节应符合以下检验要求：

（1）筒体小段节内径公差值，对于内径为 $D=3$m、4m、5m 和 6m 的筒体分别对应为：±1mm、±1.5mm、±2mm 和 ±2.5mm。对其他 D 值，可按上述公差值类比确定。

（2）相邻小段节在端面处的周长公差为 0.15% D，当拼制相邻大段节接缝处的两个相邻小段节钢板厚度差值≥5mm 时，两者接口周长应配作，以降低周长差值。

（3）小段节纵焊缝对口错边量不得大于 1.5mm。

（4）小段节两端面偏差为 2mm。

（5）小段节纵焊缝的棱角度向筒体外不得大于 3mm，向筒体内部时不得大于 1.5mm。

（6）小段节纵向焊缝用射线或超声波探伤检查，其评定标准为：当采用超声波探伤时，必须符合 GB/T 11345《钢焊缝手工超声波探伤方法和探伤结果分级》中Ⅱ级的要求；当采用射线探伤时，必须符合 GB/T 3323《金属熔化焊焊接接头射线照相》中Ⅲ级的要求。

焊缝探伤检查长度不得小于该条焊缝长度的百分数为：当采用超声波探伤检查时为 25%，当采用射线探伤检查时为 15%，对超声波探伤检验发现的焊缝可疑处，应采用射线探伤进一步评定。焊缝探伤检验不合格时，对该条焊缝应加倍长度检验，若再不合格，则应 100% 检验。

6. 大段节筒体的装配、加工和检验要求

回转窑的整个筒体很长，由几十个小段节组成。由于制造、运输、安装等条件的限制，不可能在制造厂内装配、焊接成整体运输出厂，只能把它装配焊成长度为 10m 左右的大段节筒体运到现场工地上安装。事实上，将筒体整体出厂也是没有必要的，由于大段筒体在装配、焊接和加工过程中得到工艺措施的保证，在现场安装、焊接后的整个筒体中心线完全有可能达到允许的公差范围内。因此，制造厂应该确保大段节筒体的制造精度和制造质量，才能使筒体在现场工地上顺利安装。

（1）小段节环缝装配

大段节筒体的装配，就是把几个小段节相互连接后焊接环焊缝。装配后的大段节筒体要求各个小段节位于同一中心线上，这就需要做好小段节环缝的装配工作。

小段节环缝可用卧装或立装的方法。由于小段节是大直径的薄壁圆管，立装不会发生因筒体自重而产生的径向变形，能保证装配质量。但立装需要有足够的起吊高度和起吊能力的设备。

卧装筒体可以利用各个小段节的内表面作周向定位：在该表面划一纵向基准线，此时应该注意将各相邻段节的纵向焊缝错开，错开距离不得小于 800mm。将两个小段节安放在转胎上，两小段节的纵向基准线对准后，经坡口对齐，保证内母线在一条线上，在环焊缝处用定位点焊住，转动一圈，保证各点的内母线都在一条线上，然后吊第三小段节上……依此类推，装配好整个大段节筒体。

小段节环缝坡口接合面会产生对口错边量，需要坡口对齐，可以焊上“Γ”形铁打入斜楔，消除错边，如图 2-9 所示。

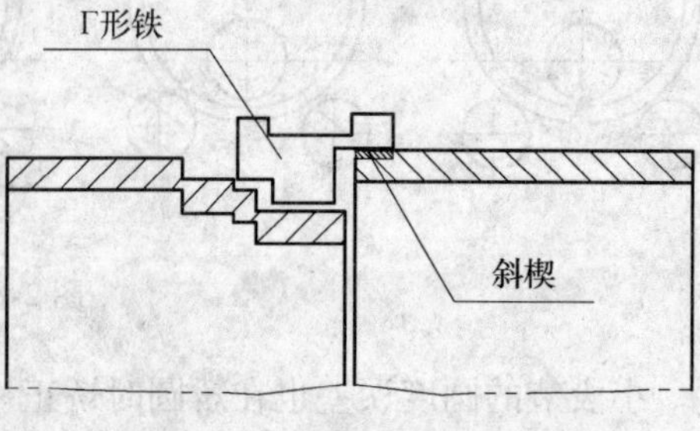

图 2-9　焊“Γ”形铁后打入斜楔，消除错边

（2）大段节筒体环缝焊接

大段节筒体环缝采用埋弧自动焊。焊接时，将整个筒体安放在滚轮座上，环缝焊接的行走动作有两种形式：一种是把自动焊机固定在一个支架上，自动焊机依靠滚轮座带动筒体做一定速度的旋转，从而获得焊接的行走动作；另一种是把自动焊机直接放在筒体内外表面上，依靠焊机小车的行走进行焊接。为了使焊接能始终在接近于平焊状态下进行，筒体也做相应的反向旋转，如图 2-10 所示。

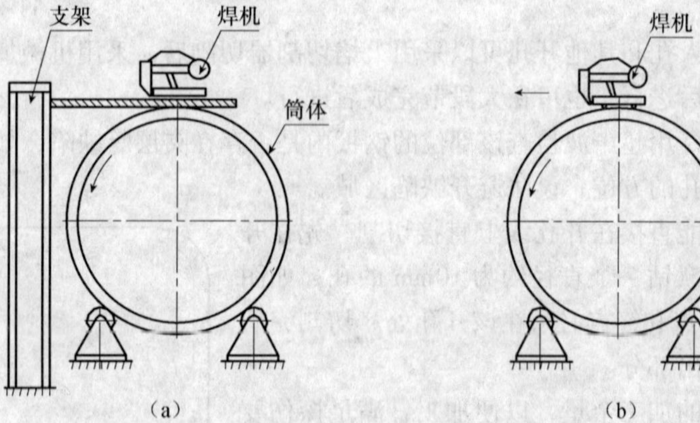

图 2-10　筒体环缝自动焊时的行走形式

（a）焊机固定，筒体回转；（b）焊机行走，且筒体回转

由于外环缝坡口内已经焊上定位点焊缝，自动焊接宜采用先焊接内环缝的方法。焊后用碳弧气刨在外环缝坡口内消除点焊缝和内环缝的焊根，再焊接外环缝。

（3）轮带下垫板的固定

垫板与筒体固定的结构形式很多，目前一般采用浮动垫板的结构，也有用焊接的方法和可调垫板的形式。可调垫板就是把较薄的垫板置于永久垫板上，待可调垫板与轮带内孔发生磨损，出现过大的间隙时把它调换。但永久垫板仍然采用焊接的结构。

由于垫板传递着窑筒体与轮带之间的巨大压力和窑筒体的轴向窜动力，安装垫板要求与筒体相接触的圆弧面有良好的贴密程度，其间隙≤0.5mm 为合格，这就要求两者的圆弧接触面的曲率趋于一致。

浮动垫板的圆弧截面可以用卷板机卷制成，像卷圆小段节那样，将整张钢板放在卷板机上卷成圆柱面，然后用半自动氧气切割器在圆柱面钢板上逐一割准垫板的外形尺寸，去掉四周的毛刺后再加工安装大挡块的位置。切割后的垫板圆弧截面会产生反弹的趋势，卷制钢板的圆弧曲率半径要小于名义尺寸的曲率半径，使最终加工好的垫板圆弧曲率与名义尺寸相符，从而保证两接触圆弧面的贴密程度。装浮动垫板的筒体在制造时，要将浮动垫板的安装位置线划出来，并打上洋冲眼标记。

焊接垫板的圆弧截面也可以用卷板机卷制成，像卷圆小段节那样，将整张钢板放在卷板机上卷成圆柱面，然后用半自动氧气切割器在圆柱面钢板上逐一割准垫板的外形尺寸，去掉四周的毛刺后即可装配在筒体上。切割后的垫板圆弧截面会产生反弹的趋势，卷制钢板的圆弧曲率半径要小于名义尺寸的曲率半径，使最终加工好的垫板圆弧曲率与名义尺寸相符，从而保证两接触圆弧面的贴密程度。考虑到回转窑运转时筒体表面与垫板的受热膨胀值不一致，常常造成焊缝开裂。焊接垫板只能单端焊接，另一端点焊，单端焊接的焊板交叉排列。点焊的目的是要克服车加工垫板外圆时的切削力，待筒体在现场安装后排除点焊缝，让垫板在筒体上一端焊接，另一端可以自由延伸。为了防止垫板的自由端在运转过程中发生周向位移，可以在筒体的原点焊处各焊接一块挡块。注意此挡块不能和垫板焊接在一起。

安装垫板要求先用工具压紧，使垫板与筒体紧密接触后再焊接。焊后用0.5mm 塞尺检查贴密程度，插入的最大长度不得超过100mm，且不得多于2处。

（4）开孔

筒体的卸料孔、人孔和其他开孔可以采用火焰切割器切割后，采用机械加工的方法。切割可以在小段节完成后进行，也可在大段节完成后进行。

开孔划线前，最好用超声波检查该部位的钢板内是否存在夹层等缺陷，如存在缺陷，应该沿圆周方向移动开孔的方位，设法避开缺陷区域。

开孔时注意：不能直接在开孔线上直接切割。先在开孔线的长边稍往里随意钻一个直径约为10mm 的孔，如图2-11 所示。切割的起点和终点必须在该开孔处。切割完后打磨或批平剩余的突出部分。

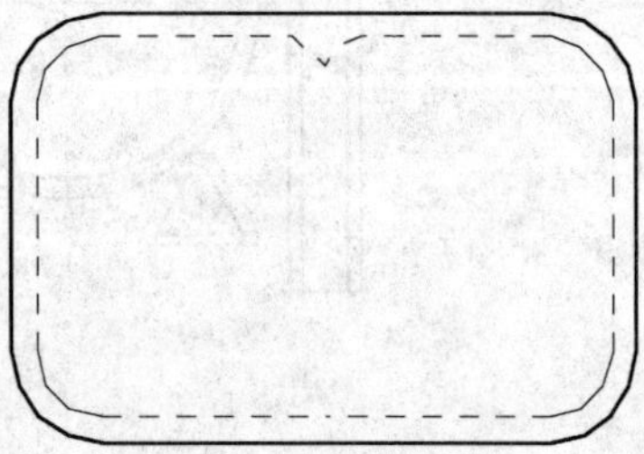

图2-11　筒体开孔示意图

切割要留有一定的加工余量，以便加工，满足探伤要求。沿孔边缘进行着色探伤，不得有微裂纹、分层等缺陷。采用超声波探伤时应达到GB/T 2970《厚钢板超声波检验方法》中Ⅱ级要求。

（5）大段节筒体的整体机械加工

大段节筒体装配、焊接以后，制造厂一般采用车削加工的方法：车准长度尺寸，车削现场焊接的环缝坡口和加工垫板的外圆。大段节筒体经过车削加工能提高尺寸精度，保证现场安装的质量。

有的制造厂限于条件，只能采用将单件小段节加工好再逐一组装。焊接成大段节筒体的办法，取消了大段节筒体的整体机械加工。但是使用这种方法制造的大段节筒体的误差较大，会给现场安装、调整和焊接带来困难。由于焊接后的环缝会产生一定的收缩量，各小段节之间也会产生装配误差，使大段节筒体的整个长度尺寸公差难以保证；未经车加工的大段节筒体两端面与轴线的垂直度误差较大；轮带下垫板的外圆和整个筒体不可能保持同轴度。

为了确保大段筒体能够在现场安装，图纸上对制造厂提出在厂内试装配大段节筒体的要求：首先将三个大段节进行找正，打上标记。然后卸掉第一大段节，装上第四大段节，与第二、第三大段节进行找正，打上标记再卸掉第二大段节，装上第五大段节……依次类推，直至把各大段节筒体均匀地预装一次。经过预装的大段节筒体运到现场工地上，安装人员根据试装配的标记来找正整个筒体的中心线的直线度，但是窑筒体的全长公差，垫板外圆与窑筒体的同轴度公差却很难再找正了。

经过车削加工的大段节筒体能够保证制造精度。其长度尺寸公差为±1mm，两端面与轴线的垂直度公差小于0.5mm。据现场安装人员反映：这种筒体安装时能很容易找正整个窑筒体的中心线，因此，采用这种加工工艺可以取消在制造厂试装配的要求。

加工大段小段节时，先装上筒体专用夹具，加固、校正两端口和安装垫板处的筒体外圆。然后车准长度尺寸和两端口的环缝坡口，车准垫板外圆尺寸。车加工要注意，为了保证大段节筒体长度尺寸的积累误差不超过筒体总长的 0.025%L（L为筒体总长尺寸），大段节筒体的长度尺寸尽量控制在中间公差范围内，或者一段车成公差值的上限，另一段车成公差值的下限，反之也一样；垫板外圆的直径尺寸不能直接测量到，只能把它换算成外圆周长度尺寸，用卷尺围合获得。如图 2-12 所示：用卷尺围合垫板外圆所得的是垫板的弧长和两垫板之间的弦尺寸之总和。如果垫板为沿圆周方向均匀分布，垫板的外径尺寸为 D'，弧长为 a，数量为 n 件，则通过几何尺寸的计算，用卷尺围合垫板外径的理论周长尺寸 L（mm）的计算公式为：

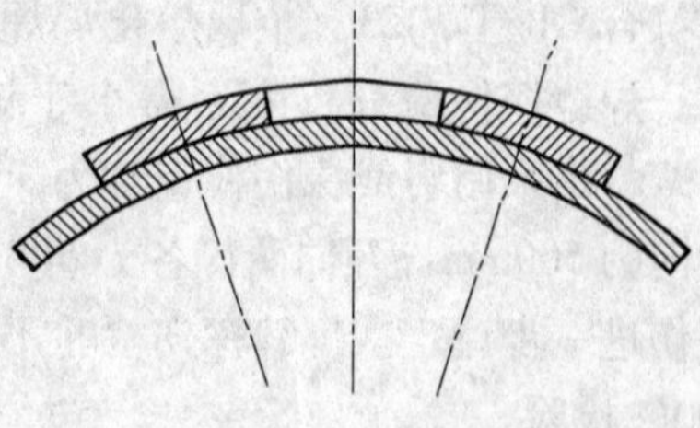

图 2-12　用卷尺围合筒体整板外圆围合的长度尺寸

$$L = n\left[a + D' \cdot \sin\left(\frac{\dfrac{2\pi}{n} - \dfrac{2a}{D'}}{2}\right)\right]$$

（注：π 为弧度）

应该指出，对大段节筒体进行整体车削加工，加工精度高，但制造成本大。有的制造厂根据自己的加工条件和制造水平，在确保大段节筒体制造精度的前提下，对非轮带段的大段节筒体不采用整体加工的工艺，轮带段的大段节筒体仍保留原来的加工工艺。

（6）其他工作

经过整体车削加工的大段节筒体，还需要划线钻孔，然后拆除各小段节的撑圆环板，在筒体两端口处装上米字撑。

各大段节筒体按照图纸要求编号。在筒体内打上洋冲眼，作为安装时周向定位的标记。在每一大段节的直线上划一箭头，箭头方向与物料运动方向相同。最后，把大段节筒体装入鞍式支座内，经检验合格后运输出厂。

（7）大段节筒体检验要求

1）大段节的长度公差为该大段节长度的 ±0.025%。

2）大段节两边的焊接坡口在制造厂一律采用机械加工。设计图样规定的坡口型式适用于手工电弧焊，若现场采用自动焊而变动坡口型式，须经设计单位认可。

3）焊缝要饱满，最低点不应低于基体金属表面。焊缝超出基体金属表面的高度：

a. 筒体内部：一般区域不应大于 1.5mm；烧成带及相邻区域（即从出料端算起 9 倍筒体内径的长度范围）不应大于 0.5mm；

b. 筒体外部不应大于 3mm。

4）安装轮带、大齿轮的段节，在同一断面上的最大直径与最小直径之差不得大于 0.15%D，其余段节不得大于 0.20%D。

5）出厂的相邻大段节在接缝处的周长差 0.15%D。

6）筒体环向焊缝对口错边量不得大于 2mm。

7）出厂的大段节中心线的直线度：安装轮带、大齿圈的段节为 ϕ4mm，其余段节为 ϕ5mm。

8）每条焊缝都必须探伤检查，其评定标准为：当采用超声波探伤时必须符合 GB/T

11345《钢焊缝手工超声波探伤方法和探伤结果分级》中Ⅱ级的要求；当采用射线探伤时必须符合 GB/T 3323《金属熔化焊焊接接头射线照相》中Ⅲ级的要求。

焊缝探伤检查长度不得小于该条焊缝长度的百分数为：当采用超声波探伤检查时为25%，当采用射线探伤检查时为15%，纵环焊缝交叉的T形接头焊缝必须检查，检查长度纵向为500mm，环向两侧各为500mm。对超声波探伤检验发现的焊缝可疑处，应采用射线探伤进一步评定。焊缝探伤检验不合格时，对该条焊缝应加倍长度检验，若再不合格，则应100%检验。

9）焊缝同一部位返修次数不应超过两次，超过两次时应经施焊企业技术负责人批准，且返修部位和次数应在质量证明书中加以说明。

10）焊缝咬边深度不得大于0.5mm，连续长度不得大于100mm，每条焊缝的咬边总长度（焊缝两侧之和）不得超过该焊缝长度的10%。

11）焊缝表面及热影响区不允许有裂纹和其他影响强度的缺陷。

（三）轮带

轮带的作用是把筒体的质量传递给托轮，并使筒体能够在托轮上平稳地回转，轮带需要有足够的强度、刚度，也需要有足够的耐久使用性能。

轮带一般用铸钢铸造而成，也有锻造轮带，但锻造轮带制作工艺复杂，成本高，较大尺寸的锻件受到加工条件的限制。

轮带的截面形状，主要有箱形截面和矩形截面。箱形截面的轮带，金属利用比较合理，刚度大，散热好，但是结构复杂，温度应力较大；矩形截面的轮带，铸造简单，使用寿命长，温度应力小，但金属材料利用不合理，刚度小，散热差。

带窑外分解技术的回转窑筒体的表面温度要比其他回转窑高，故轮带大都采用矩形结构，以避免产生过大的温度应力。

1. 铸钢件要求

轮带的材料要求：对于$D \leqslant \phi 4$m窑，材料不低于JC/T 401.2《建材机械用　碳钢和低合金钢铸件技术条件》中有关ZG310-570的规定。铸件进行正火回火处理，加工后的外圆表面硬度不低于170HB；对于$D > \phi 4$m窑，材料不低于JB/T 6402《大型低合金钢铸件》中ZG35CrMo的规定。铸件进行正火回火处理，加工后的外圆表面硬度不低于185HB。

2. 轮带的机械加工

轮带加工前必须清除内部的型砂。轮带属于回转窑设备中体积和质量最大的金属加工零件，宜放在大中型立车上车削。

轮带车削分为粗车和精车。

粗车中留有一定的加工余量，然后检验轮带的硬度和超声波探伤，达到要求后开始精车。探伤应达到GB 7233《铸钢件超声波探伤及质量评级方法》中3级的规定。

垫板与轮带内孔之间的间隙十分重要，精车轮带首先要控制内孔直径的尺寸公差。精车轮带也应该控制内外圆柱面的同轴度公差，这就要求装夹在立车上的轮带应该一次性加工出内外圆柱面，不能调头车削。另外，为了使轮带和托轮保持良好的接触面，图纸上往往要求轮带的外圆表面的粗糙度不大于$R_a 6.3\mu m$。如果车加工难于达到这一要求，可以采用砂带磨削的方法解决。

对于直接浮置于轮带下的可换垫板结构，应严格控制轮带下筒体外径公差。轮带内径值与筒体外径实测值配作（内径公差值保持不变），已达到图样所规定的轮带与垫板的间隙值。

轮带精加工后，将内、外圆直径的实测值用钢印打在轮缘侧面上。

加工后的轮带不能长期竖直立放，以防发生变形。起吊时应防止加工表面受到损伤。

3. 铸钢件缺陷处理

如果粗车后发现铸钢件有铸造缺陷，当符合下述规定时允许处理。此规定也适用于大齿圈、托轮和挡轮等重要铸钢件。

（1）粗加工后，轮带、托轮、挡轮外圆表面和大齿圈轮缘上的缺陷，当不超过下述情况时允许焊补；切凿宽度不超过工作宽度的10%，切凿深度不超过壁厚的25%，切凿面积总和不超过各该表面总面积的2%，但连同毛坯件的切凿面积在内总和不超过各该表面总面积的4%；

（2）焊补前必须预热，焊补后进行适合材料和焊补面范围大小的消除应力热处理。焊补处硬度应低于母材硬度，其中心地带与母材硬度的差值不大于10%；

（3）精加工后工作表面不允许进行焊补，发现允许存在的小缺陷，应仔细修整。原粗加工焊补区域精加工后应进行磁粉探伤，不得有裂纹等缺陷。

4. 轮带检验要求

（1）加工后轮带外圆表面硬度检查，满足硬度要求。

（2）粗加工后进行超声波探伤，达到GB 7233《铸钢件超声波探伤及质量评级方法》中3级的规定。

（3）轮带内外圆柱面的同轴度公差为$\phi 0.30$mm。

（4）加工后，对箱形结构轮带的内外轮缘厚度偏差不得超过设计尺寸的$-5\% \sim +10\%$。

（四）支承装置

支承装置承受着窑体回转部分的全部质量，并在径向对筒体起定位作用，使筒体和轮带能够在托轮上平稳地转动。

每套支承装置由一对托轮轴承组和一个大底座组成。每个轮带由两个托轮轴承组支承，三者中心距呈一等边三角形。托轮轴承座和大底座用螺栓固定，大底座上的螺栓孔为腰圆长槽，借助于长槽可以调整托轮轴承组的位置。

托轮轴承按轴承形式可以分为滑动轴承和滚动轴承两种。大中型回转窑的托轮轴承组采用滑动轴承；采用滚动轴承使托轮轴承组结构简单，维修方便，摩擦阻力小等，目前已在中小型回转窑的支承装置上得到应用。

图2-13是滑动轴承托轮轴承组的结构。托轮2和托轮轴1采用热套配合的方法组装在一起。托轮轴的轴颈安装在轴瓦9内，其两端各自加工成一条凹槽，槽内装有一止退环5。当窑体发生轴向窜动时，托轮轴由止退环支持在轴瓦的端部，以限制托轮窜动。轴瓦用铅青铜铸成，安装在球面瓦7上。球面瓦和轴承座，以球面形状相接触，起着自动调整作用，以保证轴瓦和托轮轴轴颈均匀接触。滑动轴承组内设有自动润滑装置。该装置是靠装在托轮轴端的一组油勺4，随着托轮轴的回转把油带上。再通过固定油槽3，将稀油淋在轴颈上。轴承组内还装有水冷却装置，冷却水经过水管6先通过轴承座的油道冷却润滑油，再流经球面瓦的水道8冷却球面瓦，出水流入大底座的水槽内冷却托轮和轮带。

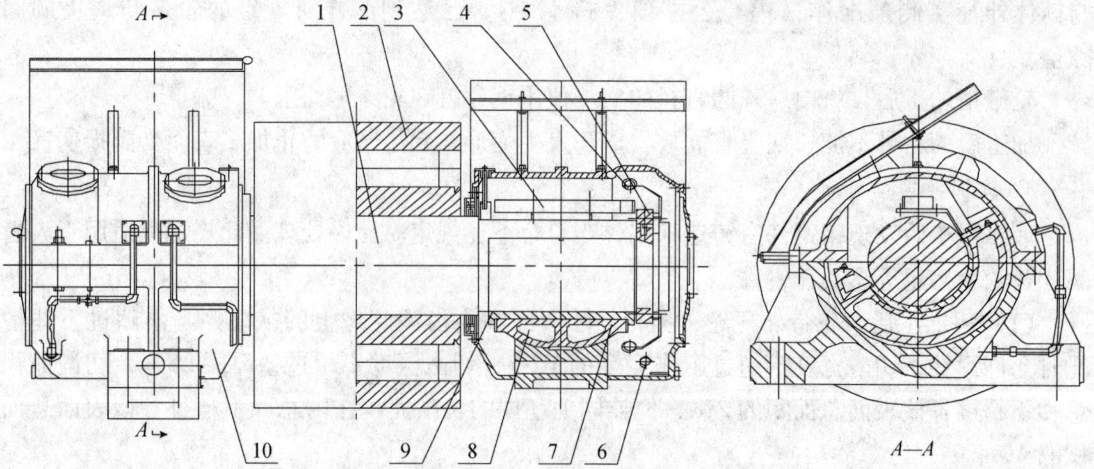

图 2-13　滑动托轮轴承组

图 2-14 是滚动轴承托轮轴承组的结构：左右两轴承座分开设置，径同轴承和止推轴承均需采用调心式球面轴承。为了保证两轴承转动灵活，两轴承的球面中心必须重合。为此两轴承间设有定距环，以便于调整。

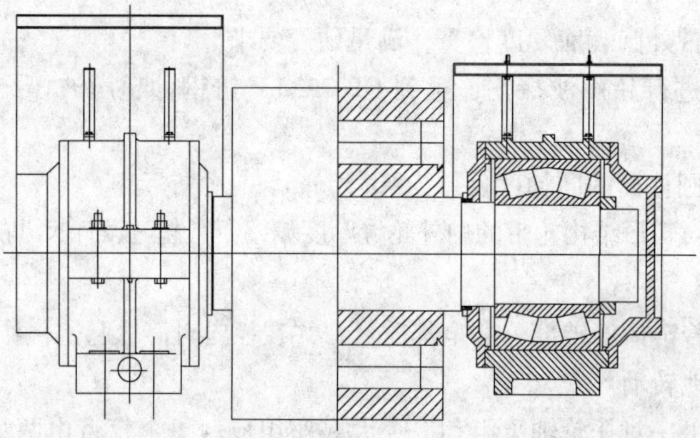

图 2-14　滚动轴承托轮轴承组

1. 托轮

托轮的材料要求：对于 $D \leqslant \phi 4$m 窑，材料不低于 JC/T 401.2《建材机械用　碳钢和低合金钢铸件技术条件》中有关 ZG340-640 的规定。铸件进行正火回火处理，加工后的外圆表面硬度不低于 190HB；对于 $D > \phi 4$m 窑，材料不低于 JB/T 6402《大型低合金钢铸件》中 ZG42CrMo 的规定。铸件进行正火回火处理，加工后的外圆表面硬度不低于 200HB。

托轮一般在中型立车上加工，分为粗车和精车。粗车需留有一定的加工余量，然后进行硬度和超声波探伤检查，如符合要求，就开始精车。超声波探伤应达到 GB 7233《铸钢件超声波探伤及质量评级方法》中 3 级的规定。

精车托轮主要应该控制内外圆柱面的同轴度公差，控制内孔圆柱面的尺寸公差。托轮内外圆表面精车后可以用砂带磨削，以达到表面粗糙度的要求。

这里应该提及的是：目前，托轮和轴的装配大多采用热套的办法。当轴与托轮过盈配合后，在轮毂端面处会产生很大的应力集中现象。托轮轴经过长期的受载运转，最终会导致在该处发生断裂破坏。

托轮轮毂端面与轴孔的过渡处用光滑圆弧过渡的结构，如图2-15所示，可以使该处的应力得到缓慢的释放，达到减少断轴的事故发生。

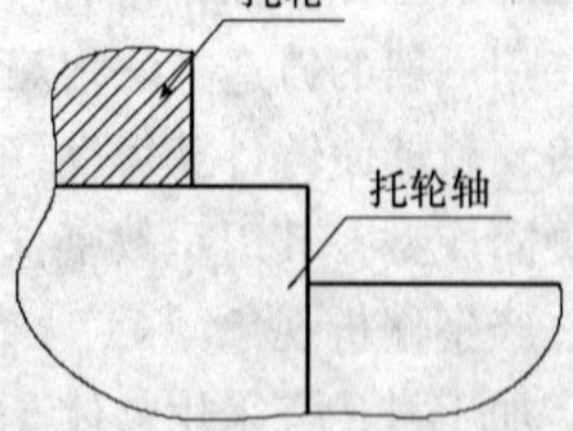

图2-15 托轮轮毂端面与轴孔的过渡处结构示意图

托轮的检验要求为：

（1）粗加工后进行超声波探伤，达到GB 7233《铸钢件超声波探伤及质量评级方法》中3级的规定。

（2）加工后托轮外圆表面硬度检查，满足硬度要求。托轮外圆表面硬度应高于轮带表面硬度，其差值不低于20HB。

（3）托轮外圆与轴孔的同轴度公差为±0.2mm。

（4）加工后托轮轮缘、轮毂厚度的偏差不得超过设计尺寸的5%。

2. 托轮轴

托轮轴的材料要求：对于$D \leqslant \phi 4$m窑，材料不低于JB/T 6397《大型碳素结构钢锻件技术条件》中有关45号锻钢的规定，调质处理后硬度不低于210HB；对于$D > \phi 4$m窑，材料不低于JB/T 6396中35CrMo锻钢的规定。调质处理后硬度不低于215HB。

为了保证锻件内部的质量，托轮轴粗车以后需作超声波探伤检查，以保证调质处理的要求。

探伤后的托轮轴需作调质处理，使零件达到最终的机械性能，要求调质硬度到最低要求，并再一次进行超声波探伤，达到GB/T 6402《钢锻件超声检测方法》中3级的规定要求。然后精车轴向尺寸，加工径向尺寸时要留有一定的磨削加工余量，最后磨削至设计尺寸。

托轮轴的检验要求为：

1）超声波探伤检查达到GB/T 6402《钢锻件超声检测方法》中3级的规定。

2）各段轴径的同轴度公差按GB/T 1184《形状和位置公差及未注公差》中不低于7级精度和装托轮处轴径选取。

3）轴与托轮和衬瓦配合处的圆柱度公差均按7级精度和相应轴径选取（当轴径≤600mm、700mm、800mm和900mm时，分别取0.023mm、0.026mm、0.029mm、0.032mm）。

4）与轴瓦、密封件配合处的表面粗糙度R_a的最大允许值为1.6μm；与托轮配合处的表面粗糙度的最大允许值为3.2μm。

3. 衬瓦

衬瓦的材料目前有两类材料选择：

（1）符合GB/T 1176《铸造铜合金技术条件》中$ZCuAl_{10}Fe_3$（ZQAl9 \ 9-4）铸造铝青铜的规定；

（2）符合GB/T 1175《铸造锌合金》中关于ZA27（含尚未录入该标准由ZA27衍生的新品种ZA303）铸造锌合金的规定。

衬瓦铸件应符合如下要求：

（1）铸件应致密均匀，不得有裂纹、孔穴、偏析、夹砂、缩孔和疏松；

（2）锌合金铸件应满足径向比压不低于4.5MPa，轴向止推面比压不低于4MPa，延伸

率 $\delta_5 \geqslant 10\%$，硬度≥100HB，铸件质量除符合 GB/T 16746《锌合金铸件》中Ⅰ类铸件外，加工后的工作表面不得有（1）要求的缺陷，非工作表面不得有影响强度的缺陷。

用一般的铸造方法很难使铸件达到上述要求。如果把两半的衬瓦合在一起，适合于离心浇铸，就能使铸件获得良好的铸造质量。铸件放在离心铸造机里整体浇铸，在离心力的作用下凝固成型，其组织致密，晶粒细化，机械性能有所提高。采用离心浇铸的工艺要注意防止铸件产生偏析现象。

加工衬瓦宜采用整体车削的工艺，先粗车铸件毛坯，然后用锯片型铣刀将合在一起的衬瓦铣成两半。刨平接合面后再用抱箍把两半衬瓦装配整体车削。由于铸件使用离心浇铸工艺，衬瓦在粗车、精车过程中很少发现加工表面存在铸造缺陷。

衬瓦整体加工后，拆除抱箍，打上标记。把单件衬瓦上镗床加工出瓦口间隙，瓦口间隙靠偏心距 t 和稍大于内圆半径的圆弧镗削而成，最后加工出两侧的楔形导油槽。

加工好的衬瓦要求内外圆柱面的同轴度公差按 GB/T 1184《形状和位置公差及未注公差》中不低于7级精度和内径选取，衬瓦瓦肩端面对内圆柱面的垂直度的公差按6级精度和瓦肩外径选取。

目前也有设计中采用衬瓦与轴不刮瓦，这要求在加工过程中，对衬瓦的加工精度和表面光洁度要求非常严格，衬瓦内圆柱面直径略大于托轮轴轴径名义直径 d，其差值为 $0.2\% d \sim 0.3\% d$。

4. 球面瓦

球面瓦用 HT200 铸造而成。

球面瓦内部设有进、出冷却水道。加工前，先除净外表面和内部的型砂，保证水流畅通并将出砂孔加工成管螺纹，用螺塞堵死。

像加工衬瓦那样，先刨准球面瓦的半球平面，再用抱箍抱住两半球面瓦，把它们合在一起加工。

加工球面瓦的外球面可以用镗床镗削，如图 2-16 所示。刀架 2（装有两个或多个刀头）装在主轴 3 或平旋盘上回转，球面瓦 1 由机动回转台带动回转，从而实现球面瓦外球面的镗削。

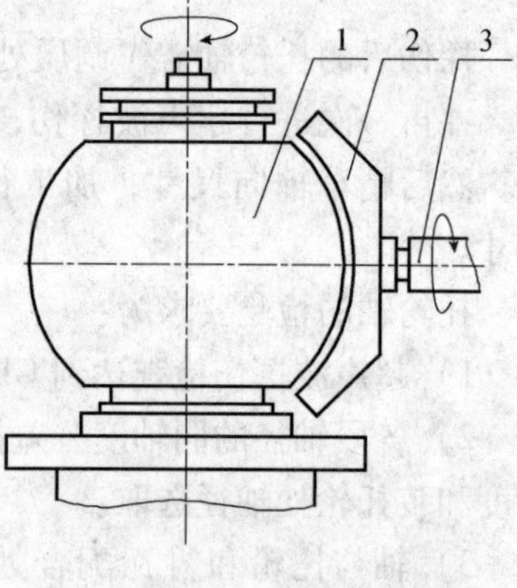

图 2-16　镗削球面瓦的外球面

1—球面瓦；2—刀架；3—主轴

有的制造厂设立专用工装，把球面瓦外球面加工放在车床上进行，图 2-17 为加工简图。

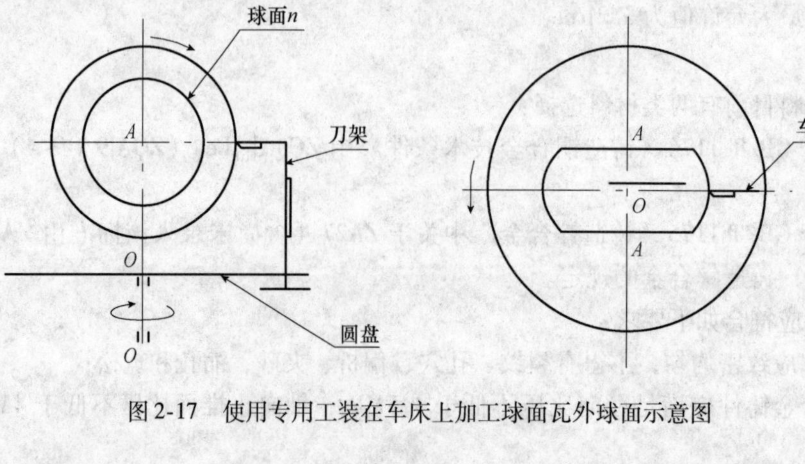

图 2-17　使用专用工装在车床上加工球面瓦外球面示意图

圆盘能绕着 $O\text{-}O$ 轴线做圆周方向旋转。圆盘上装着 T 形刀架，刀架上装有车刀。刀架能朝着圆盘 $O\text{-}O$ 轴线做径向调节和上下调节。车削时，球面瓦绕着自己的轴线旋转，车刀随着圆盘的转动也相应做出圆弧的轨迹，于是就车削出所需要的外球面形状。

加工好的两半球面瓦需做出标记，并进行水压试验，要求在 0.6MPa 的试验压力下无渗透现象。球面瓦要求球心对内孔轴线及其沿轴向的对称中心线的位置度公差为$\phi_{0.10\text{mm}}$。

5. 轴承座

每个支承装置有四个轴承座。为了保证这些轴承座有相同的中心高，要求每四个轴承座编成一组，一起进行上下平面加工，并做好标记。

轴承座内有一个与球面瓦相配合的内球面，此内球面宜在轴承座内加工。加工内球面在镗床上进行。图 2-18 是在镗杆上安装特殊装置膛削内球面，镗杆 4 支承在前后镗模架 5 上，当主轴带动镗杆 4 及刀架 6 回转时，固定盘 1（不回转）上的拨销 3 拨动棘轮 2，并通过涡杆 10、涡轮 9 及支架 7，使刀架 6 绕轴 8 做圆弧进给运动，从而实现轴承座内球面的镗削。

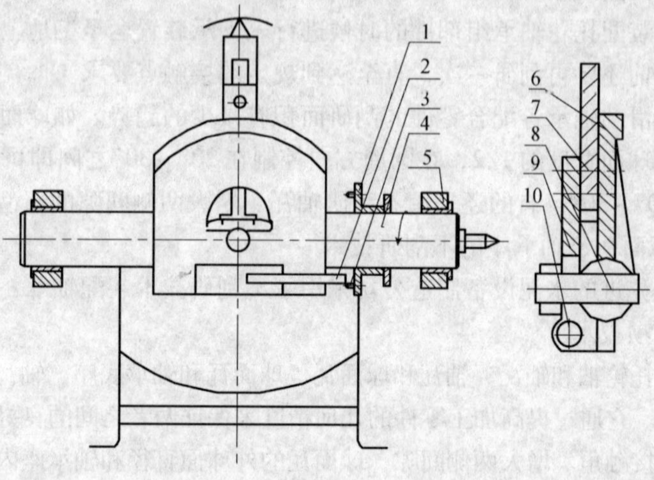

图 2-18　在镗杆上安装特殊装置镗削轴承座内孔示意图

有的制造厂对轴承座的加工在立车上进行。将安装在同一托轮轴上的两个轴承座把合在一起，装夹在立车上，按哈夫面找正，用专用的靠模加工出球面，并做好标记。此种加工方法要求在找正时非常认真，否则加工出来的轴承座的中心高就会不一致。

6. 托轮轴承组的装配和检验要求

（1）托轮和轴的热套装配

托轮和轴采用加热法装配，托轮因加热而胀大，使过盈量消失并产生一定的间隙。为了保证套装工作能在托轮冷却致使装配间隙消失以前完成，防止咬死，必须事先妥善准备。

热套前要对相配合的孔径和轴径复验，认为无问题后方可套轴。如有不符，则要对托轮和轴进行选配和修对。

热套要选取合适的装配间隙 Δ，一般 Δ 取（0.1% ~0.2%）d（d 为配合直径）。托轮的加热温度为：

$$t = \frac{\delta + \Delta}{1.2 \times 10^{-5} \times d} + t_0 \quad (℃)$$

式中　δ——托轮和轴的实际过盈量，mm；

Δ——所选装配间隙，mm；

t_0——装配环境温度，℃。

托轮的加热和温升应均匀，待托轮内孔膨胀至所选的装配间隙时，即可套入托轮轴。

（2）衬瓦、球面瓦、轴承座刮研及要求

刮研的目的是要使两配合零件在一定范围内有良好的接触。

刮研在支承装置的大底座上进行，把轴承座安装在大底座上，先刮研轴承座和球面瓦的配合面，然后依次刮研球面瓦的衬瓦、衬瓦和托轮轴颈的配合面。

用涂色法检查两配合面的接触点分布情况，然后进行修刮。经过反复的刮研，使配合面达到规定的接触点要求。

球面瓦和轴承座的配合面刮研后，要求每25mm×25mm上的接触点不少于1~2点。

球面瓦和衬瓦的配合面刮研后，每25mm×25mm上的接触点不少于3点。

衬瓦与轴颈刮研后，要求与轴颈的接触角为45°~60°，每10mm×10mm上的接触点为1~2点，两端的瓦口侧间隙每侧略大于（0.1%~0.15%）d（d为轴颈的直径）。

刮研在制造厂装配托轮轴承组部件的时候进行。支承装置运至工地上，刮研后的接触点会有变动，故安装前还要再刮研一次，直至达到规定的接触点要求。

目前，对托轮滑动轴承各配合零件的刮研面积有减少的趋势。如球面瓦和轴承座的接触宽度只要求为整个球面宽度的1/2，在圆周方向控制在20°~30°之间即可；托轮轴颈与轴瓦的接触角减小至20°~30°，有的还采用不刮研轴瓦，增大两侧间隙的新型设计结构。

（3）衬瓦、球面瓦、轴承座的不刮研技术

目前，国际上先进的水泥设备制造公司采用了不刮研技术装配轴承，我国的部分制造厂也正在逐步采用这项技术。

新技术取消了托轮轴和轴瓦、轴瓦和球面瓦、球面瓦和轴承底座、轴瓦端面和止推圈接触面之间的刮研要求。它通过提高加工零件的几何精度来保证两者之间的良好接触，它要求托轮轴和轴瓦保持较小接触角。增大两侧间隙，球面瓦的外球面直径和轴承座内球面直径相差1mm左右，球面瓦和轴承座的底部接触面积不大于球面表面积的十分之一，两侧保持一定的间隙。

由于零件的加工精度好，零件之间接触面小且接触良好，轴承调整性好，油膜容易形成，这对于防止烧瓦，提高轴承的使用寿命是很有利的，这种新技术现正在被广大技术人员所认识和采用。

上述零件按下述要求进行检验，合格后才能进行组装：

①衬瓦与托轮轴配合处的轴孔表面粗糙度不得超过R_a1.6，整个表面沿母线长度方向的直线度误差不得大于0.02mm。

②用涂色法检查托轮轴与轴瓦之间的接触情况，接触角应小于60°，接触斑点应均匀沿母线全长上等宽，并主要在中部区域连续分布。两侧间隙应保持在略大于（0.1%~0.15%）d（d为托轮轴轴径）。

③用涂色法检查球面瓦和轴承座球面的接触情况，接触面不得超过球面表面积的10%，两者的球面端部应有间隙存在。

（4）其他装配和检验要求

①托轮轴每侧止退圈与衬瓦保持2mm间隙，该间隙主要靠托轮轴装止退圈的两凹槽的轴向尺寸公差来保证，该尺寸应该标注公差值，并车准尺寸。

②用撬棍盘动托轮，要求转动灵活，没有卡紧、干扰等现象。

③在轴承座与轴承上盖接触面之间及轴承端盖、压盖、密封圈、管件连接件等处需加钻油封口，不得漏油漏水，安装橡胶密封圈需要开个斜口，斜口的方向阻挡润滑油往外渗漏而不是相反，如图2-19所示。

④整个冷却水管系统应作水压试验，要求在0.6MPa的试验压力下保压10min，水管系统无渗漏现象。

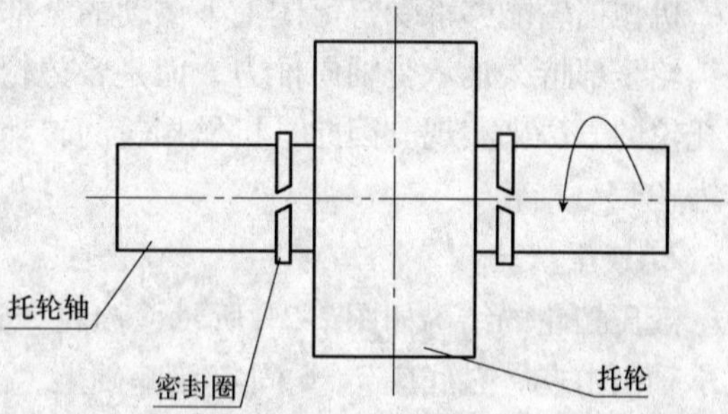

图2-19　轴回转方向与密封圈切口示意图

(5) 滚动轴承装配要求

滚动轴承组的结构较滑动轴承简单，其装配过程中没有各配合零件的刮研要求，其他要求可以参照滑动轴承组的装配要求进行。

滚动轴承一旦装配在支承装置的大底座上，就不允许在大底座上搭接电焊机电线进行焊接，以免电流在滚动轴承的滚道和滚柱之间通过而造成对轴承的损害。

(五) 挡轮装置

回转窑筒体是倾斜安装的，如果其轴线与托轮中心线保持平行，由于窑筒体自重的关系，必会产生下滑的趋势。当回转窑运转时，轮带除了受到窑筒体本身自重产生下滑力外，在轮带和托轮接触处还产生弹性变形引起的弹性滑动，使窑筒体向下移动。挡轮的作用之一是限制筒体下滑的趋势。

此外，由于热胀冷缩的原因，窑筒体的轴向位置难以固定，应该允许沿轴向往复窜动。为了使宽度不等的托轮和轮带的工作表面磨损均匀，也要求筒体能够轴向窜动。挡轮是用来限制或控制回转窑筒体的轴向窜动的。

挡轮装置分为机械挡轮和液压挡轮两种结构。

1. 机械挡轮

机械挡轮（图2-20）主要由一对挡轮1和挡轮座3、衬瓦5、支座4及活塞杆2组成。挡轮与衬瓦在挡轮座中转动。挡轮与衬瓦的接触部分有螺旋槽，随着挡轮的转动，螺旋槽把润滑油带往上方，以保证与衬瓦接触面的正常润滑。两个挡轮位于轮带两侧，保持一定的间隙。整个挡轮装置安装于支承装置大底座的中间位置。

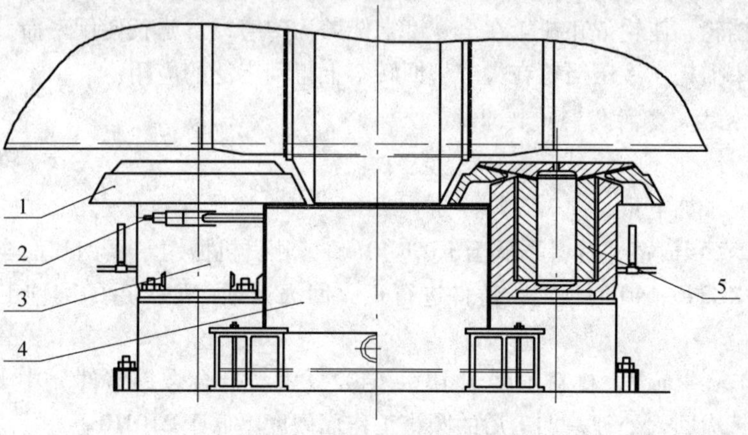

图2-20　机械挡轮示意图

机械挡轮能够承受窑筒体上下窜动的全部推力。但在回转窑正常运转时，不希望使某一个挡轮全部持久地承受轴向推力，而是希望轮带在两挡轮之间处于游动状态。这就需要用调整托轮的方法来实现。因此，机械挡轮的转动成为窑筒体上窜或下滑的极限位置的标志。也称为“信号挡轮”。

2. 液压挡轮

液压挡轮的结构如图2-21所示，挡轮2通过空心轴3支承在两根平行的支承轴1上。支承轴则由左、右底座7、6固定在基础上，空心轴在活塞5、活塞杆4的推动下，沿支承轴平行滑移。结构中采用球面轴承，使挡轮可以摆动一个微小的角度，以便与轮带斜面保持完全接触。

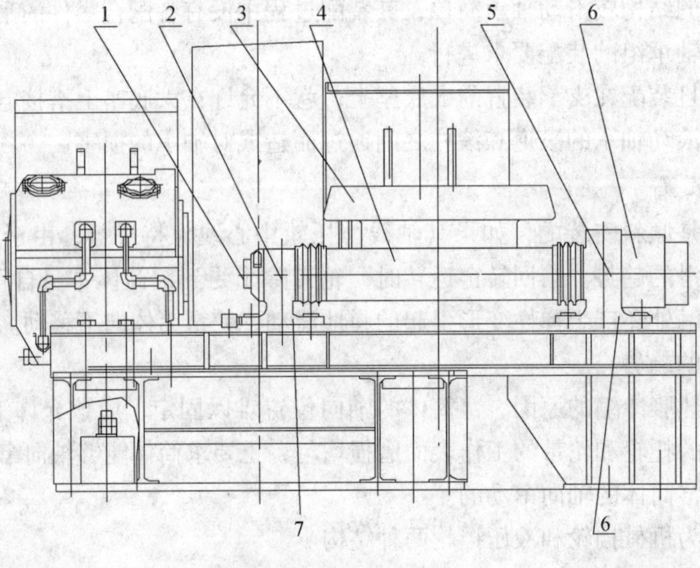

图2-21　液压挡轮示意图

回转窑使用液压挡轮时，托轮和轮带的轴线是平行安装的。窑体在自重作用下向下滑动，到达一定位置后，经限位开关启动液压油泵，压力油进入油缸部的进入孔，在油液的压力作用下，缸内活塞向前移动，并通过活塞杆推动挡轮，使窑体向上窜动。窑筒体上窜到一定位置后触动限位开关，使油泵断电，换向阀换向，窑筒体靠自重下滑，再重复上述过程。

使用液压挡轮，使轮带和托轮在全宽度上能够均匀磨损，延长使用寿命，保证窑筒体直线性，减少功率损耗，液压挡轮在大中型回转窑上得到广泛的应用。

3. 挡轮装置主要零件的制造要求

（1）挡轮

挡轮材料要求如下：

1）对于$D\leqslant\phi 4$m窑，材料不低于JC/T 401.2《建材机械用　碳钢和低合金钢铸件技术条件》中有关ZG340-640的规定。铸件进行正火回火处理，加工后的圆锥工作面硬度不低于190HB；

2）对于$D>\phi 4$m窑，材料不低于JB/T 6402《大型低合金钢铸件》中ZG42CrMo的规定。铸件进行正火回火处理，加工后的圆锥工作面硬度不低于210HB。

粗加工后进行超声波探伤，应达到GB 7233《铸钢件超声波探伤及质量评级方法》中3

级的规定。

精加工后挡轮圆锥面对滚动轴承或挡轮轴配合内圆柱面的斜向圆跳动公差值为0.1mm。

（2）油缸

材料为45号钢，锻件按JB 755《压力容器锻件　技术条件》Ⅳ级制造验收。零件粗加工后做调质处理，硬度为HB187～HB229。

油缸内孔表面粗糙度最大值为R_a0.4，内孔的圆度、圆柱度公差为0.02mm。油缸需进行水压试验，试验压力为最大工作压力的1.5倍，保压15min。

4. 挡轮装置的装配要求

（1）机械挡轮

表示两个相反转向的挡轮箭头方向不能装反，否则两挡轮工作时轴颈和左右螺旋油槽不能将润滑油带到润滑轴颈和衬瓦的接触面。

挡轮装配后，应该使两挡轮与轮带之间的间隙符合图样要求，以限制筒体轴向窜动量。

（2）液压挡轮

整个液压系统应该进行油压试验。试验压力为最大工作压力的1.5倍，承压母体保压15min，整个系统保压10min，要求无渗漏现象。

（六）传动装置

回转窑筒体的转速很慢，即使是新型干法窑的最高转速也仅在3～4r/min。窑筒体要求能够无级调速。回转窑传动装置的特点是传动比大，有平滑的，足够的无级调速范围和大的启动力矩。

回转窑传动装置分为机械传动和液压传动。机械传动装置结构比较简单，使用可靠，维护方便，目前绝大部分回转窑采用机械传动装置。

1. 传动原理

传动装置主要由主电机、主减速机、小齿轮装置和大齿轮装置组成。主电机通过主减速机减速，把传动力矩传递给小齿轮装置。筒体上装有大齿轮装置，小齿轮与大齿轮相啮合，带动回转窑筒体运转。

在主减速机高速轴的另一端设有辅助传动装置，辅助传动装置的电动机通过辅助减速机带动主减速机的高速轴转动，使回转窑筒体以更低的速度转动。辅助传动装置的作用是当停窑的时候定期转窑，以便确保砌砖或检修时，使窑筒体能够停留在某一指定的位置上。

回转窑的主减速机一般选用标准减速机。随着回转窑大型化发展，要求的传动功率也越来越大，而通常的标准减速机的最大允许传动功率有一定的限度，因此较大规格的窑采用双传动。双传动装置配备两台相同的电动机、减速机和小齿轮装置，并通过调整电气设备来实现两套传动系统的同步，从而保证两个系统受力均匀。在机械上采用两个小齿轮与大齿圈啮合瞬间错开1/2周节的位置，使一侧齿轮在齿顶啮合，另一侧在齿根啮合，提高啮合齿重叠系数，达到运转平稳的目的。

主电机、主减速机、辅助传动装置和小齿轮装置各自安装在自己的底座上，用螺栓固定。底座上的螺栓孔均为腰圆长槽孔，可以调节小齿轮和大齿圈之间的中心距。主电机、主减速机和辅助传动装置的位置也可以随之移动。回转窑双传动的各传动系统的位置也可以调节。

窑的传动装置还设有减速机供油站，供油站通过稀油循环润滑系统向主减速机的各齿轮传动轴、滚动轴承等摩擦部分提供经过冷却和过滤的润滑油。

2. 大齿轮装置

回转窑筒体与大齿圈大多采用切向弹簧板连接的形式，大齿圈和弹簧板通过铰接方式相连接，弹簧板带有圆弧一端与筒体连接的方式较多，有铆接、焊接和螺栓把合等多种形式，均匀分布在沿筒体圆周切线方向上。大齿圈由小齿轮啮合转动，弹簧板受到拉力，沿圆周切线方向带动筒体旋转。

（1）大齿圈

大齿圈的材料要求如下：

1）对于$D\leqslant\phi 4$m窑，材料不低于JC/T 401.2《建材机械用　碳钢和低合金钢铸件技术条件》中有关ZG310-570的规定。铸件进行正火回火处理，加工后的齿顶圆表面硬度不低于170HB；

2）对于$D>\phi 4$m窑，材料不低于JB/T 6402《大型低合金钢铸件》中ZG35CrMo的规定。铸件进行正火回火处理，加工后的齿顶圆表面硬度不低于185HB。

为了便于现场安装，大齿圈通常铸成两半，经过加工后用螺栓连接成整体。因此，大齿圈一般选用直齿，齿数为偶数，零件的两半结合面在齿底中央。

大齿圈只有在连接成整体后，才能进行车削和齿形加工，经过加工的两结合面用螺栓固定住，此时的结合面必须紧密接触，用0.04mm塞尺检查四周，要求为：

①每一周边有4/5以上的区域是紧密接触无间隙。

②塞尺塞入深度不得大于80mm。

大齿圈在大型立车上粗车和精车，并划出节圆直径刻线，然后在大型滚齿机上滚削齿面，加工后的齿圈齿顶圆表面硬度按不同材料、不同硬度检查。

大齿圈最好整体运输。目前由于路况的限制，一般都是将大齿圈分半运输。半个齿圈必须用齿圈拉紧装置固定好，以防在运输过程中发生变形。运输过程中必须注意保护齿面和接合面。齿圈运至现场工地后，应立即将两半零件组装成整体，并注意妥善保管。

大齿圈的其他制造要求为：

1）加工后轮缘厚度须均匀，其偏差不得超过轮缘厚度设计尺寸的-5%~10%。

2）大齿圈制造精度按GB/T 10095.1~2中998KM执行。

3）粗加工后进行超声波探伤，并应到达GB 7233《铸钢件超声波探伤及质量评级标准》中3级的规定。

（2）弹簧板

弹簧板带有圆弧一端与筒体连接的方式较多，有铆接、焊接和螺栓把合等多种形式，均匀分布在沿筒体圆周切线方向上。目前采用较多的方式是铆接。用铆接方式时，待大齿圈的端面和径向位置找正后才能固定弹簧板。制造厂仅在筒体上钻削出（d_{-1}）mm的铆钉孔和沉头孔（d为铆钉孔直径）。弹簧板则不钻孔，等现场调整好大齿圈的位置以后，以筒体钻孔的位置为基准，把筒体和弹簧板上的铆钉孔按图样尺寸一同钻削出。

3. 小齿轮装置

小齿轮装置由小齿轮、小齿轮轴和轴承组组成。轴承组大多采用滚动轴承的结构型式，装有一对调心式球面滚动轴承。小齿轮和轴由平键连接，用热套的方法装入。

小齿轮和大齿圈采用角度变位。大齿圈一般不变位，小齿轮为正变位，变位系数一般取0.4。

小齿轮装置装配后用手搬动小齿轮，齿轮轴应能够在轴承中灵活转动，不得有卡死现象。

（1）小齿轮

小齿轮的材料不低于JB/T 6396《大型合金结构钢锻件　技术条件》中35CrMo锻钢的规定，调质处理后齿顶圆表面硬度不低于230HB。

小齿轮粗加工后进行超声波探伤检查，合格后进行调质处理。精加工内孔和外圆到尺寸后在滚齿机上进行齿面加工，最后再插键槽。

在齿顶圆表面检查硬度，要求不低于230HB。小齿轮的齿顶圆表面硬度应该高于大齿圈齿顶圆硬度，其差值不低于20HB。

小齿轮的其他制造要求为：

1）粗加工后进行超声波探伤，并应达到GB/T 6402《钢锻件超声检测方法》中3级的规定。

2）小齿轮制造精度按GB/T 10095.1《圆柱齿轮精度制第1部分：轮齿同侧齿面偏差的定义和允许值》中9-9-8HK执行。

（2）小齿轮轴

小齿轮轴为典型的轴类零件，其制造要求主要有：

1）材料符合如下要求：对于$D \leqslant \phi 4m$窑，材料不低于JB/T 6397《大型碳素结构钢锻件　技术条件》中45号锻钢的规定，调质处理后硬度不低于210HB；对于$D > \phi 4m$窑，材料不低于JB/T 6396《大型合金结构钢锻件　技术条件》中35CrMo锻钢的规定，调质处理后硬度不低于220HB。

2）粗加工后进行超声波探伤，并应到达GB/T 6402《钢锻件超声检测方法》中3级的规定。

4. 主减速机、主电机

（1）主减速机

主减速机选用我国标准减速机，可以直接外购，也可以自制。

主减速机长期处于高温和连续运转的工作条件中，需要设置减速机稀油站，向减速机的齿轮和各挡滚动轴承提供润滑油。减速机内部的润滑油不断流入稀油站，经过过滤和冷动后又继续送入减速机内。主减速机在稀油循环润滑系统的作用下，一直处于良好的润滑条件和保持内部的热平衡。

（2）主电机

主电机为外购件，一般选用直流电机，用可控硅无级调速。

主电机应采用强迫通风式结构，两端出轴，同轴附带直流永磁测速发电机，并与背驼式风机成组供货，直流电动机设有补偿绕组，要求当启动电流为2.5倍额定电流时，其启动转矩为额定转矩的2.5倍左右。

5. 辅助传动装置

辅助传动装置包括辅助电动机和减速机，辅助传动和主传动的电动机设有电气连锁装置。辅助减速机的输出轴和主减器的输入轴之间设有牙嵌式斜齿离合器。当需要使用辅助传动时，必须先合上斜齿离合器，这时电气连锁装置自动切断主电机的电源。使用主电机时，必须先拉开斜齿离合器，电气连锁装置切断辅助电动机的电源。在辅助电机和辅助减速机之间，设有电磁制动器或液压推杆制动器。制动器的作用是当使用辅助传动装置转窑时，窑筒体能够按指定的方向定位，也能够防止回转窑反转，驱动辅助传动系统超速倒转。

无论是设计还是制造斜齿离合器都必须注意斜齿的方向，不能把它们搞错。否则，辅助传动装置就不能驱动回转窑旋转。如果制动器失灵，甚至会发生主电机驱动辅助传动系统超速转动的危险情况。

第三节　回转窑的安装调试

安装前要熟悉图纸及有关技术文件，了解设备结构及安装要求。根据具体条件确定安装顺序和方法，准备必要的安装工具和设备，制订施工组织和安装计划。进行精心施工，优质快速地完成安装任务。

一、核对基础尺寸和基础划线

（一）修正图纸尺寸

实测大段节窑筒体的长度，加上接口的间隙量并考虑每对接口焊接收缩量约为2mm，得出窑筒体上每两个轮带间的实际尺寸，再加上膨胀量得出相邻两挡支承装置应有的斜向间距尺寸，算出水平间距尺寸，修正图纸上的尺寸。

（二）核对窑基础尺寸

根据修正过的图纸，核对基础尺寸，特别是基础中心距尺寸。当不符合时，应采取下列措施：

若修正后的图纸上两挡支承装置间的尺寸与相应两基础中心距误差为±5mm时，可不必采取措施；当误差为±10mm时，可在组装窑筒体时增长或缩短筒体大段节间接合面间隙来调整；如仍不能满足要求或当误差大于±10mm时，除了调整大段节接合面间隙外，还必须在安装支承装置时调整支承装置的位置。

根据调整后筒体实际尺寸再次修正图纸上各档支承装置斜面间距尺寸，并算出其水平间距尺寸，再实测托轮和轴承组尺寸，修正托轮面标高尺寸。

（三）基础划线

首先在基础侧面（最好离地坪1m高处）划出水平基准线，然后在基础上面埋设纵横向中心标板（每个墩子有4块），并在每个基础上设一个基准点。

以窑头、窑尾基础上中心标板的中心点为准，求出各基础中心标板的中心点，划出纵向中心线，其允许偏差不得超过0.5mm。

按照实测修正尺寸，从有挡轮的基础向两端进行，求出各个基础横向中心距，划出横向中心线。相邻两个基础横向中心距允许误差不超过1.5mm。首尾两个基础的中心距允许误差为3mm。

二、支承装置安装

由于窑筒体安装在支承装置上，所以窑筒体中心线是否能在运转时保持一条直线，首先取决于支承装置的定位，因此对安装支承装置要给予高度的重视。

（一）托轮轴承组组装

装配滑动轴承托轮轴承组时，必须检查轴承座、球面瓦和衬瓦的编号，当确认是同一号码后才能进行组装。

用涂色方法检查轴承座和球面瓦、球面瓦和衬瓦、衬瓦和托轮轴轴颈的接触点，其要求可参照本章。如果不符合要求，必须重新刮研。

装配不刮研滑动轴承的托轮轴承组时，主要检查托轮轴颈与衬瓦的接触情况。用涂色方法检查，其接触斑点应均匀沿母线全长线上，并主要在中部区域连续分布，否则按要求重新刮研。其他要求可参照本章。

滑动轴承托轮轴承组必须完成上述工作后才能进行安装。

滚动轴承托轮轴承组可参照有关滚动轴承的装配要求进行检验和装配。

（二）托轮轴承组安装

（1）安装托轮轴承组时，首先要找正中心位置，应该从底座的中心十字线对准基础中心十字线。

两托轮纵向中心线距底座纵向中心线应该相等，并符合图纸尺寸，允许误差不得超过0.5mm。横向中心线应该与底座横向中心线重合，允许误差为0.5mm，同时要使托轮两侧的窜动量相等。

（2）用斜度规和水平仪规检查托轮表面倾斜度，各个托轮表面倾斜度应该一致，允许误差不得超过0.05mm/m。同一档两个托轮顶面中点连线应呈水平状，允许误差不得超过0.05mm/m。超过允许误差时，可以在轴承座底下加垫板调整。

（3）安装于底座上的托轮轴承座经过调整后其托轮轴高端（靠进料器）的止推圈应与衬瓦的端面接触，而低端则留有4mm 间隙（或按图纸上要求的间隙）。滚动轴承托轮轴承组的托轮轴端部的止推轴承在高端应与端盖相接触，而在低端也应留有间隙，其间隙大小按图纸要求。同时两托轮在高端的轮缘侧面应在同一平面内，用直尺检查允许误差为0.5mm。

（三）复查

各组托轮轴承组安装完毕后必须进行细致的复查。

（1）测量各挡托轮顶面中点标高。各挡标高差应该与修正图纸中各挡底座上表面中点高差相符。相邻两挡托轮轴承组标高的允许误差不得超过0.5mm。首尾两挡托轮轴承组标高的允许误差不得超过1mm。

（2）要求用经纬仪检查，所有托轮顶面都应位于与水平呈（图纸规定的）倾斜平面内。如果标高或倾斜度有误差，都应进行调整。将底座略微升高或降低，直至完全正确为止。

三、筒体焊接和安装

（一）准备工作

（1）对大段节筒体接口进行清除飞边、毛刺、油渍、铁锈等污物。按接口标记在地面上初步组装。查对窑筒体上各种装置，如人孔等的方位是否符合图纸要求。

（2）对每大段节筒体两端接口处进行检查，其圆周长允许误差不得大于0.15%D，该断面上的最大直径与最小直径之差≤0.2%D。如不能满足要求时，必须校正。

（3）测量轮带内径和窑筒体垫板的外径尺寸，计算其间隙是否符合图纸要求。

（二）窑筒体组装和窑体中心线的找正

组装大段节筒体顺序由现场条件决定。为了保持大段节筒体间接合面间隙有2~3mm 的调整范围，可以在接口处插入16块长约100mm、厚为2~3mm 的方铁板，铁板要沿圆周均匀分布，同时注意轮带在托轮上的位置与图纸上冷态位置是否符合，其允许偏差为±5mm。

找正窑筒体中心线的主要方法有：挂钢丝法、灯光法、经纬仪法、压铅丝法、筒体变形仪法和激光法等。

窑筒体中心线找正的要求为：

以首尾两挡轮带外筒体中心的连线为基准，筒体中心线的直线度为：大齿圈和其余轮带处筒体中心为ϕ4mm，其余部位窑筒体中心为ϕ10mm。

各大段节筒体接口的筒壁用直尺对齐，圆周上任何位置的最大错边量不得大于2mm。

（三）大段筒体焊接

1. 大段筒体焊接工艺

（1）点焊

将窑体圆周分成八等份，按对称顺序插花点焊，每个点焊长度为150～200mm。

（2）大段筒体的接口焊接

大段筒体接口焊接前应检查点焊的质量，若有咬肉过深或者有夹渣时，必须铲掉重新焊接。先焊外接口，采用在窑体顶部焊接的平焊法。每焊300～500mm时，就转窑一次，然后在对称位置上又焊接300～500mm。

假设窑筒体分成五大段节，则需要分四个组按顺序进行焊接。

分别在四个组的接口处沿圆周分四等分，各组始焊部位均相差90°，即各组都在自己的1号位时开始焊接。第一组焊完1号位长度正在等待时，第二组已开始焊接。当第一组焊接3号位时，二组正在等待，三组与一组同时焊接。当第二组开始焊3号位时，四组开始1号位焊接。或者这样说，当窑体做慢速回转时，Ⅰ、Ⅲ组同时在窑体顶部焊接，Ⅱ、Ⅳ组正在等待和检查上次焊接质量。

外接口焊完后，割去接口处螺栓和搭接板，再焊内接口。焊接前，应在焊口处切割坡口，其深度割至新焊肉为合格。如发现有气孔等现象可以深割。气割后应该检查坡口处是否有氧化层，如果有必须处理掉，以保证焊接质量。

2. 大段筒体焊接注意事项

大段筒体焊接是回转窑安装工作中的重要环节，其质量好坏直接关系到窑能否正常运转与使用寿命，因此必须给予高度重视，要注意下列事项：

（1）焊接工人必须技术熟练并经考试合格后才能参加焊接工作。

（2）视现场条件，筒体焊接可采用内部手工封底，外部自动焊接或手工焊接。Q235-C钢板自动焊接时要采用质量相当于08A的焊丝；采用手工焊时，应采用质量相当于牌号E4315的焊条，焊条要保证干燥，使用前要在250℃温度下干燥2h。

（3）大段筒体接口必须保证清洁和干燥。用以保证接口间隙的铁板应在焊接时逐个除去。但注意不能在整个圆周上同时去掉。

（4）在焊接筒体时窑内不得进行任何其他工作。

（5）在雨天或大风下雪时不应进行焊接工作，在5℃以下的低温条件中焊接时，焊接工艺、操作方法要采取措施，如坡口要预热，焊后要采取保温措施等。当筒体受日光暴晒时不应进行焊接，因筒体阴阳两面温差较大，筒体中心线实际是弯曲的，应该等到不受暴晒时才能进行焊接。同样，当窑筒体单侧受到正在运转着的窑热辐射而引起弯曲时，要采取隔热措施，如用石棉板作隔热墙防护等。

（6）各层焊肉间起、熄弧点不得重叠，焊缝不得有缺肉、咬肉、夹渣、气孔、裂纹等外观缺陷。每条焊缝都必须进行探伤检查，对纵向与环向焊缝都必须进行探伤检查，对纵向与环向焊缝交汇处以及焊接工人觉得没有把握处更应进行射线探伤或超声波探伤检验。检验要求同本章。

（7）筒体焊接完毕后，检查轮带宽度中心与托轮宽度中心的距离，应符合图纸冷态尺寸，允许偏差±5mm；轮带与两侧挡圈或挡块要按图纸要求留有均匀的间隙。

（四）安装公差

（1）筒体安装后，各长度和轮带间距尺寸公差（以三挡窑为例，如图2-22所示）应符合以下要求：

1）相邻两轮带中心距离 L_1 的偏差 $\Delta_1 = 0.025\% L_1$；

2）首尾轮带中心到窑端面距离 L_2 的偏差 $\Delta_2 = 0.025\% L_2$；

3）全长 L 的偏差 $\Delta = 0.025\% L$。

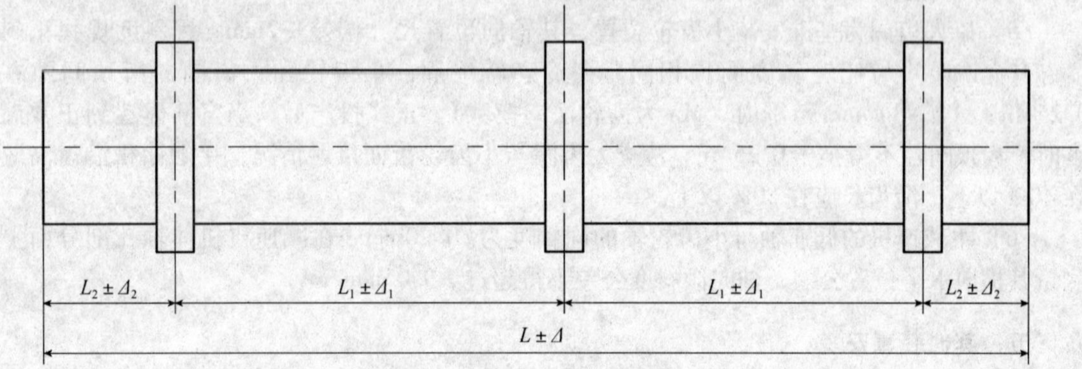

图2-22　筒体长度和轮带尺寸公差

（2）以首尾两挡轮带处筒体中心的连线为基准，筒体中心线直线度：大齿圈和轮带处为ϕ4mm，其余部位为ϕ10mm。

（3）各挡轮带的中心位于同一几何中心线上，其径向圆跳动公差为1mm，端面跳动公差为3mm。

（五）回转窑筒体中心线安装、找正的新要求

上述回转窑筒体中心线是在冷态条件下找正、安装的。回转窑在正常运转中，其筒体、轮带和托轮由于受热会产生膨胀，使筒体中心线向上抬高。由于回转窑筒体在各支承处的受热温度不同，故各处筒体中心线的抬高量也是不相同的。这样，冷态条件下找正的筒体中心线在实际运转中就发生了变化，即为原来的直线状态变为曲线状态，此时如果让回转窑继续运转下去，就会增加主电动机功率的消耗，加大支承处弯矩和筒体应力，长久下去往往会使筒体产生断裂。

为了使窑筒体中心线在运转过程中保持一直线，当筒体按照上述要求找正、安装完毕后，应该在其热态中心线抬高量最大的一个或若干个支承处将中心线稍稍降低，降低的数值由设计人根据窑筒体的受热膨胀量计算出。对于新设计的回转窑，此理论数值是否正确，还应该在实际运转中加以检验。操作人员要做好找正窑筒体在热态条件下的中心线，此时可以使用压铅丝法、激光窑外测定法等来找正。

四、传动装置安装

在窑筒体组装成一整体后，应该立即把传动装置安装上，并加以临时固定，利用传动装置盘动窑筒体，以便筒体的找正和焊接。安装传动装置时必须满足下列要求：

（1）安装大齿圈处筒体上的纵焊缝要用砂轮打平，打平宽度要比弹簧板宽100mm。

（2）借助于安装工具的调整螺栓仔细找正，使大齿圈外圆径向跳动公差为1.5mm，端面跳动公差为1mm。

（3）注意弹簧板安装方向：当回转窑运转时弹簧板只能受拉力。当弹簧板与大齿圈连接铰孔螺栓装上后，有一侧的垫圈与弹簧板的轭板间塞上0.3mm的垫片，拧紧带槽螺母，装上开口锁，再去掉垫片，以保持规定间隙0.3mm。

（4）安装传动装置底座时，其横向位置应根据窑中心线定；其轴向位置应该根据大齿圈中心位置定，该位置应该考虑热膨胀量。其表面标高由带挡轮支承装置的底座标高来决定，其表面斜度应与支承装置底座斜度相同。

（5）以大齿圈为基准安装小齿轮装置，其轴向位置尺寸偏差±2mm。用斜度规找正斜度，其允许误差与托轮斜度测量相同。在冷态转一周，小齿轮和大齿圈的齿顶间隙在0.25Mn+（2~3）mm范围内（Mn为齿轮法向模数）。正式投产后，当窑筒体达到正常温度时，齿顶间隙不得小于0.25Mn。检查大齿圈与小齿轮齿面接触情况，接触面积沿齿高应在40%以上，沿齿长应在50%以上。

（6）主减速机的低速轴与小齿轮轴的同轴度为ϕ0.20mm。在减速机机体轴孔剖分面上测量其横向水平位置公差，轴向倾斜度公差不得超过±0.05mm/m。

五、其他装置安装

回转窑其他装置主要有：窑头罩及密封装置，窑尾烟室及密封装置，喷煤管装置和各种防护安全装置等。

（一）窑头罩、窑尾烟室及其密封装置的安装

窑筒体运转时按一定的方向旋转，而和它相接的窑头罩和窑尾烟室则是静止不动的。窑筒体由于受热不仅在径向而且在轴向产生膨胀量，轴向膨胀量随着窑筒体温度的变化而不断地变化：为了避免安装于筒体上的轮带在旋转时由于在固定的位置上和托轮保持长期的接触而使托轮表面磨出沟槽，这要求操作人员控制窑筒体，使其在一定的轴向范围内产生周期性上下窜动；另外，旋转着的筒体在两悬壁端还存在着一定量的径向圆跳动。所以窑筒体两端的密封装置不仅在结构设计上要充分考虑到上述情况，而且安装时要注意以下要求：

（1）应该保证密封装置和窑筒体连接时留有最大的轴向伸长量和最大的径向圆跳动量。

（2）安装密封装置应该保证密封严密，不跑风，不漏料。

（二）喷煤管安装

安装喷煤管时既要保证喷煤管与套管结合严密，又要保证喷煤管能上、下、左、右、前、后灵活移动。

（三）其他装置

（1）所有的冷却水管安装完毕后，必须进行0.6MPa水压试验，保压10min后检查有无渗漏。

（2）各种防护安全装置包括：防爆阀、联轴器和传动带安全罩、各种拉杆、扶手等，

安装时不可忽略，安装完毕试运行前应进行检查。

六、回转窑试运转

（一）试运转前的准备工作

试运转前要检查基础标高是否有变动，各处螺栓是否拧紧，各润滑点润滑油、脂是否加足。使用滑动轴承的托轮装置转窑前用油壶在托轮轴颈上先浇一层油。检查转动部位是否有东西卡住，冷却水管是否畅通。各处经检查无误后才能进行试运转。

整台窑试运转前必须先进行单机试运转。电动机先空运转2h，然后电动机带动主、辅减速机各空运转2h，此时记录电流、温升并倾听是否有不正常的声音。

（二）窑筒体砌衬前试运转

窑筒体砌衬前试运转，由辅助电动机带动回转窑试运转2h，主电动机带动回转窑试运转8h，要求作下列检查：

（1）检查各部润滑情况、温升和电流：是否有漏油现象，温升一般不得超过30℃，电动机负荷不应超过额定功率的15%。

（2）检查传动装置有无振动、冲击等不正常的声音；大小齿轮接触情况是否正常。

（3）轮带与托轮的接触情况是否正常，滑动轴承的托轮轴止推圈与托轮衬瓦之间的间隙，滚动轴承的托轮轴端部的止推轴承与端盖之间的间隙是否正常。

（4）窑筒体两端的密封装置及吹风装置在运转中是否能够保持良好的状态，不允许有过大的漏风间隙。

（5）各处螺栓有无松动现象。

（三）窑筒体砌衬后的试运转

窑筒体砌衬后试运转与烘干窑同时进行，这时要作以下检查：

由于窑体质量增加，所以要检查各油箱油的温升不得超过35℃，轴承温升不得超过40℃，电动机负荷不能超过额定功率的25%。此时要特别检查托轮调整是否正确，如托轮与轮带表面是否均匀接触等。

其他检查项目与砌衬前试运转的要求相同。

应该指出，砌衬后点火前一般不应快速转窑，以防衬体松动。为了防止窑筒体发生变形，可隔7~10d用辅助传动慢速转窑90°或180°。点火前应重新检查衬体，并逐环楔紧。

第四节　回转窑的维护与修理

一、回转窑的维护

回转窑在运转过程中，要进行正确的维护和保养。维护和保养包括以下内容：运转前的检查、运转中的检查和定期检查，以及停窑时的维护。

1. 运转前的检查事项

（1）检查主电机基础部位螺栓是否有松动现象，回转方向是否正确。

（2）检查主、辅减速机基础螺栓是否松动，润滑油的油面是否到位。若是强制润滑应检查循环供油装置的油泵压力，是否符合要求，有否漏油现象；滤油器是否堵塞，冷却水管有否泄漏现象。

(3) 检查大齿圈、小齿轮上连接螺栓及轴承座螺栓是否有松动现象，润滑油面位置是否正确。

(4) 检查辅助传动电机回转方向、斜齿离合器的离合情况，螺栓松紧及制动器的摩擦片接触情况。

(5) 检查轮带与托轮接触情况，要求轮带与托轮接触均匀，位置应正确；挡轮位置应正确；检查托轮轴承的冷却水是否畅通；冷却水管有否泄漏现象。

(6) 检查窑头、窑尾密封装置的安装状况；喷煤管移动台车的安装运行情况。

2. 运转过程中的检查事项

运转过程中的检查时间、内容、发生原因、处理措施和注意事项，见表2-1。

表2-1 运转过程检查时间、内容、发生原因、处理措施和注意事项

时间	件名	检查内容	发生原因、处理措施及注意事项
每日三次	筒体	有无由于掉砖而变红部位	如有掉砖，必须停窑马上进行修补，窑停止的位置，使落砖位置处于上面
		筒体变形	筒体变形严重会导致砖的脱落，从而会使筒体龟裂及过负荷，变形严重时应及时修理
每日三次	托轮	裂纹的发生	因为轮带的碾压，使托轮发生龟裂，发现裂纹应及时修理或更换
每日三次	托轮轴	裂纹的发生	由于重载及疲劳负荷使托轮两端和托轮内部产生裂纹，发现裂纹及时修理或更换
		轴承衬瓦过热	给油不良、或轴瓦新调整、接触部件不正确等原因都会发生过热现象。不注意就会烧损，要特别注意，过热时可进行强制风冷、水冷及调托轮。研轴瓦等办法解决
		轴及衬瓦的磨损	轴承内进入粉尘、铁屑等物，会造成轴及衬瓦的磨损或划伤，导致轴瓦过热。注意防尘，清洗，保持清洁，充分供油，防止磨损扩大，磨损严重时无原则停窑修理或更换
		油封部件	粉尘是磨损的原因，必须做好防尘，要常换油封，特别是轴承处，应特别注意
		给油勺	油勺随轴旋转将油提起倒入溜油板而进入轴和瓦的综合部位。只要底下有油，轴面上就会有油，要经常查看油面及油勺的运动情况
每日三次	大齿圈 小齿轮	裂纹或变形	由于筒体、轮带、托轮等事故及地基下沉等都能发生裂纹及变形，要及早发现。可用焊接等方法加以修复
每日 三次	大小 齿轮	齿的啮合	即使在正确的位置时，因为中心距较大，冲击较大和由于托轮及轮带的异常磨损，底部也会出现咬合，要特别注意
每日 三次	小齿轮 轴承	轴承衬瓦的过热	给油不当，或轴瓦新换后可能发生过热，不注意就会烧损。如过热，必要时要进行风冷、水冷
		轴承螺栓松动	由于振动和负荷变化，有时会发生螺栓松动，从而引起啮合不良，传动效率下降，加剧磨损，甚至折断牙齿。要经常检查，防止松动
		给油检查	经常检查轴承的润滑情况
		底座的松动及龟裂	基础螺栓松动，基础发生振动，有可能发生龟裂，要经常紧固

续表

时间	件名	检查内容	发生原因、处理措施及注意事项
每日三次	窑头罩	落砖引起过热、变形	要注意垂直壁部砖的突出，发现时及时修正
		通气	罩内是负压工作，如发现正压、甚至喷出热气，有烧损本体或伤人危险，注意调窑尾风机
每日三次	窑尾密封	弹簧式石墨块等密封状态	经常检查窑尾密封的安装状态及密封效果，对密封件要及时更换
每日三次	轮带和轮带下垫板	垫板的磨损及凸凹变形	在运转中，轮带下垫板会受到磨损。间隙加大会引起筒体变形，是掉砖的重要原因。所以观察磨损增加间隙增大，轮带和筒体回转表面凸凹不平也会加大。一般情况下，回转一圈的间隙 1～5mm，必须更换。另外磨损加剧时应涂防滑油

3. 定期检查

定期检查和维护，见表2-2。

表2-2　定期检查和维护

时间	件名	检查内容	发生原因、处理措施及注意事项
	筒体	砖破损部位的修理	在运转中有砖脱落危险的部位，要进行修理或更换新砖
		砖磨损的检查及更换	测量砖的厚度，对磨损到原尺寸的50%时应进行更换
		凸凹变形	测定凸凹变形尺寸，正确查找原因和危害程度，作出相应的修理
		结圈状况	查看结圈状况，应在停转时除去
		筒体龟裂	停窑时详细查看龟裂大小和状态，提出修理措施并实施
	齿圈 小齿轮 小齿轮轴 小齿轮轴承	轴承衬瓦调正及啮合调整	运转过程中轴承螺栓松动及轴瓦的磨损等都会使齿轮不能正常啮合，因此随轴承瓦的调整要进行啮合调整
		齿的磨损及点蚀	以齿的面积来观察磨损情况和点蚀情况，达30%时准备更换，40%时必须停止运转，更换齿轮
		齿轮轴的磨损	测定轴承衬瓦处轴径的磨损情况，看情况修磨或更换
	其他	在运转中产生的故障	在运转中检查内容，认为有可能给下次运转带来故障的位置应重新检查、修理、更换
		运转中检查内容进行详细调查	停止运转后，运转中规定应当检查的位置要进行特别严密的定量检查，对故障进行处理

4. 维修检查

基准值检查见表2-3，表2-4，润滑油点一览表见表2-5（详见设备说明书）。

表2-3　日常检查基准值

位置	检查项目	基准值	测定方法	备　注
托轮轴承	轴瓦允许温度	60℃（40℃）	温度计测度	比基准值高8℃时就应注意
	容许振动振幅	50μm	振动计测定	通常在10μm，当20～30μm时就应注意

续表

位置	检查项目	基准值	测定方法	备　注
减速机	各轴承允许温度	60℃（40℃）	测定轴承壳温度	
	各部允许振幅	30μm	振动计测定	一般在10μm左右
小齿轮轴承	轴承许可温度	60℃（40℃）	测定轴温	比基准值高5℃时应注意
	容许振幅	30μm	振动计测定	一般在20μm左右

注：括号内为滚动轴承允许温度。

表2-4　停转维修时基准值

检查位置	检查项目		基准值	备　注
托轮轴	轴瓦处界面磨损量		5mm	3~5个月更换润滑油
托轮	极限磨损量为壁厚的		25%	
轮带	极限磨损量为壁厚的		10%	
减速机	各轴承允许径向间隙		按标准	3~5个月更换润滑油
	齿轮接触情况	沿齿长方向	60%	经常检查齿面润滑情况
		沿齿高方向	30%	
托轮和轮带	表面剥离及裂纹		≤5mm	剥离深度25mm，长度≥50mm时可以焊接修补
			≤50mm	
			≤5mm	剥离深度≤5mm，长度≤50mm时，可用砂轮机磨去
			≤50mm	
齿圈及小齿轮	齿面接触情况	沿齿长方向	60%	观察或检查仪确认
		沿齿宽方向	30%	

表2-5　润滑点一览表

序号	部　位	数量	给油方法	推荐使用油脂类	更换周期
1	托轮轴承（高端）		油勺浇油	50#机械油	第一次一个月，以后三个月
2	托轮轴承（低端）		油勺浇油	50#机械油	第一次一个月，以后三个月
3	托轮油封部		干油枪	4#钙基润滑脂	第一次一个月，以后三个月
4	齿圈及小齿轮		带油齿轮	齿轮油	第一次一个月，以后三个月
5	主减速机		油浴式（强制式）	20#机油	第一次一个月，以后三个月
6	辅助减速机		油浴式	20#机油	第一次一个月，以后三个月
7	斜齿离合器		淋涂	润滑脂	第一次一个月，以后三个月
8	油缸		强制给油		第一次一个月，以后三个月
9	油缸杆部		干油枪		三个月
10	窑门轮		干油枪		三个月
11	喷煤咀吊车		干油枪		三个月

5. 防止检查发生重大事故要领

（1）试运转必须确定试运转负责人，岗位负责人，各开关应专人操纵，统一指挥。

（2）检查时必须在机侧主开关、现场开关处注明“检查中”。

(3) 窑运转开始前必须检查回转部、运动部有无障碍物，检查机器内部有无遗漏螺栓、螺母、工具等物品。检查机器必要给油部位，应充分给油。

(4) 首先回转部要进行微动运转，确认振动、声音、温度无异常。

(5) 窑运转中检查：

①检查危险位置时要特别注意人身安全，避免手指及工作服的卷入。特别是检查轮带和托轮咬合部、齿圈和齿轮咬合部、轮带和挡轮咬合部、联轴节部位时要尤为注意。

②向罩内观看时，有可能有热气吹出，所以要带防热面具。

③托轮轴承内发热时，不要把手伸入轴承内。给油装置、油压装置、燃烧装置附近要禁止烟火。

④筒体下面有挡圈、压板等突出点，在下面活动时要注意。

⑤在配水管、配油管及搁架上禁止放物品。

(6) 窑内作业：

①当窑内温度适宜时，方可进入内部作业，要彻底清除喷烧器上部、罩内周围附着粉尘和粘圈粘层及不稳定砖等。

②窑内检查必须由两人以上组成一组，要有充分照明。

③在一切能够启动回转窑的开关处设置“现在正进行窑内作业，不许启动”的标牌。

6. 停窑维护

生产当中有时因为各种原因需要停窑进行检查和修理，停窑分为短期停窑、长期停窑。

(1) 短期停窑：

①在停窑后一小时内每 5 ~ 10min 转动窑体 1/4 转。

②在停窑后二小时内每 5 ~ 20min 转动窑体 1/4 转。

③在停窑后三小时内每 30min 转动窑体 1/4 转。

④其后，每小时都要转动窑体一次，每次 1/4 转。

(2) 长期停窑：

①停窑后按上述周期转窑，到已完全冷却人可以进入窑内为止。

②各部冷却水应排除干净。

二、回转窑的修理

回转窑的修理同通用的设备一样，也分为小修、中修、大修，各种修理的基本内容与修理周期如下。

1. 修理内容与修理周期

(1) 小修的基本内容与修理周期

小修的内容包括：①各部支撑系统；②传动系统；③窑体部分。小修主要是对日常检查及运转过程中发生的事故进行处理，一般小修的周期为 2 ~ 4 个月。

(2) 中修理的基本内容与周期

1) 小修理的修理内容。

2) 各部托轮支撑系统。

①校正托轮的位置偏差，进行必要的调整，使托轮、轮带恢复应有的位置精度与几何精度。

②修理磨损严重的托轮轴，更换托轮轴承，更换轴向止推部分的磨损零件。

③更换润滑油，清洗轴承，更换润滑装置中损坏的零件。

现场加工修复因磨损严重不平的托轮表面，或更换少部分托轮。

3）传动系统

①更换磨损严重的轴承，修理轴颈。

②更换部分半联轴节或联轴器中的有关零件。

③调整并找正各级传动齿轮，达到应有的啮合精度。

④清洗润滑系统，更换润滑系统中的部分零件。

⑤检查减速机，更换相应的密封零件，解决渗漏问题，对于油浴润滑的减速机要更换新油。

⑥检修电机及其控制部分。

4）窑体部分

①校正窑体中心线，消除各挡轮带几何中心偏差与各轮的位置偏差，恢复窑体垂直与水平两方向的直线精度。

②检修窑体的变形部分，对窑体的局部不圆度进行修复。

③检查并修复筒体裂纹及焊口的开裂部位。

④更换部分垫板、调整轮带与垫板的间隙量达到要求的标准。

⑤更换损坏的挡轮或挡轮装置中的零件。

⑥更换部分耐火砖及下料部分的耐磨材料。

⑦修理或更换窑尾给料装置。

⑧更换喷火咀，检修喷煤管进给传动装置。

⑨修整或更换前后窑口的部分筒体及护板。

⑩清洗水冷系统的水垢及污垢。

中修理一般每12~18个月进行一次。

（3）大修理

设备大修理包括如下内容：

1）中小修理的修理内容。

2）对筒体进行修理、更换、校正，更换或修理所有的磨损零部件。彻底调整托轮的位置偏差，全面恢复其应有的各项精度。

大修理每6~8年进行一次。

2. 主要零部件的磨损极限与维修措施

对于一般水泥回转窑的主要零部件的磨损极限与维修措施列于表2-6。

表2-6　窑主要零部件的磨损极限与维修措施

磨损零件名称	磨损形式	磨损极限	维修措施
筒体	弯曲变形	径向摆动量（mm）：窑头、窑尾为25，跨间为40，大齿轮处为5	1. 热矫正（反变形法）； 2. 更换少量筒体或局部切断再焊法（适于头尾）
	凸凹变形	凸出或凹入量：大于筒体板厚，变形面积 $-400cm^2$	整形修理

续表

磨损零件名称	磨损形式	磨损极限	维修措施
筒体	裂纹	烧成带筒体——细微裂纹；垫板处——50mm；下料口——100mm	焊接
	焊口开裂	垫板——焊缝长的20%；搭接板——100mm；筒体任何裂纹	焊接
	铆钉松动或切断	搭接板10%；加固板25%	补铆
	高温腐蚀、磨料磨损或蠕变	厚度磨损15%；机械强度降低20%	更换
轮带	厚度疲劳磨损	剩余厚度（箱形75%；矩形65%）	更换
	轮带与垫板间隙增大	间隙超过一倍	更换垫板
	因疲劳或材料缺陷出现裂纹	任何长度的裂纹	补焊
托轮	不均匀磨损而出现表面不平	3mm	1. 车光托轮表面；2. 更换新托轮
	裂纹	长度>50mm；深度>20mm	补焊修理
	表面均匀磨损	轮缘厚剩余65%；实心托轮磨损30mm	更换新托轮
托轮轴	表面擦伤	深度1≤mm；滑伤范围为轴颈面积30%	1. 补焊后车光；2. 手工磨光修复
挡轮	表面均匀磨损	直径减少10%	更换
	表面不均匀磨损	不平度>2.5mm	1. 车光；2. 更换
托轮轴瓦	均匀磨损	轴瓦厚度的20%	更换
	擦伤	深度0.5mm；面积30%	1. 更换；2. 手工刮研
	端面磨损	端面厚度的50%	更换
挡轮轴瓦	均匀磨损	原瓦厚度的40%	更换
挡轮止推瓦	均匀磨损	原厚度的5%	更换
传动齿轮	齿厚磨损	固定弦齿厚度减薄量：开式为25%；密闭为15%	更换
传动齿轮	齿顶间隙变化	增大0.5模数减小0.1模数	调整齿轮位置偏差与斜度，恢复啮合关系
大齿轮	径向摆动	大于0.25模数	重新调整装配
传动轴	表面擦伤	深度0.5mm；面积40%	1. 补焊车光；2. 手工修理；3. 涂镀
传动轴	均匀磨损	直径减少50%	1. 补焊车光；2. 涂镀后磨
传动轴瓦	瓦面擦伤	深度<0.4mm；面积<25%	手工刮研
传动轴瓦	均匀磨损	轴瓦减薄40%	更换

3. 主要零部件的修理质量要求

回转窑的主要零部件修理质量要求列于表2-7。

表 2-7　窑主要零部件修理质量要求

修理部位	修理内容	达到的标准
筒体部分	校正筒体准直度	1. 前后窑口的径向摆动不大于 12mm； 2. 跨距间的最大摆动不大于 10mm； 3. 大齿轮处径向摆动不大于 3mm； 4. 各支撑轮带处几何中心与筒体中心线的偏差，水平偏差不大于 1.5mm，垂直偏差不大于 2mm
	搭接板加固板或垫板的铆接	不准有歪斜、过火、过尖、烂头现象；四周不准有切痕，用小锤敲打不震手
	对裂纹和焊口开裂的焊接修复	1. 跟踪裂纹终端、全部焊复、不准有残留裂纹； 2. 筒体内壁焊缝保持整修平整、要选择适宜的焊接工艺以保证焊接强度与减少焊接应力
托轮支撑部分	轮带的检修与装配	1. 轮带与垫板的间隙满足设计要求，其大小可参考表 2-8； 2. 轮带两侧与挡圈的间隙应相等； 3. 大小齿轮正常啮合时，两挡轮与轮带端面的间隙应相等
	托轮轴与托轮瓦的修理装配	1. 轴与瓦的接触角度为 60°~90°，其接触角中心线重合于托轮与轮带的中心连线； 2. 刮研后达到每平方厘米有一个接触点； 3. 瓦口保持一定的间隙，以形成足够的动压油楔，一般为 2~3mm； 4. 托轮轴颈表面与轴瓦应光洁平整，不得有拉毛现象； 5. 托轮轴挡圈与轴瓦端面的间隙或轴端与止推轴瓦的间隙，应满足图纸要求； 6. 油勺或其他润滑装置连接完好、牢固、带油充足，给油位置合理，没有反油现象； 7. 托轮两端面与轴承座端面的空隙应相等
	托轮的装配位置与托轮支撑系统的几何关系	1. 两托轮中心与轮带中心夹角为 60°，并以托轮中心垂直线为轴，对称分布； 2. 两托轮的中心距从两面轴端测量应相等； 3. 两托轮轴向中心线应平行，不能装成八字，并且到底座的中心标记的水平距离应相等； 4. 为了修复后的托轮能满足上述几何关系的要求，应在底座下垫以适当的垫板
传动部分	更换齿轮或调整齿轮的啮合关系	1. 相啮合的两齿轮径向中心线偏差不大于 3mm； 2. 齿顶间隙在大齿轮径向摆动最大处测量应保持（0.3~0.5）模数，其齿侧间隙的不均匀偏差不大于 0.05 模数； 3. 接触精度，沿齿长应达到 20% 以上（大齿轮）； 4. 齿面光洁，无严重擦伤与剥落，给油充足，油质完好
	传动轴与轴承的修理	1. 滚动轴承按相应标准检查轴承的磨损情况决定更换； 2. 滑动轴承的修理，参照托轮轴与轴瓦的修理装配

轮带与垫板间隙，见表 2-8。

表 2-8　轮带与垫板间隙

窑的直径（m）	靠出料端间隙（mm）	其他各挡间隙（mm）
>3.0~3.3	5	4
>3.3~4.0	6	5
>4.0~4.3	8	6
>4.3~4.6	9	7
>4.6~5.0	10	8
>5.0~6.4	11	9

4. 主要零部件的修理

(1) 筒体的更换

1）旧筒体的切断　切断旧筒体的两个基本要求是：切断口准确的轴向位置，以及断口平面与筒体轴线的垂直精度。切断长度按更换筒体的部位与更换筒体的多少，以精确的长度量具来完成，一般以相邻的两挡轮带中心为基准测量；切口与轴线的垂直精度一般以精确的画线来保证。画线方法有样板法和转动画线法两种。样板法比较简单，但不易精确。转动画线法是在窑体转动中用专用的画线架在切断位置上画出，如图 2-23 所示。

当窑体转动时，画笔工即在窑体上画出一条线来。一般都要画出两条线，一条作为切割线，一条作为检查线，用于检查切口和修理切口、加工焊接坡口时作为基准线。两线的距离 a（图 2-24），一般等于筒体切口处的板厚。切口可以手工切割，也可自动切割。

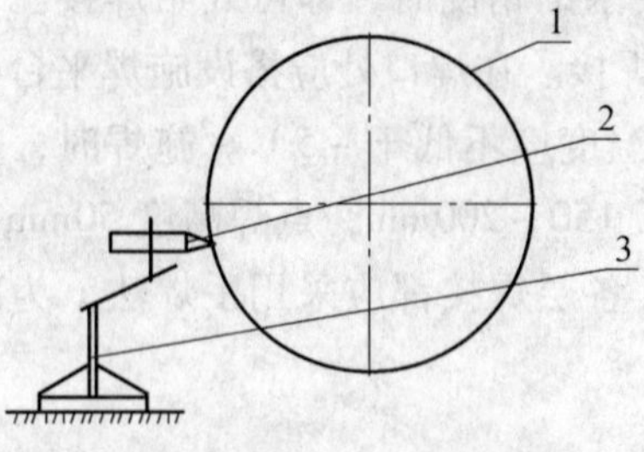

图 2-23　转动画线法

1—窑体；2—画笔；3—画架

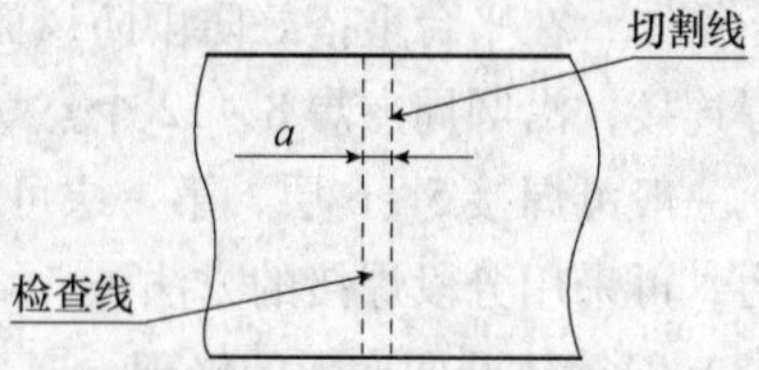

图 2-24　焊接坡口基准线示意图

2）对切口的修整与加工的基本要求如下：

①在切口处 50~80mm 宽的环状区域内，清除掉水垢、油污、油漆、氧化皮等杂质。

②检查筒体切口处的椭圆度，其误差不超过 $0.002D$，对于超差的应进行调圆整形，一般采用冷调方法。在必须用热加工的方法时，其加热温度不超过 1000℃，加热次数不应超过两次。

③检查切口直径与新换筒体接口处直径尺寸的偏差。检查方法可以测量接口处的圆周长，其圆周长的差值不应超过 5mm。

④修整接口表面并加工焊接坡口，修整后的接口到检查线（图 2-24）的距离相等，单边坡口一般为 30°（图 2-25），当板厚 $S=18\sim28$mm 时，$B=(3\pm1)$ mm。焊口的加工可用气割器切割，然后再加工修整，也可以用风铲、碳弧气刨加工，加工后再手工修磨表面。

3）新旧筒体的对接　新旧筒体通过可调式连接装置（图 2-26）连接起来。新旧筒体接口处用垫板（$\delta=2.5$mm）来保证筒体对接间隙均匀相等。两接口径向偏差 ΔS（图 2-27）

不超过筒体厚度的10%，最大为3mm。对ΔS过大的部位，应予修整，可采用图2-28的简单方法来实现：在较低的筒体1上焊接一个角铁3（其厚度为1.5S左右，然后在较高的筒体表面2与角铁之间打入带有一定斜度的楔铁4，以达到要求的数值。

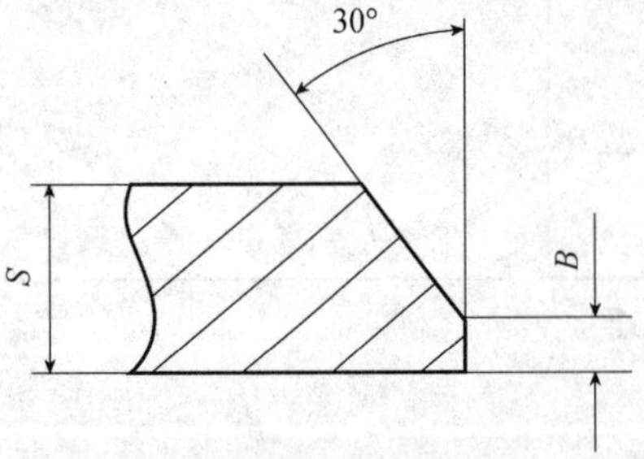

图2-25　坡口位置示意图

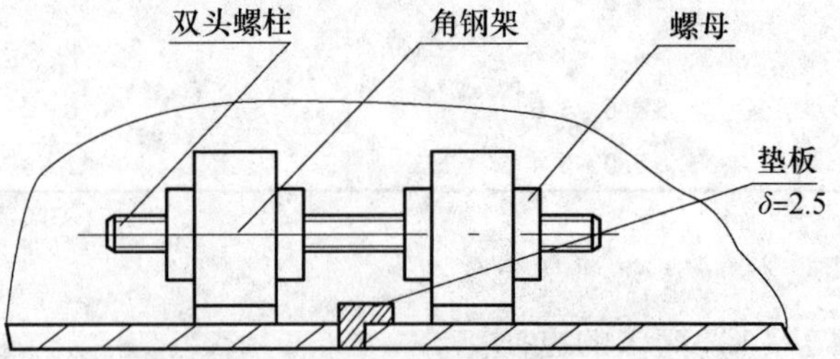

图2-26　连接装置示意图

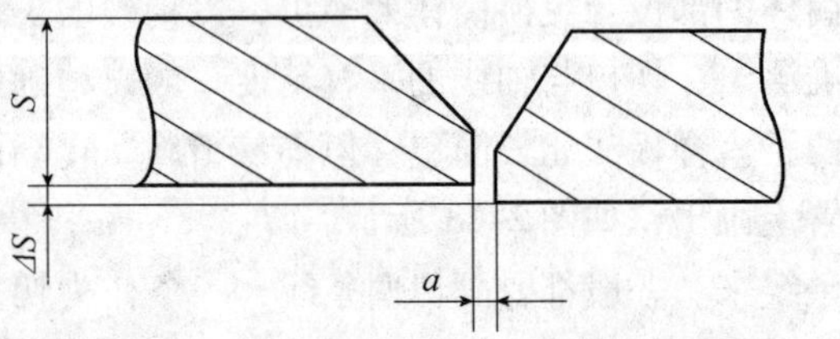

图2-27　接口径向差示意图

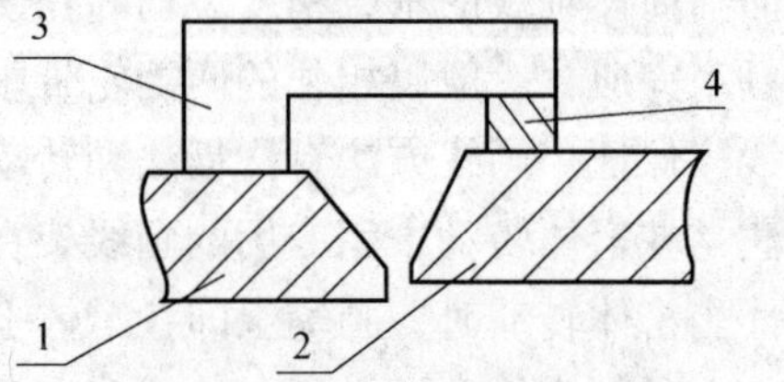

图2-28　修正部位示意图

4）新旧筒体的焊接　在连接调整工作都已达到要求的精度时，即可开始焊接。可采用手工焊接或自动焊接。一般受条件限制，都采用手工焊接。在焊口处应搭设施焊平台，平台略高于筒体，在平台上搭好防雨防风棚。焊接时环境温度应不低于－5℃。施焊时，先将窑体点焊连接，沿圆周点焊8～12个点（等分），每点长150～200mm，点焊高度50mm。分层焊接，一般可焊接5～6层，第一层可用较细的焊条，各层焊接都应采用手焊法。为减少焊接应力，可采用分段焊接的方法。

（2）对筒体凸凹变形的修理

1）筒体变形的检测　检测清楚筒体局部变形的大小及区域是修理工作的前提条件。用样板检测的方法比较简单。筒体的轴向变形用钢板尺或其他较为准直的长度样板来检测，如图2-29所示。筒体的环向的变形程度可以用样板来检查，如图2-30所示。上述沿轴向在不同位置的测量，可以描述出变形沿轴向的变化情况。通过对环向不同位置的测量，可以描述出变形沿环向的变形情况。两者结合，可以得出变形的扫描图样，并能得到最大变形的坐标值，为压力修整找出适宜的作用点。

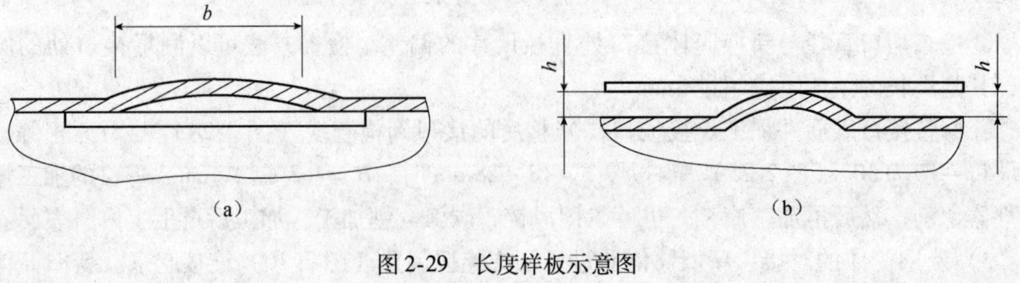

（a）　　（b）

图2-29　长度样板示意图

（a）轴向内侧测量；（b）轴向外侧测量

图 2-30　环向样板示意图
（a）环向内侧测量；（b）环向外侧测量

2）对变形的修理　筒体凸变形不大不影响窑衬稳固时，可不进行处理。必须处理时，可以在加热状态下进行，加热温度不宜过高。在不重要的部位可以用抑热后锤击的办法修复。在对锤击较敏感的部位，应选用加热压调的方法。当凸变形较大而且伴有其他缺陷时，可以采用挖补的办法。

对于筒体的凹变形，由于对砌砖会产生影响，因此一般要进行修复。对于筒体的局部凹变形和椭圆变形，可采用在筒体内壁加工支撑的办法加以修复。

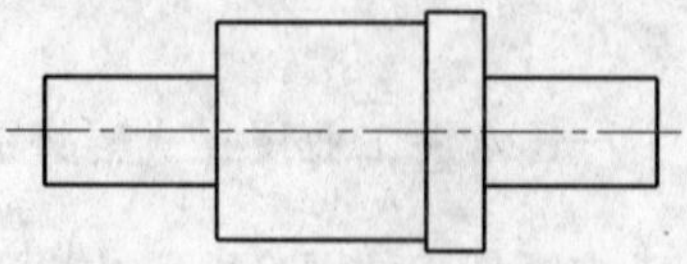

图 2-31　托轮磨损示意图

3）托轮的修理　对托轮表面的不均匀磨损（图 2-31）采用车削工艺修复，是托轮的主要修理内容之一。为了简化修理工艺，减少修理时间，可以采用现场无拆卸修理，即在托轮运转中，通过固定在托轮底座上的车刀架及其导轨来完成，如图 2-32 所示。

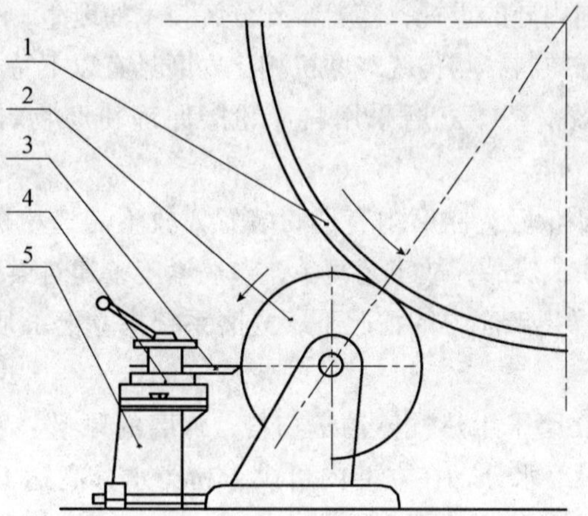

图 2-32　托轮无拆卸修理示意图
1—轮带；2—托轮；3—车刀；4—车刀架；5—导轨

第三章　水泥工业用立式辊磨机

按　水泥工业用立式辊磨机是引进国外制造技术而生产的产品，经国内消化吸收实现了国产化，并于1999年制定出行业标准。标准的实施促进了技术进步，提高了产品质量。但随着水泥生产设备大型化后，该标准已不能满足生产的需要，由沈阳重型机械集团有限责任公司组成的起草工作组于2007年修订了该标准，达到了国际先进水平。目前已在实施新标准，并营造了品牌产品，将为占领国内外市场贡献出最大的力量，为水泥生产创造更大的经济效益。

第一节　概　述

一、水泥工业用立式辊磨机（以下简称立磨）在水泥生产中的地位和作用

立磨是一种用途很广的烘干兼粉磨设备，可广泛用于粉磨水泥原料或水泥熟料及其他建筑、化工、陶瓷等工业原料的粉碎。

立磨在工作原理、研磨机理、机械结构、系统工艺性能方面以其独特的优点与特点越来越得到世界水泥行业及国内外的重视，随着窑外分解技术的诞生，各国水泥行业越来越多地采用立磨粉磨水泥原料与熟料，与传统球磨机相比立磨具有以下特点：

（1）能耗低，粉磨效率高　立磨采用料床粉磨原理粉磨物料，系统能耗比球磨机低20%~30%。

（2）占地面积小，质量轻　立磨内有选粉装置，故不需选粉机和提升机，出磨含尘气体可直接进入收尘器收集成成品，故工艺简单，布局紧凑，建筑面积及建筑空间都要比球磨系统小30%以上，在同样生产能力的情况下，立磨系统中立磨的质量要比球磨系统中球磨的质量轻。

（3）烘干能力大　立磨采用热气体输送物料，入磨的风量、风速、风温非常重要，能使产品达到符合要求的最终水分，在立磨内可烘干粉磨水分高达12%~15%的物料，故可省去原料烘干系统。

（4）易损件寿命长　由于立磨的结构决定了立磨在运行过程中没有金属间的直接接触，所以磨耗小，运转率高，易损件寿命长。

（5）入磨粒度大　管磨机的入磨粒度一般要求小于30mm，而立磨入磨粒度一般在80~120mm，大型立磨可达200mm，比管磨机入磨粒度大3~4倍，可大大提高破碎机的破碎能力，并简化破碎工艺流程。

（6）噪声比管磨机小10dB，基建投资可节省30%　立磨还具有产品细度和成分容易监测控制，维护简单等优点。

基于以上立磨的优点与特点可以看出，立磨所产生综合经济效益和社会效益，是管磨机

无法比拟的，也是近年来在水泥行业中得到迅速推广的主要原因，由于耐磨材料技术的迅速发展，使立磨的适应性越来越好。由此可见，立磨不仅具有先进的技术指标，而且有良好的经济性，在水泥工业中起到了推动技术进步、节能降耗的重要作用。

二、立磨技术发展概况

立磨技术的发展在世界范围内已有悠久的历史，而且种类繁多，如德国的 Loseche 公司、Krupp Polysius 公司、Pfeiffer 公司，美国 Fuller 公司、GE 公司，日本 UBE 公司、川崎、神户制钢所、三菱重工等公司及丹麦的 FLS 公司，英国的 Lopulco 公司均已开发与研制了立磨。德国 Loesche 公司于 1928 年就已研制与生产了莱歇磨，现已形成系列，规格齐全。

德国 Pfeiffer 公司于 1958 年研制与生产了 MPS 磨，虽然比莱歇磨晚，但由于它在机械结构上兼有其他磨的优点，在市场上占有很大的优势。

美国 CE 公司从 1935 年开始研制与生产雷蒙磨。

丹麦 FLS 公司于 1978 年开发与研制了 ATOX 磨，在国际上有较大的市场。

神户制钢所有 CM、OK、FM 三种系列辊式磨，也是 20 世纪 70 年代末开发的产品。

日本 UBE 公司开发与生产的 LM 磨，是迄今为止已经投产的最大规格的立磨，规格为 LM50・42，粉磨水泥原料产量达 550t/d。

德国 Krupp Polysius 公司设计的世界上最大的立式磨安装在韩国，磨盘直径为 6m，辊子直径为 2.9m，产量 600t/d，电机功率为 4100kW。

我国水泥工业用立磨技术虽然起步晚，但步伐大，整机引进国外立磨有：

丹麦 FLS 公司的 ATOX 立磨。

福建顺昌水泥厂 ATOX-35 型立磨，保证产量 160t/h，产品细度达到 0.09mm，孔筛筛余 12% ~14%，电机功率为 1250kW。

安徽海螺集团、冀东水泥厂引进 ATOX-50 型立磨，产量已达到 300t/h，满足了 4000t/d 水泥生产线中原料磨的需要，现均已正常运转，效果良好。

德国 Pfeiffer 公司 MPS 立磨。

江苏京阳水泥厂引进 MPS5000 立磨，用于 5500t/d 水泥生产线中，是目前国内引进 MPS 磨中规格最大的一种，分别用于生产原料及熟料的两种规格相同的立磨，在国内用于大型立磨粉磨熟料的例子还不多，现京阳水泥厂两台生、熟料立磨均已正常生产，运行效果良好。

另外，大连小野田、江南小野田、山东三菱均引进日本各公司的立磨，现均已正常运转。

立磨在水泥熟料工艺中逐渐采用，各家制造公司都改进的磨辊和磨盘的结构，安装了高效选粉机，增加了外循环量等；它们主要的区别在于磨辊和磨盘的结构及加压方式不同。

三、国外公司几种典型立磨比较

国外公司几种典型立磨比较见表 3-1。

表3-1 国外公司几种典型立磨比较

名称	LM磨	MPS磨	RM磨	OK磨	CK磨
制造厂商	德国莱歇、日本宇部	德国非凡	德国伯力鸠斯	丹麦史密斯、日本神户制钢所	日本川崎、三菱重工
给料方式	侧给料	中心给料	侧给料	侧给料	中心给料
磨辊形状	锥形	轮胎型	轮胎直辊	带凹槽轮胎型	轮胎型
磨盘形状	平盘	凹弧形槽	凹弧形槽	凹弧形槽	凹弧形槽
磨辊加载方式	单独	统一	统一	单独	单独
特点	调整灵活	稳定性好	稳定性好	调整灵活	调整灵活
磨辊数量	2+2/(3+3)	3	2对	4	3
倾斜角度	15°	15°	垂直	15°	15°
磨辊维修	翻出	摆出	移出	翻出	翻出
磨辊对调使用	否	是	是	是	是
磨辊润滑方式	润滑站	油池	润滑站	润滑站	润滑站
磨辊尺寸	小	大	大	大	大
磨盘尺寸	小	大	大	大	大
磨盘转速	高	低	低	低	低
外循环量	大	大	大	小	小
环行喷咀风速	低	低	低	高	高
面积是否可调	是	否	是	是	否
磨盘喷水方式	喷雾，降温	喷淋，稳定料层	喷雾，降温	喷雾，降温	喷淋，稳定料层
选粉机形式	鼠笼式	鼠笼式	鼠笼式	鼠笼式	鼠笼式
调速方式	变频	变频	变频	变频	变频
导向叶片可调节	是	否	是	否	是
慢传	有	有	有	有	有
启动方式	抬辊轻载	抬辊轻载	超越离合器	抬辊轻载	抬辊轻载
喂料方式	分格轮	闸门\分格轮	分格轮	分格轮	闸门

四、引进技术生产与制造的立磨

[例1] 沈阳重型机械集团责任公司于1985年12月，通过中国机械设备进出口总公司（CMEC）与德国Pfeiffer公司签定了引进MPS立磨专有技术合同，合同转让MPS2250、MPS2450、MPS2650、MPS3150、MPS3450水泥生料立磨及MPS2450C、MPS2650C、MPS3450C水泥熟料立磨八种规格产品的全部设计、制造和检验技术以及试验选型用MPS32型立磨全套试验室设备，以满足日产700t、1000t、1500t和2000t水泥厂的需要（图3-1）。

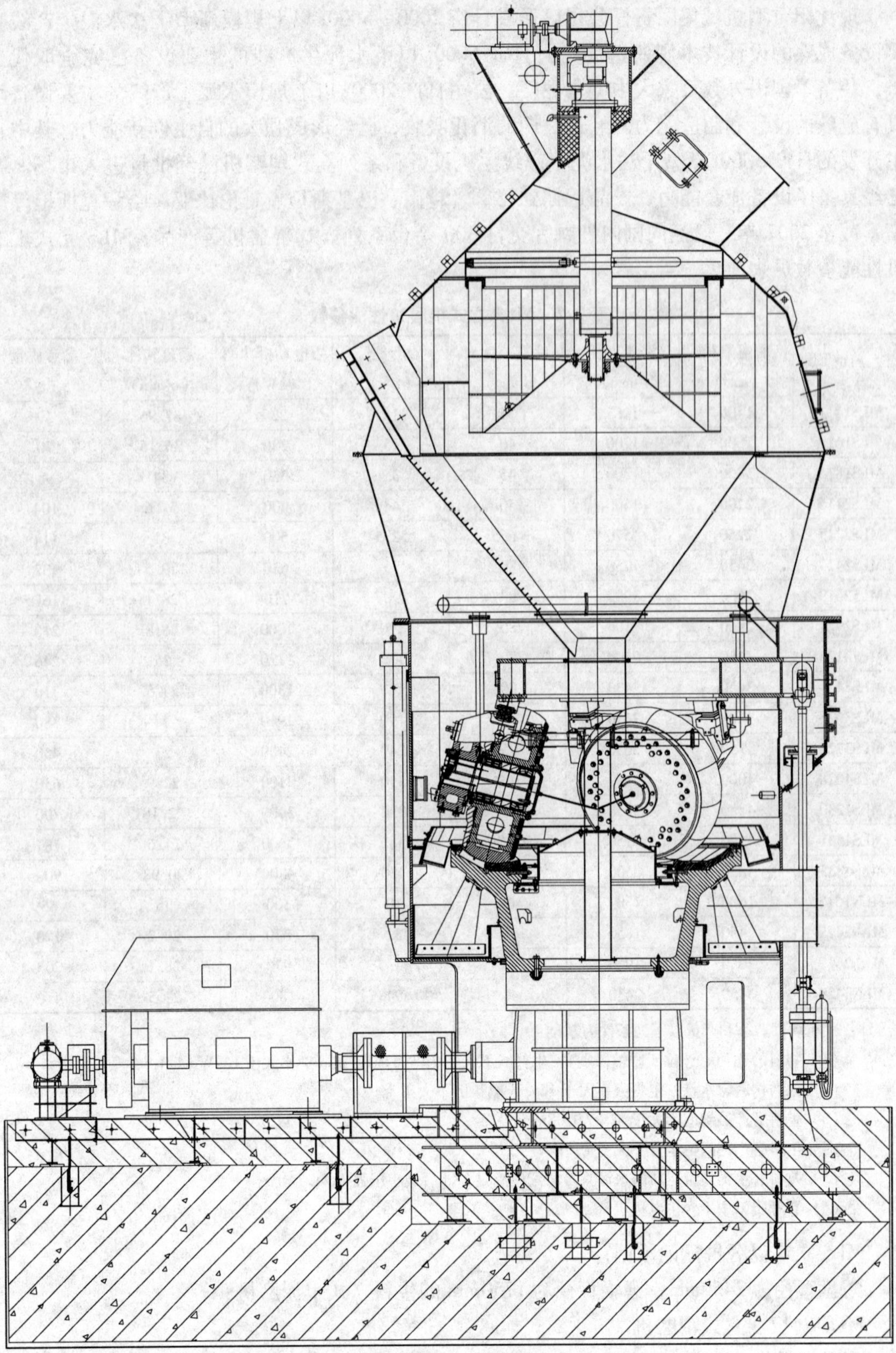

图 3-1　MPS 立磨示意图

现沈阳重型机械集团责任公司已形成日产2000~5000t以上规模新型干法水泥生产线主要设备成熟的设计技术和制造能力。日产5000t以下水泥生产线的主要设备已完全取代进口，装备了国内外数百家大中型水泥厂。公司日产2000t以上规模水泥生产线的主要设备均具有成熟的设计和制造能力。经过长期的消化吸收，已经形成强大的自主创新能力，其中自主开发的日产5000t新型干法水泥生产线主机设备和系列立式辊磨机已经批量进入市场。并已经具备了设备成套能力，产品远销到秘鲁、越南、巴基斯坦、哥伦比亚、哈萨克斯坦等国家，截至2007年，已经向国内外顾客交付300余台系列立式辊磨机等产品，MLS立式辊磨机性能参数见表3-2。

表3-2　MLS立式辊磨机性能参数表

型号	磨盘直径（mm）	磨辊直径（mm）	给料粒度≤（mm）	产量（t/h）	主电动机功率（kW）	磨盘转速（r/min）	参考质量（t）
MLS1411	1400	1185	35	18	225	37.96	49
MLS1612	1600	1200	40	25	280	36.16	70
MLS1813	1800	1300	45	35	350	34	98
MLS2115	2100	1500	50	44	400	31.6	104
MLS2215	2250	1570	65	52.5	500	31	114
MLS2417	2450	1750	80	75	630	29.5	132
MLS2619	2650	1900	80	90	710	28.1	167
MLS2921	2900	2100	80	120	1000	26.8	210
MLS3123	3150	2300	80	150	1120	25	246
MLS3424	3450	2430	90	180	1300	24.5	310
MLS3626	3600	2650	90	190	1950	24	380
MLS3726	3750	2650	95	240	2400	23	450
MLS4028	4000	2850	100	310	3100	22.9	630
MLS4230	4250	3050	105	330	3400	22.18	700
MLS4531	4500	3150	110	380	3600	21.6	787
MLS4835	4850	3500	120	480	4800	20.98	900
MLN1613	1600	1300	40	10	300	35	65
MLN2417	2450	1850	40	32	870	29.2	170
MLN2619	2650	1900	40	45.5	970	28.1	203
MLN3424	3450	2430	40	94	1800	24.5	410

注：主电动机功率和产量以下列条件为基础：

（1）物料的比功耗（位于联轴器端）：生料磨不大于7kW·h/t；熟料磨不大于16kW·h/t；

（2）入磨物料含水量：生料磨不大于12%，熟料磨不大于4%；

（3）生料磨产品细度不大于12% *R*0.08mm；

（4）生料磨产品残留水分不大于1%；

（5）熟料磨水泥质量：所磨水泥颗粒级配应满足28d后最小压强为41.7MPa；

（6）参考质量中不含主电机质量。

MLS立式辊磨机标记示例：

磨盘直径为2450mm，磨辊直径为1750mm的生料立式水泥磨机：

MLS-2417　立式辊磨机

磨盘直径为2650mm，磨辊直径为1900mm的熟料立式水泥磨机：

MLN-2619　立式辊磨机

［**例 2**］天津水泥工业设计研究院研究设计的 TRM 型立式磨，现已形成系列，能满足 5000t/d 以下的水泥生产线中粉磨原料的需要，我国第一台自行研制的较大型立式磨是由天津水泥工业设计研究院设计、原唐山水泥机械厂制造，于 20 世纪 90 年代初在新乡水泥厂安装试车并取得成功，其产量已超过设计能力（图 3-2）。

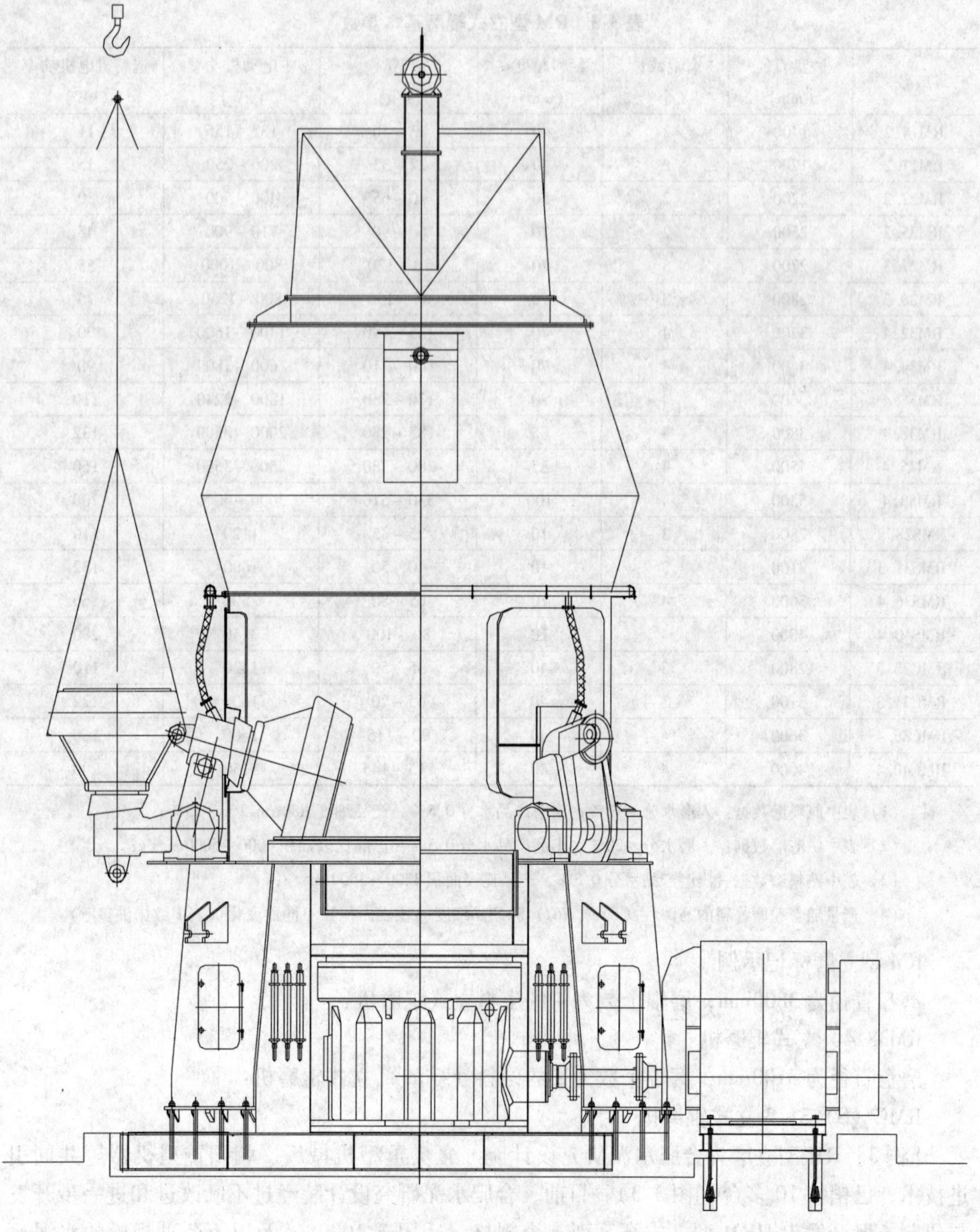

图 3-2　TRM 型立式磨示意图

还有一些厂家生产的立式磨也是我国自行研制的，已有多家水泥厂使用，使用情况良好。

立磨技术在世界水泥工业中起到了推动技术进步、节能降耗的重要作用。由于立式磨有很好的经济性，必将为水泥工业发展作出巨大的贡献。

RM 型立式辊磨基本参数应符合表 3-3 的规定。

表 3-3　RM 型立式辊磨基本参数

型号	磨盘直径（mm）	磨辊数量（个）	给料粒度≤（mm）	产量（t/h）	主电动机功率（kW）	选粉机电机功率（kW）
RM14.2	1400	2	40	13~40	132~155	11
RM17.2	1700	2	40	22~33	200~250	15
RM22.2	2200	2	50	40~65	400~500	30
RM25.2	2500	2	70	60~90	710~900	45
RM27.3	2700	3	70	78~120	800~1000	55
RM28.3	2800	3	70	85~130	800~1250	75
RM32.4	3200	4	70	125~190	1400~1600	90
RM34.4	3400	4	70	140~210	1600~1800	90
RM36.4	3600	4	80	170~260	1800~2240	110
RM38.4	3800	4	85	185~280	2000~2500	132
RM45.4	4500	4	85	280~380	2500~3550	160
RM53.4	5300	4	100	330~510	3600~4000	200
RMS28.3	2800	3	10	25~35	1120	110
RMS31.3	3100	3	10	40~50	1600	132
RMS36.4	3600	4	10	65~80	2500	160
RMS40.4	4000	4	10	80~100	3150	200
RMC28.3	2800	3	40	35~50	1120	110
RMC31.3	3100	3	40	65~70	1600	132
RMC36.4	3600	4	40	90~115	2500	160
RMC40.4	4000	4	40	115~145	3150	200

注：（1）表中原料磨数据：入磨水分≤12%，出磨产品水分 0.5%，产品细度 *R*80μm12%~15%；

（2）表中矿渣磨数据：入磨水分≤20%，出磨产品水分 0.5%，产品比表面积 4000~5000cm^2/g；

（3）表中熟料磨数据：出磨产品水分 0.5%，产品比表面积 3200~3500cm^2/g；

（4）产量随着粉磨物料的易磨性（*Wi* 或 *HGI*）和产品细度（比表面积）不同而变化（表中数据供参考）。

RM 型立磨标记示例

磨盘直径为 3800mm，磨辊个数为 4 的生料立式辊磨机：

RM38.4　立式辊磨机

磨盘直径为 3100mm，磨辊个数为 3 的熟料（矿渣）立式辊磨机：

RMC（S）31.3 立式辊磨机

［**例 3**］RM 型立磨为合肥水泥研究设计院、襄樊重型机械厂、朝阳重型机器厂共同引进技术，已销售 10 多台（图 3-3）。目前，合肥水泥研究设计院经过不断改进和进一步开发与研制，已开发出 HRM 型立式磨系列十个规格，适用于 1000t/d 及以下各种规模的水泥厂粉磨原料、煤以及水泥熟料的预粉磨，全国已有 150 多家水泥厂选用了 HRM 立磨，有 120 多台投入运行，HRM 型立磨性能参数见表 3-4。

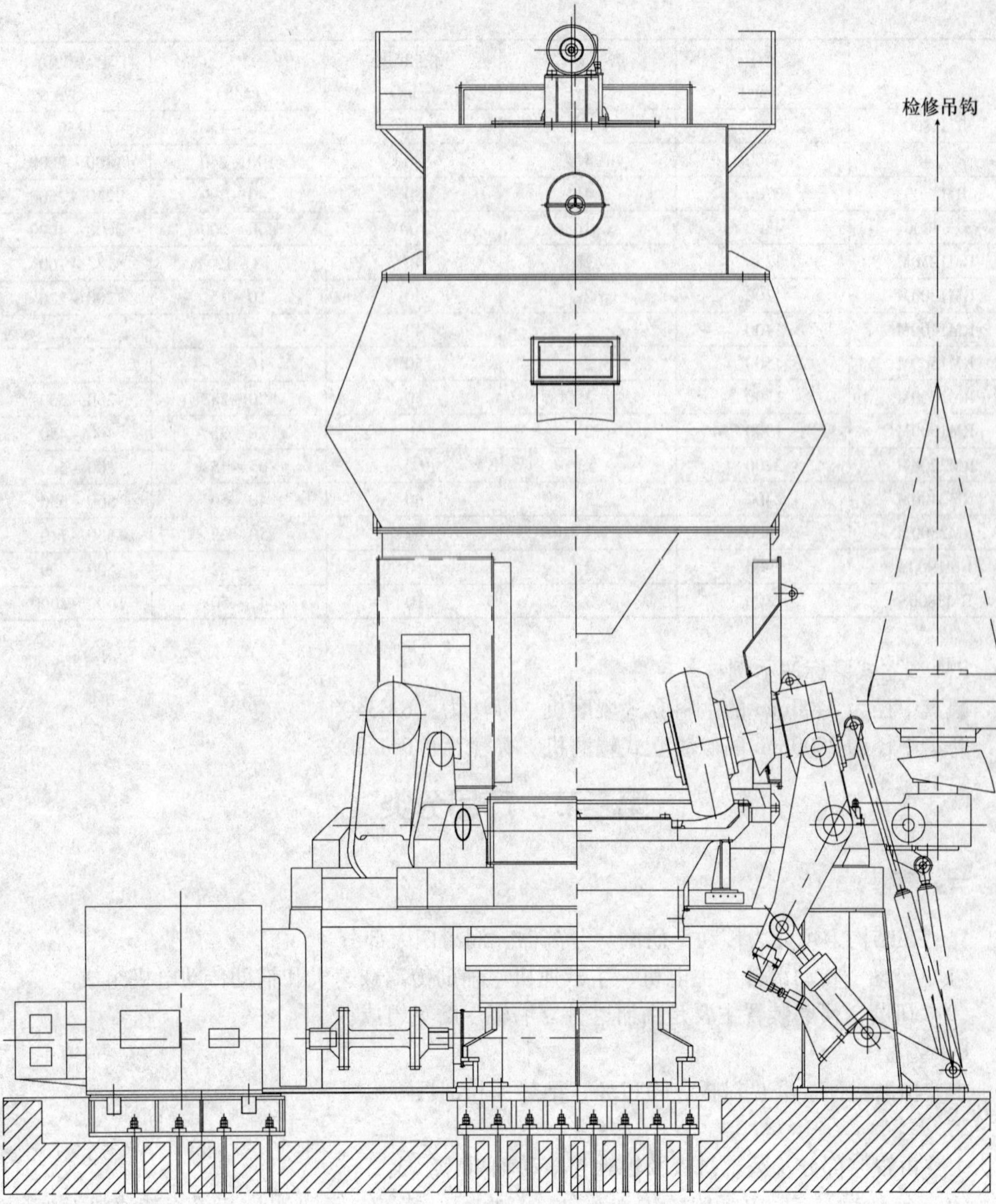

图 3-3　HRM 型立式磨示意图

表 3-4　RM 型立式磨性能参数

型号	磨盘中径（mm）	磨辊数量（个）	给料粒度（mm）	产量（t/h）	主电动机功率（kW）
RM1500	1500	2	30	26～34	280
RM1700	1700	2	30	40～50	400
RM1900	1900	2	40	60～80	500
RM2200	2200	2	50	85～110	800
RM2400	2400	3	50	95～130	1000

续表

型号	磨盘中径（mm）	磨辊数量（个）	给料粒度（mm）	产量（t/h）	主电动机功率（kW）
RM2800	2800	3	60	120～160	1250
RM3400	3400	4	80	190～240	1800～2000
RM3700	3700	4	80	240～290	2240～2500
RM4800	4800	4	100	400～500	3600～4000
RM1250M	1250	2	40	8～12	132～160
RM1300M	1300	2	40	10～15	200～220
RM1400M	1400	2	40	12～17	220
RM1500M	1500	2	50	16～22	250
RM1700M	1700	2	50	20～28	280～350
RM1900M	1900	2	50	26～35	400～450
RM2200M	2200	2	60	35～45	500～560
RM2400M	2400	3	60	40～50	560～630
RM2800M	2800	3	60	50～65	630～710
RM1900S	1900	2	10	16～22	500～630
RM2800S	2800	3	10	45～50	1600～2000

RM 型立式磨标注示例

磨盘中径为3400mm 的生料立式辊磨机，标注为：RM3400

磨盘中径为2800mm 的矿渣立式辊磨机，标注为：RM2800S

第二节　产品分类

一、结构

立磨在结构上可分为传动、研磨、分离器、润滑四大部分。

（1）传动　传动部分由主电机、主减速机、辅助传动减速机和辅助传动电机组成。

（2）研磨　研磨装置主要是由研磨件立磨辊、磨盘组成。

1）磨盘

主要由磨盘座、磨盘衬板、喷口环、绝热板和刮板等组成。

2）磨辊

主要由辊体部分及磨辊衬板及辊轴与滚动轴承等组成。

（3）分离器　主要由壳体、传动部分、支承定位装置、转速测量装置、减速机及变频调速装置等组成。

（4）润滑　主要包括对主减速机、辅助减速机等。

上述各种立磨的结构虽然不同，但就其工作原理是一致的。就整个磨机而言，结构上的利弊只能相对讲，离开了选料的特性等去评价立磨的优劣是不科学的。但是根据磨机关键部位的结构设计去判断其使用价值，这对我们在同等条件下对各种磨机做出正确的选择，对立磨本身的结构设计是必要的。

二、分类

对立式辊磨机的磨辊和磨盘不同形状的配置，制造公司各持己见。持平盘、锥或柱辊者认为物料流动阻力小、磨损均匀，磨损后可调整辊压以弥补对产量的影响；持沟槽盘、轮胎辊者认为料流平稳，能保持良好的接触表面、磨损均匀，磨损后可以调整间隙以减少对产量的影响。

实际上由于磨辊内外端的线速度不同，外端磨损快的情况，无论哪种辊形均存在。相同材质、相同物料的单位磨损量差别不大。

不同形状的辊盘结合，其单位粉磨电耗也是基本相当的。

不同形式的辊式磨基本上有两种不同形式的加压装置：一类是单辊施压；另一类是统一施压。前者调整灵活，后者稳定性好。

取单辊施压的磨机有 LM、CK、IHI、OK、VR 磨；取统一施压的磨机有 MPS、RM、ATOX、Peter、E 磨。

（1）德国莱歇（Loesche）公司及日本宇部（UBE Machinery Corporation，LTD）公司 LM 型立磨。

德国莱歇（Loesche）有限公司是 1906 年始创于德国柏林的一家私营企业。该公司已通过 DIN EN ISO9001 认证，为全球水泥、电力与钢铁行业设计并提供立磨和相关高效设备。Loesche 有限公司已有近 100 年从业历史，在粉磨技术领域的先进工艺及装备设计方面处于领先地位。

莱歇公司最早设计是倾斜辊道的磨盘和 3 个凸圆形轮胎压辊，到 1930 年改成两个磨辊和水平辊道的磨盘，1928 年开始用它磨煤，到 1937 年制造了上百台煤磨，以后用于水泥厂作为原料磨。

1928 年后倾斜的磨盘分阶段的逐步变为平盘。同时辊轴与水平的夹角逐步从 90°变到 45°、30°、22. 5°，1935 年后最终定位 15°。亦曾试验过水平轴，但后来未用，因为磨损大。在有些场合磨机设计成 4 辊，但不成功。因为辊径小，对粉磨物料的啮入不利，当然至今规格扩大后已不成问题。

1954 年将立磨专利售于日本神户制钢（UBE）和美国富乐（Fuller）公司，后来同中国台湾地区合作，并在西班牙、南非和巴西建立子公司。

Loesche 根据杜塞尔多夫总部的全球规划，在全球设立了代理公司，并在巴西、印度、西班牙、南非与美国设立了公司。开拓、灵活、高效、进取是公司与其全球 20 多个国家 200 多名员工工作的显著特色。

Loesche 立磨有优越的粉碎煤、水泥生料、熟料及水泥混合材料，如粒化高炉矿渣的功能。公司的服务与产品包括：

单机及成套粉磨设备的加工设计、粉磨站及水泥厂的交钥匙工程、可行性研究、技术支持与培训。

用于水泥生料制备的设备，带 2、3 到 4 个磨辊的立磨，产量可高达 840t/h，装机功率高达 5400kW。用于水泥熟料和高炉矿渣的粉磨时，产量可达 270t/h，细度在 2800 到 $6000cm^2/g$ 之间。

1996 年为泰国 Thung Song 水泥厂 7500t/h 水泥生产线配套一台 LM63. 4 四辊立磨，该磨磨盘直径为 6. 3m，磨盘单件重达 200t，立磨电机功率为 5400kW，转速为 1000r/min，磨盘转速为 20r/min，减速机速比为 50。

带 2、3 到 4 个磨辊的立磨，产量可高达 240t/h，可烘干粉磨锅炉用煤、烟煤、无烟煤、褐煤、预烘干褐煤及焦碳等不同种类的煤，以满足电力和钢铁行业的需要。

磨辊：圆锥型

磨盘：平盘

莱歇公司制造立磨用于粉磨煤及水泥生料，制造了世界上最大产量的生料立磨。该公司进一步开发出用莱歇立磨来粉磨水泥熟料和矿渣，研制出2+2技术，并且于1994年起用于工业实验。

所谓2+2/（3+3）技术，是使用不同直径的辊子。就是在传统立磨中使用2个或3个主辊（M辊）进行粉磨，通过液压油缸和辊子摆臂系统，将粉磨压力施加于物料层。再用2个或3个伺服辊（S辊）稳定物料层，通过伺服辊作用把物料喂给主辊。伺服辊直径较小结构比主辊简单。由于伺服辊不用施加任何粉磨力，所以它不需冷硬高铬铸铁的耐磨轮胎、不用循环油润滑。用液压油缸使伺服辊离开磨盘一定距离，它们对物料施加低的压力，将物料稍微压实，使物料中气体排出，控制物料喂入主辊，通过主辊施加最佳压力进行粉磨。磨盘直径达到5.6m的每台磨机装有2个伺服辊、2个主辊，更大磨机有3个伺服辊和3个主辊。

4个磨辊改成两大两小，交错安装。大辊称为M辊（主辊），起粉磨作用；小辊称为S辊（辅辊），起准备料床的作用。M辊位于S辊之后。辅辊按纯滚动设计，为主辊准备好料床，使主辊有可能通过高压进行粉碎。

在粉磨硬而脆性的物料时仅需压应力，为此设计M辊时用大直径和窄辊，这样相对速度差小。残留的速度差，引起小量的剪切力，可避免粉磨物料压成料块。S辊理论上按纯滚动设计，亦即在磨辊全宽范围其圆周速度与磨盘速度相等，所以没有剪应力。

2个或3个主辊需要2个或3个基座用于支承液压油缸和摆臂，而伺服辊只需要很轻的支承结构。

2+2/（3+3）立磨中把传统的LKS选粉机改成高效笼型LSKS选粉机可以防止细粉返回磨盘，有利于磨机平稳运转。通过改变笼型轮速度、改变风量和粉磨压力，来改变最终产品粒径分布。

（2）德国非凡兄弟（Pfeiffer）公司MPS型立磨。

Gebr. Pfeiffer公司总部设在德国的凯萨斯劳滕，从法兰克福向西南驱车大约1h路程，是一家专门从事水泥及相关工业的水泥原料、熟料、高炉矿渣和煤的粉磨设备规划、设计和制造的企业。主导产品是由Gebr. Pfeiffer开发的著名MPS立磨，即带3个球型辊的立式磨。此外，Gebr. Pfeiffer公司生产矿物散状物料的分级和干燥专用设备和石灰石及石膏制备的专用设备。

Gebr. Pfeiffer公司应用MB磨专利，对MB磨进行了再设计，综合了Loesche磨优点和MB磨的基本设想形成了MPS磨。

公司始建于1864年，除了现代化车间设备和所属的铸造车间外，Gebr. Pfeiffer公司还拥有一个装备良好的实验厂和实验室。这些装备应用于Gebr. Pfeiffer公司的研发活动，并且是针对客户的材料进行试验的场所，从而为面向用户提供特定要求的机器和设备打下基础。为了保证这些试验、试验站装备有公司产品系列范围内的所有机器的半工业规模的样机。Gebr. Pfeiffer公司销售的产品大多数是出口。在20世纪70年代向美国AC公司和1985年向我国沈阳重型机器厂转让生产许可证是1980型的老式MPS C立磨。

Gebr. Pfeiffer公司的MPS磨机的所有粉磨功能都应用一个原理。

磨辊：轮胎型斜辊

磨盘：浅盆型衬板

有3个磨辊，磨辊轴与水平夹角为15°，3个磨辊装在同一架上，统一由液压系统加压。磨辊可以翻转180°使用，延长使用寿命。其优点是3个磨辊在磨盘上容易平衡稳定。在前二三十年中，其销售量仅低于 LM 型立磨。

德国非凡兄弟公司 MPS 立磨设计特点如下：

1）一个压力框架均匀分配载荷到磨辊、磨盘的料层和减速机箱上；

2）大直径磨辊很好吸纳物料，并形成一个稳定的物料层；

3）为保持低振动而采取低盘速；

4）密闭磨机壳体，使漏风最小；

5）高效选粉机选粉效率高，低电耗；

6）MPS 专利的提升和摆出系统，可通过磨机壳体唯一的维修门，迅速更换磨损件。

不同进口辊式磨的磨盘、磨辊形状如图 3-4 所示。

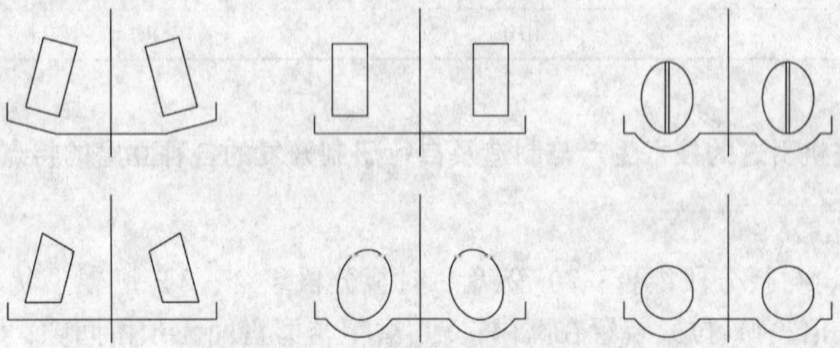

图 3-4　不同进口辊式磨的磨盘、磨辊形状

不同辊式磨的磨盘、磨辊形状见表 3-5。

表 3-5　不同辊式磨的磨盘、磨辊形状

磨盘形状	磨辊形状	制造公司	国家	磨机名称	型号
平盘	圆锥辊	Loesche	德国	莱歇磨	LM
		Fuller	美国		Fuller-LM
		UBE	日本		UBE-LM
		Sket	德国		FRM
沟槽形盘	轮胎斜辊	Pfeiffer	德国	费尔夫磨	MPS
		Allis Mineral	美国		A. C-MPS
		KHI	日本	CK 磨	CK
		IHI	日本	IHI 磨	IHI
		Kobe Steel	日本	OK 磨	OK
		F. L. Smith	丹麦		
		Kurinioto	日本	VX 磨	VX
蝶形平盘	圆柱磨辊	Raymond	美国	雷蒙磨	VR
		MHI	日本		
		Humboldt	德国		
沟槽形盘	轮胎分半直辊	Krupp Polysius	德国	伯力鸠斯磨	RM
平盘	圆柱磨辊	F. L. Smith	丹麦	ATOX 磨	ATOX
沟槽形盘	空心球	Claudius Peters	德国	匹脱磨	Peters
		Babcock BSH	英国	E 形磨	E

续表

磨盘形状	磨辊形状	制造公司	国家	磨机名称	型号
		FCB	法国	环形磨	Horomill
		F. L. Smith	丹麦		Cemax
		Krupp Polysius	德国		
		华新	中国		HXL
		KHI	日本	CKP 磨	CKP
		UBE	日本	UVP 磨	UVP
		KHI	日本	IS 磨	IS
		KHI	日本	PG 磨	PG

三、针对整机引进的技术生产与制造及自行研制开发的各种立磨的特点分别论述

（1）MPS 立磨

1）胎形辊、衬板分段组合；2）碗盘、衬板分段组合；3）磨辊形状对称，可反转使用，寿命增加一倍；4）拉紧装置在磨内；5）磨辊与磨盘间无预留间隙；6）有压力框架，翻辊装置；7）壳体不传递加载力，有利于磨机大型化。

（2）ATOX 立磨

1）圆柱辊、衬板分段组合；2）平盘、衬板分段组合；3）磨辊对称，可反转使用，寿命增加一倍；4）拉紧装置在磨外；5）有翻辊装置；6）磨辊与磨盘间无预留间隙。

（3）莱歇磨

1）圆锥形辊，辊套不分；2）平盘、衬板分块组合；3）磨辊形状不对称，不能反转使用；4）磨辊与磨盘之间留有调整间隙，没有金属间的直接研磨，启动力矩小；5）易损件（磨辊、盘衬板）更换简便，启动时磨辊被提起。

（4）伯力鸠斯磨

1）胎形辊，由两个窄辊拼装，两辊速度不一，有利于减少磨辊与磨盘之间的滑动摩擦；2）碗盘、衬板分段组合；3）研磨辊适应磨盘上物料层的能力较强。

（5）雷蒙磨

1）圆柱形辊；2）锥形盘、衬板分段组合；3）涡轮、蜗杆减速机；4）液压加载。

（6）神户系列磨

1）胎形辊、衬板分段组合；2）碗盘、衬板分段组合；3）磨辊可以翻出磨机外检修，启动时磨辊被提起；4）磨辊对称，衬板可反转使用；5）磨辊压力可在运行中调节。

此外，还有 MB（培兹磨）、MBF 磨，其结构与上述产品类似。

国内自行设计开发的立磨的结构也与上述介绍产品基本类似，不再重复提出。

1）从粉磨的物料方面来分，立磨分为两种：①水泥工业用原料磨；②水泥工业用熟料磨。

2）从研磨部件来分，立磨可分为以下几类：①磨辊有胎形辊、圆柱形辊、锥形辊；②磨盘有平盘、锥形盘、碗盘。磨辊、磨盘按一定规律排列与组合，就是上述谈到的各种立磨。

3）按磨辊安装检修方面来分，可分为两种：①磨辊可翻出磨外的立磨；②不带翻辊装置的立磨。

4）按分离器方面来分，有下列几种：①动态分离器；②动静态分离器；③变频调速器与液压调速器。

第三节　设备的结构与工作原理

一、结构

因为立磨的结构及原理基本相似，所以，下面以 MLS 立磨为主，具体阐述（图 3-5）。

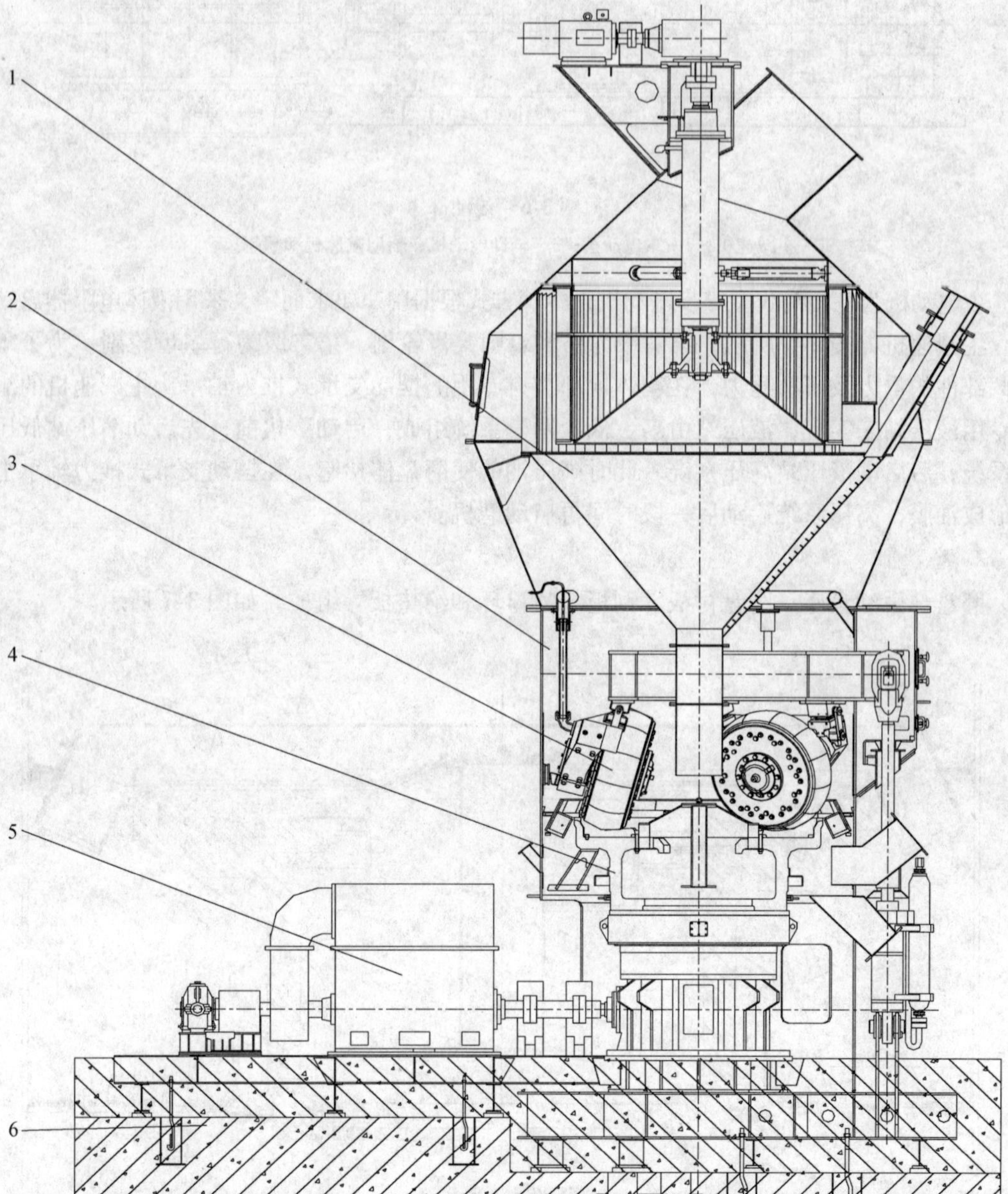

图 3-5　MLS 立磨

1—分离器；2—机架；3—磨辊；4—磨盘；5—传动部；6—基础和密封空气

1. 传动部

由主减速机、主电动机、辅助电动机、辅助减速机和超越离合器组成，如图3-6所示。

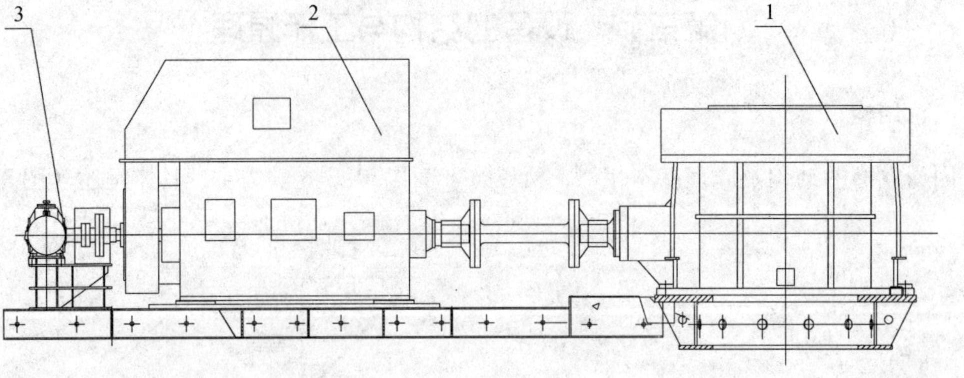

图3-6　传动部

1—主减速机；2—主电动机；3—辅助电动机、辅助减速机和超越离合器

主电动机为三相绕线型异步电动机，冷却方式根据用户要求而定，采用液体电阻器启动。

主减速机如图3-5所示，第一级为格利森圆锥齿轮副，第二级为行星齿轮副。为了承受研磨部件的重力及研磨压力，在箱体顶部装有专用的摆动支承式推力轴承。主减速机的润滑由专用液压站来实现，液压站由高、低压两套系统组成，启动磨机前，先启动液压站低压润滑系统，后启动液压站高压系统，此时高压油能使磨盘体抬起，在摆动支承式推力轴承上表面形成油膜，高压系统启动后一段时间再启动磨机。

2. 磨盘部

磨盘部由磨盘座、磨盘衬板、刮板、喷口环和绝热板等组成，如图3-7所示。

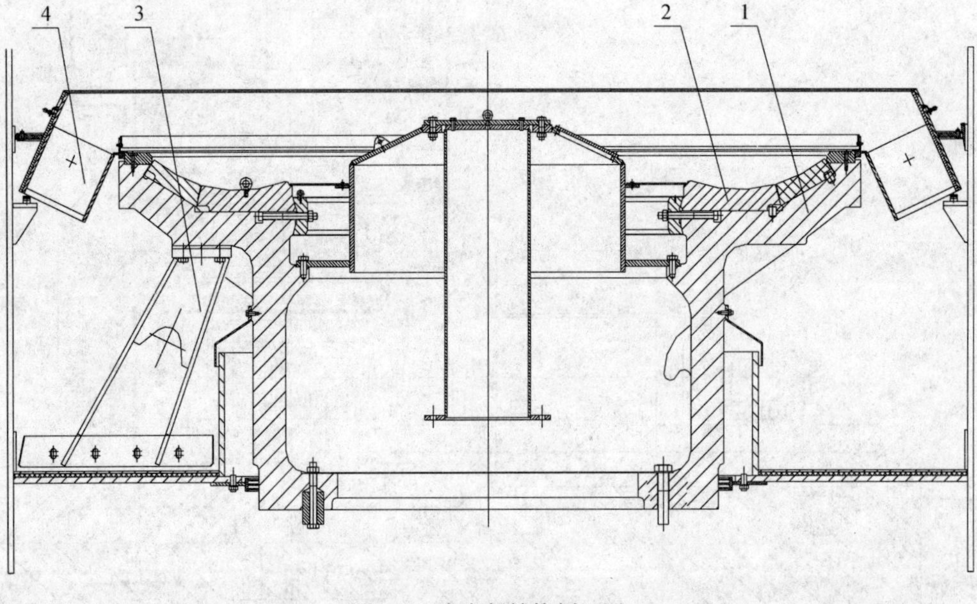

图3-7　磨盘部结构剖面图

1—磨盘座；2—磨盘衬板；3—刮板；4—喷口环和绝热板

从图3-7中可看出，磨盘座用专用定位销定位，用螺栓与主减速机输出轴法兰把合，为保证所传递扭矩，螺栓用力矩搬手按规定力矩把紧。磨盘座为铸钢件。

磨盘座上面配置了磨盘衬板，里外圈衬板又分成数块小衬板，以便于更换。衬板用压板固定。磨盘衬板的几何形状决定着磨辊的倾斜，即磨辊衬板弧形中间与磨盘座上衬板曲面之间的接触点处的法线与铅垂方向间的角度一般为15°。磨盘衬板的材料为硬镍合金铸铁，其硬度为HRC62 ±2。

喷口环设在磨盘与上架体之间，喷口环本体是由普通钢板焊接的两个锥体，锥度一般为50°，在内外锥体间设有数十块隔板，隔板倾斜布置，其最佳倾斜角度为37°30′，隔板之间的距离一般小于300mm。隔板之间的空间构成风环通道，在风环通道内装有喷口环衬板。被磨细的物料由风环通道吹来的热风沿喷口环外锥里壁吹起，为保护外锥里壁被物料磨损，在此处设有空气导向锥，材料为硬镍合金铸铁。

一般风环处的风速为90m/s，这个风速恰好能将被磨细物粒吹起，将废渣排出。盖板是用来遮盖部分风环的，目的是调节风速，即盖板遮盖风环，风速则提高；盖的越多风速越高，反之亦然。

绝热板有几种形状，材料耐热温度为700℃，用薄钢板把合在磨盘座底部，使磨盘座与入磨热气体绝热。

刮板为焊接件，用螺栓把合在磨盘座底部，180°对称布置。由喷口环排出来的废渣由刮板刮到排渣门排走。

3. 磨辊部

磨辊部由三个磨辊、压力框架、磨辊提升机构、上下辊窝及圆柱滚子组成，图3-8为磨辊部结构图，从图上可以看出三个磨辊互成120°排列。通过下辊窝、圆柱滚子及上辊窝与压力框架连接。由于压力框架通过衬板沿上架体六角形内壁自由地上下滑动，因此磨辊跟随压力框架上下滑动，这就使磨辊部在运转时适应因非破碎物而引起的冲击载荷。三角形压力框架是钢板焊接结构，箱形截面中的内腔焊缝用专门的深孔内腔焊机焊接，由于整体体积超过铁路运输界限，因此分成三部分制造，在现场焊成整体。三角形压力框架的每一边上设有两组上下辊窝及圆柱滚子，每一个辊子支架就铰接于压力框架每一边底部。

十二块磨辊衬板沿辊体外圆排列并通过压板紧固。为保证预紧力，螺栓用力矩扳手按规定力矩把紧，衬板的这种结构易于衬板的更换。

磨辊轴通过球面滚子轴承和圆柱滚子轴承来支承辊体，磨辊轴的末端装有支架，两者之间用平键定位固定。由于磨辊支架通过上下辊窝及圆柱滚子铰接于压力框架下面，因此，工作时只有辊子围绕辊轴自转。

限压阀用来放出磨辊内腔中的气体，限压阀调定的放气压力为0.007MPa，这种结构的作用是当磨辊工作环境温度升高时腔内压力也升高，当腔内压力超出限压阀调定压力时，从限压阀出口处放出压力气体，从而保证腔内正常压力和温度。在磨辊轴承盖上配有三个磁性螺堵，互成120°排列，该螺堵能将油池中的铁末吸住，定期检查磁性螺堵即可知道润滑油的清洁度。

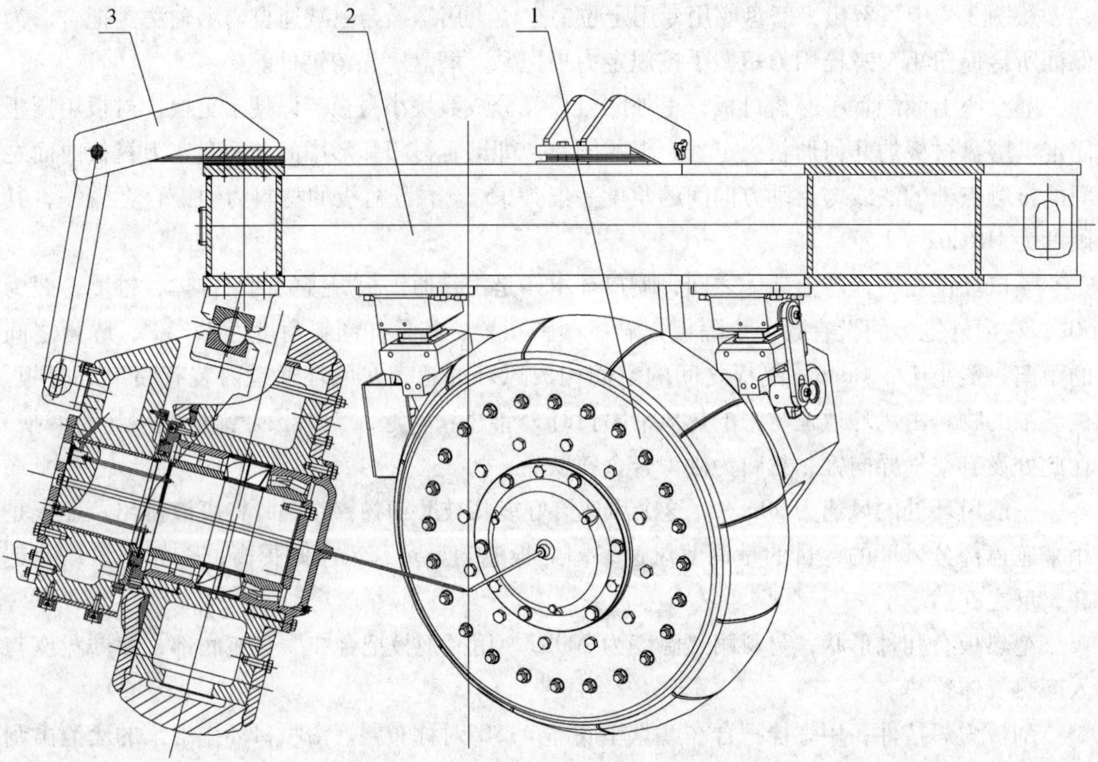

图 3-8　磨辊部结构图

1—三个磨辊；2—压力框架；3—磨辊提升机构

4. 张紧装置部

张紧装置部由三组油缸蓄能器、三个张紧杆和三组铰接支承装置组成。图 3-9 为一组张紧装置结构图。油缸蓄能器组的底部通过销子铰接于基础框架的耳板上，上部通过螺母与张紧杆连接，张紧杆的上部则为铰接支承装置，铰接支承装置用螺栓与磨辊部压力框架连接并形成球面支承，这种上下铰接装置保证了在恶劣受力状态下油缸的稳定。

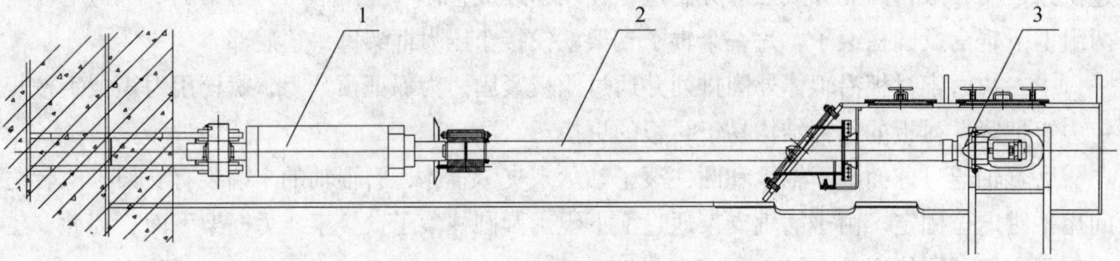

图 3-9　张紧装置结构图

1—油缸蓄能器组；2—销子；3—螺母

磨辊的预加负载是靠液压施加的，油缸的工作腔与蓄能器的油腔相连，因此充加在蓄能器胶囊中的氮气能起到减振、缓冲作用。张紧装置液压站的系统原理如图 3-10 所示。

三个油缸的下腔彼此连通，并用环形管路与系统的主回路管路相连接。三个油缸的上腔直接与蓄能器连接并通过安全溢流阀与系统主干路连接，三个油缸的上腔还设有泄油腔，这些泄油腔彼此相通，并用环形管路与油箱连通。

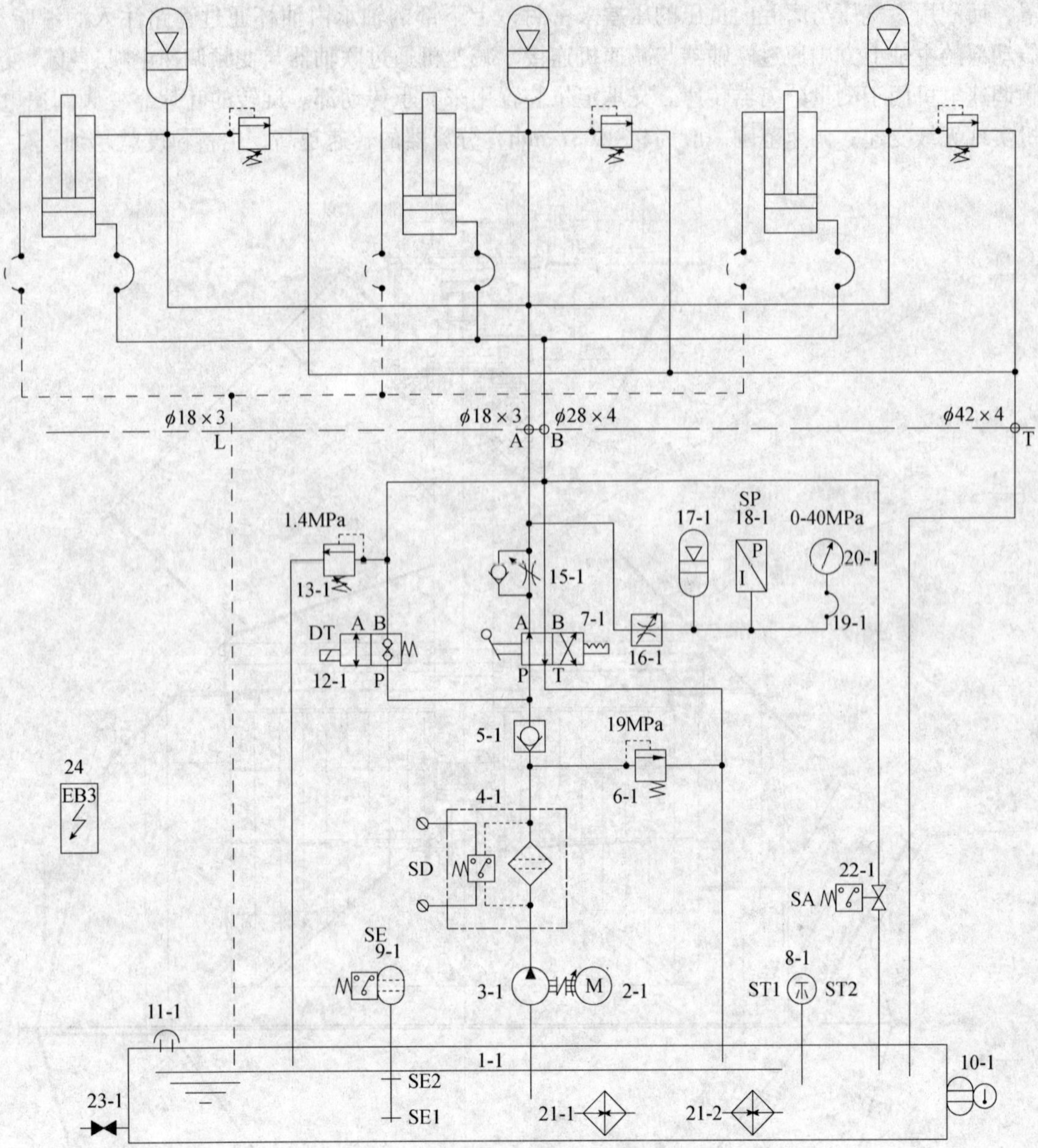

图 3-10　张紧装置液压站的系统原理图

液压系统按如下五个功能设计：

（1）研磨过程中的自动张紧；（2）系统自动卸荷；（3）系统手动卸荷；（4）维修时压力框架的提升；（5）维修后压力框架的落下。

5. 分离器部

分离器部由传动部、上部、进料部、下部及减速机、变频调速电机系统等组成。

图 3-11 为分离器结构剖面图。分离器下部为倒锥台形，由钢板焊接而成，它的下部与磨机上架体以法兰连接；分离器上部为正锥形，由钢板焊接而成；传动部则支承在其内部。

传动部由叶片支承体、动态叶片、静态叶片、轴承组件等组成。轴承组件中装有两个调心滚子轴承和一个推力轴承。由于传动支承部件内部处于密封状态，故轴承本身未带防尘罩，而利用大气压与磨腔内负压的压差来密封，上下部的轴承由油杯通过管路注入润滑脂。传动部的主轴上方则通过联轴器与减速机连接，减速机通过联轴器与变频调速电机连接，变频调速电机用于测量分离器转速。支承定位装置用来支承传动部。旋转的叶片靠变频调速电机实现无级变速，调速范围一般为 9～108r/min，分离器的转速越高，生料粒度就越细。

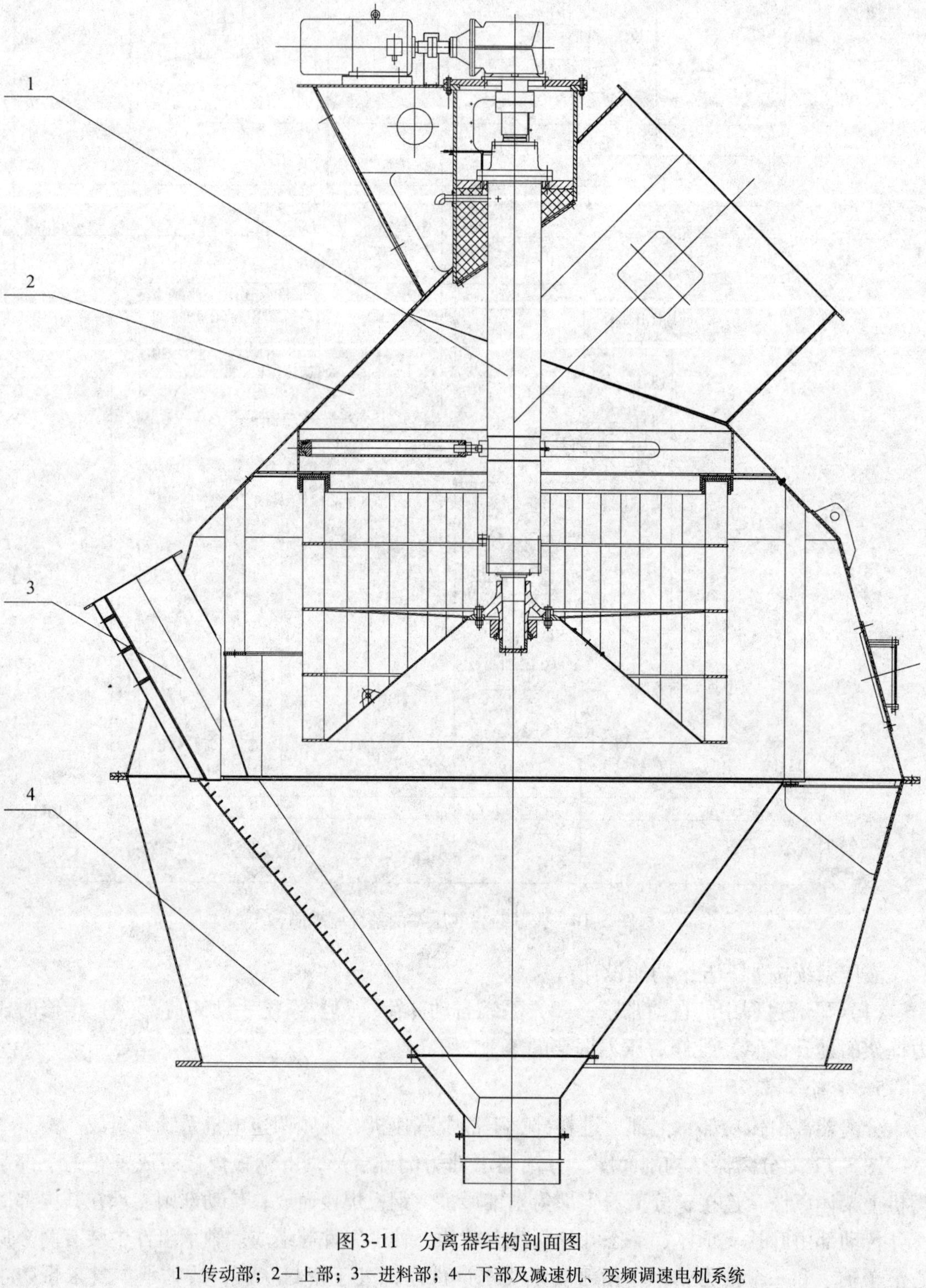

图 3-11　分离器结构剖面图

1—传动部；2—上部；3—进料部；4—下部及减速机、变频调速电机系统

6. 架体部

架体部位由上架体、拉杆密封装置、维修门、进风口、下架体和排渣口等组成，如图3-12所示。

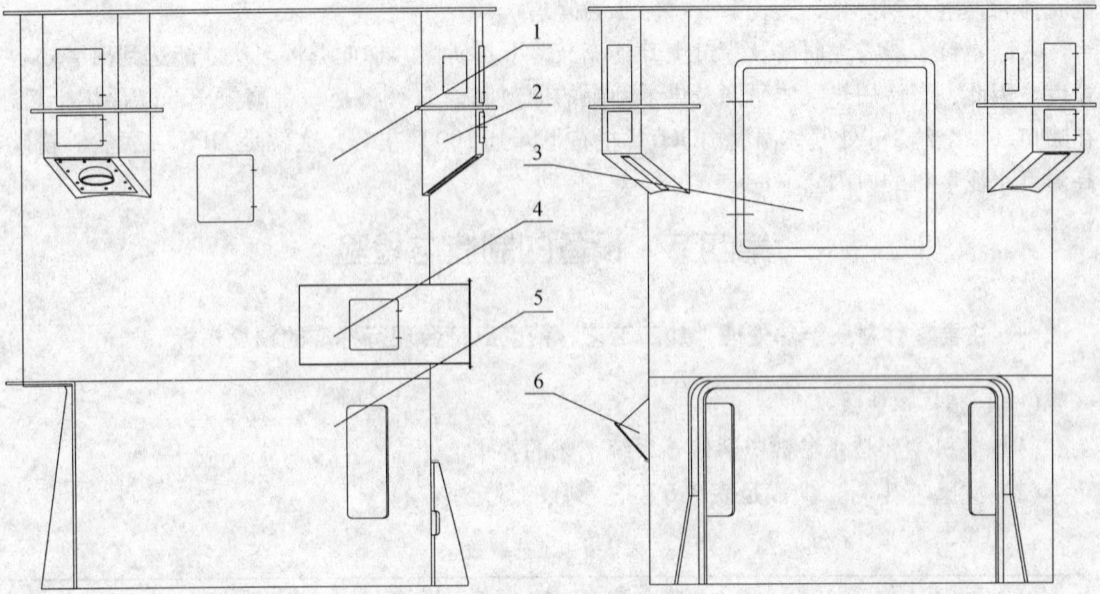

图 3-12 架体部

1—上架体；2—拉杆密封装置；3—维修门；4—进风口；5—下架体；6—排渣口

上架体上还设有检修门、喷水装置，进风口设在上架体下方，用来向磨机内引入热风，维修门用于拆装磨辊用。

下架体的下部开设了一个推进主减速机的大门并设有一个排渣口，用于排渣。

7. 密封空气部

密封空气部的作用是防止磨腔内的粉尘进入磨辊轴承内。3 个弯头的末端与磨辊支架相连接，另一端则通过密封空气管与主管路连接。密封空气管的两端设有关节轴承，以吸收磨辊运动时产生的振动和位移，保证主管路的刚性连接不受破坏。

密封空气管的一端插入铜管，通过接头与测量管路连接，测量管路上配有 3 个膜盒式压力表，用于测量密封空气压力，压力一般不低于 4500Pa。

密封空气由一专门的风机提供，为保持空气清洁，风机入口处设有双滤清器，在工作中可随时切换。

二、MPS 生料立磨的工作原理

MPS 生料立磨的研磨机构为磨辊和磨盘。压力框架的 3 个顶点各自连接在 3 个液压张紧装置的拉杆上，张紧装置通过压力框架和 3 个磨辊均匀地对所磨物料施加压力，同时磨盘转动造成的磨盘和辊之间的相对运动，导致了对物料的连续碾压作用。

物料通过磨机口喂入磨盘的轨道上，物料借助于磨盘和磨辊之间的相对运动被碾压粉碎，被粉碎到一定细度的物料借助磨盘转动而产生的离心力向外滑动，磨盘外沿处设有喷口环，在这里具有烘干能力的高速热气流将这些物料吹向上方，但比物料密度大一些的废料落入喷口环下方，作为废渣从排渣口排走。

被吹向上方的物料继续上升到设在磨机壳上方的动态分离器区域时被分离器进行分离，被分离出的合格粒度物料继续被气流带出磨机，而不合格的较粗的粒度物料被分离器抛到磨机壳体后再落入到磨盘，实现第二次碾压粉碎。

入磨物料一般需经研磨及穿过上升气流又落下再研磨，如此循环多次才能达到出磨物料粒度。因此，当使用热气体研磨及烘干潮湿的原料时，立磨将是一台高效率的悬浮烘干机，在喷口环以上约1m处气体温度由300℃左右下降到100℃左右，这就是MPS立磨能够粉碎高湿度水泥生料的原因。

第四节　设备的制造与检验

一、主要零件材质、热处理、加工工艺、精度应符合现行标准的精度指标

（一）整机性能要求

（1）整机主要技术参数应适应于系统工艺的要求。

（2）立磨（生料）应满足表3-6工艺参数的规定。

表3-6　工艺参数

入磨物料含水量（%）	出磨物料含水量（%）	入磨风温（℃）	出磨风温（℃）	成品细度（mm）
≤12	≤0.5	≤350	80～100	0.08筛余≤12%

（3）立磨（熟料）应满足表3-7工艺参数的规定。

表3-7　工艺参数

入磨物料含水量（%）	出磨物料含水量（%）	入磨风温（℃）	出磨风温（℃）	成品细度（cm^2/g）
≤4	≤0.5	≤350	80～100	3200～3500

（4）设置必要的密封装置，保证设备各轴承内不进入灰尘。

（5）各润滑、液压、气动系统，应密封良好无渗漏。

（6）磨辊衬板在规定的使用期限内，其磨损量不得大于衬板本身质量的35%；磨盘衬板在规定的使用期限内其磨损量不得大于衬板本身质量的45%，或衬板原厚度的35%。

（7）立磨负荷运转时的噪声值不大于85dB（A）。

（8）壳体各密封处应密封良好，不应泄漏粉尘。

（9）立磨应配有监控连锁保护装置。

（10）立磨传动轴旋转部位应设防护罩。

（11）电器设备的设计应符合GB/T 4064《电气设备安全设计守则》的有关规定。

（12）同一制造企业、同型号规格立磨的易损件应具有互换性，并容易更换。

（二）主要零部件要求

（1）生料立磨磨辊、磨盘衬板的性能要求不低于表3-8的规定。

表 3-8　性能要求

零件名称	材质	硬度 HRC	底面平面度	使用寿命（≥h）
磨辊衬板	硬镍、高铬铸铁、表面硬质合金堆焊层	≥58	—	7000
磨盘衬板	硬镍、高铬铸铁、表面硬质合金堆焊层	≥58	不低于 GB/T 1184 中 8 级	7000

注：使用寿命是指物料磨蚀性中等的情况下。

（2）熟料立磨磨辊、磨盘衬板的性能要求不低于表 3-9 的规定。

表 3-9　性能要求

零件名称	材质	硬度 HRC	底面平面度	使用寿命（≥h）
磨辊衬板	硬镍、高铬铸铁、表面硬质合金堆焊层	≥58	—	2500
磨盘衬板	硬镍、高铬铸铁、表面硬质合金堆焊层	≥58	不低于 GB/T 1184 中 8 级	2500

注：使用寿命是指物料磨蚀性中等的情况下。

（3）磨盘座：

1）铸钢材料应不低于 JB/T 5000.6 中 ZG270-500 的有关规定。

2）超声波探伤不低于 GB/T 7233 中 2 级。

（4）磨辊轴：

1）材料应不低于 GB/T 699 中的 40Cr 号钢的有关规定，并做相应的热处理。

2）轴的基准尺寸公差等级不低于 GB/T 1801 的 F6 级，表面粗糙度不低于 $R_a3.2\mu m$。

（5）分离器：

1）传动轴材料应不低于 GB/T 699 中的 45 号钢的有关规定，并做相应的热处理。

2）分离器动态叶片使用寿命不低于 50000h，可更换的叶片使用寿命不低于 15000h。

3）分离器传动应采用变频调速，在规定范围内调速灵活。

（6）辊体：

1）焊接辊体焊缝质量应不低于 GB/T 11345 中的Ⅰ·B 级。

2）铸造辊体质量应不低于 GB/T 7233 中的 1 级。

（7）壳体：

1）壳体焊缝质量应不低于 GB/T 11345 中的Ⅱ·B 级。

2）钢板材料应不低于 GB/T 700 中有关 Q235-A 的规定。

（8）液压润滑与气动系统：

1）液压元件应符合 GB/T 7935 中有关规定。

2）液压系统应符合 GB/T 3766 中有关规定。

3）气动系统应符合 GB/T 7932 中有关规定。

（三）装配和安装要求

（1）磨盘衬板与磨盘座接触应大于 75%。

（2）分离器壳体内的主立轴相对于减速机中心偏差值为 0.1mm/m。

（3）磨辊轴中心线对减速机中心线应相交，偏差为 ±5mm。

（4）安装立磨时所有磨辊形成的中心线与减速机中心线应重合，偏差为 ±5mm。

（5）主电机输出轴与减速机输入轴的同轴度公差值不大于 $\phi 0.1$mm。

（6）液压缸及蓄能器等液压系统应进行压力试验，试验压力为公称压力的 1.25 倍，保压120min压降不得超过试验压力的10%。

（7）分离器转动部进行静平衡检验，平衡品质等级应符合GB/T 9239中G16级。

（8）主电动机底座水平度偏差值为0.1mm/m。

（9）减速机底座上平面的纵横中心线与基础框架中心线偏差值不大于±5mm。

（10）减速机本体与基础底座的定位销应在出厂前完成。

（11）现场焊接的立磨壳体与连接法兰应有足够的支撑，保证运输与安装时不变形。

（12）关键部位螺栓的拧紧力矩应符合表3-10的要求。

表3-10　拧紧力矩

部　位	减速机与基础底座	减速机输出法兰与磨盘座	磨盘衬板与压板	磨辊衬板与压板
力矩要求	按螺栓、螺母大小与材质	按螺栓、螺母大小与材质	按螺栓、螺母大小与材质	按螺栓、螺母大小与材质

（四）试运转要求

（1）空负荷试运转要求：

1）空负荷试运转前进行全面检查，立磨本体内部不得有任何杂物。

2）磨辊随支架或摇臂的摆动与起落应灵活。

3）分离器的转速在规定范围内平稳调整。

4）液压翻辊装置在规定范围内运转灵活，分别动作不少于3次。

5）检查轴承密封装置是否有效。

6）空负荷试运转时的噪声声压值不超过80dB（A）。

7）立磨各滚动轴承的温升应不超过30℃。

8）立磨空负荷试运转在现场进行，运转时间不少于6h。

（2）负荷试运转要求：

1）负荷试运转应在空负荷试运转合格后进行。

2）立磨负荷试运转在现场进行，运转时间不少于12h。

3）磨辊滚动轴承的工作温度应不超过120℃。

4）减速机润滑油的供油温度应不超过50℃；减速机滑动轴承处的工作温度不超过70℃，滚动轴承处的工作温度应不超过70℃。

5）各液压、润滑、气动系统应运转正常。

6）负荷运转时减速机输入轴承座处振动速度不大于8mm/s。

（3）涂漆防锈要求：

立磨涂漆防锈应符合JC/T 402的规定。

（4）外观质量要求

1）主要加工表面不应有碰伤和锈蚀现象。

2）主要焊接件的表面应平整。目测时，不应有可见的凹凸不平现象。

3）钢铁制件在涂装前其表面应进行除锈。

4）各种标牌字体应清晰，固定位置应明显、牢固。

5）现场焊接的壳体中焊缝均应磨平，磨削面允许高出母材表面0~0.5mm。

二、试验方法

(1) 盘车试验检查各转动部分的转动灵活性，盘车试验不得少于3转且无卡阻现象。

(2) 空负荷试车时须使磨辊与磨盘之间保持规定的间隙。

(3) 硬度试验：

1) 仪器：硬度计、手提砂轮机、金相砂纸。

2) 方法：用砂轮和金相砂纸分别在磨辊衬板和磨盘衬板的两侧非工作面上均等磨出四个面积100mm^2，表面粗糙度为R_a1.6μm的测试面，将硬度计垂直对准测试面进行测试，自动记录测量值，每个测试面各测3点，各测量值算术平均值应符合有关规定。

(4) 空负荷试车检验：

1) 用转速测量仪检测分离器的转速并符合规定。

2) 用声级计检测立磨噪声，检测应在距立磨外轮廓1m、高1.5m处进行。检测方法按GB/T 3768中有关规定进行并应符合规定。

3) 用激光测量仪检测磨辊及壳体的安装质量并应符合规定。

(5) 负荷试车现场检验：

1) 产量测试以现场设备正常运转值为准。

2) 用测温仪表检测减速机油温并符合规定。

3) 粉磨细度测试按GB/T 1345规定的方法进行。

4) 用温度计在轴承座处检测轴承温度并符合规定。

5) 功率测试，由控制柜的主电机电压表、电流表显示的电压值U和电流值I按下式计算出功率P。

$$P = \sqrt{3}UI\cos\phi$$

式中 P——功率；单位为瓦特，W；

U——电压；单位为伏特，V；

I——电流；单位为安培，A；

$\cos\phi$——功率因数。

6) 用振动测试仪表，检测减速机输入轴轴承座处振动的振速，并应符合规定。

第五节 设备的安装与调试

一、安装

(一) 地基部的安装

地基部包括所有放大基础内的构件，主机架体、核心部件及上部的分离器均安装在地基上部。

(1) 主机基座的安装

为了便于运输，主机基座分三部分发运。在制造厂，经过预装并做标记，在现场安装时，应参照预装时所做的标记。

安装主机基座时、用地规和卷尺来测量中心位置（参照有关安装图）。测量时，以拉紧装置的下铰接点为参照，主机基座应当用水平仪测量，使其保证水平度。

上述工作完成后，各分点应正确定位并搭焊，然后进行正式焊接。在焊接时，应避免出现扭曲现象，在减速机底座安装之前，将主机基座所有焊口磨平。

（2）主机基座放入地基内

主机基座安装前，所有参考点（如磨机中心）均已确定，参考点由现场负责安装的工程师确认，并与地基方案图相一致。地基混凝土一次灌浆表面应进行清理，例如将露出平面的加强钢筋切断，以免与主机基座发生干涉，主机基座下面的支承工字钢垫及用户自备的垫片先放在一次灌浆上平面的指定位置，并将地脚螺栓和地脚螺栓箱一并放入一次灌浆的预留孔内，找正位置并灌浆。支承工字钢的水平度和标准高度均可用水平仪等进行测量。

（3）减速机底座的安装

减速机底座系整件发运，但在运输过程中不能发生扭曲及表面划伤。

1）减速机底座在主机基座上的安装

安装前，首先应清除减速机底座加工面上的防锈油漆或其他杂质，主机基座的上表面亦应适当清理。

为了防止挠曲，减速机底座与主机基座要有良好的接触，一旦出现间隙，应当用垫片填满。

2）减速机底座的调整

采用与主机基座同样的方法和工具，使减速机底座的中心位置与主机基座的中心重合（亦以三个拉紧装置铰接点为参照）。

将散装发运的减速机底座和主机基座的螺栓耳板用螺栓把合后，按图纸分别点焊在减速机底座和主机基座上，再一次调整和垫平减速机底座，把螺栓耳板焊牢，并把主机基座的地脚螺栓拧紧。而后，用粉笔或油漆在减速机底座上做出测量标记，用水准仪测量，允差为0.2mm/m，如超出此偏差，则用垫片调整。首先，测量减速机底座上的四角，如有较大偏差，则在主机基座与工字钢处调整垫片，如果四角的点均在允许偏差范围内，即测量上平面的其他测点并将结果记录下来。

3）减速机底座与主机基座之间的焊接

上述工作完成后，依照有关的安装图，将减速机底座与主机基座焊牢。焊接后，不应有扭曲现象，并将减速机底座再次测量并调平，如发现由焊接引起的扭曲等不良现象时，应采取表面磨光的方法补救，最大允差为0.2mm/m。

4）油箱在地基中的安装

由于减速机运行时可能发生漏油现象，故在地基部的主机基座内安放一油箱，来接收漏出的润滑油，否则，漏出的油将损害地基混凝土。油箱通过一根带焊接弯头的钢管与减速机底座上的接油底板相连接，这些连接均采用现场焊接。

先将油箱放在安装图中指定部位，为防止油箱在浇注时移动，可将其用钢板暂时搭焊在主机基座的工字钢上。

5）减速机底座及主机基座的浇注

当主机基座、减速机底座以及油箱均安装并调整好后，即可对这些构件进行二次灌浆。根据图纸设计要求，二次灌浆的上平面距减速机底座上平面的距离应不少于25mm，混凝土必须用振动器充分振动，以保证能在所有空间内充满。

(4) 电动机基座的安装

电动机基座是整件发运到现场的。

首先清理一次灌浆的混凝土平面，用与主机基座相同的方法放入地脚螺栓箱（必须保证图纸要求的位置)、地脚螺栓以及所需要的工字钢垫和用户自备的垫片，然后放入电动机基座并将其轴向位置高度、中心线用适当的仪器调整准确（相对于减速机底座)，进而将其焊在减速机底座上，焊后磨平焊缝。

上述工作完成后，可将加强钢筋与地基中的构件焊牢。

(二) 磨机部件的安装

磨机部件系指磨机地基以上的部件。

(1) 减速机

减速机是磨机碾磨部件的支承，也是磨机运动和动力的传递装置。因此，减速机是MPS磨机中最重要的部件之一。在运输和安装期间，应当保证减速机的主要接触表面的质量。减速机以整件发运，而辅助减速机、超越离合器以及减速机液压站均以单件发运至现场。

(2) 减速机的安装

在安装前，须用适当的提升装置把减速机提起，以便检查其底部是否清洁和光滑。提吊减速机时应使用专用托架，而不是耳板。耳板只适用于提吊减速机的上部或下部。安装前，应清除减速机底座上的油漆及杂物，并检查是否有锤击等缺陷。

准备工作完成后，减速机须放在电动机基座上推进，并垫上足够数量的滚杠，滚杠的直径要大于60mm，其表面要光滑。利用铰车类工具将减速机拉到减速机底座上，对齐所有的螺栓孔，并用液压千斤顶将减速机顶起以便移出滚杠。再一次检查接触面是否清洁。放下减速机，用塞尺检查接触面的间隙。减速机的位置、间隙均调整好以后，即用限矩扳手拧紧T形螺栓。销孔现场配钻，然后装入定位销、减速机与其底座的螺栓、销钉，装好后即用四个楔铁将其楔紧。

(3) 带压力蓄能器的液压缸的安装

在下架体安装前最好把液压缸装入主机基座的三个铰接点上。

(三) 下架体的安装

下架体一方面作为上架体的支承，并容纳减速机，另一方面也具有热风导向和收集、移出杂物的作用，而张紧装置的液压缸及张紧杆的一个辅助支点、绝热层均装在下架体内。

(1) 安装

由于运输条件限制，下架体分成几部分运至现场。但在生产厂应进行预装。预装时在各分点焊上把合板以便现场焊接时找正。

下架体的各部分运到已安装好的主机基座上，依照图纸要求的方法放置好，并在把合板处用螺栓将下架体几部分把合，而后，对下架体进行方位调整并定位点焊。

(2) 调整

调整下架体的位置。首先以磨机减速机的中心为基准使下架体中心调正，这一工作可利用测试铅锤。中心允差为0.5mm。

(3) 下架体的焊接

下架体调整好后，按有关的安装图，把分成几部分的下架体焊在一起，并将焊口的上下端部磨平（上部与上架体接触，下部与主机基座接触），并将把合板割去，这时便可把下架体焊在主机基座上。在此之前应将喷口环支座焊在图示位置。

（4）主机基座的浇注

上述工作完成后，即浇注整个地基部，应保证浇注完好无损，并在地基上表面提供光滑的平面。

浇注混凝土养护之后，即在下架体的绝热层中安装绝热材料，此时应注意，螺栓头不得露出平面外，否则会划伤刮板。

（四）磨盘座的安装

磨盘座整件运至现场，并放在地基附近的一米高的垫木上，以便于磨盘座绝热件的安装。

（1）磨盘座的绝热件

绝热件均以单件发运，到现场后，先用粘合剂按图纸将其粘在磨盘座上，再把加强板用螺栓拧紧，最后按图施焊。

（2）磨盘座的安装

安装之前应当把磨盘座下平面和减速机上平面清理干净，并再一次测量两个部件的止口尺寸，然后将安装螺栓销把合在磨盘座上，这时再把磨盘座用起吊设备吊起并放在减速机上，用限矩扳手把螺栓拧紧。

（3）密封锥

磨盘座上的绝热板装好以后，即可安装密封锥，先将各分件用螺栓把合在磨盘座上，然后进行焊接。

（4）刮板

刮板作为装配件装好后，再用螺栓拧紧在磨盘上，此时应注意刮板下部与绝热层之间的间隙调整。

（五）上架体的安装

上架体由于运输条件的限制分成三部分发运，大检修门单独发运，在制造厂应进行预装。

上架体可以在现场焊成整体后再与下架体焊接，也可以先点焊在下架体上，再焊上架体的三个部分。安装时应当注意上架体检修门相对下架体出料口的位置。先将上下架体在搭板处点焊，然后拆下检修门，再进行上下架体之间的焊接。焊接完成后，割去所有工艺搭板并磨光焊口，此时在检查门的槽内放上密封用石棉绳，然后装上检修门。

在焊接上架体时，应注意焊后上架体的法兰应与分离器下部法兰孔对正，以便装入弹性圆柱销。

（六）磨盘的安装

磨盘衬板是磨机的耐磨部件，承受磨机运转时的碾磨力产生的磨蚀，为便于更换，将其分成复合式衬板。

磨盘外沿处的衬板与磨盘座的接触应当良好，衬板与压板的接触面应当光滑。

在衬板装入前应将磨盘座及衬板进行清理，清理后把定位销放入图示位置的相应孔内，再放入梯形螺栓。装入衬板时，应注意使圆周上的几个衬板的间隙大致相等，而后再装上压板并按限定力矩拧紧，最后，在几个衬板的间隙中加入楔形垫片。

上述工作完成后，可将磨盘中部的防护罩按图装好。

（七）喷口环的安装

在磨碎过程中，喷口环改变了风在磨腔中的分布，进入磨机之后，经过斜向导向通道，增强了旋风作用，并将物料分离。

为了运输方便，喷口环分成几部分发运，运至现场后，首先将几部分按图纸焊在一起并调整位置，然后安装衬板。

上述工作完成后，即将喷环放入下架体的喷环支架上，用垫片调整高度、水平及中心位置，用一方钢制成的环状工件，放在喷环与磨盘座之间的间隙处，调整好径向位置，便喷环与磨盘座之间间隙均匀，最后按图将这一环状工件焊在喷口环的内锥体上。

喷口环位置调好后，用斜楔将其楔紧并将斜楔焊在架体内壁上，把喷口环支座、垫片和喷口环焊在一起，最后，用密封绳将喷口环与架体之间密封，并用压板盖上。

（八）张紧杆

三个张紧杆一方面连接三角框架与液压缸，另一方面传递液压张紧力。

拉紧杆及与其相联的一些构件都是散装发运的，发运前应在某些连接用的紧固件表层涂上润滑脂。安装时，先将张紧杆穿入上下架体的张紧杆密封内，然后，用螺纹套把张紧杆与活塞杆相连，而上部与三角框架的铰接座相连。

（九）磨辊

磨机内的三个磨辊呈120°均布，对任意一个磨辊来说，只有相对其自身心轴的自转运动，没有公转运动。磨辊的安装位置，实际上已经由安装好的张紧装置的位置确定了。

磨辊与其轴承系统、磨辊衬板及磨辊支架，可在制造厂安装好，作为整件发运，但发运时不充油。如果自发运之日起到试运转时的时间间隔一年，则应对磨辊轴承系统采取相应的保护措施。

一个单件的用来安装或维修轴承系统的锥形安装环与三个磨辊一起发运。除此之外，尚有一套安装磨辊用的装卸工具随机发运。

（1）磨辊与辊支架的安装

在磨辊装入磨机之前，应先将辊支架装到轴上，将辊的闭式密封盖朝下放置，清除装配面上的污物，将支架推到轴的定位面上，用螺栓把挡板拧紧。放置挡板时，应使润滑油口与油塞对正。

（2）磨辊装入磨机内

磨辊装入磨机内需要借助装卸工具来支承磨辊。

起吊时将钢绳挂在辊支架的吊钩上，起吊后把磨辊放置到磨盘上，使轮缘中心与磨道中心一致。

磨辊放在磨盘上之后，用装卸工具支承好，使辊子倾斜15°角，把辊窝上的圆柱滚子放上，即可安装压力框架。

（十）压力框架

压力框架将张紧压力传递给磨辊。磨辊支架通过一对圆柱滚子支承在压力框架下面，并用连接板连接，在压力框架的三个角上，装有叉形构件与张紧杆相连，由于运输条件的限制，压力框架分成三件发运。

(1) 压力框架的安装与焊接

压力框架在制造厂经过预装并做了标记，同时进行消除应力退火处理。为了使分件在焊接时保证要求的相对位置，制造厂提供了对接处的定距管。

现场安装时，先在定距管处把几个分件用螺栓把好，并注意制造厂的标记号，按照图纸的要求将框架焊好。焊接完成后，将定距管处以及两部分对接处的多余部分用气焊割去并磨光切口。

在压力框架吊入磨机前，应当把拉紧杆的三个叉形件用限矩扳手装好，这时应当注意接触面保证接触良好，并将铰接支座装在框架上。

(2) 压力框架的调整

首先把三个角上的调整板和耐磨衬板装好，用三根等长的钢绳将压力框架吊入磨机内，通过装卸工具的调整使框架与磨辊的铰接点的圆柱滚子恰好对正。当压力框架位置调整好以后，利用六件连接板把磨辊支架与压力框架相铰接。

上述工作完成后，进行压力框架的对中以及调整框架与架体间的间隙。

(十一) 拉杆挂入压力框架内

张紧杆按张紧装置的安装图装在压力框架上的叉形挂钩上，先用起吊设备把已经装在液压缸上的张紧杆挂入叉形挂钩，然后装入钢球等部件并用螺栓把合钢球支承。

(十二) 密封空气管路的安装

密封空气管路分内、外两个部分，但哪一部分先安装并不是很重要的，下面分别加以说明：

(1) 磨机内部管路的安装

将磨辊的密封空气管路插进法兰轴承的防磨套内，其端部支承在铰接座的内环上，另一端支承在弯头的铰接轴承上，而弯头则用螺栓固定在辊支架的相应部位，并加入密封件。

(2) 外部管路的安装

将总管路固定在上架体的挂钩上，并将总管路的三个竖向分管装入总管路的法兰与架体上的法兰轴承上。

上述工作完成后，即按图安装密封风机及竖向主管路，用专用的管夹在适当位置夹好并将各分段管路及弯头焊好。为了减小风机振动对主机的扰动，在风机出口处用一段软管。

在密封管路竖向的三个分管路中分别接入三文测量管路及三个膜盒式压力表，其管路走向及表架位置，可由用户视现场情况而定。

测量管路用焊接法兰与上架体的铰接法兰座相连。

(十三) 张紧装置液压管路的安装

张紧装置液压管路中的管夹等均散装运至现场。

带有底座的管夹按图示及现场情况布置在下架体底部的内侧，安装时各管路视现场情况煨弯。所有管路安装前均应进行清洗，安装完成后，用液压油将管路充满以防止管路生锈。

(十四) 分离器的安装

(1) 分离器下部安装

为便于运输，下部分成几部分运至现场，但在制造厂应与上架体一道进行预装并做好标记。焊好拉嵌用的角钢并用螺栓将各部分把合，拆开后运至现场。先将各部分的法兰与上架体法兰对好，装好螺栓和弹性圆柱销，在此之前要在分离器下部法兰与上架体法兰之间放上密封用的石棉绳，然后用拉嵌角钢及螺栓把几部分把合，进行焊接，焊后割去角铁，磨平焊口及切割面。

（2）叶轮的安装

叶轮整件运至现场，运到后，按图把叶片装在叶轮上，用螺栓把好，将叶轮放在距三角框架一个合适高度的支架上。

（3）分离器上部安装

分离器上部的安装过程与下部基本一致，请注意在上下部的法兰面上亦应放置密封用的石棉绳。分离器上部装好以后，即安装分离器的出料口（出料口同时也是驱动轴的支承装置）。

首先将分离器的轴承部分用螺栓把合在出料口上的轴支承上，便轴支承对正磨机中心，并在轴承部的下端把支承杆的位置调整好，再将轴支承焊在出料口上，在此之前应将叶轮装在轴承部下端的轴上，并加以紧固。

而后，按图安装润滑管路以及分离器、减速机、液压马达等部件。

（4）驱动装置

分离器驱动装置是一整件发运的液压站，以及需要现场安装的分离器液压管路。在现场根据有关安装图纸，把液压站安装在用户的二层平台上，而管路则用若干个管夹（焊在分离器外壁上）固定位置，在液压马达的进出油口处安装高压软管，以免主机受到液压站振动的影响。

（十五）磨机驱动装置的安装

（1）主电机和减速机之间联轴器的安装

磨机一般用国产棒销联轴器，采用常规的安装方法，当机器安装后，试车前应注意，将联轴器罩装上。

（2）辅助减速机、超越离合器的安装

辅助减速机的输出轴通过超越离合器与主电机的副轴相连，在安装超越离合器之前，应在电机轴上装入定距环。

辅助减速机的中心高用垫片调整，调整好以后，安装超越离合器。

（3）主电机的安装

主电机两轴伸出的半联轴器和半离合器装好以后，则利用起吊工具将其吊到主电机底座上，并调整好位置。中心高的调整是用垫片实现的，而轴向位置的调整则利用底座上的长形孔，当高度偏差较大时，最好采用较厚的垫片而不用若干个薄垫片。为调整主电机的位置，可在主电机的几个方向上安装临时的调整螺栓，以便对电机的位置做微量调整，待电机调整好以后方可拆除。电机调整好以后，在电机底座和原动机基座间钻销孔，并打入销钉。

当传动装置全部安装好后，按照制造厂提供的安装图钻销孔并装入销钉，然后，再在各个联轴器的位置装上联轴器罩并紧固。

（十六）刻度盘的安装

在张紧装置三个张紧杆的下部各安装一个刻度盘，以便控制和掌握磨中料层的厚度。

刻度盘的指针是用螺栓紧固在下架体隔热板上预先焊好的钢棒上。而刻度盘的位置则按现场调整高度的零位与指针对好，然后，按照便于观察的原则安排周向位置。位置调整好后，在张紧杆上配作螺孔。

二、辊磨机的调试

（一）调试人员

供方与用户在试运转前商定：

（1）调试工程师、电气工程师、机械工程师名额。

（2）钳工、电工、试验工、操作工名额。

双方根据具体情况确定参加试运转的人员。

（二）调试和性能试验所用的器具（用户自备）

（1）测量磨机负压用的U形管（不少于四根），量程为1500mmH_2O。

（2）测量风量用的带有斜管微压计的皮脱特（Pitot）管。

（3）测量气体、物体和各表面温度的电接点温度计。

（4）管路上的1~3个测量插座。

（5）用于收集旋风分离器和收尘器粉尘的输送设备的采样插座。

（6）喂料筛。

（7）成品生料筛。

（8）测量喂料水分和残余水分的仪器。

（9）喂料计量仪和校正皮带喂料机的计量秤的仪表。

（10）实际功率测量仪或钳式电流表。

（11）标准钳工工具和必要的照明用具。

（12）标准电工用具。

（三）调试

MPS立式辊磨机的调试工作，应视为研磨系统总体设备的调试，即磨机调试要和喂料、配料、收尘及成品生料输出设备的调试一起进行。磨机的调试还要直接与全水泥厂的调试协调一致，相互联系。

（1）调试步骤

1）必备条件

磨机设备全部安装完毕后，由调试工程师负责调试。一切外界必备条件必须满足，全部测量仪器均须连接，全部润滑点进行润滑，完成电气安装，且检查电气线路，确保电源供电。

2）预调试

直至磨机喂料前不久方可开机。首先由调试工程师、现场指挥及机械、电气工程师一起对设备进行全面检查。熟悉设备条件和各单机驱动中测试点的分布位置，进而利用U形管压力计法在各测点监测调试期间的压力变化。在这些测点上，须使用相应的测试插座，利用压头来确定风流流量测点的位置。调试工程师检查磨机，并按其相应位置测量磨辊和压力框架，检查所有液压装置、磨辊和减速机用油，检查所有润滑点的用油。

上述准备工作完成后，单机投入运转，单机接通，互不连锁，检查驱动电机的旋向，并局部监测单机功能。此时应参阅有关使用说明确保风机运转一段时间，并检查有无渗漏，主减速机油循环供应一段时间，检查一两次过滤器，检查超越离合器平稳性及调整限位开关。

将张紧液压系统加压，使其投入工作，检查拉杆密封并调整压力开关，调试工程师确定张紧压力，并在该压力下启动磨机，检查压力蓄能器的氮气压力，并调整相应的安全阀。

检查分离器液压传动电机的旋向，将液压系统充油，调整伺服电机的零位和终止位置，此时液压站可投入运行，驱动系统运行后，检查分离器的转速。分离器启动时，要调整安全阀，电机关闭时，检查伺服电机的自返动作。

密封空气系统投入工作，在检查旋向后，要调整风量消耗为最大值，而压力表风压为最小值，最大风量最好比工作风量大5%～10%，密封风压力值要做记录，其最小接点暂调到3000～4000MPa。

在磨机首次带料运转时，最小接点要调到比其实际运转风压值低1000Pa，一旦磨机系统所有设备装置进入工作后，可以进行连锁试验。

3）连锁试验

磨机系统所有单机试运转后，即按正常程序转至控制中心的配电板上，检查连锁控制方案图所示的连锁条件，确保在连锁试验期间全部压力开关、流量计、极限开关等的动作次数。

在此条件下，全系统设备试运转几次（由调试工程师、操作工作人员进行试验），全部连锁试验应正确、细致、不可仓促。要保证安全无误地操纵全部连锁系统，排除所有连锁试验中的故障，最后再检查一次连锁情况。连锁试验完毕后，磨机通入热风，以便在工作温度条件下检查磨机运行情况，磨机系统全部装置应试运转若干小时，用有经验的工作人员在现场密切地监视设备运转。

4）负荷调试的准备

磨机负荷运转前，磨内要预先充入一些生料，为此应先把物料喂入磨机喂料仓（先少后多），经输送设备送到磨机处，向磨内空气导向锥和上架体之间布料，该料区应尽量布满，再向磨机中心和磨盘上布料，在磨盘研磨轨道和磨辊之间喂入约30～50mm厚的布料层，然后用辅助减速机把磨辊置于料层上，在磨盘转动时，严禁人员停留在磨内，减速机供油系统要正确运行。

采取同样方法，在磨盘上布置了70mm左右的料床，其意义是在首次启动的瞬间内防止空磨。接着经进料槽继续按首次启动确定的总用料量进行喂料，在最后喂料之前，用计量器进行计量校准。

5）磨机首次启动

首次启动前，磨机要加温预热，出料口处温度约为100℃左右，持续时间约1～1.5h。

磨机加热时，当排气温度增加到110～120℃时，开起磨机辅助传动装置，调整磨机出口风量。风量值由调试工程师确定，辅助传动装置运转约3min时，主传动启动。

磨机开车后，调试工程师确定开始喂料时间。通常在主传动开启后就立即喂料，以防空磨。在此期间要观察全部装置，尤其是磨机主传动的功率消耗、振动传感器和磨机排风量的变化情况。要求尽快达到正常和连续运转。这包括在短时间内增大热风量，以满足磨机的热量要求。

磨机以调试工程师确定的风量运转一段时间（该输出风量约为保证输出风量的70%～80%），在此期间，要彻底完成磨内的测量工作。

让有经验的人员在现场密切监视设备运转情况，磨机约运转50h后，要仔细检查设备。检查磨机内部所有管接头、磨盘和磨辊衬板、把合螺栓、减速机和磨盘座的连接情况，并将螺栓拧至限定力矩，检查所有液压和润滑设备的充油量，检查磨辊和压力框架，并予以重新测量。

6）产量试验

在首次试验已取得运行结果的基础上应进行磨机的产量试验，使磨机在试车中将研磨产品增加至保证产量，达到设计产量后，用户和制造厂双方商定共同确认的日期进行生产试验验收，并签定验收文件。

验收完毕后，调试人员再次进行复检设备，最后移交给用户操作人员。

（2）MPS生料立式辊磨机调试目录

1）磨辊的位置：

①检查倾角；②检查对心的位置。

2）检查磨辊的充油量

3）拉杆密封的可动性：

①上架体内检查；②下架体内检查。

4）密封风机：

①检查密封风机的旋转方向；②检查压力；③用压力计调节风门；④在运转时调整最小触点；⑤检查密封风断开开关。

5）液压张紧装置：

①检查蓄能器的充氮气压力；②检查油位；③检查油位指示器；④调整截止阀；⑤调整二位四通电磁阀到操作位置；⑥检查油泵电机的旋转方向；⑦试验液压张紧压力；⑧调整安全阀；⑨检查和调整两位四通电磁阀；⑩调整压力计的节流阀。

6）磨机减速机

①检查油位；②检查加热器；③调整和检查触点式温度计的最小和最大触点；④接通油过滤器；⑤测量冷却水的总量；⑥接通油冷却器；⑦检查油泵的旋转方向；⑧检查油流量控制器的正常性能；⑨检查推力轴承部分的油位；⑩检查传动装置间的电气连锁。

7）超越离合器

①检查超越离合器的平稳性；②调整行程；③检查电磁阀；④调整、检查并熟悉压力表；⑤检查极限开关。

8）辅助传动

①检查减速机油位；②检查旋转方向；③遵守转换顺序和连锁；辅助传动—超越离合器—主传动。

9）主传动（单独）

①检查旋转方向；②带启动器试转。

10）分离器

①检查分离器轴承润滑脂的情况；②检查行星减速机的油位；③油马达充满液压油；④检查驱动装置的油位；⑤检查油位控制器；⑥检查截止阀；⑦接通油过滤器；⑧检查油泵电机的旋转方向；⑨调整伺服电机的位置；⑩系统接通；⑪检查分离器旋转方向；⑫启动分离器，同时调整安全阀；⑬调整最大速度极限开关；⑭当断开时检查伺服电机是否回到零

位；⑮检查分离器转速测量仪与显示仪表装置；⑯检查整个设备的电气连锁。

11）调整管子的所有阀门

12）磨机风机

按制造厂的说明书投入使用。

13）空气阀门

按制造厂的说明书投入使用。

14）利用辅助传动使磨机转动

①再一次检查磨辊倾角；②调整料床的指示器。

15）磨辊液压张紧装置

为防止氮气蓄能器皮囊破坏，液压张紧的工作压力与氮气预压力有一定的比例关系。

$P=3P_{st}$最大值；$P=1.5P_{st}$最小值；P_{st}——氮气压力；P——缸的工作压力。

第六节　设备的维护与修理

（一）辊磨机的故障诊断与排除

1. 辊磨机的故障诊断与排除

（1）辊磨机磨料过粗

当磨机磨料出现过粗时，会出现隆隆响声，这意味着磨机减速机出现危险，应立即停车。过粗原因是物料太少或磨机过载。

（2）喂料仓储料不足

一旦喂料仓储料不足应停机，因为此时磨机继续往外输料有空磨的危险，应向供料装置和磨机上料，否则会使料床变薄，发生隆响，至使减速机损坏。

（3）磨机启动时，料床储料不足

修理后或因漏损；供料厚度少于30mm前应停机，按下列程序向磨机喂料。

①开动齿轮油泵；②啮合超越离合器；③开动密封风机；④启动辅助传动装置；⑤开启旋转阀门或三道阀门；⑥开动供料装置。

（4）过滤器工作中断

当仪表显示粉尘排出过多时，必须减少磨机输出或停机。

（5）喂料装置工作中断

若一个供料装置出故障，磨机仍可工作几分钟，但其余供料装置必须加大供料量，以便磨机有足够的物料。

若储料仓出故障，在压差和能耗达到最小之前，必须停机。

（6）磨机风机工作中断

必须停止磨机和加热炉，否则由于物料不能通过分离器出料引起磨机过载。

（7）料粉输送不畅

当分离器或过滤器出料中断时，磨机应停止。

（8）窑的热风供给中断

当窑废气风机失灵时应停机，否则引起磨机过载和隆响振动。

（9）压差过大

立即减少供料，观察压差指示装置。其可能原因：

①喂料控制装置故障，喂料过多；②磨盘部的喷口环阻塞；③风量过低或不稳定；④分离器调整的细度过细。

(10) 压差太小

可能原因：

①喂料中断；②指示失误。

如果磨机前后的压力显示正常，则磨机可继续工作，但喂料控制换为手动操纵。

(11) 张紧压力下降

可能原因：

①导管泄漏；②压力安全溢流阀失灵；③张紧系统油泵工作中断；④压力开关失常。

对于完好设备，可启动油泵重新开始工作，关泵后仍能保压，否则停机。

(12) 密封空气压力下降

检查机器，若压力仍恒定，可不停机。如果由于平衡压力的原因，使风机电流超过预定值，磨机将自动停机（该值在试转时确定，不应小于4500Pa）。

(13) 减速机的油压和流量达最小值，磨机自动停机

(14) 减速机轴承温度过高

轴承温度过高，将预示发生故障，应予停机。

(15) 磨机、下架体的排渣门处物料外溢

可能原因：

①磨机过载；②磨机风量过小；③喷口环盖板损坏；④喷口环盖板磨损。

停机时检查喷口环盖板和喷口环。即使磨机风量暂时减少，也会引起物料外溢。

2. 磨机的检修

(1) 检查

整个磨机的常规检查，可避免由维护和润滑不当造成的意外停机。通过定期检查，磨损件可以及时更换。

1) 正常检查

①日检

每日的磨机总体检查应观察是否有噪声和振动、螺栓松动和漏油等。

每日检查液压装置的油位。

每日还需对分离器轴承、旋转阀门和旋风收尘器出口阀门润滑点进行检查。

②周检

检查张紧杆的密封。

检查减速机和液压缸的油位。

按说明书润滑各部齿轮，检查其油位和清洗过滤器。

清洗密封风的过滤器，必要时更换。

检查密封风压力。

2) 长期停机后的重点检查

某些检查项目与周检相同，并做如下项目检查：

①检查整个磨辊之油位（每月一次）。

②检查磨盘上磨损件的紧固情况。

③检查辊、盘、衬板、辊支架、喷口环、架体的筒壁及磨机内其他零件的磨损。

④磨床指示标尺的调整（应考虑磨床研磨件的磨损程度）。

⑤检查拉杆支撑板和拉杆密封。

⑥检查碾磨区各法兰盘的松紧度。

⑦检查磨腔所有零件的磨损程度，特别是磨辊的密封空气管路。

⑧检查液压系统中各元件的动作灵活性和补偿元件的紧固程度，特别是动作的灵活性。

⑨检查液压缸是否漏油，必要时更换密封件。

⑩检查磨机风机是否结疤或磨损。

⑪检查分离器叶片是否结疤。

（2）维修

1）磨辊拆卸

①打开下架体和分离器壳体上的检修门，并移开它。

②拆去磨辊上的密封风导管。

③过锥形盖板将可伸撑柱升起，并用螺栓固定（装配时该柱在锥形盖板内）。

④在撑柱上用螺栓安装三组支撑座，便它可能轻微转动支撑座，且把它们转到需要的位置。支撑座的高度可由调节螺栓的长度来决定。

⑤在磨辊支架上安装六个连接座。

⑥将支撑座与连接座之间的垂直距离调整到近似于10mm，且用螺栓固定，之后在磨盘上用木楔将磨辊楔紧。

⑦卸掉磨辊与压力框架之间的连接链板。

⑧用张紧装置升起压力框架，且用三根绳子将压力框架吊在分离器上。

⑨用车间的吊车或汽车吊将磨辊系上，卸掉两个连接座，吊起磨辊，通过检修门移出。

⑩依靠磨机的辅助传动，将第二个磨辊移至检修门前面，并用同样的方法拆卸。第三个磨辊的拆卸也是如此。

⑪安装磨辊时与上述方法相反。

⑫当磨机重新安装时，多数情况是不从检修门来安装磨辊，而是在压力框架和分离器安装之前从上部进入架体的，然后再安装压力框架。

2）拆卸磨盘扇形衬板

磨辊拆掉后，可按下列程序拆下磨盘衬板。

①拆除磨盘环和护盖。

②松开螺栓、拆除夹紧板。

③拆去扇形衬板。

应从中间的衬板拆起，拆前应当将间隙中物料清除掉，并拆去侧向楔形垫。

3）更换磨辊轴承及其密封

①拆卸轴承

拆掉两端的轴承盖后，辊体上有两个润滑油通孔，通过该孔用手动液压泵同轴承外圈和辊体注油，以便抓出轴承。

②安装轴承及密封

将轴承盖固定在辊体上，不加油封。

将辊体和轴承盖加热至110℃左右。

将轴承外圈压入辊体。

将外定距环压入。

将轴承内圈加热至120℃左右，然后装到轴上，辊体冷却后，拆下轴承盖。

将内定距环推入辊轴，并将轴压入辊体。

将各密封件装入并装好各端盖。

4）更换磨辊衬板

为了更换磨辊衬板或者由于衬板一侧磨损需要调转方向，建议将辊子从磨机中取出。然而，若仅需更换少数几个衬板或一个衬板，则可在磨内进行。

为了方便地更换衬板，磨机内壁上可安装一个拆装衬板的翻转装置，用一个起重滑轮装放新的衬板。

每个磨辊有12块衬板，其中3块被压力框架遮盖，而相对的3块衬板对着磨盘。所以以磨辊的右侧或左侧着手装卸，至少处于一侧的3块衬板中的2块被拆去后，装入1块新衬板，然后用辅助传动驱动磨盘，再更换另外的衬板。

由于磨辊是逆时针转动，所以需要更换的第二块衬板可以是在磨辊已装好的第一个衬板的右侧顶部，也可以是在左侧底部，这取决于从哪一侧开始着手。

更换或调整程序如下。

①松开螺栓，拆去压板。

②拆下衬板并移出磨机。

③清理接触面并检查不平度。

④安装新衬板或将旧衬板调转180°。

3. 在磨内拆装减速机

如磨机减速机损坏则要将其拆下。

（1）从磨机下方拆出减速机的准备工作

1）将润滑油排出。

2）为安全起见，所有电器开关应切断，并加以保护，切断全部驱动电源。

3）从减速机内排出润滑油后，拆掉温度计、热电偶、压力表等。

4）拆去联轴器的保护罩以及其他保护装置、超越离合器的气压管路等。

5）拆下磨机的电源线并作标记。

6）卸掉减速机全部地脚螺栓和定位销。

（2）从磨机下拆出减速机

1）从磨机下架体的绝热底板上取下三个盖板。

2）拆去磨盘座的隔热层。

3）拆去磨盘中心的盖板。

4）拆去磨盘座与减速机之间的连接螺栓。

5）地基的油箱上方放一横梁，以便安放千斤顶。

6）装上支承铁饼用千斤顶顶起磨盘，此时应当将张紧装置液压系统的油全部放掉。

7）从磨盘底座上拆下螺栓和定位销。

8）用卷扬机或带滑轮的吊车把减速机拖出。

（3）减速机的重新安装

（二）辊磨机的操作规程

1. 磨机启动前的准备

当磨机停机较长时间，例如检修时，需要检查各部件的连接情况，各液压装置的油位、阀的位置。所有进料装置必须充满物料，以便进料装置一接通，就可立即使磨机供料，否则，就有磨机负荷不足的危险，当磨机缺少物料时，应提供足够的物料以使其料床厚度大约在70mm。

2. 主要的检查项目

启动前应对磨机的如下项目进行检查：

检查各液压站的油过滤器是否堵塞，油冷却器的水路是否畅通。

检查张紧装直系统的压力是否达到制造厂规定的数值，如果没有达到，应根据说明书进行调整。

3. 开机顺序

（1）首先接通减速机液压站的油温加热装置，在减速机油温达到其说明书规定的温度之前，辅助传动和主传动均不得启动，如果环境温度较低，则采用热空气对减速机和油站加温，直至泵可以工作为止。

（2）接通超越离合器：将换向阀接通，使汽缸动作，离合器啮合，行程开关动作，换向阀断电。

（3）接通密封风机。

（4）接通分离器：首先接通液压系统的滤油器的发讯装置、转速传感器，然后接通分离器、液压站电机。

（5）接通减速机液压站低压泵电机，在此之前接通冷却器，然后当温度达到20℃时才允许接通低压泵电机。

（6）接通高压泵电机。

（7）接通辅助电机。

（8）接通主电机：当温度计达到25℃时，才允许接通主电机。

（9）断开辅助电机：主电机启动后，离合器自动脱开，行程开关动作，换向阀断电，进而切断辅助电机。

（10）接通张紧装置的压力——电流变换器。

4. 停机顺序

检查减速机液压站高压泵工作是否正常。

（1）断开主电机。

（2）断开减速机液压站高压泵电机。

（3）断开减速机液压站低压泵电机。

（4）断开张紧装置液压站的电机，接通电磁阀，系统卸载，当 $P=0$ 时断开电磁阀。

（5）断开分离器液压站电机。

（6）断开密封风机电机。

第七节　立磨在制造、安装、维护和使用中存在的问题

(1) 立磨的关键部位：研磨装置与主减速机。

1) 研磨装置中的关键件为磨辊与磨盘衬板，如何延长衬板的使用寿命，关键是衬板的材质，目前国外在材质方面解决得很好，国内一些大的制造厂已有一定的业绩，如沈重集团公司水泥生产线中的立磨的衬板，在国内还是比较领先的。

2) 用于立磨的主减速机有三种：涡轮涡杆减速机、圆柱齿轮减速机、行星齿轮减速机。但存在的最关键的问题是针对国内减速机制造厂的现状，一些小型立磨减速机国内生产制造没问题，但在2000t/d以上的水泥生产线中的大型立磨的主减速机国内生产与制造厂家较少。

(2) 液压系统漏油现象较多，关键是一些国产的液压元件，尤其是密封件质量不过关而引起的。

(3) 对于立磨，尤其是大型立磨，维护是相当重要的，因为立磨的控制系统程序多，风、电、气、油、压等系统控制程序复杂，对具体的操作人员及维护人员要求较高。

(4) 立磨在安装过程中，一定要按照国家标准、行业标准，以及验收技术规范执行。

安装过程中，应注意下列问题：

1) 基础预埋件与主减速机的安装应符合标准要求。

2) 磨辊、磨盘的安装一定要保证足够的接触率，在生产制造过程中不但要保证尺寸公差，还要检测形位公差。

3) 分离器对于小型立磨转数较高时，应做动平衡试验，对于大型立磨应做静平衡试验。

4) 液压系统中关键的液压元件必须做预压试验，应符合相应标准的规定。

第四章　水泥工业用推动篦式冷却机

按　水泥工业用推动篦式冷却机（简称篦冷机）是在消化吸收国外先进技术的基础上，由国内开发攻关和研制的新产品，1991年制定出行业标准。20世纪90年代初开始研究第三代篦式冷却机，到2002年首台5000t/d生产线成功应用，到目前国内外已广泛应用第三代篦式冷却机。水泥生产大型化后，8000t/d到10000t/d生产线大型充气梁篦式冷却机得到了广泛应用，为适应中国加入WTO需要，并满足国内外市场的要求，促进技术进步，组织了天津水泥工业设计研究院中天仕名科技集团有限公司等单位组成的标准起草工作组，完成了篦式冷却机行业标准JC/T 336—2006《水泥工业用推动篦式冷却机》的修订任务，由国家发展和改革委员会批准发布。该标准达到了国际先进水平，实施后对指导生产、控制和提高产品质量发挥了重要的作用。

第一节　概　　述

水泥工业用推动篦式冷却机用途是将回转窑卸出的高温熟料冷却到下游输送机、贮存库，以及水泥磨所能承受的温度，同时把高温熟料显热回收进烧成系统，以提高整个烧成系统的热效率，节能并减少有害气体的排放。随着水泥工业的发展，对篦冷机的要求如下：

（1）回收熟料热量。篦冷机是利用冷空气与高温熟料接触进行热交换，使熟料冷却，空气加热，一部分作为“二次空气”入窑内供燃料燃烧之用，一部分作为“三次空气”入窑尾预热器分解炉对生料进行预热分解之用，“二三次空气”含的热量越多，燃烧温度越高，燃料消耗量越低，回转窑热耗也越低。冷空气除供“二三次空气”用以外还有多余，可作其他方面用，如烘干煤及低温发电等使用，尽量回收热量。

（2）冷却熟料时间要短。因为熟料急冷，可提高质量，改善易磨性。

（3）冷却后的熟料温度要低，便于输送、贮存。

（4）冷却单位风耗要低，这样可提高“二三次空气”温度，减少粉尘及废气排放，降低电耗。

一、篦冷机基本构造

根据篦床的特点，篦冷机分为倾斜式、水平式、复合式三种。复合式篦冷机如图4-1所示，由上壳体、篦床、篦床传动装置、篦床支承装置、漏料锁风装置、栅条、熟料破碎机、漏料拉链机、冷却风机若干台、下壳体及集中润滑装置所组成。

二、推动篦式冷却机工作原理

从回转窑来的热熟料从窑口卸落到篦床上，落入前端的入口分配系统中，从阶梯篦板和充气梁篦板中吹来的冷风使得熟料急剧冷却，沿篦床全长分布开，并在自重和风力的作用下滑落至第一段往复推动的篦板上，形成一定厚度的料层，被以向上倾斜13°或10°并做往复运动的活动篦板推向卸料端。往复篦板的冷却风从料层下方向上吹入料层中，渗透扩散，对热熟料进行冷却，冷却熟料的冷却风成为热风，热端高温热风作为燃烧空气入窑及分解炉（预分解系统），部分热风还可作烘干或余热发电之用，从而达到降低系统热耗的目的，多余的热风经过收尘处理后排入大气。冷却后的小块熟料经过栅筛落入篦冷机后的输送机中，大块熟料则被快速回转的熟料破碎机的锤头所击碎并大部分被抛射回篦床上再冷却。大块破碎反复进行，直至块度小于或等于25mm后落下，部分细粒熟料及粉尘通过篦床的篦缝及篦孔漏下进入集料斗，经过一定的时间后，当集料斗中料位达到一定高度时，控制锁风阀门自动打开，漏下的细料便进入篦冷机下的熟料输送设备中被输送走。当集料斗中残存的细料尚能封住锁风阀门时，阀板即已关闭从而保证不会漏风。

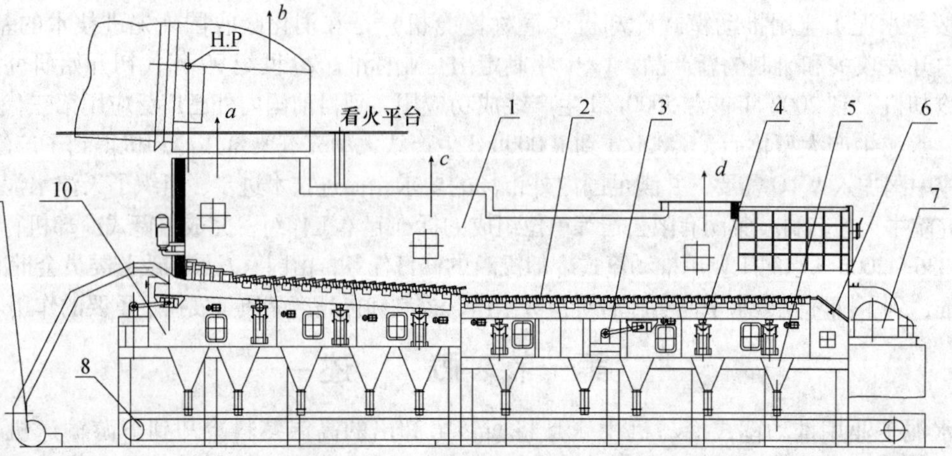

图4-1 复合式篦冷机基本构造

a—二次风；*b*—三次风；*c*—利用热风；*d*—余风

1—上壳体；2—篦床；3—传动装置；4—支承装置；5—漏料锁风装置；

6—栅条；7—熟料破碎机；8—漏料拉链机；9—冷却风机；10—下壳体

第三代篦冷机应用厚料层冷却原理及充气梁技术，采用复合篦床。按篦床上料层的厚度和温度分布规律，将篦床下冷风室合理地分隔成若干独立的密封室和充气梁，并按各室对应的篦床料厚、料温，考虑其冷却和热回收的需要，选配具有适宜的风量和风压的冷却风机，一般采用离心式风机。高温、厚料区采用高压风机；中低温、料层较薄区段采用中压风机。高温区（一二室）一般采用充气篦床，后续中、低温区为复合篦床。充气篦床由箱式结构的篦板梁和充气篦板所组成，箱式篦板梁与充气篦板组成独立防漏的“小冷风室”。为了满足左右两边料层、料温状况的不同而对冷却风有特殊要求，每根充气篦板梁又用隔板分隔为左右两个（或三个）独立的“小风室”，并各自独立供风。因此，高温区充气篦床实际上以冷却机中心线为分界线，被分为左右两个部分。左、（中）右充气篦床通过固定的风管由独立的风机供风。为了调控装有充气篦床的篦下压力，用平衡风机进行调节。

在篦冷机热端区段，料层厚、温度高，高压冷却空气由下而上渗透红热厚料层时对热熟料起强烈的淬冷作用，同时通过充分的热交换吸收大量的热量，离开料层时已成高温空气。其中温度最高的一部分（约1000～1100℃）作为二次风入窑；另一部分（大窑头罩窑头抽风）作为三次风去窑尾分解炉；还有一部分热风（约450～345℃）通过热风口抽出去烘干系统及低温发电系统。这三部分热风的利用构成篦冷机的热回收。冷却熟料后，未被利用的热风一般不超过240℃，因含有较多熟料粉尘，所以作为余风排放时应进行收尘处理。

第三代篦冷机装有自动控制系统，实行三元控制，即篦床推动速度控制、冷却风机风量控制和余风排放（窑头负压）控制。只有实行自动控制才能保证篦冷机的高产、高效、连续、安全、可靠地运转。

第四代篦冷机技术核心是：

(1) 篦板冷却空气流量无动力调节，篦板阻力低。

(2) 篦板不推动热熟料运动、篦床不漏料，篦板磨损率最低。

(3) 单位风耗小、电耗低。

第二节　推动篦式冷却机制造过程

篦冷机的制造过程分为三个主要部分来完成，即：机械加工部分、铸件生产部分和结构件制造部分。

一、篦冷机零部件的生产制造

篦冷机的机械加工零部件，具有结构复杂、精度要求高、加工工艺复杂等特点。下面，就结合具体零部件的加工，浅谈一些特点。

1. 曲轴及扭矩管装置的制造

曲轴及扭矩管装置的制造就是通常所说的篦冷机主轴，如图 4-2 所示，该部件由扭矩管，曲轴，紧配合螺丝三部分组成。要求曲轴轴径的中心线必须同扭矩管轴的中心线平行；紧配合螺栓孔的尺寸必须保证配合公差；要求在制造过程中是先分别粗加工曲轴和扭矩管的外径及端面；两面法兰上的紧配合螺栓孔必须配铰后，用螺栓将曲轴和扭矩管连成整体，然后在机床上加工。加工中为保证曲轴轴径与扭矩管轴心的平行（即 D 与 d 中心线平行），以先加工好的 A 面为基准面，用游标高度卡尺测量 d 圆母线与 A 面最大距离，并测量 I_1、I_2 保证 $I_1=I_2$ 或用百分表固定在刀架上，摆动曲轴使其两端最大压表读数相等。如两端读数不等，可修磨中心孔调整直至达到公差要求为止。

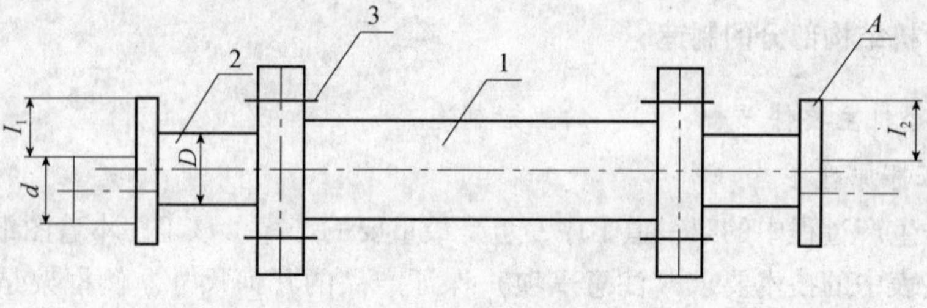

图 4-2　篦冷机主轴

1—扭矩管；2—曲轴；3—紧配合螺丝

2. 曲轴滑块连杆装置

曲轴滑块连杆装置是主轴与从动轴的连接件，在传动中起重要作用。它的结构形式如图 4-3 所示。

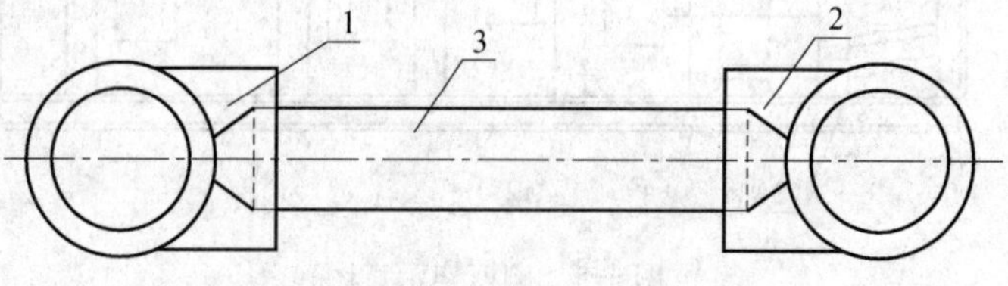

图 4-3　曲轴滑块连杆装置

1—曲柄头；2—滑块头；3—连杆

曲柄头和滑块头结构形式基本相同，但尺寸不同。本件主要要求两孔中心距误差在±0.8mm以内，两端面平行且与孔心垂直。制造中，首先对曲柄头、滑块头及连杆进行粗加工，精加工量要留准，要保证组焊后够精加工量。曲柄头、滑块头与连杆孔是铸钢件，后进行机械加工。连杆不是插到底部，里面要留有一定空间，组焊前要仔细清砂，保证空间足够大。连杆与配合孔很严密，当连杆插入时空气不能沿结合面流动。如果空间较小，连杆没插到位时，里边的空气压力就很高了。连杆推不进去，会给组焊造成困难。

同一侧的曲柄头、滑块头端面要在同一个平面内，误差不能超过0.38mm，这要求在机床上一次加工完成，不能对两次刀。

精加工孔时，为了保证两孔中心距，要利用机床上的坐标系统来完成。

3. 各种轴套的生产制造

各种轴套如图4-4所示。

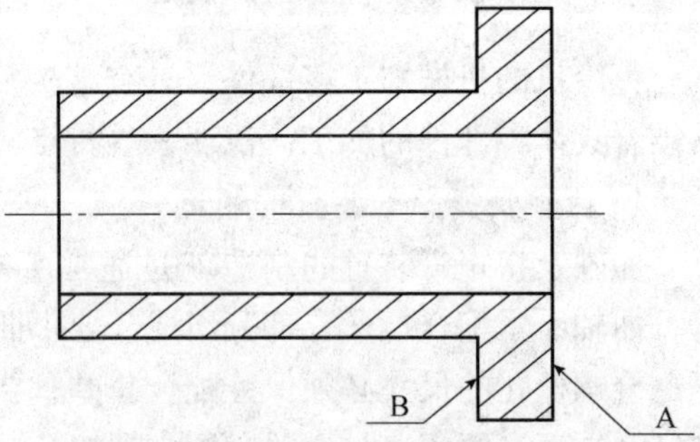

图4-4　轴套示意图

在篦冷机中，连杆装置与主轴、从动轴之间的连接，有的是靠轴承，有的是采用球磨铸铁轴套和锡青铜铜套，轴套外表面在铜套里转动。轴套的形状如下：若采用轴套式，一台篦冷机中轴套数量很多，但尺寸各不相同，生产制造轴套也是难点之一。各种轴套的壁很薄，而且要求精度极高，还要求有耐磨性。在制定工艺方案时，首先要在机床上进行加工，然后表面进行淬火处理，由于壁很薄，淬火后容易变形，所以就要留余量，表面淬火后加工，以消除变形。余量不能留得太大，否则精磨时，将淬层全部加工掉了，致使零件功能丧失，同时也增加加工费用。

二、篦冷机结构部分的制造

（一）篦冷机主要件“侧框架”的生产制造

1. 关键工序原理图

本工序是生产过程中的第一道工序，也是最重要的工序。该工序本着图纸尺寸下料，并根据结构工艺表中的技术要求（注意事项）保证产品的几何尺寸。侧框架是篦冷机的主要构件，它的生产对线图来讲可分三次下料，以及部分构件的样板化下料，如图4-5所示。

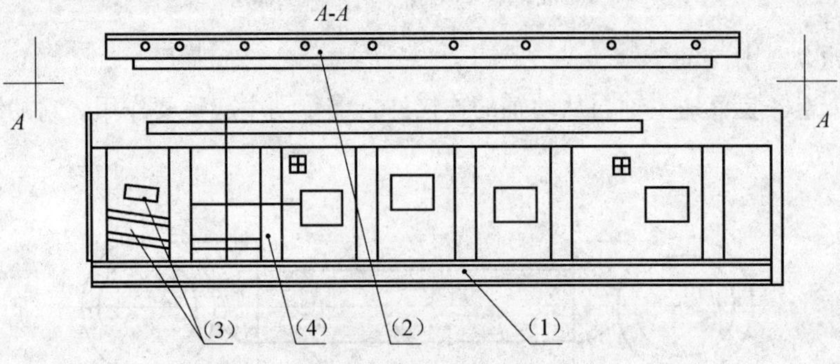

图4-5　侧框架示意图

依据各部尺寸的重要性和防止因制造构件变形（影响尺寸的精确性），因此零部件要分为一次下料完成和二次下料完成以及成品下料。

以示意图4-5说明：

（1）工字钢（板制）单件荒料下完，拼装焊成并矫正后，再确定总长和孔距，加工后再总装在框架上；

（2）钻孔都是在当总装侧框架完成后（矫正、焊后修理等），最后钻孔，以保证孔的准确性；

（3）对其角度难以控制件要做样板划线下料，按图放样，然后把样板放在壳体上，划出长孔及初装机械轴承座的工字钢上。

（4）可以一次下完，单件荒料下完拼配焊成后矫正，再划出其长度的基准线和切割线。

2. 加工工序

加工工序应注意以下几个问题：

（1）所有型钢的长度加工一律采用无齿锯切割，保证端部的加工精度和尺寸公差。

（2）侧框架的中间支柱一律由刨边机加工各部尺寸，以保证紧密连接，减少焊后收缩，影响几何尺寸的变动。

（3）所有被加工的钢材必须事先平直后方可转入切割及刨边工序。

（4）孔的加工要依据现图上道工序所定的程序来完成，分别零件出孔和成品出孔。

3. 拼配工序

本工序是生产过程中的第二道关键工序。

（1）采用放样无胎拼配法，在地板上按图放样，然后按其放样的位置将各序号摆放好(及标高测定)。

（2）调整尺寸、研磨间隙，间隙不应大于0.5mm，然后点焊固定各主要件的连接处。检查无误后转下道工序焊接。

（3）第二次拼配，将焊好的框架，再拼上薄板体，对好定位点焊固定，再经检查无误后转入下道工序焊接。

（4）当侧框架焊后要进行矫正，校测量、核尺寸。

4. 焊接

（1）先把各连接点的点焊处、所有的焊道溜一遍，保证在正式焊各连接点时，不能因焊缝收缩而使原拼配时的点焊开裂。

（2）其次焊接各连接点（即交点）的接触焊道可不需考虑刚性固定，允许自由收缩，为各间隙仅小于0.5mm，不会影响几何尺寸的公差要求。所有焊道全部采用手工焊（焊道短)。

（3）采用分散热量焊接方法和平焊位置来控制热量集中及提高生产率和焊缝强度，对于无工装的情况下可采用吊车辅助临时支撑来焊接平焊的位置。

（4）侧框架的焊接要分两次往返上道工序来完成。以上（1）、（2）、（3）是对框架的焊接而言，当框架拼好后再焊接壳体板，这样不会因焊接影响几何尺寸的变动，况且壳体板厚度较薄，焊角较小，焊道又不多，其应力是较小的。

5. 矫正

此工序是半成品在转入下道工序，经检查验收前，对零部件半成品进行几何形状的修正和复原，其方法主要有：

（1）机械矫正焊接变形

机械矫正是利用机械传动产生力的作用矫正变形，目前许多厂采用压力机来完成这一工序。利用反变形的原理，使零部件及半成品、成品复原。首先要测出不符合几何尺寸的凸点和凹入点，然后在压力机上进行矫正，此法简单易行，适用于各种梁、柱等零部件及半成品、成品的矫正。

（2）火焰矫正

对零部件、半成品、成品，在一定条件下可以用不均匀的加热引起的变形，去矫正焊接结构的变形，决定火焰矫正效果的因素，主要是火焰加热的位置和加热的温度，不同加热的位置可矫正不同方向的变形，对于低碳钢的结构通常采用600~800℃的加热温度，加热过程的颜色变化所表示的温度见表4-1。

表4-1　钢材表面颜色及其相应温度

颜色	温度（℃）
深褐红色	550~580
褐红色	580~650
暗樱红色	650~730
深樱红色	730~770
樱红色	770~800
淡樱红色	800~850
亮樱红色	850~900
橘黄色	900~1050
暗黄色	1050~1150
亮黄色	1150~1250
白黄色	1250~1300

其加热方式可分点状加热和线状加热以及三角形加热，篦冷机大片矫正都是采用点状加热法，而工字梁（钢制拼焊成）的变形则是用三角形加热法，对变形量较大的刚性较大的结构往往采用线状加热法。

6. 成品试组装试车

为了保证制造达到设计要求，在出厂前必须试车（包括试装），在试车（包括试装）中可以发现一些在制造中因图纸尺寸和制造误差出现的问题，经发现后立即修改，不要把问题带到使用工厂，除造成不良的影响外，还给用户带来不应有的损失。

三、关于耐热钢篦板的铸造

1. 形状

该铸件一般分为单宽及双宽两大类，外形尺寸分别为297mm×420mm×70mm（50）及597mm×420mm×70mm（50）。其上分别布置了通风缝隙通道或篦孔。

2. 材质

ZG35Cr26Ni12

（1）化学成分，见表4-2。

表4-2　化学成分

元素	C	Mn	Si	P	S	Cr	Ni	Mo
（%）	0.20~0.50	<2.00	<2.00	<0.04	0.04	24~28	11~14	—

（2）力学性能，见表4-3。

表4-3　力学性能

$\delta_{0.2}$（MPa）	δ_b（MPa）	δ_5（%）	硬度HB	最高使用温度（℃）
235	490	8	180	1100

（3）金相组织，当化学成分满足如下公式时，则为全奥氏体：

$$\frac{Cr(\%)-16C(\%)}{Ni(\%)}<1.7$$

高温段篦板ZG35Cr26Ni12要求金相组织为全奥氏体，低温段篦板ZG30Cr26Ni5要求金相组织为奥氏体+δ铁素体+碳化物。

3. 制造

熔炼宜使用电弧炉或感应电炉，采用铝、木作为模样及消失模等。由于篦板浇注面积大、厚度薄，铸件极易出现浇注不足现象，将浇口设置在铸件的薄端、冒口设置在铸件的厚端，倾斜浇注。一般要求钢水温度在浇注的前期和后期差距不宜过长。

第三节　篦冷机的安装与调试

一、篦冷机现场安装

现场安装是通过一系列复杂的装配、检测等综合过程，以保证设备部件的形位公差达到设计及安装标准要求。篦冷机安装包括主机及辅助设备的安装，下面就其主要部分进行简单介绍。

1. 计划网络图

篦冷机安装步骤很多，有的要求有一定的前后关系，而有的又可以平行或交叉作业，为了使计划安排一目了然，在施工开始之前排出计划网络图效果较好。

2. 基础放线

基础放线是确定篦冷机在空间的摆放位置正确的重要步骤，根据工艺布置图中窑的热态工作状态及其中心线决定篦冷机三维坐标定位，并做好标识。

（1）篦冷机纵向位置（中心线）：是根据回转窑中心线偏移距离来确定的。必须与窑中心线水平投影相平行。篦冷机的中心线偏移距离允许误差在±1.5mm。

（2）篦冷机横向位置（垂直线）：它与篦冷机的中心线垂直，确定它的位置线时一般是根据窑头第一个水泥墩（即与冷却机相邻窑墩横向中心线）中心线水平投影来确定。确定这条线时误差在±1.5mm，但与中心线的垂直必须保证。施工中利用此线确定各立柱、主轴、从动轴及破碎机的位置。

（3）篦冷机0线（0平面）：是确定篦冷机高低的一条水平基准线，它以埋入相关窑墩上的水准点为水平基准，在冷却机基础立面适当可见位置上划出一条冷却机水平基准线允许偏差 ±1.5mm。

（4）各立柱地脚十字中心线：这是立柱的基准线，根据这十字线可以看出地脚孔是否合适，是否需要返修。该线是根据篦冷机中心线及基准端线来确定，确定该线时误差可以在 ±1mm 以内。

（5）传动基础线：它是确定篦冷机传动部分安装位置线，也是根据篦冷机中心线及基准端线确定的，误差可以在 ±1mm。

（6）拉链机中心线：它是保证链子正常运转，不刮边的一条重要线。如果篦冷机配一台拉链机，拉链机中心线与篦冷机中心重合，误差可以在 ±1mm。

实际安装过程中还需要很多线，如篦冷机主轴线、从动轴线等，这些线都不属于基础放线之列，在安装过程中需要时给出。确定这些线的方法基本与上述相同。

3. 曲轴、滑块轴的安装

（1）曲轴、滑块轴的结构

两端曲轴由两个剖分轴承支撑，轴承座固定在侧框架上。曲轴一端装有大链轮。两个配重板对称装在两边用以平衡曲轴在回转过程中的偏心离心力。在曲轴两端的最外侧装有连杆的曲柄头，如图 4-6 所示。

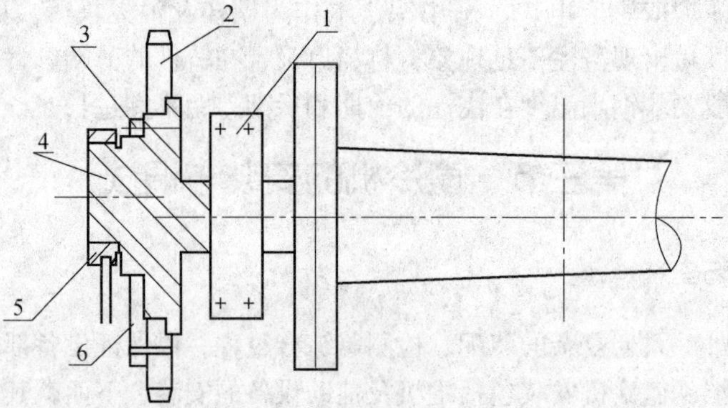

图 4-6　曲轴结构示意图

1—轴承；2—大链轮；3—保险销；4—轴套；5—连杆曲柄头；6—配重板

滑块轴两端装有连杆的滑块头，还装有两个托轮，托轮底部是倾斜 10°的导轨。在滑块轴的中部装有滑块轴座架。座架由若干个夹块、2 个槽钢、3 块盖板组成。

曲轴推动连杆，从而带动滑块轴及座架往复运动，活动框架坐在滑块轴座架上也随之往复运动。滑块轴的结构如图 4-7 所示。

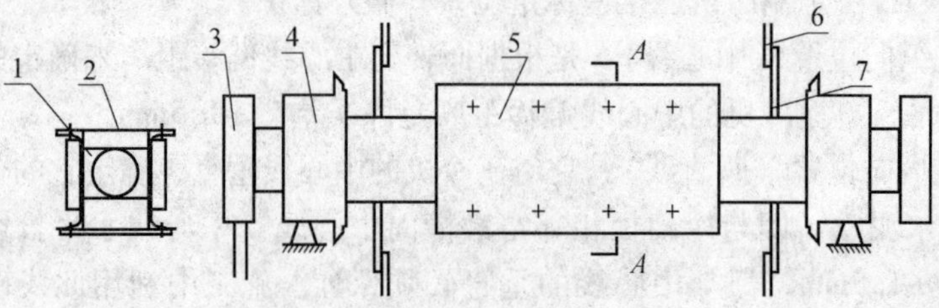

图 4-7　滑块轴结构示意图

1—夹板；2—盖板；3—连杆滑块头；4—托轮；5—滑块轴座架；6—尧体；7—密封箱

（2）曲轴、滑块轴装配的技术要求：

1）两根轴要水平，且垂直于篦冷机的中心线。

2）托轮回转要灵活，不能出现研死现象。

3）两根轴的高度及水平距离要准确，保证连杆装上以后位置准确。

（3）曲轴、滑块轴装配的工艺过程

1）安装前准备：曲轴、滑块轴出库以后，准备好汽油和柴油及砂纸，用来擦轴上的防锈漆，备好润滑脂和内六角扳手，在装配时用；备好丙酮，用来擦轴头等重要部位；备好502胶，用以粘各衬套。

2）主轴组装：先将剖分轴承拆开，注意两个轴承上的件不能混到一起，它们各自成套，不许互换，两个轴承一个是游动轴承，一个是固定轴承。它们的结构图如图4-8所示。

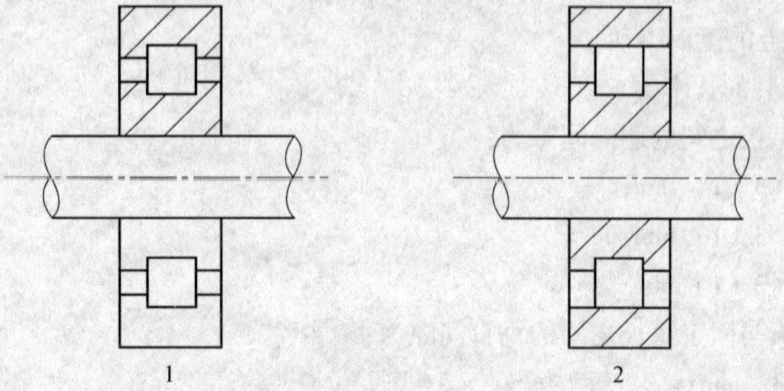

图4-8　轴承

1—固定轴承；2—游动轴承

选用游动轴承时要考虑到轴受热膨胀时能左右串，避免应力过大。

组装剖分轴承时要加足量的干油，两半轴承把紧后要注意两侧对口间隙应相等，无间隙不能使用，轴承装好后，吊装就位，要使曲轴上沿轴向的中心（洋冲眼）要与篦冷机中心线重合。

3）滑块轴的组装，如图4-9所示。首先以侧框架开孔中心为准，把滑块轴吊装就位；其次装密封箱，密封箱不能整体往滑块轴上套，要先拆开，将边框连接板等件把到侧框架上。密封滑板要绝对光滑，不允许有任何沟痕棱角。将O形密封圈镶到板上的槽里，套在轴上。装密封箱上的其他件。装密封箱时还要注意张紧弹簧不要太紧，要适度，密封滑板里侧不能涂干油润滑，而外侧要涂干油润滑；再其次装托轮之前要先检查滑块轴油孔是否畅通，然后装滑块轴承或轴套，再装托轮（托轮的铜衬套与滑块轴轴套之间不能太紧，避免研死）。滑块轴、托轮沿着宽度方向必

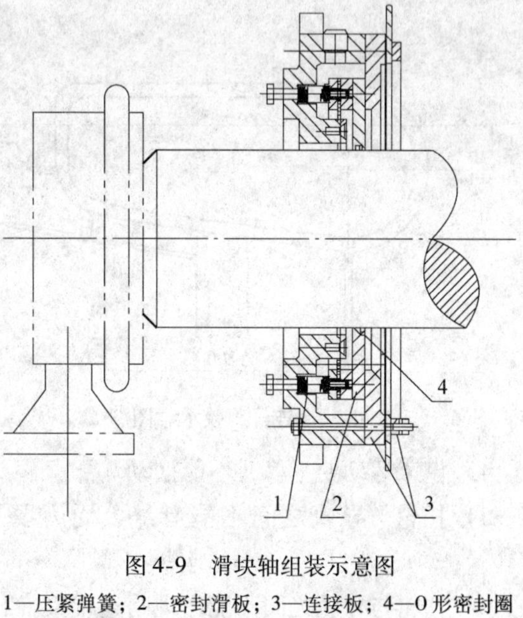

图4-9　滑块轴组装示意图

1—压紧弹簧；2—密封滑板；3—连接板；4—O形密封圈

须水平。滑块轴必须根据托轮位置确定中心，装配时里面涂干油。其沿轴向中心标记要与篦冷机中心线重合。

4）连杆的组装：连杆在曲轴与滑块上的位置都是在最外端，所以曲轴和滑块轴上的部件都装完以后，（大链轮配重板等件）才能最后装连杆，安装中及装完后要校对曲轴与滑块轴，轴既要找水平也要找轴两端到篦冷机基准端线的距离。保证两根轴与篦冷机中心线垂直。轴的高度差212mm，两轴水平方向上距离1200mm，如图4-10所示。

4. 篦床的组装

（1）篦床的结构

篦床是由活动框架、活动梁、固定梁、篦板等件组成。活动梁支撑在活动框架上，固定梁支撑在侧框架上。滑块轴带动活动框架做直线往复运动，从而带动活动梁及篦板运动，而固定梁及固定梁上的篦板不动。

（2）篦床安装的技术要求

1）篦板与篦板之间的侧向间隙为：

充气篦板：（3 ±1） mm；

阻力篦板：（3 ±1） mm；

普通篦板：（3 ±1） mm。

2）活动篦板与固定篦板之间的垂直间隙为：

充气篦板：3^{+2}_{-1}mm；

阻力篦板：3^{+2}_{-1}mm；

普通篦板：5^{+2}_{-1}mm。

3）以篦板冲程为100mm为例，当活动框架在最低点时，固定篦板最前端到它后边的活动篦板最前端距离为375mm；当活动架在最高点时，这个距离为275mm；当活动框架在中间位置时，这个距离为325mm如图4-11所示。

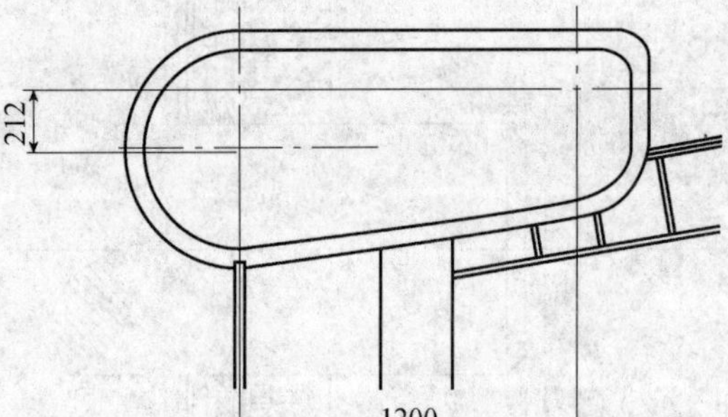

图4-10　连杆组装示意图

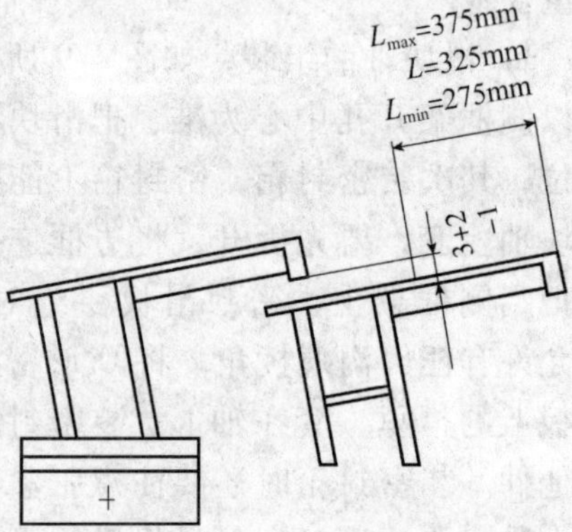

图4-11　篦床运动示意图

4）篦床运动要平稳，不能摆动。

5）托轮与导轨之间不能有缝，受力要均匀，篦床在运动过程中要保证每个托轮都转。

6）托轮与导轨之间不能出现啃边现象。

（3）篦床装配

活动框架就位找正：活动框架就位以后，活动框架中心要与篦冷机中心线重合。活动框架的纵向位置是否正确要根据轮轨与托轮的位置来判断。以篦板冲程为100mm为例，当活动框架处于最低位置时，轮轨与托轮接触点到轮轨上端距离为77mm（轮轨总长为254mm）。活动框架的高低要根据图纸上给出的活动框架顶面到侧框架顶面距离来确定。安装后要注意检查活动框架上的密封装置，在整个冲程长度上要实现气密，防止窜风。

安装固定篦板梁每个底板上要加2mm垫片厚度，不允许大于8mm，否则要割掉支座，钢板上移重焊。对每一排篦板的要求是上平面A要平，篦板头部下面B要平（图4-12）。

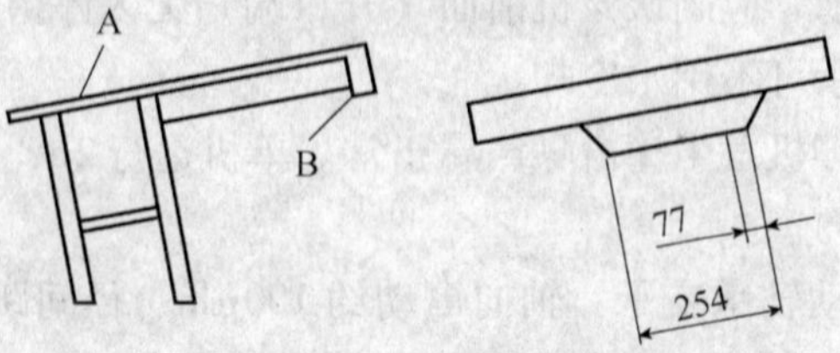

图4-12　篦床装配

A面不平一般有两个因素：一是指状钢变形，修正办法是校正指状钢；二是篦板形位尺寸超差，修正办法是处理篦板，使其符合形位公差要求。

（4）篦床的组装找正

篦床长约8～12.5m的矩形结构框架，要求其上平面纵、横方向平行，几何尺寸准确。在制造厂组装时，先将主梁与支撑梁用螺栓把好，放置在4个螺旋千斤顶上。

以水平仪为基准进行找正，两主梁划线作为移动标尺面（标尺为钢板尺，检查旧篦床变形时，可利用划线盘放置钢板尺）。测量6个点，测量中发现误差时，调整千斤顶，边测量，边调整，直到把螺栓全部紧固，再最终校测一次，按图纸要求点焊，再进行精刨。旧梁变形可直接找正，全长纵、横水平误差应小于1.5mm。

篦床几何形状的找正方法是：组装前先在主梁两端钻孔或划线，以孔或线为基准测两孔距长，并使其相等，允许误差±2mm，然后量两对角线并使其相等，允许误差±4mm。篦床直角误差按下式计算。

$$a = \cos^{-1}\sqrt{1 - \frac{(L_{max} - L)^2}{B^2}}$$

式中　L_{max}——实测对角线最大值，mm；

L——对角线理论值，mm；

B——矩形篦床宽（两横间孔距），mm。

例如　篦床实测对角线11363mm，理论对角线11353mm，横向孔宽1830mm，计算矩形篦床直角误差：

$$a = \cos^{-1}\sqrt{1 - \frac{(11363 - 11353)^2}{1830^2}} = 18'48''$$

根据计算误差进行调整，使其达到允许误差范围以下，最后定位。

二、篦冷机空载试车

1. 试车程序

试车前检查──→干油润滑站运转──→锁风阀 2h ──→破碎机 2h ──→拉丝机 4h ──→篦冷机 4h
开冷却水
──→高中压风机 2h/台──→引风机 2h/台──→联动运行 6h

2. 试车检验

(1) 熟料破碎机

1) 在启动破碎机之前，应确认该机前面（开口端）无人停留。

2) 空载试车运行轴承可不用水冷却。

3) 启动及停车时破碎机发生撞击噪声属正常。单机运行 2h，联轴运行 6h，主要检查轴承温度（环境温度 +40℃）。

4) 主轴振动（对滚动轴承支承：轴向窜动约 100μm、径间跳动约 150μm），运行中发现轴振动较大，多属平衡不良可停机，用水平仪测量轴两端，查主轴变形量。

5) 测量 A、B、C 三相启动电流及运行电流，空载试车时，对小型绕线电机 YR（JR）系列其运行电流为额定电流 35%。

(2) 篦冷机主机（先试给油系统）

1) 试车前检查各篦板纵、横向间隙及篦板与侧板之间间隙不允许夹有焊条头、钢板等异物。各相关分离部位之间无摩擦。

2) 所有螺栓把牢，不允许有松动现象。

3) 主轴传动轴、连杆及托轮轴各轴承润滑正常。

4) 用手盘动电机输出轴，各室派专人观察，确认各部位正常后开车。

5) 合上开关约 5s 后再切断，在确认无异常现象后，再合上开关。

6) 冷却机以最低速驱动约 10min 以后，逐渐增速直至最高速驱动 1h，以正常速度驱动 3h。检查：

①平衡曲轴滑块轴，活动框架运行轻便灵活，各处螺栓、垫铁无松动，各室气密良好。

②篦板的冲程长度及篦板的重叠量。

③本应分离的机件之间是否发生摩擦。

④有关轴承异声及温度测定（允许温升为环境温度 +40℃）。

⑤滚子链的张紧度。

⑥主传动异声和振动。

⑦电流和电压。

第四节　篦冷机的操作、使用与维修

一、篦冷机的操作

篦冷机是热工设备，除认真地维护、及时地检修外，正确、合理的操作，是使之正常工作，保证设备运转率和延长设备使用寿命的至关重要的环节。为数不少的厂家就是由于操作不当而使冷却机长期不能正常运行，为此提出下列操作要点。

1. 建立厚料层操作的概念

厚料层操作在实际生产中确有好多厂没有被真正的采用，有些厂家仍沿袭过去的操作方法，错误地认为料层越薄，冷却风越容易吹过，物料冷却得越快，因此，仍加快篦速至最高，如此操作，根本无法形成厚料层，充分的热交换和高的冷却效率更无从谈起，在设计中，根据各室不同厚度的料层，配备了不同压力的冷却风机，若仍按薄料层操作，不但无法收到预期的效果，反而会适得其反。所以要保证高效篦冷机的正常使用，首先一条就是必须扭转传统观念，建立起厚料层操作的概念。

2. 三元自动控制的必要性及内容

（1）三元控制的必要性

现代化的篦冷机为了保证其满足设计要求，需要有诸多相互关联的控制因素，例如，最佳的热回收由维持适当的料层厚度和必要的冷却风量来获得，而冷却风量和与料层相关的篦床阻力，以及物料粒度和停留时间等直接或间接地与篦床速度有关。为了使冷却机获得最佳效果和稳定的工作，篦冷机要求配置三元控制系统和必要的监测装置。

（2）三元控制的内容

1）控制稳定的料层厚度。通过监测第一室或第二室的篦下充气风压力来调整篦床运行速度。当篦床下压力增高时，说明料层阻力增加，料层变厚或物料变细，这时应加快篦床速度；反之亦然，以维持基本稳定的料层厚度。

2）控制恒定的风量。当料层阻力变大时，冷却风机阻力增加，进入空气量则减少，为了保持恒定的风量，控制系统将增大风机风量；反之，减少风机风量。

3）控制稳定的窑头负压，以保证必要的二次空气量和窑的稳定操作。根据设定的窑头负压值调节篦冷机排风机的排风量（即调节排风机的风门开度）。

（3）关于三元控制的内容详述

1）篦冷机篦床速度

借助于控制回路，使用进料端第一室或第二室的篦床下风压调节篦冷机篦床速度，当进入篦冷机的物料扰乱了料层，致使第一室的篦床下压力不规律波动时，可以用第二室的篦床下压力来控制。这个压力是一定空气流量下料层阻力的显示。为了保持一定的料层阻力，我们以调整篦床速度的方法来调整料层厚度。因此，利用风压的变化控制回路，风压的变化影响了篦床速度，并促成冷却风量的响应。两个回路交互作用，从而维持了需要的风量，控制了料层厚度以使物料快速冷却。

所谓交互作用举例如下：如果篦冷机进料量增加，料层有效厚度也增厚，随之篦床下压力也相应增加，而冷却风量却减少了，压力的增加引起篦床速度的加快，同时，风量的减少使控制回路增加风量，促使恢复到正常水平。随着风量增加，篦床下静压再次增加，速度控制回路也使篦床速度再次加快，以减少使料层恢复到正常所需要的时间。

但必须指出，任何时候都不允许料层阻力超过风机的设计压力。

每台篦冷机篦床的最佳料层阻力（即最佳的篦床运行速度都应由实际操作经验来确定）。

2）冷却风量

就整体总冷却风量来说，所需要的冷却风量将随物料处理量和物料温度变化而变化，假定进入冷却机的物料温度不变，那么，总冷却风量与窑的喂料量或线性关系。风机风门

（或变速传动）的调节，将使各室的风量保持合理。

为显示风量，在各室风机进口处装有环形流压计。其控制条件为负压控制。每台风机供货时均应同时提供其实际风量曲线。正常的风机理论能力设定值应接近全剖度的80%左右。

在此应着重说明的是：无论哪个隔室，过大的风量并不是适宜的，换言之，风量并非越大越好，而应该是充分满足热交换的足够大的适量的风量，才可能获得最佳的冷却效果，否则，无谓地增大风量，只能适得其反。

3）排风控制

在煅烧过程中，使用来自篦冷机的空气作为已预热的二次燃烧空气（二次风），二次风由窑头负压抽引。通常，篦冷机下各风室所鼓入的冷却风量超过燃烧需要的空气量，所以，要用一排风系统把多余的空气排到大气中，为了保持适当的空气量，应检验窑头负压，并按要求的负压值来调节、控制排风机风门的开度或控制变速电动机的转速，以调节排风量和进入窑头的二次空气量，这样，除了保持入窑的二次风量外，还保持了相对大气压力的稳定的负压，以助于窑燃烧带的稳定操作并有效地防止不适当的窑头漏风。

鉴于自动控制对于冷却机的有效工作至关重要，所以这里用了较大篇幅作介绍。尽管如此，也只是作基本的介绍，具体应按照自动控制专业设计的有关图纸及资料要求来执行。

此外，对相当一部分厂家来说，篦冷机并没有配备三元控制系统，但是，即便是手动操作，也应按此原理进行操作。没有自动控制，可采取一些简单而实用的方法代替，但一定要遵循上述原则，方能取得满意的效果。

3. 正常运行时篦冷机的操作

（1）启动

在篦冷机初次投料之前，必须使篦冷机及其附属设备空负荷运行8h以上（对检修后的篦冷机要仔细检查无误），以保持其正常工作，在确认运行正常后，方可启动篦冷机进行负荷运转。

为了防止篦冷机篦板在最初投料运行时受冲击和过热破坏，投料前应在篦冷机前三室篦床上均匀地铺设约200mm厚的冷熟料，若新建厂无冷熟料，也可铺设石灰石或炉渣，然后按下述程序启动篦冷机。

所有自动控制装置（如果配置了的话）先设定为人工操作，待操作至各项参数正常后方可投入自控运行。

进料前应首先启动自动润滑装置，然后依次启动锁风阀（初次投料，由于暂时漏料不多，可先不启动）、漏料拉链机及熟料破碎机、篦冷机后的输送设备，以免造成物料的积压或堵塞。

当篦冷机入料端的物料堆积起来时，启动篦床运行，直到堆积的熟料被铺散开后暂停运行，待新的物料堆积到一定程度后，再重新开动篦床，以同样方式铺散物料。如此重复操作（或在窑喂料量较大时，篦床电动机允许的条件下以最低速度运行篦床），一直到篦板被物料完全覆盖以后。

此后，启动余风排风机。排风机启动时，其阀门应处于关闭状态或者风机以最低转速运转（后者对使用变速电机而言），当达到排风机的设定转速和窑头负压设定值，或者排风机达到比期望速度更大的速度时（后者仅对变速电机而言），排风机即可投入自动控制。此时排风机的风门仍保持关闭或者变速电动机的转速仍为最低，在以下步骤中，随着各室冷却风机的启动和其风门的开启，排风机将自动打开风门以保持窑头负压设定值。

应强调指出，在排风机冷态启动时，排风机的风门必须关闭，对使用变速电动机的排风机而言，则必须以最低转速启动。因为排风机是高温操作设计的，而在大量排冷风的情况下会导致超负荷并可能损坏电动机。

关于第一隔室冷却风机的启动：应在第一室篦床完全被物料覆盖，且排风机已运行时启动。注意一定要关闭阀门启动，在其达到正常转速后要尽快打开阀门到一定程度，以使物料得到冷却。

以后各室风机也均应在物料覆盖后陆续启动。注意，各室风机启动时均应关闭风机的阀门启动。

（2）停机

1）正常停机。

对于正常情况，篦冷机在停止进料前，不能停机；反之，当确认窑已经停止卸料时，应同时停止篦冷机运行，以维持已有的料层厚度。但决不能同时停止篦冷风机的运行，待篦床上物料充分冷却后方可停止篦冷机。

若是有计划的停机，应先将控制系统置于手动位置，然后按窑卸料量来调节篦速，直至窑中料全部卸完后，停止篦冷机。

2）异常运行及紧急停机。

所谓异常运行即是控制设备不良和窑波动状况超出篦冷机正常的自动控制范围，此时，应立即将控制装置置于“手动”，根据现场实际情况人工调整篦速，同时，应立即查清原因，修复后方可运行。

出现下面故障之一，应实施紧急停机：

①篦冷机本体的传动装置出现故障；

②熟料破碎机出现故障；

③熟料拉链机出现故障；

④篦冷机后的输送设备出现故障；

⑤排风系统出现故障；

⑥篦冷机本体运动部件出现故障；

⑦篦冷机篦板出现破损、脱落；

⑧其他造成被迫停机的故障。

紧急停机必须同时停止窑对篦冷机的来料。

紧急停机后再恢复篦冷机运行时，应遵照初期运行时的相同程序进行，并应于窑系统恢复正常后再转回自动控制。

应强调指出的是，除篦床需全面检修外，篦床上任何时候都不允许是空的，一定要维持已有的料层厚度。

（3）生产能力操作时风量的分配及注意事项

在调试阶段或因为某种原因，需要降低产量操作时，应考虑以下因素：

1）产量下降时，总冷却风量也应减少，但应保持料层厚度基本不变（靠降低篦床速度来实施），此时，冷却风量的减少应主要在冷端风室，越向热端，篦下冷风室冷风的减小幅度越小。特别是在第二、三室降低产量操作时，其冷却风量基本不变，或很小幅度地减少，以保证充分的冷却和较高的二次风温。

2）产量降低时，漏料量相对增加，导致篦板磨损加剧，为此，任何一个室的冷却风都不能中止，并应注意此时拉链机的负荷有增大的趋势。

3）由于废气风机是按热态工况选型，所以，冷负量过剩时，有可能导致排风机超载，所以，低产量下操作时，要注意观察排风机电流和排风温度的变化。

4）冷却风除冷却熟料外，还起着冷却篦板的作用，低产量下冷却风量下降，会使篦板和其他机件本身的热影响加剧。

为此，尽管降低产量的操作有时是必要的，但是，产量越低，篦冷机操作就越困难，所以，即使必须降低产量，也要将降低幅度尽量控制到最低限度，并尽可能缩短时间。

篦冷机的篦床推动速度和冷却空气量是与其产量成正比的。因此，任何产量下的篦冷机篦床速度和需要的空气量可以通过设计产量和实际能力或所希望达到能力的正比关系来确定，如果确定的生产能力超过了设计能力，应与设计单位联系，以确认其有无可能性。

此外，操作、巡检人员要加强责任心，善于尽早发现事故苗头：

①注意篦床下压力的变化；

②注意监视篦床下温度；

③注意出料温度和黏度的变化；

④注意监视漏料情况；

⑤注意观察窑头火焰和温度情况，预防“堆雪人”；

⑥注意常规仪表的观测，发现不正常应立即核实，查明原因；

⑦加强机械巡检、维护。

二、篦冷机的维护、检修

对于篦冷机来说，预防性维护比故障性维修更为重要。因为篦冷机或辅助设备的突然故障往往会导致整个烧成系统的停机。所以，每当冷却机因某种原因而停机时，都应抓紧时间仔细检查，并修理或更换损坏零件，以及过磨损的和不可靠的零部件，即使一次停机多费一些维修时间，也比消耗更大、涉及更广的事故而停机损失小。

1. 润滑

对于润滑，小油脂量和短间隔要比大油脂量和长间隔的效果更为理想。过量的润滑反而容易使轴承过热，甚至导致严重损伤和停机事故。特别注意，避免给破碎机轴承过多的润滑。经验证明，如果润滑脂的水平面高于轴的底部，将可能发生过热现象。

润滑脂应保存在清洁、密闭良好的容器内，储存在干净的地方。应该避免不同类型的润滑脂混杂在一起。

2. 零部件的检查和维修

（1）轴承

定期检查破碎机轴承和各风机轴承温度是否过高，并对那些运行中温度虽不高但却一直发热的轴承做出下次停机的检修按排。大多数情况下，轴承发热都是由于过量润滑或润滑不足引起的，抑或是安装不当而引起的。通常这些发热的发展是很快的，轴承的故障会导致该设备的停机，而熟料破碎机、风机、排风机等停机还将引起篦冷机和窑等停机。

定期对篦冷机的主轴承做过热、噪声和不平度检查，注意有无不正常现象。肉眼观察活动框架的托轮是否正常旋转，若不转动则意味着轴承出了故障。

(2) 停机

每次停机时应检查风机的磨损情况和不安全因素。对即将损坏又没有库存的零部件要及早订购备用，同时，对于排风机来说，处理含尘空气比处理干净空气的磨损要快得多。

风机若在操作中发生振动，应停机检查原因并采取措施，风机振动的产生往往是早期故障的前兆，对出现振动的风机不要再继续运转。

(3) 熟料破碎机锤头

每当停机并允许进入冷却机卸料端时，就应检查破碎机的锤头，并更换严重损坏或已损坏了的部件。为了保持平衡，锤头更换总是在相对应方向成对地进行。一般来说，拆下的锤头可以堆焊修正后再次使用。必须注意转子的平衡问题。

操作中破碎的振动往往是由于锤头破损造成转子不平衡所致。出现这种情况，若继续运转将导致轴和轴承的严重损伤，故应立刻停止破碎机、冷却机和窑，进行更换锤头或尽快修理。

(4) 篦板和篦板螺栓

每逢允许进入篦床下隔室的较长时间的停机，都应进入机内对所有篦板和螺栓进行检查，更换所有开裂的明显磨损了的篦板，并按需要更换或紧固那些松动了的螺栓。在大修时(至少一年一次) 彻底清除篦板上的物料，从篦床上检查篦板，并更换所有磨损、破裂以及有其他毛病的篦板。

操作中，篦板磨损或破坏会使漏料增多，这可以导致空气“短路”循环，篦床下压力迅速下降，如果破损的篦板在停机时没及时更换，将导致其他篦板、拉链机以及篦床下构件的严重破损，一旦出现这种情况，物料最热的进料端将处于非常危险的境地。所以，篦板的维护不可忽视。

(5) 托轮及其导轨

只要停机时间允许，应检查托轮及轮轨的接触、磨损情况。如果两者之一出现磨损而影响正常工作，应进行更换。即使来不及更换，起码也要用垫片调整轮轨，否则过量的磨损，会使活动框架下沉，导致活动篦板和固定篦板之间的摩擦，从而大大降低篦板和有关零部件的使用寿命。

(6) 链传动

应拉紧链条使之不致松脱，但也不能紧到使轴变形的程度。建议松动链条中间垂度约为二链轮公切线长度的2% ~3%，利用传动底座上的顶丝调节。

(7) 耐火衬

当停机时间足够长，足以使篦床上区冷却到可以进入时，要检查耐火衬有否断裂、破损，且应尽可能立即修复，否则会使工艺过程热损失过大。若出现破损，会使壳体局部过热变形，并可能灼伤人员。

其他诸如锁风阀、拉链机、破碎机前的栅条、冲击板、三角皮带、隔墙板密封等都要定期检查，以防出现意外。

第五章　水泥工业用回转烘干机

按　水泥工业用烘干机，是水泥生产烘干原料的重要设备，1983 年就已经制订出行业标准，为了适应水泥生产设备需要，满足节能降耗要求，1992 年对该标准进行了修订。多年来该标准不断地促进了技术进步，新设备被不断地开发出来，并越来越受到用户的青睐。随着水泥生产的大发展，大型设备不断得到应用，原 JC/T 335—1992 标准已不能满足生产的需要，这样由朝阳重型机器有限公司等单位组成了起草工作组，2006 年对该标准进行了修订，国家发展和改革委员会批准发布并实施，JC/T 335—2006《水泥工业用回转烘干机》标准水平达到了国际水平，实施后发挥了重要作用。

第一节　概　述

一、烘干机在水泥生产中的作用

在水泥生产过程中，原料、煤和混合材料都需要烘干，物料的烘干是水泥生产中不可缺少的重要环节。在湿法生产中只需烘干煤和混合材，而在干法生产中，一些含水分高的水泥原料，一般在粉磨前都需要烘干，入磨物料的平均水分不宜过高，一般控制在 1% ~2%。但是，水泥原料的天然水分一般都较高，地处我国南方的水泥厂，在多雨季节里，原料水分更高，特别是黏土质原料，一般含水量为 15% ~20%，混合材，如矿渣的含水量为 15% ~30%，石灰石的含水量常常超过 1%，铁粉含水量在 5% 左右，按一般配比的混合物料（石灰石:黏土:铁粉为 80:17:3）所含的平均含水量远远超过入磨物料要求的平均含水量。因此，各种原料必须进行烘干。使入磨物料所含水分达到下列指标：石灰石为 0.5% ~1.0%，黏土 <1.5%，铁粉 <5%，煤 <3.0%，混合材料 <2.0%，这样才能满足对入磨物料平均含水量的要求。另外，物料在烘干时要消耗能源，直接影响着水泥产品的综合成本，因此，烘干过程及其所用的设备，是水泥生产过程中不可忽视的一环。

水泥厂所用的烘干方法，有自然干燥和人工干燥两种，人工干燥需要专用的烘干设备。目前，水泥工业常用的烘干方法：一种是在粉磨过程中进行；第二种是用烘干机烘干。为了充分利用窑尾余热，在国内外，烘干兼粉磨、烘干兼破碎的设备应用很多，并正在发展。但是，当原料水分超过某一限度或原料很黏时，须另设单独的烘干设备进行预烘干或全部烘干，对于用作混合材的矿渣等，则设专用的烘干设备进行烘干，所以筒式烘干机有着一定的重要性。目前，国内外水泥厂常采用的是回转筒式烘干机。它具有结构简单、生产率高、劳动强度低、对原料的适用性强、生产比较稳定、操作简单等优点。但热利用率比较低、钢材耗量大、基建费用较多是它的缺点。烘干机的类型有流态烘干机、悬浮烘干机等。在这里只对应用最多的回转烘干机的制造安装与维修作些介绍。

二、回转烘干机的工作原理

回转烘干机的主体是一个具有一定斜度的回转圆筒，另外配有燃烧室、排气、收尘、加料装置等。它是以高温烟气为干燥介质，在排风装置的抽吸下进入烘干机筒内。湿物料由加料装置进入烘干机筒内，与高温烟气接触，高温烟气以对流、辐射、传导方式将热量传给湿物料，这是传热过程，物料被加热后，水分蒸发进入干燥介质中，这是传质过程。在传热与传质过程的同时，由于筒体的不断回转而使物料不断运动，物料从筒体高端流向低端；气体也在排风机的驱动下，由压力高处向压力低处流；在气体与物料的运动过程中，物料被干燥后排出机外，废气经收尘后排至大气。

三、产品的分类

根据干燥介质与物料接触方式和流动方向的不同，回转烘干机可分为以下几种形式：

1. 根据传热方式分

（1）直接传热式

干燥介质与物料在筒体内直接接触，把热量直接以对流和辐射的方式传给物料，它适用于对高温不敏感及不怕烟尘污染的物料。它具有热效率高、流体阻力小等优点。由于生产水泥的原材料不怕高温、不怕污染（白水泥除外），因而应用这种流程的较多。

（2）间接传热式

高温气体不和物料直接接触，而是加热回转筒体，筒体再把热量以传导的方式传给物料，烟气不进入筒体内，而是直接排放。它适用于被干燥物料对高温气体敏感或怕烟尘污染或易于扬尘的粉状物料的烘干。这种烘干方式烘干效率较低，目前已很少采用。

（3）复式传热式

烘干所需的热量，先由高温烟气加热筒体壁，进行间接传热，然后，降低温度的干燥介质，再进入筒体内，和物料直接接触，进行直接传热。它适用于不能与高温气体接触，但不怕烟尘污染的物料的烘干。它的热效率比间接式要高，但比直接式要低，流体阻力较大。

2. 根据在烘干机内物料与气体流动方向分

（1）顺流式

物料与气流在烘干机筒体内的流动方向是一致的，这种烘干机湿物料与高温气体由筒体的一端进入筒体内，如图 5-1 所示。

（2）逆流式

这种烘干机物料与气流在筒体内流动的方向相反，湿物料和高温气体分别由筒体的两端进入烘干筒体内，在筒体内做相向流动，如图 5-2 所示。

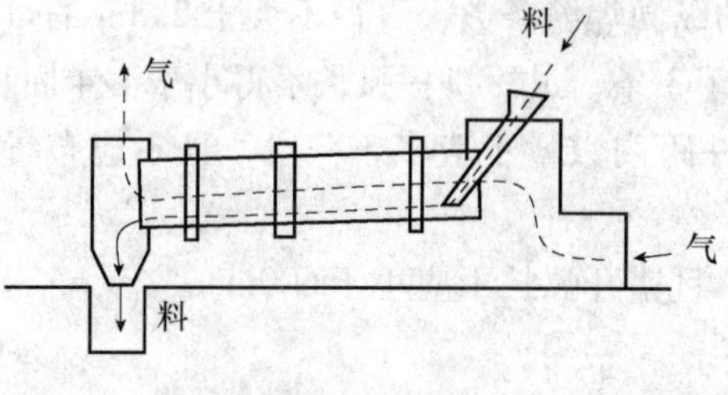

图 5-1　顺流式

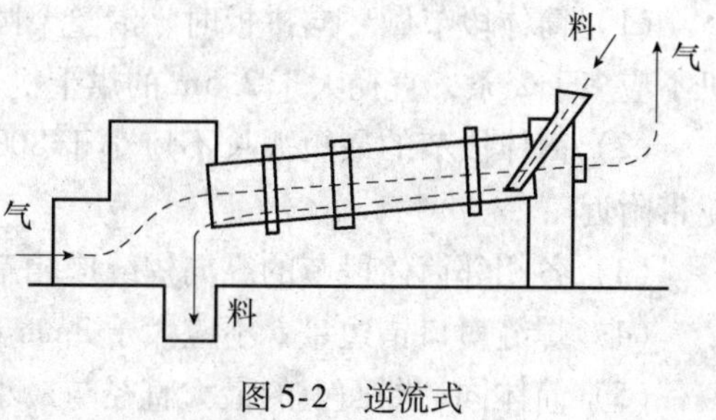

图 5-2　逆流式

顺流式烘干机具有烘干能力强，适用范围广和工艺布置简单等优点，故在水泥工业中应用最为广泛。

第二节　烘干机的结构与制造

回转式烘干机主要由筒体、托轮装置、挡轮装置、传动装置及进出料密封装置组成。一般烘干机的筒体直径为1～3m，长度为5～20m，长径比为5～8，筒体安装倾斜度为3%～6%，转速为2～5r/min。烘干机筒体上装有大齿轮和轮带，筒体借助于轮带支撑在托轮上，传动装置通过大小齿轮带动筒体回转，由于筒体具有一定的斜度并不断旋转，筒体内装设的扬料板将物料不断地抛洒并使物料由高端向低端移动，在此过程中湿物料逐渐被热气体烘干。以下就常用烘干机的主要结构和制造问题作一简单介绍。

一、筒体

筒体是烘干机的主体，是最基本的组成部分，对筒体有两项基本要求：一是要保证有足够的刚性，以防止筒体过大的弯曲变形和径向变形而影响机器的正常运转；二是筒体在高温下受物料磨损，应保证筒体有一定的耐磨寿命。一般筒体由10～20mm厚的碳素钢板焊接而成，在主要受力部位即安装大齿轮和轮带位置的筒体都要加厚，以加强刚性加厚的办法，可将该段筒体用厚钢板制作，也可在原筒体外包上一层钢板，将其与筒体满焊成为一体，如图5-3所示。

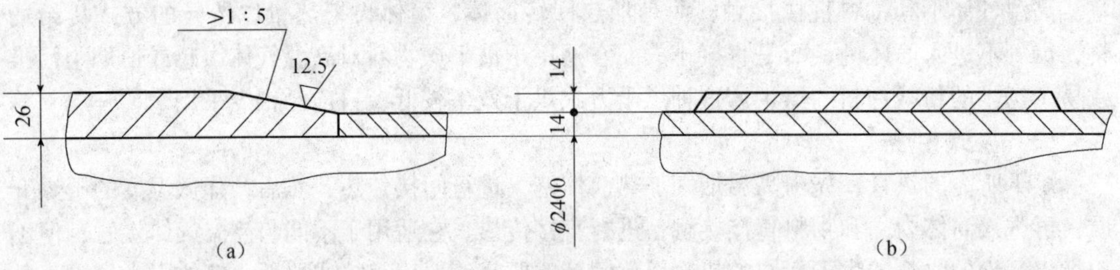

图5-3　筒体加厚办法

图5-3（a）结构整体性好，焊接工作量小，但厚板与薄板相接处要加工过渡斜面，斜面斜度不大于1:5，粗糙度不大于R_a12.5μm。图5-3（b）省掉了机械加工，但焊接工作量大，两层板之间不易贴严，整体性差，只有在不具备立车或用鞍座支承轮带时采用。

为保证筒体强度，焊缝应采用焊透型式，通常采用自动焊接。对筒体的制造质量，建材行业标准JC/T 335—2006《水泥工业用回转烘干机》作了具体规定，现择其主要内容复述以下：

（1）筒体段节做环向拼板时，沿整个圆周上的纵向焊缝条数，直径不大于2.5m的烘干机不应多于2条，直径大于2.5m的烘干机不应多于3条，最短拼板弧长不得小于1/4周长。

（2）筒体段节的最短弧长不应小于800mm，在跨内数量不应多于一段，且不应布置在轮带附近。

（3）各相邻筒体段节的纵向焊缝应相互错开，且错开弧长不应小于600mm。

（4）焊缝对口错边量b不应大于2mm。

（5）筒体同一断面上的最大直径与最小直径之差不应大于0.20%D。

（6）筒体焊缝探伤检查：当采用射线探伤时，应不低于 GB/T 3323—2005 中的Ⅲ级；当采用超声波探伤时，应不低于 GB/T 11345—1989 中的Ⅱ级。

二、轮带

轮带（又称滚圈）的作用是把筒体支撑在托轮上，并能使筒体在托轮上平稳地回转，因此要有足够的强度和耐久性，同时，轮带是加固筒体径向刚度的零件，要有足够的刚度。

轮带的截面形状有实心矩形、箱形等。实心矩形轮带形状简单、铸造工艺性好、质量容易保证、使用寿命长，而烘干机直径比较小，实心矩形轮带比箱形轮带浪费材料的缺点并不显著，因此，目前的烘干机几乎全部采用实心矩形轮带。

轮带是回转烘干机最大的、最重要的受力零件之一，如果轮带出现问题，会严重影响烘干机的正常运转，且轮带修复或更换需较长的时间，更换新轮带价格昂贵，因此轮带的制造质量必须严格控制。

轮带材质采用 ZG310-570，铸件正火处理，加工后轮带的工作部位表面硬度不低于 170HB。铸件的缺陷应严格控制，慎重处理，缺陷焊补应符合以下规定：轮带外圆表面的切凿宽度应不超过工作宽度的10%，切凿深度应不超过壁厚的25%，切凿面积总和不超过该表面总面积的2%，但连同毛坯件的切凿面积在内总和应不超过该表面总面积的4%。为保证焊补质量，铸件焊补前应预热，焊补后必须进行消除应力的热处理，否则容易出现裂纹等缺陷。为避免轮带上存有硬点而将托轮表面磨出沟痕或磨成异形，要求焊补热处理后的硬度低于母材硬度，为保证轮带的外形表面质量，轮带应在焊补后进行精加工，交货时其工作表面粗糙度应不超过 $R_a3.2\mu m$。

轮带是“活套”在筒体上的，轮带与筒体之间加以垫板，垫板与轮带之间的间隙为1～2mm，以便于安装和适应筒体的热膨胀。烘干机的垫板有两种形式：一种是鞍座式垫板；另一种是焊接垫板。图5-4是鞍座式垫板。铸钢鞍座内外圆弧均机械加工，用螺栓固定于筒体上，轮带与鞍座的间隙用垫片调整，各个间隙要求相等或近似，鞍座上带有台肩并且交错排列，将轮带轴向定位，这种结构加工、装配工作量大，筒体上钻孔，削弱了筒体强度，所以近年来的设计采用了焊接垫板。

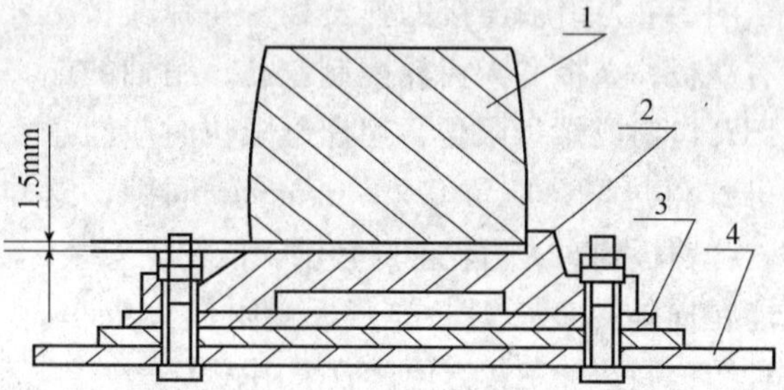

图5-4　鞍座式垫板

1—轮带；2—鞍座；3—垫片；4—筒体

图5-5是回转窑上普遍采用的焊接垫板结构，垫板一端焊在筒体上，另一端处于自由状态以避免垫板与筒体热胀不一致引起温度应力，自由端加工前点焊（设备安装后将点焊的焊肉打掉，使其工作时处于自由状态），垫板的外圆经立车或筒体车床加工，粗糙度达到 $R_a6.3\mu m$ 以下，尺寸公差应保证轮带与筒体间的间隙为1～2mm，挡块焊在筒体垫板上，将轮带轴向定位并承受轴向载荷，垫板的焊缝和挡块交错排列。为使各挡块受力均匀，挡块的内侧面应经加工，并在焊接时用样板确定挡块与轮带的间隙，确保各挡同时受力，也可用挡圈代替挡块，但应注意将挡圈沿环向分为2～3瓣，以防止筒体受热后将挡圈胀裂。

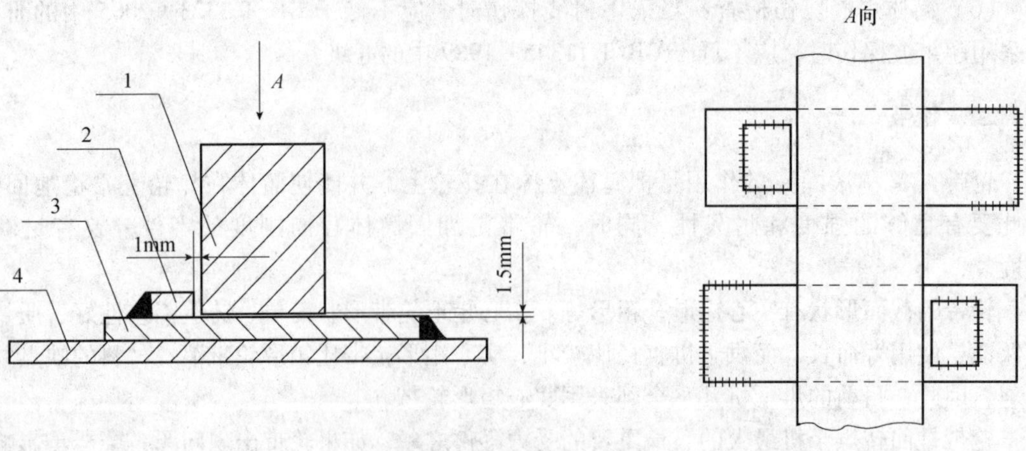

图 5-5　焊接式垫板

1—轮带；2—挡块；3—垫板；4—筒体

焊接垫板结构简单，加工和装配工作量小，轮带与垫板间隙均匀，不打螺栓孔，不损害筒体强度。其经济性和使用性能均优于鞍座式，正在逐步广泛应用。

三、大齿轮

大齿轮装在筒体上，把传动部分的动力传递给筒体，是烘干机中最大的受力零件之一。一般安装在靠近挡轮、托轮的部位，大齿轮与筒体采用弹簧板连接，可起缓冲作用，并吸收筒体的热变形。

弹簧板与大齿轮之间用螺栓或销轴连接。图 5-6 为螺栓连接的弹簧板。大齿圈内沿切线方向加工出若干平面（一般为 8～12 个），压成折弯的弹簧板用螺栓紧固在这些凸台平面上。也有的将弹簧板做成直的，而在大齿轮上加工成倾斜面，但加工不方便。

图 5-7 为销轴连接的弹簧板，在弹簧板上焊有立板，立板和大齿轮配制铰孔，销轴的端部用开口销或螺母限位，用螺母限位时应注意不可拧得过紧，应留 0.2～0.3mmn 间隙，这样，弹簧板相对大齿轮能够转动，既便于安装，又能在筒体热变形时，弹簧板受附加力较小，这种结构制造加工较方便，故采用较多。

弹簧板与筒体采用铆钉或焊接。目前，在回转窑、单冷机和烘干机上大都是铆接结构，使用经验成熟、可靠。但铆接弹簧板工作量太大，而焊接省工省料，所以近年来有的设计尝试了焊接结构，已在回转窑上使用成功，证明焊接弹簧板是完全可行的。烘干机的工作载荷和工况条件比回转窑优越，因此，在烘干机上焊接弹簧板也必将逐步推广应用。

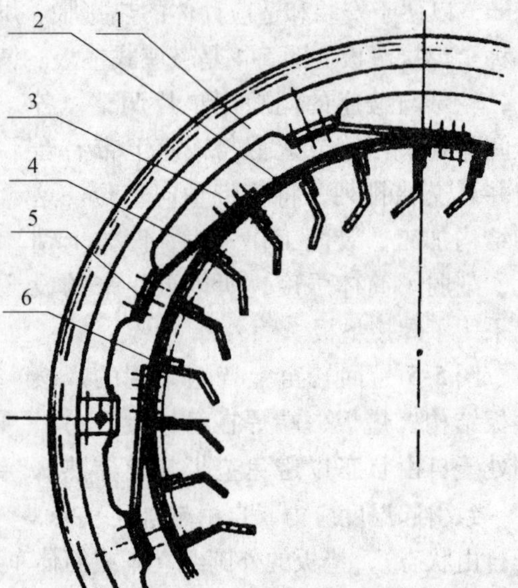

图 5-6　大齿轮弹簧板连接结构（一）

1—大齿轮；2—筒体；3—铆钉（或焊接）；4—弹簧板；5—螺栓；6—扬料板

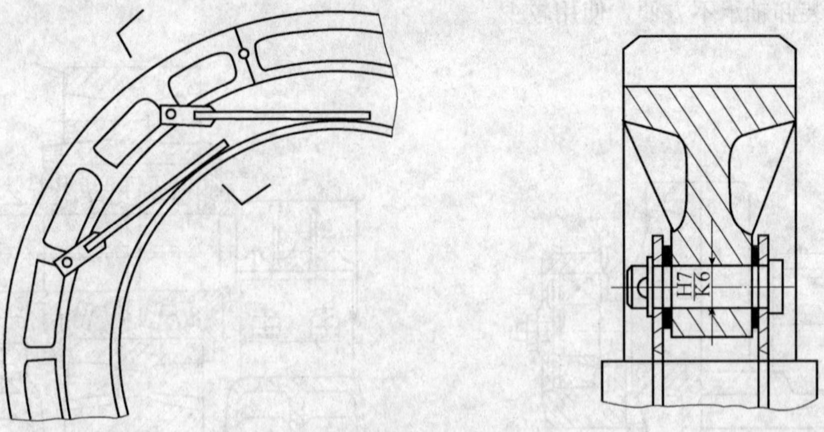

图 5-7　大齿轮弹簧板连接结构（二）

图 5-8 为焊接结构示意图。焊接焊缝要避开弹簧板与筒体的切点，否则容易开裂。焊接前，弹簧板必须与筒体贴合严密，齿轮找正后将弹簧板点焊，然后满焊，焊肉要饱满无气孔、咬边等缺陷。

大齿轮制造采用 ZG 310-570 铸钢，正火处理，齿面硬度不低于 170HB，精度应符合 GB/T 10095.1—2008 中的 9-9-8 级。为使一对齿轮很好地啮合并使大小齿轮磨损程度相近，应使大齿轮齿面硬度低于小齿轮齿面硬度 20HB。对大齿轮铸件缺陷的处理办法与轮带相同。齿面精加工后不能再补焊，否则难以保证齿面粗糙度和正常齿形，对使用不利。

四、托轮装置

托轮装置承受着回转部分的全部质量（包括筒体、物料、扬料板、轮带、大齿轮等），并在径向对筒体起定位作用，使筒体平稳地运转。

托轮装置由一对托轮、四对轴承和一个大底座组成，各托轮的位置如图 5-9 所示。轴承座外侧设有顶丝，以便安装时将托轮调节在适当位置。

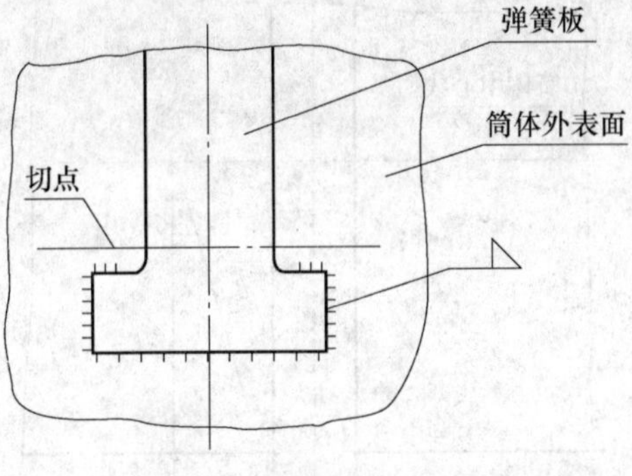

图 5-8　焊接弹簧板结构

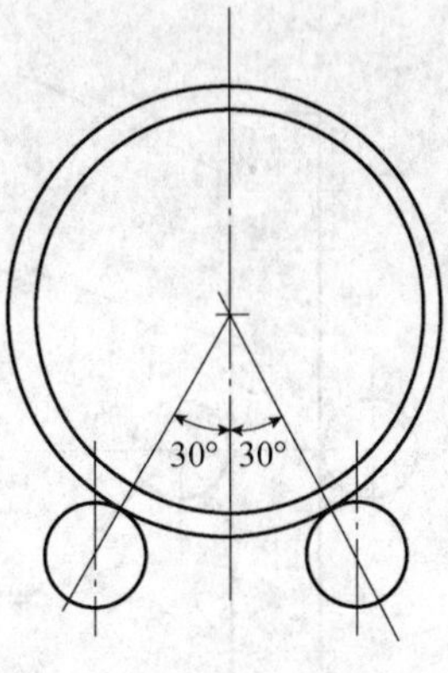

图 5-9　托轮安装位置示意图

烘干机的托轮一般采用滚动轴承。托轮装置有转轴式和定轴式两种结构。图 5-10 为转轴式托轮，托轮与轴一起旋转，一对圆锥滚子轴承承受径向和轴向负载。对于大规格（Φ3m 以上）还应加一对止推轴承承受轴向荷载。

图 5-11 为定轴式托轮结构，轴不旋转，只承受静载荷，所以轴的受力情况较好，但结

构较复杂，装卸轴承不方便，使用较少。

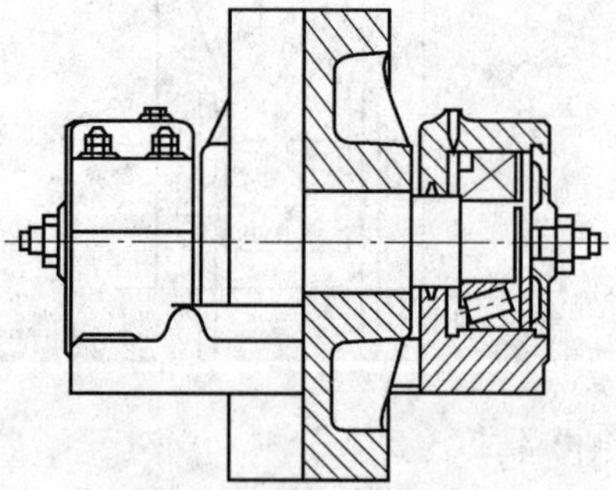

图 5-10　转轴式托轮

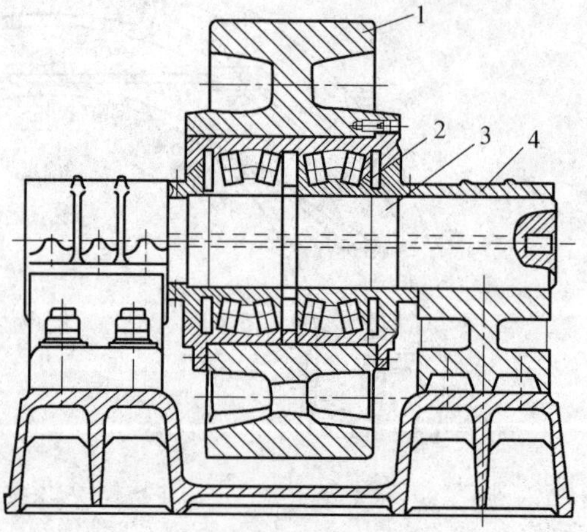

图 5-11　定轴式托轮

1—托轮；2—径向轴承；3—托轮心轴；4—支承座

托轮材料采用 ZQ310-570 铸钢件，正火处理，加工后表面硬度不低于 190HB，并高于轮带外圆表面硬度 20HB 以上。托轮外圆表面粗糙度对于磨损的影响很大，表面太粗糙会导致轮带和托轮的急剧磨损，所以外圆表面的粗糙度应注意控制，以不超过 $R_a 3.2\mu m$ 为宜。

五、挡轮装置

一般来说，烘干机采用 2 挡支撑，即用 2 对托轮支撑筒体。为限制筒体轴向移动，在出料端的轮带两侧，设置了一对挡轮，并与出料端托轮装置组装在一个底座上，习惯将其称为挡托轮。

挡轮的安装如图 5-12 所示，安装后轮带与挡轮间留有 1 ~ 3mm 间隙，以免挡轮经常性地随轮带旋转，而使挡轮只在筒体窜动时起限制作用。

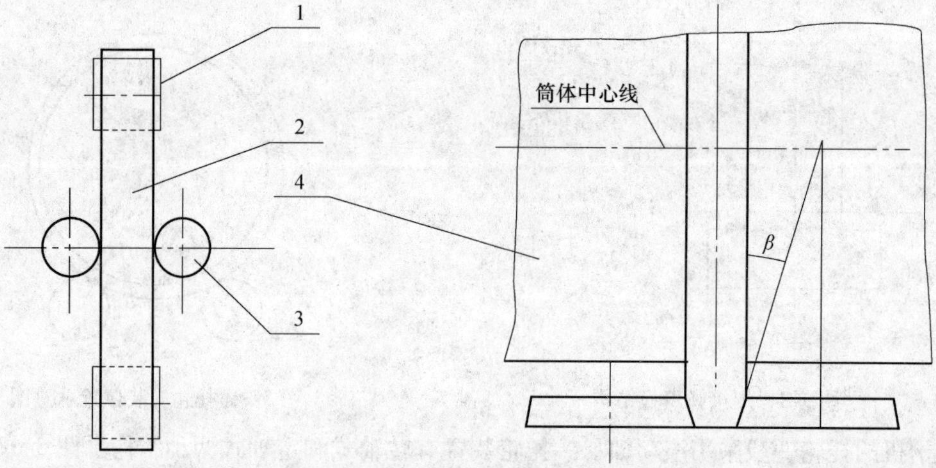

图 5-12　挡轮安装示意图

1—托轮；2—轮带；3—挡轮；4—筒体

图5-13为烘干机常用的挡轮结构，挡轮轴与挡轮座用键定位；挡轮用一对圆锥滚子轴承支承在挡轮轴上，当轮带与挡轮摩擦时，挡轮就随着轮带旋转，并限制筒体的轴向移动，润滑干油通过顶部的注油嘴压入，为防止润滑油外泄和灰尘进入，在下部轴承盖加毡圈密封。

在设计中，挡轮中心线、挡轮锥面母线与筒体中心线交于一点，在这种状态下，轮带与挡轮之间为“纯滚动”，如果制造的角度β与理论相差太多，那么接触面就存在滑动摩擦，加剧磨损，因此对轮带和挡轮的锥面角度须注意控制。图5-14是烘干机常用的挡轮结构，挡轮与挡轮轴合为一体，在轴外表面加工有螺旋油槽，当挡轮旋转时，润滑油自动沿螺旋油槽上升，并从上部油孔返回挡轮内腔，实现了对摩擦面的自动循环润滑。这是一种结构简单、使用可靠、维修方便的挡轮。

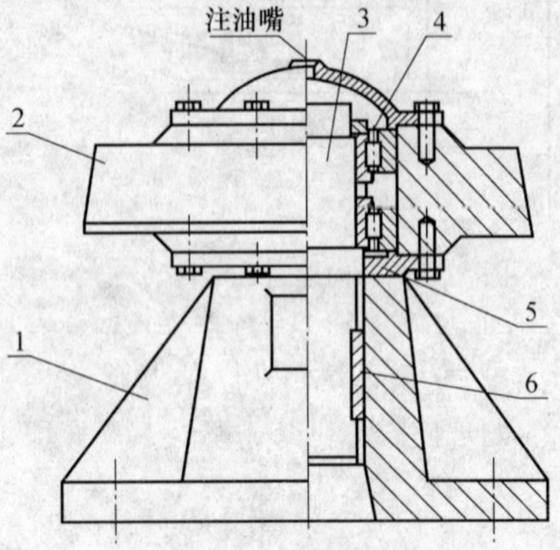

图5-13　滚动轴承挡轮

1—挡轮座；2—挡轮；3—挡轮轴；
4—轴承；5—毡圈；6—键

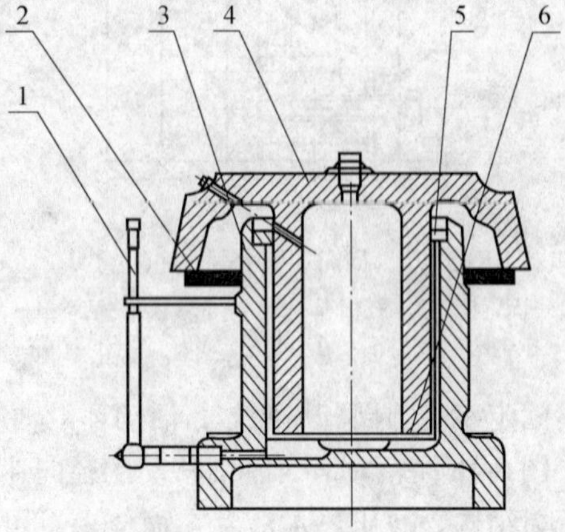

图5-14　铜套挡轮

1—油标；2—毡圈；3—挡轮座；
4—挡轮；5—铜套；6—铜垫

六、密封装置

密封装置是烘干机不可缺少的重要组成部分，如果进气端漏入过量冷空气，会降低热气温度，影响热工效率；如果出气端漏入大量冷空气，则有可能废气降温至露点而结露，影响除尘设备的正常工作。同时，因操作中经常出现倒风现象，如果没有密封装置，会溢出大量粉尘，污染车间环境，因此，烘干机的密封是非常重要的。

烘干机多采用迷宫式密封，图5-15和图5-16是两种最简单的密封形式。其静止环固定在炉墙或卸料罩上，活动环焊在筒体上随筒体一起回转，为避免运转中各环之间相抵触，密封环之间需留有较大的间隙，一般在20mm左右，因此密封效果较差。

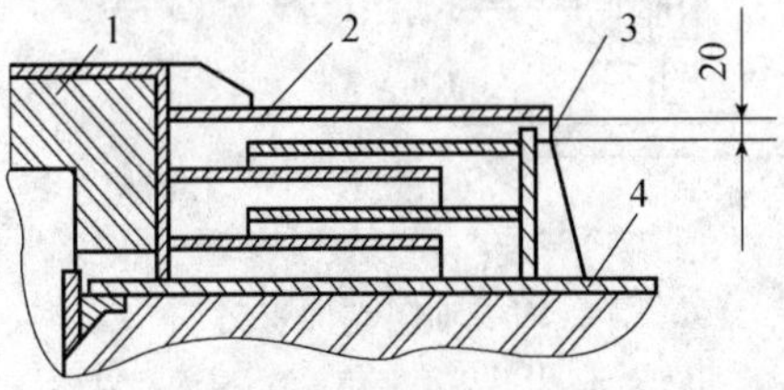

图5-15　轴向迷宫式密封

1—烟室；2—静止密封环；3—活动密封环；4—筒体

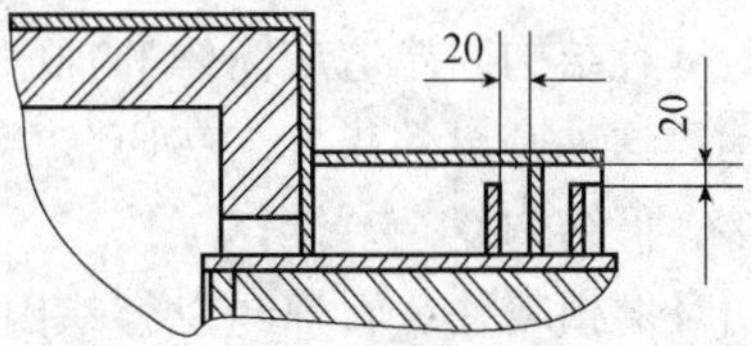

图5-16　径向迷宫式密封（一）

图5-17是一种静止环可轴向移动的径向迷宫密封结构。固定座固定在烟室墙壁或卸料斗上，活动环固定在筒体法兰上。而静止环套装在固定座里边，中间填以石棉绳。由于静止环可轴向移动，所以其密封环间隙可大大缩小，密封效果较好，固定座、静止环和活动环用灰铁铸件，各接触面和密封面均须机械加工，因此用料用工量都较大。

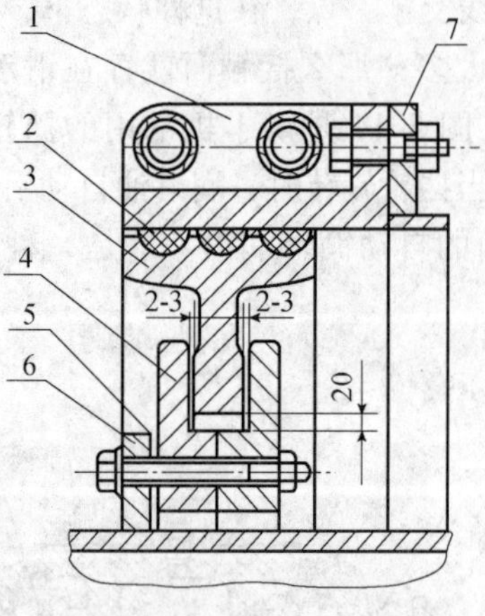

图5-17　径向迷宫式密封（二）

1—固定座；2—石棉绳；3—静止环；4—活动环；5—石棉垫；6—筒体法兰；7—烟室（或出料斗）

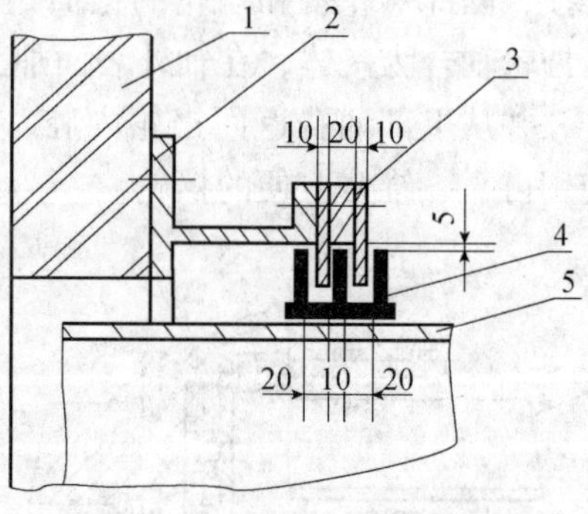

图5-18　径向迷宫式密封（三）

1—烟室（或下料斗）；2—底座；3—静止环；4—活动环；5—筒体

固定座沿圆周分作两体，活动环沿轴向分作两体，以便于安装。

图5-18是活动环可轴向移动的径向迷宫密封结构。静止环4活套在筒体上，可适应筒体的窜动摆动。因密封环为焊接件不经加工，密封效果比图5-17稍差，但制造简单，节省材料，是一种综合性能较好的结构。

烘干机中也有采用端面密封的。如图5-19所示，为带有套筒石棉绳的轴向端面密封结构。静止环固定在炉墙上，活动套筒与静止环之间的缝隙，用石棉绳填充，并以压紧环压紧。石棉绳的一端是固定的，另一端绕过活动套筒被重锤拉紧，活动套筒由摆动支架支撑。由于重锤的作用，使活动套筒上端面的密封环与筒体上的旋转密封环经常压紧，起轴向端面密封作用。这种结构，能适应筒体的轴向和径向摆动。这种密封效果好，在回转窑上采用较多，但结构复杂，维修工作量大，端面密封环磨损较快，石棉绳也容易因摩擦过重而失效，故在烘干机中，这种密封结构使用不多。

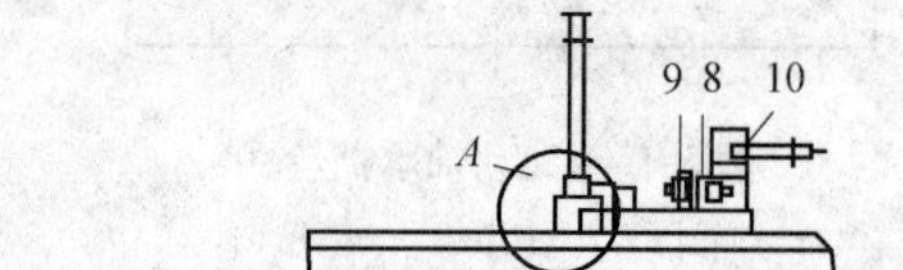

图5-19　轴向端面密封

1—旋转密封环；2—活动套筒；3—端面密封环；4—摆动支架；5—支架；6—铰链；7—重锤；8—石棉绳；9—压环；10—静止环

第三节　烘干机的安装

烘干机安装是一件细致、复杂的工作。安装质量的好坏，直接影响烘干机是否能正常运转和设计能力的发挥。

一、安装前的准备

（1）备有基础和地脚螺栓布置图。

（2）备有轮带和托轮设计尺寸和调定点的图纸。

（3）备有传动布置图，具有大小齿轮的参考数据。

（4）彻底清除底座表面，调节螺钉要清洗和加油润滑，以便于调节工作。

（5）清洗并排出托轮底座横梁之间的油泥和污垢，以便在托轮处进行测定工作。

（6）清洗齿轮及齿轮罩。

安装前必须参照图纸核对基础尺寸，特别是标高、中心距、斜度及地脚螺栓孔位置等，同时必须校对设备的实物尺寸，若实物与图纸不符并影响到安装尺寸时，应结合基础尺寸，酌予修正，作为最终安装依据。

二、安装过程和质量控制

烘干机安装和其他机械安装一样，先安装主机，然后再安装进出料装置等部件。

1. 基础划线

烘干机的基础承受静载荷和振动载荷。为了保证试运转的稳定性，基础应有足够的体积和强度，因此在烘干机安装前应浇注好基础，待有足够强度后，才可进行基础划线和安装。

进行基础划线，首先在基础侧面划出水平基础线并在基础四角埋设标高板，其标高误差应不超过0.5mm。同时划出纵向中心线，其允差不大于0.5mm。根据修正后的最后安装数据，在水平基础线上，定出基础的横向中心线，两基础中心误差不超过1.5mm。

2. 支撑装置的安装

（1）在底座加工面上，以地脚螺丝孔为基准，划出纵横中心线，作安装、找正用。支承装置安装必须在混凝土基础强度达到75%以上才能进行。

（2）要使筒体安装后倾斜度符合要求，主要是保证高低两托轮底座基础标高差准确，此标高差可从图纸中查得，也可按下式标出：

$$\text{标高差} = \text{两托轮中心距（mm）} \times \text{倾斜度（\%）}$$

测量时可用水管连通器定出低托轮座基础的水平位置，加上标高差即为高托轮座基础的标高，如图5-20所示。

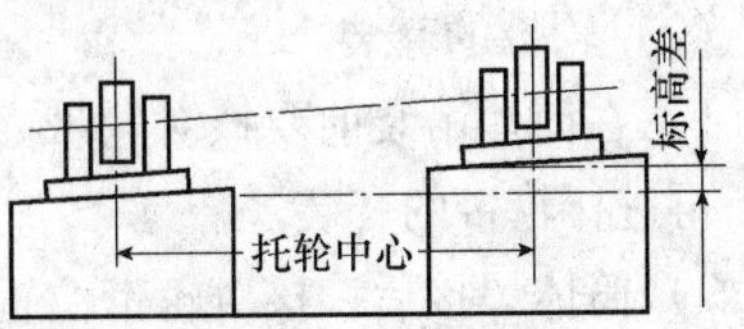

图5-20　烘干机托轮座基础标高的找正

（3）底座安装完毕经过精确找正后要满足下列要求：

托轮底座十字中心线和设计位置的中心线（或中心标高）误差不得超过±2mm。两底座纵向中心线必须在同一直线上，其误差不得超过±0.5mm；

两组托轮的标高误差不得超过1mm，同一组两个托轮的标高必须一致，其允差不应超过0.1mm；

两组托轮的横向中心误差不应超过 ±0.3mm；

托轮的斜度应按图纸的规定，其允差不应超过 0.1mm/m。

托轮安装要保证其轴线与筒体中心线斜度相同。将与筒体斜度相同的斜度规，反向放在托轮上，再把水平尺放在斜度规上进行测量，如图 5-21 所示。托轮安装后，放上烘干机，还要用压铅法测托轮与滚圈接触情况，作进一步的调正。

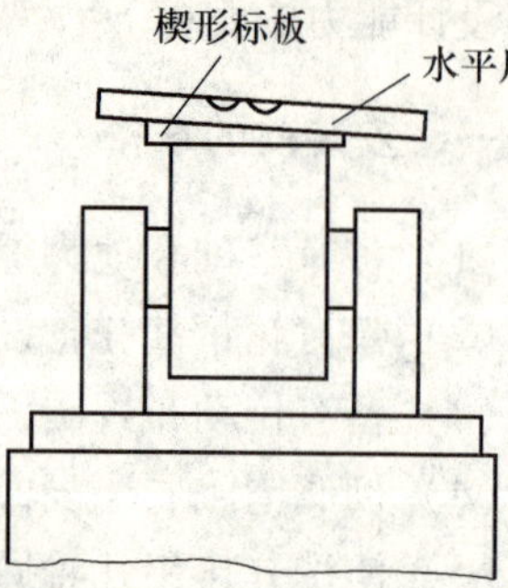

图 5-21　托轮倾斜度的初次找正

（4）把托轮轴承组装于底座上，经过调正后要满足下列要求：

两托轮在高端的轮缘侧面应在同一平面内，可用直尺检查，允许误差为 0.5mm；

两托轮纵向中心线距底座纵向中心线应相等并符合图纸尺寸，允许偏差不得超过 0.5mm；

通过斜度规检查各个托轮表面倾斜度应该一致，允许误差不得超过 0.5mm/m，超过允许误差时，可以在轴承底座下加垫板调正；

要求用经纬仪检查所有托轮顶部位于与水平成 $x\%$ 的倾斜平面内，如果标高或倾斜度有误差，都应进行调正，将底座略微升高或降低直至完全正确为止。

（5）支撑装置符合要求后，应在底座上正对托轮支座中心处做一标志，作为以后检修或运转时调正依据。

（6）地脚螺栓孔灌浆：底座安装校正后，可进行地脚螺栓灌浆，待混凝土强度充分增长后，方可扭紧地脚螺栓。

（7）二次灌浆：底座与基础之间要进行二次灌浆。灌浆前，扭紧地脚螺丝，打紧斜铁，用电焊将垫铁点牢，但底座与垫铁不能焊接。底座下面基础要清扫干净，灌浆时要捣实，不能有间隙或蜂窝等缺陷。

3. 筒体及挡轮

（1）筒体的检查

1）筒体吊装和拆掉筒体支撑前，应检查各段筒体截面的椭圆度，椭圆度须控制在 $0.20\%D$ 以下，否则必须拆除内部的支撑槽钢，用千斤顶和调正螺钉在相互垂直的直线上进行矫正。

2）筒体在焊接前必须进行检查，对口错边量不大于 2mm，端面对筒体中心线垂直度不大于 2mm，并应彻底清除焊缝坡口的锈迹、油污等杂质，做到光亮、清洁。

（2）轮带的套装

1）在筒体吊装前要核对轮带内圆和与其配合的筒体垫板外径，在其间隙符合图纸要求后，再进行轮带的套装。

2）筒体焊接后，核对轮带位置，符合图纸冷态尺寸后，再安装轮带轴向定位的挡块或挡圈。

3）挡圈焊接前必须保证其端面的平直，没有翘曲，并与轮带两侧面的间隙符合图纸要求（一般为 1mm）。

4）轮带安装后要求其端面圆跳动不大于 2mm，径向圆跳动不大于 1mm。

5）以两挡轮带处筒体中心的连线为基准、筒体中心线的直线度不大于 $\phi 5$mm，大齿圈和轮带处不大于ϕ4mm。

6）大齿圈与相邻轮带间距极限偏差不大于2mm。

（3）扬料板的安装按照图纸要求进行

（4）挡轮的安装

1）筒体吊装前，进行挡轮的初步安装，等筒体在焊接前复查后进行最后找正，使挡轮轴线对轮带中心线的偏移量必须发生在与筒体回转方向相反的一侧，并符合图纸允差。

2）安装时，挡轮的大端与轮带外缘对齐，其偏差不大于1mm。

3）安装后挡轮与轮带接触面必须保证平行。

（5）筒体吊装后，安装前后密封装置

4. 传动装置

安装前应核对零部件有关安装尺寸，如与设计不符，应修正安装尺寸，所有轴及减速机应清洗干净，并立刻涂上设计规定的润滑油脂。注意减速机中的滚动轴承按要求牌号使用润滑油。切勿随便涂上黄油或其他牌号的润滑油，在烘干机组成一整体后最好立刻把传动装置安装上去，加以临时固定，利用传动装置盘动筒体，以便找正筒体。

安装大齿圈外筒体焊缝需用砂轮磨平，其宽度应比弹簧板宽度大100mm。

大齿轮安装应在筒体安装就位后进行，方法是先制造带有左右螺纹螺杆的辅助工具四套，把工具均匀配置在筒体圆周上，并点焊住，作临时固定大齿轮之用。用钢丝绳绕在筒体上，牵引钢丝绳，转动筒体，调节辅助工具上的螺母，校正大齿轮，使其径向及端面跳动在允许范围之内，然后配钻铆钉孔，配钻后用螺丝上紧，然后依次铆接铆钉。采用焊接弹簧板时，找正后直接与筒体焊接，铆（焊）接后再拆去辅助工具即可，如图5-22所示。要求齿圈径向圆跳动不大于1.5mm，端面圆端跳动不大于1mm。

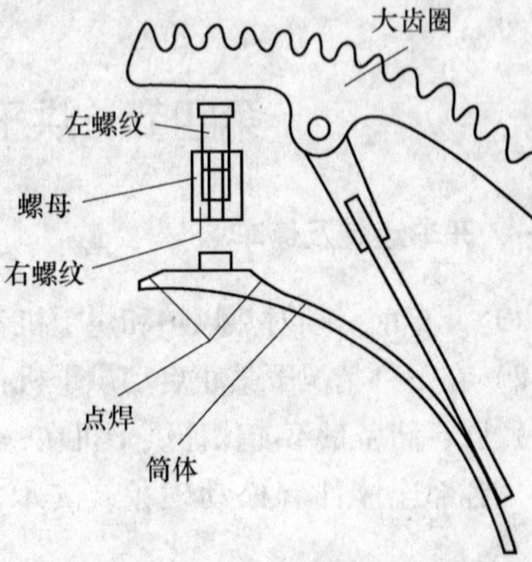

图5-22　烘干机大齿轮的安装

注意弹簧板与回转方向的关系，应使弹簧板工作时受拉伸力。

安装传动装置底座时，其横向位置应根据筒体中心线决定，其轴向位置应按大齿圈中心决定，而表面标高以带挡轮支承装置表面标高为标准，参照设计尺寸标出高差来决定，其表面斜度和要求与托轮底座相同。

小齿轮的安装以大齿圈的中心来决定它的轴向位置，在小齿轮安装好后应满足下列要求：

1）大小齿轮间的齿顶间隙在冷态时应在0.25m（m为齿轮模数）加上2~3mm范围内。

2）检查齿面接触情况，接触斑点沿齿高方向不少于40%，沿齿宽方向不小于50%。

3）减速机的低速轴应与齿轮轴同心，其同轴度公差为ϕ0.2mm，减速机的横向水平及纵向斜度应在减速机壳体的加工接合面上测定，允许误差均为±0.05mm/m。大齿圈与小齿轮的轴向相对位置偏差不应大于2mm。

三、试运转

（1）试运转需要检查基础标高有无变动，各处的连接螺栓、地脚螺栓是否拧紧，各润滑点是否按规定牌号加足润滑剂。在启动烘干机前，检查转动部件是否有东西卡住、干扰等现象，待各处检查无误后再进行试运转。

（2）整台烘干机试运转前必须进行各单机试运转，电动机空运转2h，带减速机运转4h，检查并记录电流、温升、润滑情况及注意声响是否正常。

（3）整台烘干机连续空负荷运转时间不少于8h，负荷运转48h后要求做下列检查：

1）传动装置有无振动、冲击及不正常的噪声现象，大小齿轮啮合及接触情况是否正常，电机负荷不应超过额定功率的30%，温升不应超过30℃，电流不应超过其额定值。

2）轮带与托轮表面是否均匀接触，其接触长度不得小于75%。

3）筒体的密封装置在运转中是否保持良好的接触状态，不得有局部摩擦现象。

4）各润滑点的润滑、漏油及油质情况，油温一般不超过60℃。

5）各处连接螺栓有无松动，并再次拧紧各部螺栓，特别是大齿圈的对口螺栓，挡轮的固定螺栓，筒体的进出料端的密封装置的螺栓，以及筒体上扬料板、螺旋叶片的固定螺栓等。

第四节　烘干机的操作维护和检修

一、开车运转及停车

（1）开车前必须对热风炉和烘干机各部进行仔细检查，确认无误后才能开车。

（2）在下列情况下禁止启动烘干机：

1）原料储备量不能保证烘干机在一定时间内连续运转。

2）各部连接件有松动现象，支承和传动装置有不正常振动、噪声、冲击、窜动的情况。

3）热风炉点火之前，通风设备没有启动起来。

4）烘干机启动时，先进热风预热机体，然后由少到多地喂料，直到正常。

停车前，先停止热风进入烘干机然后停止喂料，打开冷风门，让烘干机继续运转，先不停排风机，直到出口处再没有物料卸出，废气温度低于45℃时，才可使烘干机、排风机、卸料设备停车。

二、烘干机的维护

（1）必须保证托轮轴线与筒体中心线平行。经常观察了解托轮运转状态，判断托轮和轮带、轮带和挡轮的接触情况及筒体所处位置（即上端轮带处于两挡轮间位置）。在安装烘干机或定期检查时，只要托轮表面光滑平整，可用直径2mm左右的铅丝在轮带和托轮间碾压，若压出来的铅丝都是等宽度的矩形长条，说明托轮轴线平行于筒体中心线，同时根据各挡左右托轮压出铅丝宽度大小可知各托轮受力大小、对受力过大的托轮应平行地向远离筒体中心线方向移动，反之要向靠近筒体中心线平行移动。为防止筒体下滑，可将靠近挡轮的托轮组向某一方向调斜（调斜托轮组是通过支承装置顶丝使其两轴承在相反方向做等量移动，托轮斜度不宜调得过大，最大歪斜角最好不超过 30′，以免将托轮迅速磨成异形），使之产生一个向上推烘干机的力量，直到筒体达到平衡，使上端轮带处于两个挡轮之间。在调斜托轮时不允许一挡两个托轮呈“八”字摆法。在管理托轮时，以上端托轮作为控制轮，当筒体下滑使轮带碰到下部挡轮时，则可以在该控制托轮上浇柴油（不允许在托轮上撒沙子）增加轮带与托轮表面摩擦力，使筒体上窜，当筒体上窜到使轮带碰到上部挡轮时，则可以在控制挡轮上浇机油，减少轮带与托轮的摩擦力，使筒体下滑，最好使筒体每班上、下窜动一次，以达到轮带与托轮能均匀磨损，从而提高托轮和轮带的使用寿命。

（2）对传动、支承、挡托轮装置，必须经常检查，发现有噪声、振动和发热等不正常情况时应及时处理。

（3）根据轮带与垫板之间在一转中的相对位移判断间隙及磨损情况，注意垫板焊缝有无裂纹等。

（4）每班检查一次传动底座及支承部分的地脚螺栓及其他连接螺栓，如有松动应及时拧紧。

（5）注意基础有无振动或下沉现象。

（6）检查密封装置的磨损和接触情况。

（7）观察筒体内部的耐热材料和扬料板的磨损、松动和掉落情况。

（8）每班应仔细检查两次减速机声响有无异常的杂音和噪声。

（9）维护和操作人员要紧密配合、加强联系。

（10）烘干机的润滑：

1）润滑剂应按规定使用，使用代用品时，必须符合规定油质性能的要求，绝对不允许将油和油脂混合使用。

2）新烘干机连续运转 400 ~ 500h，待齿轮跑合后油应全部放出，将油池清洗干净后再换新油，以后减速机和大小齿轮处每 6 个月为一周期更换新油。换出的废油经仔细过滤且未变质还可以掺入新油使用。

3）减速机内加油量应以高速级大齿轮浸入油中的深度为全齿高的 1 ~ 3 倍为准。

4）每班检查油位一次，如果油位降到油位指示器刻度的下限时，必须立刻加油到油位指示器的上限。

5）发现漏油时，应立即采取措施消除漏油原因，不允许漏油流到基础上面侵蚀基础。

三、烘干机的检修

烘干机在运转过程中，随着时间的增加和工作条件的影响，设备的一些部位总是不同程度地被磨损、腐蚀和老化，并逐渐地降低原有的精度、性能和效率。如果有计划地进行修理，就可以得到及时恢复。设备的修理与维护保养是不能相互代替的，因为它们的工作内容与作用都不同。

检修工作分小修、中修、大修。应根据烘干机的使用和维护情况来编制大、中、小修计划。另外，还有事故性修理，为处理事故而进行的紧急措施，属非计划性的。设备检查要点：设备的运转与磨损情况，并记录修理前的主要技术状态、负荷特点，以及部位的主要精度偏差等。

1. 主要零件磨损到下列程度就需要更换和检修

（1）传动齿轮的齿厚磨损了30%或0.5模数时或轮缘具有不可恢复的损伤时需进行更换或修理。

（2）筒体有裂纹和局部变形时，需进行修理和更换。

（3）轮带表面磨损成锥形、多边形以及局部出现串通裂纹时，须更换。

（4）当托轮轴颈直径磨小了20%或者托轮和挡轮滚动轮缘厚度磨去25%或者轮缘磨成圆锥形或其他异形或轮缘有串通裂纹时，必须更换和修理。

（5）扬料板严重磨损和失去形状后需进行更换。

调试与验收是设备检修的最后阶段，它是对检修工程质量最全面的检查步骤。试运转应具备的基本条件：检修中施工的基础或其他混凝土构件完好，具备应有的强度；安全设施具备；电气、控制部分整修完好。试车前的检查：开式齿轮的啮合精度，联轴器的配合精度，传动系统的水平偏差等，对所有检修过的零部件的连接，紧固情况再检查一遍；在可以分离运转的前提下，逐一调试。负荷试车是对设备检修质量的最后检验。设备在重载条件下的运转，负荷情况都能满足规定的技术要求就达到了检修工作的预期目的。

2. 安全注意事项

（1）任何维修工作必须在停车后进行并应在电动机开关上挂上“禁止开车”的标志。

（2）在运转中不能用手或其他东西探入轴承、减速机或大齿轮罩内部进行任何修理检查或清洗工作，不能拆除安全防护设施。

（3）在回转机件附近，不准用绑在手或手指上的抹布擦洗机器外表和注意不要将擦拭的材料缠绕到回转机件上。

（4）检修工具及零部件不得放在回转机件上，特别是不能放在托轮上。

（5）工作服应束紧，避免机件转动部分绞住衣袖造成人身事故。

建立和健全设备操作规程、维护检修制度和岗位责任制等有关安全生产的规章制度，以确保安全生产。

第六章　水泥工业用电除尘器

按　水泥工业用电除尘器是排除水泥生产过程中扬尘量的重要设备，1984年引进国外先进的设计制造技术，1985年制订行业标准，实施后取得了很好的效果，为满足水泥工业发展的需要，1992年修订了该标准，1996年确认。水泥生产设备大型化后，率先组织由河南中材环保有限公司和西安西矿环保科技有限公司等单位组成的标准起草工作组，完成了标准制订任务，2007年国家发展和改革委员会批准发布并实施，该标准达到了国际先进水平，推动了技术进步和行业发展，加快了进入国际市场的步伐，为中国品牌和著名品牌产品，赢得国内外市场需求，创造了显著的经济效益，特别是节能减排发挥了重要作用。

第一节　概　述

一、电除尘器在水泥生产过程中的地位和作用

在水泥生产过程中，每生产1t水泥，会产生80～140kg的扬尘量，一条日产5000t的水泥厂每天的排尘量就达到400～700t。这么多的粉尘如果全部排入大气，不仅使水泥厂直接蒙受巨额经济损失，还将使周围大量农田荒芜，附近居民的生活和健康受到危害。为此，各大中型水泥厂早已把控制粉尘的排放作为自己的努力方向，对于新建厂，更是把控制污染和环境保护作为建厂方案的必备条件。

电除尘器以其突出的优点受到人们的青睐。水泥厂的各大扬尘点（如各种窑型的回转窑窑尾、熟料篦冷机、烘干机、水泥磨、煤磨机等处）的收尘大都使用电除尘器。作为工艺设备，电除尘器收集的大量粉状物料可以经济地得到回收利用以提高产量和降低成本；作为环境保护设备，电除尘器具有处理风量大、适应性强、除尘效率高、节能省电、维修费用低等优点。随着人们环境保护意识的不断加强，电除尘器将得到更加广泛的应用。

二、分类及其发展概况

电除尘器根据不同的特点进行分类：

1. 根据除尘器电极的形状，可分为管式电除尘器和板式电除尘器

在一个圆管的中心放置一根电晕线即组成一台最简单的管式电除尘器模型。这种组合可以是一组也可以是多组，通过一定的规律进行排列，还可以在多个同心圆之间布置电晕线。通常，这种除尘器只用在处理小风量的场合。在一系列平行的通道间布置电晕线，由于收尘极是平板，故称为板式电除尘器。板式电除尘器可以很方便地设计成各种规格尺寸，因而其使用范围十分广泛。现在通常所说的电除尘器都是指板式电除尘器。

2. 按电场内烟气流动的方向，可分为立式电除尘器和卧式电除尘器

立式电除尘器电场内的烟气由下而上流动，卧式电除尘器内的烟气则沿水平方向流动。目前，立式电除尘器已被淘汰，而应用更广的则是卧式电除尘器。

3. 按放电电极的极性，分为正电晕电除尘器及负电晕电除尘器

放电极施加正电荷的称为正电晕，放电极施加负电荷的称为负电晕。工业除尘一般采用

负电晕除尘器，民用室内通风除尘则采用正电晕除尘器。

4. 根据粉尘荷电区及分离区的布置，可分为单区电除尘器和双区电除尘器

粉尘的荷电与分离在同一个区域进行的称单区电除尘器，荷电与分离分别在两个不同的区域内实现的则称为双区电除尘器。目前在水泥行业，双区电除尘器尚不多见。

5. 依清灰方式的不同，可分为干式电除尘器和湿式电除尘器

干式电除尘器采用机械振打的方式清灰，湿式电除尘器则采取喷雾、淋水或溢流的方式进行清灰（即在收尘极表面形成液膜将粘附其上的粉尘带走）。综合吸取二者之长设计而成的先进行干式除尘后进行湿式除尘的电除尘器称为半湿式电除尘器。

6. 按照工况条件或使用场合进行分类

其他行业的产品暂不论述，就水泥工业而言，电除尘器主要有以下几种产品：回转窑窑尾电除尘器、窑头篦式冷却机电除尘器、烘干机电除尘器、煤磨电除尘器、生料磨、水泥磨等电除尘器。

电除尘器还可以按其他方式进行分类，但主要的是以上几种。

三、我国水泥工业电除尘器发展概况

新中国成立前，中国人称水泥为“洋灰”，这表明我国当时还没有自己的水泥厂。新中国成立后，我国陆续建成了一些水泥厂，但所使用的电除尘器大多是从德国进口的立式电除尘器，而且仅限于回转窑窑尾的粉尘回收，并没有把环境保护提到应有的高度，也没有专职从事电除尘器技术研究和制造的机构与厂家。我国电除尘器技术的试验研究工作是从1965年由冶金部组织开展起来的，以后逐渐形成了系列化设计，以卧式取代了立式。到了20世纪70年代中期，我国电除尘器试验研究工作已形成规模，水泥行业也有了生产电除尘器的专业制造厂。此后，电除尘器在水泥行业得到了广泛的应用且受到了相应的重视，品种不断增加，结构形式不断改进，高压电源及电控设备也在不断更新。改革开放以来，我国水泥工业得到了蓬勃发展，环境保护已经受到各方面的普遍重视，电除尘器的推广和应用达到了空前的规模。为缩短我国与国外设计及制造方面的差距，1984年原国家建材局组织天津水泥工业设计院及原平顶山电收尘器厂（现改制为河南中材环保有限公司）、原西安矿山机械厂（现改制为西安西矿环保科技有限公司）联合引进了原西德鲁奇公司电除尘器设计制造技术。在有关各方的共同努力下，这项引进技术取得了很好的实施效果，从而使我国水泥工业电除尘器的设计制造技术基本达到了当时世界先进水平。

四、电除尘器的工作原理

在两个曲率半径相差较大的金属阳极（收尘极）和阴极（电晕线）之间，施加高压直流电，维持一个足以使气体产生电晕放电的静电场，气体电晕放电后所生成的电子、阴离子和阳离子在电场内运动并吸附在通过电场的粉尘上，使粉尘获得电荷。荷电粉尘在电场力的作用下，向极性相反的电极运动并沉积在电极上，从而实现粉尘和气体的分离。如图6-1所示，电晕线的一端用绝缘子悬挂在接地的金属圆筒的轴心位置，并

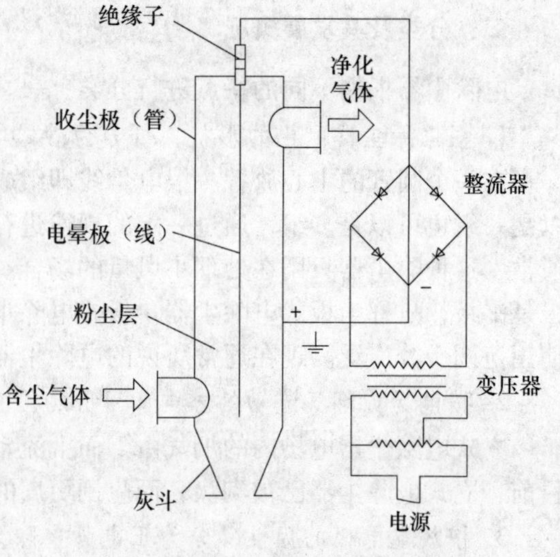

图6-1 电除尘器基本原理示意图

加以负性高电压，当电压达到一定值时，在电晕线的表面就出现青蓝色的光点，同时发出“嘶嘶”的声音，这种现象称为电晕放电。此时若从金属圆筒底部通入含尘气体，则绝大部分的粉尘粒子便会吸附运动中的电子和负离子而荷电，且在电场力的作用下向筒壁运动而沉积在筒壁上。当沉积在筒壁上的粉尘达到一定厚度时，借助于振打机构的振打作用力而使粉尘从筒壁上脱落掉入灰斗，净化后的气体从圆筒上部排出，落入灰斗的粉尘则通过卸灰装置排走。圆筒也称为收尘极或沉淀极即阳极，电晕线也称为放电极或电晕极即阴极。

第二节　电除尘器的结构及制造

一、电除尘器的主要结构

不同型式、不同用途的电除尘器，其结构略有不同。同种型式的电除尘器，在其不同发展阶段，结构上的变化虽很明显，但其构造原理则是相同的。现以目前较常用的 BS780 型卧式窑尾电除尘器为例予以介绍（图 6-2）。

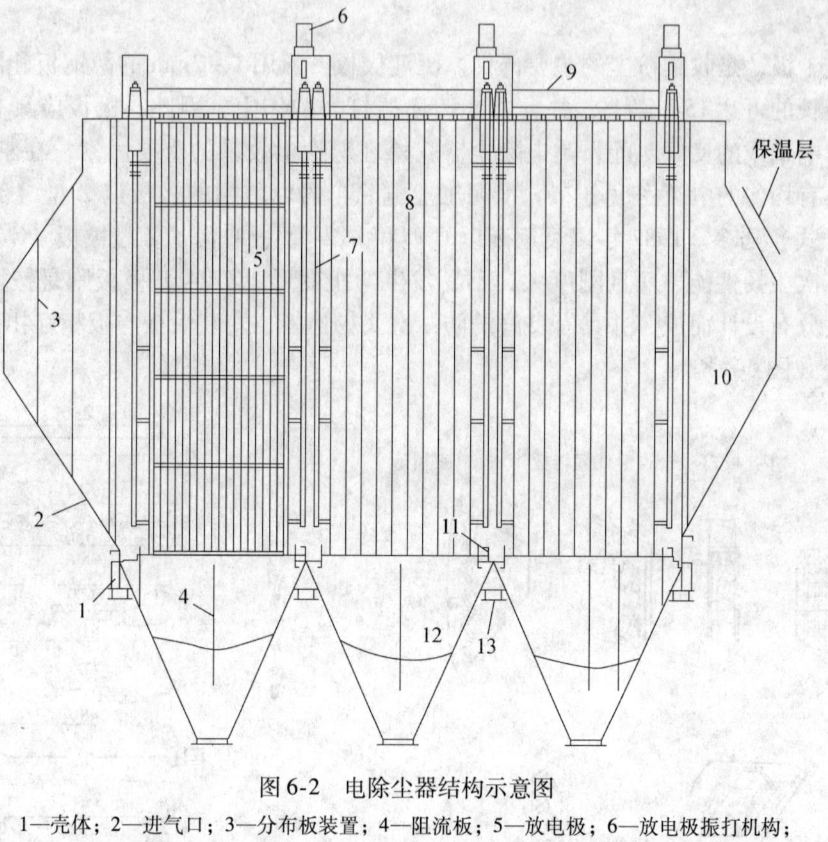

图 6-2　电除尘器结构示意图

1—壳体；2—进气口；3—分布板装置；4—阻流板；5—放电极；6—放电极振打机构；7—放电极悬架；8—沉淀极；9—防雨盖；10—出气口；11—沉淀极振打机构；12—灰斗；13—活动支架

上述表示的是电除尘器的结构部分也称本体，全套设备不包括供电系统即电气部分。此外，有时由于工艺控制及确保安全等方面的需要，为防止发生燃烧、爆炸事故，有的电除尘器还设有 CO 分析仪、CO_2 灭火装置等安全辅助设备。

二、电除尘器主要零部件的工作要求

1. 分布板

即气流均布装置。进入电除尘器之前的进风管内的气流速度是相当高的（10m/s 以上），而电场内的气流速度则较低（1m/s 以下）。主要是进风管的截面面积很小，而电场的横截面面积很大，所以，如没有气流均布装置，高速气流进入电场后，势必形成电场内局部风速过高而其他部位风速偏低。风速偏高之处，烟气在电场内停留的时间太短，烟气中的粉尘得不到充分捕集即排入大气；风速偏低之处，烟气在电场内停留时间太长，电场内的收尘空间则得不到有效的利用，也就达不到预期的收尘效果。合理设置气流均布装置可使进入电场的烟气在电场整个断面上的气流速度保持均匀，从而使电场空间得到充分有效的利用。因此，气流均布装置对除尘器的除尘效果起着重要的作用。而气流均布装置在满足气流均布要求的同时，应尽量减少运行气体阻力，提高其孔隙率。为此，分布板的形式也有许多。目前，较常用的分布板形式有多孔板、X 型分布板（中心进气）和折页型分布板（上进气）等。其中，X 型分布板以其孔隙率高、运行阻力小、均布效果好等特殊优点而备受推崇（图 6-3）。

2. 沉淀极

也称集尘极，是收集粉尘的主要部件。沉淀极板一般用 1～2mm 的薄钢板轧制而成，因其较长，最长的可达 15m 以上，并且要能传递振打力的作用，因此，极板应具有一定的刚度。极板与电晕线的良好匹配，是电除尘器获得理想除尘效果的重要因素，在工作状态下，极板必须具有均匀的电流密度分布。水泥工业电除尘器以前用的极板以 Z 型（卧式）和郁金花型（立式）居多。1987 年以后逐渐以 C 型和 ZT24 型板取代了 Z 型极板。C 型极板具有较好的防二次飞扬性能，而且刚度大，不易发生弯扭变形。ZT24 型极板则是按照一定理想的电流密度分布设计而成，并具有良好的防二次飞扬性能，安装后板与板相互扣接，因而有较好的刚度（图 6-4）。

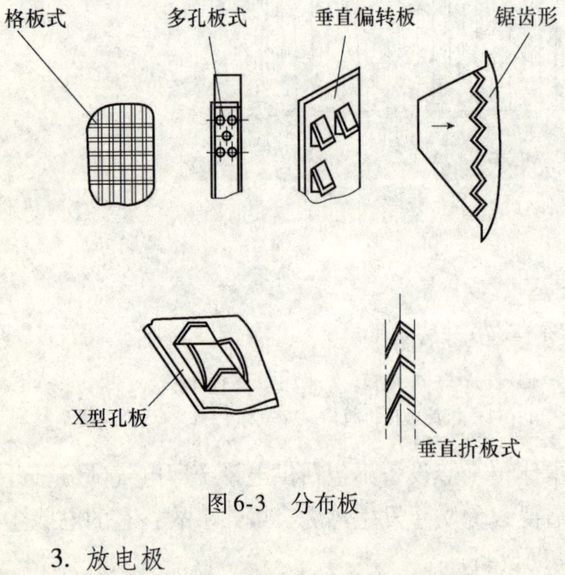

图 6-3　分布板

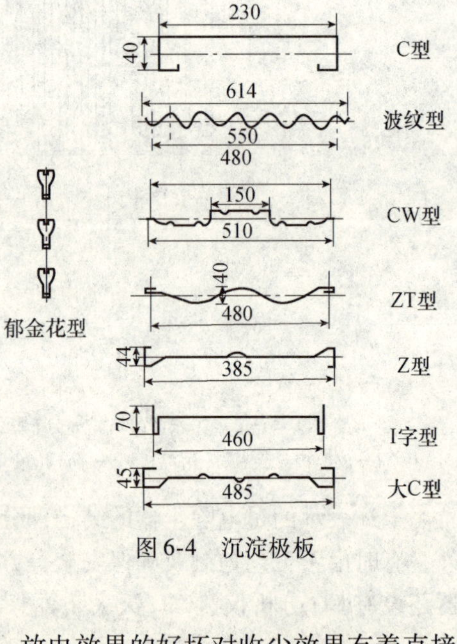

图 6-4　沉淀极板

3. 放电极

也叫电晕极，其主要功能是产生电晕放电。显然，放电效果的好坏对收尘效果有着直接的影响。因此，放电极应当具有较强的放电效果——这里仅指极线或电晕线，而不是除此之外的任何其他构件。相反，所有其他内部构件包括壳体内侧，均应保证表面无尖刺，以确保工作状态下任何其他部位不致发生放电现象。电晕线凭借电晕框架布置在电场内部，电晕框架在悬挂框架上定位，悬挂框架则通过悬吊管悬吊于与壳体绝缘的绝缘支承装置之上。放电极装置的所有构件应稳固可靠，要特别注意防止运行过程中极线折断，框架变形、错位甚至脱落等故障。常用的电晕线型式有星形线、RS 线、锯齿线、B5 线、V0 线、15 线等（图 6-5）。

4. 放电极绝缘支承装置

前已述及，本部件属于放电极系统，其功能是承受全部放电极系统的重量并实现与壳体的绝缘。因此，绝缘子应当具有良好的高压绝缘性能和承载能力。由于该部件置于壳体顶部，容易产生结露，影响其绝缘性能，故该装置必须设置加热装置并进行温度措施（图 6-6）。

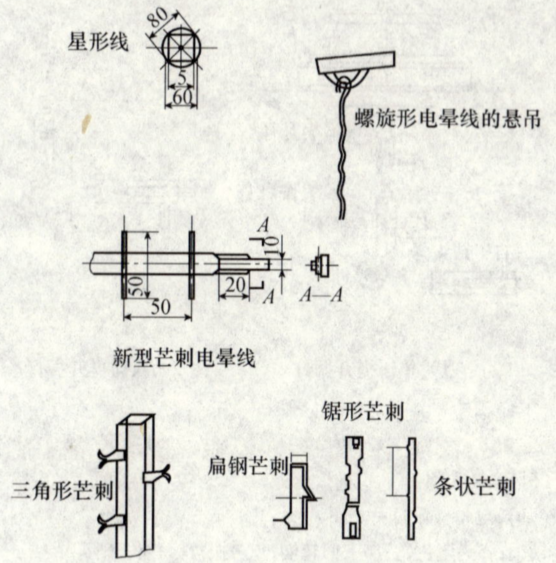

图 6-5　电晕线

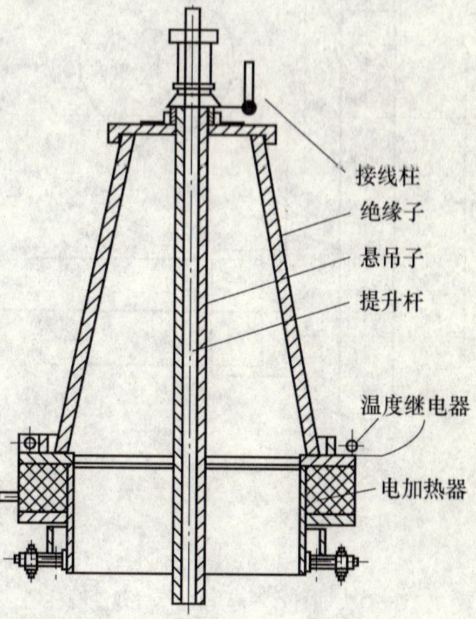

图 6-6　放电级绝缘子支承装置

5. 壳体

壳体（包括灰斗、进气口和出气口等）必须具有足够的强度和刚度，其中主要受力构件有：立柱、顶梁、底梁、端梁、风撑、极板悬吊梁等。壳体零件所有拼接及连接焊缝均须做到密封不漏气。灰斗板，进气、出气口板等对于地面的倾角均应大于粉尘的休止角，以防内部积灰或卸灰不畅。壳体除承受本体重量、运行负压（或正压）、风载等载荷外，还应考虑到烟气及粉尘对于墙板内壁的磨损和腐蚀作用。

6. 振打机构

一台卧式电除尘器一般有三种振打机构，分别对分布板、沉淀极和放电极进行振打清灰。每个电场各有一套沉淀极和放电极振打装置，一般设置在电场出端：电场较长时，可在每个电场的进端和出端分别设置振打装置；电场很高时（达到 9m 以上），分布应当灵活，传动装置与壳体之间应保持密封。振打机构的作用是清灰，振打锤应当具有足够的振打力，否则达不到预期的清灰效果。同时，也要避免振打力过大造成粉尘的二次飞扬。振打力的大小以受振打构件表面测得的切向和法向加速度来衡量。振打锤头和砧头应当牢固可靠并且耐磨损，振打轴使用的轴承由于工作环境恶劣，又无法进行润滑，因此要求耐磨和能在烟尘状态下运行。对放电极振打机构，还应确保传动装置与内部构件之间的绝缘性能。放电极振打传动装置有的设置在壳体顶部，有的设置在壳体的侧部，分别称顶部传动机构和腰部传动机构。两种传动方式各有利弊（图6-7）。

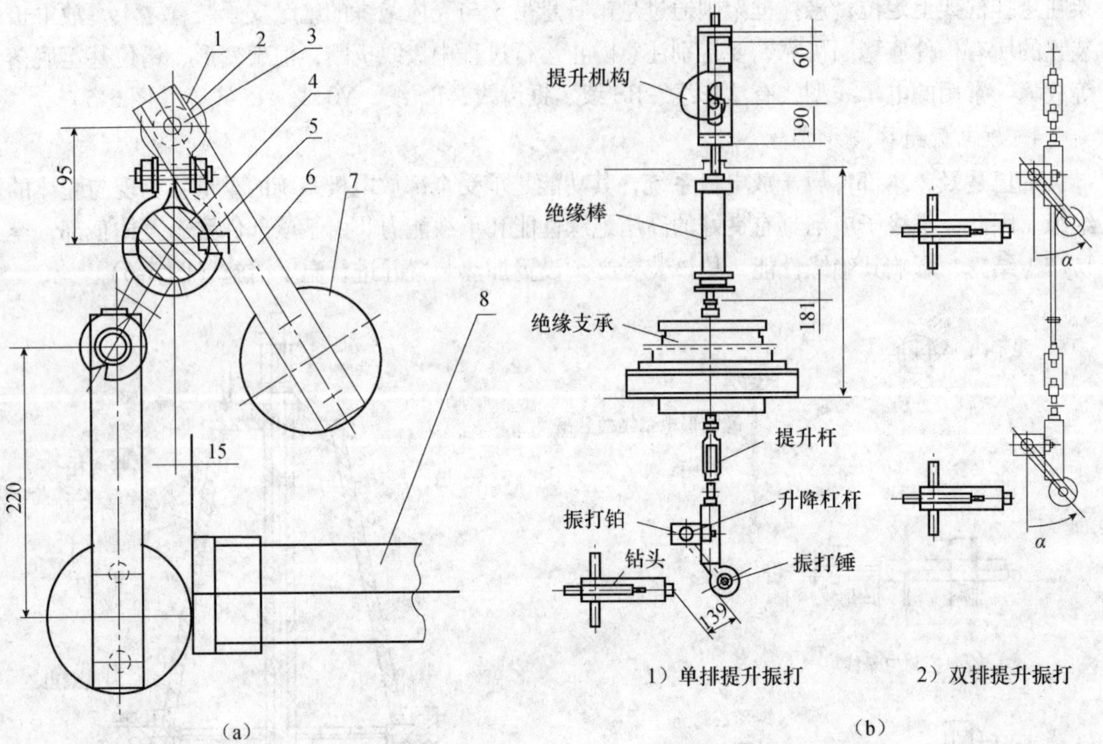

图6-7　振打机构示意图

（a）沉淀极振打示意图；（b）电晕极振打示意图

1—双夹联杆；2—销轴；3—弹性圆柱销；4—振打传动轴；5—定位销；6—回转柄；7—振打锤；8—砧头

7. 卸灰装置

卸灰装置的作用是将落入灰斗的粉状物料从灰斗内排出，同时进行锁风。电除尘器一般采用链式输送机或螺旋输送机进行输灰，用回转卸料器或双翻板阀进行锁风。由于工作环境比较恶劣，卸灰装置要求具备较强的环境适应性，一旦发生堵灰及其他卸料装置故障，不但会影响整个电除尘器的运行，而且有可能会影响到其他工艺设备的正常运行。因此，卸灰装置要有较高的运行可靠性及易修理性，此外，卸灰装置还应具有较好的密封性能，因为卸灰装置漏风会破坏除尘器内部的气流分布，还常常成为电除尘器内部构件锈蚀的重要原因。对于煤粉等黏附性较强的物料，还应采用一种特殊的锁风装置即浅勺形回转下料装置，以免回转叶轮结灰。链式输送机的漏风现象尚未得到很好的解决，对于内部烟气温度较低的电除尘器，一般采用（先）回转下料器锁风再用链式输送机输灰的方法。

三、电除尘器主要零部件的加工制造特点及质量控制手段

成套生产电除尘器设备必须具备一定的工艺装备能力，除了一些通用机床（车、铣、刨、磨、钻等）和一般金属结构制作设备（冲、剪、压、折、割、焊等）以外，还须配备一些专用工艺生产线，如极板生产线、极线生产线、框架管生产线等，这些专用生产线用以

生产电除尘器的核心部件，是电除尘器的生产区别于其他金属结构件产品生产的关键所在。在国外，一些大的集团公司并不直接生产整套电除尘器，而只把住核心部件，其他部件由建立在世界各地的分厂或合作伙伴提供配套。现就电除尘器的几个关键部件的加工特点及质量控制手段作一简要介绍。

1. 沉淀极板

沉淀极板是在专用的极板生产线上加工的，一套完整的极板生产线应当包括卷料送进装置、卷料调平装置、卷料纵剪机构、成型轧机、成型剪切装置、卸料装置等设备。一般说来，成型轧机成型辊的数量取决于极板断面形状的复杂程度。对于断面形状一定的极板，成型轧辊的数量越多（即每道成型辊的成型角度越小），极板的成品质量越高，体现在极板的内应力小，其断面形状比较稳定。极板生产线的设计制作水平取决于整套装置的完整性和自动化程度。原平顶山电收尘器厂自行设计、自行制造的 C 型、ZT24 型极板自动生产线吸收了国外同类设备的优点，采用光电管自动跟踪控制和成型剪切等先进技术，不但可以有效地预防成品极板端部的回弹变形，而且能够把极板的长度误差控制在 2mm 以内。国外进行成型剪切尚需停机，而该厂的极板生产线在卷料的轧制过程中则无须停机剪切，开创了不停机连续轧制成型剪切生产极板的先例。

2. 极线（或称电晕线）

电晕线有各种不同的形状，其加工流程也各有差异。对齿状电晕线，一般需要经过冲齿、压型、切断、点焊等加工过程；对扁钢型电晕线，可省略冲齿过程；对星形电晕线，则需改冲齿过程为拉拔成型。对齿状或扁钢型电晕线，线体与端部连接件的点焊可靠性是质量控制的关键，应采取必要的检测手段及工艺措施，抽检合格率应达到100%。1993 年，原平顶山电收尘器厂与哈尔滨焊接研究所联合研制的 V15 电晕线全自动生产线集多种工艺过程于一体，采用电子自动控制，为提高生产水平和产品质量向前推进了一大步，在国内为首创（2004 年，原平顶山电收尘器厂利用储能焊接技术研制的电晕线全自动生产线集多种工艺过程于一体，采用计算机自动控制，为提高生产水平和产品质量向前推进了一大步，在国内仍为首创）。

3. 阴极框架的加工

阴极框架一般由水煤气管或无缝钢管组对焊接而成，管子上钻有许多穿电晕线的孔，由于钻孔量大、定位要求高，采用自动多孔钻专用机床进行钻孔以有效地提高工作效率、确保孔的定位精度。阴极框架的外形一般都比较大，整片框架有时需要分片发运或进行现场组对。无论是整体运输还是分片运输（或现场组对）的框架，都要按照图纸要求在组对平台上进行整片组装，然后施以固接焊，以便有效地控制整体形位偏差。

4. 分布板

分布板上布置的孔，一般是在压力机上加工的。对于多孔分布板，只需经过一道冲孔工序即可实现冲孔，对于 X 型及折页型分布板，则需经过冲孔及翻边两道工序才能实现成型，因此，这类模具的结构比较复杂。由于分布板上有大量的孔，单孔冲压效率很低，在设备能力许可的情况下，设计成一次冲压一排孔的大型模具，对于提高工厂的加工配套能力将起一定的作用。X 型分布板的周边常设计有 90°折边，有时还需折两次，这可在孔的加工完成之后再进行折边。

5. 大型薄壁金属结构件的加工与质量控制

电除尘器的外壳（体）主要是一些形大体重的薄壁金属结构件，壁厚一般为 3～5mm，其外形常需数块钢板拼接而成，板面还布置有角钢、槽钢等加筋型钢与之组焊。这类零部件的加工过程并不复杂，难点在于焊接变形的控制和下料放样时要考虑焊接收缩量及工地组装时其外形或连接孔应与其他构件相吻合，故应注意以下几个方面：

(1) 分片运输的墙体应整体放样，在组对状态下施焊。

(2) 大型构件上的连接孔（特指在同一中心线上的多个螺栓孔）切忌重复使用尺规进行等分段划线定位，应使用盘尺将其拉到足够长，选取坐标定位划线，可以避免产生累积误差。

(3) 组对焊接之前，要充分研究焊接变形趋势以确定施焊顺序（及焊接规范），并采取预防焊接变形的措施。

(4) 积极推广采用先进的工艺设备（如采用自动、半自动切割、等离子切割、CO 气体保护焊、A（r）保护焊等）及工艺控制手段，既能有效地控制焊接变形、减少焊后整形的工作量和劳动强度，又能显著提高构件的加工质量和生产效率。

6. 机械运动部件的加工及质量控制

电除尘器的运动部件主要是各种振打传动及卸灰装置，这几个部件占电除尘器整机工作量的比重并不大，但是，按照其工作要求，这些部件运行效果的好坏直接影响着整机的使用效果和运转率。这类零件和部件的加工属于一般机械零件加工的范畴，但应保证其加工精度，有些零件的加工材质要求也必须满足。振打装置、回转下料器、双翻板阀都在制造厂内组装，组装后都要进行试运行以验证其运转性能，发往现场应随箱装有质量验收卡和运行技术参数。

有的人认为，电除尘器的本体都是些笨重的构件，谁都能干，其实不然。没有足够的经验积累，没有相当的工艺技术实力，没有一套完整的质量监控和保证体系，要制造出令用户满意的产品是不可能的。

第三节　电除尘器的安装与调试

电除尘器的大部分零件为散装发运件，必须在现场进行组对安装。电除尘器的安装质量对该机投运后的使用效果有着极为重要的影响。曾发生过多次由于安装不当而造成设备投产后运行不畅的现象，给使用单位带来难以根除的后遗症和难以弥补的经济损失。因此，现场安装必须严格按照制造厂提供的施工图及安装说明书进行施工并有设计或制造单位的技术人员进行现场作业的施工指导。电除尘器的零件多而且散，其中有些零件形大体重，搬运及就位均需使用吊装设备，因此，在施工现场，零部件的堆放必须合理，应充分考虑起重、运输设备的吊装及运输场地和安装作业的施工顺序，重要构件（如极板、极线等）应注意防潮和防止雨水浸泡，薄壁构件及大型构件还应注意其自然受力状态，避免堆放变形；高压电源设备、电控及其他电气设备或电气元器件，应置于集装箱或工地库房内妥为保管，以防受到损伤或破坏。

使用单位在设备施工之前应派专人学习了解有关电除尘器产品的制造及施工验收规范，把握要领，从设备进入现场时的开箱点检，到整个施工过程，严格把好质量关。特别是在施工过程中，应在设计制造单位工程技术人员的紧密配合下，对每一部件的安装过程及质量进行监督和控制，而不仅仅是事后验收或满足于投产后能收灰就行。目前许多用户认为已实行了交钥匙工程承包，工期和质量可以靠经济杠杆的作用来实现，而事实并非如此。电除尘讲究的是标准排放浓度（达标排放），而不仅仅是能收灰。电除尘器的整机质量是不能简单地用“运行顺畅”来表达的。

一、安装前的准备

为了保证施工的顺利进行并达到施工质量要求，在施工之前，施工人员特别是指挥作业的负责人及施工技术人员应做好以下准备工作：

（1）熟悉电除尘器安装图并进行现场实地考察，应根据本施工队的施工经验、人员素质、装备能力等方面确认是否具备施工能力，如没有把握，应聘请有电除尘器安装经验的人员指导施工。

（2）根据施工内容及安装要求编制施工预算。

（3）制定详细的施工作业计划。由于电除尘器安装工作量比较大，又是高空作业，必须针对施工现场的作业空间确定大型构件的吊装方案，并采取必要的安全措施。根据安装顺序制定设备出库计划。最后，按照总体要求编制一套详细的作业进度计划表，以作为施工作业的指导性计划。

（4）根据制造厂所提供的基础图要求，对土建基础工程的标高、基准、各部尺寸和质量进行观测、测量和检查，符合要求时即可予以验收。

（5）邀请设计或制造单位的工程技术人员进行技术交底或技术讲座，做到全体施工人员都能明确该设备的工作特性、结构特点及施工要求，以确保施工质量。

二、电除尘器安装的总体质量要求

电除尘器的安装除符合一般机械设备的安装要求之外，还应满足下列基本要求：

（1）极间距（同极间距和异极间距）必须符合安装说明书的要求。

（2）严防高压绝缘体的污染和损坏，确保绝缘体的绝缘性能。

（3）保证外壳的密封性能，其中包括壳体焊接的气密性，各检修门及振打传动装置的密封必须严密并防止卸灰装置的漏风。

（4）壳体及内部构件各部位的螺纹紧固件在调整定位后必须全部点焊牢固，以防在长期运行过程中松脱，对穿过壳体壁的螺栓应将其头部采用气密焊以免漏风。

（5）电除尘器保温层的敷设按保温施工图要求施工。保温层外护板应确保泻水流畅并严防雨水渗进保温层内。

三、电除尘器的安装过程和质量控制

电除尘器本体各主要部件的安装顺序如下：

支座或支撑—下部圈梁及灰斗系统—立柱、顶梁及侧板—内部构件［放电极吊挂、沉淀极（及其振打）系统、放电极（及其振打）系统等］—出气口—进气口及气流均布装置—振打（传动）系统（沉淀极、放电极及分布板）、顶部系统—卸灰装置—电气及其他附属设备的安装。

其主要内容及要求分述如下：

（1）底座或支撑的安装：电除尘器的底座或支撑布置形式如图 6-8 所示。

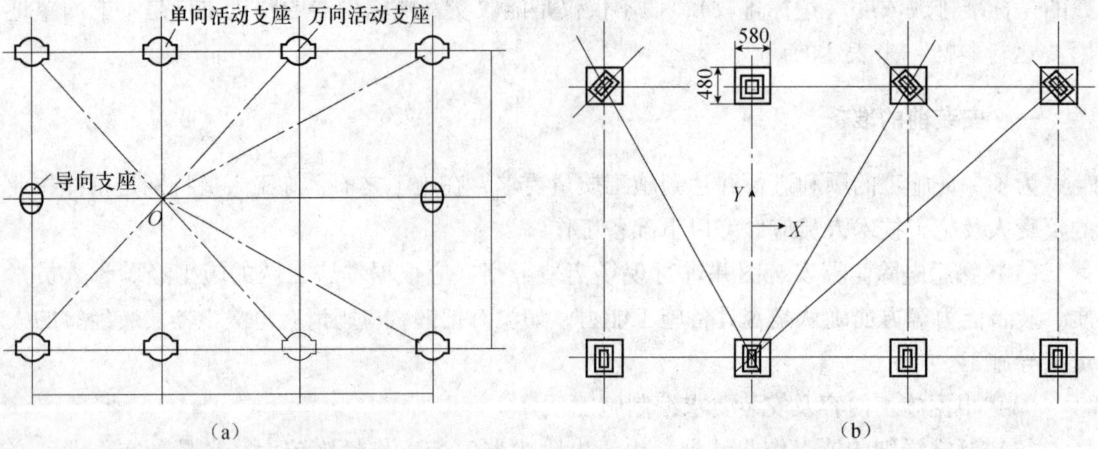

图6-8　电除尘器支座布置示意图

(a) BS780电除尘器支座布置图；(b) CDW型电除尘器支座布置图

图6-8（a）中“O”为固定点，而其他各点均为活动点，各活动点相对于固定点沿放射线方向布置。对BS780（930）系列产品，过支座固定点且与电除尘器中心线相垂直的射线上的支座是单向活动支座，位于电除尘器中心线上的支点除固定支座之外，尚有滑动支座或导向支座和单向活动支座，其余各点均为万向活动支座。基础验收后，于各支承点位置加垫铁，测定标高误差在2mm以内，然后将各支座就位，穿上地脚螺栓，再重新测定及调整标高并控制在2mm以内。各支点的相互位置不仅要求按图示尺寸测定，还要保证对角尺寸相符（即要求平行四边形对角线相等）。应当注意：滑动支座的吊耳在电除尘器安装完毕后必须拆除。以钢支架支撑的电除尘器，为确保工作状态时各支柱中心与地面保持垂直，安装就位时各活动点应相对于固定点沿放射线方向偏离Smm，S值的计算按下式：

$$S = 0.875L_i(T - T_0) \times 10^{-5} \quad (\text{mm})$$

式中，L_i表示某活动支点到固定支点的理论距离；T表示电除尘器的工作温度；T_0表示该地区的年平均温度（℃）。

（2）下部圈梁及灰斗系统的安装：下部圈梁是指底梁、中间底梁及端墙。这些构件在就位之前，应对其在运输及长期堆放过程中发生的变形进行矫形（注意：其他散运构件在安装之前都应进行这种矫形，以后不再重复），矫形后即可进行就位和组对。组对时除应保证位置准确之外，还应对圈梁所形成的内框尺寸和形状予以控制，特别要避免形成对角线不相等的平行四边形，以免给后面的灰斗等部件的安装造成不应有的麻烦。在测量好圈梁的内框尺寸后，灰斗的安装可以在地面组对（注意：应对灰斗上口的对角及外形尺寸加以控制从而与圈梁内框相吻合），施焊后整体吊装。

灰斗内的阻流板及内部走道在灰斗安装后均可找正就位，但其中有些构件需要在极板排就位后方能就位（用挂钩悬挂于振打杆上的上阻流板等），施工人员应仔细审阅安装图纸，搞清楚各构件与其他部件的连接关系，从而确定合理的安装顺序。

（3）立柱、顶梁、侧板及风撑的安装：立柱及顶梁是电除尘器的骨架，是内部构件及其他部件安装的基准，故要求定位准确，就位后所形成的框架形状也要求准确（即不能形成平行四边形，应做到对角线均等），还应验证并调整立柱的垂直度和顶梁的水平度。一般这些构件较长且重，就位之前应制定详细的吊装方案并确保安全。注意：风撑下部的导向角钢与固焊于端墙上的定位板之间的连接螺栓在安装完毕后应予拆除。侧板与立柱的焊接应掌握自下往上的原则，但不能一次连续焊成，而应先分几段进行定位焊接，然后再逐段满焊，最好由两名焊工分别于上下两处向中间焊。

（4）内部构件的安装：内部构件的主体零件大多是细长件，刚度一般较小，运输及堆放过程中的变形在所难免，因此，安装前需进行整形矫正。极板整形在现场制作的极板矫形架上进行，一般由施工人员自行完成，如缺乏这方面的经验，也可请制造单位派员进行指导或协助调整。内部件应按照以下顺序进行安装：放电极悬吊框架—沉淀极极板排—放电极电晕框架—放电极绝缘支承装置。需要指出的是：内部件是电除尘器的核心，其安装及调整精度的好坏直接影响着设备的运行效果，而合理的安装方案不但能有效地满足施工要求，且能达到事半功倍的效果。下面就内部件安装的主要方法加以说明：

1）放电极悬挂框架的安装：可参考图 6-9，悬挂框架可在地面进行组对，但组对后要在悬吊状态下调整其平面度，为减少进入电场后的调整工作量，在准确把握各构件相对于其他部件的装配关系的前提下，可将各构件的相互位置及框架整体的形状调整并确认无误后加

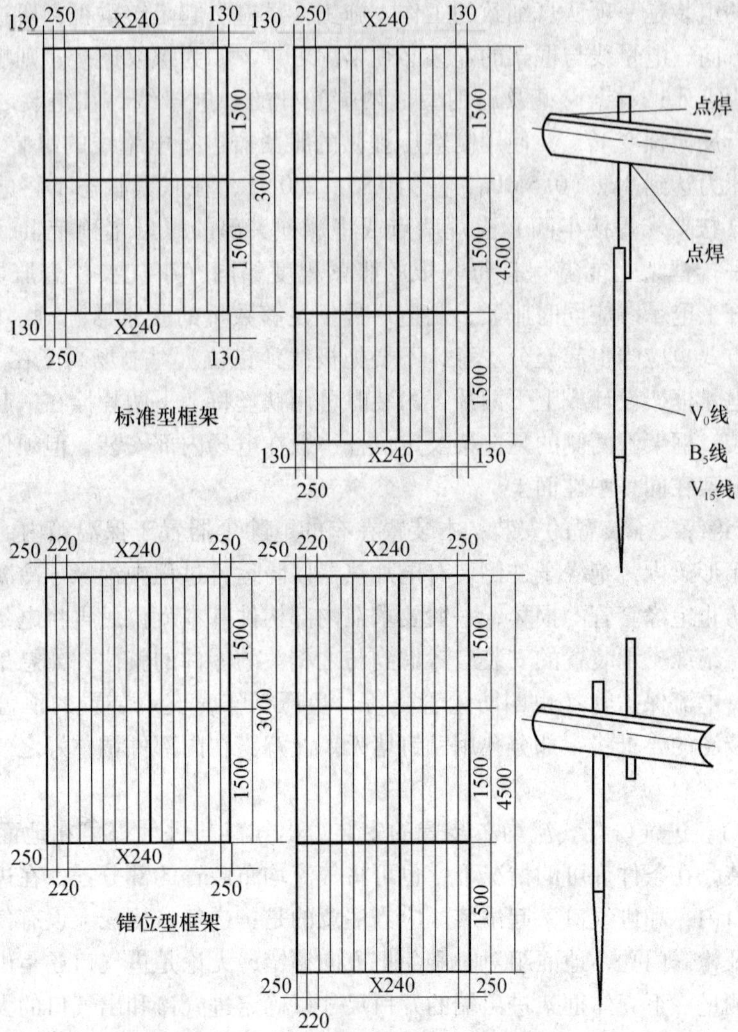

图 6-9　BS780 型电晕框架布线示意图

以固定（即将连接螺栓拧紧并将需要焊接的位置施焊）。框架组对好后，可将放电极轴承及放电极振打轴在框架上临时组装以便与悬挂框架一起吊装。

2）极板排的安装：地面制作组对平台应满足一定的平面度要求，吊装托架还应具有足够的刚度。组对过程中极板的搬运应使极板的立面成为自重的受力方向，长度大于10m的极板，应有三人以上进行搬运，以防极板由于自重发生变形。组对极板时，与振打杆连接的各螺栓螺母只能临时带上，切不可拧紧，否则进入电场后将难以调整。应特别注意的是：对BS780（930）型电除尘器，组对第一排极板之前，必须参照施工图，透彻了解电场内部极板与极线的匹配关系，极板的组装且有方向性；此外，固定于极板上的挡风板应在地面组装好并随极板排一起吊装（每个电场的始端及最后一个电场的末端均布置有两侧挡风板）。极板排应在吊装托架与地面成90°状态下起吊（至少不应低于80°），起吊前应在极板排下部拴上拖拉绳以控制其在空中的偏摆，风力大于4级时应停止起吊。

3）电晕框架的安装：有时由于运输方面的需要，电晕框架必须分片发往现场或者现场直接组装。这种情况，应首先进行电晕框架的地面组对，组对时主要应保证其平面度；电晕线与电晕框架的组装是一项认真细致的工作，施工人员应引起足够重视，要注意齿状电晕线尖刺所对应的方向；电晕线与框架的连接必须牢固可靠，如为螺纹连接，则螺母拧紧后将螺母与螺杆用电焊点死；对锯齿型及扁钢型（两端光杆的）电晕线，在组装之前，应将框架的上下横杆进行反向预变形，并使用制造厂提供的胀紧器进行电晕线的组装（胀紧），要求胀紧器的内部压力达到8kg（0.5MPa，拉力150～200N），在胀紧状态下将电晕线端部的圆钢头与框架管（按要求焊接牢固）点焊两点或将螺杆头部的螺母稍稍带上一点劲。这样组装的电晕线在一排框架上能够保持每一根的胀紧程度相同（事先要检查胀紧器是否灵活，框架上同一横杆上电晕线应同时胀紧，制造厂提供足够数量的胀紧器）；此外，电晕线在框架管上的布置方式也应当引起充分注意，不要把极线穿错位。对电场高度在7.5m以上的电除尘器，常把电晕框架设计成上下两片，吊装时可用铁丝将上下两片拴在一起并由起吊托架竖立后一起吊装。框架管两侧的悬壁架及定位杆一般在电场内部安装，但须保证这类构件安装之后与电晕框架在同一中性面上。

4）放电极绝缘支承装置的安装：本装置在有的电除尘器置于保温箱内，而在另一些电除尘器则置于箱形梁内，绝缘子外侧装有电加热器以防运行过程中绝缘子冷凝结露，影响其绝缘性能。为防止绝缘套管的损坏，一般要求在内部构件基本就位后再将电晕极系统悬吊于绝缘套管之上。绝缘支承装置的安装应考虑到与之相关的零件的就位，如悬吊管、提升振打系统的提升杆、电流保护管（也叫防尘管）等。负压操作时支承装置的顶盖上预留有清扫孔，应根据安装图的要求将一部分孔用铆钉堵死。注意：在内部件调整好之前本装置不要做定位焊。

（5）出气口、进气口及气流均布装置的安装：出气口与进气口可在地面进行组对和焊接然后整体吊装，在条件许可的情况下，也可将气流均布装置的部分零件在进气口组焊之后即组装到进气口内，和进气口一起吊装。应当注意的是：进气口侧板上设有气流均布装置的振打传动轴孔及检修门孔，地面组对时避免把方向搞错；无论是进气口还是出气口，在组对之前，都要先测量一下壳体框架进出端的开口尺寸以确定进气口和出气口的大端尺寸。气流均布装置的安装要求整排分布板平面位置的正确和保持其对于地面的垂直。要特别注意BS780型产品的X型分布板是靠支承工字钢及支承槽钢的沟槽进行定位的，上下两片分布板之间以销板衔接并借以使分布板镶于支承工字钢或支承槽钢之间，分布板在其内可以晃动但不能脱离其约束，切不可将销板与工字钢及槽钢焊接连接。

（6）内部结构件的调整：在内部构件基本就位之后，即可进行内部结构件的调整。调整的主要内容是两极的同极间距和异极间距，还包括沉淀极排下部振打杆找正和固定。内部结构件的调整以电除尘器整机的中心线和与之垂直的两立柱中心线为基准，首先调整极板悬梁的定位尺寸偏差控制在2mm范围内，极板排的垂直度允差为3mm，下部振打杆的高度允差为2mm，撞击头前沿的直线度允差为3mm，极板排的同极间距允差为10mm。

（7）振打系统的安装与调整：振打系统包括分布板振打、沉淀极振打和放电极振打。振打系统的安装应在内部结构件安装调整之后进行，并以振打对象为基准予以找正和调整。一般情况下，应当先安装带锤，锤轴包括轴承及定位挡圈，锤位找准后将螺纹紧固件拧紧并点焊固定。但应注意，沉淀极振打锤头与砧头触点相对于砧头中心应下移一定距离以补偿工作状态下壳体与电场内部的温差而引起的极板伸长；BS780型电收尘器放电极提升机构的上升活动爪子在脱落初始状态应与凸轮根部保持300mm以上的距离，否则在机构运行时将出现运行不畅或卡死现象。锤头中心与砧头中心的相对位置允差：水平5mm，垂直5mm。锤轴系统调整定位后，则将相应的紧固件拧紧并用电焊点焊固定，用作防止轴承窜位的定位挡圈也与锤轴点焊两到三点或者在锤轴上划窝后将紧固螺钉拧紧并与挡圈点焊。内部锤轴安装调整之后即可安装置于壳体侧壁上或顶梁顶部的振打传动装置。传动装置的安装要求传动轴与锤轴两者的同轴度不大于ϕ2mm，传动装置与壳体之间保持良好的密封。

（8）卸灰系统的安装：其中包括伸缩节、链式输送机、回转卸料器或电动双翻板阀等装置的安装。卸灰系统的安装要特别注意各连接处的密封，尤其是链式输送机的各处接头及检修门等处的密封。链式输送机的链条应松弛适当，不得过紧，也不要太松（机尾均设有胀紧装置）。伸缩节上连接上下法兰（临时固定）的长螺栓在安装以后应予以拆除。

（9）顶部系统的安装：内部构件安装调整并确认验收后即可进行封顶。顶部系统包括密封盖（屋顶板）、顶部保温、防雨盖（屋面板）以及防爆盖或防爆阀。要求密封盖板全部采用气密焊。

（10）其他部件的安装：根据电除尘器的工作要求，某些特殊用途的电除尘器还配备有灰斗振动电机、CO分析仪、CO_2灭火装置等辅助设施。振动电机的振动力大小可通过调节位于电机端部的偏心块予以调整；CO分析仪必须严格按照设备说明书的要求安装与调试；CO_2灭火装置也应按安装说明书的规定，进行施工。这些辅助设施对电除尘器的安全可靠运行起着监督和保护作用，因此，安装过程中务必将其准确调定，以免在日后影响电除尘器整机的长期安全运行。

四、电除尘器本体的竣工验收

电除尘器在安装调试完毕、试车之前，应组织一次由使用单位和制造单位参加的检查验收，这种检查验收最好是在设备封顶之前进行。检查项目主要包括以下几项：

（1）电场内部的同极间距和异极间距（注：指电场内的所有可能位置）。

（2）振打锤头与砧头的相对位置。

（3）各焊接部位的焊接质量，特别是需要采用气密焊的部位要严格检查，还应仔细检查各紧固件是否进行了点焊，防止出现假焊或漏焊现象。

（4）检查各检修门、防爆盖或防爆阀以及各连接部位的密封状况是否良好，如发现检修门等处的密封条因存放时间长而变质老化，使用单位应及早予以更换。

（5）有些部件由于吊装及运输方面的需要而设置的连接构件及紧固件在安装后必须拆除，否则将影响该部件的工作性能。如滑动支座的吊装耳朵、风撑下部导向角钢的连接螺栓以及灰斗与下料装置之间的伸缩节上的长螺栓等。

（6）检查各绝缘套管和绝缘轴是否完好无损并保持干燥和清洁。

（7）检查接地装置及其他安全设施是否安全可靠。

（8）检查外部保温的施工质量。

五、电除尘器的试车

（1）试车前的准备工作：主要包括清除电场内部以及灰斗、链式输送机及至回转卸料器叶轮内部的杂物，如焊条、焊渣、铁丝、手套、扳子等施工材料、施工用具及其他杂物，组织好试车过程中的安全保护及通信联络工作；邀请使用单位和设计制造单位一起参加试车；施工单位应检查各运动部件是否已加足润滑剂，否则应予加够。

（2）机械运动部件的试车：内容包括分布板、沉淀极和放电极系统的机械振打、链式输送机、回转下料器或翻板阀、振动电机等的通电运行，其中各机械振打、链式输送机等的运转是不可逆运转，试车前要特别注意先采取点动的方式，观察电机的运转方向是否正确，如反向运转，则应改变接线方式后再点动试验，直到正确为止。否则可能导致振打锤脱落以及振打传动装置与链式输送机机体的损坏。在确认各传动电机运转方向正确之后，即可正式通电试车。试车过程中应认真检查各运动部件的运行状况，是否出现运行不畅或卡碰等现象，一经发现即予调整或整修；还应当进入电场内部仔细观察振打锤的撞击位置是否准确和振打力是否足够，特别要注意提升振打的提升角度是否符合规定要求以及上下两套锤轴的提升角是否一致。

（3）空载升压试车：空载试车之前应重新检查和排除电场内的异物，检查安全设施是否完整可靠，当确认进入电场的人员全部撤出以后，关闭所有检修人孔门并上锁，然后按照以下顺序进行操作：

1）对各绝缘套管的加热装置供电，进行预加热。

2）启动轴流风机或其他热风源，对电场内部进行预烘干。

3）启动排灰系统的链式输送机、回转下料器或双翻板阀。

4）启动分布板、沉淀极和放电极全部振打传动装置，预调沉淀极振打周期——沉淀极锤在锤轴上沿圆周方向均匀布置，在一个振打周期内，同一根锤轴上的锤沿时间坐标均匀分别下落振打——振打周期可预设为 $T=15\sim60\text{min}$，电机转停时间为 $t_1=T$、$t_2=(T-T_1)/n$，其中 T 表示电机出轴连续转动一周所需要的时间，n 为一根轴上的锤数（一电场连续振打，二电场振打轴转动一周停 5min，三电场振打轴转动一周停 10min，四电场停 20min，以此类推）。

5）启动灰斗振动电机并观察其振动力大小。

6）启动高压电源对电场供电。要求空载电压达到：同极间距为 400mm 的 B5 线或 V15 线应达到 60kV，RS 线达到 50（55）kV，V0 线或星形线应大于 65kV，连续运行 2h 不跳闸并且电流稳定认为试车合格。空载试车时最常出现的问题是电压升不上去或没有电流，这时应停机检查电场内是否有金属导体搭连于两极之间或与某极连通而与另一极非常接近，检查各绝缘体部位的绝缘是否遭到破坏；如电压正常而电流为零或很小，则应检查电路各连接接头是否开脱等。

(4) 负载试车：空载试车合格及其他有关工艺设备均调试通过以后即可进行负载试车。负载试车的顺序与空载试车的顺序基本相同，所不同的是负载试车通入的是工况烟气，而且试车过程应当列入整套工艺生产设备的调试计划，作为电除尘器的监测设备和显示仪表均需一并投入试运行以验证其适用性和可靠性。必须强调指出，整个试车过程中发现或遇到的各种问题、疑点和事故，务必及时进行处理以免留下隐患，影响设备投运后的正常工作。

(5) 投产：电除尘器通过负载试车，未出现或排除了异常情况，即达到投产条件，可进入正常工作状态。

第四节　电除尘器的操作维护与故障处理

有人说，电除尘器使用效果的好坏，三分靠技术，七分靠管理。这里道出了电除尘器日常维护管理的重要性，也是老电除尘器用户的经验之谈。因此，电除尘器操作及维修人员上岗之前必须进行岗位培训，应当建立岗位工操作规程、岗位责任制等规章制度，各级管理部门和各级领导应充分重视除尘器的运行状况，实行严格的岗位巡检制度。操作人员应随时做好设备运行记录，及时向有关部门报告异常情况，相关部门须迅速作出反应，提出处理意见，并确保实施。

一、电除尘器操作的一般规程

(1) 电除尘器在投入运行之前及每次停机之后再开机之前须做如下检查

1) 壳体、保温箱内无杂物，人员全部撤出，各人孔门均已关严。

2) 各传动机构完好、运转灵活，各润滑部位均有足够的润滑油。

3) 进、出气口如装有阀门则应将其打开。

4) 对电源装置做如下检查：

①检查各处接线是否完好、可靠。

②检查各熔断器是否良好、有无松动等。

③检查各印刷板插件是否插紧、元器件有无脱落。

④用2500V摇表检查整流器高压端对地（反向时）及低压端对地的绝缘电阻值。整流变压器对地电阻应大于1000MΩ（此值要看说明书），低压线对地绝缘电阻应大于300MΩ。

5) 电除尘器的外壳和高压变压器均无漏油现象。

6) 高压电缆头、高压硅整流（变压）器均无漏油现象。

7) 三点或四点式开关操作机构灵活，位置准确。

8) 用1000V·MΩ（兆欧）表检查振打及排灰装置电动机的绝缘情况，绝缘电阻不低于0.5MΩ。

9) 对CO测定仪做如下准备：

①按仪器的接线标志检查各电缆的连接，要求接触良好。

②用干净气体（反吹清理装置）吹洗进样管道，避免脏物随管道进入红外分析室。

③四个干燥过滤器内填充4/5硅胶、1/5脱脂棉花。

④检查气路系统是否密封、畅通，尤其是抽气泵以前的管路不允许漏气。红外仪出气嘴应畅通无阻。

⑤检查红外仪，其光源、气室、检测室保持同光轴定位，所有印刷电路板应安插良好，仪器内所有部件、元件、器件均应固定良好。

（2）电除尘器的启动

1）在除尘器投入使用前4h，应接通绝缘管及绝缘瓷轴等各处的电加热器进行加热，对配有热风装置采用正压操作的除尘器则应启动热风装置，对绝缘套管进行烘干，对煤磨电收尘器则应同时启动容量较大的热风源装置，以对内部结构件进行升温，并使内部结构件的温度高于烟气露点温度。

2）启动除尘器下部的锁风装置和排灰装置电机。

3）启动除尘器各部振打传动装置及灰斗振动电机。

4）接通各灰斗、放电极振打传动、防爆阀门等部位的电加热装置。

5）启动CO检测装置：

①闭合电源开关。此时控制板面电源指示灯亮，若指示灯不亮，则应检查后托板上的保险丝及内部接线是否有短路或断路现象。

②闭合红外仪面板上的电源开关，此时红外仪指示灯亮；

③接通记录仪电源开关，指示灯亮，闭合指针开关，指针开始记录。

④四通阀调至样气位置，流量计调节针阀开在最大位置。

⑤启动1号或2号抽气泵，调节转子流量计的流量在0.54L/min。

6）启动工艺系统排风机，使烟气通过除尘器。

7）将三点式高压隔离开关拨到送电位置。

8）启动高压电源，向电场送电：

当除尘器用于水泥回转窑、发电厂锅炉、水泥磨、烘干机等烟气时，可将HK3开关位（高压电源）于“自动挡”，此时若导通角指示>60%，说明变压器一次抽头使用适当；若指示数<50%，则需调整抽头；如果“电流极限”反时针方向调至“0”仍不出现闪络，则可将抽头往高处调节。

当除尘器用于煤磨系统，且整流器不具备无火花自动跟踪特性时，操作时应采用“手动挡”并先行升压，调试电场在正常操作时的击穿电压，然后使整流器在低于击穿电压5kV处工作。

（3）电除尘器的操作

1）当电除尘器用于水泥回转窑窑尾或烘干机时，一般情况下若烟气的CO含量超过2%，则应发出警报，及时通知操作人员采取措施。当CO含量超过2.5%时，则应关闭高压电源，若CO含量继续升高至4%，则说明工艺系统操作极不正常，此时应关闭系统排风机并通知有关部门进行处理。

当电除尘器用于煤粉制备系统时，若烟气中的CO含量超过“正常值+70%以上（100ppm）”时则说明除尘器内部有闷燃先兆，超过700ppm时，说明闷燃严重，超过1500ppm时，则应采取相应的措施，同时启动CO_2灭火装置进行灭火。应释放1~2瓶

CO_2，使含量降低，然后观察 CO 含量的变化情况，若 CO 含量仍增高，则继续增加喷入 CO_2 量。

2）对煤磨电除尘器，若灰斗处的温度超过 120℃并有继续上升的现象，表明灰斗内发生燃烧故障（闷燃），此时应向灰斗内喷入 1～2 瓶 CO 气体进行灭火，防止煤粉的燃烧和爆炸。遇到连续阴雨天气，煤粉都比较潮湿，要特别注意煤粉在灰斗内的堆积和卸灰不畅的现象。

3）对熟料冷却机电除尘器，当入口烟气温度超过 300℃时，应启动喷水装置，将水喷入篦冷机篦床冷端，使烟气温度降至 250℃以下。

4）在电除尘器运行过程中，至少每 4h 检查一次各振打装置及排灰传动机构的运行情况。

5）岗位工每隔 1h 应记录一次下列运行数据：

①每个电场高压硅整流低压端及高压端（电源的一二次）的电流、电压值。

②除尘器进、出口处的温度值。

③除尘器各灰斗的温度值。

④各振打机构、排灰机构的运行情况。

⑤烟气中的 CO 含量。

⑥喷水装置的启用时间。

⑦除尘器出口含尘浓度。

⑧故障记录。

6）操作中的其他注意事项：

①为防止高压电源过电压，切忌在设备运行状态下转换高压（隔离）开关或在高压运行时拉闸。

②高压电源不允许开路运行，高压输出回路不能断线。

③高压硅整流变压器与控制柜之间的“电流反馈信号”连接线必须使用金属屏蔽线，不能用一般导线代用，以防干扰。

④在高压运行时，操作人员不得进入高压隔离室内。

（4）电除尘器的停机

电除尘器的停机与开机顺序相反，但需注意在停止送入烟气后应继续开动各振打机构和排灰装置半小时以上，使机内积存的粉尘及时排出，免除因停机冷凝而发生棚料现象。

湿法窑尾电除尘器（现在已无湿法生产线）及烘干机电除尘器因其烟气的湿度大、温度低，容易引起极板的腐蚀，所以应尽可能地避免间断性生产，而且在停机时应关闭进、出口阀门和所有人孔门，防止冷空气进入机内；如需停用较长时间，应每半个月通进一次干燥烟气进行烘干。

二、电除尘器的维护

电除尘器的维护包括高压电源和除尘器本体两个基本部分。

1. 高压电源的维护

（1）每一个月对控制柜和硅整流变压器进行一次清扫和擦拭，保持控制柜内部和整流变压器套管的清洁，使用一年后应对干燥剂进行复原或更换处理。

（2）每隔一年进行两次变压器油的试验，其击穿电压平均值应大于35kV/2.5mm，100kW变压器油应大于40kV/2.5mm。

（3）每年测量一次接地电阻，其值应不大于4Ω。

（4）每年对高压整流（变压）器进行一次测试检查，用2500V摇表测量高压端对地电阻，其正向应接近于0，反向在104Ω以上，变压器一侧接线端对地电阻大于300MΩ。

2. 本体的维护

（1）每周对保温箱或箱形梁内部进行一次清扫，同时检查电晕极绝缘套管有无破损及爬电等现象，如有这种现象，应及时更换。保温箱或箱形梁底部常设有电晕框架的临时悬吊孔，正常运行时应将此孔盖住。在烟气温度较低的情况下，绝缘套管内壁会因冷凝而积灰，可用压缩空气从绝缘套管上盖的预留孔进行吹扫。

绝缘套管附近设有管状电加热器，用来保持绝缘套管周围的温度高出烟气露点20~30℃。维修时应对电加热器进行仔细检查，如发现电加热器不工作应查明原因进行处理。

（2）每周应检查一次各振打传动装置的减速机油位并适当补充润滑油，若为链条传动，则应适当添加链条上的润滑剂。

（3）若除尘器工作三个月以上，则应利用工艺生产停车检修的机会，对除尘器内部进行检查维护，内容包括：

1）检查各层气体分布板的孔有无被粉尘堵死的现象，或局部分布板被磨穿而形成窟窿甚至崩塌。

2）检查每个通道的同极间距和异极间距有无明显差异，其主要表现为极板或电晕框架发生弯曲变形，有时个别电晕线可能发生松动。如发现这些情况，应及时处理。

3）检查极板和电晕线的积灰情况。

4）检查极板锈蚀情况。

5）检查两极振打装置，包括振打传动装置、传动轴与振打轴的连接、轴承磨损情况以及振打锤和砧头的碰击位置等。

6）检查灰斗积灰情况。

（4）每周检查一次排灰装置的运行情况：链条是否走偏；链节销轴的开口销有无脱落；如链条因链节磨损而松动，则应调节尾部的涨紧装置。每半年更换一次减速机的润滑油。

（5）每两个月对电缆头、低压控制柜及支座瓷瓶进行一次清扫。

（6）每年检查一次除尘器壳体及检查门等处的接地情况，必须保证其接地电阻小于4Ω。

（7）每周检查一次电晕极振打传动装置，采用腰部传动的应检查其绝缘板（一般为聚四氟乙烯制作）及绝缘瓷轴是否积灰或破损，绝缘板与传动轴的密封是否完好等。采用顶部提升传动的振打机构，则应检查其绝缘杆是否破损，并检查其提升高度是否足够以及提升传递部位的磨损情况等。

（8）检测每个电场的集尘板振打周期并根据极板的积灰情况进行调节。

(9) 每半年检查一次除尘器外部保温情况，如发生破损应及时修复。

(10) 每年测定一次除尘器进、出口处的烟气量、含尘浓度和压力降，进而分析出除尘器性能的变化趋势。

(11) 电除尘器应备有一定数量易损件的备件（表 6-1）。

表 6-1　易损件及其备件明细表

序号	所属部件	易损件名称	损坏形式	维护保养要点	备件数量
1		绝缘套管	裂纹　破裂	1. 经常清扫，避免积灰 2. 保持电加热器工作正常，防止结露	2 件
2	电晕极	绝缘轴	破裂　折断	1. 避免结露和积灰 2. 防止过载，特别要避免电机反转	2 件
3		电晕线	折断		总数的 5%
4	分布板 沉淀极 电晕极	振打锤 砧头	磨损 脱落	1. 保持撞击点位置正确 2. 试车开机不得反转 3. 防止紧固螺栓松脱	10%
5		轴承	磨损	保证轴孔的同轴度	50%
6		管状电加热器	失效		5%
7		恒温控制器	失效		4 套
8	拉链机	链节 销轴	磨损 折断	1. 避免电机反转 2. 防止掉入大块硬物	5% ~10%
9	回转卸料器	安全销	折断	防止异物落入灰斗	按总数的 2 倍

3. CO 测定仪的维护

(1) 在仪器工作过程中，应经常检查取样系统，记录与指示表头、操作机构（控制手柄）是否工作正常。

(2) 抽气泵 Ⅰ 和抽气泵 Ⅱ 应轮换使用，最好每 24h 切换一次。

(3) 每星期反吹清理取样探头一次，每次 1 ~2min。

(4) 经常检查过滤器有无积水，如有，则应及时排放。

(5) 经常观察干燥过滤器的硅胶是否变色（吸温则变蓝），如已失效则应及时更换，新装的过滤器应事先用干净空气或氮气吹洗。

(6) 注意观察“检查过滤器”白色绒布的洁净程度，并酌情更换。如发现新更换的绒布使用时间不长其洁净程度便减退，则应检查过滤器中间的青铜滤杯，若其表面积灰过多，则需及时更换取样探头的陶瓷滤杯。

(7) 仪器在正常工作过程中，每周对红外仪通氮气及标准气校准零点、终点各一次，以保证仪器分析值的准确性。

(8) 应经常检查气路，确保其畅通且不漏气，尤其是红外仪排气口应畅通。

(9) 抽气泵轴承每月应清洗一次并添加黄油，红外仪同步电动机的轴承每年加一次润滑。CO 测定仪故障诊断及处理方法见表 6-2。

表 6-2　CO 测定仪故障诊断及处理方法

序号	故障现象	原因分析	处理方法
1	样品气流量变小或无流量指示	1. 转子流量计内有脏物 2. 抽气泵气门有脏物不能抽气 3. 气路管道有堵漏等故障 4. 干燥过滤器气阻过大 5. 检查过滤器积灰过多	1. 清洗转子过滤器 2. 检查清洗 3. 检查气路，排除故障 4. 更换填充物或备件 5. 更换过滤片
2	“检查过滤器”洁净程度明显减退	取样探头陶瓷滤杯损坏	更换新滤杯
3	过滤器中间青铜滤杯表面积尘过多	取样探头陶瓷滤杯损坏	更换新滤杯
4	切换二通阀手柄旋转不灵活	阀塞阀座之间润滑脂黏合过紧	1. 用汽油清洗阀塞阀座 2. 重新涂硅脂润滑
5	闭合泵开关抽气泵不工作	取样系统气阻过大	开泵之前，先将流量计调节针阀开在最大位置流量到零
6	记录仪不工作	1. 开关故障 2. 熔断器烧杯	1. 修理或更换 2. 更换熔断器

4. CO_2 灭火装置的维护

(1) 每年（对）CO_2 瓶称重一次，其泄漏值应小于5%，否则应进行充装。

(2) 每年对 CO_2 管路系统用压缩空气进行一次吹扫，以保持管路通畅。

三、电除尘器的修理

1. 小修

电除尘器每运行三个月进行一次小修，维修时间约需 4～8h，主要是清扫电场内积灰，尤其是需要压缩空气吹扫两极系统上的积灰，检查内部外部运转机构并适当调整；检查并调整振打锤，检查两极的平直度并适当调整；擦净绝缘套管、瓷轴；检查分布板及其他内部各处并消除不正常现象；检查排灰系统是否畅通；最后校准指示仪表。

实际使用过程中，受主机生产条件的限制，很难按计划时间进行小修，切实可行的方案是利用生产过程中主机临时停机的机会对电除尘器进行内部维护，排除近期发生的故障。

2. 中修

除尘器运行半年至一年需进行一次中修，约需 3 天的时间，一般与主机的年检修时间合在一起进行。中修内容如下：

(1) 检查每个电场中两极之间的间距并进行调整，使其误差不超过规定值。

(2) 清除内部构件上的粉尘，对个别已经脱焊或折断的电晕线进行更换（有条件时）或直接剪掉。

(3) 检查振打锤是否打在振打砧子的中心上，如有偏差即进行调整；检查振打轴轴承及锤的磨损情况，严重磨损的应予更换。

（4）清扫气体分布板的积灰，检查振打位置是否打在砧头中心上。

（5）检查绝缘套管、瓷轴，如发现有裂纹应立即更换以保证其绝缘性能，此外，还应将其上粉尘清扫干净。

（6）检查各人孔门、检修门及连接法兰的密封性能，应严格保证其密封。如发现密封材料老化或损坏应进行更换，锈损严重的检修门也应予以更换。

（7）检查保温层及防雨设施是否漏雨。

（8）电气设备和其他通用设备按其说明书及通用规定进行检修。

（9）CO 测定仪按说明书进行检修，必须用压缩空气吹扫探头。

（10）清扫 CO_2 灭火装置，核准仪表，CO_2 称量重量，若每瓶减少 10% 则应重新充气，其允差值小于 0.5kg。

电除尘器运行三年以上进行一次大修，检修时间大约 5～15d。大修内容除上述中、小修内容之外，还应检查有无损坏、锈蚀的零部件（包括进、出气口及壳体侧壁等的磨损和腐蚀），并根据情况进行调整、更换或补焊，并清除焊渣、毛刺。按硅整流变压器使用说明书对硅整流变压器进行维修，检查其油位，如不足则给予补充。大修时一般都要更换一定数量的配件，应根据平时检修所掌握的情况预先到制造厂订购，以免到时延误工期或错过大修时间，影响电除尘器及相关设备的正常投运。电除尘器常见故障的诊断及处理方法见表 6-3。

表 6-3　电除尘器常见故障的诊断及处理方法

序号	故障现象	原因诊断	处理方法
1	二次工作电流大，二次电压很低或接近于零	1. 收尘极或与电晕极之间短路 2. 绝缘套管内壁冷凝结露引起短路 3. 阴极振打传动的绝缘轴破损或折断引起高压对地短路 4. 高压电缆或其终端接头击穿短路 5. 灰斗积灰堆至电晕极框架 6. 电晕极断线，线头靠近收尘极板	1. 清除短路杂物 2. 将绝缘套管擦净，检修加热装置或提高加热功率 3. 更换绝缘轴 4. 更换损坏的电缆或电缆接头 5. 清除灰斗积灰并修复排灰装置 6. 剪去或更换已断的阴极线
2	二次电流正常或偏大，二次电压升至较低值便发生闪络	1. 两极距离局部缩小 2. 两极间因落有杂物使极距缩短 3. 绝缘套管受潮漏电 4. 阴极振打绝缘轴受潮积灰漏电 5. 电场出现正压，含湿量较大的烟气从绝缘套管内向外排出 6. 电缆或电缆接头击穿漏电	1. 调整极间距 2. 清除杂物 3. 擦抹绝缘套管，确保其加热温度 4. 提高保温箱内温度 5. 采取措施，形成绝缘套管外部的相对正压或增设热风源 6. 更换电缆
3	二次电压正常，二次电流显著降低	1. 极板积灰过多 2. 电晕线肥大 3. 收尘极或电晕极振打未开失灵 4. 烟气中粉尘浓度过大至电晕闭塞	1. 清除积灰 2. 分析肥大原因，采取相应措施 3. 检查修复电机、联轴节、振打机构 4. 改进工艺流程，降低含尘浓度

续表

序号	故障现象	原因诊断	处理方法
4	二次电压和二次电流正常，二次电流为零	1. 整流输出避雷器或放电间隙击穿损坏 2. 毫安表并联的电容器损坏而短路 3. 变压器至毫安表连接导线接地 4. 毫安表指针被卡住	查找原因，消除故障
5	二次电流不稳定，毫安表指针急剧摆动	1. 电晕线折断后受风吹摆动 2. 烟气温度过小 3. 支承绝缘套管对地产生沿面放电	1. 更换或剪去断线 2. 通知工艺人员进行处理 3. 处理放电部位
6	二次电压、电流均正常，但收尘效果显著降低	1. 气流分布板孔眼被堵 2. 灰斗阻流板脱落，气流发生短路 3. 进出气口处的排灰装置严重漏风	1. 检查气流分布板的振打装置是否失灵并做适当处理 2. 检查阻流板并做处理 3. 加强排灰装置的密封性
7	排灰装置卡死或保险跳闸	1. 有掉锤故障 2. 机内有杂物掉入排灰装置 3. 采用拉链机排灰将发生断链故障	1. 关闭灰斗下闸阀，抢修排灰装置 2. 停机，清除灰斗积灰及杂物

第七章　水泥工业用圆锥破碎机

按　圆锥破碎机在水泥生产等行业中用途十分广泛，它适用于破碎中碎、细碎坚硬物料的作业，具有操作简便、运行成本低、维修率小等优点，因此，深受用户青睐。近年来其需求量更是不断地增加，其性能和质量也不断地得到改进和提高，特别是水泥生产设备大型化后，圆锥破碎机受到越来越多用户的青睐，得到更加广泛的应用。

第一节　概　　述

圆锥破碎机是目前应用最为广泛的硬物料中碎、细碎的一种典型设备，尤其是在产量要求大的矿山、建材、水利等行业，应用十分广泛。圆锥破碎机是利用正立和倒立的两个圆锥之间的间隙进行物料破碎。由于整个运行过程中，其破碎力是脉动的，并且在破碎中有时还混有不可破碎物，如铁块等，故圆锥破碎机必须设计有保险装置，以供排除不可破碎物，起到保护机器的作用。而根据保险装置性质的不同，可分为装有机械弹簧装置和液压弹簧装置（即保险缸装置）两种。长期以来液压圆锥发展缓慢，随着计算机技术和自动化控制技术的迅猛发展，随着液压技术的更新发展，从20世纪80年代末期开始，液压圆锥破碎机发展也加快了速度，世界各国都竞相研制了相关产品。目前，液压圆锥破碎机根据排料口调整方式不同和主轴安装方式的不同，可分为主轴固定式和主轴活动式两类。主轴固定式液压圆锥破碎机的排料口调整是通过定锥螺旋旋动而致使定锥轧臼壁上下移动来调整排料口，其主轴是短而粗，固定地插在机架中，其承载能力大。主轴活动式的排料调整有两种方式：一种是主轴上下浮动来调整破碎圆锥部，使破碎壁上下移动，从而调整排料口，这种形式的破碎机被称为单缸液压圆锥破碎机；另一种也是通过定锥螺旋旋动而致使定锥轧臼壁上下移动来调整排料口，其主轴是插在偏心套衬套中，即主轴活动的多缸液压圆锥破碎机。

目前圆锥破碎机由于其操作简单、运行成本低、维修率小，故受到广大用户的欢迎，尤其近几年来，其需要量日益增加，市场不断扩大。据不完全统计，目前能制造圆锥的厂家已达十几家，在销量不断增加的同时，其产品性能和质量也在不断得到改进和提高。

第二节　圆锥破碎机的型号及种类

圆锥破碎机按其结构特点分为弹簧圆锥破碎机、液压圆锥破碎机和离心振动式圆锥破碎机。

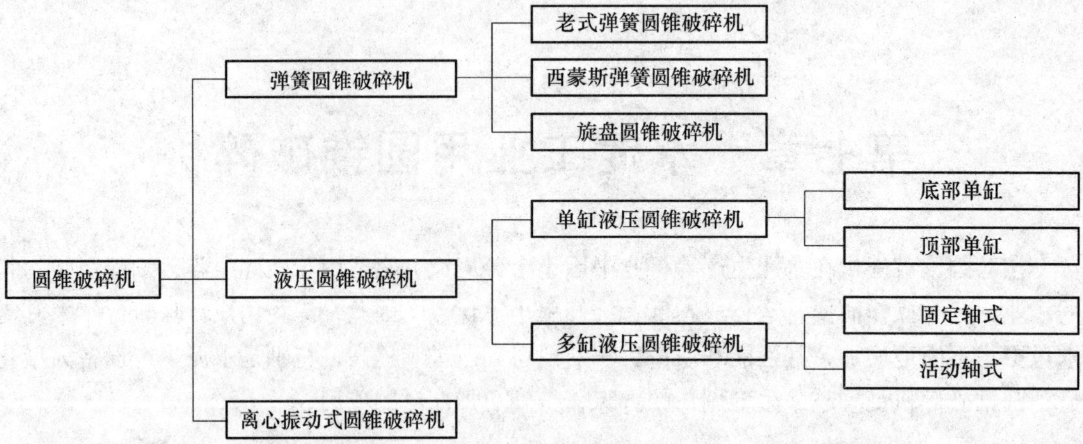

为了使圆锥破碎机制造厂家的产品统一规范，也便于产品的使用和维修，国家已对圆锥破碎机中部分类型的圆锥制订了行业标准，其标准主要有：

《弹簧圆锥破碎机》JB/T 6988—2002

《单缸液压圆锥破碎机》JB/T 2501—2008

《多缸液压圆锥破碎机》JB/T 10883—2008

《旋盘圆锥破碎机》JB/T 6989—2002

产品型号表示方法作了统一规定：

1. 老式弹簧圆锥破碎机

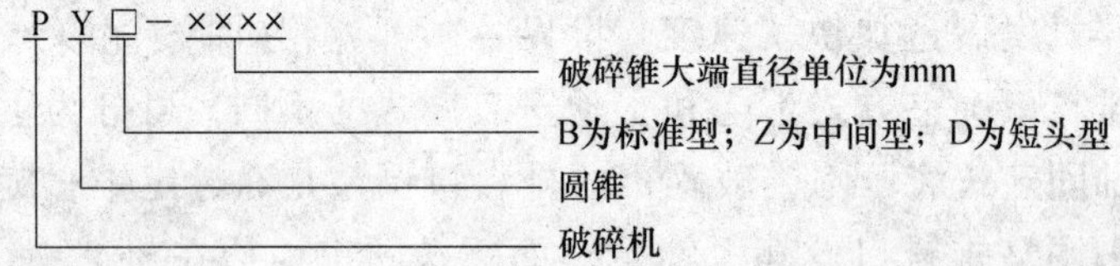

2. 弹簧圆锥破碎机

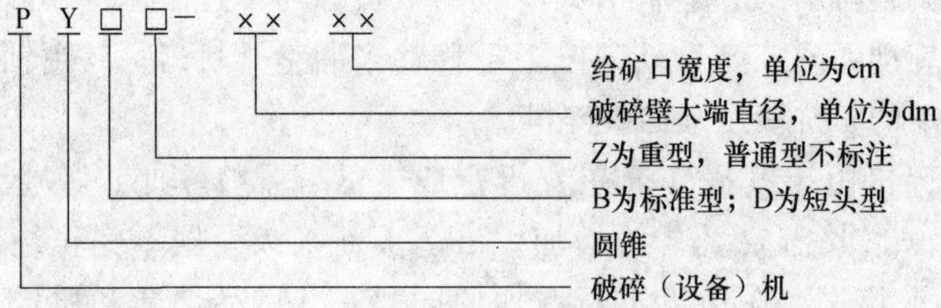

3. 单缸液压圆锥破碎机

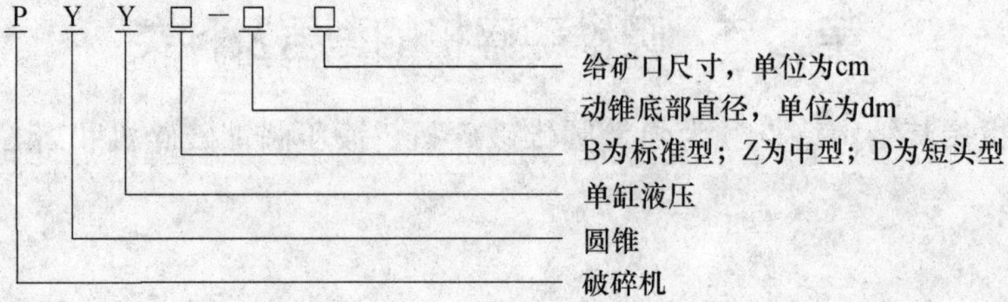

4. 多缸液压圆锥破碎机

P Y G □ H－×× ××

- ×× 给料口宽度，单位为cm
- ×× 破碎端大端直径，单位为dm
- H 活动轴式，固定轴式不标注
- □ B为标准型；D为短头型
- G 多缸液压
- Y 圆锥
- P 破碎机

5. 旋盘式圆锥破碎机

P Y X－×× ××

- ×× 喉口尺寸，单位为mm
- ×× 破碎锥大端直径，单位为dm
- X 旋盘式
- Y 圆锥
- P 破碎（设备）机

第三节　圆锥破碎机的基本参数

1. 弹簧圆锥破碎机的基本参数（表7-1）

表7-1　弹簧圆锥破碎机的基本参数

型　号	规　格		最大给矿粒度（mm）	排矿口调整范围（mm）	处理能力（t/h）	主电动机推荐功率（kW）	机器参考重量（t）
	破碎壁大端直径（mm）	给矿口宽度（mm）					
PYB—0607	600	70	60	6~38	15~50	≤22	4.5
PYB—0609		95	80	10~38	18~65		
PYB—0611		110	90	13~38	22~70		
PYB—0910	900	100	85	10~22	45~90	≤75	10.0
PYB—0917		175	145	13~38	55~160		
PYB—0918		180	150	25~38	110~160		
PYB—1213	1200	130	110	10~30	60~165	≤110	17.0
PYB—1215		155	130	13~38	100~195		
PYB—1219		190	160	19~50	140~300		
PYB—1225		250	210	25~50	190~310		
PYB—1313	1300	135	115	13~30	105~180	≤150	22.5
PYB—1321		210	175	16~38	130~250		
PYB—1324		240	205	19~50	170~345		
PYB—1326		260	220	25~50	230~335		
PYB—1721	1750	210	175	16~38	180~320	≤220	43.5
PYB—1724		240	205	22~50	255~410		
PYB—1727		270	230	25~64	290~630		
PYB—1737		370	310	38~64	430~680		

续表

型　号	规　格		最大给矿粒度（mm）	排矿口调整范围（mm）	处理能力（t/h）	主电动机推荐功率（kW）	机器参考重量（t）
	破碎壁大端直径（mm）	给矿口宽度（mm）					
PYB—2228	2200	280	235	19～38	380～725	≤280	67.5
PYB—2233		390	280	25～50	600～990		
PYB—2237		370	310	32～64	780～1270		
PYB—2246		460	390	38～64	870～1360		
PYBZ—2228	2200	280	235	19～38	540～1020	≤375	87.5
PYBZ—2233		330	280	25～50	855～1410		
PYBZ—2237		370	310	32～64	1110～1800		
PYBZ—2246		460	390	38～64	1240～1920		
PYD—0603	600	35	30	3～13	9～35	≤22	4.58
PYD—0605		50	40	5～15	22～70		
PYD—0904	900	40	35	3～13	25～90	≤75	11.5
PYD—0906		60	50	3～16	25～100		
PYD—0908		80	65	6～19	55～120		
PYD—1206	1200	60	50	5～16	50～130	≤110	18.0
PYD—1207		70	60	8～16	85～140		
PYD—1209		90	75	13～19	140～180		
PYD—1212		120	100	16～25	160～210		
PYD—1306	1300	60	50	3～16	35～160	≤150	23.5
PYD—1309		90	75	6～16	80～160		
PYD—1310		105	90	8～25	95～220		
PYD—1313		130	110	16～25	190～230		
PYD—1707	1750	70	60	5～13	90～200	≤220	44.5
PYD—1709		90	75	6～19	135～280		
PYD—1713		130	110	10～25	190～330		
PYD—2210	2200	105	90	5～16	190～400	≤280	71.0
PYD—2213		130	110	10～19	350～500		
PYD—2218		180	150	13～25	450～590		
PYD—2220		220	170	16～25	500～650		
PYDZ—2210	2200	105	90	5～16	270～575	≤375	91.0
PYDZ—2213		130	110	10～19	490～700		
PYDZ—2218		180	150	13～25	630～840		
PYDZ—2220		220	170	16～25	720～900		

注：1. 表中的机器参考重量不包括电动机、电控设备、润滑站、液压站的重量。

2. 表中的破碎机处理能力是满足下列条件时的设计通过量：

（1）物料含水量不超过4%，不含黏土；

（2）给料粒度小于排矿口的细颗粒物料占给料总量的10%以下，且给料在破碎腔360°圆周均布；

（3）给料松散密度1.6t/m³，抗压强度150MPa。

2. 单缸液压圆锥破碎机的基本参数（表7-2）

表 7-2　单缸液压圆锥破碎机的基本参数

型　号	动锥底部直径（mm）	给矿口宽度（mm）	最大给矿粒度（mm）	排矿口调整范围（mm）	处理能力（t/h）	主电动机功率（kW）	机器参考重量（t）
PYYB—0913	900	135	110	15 ~ 40	40 ~ 100	≤75	10
PYYZ—0907	900	75	65	6 ~ 20	17 ~ 55	≤75	10
PYYD—0906	900	60	50	4 ~ 12	15 ~ 50	≤75	10
PYYB—1219	1200	190	160	20 ~ 45	90 ~ 200	≤110	20
PYYZ—1215	1200	150	125	9 ~ 25	45 ~ 120	≤110	20
PYYD—1208	1200	80	65	5 ~ 13	40 ~ 100	≤110	20
PYYB—1628	1650	285	240	25 ~ 50	210 ~ 425	≤160	38
PYYZ—1623	1650	230	195	13 ~ 30	120 ~ 280	≤160	38
PYYD—1610	1650	100	85	7 ~ 14	100 ~ 200	≤160	38
PYYB—2235	2200	350	295	30 ~ 60	450 ~ 900	≤280	78
PYYZ—2229	2200	290	245	15 ~ 35	250 ~ 580	≤280	78
PYYD—2213	2200	130	110	8 ~ 15	200 ~ 380	≤280	78

注：处理能力为物料含水量不超过4%，不含黏土，给料粒度级配适当，小于排矿口的物料占给料总量的10%以下，给料在破碎腔四周均布，物料松散密度1.6t/m³，抗压强度为120MPa时的开路设计通过量。

3. 多缸液压圆锥破碎机的基本参数（表7-3）

表 7-3　多缸液压圆锥破碎机的基本参数

型　号	规格		最大给料尺寸（mm）	排料口调整范围（mm）	处理能力（t/h）	主电动机推荐功率（kW）	机器参考重量（kg）
	破碎锥大端直径（mm）	给料口宽度（mm）					
PYGB—0712	700	120	100	13 ~ 25	60 ~ 110	90	5600
PYGB—0717		170	145	21 ~ 32	80 ~ 140		
PYGD—0704		40	35	6 ~ 13	45 ~ 80		
PYGD—0707		70	60	9 ~ 16	50 ~ 90		
PYGD—0709		90	75	9 ~ 19	55 ~ 95		
PYGB—0913	900	130	110	14 ~ 25	117 ~ 200	160	10100
PYGB—0916		155	132	18 ~ 22	130 ~ 210		
PYGB—0921		210	178	22 ~ 38	140 ~ 225		
PYGD—0907		70	60	8 ~ 19	72 ~ 170		
PYGD—0909		90	76	10 ~ 22	81 ~ 180		
PYGD—0912		118	100	12 ~ 25	108 ~ 198		
PYGB—1114	1100	135	115	16 ~ 32	162 ~ 290	220	18500
PYG8—1121		211	180	20 ~ 38	180 ~ 340		
PYGB—1124		235	200	26 ~ 45	207 ~ 400		
PYGD—1107		70	60	8 ~ 19	108 ~ 198		
PYGD—1110		96	82	12 ~ 22	126 ~ 215		
PYGD—1112		124	105	14 ~ 25	144 ~ 230		

续表

型　号	规　格		最大给料尺寸（mm）	排料口调整范围（mm）	处理能力（t/h）	主电动机推荐功率（kW）	机器参考重量（kg）
	破碎锥大端直径（mm）	给料口宽度（mm）					
PYGB—1415	1400	152	130	16～38	202～440	315	29700
PYGB—1420		200	170	22～45	243～500		
PYGB—1433		330	280	26～50	270～555		
PYGD—1408		80	68	8～19	104～285		
PYGD—1411		106	90	10～22	126～310		
PYGD—1414		135	115	12～25	162～330		
PYGB—1518	1500	180	152	19～38	288～545	400	38800
PYGB—1523		229	190	25～45	328～630		
PYGB—1534		335	285	32～50	365～710		
PYGD—1509		88	75	8～19	122～360		
PYGD—1512		124	105	10～22	158～385		
PYGD—1515		152	130	13～25	202～410		
PYGB—1821	1800	210	180	19～38	333～550	500	61900
PYGB—1826		265	225	25～45	468～650		
PYGB—1836		365	310	32～50	558～765		
PYGD—1804		40	34	5～19	135～325		
PYGD—1809		90	76	10～22	225～380		
PYGD—1815		155	130	13～25	270～450		
PYGB—2028	2000	280	238	16～38	378～610	630	125000
PYGB—2035		350	298	25～45	522～720		
PYGB—2039		385	326	32～50	616～845		
PYGD—2009		90	77	5～19	166～375		
PYGD—2012		120	102	10～22	270～440		
PYGD—2016		160	136	13～25	328～520		
PYGB—2330	2300	300	255	25～45	648～895	800	155000
PYGB—2339		390	332	32～50	774～1050		
PYGB—2342		415	352	38～60	873～1240		
PYGD—2313		130	110	8～19	292～470		
PYGD—2317		170	145	10～22	342～550		
PYGD—2321		205	175	12～25	387～650		

注：1. 给料口宽度指的是在最小排料口时的开口边给料口尺寸。

2. 表中机器参考重量不包括电动机、电控设备、润滑站、液压站、基础站、专用工具的重量。

3. 表中破碎机处理能力是满足下列条件时的设计通过量：

（1）物料含水量不超过4%，不含黏土；

（2）在开路流程条件下，给料均匀，小于排料口物料不应大于给料总量的10%；

（3）给料松散密度1.6t/m^3，抗压强度为140～150MPa。

4. 允许随着用户需要，可以增加型号，其命名原则应按本标准的规定，基本参数按设计技术文件的规定。

4. 旋盘式圆锥破碎机的基本参数（表7-4）

表7-4　旋盘式圆锥破碎机的基本参数

型　号	规　格		推荐给矿粒度（mm）	最大给矿粒度（mm）	处理能力（t/h）	主电动机推荐功率（kW）	机器参考重量（t）
	破碎机大端直径（mm）	喉口尺寸（mm）					
PYX—0613 PYX—0619	600	13 19	5~19	38	10~25	≤45	6.0
PYX—0911 PYX—0919 PYX—0925	900	11 19 25	5~19	38	55~65	≤75	11.5
PYX—1213 PYX—1219 PYX—1225 PYX—1232	1200	13 19 25 32	5~19	38	100~115	≤150	25.8
PYX—1619 PYX—1625	1650	19 25	5~19	38	160~180	≤220	75.0
PYX—2116 PYX—2125 PYX—2132	2100	16 25 32	5~19	38	230~270	≤315	100.0

注：1. 表中的机器参考重量不包括电动机、电控设备、润滑站、液压站的重量。

2. 表中的破碎机处理能力是满足下列条件时的闭路系统设计通过量：

（1）物料含水量不超过4%，不含黏土；

（2）给料粒度级配适当，沿破碎腔360°分布均匀；

（3）给料松散密度为1.6t/m³，抗压强度小于160MPa且消耗额定功率80%。

第四节　圆锥破碎机的构造原理

圆锥破碎机的构造分为以下几种类型：

1. 老式弹簧圆锥破碎机（图7-1）

其主要组成部分为机架部、传动部、偏心套部、碗形轴承部、破碎圆锥部、支承套部、调整套部、弹簧部、基础部、润滑部等。其机架为整个机器的基础件，机架中心套筒内压入一个机架衬套，其材质为有色金属。传动部装在机架上的传动轴套筒内，前端小锥齿轮与偏心套部的大锥齿轮相啮合，另一端借联轴器与电机相连。其传动轴的轴承有滑动轴承（即铜套）也有滚动轴承，视机器的规格而不同。偏心套部有偏心套，一般由铸铁铸成，中心压入一个锥衬套，是有色金属制成。大锥齿轮与偏心套是过盈连接，为平衡破碎圆锥部的惯性力和使偏心轴套与机架衬套沿全长接触，其顶部装有平衡重。而偏心套被机架下部圆盘支承，圆盘一般由三件组成，而大小锥齿轮间隙靠圆盘下的垫片调整。碗形轴承架与机架的孔成过盈配合，而碗形瓦的密封分为水密封和干油密封两种，即Ⅰ型和Ⅱ型。破碎圆锥部由圆锥躯体、主轴、破碎壁等组成，此部件有时也叫动锥。圆锥躯体与主轴是较大的过盈配合。圆锥躯体外装有高锰钢制成的破碎壁，以保护圆锥躯体，破碎壁与圆锥躯体之间灌注锌或者

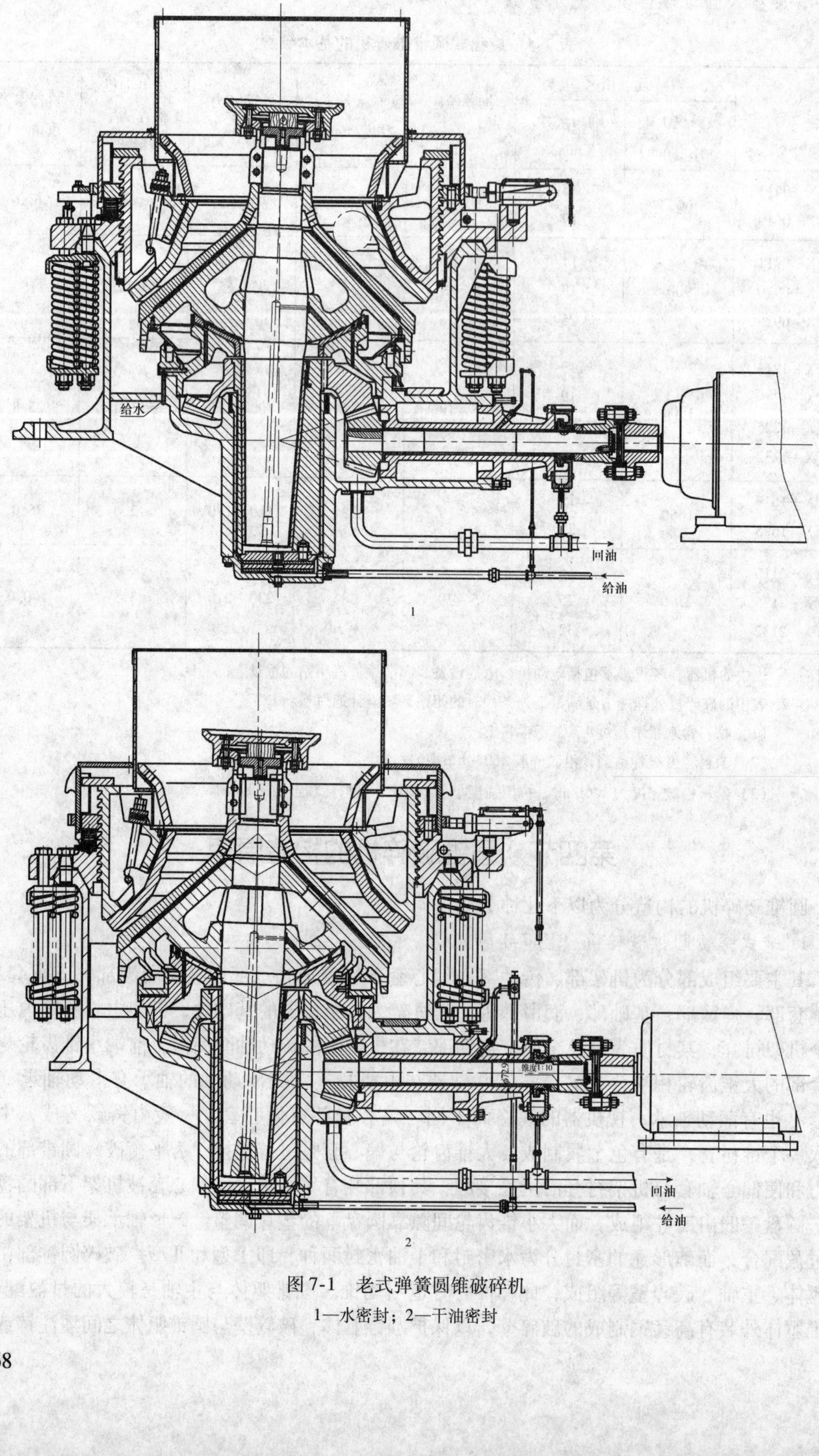

图 7-1　老式弹簧圆锥破碎机

1—水密封；2—干油密封

环氧树脂，为防止破碎壁转动，上部用锁紧螺母锁紧。破碎圆锥部的旋向有严格规定，其原因是防止螺母松动，一般而言，面对传动轴，其传动轴是逆时针转动。物料从给料斗落到分料盘上，即随分料盘的晃动均匀落入破碎腔中。调整套上有锯齿形螺纹，旋在支承套内，调整套内部锥体上装有轧臼壁，由U型螺栓固定，中间灌注锌或者环氧树脂，有时，此部件也叫定锥。其与破碎壁的间隙调整由推动缸推动，使调整套上升或下降，从而改变排矿口大小。为使螺纹在上面接触采用锁紧螺柱或锁紧缸的形式。让支承套与调整套的螺纹在上面接触。从而在破碎力作用方向上没有间隙存在。这样就不会产生附加冲击力。支承套的锥面与机架上部锥面密切贴合，周围用弹簧的张力把支承套压在机架上，这样，当非破碎物落入破碎腔内时，可起到保险作用。而破碎机的传动轴承、圆盘、锥衬套与主轴、机架衬套与偏心套、大小锥齿轮、球面轴承与圆锥躯体表面等都是相对运动的摩擦副，为保证破碎机正常运转，各摩擦副必须很好的润滑与防尘，其润滑均有专门的润滑油站供给，其润滑站的大小与机器的规格有关。装在机架与支承套间的弹簧起保险作用。当非破碎物进入破碎机时，其破碎力大大增加，力求使支承套向上抬起，并压缩弹簧，以增大动锥与定锥表面间的距离。以便非破碎物被排出，从而保护破碎机不受损坏，然后，支承套借弹簧的张力作用复位。

特点：维修简单、功率低、破碎力小、进料粒度小、出料粒度大、无清腔系统、自重较重。

2. 弹簧圆锥破碎机（图7-2）

（1）其主要组成部分为机架部、传动部、偏心套部、碗形轴承部、破碎圆锥部、支承套部、调整套部、弹簧部、基础部、润滑部等。其机架为整个机器的基础件，机架中心套筒内压入一个机架衬套，其材质为有色金属。传动部装在机架上的传动轴套筒内，前端小锥齿轮与偏心套部的大锥齿轮相啮合，另一端借联轴器与电机相连。其传动轴的轴承有滑动轴承（即铜套）也有滚动轴承，视机器的规格而不同。偏心套部有偏心套，一般由铸铁铸成，中心压入一个锥衬套，是有色金属制成。大锥齿轮与偏心套是过盈连接，为平衡破碎圆锥部的惯性力和使偏心轴套与机架衬套沿全长接触，其顶部装有平衡重。而偏心套被机架下部圆盘支撑，圆盘一般由三件组成，而大小锥齿轮间隙靠圆盘下的垫片调整。碗形轴承架与机架的孔成过盈配合，而碗形瓦的密封分为水密封和干油密封两种，即Ⅰ型和Ⅱ型。破碎圆锥部由圆锥躯体、主轴、破碎壁等组成，此部件有时也叫动锥。圆锥躯体与主轴是较大的过盈配合。圆锥躯体外装有高锰钢制成的破碎壁，以保护圆锥躯体，破碎壁与圆锥躯体之间灌注锌或者环氧树脂，为防止破碎壁转动，上部用锁紧螺母锁紧。破碎圆锥部的旋向有严格规定，其原因是防止螺母松动。一般而言，面对传动轴，其传动轴是逆时针转动。物料从给料斗落到分料盘上，即随分料盘的晃动均匀落入破碎腔中。调整套上有锯齿形螺纹，旋在支承套内，调整套内部锥体上装有轧臼壁，由U型螺栓固定，中间灌注锌或者环氧树脂，有时，此部件也叫定锥。其与破碎壁的间隙调整由推动缸推动，使调整套上升或下降，从而改变排矿口大小。为使螺纹在上面接触采用锁紧螺柱或锁紧缸的形式。让支承套与调整套的螺纹在上面接触。从而在破碎力作用方向上没有间隙存在。这样就不会产生附加冲击力。支承套的锥面与机架上部锥面密切贴合，周围用弹簧的张力把支承套压在机架上，这样，当非破碎物落入破碎腔内时，可起到保险作用。而破碎机的传动轴承、圆盘、锥衬套与主轴、机架衬套与偏心套、大小锥齿轮、球面轴承与圆锥躯体表面等都是相对运动的摩擦副，为保证破碎机正常运转，各摩擦副必须很好的润滑与防尘，其润滑均有专门的润滑油站供给，其润滑站的

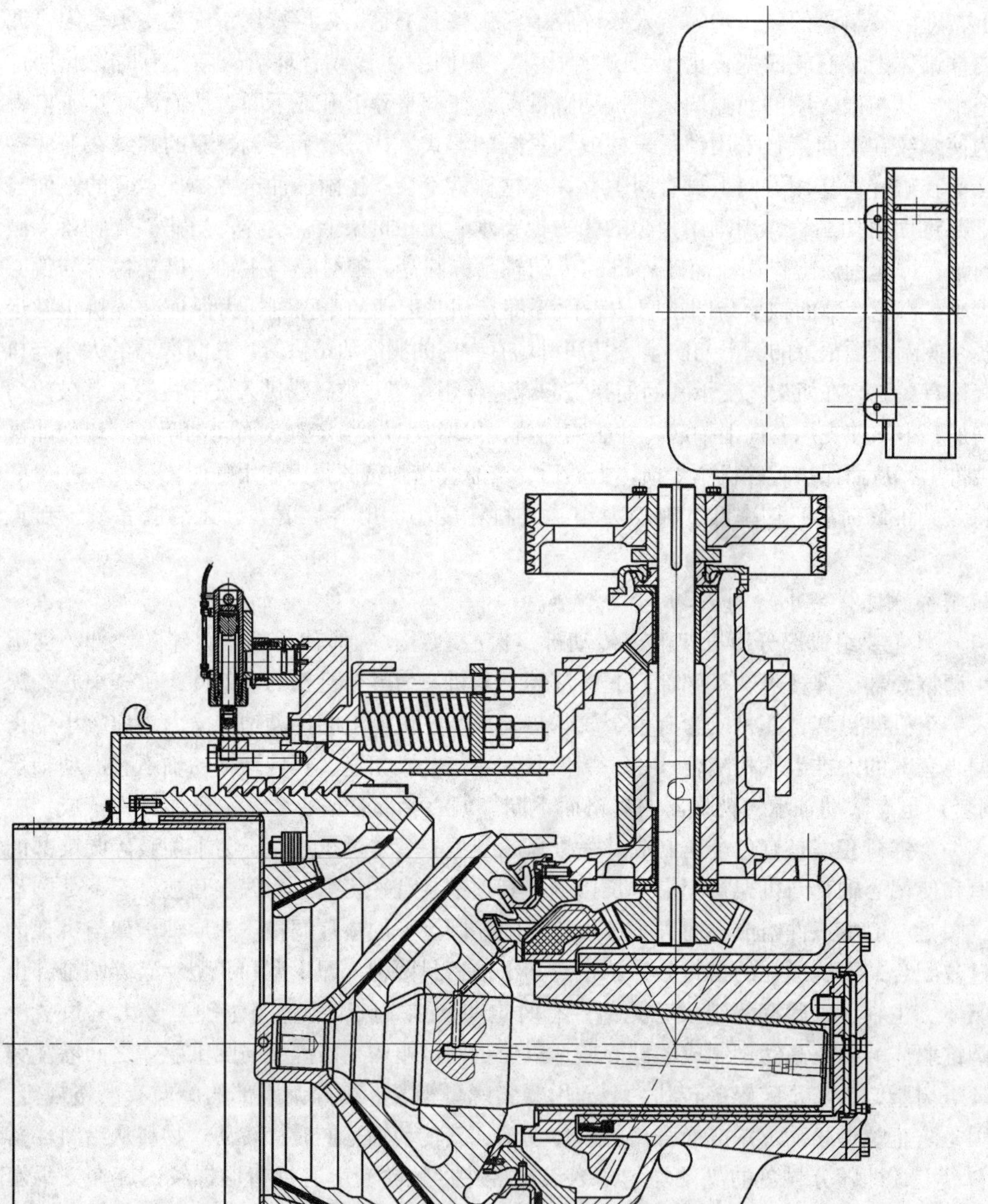

图7-2 弹簧圆锥破碎机

大小与机器的规格有关。装在机架与支承套间的弹簧起保险作用。当非破碎物进入破碎机时，其破碎力大大增加，力求使支承套向上抬起，并压缩弹簧，以增大动锥与定锥表面间的距离。以便非破碎物被排出，从而保护破碎机不受损坏，然后，支承套借弹簧的张力作用复位。

（2）特点：

1）较大的偏心距、合理的摆动次数，其生产力有较大的提高。

2）其材质要求较好，加工精度要求较高，装配误差小，并配有良好的润滑系统，故处理能力大、能耗较低、产品粒度整齐。

3）设有清腔系统，当圆锥破在负载下停车时，残留在圆锥破中的物料必须清除干净后，才能重新启动。此时，清腔系统就可发生作用，而用不着人工排除，因人工排除的危险性是较大的。

4）主轴上设有切割环，其目的是当主轴螺母拆卸困难时，可隔开切割环，减少螺母压力，便于拆卸。

5）防尘密封有三种：水密封、干油密封、空气密封。一般用干油密封为主。

6）轧臼壁紧固方式有 U 型螺栓连接、楔块连接、螺栓连接。

7）碗形轴承架与机架连接除过盈连接配合外，还加螺钉连接，以确保碗形轴承架不松动。

8）圆盘有三片，从上到下的材质分别为：铜、钢、铜。

9）根据用户需求，可以配自动给料控制系统，一般采用功率控制形式，可使破碎机在满负荷连续稳定给料条件下达到最大的生产能力和最大的破碎效率。

10）采用推动缸形式调整破碎壁与轧臼壁的间隙。

（3）装配注意点：

1）机架部

机架是破碎机其他零件的刚性支撑体，起着把破碎力传递到基础上的作用，并且作为一个安装基准面。装在上部锥形加工面上的支承套内圆加工有锯齿形螺纹，以便调整套部能够调整，其弹簧部弹簧装在机架法兰下部，用螺栓把在支承套上，当异物（铁块）通过破碎腔时不至于损坏破碎机，异物通过破碎腔时，弹簧压缩量增加，使支承套抬高，异物排出，定位销从机架表面伸出防止支承套旋转，当调整套抬高或倾斜时，定位销起导向作用，使支承套返回到正常的工作位置，机架衬套与机架内孔呈紧配合或千分之几的间隙配合，装配时还须注意其圆度为偏心套部提供了一个轴承面，机架底部的底盖用螺栓连接机架，使破碎机在此处有一润滑通道，底盖还起着支撑圆盘和偏心套的作用。

2）支承套部

支承套装在机架上，其支承套必须与内支撑面整个圆周接触，在外支撑面必须留有间隙，大约在 0.3 ~0.8mm 之间。如果支承套落在外支承面，支承套就会别劲导致过早损坏或严重磨损。

3）弹簧部

弹簧在装配时特别要注意传动轴架附近的装配（这是由于安装位置限制）。

装配时，小心地把螺栓穿入支承套和弹簧组中，再用液压千斤顶抬高弹簧组，并拧上螺母。各组装上后，按照图纸规定尺寸，把弹簧对成压缩到位，并检查尺寸。弹簧在工作时，动作过于频繁，表明破碎状态不正常，应找出原因，如给料不均匀、细料太多、排矿口太小、水分过大等，不能通过进一步压缩弹簧来解决频繁振动之事。

4）传动部

通过V带或直接驱动，把动力从原动部传给传动轴，与传动轴紧配合的小锥齿轮驱动偏心套上大锥齿轮，传动轴上由两个轴套支承，轴套固定在传动轴架上，防止轴套旋转，传动轴里套法兰承受来自小齿轮止退垫的全部止退磨损，用键固定在传动轴另一端的甩油环靠离心力将传动轴架窜出的油排出。套在甩油环上的集油器致使排出的油返回油箱循环使用，传动轴架与机架为紧配合。

传动轴套与衬套配合为过渡配合，可能有过盈，一般在0.025～0.051mm之间，传动轴外套油沟在12点钟的正常位置。

5）偏心套部

偏心套每旋转一周，躯体和主轴也跟着一个偏心运动轨迹，主轴衬套用填料固定在偏心套内孔中，为主轴提供一个轴承面，通过安装并用键固定在偏心套顶部的大齿轮由传动轴上的小齿轮驱动。机架衬套内偏心套随之转动，整个偏心套部由放置在底盖上一组圆盘支撑，大小齿轮间隙由调整垫片调整。

放置垫后，最薄的在最底下，最厚的在最上面，且使用最小数量垫片，偏心套与大锥齿轮为过盈配合采用加热法装配，一般高出环境温度100℃左右即可，要均匀加热，正常磨损衬套多发生在偏心套厚边。当调整齿轮侧隙时，最小齿侧间隙不能保证时，可不考虑此项，仅保证齿顶侧隙即可，这是为了齿轮根部必须留有间隙的需要。齿轮间隙、侧隙和顶隙见表7-5。

表7-5　齿轮间隙、侧隙和顶隙

mm

齿轮间隙	侧隙	顶隙		
		名义	最小	最大
900	0.508～1.06	2.769	2.388	3.175
1300	0.762～1.27	3.175	2.888	3.962
1650	1.016～1.524	3.962	3.175	4.775

6）碗形轴承架部

碗形轴承架支撑破碎圆锥部并把破碎力传递给机架，通过过盈配合和碗形轴承架四周螺钉使其紧紧固定在机架上，碗形瓦装在碗形轴承架上，其支承面由通过主轴中心和躯体的油路提供充分的润滑，碗形轴承架上焊有挡圈，防止碗形瓦上表面的循环油溢出流到密封装置上，碗形瓦上油沟以及碗形瓦与碗形轴承架上一组孔可使润滑油流回破碎机内部。为防止破碎作业产生的粉尘和研磨粒子进入润滑系统，以免损坏破碎机内机器部件，由于躯体作偏心旋摆运动，因而密封装置必须是柔性的，以便保持联系接触和密封，密封形式有水密封、干油密封、空气密封，一般以干油密封为多，如果作业时粉尘特别大，可用空气密封，碗形轴承架和机架间为过盈配合，以便要将机架加热到高于环境温度40～50℃。

3. 单缸液压圆锥破碎机（图 7-3）

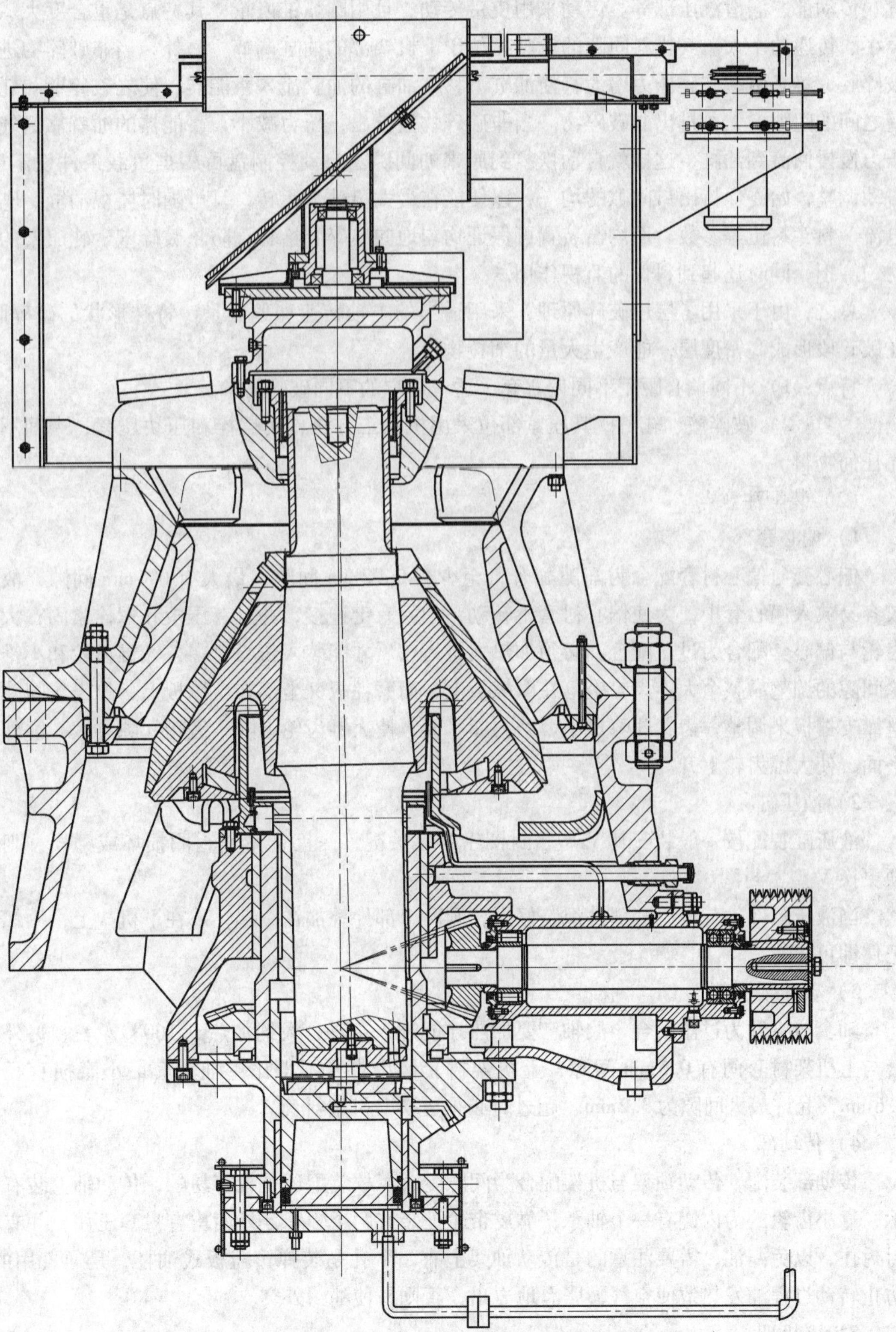

图 7-3　单缸液压圆锥破碎机

（1）主要组成部分为破碎圆锥部、上机架部、下机架部、偏心套部、油缸部、均给装置、传动部、润滑液压部等。传动采用皮带传动、且用圆弧锥齿轮，其特点是重合度大、噪声小、传递功率大。其排料间隙的调整靠位于下机架部的油缸调节。另外，当非破碎物进入破碎腔，势必引起破碎压力增大，使油缸下移，油缸的油就流入蓄能器，使之破碎壁和轧臼壁之间的间隙增大，排出非破碎物。当非破碎物被排出，压力减小，蓄能器的油就靠氮气的压力慢慢回流到油缸，这样就自动恢复到原来的间隙。自动控制盘可根据负载条件设定后，自动调整，始终保持出口间隙的均一，以便能在最大负载下运转，且可随时监视油缸，电机电流，料斗料位等参数。而均给装置可保证均匀地向破碎腔给料，防止破碎壁、轧臼壁的不均匀磨损，同时还起到料位的监视作用。

总之，由于采用了层压破碎原理，采用适当的主轴转速和偏心量、特殊形状的破碎腔，在破碎段形成高密度层，能产生大量的细粒物料。

特点：1）不同偏心距用不同偏心套，适应用户的不同破碎需求。

2）破碎壁、轧臼壁其压紧部位采用机加工方法，用螺栓和压块压紧，中间不填充任何物料。

（2）装配注意点

1）偏心套部

偏心套与偏心衬套配合为间隙配合，至少有 0.02mm 间隙，最大有 0.1mm 间隙，故比较容易放入偏心套中，为使偏心衬套不转动，中间有键连接，并且有压板和螺栓紧固，大锥齿轮与偏心套配合为过盈配合，必须加热大锥齿轮后才能装入偏心套中，大锥齿轮和小锥齿轮间隙的调整靠整个大锥齿轮坐落在摩擦板上，而磨耗板又坐落在支撑板上，故齿轮间隙调整靠支撑板来调整，齿轮间隙过小，磨内圈平面，使大锥齿轮下降；齿轮间隙过大，磨外圈平面，使大锥齿轮上升。

2）液压缸

液压缸装配按一般装配其 V 型密封圈密封是关键，一旦 V 形密封圈损坏或磨损，则必须更换 V 型密封圈。

当液压缸部件与偏心套部件组装好后，则两个部件叠加在一起，装在下机架上，用螺栓把住即可。

3）破碎圆锥部

轴套与主轴为过盈配合，故轴套要加热才能进入主轴，大约加热到 160℃左右，另外轴套与上机架衬套间有 0.5mm 间隙，上机架衬套最小直径不得比主轴轴套最小磨损直径大 1.6mm，允许最大间隙为 3.2mm，超过时必须更换上机架衬套。

4）传动部

传动部装配，传动轴架与机架配合为间隙配合，故装配还是较容易的，传动轴上装有轴承，靠小齿轮的为内侧有一个轴承；靠皮带轮处装有两个轴承，外面均有衬套压住，并有油封封住，以免漏油，需要注意的是传动轴架上有一个孔是装弹簧盖板式油杯，是通气用的，防止转动过程油发热致使空气膨胀有地方出，否则易使油封外突。

5）下机架部

机架衬套与机架配合为间隙配合，其间隙为 0.02～0.075mm。装入机架后，用环氧树脂粘结，特别注意的是有一空气吹尘装置，是向里面吹空气，以保证粉尘不进入润滑系统，另外偏心套与机架衬套间隙为0.5mm左右，空气吹尘装置的鼓风机为0.4kW。

6）给料须知

不允许潮湿粘结的物料，且给料中的细物料也必须少，否则要增加破碎机的负荷，且易堵塞，正常给料尺寸与闭端排料口尺寸比例约为4:1。

7）液压站操作

打开液压泵，确认泵转动正常，此时放气阀门打开，可听到空气的“扑、扑”声，到油出来时，关上放气阀，当不可破碎物进入破碎机时，作用在油缸上的压力增加，致使油被迫进入蓄能器钢壳中，压缩皮囊中的氮气，在不可破碎物被排出后，皮囊中的气体压力迫使油返回油缸，当所有油返回系统时，破碎机将返回原始位置。

4. 多缸液压圆锥破碎机（图7-4）

（1）主要组成部分

PYG多缸液压圆锥破碎机由衬板部、机架部、支承套部、调整套部、传动部、偏心套部、碗形轴承部、破碎圆锥部、保险缸部、皮带轮部、工具部、基础部、液压系统、润滑系统组成。由原动机带动电机皮带轮，电机皮带轮通过V带带动装在传动轴上的大皮带轮使之小锥齿轮转动，小锥齿轮带动大锥齿轮，使之偏心套转动，偏心套靠摩擦力带动破碎圆锥部作偏摆运动。

（2）装配要求

1）机架部

机架是破碎机其他零部件的刚性支撑体，焊接在机架内的衬板及筋护板是可更换的，以防止机架内壁损坏，支承套装在机架上部锥形加工面上，通过锯齿形螺纹支承调整套部，通过机架上法兰孔悬挂在支承套上的6个保险缸，既提供破碎物料所须破碎力，又给异物通过破碎腔时对破碎机提供保护，异物通过破碎腔时，支承套向上拉保险缸活塞杆的力增大，保险缸上腔液压力增加，液压油排入蓄能器，支承套抬高异物排出，机架上的定位销可防止支承套旋转，并且当调整套与支承套抬高或倾斜时，定位销起导向作用，以使支承套回到正常位置，主轴与机架呈过盈配合，偏心套绕主轴旋转，碗形轴承架固定装在主轴顶部，主轴中心孔为破碎机提供一条润滑通道，通过螺栓将推力轴承固定在邻近主轴四周的主机架上，为偏心套提供旋转支撑，调整推力轴承下垫片数量可改变齿轮啮合间隙，在主机架的大齿轮工作腔周围槽中粘有尼龙材质的U形密封圈，与配重底部的T形密封圈形成迷宫式密封，既防止灰尘侵入齿轮和滑动轴承工作表面，U形密封圈和T形密封圈通常不接触，因而是没有磨损的，但由于某种方式被损坏时，必须及时更换，以免粉尘进入轴承。

2）保险缸部

在破碎普通硬度物料时，保险缸是不会动作的，出现非正常和异常硬的物料时，保险缸部仅偶尔动作，但保险缸动作过于频繁，表明破碎状态不正常，应找出原因，并采取措施，避免损坏机器，如给料不均匀，给料中细料太多，排矿口太小，给料中含有黏土、木块、给料水分太大等都是保险缸动作频繁的原因之一，绝对不允许通过进一步提高液压力来解决保

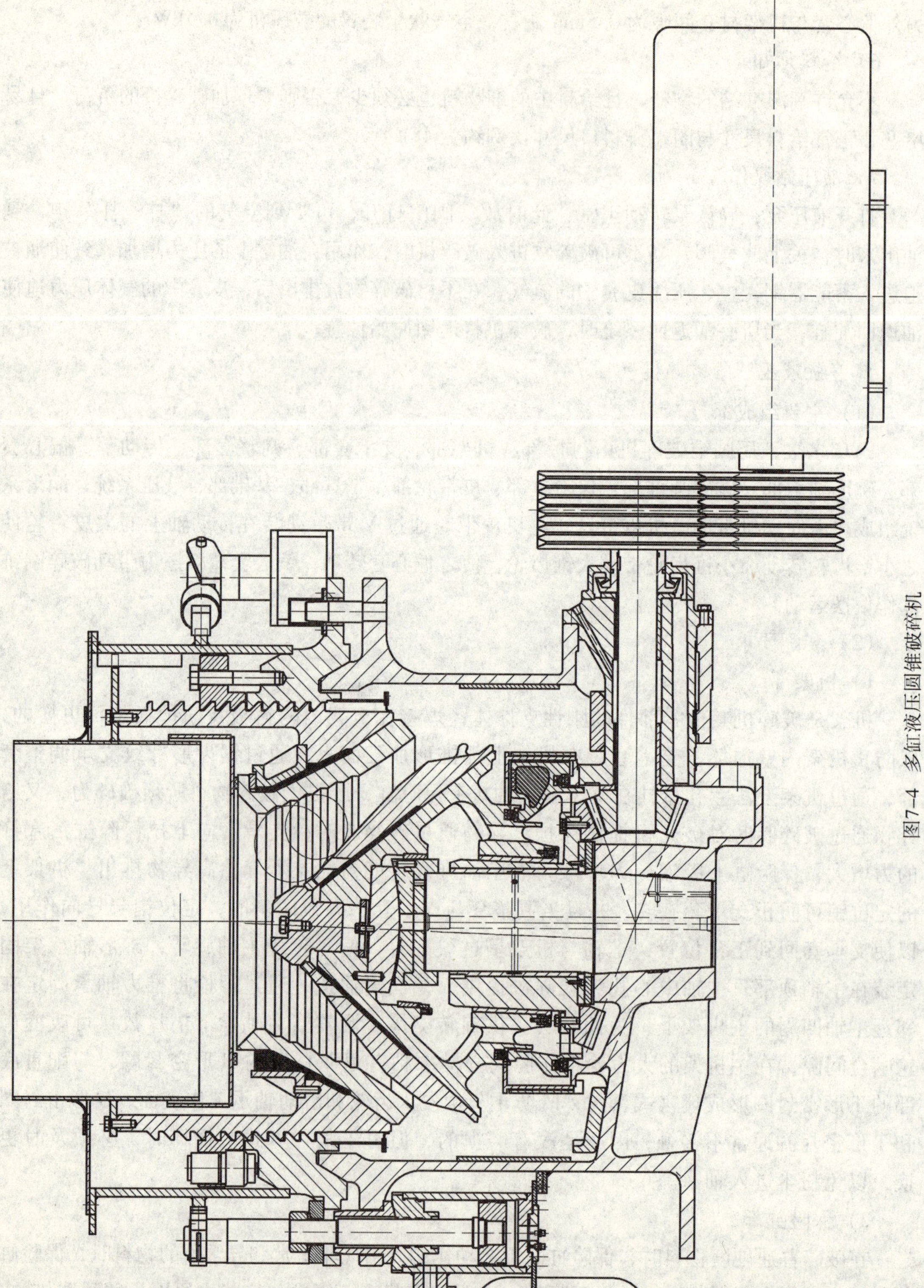

图7-4 多缸液压圆锥破碎机

险缸动作过于频繁的问题，因为进一步提高液压力只能使破碎机负荷过大，而不能纠正或消除故障原因，如果保险缸漏油，一般来说，是里面的密封圈损坏，必须及时更换，但更换前必须卸压，绝对不能在没有卸压前就拆液压接头等，有时喷出的高压油速度高，而且可能在被甩动的高压胶管自由端打伤的可能。

3）传动部

通过V带或直接驱动装置将原动机上动力传递给传动轴，压装在传动轴上的小锥齿轮传递给偏心套上的大锥齿轮，传动轴由里、外两个轴套支承，轴套用定位销固定在传动轴架上，以防转动，传动轴套法兰承受来自小锥齿轮或甩油环的轴向推力，用键固定同时又压装于传动轴的甩油环借助离心力将油排出传动轴架，传动轴架与机架为过盈配合，通过大直径螺钉固定，在传动轴架与机架的内配合面处装有O形密封圈提供密封。

4）偏心套部

偏心套的偏心回转迫使动锥作偏心旋摆运动，偏心衬套固定在偏心套内，作为主轴的轴承面，用螺栓固定在偏心套底部的大锥齿轮由传动轴上的小锥齿轮驱动，偏心套围绕静止的主轴旋转，整个偏心套部由一组推力轴承支撑，上推力铜轴承紧固在偏心套底部，静止的下推力轴承紧固在主机架上，这组推力轴承减少了偏心套部磨损，大小锥齿轮齿顶隙及齿侧间隙是靠增加或减少下推力轴承板下的垫片调整，在偏心套上的配重有轻边和重边，相对定位，以便降低动锥和偏心套旋转造成的不平衡力，配重外圈护板和护盖保护配重免受下落物料的冲击，配重底部和顶部的T形和U形密封，放置漏油及进入灰尘，保护大小锥齿轮及轴承表面，偏心套与偏心衬套最多为0.051的间隙配合。

当齿侧间隙不能保持时，必须通过增减垫片手段，但任何时候，齿顶间隙必须保证，必要时可忽略齿侧间隙，保证齿顶间隙：

1100齿侧间隙1.0～1.6，齿顶间隙2.4～2.95；

1400齿侧间隙1.02～1.5，齿顶间隙2.55～4.23。

5）碗形轴承架部

碗形轴承架支撑动锥，并将破碎力传递给机架，碗形轴承架通过过盈配合及其周边几个螺栓固定在主轴上，碗形瓦用定位销固定在碗形轴承架顶部，为用螺栓固定在动锥下面的球面轴承提供了一个轴承面，在油泵压力下，润滑油穿过主轴和碗形轴承架中心油孔，充分润滑碗形瓦表面。

碗形轴承架装配到主轴上时，必须加热温度大约比环境温度高70～80℃后装入碗形瓦。

6）破碎圆锥部

其球面轴承用螺栓固定在躯体上，上下衬套借助过盈配合，键和螺栓定位，其球面轴承座在主轴顶部碗形瓦球面上，而下衬套则套在歪斜的偏心套外圆柱上，两者间隙约为1mm，偏心套做偏心旋转运动过程中，借助躯体衬套与偏心套间的接触来支撑动锥，在空负荷中，上衬套与碗形轴承架发生接触，以防止倾覆和阻尼自转，润滑油穿过主轴直接润滑碗形瓦和上下衬套，T形密封环粘结在动锥下面凹槽内，与配重顶部U性密封环组成迷宫式密封，防止漏油，并保护齿轮和轴承表面免受粉尘侵害，动锥下面裙状挡油板，防止飞溅油从迷宫式密封圈处渗出。

7）调整套部

调整套通过锯齿形螺纹由支承套支撑，通过转动调整套可以使调整套上升或下降，就可改变排料口尺寸，在破碎物料时，锁紧螺母通过锁紧缸使支承套与调整套间螺纹间隙消除，防止调整套在破碎时转动。

8）液压系统

将调整套锁紧在支承套上的力是由锁紧缸内蝶形弹簧组产生的力作用在锁紧环上产生夹紧力，需要调整排放口时，通过液压力，解除锁紧缸的锁紧力，再通过推动缸迫使调整套转动，但调整必须空载荷停车时进行。

液压过载保护，是一组保险缸承担，在正常工作情况下，通过液压力将支承套固定在主机架上，在过载保护系统上的一个压力开关通过限定范围的开泵或停泵来保证全管路的工作压力，系统设计允许支承套瞬间升起，可使异物通过机器而对机器不造成损害，异物过多、过大时会造成停车，这时需要清腔。

整个系统每一个保险缸对应一个蓄能器，蓄能器是一个钢制压力容器，可以容纳过载时从保险缸排出的油。正常时，保险缸油压与蓄能器充气压力相等，支承套在正常工作范围；过载时，支承套向上升起。保险缸油压大于蓄能器充气压力，液压油挤入蓄能器，压缩内胆，排料口增大，异物排出；保险缸油压小于蓄能器充气压力，蓄能器内胆将油压回保险缸，系统恢复平衡，支承套回到正常位置。

（3）结构特点

1）动锥与主轴为一体，即增加了主轴强度。

2）机架中间装有一柱体，下段为锥形，插入机架套内，使配合更牢固。偏心轴套借助平面上止推轴承支撑在机架内孔的架壁上，偏心轴套内圆柱孔与柱体的圆柱面相配合，而外面锥面与动锥主轴为锥形孔相配合。

3）偏心轴套下部借螺栓连接一密封环体，上面有密封槽，上部环槽与主轴下部环槽构成迷宫式密封。偏心轴套密封环右侧装有平衡重。

4）机架周围铰接液压保险缸，液压保险缸上配有蓄能器，保险缸上部活塞杆与支承套靠螺栓连接，上面装有锁紧液压缸，通过锁紧缸消除螺纹间隙，防止产生冲击磨损。

5. 工作原理

破碎机由电动机通过皮带轮或联轴节（图7-5），带动传动轴旋转，传动轴前装有小锥齿轮与偏心套固联，因此引起偏心套旋转，而破碎圆锥部主轴插在偏心套内，并由碗形瓦支撑，随着偏心套旋转，破碎圆锥部中心线 OO_1，绕机架中心线 OO_2，做锥面运动，而 O 点为动锥的悬挂点，这样动锥时而靠近定锥，时而远离定锥，且在正常情况下，动锥还作有规则的低速自转。由于动锥不断接近和远离定锥，使物料处于被挤压和破碎过程。

故圆锥破碎机工作部件（动锥部件）的运动，亦可看作绕固定点（悬挂点）的刚体运动。破碎机处理能力和产品粒度大小是由破碎腔中两个主要机械因素所决定的，第一是破碎锥体的锥角、形状和高度，第二是动锥体运动时的偏心摆幅和运转速度，一般而言，在同样给料、同样排料口且工况条件都一样的条件下，偏心摆幅较小的高深破碎腔形的破碎机比偏心摆幅较大的短破碎腔形的破碎机的产品要细一些。

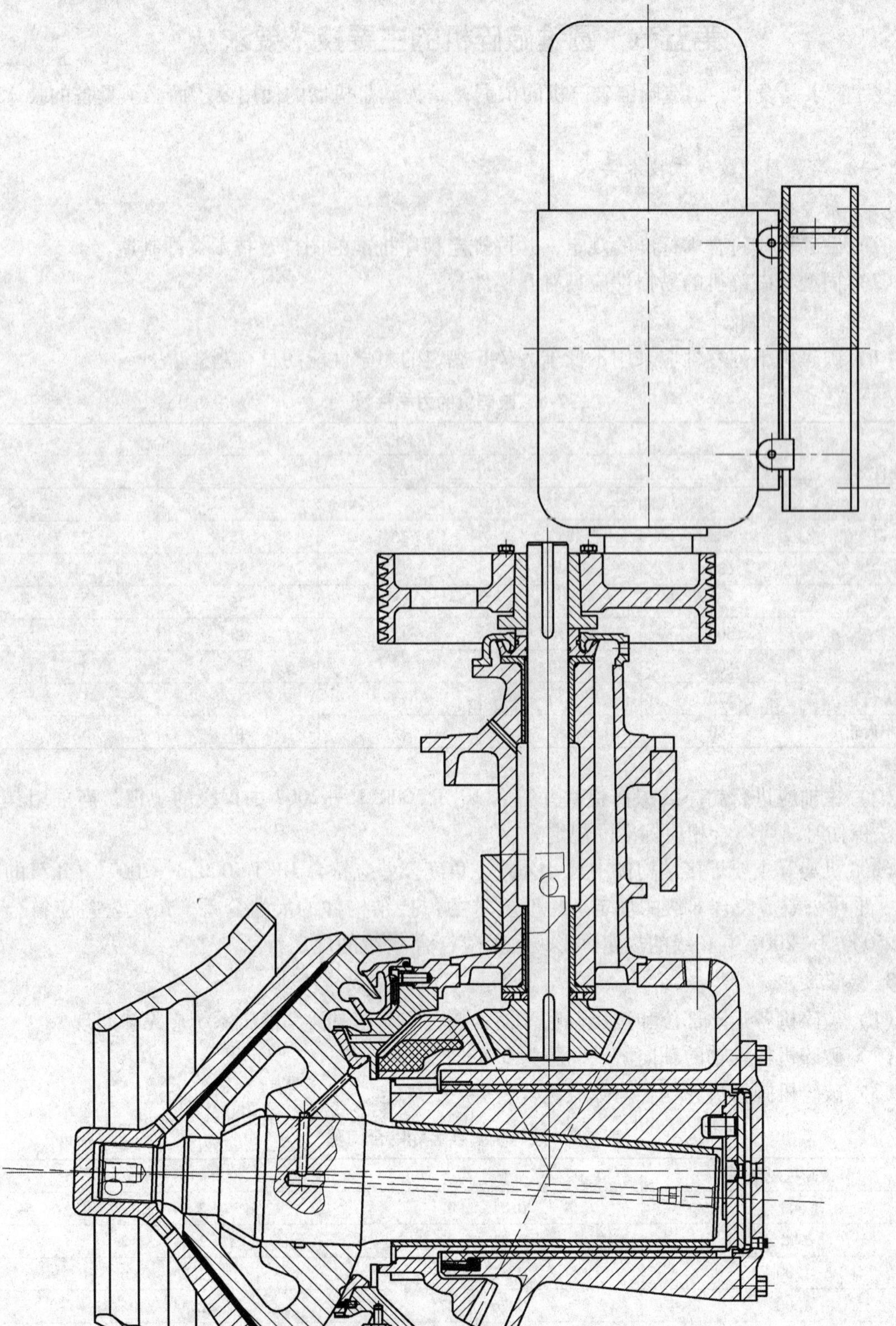

图7-5　破碎机工作原理

第五节 圆锥破碎机的主要技术要求

技术要求是设计、制造圆锥破碎机的依据，是为满足机器的使用要求而必须具备的技术性能指标。

（一）弹簧圆锥破碎机技术要求

1. 一般要求

（1）破碎机应符合本标准的规定，并按规定程序批准的图样及技术文件制造。

（2）同型号破碎机的易损件应具有互换性。

2. 主要零件的技术要求

（1）破碎机下列零件应采用不低于表7-6规定的力学性能的材料制造。

表7-6 破碎机的力学性能

零件名称	力学性能				
	σ_b	σ_s	δ_5	ψ	A_K
	(MPa)		(%)		(J)
机架	500	270	15	25	22
主轴	635	440	18	35	31
支承套	500	270	15	25	22
调整套	500	270	15	25	22
躯体	500	270	15	25	22
大齿轮	570	310	15	21	15
小齿轮	980	685	15	40	55

（2）主轴应进行超声波探伤检查并符合JB/T 5000.15—2007中Ⅳ级的规定，当采用其他方法探伤时，应符合相应标准的规定。

（3）机架等主要焊接结构件中尺寸公差、角度公差应符合JB/T 5000.3—2007中B级的规定，形位公差应符合F级的规定。一般要求的焊接结构件的尺寸公差、角度公差应符合JB/T 5000.3—2007中C级的规定，形位公差应符合G级的规定。

3. 装配要求

（1）破碎机各运动部位和液压调整及锁紧装置应动作灵活，液压系统应无渗漏现象。

（2）破碎机传动轴的轴向游动间隙为0.8~1.6mm。

（3）破碎机圆锥齿轮啮合间隙应符合表7-7的规定。

表7-7 破碎机圆锥齿轮啮合间隙 mm

破碎机规格	侧 隙	顶 隙
600	0.51~1.02	2.34~3.12
900	0.51~1.02	2.34~3.12
1200	0.51~1.02	2.34~3.96
1300	0.76~1.27	2.34~3.96
1750	1.02~1.52	3.18~4.78
2200	1.27~1.78	3.18~7.93

注：齿轮啮合间隙为轮齿大端间隙。

（4）破碎机碗形轴承架装配后，其下端面与偏心套上面的间隙应符合表 7-8 的规定。

表 7-8　破碎机其下端面与偏心套上面的间隙

破碎机规格 I	600	900	1200	1300	1750	2200
间隙（mm）	2.3 ~ 6.0	2.5 ~ 6.5	2.7 ~ 7.0	3.0 ~ 8.0	4.0 ~ 9.0	5.0 ~ 9.5

（5）破碎机装配后，当排矿口调至最小尺寸时，破碎壁与轧臼壁在整个圆周的排矿间隙偏差如下：

1）标准型破碎机不大于排矿口尺寸的 25%；

2）短头型破碎机不大于排矿口尺寸的 20%。

4. 空负荷试车要求

（1）破碎机装配后应在制造厂采用相同工作转速的电动机和性能相似的润滑站连续进行不少于 2h 的空负荷试车。

（2）破碎圆锥自转速不应大于 15r/min。

（3）圆锥齿轮不许出现周期性噪声。

（4）供油压力应在 0.04 ~ 0.1MPa 的范围内，回油温度最高不超过 50℃。

5. 负荷试车要求

（1）连续运行 72h。

（2）供油压力应在 0.04 ~ 0.1MPa 的范围内，回油温度最高不超过 60℃。

6. 安全卫生要求

（1）破碎机应具有电气保护装置及其辅助设备的连锁系统。

（2）破碎机弹簧过载保护装置应安全可靠。

（3）在破碎机明显位置应固定安全操作标牌。

（4）破碎机空载运行时的噪声声压级不应超过 90dB（A）。

（二）单缸液压圆锥破碎机技术要求

1. 一般要求

（1）产品应符合本标准的规定，并按经规定程序批准的图样及技术文件制造。

（2）同一企业的同型号破碎机的主要零部件（如：破碎圆锥部、偏心套部、传动部、下机架部、上机架部、液压缸部及各部件所属主要零件、易损件）应具有互换性，基础安装尺寸应统一。

（3）液压系统应符合 GB/T 3766 的规定。

（4）破碎机应具有可靠的压力润滑系统。

（5）主轴应进行超声波检测，并应符合 JB/T 5000.15—2007 中Ⅳ级的规定。当采用其他方法检测时，应符合相应标准的规定。

（6）上、下机架应进行超声波检测和磁粉检测，超声波检测应符合 JB/T 5000.14—2007 中 4 级的规定；磁粉检测应符合 JB/T 5000.14—2007 中 3 级的规定。当采用其他方法检测时，应符合相应标准的规定。

（7）切削加工件应符合 JB/T 5000.9—2007 的规定。

（8）锻件应符合 JB/T 5000.8—2007 的规定。

（9）高锰钢铸件应符合 GB/T 5680 的规定。

（10）碳素钢铸件应符合 JB/T 5000.6—2007 的规定。

（11）灰铸铁件应符合 JB/T 5000.4—2007 的规定。

（12）传动锥齿轮应符合 GB/T 11365 的规定。

（13）铸造锡青铜耐磨件应符合 JB/T 5000.5—2007 的规定。

2. 主要零件的力学性能要求

破碎机下列零件应采用力学性能不低于表 7-9 规定的材料制造。

表 7-9　破碎机零件力学性能

零件名称	力学性能					
	σ_b	σ_s	δ_5	ψ	A_K	
					A_{KU}	A_{KV}
	(MPa)		(%)		(J)	
主轴	785	590	14	40	31	—
大齿轮	570	310	15	21	—	15
小齿轮	590	390	12	30	23	—
偏心套	500	270	18	25	—	22
上、下机架	500	270	18	25	—	22

3. 装配要求

（1）机器各运动部位和液压调整装置等应保证灵活。

（2）当排矿口调整到最小尺寸时，破碎机动锥旋转一周，最小排矿口尺寸变化的差值，不应大于表 7-10 的规定。

表 7-10　破碎机排矿口最大与最小间隙差　mm

破碎机大端直径	形　式					
	标准形		中　形		短头形	
	排矿口尺寸	最大与最小间隙差	排矿口尺寸	最大与最小间隙差	排矿口尺寸	最大与最小间隙差
2200	30 ~ 60	8	15 ~ 35	6	8 ~ 15	2.5
1650	25 ~ 50	6	13 ~ 30	4	7 ~ 14	2
1200	20 ~ 45	4	9 ~ 25	3	5 ~ 13	1.5
900	15 ~ 40	4	6 ~ 20	3	4 ~ 12	1.5

（3）破碎机如果采用滑动轴承，传动轴的轴向游动间隙为 0.8 ~ 1.6mm。

（4）锥齿轮的啮合间隙应符合表 7-11 的规定。

表 7-11　锥齿轮的啮合间隙　mm

破碎机大端直径	900	1200	1650	2200
侧间隙	2.29 ~ 2.81	1.85 ~ 2.48	2.60 ~ 3.42	2.64 ~ 3.42
顶间隙	2.42 ~ 4.16	3.37 ~ 4.85	3.19 ~ 5.89	5.09 ~ 7.17

注：齿轮啮合间隙为轮齿大端间隙。

4. 空负荷试车要求

（1）破碎机装配后应在制造厂采用相同工作转数的电动机和性能相似的润滑站连续进行4h空负荷试车。在破碎圆锥自转转速正常和回油温度稳定0.5h以上时，空负荷试车时间可以缩短，但最少不应少于2h。

（2）破碎圆锥自转转速正常（主电动机电流稳定、回油温度不高、且进回油温差不应高于2.8℃）。

（3）锥齿轮不应出现周期性噪声。

（4）润滑油供油压力应在0.05~0.15MPa的范围内，进回油温差不应高于2.8℃，回油温度不应超过50℃。

（5）液压调整装置应保证灵活，液压系统与润滑系统应无漏油、漏气现象。

（6）破碎机机架的单振幅不应大于75μm。

5. 负荷试车要求

（1）连续运行不应小于72h。

（2）润滑油供油压力应在0.05~0.15MPa的范围内，回油温度最高不超过60℃。

6. 安全要求

（1）破碎机应装备有电气保护装置及其与辅助设备的连锁系统。

（2）破碎机的过载保护装置应安全、可靠。

（3）在破碎机明显位置应固定安全操作标牌。

（4）破碎机外露的传动部位、带轮等旋转运动部件应有防护装置，其防护装置应符合GB 18452的规定，在合同中没有特殊说明时，由用户自备。

（5）破碎机空转时噪声声压级不应超过90dB（A）。

（三）多缸液压圆锥破碎机技术要求

1. 一般要求

（1）破碎机应符合本标准的规定，并按规定程序批准的图样和技术文件制造。

（2）同一企业制造的同型号破碎机的易损件应具有互换性。

（3）凡本标准未规定的技术要求，均应按现行标准有关规定执行。

2. 外观质量要求

（1）外露机加工表面不应有碰伤和锈蚀现象。

（2）钢铁制件涂装前表面应进行除锈，其除锈等级不应低于GB 8923—1988中St2的规定。

（3）主要焊接件的表面应平整。目测时，不应有可见的凹凸不平现象。

（4）破碎机涂装要求应符合JB/T 5000.12—2007的规定。

（5）液压管路和电器线路走向合理、布置整齐、牢固，不应与运动部件发生碰撞和摩擦。

3. 主要零部件质量要求

（1）破碎机主要零部件应采用不低于表7-12规定力学性能的材料制造。

（2）主轴应进行超声波检测，其质量等级应符合JB/T 5000.15—2007中Ⅳ级的规定。

（3）主要焊接结构件中尺寸公差、角度公差应符合JB/T 5000.3—2007中B级的规定，形位公差应符合F级的规定：其余焊接结构件的尺寸公差、角度公差应符合C级的规定，形位公差应符合G级的规定。

（4）焊接结构件的焊接质量应符合 JB/T 5000.3—2007 的规定，当机架采用铸焊结构时焊接质量也应符合 JB/T 5000.3—2007 的规定，焊接件还应消除应力。

（5）液压元件应符合 GB/T 7935 的规定。

（6）破碎机应具有可靠的液压系统和润滑系统。

（7）传动锥齿轮精度应不低于 GB/T 11365—1989 中 9-8-8 级的规定。

表 7-12　主要零部件力学性能

零件名称	力学性能					
	σ_b	σ_s	δ_5	ψ	A_{KV}	A_{KU}
	(MPa)		(%)		(J)	(J)
主轴	980	835	12	50	13	
机架	500	270	18	25	22	35
偏心套	570	310	15	21	15	30
大锥齿轮 小锥齿轮	980	835	12	50	63	

注：A_{KV}与A_{KU}中，一般应以A_{KV}值为依据。

4. 装配要求

（1）破碎机的零部件应经检验部门检验合格，外购件、外协件应有质量合格证明文件或经检验合格后方能进行装配。

（2）破碎机各运动部件和液压调整及锁紧装置应动作灵活，液压系统应无渗漏现象。

（3）破碎机传动轴当采用滑动轴承时，轴向游动间隙应为 0.8～1.6mm。

（4）破碎机直齿锥齿轮啮合间隙应符合表 7-13 的规定，弧齿锥齿轮啮合间隙可参照执行。

表 7-13　齿轮啮合间隙　mm

破碎机大端直径	侧　隙	顶　隙		
		名义值	最大值	最小值
700	0.40～0.75	1.84	2.12	1.56
900	0.46～0.82	2.18	2.47	1.91
1100	0.51～1.02	2.68	2.95	2.39
1400	0.89～1.40	3.86	4.24	3.48
1500	0.89～1.40	3.86	4.24	3.48
1800	1.27～1.78	4.83	5.33	4.32
2000	1.52～2.00	5.75	6.25	5.25
2300	1.75～2.25	6.82	7.25	6.30

注：齿轮啮合间隙为轮齿大端间隙。

（5）破碎机装配后，当排料口调整至最小尺寸时，破碎机动锥旋转一周，最小排料口尺寸变化不应大于该尺寸的 20%。

5. 安全要求

（1）破碎机应具有电气保护装置及其辅助设备的连锁系统。

（2）破碎机的过载保护装置应安全、可靠。低压电控设备的其他安全要求还应符合 GB 5226.1的规定。

（3）在破碎机明显位置应固定安全操作标牌。

（4）破碎机空负荷运行时的噪声声压级不应超过88dB（A）。

（5）破碎机的传动部位应有安全防护装置，由用户自备的安全防护装置应在使用说明书中说明。

6. 空负荷试验要求

（1）破碎机装配后应在制造厂，采用相同工作转速的电动机和性能相似的润滑站和液压站连续进行不小于1h的空负荷试验，但应在破碎机动锥自转转速和进回油温度差稳定后0.5h方能结束试运转。

（2）圆锥齿轮不应出现异常噪声。

（3）固定轴式和活动轴式的破碎机润滑油供油压力不应小于0.14MPa，供油压力因破碎机结构不同有所差异，进回油温度差不应超过5℃，最高回油温度不应超过54℃。

（4）液压调整装置应灵活可靠，液压系统与润滑系统应无漏油、漏气现象。其他要求还应符合 GB/T 3766 的规定。

（5）破碎机空负荷运转时，机架垂直方向的双振幅不应大于0.15mm。

（6）破碎机空负荷运转时，主电动机电流应无异常变化。

（7）空负荷试验后，破碎机各摩擦副不应有严重烧伤、发黑和磨损等现象。

7. 负荷试验要求

（1）负荷试验应在空负荷试验后，并在用户现场进行。

（2）负荷试验连续运行不应少于72h，其中半负荷试验不应少于48h。

（3）固定轴式和活动轴式的破碎机润滑油供油压力不应小于0.14MPa，供油压力因破碎机结构不同有所差异。回油油温最高不应超过54℃，进回油温差不应超过5℃。

（4）破碎机负荷试验时主电动机电流应无异常变化，给料应均匀连续，排料应畅通。

（四）旋盘圆锥破碎机技术要求

1. 一般要求

（1）破碎机应符合本标准的规定，并按规定程序批准的图样及技术文件制造。

（2）同一型号破碎机的易损件应具有互换性，基础安装尺寸统一。

2. 主要零件的技术要求

（1）破碎机下列零件应采用不低于表7-14规定的力学性能的材料制造。

表7-14　旋盘圆锥破碎机零件力学性能

零件名称	力学性能				
	σ_b	σ_s	δ_5	ψ	A_K
	(MPa)		(%)		(J)
机　架	500	270	15	25	22
主　轴	635	440	18	35	31
支承套	500	270	15	25	22
调整套	500	270	15	25	22

续表

零件名称	力学性能				
	σ_b	σ_s	δ_5	ψ	A_K
	(MPa)		(%)		(J)
躯　体	500	270	15	25	22
大齿轮	570	310	15	21	15
小齿轮	980	685	15	40	55

（2）破碎机考核零件使用寿命应不低于表7-15规定的使用寿命。

表7-15　旋盘圆锥破碎机有关零件的使用寿命

项目名称	第一次大修	考核零件					
		机架	主轴	大齿轮	小齿轮	破碎壁	轧臼壁
使用寿命（h）	20000	50000	22500	20000	12500	≥500	≥600

注：零件使用寿命的考核条件是被破碎物料的抗压强度为160MPa（特种矿石除外）。

（3）主轴应进行超声波探伤，并应符合JB/T 5000.15—2007中V级的规定。当采用其他方法探伤时，应符合相应标准的规定。

（4）机架应进行超声波探伤和磁粉探伤，超声波探伤应符合JB/T 5000.14—2007中4级的规定，磁粉探伤应符合JB/T 5000.14—2007中3级的规定。当采用其他方法探伤时，应符合相应标准的规定。

（5）铸钢件的铸造质量应符合JB/T 5000.6—2007的规定。

（6）焊接结构件的焊接质量应符合JB/T 5000.3—2007的规定。

（7）切削加工件的切削加工质量应符合JB/T 5000.9—2007的规定。

3. 装配要求

（1）破碎机各运动部位和液压调整及锁紧装置应动作灵活，液压系统应无渗漏现象。

（2）破碎机传动轴轴向游动间隙为0.8～1.6mm。

（3）破碎机圆锥齿轮啮合间隙应符合表7-16的规定。

表7-16　旋盘圆锥破碎机齿轮啮合间隙　mm

破碎机规格	侧　隙	顶　隙
600	0.51～1.02	2.34～3.12
900	0.51～1.02	2.34～3.12
1200	0.76～1.27	2.34～3.96
1650	1.02～1.52	3.18～4.78
2100	1.27～1.78	3.18～7.93

注：齿轮啮合间隙为轮齿大端啮合间隙。

（4）排矿口在整个圆周上应保证相等的排矿间隙，其偏差应小于排矿口尺寸的20%。

4. 空负荷试车要求

（1）破碎机装配后应在制造厂采用工作转速相同的电动机和性能相似的润滑站进行连续不小于2h空负荷试车。

（2）破碎圆锥自转速不应大于15r/min。

（3）圆锥齿轮不允许出现周期性噪声。

（4）供油压力在0.04～0.12MPa的范围内，回油温度最高不超过50℃。

5. 负荷试车要求

（1）连续运行72h。

（2）供油压力在0.04～0.12MPa的范围内，回油温度最高不超过60℃。

6. 安全要求

（1）破碎机应具有电气保护装置及其辅助设备的连锁系统。

（2）破碎机弹簧过载保护装置应安全可靠。

（3）在破碎机明显位置应固定安全操作标牌。

（4）破碎机空载运行时，噪声声压级不得超过90dB（A）。

第六节　圆锥破碎机的试验方法和检验规则

（一）弹簧圆锥破碎机的试验方法和检验规则

1. 试验方法

（1）制造厂应对液压系统进行保压无渗漏试验，其试验压力应符合表7-17的规定。

表7-17　试验压力

工作压力 P	试验压力
≤32MPa	$1.25P$
＞32MPa	P

（2）检查齿轮啮合间隙时，须将偏心套与小齿轮一侧的机架衬套靠紧，采用压铅方法测定。

（3）检查传动轴轴向游隙时，将小齿轮背部靠紧传动轴衬套端面，用塞尺检查甩油环与传动轴衬套另一端面的间隙。

（4）检查排矿口尺寸可用固定在钢丝上的铅球，沿破碎腔四周大致均布四点上测定，四点铅球挤压后尺寸的算术平均值即为排矿口尺寸。测定用铅球的直径应大于预定排矿口的尺寸。

（5）破碎机的处理能力，可用皮带秤或将单位长度给料输送带上的物料称重，再根据输送带速度计算出。

（6）噪声测定应符合GB/T 3768—1996的规定。

（7）每台破碎机经装配检查合格后，应在制造厂进行空负荷试车，并满足技术要求的规定。

（8）试车后拆卸检查，破碎机各摩擦部位不应有严重烧伤发黑、磨损现象，轻微烧伤部位需处理妥善后才能出厂。

（9）负荷试车在用户进行，并满足下列要求：

1）空负荷运行应符合技术要求的规定；

2）半负荷运行4h；

3）满负荷运行应符合技术要求的规定；

4）电流无异常变化；

5）给料、排料正常。

（二）单缸液压圆锥破碎机的试验方法和检验规则

1. 试验方法

（1）制造厂应对整个液压系统以1.6倍的工作压力进行保压无渗漏试验，保压时间不少于10min。

（2）检查齿轮啮合间隙时，应将偏心套与小齿轮一侧的机架衬套靠紧，采用压铅方法测定。

（3）检查传动轴轴向游隙时，将小齿轮背部靠紧传动轴衬套端面，用塞尺检查甩油环与传动轴衬套另一端面的间隙。

（4）排矿口尺寸可用固定在钢丝上的铅锤，在衬板磨损不大于10%的情况下，沿破碎腔四周大致均布的四点上进行测定，测试用铅锤直径应大于预定排矿口尺寸。

（5）破碎机处理能力应在用户处测定，可用皮带秤或将单位长度运输带上的物料称重，再根据运输带速度计算出来。

（6）噪声的测定应符合GB/T 3768—1996的规定。

（7）可靠性指标以用户提供的实际统计数据考核。

（8）每台破碎机经装配检查合格后，应在制造厂进行空负荷试车，并满足技术要求的要求。

（9）试车后拆卸检查，破碎机各摩擦部位不应有严重烧伤、发黑、磨损现象。轻微烧伤部位需处理妥善后才能出厂。

（10）负荷试车在用户处进行，并满足下列要求：

1）空负荷试车合格后方可进行负荷试车；

2）负荷试车开始时，先半负荷运行，时间不少于2h；

3）电流无异常变化；

4）破碎机（两个）机架的振幅符合技术要求的规定；

5）给矿、排矿正常，排矿粒度均匀；

6）满负荷运行应符合技术要求的规定。

2. 检验规则

（1）检验分类

检验分为出厂检验和型式检验。

（2）出厂检验

1）每台破碎机需经质量检验部门按出厂检验项目检验合格后方能出厂，并应附有产品合格证明书。

2）出厂检验在制造厂进行，应符合技术要求的规定。

（3）型式检验

1）有下列情况之一时，应进行型式检验：

①新产品试制定型鉴定或老产品转厂生产时；

②正式生产后，产品结构、材料、工艺有较大改变，可能影响产品性能时；

③正常生产后的定期检验；

④长期停产后恢复生产时；

⑤出厂检验结果与上次型式检验有较大差异时；

⑥国家质量监督检验机构提出型式检验要求时。

2）型式检验应包括本标准的全部要求。

3）型式检验应从出厂检验合格的产品中抽取一台进行。检验中若不合格，则应加倍抽样进行复检。如复检合格，则判该批产品为合格；如仍有一台不合格时，则判该批产品为不合格品。

（三）多缸液压圆锥破碎机的试验方法和检验规则

1. 试验方法

（1）一般试验

1）钢铁制件除锈质量可用样板对比方法或用目测法检验。

2）主要零件材料的物理化学试验应以材料质量证明书或物理化学试验报告为准。

3）检验规格、电动机等技术参数名义值与产品标牌一致。

4）主轴采用超声波检测时，其试验方法应符合 JB/T 5000.15—2007 的规定。

5）焊接结构件的焊接质量试验方法应符合 JB/T 5000.3—2007 的规定。

（2）空负荷试验

1）制造厂应对整个液压系统以 1.5 倍工作压力进行保压无渗漏试验，保压时间不少于 10min；

2）检验润滑站上的进油温度表和回油温度表显示的数值；

3）破碎机空负荷噪声试验方法应符合 GB/T 3768—1996 的规定；

4）用测振仪在机架上测量垂直方向的双向振幅；

5）检查齿轮啮合间隙时，对活动轴式结构的破碎机，应将偏心套与小锥齿轮一侧机架衬套靠紧；对固定轴式结构的破碎机，应将偏心套与远离小锥齿轮一侧固定轴靠紧；两者均采用压铅方法测定；

6）检查传动轴轴向游动间隙时，将小锥齿轮背部靠紧传动轴衬套端面，用塞尺检查甩油环与传动轴衬套另一端面的间隙；

7）检查排料口尺寸可用固定在钢丝上的铅球测量，沿破碎腔四周大致均布测量四点，用四球分别挤压后的四点尺寸算术平均值即为排料口尺寸，测定用铅球的直径应大于预定排料口尺寸；

8）空负荷运转时，发现电流、噪声和油温等异常，应拆卸检查是否有严重烧伤和磨损。

（3）负荷试验

1）负荷试验和半负荷试验时间应按技术要求的规定；

2）负荷试验时应测量主电动机电流是否有异常波动；

3）负荷试验时给料应均匀，观察排料是否畅通；

4）观察润滑站上进油温度表和回油温度表上所显示的数值；

5）破碎机处理能力的测试方法可参照 JB/T 10518—2005 中附录 B 的规定。

2. 检验规则

（1）检验分类

检验分为出厂检验和型式检验。

（2）出厂检验

1）每台破碎机应经制造厂质量检验部门按出厂检验项目检验合格后才能出厂，并应附有产品合格证明书；

2）出厂检验项目按技术要求和试验方法相关内容进行检验。

（3）型式检验

1）有下列情况之一时，应进行型式检验：

①新产品试制定型鉴定或老产品转厂生产时；

②正式生产后，产品结构、材料、工艺有较大改变，可能影响产品性能时；

③正常生产后的定期检验；

④长期停产后恢复生产时；

⑤出厂检验结果与上次型式检验有较大差异时；

⑥国家质量监督检验机构提出型式检验要求时。

2）型式检验应包括本标准的全部要求；

3）型式检验应从出厂检验合格的产品中抽取一台进行。检验中若不合格，则应加倍抽样进行复检。如复检合格，则判该批产品为合格；如仍有一台不合格时，则判该批产品为不合格品。

（四）旋盘圆锥破碎机的试验方法和检验规则

1. 制造厂应对液压系统进行保压无渗漏试验，其试验压力应符合表 7-17 的规定。

2. 检查齿轮啮合间隙时，应将偏心套与小齿轮一侧的机架衬套靠紧采用压铅方法测定。

3. 检查传动轴轴向游隙时，将小齿轮背部靠紧传动轴衬套端面，用塞尺检查另一侧传动轴衬套端面与甩油环之间的间隙。

4. 检查排矿口尺寸采用固定在钢丝的铅球，沿破碎腔四周大致均布四点测定，四点铅球挤压后尺寸的算术平均值即为排矿口尺寸。测定用铅球的直径应大于预定排矿口的尺寸。

5. 破碎机的处理能力，可用皮带秤或将单位长度给料运输带上的物料称重，再根据运输带速度计算出。

6. 噪声的测定应符合 GB/T 3768—1996 的规定。

7. 每台破碎机经装配检查合格后，应在制造厂进行连续空负荷试车并符合技术要求的规定。

8. 试车后拆卸检查破碎机各摩擦部位，不应有严重烧伤发黑、磨损现象，轻微烧伤部位需处理妥善后才能出厂。

9. 负荷试车在用户进行，并满足下列要求：

（1）空负荷运行应符合技术要求的规定；

（2）半负荷运行4h；

（3）满负荷运行应符合技术要求的规定：

（4）电流无异常变化：

（5）给料、排料正常。

第七节　圆锥破碎机的安装和使用

圆锥破碎机是一种结构较为复杂的破碎机，故必须要正确使用，才能保证机器的正常运转，否则即使有了制造精良、配套合理的机器，如安装不好或者使用不当，都不能保证安全高效地运行，甚至会损坏机器，造成不应有的经济损失。

（一）安装

在大多数情况下，提供的基础图给出了破碎机的安装数据，但是该基础图不可作为基础施工图，仅可作为用户设计基础施工图的主要参考资料，一个具有相当大小而又经久耐用的坚固基础，对于破碎机成功运转是极其重要的，破碎机空间尺寸是基础结构主要考虑的问题之一，在破碎机上方，要留有足够的空间，以便拆卸主轴和调整套部。在基础的一侧，应留有足够的空间，以便拆卸传动轴部，同时亦应考虑给料装置等所需空间。另外排料室、排料运输机等也应考虑留有足够的空间。

1. 设备基础的位置、几何尺寸和质量要求，应符合相应国家标准。

2. 设备基础表面和地脚螺栓预留孔中油污、碎石、泥土、积水等均应清除干净，预埋地脚螺栓的螺纹和螺母应保护完好，放置垫铁的表面应凿平。

3. 设备找平、找正，调平测量位置。当无规定时，在设备主要工作面或加工精度较高的表面取其安装水平不应大于0.20/1000。

4. 传动轴采用滑动轴承时，传动轴轴向游隙宜为0.8～1.6mm。

5. 圆锥齿轮的啮合间隙应符合相关标准规定。

6. 装配给料槽时，其方向和位置应使物料先落在给料箱内，不应使其直落入破碎机内。

7. 液压系统管路应进行严密性试验，实验压力应缓慢升高至工作压力的1.4倍，保压10min，再降至工作压力进行检查，不得有渗漏现象。

8. 在圆锥破碎机运转过程中，润滑的作用是第一位的。机器安装就位后应立即着手润滑管路的安装。润滑管路的安装主要是保证管路连接正确。为此，应先确认进油口和回油口：一般在机器底部和传动轴架侧各有一个进油口，回油口在传动轴架下的主机架侧。回油管的安装要确保倾斜度，一般要求不小于1∶12，因为机器回油是靠自流，倾斜度不够，回油不畅，容易诱发机器漏油和回油温度增加。

润滑油的黏度：使用国标L-CKC一等品，弹簧圆锥破碎机用100#，多缸液压圆锥破碎机用150#闭式工业齿轮油。千万注意用正品油，如：壳牌、海牌、长城牌等。小润滑油生产厂出品的润滑油是自行勾兑的，质量不能保证。

9. 液压系统各管路连接一定要对口。因为保险、锁紧、调整各自要求的液压力不同，连锁要求也不同。

液压系统充压前要先将蓄能器充好氮气。注意：只能是氮气，因为氮气不会造成蓄能器橡胶囊氧化而降低蓄能器胶囊使用寿命。高性能多缸液压圆锥破碎机蓄能器充气压力一般为

9.5～10MPa。

各管路连接无误后可进行系统充压试验：充压前先将保险锁紧，调整各胶管最高接头松开1～1.5扣，充油时，松开的接头处首先会向外排出管路中的空气，待该处流出清澈的液压油时再拧紧该处接头。液压系统中混入大量空气，将导致液压系统无法正常工作。液压系统中混入大量空气后，最常见的现象是液压系统打不上压。液压系统中残留少量空气，经数次充压和向液压油箱排油可逐渐排出。

10. 润滑站与主机：

油温低于16℃，主机不能启动；

油温低于21℃，不能给负荷；

油温低于27℃，润滑站加热器自动投入工作；

油温高于27℃，润滑站加热器自动停止工作；

油温高于46℃，润滑站冷却器自动投入工作；

油温低于38℃，润滑站冷却器自动停止工作；

油温高于54℃，报警；

油温高于60℃，切断主电机电源，停止主机运转。

11. 液压站与主机：

液压力低于最低限值时，破碎机主电动机不能得电；

液压站处于自动工作状态时，液压力低于最低限值时，液压泵自动启动往系统补压；

液压力高于上限值时，液压泵自动停止供油。

对高性能多缸液压圆锥破碎机来说，液压站处于自动工作状态时，上述要求可自动实现。

带液压锁紧、液压调整装置时，锁紧缸处于锁紧状态时，液压调整系统不能得电，否则会导致支承套、调整套螺纹损伤，液压系统也可能因输出过大的液压力而损坏液压泵和液压阀。

（二）使用

（1）启动前的检查如下：

1）检查排料口尺寸；

2）检查V带的张紧程度；

3）检查传动轴的轴向游隙；

4）检查是否有足够的卸料空间；

5）检查润滑系统；

6）检查液压系统。

（2）空负荷试车

按说明书试车前的检查表逐项检查破碎机安装情况，全部满意后才可进行下步试车程序。

1）弹簧圆锥破碎机空负荷试车应检查内容：

破碎锥（或称动锥）每分钟自转速：＜15r/min；

供油压力：0.05～0.1MPa，就是我们常说的0.5～1个压（kgf/cm^2）；

供油压力过高将导致机器漏油和浮起偏心套引发烧套与飞车；

供油温度：≥27℃；

回油温度：进出油温升≤3℃，稳定在54℃以下。

主电动机电流空负荷试车时大约是额定电流的1/4（如1300弹簧圆锥破碎机的空负荷运转电流在60A左右），如果空负荷试车电流过高，要及时找出原因，排除故障。

2）多缸液压圆锥破碎机空负荷试车应检查内容：

破碎锥（或称动锥）每分钟自转速：100～120r/min左右；这种破碎机由于自转速度高，躯体上衬套与碗形轴承架间相对运动速度很大，而这里的润滑条件又不好，因此破碎机不宜长时间空转。躯体上衬套只在空转时起阻止飞车的作用，负荷时与碗形轴承架间会有间隙，就不起作用了。

供油压力：0.14～0.22MPa，就是我们常说的1.4～2.2个压（kgf/cm^2）；供油压力稍高影响不大；低了，供油不足容易引发烧套；

供油温度：≥27℃；

回油温度：进出油温升≤5℃，稳定在54℃以下。

主电动机电流空负荷试车时大约是额定电流的1/4（如1100多缸液压圆锥破碎机空负荷运转电流在110A左右），如果空负荷试车电流过高，要及时找出原因，排除故障。

（3）半负荷试车

空负荷试车合格后一定要进行半负荷试车跑合。半负荷试车的目的主要是为了跑合，就连最精密的机床、汽车都需要跑合，破碎机必须经过跑合是不言而喻的。

跑合的时间：弹簧圆锥破碎机为72h；多缸液压圆锥破碎机由于偏心套旋转速度高，跑合时间应超过150h。

半负荷试车的控制：

①给料少，破碎机负荷较小。

②排矿口大对应的破碎机负荷较小。

③主电动机工作电流控制在50%～60%额定电流。

④液压破碎机还要关注液压力的情况，观察液压系统管路有无渗漏、降压情况发生。

半负荷试车期间不能保证产量和变形。

半负荷试车期间要密切关注润滑油供油压力、回油温度，控制范围与空负荷试车相同；还应时刻关注主电动机工作电流，主电动机工作电流突然增大有可能是烧套造成，要及时停车，检查原因，排除故障后再开车。

（4）负荷试车

①主电动机工作电流控制在80%～85%额定电流以下。偶尔跳到额定电流以上也没有问题，但大部分时间须在80%～85%额定电流以下；如果主电动机工作电流突然增大且持续时间超过2min，有可能是给料过多，还可能是烧套造成，要及时减少给料或停车，检查原因，排除故障后再开车。

②负荷试车期间，必须密切注意润滑油供油压力、回油温度，控制范围与空负荷试车相同；回油温度超过46℃时一定要开冷却，低于38℃时一定要停冷却，润滑油最佳工作温度是在38～46℃之间。

液压破碎机还要关注液压力的情况，观察液压系统管路有无渗漏、降压情况发生。

（三）圆锥破碎机的常见故障

1. 弹簧圆锥破碎机（表7-18）

表7-18 弹簧圆锥破碎机故障原因与说明/处理

破碎机故障	原因	说明/处理
破碎机过热	1. 油泵磨损——供油不足	1. 检查回油管中的油流量是否正确
	2. 主轴和主轴衬套间的运转间隙不够	2. 以碗形瓦的下凹部为基准，检查碗形瓦和躯体球面磨损情况。躯体表面应光滑，无任何可见的凸棱
	3. 油不能正常排出	3. 检查从破碎机到油箱的排油管倾斜度（最小值1:12），清洗传动轴侧面的通风罩
	4. 使用不适当的破碎机衬板	4. 物料过多地在破碎腔下部破碎，导致过高的功率消耗
	5. 熟物料或异常坚硬的物料引起破碎机过热	5. 按实际情况安装油冷却器
	6. 偏心套部的顶面和碗形轴架下表面间隙不足，油流不畅	6. 保持碗形轴承架和偏心套间的正确间隙，主轴衬套和主轴间油流截面最小处易于产生局部热点（要求间隙在6.4~3.2mm之间）
	7. 供油不足	7. 检查安全阀是否因磨损、金属屑导致滞塞或弹簧失灵，润滑油经旁路流回油箱，检查油箱油位是否正确
	8. 皮带张得过紧	8. 重新调整皮带的张紧度
	9. 破碎机润滑用油不当	9. 改用合适的润滑油，建议使用极限压力润滑油
	10. 传动轴无轴向游隙	10. 重调轴向游隙（0.8~1.6mm）
	11. 破碎机输出功率太大	11. 通常是由于给矿不当，给料中细矿太多，或排矿口调得太小
	12. 排矿口太小	12. 排矿口不得小于推荐的最小值
	13. 机架衬套顶部和大齿轮底部间隙不足	13. 油被截在机架衬套和偏心套之间，机架衬套顶须和机架顶部平齐
	14. 下推力板与机架底盖之间的垫片太薄，以至于“变位”移向中心油孔，导致主轴衬套润滑油减少	14. 不要用薄于1mm的垫片
	15. 主轴或者躯体上的润滑孔被污物或其他东西堵塞	15. 主轴上的竖直与水平孔以及躯体上的斜孔都要用高压空气吹干净
	16. 机架衬套陷进机架孔中或者机架内孔上部塌陷	16. 机架孔必须恢复其原直径，既可通过机加工，也可通过手工磨；手工磨需6~8h才能完成并且也只局限于有限的范围内，不免有些粗糙和不规则，但却是解决机架“塌陷”部位的一种有效方法
	17. 主轴衬套在偏心套薄边的顶上出现“塌陷”（该部位正好与大齿轮键相对）	17. 人工磨去偏心套的“塌陷”部位，使主轴衬套底部紧贴在机架内孔上。但不得强行将机架衬套到位
破碎机甩油	1. 碗形瓦表面磨损（躯体正常自转转速0~10r/min）	1. 通常表现为躯体自转过快，重新刮研碗形瓦或更换新碗形瓦，保证躯体与碗形瓦在外边缘接触
	2. 碗形轴承架密封环上部塞死，使躯体向上抬脱离碗形瓦	2. 排料腔中堆满已破碎的物料，以至抬高躯体，必须拆开破碎机并彻底清洗碗形瓦
	3. 油压高	3. 油压过高，将躯体抬离碗形瓦，冷天启动是主要原因，油过冷或安全阀调整不当

续表

破碎机故障	原　因	说明/处理
破碎机甩油	4. 主轴过多地插入主轴衬套，导致运转间隙不当，在主轴上产生较大的摩擦力	4. 通常表现为躯体自转过快，一般是由于碗形瓦磨损或破碎机过热而使躯体呈现“飞车”
	5. 油太冷	5. 在油箱中安油浸加热器，将油加热到27℃
	6. 破碎机负荷太小	6. 增加给料，负荷状态下，碗形瓦在外边缘接触；在轻负荷下，碗形瓦在内边缘接触，刮研或更换碗形瓦，同时，躯体球面可能也需要重新加工
	7. 传动轴速度过高（r/min）	7. 检查传动轴转速（r/min）
	8. 破碎机用油不当，油太黏	8. 换成正确的油
	9. 破碎机透气情况不好	9. 清理传动轴架旁边的通风装置，用高压空气吹净传动轴架上装通风装置的长芯孔
	10. 碗形轴承架上的油孔和通气孔堵塞，妨碍正常排油	10. 拆卸并清理碗形轴承架和碗形瓦上的排油孔和通气孔
	11. 集油器排油不够快，特别是油温低时	11. 往油箱另接一根排油管
	12. 排油管有污物或其他杂物堵塞	12. 检查排油管，必要时清洗一下
	13. 主轴底下无油嘴或油嘴上的孔太大	13. 向制造厂咨询正确的孔径
破碎能力下降	1. 由于轧臼壁下部磨损给料口变小，限制了矿石进入破碎腔	1. 更换衬板或用气割将给料口开大
	2. 破碎机运转速度低	2. 检查传动轴转速是否正确
	3. 给料湿度太大，降低了破碎腔中物料移动的速度	3. 湿度必须小于5%
	4. 过大的板状物料在衬板顶上的给料口上方棚住了	4. 减小给料粒度
	5. 给料中含有大块的木头、树根、劈柴等碎片，使物料移动缓慢	5. 给料中应不含这类杂物
	6. 给料上限尺寸太大	6. 减小给料粒度
	7. 给料中含大量黏土	7. 从给料中去除黏土或黏性物料
	8. 给料分布不当，给料偏析导致细料给入破碎腔的一侧	8. 改变给料方式
	9. 主轴破裂或有裂纹	9. 拆下主轴并仔细检查主轴压入躯体部位是否有相对运动，如果怀疑主轴内有裂纹应进行超声波探伤
破碎机闷车	1. 传动皮带太松	1. 重新张紧皮带
	2. 驱动电机有电气故障	2. 比较破碎机空转时的功率消耗和电机空转时的功率消耗（未加皮带），若两者接近，需请电工检查电机
	3. 破碎机的给料湿而黏	3. 安装喷水管，冲洗破碎机中的物料，防止破碎腔中积矿
	4. 破碎机下积矿	4. 检查基础是否足以排出已破碎的物料，安装矿仓指示器和/或在排矿皮带机尾部，滚筒上设置速度开关
	5. 传动轴速度太低	5. 检查传动轴转速（r/min）
	6. 油压（PSI/MPa）太低	6. 检查油压（MPa）
	7. 物料硬度大而破碎腔中的料位又太高，引起过多的功耗	7. 减少给料量
	8. 驱动电机或柴油机选择不当	8. 电机或柴油机的功率因素太低

续表

破碎机故障	原　因	说明/处理
破碎机闷车	9. 破碎腔给料口不当（太小），大多数的破碎在给料口进行，增大了功耗 10. 机架衬套或主轴衬套尺寸小而导致运转间隙减小 11. 润滑油变质或黏度不够	9. 选择适当破碎腔形的衬板 10. 拆开破碎机，检查衬套轴承面的情况 11. 更换润滑油。要使用符合要求的润滑油
传动轴运转不灵活或断裂	1. 皮带拉得太紧 2. 传动轴衬套无润滑或润滑不充分 3. 传动轴外衬套里的油沟位置不对 4. 无轴向游隙 5. 传动轴弯曲，通常表现为传动轴端振动过大，皮带轮摆动过大 6. 传动轴外衬套的油沟被污物或其他物质堵塞 7. 齿轮断齿 8. 大小齿轮的齿侧和/或齿顶间隙不当	1. 重新张紧皮带，检查皮带轮是否对正 2. 检查主供油管和传动轴架进油口间是否有障碍，拆下供油管上的阀，排除其他供油障碍 3. 不得让皮带传动装置把传动轴拉向油沟，轴套油沟也不得在6点钟的位置布置 4. 重新调整轴向游隙0.8～1.6mm 5. 更换传动轴 6. 清理油沟 7. 更换齿轮 8. 检查齿侧和齿顶间隙
破碎壁和轧臼壁松动	1. 破碎壁——主轴套不能自锁 2. 破碎壁——破碎机传动轴旋转方向不正确 3. 轧臼壁U形螺钉松动	1. 检查锌合金或环氧树脂是否灌得太高，与主轴套的下表面接触 2. 如果传动轴运转方向不对，破碎壁不会自行锁紧 3. 磨损量超过轧臼壁厚度的2/3轧臼壁太薄
传动轴架的皮带轮端漏油	1. 破碎机通风不好 2. 油不能从集油器中很快排出，特别是当润滑油温度低时	1. 清洗传动轴架侧面的通风罩，用压缩空气吹扫传动轴架上接通风罩的长芯孔 2. 分别设置回油管将油引回油箱
躯体或调整套与衬板接合面磨损	1. 破碎壁和轧臼壁已松动，但破碎机仍在运行 2. 破碎壁和轧臼壁已严重磨损，但破碎机仍在运行 3. 轧臼壁和破碎壁彻底磨穿，破碎在躯体或调整套上进行 4. 破碎壁或轧臼壁上出现裂纹	1. 破碎壁和轧臼壁与相关件装配时，要放置适当，运转前，螺母或主轴套要拧紧 2. 破碎壁和轧臼壁磨薄变形，加速了与躯体或调整套接合面的磨损
粉尘和杂质进入润滑系统	1. 碗形轴承架密封环润滑脂不足 2. 在传动轴架侧面无通风罩 3. 传动轴架侧面或油箱上的通风罩不起作用 4. 破碎机皮带轮旋转带起的灰尘进入传动轴架上的通气装置 5. 破碎机拆检时，尘土或污物落入破碎机	1. 往碗形轴承架密封环内加适量的润滑脂 2. 在传动轴架侧面装通风罩 3. 清扫两个通风罩，在破碎机运转时，把一张纸片放在通风罩口上，纸片里外颤动 4. 用一根软管将传动轴架旁的通气装置装在离皮带轮较远处 5. 检修破碎机时，要用帆布或薄塑料将碗形轴承架和偏心套盖好

续表

破碎机故障	原　因	说明/处理
粉尘和杂质进入润滑系统	6. 碗形轴承架密封环或躯体密封环磨损，灰尘渗入破碎机 7. 碗形轴承架密封环在下部楔紧或者在碗形轴承架上翘起 8. 破碎机与油箱间的排油管垂直落差太大 9. 在油箱和油箱盖之间无密封或者无垫片	6. 更换碗形轴承架密封环或者将躯体密封环堆焊并按制造厂提供的尺寸加工 7. 拆除并彻底清理碗形轴承架密封环 8. 灰尘和污物进入碗形轴承架。在传动轴架下与水平管路的弯头、Y 形接头或三通接头相连的破碎机排油管的垂直段上增加一个通风装置 9. 更换密封或垫片
大、小齿轮轮齿磨损	1. 润滑油太脏 2. 齿面磨损位置太低 3. 齿面磨损位置太高 4. 破碎机过载 5. 磨损发生在齿端 6. 油的标号不对或者油温太低，以至于抬起偏心套并且大部分时间是在升起的位置运转 7. 传动轴轴向游隙太大 8. 偏心套在倾斜状态下运转	1. 更换润滑油，清洗油箱 2. 止推轴承板已磨损，用加垫片的方法抬高偏心套 3. 从下部的止推轴承板下抽出垫片，降低偏心套 4. 一般表现为支承套跳动。减少给料 5. 主轴衬套和机架衬套磨损 6. 大、小齿轮上有两处明显的磨损痕迹。换成合适标号的油或者在油箱上装上加热器把油加热到27℃ 7. 重新调整轴向游隙0.8～1.6mm 8. 在机架底盖和下推力板（或垫片）间夹有异物
支承套倾斜	1. 机架上表面和/或支承套接合面磨损不均 2. 连续超载或者衬板形状不合适导致支承套连续重击机架上的支撑表面	1. 破碎腔中给料分布不正确。将支承套旋转180° 2. 参见“衬扳的选择”一节的说明和表
碗形轴承架下表面磨损	油压过高顶起偏心套，使偏心套和碗形轴承架下表面接触	油温太低，在油箱中装油浸加热器，将油温加热到80°F（27℃），检查主安全阀工作是否正常，检查润滑油黏度，油可能比规定的要黏
主轴断裂	1. 过铁频繁，主轴与躯体配合处断裂 2. 破碎机连续超负荷运行，在与躯体的配合处主轴断裂 3. 碗形瓦和/或躯体球面磨损严重使主轴过多地插入主轴衬套，运转间隙减小，引起润滑故障，主轴在锥形部分断裂（下部） 4. 主轴由主轴衬套的上部而不是下部支承，主轴在锥形部分断裂	1. 安装过铁保护装置 2. 通常表现为支承套跳动，减小给料 3. 更换碗形瓦，堆焊并重新加工躯体球面，或用垫片将碗形轴承架垫起补偿碗形瓦和躯体的磨损，保持正常的破碎机内部零部件的关系 4. 主轴、碗形瓦和主轴衬套间的几何关系不正确，更换碗形瓦，堆焊并重新加工躯体球面或垫起碗形轴承架，补偿碗形瓦和躯体球面的磨损
躯体自转速高	1. 碗形瓦和/或躯体球面磨损严重，以至于主轴过多地插进主轴衬套，从而减少了运转间隙，增加了轴与套间的接触 2. 躯体球面与碗形瓦的内圈接触，因而阻止自转的能力减小 3. 主轴衬套划伤或烧伤	1. 更换碗形瓦，焊接并重新加工躯体球面或把碗形轴承架垫起来补偿碗形瓦和躯体球面的磨损，从而恢复破碎机内部相互间正常的几何关系；用样板检查碗形瓦和躯体球面的磨损，向制造厂咨询；可将碗形瓦下凹处作为基准；躯体应光滑，无任何明显的凸棱 2. 刮研碗形瓦球面，以便躯体球面与碗形瓦外缘球面接触 3. 更换主轴衬套或磨光划痕、擦伤或烧伤痕迹

续表

破碎机故障	原　因	说明/处理
躯体自转速高	4. 由于主轴衬套严重擦伤躯体和主轴飞车 5. 主轴衬套在初装或更换时，装在偏心套里的位置太高 6. 偏心套倾斜，从而使主轴与主轴衬套间的接触增加 7. 油温低，安全阀调定值不当或者使用了高黏度的润滑油，以至于偏心套抬高，主轴衬套与主轴的接触增加	4. 拆开破碎机并更换主轴衬套；衬套有可能与主轴黏接 5. 从偏心套里拆出主轴衬套，重新装配到位 6. 在下推力板（或垫片）与机架底盖间夹有异物 7. 在油箱上安装加热器，更换主安全阀或者检查油的标号
破碎机振动过大	1. 因零件磨损重量变化 2. 躯体自转过快 3. 大小齿轮齿顶干涉 4. 传动轴弯曲 5. 破碎机皮带轮严重不平衡 6. 如果破碎机装在移动车上，垛板或土质不适合 7. 基础和/或地面支承能力不足 8. 破碎壁松动 9. 传动轴速度太高（r/min）	1. 更换已磨损零件 2. 由于主轴衬套与主轴发生胶合，躯体和主轴随偏心套转动 3. 齿顶间隙太小，大小齿轮啮合不正常，用垫片将偏心套垫起来 4. 更换传动轴 5. 清除轮辐和轮缘上积聚的灰尘 6. 检查垛板和土质情况 7. 检查基础或地面情况 8. 拆下破碎壁，重新安装 9. 检查传动轴转速（r/min）

2. 单缸液压圆锥破碎机（表 7-19）

表 7-19　单缸液压圆锥破碎机故障原因与说明/处理

异常状态	故　障	原　因	说明/处理
破碎机停止工作，破碎室内堵塞	1. 破碎室内堵塞 2. 破碎机停止工作 3. 润滑泵停止工作 4. 下部机架轴衬烧毁	1. 供给原料中有水分，微粒出口空隙过小 2. 吸入了铁片 3. 供油回路堵塞 油温过低（冬季） 4. 油膜破坏	1. 去除水分、微粒扩大出口空隙 2. 去除铁片 3. 清扫供油导管系统 用油加热器加热 4. 替换轴衬
无法保持出口空隙	1. 导管系统 2. 蓄能器 3. V 形垫圈 4. 电磁阀门	1. 油泄漏 2. 油从过滤器泄漏 3. 油泄漏 4. 油泄漏	1. 拧紧导管 2. 替换过滤器 3. 替换垫圈 4. 替换电磁阀门
破碎机有异样的声音	1. 齿轮相碰 2. 凹形圈 3. 各轴承 4. 上下壳体	1. 空隙过大 2. 松弛 3. 过载使油膜破坏 轴承磨损 4. 接触	1. 调整气毯 2. 压紧 3. 让其正常运转 替换轴承 4. 让油从出口空隙大的蓄能器泄漏出

续表

异常状态	故　障	原　因	说明/处理
上下壳体松弛	锥形零件	接触不良 锥形零件磨损	拧紧
破碎品过大	出口空隙	出口空隙偏大或磨损	调整出口空隙
壳体破损	罩子坏	吸入铁片 削薄使用 顶部中心	去除铁片 不要超过使用界限 顶部中心修正
油中灰尘过多	尘封环	磨损	替换
金属网上有异物	1. 轴承（铅青铜） 2. 齿轮（铁制）	1. 油膜破坏（注：新轴承有少量异物没关系） 2. 纵摇	1. 检查负荷、油、水、轴承 2. 定期检查运行状态
油温上升	轴承	油膜破坏	检查负荷、水、油、轴承
蓄能器运转	超负荷	供给物料太多 供料性质状态 出口空隙太小	减少供给量 去除水分，微湿 扩大出口空隙

3. 多缸液压圆锥破碎机（表7-20）

表7-20　多缸液压圆锥破碎机故障、原因与说明/处理

故　障	原　因	说明/处理
破碎机过热	1. 油泵磨损，供油不足	1. 检查回油管中的回油量（125L/min）是否正常
	2. 油不能正常排出	2. 检查从破碎机到油箱的回油管坡度（最小值1∶12） 清洗传动轴架或甩油环外壳上的通气罩 回油管路被污物或碎片阻塞
	3. 破碎机所用衬板不合适	3. 在破碎腔下部破碎过多，导致驱动功率过高
	4. 热的物料或异常坚硬的物料引起破碎机过热	4. 这种场合需安装大能力润滑油冷却器
	5. 供油不足	5. 检查主安全阀是否因弹簧磨损、金属卡住或阻塞而失灵，润滑油经旁路返回油箱 检查油箱位是否正常
	6. 皮带张得过紧	6. 重新调整皮带张紧度
	7. 破碎机所用润滑油不合适	7. 改用合适的润滑油，建议采用极限压力润滑油
	8. 无轴向游隙	8. 重新调整轴向游隙1～1.5mm
	9. 上推力轴承磨损	9. 槽已磨损到不能使润滑油流过轴承而引起热量积蓄
	10. 破碎机输出功率太大	10. 通常是由于给料不当，给料中粉料太多，或排料口调得太小，给料中铁件过多导致破碎机过负荷
	11. 排料口太小	11. 排料口不得小于推荐的最小值
	12. 主轴内的润滑油孔被污物或碎屑堵塞	12. 主轴内竖孔及内部连通的水平孔必须使用高压空气清理干净
	13. 油冷却器被污物，灰尘或其他碎屑堵塞	13. 对水冷却器，用丝刷进行清理；对风冷器，清除散热片上的灰尘或其他污物；对空调电制冷，检查制冷剂是否泄漏，清除散热片上的灰尘或其他污物

续表

故障	原因	说明/处理
破碎机过热	14. 躯体下衬套和偏心套之间的间隙太小	14.（1）躯体下衬套的底部圆周“烧套”——给料过细，破碎腔内的破碎部位过于靠下；空转时间过长，不给料情况下，破碎机运转不得超过30min； （2）躯体下衬套的顶部和下部圆周发生“烧套”——过大的片状给料卡住了锁紧螺柱 （3）躯体下衬套的中部或全长范围的圆周发生“烧套”——油压过低，油温过高，油黏度不正确（黏度过低）
破碎机甩油	1. T形和U形密封损坏或磨损 2. 安全阀失灵 3. 油太凉 4. 破碎机用了不合适的润滑油 5. 破碎机排气不正常 6. 回油管路被污物或其他碎屑阻塞 7. 回油不正常	1. 更换密封件 2. 安全阀设定弹簧卡在压紧位置，更换安全阀 3. 安装油箱浸没式加热器并将润滑油加热到27℃ 4. 换用合适的润滑油 5. 清洁传动轴架或甩油环外壳上的通气罩 6. 检查回油管路，如需要，则进行清理 7. 检查从破碎机到油箱的回油管坡度，最小坡度为每305mm下降25mm或回油管径太小，更换合适的回油管
能力降低	1. 由于轧臼壁给料口部位磨损有限，给料口已变小 2. 转速（r/min）过低 3. 过大的扁长给料在衬板顶部的给料口上方发生棚料 4. 给料中的大块杂物（木块、树枝等）阻碍了物料的流动 5. 最大给料块粒度过大 6. 给料中黏土含量高 7. 给料分布不好，给料偏向破碎腔的一侧 8. 轧臼壁和破碎壁的平行带发生碰撞 9. 轧臼壁和破碎壁的平行带磨损过快	1. 更换衬板或割大给料口 2. 检查转动轴转速是否正确（r/min） 3. 减小给料粒度 4. 此类物料多时，不能挤满给料 5. 减小给料粒度 6. 除去给料中的黏土或黏性物料 7. 纠正给料漏斗配置 8. 割掉轧臼壁和破碎壁底部阻碍排料的凸出部分，更换轧臼壁和破碎壁 9. 换用不同腔形的轧臼壁和破碎壁，向制造厂咨询
破碎机失速	1. 三角皮带太松 2. 驱动电机出现电气故障 3. 破机给入湿而黏的物料 4. 破碎机下方物料堆积 5. 传动轴速度过低 6. 油压过低 7. 驱动电机或柴油机不合适 8. 破碎腔的给料口不正确（太大），大部分的破碎在破碎腔的下部完成，增加功率消耗 9. 轧臼壁和破碎壁下部平行带发生碰撞 10. 轧臼壁和破碎壁的平行带磨损过快	1. 张紧三角皮带 2. 检查破碎机空转功率，与马达自转（不挂传动带）时的功率作比较。如果两个读数相近，则需要电工检查电机 3. 安装喷水嘴，冲洗通过破碎腔的物料，防止在腔内粘结 4. 检查基础内的排料是否通畅，安装缓冲仓指示器和/或在排料皮带尾轮上安装零速开关 5. 检查传动轴速度是否正常 6. 检查工作压力是否正常 7. 电动机或发动机的功率服务系数太低 8. 检查并选用合适的衬板 9. 割去轧臼壁和破碎壁下部阻碍排料的凸出部分。更换轧臼壁和破碎壁 10. 更换不同腔形的轧臼壁和破碎壁。与厂家联系

续表

故　障	原　因	说明/处理
漏油	1. T和/或U形密封损坏或磨损 2. 传动轴架和主机架内法兰的O形或凸形密封磨损或损坏	1. 更换密封 2. 更换密封件或彻底清洗主机架和传动轴架的内法兰并在结合部位涂硅树脂进行密封
支承套跳动	过载或衬板不合适	1. 给料中细粒过多，参见选择合适的衬板一节及表格 2. 增加破碎机给料 3. 调大破碎机排料口 4. 物料可能粘结，在给矿口处向给料中加水
传动轴卡住或断裂	1. 三角带张得过紧 2. 传动轴外轴套无油或流量不足 3. 传动轴外轴套的油槽已磨损到极限 4. 无轴向游隙 5. 传动轴弯曲。通常表现为转动轴的轴端振动或破碎机皮带轮摆动 6. 传动轴外轴套的油槽被污物或其他碎屑堵塞 7. 大齿轮或小齿轮断齿 8. 大小齿轮的齿顶和/或齿侧间隙不合适	1. 重新张紧三角带，并检查皮带轮的找正情况 2. 检查主供油管和传动轴架进油孔之间的管路上是否有某种供油不畅因素，拆掉任何类型的阀门，或消除其他供油不畅因素 3. 任何时候三角皮带都不能把传动轴朝油槽方向拉 4. 重新调整轴向游隙达到1.0～1.6mm 5. 更换传动轴 6. 清理油槽 7. 更换大齿轮或小齿轮 8. 检查并纠正齿顶和齿侧间隙
润滑油进水	1. 配重盖顶部积水 2. 油箱顶上的通气罩被堵塞	1. 钻孔并焊接排水管 2. 更换通气罩
支承套倾斜	1. 支承套跳动引起主机架顶部和/或支承套的配合面磨损不均匀（在此条件下，破碎机的质保将失效） 2. 连续过载或衬板不合适导致支承套连续撞击主机架的配合面	1. 破碎腔中给料分布不合适。将支承套转180°；检查保险缸的压力是否太低，给保险缸充压 2. 给料中细粒过多，参见选择合适的衬板一节和表格；增加破碎机给料。调大破碎机排料口。给料可能太黏，在给料口往给料中加水
轧臼壁和破碎壁松动	1. 锁紧螺柱底面被磨损导致与切割环点接触 2. 锁紧螺柱碰到躯体顶部 3. 调整套和躯体的配合面磨损或者加工不正确 4. 破碎壁与躯体之间的填料间隙不足 5. 破碎壁失圆 6. 破碎壁中心与躯体中心不重合 7. 首次安装破碎壁时，未将其压紧在躯体上 8. 无料运行时间太长，导致破碎壁松动 9. 破碎壁太薄 10. 安装新的破碎壁之前，残留在躯体上的填料没有彻底清除 11. 楔块未打紧，导致轧臼壁松动 12. 轧臼壁太薄 13. 破碎机过铁太多 14. 轧臼壁与调整套配合面磨损或配合尺寸不对 15. 安装新的轧臼壁之前，残留在调整套上的填料没有彻底清除	1. 安装新的锁紧螺柱 2. 锁紧螺柱底部与躯体顶部间隙不够，间隙约为10mm 3. 把配合面尺寸恢复到厂家尺寸 4. 填料间隙至少应有6mm 5. 失圆量应小于3mm 6. 用塞尺检查破碎壁底部，间隙不得大于0.1mm 7. 拆下衬板，重新安装 8. 无料运行时间不得超过30min 9. 破碎壁的磨损量不要超过其原始厚度的2/3 10. 彻底清除残留在躯体上的填料，使破碎壁与躯体完全贴合 11. 在楔块下适当加胶皮垫，将楔块打紧 12. 轧臼壁的磨损量不要超过其原始厚度的2/3 13. 过铁太多，导致支承套频繁跳动，轧臼壁松动 14. 将配合面尺寸恢复到生产厂原尺寸 15. 彻底清除残留在调整套上的填料，使轧臼壁与调整套完全贴合

续表

故障	原因	说明/处理
躯体或调整套与衬板的配合面磨损	1. 破碎机在轧臼壁松动时运行	1. 组装时，确保破碎部件与相关部件组装正确，并且运转前锁紧螺柱已完全拧紧
	2. 破碎机在轧臼壁和破碎壁过度磨损的情况下运转	2. 破碎部件薄弱面弯曲，加速了轧臼壁和破碎壁配合面的磨损
	3. 轧臼壁和破碎壁完全磨穿，靠躯体或调整套再进行破碎	3. 破碎部件薄弱断面弯曲，加速了躯体和调整套与衬板配合面的磨损
	4. 轧臼壁和破碎壁破裂	4. 破碎部件弯曲，加速了躯体和调整套与衬板配合面的磨损
振动过大	1. 破碎机部件磨损引起重量改变	1. 分料头或锁紧螺柱过度磨损
	2. 配重或配重护板和护盖磨损	2. 与厂家协商，修复配重。更换配重护板和护盖板或更换配重
	3. 大齿轮与小轮的齿根抵触	3. 大齿轮直接压在小齿轮上，加垫垫高偏心套部，增加啮合间隙
	4. 传动轴弯曲	4. 更换传动轴
	5. 破碎机皮带轮严重失衡	5. 清除皮带轮缘和轮辐上黏结的污物
	6. 若破碎机安装在移动车上，可能是垫木或地基不合适	6. 检查垫木或地基条件
	7. 基础和/或地基承载能力不合适	7. 检查基础或地基状况
	8. 破碎壁松动或磨损过度	8. 卸下破碎壁，重新安装或更换
	9. 传动轴速（r/min）过高	9. 检查传动轴（r/min）转速是否正确
	10. 配重块丢失	10. 与厂家协商，补装丢失的配重块
大齿轮和小齿轮齿牙磨损	1. 润滑油太脏	1. 更换润滑油并清洗油箱
	2. 齿牙磨损部位太低	2. 推力轴承磨损，增加垫片，垫高偏心套
	3. 齿牙磨损部位太高	3. 减少下推力轴承下面的垫片，降低偏心套
	4. 破碎机过载	4. 常表现为调整环跳动。减少破碎机的给料
	5. 轴向游隙太大	5. 将轴向游隙重新调到1～1.5mm
灰尘或污物进入润滑系统	1. 破碎机上无通气罩	1. 在传动轴架或集油器顶部安装通气罩
	2. 装在传动轴架或集油器顶部或者油箱上的通气罩功能失常	2. 清洗这两处的通气罩。破碎机运行时，放在透气管上方纸片应略微向里移动
	3. 破碎机皮带轮把灰尘带入通气罩	3. 用软管将通气罩装到其他位置，使其远离破碎机皮带轮
	4. 破碎机拆开进行检查或维修时，灰尘落入破碎机内	4. 检修破碎机时，用帆布或聚乙烯（塑料）薄膜盖住碗形轴承及偏心套部分
	5. 破碎机与油箱间的回油管线垂直落差太大	5. 灰尘与污物被吸入碗形轴承区域。在传动轴架下的回油管的立管上，紧靠水平管的弯头处，另外增加一个通气罩
	6. 油箱与油箱盖之间无密封或垫圈	6. 更换密封或垫圈
大、小齿轮啮合噪声	1. 齿侧间隙和/或齿顶间隙不合适 2. 破碎机在新的大齿轮与磨损的小齿轮或磨损的大齿轮与新的小齿轮一起使用条件下运行	检查齿侧间隙和/或齿顶间隙
传动轴架靠皮带轮端漏油	1. 破碎机排气不好	1. 清理传动轴架或集油器上的通气罩
	2. 传动轴架或集油器排油太慢，特别是油温低时	2. 清理传动轴下长的回油道
	3. 甩油环与集油器之间的密封失效	3. 更换密封件

第八章　水泥工业用辊压机

按　水泥工业用辊压机是20世纪80年代中期引进国外先进制造技术而生产的设备，由于该设备节能效果显著，受到国内外的普遍重视，1999年制定了行业标准，实施后取得显著效果，促进了我国粉碎设备的技术进步，行业的发展水平不断提高，但随着大型设备的发展，已不能满足生产的需要，特别是标准水平显著低下，规格小，无法满足高水平的要求。为此，2006年组织知名企事业单位，成立标准起草工作组修订该标准，目前正在制定之中。

第一节　概　述

水泥工业用辊压机（以下简称辊压机）是20世纪80年代中期在国际上发展起来的新型粉碎设备，以它为主要设备组成的挤压粉磨工艺系统在节能方面有着显著的效果，受到国际水泥界的普遍重视，成为发展粉磨工艺的一项新技术。

辊压机应用高压料层粉碎能耗低的原理，采用单颗粒粉碎群体化的工作方式，达到节能增产的效果。脆性物料经过高压和挤压（该机在压力区的压力为150MPa），使物料的粒度大大下降，小于0.09mm的细粉含量达到20%～30%，颗粒小于2mm的物料达到60%～70%，且所有经过挤压的物料都存有大量的裂纹，使物料在下一个工序粉磨时，所需的能耗大幅度降低，根据国外有关资料的报道和我国已取得的实践经验证明，采用此设备的粉磨系统比未用该设备的粉磨系统可增产25%～100%，单产电耗可降低20%～25%。并且由于辊轴的磨损小，单产磨损大为降低，同时设备的工作噪声、粉尘浓度均较小，改善了工人劳动环境，该机采用微机自动监测，使工人的劳动强度大为降低，充分显示了其卓越的经济效益和社会效益。

第二节　辊压粉磨系统工艺

在水泥生产过程中，采用辊压机进行高压料层粉碎不仅适用于生料粉磨，而且适用于水泥粉磨。当物料经辊压机粉碎后，物料的粒度大幅度减小，破碎比是其他破碎机难以达到的，况且在物料中存在有大量的裂纹，这些物料在重新粉磨时能耗可以大幅度降低。

辊压粉磨工艺流程可根据各厂的实际情况和生产要求进行设计，一般有三种工艺流程。

一、辊压机作为开路球磨系统的预粉磨

这种工艺流程最适于老厂技术改造，工艺变动不大，可以大幅度地增加产量和降低电耗，也可以用一台辊压机配几台球磨机而取得显著的效果。既可用于生料粉磨系统，也可用于水泥粉磨系统。如图8-1所示。

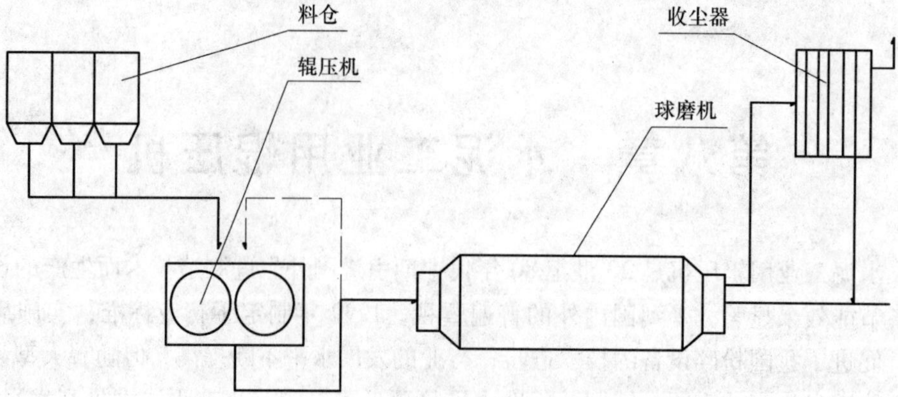

图 8-1　开路球磨系统示意图

二、辊压机作为闭路球磨系统的预粉磨

这是一种效果较好的工艺流程，选粉机回料量的 20% 进入辊压机，使料层密实，粉碎在最佳状态下进行，球磨机的循环负荷也较低，效率最高，控制灵活，适合于扩建改造。如图 8-2 所示。

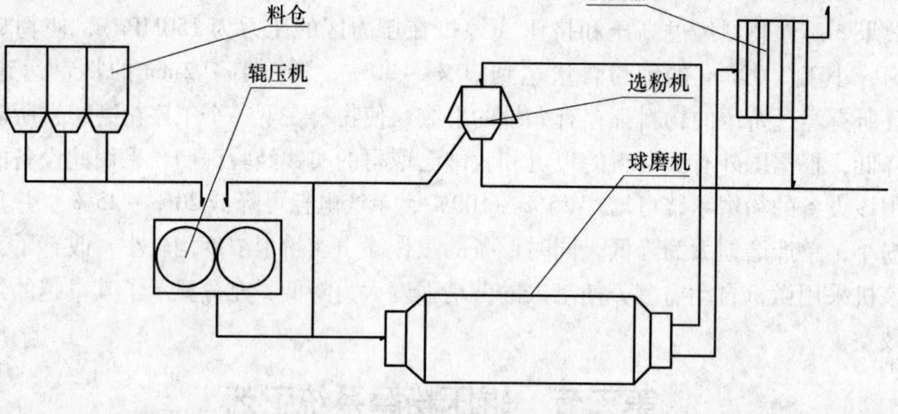

图 8-2　闭路球磨系统示意图

三、辊压机作为最终粉磨的工艺流程

物料经辊压机粉碎后用打散机打散，送入选粉机分选，不合格的粗粉重新回到辊压机，细粉即成为合格的产品，这种工艺流程适用于扩建新建，能耗最低，最适宜生料粉磨系统，如图 8-3 所示。

在工艺设计时，根据实际需要，还可以从上述三种基本流程派生出各种辊压粉磨工艺。影响辊压粉磨工艺有诸多因素，应根据各厂实际情况，因地制宜地确定，以获得最佳经济效益。

辊压机对工艺的要求如下：

（1）空间要求：一般情况下，辊压机的轴线方向，前后各留 2.0m；垂直方向，左右各留 2.0m；高度方向，从机架顶部开始净空高为 3.0m，实际空间位置由工艺设计时考虑。

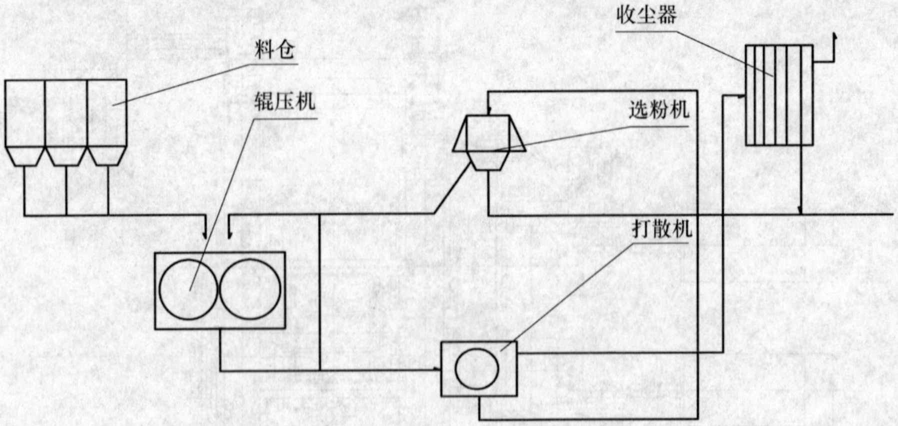

图 8-3　粉磨工艺流程示意图

（2）基础的要求：辊压机可以安装在地平面；也可以安装在楼板上；可以采用钢筋混凝土基础；也可采用钢结构基础。

由于辊压机的粉碎力全部在封闭的机架内平衡了，故对基础的要求主要考虑其机身重量和水平、垂直方向的动载荷。基础的垂直动载荷系数约为 1.5，水平动载荷系数约为 1.2。

（3）进料的要求：

1）进料量应相对均匀，不允许断续进料，因此进料口上方应安装称重仓，容重 15t 以上，料在进仓前须经除铁器除铁，除铁器要求选用自卸式。

2）进料口或出料口应设计收尘装置，或实行负压操作。

3）进料的粒度应小于 35mm，大于 50mm 的不超过 10%，进料温度小于 100℃。

第三节　工作原理及结构

一、工作原理

辊压机由两个大小相同、相向转动的辊子组成，其中一个辊子固定在机架上，另一个辊子为活动辊，在机架导轨内做往复移动，由四只油缸驱动辊子对物料进行挤压。为了减少两辊子侧面漏料，两侧装有侧挡板。脆性物料由输送设备送入装有称重传感器的称重仓，通过气动闸门控制物料的进出，接着进入辊压机的喂料装置，进入两辊轴之间，由于辊子的转动和施加的高压，物料被压成密实的料饼，从辊隙中落下，经料斗，由输送设备送到下道工序，对料饼做进一步的分散或粉磨。如图 8-4 所示。

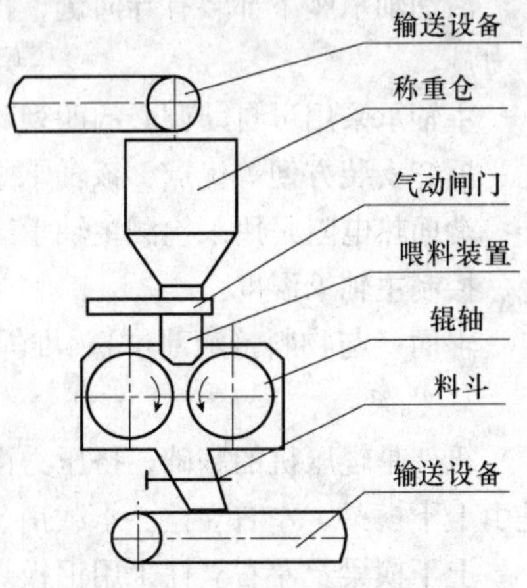

图 8-4　辊压机工作原理示意图

二、结构简介

该设备由辊轴、辊轴支承、机架、喂料装置、传动系统、液压系统、润滑系统、检测装置、辊罩等组成，如图 8-5 所示。

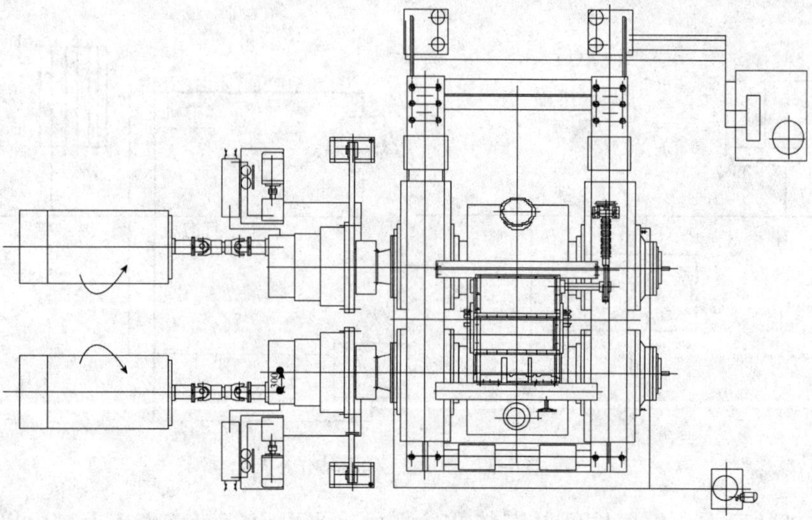

图 8-5　结构示意图

两个装有辊轴支承的辊轴安装在机架内腔的平面上，喂料装置安装在机架上，液压系统、润滑系统安装在机架旁，行星齿轮减速机使用伸缩套悬挂在主轴轴头上，由扭矩支承装置平衡其输出力矩。主电机通过万向节带动减速机运转。

在两套轴系中，有一套是固定不动的，即为固定辊轴系，另一套在主机架内腔导轨上做水平方向往复移动，即为活动辊轴系。两辊轴间对物料形成的高压是由液压缸产生的力通过轴承座及轴承传给辊轴，而当无物料通过时，液压缸产生的力由移动轴承座传给固定辊轴承座，传给机架，不管有、无物料通过，挤压粉碎力均在机架内平衡，基本上不传给基础。该设备中的液压缸与蓄能器组成液压弹簧，保持一定的挤压粉碎力，同时兼有保护功能，整机采用微机自动控制。

该设备中的主要部件简介如下。

1. 主轴轴系

该部件由辊轴、四列球面滚子轴承、推力轴承、活动轴承座、固定轴承座以及内外轴承端盖、定位环、端面热电阻等组成。

活动轴承座下部装有导向键，控制轴承座水平移动的方向，通过双耳环接受油缸传递的压力。

主轴承采用可自动调心的四列球面滚子轴承，具有承载能力大、寿命长、轴上有高压油孔、拆卸安装方便等优点，该轴承采用集中甘油润滑，保证具有良好的润滑条件。

端面热电阻是用来检测主轴承工作温度的，它紧贴在主轴承的外圈，保证连续检测、报警、控制主轴承温度。

辊面（与物料接触部位），堆焊一层耐磨焊接材料，保证辊子表面的使用寿命。

2. 机架

机架是辊压机的基础，挤压力由其承受。为了减轻重量，采用工字型与箱型钢结构。它是由上下横梁、左右立柱、承载销、定位销、键及高强度连接螺栓组等组成。

上下横梁及左右立柱采用钢板焊接成工字型及箱型结构，焊接后做整体退火处理，以消除焊接应力。

承载销将立柱上所受的粉碎力传递到上下横梁上。

定位销的作用是确定两侧上下横梁的中心距。

导轨是活动轴承座水平移动的接触平面。

螺栓组是确保机架连接的关键所在，应采用高强度螺栓，并且在拧紧时控制拧紧力矩。

3. 喂料装置

喂料装置是保证物料能均匀、定量地进入压力区，并使物料受到良好挤压的一个重要装置，在工作中，物料始终充满整个喂料装置，由其导向进入辊轴的压力区。

喂料装置由挡板、侧挡板、插板装置、喂料校偏装置和顶紧装置等组成。

挡板主要起到密封作用，侧挡板下端即在压力区的部位装有耐磨块，这样减少磨损，提高挤压效果。

插板装置是用以控制物料饼的厚度，进而达到控制处理量的作用。它由手轮、调节螺杆、焊有耐磨材料的闸板和闸板架等组成。

顶紧装置是用以控制侧挡板与辊轴端面的间隙，该装置由支架、顶紧螺杆、蝶形弹簧及弹簧座等组成。调节螺杆，可以调节对侧挡板的顶紧力，便于侧挡板在正常工作时，保证与辊轴端面有适当间隙，以减少辊轴端面漏料。

喂料校偏装置可以控制喂料的分布，使物料均匀进入，避免两侧辊缝长时间超差。

4. 传动系统

主电机是整个辊压机的动力源，采用两台交流异步电动机驱动。

传动系统采用行星齿轮减速机悬挂传动装置，充分利用行星减速机速比大、体积小和重量轻的特点，通过伸缩套将行星减速机的输出轴刚性地固定在辊轴上，并且减速机可以随辊轴做水平移动。减速机的输出扭矩由扭矩支承装置来平衡，扭矩支承包括扭矩板、支座等件，扭矩支承可以满足移动辊的水平移动，同时起到均载、吸震缓冲的作用，可以使加工、安装精度降低。扭矩支承采用带密封圈的关节轴承，适应性强。主电机与行星减速机之间采用万向节连接，该十字万向节传动轴具有传动效率高、传递扭矩大、节点倾角大、传动平稳、润滑条件好等特点。

连接固定减速机由圆锥伸缩套、两个收缩盘、高强度螺栓，防尘圈等组成。其工作原理是：拧紧锁紧螺栓，使圆锥伸缩套紧压在减速机空心轴上，并使其发生弹性变形，紧抱在辊轴轴颈上，利用其正压力所产生的摩擦力传递扭矩。该部件是行星减速机悬挂安装、传动的关键所在，在安装和拆卸时，必须严格遵守操作规程。

5. 液压系统

辊压机所需的强大压力都由液压系统提供，它的性能直接影响到挤压粉碎物料的质量和设备的安全性。

液压系统主要由液压缸、液压站、蓄能器等相关阀体元件组成。

采用四个液压缸，两端各设两个，上下相邻，由一个液压站供给，分两个系统驱动，当物料性能不均匀时辊缝偏移，可以使其尽快恢复到与固定辊轴保持平行的状态。为了保持液压稳定和辊压机的安全运转，在每个驱动系统中设置两个蓄能器，一大一小。

6. 集中润滑系统

集中润滑系统用于保障主轴承的润滑和密封。该系统主要由主控设备、油站、电磁给油器、油路、控制及信号线路等组成。

主控设备作为润滑系统的指挥中心，由可编程控制器、压力控制系统、显示系统等组成，主要作用是控制油站启停、电磁给油器的运行、每个润滑点的状态、调整供油量以及故障报警。

油站作为润滑系统的心脏设备，主要由贮油筒、油泵、减速电机等组成。它将润滑脂送到管路，通过管路及电磁给油器，最终输送到每个润滑点。润滑脂应用电动加油泵，通过软管直接加到油筒中，避免润滑脂暴露在粉尘中污染油脂。在润滑泵中设有限压阀和保险片，可以调节润滑系统的压力，当由于某种原因使系统中的压力超限时，保险片破裂，润滑脂溢流，从而保护泵元件。润滑泵的出油口设有过滤网防止杂物进入系统，保证系统正常运行。

7. 检测系统

（1）两辊轴间的辊隙检测

辊隙检测采用两只感应式位移传感器，分别放置在移动辊的两轴承座上，通过该传感器可以随时反映出两辊轴的辊隙，亦可反映出物料饼的厚度，当两轴承座水平移动不均匀时，也可反映出偏差大小。当两轴承座中任意一个退至设定的值，而且超时不复位时，即发出报警，并连锁停主电机，保证设备安全。

（2）主轴承温度检测

主轴承温度检测用端面热电阻，端面热电阻紧贴在轴承的外圈，随时反映该装置上的工作温度，当工作温度达到设定的最大值时即发出报警，通知操作人员。

（3）减速机温度检测

减速机油温检测用热电阻，热电阻安装在减速机高速端螺塞上，随时反映该装置上的润滑油温度，当工作温度达到设定的最大值时即发出报警，通知操作人员。

（4）液压系统压力检测

液压系统压力检测采用压力传感器，该传感器将压力变为电信号传至主控板，实时根据辊缝大小调整压力。

（5）润滑系统工作检测

润滑系统由 PLC 控制，压力检测采用压力传感器，超过设定压力就会报警。

8. 辊罩

辊罩的主要作用：其一是防止发生意外人员伤亡和设备损坏；其二是起到密封、减少扬尘的作用。

辊罩由下壳体、上壳体、密封装置及观察、检修门孔等组成。

下壳体安装在机架上，其余均安装在下壳体上，密封装置安装在壳体两侧，这样装拆都很方便。在下壳体上设置了两个检修门，便于设备的检修和辊轴耐磨层补焊，另外在设备运转时随时观察辊面磨损情况。

第四节　主要零件的制造工艺

辊压机的工作条件苛刻，因此该机在制造精度、辊面耐磨性等方面有较高的要求。

辊压机的辊套和主轴锻成一体，称为辊轴。一般由合金钢锻制，如 34CrNiMo6、35CrMo，有的制造厂用 45 号钢制作小型辊轴，也取得了成功使用经验。为提高耐磨性，延长辊面寿命，辊面要堆焊耐磨层，辊面的耐磨性是个关键指标，直接影响辊压机的运转率和经济性。辊面寿命要求达到 7000h 以上。辊轴的主要工艺路线为：

锻造→粗加工→无损检验→调质→半精加工→辊面堆焊→精加工。

其中，锻造前的毛坯质量是制作辊轴的关键，在毛坯制作过程中，钢水的铸造形式、浇注温度、浇注时间、冷却时间都应该严格控制，对化学成分也应严格控制，特别是硫磷等含量，一般采用两次精炼技术。

按照工艺要求粗加工后进行超声波探伤检验，一般选择重型机械通用技术条件无损探伤的Ⅲ级标准。

调质后主要检验辊轴硬度，使其在合适的范围内，避免过高或过低影响机械和焊接性能。

辊面堆焊过程比较复杂，需要以下过程：

（1）焊前预热：焊前预热时间不少于4h，堆焊时温度为200℃左右。

（2）堆焊：按照不同的厚度要求焊接耐磨层，主要有三层：第一层，称为缓冲层，它与本体有较好的结合性，因其硬度较低，起到了防止耐磨层剥落的作用；第二层，称为过渡层，起到降低内外硬度梯度的作用；第三层，称为耐磨层，直接接触物料，是工作面，要求硬度要高，一般为HRC58～63。

（3）焊后保温：用石棉包裹耐磨层缓慢冷却，待精加工。

应对辊面进行测量并记录，以便对辊面修复时参考。辊面测量点沿轴向不少于20点、径向不少于4点（每90°一点）。测点的位置应在辊轴端面留下明显的标记，方便以后的检测。参照图8-6。

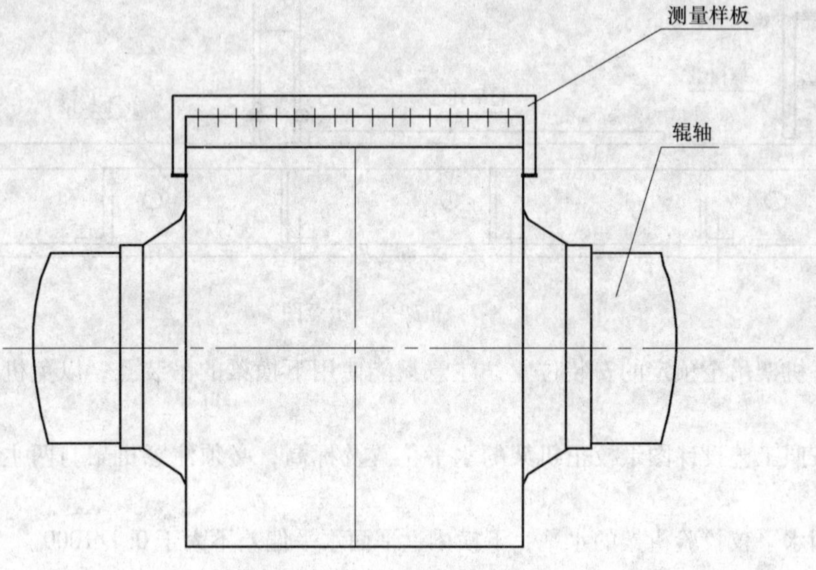

图8-6　辊面测量方法示意图

第五节　安装及调试

一、设备的安装要求

辊压机在出厂时主要分六大部分运输：①机架、辊罩、喂料装置等组件；②两套轴系；③行星减速机；④主电动机；⑤液压系统；⑥润滑系统，另外还有附属配套设备。因此，初次现场安装工作量较小，主要是安装传动系统各部件。为了在设备检测和保养时能正常安装各个零部件，保证设备正常使用，务必遵行如下要求。

各部件、系统安装顺序：

①安装机架部分。

②安装轴系部分。

③安装行星减速机。

④安装扭矩支承装置。

⑤安装主电机部分。

⑥安装万向传动轴。

⑦安装液压系统。

⑧安装集中润滑系统。

⑨安装冷却系统。

1. 机架的安装（图8-7）

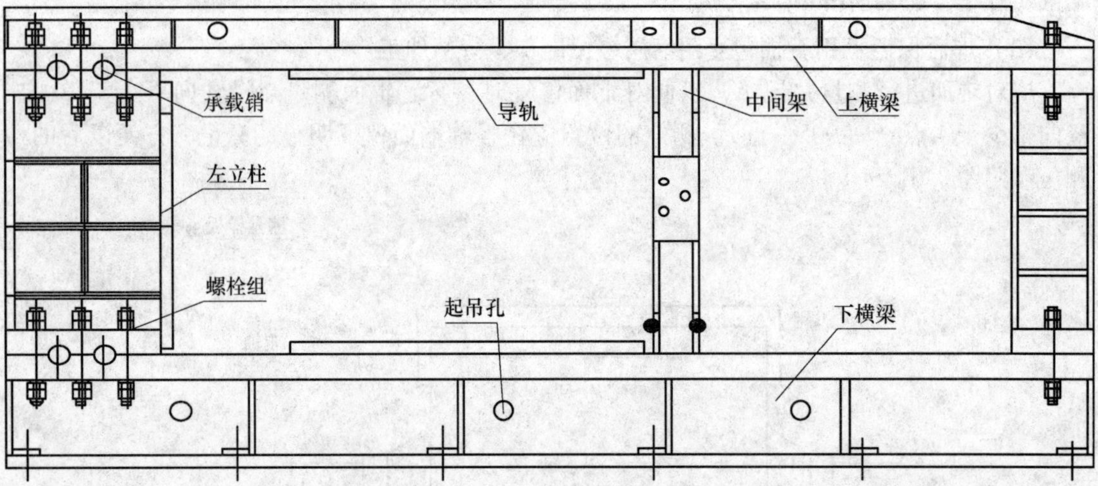

图8-7　机架安装示意图

（1）将机架吊至预定的安装位置，注意只能使用下横梁的吊装孔，以免机架连接螺栓受力。

（2）按照工艺设计图纸校正机架的水平位置及标高，必须注意机架与两主电机的相对位置。

（3）用水平仪校验机架的水平，下横梁上平面水平偏差不大于0.1/1000。

（4）在机架安装完毕后，应使用力矩扳手拧紧高强度螺栓组，拧紧力矩随螺栓规格的不同而变化。

（5）在机架连接螺栓拧紧，并确认立柱与横梁接合面无缝隙后，方可拧紧地脚螺栓。

2. 辊轴轴系的安装

（1）拆去机架上横梁。

（2）固定辊罩下壳体。

（3）拆去辊轴轴系的防护，将其吊放到下横梁上，调装前先在其轴承座的滑板上涂以适量的润滑脂。

(4) 调整两轴承座中心距，尽量调整使两辊轴的工作段端面在同一平面上，错边量小于2mm。

(5) 上横梁归位，并将连接螺栓预紧，测量轴承座顶面与横梁间隙，应使间隙在0.3～0.8mm。

(6) 调整移动辊系，使辊系间隙位于负荷位置。

3. 辊罩及喂料装置的安装

(1) 辊罩的安装顺序

1) 调整辊罩下壳体高度，使其中心线与辊轴重合。

2) 安装辊罩上壳体。

3) 安装密封装置，与辊轴保持一定的间隙，并与罩体紧密贴合。

(2) 喂料装置的安装

1) 将喂料装置初步定位于机架上，注意位置和方向。

2) 旋转手轮，调节插板处于最低位置，移动支座，使插板位于辊缝中间位置。

3) 将调节螺杆、蝶形弹簧、弹簧座在内的所有零件装于挡板上。

4) 调节螺杆，使侧挡板距辊轴端面间距1mm左右，但不可碰到辊轴端面。

5) 固定喂料装置于机架上。

4. 行星减速机的安装

(1) 在安装前先用手盘动其输入轴，看其内部运动是否灵活。

(2) 用汽油将行星减速机中空输出轴和辊轴主轴轴颈清洗干净，用汽油清洗伸缩套，在各接触部位（锥面、螺孔及螺杆等）均匀地涂一层10号或20号机械油，注意不得采用含有二硫化铝的润滑油脂。

(3) 缩紧螺栓松开，将伸缩套套于减速机空心轴上。

(4) 起吊减速机，使其轴线与辊轴轴线尽量保持一致，将减速机缓慢、均匀套于主轴轴颈上。

(5) 在行星减速机安装于主轴完毕后，按规定扭矩均匀拧紧螺栓。

5. 扭矩支承的安装

(1) 扭矩板与减速机法兰面连接在一起，按照规定的扭矩要求拧紧螺栓。

(2) 将关节轴承的球面及内、外表面涂以适量润滑脂（应与以后使用的润滑脂相同），并将其安至安装位置。

(3) 将销轴插入销孔，并通过关节轴承，将轴套涂以适量润滑脂套于销轴上。

(4) 安装油杯。

(5) 固定基础连接的支座，拧紧地脚螺栓。

6. 主电机的安装

(1) 以两辊中心线为基准，校正驱动电机的水平垂直位置，必须保证：电机轴线与辊轴轴线同轴度垂直度小于0.1mm。

(2) 主电机地脚螺栓需在万向节传动轴安装完毕，并再次校对与辊轴轴线位置后，方可拧紧。

7. 万向节的安装

(1) 用汽油清洗减速机输入轴、主电动机输出轴及两端的法兰盘。

（2）将两法兰盘分别套于减速机输入轴和主电动机输出轴上。

（3）在安装好法兰盘上的平键后，方可将中间段万向节传动轴就位，先安装减速机一端。

（4）拧紧连接法兰的螺栓组。

8. 液压系统的安装

液压系统出厂时，已进行过试运转和压力测试，布置如图 8-8 所示。

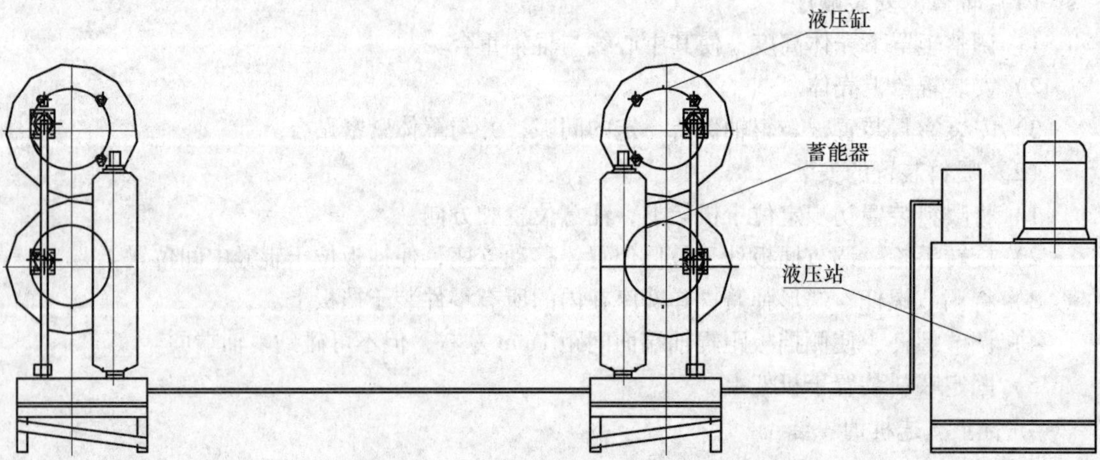

图 8-8　液压系统安装示意图

（1）管路的安装：管路出厂前已经酸洗、中和、清洗和干燥等处理，蓄能器、液压站按图连接即可。

（2）液压缸的安装：将液压缸吊起进行安装，与机架连接的固定螺栓拧紧。注意在吊起时防止活塞滑出，以免发生意外事故。

9. 集中润滑系统的安装

（1）润滑泵的安装：

1）润滑泵底座应垂直固定安装在粉尘较少的地方。

2）润滑泵的周围应有足够的空间，便于维修和加注油脂。

3）应使润滑泵上的压力表面向便于观察的方向。

（2）主控设备、电磁给油器的安装：主控设备安装于辊压机旁便于观察的位置，电磁给油器根据分油点的数量固定在机架两端面合适的位置。

（3）管路的安装：润滑系统中所有管道内壁应光滑清洁、无锈蚀、无氧化铁皮等缺陷。试安装后应经酸洗、中和、清洗和干燥等处理。

10. 检测装置的安装

（1）感应位移传感器的安装，如图 8-9 所示。

1）将传感器支架预安装于机架上，注意将螺母拧紧。

2）选择合适位置固定支架，在支架有长孔可以调整其相对传感器的位置。

3）传感器安装后其活动杆移动轴线应保证与辊轴轴承座移动相平行。

4）在安装传感器时不允许敲打，不允许弯曲活动杆和压坏传感器的不锈钢外壳。

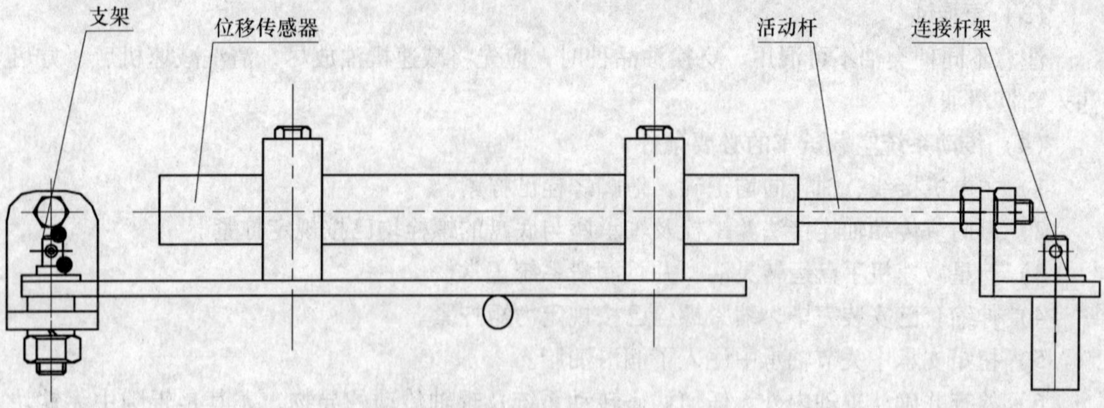

图 8-9　感应位移传感器安装示意图

（2）端面热电阻的安装。

1）检查安装螺纹孔是否有异物，是否正好对准轴承外圈。

2）热电阻端面必须保证与轴承受压侧外圈紧密接触，使其真实地检测出轴承温度。

3）减速机热电阻安装在减速机高速端螺塞上。

（3）液压系统压力表和压力传感器，均在出厂时已装配好。

（4）润滑系统在泵的出口安装压力传感器。

11. 冷却系统的安装

选择合适的镀锌钢管与轴承座进出水管、辊轴旋转接头、减速机润滑系统（先安置于合适位置）等相关接头连接，要求管路牢固、走线美观，无漏水、渗水现象的发生。

二、各系统单独空载试车及其条件

整机设备在完全安装好以后，必须在做好充分准备的情况下，对各系统进行单独试车，及时准确地发现安装中存在的问题，检查和调整内部各结构关系和参数关系，在确认系统内部均处于正常状态后，可进行下一步程序。

1. 主传动系统及主电机空载试车及其条件

（1）准备工作

1）减速机内注入所选用的润滑油，注意应保证达到油标指示位置。

2）接通润滑油泵电机电源，并确认电机运转方向是否正确，正常后运转一段时间，清洗减速机。

3）接通主电机电源，并确认电机空载运转是否正常。

（2）润滑油的选用

该减速机及设备可广泛使用于全国大部分地区，但对于不同环境、不同的温度或季节，用不同的润滑油。

1）在正常环境中使用，即冬季温度在－15℃以上、夏季在38℃以下选用N220极压齿轮油。

2）工作环境温度高于40℃低于60℃，选用N320极压齿轮油。

3）工作环境温度低于－15℃，应与制造厂设计部门协商确定所用油品。

（3）更换油

注意不同种类油不可混用。更换油品种时，应先将减速机油放尽，清洗减速机后，方可注入新润滑油。

（4）传动系统空载试车的必要条件

1）主电机接线、轴转向均正确，地脚螺栓已拧紧。

2）万向节传动轴连接法兰螺栓及轴承座与底盘的螺栓均已按规定拧紧。

3）行星减速机手盘运转灵活，并且润滑系统正常。

4）伸缩套已安装完毕，缩紧螺栓已按规定力矩拧紧。

5）扭矩支承中关节轴承中注入了润滑油脂。

6）检查并确认辊轴内外无任何妨碍转动系统及辊轴传动的异物，尤其是辊隙中无铁块及其他杂物。

7）关闭辊压机进料装置。

（5）系统空载试车

1）仔细倾听主轴承运转的声音是否正常。

2）仔细倾听行星减速机的运转声音是否正常。

3）仔细观察减速机油站滤油压差是否在允许范围内。

4）仔细观察万向节传动轴在运转中摇动是否在允许范围内。

5）仔细倾听主电机的运转声音是否正常。

6）观察电机空载电流是否在正常范围之内。

7）空载试运转应保证连续4h以上，并在运转过程中观察各部分温升、运转声音和电机电流及控制柜的工作情况。

2. 液压系统试车

（1）蓄能器的充气

1）所充气必须是氮气，严禁使用氧气和空气，否则有爆炸危险。

2）将充氮工具接在氮气瓶上，拆下蓄能器充气阀门的安全罩和阀帽，将充气工具另一端拧到蓄能器上，检查蓄能器的放气阀是否拧紧。

3）首先打开蓄能器阀门，检查蓄能器的残留压力，关闭其阀门，再打开氮气瓶阀门，检查氮气瓶的阀门及压力。

4）将氮气瓶的阀门保持开启状态，缓慢拧紧蓄能器充气阀门，使皮囊慢慢胀开，注意观察充气工具上的压力表，并经常关闭气瓶阀门，以检查蓄能器是否达到预定充气压力。

5）蓄能器实际充气压力应大于充气压力0.5MPa，在充气完毕后，略停留两分钟，待蓄能器内气体稳定、温度恢复正常后，缓慢打开蓄能器充气工具放气阀门，拧紧蓄能器内压力调至预定充气压力。

6）关闭蓄能器充气阀和氮气瓶阀门，拆下蓄能器端的充气工具，用肥皂水检查确认蓄能器充气阀无泄漏后，方可拧上阀帽和安全帽。

（2）液压油的准备

1）液压系统必须清洗干净，所有阀门及管道均安装完毕，无任何暴露在外的管口和空腔。

2）检查准备使用的液压油质量，可直接观察黏度、颜色、清洁度和透明度，防止差错，在注入液压油箱前必须过滤。

（3）液压油的选择

为了使液压系统保持良好的工作状态，防止液压设备发生锈蚀和磨损过大等现象，以保证整机设备使用寿命，提高运转率，必须使用规定的液压油，不允许使用普通机械油。

1）在华北、华东及华南大部分地区，环境温度高于10℃，夏季低于40℃，一般选择N46抗磨液压油。

2）在东北、西北地区环境温度低于－10℃高于－20℃时，可选用N32抗磨液压油。

3）用户为了使润滑油储备管理方便，改变液压油品种时，应与工厂机械动力部门联系。

4）一旦选定并使用某种油品，一般不宜更换。须定期检查，补充液压油。

（4）液压系统试车前的准备

1）检查所有管道接头及法兰是否连接就位。

2）检查所有方向阀是否与所需动作方向一致。

3）将溢流阀调到最小压力上。

4）将液压系统排气塞打开，放气、排气后再拧紧。

5）检查液压油箱内液压油的油位是否在规定高度内。

6）用开关点动液压油泵，观察其转向是否正确。检查移动辊轴系做水平移动时，有无阻碍其运动的杂物，与其他设备有无干涉，特别是两辊轴间和四只轴承座之间有无异物或铁块妨碍移动。

7）主机中连接部分安装就位，连接螺栓均需按规定的拧紧力矩均匀拧紧。

（5）液压系统中各压力的关系

该系统工作压力为PMPa。

1）电磁溢流阀压力：$P_1 = P + 1.5$MPa

2）蓄能器充气压力：大$P_2 = 1.1 \sim 1.3P$MPa，小$P_2 = 0.8 \sim 0.9P$MPa

（6）液压系统试车

1）调试液压泵站的压力

将溢流阀位置调至最松状态，启动油泵电机，确认电机及油泵运转平稳后，缓慢拧紧扳手，注意观察泵站压力表，油泵压力逐步上升至最大值，并保持此压力一定时间后，缓慢松开扳手，将压力降至最小值，在此期间注意其调节是否灵活。在升压或降压过程中如发现不正常现象，就立即切断油泵电机电源。

2）将各电磁换向阀调至使移动辊推进状态。

3）液压泵站以1MPa的压力向系统内充油排气。注意观察其排气塞是否有油冒出，直到出油，方可拧紧螺塞。

4）将泵站溢流阀调至$P_1 = P + 1.5$MPa，将电磁溢流阀关闭，对高压油路进行耐压试验，并在此压力保持2h，检查各接点和法兰等有无明显泄漏和元器件的内泄漏。

5）将电磁溢流阀电源接通并调试，启动油泵电机和电磁溢流阀，观察其动作是否灵敏、准确。

3. 润滑系统试车

（1）润滑脂的选择

润滑对滚动轴承的疲劳寿命和摩擦、磨损、温度、振动等有重要影响，轴承的良好润滑是减小轴承摩擦和磨损的有效措施。所以润滑脂选用进口产品较为理想，一般选用 Kluberlub BE41-1501 或 BECHEM FA50 MO。

（2）试车前的准备

1）检查所有管道接头、油泵、电磁给油器是否连接就位。

2）贮油桶内是否已加满油脂。

3）接通油泵电源线，检查旋向是否正确，出油口是否出油脂。

4）接通主控设备的电源线及线路控制线，测试连线是否正确。

（3）润滑系统的调试

1）打开油泵，设定出油口压力小于 16MPa。

2）设定系统循环时间、各个出油点工作时间，检查各出油口是否有油脂排出，并且信号同步。

4. 检测系统试车

（1）辊缝的检测调试

1）检查确认位移传感器接线是否正确。

2）将移动辊推到最小辊缝位置，检测原始辊缝并记录。

3）找出感应位移传感器的线性工作段，将传感器外壳安装于合适位置上。

4）以所检测的原始辊缝为初始量，将位移传感器活动杆固定于移动辊轴轴承座上，注意检查其安装是否牢固。

（2）主轴承及减速机温度的检测

1）检查热电阻的接线和二次仪表接线是否正确。

2）用标准温度计校验热电阻 20～100℃内温度误差值是否在产品规定范围内。

3）将校验后端面热电阻装于主轴承外端上，注意热电阻元件端面应与主轴承外圈保持良好接触，而热电阻上弹簧又不可压得过紧；减速机热电阻安装在减速机高速端螺塞上。

（3）液压系统压力的检测

1）检查确认压力传感器及显示仪表的接线是否正确。

2）将液压系统调节至不同压力，调整显示仪表上指示数值与压力表指示数值相等。

三、各系统联动空载及加载试车

1. 各系统空载联动试车的条件

（1）主机部分

1）所有地脚螺栓均已拧紧。

2）所有连接件及螺栓组均已按规定安装。

3）移动辊水平移动自如，无任何可能妨碍其运动的杂物。

4）辊轴转动灵活。

（2）传动部分

1）进行传动系统空载试车。

2）检查确认主电机、扭矩支承的地脚螺栓是否拧紧。

3）万向节传动轴安装完好，法兰盘连接螺栓及轴承座与底盘的连接螺栓均已按规定拧紧。

4）减速机在空载试车中未发生任何不正常现象，温升应较小，润滑系统正常。

5）主电机及控制柜接线正确，其散热条件符合产品规定要求，温升较小。

（3）液压系统

1）液压油箱内润滑油量合适。

2）蓄能器充气压力合适。

3）液压缸进退移动灵活。

4）进行所有压力控制和压力控制表调整。

5）要求液压系统静态保压性能良好，控制在规定所要求的降压范围内。

（4）检测系统

1）位移传感器反应、检测灵敏。

2）热电阻温度指示正确。

3）压力传感器及二次显示仪表可正常检测。

（5）主机控制柜内各仪表的连锁控制接线正确

（6）润滑系统

1）润滑系统工作压力正常。

2）各分油器及各管道均畅通。

3）主轴承内已加好充足的润滑脂。

4）电磁分油器正常工作，检测完好。

5）润滑泵站贮油筒填满油。

6）泵站油脂过滤网清洗干净。

7）主控设备调节完毕。

（7）冷却系统

1）冷却水工作压力正常。

2）各管道均畅通无泄漏。

2. 整体空载联动试车

（1）启动的顺序

1）启动主机控制柜。

2）启动减速机润滑系统。

3）启动整机润滑系统。

4）启动主电机。

5）启动液压油泵电机。

（2）空载联动试车的内容

1）主轴承温度超过60℃，检验主电机是否立即停机。

2）减速机润滑油超过75℃，检验主电机是否立即停机。

3）润滑系统是否按设定程序，停止供油时，检验主电机是否立即停机。

4）检查液压系统压力是否能够自动加压或卸压，辊缝长时间偏差超过15mm时，检验主电机是否立即停机。

5）辊压机空载联动运转需2h，在运转过程中，注意检查各系统及零件工作是否正常。

3. 加载试车的条件

（1）所有出料系统设备空载试运转正常。

1）各输送设备运转灵活，空载电机工作电流正常，无较大摩擦声音。

2）各出料输送设备与主机连锁正常，一旦出料系统中某一设备出现故障，主机即停止。

（2）主机空载联动试车完毕，各系统及零部件工作正常。

（3）进料系统各设备空载试运转正常。

1）各输送设备运转灵活，空载电机电流正常，设备声音正常。

2）各进料输送设备与主机连锁正常，若主机或出料系统发生故障，可立即停机。

（4）进料系统中的除铁器工作正常，并已与主机连锁。

（5）进料系统中的称重仓必须是放空状态，防止安装中一些铁块异物混于仓内损坏设备。

4. 加载试车及其调试

（1）首次加载及调试

1）初调喂料装置的插板于某一合适位置上。

2）开启进料系统，将称重仓的料位加到设定高度，并保持一个比较合适的料位高度范围，注意调节给料量。

3）开启电动机。

4）开启液压油泵电机，给液压系统加压，使压力逐步上升（即7MPa、8MPa、9MPa、10MPa），每次上升后取样分析，每个压力至少取三个样。格式见表8-1。

表8-1　料饼记录表

序号	时间	压力	料饼厚度	<2mm 含量	<0.09mm 含量	备注

5）在加载过程中，应注意观察移动辊是否一直做水平移动。若移动辊静止不动或偶然移动一次，并且主电机工作电流较小，相应将进料闸板适当加大，使工作辊缝大于原始辊缝，移动辊水平移动要均衡。每次对挤压物料取样均应在该状态下进行。

6）在加压调试过程中，应注意主电动机的电流变化情况，其平均电流不允许超过主电机额定电流。

7）首次加载试车时间1h，在此期间，应注意观察机械电气各部分设备的运转及工作情况。注意检查主轴承、减速机及主电动机的温度。注意各检测仪表和显示仪表的变化情况。仔细倾听设备有无异常声音。

8）关闭辊压机及其附属设备。将所有的连接螺栓、地脚螺栓重新拧紧一遍。对于重要的螺栓如机架连接螺栓、万向节传动轴上轴承座与底座的连接螺栓、减速机连接螺栓等应按规定的力矩重新拧紧。伸缩套联轴器按最大允许力矩重新拧紧3遍。对设备其他部分进行仔细检查，及时发现设备隐患。

9）在正式启动前必须对设备的关键部位定人员、定岗位、定责任进行操作和监视。

10）所有人员必须预先熟悉和了解设备的性能及主要结构。

11）启动时统一指挥，未经许可不得启动设备。

12）发现异常情况及时报告，及时处理。处理故障时应停机、卸压。

（2）第二次加载试车

1）在对首次加载试车时取出的试样进行分析的基础上，初选较为合适的操作参数，即在较大的处理量和较小的压力状态下，达到较好的挤压效果。

2）开启辊压机及其附属设备，用选择好的参数进行操作，并将挤压后的物料送入下一工序中。根据整个粉磨工艺系统的物料平衡和综合粉磨效果调节辊压机的操作参数，以求达到预计的粉磨效果。

3）进料插板与液压系统压力的调节关系如下：当工艺系统由于物料平衡需要或是其他原因，需要将插板向下调，即减小料饼厚度时，为保持被挤压过的物料性能不变，则可适当减小液压系统压力，以节省能量；反之，若提高插板，增大料饼厚度，则应适当加大液压系统压力，才可保持被挤压物料性能不变。

4）第二次加载应连续试车12h，此时设备各部分的温度已基本平衡，应注意观察。仔细倾听主轴承和行星减速机有无异常声音，检查主轴承的温度及主电机的运转状况，主轴承的工作温度一般不超过60℃，短时间不超过70℃，减速机工作声音正常，温度一般不超过75℃，主电机声音正常，平均电流在额定范围内。

四、设备的正常操作与运转

1. 工艺系统各设备的启动顺序

该工艺系统设备均由可编程序控制器（PC）控制其开启或关闭，但在调试时可能出现故障，需要手动，必须按规定程序开启或关闭。

（1）启动出料系统各设备，由后往前启动辊压机。

（2）启动进料系统中除铁器和金属探测器。

（3）打开主机电源及控制柜，检查确认各仪表工作正常。

（4）打开冷却水系统。

（5）启动集中润滑系统。

（6）启动减速机润滑系统。

（7）启动主电动机。

（8）开启进料系统各设备。

（9）开启液压油泵电机并加压，使系统压力达到设定数值。

（10）开启称重仓中的气动闸门。

（11）观察称量仓的料位显示，调节进料插板使料饼达到适当厚度。

2. 系统工艺设备的停机顺序

（1）关闭进料系统各设备。

（2）关闭除铁器及金属探测器。

（3）关闭称重仓中的气动闸门。

（4）关闭液压油泵电机。

（5）关闭主电动机。

（6）关闭减速机润滑系统。

（7）关闭集中润滑系统。

（8）关闭冷却水系统。

（9）关闭控制柜。

（10）关闭所有出料系统设备。

3. 辊压机长时间停车必须采取的措施

（1）称重仓中的物料挤压完毕。

（2）卸掉液压系统压力。

（3）将各润滑点加好充足的润滑油脂，防止设备零部件生锈或有杂物进入设备密封腔内。

（4）将蓄能器的充气压力降至5MPa左右。

（5）在设备重新启动之前，必须按上述程序进行检查、试车。

4. 设备运行的主要参数及其调整

辊压机在运行时，可供调节的参数主要有三个，即挤压粉碎力、辊轴转速和料饼厚度。一般说来，调节挤压粉碎力，则可以改变被挤压后物料的性能；而改变辊轴转速（在设备允许范围内），仅改变设备自身处理物料的能力，对物料性能无影响；调节料饼厚度，可以改变设备自身处理能力，同时对物料性能稍有影响。

（1）根据被挤压物料的性质，选择适当的粉碎力，以得到最佳的节能效果。仅列出其中一种规格辊压机粉碎力与液压系统压力关系，见表8-2。

表8-2　G140×140辊压机粉碎力与液压系统压力关系

液压系统压力（MPa）	总粉碎力（kN）	单位辊宽粉碎力（kN/cm）
7	5064	36.2
8	5787	41.3
9	6510	46.5
10	7233	51.7
11	7958	56.8
12	8681	62
13	9404	67.2

（2）辊压机处理可以通过设置在进料装置上的调节插板，改变被挤压出的料饼厚度加以调节。该调节范围一般不能过大，料饼厚度过厚或过薄，对挤压效果和设备本身都会产生

不利影响，一般调节范围为10mm左右。

（3）辊压机系统工艺设备连锁如图8-10所示。

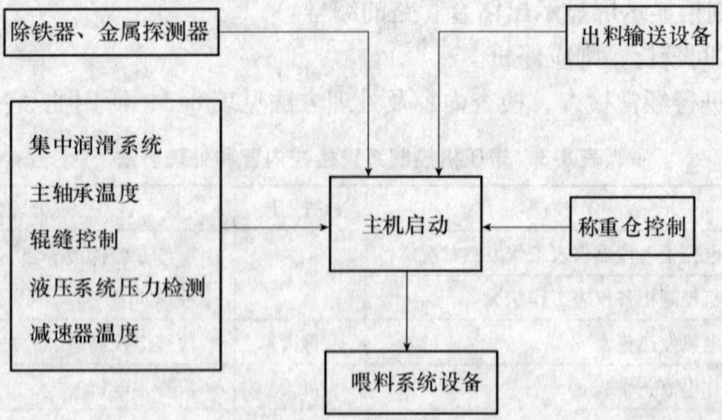

图8-10　辊压机系统工艺设备连锁图

5. 辊压机控制系统报警处理

（1）辊缝检测报警

1）当移动辊一侧的轴承座或移动辊整体后退量过大，达到设定最大辊缝时，系统控制柜报警，由此可知辊缝过大的情况。

2）发生此种情况一般是因为辊缝中有较大坚硬异物，也可能是由于进料插板调得过大。系统操作失误，也有可能造成报警。

3）发生报警时，应及时处理，查明因异物造成，则应立即停车，排除异物；若因操作失误，液压系统未加压力，则应检查液压系统；若因辊缝过大，料饼过厚，应将插板调小。

（2）主轴承温度报警

1）当主轴承工作温度上升到55℃时，控制系统发出报警信号，温度达到60℃时，控制系统自动关闭主电机及其他设备。

2）发生报警时，应及时从仪表上确认出哪只轴承报警，并注意其温度变化情况，不必马上停车，可以边运转边检查，如温度上升快则应马上停车检查处理。

（3）减速机温度报警

1）当减速机润滑工作温度上升到70℃时，控制系统发出报警信号，温度达到75℃时，控制系统自动关闭主电机及其他设备。

2）发生报警时，应及时从仪表上确认出哪只减速机报警，并注意其温度变化情况，不必马上停车，可以边运转边检查，如温度上升快则应马上停车检查处理。

（4）液压系统报警

1）当液压系统超过设定工作压力一定数值后，控制系统发生报警。压力达到规定下限时，报警；压力达到规定上限时，控制系统自动关闭主电机。

2）当液压泵站的滤油器因杂质堵塞过滤网造成滤油器进、出油压力过大，控制系统发出报警。

3）当滤油器堵塞报警发生时，不必马上停车，可以继续工作一定时间，待主机停止工作时，拆卸滤油器，清洗滤网，但时间不可过长，否则将会损坏滤网。

（5）润滑油路堵塞报警

1）当润滑油路中某一路或几路堵塞，控制系统均能发出报警信号，其特征是：当润滑油泵工作时，控制柜显示屏显示出堵塞管路的编号。

2）若检修时间较长，则应停机。

（6）对设备进行经常检查，检查内容及处理方法见表8-3，所用油品及用量见表8-4。

表8-3　辊压机控制系统检查内容和处理方法

序号	检查系统	检查内容	检查周期	处理方法
1	电气控制系统	主电控柜各仪器仪表工作发热状况	每天	更换元器件或导线，重新拧紧接头，增加冷却设备
		主机控制柜各仪表工作状况		
2	主电机及传动系统	主电机发热正常	每天	检查电控制系统
		工作电流正常	每天	检查主电机
		万向节连接螺栓	每周	重新拧紧螺栓
		减速机润滑油位	每周	补充润滑油
		减速机法兰螺栓	每月	重新拧紧螺栓
		伸缩套锁紧螺栓	每半月	按规定力矩拧紧
		润滑油质	每年	更换新油
		减速机润滑系统	每天	检查管路、滤油压差及油温
3	辊轴轴系	主轴承温度	每天	若需要，更换轴承
		端面密封圈	每天	增加润滑脂或更换密封圈
		辊面耐磨层厚度	每周	重新补焊修复
		冷却水系统	每天	更换管件
4	集中润滑系统	润滑油脂位高度	每月	检修或更换称重传感器
		电磁分油器工作状况	每天	检修各润滑油路
		泵站出油口滤网	每月	清洗滤网
5	液压系统	所有管接头、法兰连接	每天	重新拧紧，更换密封件
		系统保证性能	每周	更换检修有关元器件
		压力保护阀功能	每半月	重新调节或更换元件
		液压油油位高度	每周	补充液压油
		液压油质	每年	更换新液压油
		泵站滤油器滤网	每月	更换滤网或滤油器
		蓄能器充气压力	每月	补充氮气
6	喂料装置	调节插板端部	每二月	修复或更换插板
		侧挡板耐磨块	每二月	修复或更换耐磨块
7	检测系统	各仪表工作状况	每天	更换仪表
		标定检测仪表	每半年	重新调试
8	机架	上下横梁与立柱连接	每天	拧紧螺栓
		地脚螺栓	每天	拧紧螺栓

表 8-4　各液压润滑点使用油品及用量表

序号	使用位置	类别	牌号	平均用量	润滑期限	说明
1	主轴承、油封	脂	BE41-1501	0.08kg/h	自动供油	调心轴承、推力轴承、油封部位用量比例为 3∶2∶1
2	集中润滑系统	脂	同上		同上	
3	主电机	脂	2 号极压锂基脂	0.01kg	一周	油枪打油
4	活动轴承座	脂	2 号极压锂基脂	0.02kg	一周	油枪打油
5	喂料装置	脂	2 号极压锂基脂	0.01kg	一周	油枪打油
6	扭矩支撑	脂	1 号极压锂基脂	0.01kg	一周	油枪打油
7	万向节	脂	2 号极压锂基脂	0.01kg	一周	油枪打油
8	减速机	油	极压齿轮油 N220	125kg	一年	北方
			极压齿轮油 N320	125kg	一年	南方
9	液压泵站	油	抗磨液压油 N32	160kg	一年	北方
			抗磨液压油 N46	160kg	一年	南方

第六节　设备的检修

一、扭矩支承中零部件的更换

关节轴承及轴承的更换：拆下连杆，抽出销轴，即可更换关节轴承和轴套。

二、万向节传动轴及行星减速机零、部件的维修与更换

1. 万向节传动轴的更换

（1）拆卸主电机与万向节传动轴连接法兰的螺栓。

（2）拆下万向节传动轴与减速机输入轴连接法兰的螺栓，即可拆下万向节传动轴。

2. 行星减速机的检修

（1）按更换万向节传动轴的程序拆下万向节传动轴。

（2）拆下润滑系统的连接管路。

（3）松开伸缩套的锁紧螺栓。

（4）拆下扭矩支承装置。

（5）用吊车吊好减速机的吊钩，缓慢向外抽出减速机输出空心轴。

（6）在拆卸时应注意防止伸缩套滑落，造成人员、设备损伤。

（7）检修好减速机，重新安装。

三、主轴承及密封圈更换

若拆除轴承，必须首先拆除机架上横梁，然后才能吊出轴系，拆卸轴承，拆卸轴承座及密封圈。

在拆卸旧轴承和更换新轴承时，要在干燥无灰尘的地方进行，必须防止灰尘和水气进入轴承密封腔内。为了正确拆卸旧轴承和密封圈，更换新轴承和密封圈，必须按下列步骤进行。

1. 准备工作

（1）卸掉液压系统压力。

（2）拆除传动系统、进料系统、辊罩及上横梁。

（3）拆除润滑系统软管、冷却水管、位移传感器及端面热电阻。

（4）轴系可由上部吊起放置检修位置，也可以水平吊起放置检修位置，但此时应先将无液压装置端的立柱拆掉，由此端水平吊出机架内腔。

（5）拆卸轴承座内外端的连接螺栓。

2. 拆卸旧轴承及密封圈

（1）拆卸用于轴向定位环。

（2）拆卸外侧端盖及油封。

（3）拆卸轴承座。

（4）安装好超高压油泵接管和接头。

（5）摇动超高油泵手柄，将油打入轴承内圈与轴颈的接合面，用油膜来消除其金属间的接触，对轴承进行检修更换。

（6）可将轴承座内侧的密封端拆下，对其密封圈进行更换。

（7）将轴承外圈从轴承座中拆出，更换新轴承。

3. 安装新轴承及密封圈

四、喂料装置易损件的更换

喂料装置的易损件主要有调节插板和侧档板耐磨块。

1. 调节插板的维修更换

（1）拆下盖板与喂料斗架的连接螺栓。

（2）调节手轮，插板处于最上位置，拆下与插板连接销轴及螺栓。

（3）抽出插板，进行检修更换。

2. 侧挡板下端耐磨块的更换

（1）拆掉与喂料斗架的螺栓连接。

（2）松开侧挡板弹性顶紧螺杆。

（3）抽出侧挡板，更换耐磨块。

（4）重新装好侧挡板，并调整其位置，按要求拧紧螺杆。

五、液压系统零部件的更换

液压管道泄漏或设备出现故障都引起液压系统损坏。损坏的阀门、泵、蓄能器及油管不能修复，必须更换。

在液压系统所有零部件检修更换前，必须首先清理周围现场，扫除灰尘和杂物。

1. 管接头及连接法兰密封更换

当液压管接头及连接法兰处有明显泄漏，通过拧紧管接头或连接螺栓不起作用时，则应拆卸检查其密封圈是否已经损坏。若已损坏，则按下列程序更换。

（1）卸掉油压，拆下管接头或法兰螺栓。

（2）取出密封圈。

（3）装好新的密封圈。注意，必须检查密封圈是否对位。

（4）安装好管接头或法兰螺栓。

2. 主液压缸的拆卸与检修

（1）卸掉液压系统的高压。

（2）用千斤顶向前移动轴承座。

（3）拆下与两油缸相通的连接管。

（4）缓慢拧松与立柱连接的四只螺栓，将主油缸缓慢吊出至拆卸位置。

（5）主油缸的拆卸与组装在空气干燥、无粉尘的地方进行。

（6）拆下球面压头及前端盖。

（7）缓慢抽出活塞杆，放置在干净的棉布上进行拆卸，清洗，更换密封圈。

（8）安装所有密封圈。

六、辊面耐磨层补焊

当辊轴表面耐磨层发生破坏或过度磨损时需要进行补焊。针对破坏或磨损情况分两种：其一是因为辊面局部磨损严重，则应进行局部补焊；其二是辊轴表面整体磨损达到规定厚度，则需进行整体补焊。

1. 辊面的局部补焊

在检查辊面时，若发现某一处或几处硬层过度磨损或脱落，可用局部补焊方法进行补焊。

（1）先停机，将所需补焊部位转置观察处。

（2）用钢丝刷清除表面的物料和杂物，若刷不掉，可用手砂轮进行打磨，直至补焊面光滑为止。

（3）局部加热至200℃。

（4）将耐磨焊条在200℃烘干1h。

（5）用直流（或交流）电焊机，电流调在140～160A进行局部补焊、堆焊至所需厚度即可，焊后保温缓冷。

2. 辊轴辊面整体补焊

当辊轴耐磨层50%部位磨损厚度达到7mm时，应对整个辊轴辊面进行修复、补焊。

（1）先停车，缓慢驱动辊轴，将其整个表面清洗干净。

（2）尽可能将其上裂纹打掉。

（3）用加热工具对整个辊轴预热，注意加热要均匀，以30℃/h的温升速度加热至200℃左右。

（4）用直流（或交流）电焊机进行补焊，将耐磨焊条烘干1h（200℃），电流控制在140～160A，直至要求的厚度，焊后保温缓冷。

（5）若辊面局部区域耐磨厚度超过10mm以上，过渡层因磨损需要补焊时，应与设备生产厂家联系，进行修复。

（6）所有焊接工艺应按所用焊接材料确定或由设备厂家提供和指导。

七、辊面耐磨层厚度的检测方法

辊面由辊轴母材、过渡层、耐磨层组成，其材料的化学成分及金相组织均不相同。其中辊身为中碳钢锻件，其余各层均是堆焊上的。耐磨层是辊面强硬的抗磨损层，直接与物料接触。过渡层用以连接辊身与耐磨层，解决辊身的可焊性，它与辊身同样不具备耐磨性能。

在工作中，只有耐磨层可以参与磨损，而过渡层与辊身是绝不能让其直接与高压下的物料相接触的，否则将会使这些材料与零件发生极度磨损而失效。因此，在辊压机整个工作周期中必须严格。定期检查耐磨层的实际厚度，防止因耐磨层过度磨损而损伤过渡层及辊身。

辊面的磨损分为两种情况：其一是整个耐磨层均匀磨损，各个方向上磨损量相差不大；其二是因为辊轴耐磨层上某一点或一块堆焊合金剥落，造成局部磨损，两种形式均可使耐磨层失效。为防止以上情况发生，必须在对耐磨层做定期厚度检测的同时，经常观察耐磨层有无剥落，及时检测其深度，以便修复。

对耐磨层所做的定期检测，称为标准检测。在新辊开始使用前三个月中，可每 15d 检测一次，在三个月以后每星期检测一次。

对剥落点、剥落块的检测，称为特殊检测，从辊压机开始工作之日起应保证每天对辊面进行一次观察（可不必停机），发现剥落点、块，应立即停车检测其深度，确定是否需要立即修复。

具体耐磨层高度的检测方法如下：

（1）停机，将辊罩上观察门打开。

（2）将与辊罩工作面相邻的两圆柱段圆周表面清洗干净。

（3）以辊轴的圆弧表面为基准，以测量样板（下侧）为基准，检测辊轴耐磨层距样板高度，并做记录。

（4）标准检测时，深度尺应在样板上所刻位置上依次测量，沿圆周方向 30°检测一组，并将每次每组数据记录在记录表上，见表 8-5。

（5）特殊检测时，必须准确测出耐磨层上最深点至样板高度。

表 8-5　耐磨层检测记录表

第　　次　　　　　　　　　　　　　　　　　　　　　　　年　　月　　日

序号 角度	1	2	3	4	5	6	7	8	9	10
30°										
60°										
90°										

第七节　常见故障分析及排除

一、主电机控制系统电流过大

（1）两辊轴间有较大铁块或其他异物，处理方法如下：

1）卸掉油压系统高压，使用千斤顶将活动辊系退回来，检查确认是否有异物存在。

2）若因铁块进入而造成过电流，应仔细检查铁块混入原因，检查除铁器的工作性能。

（2）进料系统调节插板调得过高，调节插板端部过度磨损、断裂致使料饼厚度过厚，造成过负荷。处理方法如下：

1）检查调节插板位置，重新调整好插板，并固定好。

2）拆卸检修调节插板。

（3）主传动系统零、部件损坏，传动阻力加大。查找方法如下：

1）检查传动系统各零、部件工作温度，确定损坏的零、部件。

2）根据停车前设备发出的异常声音，确定损坏的零、部件。

3）将各部分拆开，分别用手盘动，确定损坏部位。

（4）出料设备发生故障，物料堵塞住辊压机出料口，造成驱动阻力加大。解决方法如下：

1）清除出料设备故障。

2）清理被堵塞的出料口。

（5）主电机的主回路或控制回路出现短路，接触不良或元件损坏，造成过电流。

1）检查主回路的接线情况及导线发热情况。

2）检查元件工作情况及发热情况。

3）检查控制回路各主要元、器件工作点。

4）更换损坏的元、器件和导线，重新调整控制回路主要元、器件工作点。

二、系统工艺设备按程序自动停车

系统工艺设备在没有任何人操作的情况下，由计算机控制、顺序停车。出现此情况，可能由下列原因造成：

（1）系统工艺设备中某一设备过负荷。检查各系统工艺设备的工作状况，排除设备故障。

（2）系统控制柜元、器件接触不良。应仔细检查系统的各元、器件，尤其是接触点，工作状况是否正常。

（3）系统控制计算机本身出现故障，请专业人员对其进行检修或更换。

三、主传动系统工作异常

1. 行星减速机运转出现异常声音

（1）减速机内齿轮齿面过度磨损或折断，应拆卸减速机更换齿轮。

（2）减速机内轴承损坏，更换新轴承。

（3）润滑油过少或变质，更换补充润滑油。

（4）润滑系统出油阻力大，应清洗滤油器滤芯。

2. 万向节传动轴工作声音异常

(1)“十”字轴断裂，更换“十”字轴。

(2) 轴承座和底盘连接螺栓松动，重新按规定拧紧。

(3)“十”字轴轴承损坏，更换轴承。

(4)“十”字轴轴承断油，应补充润滑油。

3. 扭矩支承工作异常

(1) 关节轴承缺油，应补充润滑油。

(2) 关节轴承损坏，应更换。

4. 辊轴与减速机输出轴产生相对转动

(1) 设备安装时未按规定的要求进行，应拆卸清理主轴轴颈和减速机输出轴，重新安装。

(2) 若仍不能运转，则与制造单位联系，商量解决办法。

5. 主轴承运转声音异常或轴承温度过高

(1) 主轴承过度磨损或滚柱断裂，更换主轴承。

(2) 集中润滑系统供油不正常，检查润滑系统。

(3) 轴承内部进入异物，清洗轴承，更换密封圈。

(4) 物料温度过高，应控制入料温度。

(5) 冷却水系统压力降低或流量不足，检查冷却系统管路。

四、机架异常振动

(1) 喂料粒度过大，应调整喂料粒度。

(2) 基础螺栓松动，应拧紧相关螺栓。

(3) 进入铁块或其他杂物，应取出异物，并排除进入渠道。

(4) 辊轴耐磨层磨损严重不圆，应重新堆焊耐磨层。

五、液压系统工作不正常

(1) 液压系统压力打不上去或打上去后很短时间降了下来，造成油泵频繁工作。

1) 阀门未关到位或未开到位，应重新检查。

2) 电磁方向阀因堵塞或其他原因阀芯未到位，应按动几下电磁阀按钮。

3) 电磁溢流阀阀芯未完全闭合，可启动、闭合几次电磁阀。

4) 液压泵站溢流阀失灵或未调好，应检修或更换。

5) 系统中有外泄漏，停机修复。

6) 油缸密封圈过度磨损或电磁方向阀、电磁溢流阀芯过度磨损造成内泄漏，此时更换过度磨损的零、部件。

(2) 液压系统发生振动

1) 压力控制阀，主要是组合中电磁换向阀和锥阀中有杂质堵塞，使其不能动作到位，可启动几次电磁阀。仍不能解除，则应拆卸清洗这些阀，特别是溢流阀。

2) 液压系统工作压力与蓄能器压力相接近，造成蓄能器频繁启闭，产生振动。

3) 液压系统与基础发生共振，液压系统应更换安装位置。

六、润滑系统不能正常供油

（1）润滑泵站溢流口溢流

1）润滑泵站限压阀压力调得过低，处理方法是适当增大所限压力。

2）安全片破裂，更换安全片。

3）在润滑泊路中，有油路被堵塞，应从电磁分油器检查被堵塞的油路，清洗被堵塞的分油路管路或进油口，发生此情况，一般是因对所用油管理不善，在给油泵充油时，未按要求使用充填泵充油，或者油泵出口的滤网已经损坏。

4）无论因何种原因发生溢流口溢流，都必须在处理完后，对限压阀重新进行调节，检查安全片和清洗过滤网。

（2）润滑泵工作，但电磁分油器不动作

1）由于润滑泵贮油筒空油，而报警装置失灵。应重新填润滑脂，检修报警装置。

2）因润滑泵活塞或活塞套过度磨损，失去功能，此时应更换油泵。

3）分油器连接管路损坏，此时应仔细检查各油路和管接头，更换已损坏的油管和管接头。

4）分油器控制线路出现故障，应检查线路，调试信号。

七、挤压出物料质量下降或颗粒增多

该种情况将会使整个粉磨系统产量降低，后续粉磨状况变差。

（1）挤压出物料质量下降

1）液压系统压力过低，达不到预定粉碎效果。应重新调节液压系统工作压力。

2）喂料装置调节板调得过低，使液压系统施加的挤压粉碎力未完全作用于被挤压物料，其表现是：移动辊只是偶尔做一次水平移动。液压系统压力正常，但主电动机电流较小。

3）两轴承的轴承座之间被物料堵塞，造成两辊轴间原始辊缝加大，同样会使液压系统所施加的挤压力未完全作用于被挤压物料上，其表现与上相同。

（2）挤压出物料颗粒增多

1）（1）中2）、3）均会使挤压的物料颗粒增多。

2）侧挡板下端衬板过度磨损，使辊面边缘影响区加大，造成大量物料未挤压从端面通过。此时应更换挡板下端耐磨块，通过观察挤压出物料的颗粒组成和辊轴工作情况，可以判断是否应该更换侧挡板下端耐磨块。

第九章　水泥工业用预热器及分解炉

按　水泥工业用预热器及分解炉，是我国水泥生产煅烧熟料的主要设备，1992年制定了行业标准，实施后发挥了重要作用——提高了产品质量，提高了我国产品在国际市场的竞争力。通过长期应用，国内已相继研发出具有自主知识产权的产品，全面提升了我国新型干法水泥窑系统的国产化、大型化技术水平，JC/T 465—1992标准已不能满足生产的要求，2006年原国家建筑材料工业机械标准化技术委员会组织由天津水泥工业设计研究院中天仕名科技集团有限公司等单位组成的标准起草工作组修订了该标准，经国家发展和改革委员会批准发布并实施，达到了国际水平。实施后，促进了技术进步，推动了水泥行业的发展和升华，对占领国内外市场、创造经济效益发挥了重要作用。

第一节　概　述

悬浮预热器的诞生是水泥工业生产的重大革新，受到了全世界各国的重视，自20世纪50年代初期德国洪堡公司建造的第一台带旋风预热器回转窑投产以来，已相继出现了许多类型的悬浮预热器，20世纪70年代中后期随着窑外分解技术的日趋成熟，各种悬浮预热器逐渐被带分解炉的悬浮预热器所替代。目前各种类型的悬浮预热器正在改进和发展，发挥着重要的作用。

悬浮预热窑的特点是在窑后装设了悬浮预热器，使原来在窑内以堆积状态进行的物料预热及部分碳酸盐分解过程移到悬浮预热器内以悬浮状态进行，如图9-1所示，分解炉和回转窑的废气逆流向上，通过各级旋风筒后排出（物料流动方向为顺流），生料粉从第Ⅱ级旋风筒的出口管道处喂入，顺流向下至窑尾。在此系统中，呈悬浮状的生料与热气流充分接触，气固接触面大，传热速度快，热效率高，有利于提高窑的生产能力，降低熟料烧成热耗。

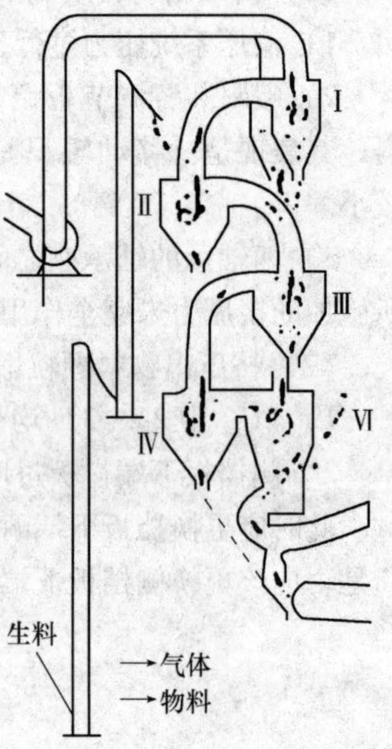

图9-1　悬浮预热器

悬浮预热器的分类主要有以下三种：

按制造厂商分类：有洪堡型、史密斯型、多波尔型、维达格型、盖波尔型、ZAB型、RSP型等数种。

按热交换工作原理分类：有以同流交换为主的、以逆流交换为主的及混流交换的三种。

按预热器组成分类：有数级旋风筒组合式、以立筒为主的组合式及旋风筒与立筒（或涡室）混合组合式三种。

第二节　结构与制造

悬浮预热器的主要组成有喂料室、分解炉、旋风筒、连接管、下料管、膨胀节、锁风阀等如图9-2所示，预热器的设备概况见表9-1。

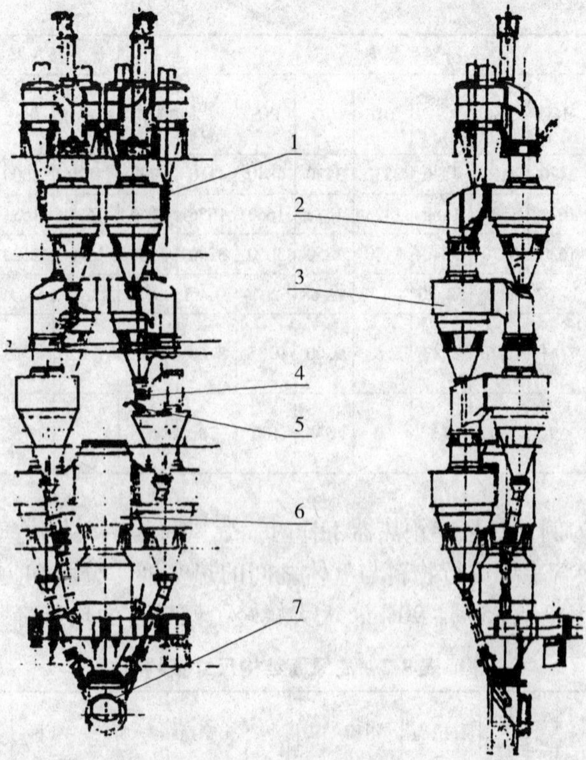

图 9-2　悬浮预热器示意图

1—下料管；2—连接管；3—旋风筒；4—膨胀节；5—锁风阀；6—分解炉；7—喂料室

表 9-1　预热器的设备概况（按类型区分的平均值）

名称＼型号		分解炉类型								SP 平均	预热器类型（包括 NSP）					各种窑型
		SF	MFC	RSP	KSV	DD	GG	FLS	NSP 平均		多波尔	洪堡	维达格	史密斯	神钢	
窑的台数		19	14	9	4	2	2	1	51	24	29	28	14	2	1	75
窑的常用能力（t/h）		165. 1	151. 6	156. 6	191. 2	162. 5	137. 5	175. 5	160. 9	108. 8	133. 3	141. 2	169. 1	155. 0	150. 0	144. 3
旋风筒断面积（m^2）	4 级	40. 8	43. 6	38. 4	53. 2	39. 7	46. 9	49. 7	42. 2	27. 6	36. 8	34. 1	44. 3	46. 0	45. 5	37. 5
	3 级	42. 3	41. 0	38. 5	62. 1	51. 8	41. 6	52. 5	43. 1	32. 1	37. 0	36. 9	46. 8	51. 8	48. 2	39. 6
	2 级	4739	39. 9	37. 8	67. 8	54. 7	38. 7	52. 5	45. 1	32. 1	36. 6	40. 5	47. 3	51. 8	55. 4	41. 0
	1 级	48. 7	46. 4	43. 9	78. 5	58. 7	47. 1	52. 5	49. 5	32. 8	43. 5	40. 3	45. 3	51. 8	55. 4	45. 7
旋风筒入口断面积（m^2）	4 级	9. 35	6. 30	9. 02	12. 1	7. 40	5. 13	16. 1	8. 64	5. 47	5. 52	7. 71	10. 0	16. 2	7. 40	7. 50
	3 级	9. 96	7. 58	11. 4	22. 1	11. 4	8. 68	11. 2	10. 5	6. 61	7. 15	8. 32	14. 5	10. 4	10. 5	9. 28
	2 级	11. 6	9. 13	12. 3	17. 0	11. 9	8. 42	11. 2	11. 3	7. 99	8. 71	9. 26	14. 9	10. 4	12. 7	10. 4
	1 级	11. 5	7. 88	11. 3	17. 3	14. 4	11. 6	12. 0	11. 1	8. 44	8. 55	9. 16	14. 0	15. 1	12. 7	10. 3
旋风筒出口断面积（m^2）	4 级	10. 6	11. 2	10. 0	10. 1	10. 2	11. 2	7. 04	10. 6	6. 75	9. 43	8. 84	9. 81	9. 81	10. 2	9. 29
	3 级	10. 5	11. 2	8. 81	11. 4	10. 2	10. 4	8. 89	10. 4	6. 93	10. 2	8. 27	9. 80	8. 08	10. 2	9. 31
	2 级	11. 7	9. 70	8. 79	13. 5	12. 3	8. 61	8. 03	10. 5	6. 98	8. 44	9. 60	10. 8	8. 66	12. 3	11. 1
	1 级	12. 2	12. 4	9. 67	18. 8	12. 3	12. 0	—	12. 2	8. 68	11. 9	9. 47	13. 0	7. 74	12. 3	11. 1

续表

名称 \ 型号		分解炉类型								SP平均	预热器类型（包括NSP）					各种窑型
		SF	MFC	RSP	KSV	DD	GG	FLS	NSP平均		多波尔	洪堡	维达格	史密斯	神钢	
排风机入口设计风量	Nm^3/min	4000	3470	4150	4890	3830	3520	4840	4110	2730	3120	3800	4430	4720	3890	3670
	Nm^3/t	1628	1631	1596	1569	1425	1572	1660	1536	1549	1405	1655	1586	1652	1554	1541
排风机马达容量	kW	2350	1630	3270	3040	1180	1850	3050	3340	1500	1580	2120	2950	2630	1800	2070
	MJ/t	51.48	38.53	73.08	52.20	40.32	49.68	62.64	51.48	49.68	42.48	54.32	61.20	60.84	43.20	51.12
排风机入口设计压力（kPa）		8.51	7.61	10.61	8.83	8.03	9.00	9.35	8.68	7.52	7.62	8.53	9.36	8.13	7.30	8.31
排风机入口设计含尘量（g/m^3）		81	59	10	73	60	53	100	78	63	59	76	98	75	50	73

以洪堡型预热器为例，在悬浮预热器工作时，旋风筒起生料与废气分离作用，有关结构尺寸见表9-2。各连接管主要进行物料与气体之间的热交换，分解炉主要分解生料中的碳酸钙，入窑生料的分解率可达85%～90%，大大减轻了回转窑的热负荷，提高熟料产量。

表9-2　旋风筒结构尺寸资料

厂家		法国	三菱重工	石川岛	川琦	神户制钢	史密斯	太原	四平	邳县	新疆	罗马尼亚
最上级旋风筒	直筒高 h_1/D	1.2～2	0.74	1.89	1.04	1.00	0.82	1.86	2.0	1.91	1.93	
	锥体高 h_2/D	1.6～1.8	1.75	0.99	1.36	1.59	1.63	1.43	0.9	1.0	0.97	
	内筒直径 d/D	0.5	0.5	0.51	0.47	0.46	0.42	0.5				
	内筒插入 h_3/D	0.5～0.7	0.5	0.70	0.63	0.56	0.28					
	进口宽高比 a/b	0.5～0.7	0.62	0.74	0.61	0.51	1.15	1.9				
最下级旋风筒	直筒高 h_1/D	0.75	0.64	0.76	0.67	0.65	0.81	0.80	0.76	1.06	0.79	0.8
	锥体高 h_2/D	0.9～1.0	1.00	1.16	1.21	1.16	0.97	0.93	1.0	1.0	0.79	1.0
	内筒直径 d/D	0.4～0.6	0.51	0.47	0.46	0.44	0.39					0.5
	内筒插入 h_3/D	0.13～0.2	0.29	0.30	0.25	0.27	0.12	0.4×0.4				0.625
	进口宽高比 a/D	0.5～0.7	0.68	1.0	0.6	0.55	0.9	1.0				0.5
	预热器型式	2－1－2－1系统	多波尔	洪堡	维达格		史密斯	洪堡	洪堡	2－1－2－1系统	2－1－2－1系统	史密斯

主要零件加工制作工艺、质量控制及整机组装工艺与精度检测手段如下。

一、悬浮预热器设备应符合国家建材机械有关标准，并按照规定批准的图纸和技术文件制造安装和使用

钢板材料不低于GB 700有关Q235-A的规定，钢板表面质量应符合GB 3274的有关规定，耐热钢板应符合GB 3280、GB 4237、GB 4268的有关规定。

焊接件应符合建材机械焊接国家行业标准的规定，钢结构表面应平整，不得有明显痕迹及缺陷，耐热钢件焊后必须进行酸洗处理，以消除耐热钢的内应力，稳定金相组织，焊后质量不低于GB 3323的Ⅲ级。

二、主要部件要求

悬浮预热器的旋风筒、风管、分解炉和喂料室等均为体积较大、钢板较薄的焊接件，壳体一般选用 6～10mm 厚的钢板，而且直径一般大于 3m，有的达 8～9m，故一般用卷尺、直尺及样板测量和检验。

（1）出厂筒体段节端面偏差 f 不得大于 2.5mm 如图 9-3 所示。

图 9-3　筒体段节端面偏差示意图

（2）筒体同一断面上的最大直径和最小直径之差，应不大于（$3D/1000$）mm（D 为筒体内径），在托砖圈上、下 200mm 内为（$2D/1000$）mm。

（3）任意段节的周长偏差为 ±（$D/1000$）mm。

（4）筒体钢板和底座拼接钢板的焊缝对口错边量 b：当 $\delta < 10$mm 时，$b \leqslant 1.5$mm；当 $\delta \geqslant 10$mm 时，$b \leqslant 2$mm 如图 9-4 所示。

（a）　　（b）

图 9-4　筒体钢板和底座拼接钢板的焊缝对口示意图

（a）纵向焊缝；（b）环向焊缝

（5）筒体、顶盖和底座允许拼接，焊缝应错开，错开的最小距离应不小于钢板厚度的 15 倍，且不允许有十字焊缝。底座与各垫板接触面的焊缝和底座与筒体接触面的焊缝应铲平或磨平。

（6）筒体对接纵向焊缝形成的棱角度 E_1 或 E_2，用弦长 L_1 等于 $D/6$ 且不小于 400mm 的样板检查，其最大值：$E_1 = 0.1\delta + 1$，且 $E_1 \leqslant 2$mm；$E_2 = 0.3\delta + 1$，且 $E_2 \leqslant 4$mm 如图 9-5 所示。

（7）筒体母线的直线度公差为筒体高度的 2/1000。

（8）与筒体中心线平行的风口法兰面对筒体中心线的平行度公差为：当 $L_3 < 4$m，为 3mm；$L_4 \geqslant 4$m，为 4mm 如图 9-6 所示。

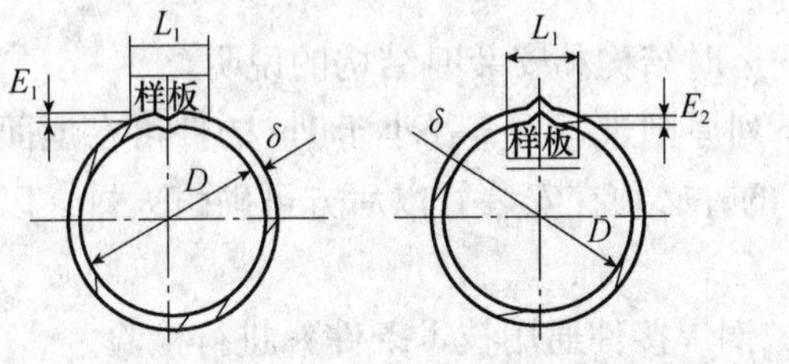

图 9-5　筒体对接纵向焊缝示意图

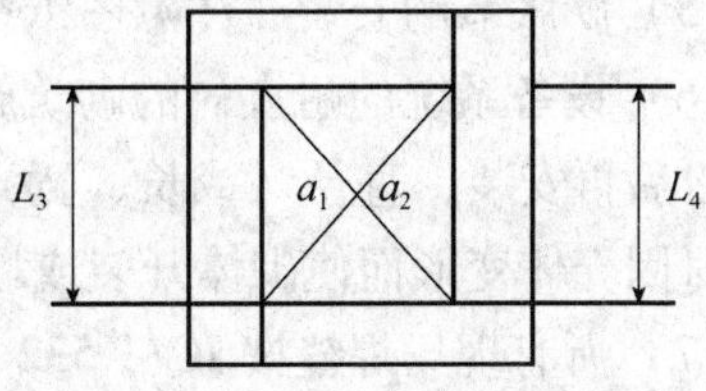

图 9-6　风口法兰面对筒体中心线

（9）顶盖挂砖用的工字钢，下料后必须进行校正，焊后相邻工字钢中心线的平行度公差和工字钢断面中心线与顶盖的垂直度公差均为1.5mm。

(10) 筒体内的托砖圈，焊后应平整，只允许上翘，其偏差为0°~2°。

(11) 膨胀节上、下法兰的平面度公差：当$d<1.5$m时为2mm，当$d\geq 1.5$m时为3mm；膨胀节的波节表面不得有凹凸不平及焊后飞杂物，不得有深度大于钢板负偏差的伤痕、不得有渗漏及其他缺陷。

(12) 锁风阀法兰的平面度公差为2mm；阀板轴中心到阀体中心线高度偏差为±1mm，阀板与阀体接触面缝隙应不大于1.5mm，组装后，必须摆动轻便灵活。

三、试组装要求

所有零部件必须检验合格，外购件、外协件必须有合格证明文件，或由制造厂检验合格方可进行装配，旋风筒、分解炉等可分段出厂，分段处的相关件应试组装，并在试组装部位打上0°、90°、180°、270°的对应⊕线标记，试组装后与筒体中心线平行的风口法兰面对筒体中心线的平行度公差：当$L_4<4$m时为4mm，$L_4\geq 4$m时为5mm。

试组装后上下法兰面的平行度公差为$(0.6h_3/1000)$mm，上、下法兰对筒体中心线的同轴度公差为$\phi(6h_3/1000)$mm（h_3为上、下法兰面的距离）。

旋风筒内筒、膨胀节内筒、各种阀板和闸板应在该部件明显位置上打出耐热钢牌号的标志。

产品外表应涂两遍耐热防锈漆和两遍耐热面漆，其表面除锈要求应符合JC/T 402的有关规定，耐热钢件表面不应涂漆。

第三节　悬浮预热器和分解炉的安装施工

一、设备安装前的准备和注意事项

(1) 安装前应校对基础平面的标高和地脚螺栓孔的尺寸是否符合图纸要求。

(2) 清点设备零部件，检查装配、制造质量，记录实际误差。长途运输是否变形、损坏。活动件、输送管道应清洗。

(3) 在预热器安装现场必须设置经过校正的组装平台。所有零部件在吊装之前必须经过预组装；设备各种测孔、人孔门、捅灰门的方位、双系列的位置，参照图纸的要求进行预组装（特别是圆周方向）成一体，根据各楼面的特点、高度和起吊能力进行组装，达到图纸要求后，才可以进行吊装。

(4) 安装的顺序自下而上、由大到小、由里到外，料管、料管膨胀节、排灰阀和各层旋风筒、风管安装好后，才可进行连接安装。

(5) 膨胀节的安装，注意图纸中要求的发运时结构和安装时结构的说明。

(6) 设备系统的耐火衬的砌筑施工应按下列原则进行：直径小于1m的件可在地面砌好装好以后再安装，直径（或长、宽）大于1m的件必须在安装好以后方可砌耐火衬，以免在吊装时因壳体变形而使砌体开裂或塌落。

(7) 所有现场焊缝按JC/T 532《建材机械钢焊接件通用技术条件》进行检验。

(8) 设备的安装位置，应保证设备在楼面上相对位置准确，两旋风筒中心线、风管与旋风筒中心线、分解炉与旋风筒中心线平行度公差为ϕ5mm。每级下料系统中料管、膨胀节、排灰阀和下料溜子中心线的同轴度公差为$\phi 3$mm。

（9）现场准备$\delta 2\sim\delta 8$各种规格的钢板作为底座找平用（所用钢板都应比底座突出部分下法兰各边缘宽10mm）。安装完后找平用钢板点焊于楼面的梁上，不允许与底座焊在一起。

二、安装工作基本构成流程

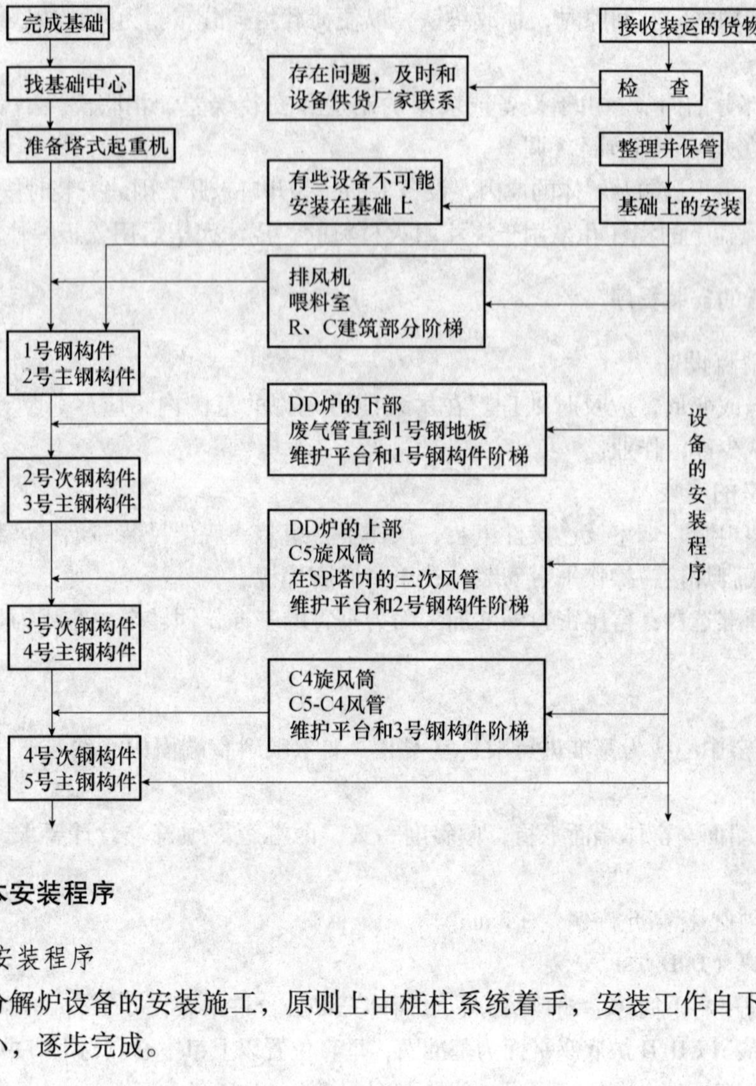

三、基本安装程序

1. 基本安装程序

预热器分解炉设备的安装施工，原则上由桩柱系统着手，安装工作自下而上、由里到外、由大到小，逐步完成。

2. 基础

参考标准检查设备基础，检查基础面的高度、水平和设计位置与基础图里规定的是否相一致，同时也要检查基础螺栓的位置、形状、尺寸是否正确无误。

3. 运输标记

为了运输的方便，将各部设备分成几部分，各部标记规定如下：

（1）部件编号：发运之前，各部件用油漆涂号。

（2）平面位置代号：发运前，各解体件用油漆沿顺时针方向涂上90°、180°和270°的标记。回转窑端为0°。

（3）洋冲标记：各解体件用洋冲打上供安装用的环向及垂直方向洋冲点标记。

4. 安装程序

（1）在充分考虑起重机的能力及安装空间的前提下，将所供的解体件尽可能组对成大件，以便减少高空作业和提高安装精度及安装效率。

（2）修复：安装前，将焊接结构件在运输过程中产生的扭曲、变形予以修复。

（3）安装垫铁：原则上安装设备与钢结构同一水平时，不使用垫铁。当设备的下平面或支承面与钢结构之间有间隙时，加放垫铁，以便荷载均匀分布。为防止垫铁松动，把垫铁焊到钢结构上。

（4）连接部分的调节：由于设备或塔架的制造和安装误差，相联部件需做垂直或水平调整时，用活动法兰（调节圈）调整。

（5）开口：由于运输及解体的原因，设备上的一些开口未开，因此安装时按照图纸开口。

（6）设备顶盖上的浇注孔是用于浇注耐火材料的，浇注完毕后用盖板焊住浇注孔。

四、各设备的安装程序

（1）检查清点设备

如发现缺陷或变形，应及时处理。在吊装能力允许的范围内，应尽量使设备在地面拼装、组对，以减少高空作业。

（2）喂料室的安装

顺序：支架组装、烟室及连接件组装、操作平台组装→底架吊装→烟室吊装→找正→焊接→精找正→底脚焊接→操作平台安装→找正→底脚焊接。

烟室找正基准选择：窑尾密封圈的加工面为垂直的基准，回转窑中心线为烟室中心线的基准。

要求：

1）以回转窑中心线为基准进行喂料室安装，要求喂料室端面中心线与窑中心线同轴度公差为ϕ2mm。

2）喂料室端面与窑体端面平行，倾斜度一致，两端距离须符合设计要求，其允许偏差为±1mm。

3）喂料室中心标高允许偏差±2mm。

（3）分解炉（D-D炉）安装

吊装：用塔吊将下筒体、缩口部分、上筒体三部分分件吊装。

基准面选择：以D-D炉底座平面为基准面，垂直位置以上口中心点与下口中心点为基准。

下筒体找正工具：水准仪、标尺、线坠、盘尺等。

要求：中心位置允许偏差为5mm；标高允许偏差为5mm。

上口中心与下口中心及上升管道中心要对正，并符合图纸要求。找正完毕后，将其接合面焊接，用同样方法找正缩口部分及上筒体部分。

（4）旋风筒的安装

根据部件重量及塔吊吊装能力，在地面上进行拼装分组，由下而上进行吊装。

要求：

1）以安装完毕的窑中心线为基准进行旋风筒的安装，其允许偏差为±2.5mm。

2）安装旋风筒以顶盖为基准进行找平，其水平度为0.5mm/m。

3）按设计要求提拉旋风筒顶盖，提拉高度允许偏差 ±1mm。

4）旋风筒与风筒底座与垫铁应全面接触，垫铁应焊在楼面上，不允许与底座焊接。

5）两旋风筒的中心轴线一致。

（5）膨胀节的安装

1）要仔细核对气流或料流方向，不得装反。

2）安装时沿周边用调整螺栓把膨胀节上、下法兰高度均匀地调整到设计尺寸，不允许用膨胀节法兰高度来补偿安装偏差。

3）安装过程中不允许随意调整螺杆或把螺母去掉，但是在整套系统安装完毕后必须把它们去掉。

4）膨胀节与上、下连接件的同轴度公差为ϕ4mm。

（6）排灰阀、翻料闸板、缩口调节器在安装前应检查调整，达到灵活可靠方能安装。

（7）安装时如有变形或安装超差应及时校正，不允许强行组装。

（8）焊缝不允许漏气，需外保温的设备，设备焊缝须检查合格后方能进行外保温。

（9）筒体组对时的错边量不得大于 0.15δ（δ 为钢板厚度），但最大不超过 2mm。

（10）凡是设备上的混凝土浇注孔盖，须在砌衬烘干后，方可焊于筒体上。

五、焊接

（1）按图纸的要求选择焊条，如无特殊规定，可按下列要求进行烘干和保存：酸性焊条视受潮情况，在 75～150℃范围内烘干 12h；低氢型焊条在 350～450℃范围内烘干 1～2h，烘干后应放在 100～150℃箱内随用随取。

（2）焊接前应用乙炔火焰、砂轮、铁刷、砂布、压缩空气等，将焊口处的油污、杂物、油漆清除并打出金属光泽。

（3）进行多层焊接时应注意焊接电源的调整。除低层焊流较小外，多层焊和盖面焊均需采用较大的焊接电流。发现前一层焊接有缺陷时，应处理好后，再进行焊接。

（4）焊后应将所有的焊接辅助装置、残留的焊缝金属熔渣、焊疤等清除干净。

（5）焊后常规检查：所有焊缝与金属本体平缓连接，不允许有裂纹、夹杂物、气孔、未焊透、未熔化、凹坑、咬边等现象。其中咬边允许范围见表 9-3。

（6）焊缝质量检查按《钢结构工程施工质量验收规范》GB 50205 中规定执行。

表 9-3 咬边允许范围

板厚（mm）	咬边深度（mm）	咬边长度
≤10	0.5	连续长度不大于 100mm，咬边总长度（焊缝两侧之和）不大于焊缝长度的 10%
10～40	1	
>40	1.5	

第十章　水泥工业用回转式包装机

按　水泥工业用回转式包装机是引进国外的先进制造技术，通过消化吸收，实现了国产化。1998 年我国制定了建材行业标准，实施后发挥了重要作用。随着水泥工业的大发展，水泥技术装备实现了大型化，原标准已不能满足使用要求，为促进行业创新发展和技术进步，原国家建筑材料工业机械标准化技术委员会组织修订了该标准，由湖北哈福机械有限公司等单位组成标准起草工作组，完成了标准任务，2007 年国家发展和改革委员会批准发布。修订后的标准达到了国际先进水平，实施后取得了较好的效果，满足了设备改造和创新要求，推动了水泥工业的环保和节能减排工作发展。

第一节　概　　述

回转式自动包装机系统用于粉料（如水泥、面粉等）或颗粒状物料（如化肥、粮食等）的自动称量包装。包装称量工作直接关系到产品的销售。准确的称量可使用户免受缺斤少两的损害，为厂家的销售提供可信度，同时也避免了厂方因分量过足造成的损失。

我国于“八五”期间先后从德国哈佛（HAVER & BOECKER）公司引进六嘴、八嘴、十嘴、十二嘴回转式水泥包装机制造技术，通过消化吸收，结合我国国情，开发研制了具有二十一世纪先进水平的回转式包装机系统，在国内外水泥企业得到推广应用，取得较好效果。通过不断改进和创新，该系统控制及包装精度在国内处于领先水平并能达到世界级水平。

该系统分为六嘴、八嘴、十嘴回转式包装机系统和十二嘴和十六嘴回转式包装系统。前者只有一个插袋位，只配一套卸袋装置；而后者有两个插袋位，配两套卸袋装置。

以八嘴回转式包装机系统为例，其设备工艺布置如图 10-1 所示。主要设备包括：振动筛、中间仓、螺旋闸门、立式双格轮下料机、回转式包装机、卸包皮带机、正包皮带机、传动辊道、电子校正秤、包清理装置、破包机、破包清理装置、回灰斗等。

一、回转式水泥包装系统的分类及组成

以包装机为中心，回转式水泥包装系统包装机以上垂直方向主要由提升机、振动筛、中间仓、螺旋闸门、下料机等组成。包装机以下水平方向主要由卸包机、正包机、输送辊道、电子校正秤、水泥包清理装置（滚筒式和皮带式）、破包机、清包机、皮带输送机、螺旋输送机、收尘装置等组成自动化生产线。

振动筛用于剔除水泥中的异物，中间仓用于储料和保持物料相对稳定，螺旋闸门用于调整物料流量和设备检修时用，下料机用于均匀下料、锁气，卸包机用于接送包装好的水泥包，正包机用于矫正水泥包的输送方向，清包机用于清扫水泥袋外表面上的灰尘，螺旋输送机用于将收集的灰尘返回到提升机。

回转式水泥包装系统设备的配置，生产使用实践中，包装机以上垂直方向的设备配置没有什么变化，但包装机以下水平方向的设备配置随用户使用要求不同而不同，主要分为以下几种配置。

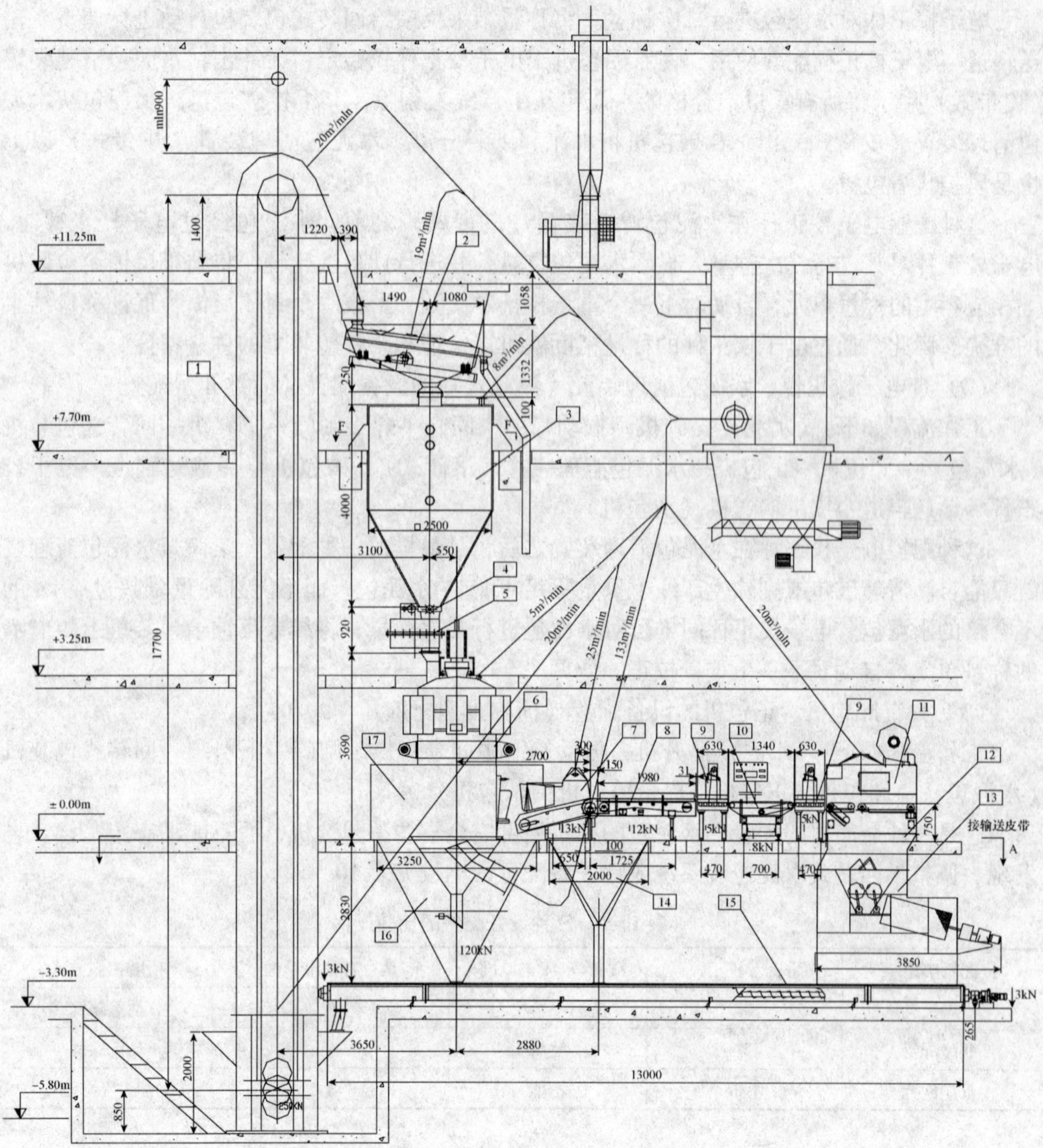

图 10-1　包装系统设备布置示意图

1—斗式提升机；2—悬挂式振动筛；3—中间仓；4—螺旋闸门；5—立式双格轮下料机；6—包装机；7—卸包皮带机；8—正包皮带机；9—传动辊道；10—电子校正秤；11—包清理装置；12—连接体；13—破包机；14—卸包机回灰斗；15—螺旋输送机；16—包装机下回灰斗；17—防护装置

（1）带电子校正秤、水泥包清理装置（皮带式）的设备配置（简称Ⅰ型配置）

其工作流程如下：（水泥）提升机→振动筛→中间仓→螺旋闸门→下料机→回转式包装机（水泥包）→卸包机→正包机→输送辊道→电子校正秤→输送辊道水泥包清理装置（皮带式）（破包机）、清包机→皮带输送机。

由水泥库底卸出的水泥经提升机提升进入振动筛，流入中间仓，再由下料机喂入包装机，包装后的水泥包经卸包机、正包机、输送辊道、电子校正秤、输送辊道、水泥包清理装置（皮带式）、破包机、清包机，由皮带输送机送入其他设备或水泥库。

电子校正秤对水泥包进行二次称量，将称量结果反馈给回转式包装机自动进行调整。输送辊道与电子校正秤配套使用，使水泥包进出电子校正秤较稳定，无冲击；水泥包清理装置（皮带式）用于将所有重量不合格的水泥包从生产线上剔除，其下接破包机。水泥包从水泥包清理装置（皮带式）滑下，破包机将水泥和纸袋分离。水泥包清理装置（皮带式）以上也是风扫式清包机。

这种配置电子校正秤在水泥包清理装置（皮带式）之前，水泥包经过电子校正秤时，电子校正秤对其进行二次称量，显示水泥包重量，并进行计量、比较，将结果反馈给包装机上相应料嘴的称量单元，自动对下一个重量校正、微调，形成一个封闭反馈，保证称量结果的准确。因此，通过电子校正秤的称量精度就可以保证和跟踪包装机的称量精度。

（2）带电子校正秤、水泥包清理装置（滚筒式）的设备配置（简称Ⅱ型配置）

工作流程如下：（水泥）提升机→振动筛→中间仓→螺旋闸门→下料机→回转式包装机（水泥包）→卸包机→正包机→水泥包清理装置（滚筒式）（破包机）→输送辊道→电子校正秤→输送辊道→皮带输送机（清包机）。

这种配置电子校正秤在水泥包清理装置之后，是最早的一种配置，滚筒式水泥包清理装置只能自动清理破包或剔除生产线上重量不足40kg的水泥包，而不能剔除重量超过40kg的不合格的水泥包。电子校正秤同样可对水泥包进行二次称量，将结果反馈给包装机上相应嘴的称量单元，自动对下一个重量校正、微调。

（3）只带卸包机、正包机的设备配置（简称Ⅲ型配置）

工作流程如下：（水泥）提升机→振动筛→中间仓→螺旋闸门→下料阀→回转式包装机（水泥包）→卸包机→正包机→皮带输送机（清包机）。

这是一种最简单的配置，水泥包的称量精度完全靠调整包装机，而不能动态跟踪，及早发现、调整。回转式水泥包装系统3种设备配置的比较见表10-1。

表10-1　三种设备配置的比较

配置类型	是否带校正秤	剔除水泥包范围	是否有称量反馈	精度控制方式
Ⅰ型配置	带	所有不合格包	有	动态跟踪
Ⅱ型配置	带	不足40kg	有	动态跟踪
Ⅲ型配置	不带	不能	无	无

在整个系统中，物料先经振动筛将混杂于物料中的大颗粒物体分离出来，以免物料到达主机时发生卡机现象，然后进入中间仓。中间仓的物料储备保证主机包装的顺利进行。物料经由手动螺旋闸门、立式双格轮下料机到达主机包装仓，螺旋闸门控制物料在中间料仓与包装仓之间通道的通断，为包装机的维修与检查提供方便，同时也满足料仓以下系统的断料要求。立式双格轮下机阀能连续均匀地将一定量的物料输送到包装仓，以保证主机的正常工作，同时起到锁气作用。物料到达主机后，经主机的自动称量包装成为一袋袋包装好的水泥包。水泥包离开主机，经卸袋皮带机到达正包皮带机，正包皮带机将不规则的水泥包按皮带机输送方向摆正。水泥包经进袋传动辊道在电子校正秤上进行称量校验，袋重合格的水泥包经出袋传动辊道进入破包清理装置。破包清理装置将水泥包外的粉尘清理干净，由皮带机送出进行堆码存放或装车。袋重不合格的水泥包经出袋传动辊道进入破包清理装置后，破包清理装置的丢包装置动作，将不合格的水泥包卸出，落入道下方的破包机之中，由破包机进行

破碎处理。同时，校正秤根据校验结果（偏轻、偏重、符合要求）发出正、负校正信号给主机，使主机对秤重新作出调整，而符合重量要求的则不发校正信号，保证了主机称量的连续精确性。至此，水泥称重包装的过程完成一次循环。

二、回转式水泥包装系统的特点

（1）灌装速度快，产量高。每个嘴的罐装能力在15t/h左右。袋重可罐装范围25～50kg。50kg水泥包装系统整机罐装能力在90～240t/h。

（2）称量精度高。98%的袋重优于$50kg^{+0.4kg}_{-0.2kg}$，连续10袋平均误差$50kg^{+0.2kg}_{-0.1kg}$，连续20袋总重≥1000kg，但不超过1003kg。

（3）流程简单，结构紧凑，工艺布置及设备配置灵活。回转式水泥包装系统可根据不同使用要求进行设备配置。

（4）回转式水泥包装系统设备通用性、互换强。振动筛、螺旋闸门、清包机及包装机称量单元及零部件可以互换、通用。

（5）自动化程度高。包装系统自动控制、连锁，除人工插袋外，实现全部自动操作，自动称量、自动掉包、自动校正、自动计数、故障自动检测、自动报警、甚至可以自动打印。

（6）性能可靠。系统设计合理、先进，调试方便。主要控制零部件采用进口电器元件、德国气动元件，稳定性、可靠性好。

（7）易损件少。密封件耐磨、耐用，正常运转中，在1～2年内无须更换易损件，减少了维修时间及易损件的费用，经济效益好。

（8）环境污染少。系统密封性好，在保证收尘效果的情况下，工作区基本无粉尘，改善工人劳动环境。

（9）能耗低，外观漂亮。

第二节 结构与工作原理

一、回转式包装机

（一）主要技术参数（表10-2）

表10-2 主要技术参数

型号	产量（袋/h）	重量
6RS	1800～2200	98%袋重优于$50kg^{+0.4kg}_{-0.2kg}$（PLC控制电子秤）
8RS	2200～2500	
10RS	2500～3000	
12RS	4000～4400	
16RS	4800～6000	

（二）结构与工作原理

回转式包装机（图10-2）是由承载梁（1）、储料室（2）、回转驱动装置（3）、灌装架（4）及六至十六个独立的包装单元（5）组成。承载梁用于吊装整个包装机、安装回转驱动装置，便于其回转。储料室用于储料及挂装各个包装单元的称量装置、电控柜、气控箱。其内部开有六至十六个通道，使物料与灌装架上的各个包装单元的灌料系统相通。灌装架上有六至十六个包装仓，用于安装各个包装单元的灌料系统、称量装置。回转驱动装置包括供电滑环体、皮带传动、齿轮传动等（图 10-1）。

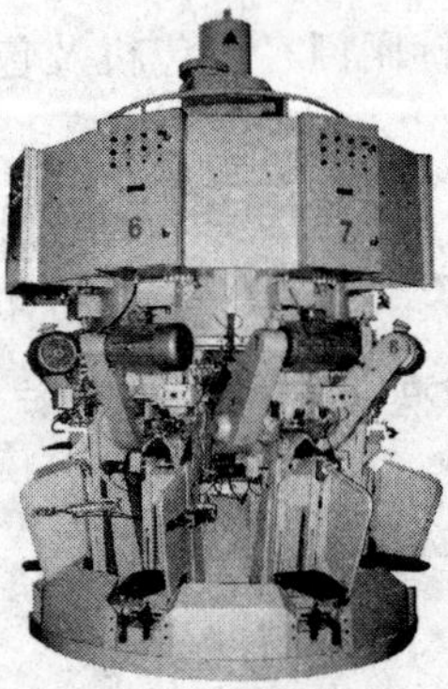

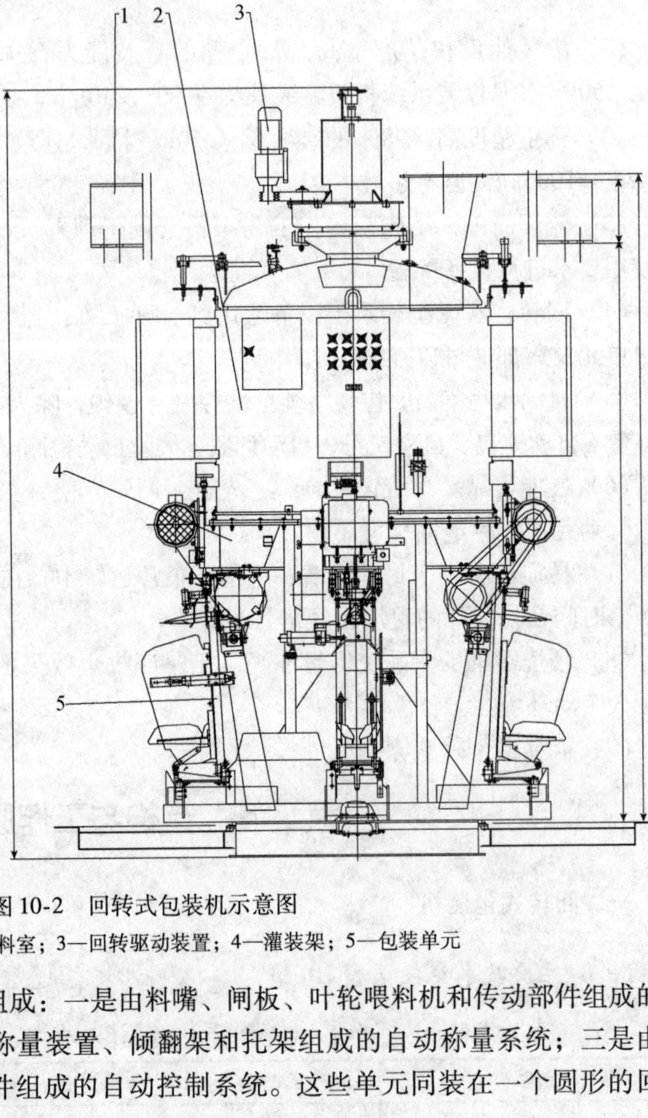

图 10-2　回转式包装机示意图

1—承载梁；2—储料室；3—回转驱动装置；4—灌装架；5—包装单元

每个包装单元均由三大系统组成：一是由料嘴、闸板、叶轮喂料机和传动部件组成的灌料系统；二是由机械（电子）式称量装置、倾翻架和托架组成的自动称量系统；三是由电气柜、气动控制箱及其他气动元件组成的自动控制系统。这些单元同装在一个圆形的回转体上。

包装机顶部装有料位器，用于控制灌料系统的料位高度，以保证包装精度和速度。

整机的回转是由设在顶部的回转驱动装置带动。减速电机（1）通过皮带传动（2）和齿轮箱（3）的减速传至包装机立轴（4）。转速调节可通过变频调速或减速电机无级变速调速。各单元所用电源、气源均由顶端的转换机构输入。滑环体（5）将电源和电信号传送至各单元，而滑环体中间的导气构件（6）将气源导致回转体的空气分配系统，再分至各单元。

包装机的操作主要由人工或配置自动插袋机进行连续插袋。纸袋套上喂料嘴后拨动了连杆装置，触动了接近开关，接近开关发出信号，压袋汽缸立即自动压住空袋，闸板在三位汽缸的作用下全部打开，同时启动喂料电机，使之处于喂料阶段。鞍座托住物料包的下部（事先按照包的大小调节好高度），开始进行跟踪计量。当包装物料达到额定量的90%左右，称量装置发出信号，通过三位汽缸将闸板喂料口关闭一半，此时喂料速度减慢，即所谓粗流变为细流；继续细流至额定值时，称量装置再次发出信号，随即完全关闭闸板，同时喂料电机停止。接着压袋汽缸抬起，略延时便由推包汽缸执行推包动作，满包从倾斜的鞍座上滑出，落入卸包皮带机。待倾翻架复位后，整个循环结束，如图10-3所示。

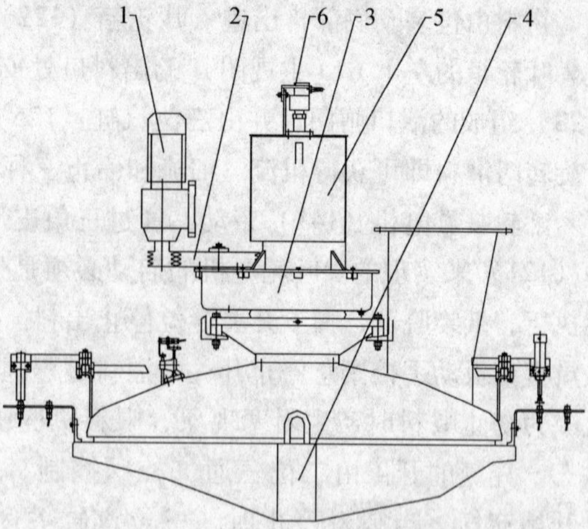

图10-3　回转驱动示意图

1—减速电机；2—皮带传动；3—齿轮箱；4—包装机立轴；5—滑环体；6—导气构件

1. 灌料系统（图10-4）

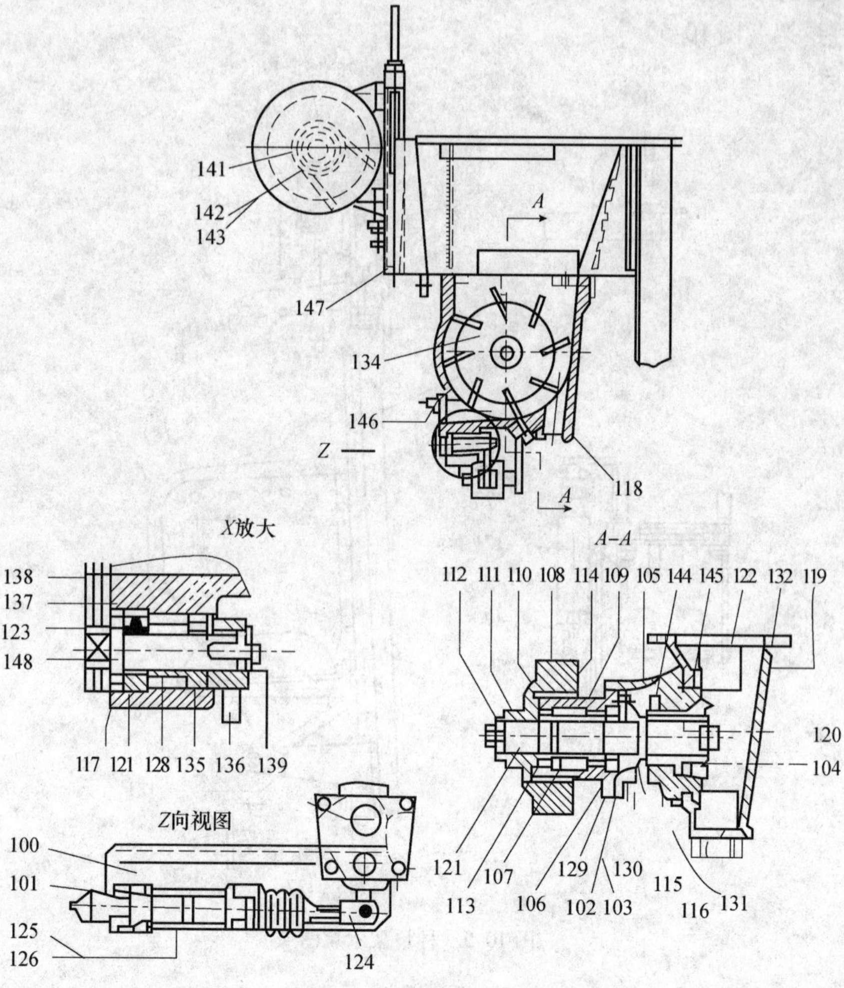

图10-4　灌料系统示意图

物料由包装仓底部排出进入叶轮箱（122），叶轮箱内的叶轮（134）装在传动轴（124）上。叶轮箱的左下方（主视图）的出料口处安装了由两块蝶形板（137 及 138）和一块滑板（123）组成的活口闸门，并由三位汽缸（125）来控制它的全开、半开、全闭，从而保证叶轮旋转时灌料即可获得粗流、细流和停止三种状态。

叶轮是靠电机（141）带动，通过三角皮带（108）传动皮带轮（114）再直接带动叶轮轴（121）来实现的。叶轮电机的启动必须是处于喂料嘴上有纸袋而且是未装到额定量时才能执行，纸袋脱落，嘴下开关复位停止出料。如果中途纸袋脱落或是在非常情况下，由操作人员直接扳动手控紧急停止开关，灌料过程即刻停止。

为防止喂料时产生阻塞现象，喂料机构中加入了充气装置，使叶轮箱内的物料呈流化状态。充气的开停由二位三通气控阀控制，并与喂料机保持同步，即三位汽缸打开闸门时开始充气，当喂料停止时，三位汽缸关闭时停止充气。充气流量可通过一节流阀来调节。

2. 称量系统

称量装置根据称量原理的不同可分为机械秤和电子秤两种。

（1）秤量架（图 10-5）

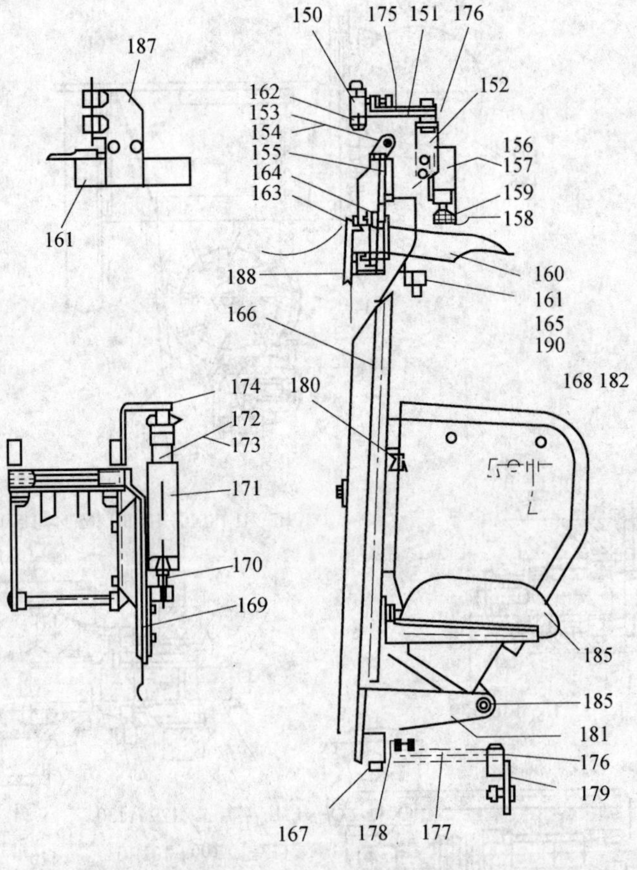

图 10-5　秤量架示意图

鞍座（185）、座框（186）等组成一个倾翻架，它安装在托架（166）中，并可围绕轴（183）回转，共同组成了秤量架，并通过挂钩（153）悬挂在秤杆或传感器上。鞍座高度可按水泥袋的大小进行调节。料嘴（160）随着整个称量架上下浮动。为了精确地测得整个称量架上包装物料的重量，而在上下分别用弹簧片（151/178）与灌包架进行连接，使水泥袋和整个秤量架有约束地上、下蠕动。料嘴与叶轮箱上的蝶形板用挠性密封套（164）进行连接，因为料嘴是固定在秤量架上的，故而它将随着喂料过程逐渐下沉。

当水泥空袋套上料嘴，此动作本身拨动了启动阀（161），压袋汽缸（156）活塞向下并以橡胶头（159）将纸袋压紧在料嘴上，随即开始喂料，至额定值时，压袋汽缸上抬，接着便是推包汽缸（171）推动倾翻架绕转轴（183）转动，从而使满包从鞍座（185）上倒下。卸袋皮带机的位置是固定的，故回转式包装机的推包动作，除了必须是满包外，还须回转到卸袋位置才能卸袋。此动作由程序控制机构加以控制。

（2）称量秤

①机械秤（图10-6）

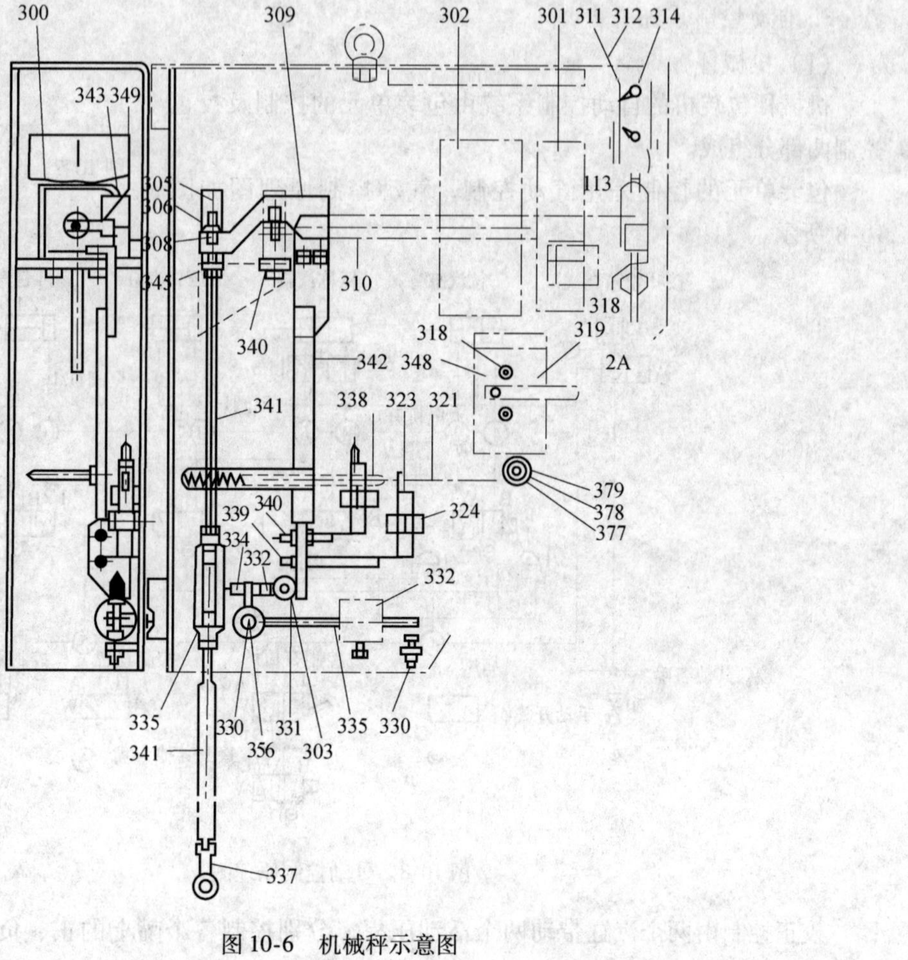

图10-6　机械秤示意图

该秤采用杠杆式机械原理。导向杆（310）和刀承架（309）组成秤杆。秤杆上的带有微调装置，有两只游动砝码（301），通过三个刀刃（308）作为支点与包座加物料总重进行平衡。当喂料至额定值时，则秤杆处于水平位置，指针（314）指向零位。

两个接近开关（323）分别用于测定粗流转细流位置（一般在包装物料额定值的90%左

右，细流时间至少为2～3s）和装料结束位置。重量的补偿可通过调整弹簧（338）的张力，加荷于支承架（342）上，它是靠伺服电机（348）来实现的，其信号由电子校正秤发出指令；调节弦线（321）张紧弹簧（338），愈紧则包装愈轻；反之，弹簧放松则包装相应加重。微调范围大约在3kg之内。调节范围超过此值时应当直接调游动砝码。

卸包时，为避免秤杆振动造成损坏，压秤汽缸（311）将秤杆夹紧。

②电子秤

电子秤的称重电器原理略。称重电信号来自测力传感器（图10-7），该传感器（302）通过拉杆（304）与袋座相连，随着物料的充填，传感器（302）产生微量变形，并将此变形转化为电讯号，发送至电子秤。

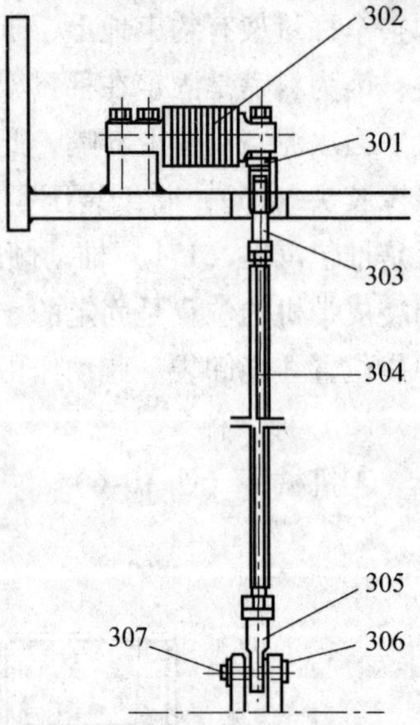

图10-7 测力传感器示意图

3. 自动控制系统

（1）机械秤

机械秤包装机的自动控制系统由包装单元的控制及校正控制两部分组成。

包装单元的控制采用气动控制，气动控制原理图如图10-8所示。

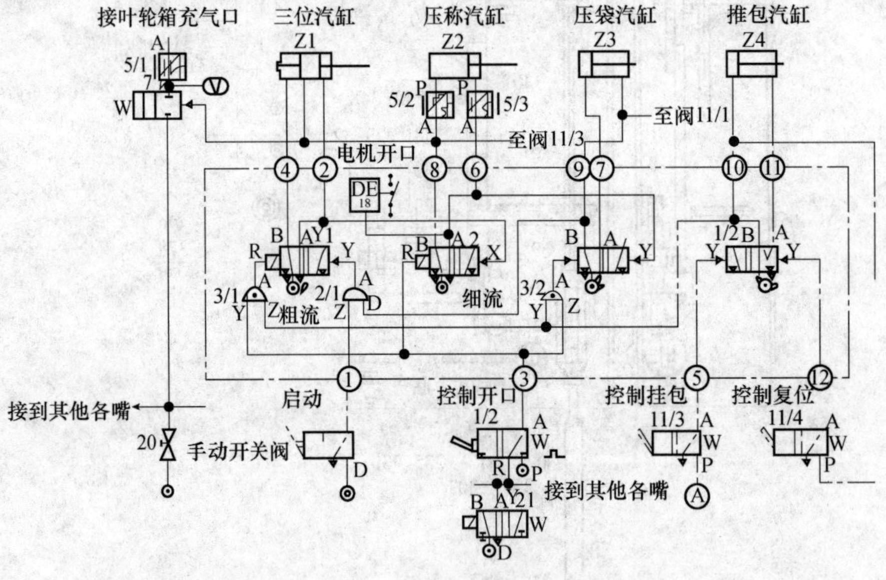

图10-8 气动控制原理图

校正控制由两个汽缸带动两个活动压板，分别控制各个嘴上的正、负校正电气行程开关，并辅以各嘴上的计数感应片进行嘴号记忆，从而完成电子校正秤发出的校正要求。每次校正量为50g。

（2）电子秤

电子秤包装机的包装单元控制，主要由电器元件来完成（图10-9），并辅以启动执行元件（图10-10）。校正控制亦由电气完成（原理略）。

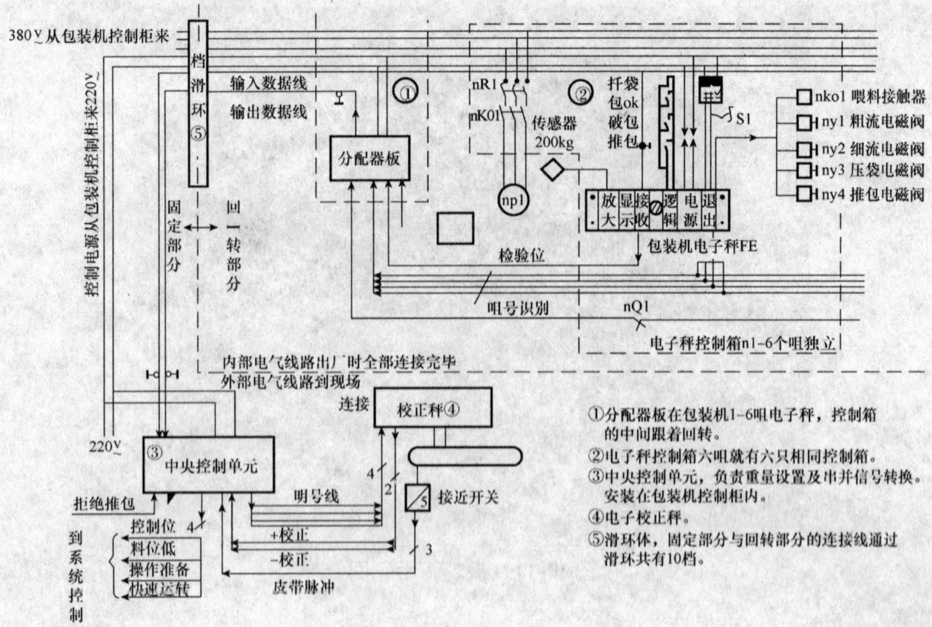

图 10-9　电子秤示意图

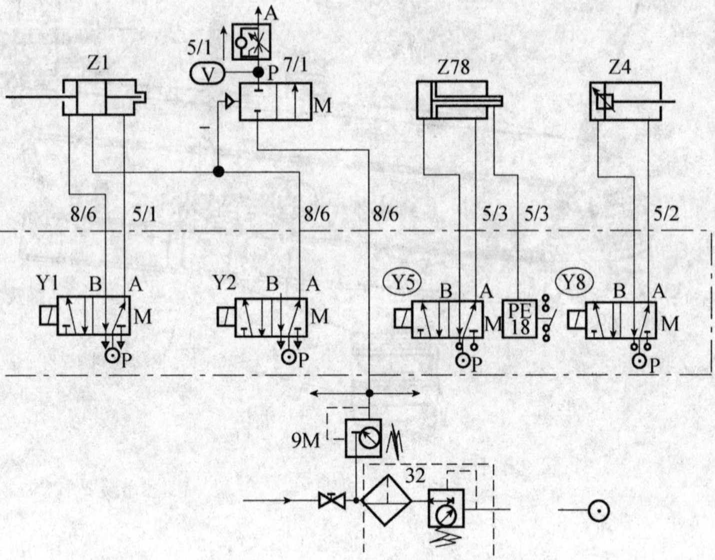

图 10-10　启动执行元件汽路图

二、振动筛

振动筛是与包装机配套使用的辅助设备之一，主要用来除去水泥中的异物，使水泥满足包装机的工作要求，分为固定式振动筛（图 10-11）和悬挂式振动筛（图 10-12）。

主要技术参数如下：

最大生产能力	120t/h
驱动电机	3kW

图 10-11　振动筛示意图

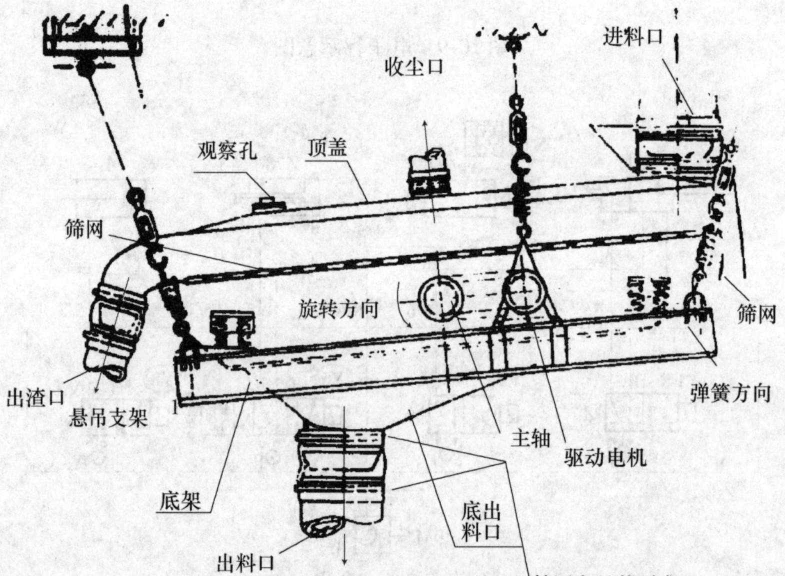

图 10-12　悬挂式振动筛

收尘风量	$1300m^3$
振动频率	1420 次/min
筛网规格	网孔 4×4mm；钢丝直径 1.25mm
筛面倾角	6°

振动筛为全封闭结构，主要由顶盖、筛体、底出料口、底架、主轴及电机组成，由顶盖、筛体、底出料口拼装成振动筛主体，并通过弹簧连接在底架上，筛网及主轴同时安装在筛体中，工作时电机带动主轴旋转，通过安装于主轴两端的偏心块产生的惯性力，迫使筛体随之产生振动，实行对物料的筛分作业。

三、立式双格轮下料机（图 10-13、图 10-14）

与回转式包装机配套使用，用于连续均匀地给包装机喂料。它能连续均匀地向包装机供料，并有良好的锁风作用。

本机由驱动装置，上、下壳体，中间隔板，双格轮等组成，具有体积小、结构紧凑、下料量大等特点。

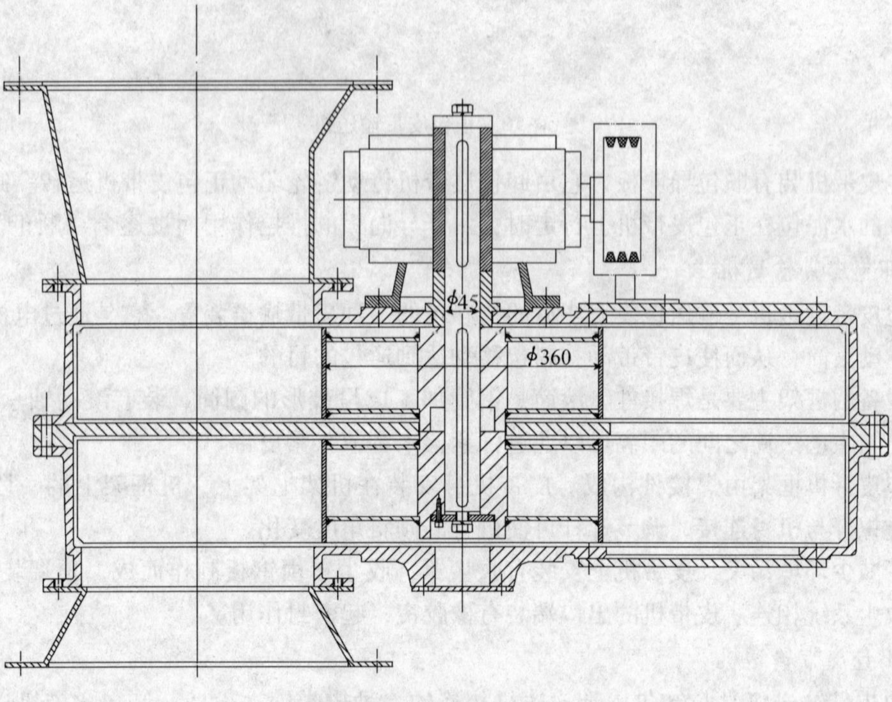

图 10-13　立式双格轮下料机剖面图

四、卸包皮带输送机及正包皮带输送机（图 10-15、图 10-16）

卸包皮带输送机及正包皮带输送机共用一套驱动装置，是回转式包装机的重要配套设备。卸包皮带机安装于包装机下方侧面，从包装机卸下的水泥包由该机通过皮带输送到正包皮带机，可避免水泥包破损。

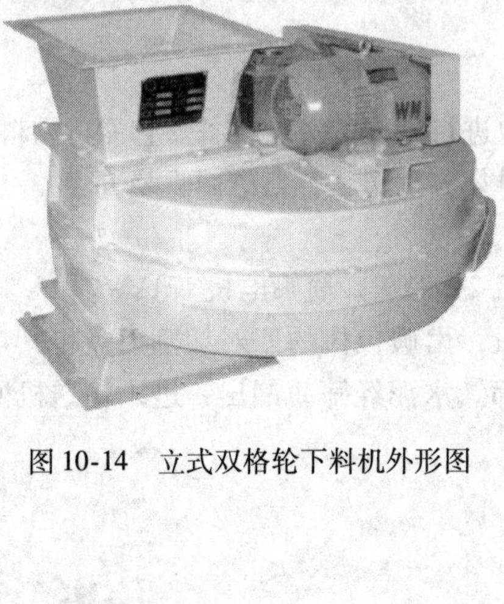

图 10-14　立式双格轮下料机外形图

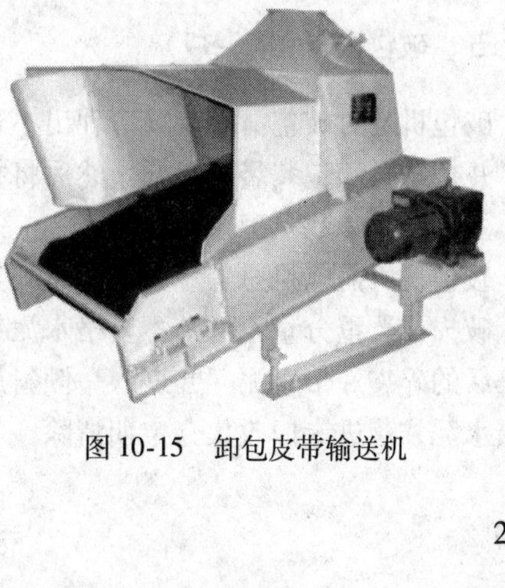

图 10-15　卸包皮带输送机

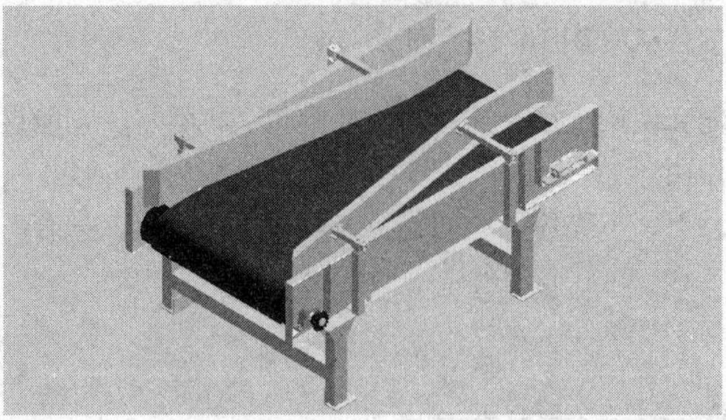

图 10-16　正包皮带输送机

正包皮带机装有顺包导向板，它由卸包皮带机传动链轮驱动正包皮带机运转。卸包皮带机传送来的水泥包在正包皮带机上行走时，由于导向板的推挡作用而被逐个“顺正”。

1. 卸包皮带输送机

卸包皮带输送机是输送包装完毕后的物料包的一种皮带输送装置。它是通过电机－减速机带动主动滚筒，从而使皮带带动物料包移动达到运包的目的。

该设备的框架主要是焊接件，滚筒是钢管加工成呈鼓形的圆筒，装有滚动轴承的光轴。从动滚筒与主动滚筒之间的距离可以通过张紧架来调节张紧皮带。

卸包皮带机框架由焊接件构成。皮带机身安装在机架框架上，机框架上的一段焊有螺杆，通过螺杆与机身连接，调节螺杆可使机身的倾斜角度变化。

为了减少环境污染，皮带机上安装有收尘罩，收尘罩由钢板制作而成，顶端装有法兰，以便和收尘系统相连。皮带机的出口端装有橡胶帘，起密封作用。

2. 正包皮带输送机

正包皮带输送机是与卸包皮带输送机相连的一种皮带输送设备，卸包皮带机送入正包皮带机的物料包，在移动过程中，在导包板的作用下，将物料包顺从一个方向地排列整齐。

该设备一端与卸包皮带机相连，其动力是通过卸包皮带机的主动滚筒轴上的链轮—链条—传入正包皮带机。滚筒是钢管加工成鼓形的圆筒，装有滚动轴承和光轴，从动滚筒与主动滚筒之间的距离，可以通过张紧架来调节。皮带架为结构件，滚筒和导包板安装在上面。导袋板由钢板、方管、螺母等焊接而成。两块导袋板间的距离是可调的。

五、破包机（图 10-17）

破包机是对破包清理装置清理出不合格的物料包进行处理的一种设备。它能将物料包破碎，并把物料和包装袋分离开。然后将物料及废物料袋分别送至各自的回收装置。

主要技术参数及工作原理：

破包机所需电机总容量为 7.1kW，其中刀盘电机 2×3kW，筒筛电机 1.1kW。

破损或严重分量不足的不合格水泥袋落入破包机，由破包机的四对切割刀盘将其切碎，切碎后的碎袋片带水泥一并进入一倾斜旋转的圆筒筛。水泥经筛筒漏出，进入输送机回收，破损水泥袋落进专门收集仓定期清除。

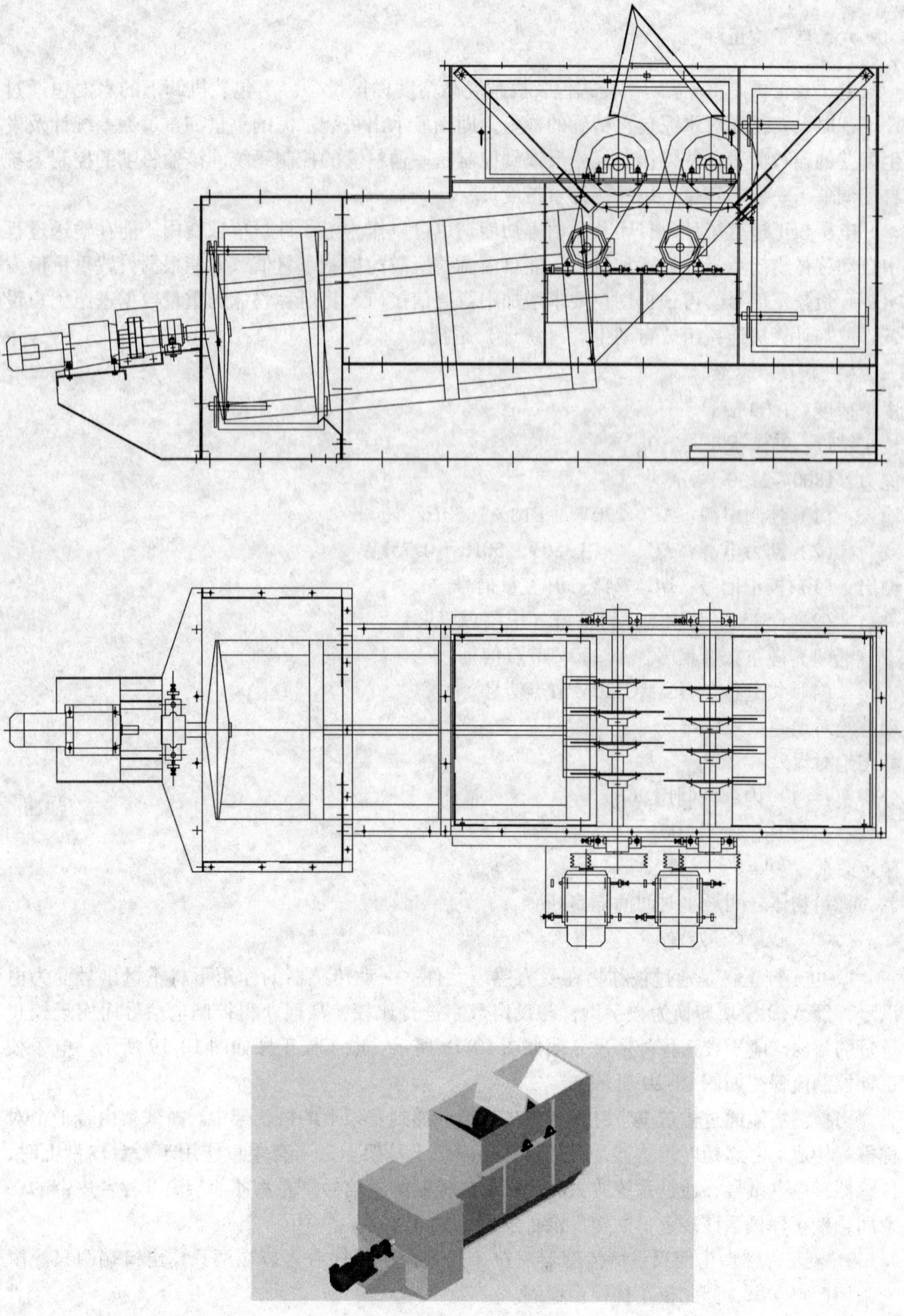

图 10-17　破包机示意图

六、电子校正秤

电子校正秤是RS系列回转式包装机系统高精度称量设备。当包装机卸下的水泥包通过校正秤时，校正秤对水泥包再精确的称量，即刻显示出每袋水泥的重量和重量偏差统计及发生偏差的输料嘴号，并将误差信号反馈到控制这一输料嘴的控制系统。该输料嘴的控制系统自动调节下一袋的称量，以保持称重精度。

电子校正秤有统计、打印及通信等功能，也可以作为电子计量单独使用。能在输送过程中自动称量物体重量并显示重量值。能自由调整所需的控制重量值，并能根据设置重量值发出正、负校正信号。可根据用户要求增加串行通信接口，将所称物体的重量数据送至用户设备，或与计算机连接组成自动生产（统计）系统。

（一）技术参数

皮带速度：1.09m/s

校正精度：95%优于±250g

能力：1800～2100袋/h

输入：（1）控制电源：AC　220V　±10%　50Hz

（2）动力电源：AC　三相380V　50Hz　0.75kW

输出：（1）校正信号：DC　24V　开关量信号

（2）RS232、RS485串行信号（应用户要求）

（3）吨重报警信号：AC220V节点信号

（4）袋分拣信号：AC220V节点信号

动态绝对误差：<150g

静态绝对误差：<50g

分辨率：（1）内部控制用20g

（2）显示用100g

额定载荷：70kg

称量物体之间最小时间间隔600ms

（二）机械工作原理

1. 电子校正秤是通过被称物在受力感应元件——动传感器的作用下将重量讯号变为电讯号，经A/D模块转换为数字量，与设定数字进行比较，从而获得控制电信号而实现校正重量的目的。电子校正秤外形尺寸图如图10-18所示。电子校正秤如图10-19所示。电子校正秤控制流程图如图10-20所示。

当检测物体通过输送皮带时，重量皮带架传递到基架上的桥式架中。桥式架由若干个对称簧片构成。由高精度传感器及弹簧片悬挂固定于基架上，当有重量作用于秤台皮带上时，传感器感应电讯号，通过系统放大和比较形成控制的电信号。在物体前端离开秤台皮带的一瞬间，校正秤显示该袋重，向接口设备发出校正讯号。

2. 校正秤秤台由四只重荷传感器支撑，其中校正秤秤台入口端两只，出口端两只。由于采用四点支撑，因此校正秤秤台稳固。

3. 校正秤秤台由支撑平台和传输皮带组成。其所有运动部件均进行过动平衡测试，使传输皮带运行时仍然保持校正秤秤台的稳定，不会因为传输皮带运行而使秤体重量波动。

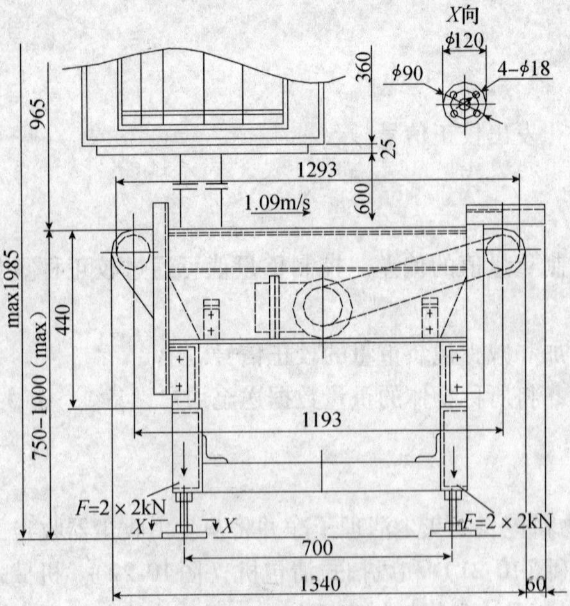

图 10-18　电子校正秤外形尺寸图

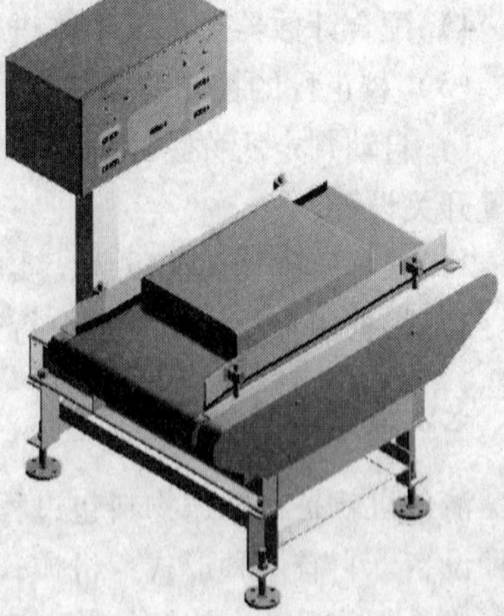

图 10-19　电子校正秤

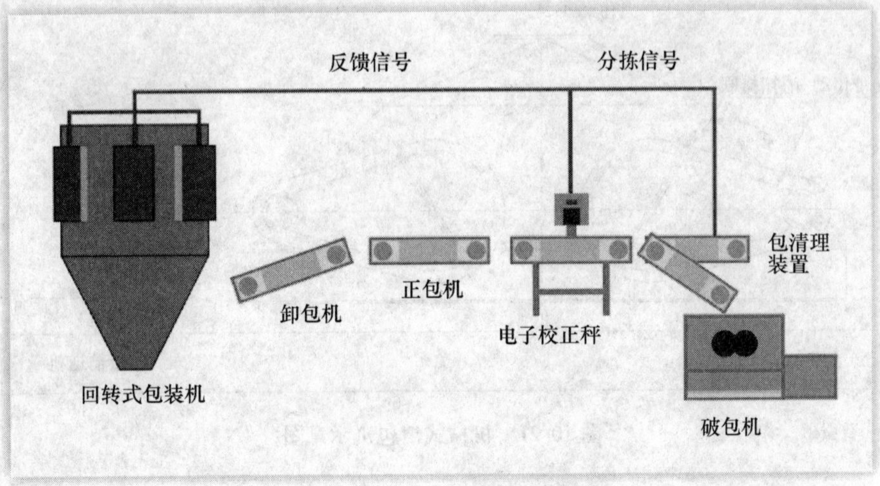

图 10-20　电子校正秤控制流程图

（三）电气工作原理

（1）在机械调整完成后，电气将校正秤秤台作为一个静止的工作台处理，来完成对物体的称量。

（2）消除角差。为消除由于重荷传感器参数不一致而引起的校正秤秤台各不同位置称量结果不一致的问题，在重荷传感器与校正秤接口板之间增设了传感器平衡桥盒，以保证消除传感器角差，严禁用户对平衡桥盒进行调整。

（3）传感器平衡桥盒输出信号经校正秤接口板放大后送入可编程控制器的 AD 模块，转换成数字量在可编程控制器内部进行处理（校准方法见校正秤秤体的标定）。

（4）校正秤光电管的作用在于：

1）准确检测称量物体上秤时刻。

2）定位称量位置。

3）判断称量物体间距，间距过短则停止发出校正信号。

4）配合计数器对称量物体进行计数。

（5）校正秤的控制功能如下：

1）自动判定所称物体的实际重量与控制重量值的偏差。控制重量值可通过校正秤重量设置开关设置。

2）根据所称物体的重量，实时发出增加和减少包装重量的校正信号。

3）根据用户要求能增加串行通信接口，将所称物体的重量数据送至用户设备。

七、清包机

清包机就是在输送物料包过程中，将物料包表面灰尘清理干净并将灰尘由收尘器收走的一种设备。它有两种形式：机械式清包机（图10-21）和风扫式清包机（图10-22）。机械式清包机是靠前后两个旋转的轴上安装的清扫装置清理物料包表面灰尘。风扫式清包机是靠风机的风力清理物料包表面灰尘。

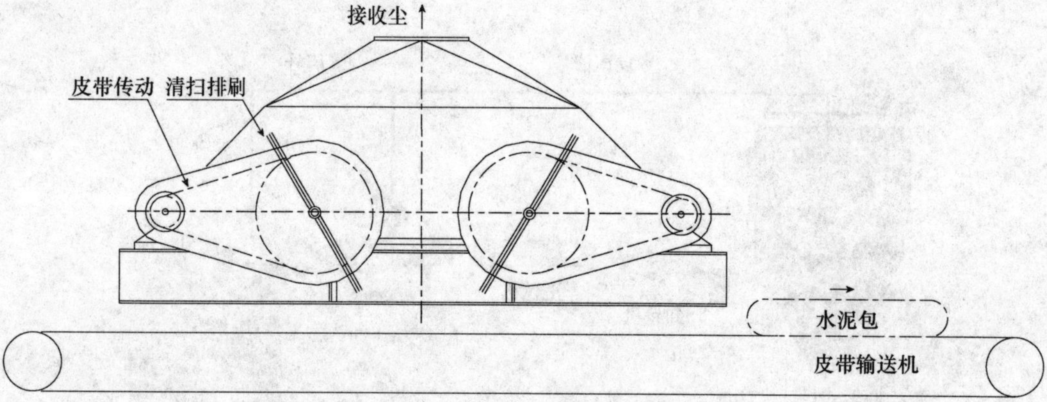

图10-21　机械式清包机示意图

八、包清理装置

包清理装置除了具有对物料包表面灰尘进行清理的功能外，还有自动检查水泥包是否破损或是否分量过轻，并自动进行剔除的功能。与破包机一起使用。

它有两种形式：滚筒式包清理装置和皮带式包清理装置。

滚筒式包清理装置（图10-23）下方与破包机相连，上部收尘口与收尘器相接。水泥包进入本机后，通过滚筒向出口输送，若水泥袋包装完好，便能顺利通过。水泥包表面浮灰可因振动抖落或由送风装置吹起，由收尘部分吸走。若水泥包破损或分量过轻，水泥包经过滚筒时发生抖动，破包会继续泄漏，最后因刚性差产生弯曲落入滚筒辊间空档，向下掉入破包机，经破包机破包后回收处理。

图 10-22　风扫式清包机

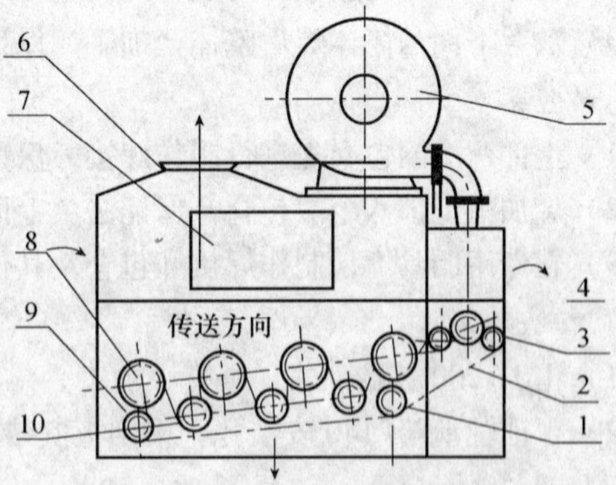

图 10-23　滚筒式包清理装置

1—主动链轮；2—传动链；3—传送辊道；4—调整轮；5—送风风机；6—收尘法兰；7—检查门；8—振动辊；9—传动链；10—调整轮

皮带式包清理装置与校正秤及传动辊道联合使用。它由两条皮带输送机组成，其中一条动皮带输送机由汽缸带动，可向下摆动。水泥包经校正秤校正后，传动辊道进入本机。若水泥包重量合格，水泥包直接通过本机。若水泥包重量不合格，水泥包经过动皮带输送机时，动皮带输送机向下摆动，将不合格水泥包掉入下方的破包机，经破包机破包处理，见电子校正秤控制流程图。

九、传动辊道

该机与电子校正秤配套用。两台分别用在电子校正秤前后，对电子校正秤的工作起到稳定作用。

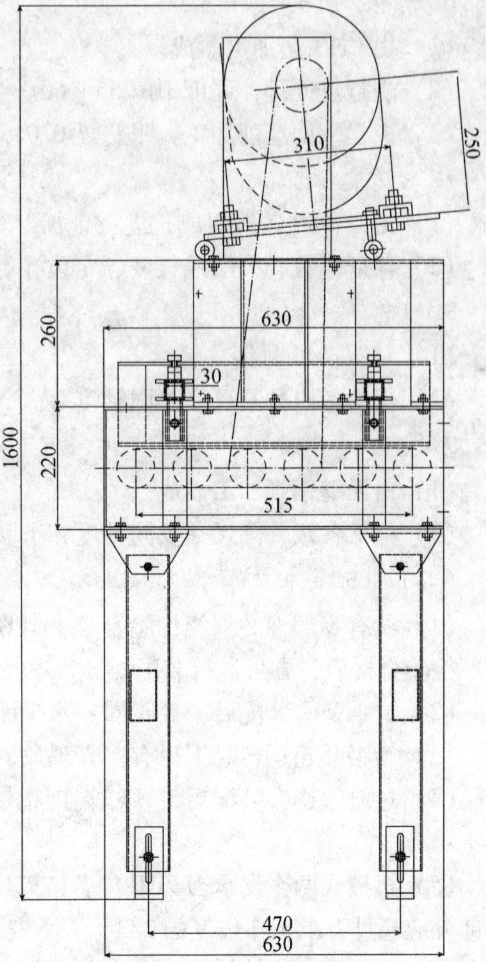

图 10-24　传动滚道示意图

第三节　制　　造

一、八嘴回转式包装机

（一）零件制造要求

1. 顶盖

（1）由模具压制而成，保证半球及直筒外径 1500mm。

（2）内环直径 1390mm，并且直筒与内环的同心度不大于 0.5mm。

2. 筒体

（1）壳体由6mm钢板卷制而成，直径1600mm。

（2）筒体放在专用胎具上定位，然后进行焊接。

（3）法兰下面与筒体焊后整体金加工，保证筒体与法兰下面垂直。

3. 灌包架

（1）上部八个灌包仓先进行制作焊接，保证八个灌包仓在圆周上分布均匀。

（2）金加工上部八个灌包仓，保证法兰上面与八个灌包仓下面平行。

（3）在专用胎具上，制作焊接灌包仓及其他部分。

4. 叶轮箱

（1）由HT200铸造而成，进行金加工。

（2）保证轴承箱ϕ140安装孔，滑闸板安装轴承孔等。

5. 轴承箱

（1）由HT200铸造而成，进行金加工。

（2）保证轴承安装孔及其他定位止口等。

6. 滑板、闸板

（1）由Cr13金加工而成。

（2）进行热处理，硬度HRC55～60。

（3）上、下面磨削加工，平行度0.015mm。表面粗糙度0.8，平面度0.008mm。

7. 减速箱大齿轮

（1）由QT500铸造而成，进行金加工。

（2）保证模数、公法线长度、定位孔等。

8. 叶轮轴

（1）材质：45号钢

（2）保证各级外圆尺寸及同轴度等。

9. 主轴

（1）由无缝钢管加工而成。

（2）保证各级外圆尺寸及同轴度，卡圈处凹入外圆及厚度尺寸等。

（二）装配要求

（1）所有零部件必须经检验合格，外购件、外协件必须具有质量合格证明文件或经制造厂检验合格后，方可进行装配。

（2）支承弹簧装配后应处于同一水平面内，其误差不大于2.5mm。

（3）给料叶轮运转时不得有擦壳现象，径向间隙应不大于2mm。叶轮轴转动应灵活。

（4）过渡软连接装配后，秤杆端部指针指零，此时托架与固定部分的相对移动量应不小于4mm。

（5）机械式两个支承刀刃组合后，刃口应在同一直线上，与刀承应成直线接触，其接触部分应超过刀承工作长度的2/3，刀承安装在支座上后应能绕销轴自由转动。

（6）机械式传力拉杆连接前，上下两接点水平投影的偏移量应不大于8mm。

（7）电子式称重传感器传力拉杆连接前，上下两接点水平投影的偏移量应不大于5mm。

称重传感器精度等级不低于 GB 7551 中 0.1 级的要求。

（8）包装机主轴与筒体同轴度公差应小于 4mm，筒体在组装焊接时每单元应等分，等分弧长的误差应小于 6mm。

（9）驱动装置装配后，传动齿轮接触精度应不低于 GB 10095 中的 8 级规定。当用手转动皮带轮时，筒体应转动灵活，无卡滞现象。

（10）气动元件及管路连接前应保持清洁整齐，管路不得有大于 50μm 的杂质。

（11）电控柜结构应符合 GB 4720 的要求，其金属壳体与接地螺栓之间的连接电阻不得超过 0.1Ω。

（12）电动机及电气控制柜应符合 GB 4942.1 和 GB 4208 中 IP44 防护等级的规定。

（13）电控柜选用的指示灯和按钮色彩应符合 GB 2682 的规定，电路选配与标示的导线颜色应符合 GB 2681 的规定。

（14）设备中主电路、控制电路（除电子电路外）的绝缘电阻应不低于 1MΩ。

（三）空载试运转要求

（1）包装机通电操作试验，在控制电路分别通以 90% 和 110% 额定电压的条件下，每单元操作各五次，每次动作均应正确无误。

（2）机械和气动部分应运转灵活，无明显振动，各部分动作协调，轴承温升应不超 25℃。

（3）产品应进行静态灵敏度试验，机械式每加减 200g，杠杆端部指针移动应大于 0.5mm。电子式应能正确显示 20g 的重量变化。

（4）包装机工作回转速度可由 1.5r/min 调至最高 6r/min。

二、振动筛

（一）零件制造要求

1. 轴

材质：45 号钢。调质处理，HB230～250。保证各级外圆尺寸及同轴度等。

2. 偏心重锤

必须配对加工，成对的偏心重锤外形尺寸必须一致。轴孔和键槽要一起加工完成，保证形位公差。其键槽必须准确开在轴的最高位置，且两端键槽对于过轴线的基准中心平面对称度 0.020mm。

3. 轴承箱

由 HT200 铸造而成，进行金加工。保证轴承安装孔及其他定位止口等。

（二）整机技术性能要求

（1）筛面应平整，不得起翘。其中钢丝网应符合 GB 5330 的有关规定。

（2）筛箱体的支撑压缩弹簧中心线与设备的垂直夹角应小于 ±1°。

（3）产品的运行噪声应不大于 85dB（A）。

（三）装配要求

（1）所有零件必须经检验合格，外购件、外协件必须具有质量合格证明文件或经制造厂检验部门验收合格，方可进行装配。

（2）筛网应张紧并与支承件帖服，其间隙应不大于 1.5mm。

（3）筛箱体应严密无泄漏。其内部连接间隙应不大于1.5mm。

（四）空载试运转

（1）振动频率和振幅符合规定；

（2）润滑管路畅通无阻，空载试运转连续2h，轴承温升不高于25℃；

（3）各处螺栓不应有松动现象；

（4）噪声不高于85dB（A）。

第四节 安 装

一、回转式包装机

（一）安装

（1）设备安装前准备工作（图10-25）

1）检查楼层标高及开孔与设计图纸是否相符。

2）设备开箱：检查设备的完好性及箱内零部件是否与装箱单一致。

3）准备好安装设备所需要的必要工具及起重设备。

4）安装人员认真阅读包装机技术资料，熟悉掌握包装机安装的要求。

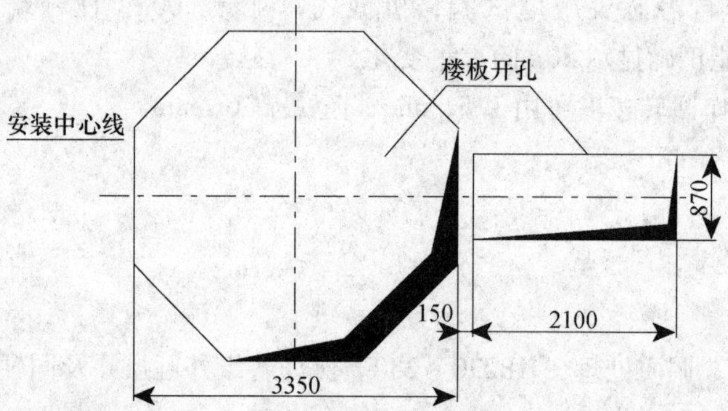

图10-25 设备安装示意图

（2）回转式包装机的安装步骤（图10-26）

1）用拉线方法找包装机的中心点，找卸包机、正包机的中轴线。

2）包装机下回灰斗的固定框架部分用螺栓连成一体。吊装在包装机下回灰斗的开孔中心，注意需要调整，使固定框架中心与包装机中心同心，误差小于3mm。

3）支承环吊放在固定框架上，先不固定，再装小灰斗用螺栓与支承环连接起来，调整支承环与小灰斗，保证支承环与支承框架同轴心。同时注意小灰斗的收尘开孔方向应与包装机下收尘管对准，然后将支承环的四块垫板焊接在固定框架上，同时将摆动盖连接到小灰斗上。

4）将分成四部分的灰斗逐一用螺栓连接到固定框架的下部，同时将连接斗用螺栓连接在灰斗的下部，注意有收尘管孔的钢板应对准小灰斗的收尘管和外部收尘管。焊接四块钢板的拼接口，焊缝为满焊，不允许有缝隙，防止漏灰。

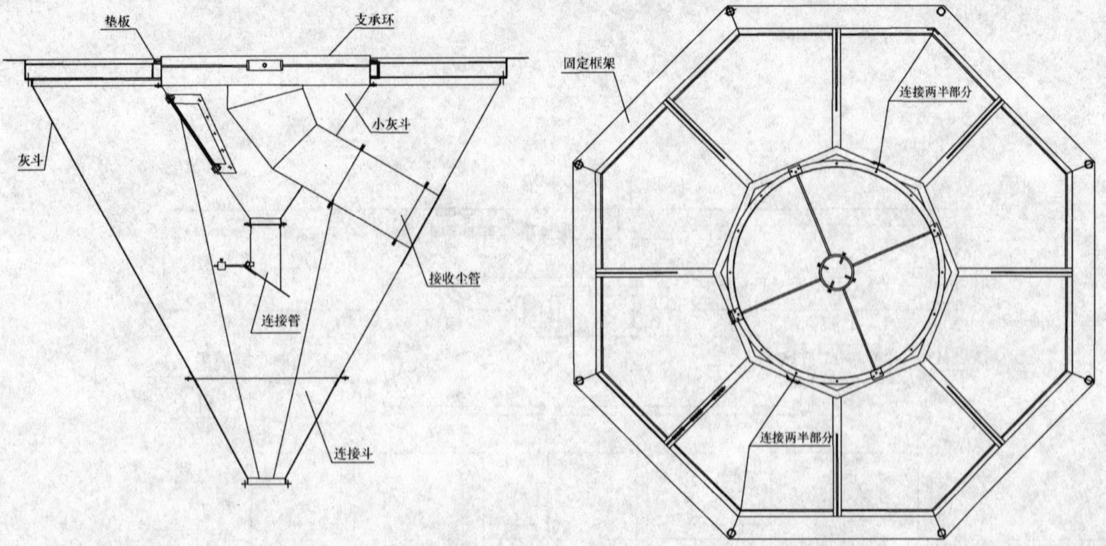

图 10-26　安装步骤示意图

5）将篦板放到支承框架里面，注意保证篦板面应在同一平面内，误差应小于3mm。

6）包装机的吊装

①在固定框架上置5000mm×2000mm 槽钢两根，平行放置，槽钢两端落在楼层平面上。将360mm×5000mm 大槽钢吊至三层平面内，拆分开，备用。

②将包装机上下部吊至三层平面内，在四层平面上架梁及手动葫芦，注意手动葫芦中心应为包装机安装中心。将包装机下部吊起，注意在吊起包装机下部后，保证一定高度，将底部轴承用螺栓连接到包装机下部（灌包机）的底部，然后将包装机下部放到固定框架上的两根槽钢上，同时注意将支承环的四个紧定螺栓松开，包装机下部的底部轴承应落进支承环的中间环内。

③在吊装包机筒体之前，注意查看设计院安装图纸的俯视图，观察主驱动回转电机是安装在包机进料口的左边还是右边。转动筒体上部皮带轮，将三角皮带轮转到安装电机这一边，同时注意三角皮带轮水平中心线应平行于槽钢安装方向。

④在灌包架上法兰平面上内外平面必须涂密封胶，筒体与灌包架嘴号要一一对应，然后将筒体放到灌包架上，注意用螺栓连接紧筒体及灌包架法兰。

⑤将包装机整体吊起，使承载梁安装平面高于楼层平面40mm 左右，拆开承载梁上的两槽钢，将槽钢与支承框架用4- M16 螺栓连接，注意槽钢与电机、减速机安装方向（图10-27）。连接另外一根槽钢及中间连接块，然后整体吊起，慢慢将整机落位，注意灌包架底部轴承应放在支承环中心，且灌包架下平面与回灰斗篦板之间保证有25mm 间隙（通过调整承载梁基础垫铁来实现）。同时对承载梁进行水平调整，保证水平误差小于1mm，用手推动包装机旋转，应灵活且无摩擦。

⑥对基础进行浇灌、固定。将顶部电机减速机整体装到承载梁上，用拉杆调整皮带张紧程度。将拉杆锁紧，同时将减速箱上的防扭螺栓插到承载梁孔内，用螺母锁紧。

⑦在包装机自由垂直的状态下，用四个螺杆同时顶向包装机底部轴承，并保证包装机仍然处于自由垂直状态，用螺母锁紧螺杆，然后用力推动包装机，检查包装机有无径向摆动。

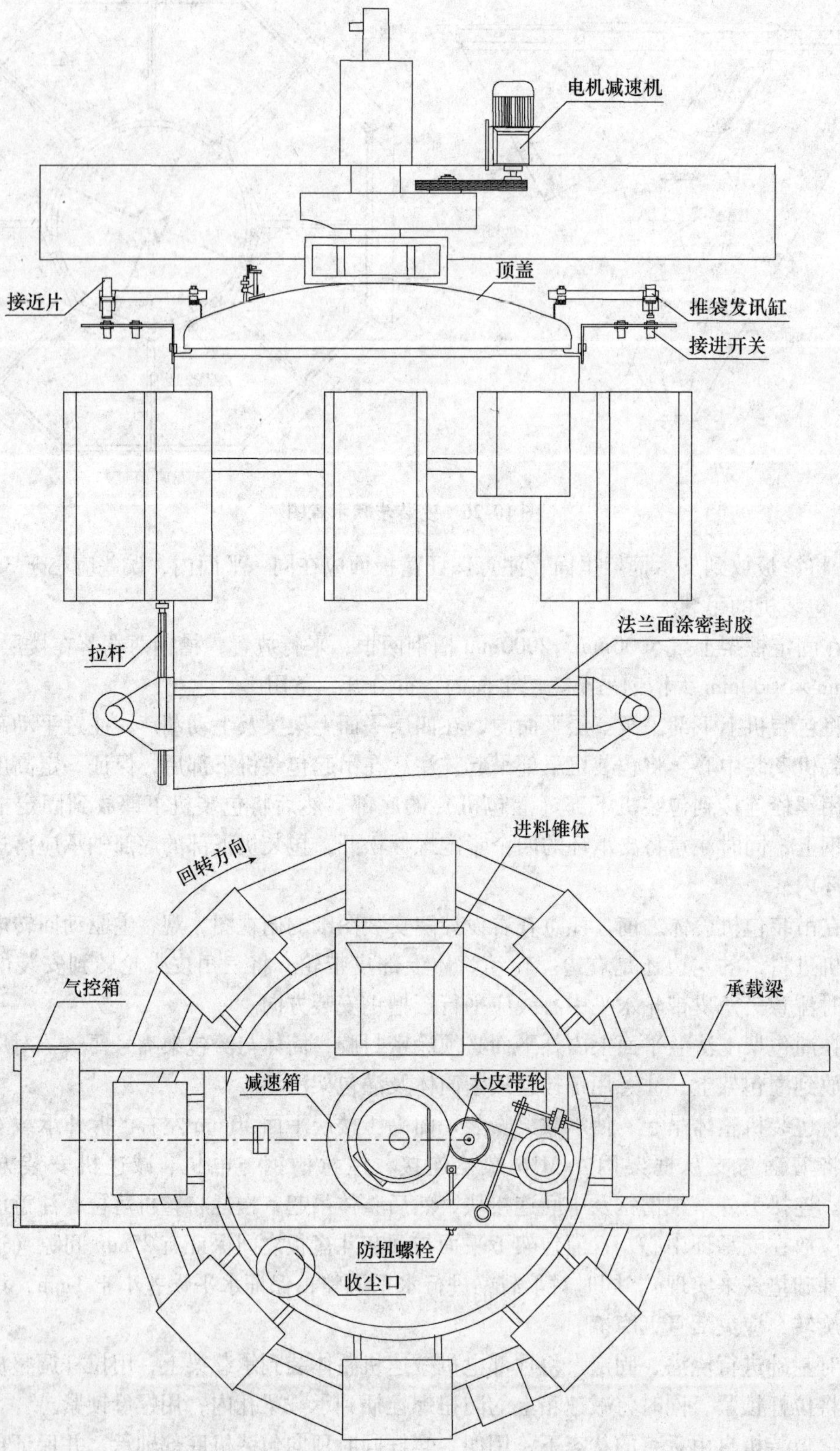

图 10-27　安装方法示意图

⑧安装进料锥体及顶部收尘管道。连接锥体及收尘管道时注意不能让顶盖受力扭曲变形，收尘管道与顶部收尘筒应用软连接。

⑨安装气控箱及连接主气源软管。将气控箱固定在承载梁上后，连接气控箱到包装机回转接头软管，连接进气管至气控箱进气端软管，注意进气管前应加装球阀。连接气控箱电磁阀到推袋讯号汽缸汽管，连接每个灌装单元的传力拉杆，连接每个灌装单元的气管。

⑩装完设备后检查有无异物落入包装机上部筒体内，如有应清理干净，并将气动管路清理干净。

(3) 回转式包装机的电器安装

1) 在适当的地方安装包装机系统控制柜。

2) 在包装机安全围避的人工插袋位旁安装包装机操作按钮站，以方便插袋人员操作。

3) 在包装辅机旁安装各自机旁按钮盒（以方便现场人员操作为原则）。

4) 熟悉包装系统控制柜电气图纸。

5) 打开包装机顶部滑环体护罩，用500V 兆欧表各环间，及环间对地绝缘电阻，绝缘电阻应≥1MΩ。

(4) 正确安装正包皮带机上的防堵光电管，如图10-28所示。

(5) 按电气图纸正确连接系统控制柜到各设备的连线。

(6) 在安装滑环连线时，应注意做好防护，不得将任何杂物掉入减速箱内。

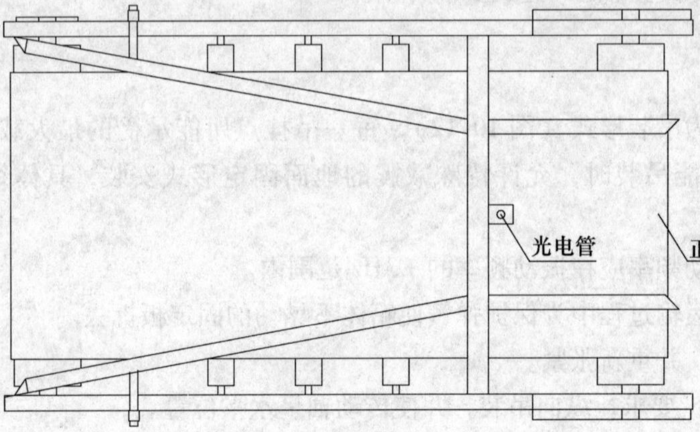

图10-28　安装光电管示意图

（二）调试

整机安装时，将包装机横梁（图10-2）水平置于楼板（楼板要有足够的强度），将包装机下轴承固定于地面，保证包装机主轴垂直于地面，空转包装机无明显晃动现象。包装机进料口与立式分格轮下料阀连接时应当使用石棉条密封。电器控制柜，气动控制柜均需相应采取防尘措施和防震措施。

接好电源，注意接地可靠。气源（要求无油、无水）部分外接夹布气压胶管，内径16mm，长度由用户视具体情况而定。进入包装机的压缩空气应先经过滤器。

开车前先用手拨动叶轮轴，以保证无异物或其他杂质进大叶轮箱，检查各接口的密封是否良好，喂料嘴活动闸阀是否灵活并符合要求，压缩空气气压调至5kg/cm^2。据包装袋大小调节好鞍座的高度。

机械秤包装机分别调整六个机械秤的游动砝码，使鞍座上受力50kg时，杠杆尾部指针指向零位。电子秤先调零，并检查45kg及50kg时的信号发出是否及时、准确。

调整结束，分别对各嘴进行套袋试验，观察各嘴的动作是否符合要求。一切正常，便可正常开机运转。

（三）使用

1. 安装完成后清除中间仓及储料室内杂物；拆除托袋架下部的卡块，同时旋紧T形座上的M12×40螺栓，务必使托袋架由上下簧片支撑，不能与周围任何物件有硬接触；各润滑点加注润滑油或润滑脂；调节气动控制气源至0.45～0.55MPa；调节推袋汽缸上的节流阀，使各料嘴推袋速度基本一致，以保证落袋位置的准确；根据产量和插袋速度确定包装机的旋转速度、顶部灌装运行信号的启动位置、推袋信号的启动位置，注意运行信号位应尽量靠近插袋位以保证灌装时间，推袋信号位要调到料包刚好落在卸包机上。

2. 为保证袋重精度，物料的灌装分为两步，由三位汽缸带动闸板实现：汽缸收回全行程，闸板口全开开始快速灌装即粗流；袋重达到转换值（如设定重量50kg，转换值为46kg）时汽缸伸出一半行程，闸板口关闭约2/3截面开始慢速灌装即细流，直到料包达到设定重量。

压袋、灌装、推袋、下料、卸包、正包等动作运行正常后再进行袋重的设定和调整，此过程要反复操作，直到袋重稳定的达到要求为止。

二、振动筛

1. 振动筛的安装为吊装形式（图10-12），每一吊挂点所能承受的最大载荷f=总重×0.625，如条件所限不能吊装时，允许特殊减震的地面固定形式安装，具体结构视现场条件定。

2. 筛体的固有振动频率应在振动频率的±3Hz范围内。

3. 安装时，应将运输过程中为保护弹簧使箱体不晃动的固定板拆去。

4. 仔细检查筛网，并重新张紧。

5. 按规定的倾角6°要求，纵向吊装，并使传动轴呈水平位置。

6. 安装好驱动马达后张紧三角皮带，不使其打滑。

7. 按电气规定，设备应可靠接地。

8. 启动前必须将全部油嘴注满锤基润滑脂，工作50h加一次。

9. 空载试车，不允许支座架有任何共振现象，并检查主动轴回转方向。

三、立式双格轮下料机

该设备是整体组装出厂，安装时将入料口同料仓或螺旋闸门相联，出料口与相关设备相联，再按总图中悬吊板的位置，通过连接件将悬吊板与料仓壁相接，达到安装后下料机壳体处在水平工作状态。

回转轮（Ⅰ）（Ⅱ）的叶片上装有耐磨橡胶板，工作时要求此橡胶板与壳体内壁保持1mm间隙。间隙过大影响均匀下料，过小影响回转。要注意定期检查橡胶板与壳体内壁的接触情况。如橡胶磨损严重应及时更换，启动下料机电机应先试转，检查有无卡住现象。

四、卸包及正包皮带机

(1) 设备整体安装，地脚螺栓埋入预留孔内，调整设备水平及设置。

第一次水泥浇灌将地脚螺栓固定。待水泥凝固后，调校设备并将地脚螺栓紧固。第二次水泥浇灌至机框架底面。

(2) 空车运转

开车前必须进行全面检测。

1) 检查机内是否有杂物，运动部件能否自由运动。运动部件的固定连接是否牢固。

2) 检查轴承的安装是否符合运转要求，润滑是否达到要求。

3) 检查制动器是否灵活。

4) 检查减速机箱体中的润滑油是否加注到油标线以上。

5) 空车运转，注意观察机器部件的温度和噪声。温度上升表明安装不正确或润滑错误，要停车检查排除。

6) 运转数小时后，对需要紧固的地方进行重新紧固。

(3) 设备维修和技术安全

1) 按照制造厂家说明，对斜齿轮减速机进行维护保养。

2) 定期检查联轴器的固定。检查制动器安装固定及灵敏度，3 个月一次。

3) 检查主动滚筒及轴承的固定情况。轴承润滑一般注入黄油。可能的话更换油料，3 ~ 6 个月一次。

4) 检查橡胶平皮带，连接是否松动或裂纹，是否直线运动，若有可能，予以调整。

5) 开车后切忌用手碰和调整运动部件，以免发生危险。

6) 一遇到卡包，应停车处理。

7) 进行维修必须切断总电源。

五、破包机

该设备的入口端通过收尘斗与破包清理装置相联，出口端与螺旋输送机相联。安装过程中，无论设备怎样放置，必须注意筛筒的回转中心与水平面的夹角大于5°。连接螺栓必须拧紧。

锯条的旋转方向必须与袋在滑板表面上移动的方向一致。两根驱动轴的旋向相反。

(一) 空车运转

开车前必须进行全面检测。

(1) 检查是否按照以上说明进行安装。

(2) 检查机内是否有杂物，运动部件能否自由运动，运动部件的固定连接是否牢固。

(3) 检查轴承的安装是否符合运转要求，润滑是否达到要求。

(4) 检查减速机箱体中的润滑油是否加注到油标线以上。

(5) 检查操作电压是否和马达铭牌上的电压一致。检查马达和传动装置的运转方向。

(6) 必要的话，检验安全开关和设备的限位和操作开关。

(7) 如果需要，空转数小时，让机器部件在小负荷下运转，观察机器部件的温度和噪声。温度上升表明安装不正确或润滑错误，要停车调整来排除。

（二）负载运转

（1）在空车运转数小时后，如有可能，加载到最大负荷值运转，在这段时间内，与空车运转一样，要控制部件的温度上升和噪声。

（2）运转20h后，如果必要，要对部件的连接进行紧固。

（3）运转120h后，如果必要，将滚动轴承的张紧套紧固。

六、电子校正秤

电子校正秤为整机安装出厂。现场安装时通过调整底部的底脚板，保证机体的传动部分水平。位置固定好后去掉四块运输锁块，处以待工作状态。

（1）传感器固定螺丝紧固。

（2）秤台与固定部分不能接触。

（3）更换的运动部件动平衡测试应合格。

（4）校正秤秤台必须在水平状态下，才能保证正常地工作。

（5）校正秤的基础必须牢固、可靠，校正秤不能安装于钢结构的基础上。

（6）齿形皮带走偏：齿形皮带走偏，应首先检查两个齿形轮的平行度，将两个齿形轮调正（可调整与齿形轮相联的滚筒两端的调整螺母）。但是，由于调整了与齿形轮相联的滚筒两端的调整螺母，输送皮带可能走偏，可按照一般皮带走偏方法进行调整。

（7）输送皮带走偏：输送皮带走偏，可按照一般皮带走偏方法进行调整。但与齿形轮相联的滚筒两端不允许调整，否则将损坏齿形皮带。

七、清包机

整机与其他设备连接好后，试车前应做到：

（1）检查传送装置中有否外来杂物，有则清除。

（2）各运动部件是否能按其所必需的运动方式运动，有否卡死现象，链条松应调整恰当。

（3）各润滑部分应注油润滑。

（4）检查工作电压是否正常、接地可靠。

（5）安装好所有防护装置。

空载试车一般连续运行2h，温度过高或噪声过大应重新调整各运动部件位置，检查机架安装情况和润滑情况。空载试车合格后，逐步增大负载直至正常运行。

清包机上各轴承出厂前加注了润滑油，用户在使用时应对轴承定期添加含有二硫化铝的润滑脂，建议每两周加油一次。链条应每周加一次含石墨添加剂的机油。减速箱中润滑油每六个月换油一次，加至油窗液面线为止。维护调整应当在停车时进行。

第五节　维护与修理

一、回转式包装机

（一）维护

（1）每班工作结束后放空机内物料，防止物料结块堵塞料嘴和充气吹灰风嘴；用压缩空气吹净包装机外部积灰。

（2）经常检查托袋架的支撑簧片，要求相互平行且前后在同一水平面，不能有弯曲、破裂、松动等现象。

（3）做好机械电气气动系统如轴承、密封、汽缸、润滑点、开关按钮、电磁阀等方面的日常维护。

（二）一般故障原因及处理

1. 出料嘴堵塞

故障原因：（1）物料流动性差，存料时间太长。（2）叶轮箱气化口或料嘴吹灰口堵塞。（3）气化或吹灰节流阀开口太小。（4）细流时闸板口太小。

处理方法：用风管吹净料嘴堵料后逐一排查。（1）换料。（2）疏通气化口或吹灰口。（3）调节节流阀开口。（4）调节三位汽缸尾部螺杆适当加大细流时的闸板口。

2. 袋重误差大

故障原因：（1）未按说明书调试到位或设置状态被破坏。（2）托袋架的支撑簧片想状态被破坏或有弯曲、破裂、松动等现象。（3）托袋架与周围物件有硬接触。（4）气压波动太大。（5）电压波动太大。（6）料压波动太大。（7）物料比重变化太大。（8）开关按钮损坏或其他电气故障。

处理方法：对应处置后重新调试设置袋重。（1）按说明书反复调试。（2）修复簧片。（3）消除托袋架与其他物件的硬接触。（4）包装机单独设储气罐，保证 $90m^3/h$ 耗气量。（5）检修电源稳压器。（6）保证供料均匀稳定。（8）换料后重新设置和调试。（8）排除电气故障。

3. 汽缸无动作或动作不正常

故障原因：（1）电磁阀故障或损坏。（2）汽缸漏气或窜气。（3）程序运行有误或其他电气故障。（4）顶部对应的接近开关损坏或位移，无接近信号。（5）压缩空气不洁净。（6）消音器堵塞或损坏。

处理方法：（1）清洗修复或更换电磁阀。（2）修复或更换汽缸。（3）反复运用气动自检功能使程序运行正常或排除其他电气故障。（4）修复汽缸对应的接近开关或恢复接近信号。（5）保证压缩空气冷却、干燥、过滤的正常。（6）清洗或更换消音器。

4. 灌装速度慢

故障原因：（1）物料潮湿流动性差或供料不足。（2）叶轮箱气化或料嘴吹灰气量不足。（3）灌装运行的启动位置滞后。（4）粗流时闸板口未全开或细流时太长。（5）汽缸动作迟缓。（6）叶轮磨损或损坏。

处理方法：（1）更换流动性好的物料或加大充气吹灰气量，稳定供料。（2）调大充气吹灰节流阀开口。（3）在保证插袋的前提下，灌装运行信号的启动位置尽量靠近插袋位以延长灌装时间。（4）重新调整闸板口大小。（5）排除动作迟缓汽缸或相应的电磁阀、消音器故障。（6）修复或更换叶轮。

二、振动筛

故障分析与排除：

（1）筛网沿长度方向断裂：原筛网未张紧，建议更换筛网，调整张紧使之正常工作。

（2）筛网进料口处过早损坏：原因是水泥进料管与振动筛进料口角度不对，调整角度（一般 $\alpha = 50°$）。

（3）轴承烧坏：主要是润滑不好或是润滑脂不合要求，按规定加油润滑或更换锤基润滑脂。

（4）传动皮带损坏：皮带张紧不当则调整皮带，如因轴承烧坏或其他故障传动轴不能正常传动，则应排除主轴各转动部分的故障。

三、卸包及正包皮带机

（1）定期检查滚筒及轴承的固定情况。轴承润滑一般注入黄油，可能的话，更换油料，3～6个月一次。

（2）检查皮带，连接是否松动或裂纹，是否直线运动。若不是应予以调整。

（3）检查链轮的磨损和固定，一般3～6个月一次。

（4）检查链条磨损和拉力，必要时进行清洗和润滑，一般1～3个月一次。

（5）链条松后，不允许在运转的情况下调整链条。

（6）部件连接松动，必须断电停车后进行调整。

（7）遇到卡包，应停车处理。

（8）进行维修必须切断总电源。

四、破包机

（1）三角皮带传动中的带轮，要定期检查是否有轴向窜动，要随时调整。三角皮带的张力不够时，可调整马达的中心位置，以达到足够的张力。

（2）定期检查轴承的固定及运转情况，特别要注意轴承的润滑。注油及更换油料，一般为3～6月一次。

（3）依照制造厂家的说明，对马达进行维护保养。

（4）检查联轴器的固定情况，安全罩是否有松动，注意紧固。

（5）检查筛筒的固定及磨损情况，一般3～6月一次。

（6）两个星期检查一次支承滚轮运转，磨损及固定情况。

（7）摆线针轮减速机的保养维修遵照制造厂家的说明进行。

（8）开车后切忌打开维养门探视，以免伤人。

（9）听到有金属撞声，应紧急停车检查和调整。

（10）进入机内检修必须切断总电源，方能入内。

五、电子校正秤

（1）设备运行时不得人为接触校正秤秤体和遮挡光电管，否则将导致设备运行不正常。

（2）每天在校正秤输送皮带启动前，按“复位”按钮清除校正秤皮重，以保证校正秤显示重量准确。清除皮重时，请不要使任何物体接触校正秤秤体，以免错误清除校正秤皮重造成称量错误。

（3）由于机械问题产生校正秤秤台各不同位置称量结果不一致的问题，应从机械方面解决。在一般情况下用户不能随意调整传感器平衡桥盒。

（4）检修时工作人员不能踩踏校正秤秤体，以免传感器因过载而损坏。

（5）日常保养如下：

1）每天下班后应给校正秤除尘。

2）每月在相应的加油孔上注入相应的润滑油，检查秤体的螺丝是否紧固，检查电气接线是否可靠。

3）检修或调整完成后，应及时关闭柜门，防止尘埃进入。

4）每月定期检查可编程控制器电池是否耗尽（耗尽时可编程控制器电池报警灯亮），若可编程控制器电池耗尽，应立即更换可编程控制器电池，否则会造成可编程控制器程序丢失。

六、清包机

设备工作前，接通压缩空气，将气控箱内的减压阀压力调至0.45MPa，然后触动电磁换向阀的手动按钮，使电磁阀换向，同时观察汽缸活塞杆及旋转皮带的动作速度，如动作过快，调整汽缸气控箱内节流阀，使其排气量件小，降低动作速度；反之，则调整节流阀，加大排气量，提高汽缸活塞及旋转皮带动作速度。启动电动滚筒，调整轴承座端部的顶丝，在皮带走正之后再将轴承座螺丝拧紧。

在设备工作一段时间以后，应检查各连接处有无松动，检查各润滑点的润滑情况，检查输送皮带磨损情况，如有问题，必须及时停机处理。每天关机后应排空空气过滤气内的积水，清扫设备表面灰尘。

第十一章　水泥工业用离心通风机

按　水泥工业生产离不开风机，从原料破碎到水泥磨制，以及各种出厂包装等系列中，它都是举足轻重的设备之一。由于我国风机的设计制造水平有限，所以大都依靠进口。改革开放以后即1984年，由四平鼓风机厂和重庆通用风机厂联合引进了国外水泥窑尾高温风机制造技术，经过消化吸收实现了国产化，再加上不断攻关开发，从而解决了我国制造窑尾高温风机的技术问题，显著提高了产品质量，满足了生产的要求。2001年制定了行业标准，推动了行业技术进步。随着水泥生产线大型化的发展，为进一步满足生产需要并与国际接轨，2008年原国家建筑材料工业机械标准化技术委员会申报立项修订该标准，经国家发展和改革委员会批准，由四平鼓风机厂等单位组成的标准起草工作组正在进行修订。

第一节　概　　述

一、离心通风机在水泥生产中的地位和作用

在水泥生产过程中，离心通风机占有十分重要的地位和作用，是水泥生产线上的主要机械设备之一。原料、燃料破碎，原料烘干，原料、燃料粉磨，熟料煅烧，水泥磨制及各收尘系统等，都离不开离心通风机，下面简述几个主要系统中风机的作用。

(1) 粉磨系统中风机的作用是将磨内细粉及时排出，减少过粉碎和缓冲作用，从而提高粉磨效率。同时还将磨内物料蒸汽及时排出，可降低磨内的温度和湿度，防止粘磨、粘球和堵塞篦孔，并可防止石膏脱水，使粉磨效率提高。此外，还能减少磨头冒灰。据统计，若加强磨机通风，选择合适的通风量，可提高产量5%～15%。

(2) 篦式冷却机冷却系统中风机的作用是将冷空气向各室鼓风，以对流的方式进行强制热交换，使熟料迅速降温。被物料加热的空气一部分入窑作为二次风，另一部分被三次风管送至窑尾分解炉作为燃烧的高温空气，还有一部分被送至煤磨，对煤进行烘干，或者同多余的风一道送入窑头设置的收尘器内净化后放掉。

(3) 窑尾废气处理系统中窑尾高温风机的作用是抽出窑尾预热器废气，在风机出口管道适当的地方进行分风（风机入口温度一般在320～360℃），其中一部分去原料磨对原料进行烘干，当把煤磨放在窑尾时，还要分出一部分去煤磨，剩余的部分入增湿塔。可见，窑尾高温排风机对于窑的正常生产及发挥窑的生产能力起着重要的作用。

(4) 各收尘系统中风机的作用是抽出系统内废气进行除尘后排入大气，保证整个管路系统处于负压状态，避免含尘废气外逸，污染环境。

二、离心通风机的技术发展概况

新中国成立前，只有上海和重庆等几家工厂依照国外的图纸制造少量的通风机。新中国

成立后，作为需用量大而使用面广的通风机械——风机也随着经济建设发展的需要而得到了国家的重视，并迅速发展起来。风机产品经历了测绘仿制、参照国外资料设计、半独立设计、独立设计、独立设计与引进技术相结合五个技术发展阶段，在品种数量、使用范围、制造质量、技术水平方面表现为：从少到多（量）、窄到广（使用范围）、小到大（体积）、低到高（技术水平）、粗到精（质量）。20 世纪 50 年代前期，只能测绘仿制和参照国外资料制造一些结构简单、体积小、压力低、流量小、效率低的小型通风机。经过几十年的努力，特别是改革开放以后，许多厂家引进了国外风机技术，吸收了国外先进技术。高压力、大流量、高效率、低噪声、高质量、大体积的各类通风机品种也不断地研制出来，进入世界先进水平的通风机品种也逐渐增多。就水泥工业用离心通风机来说，过去，窑尾高温风机主要是引进国外产品，1984 年四平鼓风机厂、重庆通用机器厂同英国戴维森公司签订了高温风机许可证贸易合同，引进了该公司的水泥窑尾高温风机制造技术，解决了制造窑尾高温风机的技术问题。现在，从磨机用风机、篦式冷却机用风机、收尘系统用风机到窑尾高温风机等水泥生产线所需的离心通风机，国内都可以制造。

三、离心通风机的分类

离心通风机是气体输送机械中的一种，工作时气流轴向进入风机叶轮后沿径向流动，称径流式通风机，产生的压力小于或等于 14710Pa。

离心通风机按所产生的压力高低不同分为低、中、高压三种：低压离心通风机，产生的压力小于或等于 980Pa；中压离心通风机，产生的压力范围为 980 ~ 2942Pa；高压离心通风机，产生的压力范围为 29422 ~ 14710Pa。

离心通风机还可以按其用途分类，如锅炉引风机（Y）、排尘风机（C）、煤粉风机（M）、高温风机（W）等。

另外，水泥行业习惯上常按风机所安放的位置或与其配套的设备分类，如窑头风机、窑尾高温风机、磨机风机、篦冷机冷却风机、除尘风机、斜槽风机等。

第二节　离心通风机的结构及工作原理

一、离心通风机型号的编制与主要性能参数

1. 离心通风机型号的编制方法

对离心通风机型号的编制，国外无统一规定。我国离心通风机型号的编制，风机行业已做了规定，包括名称、型号、机号、传动方式、旋转方向和出风口位置六部分内容，排列顺序如下：

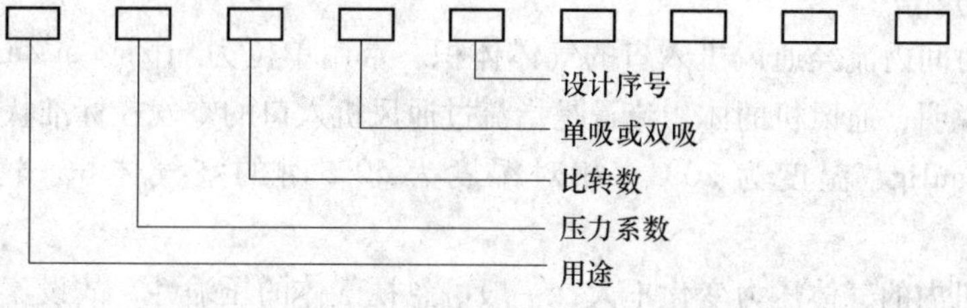

现以“C4-73-11No20D 顺 90°离心通风机”为例说明型号的编制方法。

(1) 名称——指通风机的用途，以用途字样汉语拼音字母的首字来表示，对一般用途的通风机则省略不写。示例中的字母“C”代表排尘通风机。

(2) 型号——由基本型号和补充型号组成。共分三组，中间用横短线隔开，基本型号占两组，用通风机的压力系数乘以 10 和比转数（取两位整数）表示。如通风机为两个叶轮串连接构，则其压力系数用 2×压力系数表示。补充型号占一组，是表示通风机的进气型式和设计序号的。示例中的“4”，表示通风机的压力系统 0.43×10 后化成的整数，“73”表示该通风机的比转数，“11”中的第一个“1”指该风机采用单侧进气结构，第二个数字“1”指该通风机为第一次设计。

(3) 机号——用通风机叶轮直径的分米数表示，尾数四舍五入，数字前冠以符号 No，示例中的“No20”指该通风机叶轮外径为 20dm，即 2m。

(4) 传动方式——示例中的“D”表示悬臂支承，用联轴器传动（图 11-6）

(5) 旋转方向——示例中的“顺”字表示从原动机一端看，叶轮旋转为顺时针方向，习惯上称为顺旋。

(6) 出风口位置——示例中的“90°”表示出风口位置在 90°处（图 11-5）

常用压力系数和比转数作简略型号，如 4-73 型通风机。

近几年来随着引进国外技术的增多，按引进技术制造的产品有些沿用国外型号的编制方法。如水泥生产线中常用的 BB24、BB50 系列风机，是沿用英国戴维森公司的编制方法。型号说明如下：

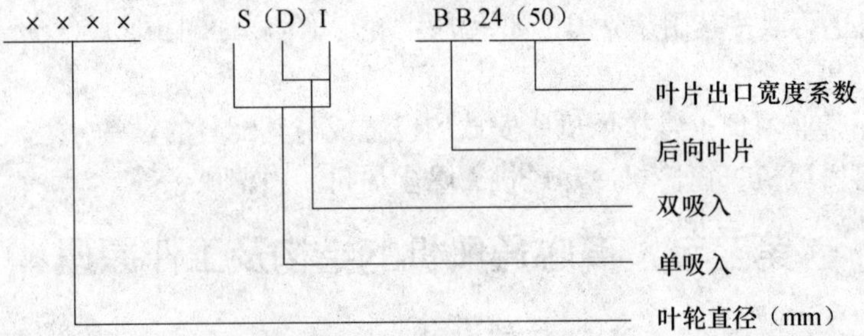

2. 主要性能参数

水泥工业用离心通风机的技术条件可参见建材工业行业标准 JC/T 879—2001。

流量、压力、功率、效率和转速是表示通风机性能的主要参数，称为通风机的性能参数。要了解通风机的性能，必须正确地掌握通风机性能参数的含义。

(1) 流量

单位时间内流经通风机的气体体积或质量数，称为流量（又称风量）。

1) 体积流量

它是单位时间内流经通风机入口的气体体积。常用单位为 m^3/s、m^3/min、m^3/h，用 Q 表示。无特殊说明，通风机的体积流量是指流过通风机入口的空气在标准状态下的体积，即在压力为 760mmHg、温度为 20℃、相对湿度为 50% 时的空气体积。这时它的密度为 $1.2kg/m^3$。

因为通风机内的气体压力变化不大，一般可忽视气体的压缩性，故设流经通风机的容积流量不变。

2）质量流量

即单位时间内流经通风机的气体质量。单位为 kg/s（千克/秒）、kg/min（千克/分）、kg/h（千克/时）。

(2) 压力

通风机的压力是指气体在通风机内压力的升高值，有静压、动压、全压之分。其单位有 N/m^2、mmH_2O、mmHg 等。在介绍它们之前，需介绍一下气体的静压、动压、全压。

气体给予与气流方向平行的物体表面的压力称为气体的静压 P_{st}，表示单位体积气体具有的势能；气体流动速度产生的压力称为气体的动压 P_d，表示单位体积气体具有的动能，对于抽出式通风系统，P_d 为未被利用的能量；在同一截面上气体的静压与动压之代数和，称为气体的全压 P，$P = P_{st} + P_d$ 表示单位体积气体具有的总能。

设气体流动的速度为 C（m/s），则动压 P_d 可按下式计算：

$$P_d = \rho \frac{C^2}{2}, \quad N/m^2$$

式中　ρ——气流的密度，kg/m^3。

气体管道某一截面上的速度分布是不均匀的，常采用截面上的平均速度来代替。

通风机的全压是指通风机进、出口截面上气体的全压之差，它代表单位体积的气体流经通风机时获得总能的数。如用“1”和“2”区分通风机的进口截面和出口截面，则通风机的全压为：

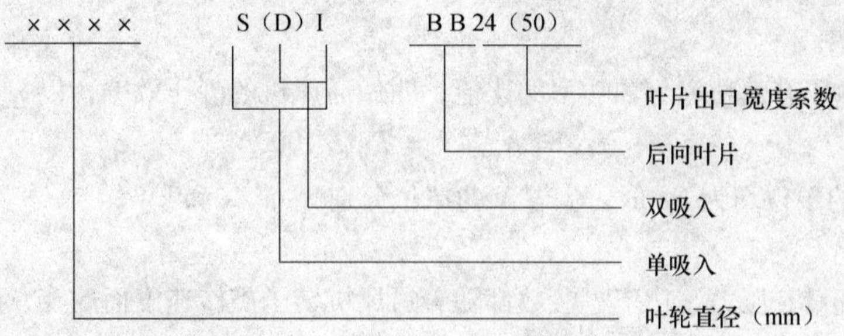

通风机的静压是指通风机的全压与通风机出口动压之差，即：

$$P_{st} = P - P_{d2} = P_{st2} - P_{st1} + \rho \frac{C_2^2 - C_1^2}{2} - \rho \frac{C_2^2}{2}$$

$$P_{st} = P_{st2} - P_{st1} - \rho \frac{C_1^2}{2}$$

通风机的动压是指通风机出口动压，即：

$$P_d = P_{d2} = \rho \frac{C_2^2}{2}$$

通风机性能表中给出的压力，一般是指通风机的全压。

(3) 功率

1）有效功率

通风机所输送的气体，在单位时间内从通风机中所获得的有效能量，叫做通风机的全压有效功率，以 N_e 表示。计算公式如下：

$$N_e = PQ/1000\text{kW}$$

对应于通风机的静压有效功率为

$$N_{est} = P_{st}Q/1000\text{kW}$$

式中 P 和 P_{st} 的单位为 N/m^2，Q 的单位为 m^3/s。

2）内功率

气体通过通风机时要引起一系列损失，如流动损失、轮阻损失和内泄漏损失等，势必多耗功。称实际消耗于气体的功率为内功率，以 N_{in} 表示。

3）轴功率

单位时间内原动机传递给通风机轴的能量，叫做通风机的轴功率，又叫通风机轴的输入功率，等于内功率 N_{in} 与机械传动损失之和，以 N 表示。

（4）效率

通风机在把原动机的机械能传给气体的过程中，要克服各种损失，其中只有一部分是有用功。常用效率来反映损失的大小，效率高，即损失小，从不同角度出发有不同的效率。

1）内效率

通风机有效功率与内功率之比，叫做通风机的内效率，以 η_{in} 表示。可写成：

$$\eta_{in} = N_e/N_{in}$$

2）全压效率

通风机的全压有效功率与轴功率的比值，叫做通风机的全压效率，以 n 表示。可写成：

$$\eta_{in} = N_e/N = PQ/1000N$$

3）静压效率

通风机的静压有效功率与轴功率的比值，叫做通风机的静压效率，以 η_{st} 表示。可写成：

$$\eta_{st} = N_{est}/N = P_{st}Q/1000N$$

式中，P 和 P_{st} 的单位均为 N/m^2，Q 与 N 的单位分别为 m^3/s 和 kW。

（5）转速

通风机的流量、压力、功率等参数都随着通风机转子旋转速度而改变，所以通风机的转速也是一个性能参数，通常用 n 表示，它的单位为 r/min（转/分）。

（6）通风机的性能曲线

通风机的主要性能参数，流量 Q、压力 P 或静压力 P_{st}、转速 n、效率 η 之间的关系用曲线表示，称为通风机性能曲线或特性曲线。如图 11-1 所示，是某一通风机在一定转速下 $P-Q$、$P_{st}-Q$、$\eta-Q$、$N-Q$ 的关系曲线。其横坐标轴上表示流量 Q（m^3/h），纵坐标轴分别表示通风机的全压 P（N/m^2）、静压 P_{st}（N/m^2）、效率 η（%）、轴功率 N（kW）。

二、离心通风机的结构型式及主要部件

1. 离心通风机的结构型式

离心通风机结构简单，制造方便，叶轮和蜗壳一般都用钢板制成，通常都采用焊接，有时也用铆接。图 11-2 是常见的中压离心通风机简图，图 11-3 是窑尾高温风机结构图。

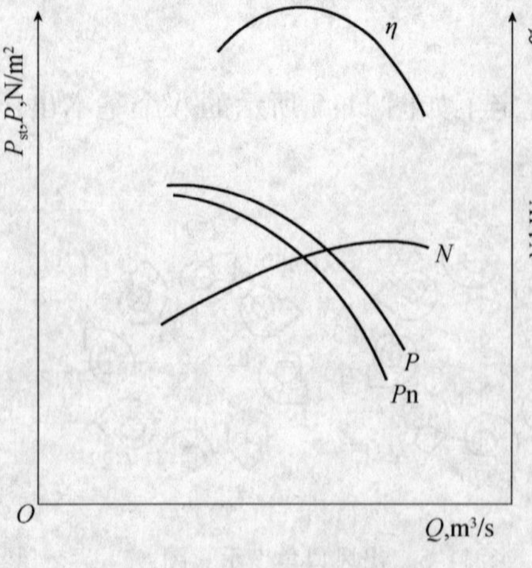

图 11-1　通风机的性能曲线

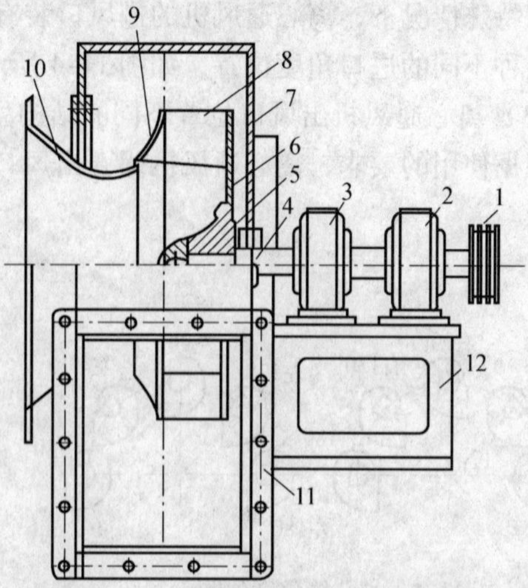

图 11-2　离心通风机结构示意图

1—三角皮带轮；2、3—轴承座；4—主轴；5—轴盘；6—后盘；7—机壳；8—叶片；9—前盘；10—进风口；11—出风口；12—底座

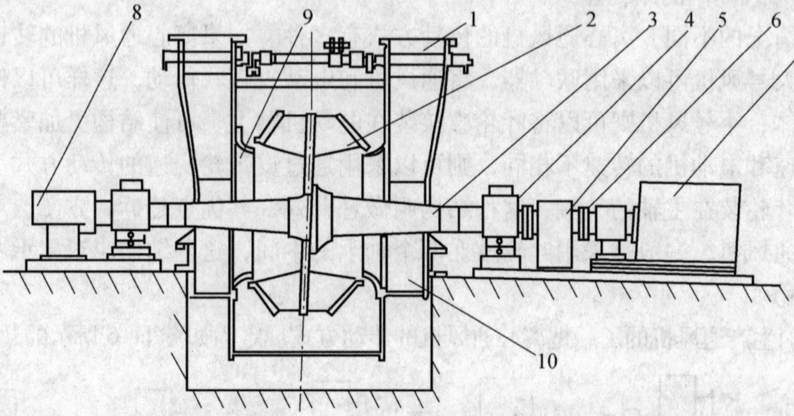

图 11-3　双吸窑尾高温风机结构图

1—调节门；2—叶轮；3—主轴；4—轴承箱；5—液力耦合器；6—联轴器；7—电动机；8—盘车机构；9—进风口；10—机壳与进气箱

（1）旋转方式不同的结构型式

离心通风机可以做成顺旋转或逆旋转两种。从原动机一端正视，叶轮旋转为顺时针方向的称为顺旋转或右旋转，用“顺”或“右”表示；叶轮旋转为逆时针方向的称为逆旋转或左旋转，用“逆”或“左”表示。但必须注意，叶轮只能顺着蜗壳螺旋线的展开方向旋转。

（2）进气方式不同的结构型式

离心通风机的进气方式有单侧进气（单吸）和双侧进气（双吸）两种。

单吸通风机又分单侧单级叶轮和单侧双级叶轮两种。在同样情况下，双级叶轮产生的风压是单级叶轮的两倍。

双吸单级通风机是双侧进气、单级叶轮结构，如图 11-3 所示。在同样情况下，这种风机产生的流量是单吸的两倍。

在特殊情况下，离心通风机的进风口装有进气箱，按叶轮“左”或“右”的回转方向，各有五种不同的进口角度位置，如图 11-4 所示。

(3) 离心通风机出风口位置不同的结构型式

根据使用的要求，离心通风机蜗壳出风口方向，规定了如图 11-5 所示的八个基本出风口位置。

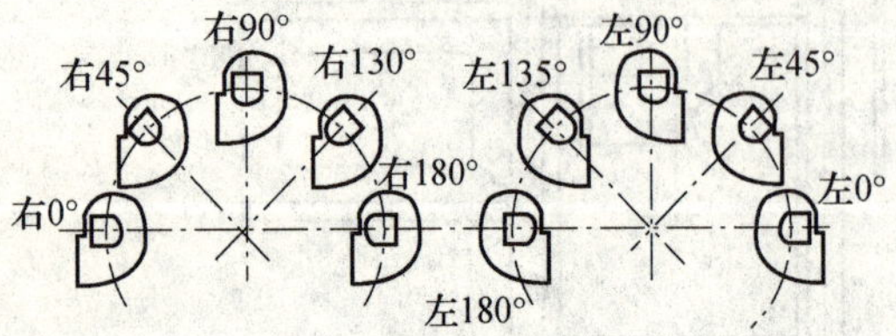

图 11-4　进气箱角度位置示意图

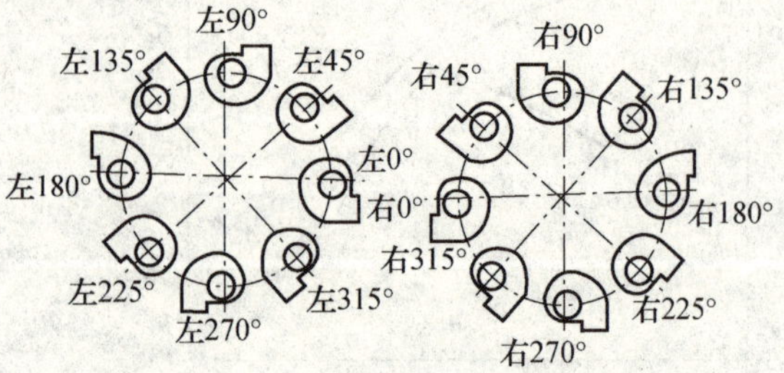

图 11-5　出风口角度示意图

如基本角度位置不够，可以采用如下所列的补充角度：

补充角度 15°、30°、60°、75°、105°、120°、150°、165°、195°、210°。

(4) 传动方式不同的结构型式

根据使用情况的不同，离心通风机的传动方式有多种。如果离心通风机的转速与电动机的转速相同，大号风机可以采用联轴器，将通风机和电动机直联传动，这样可以使结构简化紧凑，减小机体；小号风机则可以将叶轮直接装在电动机轴上，可使结构更加紧凑。如果离心通风机的转速和电动机的转速不相同，则可以采用通过皮带轮变速的传动方式。

通常是将叶轮装在主轴的一端，这种结构叫做悬臂式，其优点是拆卸方便。对于双吸或大型单吸离心通风机，一般是采用叶轮放在两个轴承的中间，这种结构叫双支承式，其优点是运转比较平稳。

目前，我国生产通风机的工厂把离心通风机的传动方式规定为如图 11-6 所示的几种型式。

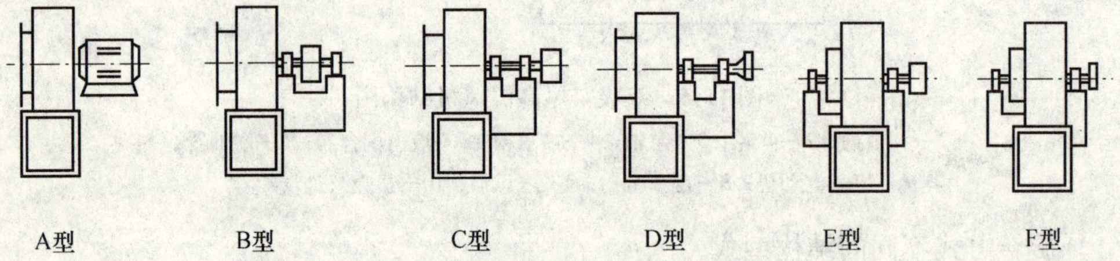

图 11-6　离心通风机传动结构型式

2. 离心通风机的主要部件

离心通风机的主要零部件如下。

(1) 叶轮

叶轮的尺寸和几何形状对通风机的特性有着重大的影响。离心通风机的叶轮一般由前盘、后（中）盘、叶片和轴盘等组成，其结构有焊接的和铆接的两种型式。

叶轮前盘的型式有平前盘、锥形前盘和弧形前盘等几种，如图 11-7 (a)、(b)、(c) 所示。平前盘制造简单，但一般对气流的流动情况有不良影响。锥形前盘和弧形前盘的叶轮，制造比较复杂，但其气动效率和叶轮强度都比平前盘优越。

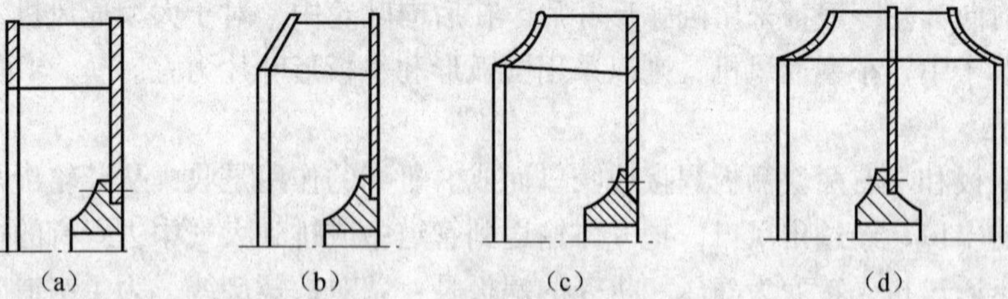

图 11-7　叶轮结构型式示意图

（a）平前盘叶轮；（b）锥形前盘叶轮；（c）弧形前盘叶轮；（d）双吸叶轮

双侧进气的离心通风机叶轮，是两侧各有一个相同的前盘，叶轮中间有一个通用的中盘，中盘铆在轴盘上。

叶轮上的主要零件是叶片。离心通风机叶轮的叶片，一般为 6～64 个。由于叶片出口安装角和叶片形状的不同，叶轮的结构型式也有不同。

1）叶片出口角度不同

离心通风机的叶轮，根据叶片出口角的不同，可分为如图 11-8 所示的前向、径向和后向三种。叶片出口角 β_{b2} 大于 90°的叫做前向叶片，等于 90°的叫径向叶片，小于 90°的叫做后向叶片。

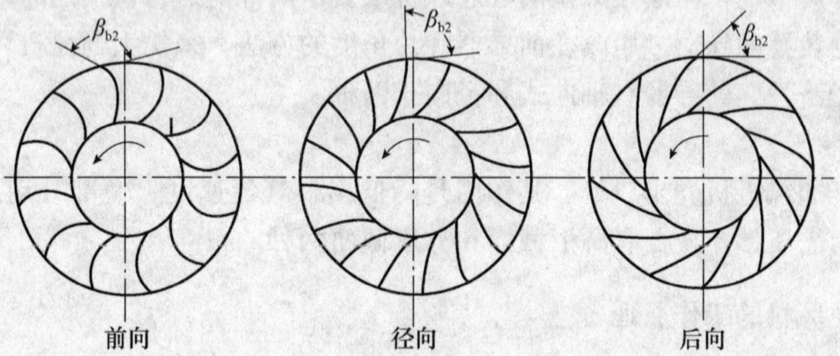

图 11-8　前向、径向和后向叶轮示意图

2）叶片形状不同

离心通风机的叶片形状有如图 11-9 所示的平板形、圆弧形和中空机翼形等几种。平板形叶片制造简单；中空机翼形叶片具有优良的空气动力特性，叶片强度高，通风机的气动效率一般较高。如果将中空机翼形叶片的内部加上补强筋，可以提高叶片的强度和刚度，但工艺性较复杂。中空机翼形叶片磨漏后，杂质易进入叶片内部，使叶轮失去平衡而产生振动。

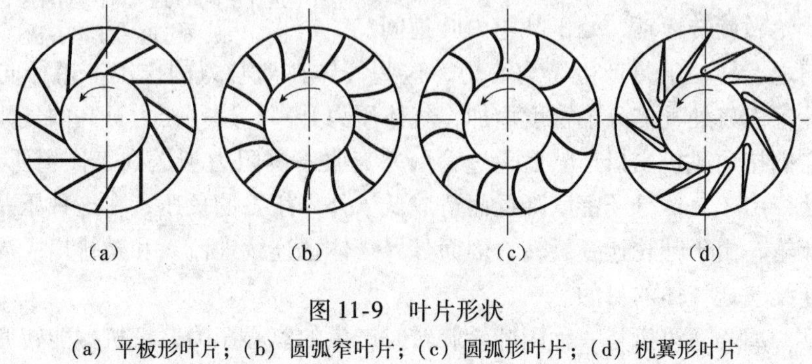

图 11-9　叶片形状

（a）平板形叶片；（b）圆弧窄叶片；（c）圆弧形叶片；（d）机翼形叶片

目前，前向叶轮一般都采用圆弧形叶片。在后向叶轮中，对于大型通风机，多采用机翼形叶片；而对于中、小型通风机，则以采用圆弧形和平板形叶片为宜。

（2）机壳

机壳由蜗板和左右两块侧板焊接或咬口而成。机壳的作用是收集从叶轮出来的气体，并引导到机壳的出口，经过出风口，把气体输送到管道中或排到大气中去。有的通风机将气体的一部分动压通过机壳转变为静压。机壳的蜗板是一条对数螺旋线。为了制造方便，一般将机壳设计制成等宽矩形断面。

（3）进风口

进风口又称集风器，它是保证气流能均匀地充满叶轮的进口，使气流流动损失最小。离心通风机的进风口有筒形、锥形、筒锥形、筒弧形、弧形、弧锥形、弧筒形等多种。

（4）进气箱

进气箱一般只使用在大型的或双吸的离心通风机上。对进风口直接装有弯管的通风机，在进风口前装上进气箱，能减少因气流不均匀进入叶轮产生的流动损失，一般断面逐渐有些收敛的进气箱的效果较好。

（5）前导器

前导器也称调节门，一般在大型离心通风机或要求对性能进行调节的通风机的进风口或进风口的流道内装置前导器。用改变前导器叶片角度的方法，来扩大通风机性能、使用范围和提高调节的经济性。前导器有轴向式和径向式两种。

（6）扩压器

扩压器装于通风机机壳出口处，其作用是降低出口气流速度，使部分动压转变为静压。根据出口管路的需要，扩压器有圆形截面和方形截面两种。

三、离心通风机的工作原理

气体在离心通风机内的流动如图 11-10 所示，叶轮安装在机壳 4 内，当叶轮旋转时，气体经过进气口轴向吸入，然后气体约折转 90°。流经叶轮叶片构成的流道间（简称叶道），而机壳将叶轮甩出的气体集中、导流，从通风机出气口 6 或出口扩压器 7 排出。

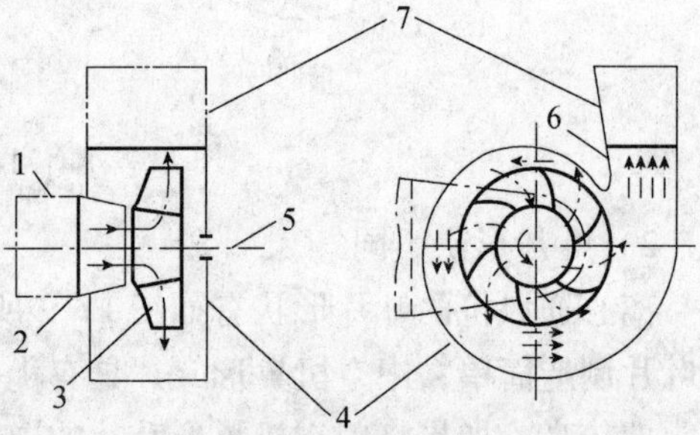

图 11-10　气体流动

1—进气室；2—进气口；3—叶轮；4—机壳；
5—主轴；6—出气口；7—出口扩压器

离心通风机的工作原理：工作时由原动机通过主轴带动叶轮做旋转运动，处于叶轮内叶道间的气体被迫随之旋转，于是产生了离心力，这些气体在离心力的作用下沿径向甩向叶轮出口，此时在叶轮出口处气体分子密度增加，气体压力升高。这些压力升高的气体被机壳收集起来并引导它们排向风机出口，然后通过管网并克服管网阻力被送到工作场所。与此同时，在叶轮进口处，由于气体分子密度降低而造成低于外界压力的负压，在这种压差的作用下外界气体流入叶轮，由于叶轮连续旋转，因而外界气体也连续地流入和被排出，周而复始，从而达到风机连续输送气体的目的。

由此可见，离心通风机是一种因叶轮旋转时产生的离心压力，把机械能转变为气体的压力能和动能的机器。

四、为适应工况条件的需要对离心通风机制造、安装、使用提出的要求

1. 制造要求

水泥生产线上的离心通风机，在制造方面除窑尾高温风机外，一般没有特殊要求。窑尾高温风机的工况条件比较苛刻，对产品制造的要求较高。

（1）窑尾废气含尘浓度高，一般都在 80～100g/Nm³，风机磨损严重。对此，不但要在模型机的选择上加以考虑，还要采取有效的防护措施。常选择单板叶片后向叶轮，加耐磨衬板和耐磨叶片鼻子（图 11-11），易磨损部位堆焊耐磨层。

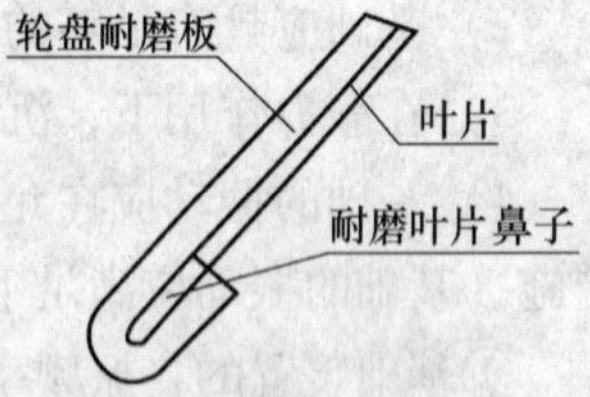

图 11-11　采取有效防护措施

（2）窑尾高温风机工作温度较高，要求叶轮材料在高温下具有很高的强度且易于焊接，一般用高强度低合金结构钢。

（3）窑尾高温风机的瞬间温度达到 500℃左右，设计时需充分考虑热膨胀问题，否则，部件要发生变形和相互干涉，使风机产生强烈振动，以至于不能工作。

（4）由于窑尾高温风机运行温度高，停车后主轴会产生弯曲变形，再启动时风机会因此而产生振动。因此窑尾高温风机一般应装盘车机构，其功能是当风机主电机被切断电源后，风机转速降至 60r/min 时，盘车机构的离心器自动地与风机主轴啮合，使风机主轴继续以 60r/min 的速度转动，直到机壳内温度低于 100℃时为止。这样，可避免上述问题发生。

（5）窑尾高温风机的轴承应有冷却措施，根据需要采用风冷、水冷或循环油冷却。

（6）一般应有调速装置，可选用液力耦合器、直流电动机、可控硅串级和变频调速。在现代化水泥厂里，窑尾风机的电力消耗大，如一个 2000t/d 的水泥厂，其窑尾风机的电机功率在 1000～1600kW 之间。而在选择风机时一般要留有一定的裕度，且由于生产操作的需要，需将风机的风量、风压予以调节，一般的调节方法有两种，一种是改变风机转速；一种是用调节门调节。调节的方法不同，电耗指标差异很大，以 2000t/d 水泥生产工艺线为例，采用调速方式比单纯改变调节门开度改变风量的风机轴功率可降低约 455kW，这样每年节电约 3.2×10^6kW·h，可见每年节电数字是可观的。采用调速设备，还可解决风机启动难的问题，使驱动电机的功率选得小一些。

（7）要有超温报警系统及连锁停车装置。

2. 安装要求

（1）安装地点的要求

1）风机应设置在避免灰尘、腐蚀性气体、湿度大及风吹雨淋、太阳直射，且尽量保持清洁的地点。特别是电动机，往往会因上述原因而降低其性能，故应特别注意。

2）风机设置在室内时，房屋应为宽门口的结构，以便于风机的移动和运输。

3）安装大型风机的地点，应考虑留有可放置上机壳及转子，以及能进行装配、拆卸、修理等作业的空间。对于皮带轮传动的风机，至少要留有可更换皮带轮、找正电动机中心的空间。

4）风机周围应留有在风机运行中人员可自由走动，并且不妨碍日常维护保养的空间。

5）在确定风机的布局时，不但要考虑风机的本身，还要综合考虑进气管、出气管、阀类、原动机、供油装置、冷却装置以及油和水的配管等的布局。

6）设置数台风机时，应充分研究风机间的相互间隔、布局等问题。

7）在装设大型、较重的风机时，应装备有吊车或电葫芦。中小型风机根据其用途，在叶轮有腐蚀、磨损需要时常更换或修理的情况下，也应该设一般的起吊装置。

（2）安装基础的要求

1）满足风机在安装、使用和维修方面的方便，基础上半部的外形和尺寸（如沟、坑、洞与螺栓孔等）应按生产厂所提供的安装图设计。

2）基础应具有足够的强度、稳定性和耐久性。

3）在静力作用下，沉降和倾斜应在允许范围之内，以保证机器正常使用。

4）基础的振动应在允许范围内，为减少对附近机器和仪表的影响，应采取相应的隔振措施。基础的振动应满足下列规定：

①基础装置的自振频率不得大于电机和风机转速的 0.3 倍。

②风机运转时的振动速度与风机静止时的振动速度的差须大于 3 倍以上，当差数小于此值时风机需采取避免外界影响的措施。

5）基础采用钢筋混凝土，混凝土标号为 150 号、200 号（旧标），按内力大小通过计算配置钢筋，或按土建规范配置构造钢筋。

6）风机和其动力的支座边缘到基础侧面的净距一般不小于 100mm。基础图纸上应标明二次浇灌的找平层或灌浆层的位置和尺寸，其厚度不小于 25mm。

7）地脚螺栓的型式和大小尺寸及安装位置按安装图采用。其埋入混凝土内的最小深度按实际受力大小确定，如无法确定其受力大小时，可按螺栓拔断而不拔出的原则考虑。

8）地脚螺栓的型式、埋置深度和距基础边缘距离可根据风机本身的安装要求确定，也可参考图 11-12 和图 11-13 选用。

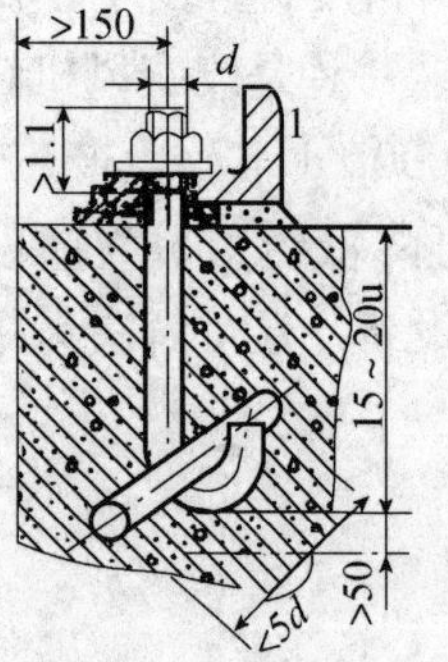

图 11-12　地脚螺栓直接埋置位置尺寸

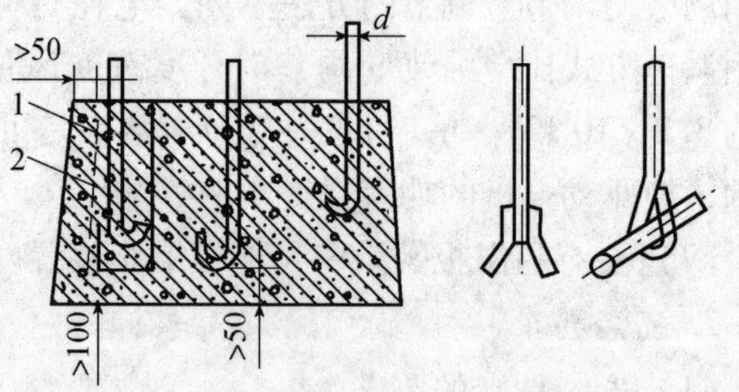

图 11-13　基础与地脚螺栓的位置及螺栓型式

1—螺栓；2—螺栓预留孔

9）设计基础本身的重量和基础埋置深度应根据安装对象的要求确定，以设备开车使用其扰力不使基础撼动为原则。风机是有规律运动的匀速旋转机械，动力源小于 150kW 时，每 0.746kW 其基础重为 0.12～0.4t；大于 150kW 时为 0.075～0.12t。也可参考 JB/Q 334—87 通风机振动精度的规定：被测风机须装在大于 10 倍风机质量的底座或试车台上。

10）基础的高度满足构造要求，即保证螺栓埋设件底部有足够的混凝土保护层，坑底有一定厚度（保证强度）的条件下，应尽可能薄一些，这对于有水平扰力的通风机基础可以减少扰力矩，使水平摇摆耦合振动产生的振幅降低。其基本要求见图 11-12 和图 11-13。

11）基础应按构造要求配置钢筋。为了防止温度和收缩应力、不均匀沉降或振动引起裂缝，基础要求配置钢筋，一般配直径ϕ10～16mm的钢筋，间距为200～400mm。

（3）安装质量要求

1）转动件应转动灵活，不允许过紧或相互刮碰。

2）进风口与叶轮进口圈的轴向插入深度和径向间隙，调整到随机文件规定的范围内。对口形式的轴向间隙一般小于叶轮直径的1%，叶轮直径越大，轴向间隙越小。套口形式的轴向伸进重叠段多半小于或等于叶轮直径的0.008～0.012倍，但其径向单面间隙不大于叶轮直径的0.0015～0.0040倍。机壳的壁面和叶轮后盘或中盘面平行，机壳后侧板轴孔应与主轴同心。

3）叶轮与机壳旋向正确，机壳内无杂物。

4）整体安装的轴承箱找正、调平时，其纵横向水平度允差均不超过0.10/1000；左右分开式轴承箱找正、调平时，水平度允差应符合下列要求：

①每个轴承箱纵向水平度误差应不超过0.04/1000。

②每个轴承箱横向水平度误差不超过0.08/1000。

③主轴水平度误差应不超过0.04/1000。

④主轴与轴承箱孔轴线在水平方向的同轴度误差不超过ϕ0.06mm。

⑤D、F式传动风机，保证电机与风机的同轴度不大于0.05mm，轴线倾斜不大于0.2/1000，注意两半联轴器间的距离符合要求。

⑥B、C、E式传动风机，保证风机轴线和电机轴线平行，倾斜度不应超过0.2/1000，注意保证两个皮带轮端面在同一平面上。安装皮带后注意调整好皮带松紧度，保证接触面有足够的摩擦力。

⑦安装风机进、出口管道时，应确实使法兰面对合，不得用螺栓强行紧固。管道或配管、消声器等的负荷不得作用于风机部件上。

⑧当风机安装减振器时，应适当调整减振器的位置或加配重，使各个减振器受力均匀、伸缩量相同。风机进、出口法兰应加软连接。

⑨高温风机必须在进、出口安装膨胀节，保证膨胀量。

⑩安装调节门时注意不要装反，应使流体沿叶轮旋转方向偏流进行安装，如图11-14所示。如果装反，不仅使风机效率变差，而且性能下降，使系统无法正常运行。

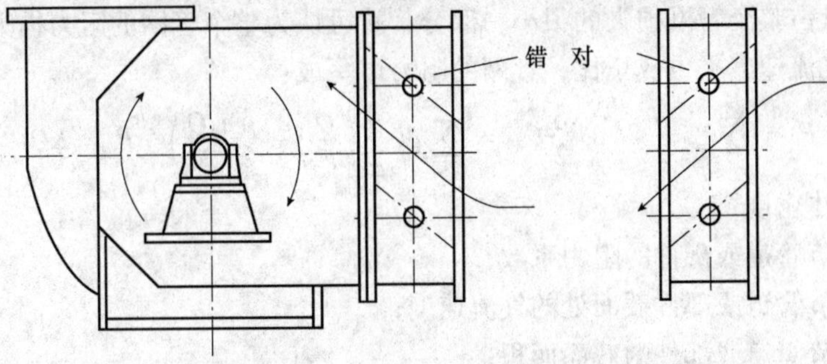

图11-14　径向式调节门的安装方法

⑪当风机从大气吸进空气时，应在进气口安装防止吸入杂物的金属网。如果风机装设在

室外，需加装防雨雪罩。当需吸进清洁空气时，应在进气口装设过滤器，以清除混入空气中的灰尘等。

（4）使用要求

1）有调速装置的风机，在调速过程中不应超过风机许用的最高转速。

2）对高温风机，要注意气体温度的变化，不允许超过风机设计时规定的运行温度。

3）运行时，用电流表监视电动机负荷，不允许长时间在超负荷状态下运行。

4）对输送含尘介质的风机，粉尘、灰粒的变化应符合风机的使用要求。

其他使用要求，详见离心通风机的维护与修理的有关内容。

第三节　通风机在管网中的工作及调节

一、管网的性能曲线

通风机在使用中，常与通风管道、管道的组合部件（即管网）连接在一起工作。而管网的结构又与通风机的性能有密切关系，因此，首先要了解管网的特性。

1. 管网的概念

管网是指通风机工作系统，包括通风管道及其附件，如过滤器、除尘器、调节阀等的总称。如图 11-15 所示，从吸气管道的进口截面 1—1 至吸气管道的出口的进口截面 3—3 到排气管的出口截面 4—4 统称管网。

根据使用的需要，通风机的管网有三种形式：

（1）吸入方式，只有 1—1 截面至 2—2 截面的吸气管道，而无排气管道。

（2）压出方式，只有 3—3 截面至 4—4 截面的排气管道，而无吸气管道。

（3）既有吸气管道又有排气管道。

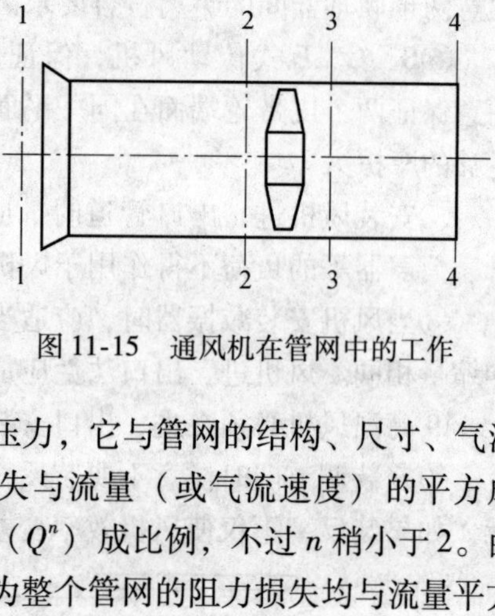

图 11-15　通风机在管网中的工作

2. 管网的阻力计算

管网的阻力是指管网在一定的气体流量下所消耗的压力，它与管网的结构、尺寸、气流速度有关。例如，吸、排气管，阀门，弯道等的阻力损失与流量（或气流速度）的平方成正比，过滤器、除尘器等的阻力损失也与流量的 n 次方（Q^n）成比例，不过 n 稍小于 2。由于这部分损失只占整个管网损失的很小一部分，故可认为整个管网的阻力损失均与流量平方成正比，即与气流速度平方成正比，管网的阻力可写成：

$$P = \sum_{i=1}^{n} \zeta i \frac{\rho}{2} C_i^2 + \frac{\rho}{2} C_{\mathrm{d}}^2 = \sum_{i=1}^{n} \zeta i \frac{\rho}{2}\left(\frac{Q}{F_i}\right) + \frac{\rho}{2}\left(\frac{Q}{F_{\mathrm{d}}}\right) \quad P = KQ^2$$

式中　ρ——气体密度；

ξ_i——各节管道或部件的阻力系数；

C_i——各节管道或部件截面处的气流速度；

F_i——各节管道或部件的截面面积；

C_{d}——排气管出口的气流速度；

F_{d}——排气管出口的面积；

Q——管网的流量；

K——管网总阻力系数，对于一定的管网 K 值也是一定的。

显然，若已知管网中通过的流量、管网各部分的几何尺寸、局部阻力系数，就可以根据上式计算管网的阻力。

3. 管网的性能曲线

管网总阻力与通过管网气体流量之间的关系：$P=KQ^2$，用图形表示出来就是管网的性能曲线或称管网特性曲线，如图 11-16 所示。显然，这是一条通过坐标原点的二次抛物线。

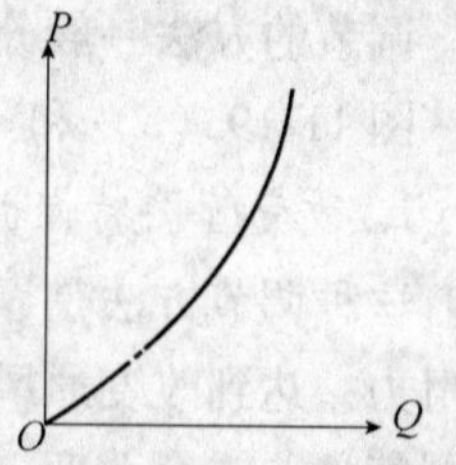

图 11-16　管网的性能曲线

二、通风机与管网的联合工作

通风机总是要与管网联合工作的，气体在通风机中获得能量时，其压力与流量之间的关系是按通风机的性能曲线变化的。而当气体通过管网时，其 P-Q 关系又要遵循管网的性能曲线，那么，通风机的性能与管网的性能之间必须有如下关系：

（1）通过通风机与不漏气管网的气体流量要完全相等。

（2）通风机所产生的全压的一部分即静压用于克服管网中的阻力，全压的其余部分消耗在气流从管网出口时所具有的动能 P_d 上。总之，通风机的全压等于管网的总阻力与出口动压损失之和。

图 11-17 为通风机压力与管网阻力之间的关系。要满足上述（1）、（2）要求，整个装置，包括通风机与管网只能在通风压力曲线 P-Q 与管网性能曲线的交点 A 上运行。在 A 点，两者的流量（Q_n）相等，静压力与阻力（Pa）也相等，A 点称为工况点。根据（1）、（2）要求，工况点是由通风机压力曲线与管网性能曲线的交点来决定的，当管网性能曲线变为 R'、R''时（图 11-18（a）），工况点也随之改变，若通风机的压力曲线不改变，工况点就沿着压力曲线移动至 A'、A''；反之若通风机压力曲线改变（图 11-18（b）），管网性能曲线不变，工况点也会沿管网性能曲线移动。在实际运行中，若工况点变动太大，使装置的流量或压力达不到要求，这时，可采用不同的方法人为改变工况点以满足使用要求，这个过程叫调节，将在下面详细叙述。

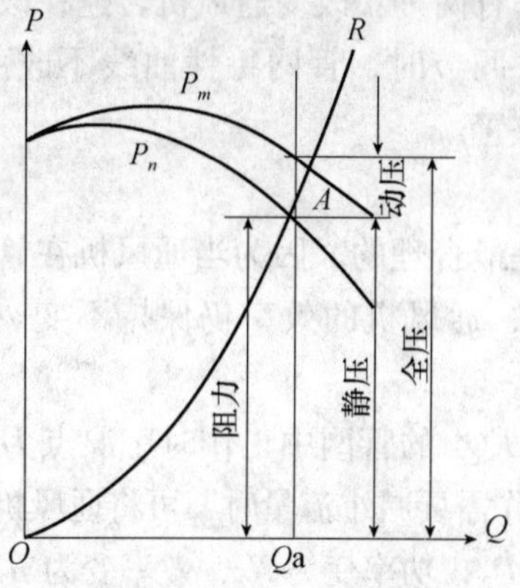

图 11-17　通风机压力与管网阻力的关系

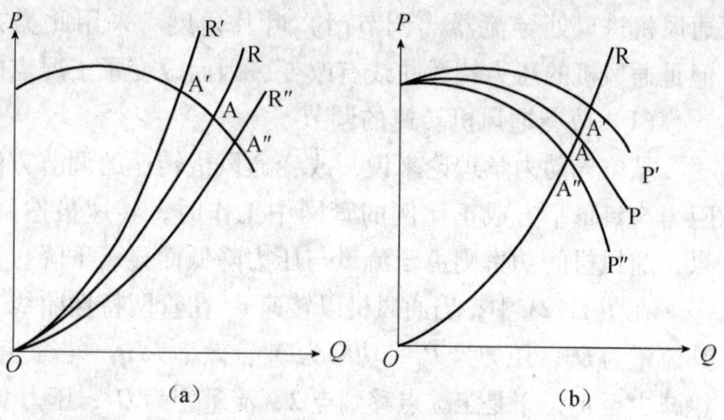

图 11-18　工况点的变化

三、通风机的调节

通风机调节的主要目的是改变通风机和管网中的流量，使之能满足实际工作的需要。

调节的方法一般分为两类：一是改变管网特性曲线，二是改变通风机的压力特性曲线。图 11-19（a）和（b）分别表示这两类调节方法的工况变化情况。

1. 改变管网特性曲线的调节

这种调节方法是靠改变出气管或进气管中调节闸门或挡板开启程度，以减小或增大管网的阻力，达到改变通风机流量的目的。采用此法调节时，通风机的压力特性曲线不改变，但管网特性曲线有改变，因而改变了工况点的位置。

如图 11-20 所示，某通风机在一定管网中工作时的工况点为 1，流量为 Q_1，压力为 P_1。当需要减少流量时，可将调节闸门适当关小，则管网阻力增大，工况点移到点 2，流量变为 Q_2，压力变为 P_2。显然，在节流状况下，通风机压力 P_2 的一部分是用以克服管网阻力 ΔP_g，另一部分则用以克服闸门的阻力 ΔP_g。

采用闸门调节以后，由通风机的功率曲线可以看出，通风机的功率已由原来的 N_1 变为 N_2。一般说来，通风机节流后的功率比原来的有所减少，而前向通风机比后向通风机减少的更多一些。

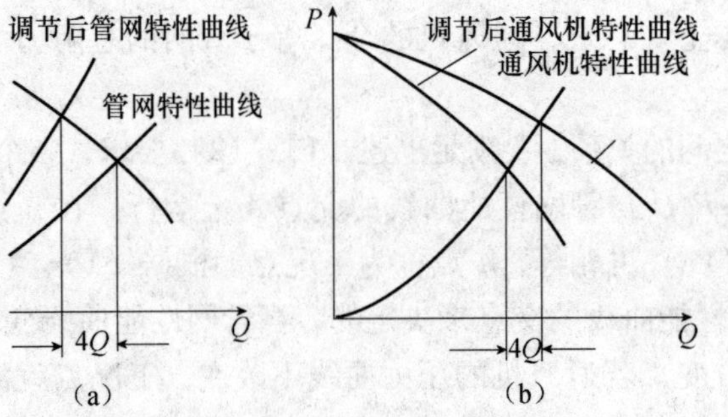

图 11-19　通风机的调节

（a）改变管网特性曲线的调节；（b）改变通风机力特性曲线的调节

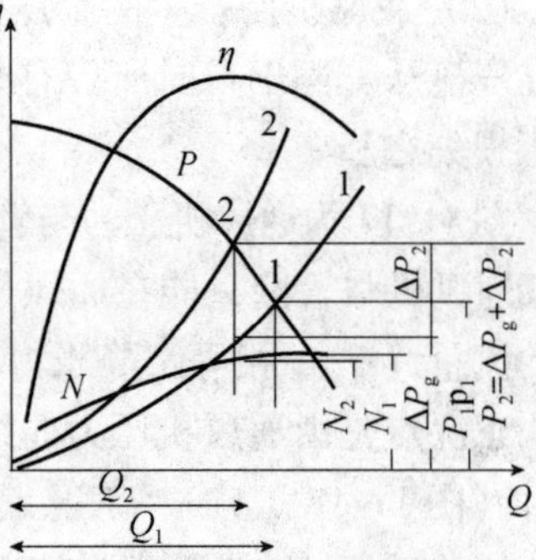

图 11-20　改变管网中调节闸门开启程度的调节

2. 改变通风机压力特性曲线的调节

从原理上讲，改变离心通风机压力特性曲线的调节方法有两种：改变通风机转速；改变通风机进口处导流器（调节门）叶片角度。采用此类方法调节时，管网特性曲线不改变，但是通风机的压力特性曲线有改变，因而改变了工况点的位置。

（1）改变通风机转速的调节

从空气动力学理论来说，改变通风机转速的调节方法是最合理的。因为当通风机在管网阻力与流量平方成正比例的管网中工作时，转速虽然降低，通风机的效率仍保持不变。结果，通风机的功率则由于流量与压力降低而显著下降。

在图 11-21 中，当通风机以转速 n_1 在管网特性曲线 $P=KQ^2$ 的管网中工作时工况点为 1，其流量为 Q_1，压力为 P_1，功率为 N_1，效率为 η_1。当实际工作需要减小流量时，可将通风机转速减少至 n_2，于是工况点移到点 2，流量变为 Q_2，压力变为 P_2，功率变为 N_2，效率变为 η_2。

根据比例定律，当通风机的转速由 n_1 改变至 n_2 时，通风机的流量、压力和功率分别按下列关系变化：

$$\frac{n_1}{n_2}=\frac{Q_1}{Q_2}=\sqrt{\frac{P_1}{P_2}}=\sqrt[3]{\frac{N_1}{N_2}}$$

通风机的效率则保持不变，即 $\eta_1 = \eta_2$。

(2) 改变通风机进口处导流器（调节门）叶片角度的调节

通风机采用的导流器，最常用的有轴向和径向两种。轴向导流器既可在通风机风口内使用（图 11-22a），也可在进风口外端应用（图 11-22b）。径向导流器是在通风机进口装有进气箱的情况下应用（图 11-22c）。

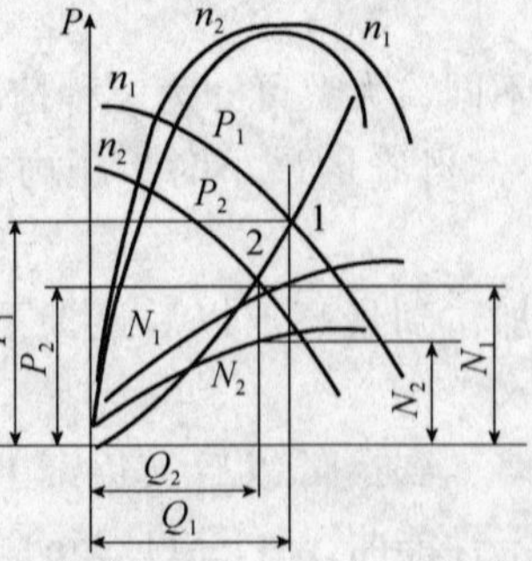

图 11-21　改变通风机转速的调节

(a)　(b)　(c)

图 11-22　通风机导流器装置示意图

(a) 进口内轴向导流器；(b) 进口外轴向导流器；(c) 径向导流器

导流器的结构比较简单，使用可靠，可以在不停车条件不进行调节，使其实现自动化。调节效率虽比改变转速较差，但却比在管网中用闸门调节优越。因此，目前在离心通风机设备上，广泛采用导流器调节。

图 11-23 是某一通风机的导流器叶片角度分别为 0°、30°、60°时，在管网中工作的情况。此时，工况点分别为 1、2、3。当导流器叶片角度 $\alpha = 0°$时，通风机的性能分别为 Q_1、P_1、N_1、η_1；当导流器叶片角度调节到 $\alpha = 30°$时，则性能分别为 Q_2、P_2、N_2、η_2；当导流叶片角度调节到 $\alpha = 60°$时，则性能分别为 Q_3、P_3、N_3、η_3。由图 11-23 可知，当调节通风机导流器叶片角度来减少流量时，通风机的功率是沿曲线 N_1、N_2、N_3 而下降。如在管网中用闸门来减小流量时，通风机的功率是沿导流器叶片角度 $\alpha = 0°$时的功率曲线 N_1 向左而下降。即以用导流器调节，比用闸门调节所消耗的功率小，是一种比较经济的调节方法。

3. 闸门、导流器和改变转速调节方法的比较

某一通风机在设计工况下的流量为 Q_0，功率为 N_0；在管网中工作时，调节后的流量为 Q，功率为 N。图 11-24 的横坐标用 Q 和 Q_0 的比值表示，纵坐标用 N 和 N_0 的比值表示。

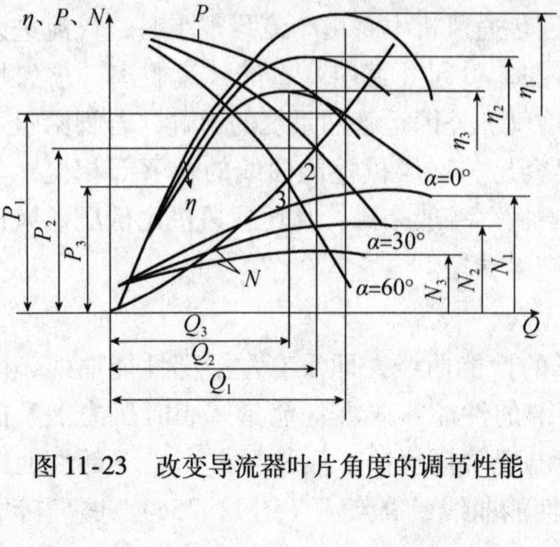

图 11-23　改变导流器叶片角度的调节性能

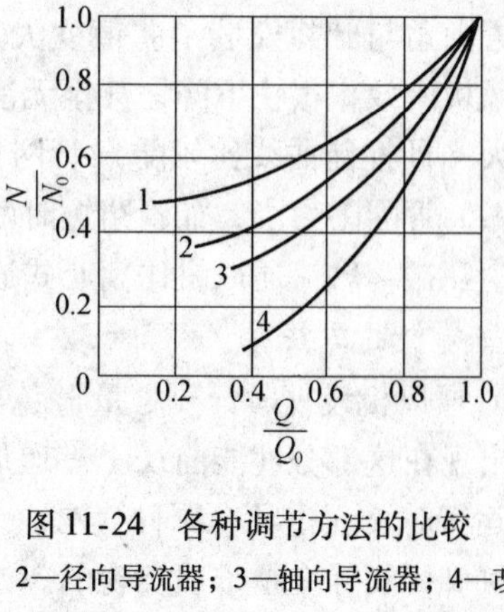

图 11-24　各种调节方法的比较

1—闸门；2—径向导流器；3—轴向导流器；4—改变转速

由图 11-24 可以看出，当用上述四种不同方法进行调节时，在不考虑其他情况的条件下，改变转速调节是最经济的调节方法，闸门调节则是最不经济的调节方法，导流器调节方法则介于两者之间。

四、通风机的喘振

1. 通风机性能的不稳定工作区

由于通风机的结构型式不同，通风机的性能曲线形状也有不同，大致可分为三种情况：

（1）流量从最小到最大的过程中，压力是从最大到最小，当流量最小时，压力最高（图 11-25a）。

（2）流量从最小到最大的过程中，开始一段压力逐渐增加，到最高点以后逐渐下降，直到流量最大时为止（图 11-25b）。

（3）流量从最小到最大的过程中，开始一段压力逐渐下降，到最低以后又逐渐上升，到最高点以后又逐渐下降，直到流量最大为止。通常叫做马鞍形性能曲线（图 11-25c）。

从通风机的性能曲线来讲，凡是产生如图 11-25（a）所示形状性能曲线的通风机，不会出现不稳定工作现象。产生（b）和（c）形状性能曲线的通风机，如工况点落在性能曲线最高点的左边时，则通风机流量和压力就有可能产生剧烈波动，造成机器的振动，增大机器的噪声。这种现象，叫做喘振或飞动。

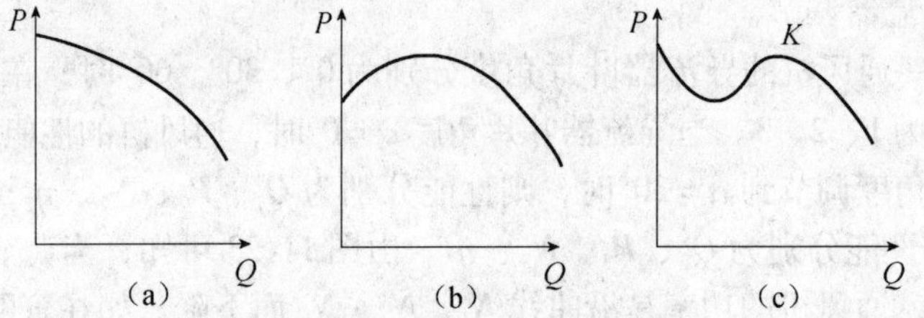

图 11-25　通风机性能曲线的形状

（a）平滑曲线；（b）高峰曲线；（c）马鞍形曲线

通常把最高点左边这段性能曲线叫做非稳定工作区，把最高点右边的这段性能曲线叫做稳定区。因此，选用通风机时，都把工况点选在性能曲线最高点的右边。

2. 喘振产生的原因

喘振的产生有内因及外因两方面的因素，内因是通风机本身由于流量很小时，气流进入叶片的方向角与叶片安装角差值变大，即冲角增加，引起叶道中严重的气流脱离，损失增加，通风机的效率很快下降，甚至无法向管网中输气。外因是管网系统的影响，若管网阻力系数很大（即性能曲线比较陡）管网性能曲线很容易与通风机性能曲线的左下部相交，而产生喘振。管网阻力小，如管路短时就难以产生喘振。一般来讲，高压通风机比低压通风机容易产生喘振，轴流通风机比离心式通风机容易产生喘振。

3. 防喘振的方法

（1）通风机设计时，要尽量避免出现马鞍形的性能曲线，即没有左下部性能曲线，因为喘振出现在这部分性能曲线上。通风机在右下部的性能曲线上（流量减小时压力上升的部分）运行时，无论具有哪种管网，一般都不会出现喘振现象。但是只具有右下部性能曲线的通风机，实际上是难以实现的。如果尽量使性能曲线最高点 K（图 11-25c）向左移动，即压力最高点的流量 Q_k 尽量小些，或者性能曲线的左下部尽量平坦些，这些对防喘振都是有利的。

（2）设置放风阀。当需要的流量小于或接近喘振流量时，为保证通风机中的气体流量大于喘振流量而稳定运行，可在通风机的排气管设一放气阀，将一部分气体放掉，另一部分气体输送给管网（这部分流量可以小于喘振流量）。

这种方法是最简单的防喘振方法，在通风机中被广泛地使用。其缺点是将经过通风机叶轮获得能量的部分气体白白地放掉，使整个装置的效率下降。放入大气的气体应是无害的，若是有害气体，应经过旁通阀再引回至通风机的进气管。

（3）两阀操作法。在通风机的排气管上设置两个阀，把两个阀之间的容积固定为某一值，两个阀之间的容积相当于一个贮气器。第一个阀直接装在离通风机出口近的位置上，并用它作为节流阀，稍稍节流，就可以防喘振。离通风机出口远的第二个阀，仅作为阻力。实践证明：这种装置不仅可以达到使系统稳定运行的目的，对减小噪声也是有利的。

此外，为了使整个系统运转稳定化，尽量采用短配管，凡管网必要的阀门，测流量用的喷嘴、除尘器等也应尽量靠近通风机。

第四节　通风机与配套辅机的选用及进出风管的合理布置

一、通风机的选用

根据工艺要求，确定了所需要的风机特性参数以后，就可按此参数选用风机。

1. 通风机的选用原则

（1）在选择通风机前，应了解国内通风机的生产和产品质量情况，如生产的通风机品种、规格和各种产品的特殊用途，以及部优、国优产品、淘汰或将要淘汰的产品、新产品的发展和推广情况等，以便择优选用风机。

（2）根据通风机输送气体的物理、化学性质的不同，选择不同用途的通风机。如排尘或输送煤粉的应选择排尘或煤粉通风机，在高温场合下工作或输送高温气体的应选择高温通风机等。

（3）在通风机选择性能图表上查得有两种以上的通风机可供选择时，应优先选择效率较高、机号较小、调节范围较大的一种，当然还应加以比较，权衡利弊再决定。

（4）如果选定的风机叶轮直径较原有风机的叶轮直径偏大很多时，为了利用原有电动机、轴、轴承及支座等，必须对电动机启动时间、风机原有部件的强度及轴的临界转速等进行核算。

（5）选择离心式通风机时，当其配用的电机功率小于或等于75kW时，可不装设仅为启动用的阀门。当排送高温烟气时，应设启动用的阀门，以防冷态运转时造成过载。

（6）对有消声要求的通风系统，应首先选择效率高、叶轮圆周速度低的通风机，且使其在最高效率点工作；还应根据通风系统产生的噪声和振动的传播方式，采取相应的消声和减振措施。通风机和电动机的减振措施，一般可采用减振基础，如弹簧减振器或橡胶减振器等。

（7）在选择通风机时，尽量避免采用通风机并联或串联工作。当不可避免时，应选择同型号、同性能的通风机联合工作。当采用串联时，第一级通风机到第二级通风机之间应有一定的管路连接。

（8）所选用的新风机应考虑充分利用原有设备、适合现场制作安装及安全运行等问题。

2. 通风机的选型

一般风机的选型可有以下几种方法：按有因次性能参数选型；按无因次特性参数选型；变型计算选型；其他选型方法。

这里只介绍按有因次性能参数选型方法，其余的选型方法，非风机专业人员很少使用。

按有因次性能参数选型方法是最简单的、应用范围最广泛的一种选型方法，它的优点是：选型迅速。风机制造厂提供的离心通风机有因次性能曲线或参数表，通常都是以某种指定的进气状态下输送某种指定的气体为条件制作的。

因此，利用这些曲线或表时，需将自己工作条件下的参数换算成曲线或表中指定条件下的参数，然后才按换算后的参数选择风机型号，换算公式如下：

$$Q_0 = Q\frac{n_0}{n} \qquad \eta_{in0} = \eta_{in}$$

$$P_0 = P\left(\frac{n_0}{n}\right)^2\frac{\rho_0}{\rho}$$

$$N_{in0} = N_{in}\left(\frac{n_0}{n}\right)^3\frac{\rho_0}{\rho}$$

式中 Q——流量；

P——全压；

ρ——进气密度；

n——转速；

N_{in}——内功率；

η_{in}——内效率。

下标注脚 0 表示换算到指定条件下的参数，无注脚表示工作条件下的参数。

通常，流量总是指进口处工作状态下的容积流量，但是，有时候用标准状态下的容积流量，需换算成进口处工作状态下容积流量，换算可采用下式：

$$Q = Q_N\frac{\rho_n}{\rho}$$

式中 Q——进口处工作状态下的容积流量；

P——进口处工作状态下的介质密度；

Q_N——进口处标准状态下的容积流量；

ρ_N——进口处标准状态下的介质密度。

当需要风机制造厂选型时，应提供如下的性能参数：

（1）进口容积流量；

（2）风机全压（或静压）；

（3）风机进口压力（注明是静压还是全压）；

(4) 风机出口压力(注明是静压还是全压);

(5) 工作温度;

(6) 最高瞬时温度;

(7) 介质密度;

(8) 当地大气压力;

(9) 是否调速及采用的方式。

提供以上参数时,必须注明单位。

二、配套辅机的选用

1. 拖动设备的选择

鼠笼型异步电动机,又称 Y 系列电机,是工业企业中使用最广泛的原动机,其特点是结构简单、运行可靠、维修方便、效率高。其缺点是启动扭矩较小,约是额定扭矩的 1.4 倍左右;启动电流很大,启动电流是额定电流的 5 ~ 7 倍。而绕线电机的启动电流只是额定电流的 2 ~ 5 倍;启动扭矩较大,启动扭矩是额定扭矩的 1.8 倍。

绕线电机与鼠笼电机比较,缺点是:设备复杂、造价高、效率低、不易维修。

根据上述两种电机的优、缺点,在选择电机上,小型电机多为鼠笼型,大型电机因启动特性较好,多为绕线型。

电机功率 N_d 计算按下式:

$$N_d = K\frac{QP}{1000\eta}$$

式中　Q——流量,m^3/s;

P——全压,N/m^2;

η——总效率,$\eta = \eta_M \times \eta_{in}$;

η_{in}——风机内效率(风机性能表中提供);

η_M——机械效率,联轴器传动取 0.98,直联传动取 1,皮带传动取 0.96;

K——容量储备系数,取 1.15 ~ 1.3,功率小、高温风机取较大值;功率大、常温风机取小值。

选择电机时还应注意防护等级、绝缘等级、电压等。

其他拖动设备如汽轮机、柴油机等,一般极少应用在风机上。

2. 调速设备的选择

调速可分为原动机调速和液力耦合器调速。原动机调速最常见的设备是直流电机,因电网为交流电,所以需要用可控硅整流设备供给直流电机电源。此外还有变频调速设备、串级调速设备。

变频、串级、直流电机调速设备都因可控硅元件可靠性差、一次性投资过大、维护量大和要求较高的维护水平而较少被采用。

由于原动机调速有上述缺点,液力耦合器便成为较多采用的调速装置。

3. 电气控制和自动化测量设备的选择

电气控制和自动化测量设备主要有:电动执行器、高压柜、低压控制柜、仪表检测柜。

当风机调节门需要自动控制时，就要配电动执行器。电动执行器的选用按下式计算，一般来说是足够的。

$$T_{max} = (2 \sim 2.5) \times 10^{-6} Q^{3/2} P$$

式中　Q——风机流量，m^3/min；

P——风机全压，N/m^3

T_{max}——调节门所需最大扭矩，N·M。

电气控制设备的作用是保证风机正常启动、工作、停车等。风机对电控的工艺要求主要有：耦合器低速位启动连锁；调节口全闭启动连锁；调速调节门开度调节及正常的电气互锁。如果有盘车装置，还有盘车装置的启动、停车连锁。

自动化测量设备的功能有：转速、温度、振动的测量，超温、超振动越限报警。如果有油水路系统，还有油水压力的测量、油温的测量。

三、通风机进出口风管的合理布置

由于目的、要求和位置不同，通风机进出口风管的布置与形式也各不相同。通风机进出口风管的布置是否合理，直接影响通风机的效率。

1. 通风机进口装置

通风机进口装置应尽量保证气流均匀地进入叶轮，并使其能够均匀地充满在叶轮进口截面。因此，通风机入口管以平直管段为最佳。对于变径入口管，应尽量采用角度较小的渐扩管，要避免采用突扩管和突缩管，以免气流速度和方向的突然变化。

图 11-26～图 11-30 分别是推荐使用与避免使用的各种风机进口的装置图。

2. 通风机出口装置

气流经过叶轮的旋转，在通风机出口处是有方向的，因此，通风机出口装置必须适应这种方向流动的气流。

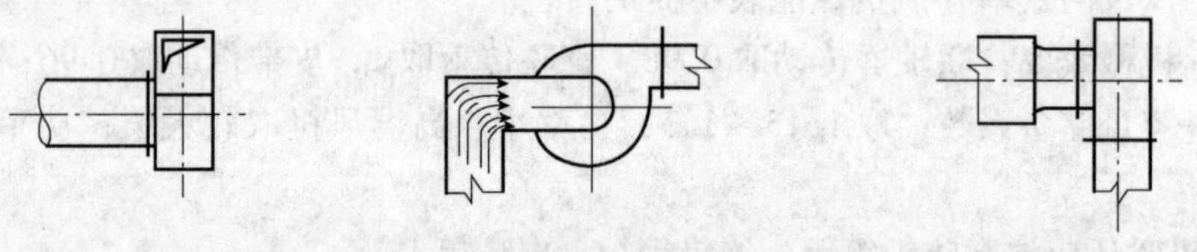

（a）　（b）　（c）

图 11-26　推荐使用的通风机进口风管

（a）进口敞开或等直径风管进口；（b）均匀布置导流叶片，进口无旋涡；（c）风管进口损失小

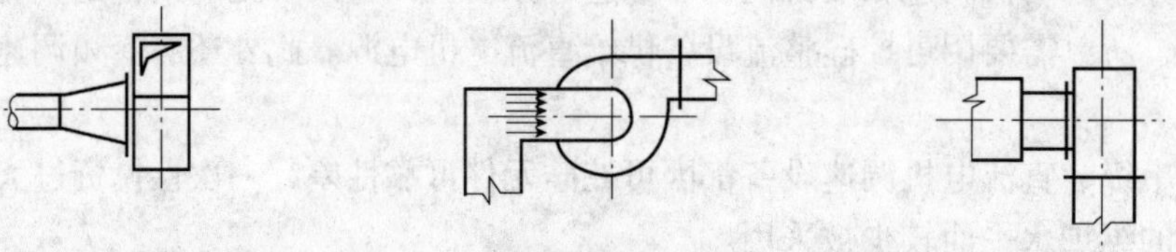

（a）　（b）　（c）

图 11-27　避免使用的通风机进口风管

（a）受阻的风管和变径管；（b）无导流叶片，当气流与叶轮旋转一致时，降低风量和风压，当旋转相反时，增加时需功率；（c）风管进口损失大

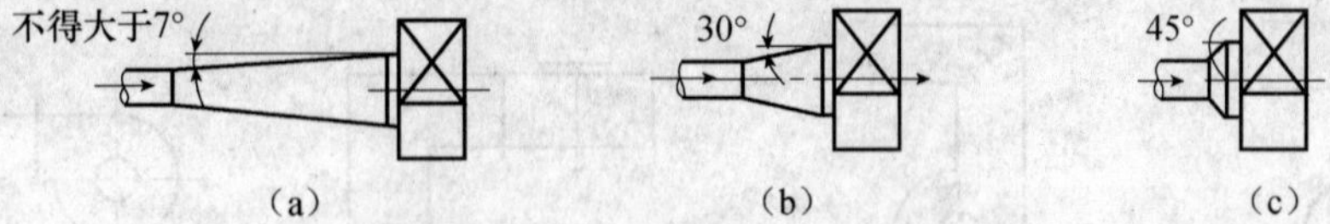

图 11-28 通风机进口和小风筒的连接

(a) 通风机进口接有变形节(由小放大)时最好的连接法;
(b) 进口流量稍有束缚限制的连接法;(c) 尽可能避免的变形节

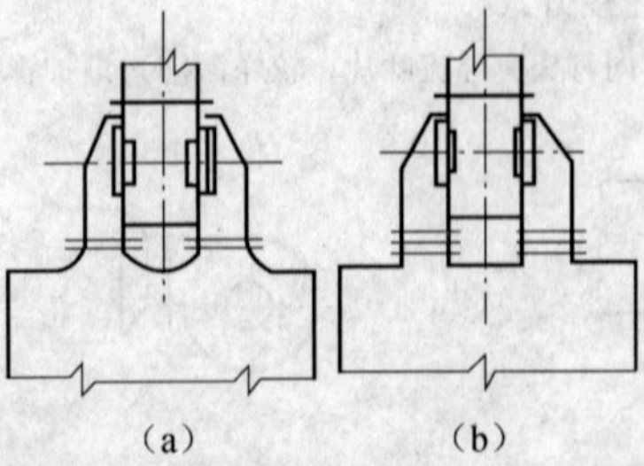

图 11-29 双吸入通风机进口装置

(a) 进口损失较低,气流分布均匀的进口装置;
(b) 进口损失较高,气流分布不均匀的进口装置

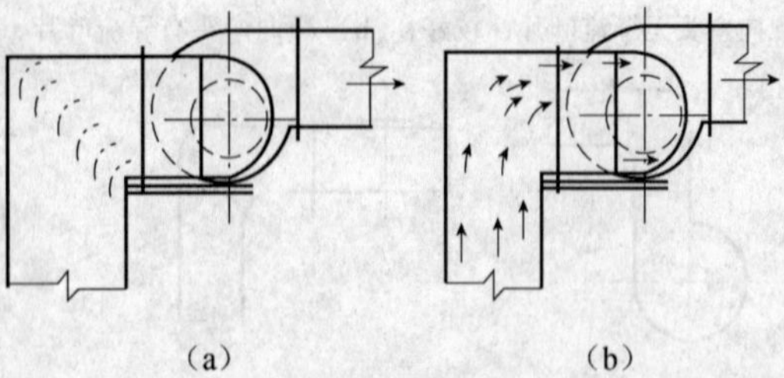

图 11-30 有两个弯头的通风机进口

(a) 进口弯头内装置导叶,使气流分布均匀,流量与动力消耗正常;
(b) 进口气流方向集中,因而产生旋涡以致降低流量,
同时消耗较多动力

图 11-31 中通风机出口装有直的风筒,这种装置对通风机基本性能没有损害,是理想的出口装置。但实际上为减少气流的动压损失,通风机出口管一般都要加大管道截面或改用圆形管道,这就要求有一个合理的变形管件。一般采用如图 11-32 所示的单侧变径管,这种变径管动压损失很小。变径管的长度由变径夹角决定,一般夹角不大于15°。

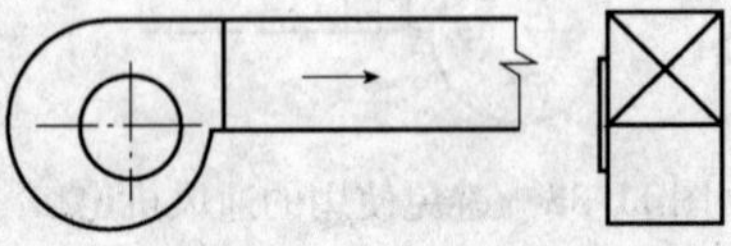

图 11-31 通风机出口装有直的风筒

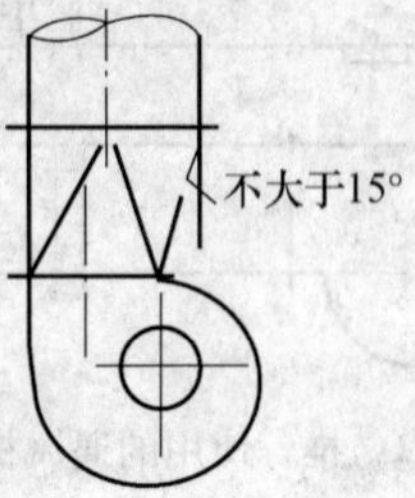

图 11-32 通风机出口变径管形式

通风机出口管路若有弯头管件,应尽量在距通风机出口 3 ~ 5 倍管径以外安装。当安装位置不允许时,应采用如图 11-33 所示的顺向弯头,不可采用如图 11-34 所示的逆向弯头。图 11-35、图 11-36 分别是推荐的通风机出口连接方式与避免使用的通风机出口连接方式。

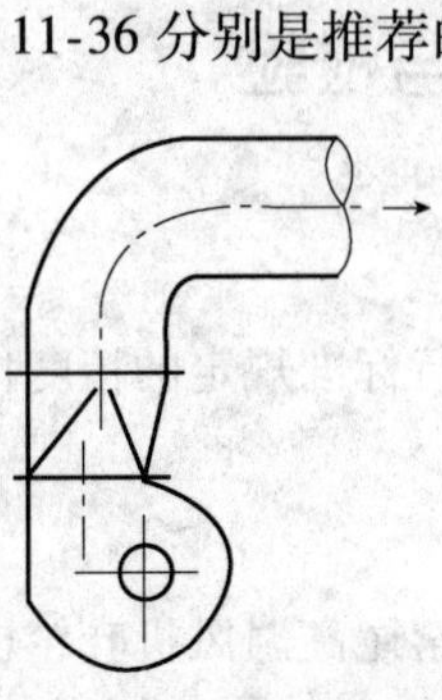

图 11-33 通风机出口顺向弯头

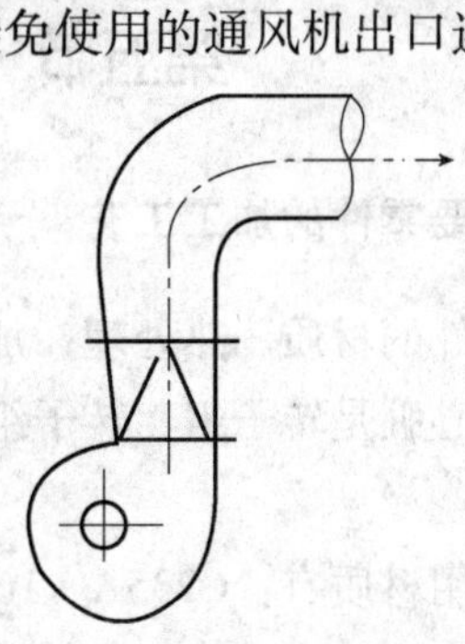

图 11-34 通风机出口逆向弯头

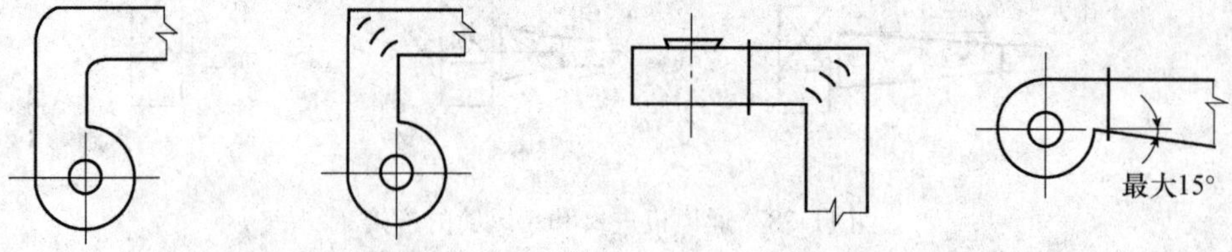

（a） （b） （c） （d）

图 11-35 推荐使用的通风机出口连接方式

（a）顺向弯头无导流叶片，较好；（b）顺向弯头有导流叶片，好；（c）转向弯头有导流叶片，较好；（d）渐扩管，好

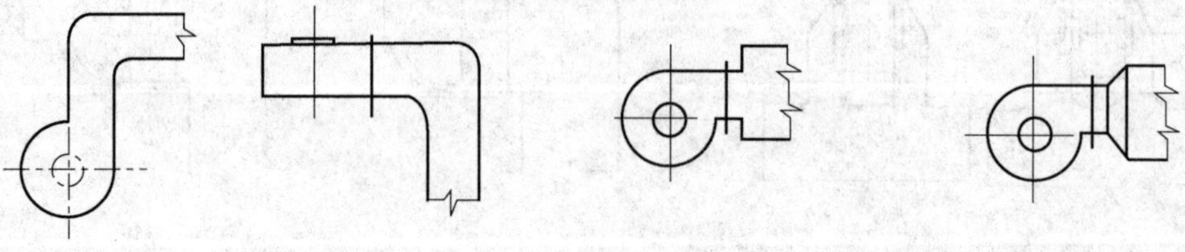

（a） （b） （c） （d）

图 11-36 避免使用的通风机出口连接方式

（a）逆向弯头，不好；（b）转向弯头无导流叶片，不好；（c）突然扩大，不好；（d）突然扩大，不好

图 11-37 为推荐使用的通风机出口装置调节风门方法，位置应距离通风机出口至少一个叶轮直径以上，这样可以没有扰动，损失极小。图 11-38 是应避免使用的通风机出口装置调节风门方法，位置距通风机出口太近，并且没有注意风门的安装方向。

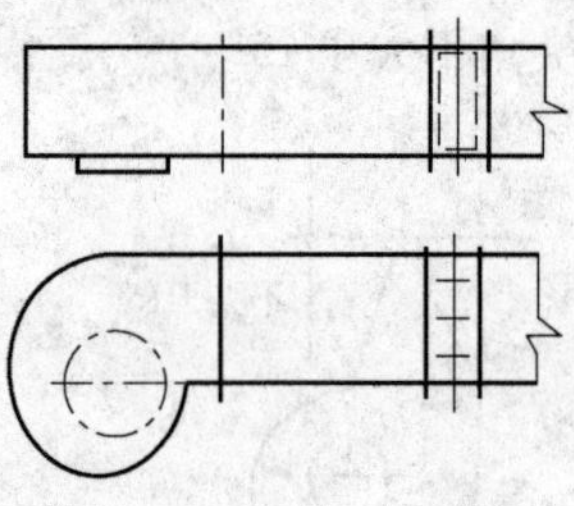

图 11-37 推荐使用的通风机出口装置调节风门方法

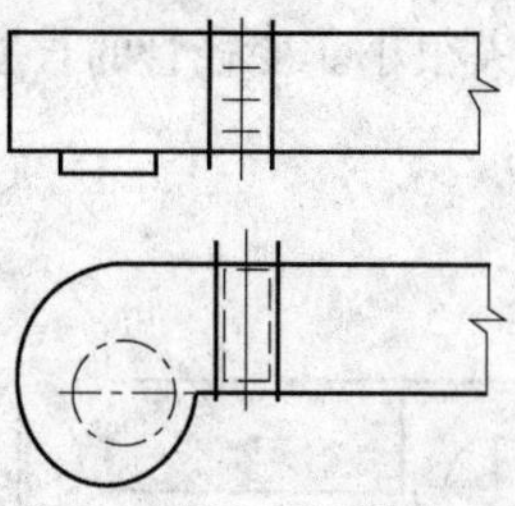

图 11-38 避免使用的通风机出口装置调节风门方法

总之，好的通风机出口装置，可以减少或消除压力损失，同时须避免过分的扩大节、突然扩大节、限制或束缚气流的断面、突然的转弯或半径很小的弯头。

第五节 离心通风机的制造与检验

一、主要零件的加工工艺

主要零件的材质、热处理、加工工艺，其精度应符合现行标准规定的精度指标。

风机的心脏是转子组，转子组包括叶轮和主轴。

1. 叶轮

叶轮常用材质有：Q235A、16Mn、15MnV、12CrlM$_0$V，窑尾高温风机叶轮也有用英国牌号 BSl501-28lBLT40 材料的。

加工工艺流程是：材料探伤→下料→部件组焊→拼装→焊接→探伤→热处理→修形→机械加工→探伤→平衡→入库。

其精度应符合以下要求：

（1）叶片型线的线轮廓度公差按表11-1的F级，其基本尺寸为叶片弧长。

（2）弧形轮盖的线轮廓度公差按表11-1的F级，其基本尺寸为叶轮直径。

表11-1　铆焊件的形位公差　mm

公差级别	尺寸范围									
	30~120	>120~400	>400~1000	>1000~2000	>2000~4000	>4000~8000	>8000~12000	>12000~16000	>16000~20000	>20000
E	0.5	1.0	1.5	2.0	3.0	4.0	5.0	6.0	7.0	8.0
F	1.0	1.5	3.0	4.5	6.0	8.0	10.0	12.0	14.0	16.0
G	1.5	3.0	5.5	9.0	11.0	16.0	20.0	22.0	25.0	25.0
H	2.5	5.0	9.0	14.0	18.0	26.0	32.0	36.0	40.0	40.0

（3）叶片进、出口安装角的极限偏差为$^{+1°}_{0°}$。

（4）叶片出口边对轮盘的垂直度公差，应小于或等于叶片出口宽度的1/100。

（5）任意三个相邻叶片，于出口端的两个节距（弦长）之差K值不得超过表11-2的规定。

表11-2　叶片节距差值*K*　mm

机号No	K
≤10	0.45No
>10~20	0.43No
>20~25	0.42No
>25	0.41No

注：No为对应的机号数。

（6）拼装前的叶轮轮盖的平面度公差按表11-1的E级选取；组装成叶轮后轮盘的平面度公差，按表11-1的G级选取。

（7）叶轮轮盖内径的圆跳动公差，应等于或小于叶轮与进风口最小单侧间隙值的一半，叶轮端面的圆跳动公差按表11-3选取。

表11-3　叶轮端面圆跳动公差　mm

项　目	叶轮直径					
	200~400	>400~1000	>1000~1600	>1600~2500	>2500~3150	>3150~5000
轮盘端面圆跳动	2.0	3.0	4.0	5.0	5.5	6.5
轮盖端面圆跳动	2.5	3.5	5.0	5.5	6.5	7.5

（8）叶轮平衡品质等级见表11-4：A、B、C、D式传动风机，当平衡轴按标准规定制造，且平衡轴与叶轮保持无间隙配合的条件下一起平衡时，为5.6mm/s；E、F式传动风机对整个转子进行平衡，为6.3mm/s。

一般用两个校正平面进行双面动平衡，当转子质心位于两支承间距中间的1/3长度范围内，且两校正平面与质心基本等距时（一般都符合此要求），每个校正平面上的许用不平衡量为：

$$U_1 = U_2 = \frac{1}{2}eM$$

式中 U_1、U_2——每个校正平面上的许用不平衡量，g·mm；

e——转子的许用质量偏心距，μm；e 值可按表 11-4 查出；

M——转子（叶轮与轴）质量，kg。

表 11-4 e 值

转子最高工作转速 n（r/min）			300	375	500	600	750	1000	1500	3000
平衡品质等级 G（mm/s）	6.3	允许质量偏心距 e（μm）	200	160	120	100	80	60	40	20
	5.6		178	143	107	89	71	53	36	18
	4.0		127	102	76	64	51	38	25	12.7
	2.5		80	64	48	40	32	24	16	8

2. 主轴

主轴的常用材料：45 号、40Cr、35CrM$_0$、42CrMo。

加工工艺流程是：锻造坯料→热处理→打中心孔→粗车→探伤→调质处理→粗车→探伤→精车→磨削→铣键槽→去毛刺→入库。

主轴一般情况下的主要机械加工部位的公差及表面粗糙度的选用值列于表 11-5 中，在有特殊要求的情况下，设计者可根据实际要求进行选取。

表 11-5 主轴主要加工部位的公差及表面粗糙度

有关部位		公 差	表面粗糙度 R_a（μm）
与轴盘配合部位		k6	1.6
与液动轴承配合部位		k6	0.8
与带轮或联轴器配合部位		k6	1.6
键槽	两侧面	N9	3.2
	底 面		6.3
中心孔			1.6

二、主要部件的装配工艺

主要部件的装配工艺，其装配精度应符合现行标准规定的精度指标。

1. 叶轮与主轴的装配

风机的叶轮与主轴是过盈配合，需热装。装配前对装配部位的轴径和孔径进行测量，作为保证热装的可装入性和防止过热的依据。检验合格后，在轴的装配部位抹上润滑剂，采用柴油加热法或其他方法加热叶轮轮毂板、轴盘。加热时火焰由周边向中间旋转运动，不能只加热孔附近而不加热外周，禁止让火焰停止在一个位置上，防止局部过热、产生变形和氧化。用测温仪表测后盘（中盘）外边缘温度大约在 80℃时，检测内孔的膨胀尺寸与轴径（测量的最大值）间隙达到 0.2 ~ 0.5mm（根据轴径的大小选择），对正键槽，使轴稳妥准确地装入叶轮，使轮毂板、轴盘与轴肩靠严，不得有间隙。

2. 轴承与主轴的装配

（1）清洗轴承，并注入适量的润滑剂。

（2）安装轴承时将标记端面朝外，以便识别轴承型号。

（3）轴承采用温差法装配时，将轴承放在轴承加热器上加热（不许超过125℃），然后轻轻地套在轴上。

（4）轴承用压入法装配时，应用压力机，且不得歪斜，也不许通过滚动体传递压力。

（5）装配后，内圈必须紧贴轴肩或定位环，用0.05mmn塞尺检查不得插入，并能均匀灵活地回转。

3. 转子组与轴承箱的装配

清洗轴承箱各部件，不准有杂乱物质存在，然后进行摆放。E、F式传动风机，在把转子组（叶轮和主轴）吊到位置之前，把进风口先穿到轴上，然后按要求安装在轴承箱上，安装轴承上盖，按图纸要求调整轴承位置，安装侧盖及其他部件。

三、质量检验过程中关键精度的控制点

（1）主轴装轮毂板、轴盘部位的尺寸、粗糙度、形位公差。

（2）主轴装轴承部位的尺寸、粗糙度、形位公差。

（3）主轴装联轴器（皮带轮）部位的尺寸、粗糙度、形位公差。

（4）叶轮轮载板、轴盘内孔的尺寸、粗糙度、形位公差。

（5）叶轮对焊、焊接质量。

（6）叶轮动平衡。

第六节 离心通风机的安装与调试

一、安装前的技术准备及设备的清点和检验

保证安装质量，提高工作效率，需做好安装前的准备工作。

（1）熟悉安装对象的设计图纸、资料、说明书等设计文件。包括：熟悉通风机本体的安装图纸，掌握通风机的结构特征；熟悉通风机工作的通风系统图纸，熟悉通风机在系统中的工作状况和作用；熟悉通风机基础验收规范及其施工情况；按设计图纸查对通风机的规格、型式、叶轮的旋转方向、配用原动机的动力要求、地脚螺栓孔中心距，进出风口法兰孔径和方位及中心距，轴的中心标高等是否符合设计要求。

（2）按装箱单清点通风机的附件、配件、零件的规格、数量，然后进行外观检查，如外壳是否有锈蚀、凹陷伤损、转子是否有变形和碰伤等。

（3）对检查出的问题，包括设计、设备、施工等问题，应立即提交有关部门解决，否则不能进行安装。

（4）检查清单，应由专人负责保管，小型零件用原箱钉好保管，通风机、电动机应设防雨棚，产品底部设垫木，严防产品露天放置，或沉陷在泥水中。

（5）以上工作应与负责设备供应的主管部门共同进行，并做好检查核对详细记录。

二、安装前的物资准备

安装前一般应准备好以下器材：起重机、叉车、吊车、电葫芦、滑轮、千斤顶、吊钩、钩环、钢丝绳、枕木、撬杠、滚杠、绳索、水平仪、游标卡尺、铅锤、直尺、秤、比例尺、琴钢丝、千分表、磁座、塞尺、锥度规、喷管、管板手、活板手、板手、棘轮板手、六角棒式垫板手、螺丝刀、手锤（大小）、链刀、电焊机等。

三、整机的安装过程和各部位质量控制

（1）清扫基础混凝土表面，按表11-6检查基础是否合乎精度要求。

表11-6　通风机基础允许偏差

项次	偏差名称	偏差值（mm）	项次	偏差名称	偏差值（mm）
1	基础坐标位置（纵、横中心线）	±20	6	中心距（在根、顶部两处测量）	±2
2	基础各不同平面的标高	+0，－20	7	预留的地脚螺栓孔	
3	基础上平面外形尺寸	±20		中心位置	±10
	凸台平面外形尺寸	－20		深度	±20，－0
	凹穴尺寸	+20		孔壁的铅垂直度	10
4	基础平面不水平度（全长）	10	8	预埋地脚螺栓的埋设件	
5	基础竖向偏差（全高）	20		标高	
6	预埋的地脚螺栓：			中心位置	±5
	标高（顶端）	+20，－0		不水平度	5

（2）将通风机底座放到基础上，在基础表面和底座底面之间插上垫铁，通过调整垫铁的厚度，使安装的设备达到设计水平度和标高；增加设备的稳定性和便于二次灌浆。注意垫铁要放在地脚螺栓的两侧，若只垫螺栓一侧，则应按地脚螺栓的直径选用大一号的垫铁。所有垫铁应与地脚螺栓中心相距（1~2）d 的距离，见图11-39。

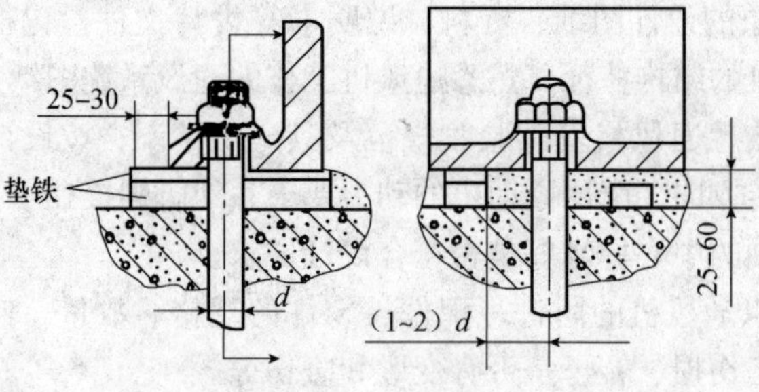

图11-39　垫铁与地脚螺栓的相对方位

斜垫铁必须成对使用。设备调整好水平和方位，再将每组垫铁焊接固定好。在调整水平过程中应结合地脚螺栓同时进行。

（3）地脚螺栓放入基础上预留孔，复校其方位精度是否准，然后将机身底座和基础混凝土间的间隙灌入足够的灰浆，以形成混凝土结构件。

（4）灰浆的配方比，多用400号（旧标）水泥配1:（2~3）的砂。应特别注意收缩性、

龟裂以及施工有关规范。待灰浆充分硬化后，拧紧地脚螺栓的螺帽。

（5）在大型通风机中，机壳与底座是分开的，机壳本身也往往分成几部分。此时，应先将机体底座、轴承座按上述方法安装后，按下机壳、转子、上机壳的顺序，边调整定子和转子的间隙边组装。

（6）在风机制造厂，是以底座的水平面对风机和原动机进行找正，然后出厂，但因底座本身难免会产生变形，因此风机安装到混凝土地基上之后，应再次进行找正校平。

1）轴承座的找正校平。找正可用大平尺按中心线进行找正，偏斜可用撬杠拔正；校平用水平仪进行，把水平仪放在主轴上检查。因为轴承座要当做机壳、电动机的找正校平基准，所以，轴承座的轴心不能低于机壳中心，联轴器的轴心不能低于电动机中心。轴承座找正校平以后，先灌浆进行固定。

2）机壳以叶轮为基准进行找正校平，要求与机壳轴孔中心和叶轮中心重合。

（7）安装轴封、风冷轮、温度计及所有的防护罩。在进出气口处安装膨胀节，连接进出气管道。

（8）往轴承箱、电机轴承和液力耦合器注油（脂）到正确的位置。

（9）对主电机、盘车机构、调节门执行器及润滑系统接通电源。安装有关测试仪表。

（10）在安装结束和运转之前，对油路和油箱进行清洗，为了彻底冲洗管路，待该系统运行4h后，重新清洗，最后用推荐的润滑油充进油箱。

（11）高温风机装保温层。

四、整机的调试和试运转

1. 启动前的工作

（1）关闭进风调节门，出风调节门稍开。

（2）检查风机各部分的间隙大小，转动部分不允许有碰撞，所有固定零件的螺栓应拧紧。

（3）检查轴承润滑油是否充足和完好。

（4）对联轴器或带传动的风机，要检查联轴器或带轮、皮带是否安装得可靠，风机轴与电机轴的同心度是否符合技术规定。

（5）对有水冷却轴承的风机，打开水阀检查冷却水管的供水情况是否良好。

（6）检查电气线路及仪表安装是否正确和好用。

（7）检查风机及配管内是否残留有冷凝水、尘土及杂物等。如有杂物，一旦吹进风机内，往往会导致重大的故障。

（8）用手或工具转动风机轴、原动机轴，检查是否转动平滑，确认无异常。

（9）单独运转原动机，确认原动机的旋转方向与风机的旋转方向一致，同时确认原动机无异常。

（10）带轴承强制供油装置时，检查油量、油箱及油配管的清洁状态，开动油泵确认油泵的旋转方向、油冷却器的给排水机构以及联锁机构为正常状态。

（11）虽然完成了上述开始运转的准备工作，但是，由于开始运转风机时未必不产生突然事态，所以，应事先安排操作人员做到：能根据运转指挥人员的指示，随时立即断掉开关。

2. 试车操作程序

（1）点动合上电源开关，电动机启动后，扳动电阻箱手轮，使风机达到正常转速，同时，将电动机滑环扳手扳到运行位置。

（2）当风机启动持性达到正常状态时，将阀门逐渐打开，调整到能流过一定风量的程度。

在20～30min期间内，为搞清各部分的状态，应以小负荷运转。如果逐渐打开出气阀，在小风量的范围内引起喘振时，即应在范围内迅速打开阀门，以避免出现喘振运转。

（3）逐渐打开阀门，投入全负荷试车。全速运转后1～3h的期间内，调整到该运转状态，并密切注视各部分的状态。确认风机的流体动力学特性、电机的电气特性均为正常。

（4）根据风机技术性能的规定，测量风量和风压。

3. 风机在试车中要检查的项目

（1）倾听转子运转声音是否正常，有无摩擦现象。

（2）检查连接螺栓有无松动。

（3）轴承温度是否符合技术文件规定。

（4）冷却水是否畅通。

（5）轴封装置部位有无漏气现象。

（6）停车后，应检查转子有无轴向位移，转子与机壳之间的间隙、叶轮与进风口的间隙等，与试车前比较有无变化。

（7）检查电气与仪表装置有无损坏或失灵。

4. 风机在安装试车中，应紧急停车的情况

（1）转子与机壳摩擦。

（2）机体振动突然增加并强烈。

（3）轴承温度超过规定并继续上升。

（4）输送的有害气体泄漏较大。

（5）电流突然升高，在1～2min不返回原位。

（6）油泵管路堵塞或其他原因造成供油中断。

（7）冷却水突然中断。

（8）其他情况下，发生的情况具有严重的危害。

五、试运转应达到的技术指标

（1）在额定转速下，在工作区域内，通风机的实测空气动力性能曲线与典型性能曲线的偏差应满足下列规定：

1）在规定的通风机全压或静压下，所对应的流量偏差为±5%；或在规定的流量下，所对应通风机的全压或静压偏差为±5%。

2）通风机全压效率不得低于其对应点效率的5%。

当试运转状态与使用状态不符时，则必须把试运转状态的性能换算到使用状态的性能，然合再计算偏差；换算按通风机的选型中介绍的公式进行计算。

（2）噪声应符合 JB/T 8690 的规定。

（3）测量轴承温升和振动应符合下列规定：

1）在轴承表面测得的轴承温度一般不得高于环境温度40℃。

2）振动速度有效值不得超过6.3mm/s。

第七节　离心通风机的维护与修理

一、离心通风机操作的注意事项

1. 启动时的注意事项

（1）有冷却水配管时，应确认各配管冷却水通水，且流量适宜。

（2）带强制供油装置时，应确认油泵运转、通油正常，且流量适当。同时确认油压、油温以及油泵用电动机的电流、电压正常等。

（3）点动原动机开关进行盘车，此时要注意风机的旋转方向，风机内部、轴承及原动机等的声响，确认无异常。

（4）为保证正常进入试车阶段，在接通启动开关直至达到全速动转为止，均应密切注视声音、振动、电流等有无异常。

（5）以常温或低于额定温度的状态启动气体介质的额定温度高于常温的风机时，因风机的轴功率增大，应在认定原动机未超过负荷后方能启动，并边观察电流计，边逐渐地打开阀门。

2. 运转中的注意事项

（1）声响的检查：产生异常声响时，由于很难正确判断它究竟是哪一部分发出的，所以，必须进行充分的检查。

从进气管吸入固体杂质时，风机的转子和定子间的间隙有点或面的接触、轴承有异常等，都往往会产生异常声响并伴有振动。同时，还应注意原动机及强制供油装置的声响。

（2）振动的检查：同声响一样，振动大时，由于很难正确判断其原因出于何处，所以，必须密切地注意调查。

对于因喘振等导致的流体力学的振动和风机与原动机找正不好所造成的振动，以及风机安装不合理、轴承上出现异常情况、叶轮上附着灰尘而造成的不平衡、转子和定子间的间隙有点或面的接触等情况所造成的机械振动，都应密切注意。

（3）轴承的检查：轴承温度对了解轴承状态是极为重要的。轴承温度一般不得高于周围温度40℃以上。

还应注意润滑油量和污染状况、是否漏油、不同场合下油温及油压等情况。另外对于需要冷却水的风机，还应注意冷却水的水量、水温等。对采用油环式油润滑轴承的风机，应确认油环是否正常工作。

（4）轴封部分的检查：应注意从轴封部分泄漏的状况，静止部分与轴的间隙或接触状况、一端接触、发热及异常振动、异常声响等情况。

（5）注意出气压力、进气压力、风量、电流等的异常变动。

3. 停车时的注意事项

（1）通常，风机是在进入小负荷后再停车，停车后，全部关闭进气阀和出气阀。

（2）采用强制供油轴承时，应继续向轴承供油，直到主轴完全停住为止。

（3）使用冷却水冷却时，停车后，应关闭冷却水阀。如长期停车时，应放掉冷却水，以防冬季结冰而冻裂。

（4）对于输送有害气体的风机，应注意从轴封部分的漏气。

（5）对于输送高温气体的风机，应继续运转到机壳内的气体下降到100℃左右为止。

（6）长期停车时，需进行定期维修保养，防止生锈、电气部件受潮、主轴静态变形弯曲等。

二、离心通风机的维护和保养

为了避免由维护不当而引起人为故障发生，预防风机及电机各方面自然故障的发生，从而充分发挥设备的效能，延长设备的使用寿命，必须加强风机的维护。

（1）风机连续运行3~6个月，进行一次滚动轴承的检查，检查滚柱和滚道表面的接触情况及内圈配合的松紧度。

（2）风机连续运转3~6个月，更换一次润滑剂。

（3）定期清除风机内部的灰尘、污垢等。

（4）检查各种仪表的准确度和灵敏度。

（5）对于未使用的备用风机，或停机时间过长的风机，应定期将转子旋转125°~180°，以免主轴弯曲。

三、离心通风机的定期检修

为确保风机发挥所需的性能，且无故障地长期运行，应定期检修风机。

（1）定期检修分为运转检修和停车检修。检修的种类和检修的间隔期，根据风机的用途、运转条件、重要性、可靠性等有相当大的差别，应根据具体情况确定其间隔期。但无论哪种用途的风机，至少一年进行一次定期检修。

（2）一般定期检修的间隔期分为每天检修一次、每周检修一次、每月检修一次、每3个月检修一次、每6个月检修一次、每年检修一次。每次检修结果都是确定下次检修间隔期的重要参考资料和依据。

（3）通常，每台风机安装使用之后，都应建立管理台账，并据此进行定期检修。管理台账中，在记录风机及其原动机的管理号、主要规格、制造单位、订购日期等主要项目的同时，还可记入主要的检修记录。

（4）离心通风机检修的基本项目

离心通风机检修的工作项目取决于它们的型式和损坏的程序、工作条件及其他一些因素。但对下面一些基本项目，则是各种不同型式通风机都应注意进行的：

1）清理与检修机壳。如有漏气之处，必须堵漏。

2）机壳有内衬板，必须更换已磨损的衬板，或补焊与更换部分衬板。

3）检查主轴是否弯曲和轴颈是否磨损或划伤，弯曲小的要校直，弯曲大的必须更换。

4）修理转子，补焊叶片，必要时更换损坏的叶轮或叶片，耐磨风机需用耐磨焊条补焊叶片。

5）检查与清理轴承，或重新浇铸滑动轴承的巴氏合金或更换滚动轴承。

6）清理并检查轴承的水冷却系统，如水管有无堵塞或破裂现象，要清理或检修好。

7）检查联轴器的装配情况，修理联轴器的弹性连接装置及其销孔。

8）联轴器对正通风机与电动机的中心。

9）检修轴的防护装置。

10）清理检修风机的调节门及其调节结构。

11）检查皮带轮的装配情况。

12）检查电动机、启动开关等电器设备有无损坏并检修好。

13）检查地基有无损坏并补修好。

四、故障诊断与消除

1. 性能方面的故障

（1）流量不够与增大：如果风量达不到要求时，其原因很多。如进、出口管道过长、过细、转弯过多，或管道、闸门和网罩被烟灰、灰土、杂物堵塞，以及管道系统中的闸开度过小等，都会增大通风系统的阻力。当然，如计算的管道阻力比实际的管道阻力低或高，也就是所选通风机的压力小于或大于实际管道中所需要的压力时，同样会出现风量不够或增大的结果。

通风机的风量达不到使用要求的另一原因，是泄漏损失增大，即叶轮与进风口的间隙大了，增大了内泄漏损失；或是进、出气管破裂，管道法兰不严密，造成严重漏气等。

通风机的主轴转速的减小或增高，改变了通风机的特性曲线，也影响着风量的减小或增大。由于风量和转速具有一次方成正比的关系，所以通风机的主轴转速如果达不到或超过原来要求时，也同样会出现风量达不到或超过原来要求的现象。

（2）压力不够与过高：上面已经提出，通风机的静压是克服管道阻力的必要因素，所以一台压力高的通风机比一台压力低的通风机在同等条件下所输送气体的距离要远，或者说后者比前者的风量小。因此，风压、风量不能绝对分开，风压不够，表现出来的也是风量不足。但应该清楚，工业上对通风的要求主要是风量，而风压一般只起克服管网阻力，保证风量输送的作用。

通风机的主轴转速对通风机的压力影响很大。由于通风机产生的压力与通风机转速的平方成正比，所以通风机的风压如果达不到要求或过高时，有可能使通风机的转速低于或高于通风机原来规定的转速。

通风机的压力与新输送气体的介质密度有密切关系，而气体介质的密度又与气体温度有直接关系。由于通风机的压力同气体介质的绝对温度成反比，当通风机的压力高于或低于要求的压力时，有可能使通风机所输送的气体介质温度比通风机特性中所规定的气体进口标准温度低或高。

大气压力的高低也影响到空气密度的大小，从而影响通风机的压力。通风机所在位置的海拔高度，又决定了大气压力的高低，所以，海拔高低直接影响通风机的压力。

2. 机械方面的故障

（1）机器振动

1）转子不平衡引起的振动

转子不平衡容易引起通风机的振动，其振动频率与转子的转速一致。转子的不平衡惯性力越大，所引起的振动就越大。这种振动危害较大，轻则影响机器寿命，重则可使机器不能运转，甚至主轴断裂。引起通风机转子不平衡的原因很多，主要有下面几种：

①通风机的叶片被腐蚀或磨损严重。

②通风机的叶轮总装后，日久不运转，由于叶轮和主轴本身的重量，使轴弯曲。

③叶片表面有不均匀的附着物或积灰。

④翼型叶片局部磨穿，灰尘由孔进入叶片内部，越积越多，使叶轮失去平衡。

⑤运输、安装或其他原因造成叶轮变形，引起叶轮失去平衡。

⑥叶轮上的平衡块脱落或检修后未找平衡。

2）通风机的固定件引起共振

通风机的基础、底座、蜗壳、管道或通风机的邻近设施，如果刚度过低，转子运转时，将引起振动。当固定件的自振频率等于通风机的工作转速时，通风机将长时间地共振。同时，共振部件的振动又相互影响，会加剧振动。这种情况下如不采取措施，就有破坏设备的危险。引起通风机共振的原因很多，主要有以下几点：

①通风机的水泥基础太轻，灌浆不良或其平面尺寸过小，引起通风机的基础与地基脱节、松动，机座连接不牢固，使基础刚度不够。

②通风机底座或蜗壳的刚度过低。

③与通风机连接的进、出口管道未加支撑和软段连接。

④邻近设施与通风机的基础过近，或其刚度过小。

3）引起振动的其他原因

①通风系统的管网阻力曲线与通风机特性曲线交在喘振区，前向离心通风机出现这种振动的可能性大。

②直联传动的通风机主轴和电动机轴的同心度偏差过大。

③皮带传动的通风机和电动机的两皮带轮轴不平行。

④通风机运转时所产生的不平衡离心力、皮带拉力和机器重力等的合力，不在基底以内。

⑤双吸入通风机因两侧调节闸门开后程度不同或被堵塞，使两侧进气流速不等。

⑥转子上的部件松弛，如转子的叶轮、联轴器或皮带轮与轴松动，联轴器的螺栓松动等。

⑦润滑系统不良。

（2）轴承过热与磨损

离心通风机中大都选用滚动轴承，其正常工作温度为70℃以下。

下列因素将引起过热或磨损：

1）润滑油（或脂）变质或混入杂质。

2）轴承元件损坏。

3）轴承部件安装不良，如固定螺栓或松或紧。

4）通风机振动。

5）采用水冷轴承时水量不够。

6）润滑脂过多，超过轴承座空间的1/3～1/2。

7）当传动型式为D或F时，通风机轴与电机轴不同心。

8）轴承外圈与轴承座内孔间间隙超过0.1mm时，若为剖分式轴承，则应修配轴承座上半结合面，然后镗其内孔；若为整体式，则应更换其座或加大内孔镶嵌内套。

3. 运转中的主要故障及其消除方法（表11-7）

表11-7 主要故障、产生原因及其消除方法

故障	产生原因	消除方法
轴承座剧烈振动	1. 通风机轴与电动机轴歪斜或不同心，或联轴节两半安装错位	进行调整，重新找正
	2. 叶轮等转动部件与机壳或进风口刮碰	修理刮碰部位
	3. 基础刚度不够或不牢固	进行加固
	4. 叶轮铆钉松动或轮盘等变形	更换铆钉或叶轮
	5. 叶轮轮毂与轴松动	重新配换
	6. 联轴节上、机壳与支架、轴承座与盖等连接螺栓松动	拧紧螺母
	7. 通风机进、出气管本身或安装不良，产生振动	进行调正或修理
	8. 转子的不平衡	重新校准平衡
	9. 轴承间隙不合理	重新调正
轴承温升过高	1. 轴承座剧烈振动引起	如上所述，消除振动
	2. 润滑油（或脂）质量不良或变质（如含水过多，黏度不适，杂质过多，抗乳化能力差等）	更换润滑油（或脂）
	3. 轴与轴承安装位置不正确，如两轴承不同心等	重新找正
	4. 滚动轴承损坏，或保持架与其他机件碰擦	修理或更换轴承
电动机电流过大和温升过高	1. 启动时进气管道内闸阀未关严	启动时关严闸阀
	2. 流量超过规定值或风管漏气	关小节流阀，检查是否漏气
	3. 输送气体的密度增大，使压力增大	查明原因，如气体温度过低应予提高，或减少风量
	4. 电动机本身的原因	查明原因
	5. 电流单线断电	检查电源是否正常
	6. 联轴节连接歪斜或间隙不均	重新找正
	7. 轴承座剧烈振动引起	如上所述，消除振动
	8. 通风机联合工作恶化或管网故障	调正、检修

第十二章　水泥工业用分室高压脉冲袋式除尘器

按　水泥工业用分室高压脉冲袋式除尘器是引进国外先进技术而生产的产品，目的是改变我国环保行业与世界先进水平的差距，以推广应用。1994 年制定行业标准，从而得到迅速推广和广泛应用，效果十分明显。随着水泥生产的大发展和环保节能工作的开展，为满足大型设备的要求和环保节能的需要，2007 年原国家建筑材料工业机械标准化技术委员会组织由中天仕名科技集团有限公司等单位组成的标准起草工作组对该标准进行了修订，国家发展和改革委员会 2007 年批准发布并实施。JC/T 530—2007 标准达到国际先进水平，实施后产生了非常大的收尘效果，为与国际接轨创造了条件并发挥了巨大的作用。

第一节　概　　述

一、产品特点

分室高压脉冲袋式除尘器是引进美国富乐（FULLER）公司的袋除尘技术产品之一，原译名为“气箱脉冲袋式收尘器”（Plenum-pulse），是具有 20 世纪 80 年代国际先进技术水平的高效收尘器。它集分室反吹和喷吹脉冲等除尘器的优点，克服了分室反吹时动能强度不够，喷吹脉冲时过滤清灰同时进行的缺点，使除尘器增加了适应性，提高了除尘效率，延长了滤袋的使用寿命。在整个水泥生产线上，不仅可用作破碎机、煤磨、生料磨、篦式冷却机、水泥磨、包装机及各库顶和库底的除尘设备，还可直接用作生料立式磨出口（500g/Nm^3），O-Sepa 选粉机（1000g/Nm^3）气体的除尘，除尘后的气体含尘浓度小于 50mg/Nm^3，完全满足新的排放标准。滤袋采用针刺毡滤料，平均使用寿命两年以上，脉冲阀采用 1. 5″或 2. 5″规格，每个过滤室仅用一个，脉冲阀数量少，安装维修方便。

二、发展概况及分类

分室高压脉冲袋式除尘器是引进富乐公司的技术产品之一，富乐公司是美国的一家从事研究、设计、生产建材成套设备的专业化大型国际公司，该公司从事袋除尘器的设计和制造已有 60 多年历史，尤其在水泥工业除尘技术方面有相当丰富的经验，是该公司首先将布袋除尘器用于水泥回转窑尾和篦式冷却机的除尘并获得成功和推广。为了改变我国环保行业尤其是袋除尘行业与世界先进水平的差距，在原国家建材局的主持下，于 1987 年正式同美国富乐公司签订技术转让合同。1988 年完成资料的转化和技术培训，1989 年开始转化设计，1991 年初，首台样机应用在邯郸水泥厂 2 号水泥磨上，同年底通过了美国专家验收和国内专家的鉴定，使用效果十分理想，从而使它的应用得到迅速推广，不但建材行业，其他行业也大量选用，充分说明了这一技术产品的生命力。

三、在水泥生产工艺中的特点

分室高压脉冲袋式除尘器在水泥生产工艺中的应用十分广泛，若不考虑其占地面积，可以说整个水泥生产工艺中所有扬尘点都可以使用。山西水泥厂的工艺设计中，除窑尾和碱旁路以外，其余全部用这种除尘器，其中包括篦式冷却机、水泥磨、煤粉磨、煤粉仓、包装机、破碎机、料仓料库等。

对水泥粉磨来说，由于水泥粉尘比电阻较高，使用电收尘器较难达到排放标准，使用袋收尘器相对要稳定得多。尤其是现在，不少生产线的粉磨工艺采用了立式磨或高效选粉机（O-Sepa）系统，这种系统的成品全靠收尘器来回收，而且气体含尘浓度高，这就要求除尘器具有处理高浓度、高除尘效率、高稳定性等特点。分室高压脉冲袋式除尘器恰恰具备了以上特点，因此在这些系统中成了唯一的骄子。粉磨工艺中比较典型的工艺流程图如图12-1～图12-3所示。

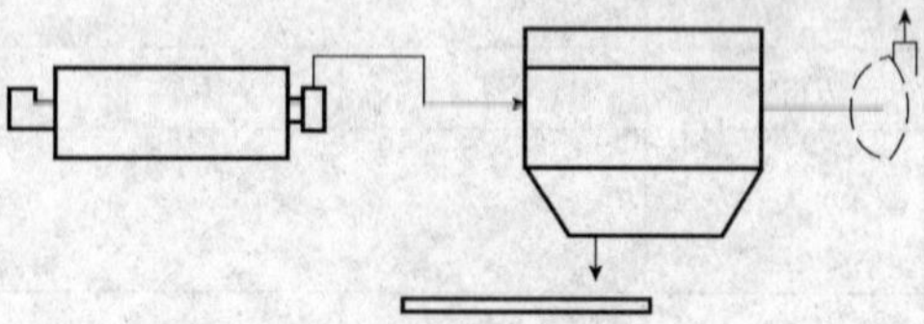

图12-1　水泥粉磨工艺流程图

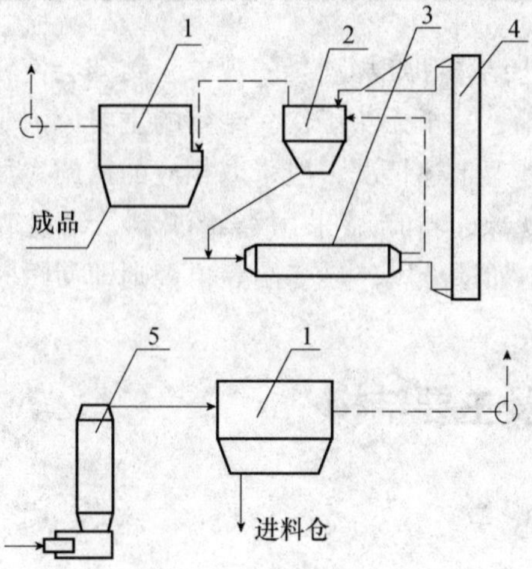

图12-2　作为一级除尘的流程图

1—袋除尘器；2—O-Sepa选粉机；3—水泥磨；4—提升机；5—立磨

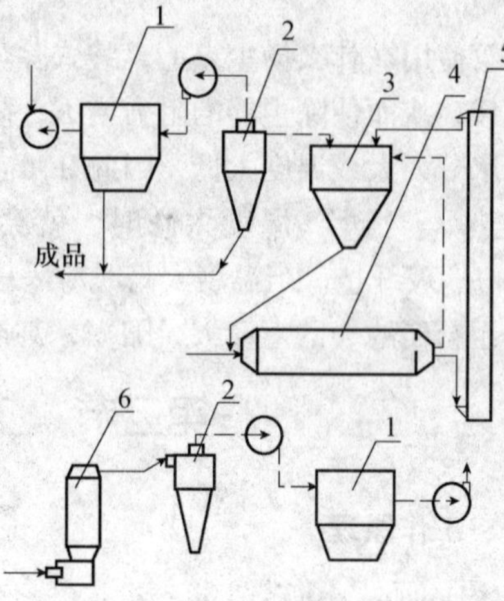

图12-3　作为二级除尘的流程图

1—袋除尘器；2—旋风筒；3—O-Sepa选粉机；4—水泥磨；5—提升机；6—立磨

四、设备选型及注意事项

本产品的选型原则是：（1）设备运行阻力降不要太大。（2）应兼顾滤袋的寿命期，一般应在两年以上。如果只考虑场地、一次性投资，而违背了上面两个原则的选型，是不合适的。要做到合适地选型，关键在于选用者的经验。一般选型时，可根据已知的工艺参数：扬尘点的烟气量、含尘浓度、气体温度、露点温度（或含湿量）等确定净过滤速度 V（即在一个收尘室隔离清灰时，其余滤袋在单位时间内单位过滤面积上透过的气体量）。

JC 530—2007 中分室高压脉冲袋收除尘器基本参数见表 12-1。

表 12-1 分室高压脉冲袋收除尘器基本参数

<table>
<tr><th colspan="2" rowspan="3">项目</th><th rowspan="3">单位</th><th colspan="4">型号</th></tr>
<tr><th>LFGM31 ×3 ~ LFGM31 ×6</th><th>LFGM62 ×4 ~ LFGM62 ×8</th><th>LFGM93 ×4 ~ LFGM93 ×20</th><th>LFGM156 ×6 ~ LFGM156 ×28</th></tr>
<tr><th colspan="4">数值</th></tr>
<tr><td colspan="2">处理风量</td><td>m^3/h</td><td>5000 ~ 20000</td><td>13000 ~ 53500</td><td>20300 ~ 200000</td><td>50500 ~ 471000</td></tr>
<tr><td rowspan="2">入口气体温度</td><td>上限</td><td rowspan="2">℃</td><td colspan="4">参照滤料最高耐温</td></tr>
<tr><td>下限</td><td colspan="4">高于露点 30</td></tr>
<tr><td colspan="2">入口含尘浓度</td><td>g/m^3（标）</td><td colspan="4">≤1300</td></tr>
<tr><td colspan="2">压力损失</td><td>kPa</td><td colspan="4">≤1.7</td></tr>
<tr><td colspan="2">漏风率</td><td>%</td><td colspan="4">≤4</td></tr>
<tr><td colspan="2">室数</td><td>个</td><td>3 ~ 6</td><td>4 ~ 8</td><td>4 ~ 20</td><td>6 ~ 28</td></tr>
<tr><td colspan="2">每室过滤面积</td><td>m^2</td><td>31</td><td>62</td><td>93</td><td>156</td></tr>
<tr><td colspan="2">滤袋规格</td><td>mm</td><td colspan="3">ϕ130 ×2450</td><td>ϕ130 ×3060/ ϕ130 ×2450</td></tr>
<tr><td colspan="2">脉冲阀公称口径</td><td>mm</td><td>40</td><td colspan="3">65</td></tr>
<tr><td colspan="2">压缩空气压力</td><td>kPa</td><td colspan="4">500 ~ 700</td></tr>
</table>

不管使用在什么扬尘点上，袋式除尘器都要防止结露和烧坏滤袋的现象，结露会使粉尘堵塞滤袋，从而使除尘器的阻力增大，降低清灰效果，甚至无法工作。结露的主要原因是气体中的水分太大或温度太低，因此在工艺设计中如涉及上述情况，应采取相应的措施，如保温、加热等。当烟气温度太高时，就会发生烧袋现象，本产品采用涤纶滤料、诺曼克斯(Nomex)、玻纤毡。当温度太高时应采取降温措施，如渗冷风、热交换等，否则即使短时间的超温也会使滤袋的寿命大大缩短，甚至无法使用。

第二节 工作原理及主要结构

一、工作原理

当含尘烟气由进风口进入灰斗以后，一部分较粗尘粒在这里由于惯性碰撞、自然沉降等原因落入灰斗，大部分尘粒随气流上升进入袋室，经滤袋过滤后，尘粒被阻留在滤袋外侧，净化的烟气由滤袋内部进入箱体，再由阀板孔、出风口排入大气，达到收尘目的(图 12-4)。随着过滤过程的不断进行，滤袋表层的积尘也逐渐增多，从而使收尘器的运行阻力逐渐增高。当阻力增高到预先的设定值时（如 1470Pa），清灰控制器发出信号，首先控制某一室的提升阀将阀板孔关闭（图 12-5），以切断过滤气流，停止该室的过滤过程。然后该室的电磁脉冲阀打开，以极短的时间（0.1 ~0.2s）向箱体内喷入压力为 0.5 ~0.7MPa 的压缩空气，压缩空气在箱体内迅速膨胀涌入滤袋内部，使滤袋产生变形、振动，加上逆气流的作用，滤袋表层的粉尘就被清除下来掉入灰斗。该室清灰完毕以后，提升阀重新打开进入过滤状态。隔一段时间后第二个室重复上述过程，直到整个除尘器的阻力降到允许值以下，如此反复循环进行。这就是分室离线清灰，其优点是清灰的室和正在过滤的室互不干扰，实现了长期连续运行，提高了清灰效果。

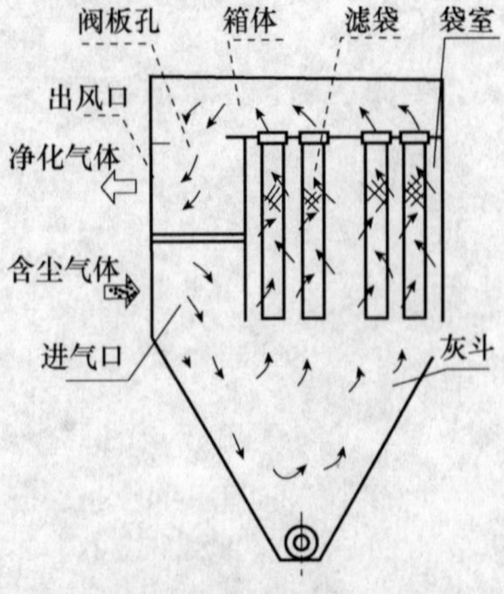

图 12-4　工作原理 1

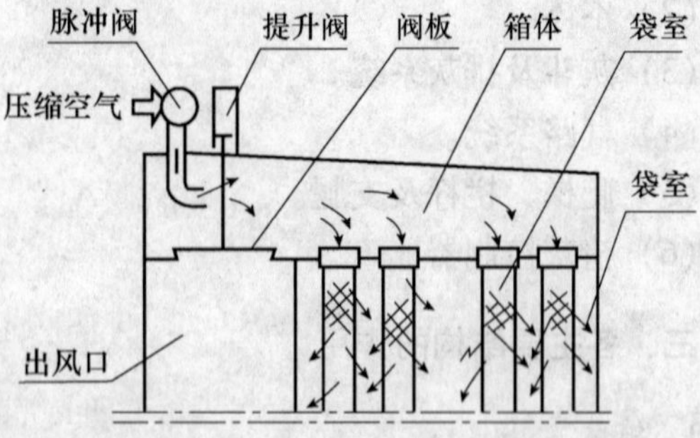

图 12-5　工作原理 2

一个室从清灰开始到结束，称为一个清灰过程。清灰过程一般为 3 ~ 10s，如图 12-6 所示。从第一个室的清灰结束到第二个室的清灰开始，称为清灰间隔。清灰间隔的时间长短取决于工艺参数、选型大小等，短则几十秒，长则几分钟。清灰间隔又可分集中清灰间隔和均匀清灰间隔两种，集中清灰间隔是指从第一个室清灰开始到最后一个室清灰结束以后，全部室都进入过滤状态，直至下一次清灰开始。而均匀清灰间隔则在最后一个室清灰结束以后，仍以间隔相同的时间启动第一室的清灰，因此均匀清灰间隔的清灰过程是连续不断的。从第一室的清灰过程开始到该室下一次的清灰过程开始之间的时间间隔称为清灰周期，清灰周期的长短取决于清灰间隔时间的长短。

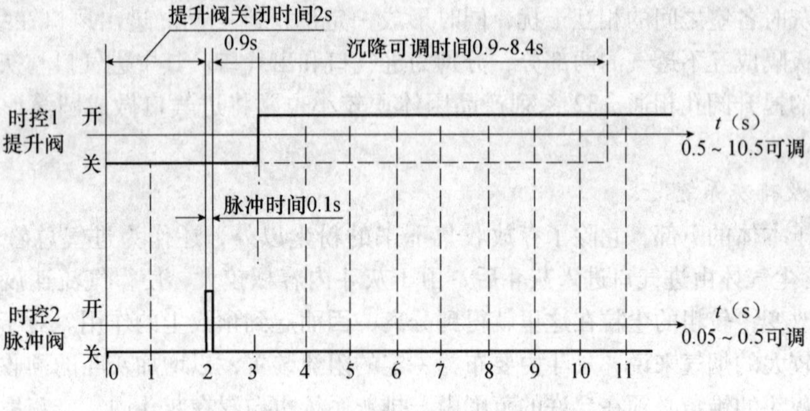

图 12-6　清灰过程示意图

上述清灰动作均由清灰控制器自动控制，清灰控制器有定时式和定压式两种，定时式是根据收尘器运行阻力变化的情况预置一个清灰周期时间，收尘器按预置时间进行清灰。这种控制器结构简单，调试、维修方便，价格便宜，适用于工况条件比较稳定的场合。定压式是在控制器内部设置一个压力传感器，通过设在收尘器上的测压孔测定收尘器的运行阻力，当达到清灰阻力设定值时，压力传感器发出信号，启动清灰控制器进行清灰动作，直到运行阻力低于清灰阻力设定值。这种控制器能实现清灰周期与运行阻力的最佳配合，非常适用于工况条件经常变动的场合，但维护较复杂，价格也比较贵。

二、主要结构

产品的主要结构分以下部分。

（1）箱体。

（2）本体。

（3）灰斗及排灰系统。

（4）气路系统。

（5）爬梯、栏杆及支腿。

（6）清灰控制器。

三、各主要结构的作用

1. 箱体

箱体在收尘器的最上部，是固定滤袋和袋笼的地方，并制成全封闭形式。过滤后的清洁气体由这里通过各自的提升阀汇集到出风口排入大气。清灰时，压缩空气通过脉冲阀首先进入箱体，在箱体内膨胀后冲入各滤袋完成清除滤袋结灰的作用。箱体顶部做成1.5°的斜面，在户外使用时可防止积水。顶部还设有检修门，安装和更换滤袋、袋笼全部在这里进行，十分方便。根据规格的不同，箱体内又分成若干个相互密封的室，每个室设一个提升阀，可通断过滤气流，从而实现离线（off-line）清灰。

2. 本体

本体是袋室和进出气口的总称，位于箱体的下部。袋室主要用于容纳滤袋和袋笼，并形成过滤空间，含尘气体的净化主要在这里进行。同箱体一样，根据规格的不同也分成若干个室，以防清灰时各室之间的相互干扰，同时形成一定的沉降空间。进出风口在袋室的侧面，中间用斜隔板隔成互不透气的两部分，分别为进气口和出气口。其中进气口与灰斗相通，出气口与箱体的提升阀孔相通。32系列产品因体积较小也常将进气口做成圆筒形，直接焊接在灰斗侧板上。

3. 灰斗及排灰系统

灰斗位于本体的下部，它除了存放收集下来的粉尘以外，还作为进气总管使用（下进气式）。当含尘气体由进气口进入灰斗后，由于灰斗内容积较大，使得气流速度降低，加之气流方向的改变，较粗的尘粒在这里就得到分离，因而起到预收尘的作用。对于腐蚀性较大或含尘浓度较大的烟气来说，灰斗内要布置一定的阻流装置，以增加灰斗的预收尘作用。为防止积灰，灰斗的锥角必须在允许的范围内。排灰系统也布置在灰斗内，排灰系统包括输送设备和锁风设备。本产品的输送设备有螺旋输送机和空气斜槽两种，锁风设备有回转卸料器和双闸板阀两种，均可连续排灰。

4. 气路系统

气路系统布置在箱体上部，包括脉冲气路和控制气路两部分。脉冲气路有压气管、脉冲阀、贮气罐、喷吹管等元件。清灰时，压缩空气通过脉冲气路进入箱体，因而是气路部分的主要部件，也是主要消耗压缩空气的地方。控制气路有气管、提升阀、气源三联体等元件，清灰时与脉冲气路配合通断过滤气流。整个气路系统要求耐压、密封、工作准确、稳定可靠。

5. 爬梯、栏杆及支腿

爬梯、栏杆及支腿是本产品的附属部件，其中支腿可根据现场要求增高或减短，也可以不要支腿而直接安装在混凝土支架或楼板上。

6. 清灰控制器

清灰控制器主要是控制气路系统以完成清灰动作。现在的清灰控制器都采用PLC，具有线路简单、操作方便、控制准确、参数可调等特点，并能与上位机通信。配套本产品的清灰控制器应具备以下功能：

（1）定时功能，包括脉冲时间、清灰隔离时间、清灰间隔时间等。要求定时准确、调整方便。

（2）启动功能，包括定时启动、定压启动的远程启动。

（3）检修功能，当某室检修时，可将该室隔离停止工作而不影响其他室的正常运行。同时各室均设有手动控制开关，可进行人工操作。

（4）显示功能，包括电源显示、时间显示、各室工作状态显示和运行阻力显示等。

（5）其他功能，应有防尘、耐温（$-10 \sim +40$℃）功能。

第三节　制造及技术要求

分室高压脉冲袋式除尘器根据其结构、工作原理、使用条件的要求，在加工制造中对其主要部件提出如下要求：

（1）箱体和本体按其作用在制造中应满足气密性要求，因此各连接处连续焊缝均应做煤油渗透检验，不允许渗漏，箱体和本体组成后，其外壳直线度偏差为$1/1000L$（L分别为箱体、本体长度），本体下平面两对角线偏差应不大于9mm，其余尺寸偏差按图样要求。

（2）灰斗在制造过程中也应满足气密性要求，各连续焊缝均应做煤油渗透检验，不允许渗漏，外壳直线度偏差为$1/1000L$（L为灰斗长度），为保证与上本体相连接，在灰斗上部法兰对角线偏差应小于9mm，并与本体下平面法兰配钻，灰斗侧板与水平面的夹角应大于所装物料的安息角。

（3）各检修门位于箱体上部，滤袋、袋笼经检修门装入箱体花板孔中固定，检修门的密封要求比较严格，因此密封胶条应选用耐温$-40 \sim 120$℃的橡胶，且硬度值应在邵氏A30～40范围内，密封胶条粘接应牢固可靠，保证使用密封性。检修门平面度偏差≤3mm，门盖平直无吊角现象，其余尺寸偏差按图样要求。

（4）滤袋是收尘器重要的过滤件，应选用$450g/m^2$或$500g/m^2$的绦纶针刺毡，滤袋口的弹性钢圈材质应选用弹性好且厚度适当的不锈钢薄板制造，加工后弹性钢圈外表光滑无毛刺。滤料表面应经过后处理，在缝制过程中应不存在缝线的浮线、掉道缺陷。滤袋缝制后，其长度尺寸偏差为0～13mm，内直径尺寸偏差为0～1.5mm，袋口与花板孔安装严紧不松动，以4.5kg手拉力不脱落为准。

（5）袋笼是支撑滤袋的框架，安装在滤袋内部，材质为冷拔钢丝，袋笼长度和直径偏差按图样要求，直线度偏差≤5mm，各点焊处应牢固可靠，表面光滑无毛刺。为防止生锈，表面应进行镀层处理。

（6）花板具有固定滤袋的作用，花板孔应冲压加工，孔周边光滑无毛刺，平面度在

1.5/1000$L \leqslant 10$（L为板长度），板材应满足强度和焊接要求。

（7）提升阀板焊后应校平，保证其安装时对平面度的要求。

（8）其余输送设备严格按图样加工制造，各传动部位应转动灵活可靠，无卡滞现象。

（9）贮气罐为1类压力容器，最高工作压力为0.7MPa，有制造许可证的厂家应严格按压力容器的设计图样及有关标准、规则进行制造、检验与验收，并接受当地锅炉压力容器检验所的监检后方可出厂。

（10）所有外购件、外协件应有质量合格证明书，组装前都应进行检验，符合要求后才能进行组装。

（11）设备制造后，应按国家、企业的有关标准或工艺及图样要求涂漆、包装。

第四节　安装和调试

为了方便现场安装，制造厂应根据运输条件，尽可能地在厂内组装（或组焊）成部件（或构件）发运。

一、安装

一般可按下列顺序进行：

（1）先检查基础，按常规清理、找平、放线。

（2）将立柱就位，并用拖拉绳临时找正、固定。

（3）将灰斗吊装到立柱上（如灰斗散件发运，应先组装灰斗），找正、固定，并安装灰斗上的附件。

（4）吊装袋室及进出风口。

（5）吊装箱体。

（6）安装爬梯、栏杆。

（7）安装箱体顶部气路元件、配管。

（8）安装滤袋和袋笼。

二、安装中的注意事项

（1）安装前必须仔细阅读产品说明书及随设备提供的图纸资料，并按发运清单检查全部零部件的数量和质量，如有问题应及时处理或同制造厂联系。

（2）按顺序安装时，每进行一步，必须进行质量检查，确实准确无误方可进行下一步工作。

（3）设备的吊装应防止变形，制造厂对关键吊装件均焊有吊耳，用吊耳进行吊装。

（4）箱体、袋室、进出风口、灰斗等安装后，全部连接处应保证密闭不漏气，用焊接连接的应进行气密焊，并进行质量检查，为防止焊接变形，施焊电流不要太大。用紧固件连接的，必须加密封垫，并将全部紧固件拧紧。对局部漏风处，应用环氧树脂、硅橡胶或其他密封胶进行堵漏。收尘器的密封好坏是影响正常运行和寿命的重要因素，标准要求漏风率小于5%。

（5）灰斗内的输送设备，如出厂时已装好，由于运输等原因，在灰斗安装好后应重新调整，并加注润滑油（或脂）。

（6）安装气路部分时，压气管（接脉冲阀部分）制造厂已分件制作好，现场只要组对。控制气管（接提升阀部分）可能要进行现场下料、套扣等工作。要求全部管路内必须清理干净，无任何杂物存在。全部接头均应填充密封材料，并进行试压不漏气。

（7）安装袋笼和滤袋是全部安装工作中最需小心和仔细的工作，因此应放在最后进行。安装时，滤袋切不可与硬物碰撞、钩划，即使是小的划伤，也会使滤袋寿命大大缩短。安装的方法是先将滤袋由箱体花板孔中放入袋室，然后将袋口上部的弹簧圈捏成凹形，放入花板孔中，使花板孔钢板对准袋口弹簧圈外的密封槽中，再使弹簧圈复原，使其紧密地卡紧在花板孔圆周上，最后将袋笼从袋口轻轻插入，直到袋笼上部的护盖确定压在花板上为止。为防止滤袋被踩坏，要求每装好一个滤袋就装入一个袋笼。滤袋、袋笼与花板的安装如图 12-7 所示。

图 12-7　安装滤袋、袋笼示意图

三、调试

1. 顶部检修门的压紧装置一端靠机构压紧，另一端靠手柄压紧，如图 12-8 和图 12-9 所示，应分别调整图 12-8 中的螺栓和图 12-9 中的悬吊螺母，使关闭后橡胶密封条能压紧在门框上，打开时无卡碰现象，并锁紧图 12-8 中的螺母。

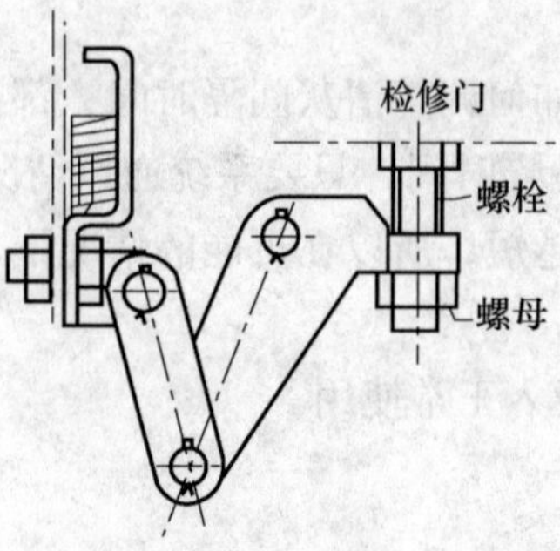

图 12-8　顶部检修门的安装

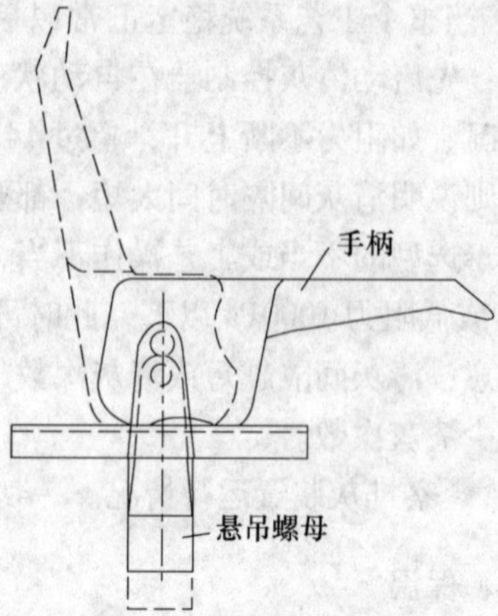

图 12-9　顶部检修门的调试

（2）调整提升阀部分，电磁汽缸为缓冲式，要求在阀板关闭到达闭合位置时，汽缸应进入缓冲区，否则调整阀板两侧螺母。汽缸的运动速度可通过汽缸两端的节流阀进行调节，要求提升阀关闭时间不大于 2s，最好在 1s 以内，开启速度可适当慢些。然后检查阀板闭合后与阀板孔之间的间隙，最大不超过 0.8mm，如图 12-10 所示，若现场焊接后阀板孔发生变形则应进行调平。上述调整均应接通压缩空气源，其压力可通过三联体上的减压阀来调整（一般取 0.3MPa），使阀板闭合后变形 2～3mm，上述调整均可通过电磁汽缸上的手动开关进行，不必接电源，调试完毕将手动开关复原，并拧紧阀板两侧的螺母和背母。

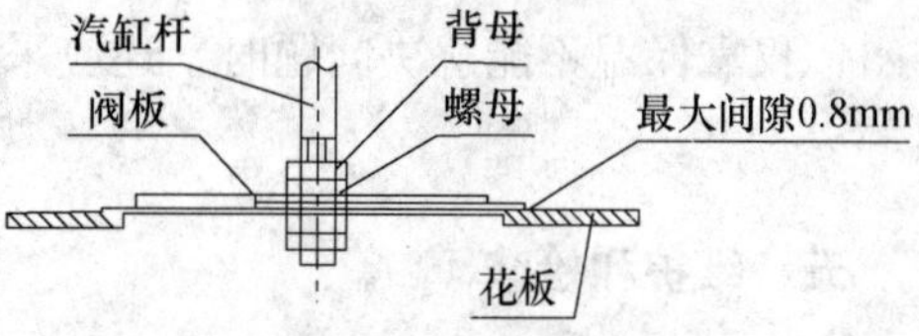

图 12-10　调整提升阀

（3）调整灰斗内的输送设备、锁风设备，

其传动、运动部件均应加注润滑油或润滑脂。

（4）调整清灰控制器，要求提升阀、脉冲阀动作顺序正确，各室清灰顺序正确，时间连续可调，动作顺序如图12-6所示。为了更好地保证系统阻力平衡及输灰装置的动力平衡，对室数较多的收尘器来说，各室清灰顺序是跳跃式的，调整时应注意阅读随机文件。

注意：进行上述调整时，应将全部检修门关闭、锁紧、以防脉冲阀的喷吹气流对人体造成伤害。

上述全部调整工作完成以后，便可进行空负荷调试和负荷调试，在进行这一工作时，整个工艺系统应能正常运行。负荷调试应进行以下工作：

1）接通全部电源、压缩空气源，启动输灰设备，清灰控制器置于手动状态。

2）接上测压装置（可用U型管压力计）到收尘器的测压口。

3）启动主风机，观察空负荷运行阻力，测量进出风口的风量，计算漏风率：

$$漏风率\ \Delta Q=(Q_{出}-Q_{入})/Q_{入}\times 100\%$$

漏风率应小于5%，否则应检查处理。

4）启动全部工艺设备，通入含尘烟气，观察除尘器运行阻力上升情况及排气口的排放情况。

5）当除尘器阻力上升到1245～1470Pa时，启动清灰控制器进行清灰，并观察阻力下降情况。

6）当整个工艺系统稳定正常以后，即可进行清灰周期的设定（定压式可以不设定），方法是：先启动清灰控制器在自动状态下工作，并将清灰间隔时间暂定在1min，观察阻力变化情况，如阻力不断上升，超过1470Pa，说明清灰间隔时间太长；如阻力一直在1000Pa以下，则说明清灰间隔时间太短，都要进行调整。

由于选型的不当或工艺操作不当，有的收尘器不管如何调整清灰间隔时间，都在高阻力1800Pa或低阻力1000Pa以下，此时可按实际情况确定间隔时间，只要系统通风情况允许。

注意：清灰间隔越短或清灰次数越多则滤袋的寿命越短，所以在可能的情况下，应尽可能地减少清灰次数。

7）观察排灰装置运行情况。一切正常以后，便可投入正常使用。

四、保温

当除尘器用于处理湿度较大的烟气时，为防上结露，除要求烟气温度高于露点20℃以上外，还要求对除尘器外壳进行保温。

用于除尘器的保温材料较多，如岩棉、石棉、玻璃纤维、矿棉等，保温层厚度视当地气候情况而定，一般来说，南方地区为50～150mm，北方地区为100～200mm，当然还与烟气性质、除尘器大小等因素有关。

需要说明的是，保温仅仅是防止结露的一种方法，如当地气温特别寒冷或烟气性质很易结露，仅靠保温不能解决问题时，还应采取其他措施如对烟气进行加热或对收尘设备进行加热等。

五、维护和检修

收尘器能否保持长期稳定高效的运行，日常维护保养是至关重要的。

1. 日常维护

（1）设备运行中，应设专人进行管理，并做好运行记录。

（2）管理人员应熟悉收尘器的原理、性能、使用条件，并掌握调整和维修方法。

（3）减速机、输灰装置等机械运动部件应按规定注油或换油，发现有不正常现象应及时排除。

（4）贮气罐、气源三连体中的气水分离器应及时排污，同时气水分离器应每隔 3～6 个月清洗一次，油雾器应经常检查存油情况，及时加油。

（5）电磁脉冲阀如发生故障，应及时排除，如内部有杂质、水分，应及时清理，如膜片损坏应及时更换。

（6）使用定时式清灰控制器的，应定期测定清灰周期是否准确，否则应进行调整。使用定压式清灰控制器的，应定期检查压力开关的工作情况，测压口是否堵塞等，并进行清理。

（7）全部检查气路系统、输灰系统的工作情况，发现异常应及时排除。

（8）定期测定工艺参数，如烟气量、温度、浓度等，发现异常，应查找原因及时处理。

（9）定期检查气路系统、输灰系统的工作情况，发现异常应及时排除。

（10）开机时应先接通压缩空气到贮气罐，接通清灰控制器电源，启动输灰装置，如果系统中还有其他设备，应先启动下游设备。

（11）停机时，在工艺系统停止之后，应保持除尘器和排风机继续工作一段时间，以除去设备内的潮气和粉尘，必须注意的是，在除尘器停止工作时，必须反复对收尘器进行清灰操作（可用手动清灰）将滤袋上的粉尘除掉，以防因受潮气影响而糊袋子。

（12）停机时不要立即切断压缩气源，输灰装置也不能立即停止工作，应确保全部粉尘已排出灰斗才能停止压缩气源和输灰装置。

（13）除尘器在正常工作时，输灰装置不能停止工作，否则，灰斗内很快会积满粉尘以致溢入袋室，迫使收尘器停止工作。

2. 可能发生的故障及原因

（1）运行阻力大

原因是：

1）因烟气结露使粉尘糊袋子。

2）脉冲阀不工作。

3）脉冲阀工作时提升阀未关闭。

4）压缩气源压力太低。

5）一个或多个提升阀处于关闭状态。

6）烟气温度太高将滤袋烧化。

（2）运行阻力小

原因是：

1）工艺系统不工作。

2）滤袋破损。

3）测压装置失灵。

4）进出气口之间漏风严重。

(3) 脉冲阀不工作

原因是:

1) 电源断电或清灰控制器失灵。

2) 脉冲阀内有杂物。

3) 电磁阀线圈烧坏。

4) 压缩空气压力太低。

5) 脉冲阀膜片动作后未复位。

(4) 提升阀不工作

原因是:

1) 电源断电或清灰控制器失灵。

2) 电磁换向阀线圈烧坏。

3) 电磁换向阀内进入杂物。

4) 提升阀汽缸内进入杂物。

5) 提升阀汽缸的节流阀关死或堵塞。

6) 压缩空气压力太低。

第十三章　水泥工业用增湿塔

按　水泥工业用增湿塔是水泥工业生产中烟气调质的主要设备，1991 年制定了行业标准。水泥工业的发展，生产规模不断扩大和生产技术的进步，特别是设备大型化的发展，对工艺技术和设备精度要求、使用效果提出了更高要求，显然 JC/T 405—1991 标准已经不能满足生产的需要，为了提高产品质量和水平，提升增湿塔产品在国内外市场的竞争力，2006 年原国家建材机械标准化技术委员会组织由天津水泥工业设计院中天仕名科技集团有限公司等单位组成了标准起草工作组，参照国外先进技术指标，并结合我国自行开发的新产品，对该标准进行了修订。修订后的标准达到了国际先进水平，2006 年国家发展和改革委员会已批准发布实施，从而满足了水泥生产设备大型化需要，推动了水泥行业的发展，为占领国内外市场打下了良好的基础。

第一节　概　述

干法水泥回转窑生产线的废气处理系统是指从一级预热器热风出口到窑尾的排放烟囱顶为止这样一套系统。在这个系统中，主要设备有增湿塔、窑尾高温风机、电收尘器、收尘风机等。

一、废气处理系统主要作用和工作原理

(1) 保证系统废气净化，使之达到国家排放标准；

(2) 能够利用余热，进行分风去原料磨和煤磨系统，对原燃料进行烘干；

(3) 能够顺利将收下的废灰和废料分别送到生料和原料磨头仓。

系统流程图如图 13-1 所示。

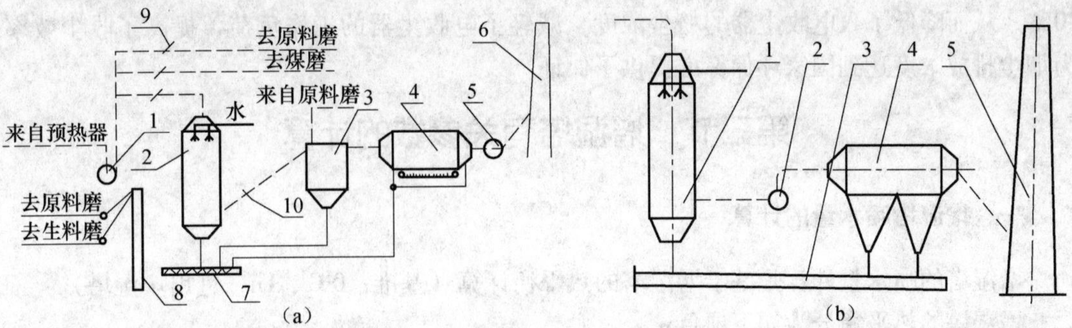

1—窑尾高温风机；2—增湿塔；3—汇风箱；4—电收尘机器；5—吸尘风机；6—烟囱；7—螺旋输送机；8—废料提升机；9—热风阀门；10—冷风调节阀门

1—增湿塔；2—窑尾高温风机；3—螺旋输送机；4—电收尘器；5—烟囱

图 13-1　系统流程图

(a) 废气处理流程；(b) 废气处理流程

二、废气处理流程

图 13-1 (a) 中废气从预热器由高温风机抽出，在风机管道适当的地方进行分风（风机

入口温度一般在360~320℃)。其中一部分去原料磨对原料烘干，当把煤磨放在窑尾时，还要分一部分去煤磨，剩余的部分进入增湿塔，在增湿塔内对高温废气进行喷水增湿降温，将350℃左右的废气降至150℃以下后入汇风箱。在此还要接收从原料磨、烘干原料磨来的一部分废气，然后一同进入电收尘器将其净化。

经收尘风机引入烟囱排入大气，其排放浓度要求是小于150mg/Nm³。电收尘器收下来的粉尘比较细，一般都小于20μm，可以通过输送设备送入生料均化库。从汇风箱沉降下来的颗粒一般来说都大一些，原则上也可以送生料均化库，还可以送进原料磨头仓，而从增湿塔吸入的废灰是被水淋湿的，必须送入原料磨头仓重新入磨粉磨。

图13-1（b）中是将高温风机放置在增湿塔与电收尘器之间，与图13-1（a）比较可知，其特点一是工艺布置紧凑，占空间少；二是由于大大缩短了废气管道，能够减少通风阻力300~500Pa；三是由于通过高温风机的废气温度已降低，故可以降低高温风机的耐温要求。

三、增湿塔在废气处理系统中的作用

在新型干法生产线窑尾废气处理系统中，因为电收尘器具有处理烟气量大、收尘效率高和阻力小等优点，应用越来越广泛。但是电收尘器也受使用条件的限制，特别是粉尘的比电阻对电收尘器的使用效果影响很大（一般粉尘比电阻值在10^4~10^{11}Ω. cm)。为了使电收尘器保持高的效率，就必须设置增湿塔对烟气进行增湿降温的预处理。设置增湿塔的主要特点是：

（1）350℃左右的含尘烟气由增湿塔顶部引入，与增湿塔顶端或中部喷入塔内的雾化水进行热交换，出塔的烟气温度可降至150℃左右，同时粉尘吸水增湿之后，粉尘比电阻值降至10^4~10^{10}Ω. cm，从而满足了收尘器的收尘要求。

（2）含尘烟气增湿处理后温度降低，密度增加，体积减小。经测试当工况烟气温度由350℃降至150℃时，其流量降低20%，同时增湿塔截面风速降低，则粉尘在增湿塔内停留时间增加，这样有利于粉尘的收集。

（3）进入增湿塔后的含尘烟气在正压操作状态下，截面风速降低，同时粉尘颗粒增湿后重量增加，有利于粉尘在增湿塔内沉降。根据测试，增湿塔内粉尘沉降效率已达25%~30%，从而降低了入电收尘器的粉尘浓度，减轻了电收尘器的工作负荷，提高了收尘效率，为烟尘排放浓度达到国家环保标准提供了保证。

第二节　增湿塔有关参数的计算

一、增湿塔喷水量的计算

增湿塔的喷水量计算是基于增湿塔的热平衡计算（基准：0℃、1h，进出增湿塔）。

增湿塔的热平衡分为如下项目：

1. 收入热

（1）进入增湿塔气体热量

$$Q_1 = C_g q t_g$$

式中　Q_1——进入增湿塔气体带入热量，kJ/h；

C_g——气体平均比热，kJ/Nm³·℃，$C_g = 1.490$；

q——增湿塔进口标况风量，m³；

t_g——气体温度，℃，可取 $t_g = 360 \sim 330$℃。

（2）气体中粉尘带入热量

$$Q_2 = m_c C_i t_g$$

式中　Q_2——进入增湿塔气体中粉尘带入热量，kJ/h；

C_i——粉尘的平均比热，kJ/(kg·℃)，$C_i = 0.880$；

m_c——入增湿塔的粉尘量，kg；一般 m_c 取 0.07×进入气体量（标况）。

（3）漏风带入热量

$$Q_3 = C_a q_a t_a$$

式中　Q_3——漏风带入热量，kJ/h；

C_a——漏入风比热，kJ/(Nm³·℃)，一般 $C_a = 1.306$（25℃时）；

q_a——漏入风量，Nm³/h，一般取增湿塔进风量的10%；

t_a——环境空气的温度，25℃。

（4）喷水带入热量

$$Q_4 = XC_w t_w \times 10^3$$

式中　Q_4——冷却机带入热量，kJ/h；

X——喷水量，kJ/h；

C_w——冷却水比热，取4.185kJ/(kg·℃)；

t_w——冷却水温度，$t_w = 15 \sim 25$℃。

2. 支出热

（1）蒸发水分消耗热量

$$Q'_1 = X(2490 + 1.883t_0 - 4.185 \times t_w) \times 10^3$$

式中　Q'_1——蒸发水分消耗热量，kJ/h；

t_0——出增湿塔废气温度，℃，$t_0 = 100 \sim 150$℃。

（2）增湿塔降尘带出热量

$$Q'_2 = \eta m_c C_m t_m$$

式中　Q'_2——降尘带出热量，kJ/h；

η——增湿塔收尘效率，一般取25%～30%；

C_m——收降尘平均比热，$C_m = 0.879$kJ/(kg·℃)；

t_m——降尘温度，$t_m = 95 \sim 100$℃。

（3）出增湿塔气体带走热量

$$Q'_3 = \Delta\eta C_0 q t_0$$

式中　Q'_3——出增湿塔气体带走热量，kJ/h；

$\Delta\eta$——出增湿塔风量系数，取1.1；

C_0——出增湿塔热风平均比热，kJ/(Nm³·℃)，$C_0 = 1.398$。

（4）出增湿塔气体中粉尘带走热量

$$Q'_4 = (1 - \eta) C_m M_c t_0$$

式中　Q'_4——出增湿塔气体中粉尘带走热量，kJ/h；

（5）增湿塔筒体表面散热量

$$Q'_5 = \alpha F(t - t_0)$$

式中　Q'_5——增湿塔筒体表面散热量，kJ/h；

α——传热系数，kJ/(m^2·℃)，$\alpha=37.67\sim40.04$；

F——增湿塔筒体散热面积，m^2；

t——增湿塔筒体表面温度,℃；$t=80\sim90$℃；

$$F=\pi DL$$

D、L——筒体直径和高度，m。

3. 热平衡

$$\sum Q_{收入}=\sum Q_{支出}$$

由热平衡计算可求出喷水量。

可见，在全部废气通过增湿塔时喷水量是较高的，然而在大多数情况下出窑废气是不全部进入增湿塔的，如当65%引入原料磨时，喷水量就会大为降低。增湿塔热平衡如图13-2所示。

图13-2　2000t/d增湿塔热平衡图

图中：全部气体经增湿塔的热量/原料磨分风后进入增湿塔的热量（kJ/h），在正常情况下，进出增湿塔的废气量、温度、喷水量、含湿量、含尘量参数是基本稳定的。但某些外界条件变化也时常引起一些参数的变化：一是原料磨分风的变化，如原料水分变大，这样需要的排风量就会增多，或系统为一台以上磨机时，不时开停等都会引起进出增湿塔的废气量发生变化，进而是含湿量的变化以致影响喷水量的改变；二是季节的变化也会使增湿塔的参数发生变化，夏季气温高喷水量会增加，冬天气温低喷水量会减少，如果喷水量不变的话，增湿塔的废气温度就会变化，一般对单位标况风量降温1℃需喷水量为0.5g水。

二、增湿塔气体进出口风速

$$V=q\frac{273+t}{273}\Big/\left(\frac{\pi}{4}D^2\cdot3600\right)$$

式中　V——进或出增湿塔管道进出口风速，m/s；

q——增湿塔进出口的标况风量，m^3/h；

t——气体在进出口处的温度,℃;

D——增湿塔进口处管径，m。

三、增湿塔截面风速

$$V_1 = 1.1q\frac{273+t_1}{273}\bigg/\left(\frac{\pi}{4}D_1^2\cdot 3600\right)$$

式中 V_1——增湿塔截面风速，m/s;

q——增湿塔内标况风量，Nm^3/h;

t_1——增湿塔气体平均温度,℃;

D_1——增湿塔内径，m。

四、气体在增湿塔内停留时间

$$T = h/V_1$$

式中 T——气体在增湿塔内停留时间，s;

h——增湿塔筒体高度，m。

第三节 增湿塔的结构与制造

随着增湿塔在废气处理系统中的广泛应用，目前水泥工业用增湿塔已成为一个系列，其参数见表13-1，原国家建筑材料工业局也颁布了行业标准《水泥工业用增湿塔》JC 405—91(1996)，2006年修订出新标准。增湿塔主要由筒体部分、喷雾增湿装置、排灰装置和电动翻板阀等部分组成，如图13-3所示。

表13-1 水泥工业用增湿塔基本参数

参数名称	参数值														
增湿塔内径(m)	3.5	4	4.5	5	5.5	6	6.5	7	7.5	8	8.5	9	9.5	10	10.5
增湿塔有效高度(m)	≥20	≥20	≥20	≥20	≥22	≥24	≥26	≥28	≥30	≥32	≥34	≥36	≥38	≥40	≥42
处理烟气量(m^3/h)	~100000	~135000	~170000	~210000	~260000	~310000	~360000	~420000	~470000	~540000	~610000	~690000	~820000	~905000	~1050000
进口温度(℃)	350	350	350	350	350	350	350	350	350	350	350	350	350	350	350
出口温度(℃)	150	150	150	150	150	150	150	150	150	150	150	150	150	150	150
沉降效率(%)	25~30	25~30	25~30	25~30	25~30	25~30	25~30	25~30	25~30	25~30	25~30	25~30	25~30	25~30	25~30

注：1. 增湿塔内径(m)优先选用系列：3.5、4、4.5、5、5.5、6、6.5、7、7.5、8、8.5、9、9.5、10、10.5。

2. 增湿塔筒体长径比不应小于4。

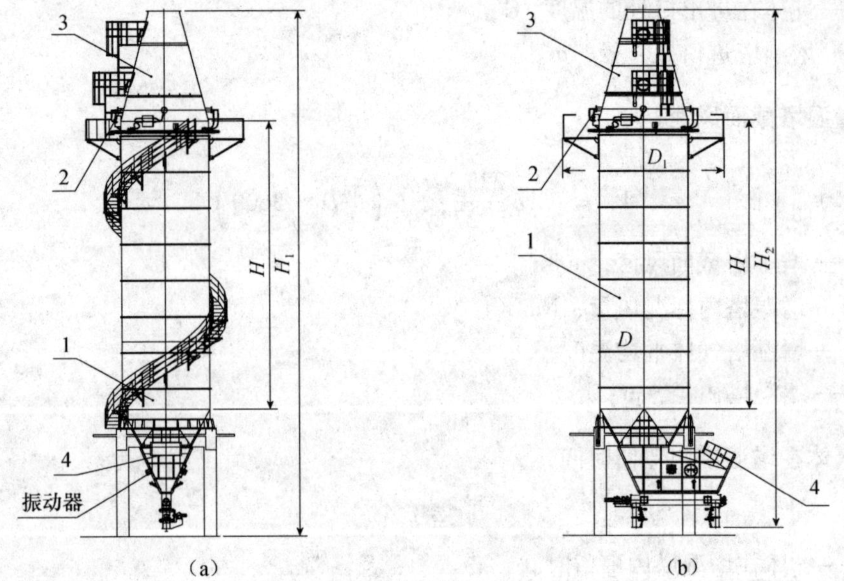

图 13-3　增湿塔主要组成

D—内径；D_1—平台直径；H—有效高度；H_1，H_2—总高度；1—筒体部分；2—喷雾增湿装置；3—锥顶；4—排灰装置

(a)、(b) 增湿塔主要组成

一、筒体部分

增湿塔的筒体部分主要由上锥体、筒体、气流均布装置、灰斗、保温层等零部件组成。筒体为直立圆筒形壳体，它支承于基础上或支承于框架形基础上，由于通过的烟气有一定的温度且烟气长期对钢板的腐蚀作用，故要求筒体具有热稳定性好，有一定的刚度，抗腐蚀等性能。

1. 烟气在筒体内的流程

(1) 顺流式如图 13-3 所示。烟气从增湿塔上部引入，通过锥顶部双层多孔的气流均布装置，使烟气进入塔内均匀分布后向下运动，经处在气流均布装置下喷枪喷入的水雾增湿和降温后从底部离开。为了防止粉尘在气体均布装置上结灰积聚，一般在此处设有定时振打机构如图 13-4 所示。

(2) 逆流式如图 13-5 所示。烟气从增湿塔上部引入内筒和外筒之间，经过螺旋叶片状的气流均布装置后向下运动，烟气到达底部后进入内筒向上运动，经多层的喷枪喷入的水雾增湿和降温后，烟气从上部出增湿塔。

2. 筒体的制造

由于增湿塔有一定的高度，通常筒体有效高度在 20～40m，同时直径大，而制作增湿塔筒体钢板的厚度通常为 6～12mm，因此筒体刚性差，发运安装比较困难。制造厂一般对较大直径的筒体采用分片制造、现场组装的办法，其制作要求及工艺过程如下：

(1) 根据增湿塔直径大小，按其直径三分之一或四分之一展开长单片下料。

(2) 单片钢板四周在自动切割机或刨边机上加工坡口，其下料钢板尺寸偏差应符合下列要求：$A\pm2$mm，$B\pm1$mm，$C\pm3$mm，如图 13-6 所示。

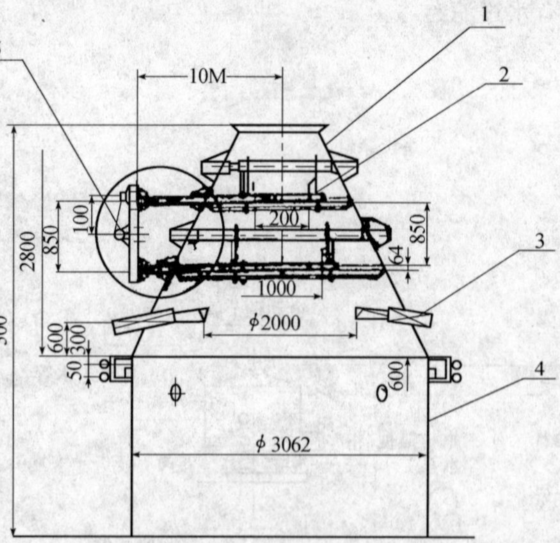

图 13-4　定时振打机构

1—锥顶；2—气流均布装置；
3—喷枪装置；4—筒体；5—振打装置

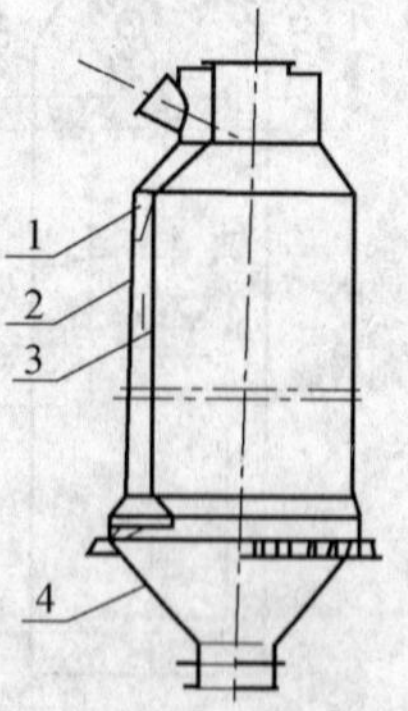

图 13-5　逆流式

1—螺旋叶片；2—外筒；3—内筒；4—灰斗

（3）卷板机卷制，单片曲率半径误差 E 用弦长等于 $D/6$（D 为筒体的内径）的样板测量，其值小于 5mm，如图 13-7 所示。

（4）卷制后的钢板放入预先制作的发运架上。

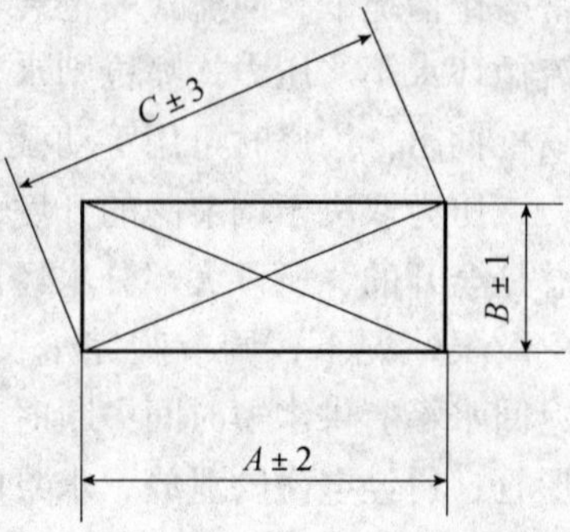

图 13-6　下料钢板尺寸偏差要求

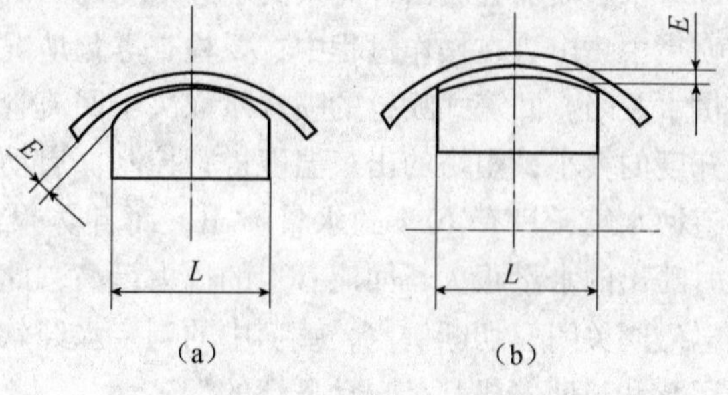

图 13-7　单片曲率半径误差

3. 保温层

考虑到北方及冬季外界温度低，热烟气遇冷会结露结皮，为了保证增湿塔的安全运转，一般用 50 ~ 100mm 厚的岩棉毡或泡沫石棉对增湿塔的筒体、管道等零部件加以保温。

二、喷雾增湿装置

喷雾增湿装置由循环水箱、多级离心泵、电动调节阀、喷枪装置、阀门和管道等组成，如图 13-8 所示。

1. 工作原理

离心泵由循环水箱供水，该水箱通过一个浮球阀与供水中心连接，使水箱内水平面保持恒定。如果水箱内的水位低于最低限位时，由水位指示器发出信号，水泵自动停止，这样能保证水泵不会因缺水造成损坏，水箱内装有水过滤器。

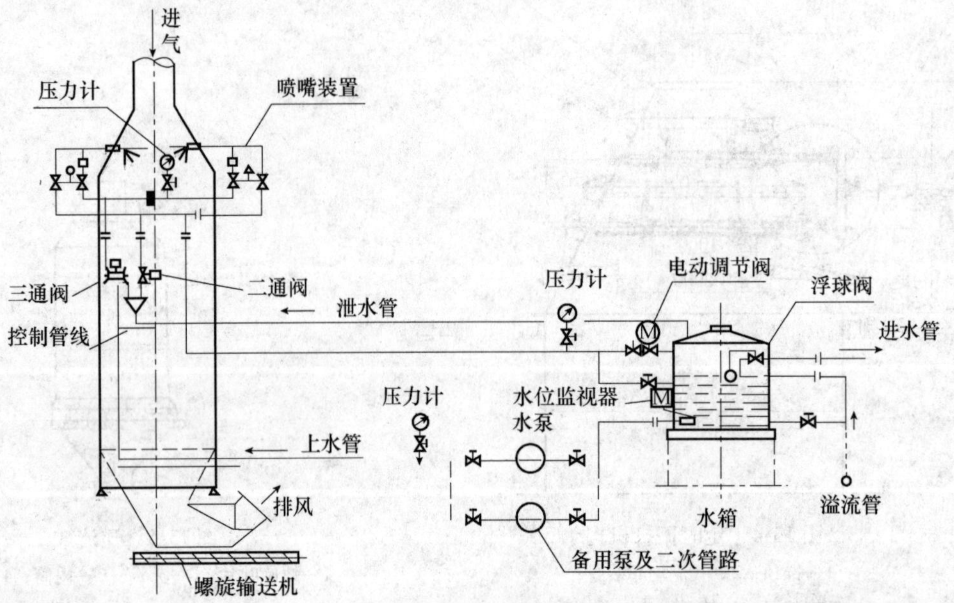

图 13-8　喷雾增湿系统图

水泵的启动，靠增湿塔进风管的温度传感器输入信号。水泵启动约 5s 后，常闭的三通电磁阀自动打开，此时供水注入进水环形管，由此供水经高压软管进入喷枪装置而喷入塔内。喷枪装置的数量和型式依所需的最大水量而定。在正常操作情况下，回流式喷枪装置只有部分水从喷嘴孔喷出，剩余的水经喷嘴的回流管流入回流循环水箱。压力式喷枪则水全部从喷嘴中喷出。在操作过程中，要检查雾化情况，可以将喷枪抽出，维修时可用手动截止阀将供水关闭。回流式喷枪的喷水量取决于回流管上的压力，该压力取决于调节阀的开度，而阀开度的大小，由塔的出口温度进行控制。启动时调节阀总是全开的，所以大部分水经回流管道回水箱，只有 10% 的水量喷出，而且雾很细。在另一极限情况下，调节阀完全关闭，此时喷出的水量很大，回流管上的压力最高，此时没有水返回水箱。供水短时间中断时，三通电磁阀关闭，切断供水，喷嘴中的剩余水经软管返回环形管，再经电磁阀泄放，水泵的连续运行和长期停机都是自动进行的。

2. 喷枪的形式与结构

喷枪的形式与结构主要有压力式、回流式两种，大型增湿塔上还采用内外流式。

（1）压力式喷枪如图 13-9 所示。这种形式的喷枪压力通常为 4 ~ 6MPa。高压水流从接头进入，通过分流板上斜孔进入内座的外腔（内座沿切线方向对称开设两个小孔，如图 13-10所示），水流沿切线由外腔进入内座的内腔，沿内座内壁产生高速旋流，然后由喷嘴口喷出雾状水。

（2）回流式喷枪如图 13-11 所示，其压力通常为 3. 3MPa。

1）图 13-11（a）中回流式喷枪由喷嘴本体和带旋流孔的回流管组成。供水通过喷嘴的外环室和旋流孔进入喷嘴，回旋水流部分从喷嘴孔喷出，其余水流通过回流孔回流，水量分配取决于回流管上的压力。

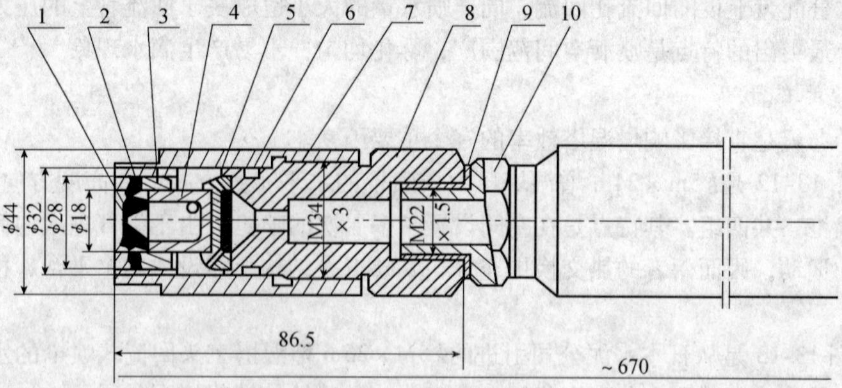

图 13-9　压力式喷枪

1—喷嘴口；2—垫圈；3—喷头套座；4—内座；5—分流板；6—垫圈；7—喷头外套；8—接头；9—垫圈；10—接头

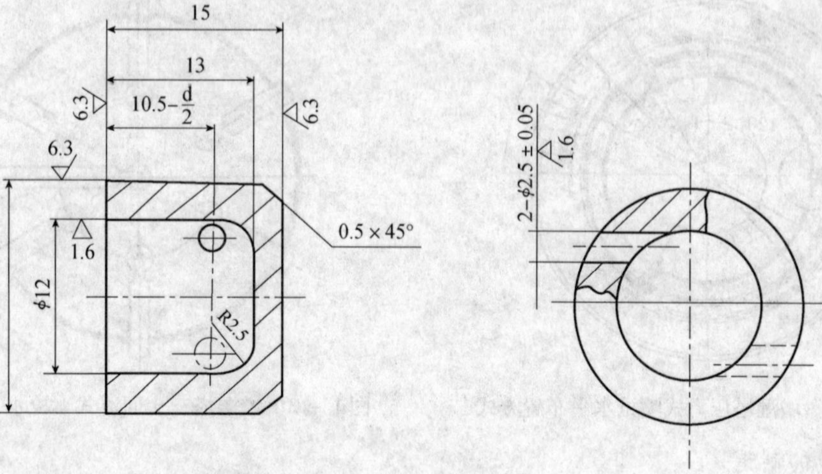

图 13-10　分流板上斜孔对称二孔尺寸公差

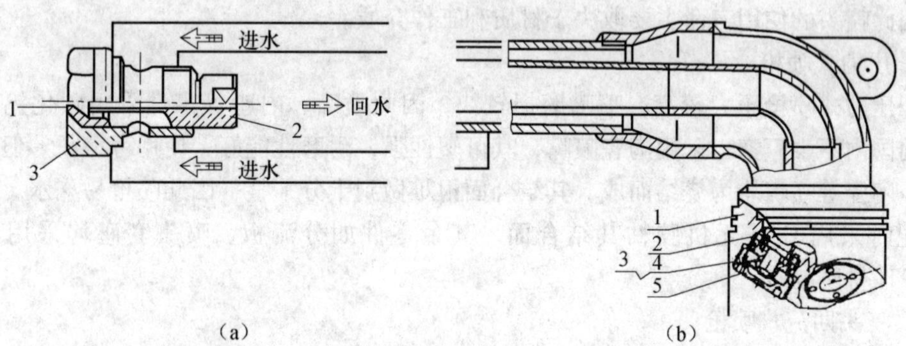

（a）

1—喷嘴头；2—回流管；3—喷嘴座

（b）

1—喷嘴头；2—分配盘；3—压力座Ⅰ；4—压力座Ⅱ；5—喷嘴

图 13-11　回流式喷枪示意图

2）图 13-11（b）中回流式喷枪由喷嘴座、分配盘、压力座和喷嘴等零件组成。水流从内管进入到达三头式喷嘴座（喷嘴座上装有分配盘、压力座、喷嘴各三只），然后分三路通过分配盘，沿切线进入压力座外腔并高速旋转，最后经喷嘴喷出均匀的雾状水。其余水流通过压力座、分配盘上设的回流孔回流，同样喷水量的大小也取决于回流管上的压力。这种结构的喷枪，最突出的特点是喷洒空间范围广，雾化均匀，不易产生滴水现象。

3. 喷枪的布置

喷枪的布置是直接影响增湿塔效率的一个重要因素。

（1）图13-12是ϕ5m×24m增湿塔压力式喷枪的水平布置方式，在高度方向每间隔3m设置一组喷枪，共四组。其特点是在空间设置了多层次的喷枪，由于烟气进入内筒之后水雾和烟气逆向运动，因而两者的热交换更充分，其缺点是结构上需设立四个平台，检修调整均不方便。

（2）图13-13是从日本水泥公司引进的ϕ5m×26m增湿塔三头回流式喷枪的水平布置方式，其特点是喷枪在截面上分布密集，加上三头式的喷枪使喷雾增湿效果更佳。

（3）通常喷枪在安装时尾部向下倾斜3°~8°，以便停止喷水后水能沿管道流回水箱。

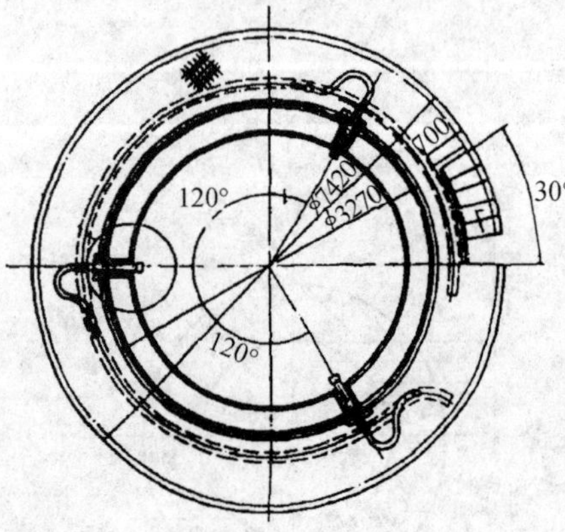

图13-12　增湿塔压力式喷枪水平布置方式

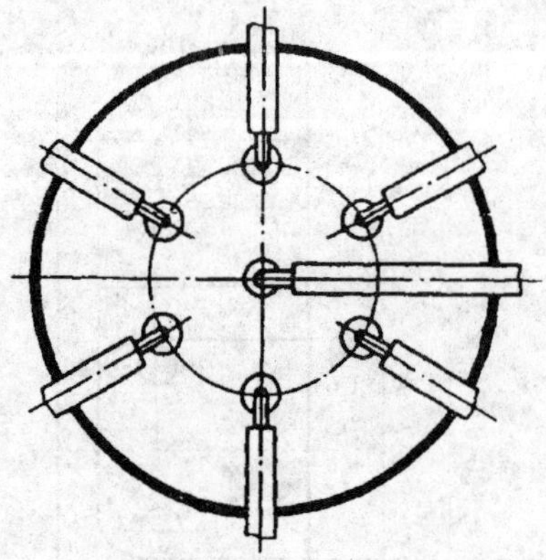

图13-13　增湿塔三头回流式喷枪水平布置方式

4. 喷枪的制造

喷枪制造的精度和粗糙度决定雾滴的大小和控制特性。实际工作中，喷嘴孔的磨损最为严重，因此喷头的使用寿命主要取决于材质和工作介质。

（1）压力式喷枪

由于压力式喷枪压力较高，喷嘴磨损较快，因此喷嘴、内座等零件采用碳化钨硬质合金，目前国内不少厂家也采用陶瓷喷嘴，其可塑性强，耐磨性能好，使用寿命长。但是由于碳化钨、陶瓷等喷嘴均为烧结而成，其结合面很难做到十分平整，因此喷枪易漏水。一般在喷枪装配时采用C4。无机胶粘其结合面，其余零件如分流板、喷头套座均采用不低于1Cr18Ni9Ti材质制造。

（2）三头回流式喷枪

该结构喷枪由于结构比较复杂，制造难度也相对较大，喷嘴（图13-14），其三个面呈120°空间，上面设有三个喷嘴腔，每个喷嘴腔上开设了9－ϕ2进水孔及4－ϕ3回流孔，因此制造上一般采用专用装夹具加工。为兼顾零件制造加工和耐用度两方面因素，喷嘴、压力座、分配盘等零件的材质均采用1Cr18Ni9Ti，喷嘴孔区域进行表面离子氮化处理，氮化层深度大于0.12mm，表面硬度大于HV900。喷枪组装时，各零件结合面一般采用粗研、精研等工艺来保证喷枪的精度。

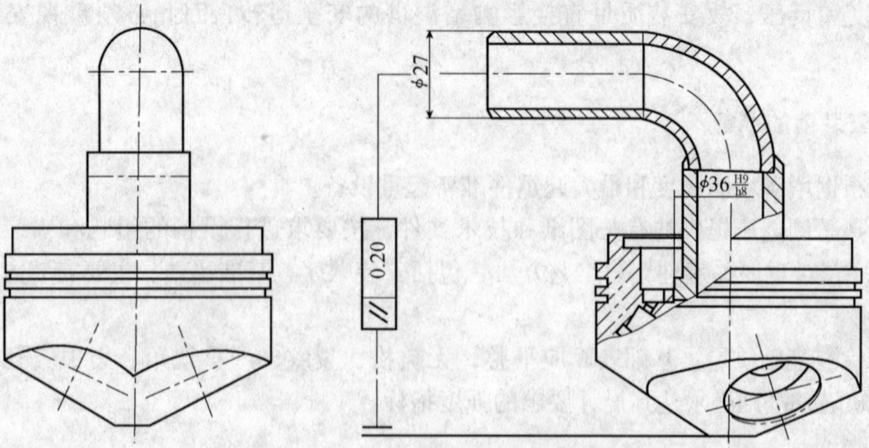

图 13-14　三头回流式喷枪喷嘴

5. 喷嘴的雾化性能试验

为确保喷嘴的雾化性能，制造厂一般在出厂之前，在试验台对喷枪进行测试。雾滴大小的测定可用下列方法：用厚 3～5mm 的玻璃胶粘成 30mm×30mm 的小池，周边用蜡密封，加上密度接近 1 的机油，再用一玻璃盖住；在水雾区迅速打开玻璃盖，然后迅速盖住，滴入油池内的水滴则成球状，将油池放在显微镜下观察并且用测微标尺测量水滴直径。喷雾粒度：高压喷嘴和内外式喷嘴应小于 200μm，回流式喷嘴应小于 300μm。

大多数水泥厂不具备上述测试手段，而需对使用一段时间后的喷枪或新更换喷嘴的喷枪进行雾化粒度测试时，可采用以下办法近似测得雾化的性能。用 3mm 厚的有机玻璃胶接成 30mm×30mm 小池，池底部在刻床上按 1∶1 尺寸刻线（也可粘 1∶1 纸尺），以下与上述同样方法取得试样，然后在 10 倍的放大镜上观察。高压喷嘴和内外流式喷嘴在 2mm 间距中能并排放下 10 个水滴（水滴大小基本均匀），则为合格；回流式喷嘴则在 2mm 间距中能并排放下 7 个水滴为合格。

6. 增湿塔冷却水的要求

增湿塔冷却水必须清洁新鲜和净化过并不带有腐蚀性物质，否则会造成堵塞或磨损喷嘴，因此对水质的要求 pH 值：7.1～7.6；总硬度（$CaCO_3$ 总量）：8.85mg/kg；蒸发残留物；112～138mg/kg；无油。

三、排灰装置和锁风阀

在灰斗下方设置的排灰装置为浆叶式螺旋输送机，用以将窑灰边破碎边输送出去，在机壳下方设有便于检修和清扫的检查门，传动电机采用可逆式，为的是防止增湿塔运行不正常时，如出现料浆现象，可使输送机反转排出料浆，以免料浆进入后续的输送装置造成堵塞事故。为防止漏风，在输送机的出口装有电动双翻板阀，有的还在灰斗上安装振打机。

第四节　增湿塔的安装

增湿塔直径大，高度高，尤其是筒体大都是薄钢板，需在现场组装焊接，同时又要承受一定的温度和负压，故安装质量直接影响增湿塔的安全运转，因此必须重视安装的各个环节。

一、安装前的准备

（1）根据增湿塔的高度和最大起重件准备起重设备。

（2）熟悉制造厂提供的有关图纸和技术文件，按要求进行设备的组装和安装，确定安装大致顺序，对重要关键件编写工艺方法，包括安装顺序、基准建立、主要安装方法、检测用仪器和量具。

（3）检查基础质量：基础表面应平整，无疏松、裂纹、严重缺角、集中气孔、集中缺浆等浇注缺陷；基础必须达到设计要求的强度指标。

二、确定安装位置的基础点和基准线

（1）根据所有设定的基准点和设备通过基准点的东西、南北线，确定设备的中心位置、高度及其方位。

（2）如基础已经完成，可将上述基准点（线）移到基础的某一处作为辅助基准点使用。但是设定辅助基准点（线）所使用的工具，应在使用前检查其准确性。

（3）设备安装前，要在基准面上正确标出中心线和高度基准线。做标记时要用经纬仪、钢卷尺和钢丝线等，求出与前项基准线的距离和高度并做记录。如果基础尺寸与图样尺寸相差很大，则必须修正基础和设备的基础孔。

三、垫铁的放置

（1）基础上放置垫铁处应铲平。

（2）垫铁的高度不应小于30mm，以利于二次灌浆。

（3）每组垫铁的块数越少越好，一般不应超过三块。

（4）垫铁应放平，与底座间应紧密贴合、压紧后用手锤敲打，不得有松动现象。

四、地脚螺栓

（1）地脚螺栓的规格尺寸，应符合设计要求，并应将螺栓上的油漆、铁锈和油污等清除干净。

（2）地脚螺栓放进基准孔内应垂直，螺栓与孔壁的最大距离不得小于15mm。

（3）混凝土设计强度达到75%之后，才允许拧地脚螺栓。

五、现场组装技术要求

（1）在平台上将钢板拼接整圆成筒节，筒节周长的公差，直径 D 小于3m时，为 ±5mm；直径 D 为3～5m时，为±7mm；直径大于5m时，直径每增加1m，上下偏差值增加0.5mm，检验合格后，各筒节加撑。

（2）筒节与筒节对接前应检查，如有变形要进行矫正。

（3）安装时筒体和锥体两端面对其轴线垂直度公差值 f 为2.5mm，如图13-15所示。

（4）筒体同一断面上最大直径和最小直径之差小于0.3%D。

（5）筒体钢板对接错边量 $b \leq 1.5$mm，如图 13-16 所示。

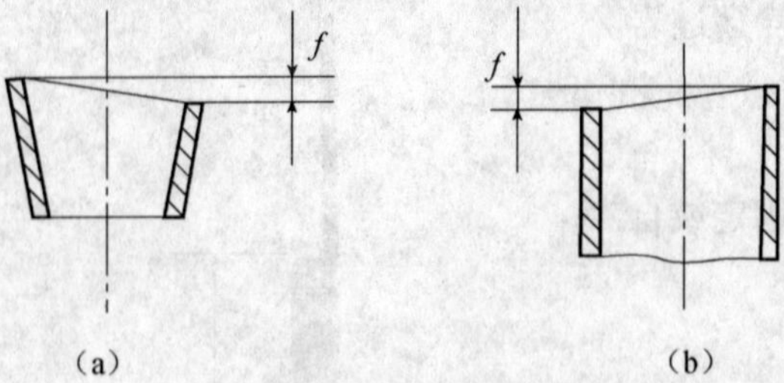

图 13-15　筒体和锥体两端面对其轴线的垂直度

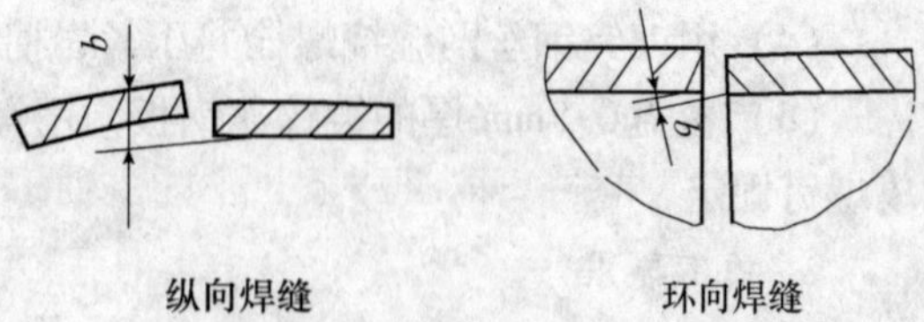

图 13-16　筒体钢板对接错边量

（6）棱角度 E 要求用弦长等于 $D/6$ 且不小于 300mm 的样板检验，其公差为 $0.1S+2$，最大不超过 3mm，如图 13-17 所示。

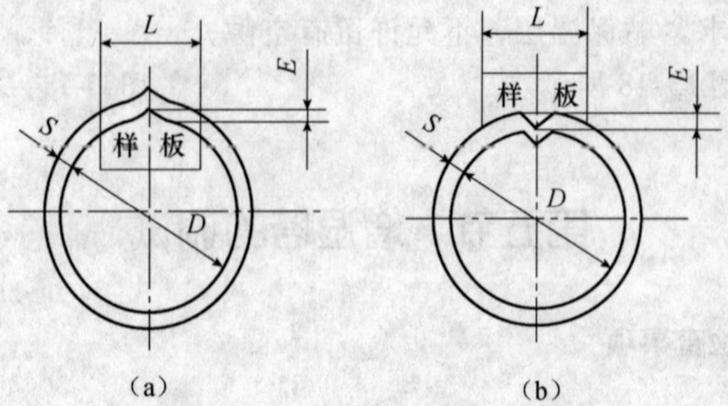

图 13-17　棱角度 E 对弦长的要求

（7）安装后筒体的允许斜度为 $H/1000$（H 为筒体有效高度，单位 mm），但总高度的倾斜度不得大于 20mm。

（8）筒体各焊缝、各连接口焊接应严密，不得有泄漏现象。

六、安装顺序

（1）先按上述要求安装筒体（要防止筒体吊装时发生变形），然后由下而上安装各个部件。

（2）安装灰斗，然后将螺旋输送机用螺栓连接在灰斗下方。在法兰之间垫好石棉橡胶板以确保气密性。

（3）安装螺旋输送机平台及传动装置。

（4）安装楼梯及各层平台，为确保安全，楼梯及平台必须焊牢。

（5）安装喷枪装置及气流均布装置。

（6）安装供水系统如水泵、水箱、各种阀及管道等。

七、施工顺序

1. 施工顺序

（1）清洁增湿塔壳体外壁。

（2）按表面积每平方米焊 16 只 M8 螺栓，亦可用宽度等于岩棉毡的扁钢直立焊于筒体，间距可按现场使用的镀锌钢板的规格确定。

(3) 将岩棉毡均匀平整地放在筒壁上，螺栓穿过岩棉毡。

(4) 用镀锌钢丝网缠绕螺栓并压紧岩棉毡。

(5) 覆盖0.5mm厚的镀锌薄钢板，用螺母固定或自攻螺钉固定。

2. 施工要求

(1) 要求岩棉毡紧贴筒体外壁并均匀、平整，纵环向接缝必须紧密接合，如有间隙，应用岩棉填实。

(2) 如需借助螺栓绑扎时，要求将岩棉毡绑扎牢固，钢丝接头塞入岩棉中。

(3) 镀锌钢板要求紧贴保温层，不允许留有空隙，纵横向互相搭接，如图13-18所示。

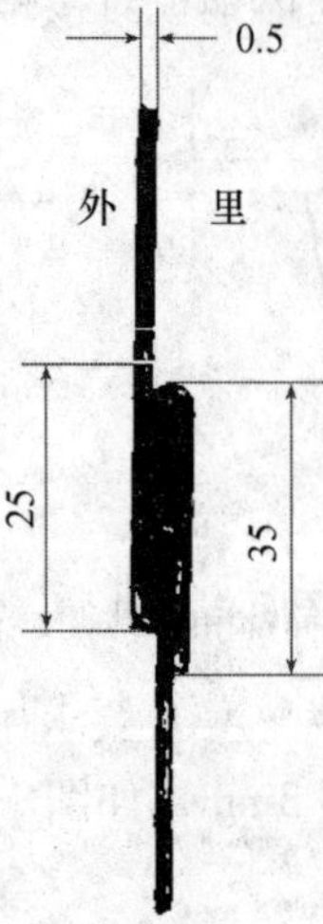

图13-18　镀锌钢板与保温层搭接

施工后不得漏水。

第五节　增湿塔的调试

一、试运转前的检查事项

1. 增湿塔本体

(1) 检查塔内是否留有异物（铁丝、工具和螺栓等）。

(2) 检查所有检查门是否都能开闭，然后将检查门关闭。

2. 电动翻板阀

(1) 检查主体安装有无严重倾斜，紧固螺栓有无松动。

(2) 检查阀板与阀座的接触情况，检查内部有无异物。

(3) 检查回转和轴承部位的供油情况。

3. 螺旋输送机

(1) 检查外壳和螺旋是否弯曲（中心线侧向弯曲左右偏差不大于3mm，中心线上下弯曲偏差不大于8mm）。

(2) 检查内部是否留有异物，检查旋转方向是否正确。

(3) 检查旋转部位、轴承和传动链等供油情况。

4. 喷水系统

(1) 检查供水管道安装是否与供水管道系统相符。

(2) 清理循环水箱后，将水箱注满水，并检查水位控制阀动作是否可靠。

(3) 临时卸开调节阀和电磁阀，清除阀内的沉积物。

(4) 在续供水和回水环形管之间临时用软管连接，选择的联系点，使水流通过整个系统。

(5) 开动水泵连接运转几个小时，启动前接通电机过载开关。

(6) 用力敲击管路，不使管内留有任何铁锈和焊渣。

(7) 停水泵后，再次清理和注满水箱。

（8）用软管将喷嘴与供水和回水环管相连接，并要注意连接是否正确。

（9）每个喷枪均需在塔外试喷，观察各个连接部位是否漏水，喷雾角是否合乎要求。

5. 调节和控制系统功能的测试

（1）将测温装置和探头放入已知温度的冷水和热水中，检查其灵敏度，并对测量和控制仪的指示器进行检查和调整。

（2）调整调节阀的极限开关和位置指示器（主控制器），检查伺服电机的极性是否正确（塔停用时调节阀要处于打开状态）。

（3）检验温度测量仪上极限位触点的性能，保证塔入口温度超过上限、出口温度超过下限时能自动启动水泵。

（4）首次调整的温度参考表13-2。

表13-2　首次调整的温度

	塔进口温度℃	塔出口温度℃
上限	400	200
下限	250	190

二、单机试运转

1. 电动翻板阀

（1）断续运转约5s，检查旋转方向。

（2）先运转15s，断续运转2~3次，检查有无异常现象，如运转正常就连续运行。

（3）检查完毕后，将检查门关闭。

2. 螺旋输送机

（1）开车前要给有关人员信号，进行安全检查。

（2）开始断续运转，如无异常现象就连续运转。

（3）如有异常声音或振动，要检查链、轴承和螺旋的运转状态。

（4）检查螺旋的旋转方向，正转时物料应输送到后续的输送机，反转时物料应输送到异常排出侧。

三、通烟气试转速

1. 增湿塔工作时注意事项

（1）高温风机运转前，进入塔内的烟气可能要出现冷凝水，滞留在灰斗里会给粉尘排出造成困难。因此在高温风机运转前，尽量避免烟气进入增湿塔。

（2）开启的人孔门在通气前必须关闭。

2. 运转开始

按下述开车程序进行：

（1）在最初试运转阶段，增湿塔出口设定温度暂定为190℃。

（2）如烟气温度稳定在190℃，排气粉尘也正常，可将烟气出口温度以每次5℃逐渐变更其设定值，观察排出粉尘的情况。

（3）排出粉尘正常，就将出口温度设定为150℃并连续运转。如无异常现象，即可正式投入运行。

四、运转开车顺序

运转前检查（确认高压水泵出水阀关闭，电动调节阀打开二通阀，三通阀关闭，喷嘴截止阀打开）→螺旋输送机反向侧的电动翻板阀运转→螺旋输送机反向运转→启动水泵（给水泵闸门打开）→水泵运转→检查控制盘温度（控制盘最高触点温度和最低触点温度）→通烟气（增湿塔出口温度达到240℃）→三通阀打开→喷嘴喷少量水雾，大量水回水箱→电动调节阀慢慢关闭，喷水量逐渐增加（增湿塔出口温度下降至设定温度150℃；增湿塔出口温度降到最低温度，三通阀自动关闭，喷嘴停止喷水）→增湿塔继续运行（粉尘无异常现象）→螺旋输送机正转侧电动翻板阀运转→螺旋输送机正向运转→增湿塔正常运行。

五、运转停止顺序

烟气量减少→三通电磁阀关闭，二通电磁阀打开→螺旋输送机反向侧的电动翻板阀运转→螺旋输送机反向运转→转换到手动操作→水泵停止→螺旋输送机停止运行→电动翻板阀停止运行→取下喷嘴连接管将水排出（冬季或气温在0℃以下时，如不进行这项工作，软管会冻坏）→增湿塔停止运行→停车后检查。

第六节　增湿塔的操作维护和检修

一、日检查

（1）每天要填写值班日记，记载压力（特别要注意增湿塔工作压力不能超过500Pa）、水量和温度等变化情况。

（2）检查增湿塔系统各个装置有无异常现象。

（3）定期取下喷嘴，检查有无被粉尘堵塞。如喷嘴顶端附着很多粉尘，应将喷嘴交替取下进行清理。

（4）增湿塔各组喷嘴用过的过滤器要定期检查滤网，如网孔堵塞，要进行清理。

（5）检查粉尘排出装置有无异常现象。如排出粉尘水分过大、块大、粉尘排出增多，可能喷嘴工作不正常，按上述事项进行处理。

二、月检查

（1）检查水泵、螺旋运转机，并向轴承和链条补充润滑脂。

（2）对全部喷嘴进行清扫，其要求同喷嘴的检修。

三、停止运行时检查

（1）检查塔内粉尘有无异常堆积情况，如堆积过多，应设法将堆积粉尘排出。

（2）打开螺旋转送机的检查门，检查叶片有无粘灰和损坏情况，如有要进行清扫和修补。

（3）检查电动翻板阀及振动器动作是否正常。

（4）增湿塔通风只做沉降室使用时，喷嘴不喷水，为避免阻塞喷嘴，喷嘴内必须通压缩空气。

（5）由于长时间停水，水泵不能正常工作，要求每月启动一次，运转一小时。

（6）烟气对筒体有腐蚀作用，因此使用3～5年之后，要求每半年一次用测厚仪检测筒体钢板的减薄情况并记录在案。

四、防冻注意事项

（1）冬季增湿塔系统停止运转时，必须将所有水排出，不使其留在管道内。如排不尽，即使短时间，也可能使设备冻裂损坏。

（2）因天气变化气温突然下降时，即使在运转中，也可能出现冻裂现象，因此在软管和阀上要包玻璃棉，用带扎紧，以防万一。

五、喷嘴

喷嘴是一种高应力精密元件，为满足生产要求必须定期检查及维护，初期检查工作要限制在喷水系统的初期检查上，检查的次数必须与现场条件（如水的质量）相适应。开始时有必要每天检查喷嘴，以后检查时间可适当延长，但不要时间过长。经过一段时间使用，要按期检查喷嘴孔的尺寸（不用拆下来）。检查喷嘴的雾化情况，喷出的水雾应该是锥状细小水雾，可按照第三节介绍的方法检查喷雾的粒度。如果出现成股水雾或大的水滴，或喷嘴与喷嘴之间有污水，说明喷嘴功能不正常，应拆下喷嘴认真检查。

（1）检查喷嘴制造精度、粗糙度是否满足图纸要求。

（2）检查喷嘴体及水管内部是否有毛刺、铁屑及杂物影响喷雾效果。

（3）检查喷嘴头、回流管的磨损情况，磨损严重则应更换元件。

（4）清理喷嘴头、回流管、喷嘴座等零件内积垢和杂物。

（5）检查喷嘴座上密封垫圈是否损坏，如损坏或不密封一定要更新零件。

六、故障处理

1. 塔内出口温度过高的可能原因

（1）入口温度超过设计值。

（2）气体量超过设计值。

（3）喷嘴数量不够。

（4）喷嘴堵塞。

（5）水压过低（如缺水，阀口未正确开启，管道堵塞，水泵调节阀操作不正确）。

（6）温度检测或调节不准确。

2. 排出粉尘过程中粉尘过湿或过少的原因

（1）入口和出口温度低于设计值。

（2）气体量超过设计值。

（3）喷嘴口粉尘堆积过厚（一段时间没有工作而又没有拆卸下来的喷嘴经常出现这种情况）。

（4）调节系统失灵（由于热敏元件的严重污染而造成波动）。

（5）气体均布板缺损造成气体分布不良。

（6）由于气体量减少过多，温度下降过低，水量超过预定的调节范围。

七、润滑项目（表13-3）

表13-3 润滑项目

序号	设备名称	润滑油		加油时间	备注
		标准代号	名　称		
1	螺旋输送机　轴承	ZGN－1	钙钠基润滑脂（SY1403－77）	6月	
2	电动翻板阀　轴承	ZGN－1	钙钠基润滑脂（SY1403－77）		
3	水泵　轴承	ZGN－1	钙钠基润滑脂（SY1403－77）		

第十四章　水泥工业用斗式提升机

按　水泥工业用斗式提升机是引自国外发达国家的先进制造技术，经过消化吸收，实现了国产化，1992 年制订了行业标准。随着水泥生产大型化发展，为了满足发展生产的需要，实现行业的升华和技术进步，原国家建筑材料工业机械标准化技术委员会 2007 年由朝阳重型机器有限公司等单位组成标准化起草工作组又对其标准进行了修订工作，使标准达到了国际先进水平。为尽快掌握和了解提升机的结构技术水平以及标准内容要求，现对提升机的制造、安装、维护修理等相关特点及内容予以介绍。

第一节　概　　述

一、提升机在水泥生产中的作用

水泥的生产过程，实际上就是物料的运行过程。从原料开始，经过破碎、粉磨、筛分、混合、煅烧、包装、贮存及装车等诸多环节，最后变为成品。每一生产环节结束后，物料都要运行到下一生产环节。斗式提升机是把物料从一个高度输送到另一高度，而垂直输送物料是水泥生产和其他工业生产中最常见的，因而一定要保证提升机工作能力的适用性和可靠性，否则将会影响全线生产的正常进行。

二、提升机的类型及发展状况

1987 年以前，我国水泥工业（包括冶金、化工等工业）普遍采用的斗式提升机有五种型式共 24 种规格，见表 14-1。

表 14-1　各种提升机规格比较表

型式	系列 \ 斗宽	160	250	300	315	350	400	450	500	600	630	700	800	提升范围（m^3/h）
1	钩头						✓		✓	✓		✓	✓	100～300
2	板链式（天津水泥院）									✓		✓	✓	
3	TD	✓	✓			✓		✓						3.1～69.5
4	HL			✓			✓							16～59
5	HT				✓		✓		✓		✓			35～185
6	PL		✓			✓		✓						
7	ZL	✓						✓		✓				25～160

注：打✓者表示系列中具有的规格。

随着水泥工业向大型化和自动化方向发展，尤其是新型干法水泥生产线的出现，迫切需要提升量大、提升高度高、性能优异且能实现机电一体化的新型提升机。例如日产5000t水泥熟料生产线，需要提升量大于800m^3/h、提升高度大于45m的提升机。这是一切旧式提升机不能达到的，所以从20世纪70年代末到80年代末，我国水泥企业从德国、丹麦、日本等国进口提升机近百台。为此，1984年原国家建材局装备公司组织了朝阳重型机器厂和天津水泥工业设计研究院，共同去德国、丹麦、日本、美国进行了考察。这些国家的提升机具有提升量大、提升高度高、技术先进、结构合理、运行平稳、工作可靠、使用寿命长等优点。相比之下，我国决定引进德国莫勒斯公司的高效斗式提升机设计制造技术。国外提升机主要技术参数见表14-2。

表14-2　国外提升机技术参数对比表

国家及制造厂名称	提升机规格	提升量（m^3/h）	最大提升高度（m）	输送速度（m/s）	结构形式	斗型标准	牵引件形式及标准	
							环链式	胶带式
德国 博尤曼公司 （Beumer）	160~1600 共11个	φ=0.75 22~1125	50	0.9~1.4	D/N15251	本公司	环链 D/N764 D/N5699	
	160~1600 共11个	φ=0.75 28~1082	100	1.2~1.9	D/N15251	本公司		钢丝绳 网芯胶带
丹麦史密 斯公司 （F·L smishth）	160~1600 共9个	φ=0.75 7~650	50	1.0~1.9	D/N15251 ISO 5050	D/N15234	环链 D/N764 D/N766	
德国 莫勒斯公司 （möllers）	160~1600 共12个	φ=0.75 30~1134	50	0.93~1.47	D/N15251	本公司	环链 D/N764 D/N5699	
	160~1600 共12个	φ=0.75 40~1543	100	1.2~1.86	D/N15251	本公司		钢丝绳 网芯胶带 D/N22131 D/N22102

注：φ为填充系数。

三、提升机的工作原理

提升机的工作原理如图14-1所示，通过电机驱动，经过传动装置使主轴旋转，从而带动头轮转动。牵引件（环链及胶带）压在头轮上，靠牵引件自重、料斗及物料重量、尾轮及配重箱重（尾轮呈悬浮状态，不与尾部壳体连接）产生张紧力，从而在头轮处产生摩擦力而使牵引件及料斗运行。物料从尾部入料口进入，一部分物料直接装入料斗而被提升，另一部分物料落到底部堆积，后面料斗随之而来将堆积物料挖取提升。

物料运行到头轮处，随着头轮转到卸料一侧。在离心力和重力作用下物料被抛出，所有物料基本上都落入卸料区而从卸料口卸出。

四、高效斗式提升机的型式

高效斗式提升机分环链式和胶带式两种。环链式的优点是适应温度较高，被提升物料在

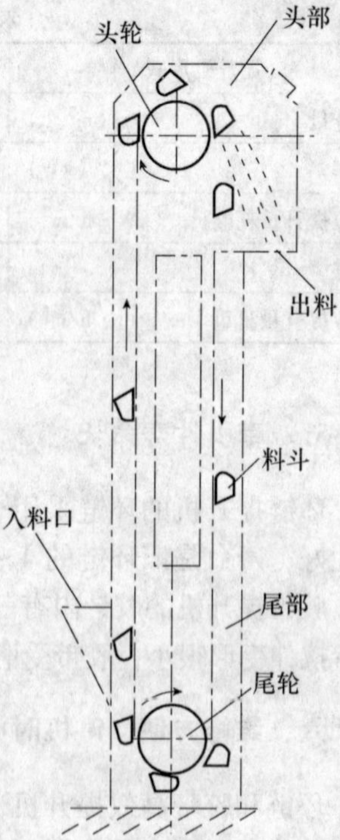

图 14-1 提升机工作原理

350℃以下，而胶带式只能在120℃以下。环链式可提升物料粒度较大，允许物料粒度达60mm，而胶带式只允许物料粒度25mm以下。另外，环链式牵引件如局部损坏，更换也较为方便。

胶带式的优点是在相同规格下，其提升能力较大，一般比环链式高30%～40%。牵引件重量较环链式小，出现事故较少，而且其提升高度也远大于环链提升机。

第二节 高效斗式提升机的优点

一、规格齐全且符合优选数系

高效斗式提升机分环链和胶带两种型式，各有十二种规格，分别为160，200，250，315，400，500，630，800，1000，1250，1400，1600。此规格系列符合国际优选数系R10系列。每个规格与前一规格之比约在0.8左右。只有1250与1600之间距离太大，增加了一个1400规格。

二、提升量范围大

高效斗式提升机提升量，环链式为28～1134m^3/h，胶带式为37～1543m^3/h，可见提升量范围很大。

旧式提升机提升量最大者为钩头提升机，仅375m^3/h，与同规格提升机相比，高效提升机要大得多，见表14-3。

表 14-3 几种提升机提升量比较表

型式 \ 提升量（m^3/h） \ 规格	160	250	400	450	500
旧环链HL式			47.2		97
旧胶带D式	8	21.6		69.5	
钩头式			100		164
高效环链式	28	58	120		164
高效胶带式	40	78	158		220

三、提升高度大

高效提升机环链式最大提升高度为50m，胶带式为120m（目前国内已经有使用大于100m的高度），而各种旧式提升机一般不超过30m，最大者不过40m。

四、同规格相比，高效提升机单位提升量的功率消耗小，机重轻

以规格400为例，提升高应为30m。各种提升机形式的功耗、机重比较见表14-4。

表 14-4　各种提升机形式的功耗、机重比较

提升机形式	HL	TH	TD	钩头	高效环链	高效胶带
提升量 (m^3/h)	47.2	94	110	100	120	158
功率 (kW)	11	18.5	22	22	22	18.5
单位提升量耗电 ($kW \cdot h/m^3$)	0.233	0.197	0.2	0.22	0.183	0.117
机重 (t)	9.33	13.18	13.83	29.56	14.06	13.07
单位提升量机重 ($t \cdot h/m^3$)	0.198	0.140	0.126	0.296	0.122	0.082

五、牵引件寿命长

环链提升机的环链采用合金钢，硬度在 HRC50～60，其不仅适用于大提升高度，且耐磨性好，寿命是旧环链的 4～6 倍。

胶带提升机的胶带内有三层钢丝绳芯，一层纵向承受拉力，二层横向防止挂斗处撕裂，受载后拉伸变形很小，胶带受磨损和老化后，其承载能力不变，使用寿命比普通胶带要高得多。

六、维修方便，停机时间短

环链和胶带高效提升机，头轮分轮载和轮缘两部分，轮缘为多块式结构，磨损后可打开头部检修门，逐个更换，不必打开上壳体，也不必拆下主轴，减少更换时间。另外，由于牵引寿命长，也减少了维修次数。

七、具有监测装置

高效提升机上安装有三种监测装置：料位卡入转数监视器，胶带提升机上安有胶带防跑偏开关。

由于某种原因喂料过多或喂料位置不正确时，物料会过多地撒落在底部，堆积过多时会将尾轮埋住而不能正常运转。料位计安装在尾部，当物料超过某一高度时，料位计发出信号，反馈到喂料系统，使喂料停止，但提升机仍运转输送物料，当物料低于某高度时，料位计又发出信号使喂料系统开始工作。

如果因某种原因使头轮打滑，牵引件不运行时，头轮和牵引件将迅速磨损，同时尾部物料很快堆满，外部又不能明显观察到，尾部安装转数监视器后及时报警，即可在控制室内发现，以便及时停机。

胶带防跑偏开关上下各有两个，当胶带跑偏较小时发出信号，跑偏较大时自动停机以便及时修理。

八、尾部处于悬浮状态

牵引件与头部张紧力靠牵引件、料斗、尾轮及配重箱重力产生，尾轮不固定在壳体上而呈悬浮状态。当牵引件由于磨损和温度升高等原因伸长时，可自由沉浮使头轮张紧力不变，比旧式提升机用丝杠调节及时、方便、可靠。

九、传动部分体积小、重量轻

减速机为硬齿面，寿命长。电机和减速机间用液力耦合器连接，既可保护电机，又可带

负荷启动（生产线突然停止，再启动时即是带负荷启动）。

十、头部设有排风法兰以接收尘器，尾部装有可进气的排气节

收尘器工作时，下面进气，上面排气，壳体内形成负压使灰尘不能外逸，避免了环境污染，且在物料温度高时可降低机壳内温度。

十一、机壳为钢板压制成型，美观大方，可节省材料

第三节　高效斗式提升机的结构

提升机总体结构如图 14-2 所示，主要分为以下几部分：

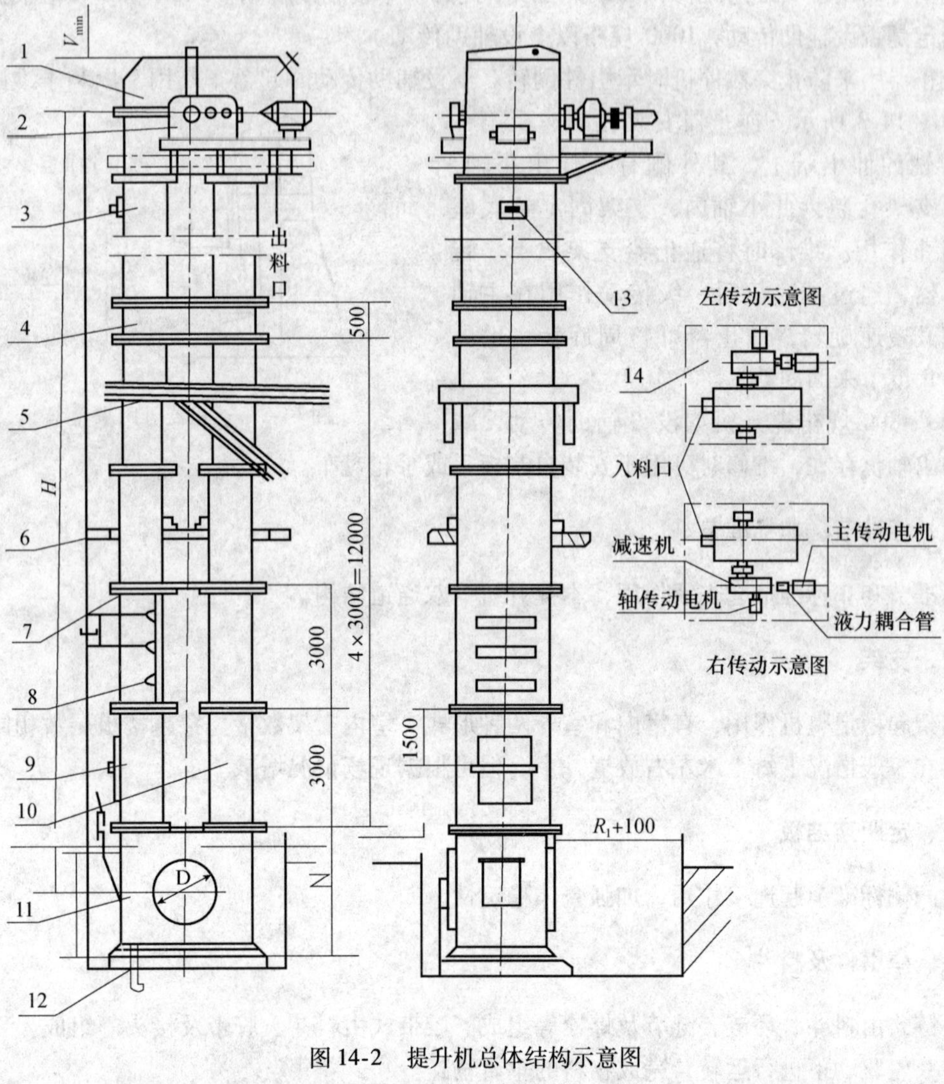

图 14-2　提升机总体结构示意图

1—头部；2—传动部分；3—非标准节；4—通风节；5—室外支架；6—室内支架；7—连接板；8—牵引件及料斗；9—装配节；10—排气节；11—尾部；12—地脚螺栓；13—检视门；14—检修平台

一、头部

头部由头部壳体、主轴、链轮（或头部胶轮）及轴承座等组成。头部承受牵引件、料斗及物料的重量，并带动其运转。头部还设有排风法兰并与收尘器相连接，以使壳体内形成负压，防止灰尘逸出及排出高温气体。

二、传动部分

此部分由电动机、液力耦合器、减速机、辅助传动、逆止器和传动底座等零部件组成。提升机以此传递功率，进行工作。

液力耦合器用来连接电机与减速机，超载时起保护作用，并允许带负荷启动。

辅助传动用于安装与维修，400 规格以下提升机不设辅助传动。500～800 规格根据用户要求确定是否设辅助传动，1000 规格以上设辅助传动。

逆止器用来防止突然停机时牵引件倒转。不设辅助传动时起盘车作用，以利于维修和安装，如图 14-3 所示。逆止器安装在减速机第一根平行轴的伸出端上，其外侧有一伸出小轴，逆止器支架孔装入此小轴内，支架固定到底座上起逆止作用。维修时将逆止器支架取下。转动逆止器，通过减速机后一级传动作用在主轴上，使其慢速旋转，逆止器可整周旋转，也可在某一角度下来回摆动。

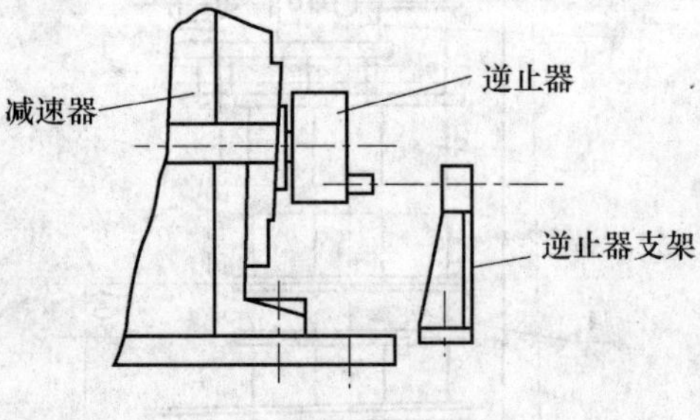

图 14-3 逆止器可用来盘车

500～800 规格提升机如没设辅助传动，减速机伸出轴仍存在，维修时可用于安装自制扳手或手轮盘车。

三、标准节、非标准节

标准节和非标准节起支承作用，本提升机为双通道结构。

四、支架

支架起稳定整机作用，有室内和室外两种形式。室内支架数量与穿越楼板层数相同，室外支架在一般情况下每十米左右放置一个，但可根据现场情况增减。

五、定距连结板

对两侧标准节起连接作用，加强壳体稳定性。

六、牵引件及料斗

环链式由料斗、环链、链节及螺栓等组成。胶带式由料斗、胶带及接头等组成。环链或胶带在头轮驱动下进行运转，完成物料的垂直输送。

七、装配节

装配节上设有人孔门，牵引件及料斗均由此装入，检修牵引件与料斗时也可打开此门进行。

八、排气节

排气节上安装有钢丝窗口，头部的排风法兰接收尘器，使壳内形成负压。排气节上安有跑偏开关。

九、通风节

每四个标准节上设一个通风节，通风节起连接标准节作用。对提升机起稳定作用，也可使壳体两条通道气压平衡。

十、尾部

尾部包括壳体和尾轮两部分，壳体的作用是支承提升机全部重量，容纳尾轮部分，并进行喂料。壳体上又安装有料位计和转数监测器，其作用前面已介绍，在尾部的位置如图14-4所示。

尾轮部分包括尾轮、尾轮轴及配重箱等。尾轮对牵引件运行起导向和稳定作用。配重箱内装上配重，可增加牵引件张紧力。

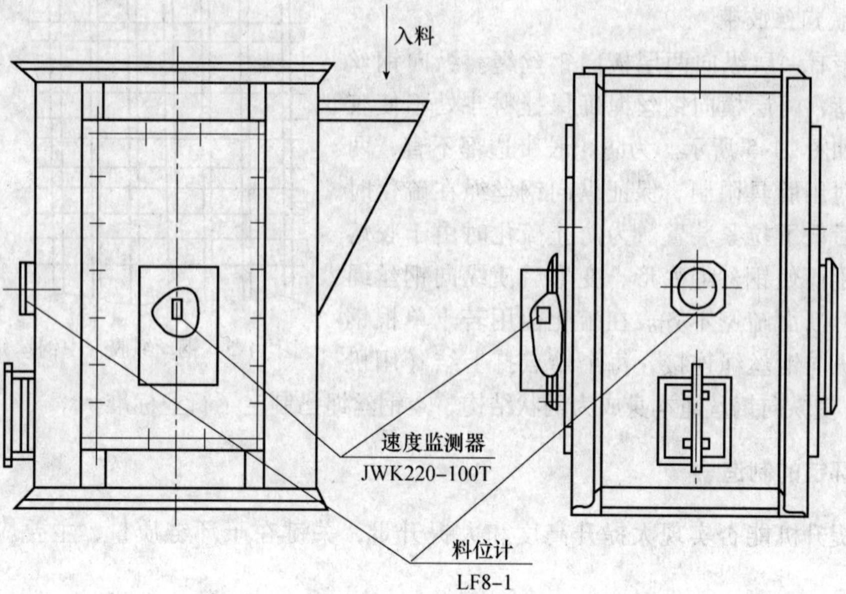

图 14-4　料位计和速度监测器在尾部的位置

十一、检视门

检视门设在某标准节上，用来观察牵引件运行情况和料斗装料是否正常。订货时用户根据情况确定数量，安装位置用户在现场开设。

十二、检修平台

检修平台用于安装、检修。检修平台制成分体件，现场安装时并成一个整体，然后焊在头部壳体上，焊接位置由用户自行确定，以检修方便为原则。如楼板和头部的位置适当，也可不设检修平台。

第四节　高效斗式提升机的制造

高效斗式提升机的制造手段，是保证其优越性能的最重要措施。这一环节的措施如不得力，其优越性将难以发挥。因此，高效提升机的制造有其特殊工艺，现分别叙述各重要环节的制造特点。

一、重要配套件的质量保证

1. 主减速机

主减速机是硬齿面齿轮，技术参数同德国孚兰德公司产品，齿面硬度达 HRC58 ~ HRC62，体积小，重量轻。目前国产硬齿面减速机也能满足使用要求。

2. 液力耦合器

液力耦合器国内也有专业生产厂家设计与制造，技术经多年检验，性能优越，安全可靠。

3. 网状钢丝胶带

此胶带有一层纵向两层横向钢丝绳。纵向钢丝绳承受载荷，两层横向钢丝绳确保挂料斗处不使胶带撕裂，如图 14-5 所示。为防止胶带边部不直，两侧在制造时用胎具限制。保证纵向钢丝绳在硫化时拉紧，前后设了拉紧装置。为防止硫化时由于胶熔化先后有别而使钢丝绳变形，变形后使纵向钢丝绳发生弯曲，断面疏密不齐。在硫化前用若干单根钢丝横向将纵向钢丝绳连接，每个结点打上结（用机器打结），使纵向钢丝绳本身成为网状结构，本钢丝绳已制定了行业标准。

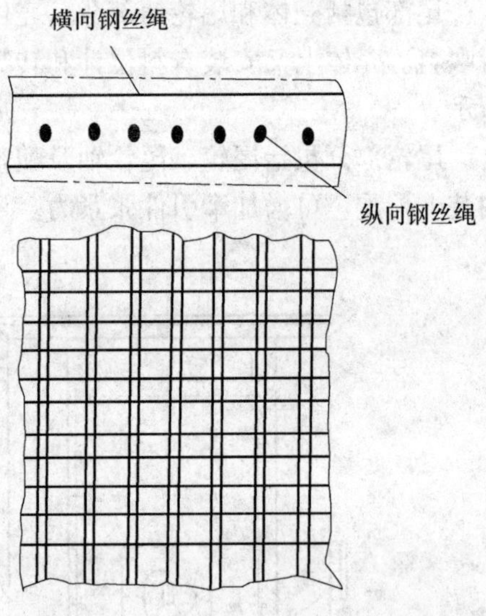

图 14-5　钢丝绳胶带中钢丝分布情况

二、环链的制造

环链提升机能否实现大提升高度和大提升量，关键在于环链质量，主要应保证下列三点：

（1）环链硬度在 HRC50 ~ HRC60，最好达到上限。

（2）在高硬度情况下保证足够强度，其最大破断力应达最大提升高度时满负荷的 8 倍。

（3）几何尺寸要严格控制，如图 14-6 所示。图中内环尺寸 $5 \times L$，此尺寸误差过大会引起装配困难，安装后易使料斗偏斜。

为保证环链质量，其制造步骤要求如下：

1）按编链工艺参数，计算好圆钢料长度。计算时要考虑其压弯时的长度变化和折弯时微量延伸等因素。

2）将下好的料放在编链机上，其送料、电极加热和编链等过程自动进行。

3）将编好的环链放在自动焊机上自动焊接。

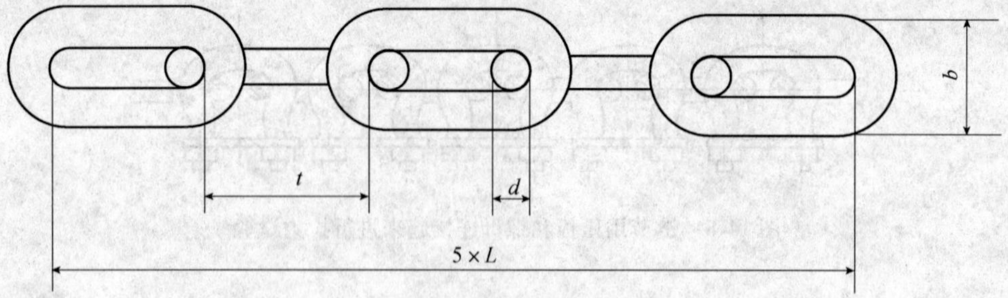

图 14-6　环链

4）焊好的每条环链，其内环总长 5×L 比设计略小，然后放在拉伸机上进行定位拉伸，拉伸到设计尺寸。这时拉伸力达破断拉力的一半，如发生裂纹者即废掉。

5）将编好后的环链进行热处理，使其硬度达 HRC50～HRC60。

6）按一定比例抽检，在实验机上进行破断拉力试验。如有不合格者，加倍抽检，如再有不合格者，整批废掉。

7）检验完后，进行涂漆。

三、链节的制造

同环链一样，链节也是关键零件，其形状如图 14-7 所示。图中 B 区的硬度大小，直接影响链节的使用寿命。另外图 14-7 中 m 尺寸不能误差过大。其制造过程如下：

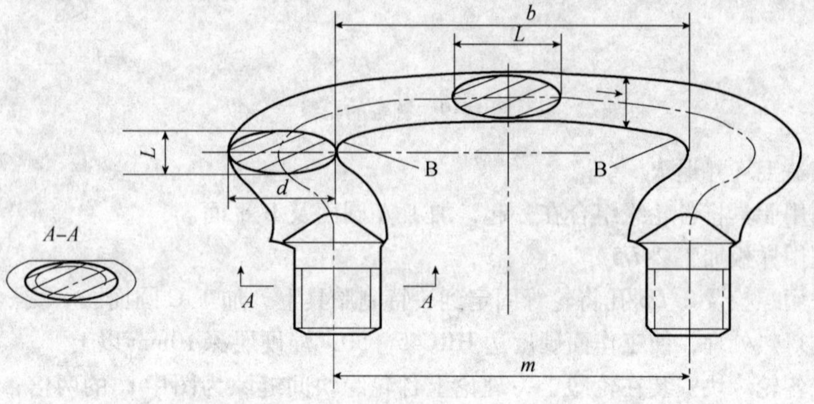

图 14-7　链节

（1）用模锻或其他加工工艺制出毛坯，并保证毛坯件 m 和 b 的尺寸精度符合要求。

（2）加工螺纹部分，用偏心胎具、进行特殊装卡和特殊刀具进行加工。

（3）进行热处理，使 B 区硬度为 HRC40～HRC45，在保证强度前提下，也可以使整体硬度达 HRC40～HRC45。

（4）将若干制做后的链节用压板和螺母连接起来在拉力机上进行拉伸，拉伸力 P 达破断拉力的一半，如有裂纹者即报废。

（5）进行抽检，内容同环链制造第 6 条。

（6）检验合格后，进行涂漆。

图 14-8 为链节用压板和螺母连接起来进行拉力试验。

图 14-8　链节用压板和螺母连接起来进行拉力试验

四、头部轮缘的制作

轮缘形状如图 14-9 所示。轮缘在工作中与环链接触次数比其中任一节环链要大，因此磨损比环链要快，寿命也短，故制作成分块结构，便于更换。轮缘制作过程如下：

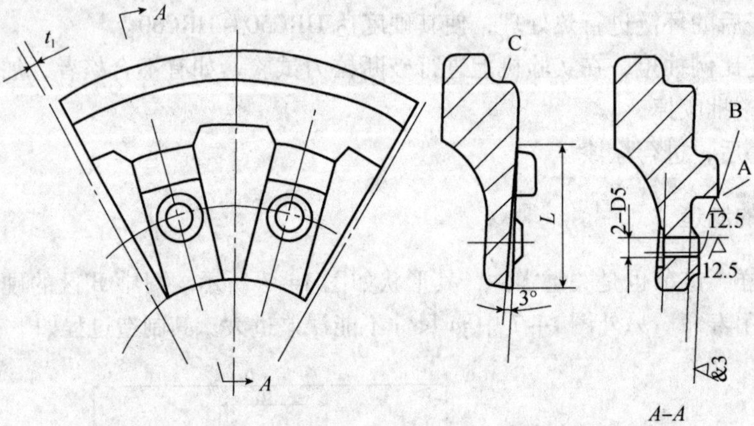

图 14-9　链轮的轮缘

（1）铸造毛坯并退火。

（2）利用胎具将各轮缘组合在一起，加工 A 圆面及 B 平面。

（3）利用样板加工 2-*D*5。

（4）采用螺栓及 2-*D*5 孔将轮缘固定到一特制胎具上，加工 C 圆面。

（5）进行热处理，使工作面硬度达 HRC45～50，淬硬层深 10mm 以上。

（6）将各轮缘块安装在轮毂上，理论上各轮缘块间缝隙为图中 t_1 的两倍，实际上不会完全均匀，但不能差距太大。各块 C 圆面应在同一圆上，其上下凸凹差不能大于 1.5mm。

（7）轮缘与轮毂用螺栓紧固在一起，拧紧力矩应符合表 14-5 的规定。

表 14-5　轮缘与轮毂螺栓拧紧力矩

提升机规格	160	200	250	315	400	500	630	800	1000	1250	1400	1600
螺栓拧紧力矩（N·M）	295		520						900			

五、胶带孔的加工

胶带加工首先进行打孔，以便固定料斗，胶带孔如图 14-10 所示。由于胶带中有三层钢丝绳，打孔时肯定会打断钢丝绳，况且各料斗孔位置要求严格，否则料斗安装后将歪斜，因此料斗孔要由特殊工装夹具来完成。胶带孔打孔步骤如下：

（1）做一模具安装在油压机冲头上，上模装有一排冲头，冲头为空心带刃结构，其直径和间距与胶孔对应，下模有一排孔，如图 14-11 所示。

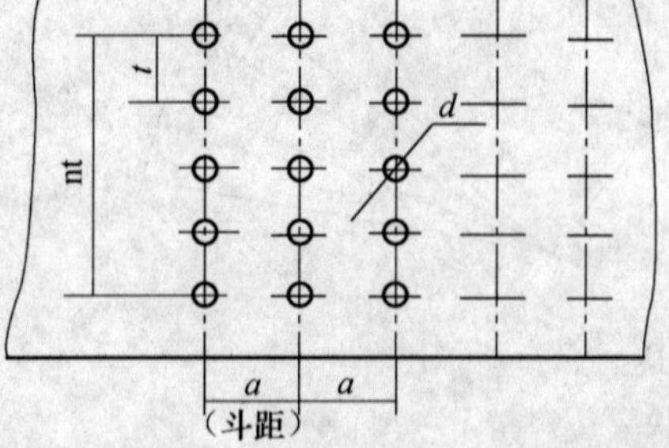

图 14-10　胶带孔情况

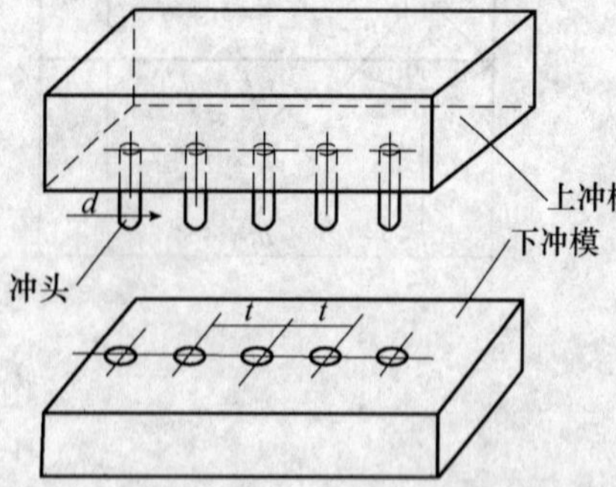

图 14-11　胶带打孔用上、下冲模

（2）距模具孔 a（斗距）设一排定位圆柱，其直径与间距同胶带孔对应，在一侧有两根可转动的立辊以使胶带一侧定位，如图 14-12 所示。

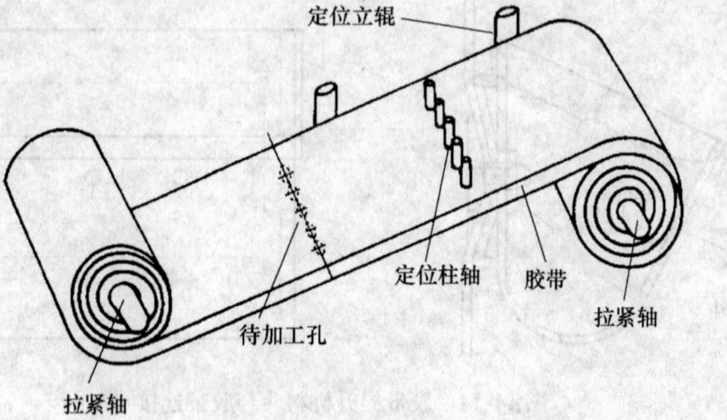

图 14-12　胶带定位打孔情况

（3）已打好孔部分及还未打孔部分均有卷辊及放辊装置拉紧胶带。胶带放在下模上，上模下冲，冲击一排孔后，前辊卷，后辊放，胶带贴二立辊前行。前冲好的孔挂在定位销上，将胶带拉紧，再冲下一排孔，如图 14-12 所示。这样既能保证前后排孔对齐，又能保证斗距。

（4）继续打下一排孔，一边打一边卷，直到打完为止。

六、胶带提升机头轮胶块的制作

（1）按图纸加工图 14-13 中 1 和 2，胶块分面胶和底胶，两层胶和物理机械性能必须符合相应要求。

（2）用粘合剂将两件粘在一起，使橡胶与金属的粘结强度大于 3.9MPa。

（3）将制好的胶块与轮鼓装配在一起，两件用沉头螺钉连接。装配时，各胶块间缝隙应均匀，按要求整个滚筒制成中部直径稍大的鼓形，滚筒外圆径向跳动为 1 ~ 3mm。

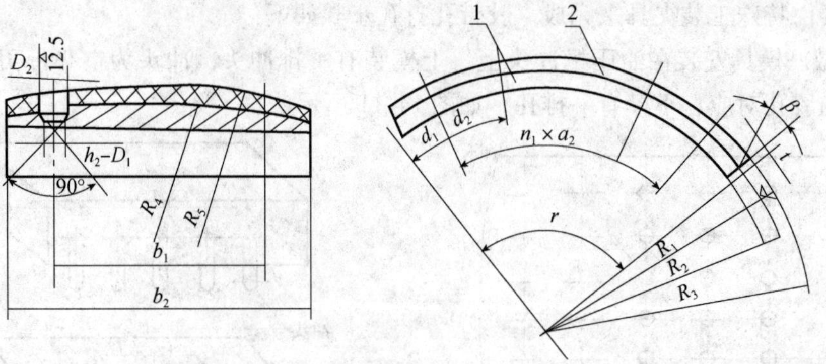

图 14-13　胶轮块

1—钢板；2—胶块

七、料斗的制作

胶带提升机料斗如图 14-14 所示。其制作过程如下：

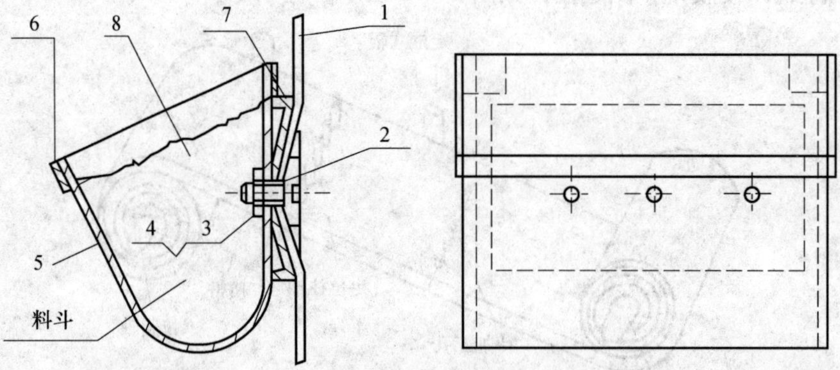

图 14-14　胶带提升机料斗与胶带连接

1—钢丝胶带；2—垫片；3—螺钉；4—螺母；5—围板；6—加强带；7—附耳；8—侧板

（1）先下好料，钻好螺栓孔，用特制弯板器弯制成围板（图 14-14 中 5）。

（2）制作侧板（图 14-14 中 8），特制的上下模具，安放在冲床上，将下好的侧板料放在冲头上，进行压制。

（3）制作加强带。特制模具，下好料。一边加热一边弯，三面都紧紧靠在模具上，即制成，如图 14-15 所示，烘烤 C 部。

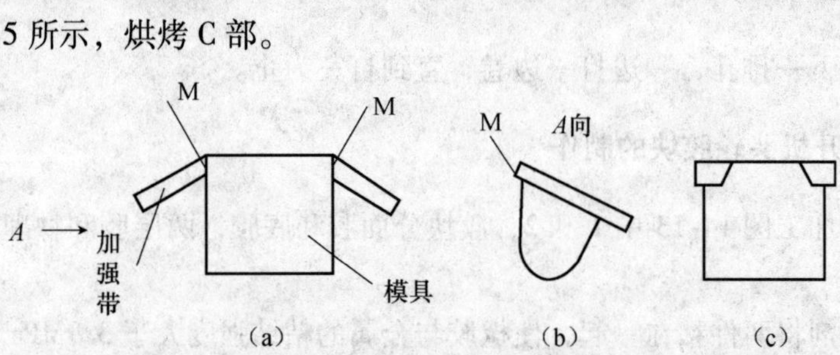

图 14-15　加强带的制作步骤

（4）制作附耳。特制上下两模具，安装在油压机的上下两冲头上。详细计算，下好料，放在油压机上压制而成。由于附耳形状不规则，实际上模具制作困难，料的计算也很复杂。

(5) 将围板、侧板、加强带和附耳焊在一起。

环链提升机料斗如图 14-16 所示，其制作过程如下：

(1) 先将围板和衬板（图 14-16 中 7）下好料后焊在一起钻孔。

(2) 焊好后进行弯制，方法同胶带提升机料斗制作 (1)。

(3) 加强带、侧板制作方法同胶带提升机料斗。

(4) 将围板衬板组合体、侧板和加强带焊在一起。

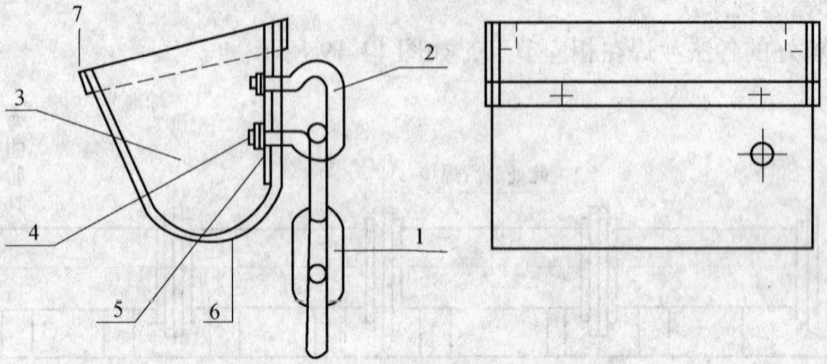

图 14-16　环链提升机环链与料斗连接情况

1—圆环链；2—链节；3—侧板；4—螺母；5—衬板；6—围板；7—加强带

八、标准节的制作

标准节由主体和法兰两部分构成。主体部分由左右两半组成，大小规格两半形状不一样，如图 14-17 所示，法兰形状如图 14-18 所示。

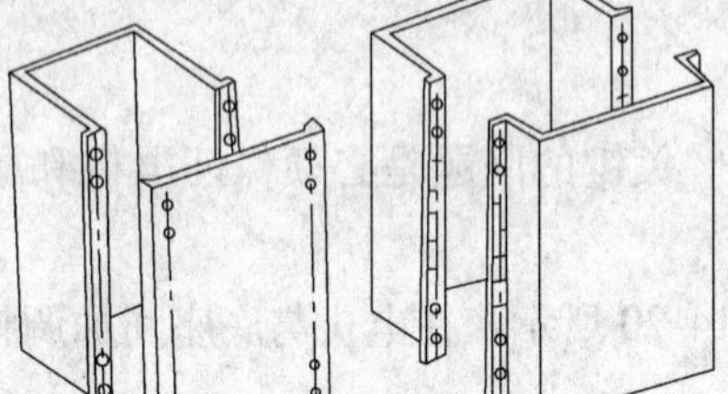

小规格标准节　　大规格标准节

图 14-17　标准节主体由两半组成

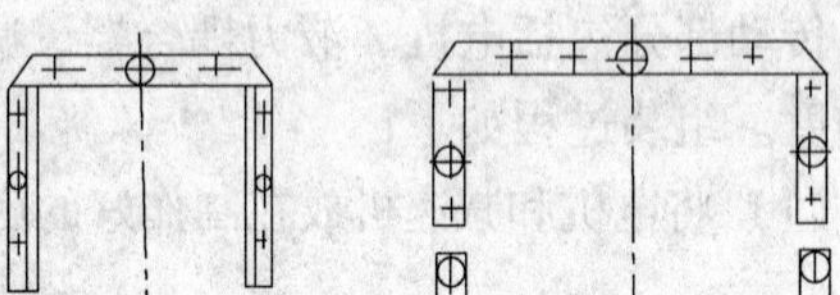

小规格法兰　　大规格法兰

图 14-18　标准节法兰

1. 主体部分制作过程如下：

(1) 下好料，根据厚薄情况，将 3 ~ 5 张板叠在一起，划线、钻孔。

(2) 在压弯机上将工件压成槽形。

(3) 用螺栓将一对工件连接成一个整体，连接前后都必须进行修整，使其形状及尺寸达到要求。

2. 法兰部分制造过程如下：

(1) 下好角钢料，制作出两端斜角。

(2) 将每一块放在一特殊模具上定位钻孔。

（3）在特制模具上，相应固定住每块角钢，进行焊接。

（4）然后进行组合，组合过程如下：

1）制作一定长度的弯曲胎具，胎具端部为钻孔的竖直平面。水平、竖直两部分都要求有一定的平面度，且两部分相互位置应保证垂直度要求。

2）将四节标准节放在胎具上，第一节法兰平面与胎具竖直平面用螺栓连接。

3）将制作好的法兰套在每节的两端。

4）将相邻两节端部法兰用螺栓连接，连接时调整好各节位置并使之符合精度要求。各法兰对齐，无错边现象。

5）将调整好的各法兰焊在相应节上，如图 14-19 所示。

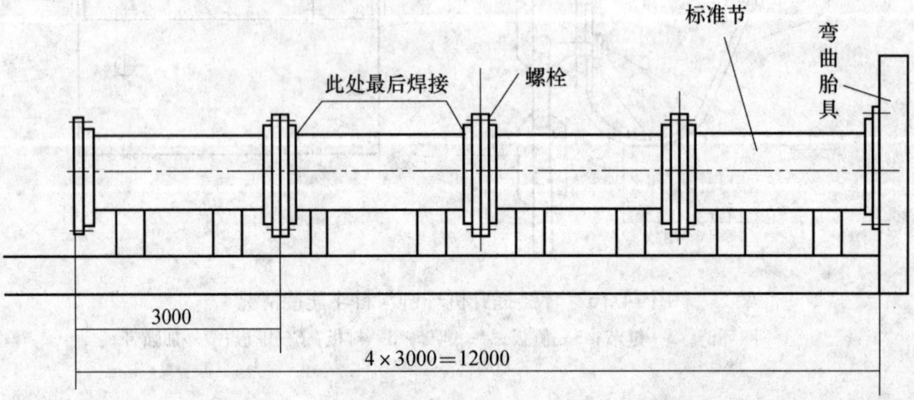

图 14-19　标准节在弯曲胎具工装上实现中心线对正

6）按顺序打上标记，以便在现场装配时对号入座，但标记要明显。

7）将螺栓拆除，以待发运。

九、传动部分组装

传动部分包括电机、液力耦合器、减速机和底座。关键的问题是必须保证电机和减速机同轴度。组装过程如下：

（1）将电机和减速机放在制作好的底座上，如图 14-20 所示。在电机与底座间加调整垫。

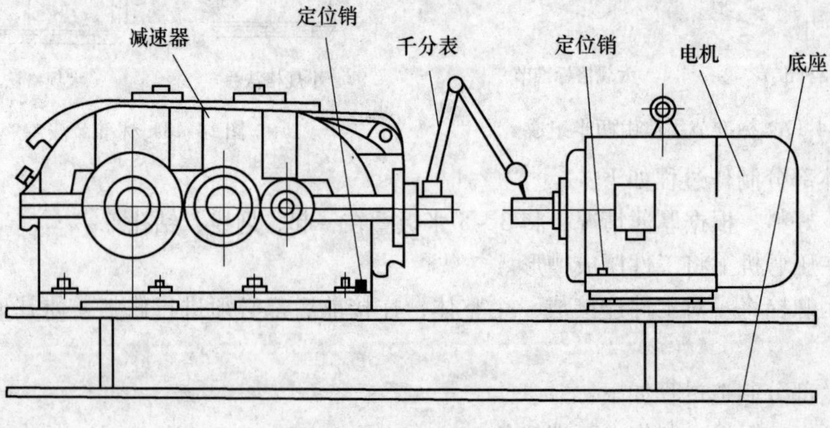

图 14-20　传动部分组装

调节减速机和电机的同轴度。先将减速机固定，用工装卡板等工具粗找正，再将电机固定，用千分表精确找正。可将千分表座固定到减速机轴上，表针指在电机轴上。旋转减速器轴来观察指针变化，如不合要求，调整电机座或调整垫的厚度，最后达同轴度要求（$\phi 0.1 \sim \phi 0.2$mm）。

（2）调整后在电机上打两定位销，对角位置各打一个。

（3）拆下电动机，将液力耦合器装在减速机输入轴上。

（4）将电机输出轴装入耦合器上，电机复位，定位销亦复原位置，将电机固定。

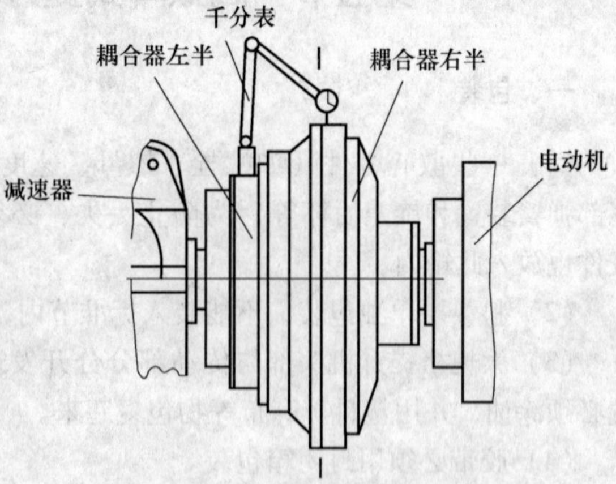

图 14-21　复位后再检查同轴度

（5）复位后检查同轴度，液力耦合器分两半接手，将千分表座固定到减速机端半接手上。千分表指针指到电机端半接手上（当然要指在加工外圆上）将耦合器慢慢旋转一周，观察千分表同轴度保持在$\phi 0.1 \sim \phi 0.2$，如图 14-21 所示。

十、头部与传动部分组装

（1）如图 14-22 所示，将支撑板固定到头部下壳体的三角筋板上，但不要拧紧，处于松连接状态。

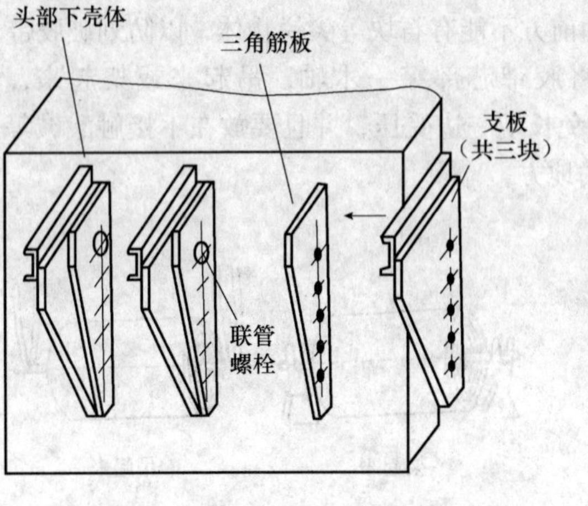

图 14-22　头部下壳体上三角筋板和支板

（2）将安装好的传动部分浮放在三根支板上，减速机空心轴装入头部主轴上。

（3）调整好支板，将三块支板同三角筋板连接螺栓紧固，传动底座与支板上的槽钢焊在一起。但有一个原则，底座一定要调整好，不能使头部主轴与减速机空心轴有附加应力。另外支板不能同头部三角筋板焊在一起，待到用户安装调整后才能焊接。

（4）进行头部试运转，头部试运转应达到下列要求：

1）检验逆止器和超越离合器安装方向是否正确。

2）运转后无异常振动和冲击声，温升不超过 30℃。

3）液力耦合器及减速机无渗漏油现象，液力耦合器无明显振动。

4）主轴承温升不超过 30℃。

5）大规格提升机头部和传动部分分两箱发运，应在头部试运转后将传动部分拆下，但试运转必须进行。

第五节　高效斗式提升机的包装发运与贮存

一、包装

（1）一些散碎零件（如螺栓、螺母、速度监测器、胶带防跑偏开关、尾部润滑装置、尾部弹簧装置和旋盖油杯等）为防止丢失，必须装在一单独箱内封闭包装，说明书等技术文件也放入此箱内。

（2）料斗要单独包装，不能装入标准节内，以防标准节变形。

（3）大规格提升机头部与传动部分分开发运，传动部分必须用封闭箱。头部主轴外伸端必须涂油，并用塑料、麻布等物包裹起来。

（4）胶带必须用封闭箱包装。

（5）标准节所占体积最多，发运时两节为一组，螺栓连接，固定在滑木上发运。

二、运输

环链、链节和胶带发运时不能接触酸碱等化学物质。海上发运时不能浸入海水。装卸时不能使各壳体随意磕碰，以免变形。

三、贮存

胶带如短期内不使用，不能放在室外保存，以防破损及风吹日晒老化。

（1）胶带如在院内短距离运输，可以将胶带打卷向前滚动，但只能顺着卷的方向滚动，而不能逆方向滚动，如图14-23所示。在滚动前方不能有石块等尖锐物体，以防划破胶带。

（2）如在室内较长时间贮存胶带，应将胶带芯部穿一木轴，吊起来或架起来，如图14-24所示。隔半月左右转动一个角度，以免长期一边受压，并且要放在不接触酸碱等化学物质的地方，也不要放在太阳光直接照射的地方。

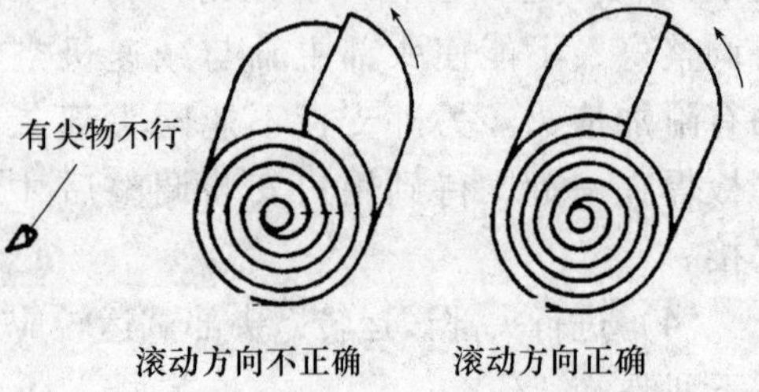

图14-23　滚动运输胶带的滚动方向

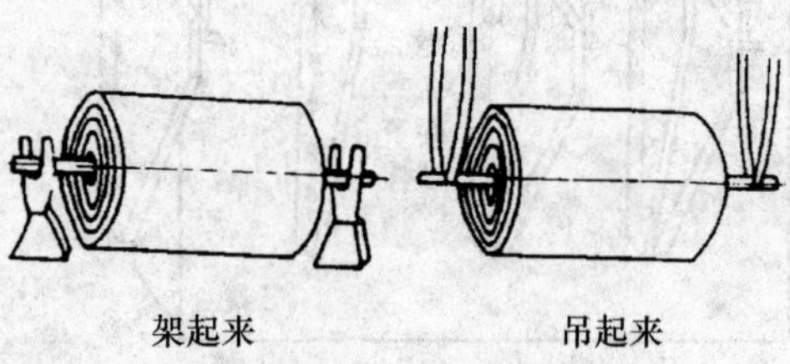

图14-24　胶带在室内存放要架起来或吊起来

第六节　高效斗式提升机的安装

（1）安装前的准备工作：

1）根据基础荷重和土质情况，按相应的脚孔位置，打好提升机基础，基础的水平度允差每1000mm长度内不大于1mm。

2）如尾部在地下，应留有足够空间用来检修，装卸尾轮轴，清理物料。所留空间至少如前图14-2所示。

3）检查提升机零部件是否齐全，运输和贮存是否有损坏和锈蚀的零部件，该清洗的清洗，该修理的修理。

4）必须仔细阅读使用说明书后才能进行安装。

（2）将尾部安装在基础上，拧紧地脚螺母。尾部上法兰水平度允差每1000mm长度内不大于1mm。

（3）按图14-2顺序逐次自下而上安装，每节安装后法兰面的平面度允差为1/1000，如不平时，允许用石棉垫或石棉绳调整。

（4）按照总图要求，在连续四个标准节中，正中位置（第二、三中间）安装一个定距连接板，如图14-25所示。

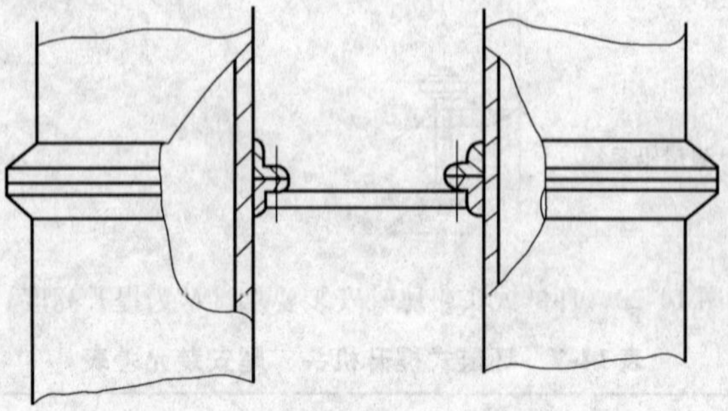

图14-25　定距连接板的安装情况

（5）壳体安装后，即可装室内或室外支架，如图14-26和图14-27所示。两种支架安装好后，都不能与壳体焊接在一起，应保证提升机壳体能纵向自由膨胀。

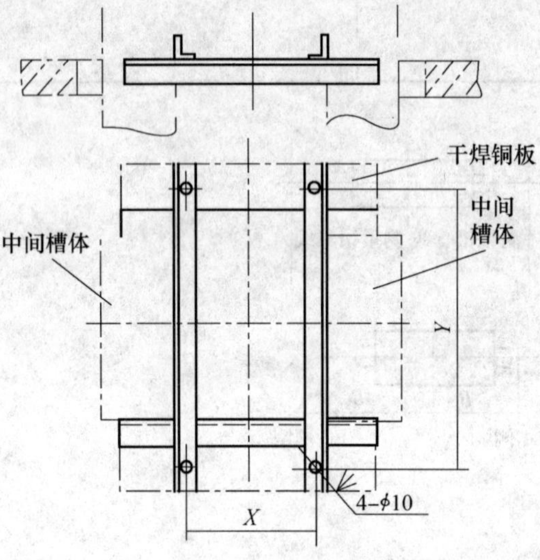

图14-26　室内支架

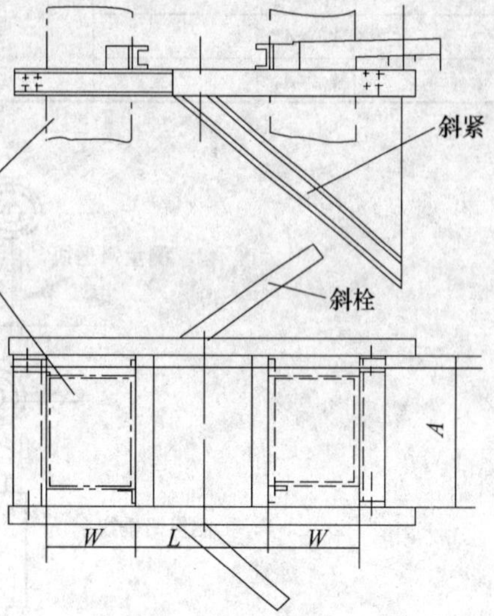

图14-27　室外支架

（6）如头部和传动部分分两体发运，应将传动部分安装在主轴上并固定到壳体上，最后将减速机锁盘螺钉拧紧，使其空心轴和主轴连接在一起，拧紧力矩见表14-6。

表14-6　锁紧盘拧紧力矩表

锁紧螺钉直径	M8	M10	M12	M16	M20
拧紧力矩（N·m）	29	58	100	240	470

（7）提升机全部安装完后，头尾轴水平度允差每1000mm长度内不大于0.3mm。

（8）环链式提升机头、尾轴的安装允差：环链式应符合图14-28和表14-7的规定，胶带式的应符合图14-29和表14-8的规定。

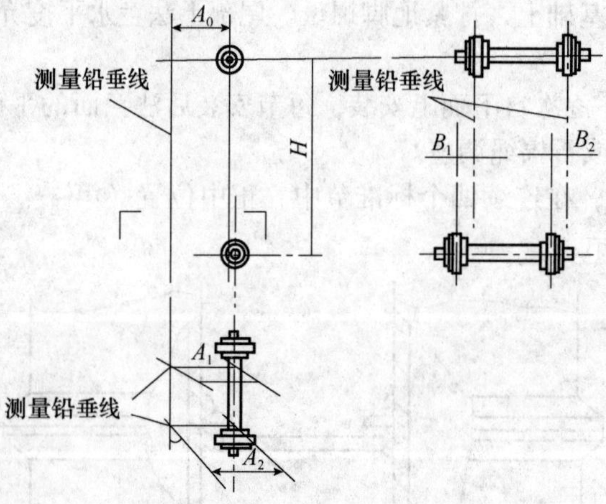

图14-28　环链式头、尾轴安装要求（H为提升高度）

表14-7　环链式提升机头、尾安装允差表

尺寸名称	$H \leqslant 30m$	$H > 30m$
	公差值（mm）	
B_1	≤2	≤4
B_2		
$\|A_1-A_2\|$		
$\|A_0-A_1\|$		
$\|A_0-A_2\|$		

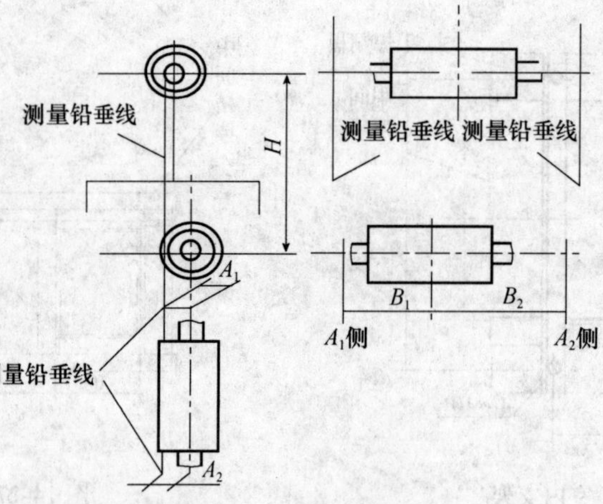

图14-29　胶带式提升机头、尾轴安装要求（H为提升高度）

表14-8　胶带式提升机头、尾轴安装允差表

提升高度	$H<30m$	$30m \leqslant H \leqslant 50m$	$H>50m$
名称	公差值（mm）		
$\|A_1-A_2\|$	2	4	6
$\|B_1-B_2\|$	5	7	9

（9）中间壳体对提升机中心线平行度允差每1000mm长度内不大于0.5mm，同时符合第8条规定。

（10）环链式提升机的链节与料斗的连接

链与斗的连接极为重要，很多厂家因链节与料斗的连接螺母松动而引起链节频繁折断，更换新件后仍不见效。链节与料斗连接如图14-30所示。

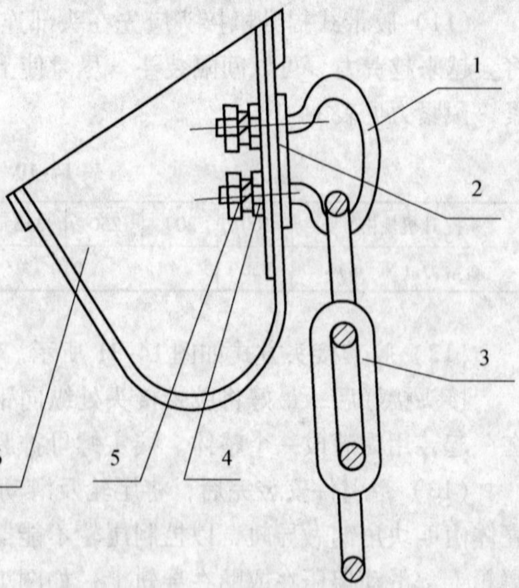

图14-30　链节与料斗连接

1—链节；2—压板；3—环链；4—螺母（2个）；5—弹簧垫圈；6—料斗

连接方法如下：

1）先在下边将料斗、链节和贴近料斗的螺母连接好，并且拧紧，但螺母上的弹簧和上边的螺母先不连接。

2）连接好后由装配节向传动链轮吊装，经链轮后放下来，在尾部将接头接好。

3）必须在头部壳体处将螺母再紧一次，这是很重要的一点，因不在头部连接该螺母不易拧紧，应使用加力杆拧紧。

4）进行试运转8h。

5）打开头部上壳，再用加力杆紧一次，拧紧力矩见表14-9。但表中只是参考值，在不损坏螺母的情况下应尽量加大拧紧力矩。

表14-9　拧紧力矩

提升机规格	提升高度（m）	螺母规格	料斗螺母拧紧力矩（kg·m）
160	50	M12	20
200	44		
250	50	M14	25
315	50	M16	40
400		M20	50
500			
630		M24	60
800			
1000		M30	100
1250	≤40		
	40～50	M36	200
1400	≤35	M30	100
	35～50	M36	200
1600	50	M36	200

6）安装弹簧垫圈和上面的螺母，上面螺母拧至压平弹簧圈即可。

在更换链节、链环及料斗时，都要按上述办法进行。

7）安装料斗时环链应选配，一对长尽量一样，以免造成较大积累误差。

（11）胶带式提升机接头应先在头部连接好后再装料斗，但不要连续装，因为那样盘车将会越来越费力。可以间隔装斗，尽量使上升段和下降段料斗数接近相等。料斗螺母必须拧紧，预紧力见表14-10。

表14-10　料斗螺母预紧力　　N·m

提升机规格	160	200	250	315	400	500	630	800	1000	1250	1400	1600
预紧力（N·m）	120	210				380						

（12）胶带接头方式如图14-31所示。

接头接好后，最好将胶带接头处纵向钢丝绳从胶带中破出，将二段断头钢丝绳破乱，绕在一起，用锡灌成一个整体。接头螺母拧紧力矩见表14-9。

（13）牵引件安装完后，将尾轮及滑动架压在牵引件上，这样尾轮就悬浮在尾部。尾部壳体由四块角钢做导轨，以控制尾轮不能摆动太大，但要注意观察，不能使牵引件歪斜而使尾轮上部滑动架压在或贴在导轨上，如图14-32所示。

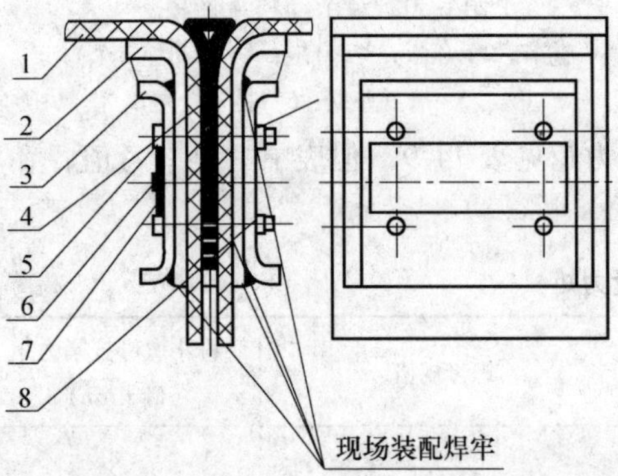

图14-31　胶带接头方式

1—钢丝绳芯胶带；2—钢板；3—钢板；4—钢板；5—钢板；6—螺栓；7—垫板；8—螺母

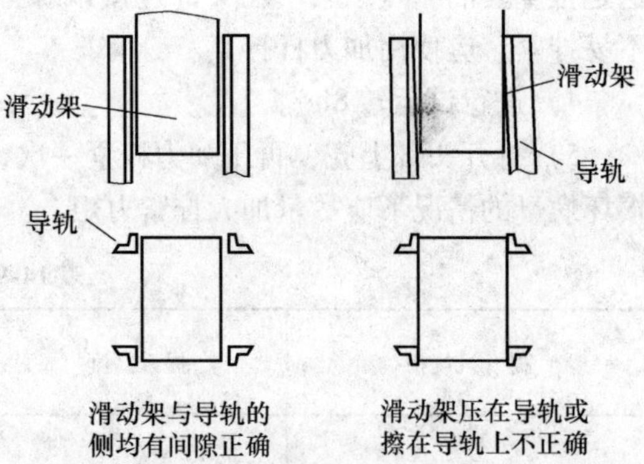

图14-32　滑动架的安装要求

（14）尾部安装后，即可安装转数监测器，其作用前面已谈过，发运时装在零件箱内，安装情况如图14-33所示。图中支架可以调整，使拨片靠近监测器能起反应（必须接线后观察）。

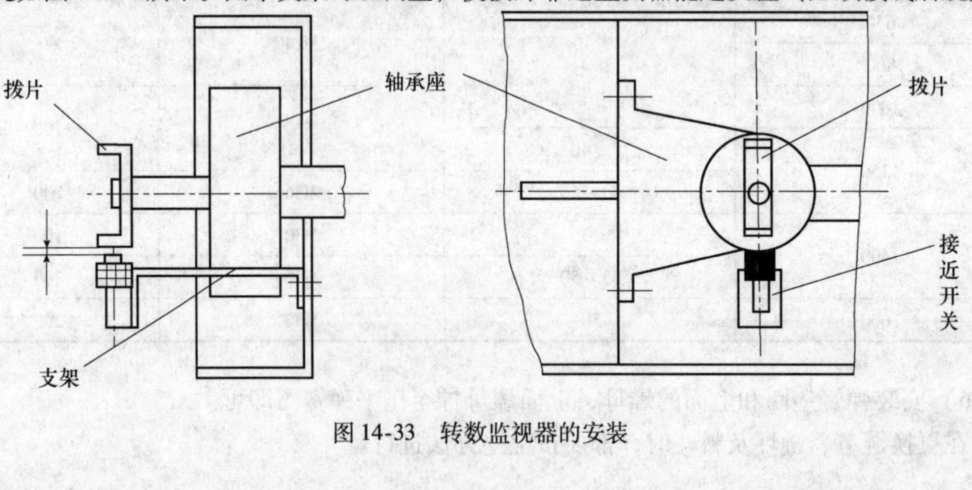

图14-33　转数监视器的安装

（15）尾部润滑装置发运时在零件箱内，容易被人忽视，安装位置如图 14-34 所示。润滑装置由冷管、胶管和管接头组成，润滑脂由油枪从露出机体外的油杯打入，通过胶管接头进入胶管，通过管接头进入冷管，通过接头体进入尾轮轴承座。

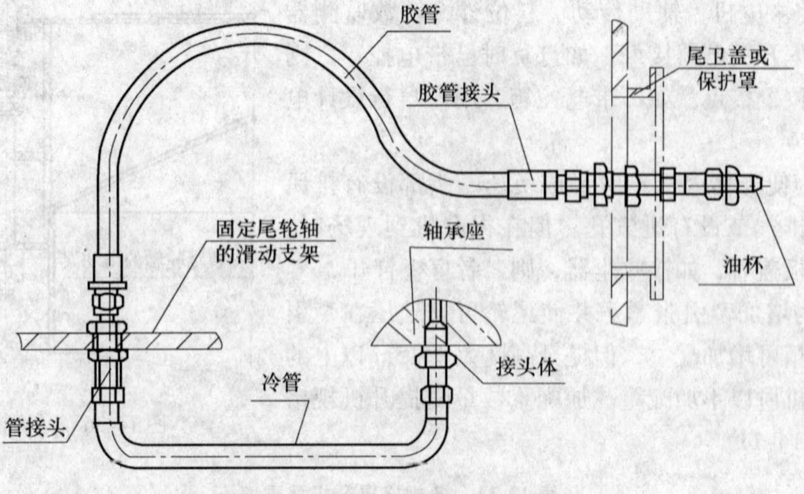

图 14-34　尾部润油装置

由于牵引件磨损、温度变化等原因使尾轴上下浮动，故采用一段胶管进行软连接。

最好每班打润滑油一次，特别是温度较高时，长期不注油可能使管路润滑脂干枯而使油路堵塞。

（16）胶带提升机在头部和下部排气节上各有两个胶带防跑偏开关，安装及工作情况如图 14-35 所示。胶带正常运转时，胶带同触头不接触，当胶带跑偏时，胶带同触头相碰，立辊偏转。当立辊偏斜 15°时，发出警报；偏转 30°时，提升机自动停止运行。

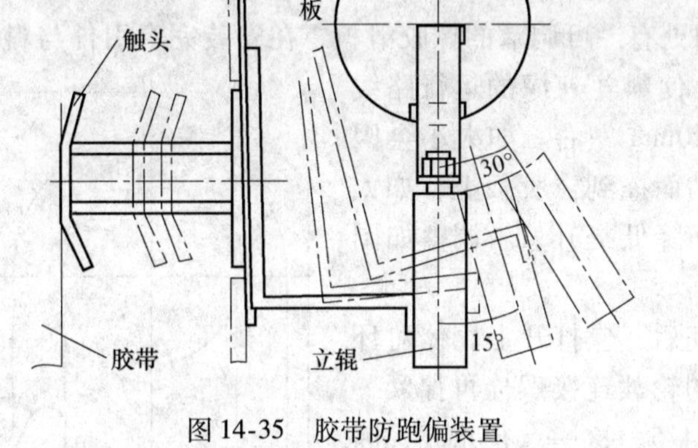

图 14-35　胶带防跑偏装置

（17）为防止工作中尾轮上下窜动过大，胶带提升机在尾部设弹簧装置，如图 14-36 所示。弹簧装置由螺杆、弹簧、弹簧座和螺母等组成。提升机运行时，它起着控制尾轴上窜的作用。提升机安装后，整个料斗及牵引件都作用在头轮上。弹簧装置调整到使弹簧通过弹簧座压紧螺杆的螺母。在运行中，由于尾轮轴处于浮动状态，可能向上浮动。这时通过焊在滑动架上的螺母带动螺杆向上运动，通过螺母和弹簧座压缩弹簧，使尾轴向上运动受到控制。使用一个时期后，牵引件伸长，弹簧压缩力减小，再调节螺母，使其恢复压缩力。

（18）将主电机、辅助传动、料位计、转数监测器及胶带防跑偏开关电器接好。如订货时已带电控箱，则箱内有各部位置接点，如不带电控箱，用户自行设计电控部分。

（19）为使壳体内工作时形成负压，头部设有排风法兰，下部排气节设有进气孔。但在提升机到现场时，二者皆有盲板盖着，如接收尘器，则二者盲板打开。

（20）为增加牵引张紧力并使尾轮可靠地压在牵引件上，配重箱可增加配重，但提升高度大于15m以上的环链式提升机可以不加配重。加配重数量随提升机规格而异，见表14-11。

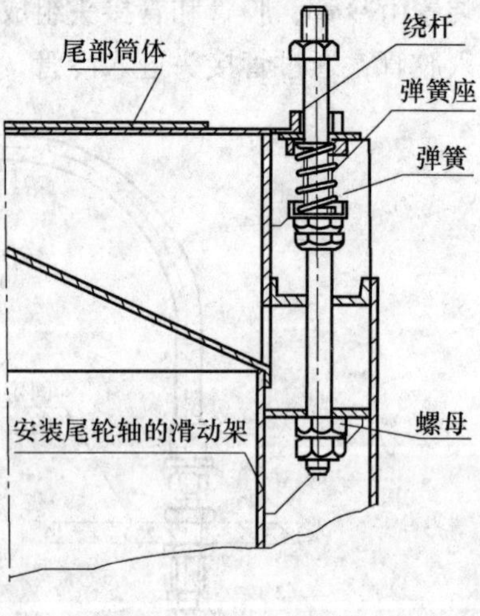

图14-36　弹簧装置

表14-11　各规格提升机配重表

规格（mm）	160	200	250	315	400	500	630	800	1000	1250	1400	1600
配重（kg）	100		150		225	275	400	450	600		1000	

（21）安装完后，盘车运行一周，检查无碰撞时才可试运转。

第七节　高效斗式提升机的调试

（1）牵引件安装好后，打开检视门，慢速盘车或开动辅助传动，观察料斗是否歪斜，环链提升机的环链不能有拧结现象。同时观察各部有无碰撞现象。

（2）由于装卸和长途运输，电机与减速机间可能同轴度发生变化，安装前必须检验。检验方法同图14-21，要求也相同。

（3）头部卸料口处有一可调节的橡胶滑板，在安装完牵引件与料斗后，使牵引件慢速运行，调整橡胶板，使料斗外缘的运行路线同橡胶板外缘可为10mm左右。如太小会因料斗工作时产生波动而撞到橡胶板上，如太大会产生回料现象而降低提升量。调整如图14-37所示。

（4）头部安装完后，应打开上壳体对环链提升机的轮缘块同轮毂连接螺栓再拧紧一次，拧紧力矩见表14-5。这一点很重要，因为由于长期运输贮存或温度变化等原因会使螺栓松动，运转后造成螺栓折断而不能运行。对胶带提升机的头部滚筒与轮毂的连接螺栓再紧一次，拧紧力矩为提升机规格小于或等

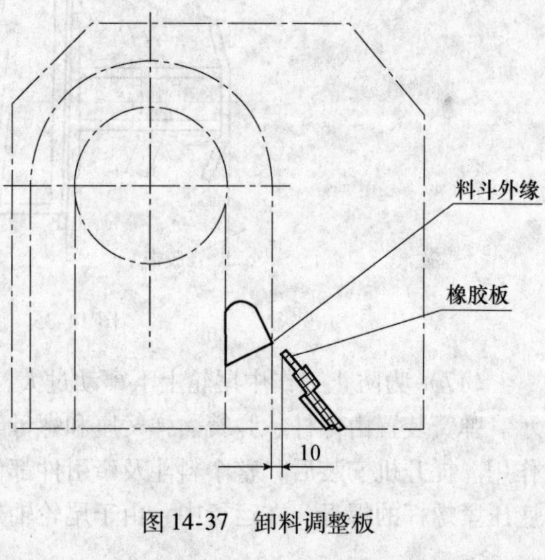

图14-37　卸料调整板

于1000时，为295N·m；大于1000时，为520N·m。

（5）在慢速转动中，要判定逆止器和超越离合器方向是否正确，即正向盘车时不能有锁住现象。

（6）逆止器支架应可靠地固定在底座上，而支架内孔与逆止器伸出小轴间应松连接，不能有附加应力存在。

（7）电机线接好后应检验电机旋转方向是否正确，其方法是把逆止器支架卸下或点动观察运转方向。

因耦合器达一定速度时才能传递动力。如直接开动，电机接反时会与逆止器产生抵触。

第八节　高效斗式提升机的试运转

一、空运转试车按下列步骤进行

（1）试运转前检查所有紧固件是否紧固，关好检视门及各部位盖板。

（2）液力耦合器和减速机加好油，加油种类及数量按其说明书要求进行。

（3）逆止器、超越离合器及头尾轴承等润滑点加好润滑油。

（4）空车试运转时，要进行两次以上间断停车，再进行4h空运转，无问题后方可负荷试车。

空运转试车应达到下列要求：

1）减速机无异常振动和冲击。

2）液力耦合器及减速机无渗油现象，运转平稳。

3）逆止器和超越离合器动作正常，不允许辅助电机与主电机同时启动。当主电机运转时，如辅助电机随转，则应停车，调整超越离合器，使星轮外套间隙均匀，星轮端面与外套内端面有一定间隙。

4）电气控制可靠，电动机运转平稳。

5）牵引件运转正常，无打滑和偏移现象，料斗与其他件无碰撞。

6）各轴承温升不得超过30℃。

二、负荷试运转按下列方法进行

（1）提升机只能均匀入料，物料分三次逐渐加到所要求的提升量。

（2）负荷试运转不少于24h，每隔2h停车，检查轴承温升情况，温升不得超过40℃。检查所有紧固件是否松动。

（3）间断停车时，要检查2~3次逆止器工作是否可靠。

负荷试运转应达到下列要求：

1）提升量达到设计要求。

2）无明显回料现象。

3）轴承温升不超过40℃。

4）头部噪声不超过85dB（A）。

第九节 使用规程与维护规程

一、使用规程

（1）液力耦合器油量按实际负荷加到40%～80%。因为在设计选型和本身功率计算中存在功率分档问题，故所用电机功率可能较实际需要大很多。工作中如发生超载，但因耦合器余量大，可能对耦合器并未超载，易熔塞不熔化，失去了保护作用，可以逐渐试验加油，直到可正常运行为止。

（2）正常时要空载启动，并注意是否有异常噪声（虽有液力耦合器可带负荷启动，但正常启动时还是要空载启动）。

（3）每次启动后，空载运行2～5min，再开始向提升机进料口连续均匀加料，但输送量不能超过设计要求。

（4）初次运行50～100h后，必须对提升机所有紧固件进行检查，特别要注意链节螺母或料斗螺母须再紧固一次。

（5）提升机运行中，不允许进行各种调整。

（6）工作时所有检视门都应关闭，经常使用的检视门附近应设照明装置。

（7）料斗的物料全部卸完后方可停机。

二、维护规程

（1）尾轮润滑装置，每班用油枪注油一次。主轴承每星期加油一次。整个提升机各润滑点润滑按表14-12进行。

表14-12 润滑情况表

序号	润滑部位	润滑材料	润滑周期
1	尾部轴承	GB 491—2008 钙基润滑脂 ZG3	3个月
2	头部轴承		6个月
3	辅助电机	HJ－20，20号机械油	12个月
4	主传动减速机	HL－30型齿轮极压油120～150号，寒冷地区冬季用HL－90，90～120号极压油	按制造厂要求
5	主电机	SYB1403－59 钙钠基润滑脂 ZGW－2	12个月
6	液力耦合器	SYB1201－60，20号或30号汽轮机油	按制造说明要求
7	逆止器	GB 491—2008 钙基润滑脂 ZG3	3个月
8	超越离合器		

（2）开机前要将尾部残存料清理干净。

（3）环链提升机要检查环链有无裂纹及断裂现象，链节螺母是否松动。胶带提升机检查胶带是否有撕破现象，胶带接头是否有问题，料斗螺母是否松动。每班要抽检几个，每星期进行一次较多数量的抽检，每年至少有一次全面检查。

（4）对淬硬层磨去的链节、环链和头部轮缘必须及时更换。环链、链节淬硬层深为环链直径的0.1～0.2倍，但直径大于22mm时，淬硬层深为2.2～2.6mm。

（5）对电气设备必须定期检查，至少每生产 720h 检查一次。

三、维修过程中的注意事项

（1）液力耦合器和主减速机使用维护按使用说明书进行。

（2）检查牵引件与料斗时可打开头部侧面检查门，启动辅助传动，使牵引件慢速运行，但不允许有载荷时启动辅助电机，无辅助传动者按图 14-3 进行。

（3）头部轮缘或头部胶轮块磨损到需要更换时，不必拆下上壳体和主轴，只拆下头部前后检查门，取下轮中最下部一块，更换上新的，如图 14-38 和图 14-39 所示。再旋转一个角度，更换下一块，这样逐次更换，直到更换完毕。

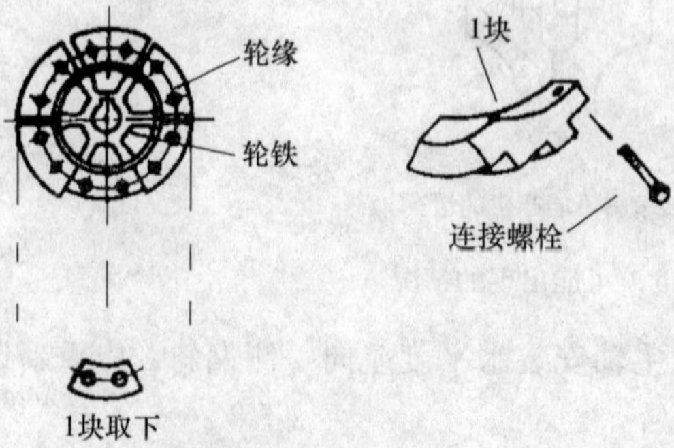

图 14-38　头部链轮更换情况

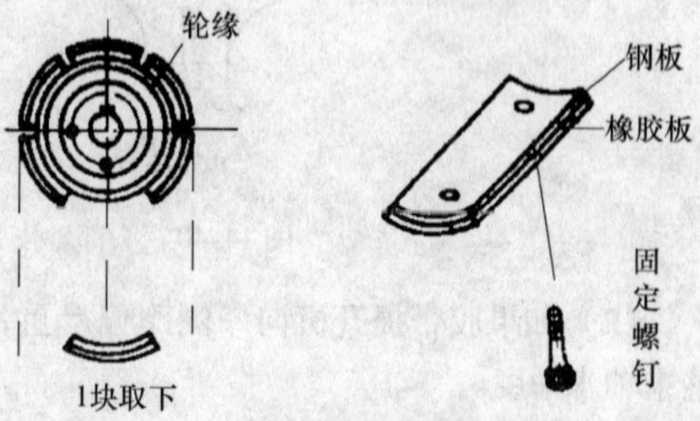

图 14-39　胶带头轮更换情况

（4）如辅助传动长期不使用，可将超越离合器辊柱取下，待需要时安上，避免不必要的磨损。

（5）标准节由钢板压制组合而成，一般不可拆卸，如需拆卸时，必须在标准节两侧进行加固。可利用吊装板将头部提起，但绝不允许提起整机。

（6）经常检查减速机油位是否过高或过低，较为合适的油位是打开观察孔盖板，以油能飞溅到箱体顶盖上为合适。轴承上方的油槽能溅入足够的润滑油。

（7）经常检查减速机油质是否发生变化或变脏。

（8）经常检查轴封漏油是否严重，及时更换油封。

（9）液力耦合器易熔塞不得以金属塞代替。

第十节　出现的问题及解决办法

一、选型中出现的问题及解决办法

（1）如果发生与料斗接触处胶带被物料所伤，说明物料粒度大，在料斗运行到头部时，由于胶带出现张角而使物料夹在斗与胶带之间，应选环链提升机。胶带提升机允许物料粒度不大于 25mm，但小于 5mm 最佳。

（2）如工作中胶带被烧坏，说明物料温度高。耐热胶带只能耐 120℃，普通胶带只能耐 80℃，应选环链提升机。

（3）环链提升机允许最高温度为 350℃，如温度再高，会发生料斗和壳体变形。

（4）如发生尾部堆料而使提升机无法运行，有可能瞬间提升量不足。因为设计提升量是指连续均匀入料情况，如果每小时提升量虽有余，但物料时多时少，有时集中下料，会引起瞬间堆料。选型时应按最大瞬间提升量来计算。

二、安装中出现的问题及解决办法

（1）环链提升机使用后，料斗出现抖动现象，同时，链节折断时有发生，说明安装头部水平度较差，运行中牵引件偏向一侧，以致环链与轮槽内侧滑动，致使料斗抖动。如图 14-40所示，链节由原来受拉应力变为受弯曲应力和拉应力组合，从而容易折断，应重新调整主轴水平度。

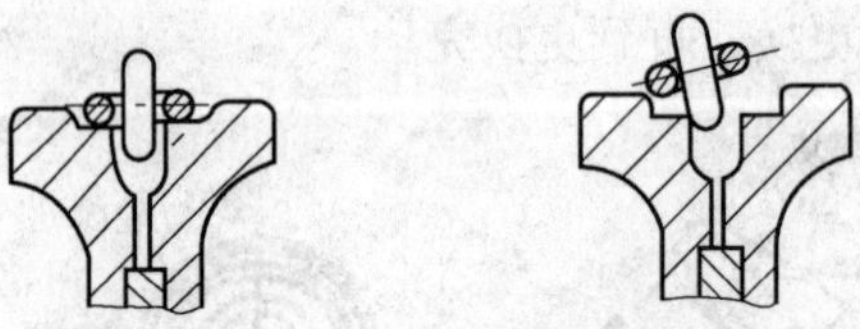

图 14-40　头部轴安装水平度差可能出现的情况

（2）如果胶带提升机向一侧跑偏严重，说明主轴安装水平度差向一侧偏斜，应重新调整主轴水平度。

（3）如果在正式使用不久出现了链轮轮缘螺栓或胶带头轮轮毂和滚筒连接螺栓逐一折断，说明螺母原来没拧紧或因某原因松动，应常紧固。

（4）由于入料系统没有正对提升机入料口而呈偏斜状态，又没有采取挡板引导物料正流措施，造成一部分料没有进入料斗而直接落到底部，使尾部迅速堆积物料，尾轮埋没而不能运行，应调整喂料位置。

（5）如果喂料溜子上部位置过高（现场发现有达 2～3m 高的），而且入料角度很小，物料几乎是垂直下落，以很大速度砸到料斗上，使料斗及牵引件抖动很厉害，环链有可能从头部脱链，胶带提升机更甚。应改善喂料状况。

（6）如果发生环链常脱离链轮工作面，且下部料斗时而发生转动，以致碰撞壳体等现象发生，有可能是有一条或几条环链在安装时旋转了360°，即拧了个结，要逐一检查更正过来。

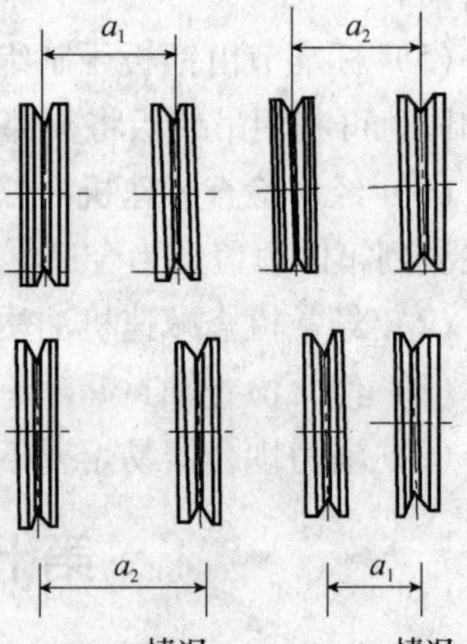

图 14-41　头轮两轮距离与尾轮两轮距离不相等情况

（7）如果运转中环链在尾轮上经常脱轨，且两边脱轨现象都存在，或者有时虽没脱轨，但把尾轮轮缘靠得很紧，尾轮轮缘磨损严重，这有可能是头轮两轮间距离和尾轮两轮间距离不等造成的，如图 14-41 所示。

（8）由于胶带中钢丝伸长很少，所以胶带提升机安装中不必考虑使用会伸长而割短胶带（现场中确实多次出现将带割短现象）。

三、正常运行中出现的问题及解决办法

（1）如果逆止器不起逆止作用，则可能逆止器里面润滑脂太多或滚柱支撑弹簧失效。

（2）由于喂料不正确，料斗内物料一边多一边少，有可能造成牵引件歪斜，提升量下降。

（3）使用一定时间后，由于环链磨损而伸长，致使料斗逐渐接近底部钢板，这时可摘除一个料斗两条环链。使尾轮中心提高后继续运转，这是正常现象，但环链与链节将淬硬层磨去后必须更换。

（4）由于料斗在尾部挖料，使用较长一段时间后，料斗前沿加固处可能磨掉而造成料斗损坏。此时要重新在前沿焊上加固钢板，严重者更换料斗。

（5）使用一个时期后，链节常发生折断现象，有时连续不断出现，以致无法运行，原因可能有如下几方面：

1）料斗螺母松动，除对链节产生冲击外，链节顶部出现附加弯矩，致使链节折断，故料斗螺母要经常检查是否松动。紧固螺母必须在头部进行。

2）头部轮缘磨损严重没有更换。正常工作时，链节顶部与链轮槽底有一定间隙，磨损严重后，两者相碰，连续运转后，链节螺母由于受冲击很快松动，如图 14-42 所示。

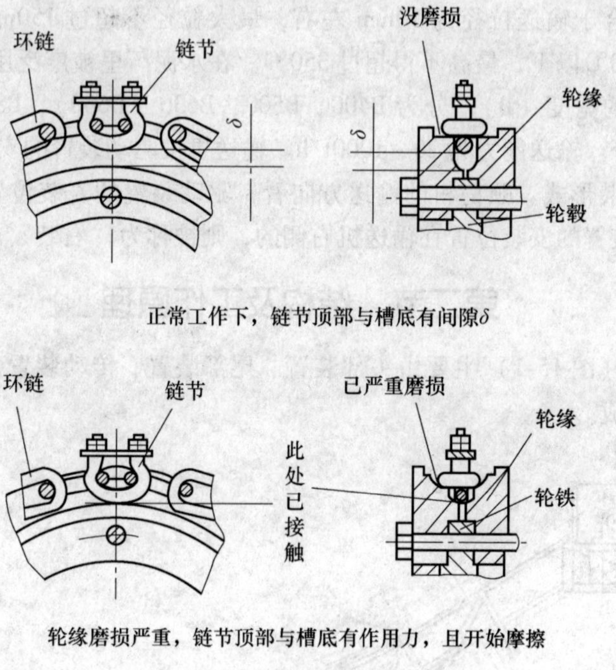

图 14-42　轮缘磨损前后链节工作情况

3）制造链节有缺陷。

（6）对于水泥以外行业，如果提升轻质物料，可能产生较大回料现象，说明高效提升机不适合此种物料。可以进行试验将料斗深度改小一些。

第十五章　水泥工业用熟料输送机

按　水泥工业用熟料输送机是引进国外技术，经过消化吸收实现国产化后制定了国家行业标准。水泥工业实现设备大型化后，上饶机械厂又不断改进，开发出满足10000t/d水泥输送机。2007年由原国家建筑材料工业机械标准化技术委员会组织由江西上饶中材机械有限公司等单位组成的标准起草工作组起草了行业标准JC/T 821—2007《水泥工业用熟料输送机》达到了国际先进水平，2007年由国家发展和改革委员会批准发布并实施。该标准自实施以来发挥了重要作用，促进了技术进步，推动了行业发展，提高了行业水平，满足水泥工业的需要，产生了很好的经济效益，目前在水泥工业中广泛应用。

第一节　概　　述

水泥工业用熟料板链斗式输送机（以下简称输送机）是能同时进行水平和倾斜输送的连续输送机械，适合于输送粒径为50mm左右，最大粒径不超过150mm的干燥粒状物料。物料的温度宜在200℃以下，最高不得超过350℃。在水泥厂里被广泛用来输送水泥熟料。

输送机按料斗的宽度（B），分为B400、B500、B630（B600）、B800、B1000、B1200、B1400、和B1600等。输送能力为20～1000t/h。输送机按驱动装置的安装位置分为“左装”和“右装”两种安装形式。顺物料的输送方向看，驱动装置的安装位置在输送机左侧的称为“左装”。驱动装置的安装位置在输送机右侧的，则被称为“右装”。

第二节　结构及工作原理

输送机的结构（图15-1）主要由头部装置、尾部装置、传动装置、链斗运行装置及轨道与支架等部分组成。

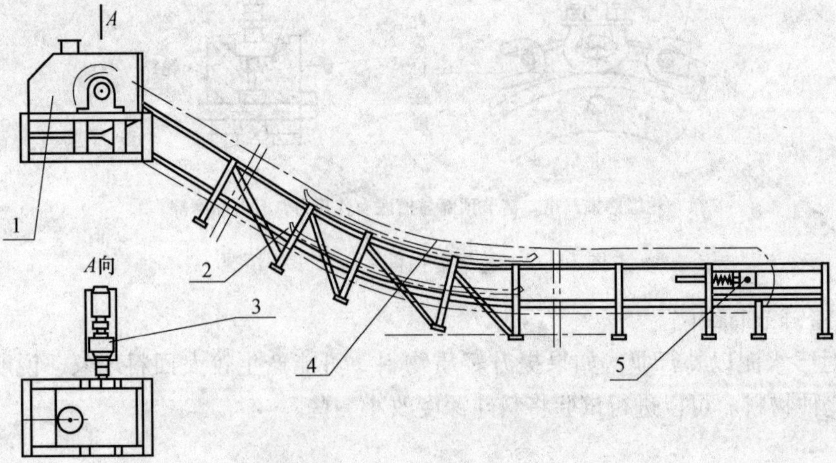

图15-1　输送机结构

1—头部装置；2—导轨与支架；3—传动装置；4—链斗运行部分；5—尾部装置

输送机的两条板链上装有一连串的料斗，组成链斗运行装置。料斗与料斗之间是相互搭接，这样就能够保证料斗在装料时不会撒料。物料一般是在水平段加入料斗中，根据工艺需要亦可多点加料。电动机通过传动装置驱动头部链轮，使其转动。头部链轮的转动，带动链板运动。装在两条板链之间的料斗就随着板链一起移动。这样，由板链和料斗组成的物料输送环线就围绕头部驱动链轮和尾部张紧链轮，沿着轨道做循环运动。物料从装料点连续不断地加大料斗中，由于料斗的运动而被送至头部链轮处，并随着料斗的翻转而自动卸出，完成物料的输送。

一、头部装置（图 15-2）

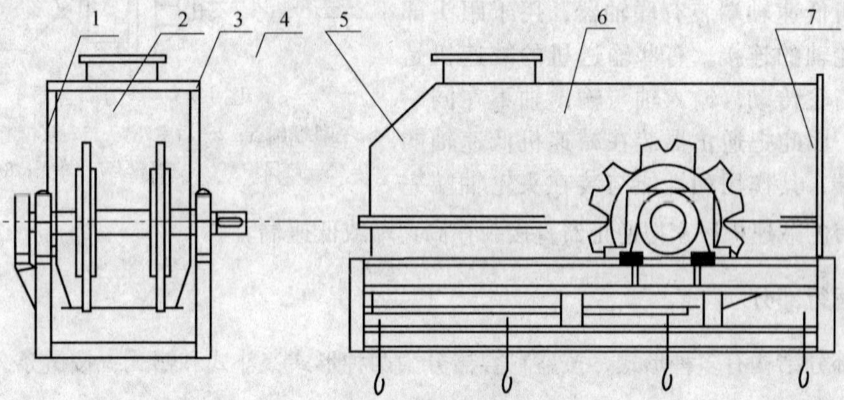

图 15-2　头部装置

1—逆止器；2—头部链轮；3—头轮轴；4—滚动轴承座；5—上头罩；6—下头罩；7—头架

头部装置对应于输送机械分为“左装”和“右装”两种安装形式。

装有两个头部链轮的头轮轴，其两端由一对滚动轴承座支承。滚动轴承座安装在头架上。头架经由地脚螺栓固定在基础上。

头轮轴一端与驱动装置连接，另一端装有逆止器。安装逆止器是为了防止由于突然停电或其他原因而引起电动机停止转动时，因倾斜段物料重力使运行部分倒转，从而引起链斗损坏。如果输送机的输送角度小于安息角，忽然停电不会引起链斗倒转，则可以不设逆止器。

头架上装有头部防尘罩，头部防尘罩分为上头罩和下头罩。上头罩和下头罩用螺栓连接，下头罩用螺栓连接于头架上。上头罩设有收尘法兰口，可与收尘设备相连接。下头罩设有下料法兰口，可与下料溜子相连接。在上头罩的入口处钻有螺孔，可以安装用橡胶板做的帘子，以减少粉尘飞扬。

二、传动装置

传动装置对应于输送机，也分为“左装”和“右装”两种安装形式，区分同输送机。左右装型式同如果传动装置的减速机，其输入和输出轴在同一中心线，如图 15-1*A* 向所示，则传动装置本身就不分“左装”和“右装”，无论输送机是“左装”还是“右装”，传动装置只有一种。

传动装置由电动机、液力耦合器、减速机和联轴器组成，安装在同一底座上。底座通过地脚螺栓被固定在基础上。液力耦合器用于电动机与减速机之间的连接。它的工作原理是：

电动机通过弹性联轴器（图 15-3）带动泵轮。液力耦合器旋转，外壳与泵轮紧固，同时旋转。在环状工作室中的工作液体跟着泵轮叶片一起旋转，形成一股环形液流（见图中箭头的环形）。环形液流冲动涡轮旋转。连接在涡轮上的出轴带动减速机轴旋转，从而完成动力的传递。使用液力耦合器可减小电动机的启动电流，并能防止电动机过载和降低输送机启动时的动载荷，提高板链的使用寿命。

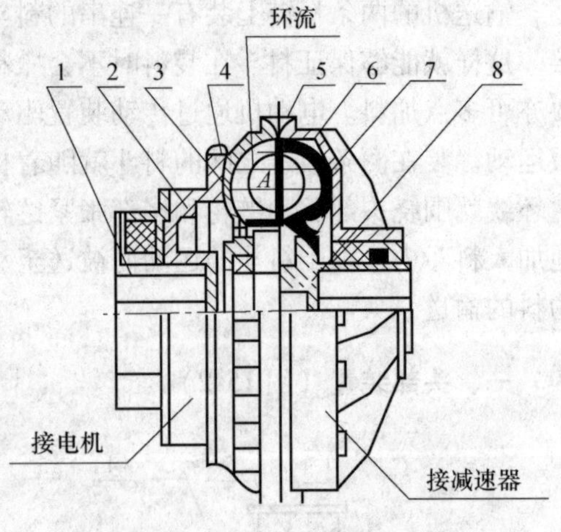

图 15-3　液力耦合器

1—弹性联轴器；2—后室外壳；3—泵轮组；4—油塞；5—热保护塞；6—涡轮；7—外壳；8—出轴

减速机低速轴端装有联轴器，用于跟头部装置中头轮轴的连接。有些输送机的减速机是采用圆柱齿轮传动，输入轴与输出轴不在同一中心线上，因此把逆止器装在减速机低速轴的另一出轴端，其作用和性能与装在头轮轴端完全相同。有的减速机厂家把逆止器直接装在高速端或低速端。

三、运行部分

运行部分结构有多种形式，按盛料容器分为两种形式：斗式和槽式；按链条分为模锻链和板式链。

模锻链和板式链可分别与斗式或槽式组合。此外还有零件装配位置不同的两种形式，即链条装在链斗的下面或侧面。下面简单介绍两种较典型的运行结构。

（一）槽式运行装置

如图 15-4 所示，由于链条用螺栓装在槽子的底部而不在两侧，因此横向尺寸紧凑。每四个槽子有一个（料槽Ⅰ）底部焊有两个轴座，两个滚轮直接插在轴座里固定好，装拆、维修十分方便。槽子底部和侧板均冲有凸筋，刚度好。底部和侧板均为无接触密封型。由于这种槽式比斗式更轻巧节能，进口产品和国内大都采用此种形式。其链条根据受力大小可选用模锻链或板链。

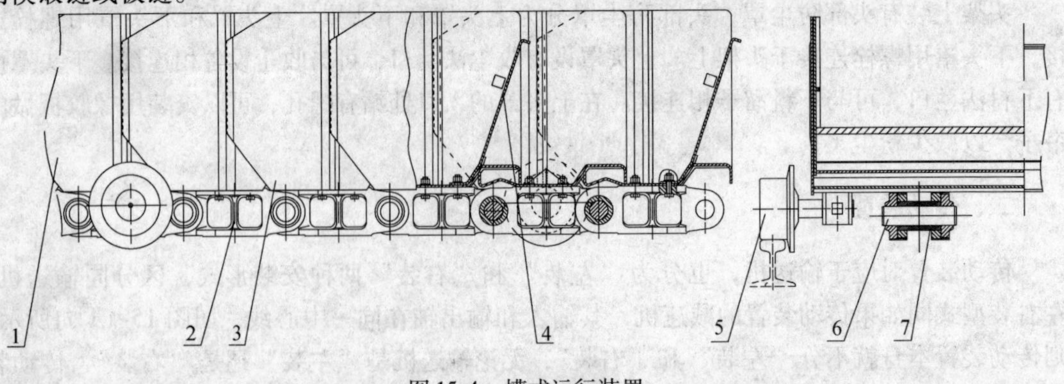

图 15-4　槽式运行装置

1—料槽Ⅰ；2—链条；3—料槽Ⅱ；4—挡板；5—滚轮；6—销轴；7—销套；8—螺栓及螺母

（二）链斗运行装置（图 15-4）

由一连串的料斗和两条板链所组成。每条板链由多个内、外链节组成，每个链节分别有两块内链板和两块外链板，内链板装在两端有扁势的轴套上，销轴穿过轴套与外链板相连。为了防止链板孔的磨损，内链板和轴套、外链板和销轴都不能有相对转动。当内、外链板做相对转动时（如在头尾链轮及轨道圆弧段处），销轴只能在轴套中转动，使压力分布在较大面积上，从而减少磨损。滚轮借助滚动轴承被安装在固定轴上，滚轮可以灵活转动。由于用了滚动轴承，因此运行阻力很小。

料斗被安装在两条板链中间，用螺栓与相应的链板固定。为了减少料斗因链节长度不等而产生偏斜、歪扭现象，每隔几个链节就设有一根长轴，连接两条板链，一般每隔 4 ~ 10 个料斗设一根长轴。

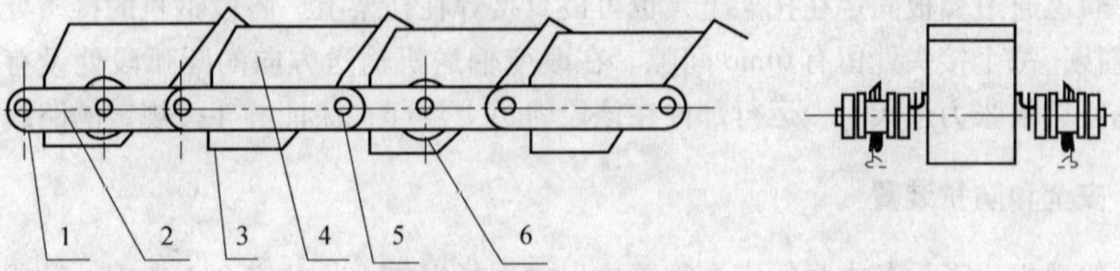

图 15-5　链斗运行装置

1—轴套；2—内链板；3—外链板；4—料斗；5—销轴；6—滚轮

四、尾部装置

尾部装置（图 15-6）中的尾轮轴上，装有两个尾部张紧链轮，其两端支承在一对滚动轴承座上。轴承座的上下两面设有导槽，尾架上的两根导轨就嵌在轴承座的导槽内，轴承座可以沿导轨滑动。尾部装置相对于链轮，设有两套特性一致的张紧装置。张紧装置包括弹簧、丝杆和压板等。压板的上下两面设有导槽，可沿尾架穿过尾架支撑孔和弹簧，旋过压板螺孔而上的导轨滑动。压板中间有一螺孔，丝杆顶在轴承座上。压缩弹簧套在丝杆上，分别支撑在尾架和压板上。当链板因磨损而链条变长，从而引起张力减小时，压板在弹簧力的作用下，带动丝杆一起后移，并推动轴承座沿导轨向后移动。尾部链轮随之后移，使链板保持一定的张紧力。当弹簧力小于最小张紧力时，需要旋转丝杆，压缩弹簧以加大链条的张力。

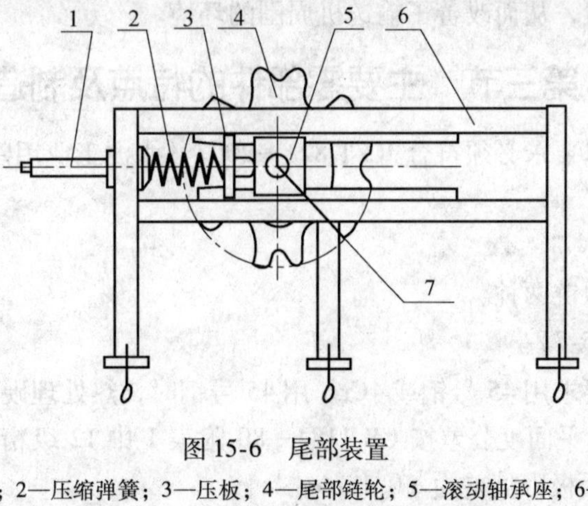

图 15-6　尾部装置

1—丝杆；2—压缩弹簧；3—压板；4—尾部链轮；5—滚动轴承座；6—尾架

弹簧张紧装置的另一个作用是：当链斗在运行时，被杂物或其他原因卡住，这时弹簧能起一定的缓冲作用，在一定程度上可以防止运行部件的损坏。

两个尾部链轮中的一个链轮是通过键安装在尾轮轴上，当链轮转动时，带动支承在滚动轴承上的尾轮轴一起转动，而另一个链轮与尾轮轴是间隙配合，不设键，仅靠链轮挡圈作轴向定位。采用这样的连接形式后，当两条板链不等长或通过尾部链轮的链节不同步时，不会使两条板链受力不匀，以及料斗歪斜等影响正常运行。

五、支架和轨道

运行部件在输送机的中间区段（除头部和尾部外）是通过轨道被承托在一个个门式支架上的，支架底部被焊在基础的预埋钢板上或用地脚螺栓与基础连接。支架的上部和中部装有托架，轨道通过翼板固定在托架上，也可以直接焊在托架上。各段钢轨的接头处用鱼尾板和螺栓连接，每个接头处留有6mm间隙。在改变输送机输送方向的圆弧段处设有上、下护轨，以防止链条张力过大时，运行部件在该段轨道上浮起，保证链斗按规定的路线运行。

六、安全和防护装置

有些输送机为了设备本身的安全需要或保护现场操作人员的安全，选用一种或几种安全防护装置。

（1）为了保证现场巡检人员的安全，防止无意中碰触输送机的运转部分，沿整条输送机的两侧布置有安全网，网架悬挂在支架上，可以方便地脱卸。

（2）为了便于现场巡检，维修人员在输送机两侧的任意位置处理紧急事故、停车之用，沿输送机两侧布置钢丝绳拉线。根据输送机的输送距离分别设置一到两只拉线开关，拉钢丝绳即切断电源。

（3）为了保护运行部件不受损坏，输送机上设置了事故报警停车装置，即在输送机尾部设置了速度监测器。当输送机运转时，尾轮轴的转速超过事先设置的转速报警限定值时，速度监视器即输出报警信号，并控制设备连锁停车。

（4）装有带紧急止动开关的紧急跳闸线。当输送机底部堵塞，或运行部分碰到障碍物时，板链拉力过大，当张紧轴（尾轮轴）离开正常位置时，可使输送机的电动机停止工作。

（5）为了减少粉尘飞扬，除了在卸料点（头部装置）设有防尘装置外，在装料点也设置了集风槽及收尘装置，从而改善了输送机周围的环境。

第三节　主要零部件的特点及制造

输送机的制造技术要求必须符合 JC/T 821—2007《水泥工业用熟料输送机》的规定。

一、链条

链条分为板链和锻链两种。

（一）板链（图 15-7）

制造链板的材料要求用45号钢或4Cr。用45号钢时，热处理硬度前者为HB 210～240，后者为HB 230～255。平面度公差按GB 1184—80附表1中12级精度的规定。与销轴（轴套）配合孔的两孔间距极限偏差为±0.18mm。

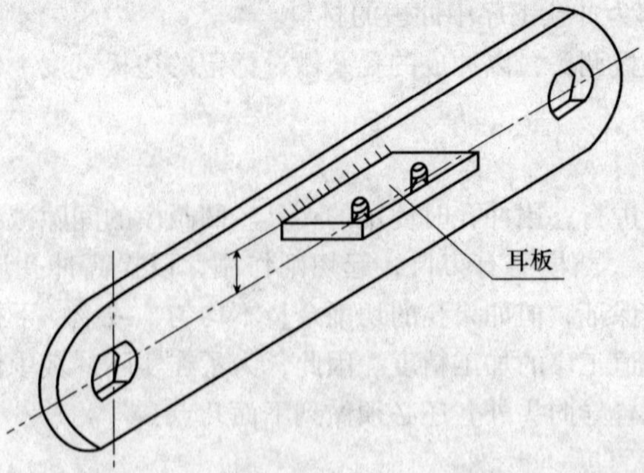

图 15-7　链板

为防止内链板与轴套的相对转动，内链板孔与轴套的配合为过盈配合，配合精度要求较高。因此，如果在加工完孔后再进行热处理，容易造成孔的变形，甚至在腰形孔的圆弧段和直线段的交界处产生裂纹。所以，首先应对材料进行热处理，或在订购钢材时提出相应的热处理要求。链板的制造工艺一般按如下步骤进行。

1. 热处理

钢材按图纸要求进行热处理。如已购进热处理后的材料，则经硬度检验后可省略这道工序。

2. 剪切

对板材或扁钢进行剪切，宽度和长度留加工余量。

3. 校正

对剪切后的钢板进行校正，要求平整。

4. 刨加工

刨对链板宽度。由于加工工艺需要，宽度尺寸误差应按 GB 1801—79《公差与配合》IT10 级要求制造。

5. 冲圆头

以链板宽度一侧定位。冲切链板的一端圆头。然后，链板调头，以链板宽度一侧及已冲成的圆头顶端定位，冲切另一端圆头。

6. 校正

对已切出圆头的链板进行校正，平整度应图符合图纸要求。

7. 冲孔（图 15-8）

冲孔须在专用夹具上进行。首先以链板宽度一侧（作出标记）和一端圆头顶端作定位基准。为减小冲压力，降低冲模的比压，提高冲模的使用寿命，凹凸模之间留有大的间隙。但此时冲出的孔表面粗糙，且成锥形。凹凸模的间隙取值与链板的材质、硬度、厚度有关，硬度与韧性低、厚度小则间隙小；反之则大。一般凹凸模的双面间隙为板厚的 16% ~18%。

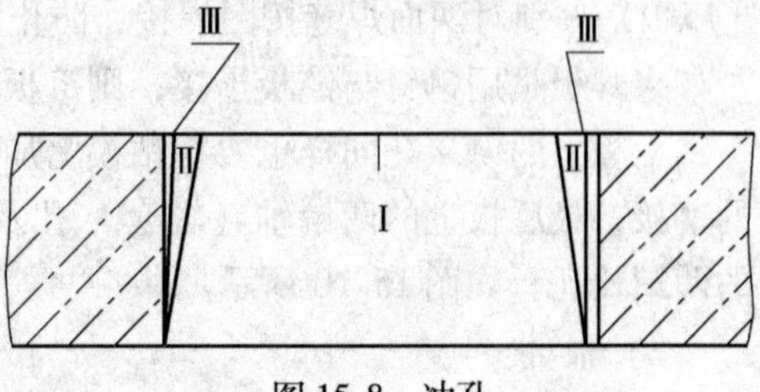

图 15-8　冲孔

图中“Ⅰ”部分材料即为冲孔工序中冲去的材料。

一端孔冲成后，链板调头，以冲成的孔及做过标记的边板宽度一侧定位，用同一副冲模冲出另一孔。

8. 粗修

粗修也是在冲床上进行，用冲孔时使用的夹具。凹凸模的间隙减小，一般冲模的双面间隙为板厚的12%~14%。凸模需有刃口，起切削作用，以提高冲孔质量。此道工序中，模具的制造间隙虽然容易保证，但如果孔的切削余量不均匀，或上、下模间隙不匀，都会影响冲出孔的质量，影响下道工序的加工精度。因此，为了在实际冲裁中保持合理的间隙和切削均匀，除了在凸模前配置导向头外，还必须做到下面几点：

（1）保证凸模的垂直度。

（2）冲模的安装时，要保证上下模的正确间隙。安装要牢固，在作业中不松动，保证冲模和冲床的平行度。

（3）要求冲床刚性好，弹性变形小，导轨精度高，垫板和滑块平行。

冲加工时，首先以上道工序冲出的孔定位，以链板宽度作过标记的一侧定位。由带导向头的凸模最后对待加工孔作精确定位后冲孔，然后调头定位，冲出另一孔。

9. 精修

精修过程与粗修相同。但是，为了保证孔的精度和质量，凹凸模的间隙很小。双面间隙仅为板厚的1%左右。精修是孔加工的最后一道工序。因此，精修后孔的尺寸误差、粗糙度及孔距偏差均应符合图纸要求。

10. 耳板安装（图15-7）

相邻两节链板中，各有一块内外链板经耳板与料斗连接。耳板与链板焊接（焊接后的耳板与链板组件仍称为链板）。但也有些输送机的链板是由铆钉或螺栓与角钢形的耳板连接，以避免因焊接而可能产生的链板平面变形。不管是采用哪种连接方式，都必须做到耳板和料斗连接两螺孔的对称中心线与链板和销轴（轴套）连接两孔的对称中心线重合。耳板安装平面与链板中心线的距离 t 除符合图纸要求外，每台输送机上的链板应尽量一致。因此，耳板与链板的安装焊接要在专用夹具上进行。采用焊接时，步骤如下：

（1）耳板上两孔在钻模上钻出。

（2）以链板的两孔定位在夹具的定位销上，并使链板与夹具贴紧。

（3）将耳板上的两孔定位在夹具的定位销上。

（4）耳板与链板点焊。

（5）从夹具上取下链板，把已在夹具上点焊耳板的两块链板背面贴紧，用夹具夹紧（图15-9）分别对两面焊缝按图焊接，防止链板变形。

如果耳板是用铆钉与链板连接，则链板上的铆接孔要在钻模上以销轴（轴套）孔定位，对称钻出板上的铆接孔同样也要在钻模上加工，要求对称于耳板中心线，然后进行链板与耳板的铆接。最后板上的两销轴（轴套）孔及链板平面定位，用钻模的耳板上钻出与料斗连接的两螺栓孔。如图15-10所示。

（二）锻链

锻链一般用材为40Cr或40Mn2。锻链的特点是因经过锻制可消除钢材本身的缺陷，可保证每块链板的质量，另外可保证链板横截面是等强度从而节省钢材。缺点是锻制工艺复杂，成本高。其结构如图 15-11 所示。链板两端孔大小不一样，销套与大孔紧配，销轴与小孔紧配。加工工艺除锻制毛坯，主要镗两孔和钻与料槽连接的螺孔。

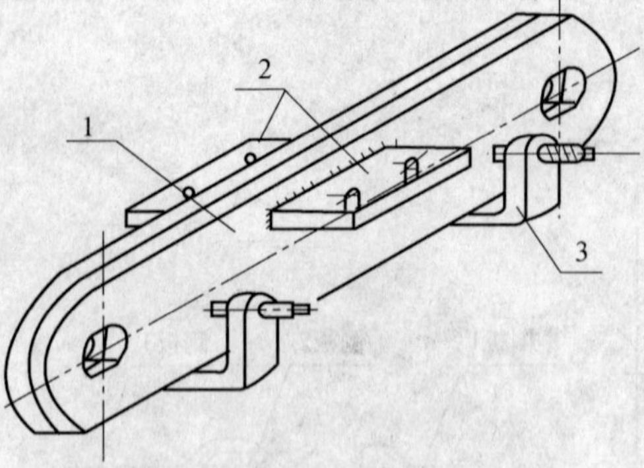

图 15-9　链板

1—链板；2—耳板；3—夹具

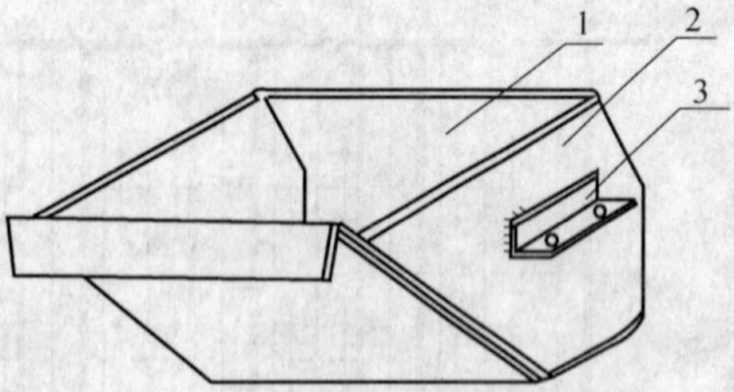

图 15-10　料斗

1—槽板；2—侧板；3—耳板

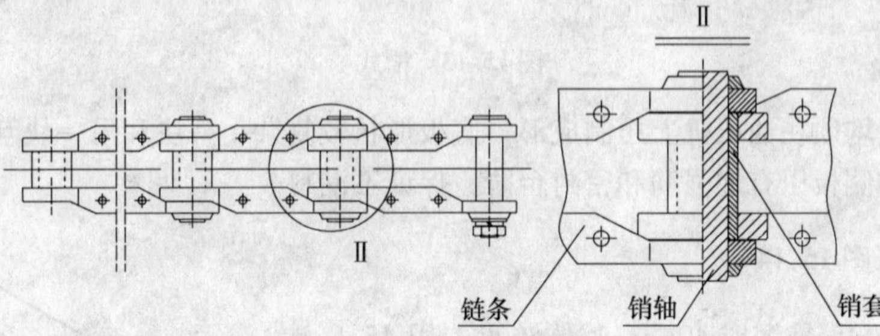

图 15-11　锻链结构

二、料斗

料斗分为斗式和槽式。

（一）斗式（图 15-12）

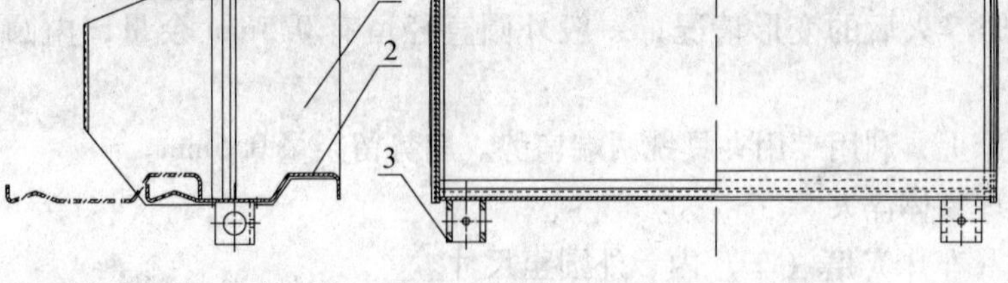

图 15-12　斗式

输送机上的一连串料斗是互相搭接的，但是在运行中又不能相碰，因此料斗的外形尺寸以及与链板安装的相关尺寸就要求正确。为此，可以采取如下措施：

（1）为保证料斗的截面形状正确，侧板应由冲模下料。

（2）槽板经靠模剪切后，可以冲压成形，也可以按样板压制成形。

（3）在槽板与侧板组装时，应以侧板为准。在胎具上，使槽板贴紧侧板，两侧板的外侧距离等于斗宽，然后进行斗外角的连续焊接，焊完后把斗箱从胎具上取下，校正焊接变形。

(4) 耳板先在钻模上钻出与链板连接用的两螺栓孔。在胎具上，斗箱以斗口平面及槽板侧平面定位。通过耳板上的两孔，用定位销把耳板在胎具上定位。

(5) 耳板与斗箱点焊。从胎具上取下料斗，按图纸要求把耳板焊在斗箱上。最后校正焊接变形，使之达到图纸要求。

(二) 槽式（图 15-13）

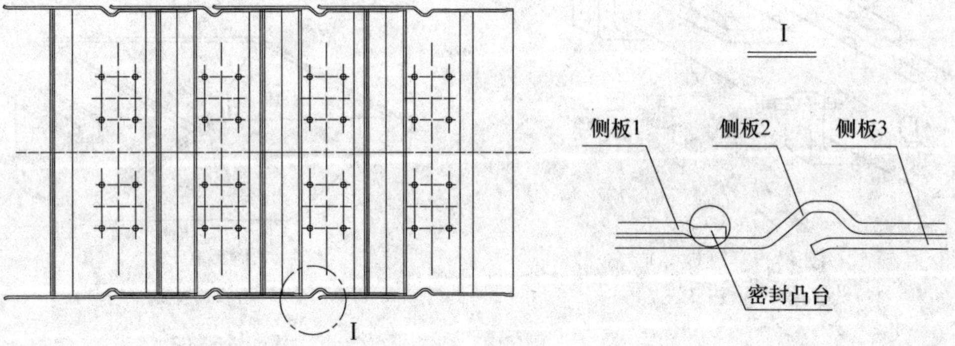

图 15-13 槽式

底板和侧板均须在油压机上压制成形，底板形状较复杂，一块和另一块互相勾搭保证无接触密封。同样侧板压有加强筋和密封台阶，保证不漏料。

三、轴套（图 15-14）

轴套材料用 45 号钢或 40Cr，整体淬火。用 45 号钢时，硬度为 HRC42 ~ 48；用 40Cr 时，硬度为 HRC48 ~ 55。

为了防止淬火时，因两端扁势而在内圆相应处及扁势与外圆交界处产生过大的塌陷，在淬火前，扁势处应留有一定的加工余量。一般工艺过程如下：

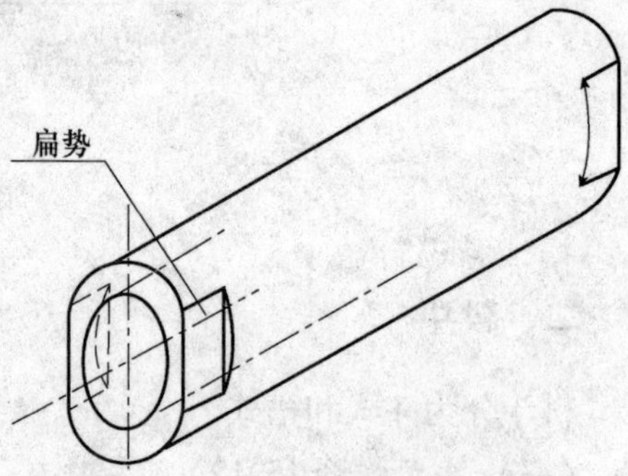

图 15-14 轴套

(1) 用无缝钢管粗车内、外圆。内、外圆均留磨削余量，根据淬火后的变形情况，一般外圆直径留有 0.5mm 余量，内圆直径留 0.4mm 余量。

(2) 在铣床上，利用专用夹具铣两端扁势。扁势留余量 0.5mm。

(3) 热处理整体淬火。

(4) 磨床（车床）磨（车）内、外圆至尺寸。

(5) 在磨床上，利用专用夹具磨两端扁势。

四、链轮

链轮有整体式和嵌齿式、有浇注式和焊接式等几种形式。由于链轮的轮齿易磨损，为了方便检修更换，目前的输送机一般多为嵌齿式，即链轮分为轮体和齿块两部分，齿块嵌在轮体的凹槽里，并用高强度螺栓与轮体紧固，显而易见，要求齿块的互换性要好。所以齿块的加工必须有专用的夹具，夹具必须具备能提供齿块正确定位及齿形测量基准的性能。

对于头部链轮，要求两链轮安装在头轮轴上时，链轮齿保持同步。因此，要求两只头部链轮在加工键槽时，必须同时进行加工。在加工机床台面上，链轮轴孔中心线对准，齿位对准，并作出配对标记，紧固后插出键槽。

链轮轮体与齿块的安装平面，必须与链轮轴孔中心线垂直，垂直度偏差为0.8mm。

五、支架（图15-15）

（1）制作支架的型钢要求校正平直。

（2）支架在平板上组装、焊接，并使用胎具来保证支架尺寸正确、底面平整。

（3）焊接后进行校正。要求：上、下托架间距的极限偏差为$^{+4}_{0}$。上托架平面至支架底面间距的极限偏差为$^{0}_{5}$。同一平面内，两对角线（x与y）差不大于5mm。

（4）为了防止支架在运输过程中产生变形，需要在支架的腿端点焊角钢。

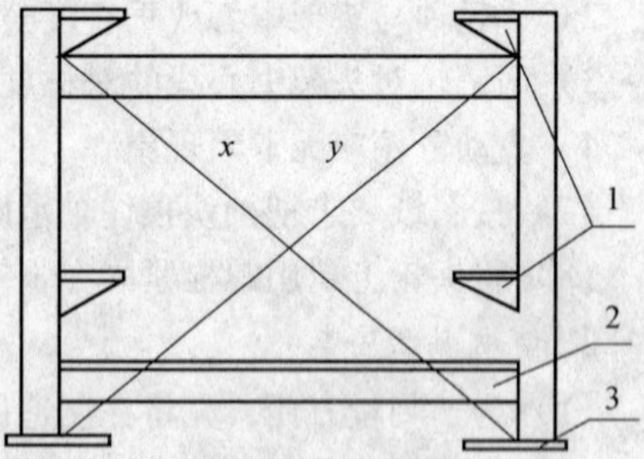

图15-15　支架

1—托架（钢轨支承）；2—为防止运输时变形点焊的角钢；3—底板

第四节　安装及技术要求

一、安装准备

（1）基础验收是设备安装施工的一个主要工序。因为基础的位置、标高及地脚螺栓孔、预埋件正确与否直接关系到设备能否进行安装以及安装质量的好坏。基础的尺寸、标高及中心线检验应符合图纸要求。

（2）对各零部件进行清点、校正和修补（运输过程中造成的歪扭、损坏等），保证正常施工。

（3）清除安装场地内的各种杂物，并疏通安装现场的道路。

（4）借助必要的仪器和工具，按照输送机总图确定输送机纵向中心线、尾轮轴中心线，以及其他各部件与输送机纵向中心线相关的坐标、位置。并在基础地面上作出标记、划线，以便进行各零部件的安装。

（5）安装必须符合有关规定。

（6）在进行输送机安装时，根据现场情况，可以按从头到尾或从尾到头的顺序进行安装，实践中认为从尾到头的安装顺序更为合理。

二、头部装置的安装

1. 制造厂安装

（1）画出头架中心线，并打上标记，以备组装后检查测量及现场安装时用。

（2）按头部链轮的配对标记，将链轮装在头轮轴上，检查两头部链轮中心距必须符合图纸要求。检查两链轮的轮齿必须同步。

（3）在头轮轴上，按顺序装上链轮挡圈、滚动轴承、滚动轴承座、滚柱逆止器以及驱动装置中与头轮轴安装的半联轴器。

（4）头轮下罩用螺栓与头架固定。

（5）把装好链轮轴的两轴承座装在头架上，用螺栓与头架固定。

（6）安装要求：

1）链轮轴与头架底面平行度为0.5mm。

2）链轮轴与头架中心线垂直度公差为两轴承间距的1/1000。

3）两链轮对头架中心线的对称度公差为1mm。

4）盘动链轮应无卡阻现象。

（7）按图纸要求把挡块顶住轴承座，挡块焊在头架上。

（8）将头轮上罩用螺栓紧固在下罩上。

2. 使用现场安装

（1）为了测量方便，先将在制造厂安装好的头轮上罩拆下。

（2）将下料溜子（用户按工艺要求及输送机下料法兰尺寸事先备妥）连接在下头罩的下料法兰上，把地脚螺栓穿入头架的地脚螺栓孔内，并旋上螺母。按已找好的中心线把头架放在基础上，对基础的预留孔进行二次灌浆，再次核对中心位置及标高尺寸。待混凝土达到规定强度的75%后拧紧螺母。

（3）安装要求：

1）两头部链轮对输送机纵向中心线的对称度公差为1mm。

2）两轴承中心高的差值不大于其间距的1/1000。

3）头轮轴中心线对输送机纵向中心线的垂直度公差为两轴承间距的1/1000。

（4）把拆下的上头罩按原样装好。

三、尾部装置的安装

1. 制造厂安装

（1）把两只尾部链轮安装在尾轮轴上，检查链轮中心距必须符合图纸要求。

（2）在尾轴上按顺序装好链轮挡圈和滚动轴承。

（3）分别把压板和轴承座装入尾架的上、下导轨中间。

（4）把已装在尾轮轴上的滚动轴承装入轴承座内。

（5）丝杆穿入尾架的丝杆孔内，然后套入弹簧，把丝杆旋进压板的量型螺纹孔内，并顶在轴承座上。

（6）安装要求：

1）尾轮轴对尾架底面的平行度不超过0.5m。

2）两链轮对尾部装置中心线的对称度公差为1mm。

2. 使用现场安装

（1）把地脚螺栓穿入尾架的地脚螺栓孔内并旋上螺母，按已找好的中心线把尾架放在基础上，对基础的预留孔进行二次灌浆，核对中心位置及标高尺寸。待混凝土达到规定强度的75%后拧紧螺母。

（2）安装要求：

1）两链轮对输送机纵向中心线的对称度公差为1mm。

2）尾轮轴对输送机纵间中心线的垂直度公差为两轴承间距的1/1000。

3）两轴承中心高的差值不大于其间距的1/1000。

（3）在轴承座和尾架上凿上对应标记，以便在链条张紧后检查尾轮轴是否平行位移。

四、传动装置的安装

1. 制造厂安装

（1）在减速机高速轴上安装液力耦合器，低速轴安装联轴器。

（2）在电动机出轴上装好液力耦合器中的弹性联轴器（图15-3）。

（3）在底座上安装电动机和减速机。调整电动机出轴中心线与减速机高速轴中心线成一直线后，安装液力耦合器。将电动机和减速机分别用螺栓固定在底座上。

（4）盘动液力耦合器的输大端（即液力耦合器外壳）应无卡阻现象。此时，减速机不会转动（因为液力耦合器输入端需要达到一定转速后才能克服输出端的阻力而带动输出端转动）。然后，在减速机和液力耦合器内按使用说明书加入试车油。

（5）根据减速机低速轴的转向，确定电动机轴的转向，并通电试转，然后再接线盒内注明相序。作1h空载试车，试车时应无不正常噪声和温升。应该注意的是，有些输送机的逆止器是装在减速机的另一端输出轴上，这时，逆止器必须在电动机试通电以后才能安装。安装时要确定逆止器的作用方向，避免由于逆止方向的安装错误而造成设备的损坏。

2. 使用现场安装

（1）把地脚螺栓穿在底座的地脚螺孔内，旋上螺母。。

（2）按照已找好的头轮轴中心线位置及减速机低速轴中心线确定底座标高和位置，然后进行二次灌浆，并再次核对尺寸和标高。待混凝土强度达到设计值的75%，拧紧螺母。

（3）装好驱动装置与头轮轴之间的联轴器，头轮轴中心线与减速机低速轴中心线的同心度允差在相应联轴器的允许范围内。

五、支架的安装

（1）拆除为防止支架在运输过程中变形而点焊的角钢。

（2）校正支架，符合图纸要求。

按照找好的中心线及标高，把支架立在基础上。支架与基础的连接，可以采用地脚螺栓连接，也可以采用预埋钢板焊接，两种连接方式可供用户任意选用。

选用地脚螺栓连接，把地脚螺栓穿在支架底板的孔内，对基础的预留孔二次灌浆后旋紧螺母。如果是预埋钢板焊接，则把支架按找好的中心线立在基础的预埋钢板上，调整支架底板与预埋钢板之间垫铁的厚度，使支架符合安装要求，然后把支架底板，垫板与预埋钢板焊成一体。

（3）安装时，可以先安装水平段支架，再安装弯段支架，最后安装斜段支架，检查支架安装符合要求后，按图纸要求焊接支架之间的斜撑。

（4）安装时要求

1）支架中心线对输送机纵向中心线的偏移值不超过2mm。

2）支架平面与输送机中心线垂直，垂直度为支架宽度的2/1000。

3）两相邻支架上的轨道支承平面的标高差不超过其间距的1/1000。在输送机全长上不超过5mm。

4）同支架的两个轨道支承平面的相对高差不超过轨距的0.5/1000。

5）支架平面内的两对角线长度（图15-15中的x与y）差不大于5mm。

六、轨道的安装

（1）钢轨在安装前必须校直，直线度公差为测量长度的$\frac{1}{1000}$，全长不超过3m。

（2）一节轨道不得少于两个支架支承。

（3）同一水平面上的两条轨道对输送机中心线的对称度公差为4mm，轨距极限偏差为±2mm。

（4）同一水平面上的两条轨道，在输送机同一横截面上的相对高差为轨距的0.5/1000。

（5）轨道接头处水平错位不大于1mm，高低差不大于0.5mm。

（6）接头处间隙为3~6mm。

（7）当轨道调整至符合要求后，通过翼板固定轨道，把翼板焊在托架上，也可把轨道直接焊在托架上。

七、运行部分的安装

1. 制造厂安装

（1）组装时需对内、外链板的孔距进行测量，孔距一致或接近的为一对，装在同一节距内。如果在制造链板时，工艺上能保证链板孔距一致，则可以不进行测量。

（2）每10节链板为一组，其长度极限偏差为±2mm。

（3）在两组链板（每组十节）中间装妥料斗。装完后，两条板链中心线应平行，平行度不大于链轮中心距公差的一半。

（4）滚轮安装后，用手转动应灵活。滚轮轴应与链板垂直，不得歪斜。

（5）装配所采用的润滑油脂不应有腐蚀性。润滑脂应充满滚轮轴承腔，保证密封，防止灰尘侵入。

2. 使用现场安装

（1）链斗组装前应进行检查，凡有损伤处均应补好。首先将在制造厂组装好的十节链斗组装在接近尾部的水平段轨道上。然后，用钢丝绳向头轮方向牵引。待水平段有足够长的位置时，将另一组链斗放在轨道上，并与前一组组装。再次牵引钢丝绳，依次进行，使链斗绕过头部链轮进入下轨道，最后绕过尾部链轮，在水平轨道上首、尾相接，封闭成环线。

（2）通过转动尾部张紧丝杆，调整尾轮位置，使板链张力处于较适宜的状态，但必须使尾轮轴承在允许的拉紧行程范围内；否则，应拆除或增加两节链斗。

（3）安装要求：

1）料斗安装后不得歪斜。

2）运行时料斗不得相碰，料斗之间应留有适当间隙。

3）链斗装配时，每组链斗（十节为一组）的长度应测量，使链斗运行部分装完后，两边板链总长度差值不大于8mm。

4）所有滚轮与轨道应均匀接触。

5）尾轮轴必须与输送机中心线垂直。

第五节　试运行

（1）按照安装技术要求，再次检查安装质量，检查所有紧固件是否拧紧。做好测量数据的记录。

（2）检查链条是否已适当张紧。如果链条张紧适当，则滚轮应与输送机轨道（包括圆弧段）接触。但是在接近头、尾链轮处的轨道末端，滚轮应稍离轨道。

（3）按输送机的使用说明书，向各润滑点加入适量润滑剂。

（4）检查逆止器工作方向是否正确。

（5）确定电源线相位，在电动机接线盒内按制造厂标注的相位接线，防止电动机反向旋转。

（6）人工盘动减速机高速轴（如果不是采用液力耦合器则可盘动电动机轴），使链斗运行部分回转一周，检查有无相碰或其他影响运行的故障。检查符合要求后，能进行电动机通电，连续试运转。

（7）空载试车4～6h。运行时检查各部分运转是否正常。检查链条是否在链轮上平稳地运行，链轮齿最好不要与内链板相碰，否则会产生过渡磨损。检查链条是否歪斜运行，滚轮的轮缘不应始终与轨道侧面接触；否则会过渡磨损，降低使用寿命。检查轴承和减速机的温升是否正常。有故障必须进行消除。空载试车正常后，方可投入负荷试运转。

（8）试运转结束后，检查所有螺母是否拧紧。尤其应注意链轮上固定齿块的螺母是否松动，以及不设键的一只尾部链轮挡圈安装是否牢固。

（9）负载试运转时，物料的加入量应逐渐加大，至满负荷为止。负荷试运转4h后，检查轴承的温升不应大于25℃，减速机的温升不应超过30℃。在运转中观察运行部分，如果链条拉不直或有左右摆动现象，是因为张紧力太小；如果在圆弧段处滚轮抬离轨道，则是因为张紧力过大。经4h运转后停车，若张紧力不合适，应重新调整尾部张紧装置。

第六节　操作注意事项

（1）在开车前，必须进行周密检查，检查运行部件是否完好。特别应注意检查板链的轴有无断裂，滚轮有无裂缝，踏面有无变形，链板有无弯曲、裂缝。按设备使用说明书向各润滑点加注润滑剂。检查供料与收尘设备应工作正常。检查合格后，与前后相联设备的操作人员取得联系，待各处均已准备就绪，准许开车时，即可开动。

（2）开车顺序：

1）开动有关受料设备和其他装置（如与之相连的收尘设备等）。

2）开动输送机。

3）开动供料设备和其他装置（如与之相连的收尘设备等）。

（3）停车：

停车之前，应先停止供料，待加入到输送机料斗中的物料全部卸空后，才能停车。

第七节　维护与检修

（1）输送机的润滑工作，应根据说明书中的规定，结合实际运转情况，进行必要的日常和定期润滑。

（2）头尾装置中的滚动轴承，每过一年必须彻底更换润滑脂。更换时，一定要清洗干净，然后再换上新的润滑脂。在运转过程中，应定期补充运转中的消耗，保证密封作用，使灰尘不致乘隙而入。

（3）由于输送机的工作场地粉尘较大，因此，在运行部分的滚轮轴承处一般不设加油嘴，每隔 12 个月必须拆下滚轮，对滚轮内的滚动轴承进行彻底清洗，清洗干净后，加满新的润滑脂。

（4）减速机每 6 个月换油一次，但是在减速机第一次开始使用后 200h，应进行第一次换油。

（5）在尾部装置的丝杆及尾架滑轨上应经常涂抹润滑脂。

（6）链轮的轮齿是易磨损件，应进行经常的检查。一旦轮齿的淬硬层被磨穿以后，必须立即将两个链轮的齿块同时更换；否则会引起链条的颤动，加快链条的磨损。

（7）当滚轮的运行表面磨损严重，或者轴承损坏，则必须更换滚轮。板链是易损件，要经常检查链板是否有裂纹，是否与销轴或轴套有脱开现象。通过检查销轴与轴套的间隙，发现轴套是否有过度磨损，当淬硬层磨掉后，链条必须更换。更换时，两条板链对应节距内的四块内链板（或外链板）应同时更换。以保证料斗不致因新旧链条磨损不同而歪斜。

（8）料斗的斗体如有裂纹、破损、变形等影响运行安全的损坏应及时进行修补或更换。

（9）输送机链条的张紧程度是否合适，是输送机运转性能好坏以及影响链条寿命的重要因素。在直线段，如果链板之间的铰接处有折弯现象或在接近尾部时，滚轮在下轨道上没有抬起，则说明链条张紧力太小，应调节尾部张紧丝杆，使尾轮向后移动。在负载运转时，如果圆弧段出现滚轮从轨道上抬起现象，则说明张紧力过大，应调节张紧丝杆，使尾轮向前移动。在调节时，一定要注意务必使尾轮轴处于与输送机中心线垂直状态。

（10）电动机、减速机的检修按有关说明书的规定进行。

（11）初次开车后，以及在完成大修以后，当输送机正常运转约 200h 后须进行下列工作：

1）重新紧固输送机上的全部螺栓、螺母（料斗上除外）。

2）检查链轮齿块是否紧固在链轮鼓上。

3）检查链轮挡圈是否紧固在链轮轴上、链轮中心距是否正确。

第八节　故障及处理

一、斗子搭接处互相抵触和碰擦

1. 故障原因

（1）料斗的斗唇变形。

（2）牵引链磨损后伸长。

（3）料斗与链板连接螺栓松动。

2. 消除故障措施

（1）修理料斗斗唇。

（2）更换相应部分已磨损的链板。

（3）紧固料斗与链板的连接螺栓。

二、链斗运行部分跑偏

1. 故障原因

（1）两条板链长度相差过大。

（2）两头部链轮磨损不一致。

（3）尾部张紧装置未调整正确，尾轴与输送机中心线不垂直。

（4）向料斗中加料不均匀，偏向输送机纵向中心线一侧。

（5）输送机同水平面上两根轨道高低差超过安装要求。

2. 消除故障措施

（1）左、右板链部分链节对调，或更换链板。

（2）修理或更换头部链轮轮齿。

（3）调整尾部张紧链轮，使尾轴与输送机纵向中心线垂直。

（4）调整加料溜子位置，使加料均匀。

（5）通过在托架与轨道之间加调整垫片，使同水平面上的两根轨道高度一致。

三、停车后有倒转现象

1. 故障原因

（1）滚柱逆止器内弹簧刚度小。

（2）滚柱逆止器内滚柱损坏。

2. 消除故障措施

（1）更换滚柱逆止器弹簧。

（2）更换滚柱。

四、板链折断

1. 故障原因

（1）头部驱动链轮不规整，轮齿安装误差太大，或齿形不符合图纸要求。

（2）拉紧装置的预紧力过大。

（3）链斗运行中碰障碍物。

（4）链板局部磨损过多。

2. 消除故障措施

（1）修理头部驱动链轮轮齿，并作适当调整。

（2）重新调整张紧装置，减小预紧力。

（3）清除输送机周围的杂物。特别注意随时清除输送机下撒落的物料，防止因堆积过高而碰回程料斗，引起链斗运行部分损坏。

五、滚轮不转动

1. 故障原因

（1）滚轮内轴承润滑不好，润滑脂干结或灰尘进入滚动轴承滚道内，引起滚动阻力增大。

（2）滚轮内滚动轴承损坏。

（3）滚轮与链板之间被杂物卡住。

（4）滚轮踏面磨出平台。

2. 消除故障措施

（1）彻底清洗轴承，加润滑脂。

（2）更换轴承。

（3）排除链板与滚轮间的杂物。

（4）更换滚轮。

六、链斗运行部分速度明显降低

1. 故障原因

（1）液力耦合器内工作液体的数量少于说明书所规定的充入量。

（2）整个运行部分的运行阻力增大（如运行部分跑偏严重、滚轮不滚动而在轨道上滑动、板链在运行中抖动厉害等）。

2. 消除故障措施

（1）检查液力耦合器内工作液体的液位，按使用说明书要求补充工作液体。

（2）消除引起链斗运行部分的运行阻力增大因素。

第十六章　水泥工业用螺旋泵

第一节　概　　述

水泥工业用螺旋泵简称螺旋泵，是气力输送系统中常用的供料设备，在水泥工业中适用于气力输送生料，煤粉、水泥等粉状物料，可作水平、垂直方向输送。螺旋泵具有构造简单，机身较低，入口高不到1m，工艺布置灵活，可作定量喂料用等优点。自窑外分解技术在水泥煅烧工艺中推广应用后，粉体物料输送量大幅度增加，输送距离远、高度高，仅用纯机械输送易受工艺布置的限制，加上粉尘的污染及维护费用高等弊病，一般常用螺旋泵替代。

螺旋泵有两端支承及悬臂式两种结构型式，前者称为简支型，型号用 LJ 表示；后者称为悬臂型，型号用 L 表示。如简支型，螺旋直径 300mm 的螺旋泵型号表示为 LJ300；悬臂型，螺旋直径 150mm 的螺旋泵型号表示为 L150。基本参数见表 16-1、表 16-2。国内引进技术设计制造的螺旋泵，又称富乐泵（M 型 F-K 螺旋泵）。

表 16-1　简支型螺旋泵基本参数

项　目	单　位	型　号				
		LJ150	LJ200	LJ250	LJ300	LJ350
螺旋直径	mm	150	200	250	300	350
输送能力	m^3/min	13	50	110	235	380
螺旋转速	r/min	1000				
工作压力	MPa	≤0.21				

表 16-2　悬臂型螺旋泵基本参数

项　目	单　位	型　号				
		L100	L125	L150	L180	L200
螺旋直径	mm	100	125	150	180	200
输送能力	m^3/min	4.5	6	12.5	28	35
螺旋转速	r/min	1000				
工作压力	MPa	≤0.21				

螺旋泵在现代水泥生产工艺中的特点有：

（1）可将生料直接喂入预热器，其结构简单且有利于增进料气混合充分。

（2）可将煤粉连续定量送入分解炉和窑头、窑尾，该工艺目前较先进，在现代水泥生产中被广为采用。

（3）螺旋泵运行中，螺旋将从料仓自由落入进料箱的物料送入混合室，物料与压缩空气在混合箱内充分混合，达到流态化，进而吹进管道输送到较远的距离。

第二节　螺旋泵的结构与制造

一、主要结构及工作要求

螺旋泵一般由进料箱、螺旋轴、套筒、混合箱、出料箱、轴承座等组成，由联轴器与电机相连接。如图16-1（悬臂型）和图16-2（简支型）所示。

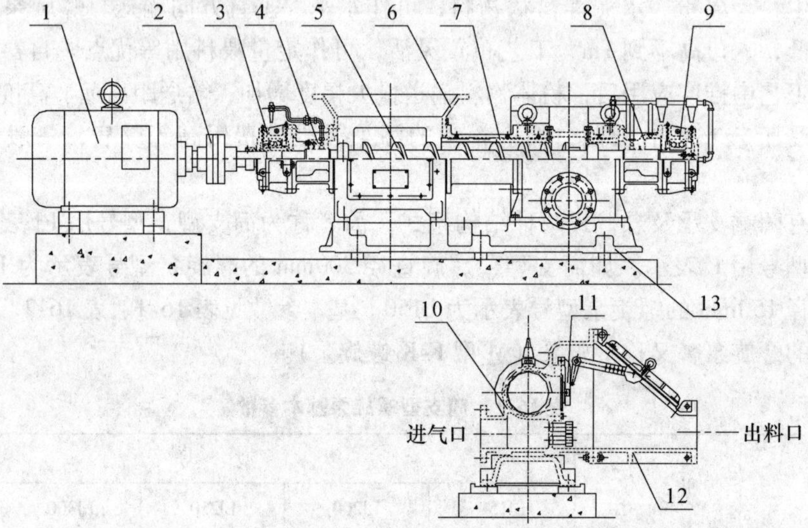

图16-1　LJ型螺旋泵结构示意图

1—电机；2—联轴器；3—轴承座（进料）；4—密封座（进料）；5—螺旋轴；6—进料箱；7—套筒；8—密封座（卸料）；9—轴承座（卸料）；10—混合箱；11—止回阀；12—出料箱；13—底座

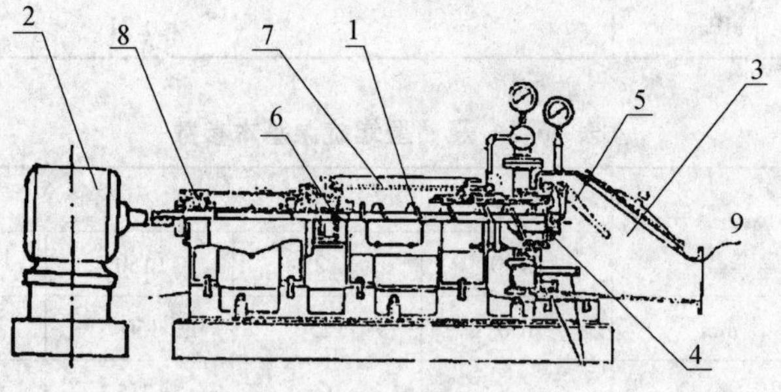

图16-2　L型螺旋结构图

1—螺旋轴；2—电机；3—混合箱；4—调节阀盖；5—杠杆系统；6—填料箱；7—进料箱；7—轴承；9—出口位置

螺旋泵泵体内装有一水平螺旋轴5，支承在两套滚动轴承3、9中，并用联轴器2与电机1相联，与电机相同的转速转动。螺旋轴5的螺距是不相等的，螺距向混合箱10方向逐渐变小，这样能将物料挤紧，防止压缩空气经螺旋反吹入进料箱6而进入料仓中。螺旋轴5安装要求水平度误差小，否则容易影响轴承的正常转动或引起轴承发热。螺旋叶片喷涂耐磨材料以延长使用寿命。

为了防止供料不足或中断时出现反吹现象，在螺旋的出料端设有调节阀盖（止回阀）11。调节阀盖借重锤和扛杆系统控制，使之保持一定的压力压在螺旋管的末端，所似物料能保持一定的紧密性，而且当来料不足或中断时，调节阀盖能自动关闭，防止压缩空气反吹。

轴承座上设有支气管，压缩空气可绕过支气管通至轴承座 8、9 内，形成气封，避免物料渗入轴承。

粉状物料经泵顶仓进入进料箱 6，由螺旋推挤进入混合箱 10。压缩空气从主管道进入混合箱下部，由喷嘴高速喷出，使物料充分混合呈连续流态化状态，经出口箱 12 及管道输送到设定的地点。

螺旋泵在输送物料时，其工作温度应低于 200℃，压缩空气工作压力一般小于 0.3MPa。泵的输送能力还与空气量、输送距离和管道直径密切相关。输送距离可达到 600m 以上。螺旋泵一般不适合输送粒状物料。

二、主要零件制造工艺及质量控制

（一）螺旋轴

螺旋轴的主要技术要求有：

（1）螺旋与轴应连续焊接，焊缝机械性能应不低于母材的机械性能。

（2）螺旋轴易磨损表面应进行硬化处理，硬度应不低于 HRC500。

（3）螺旋轴应做动平衡试验，其不平衡量应不大于 150g。

螺旋轴的加工过程，根据现场的不同条件，其制造工艺有所不同，通常加工工艺见表 16-3。此工艺过程仅列出主要工序，一些次要的工序未列出。现就主要工序做以下几点说明：

表 16-3　螺旋轴制造工艺过程

序号	工序	工序内容	设备
1	备料	园钢、叶片、平衡轮等	
2	镗	轴端面并打中心孔	中心孔机床或镗床
3	车	车外圆，按工艺要求留余量	车床
4	焊	叶片，平衡轮与轴组焊	焊接车间
5	校直	校正轴直线度	校直机
6	车	车外圆	车床
7	焊	堆焊或喷涂耐磨材料	焊接车间
8	校直	校正轴直线度	校直机
9	划	划孔及键槽线	校直机
10	钻	钻孔并攻丝	钻床
11	铣	铣键槽	立铣
12	磨	磨外圆	磨床
13	动平衡	调查轴的动平衡	动平衡机

1）在上车床及磨床之前均须认真检查中心孔是否被破坏，轴的不直度应及时在校直机

上校直后再上机床加工。

2）表面硬化层应光滑、均匀、可靠、耐磨。

3）在磨削工序时应用千分表调整支架。

4）必须在动平衡机上做动平衡试验。

（二）混合箱

混合箱一般选用铸铁件，其主要技术要求：

（1）混合箱材料应不低于 GB 9439 有关 H200 的有关规定，输送煤粉的混合箱应不低于 GB 1348 有关 QT 450—10 的规定。

（2）混合箱应进行水压试验，试验压力应不低于 0.8MPa，输送煤粉的应不低于 2.2MPa。

混合箱制造工艺过程见表 16-4，并说明如下：

1）铸件应作退火处理且不应有裂纹、缩孔、疏松等缺陷。

2）锺孔应注意保证同轴度。

表 16-4 混合箱制造工艺过程

序号	工序	工序内容	设备
1	铸件	铸件须经退火处理	铸造车间
2	划线	划十字中心线端面加工线	
3	铣	铣平面	铣床
4	划	划镗孔及孔位线	
5	镗	镗孔并钻孔	镗床
6	钻	钻孔并攻丝	钻床
7	水压试验	保压时无渗漏现象	水压试验机

（三）衬套

衬套是易磨损的零件，较多采用耐磨铸件，其易磨损表面的硬度应不低于 HRC45。

三、组装与精度控制

螺旋泵应在制造厂进行组装，所有零部件应逐件检验合格。外购件、外协件必须有质量合格证明文件或厂内检验合格后方可进行组装。组装后主要技术要求：

（1）衬套内径表面与螺旋外径表面之间的间隙应为 0.5～2mm。

（2）阀盖与阀壁的结合面安装间隙应小于 0.2nm，阀盖应启闭灵活。

（3）螺旋轴应旋转灵活。

（4）空载试车要求螺旋运转平稳，无异常振动和声音，连续运转 2h 后轴承部位温升应不高于 30℃，各处螺栓不得有松动现象。

螺旋泵的安装过程首先将螺旋轴、混合箱、进料箱、轴承座、止回阀等零部件组装，然后按以下程序安装：

底座→混合箱→进料箱→套筒→螺旋轴→轴承座→总成。

在安装中要达到精度要求，应注意：

（1）总体螺栓拧紧要按工艺要求进行，应使连接件受力均匀。

（2）要正确使用润滑剂，润滑剂过量会使轴承产生高温，过早产生故障，但也不要润滑不足。

（3）螺旋泵可用联轴器与电机直接连接，也可以用三角皮带连接电机，根据工艺设计选择连接方式。

（4）空载试车前，应检查各处螺栓不得有松动现象。

（5）试运转过程中，螺旋轴不应有碰撞衬套的现象发生。

第三节　螺旋泵的安装与调试

螺旋泵在现场安装后应进行空载试车和负载试车，空载试车同前述。负载试车的技术要求应符合以下要求。

一、螺旋泵的安装与校准

将螺旋泵机组安放在基础上，用楔块仔细校平。楔块要尽可能靠近地脚螺栓。将配有半个联轴器的驱动装置放置在基础上，并和机组对准。所有的地脚螺栓、螺母都要预旋到位，保持机组在楔块或平板上的稳定。检查一下轴间隙是否恰当（参见随机文件的螺旋泵总图），并开始校准联轴器，校准结束后按下列步骤进行。

（1）螺旋泵配置简单，布置简单，安装方便。对于要求输送设备的安装空间较小的水泥厂、电厂等粉粒状物料的输送有良好的用途。

（2）螺旋泵的驱动方式一般为联轴器直联。拆下联轴器中柱销并检验电机和螺旋泵的两个半联轴器之间的对准情况是否恰当。如果联轴器校正不当，就可能使螺旋泵产生振动，造成轴承过早出现故障。

（3）螺旋泵使用等硬度的钢筋加固的混凝土基础。基础下面的承载泥土要坚实，在平台或钢架上安装也可以。只在设计时，平台或钢架要有足够的强度，并保持螺旋泵和驱动装置的准确对中。一般使用简单的块式基础。基础高出地面一定高度，便于对螺旋泵进行维修和检查。基本的基础结构只适用于静载荷。

（4）用水泥浆在基础的周围和下面切实灌注，将全部插放地脚螺栓的方孔灌满。

（5）水泥凝固硬化后牢牢拧紧所有地脚螺栓。一定要重新检查联轴器校准情况，必要时要重新校准。

（6）检查驱动装置的旋转情况，要保证其与螺旋泵的旋转箭头一致。从驱动端看去，螺旋轴为逆时针方向旋转。进行检查时，不能把电动机和螺旋泵连接起来。

二、密封用气的管道布置

必须向螺旋泵的两端的轴承座、密封座提供吹洗密封装置的空气，密封压力用气的专用小气源可另外单独配置。螺旋泵绝不能在密封装置没有空气吹洗的情况下工作，否则将导致轴承过早磨损或烧毁。吹洗空气必须稳定，其压力波动过大也将引起轴承破坏。建议在吹洗空气管路前加装一个小贮气罐。

表16-5为密封压力的调整表，按表16-5的规定调节螺旋泵两端的空气管道的过滤减压阀。

表 16-5　密封压力的调整表（参考用）

输送系统用气压力（MPa）	LJ150	LJ200	LJ250	LJ300	LJ350	密封最小供气压力（MPa）
	M150	M200	M250	M300	M350	
	卸料端密封用气量（m^3/min）					
0.103	0.65	0.71	0.91	1.02	1.13	0.40
0.140	0.71	0.79	0.99	1.11	1.25	
0.170	0.76	0.88	1.08	1.29	1.36	0.55
0.210	0.82	0.99	1.16	1.31	1.39	0.70
0.240	0.91	1.05	1.27	1.42	1.59	
	驱动端密封用气量（m^3/min）					
	0.25	0.31	0.37	0.39	0.45	0.17

三、润滑脂的加注

1. 在螺旋泵运转时加润滑脂

在润滑驱动端轴承时，要通过轴承座上 2 只油杯注入足够润滑脂（不要填满空腔），让螺旋泵运转，直到轴承达到正常运转温度为止。卸下轴承座侧面的管堵让多余的润滑脂流出。润滑脂停止流动后重新装上管堵。

由于卸料端的轴承座腔是密闭的，所以使用一种不同以上的润滑方法，用手动注油枪，在 M150、M200 和 M250 泵的每一个油杯中打入约 4～6 枪，在 M300 泵上一个油杯中打入约 8～12 枪，应在螺旋泵运转时进行，如图 16-3 所示。

在加注润滑脂前后要注意轴承座的工作温度，温度持续下降表明润滑脂不足；如在加入润滑脂后几分钟内温度明显上升，则表明可能在轴承座腔中润滑脂过量。在这种情况下，要关闭整个输送系统和螺旋泵，卸下卸料端轴承盖，除去多余的润滑脂，并检查润滑脂和轴承滚动情况，如图 16-4 所示。另外，如果问题是润滑过度，则要相应调整润滑量或更改添加润滑脂的时间间隔。

在组装未预先润滑的轴承时，要在每一个轴承的滚珠和座圈之间充分填入润滑脂，已经预润滑的轴承无须在滚珠和座圈之间另加润滑脂。

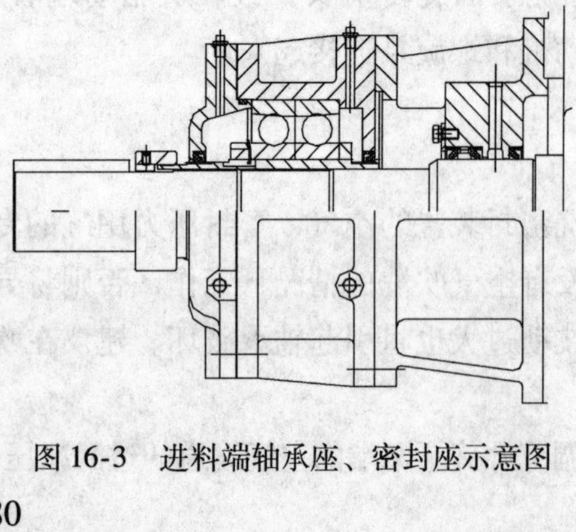

图 16-3　进料端轴承座、密封座示意图

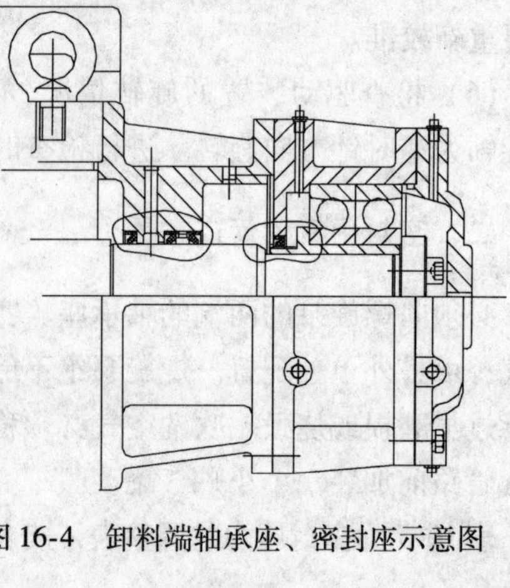

图 16-4　卸料端轴承座、密封座示意图

2. 密封装置的润滑

位于螺旋泵两端密封座支架中的唇状密封装置，需要注入与轴承相同的润滑脂。要在螺旋泵运转时给密封装置加润滑脂。

建议凡每天连续24h运转的螺旋泵要每天添加润滑脂。用注油枪通过一个油杯添加，打一枪至两枪。

所有多余的润滑脂都要通过最外层的唇状密封圈清洗出去。在驱动端多余润滑脂会通过轴承座上的开口流出，但在卸料端多余的润滑脂会在密封座内聚集。一个很好的做法是，不管基于什么原因，每次拆卸卸料端轴承座时都要除去多余的润滑脂。

在贮存润滑脂或将润滑脂向注油枪装填时，最大限度地注意防止润滑脂污染。在使用注油枪之前，要将所有的润滑装置清理干净。

3. 止回阀轴的润滑

止回阀轴的润滑配备的润滑装置，应从一个油杯每天给予润滑。

螺旋泵上使用集中润滑系统是不可取的，可能产生润滑过量而出现过热现象。

四、螺旋泵的调试

（1）螺旋泵运转平稳，无异常振动和声音。

（2）负载试车应在空载试车后进行，员载试车须连续运转4h，温升不高于60℃。

（3）测定电机电流无不正常的波动现象。

（4）各处螺栓不得有松动现象。

（5）拧紧地脚螺栓并重新检查水平，从驱动端看去螺旋轴为反时针方向旋转。

（6）负载试车只有在空气进入螺旋泵后才能启动该泵。

（7）在一般负荷情况下，安全运转显示在压力表及杠杆都能保持平稳，如不平稳可调节平衡块的位置。

（8）在关闭螺旋泵时，应首先停止物料供应，在泵里完全没有物料时停电机，并让压缩空气吹输送管道，直至压力表为零时停风。

（9）负载试车后的检验应符合试车的有关技术要求，方能正式投入生产使用。

第四节　设备的管理与维修

一、设备管理规则

（1）螺旋泵必须指定具有相当技术水平及丰富操作经验的人员负责管理。

（2）螺旋泵基础未牢固前或连接部分未紧固时，不得开动机器。

（3）螺旋轴运转有一定的方向，不得反转。

（4）机器周围应保持清洁，须有足够的光线照明设备。

（5）螺旋泵配置的压力表、电流表、温度表等应便于观察，损坏时应及时更换。

（6）电动机等电气设备均应符合电气安全技术要求。

（7）只有在螺旋泵停止运行后，才可折下联轴节护罩或皮带护罩。重新启动前，须确保护罩已重新固定好。

（8）在检修螺旋泵时，应在电源开关上挂置“禁止给电”警告牌，同时在压缩空气阀门上挂置“禁止给气”警告牌。

（9）螺旋泵应建立定时润滑、定期检修制度，见表16-6、表16-7。

表16-6 润滑制度

润滑点	润滑类别	润滑间隔
密封	润滑脂	每周
杠杆轴位	润滑脂	每周
轴承	润滑脂	每月

表16-7 维修制度

检修部位	检修间隔	工作内容
阀盖	三个月	外观检查并维修
阀座	三个月	外观检查并维修
耐磨衬套	三个月	外观检查
螺旋轴端	三个月	外观检查
轴承	半年	检查并换油

（10）在维修时不准加热平衡轮，否则热量会在平衡轮中形成内压力，使其爆裂。

（11）从灼热的螺旋泵上折卸螺塞应特别小心，谨防高温润滑脂溅起烫伤外露皮肤。

二、设备使用规则（表16-8）

（1）螺旋泵运转前必须检查各润滑点润滑是否适量。

（2）各连接螺栓应紧固，联轴器间隙应合适，外圆平直。

（3）止回阀阀盖杠杆转动应灵活。

（4）管道系统压力应正常。

（5）打开进气管阀门，通入压缩空气，开启通向密封体的阀门。

（6）开动电机至正常转速，从电机端看，螺旋轴为反时针旋转。

（7）打开喂料阀，开启喂料输送设备，进行送料。

（8）在正常运转时，压力表指示压力应正常，电流表指示电流应正常；异常时，须停止加料，待调整正常后再继续送料。

（9）检测轴承部位温度应正常，温升不高于60℃。

（10）停车时应先停止供料，直到泵中所有物料输送完毕，吹净全部管道后，关电机，最后关压缩空气。

表16-8 设备使用规则

零部件名称	损坏形式	维修方法
阀盖	磨损	堆焊后加工或更换
阀座	磨损	堆焊后加工或更换
螺旋轴	磨损	堆焊加做动平衡或更换
轴承	磨损或烧损	更换

续表

零部件名称	损坏形式	维修方法
密封	磨损或烧损	更换
衬套	磨损	更换
喷嘴	磨损	更换

三、维护和保养

螺旋泵是公制机组，需要公制工具。在对螺旋泵进行任何性质的修理之前要仔细研究与螺旋泵一起提供的总图和装配图。

螺旋泵的正常维修随着各个机组的工作不同而不同。

螺旋轴的更换周期应视负荷的多少、工作压力和所输送物料的物理性能而定。

在运转过程中，螺旋泵的螺旋轴绝不应和泵体内套筒发生碰撞；螺旋泵也不应在它们产生碰撞的情况下运转，如果在这种情况下运转，螺旋轴就可能折弯而需要修理或更换。

通过螺旋泵的外界物质可能使螺旋泵失去平衡。一般来说，比较重的碎片，如金属碎片将会在进料箱的底部聚集。

螺旋轴的检查在大多数情况下，都有可能对螺旋泵的螺旋轴进行修理或翻修。按照下列标准检查螺旋轴，以确定螺旋轴是否需要修理。

螺旋叶片：如果螺旋叶片的镀层以下的基体金属（不管是在螺旋叶片的周边还是表面上）有磨损，则螺旋叶片就要更换。周边上镀层的厚度为4～5mm，螺旋叶片的表面镀层厚度为4mm，螺旋叶片在更换时以一圈（360°）为一段，更换螺旋轴上的螺旋叶片不超过三段是经济的；如果必须更换更多的螺旋叶片，则螺旋轴应报废。

耐磨套：螺旋轴上的两个地方（靠近两平衡轮外侧）装有耐磨套，损坏了的耐磨套必须及时更换。

四、故障的诊断与排除

螺旋泵是为了一定的物料规范设计的，所要输送的物料必须在相对密度、筛选分析、湿度、成分、温度、管道长度等方面符合这一规范。

1. 螺旋泵的输送量不够

检查物料的相对密度和筛选分析情况，看物料的规范是否恰当。这是因为螺旋泵是一种容积式装置，物料参数的任何变化都会产生输送量问题。比如说，如果所供物料比原设计规定得粗，就会造成螺旋泵的驱动电机电流过高，必须减小输送量和管道压力以保持适当的输送速率，保持进料箱的上部加长部分通风并稍有负压。

功率调整：在运转过程中要检查一下螺旋泵的卸料口物料密封状况是否良好，必须要有一定量的压紧物料，以提供良好的密封状态。压紧物料太少，就会造成空气回流，而大大减少螺旋泵的物料抽吸量。回流是在密封不正常时导致输送空气通过泵体反向流动的情况下发生的。除了物料输送量降低以外，进料箱的加长部分有空气回冲出来以及电动机电流低也是主要的征兆。物料密封过量会造成耗电过多，并加速某些零件的磨损。

密封作用可以通过限制物料流出卸料口的办法得到加强。首先，将平衡锤在平衡杆上再移开一段距离，如果在它到达最远的安装孔时，运转情况得到改善但仍不能令人满意，只要电机负荷不存在问题，可以另加附加的重物。

如果电机存在过载情况，则在处理时要减少卸料限制。首先，将平衡锤向平衡杆的铰接支点移动。如果这还不足以减少电机负荷，则要卸除位于止回阀之后的垫块。在重新安装止回阀时，要使用较短的螺栓（较短的螺栓用螺栓拆卸器组装）。

一般来说，垫块和平衡锤的恰当组合位置是可以找着的，在这个位置上螺旋泵能以最小的功率达到理想输送量。

空气吹洗系统：如果流向卸料端密封装置的空气过量，会导致混合箱里的物料充气，使输送量减少。对于用工厂空压机站的压缩空气吹洗的系统，另外要检查在靠近过滤减压阀的活接头中是否已装上了孔径相宜的孔板，还要检查过滤减压阀的调定值是否与表格所示的一致。

如果驱动端吹洗空气过量，则进料箱中的物料体积密度就可能减小，物料输送量就相应降低。要检查空气管路的活接头中是否已装上了孔径相宜的孔板，要保证过滤减压阀的调定值与表格所示数据一致。

要保证向 M 型 F-K 螺旋泵稳定供料。供料波动会造成电动机的电流波动，这就要求减少供料量，使其保持在电机所容许的范围内。

保证输送管道出口通过集尘器良好的通风，因为输送管道出口的正压力能使物料输送量减少。

检查管道压力，看是否有不正常的高压读数，这种高压读数预示输送管道可能被阻塞，因而导致输送压力偏高。

检查输送管道上的换向阀可能安装不当。

检查压缩机的运行情况，看进气口中否有障碍。进气口有障碍会使排气量低于所需要的排气量。

2. 轴承的故障

要正确安装轴承，不能润滑过量，因为会使轴承产生高温，使轴承过早产生故障。不能润滑不足，润滑要求参见使用说明书的轴承润滑部分。

必须使用适当的润滑脂，适用规范参见说明书轴承润滑部分。

3. 密封装置的故障

检查螺旋泵的密封装置，看其是否正确安装。

在输送系统全负荷运转之前要保证新安装的螺旋泵的密封装置良好润滑，在螺旋泵的运转过程中，要按照螺旋泵使用说明书的密封装置的润滑，对密封装置进行正确润滑。

在更换螺旋泵的密封装置时要检查耐磨套，密封装置的继续运转可能使耐磨套擦伤损坏。密封套的摩擦表面，必须光滑、洁净，否则密封装置会过早失效。

物料温度超过 180℃会使密封装置失效。

由下列情况所造成的吹洗空气不足或中断将会导致密封装置失效或破坏：

（1）吹洗空气由工厂空压站的压力空气提供时，如果管道安装不当；

（2）过滤减压阀的调定压力不适当，孔板的孔径不当，吹洗空气就不达到预计要求；

（3）在输送管道有压力时如果突然断电，会导致密封失效；

(4) 输送系统关闭不当(进料箱得不到清洁),会使密封装置失效;

(5) 关机期间吹洗空气不工作时,而给进料箱加料,会使物料进入密封装置,导致密封装置失效。

故障的诊断与排除见表16-9。

表16-9 故障的诊断与排除

故障现象	故障诊断	故障排除
压力表显示脉动	1. 喂料量变化 2. 压缩空气是否正常 3. 管道阻塞 4. 换向阀安装不当	1. 使喂料量稳定 2. 使供气压力,风量正常 3. 排除阻塞物 4. 调整换向阀
泵送能力降低	1. 物料细度等是否变化 2. 料斗通风状况变化 3. 密封损坏回风量大 4. 排料口压力是否变化	1. 验证细度并恢复正常 2. 检查并调整 3. 维修或更换磨损部位 4. 检查并使其恢复正常
轴承部位发热	1. 润滑油过量 2. 润滑油不足 3. 油的品位是否合适 4. 物料温度是否升高 5. 轴承运行是否平稳且无噪声	1. 减少润滑量 2. 适当增加 3. 按技术文件要求 4. 查明物料温度升高原因 5. 检查轴承及密封部位并清洗或更换
回风量增大	1. 唇封气体过量 2. 唇封破坏 3. 料封不合适	1. 调查压力和风量 2. 更换密封 3. 调查料封情况
电机超载	1. 物量过大 2. 物料变粗 3. 料封过紧 4. 料封过量 5. 回压过大	1. 控制恢复 2. 检查物料细度 3. 调整重锤位置 4. 调查料封量 5. 检查管道输送状况
唇封破坏	1. 安装不妥 2. 接触面损坏 3. 润滑不当 4. 物料温度过高	1. 调整安装 2. 修复接触面或更换 3. 适当润滑 4. 检查物料温度升高原因

第十七章 水泥工业用空气输送斜槽

按 水泥工业用空气输送斜槽是我国自行开发的新型输送设备。由于具有一系列的特点，所以得到了迅速地发展，1988 年制定出行业标准《水泥工业用空气输送斜槽》（JC/T 820—1988），实施后指导了生产，控制和提高了产品质量，促进了设备的广泛应用，取得了明显的效果。为满足水泥工业发展的需要，特别是设备大型化后，该标准已不能满足生产的需要。为适应市场的需求，2007 年国家发展和改革委员会批准立项修订该标准。目前，该标准正在修订之中，由南京顺风气力输送系统有限公司等单位组成标准起草工作组对该标准进行修订，争取达到国际先进水平。

第一节 概 述

水泥工业用空气输送斜槽是 20 世纪 50 年代开发的一种新型气力输送设备，广泛应用于输送干燥粉状物料的气力输送设备，具有结构简单、制造成本低、操作运转安全可靠、使用寿命长、维修简便、设备架空而不占用空间、可曲线输送、系统无运动部件、易于改变输送方向和多点喂料、卸料、密封性好、无噪声等优越性，因此，得到了迅速地发展。

空气输送斜槽适用有于输送水泥等易流态化粉状物料，南京顺风气力输送系统有限公司在引进技术的基础上，开发出的 XZ 系列空气输送斜槽其输送能力达到 $1500m^3/h$，输送距离达 1000m，通过 35 目筛，水分 $<3\%$ 的粉体可以用空气斜槽输送。而且，输送能力仅受实际工程中具体设备要求的限制。通常使用斜槽输送的粉状物料有：水泥生料、面粉、磷酸盐、铝水化物、水泥成品、水化石灰石、锻烧菱美土、催化剂、石灰石、石膏、粉矿、滑石粉、黏土、长石、苏打粉、铝土、洗衣粉、硅石、遂石、重晶石、树脂制品、除尘器灰尘、膨润土、粉煤灰。

空气输送斜槽一般以高压离心风机（9-19：9-26 型）为动力源，使密闭输送斜槽中的物料保持流态化向倾斜向下的一端缓慢的流动。

第二节 结构与工作原理

空气输送斜槽在水泥厂适用于输送生料、水泥、煤粉等易流态化的粉状物料，它与螺旋输送机、胶带输送机相比，具有无转动部件、操作管理方便、重量轻、输送能力大、容易改变输送方向等优点。

空气输送斜槽用于水平输送干燥粉状物料（如水泥企业中的水泥、生料）的设备。它是由数个薄钢板制成的槽子连接组成，并沿其输送方向布置成一定的斜度。槽子的上、下壳体中间夹有透气层。输送物料由高端喂入壳体，压缩空气由专设的鼓风机吹入下壳体并通过密布孔隙的透气层分布在物料颗粒之间，物料进行所谓的气化以改变物料的摩擦角，使其形成流动状态而沿斜度下滑达到输送目的地。

空气输送斜槽的主要结构和工作原理如图 17-1 所示。输送斜槽的安装有一斜角 α。槽的断面呈矩形，分上槽体和下槽体，中间有透气层相隔。上槽体为物料流动层，下槽体是空气室。由鼓风机将空气鼓入下槽体内后，在风力作用下通过透气层进入上槽体内，最后由出风管排出。物料由进料口进入上槽体内后，被通过透气层来的密集的气流吹浮而呈流体化状态，在重力和气力的作用下沿透气层上面向下滑移，即达到输送目的。

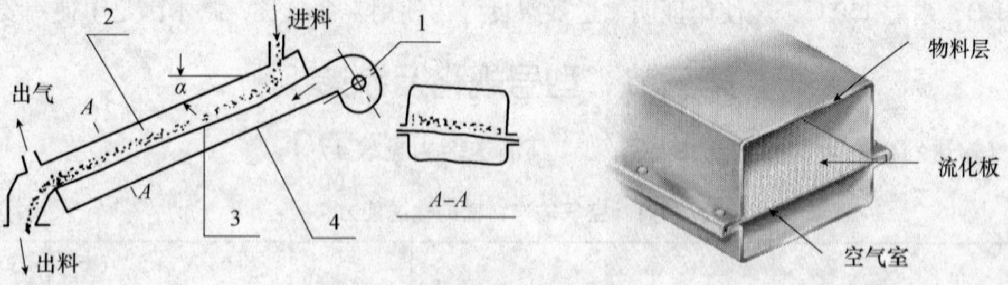

图 17-1　空气输送斜槽结构原理示意图

1—鼓风机；2—上槽体；3—透气层；4—下槽体

根据空气输送斜槽的输送原理，很适宜倾斜向下输送干燥粉状物料。输送槽可以是直槽，也可任意转向，还可以采用多支槽及多点喂料和卸料，输送距离无限制，如图 17-2 所示。空气输送斜槽不宜水平和上坡输送，也不宜输送块状物料，对粉状物料的含水量和温度也有一定的限制。

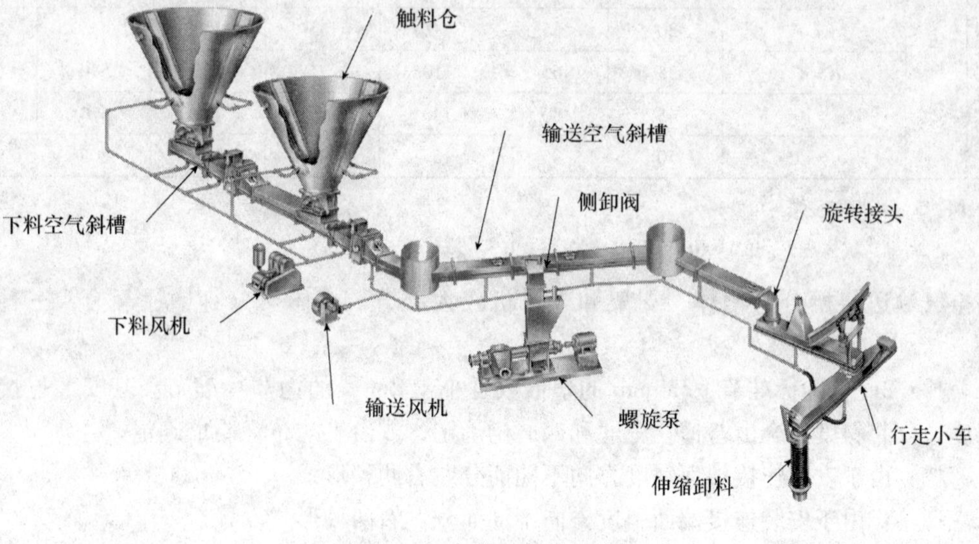

图 17-2　空气输送斜槽系统图

空气输送斜槽的输送能力，除与槽体宽度和安装斜度有关外，还与物料品种、透气层性能、风量风压，以及密封好坏等有较大关系。一般需采用理论计算和试验以及实践相结合的方法，得到不同槽宽和斜度、不同物料的输送量。槽体宽度常见有 200mm、250mm、315mm、400mm、500mm、630mm、800mm 等，斜槽的安装斜度 4° ~ 12°。斜槽下槽体每隔一段距离必须设有空气入口（或再架设鼓风机）。

透气层是空气输送斜槽的关键件，除需具有一定的强度、耐磨、耐温、耐腐蚀等性能来满足耐用性能外，还要求透气孔小而密且均匀、透气阻力小等，才能达到输送目的和满足输送量的要求。

空气输送斜槽的透气层，曾采用过陶瓷多孔板、水泥多孔板、多层棉帆布等。这些透气层都有明显缺点，例如易碎、耐温性能差、透气阻力大或不均匀等，因此使用寿命短，输送效果差。20世纪80年代研制成功一种编织涤纶透气层，厚度为4~6mm，透气阻力为70~300mmH_2O，耐温150℃，经使用证明输送效果良好，使用寿命较长，基本满足了使用要求。

第三节　型号规格及制造

空气输送斜槽在建材行业已形成系列，其输送能力见表17-1。

表17-1　空气输送斜槽的输送能力

参数名称 \ 单位 \ 型号			XZ200	XZ250	XZ315	XZ400	XZ500	XZ630	XZ800
输送能力	水泥	$\alpha=4°$	22	40	70	130	220	320	400
		$\alpha=6°$	40	65	120	250	400	610	765
		$\alpha=8°$	50	80	140	300	470	720	900
		$\alpha=10°$	60	100	170	380	570	900	1080
		$\alpha=12°$	70	120	205	450	685	1080	1295
	生料	$\alpha=4°$	16	30	55	100	165	245	310
		$\alpha=6°$	30	55	90	185	300	455	565
		$\alpha=8°$	35	65	110	225	355	540	670
		$\alpha=10°$	45	80	140	285	425	670	800
		$\alpha=12°$	50	95	165	340	510	805	960

说明：1. α角为安装倾斜角度；

2. 输送气体压力：0.04~0.06MPa，耗气量：1.5~3m^3/（m^2·min）。

空气输送斜槽分为槽体、支架和鼓风机三大部分。槽体又分直槽、弯槽、三通和四通槽。

直槽：2m长为标准节，250mm的整倍数且小于2m长的为非标准节。其安装连接端没有斜度，安装斜度完全由弯槽，三通和四通槽确定，或由工艺布置要求确定。

弯槽：由于安装连接端面斜度方向不同而分左右两种形式。

三通槽：由于安装连接端面斜度方向不同而分左右两种形式。

四能槽：因进出安装连接端面、斜度方向不同而分一进三出和三进一出两种形式。

空气输送斜槽的各种槽节均由制造厂组装后，并经气压试验无漏气现象方可出厂。各槽节要按设计和制造工艺要求进行制造，槽体所用的材料和焊接质量应保证强度和密封要求，上下槽体组装对接面和各槽节安装对接面不平度应符合技术标准要求。

制造空气输送斜槽，各槽节的组装是关键，除要求密封良好外，还要求透气层平直且具有一定张力。组装结构如图17-3和图17-4所示，主要组装程序如下：

（1）首先在下槽体组装对接面上均匀涂2mm厚的601密封胶。

（2）将透气层放到下槽体上面，一端对齐，用烙针由两边开始交替配开透气层与方钢固连孔，开好一孔即上好并拧紧一个螺栓。此端完后，在另一端用夹具夹住透气层，用500N左右的力拉紧，并用同样的方法将该端与方钢固连。

（3）沿方钢切除多余的透气层，并立即用烙铁熔化切割面，以免绽裂。

（4）在上槽体组装对接面上涂2mm厚的601密封胶。

（5）将上槽体放到透气层上面，以刻的标记为基准与下槽体对齐找正，用同样方法由一端开始左右交替进行、在透气层上开组装连接孔，并开好一个孔即拧紧一个连接螺栓。

（6）槽节组装完后用聚氯乙烯板将各端封口，防止进雨水并保护安装对接面。

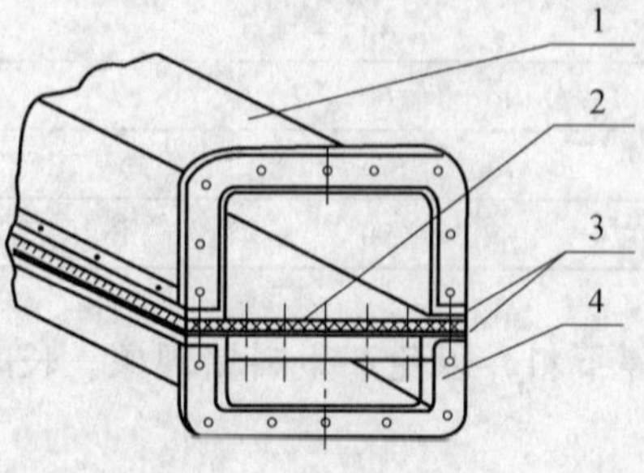

图17-3　槽节组装结构示意图

1—上槽体；2—透气层；3—密封胶层；4—下槽体

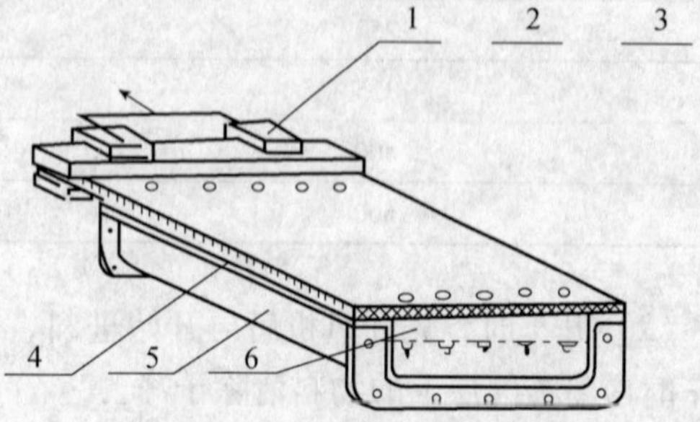

图17-4　透气层组装示意图

1—夹具；2—透气层；3—半圆头螺钉；4—密封胶；5—下槽体；6—方钢

第四节　安　装

（1）首先根据工艺布置和空气输送斜槽的斜度，装好各槽架，并检查找正位置和标高。

（2）将槽节端面处的聚氯乙烯封盖板拆除，经检查各端面平直无损、透气层干燥清洁（否则需进行处理）后，在端面和日字形密封垫两面上均匀涂601密封胶，将密封垫与槽节一端面对正连接孔贴牢，如图17-5所示将槽节A与槽节B用螺栓连接。这样由空气输送斜槽的一端开始顺序将各槽节安装连接成一体。

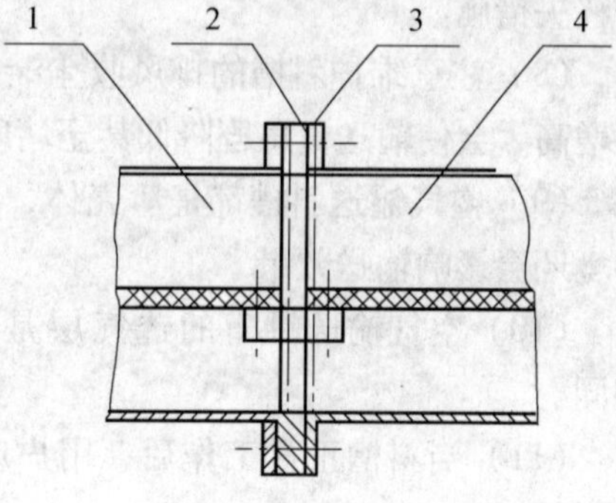

图17-5　槽节连接示意图

1—槽节A；2—日字形密封垫；3—密封胶；4—槽节B

（3）应严格保证斜度，以上、下槽体连接法兰为基础面允差1/1000（积累误差应沿加大斜度方向）。槽节纵向斜度不小于设计要求。横向倾斜会影响输送效果，公差不大于槽宽的1/500。

（4）各槽节安装连接完成后，进行整体检查找正，将各槽架支牢垫稳固后与下槽体点焊固定。

（5）安装进料溜子、进出风管道、气压计等。需现场开孔和焊接时应注意不要损坏透气层，不要造成变形引起漏气。

（6）斜槽零部件的安装，要求严密，不准漏风漏灰。设计考虑用简单易行的石棉绳密封，现场亦可根据具体情况采用石棉绳加铅油、毛毡垫、橡胶条等方法，也可采用液态密封胶。端部法兰与密封垫间应涂液态密封胶，不允许漏气。

（7）对检修门、三通槽、四通槽、窥视窗、截气阀等零部件应进行检查调整，使其操作时灵活，关闭时严密。其中截气阀的橡胶闸板与透气层接触的地方要反复整形，力求吻合。

第五节　使用与维护

(1) 输送量与料层厚度有明显关系，所以料层厚度不宜过厚也不宜太薄，可参考表17-2。除调节进料速度外，还可以调节进排风来调节料层厚度，使其达到需要输送量或最佳输送效果。

表 17-2　输送物料厚度

槽宽（mm）	物料厚度（mm）
250	46
315	60
400	75
500	90

(2) 开车时，先开风机后再开始进料，停车时先停下料，以免产生料堵现象。长时间停车时应将透气层上的物料清除干净。

(3) 尽可能地保证斜槽吸入干燥清洁的空气对保证斜槽长期安全运转是至关重要的，要及时清扫鼓风机入风口过滤器上的过滤板。

(4) 新安装的斜槽使用一段时间后应对其斜度进行检查。

(5) 经常注意三通槽、四通槽的闸板是否关闭严密。

(6) 透气层使用一段时间后，如过于松弛应重新拉紧，如有损坏应进行更换或进行局部修补。

(7) 应经常通过检查门和观察窗检查料层厚度并是否有产生堆料现象，及时研究原因和解决措施。

(8) 注意维护斜槽的排风收尘装置，使用于气化物料的空气畅通排出，否则，上槽压力增高，会使输送量急剧降低甚至堵塞。

(9) 空气输送斜槽都是薄壳体，不要撞击和重压，以免产生变形引起漏气，不但污染环境还会影响输送效果。

(10) 空气输送斜槽的透气层是易损件，一般可用三年以上，更换方法与组装方法相同。

(11) 当斜槽正常工作后，用户应当逐渐摸索控制鼓风机的用气量，以达到尽量减少电耗。

第十八章　水泥工业用NE板链提升机

第一节　概　述

板链提升机是我国引进日本“大同工业株式会社”设计、制造技术生产的产品，广泛用于水泥工业。

本产品分NE普通型和NSE快速型两大系列。普通型分10种规格，每种规格又分粉状物料（NS斗型）、块状物料（NSD斗型）和黏性物料（NSR斗型）三种型式。快速型共分8种规格，适用于粉状物料。

本机适用物料粒度最大为60mm，物料温度达350℃。

板链提升机的优点：

（一）规格齐全，提升量大

该机NE普通型分NE30、NE50、NE100、NE150、NE200、NE300、NE400、NE500、NE600和NE800 10种标准规格；NSE快速型分NSE200、NSE300、NSE400、NSE500、NSE600、NSE700、NSE800和NSE1000 8种标准规格。根据不同高度、不同状态、不同物料，可设计制造多种提升机，供用户选用。

最小提升量是指NE30的提升量，即：23.5m^3/h，最大提升量指NSE1000的提升量，即：1358m^3/h，因该机规格与其他提升机规格所代表的意义不同（普通提升机代表斗宽，该机代表提升量范围），故无法直接比较其提升量。现将各型式提升机量列于表18-1～表18-4。

表18-1　NE型、粉状物料、NS料斗

规格	提升高度（m）	输送量（m^3/h）
NE30	≤37	25
NE50	10～36	94
	36～46	86
	46～50	72
NE100	10～39	163
	39～50	132
NE150	10～49	247
NE200	10～38	317
	38～50	280
NE300	10～43	470
	43～47	430
NE400	10～29	576
	29～48	531

续表

规格	提升高度（m）	输送量（m^3/h）
NE500	10~35	712
	35~50	659
NE600	10~35	885
	35~44	846
	44~50	746
NE800	10~46	935
	46~50	821

表18-2　NE型、块状物料、NSD料斗

规格	提升高度（m）	输送量（m^3/h）
NE30	≤37	23.5
NE50	10~33	55
	33~49	61
NE100	10~44	96
	44~50	78
NE150	10~50	143
NE200	10~35	194
	35~50	147
NE300	10~47	275
NE400	10~44	337
	44~50	311
NE500	10~39	416
	39~50	385
NE600	10~40	518
	40~50	492
NE800	10~50	547

表18-3　NE型、黏性物料、SDR料斗

规格	提升高度（m）	输送量（m^3/h）
NE30	≤37	23.5
NE50	10~38	44
	38~47	40
NE100	10~49	78
NE150	10~50	117
NE200	10~50	150
NE300	10~50	225

续表

规格	提升高度（m）	输送量（m^3/h）
NE400	10～47	295
	47～50	272
NE500	10～45	338
	45～50	313
NE600	10～38	421
	38～50	401
NE800	10～50	442

表 18-4　NSE 型、粉状物料，NSE 料斗

规格	提升高度（m）	输送量（m^3/h）
NSE200	10～27	330
	27～44	269
	44～50	240
NSE300	10～21	411
	21～46	393
	46～50	348
NE400	10～42	473
	42～50	388
NE500	10～37	634
	37～50	590
NSE600	10～30	788
	30～44	760
	44～50	626
NSE700	10～37	952
	37～48	858
NSE800	10～34	1142
	34～40	1194
NSE1000	10～32	1413
	32～41	1358

（二）提升高度大

该机最大提升高度为 50m，高于普通提升机。

（三）牵引件运行平稳

由于采用双牵引板链，且料斗重心在两链条中间运行平稳可靠。

（四）适应性强

板链提升机对不同性质物料，如粉状物料、块状物料及粘性物料等，设计不同形状的料斗，适应性较强。较之其他提升机不同物料共用同一种斗型，有明显的针对性。

NSR 料斗适用于一般粘性物料，但如果物料粘性过大，且物料粘斗很严重，就需设计特殊结构提升机。这种情况较少，没有设计整系列特殊结构提升机，如需要时可针对具体情况予以设计与制造。

如某种物料对料斗及进、出料口磨损特别严重，也可根据实际情况进行特殊设计与制造。

（五）传动装置配制硬齿面减速机，体积小，重量轻，使用耐久

电机和减速机之间设液力耦合器，允许空载启动，车过载情况下，对电机有保护作用。

（六）该机卸料方式属诱导式，故对料斗速度要求不严格

如果生产中所需物料量小于提升机设计提升量，为减少牵引件磨损，可调整牵引件速度，仍能正常卸料。

第二节　板链提升机的结构

该机结构如图 18-1 所示。

（一）头部

此部分包括头部驱动链轮、主轴及逆止器（装在头部驱动轴上或减速机上）。头部又分上、下壳体。上壳体设有收尘口和检查口。下壳体设有斜支架和排料口，斜支架起支持平台作用。

（二）壳体部分

壳体起支持和封闭整台提升机作用，一般中间壳体上可设检视门，下部装配节上有作业口，可由此安装料斗。

（三）尾部

尾部起承受整台提升机重量的作用，内中包括尾轮及尾轴。此部分还包括有进料口和清扫门。粉状物料、块状物料和粘性物料，尾部结构均不相同，进料口设在尾部上。粘性物料所设进料口与其他型式不同。

（四）传动部分

传动部分包括电动机、液力耦合器及减速机，根据需要在减速机后还加一级链轮传动，包括大、小链轮和驱动链条。

（五）牵引件部分

牵引件包括料斗、板链、料斗螺钉及螺母等，不同型式提升机料斗不同时，板链也可能不同。同一型式同一规格提升机，在不同高度段上，其板链也可能不同。

（六）平台部分

平台用于布置支承传动部分，并为检修取得空间，为安全，平台周围布置了栏杆。

（七）吊装架

吊装架用于提升机安装、检修以及更换零件时使用。如用户自设吊车等起重设备，也可不设吊装架。

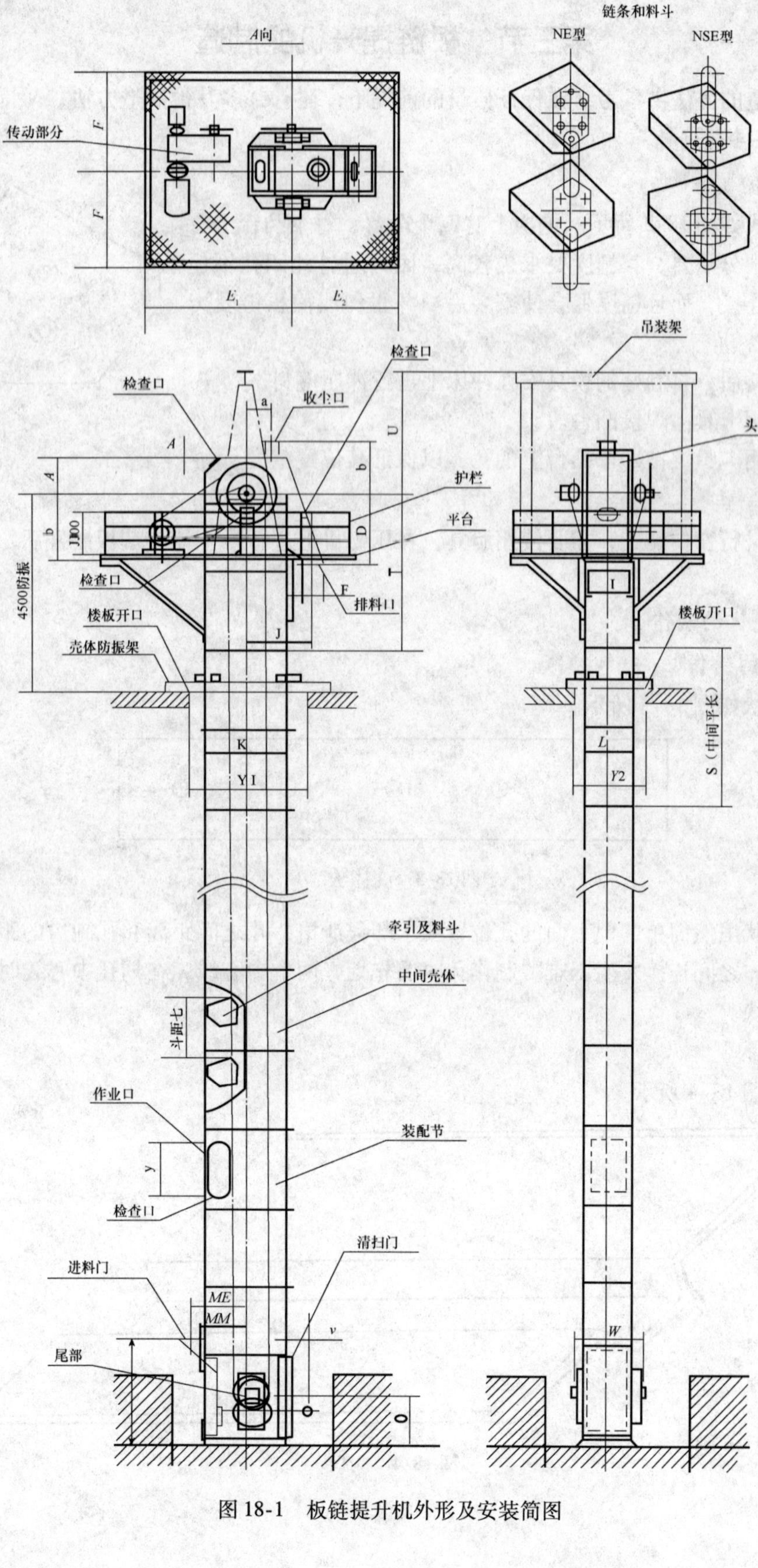

图 18-1　板链提升机外形及安装简图

第三节 板链提升机的制造

以下制造的方法供参考，在保证质量的前提下，还有许多其他制造方法。

（一）料斗的制作

1. 侧板的制作

侧板型式如图18-2所示。侧板上有四个凸台，每个凸台上有孔，其位置十分重要，其精度要求也较高，因为通过此四孔不但要与板链相连接，而且精度低会使安装后料斗歪斜或使板链受力不均。

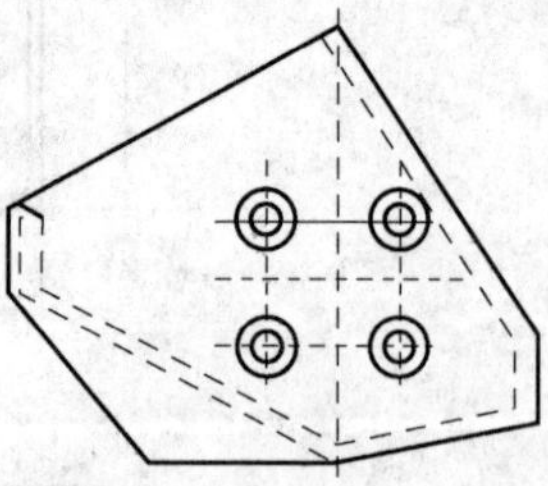

图18-2 料斗侧板

①下好料后，将制好的模具安在冲床上进行冲压落料。

②在专用卡具上焊接凸台。

③在专用卡具上钻四个凸台上的孔，以保证其位置精度。

2. 主体制作

主体要进行弯曲加工，需要使用胎具，在压力机上进行。主体与端板制好后，用气体保护焊焊接。

（二）壳体的制作

1. 法兰的制作

法兰形状如图18-3所示。

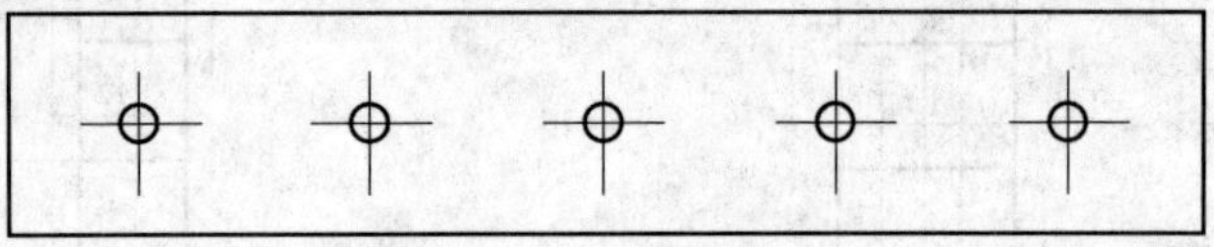

图18-3 壳体法兰

法兰形状虽然简单，但上面的孔位置要求却很严格，孔之间距离和孔到边的距离必须保证，否则壳体之间连接发生困难。制作孔时要先划好两个中心线，在划孔中心线时，要利用夹具和限位块。

2. 侧板的制作

侧板如图18-4所示。

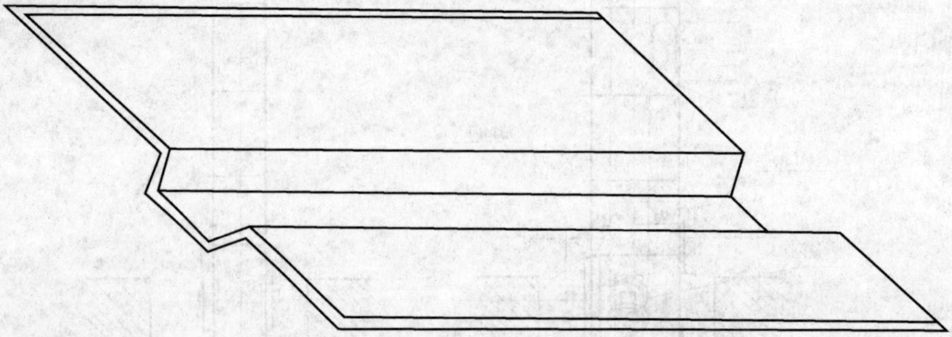

图18-4 侧板

首先按图样下料，保证几何尺寸，并留出加工余量。用模具在压力机上压出凸筋，保证侧板的四个角符合90°，两对角线相差不超过1mm。

3. 侧板与法兰的焊接

将钢板与法兰焊成一块，如图18-5所示，此过程用夹具，夹具分底板、L型钢和若干定位块等。这样能保证两者在焊后保证形位公差，焊后校平。

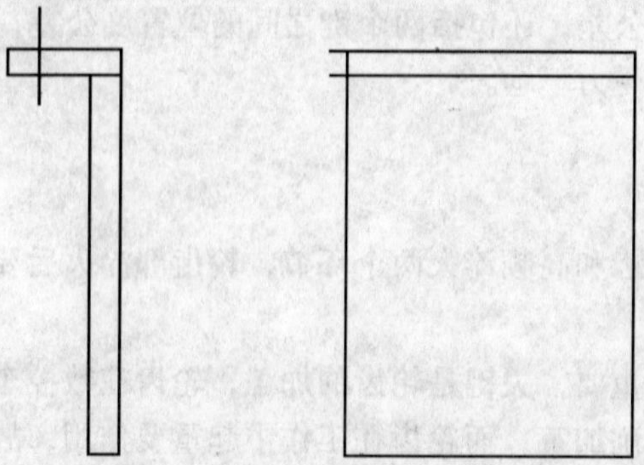

图18-5　法兰与侧板焊在一起

4. 组装

组装后如图18-6所示。

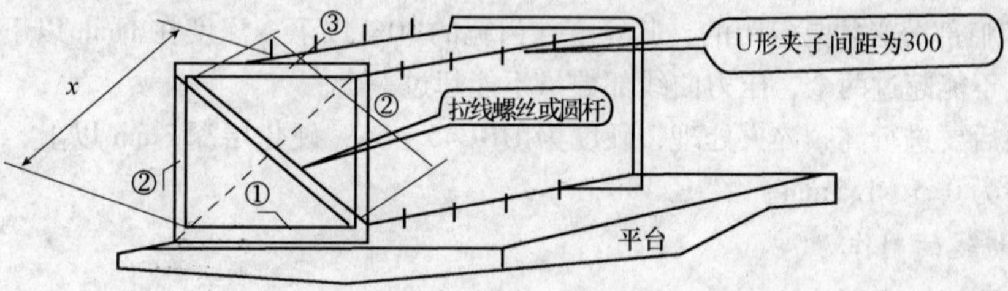

图18-6　各板的组装

（1）将校平后的侧板按图18-6①、②和③的顺序组装，用U形夹进行固定。

（2）焊接最初基准的一侧，连接法兰扁钢。

（3）用拉线螺丝或圆杆进行对角修正（两个对角都进行修正，其差不超过1mm）。

（4）壳体的扭曲用铅垂标坠检查。

（5）焊接三角加强筋，两侧都要焊接，焊接时三角筋平面应低于壳体法兰平面8mm（图18-7）。

（三）平台的制作

（1）平台必须同壳体试装，如图18-8所示。

图18-7　壳体四角焊三角筋

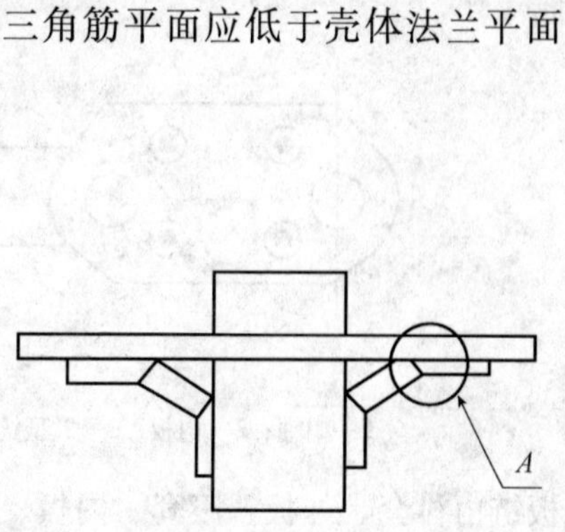

图18-8　平台的试装

（2）安装在平台与驱动壳体间的斜支撑柱、支板等在制造厂试装，如图 18-8A 部，打上相应记号，然后拆除发运。

（3）吊装架要全部试装并打上相应记号。

（四）轴的加工制作

轴的加工有几处要求极为重要，要在平台上检查圆度、圆柱度、垂直度和键槽的公差，键槽的公差不单指键本身公差，还包括两个键之间的位置度公差，这一点很重要。如两个键不同步，将会引起两条链受力不均。

（五）链轮的加工

1. 驱动链轮的加工

驱动链轮加工在于铣齿和高频淬火两个环节，轮齿部淬火后要有一硬化层。

2. 输送链轮的制作

输送链轮的加工极为重要，关键是轮齿的加工，轮齿在数控车床上用气体切割机进行切割。因为轮齿不再进行切削加工，而轮齿在工作中起重要作用，故切割精度必须保证。切割后的轮齿必须用砂轮机修整。

对切削的要求如下：

（1）切痕长度要小于 50mm。

（2）切痕部分的粗糙度要求要比相邻非切痕部分三级。

（3）切痕部分必须是等距的，其宽度在齿宽的 30% 以下，深度在 1mm 以下。一个齿根部切痕数量不能超过两个，压力曲线部数量不能超过一个。

轮齿最后要进行高频淬火处理，硬度为 HRC45～55，硬化层深 3mm 以上，淬火后齿面变形允许差为 0.5～1.3mm。

（六）板链的制作

1. 板链结构（图 18-9）

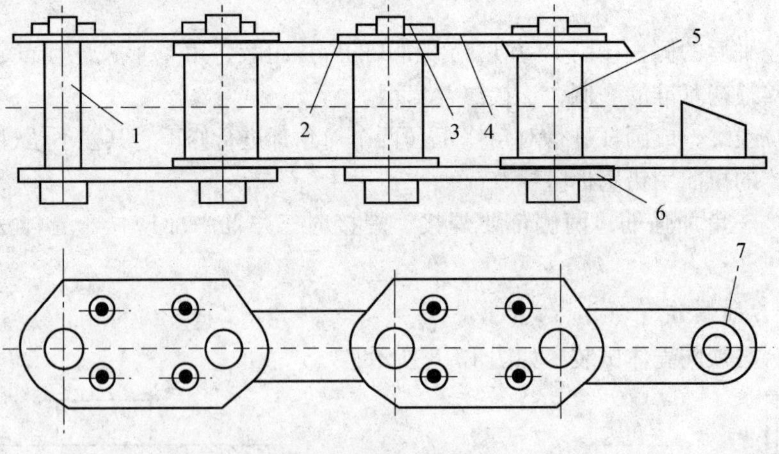

图 18-9　板链的结构

1—销轴；2—内板；3—T 型销；4—外板；5—滚套；6—ATT 外链板；7—衬套

板链由衬套、外板、滚套、内板、销和销轴组成。

2. 内、外板的制作

（1）对制作内、外板的平板，在材质、板厚、宽度、外观等都要符合一定要求。

（2）在压力机上进行粗冲压。

（3）将几块板集中叠在一起，在另一压力机上进行冲孔，其中有冲外圆和内孔。对于孔尺寸、孔间距、孔偏移、孔面及外观质量都要符合一定要求。为保证质量，对厚度大于9mm的板，要进行两次冲压。

（4）进行调质处理，最终硬度为HRC30～39。

3. 销轴的制作

（1）进行下料及自动车削加工。

（2）进行销轴的钻孔。

（3）进行调质处理，淬火温度为860～880℃，回火温度260℃，要求硬度为HRC36～54。

（4）在磨床上磨削外圆。

4. 衬套的制作

（1）材料为管材，首先按长度切割，在自动锯床上进行。

（2）进行内孔、外圆及倒角的切削，在自动车床上进行。

（3）进行淬火、氮化处理，最生硬度为HRC76～87。

（4）在磨床上进行磨削。

5. 滚子的制作

（1）进行内、外圆及断面的车削，在自动车床上进行。

（2）进行淬火、氮化处理，最后硬度为HRC76～87。

（3）在磨床上进行磨削。

6. 组装

（1）外板和销轴组装（图18-10）。

将销轴装在外板上，由于销轴与外板孔相接部分为紧配合，要在压力机上进行。

（2）内板和衬套组装（图18-11）。

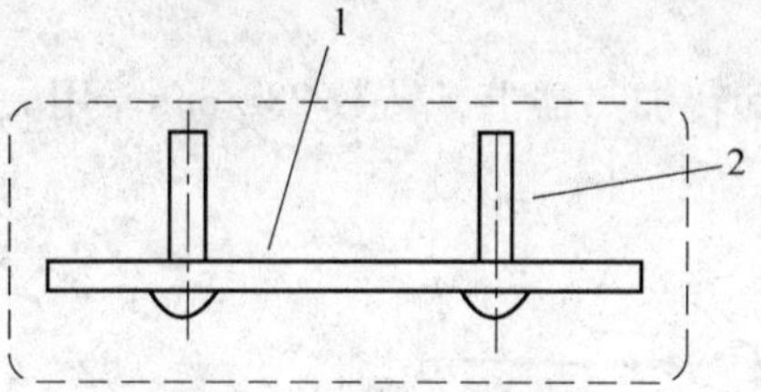

图18-10　销轴与外板的装配

1—ATT外板；2—销轴

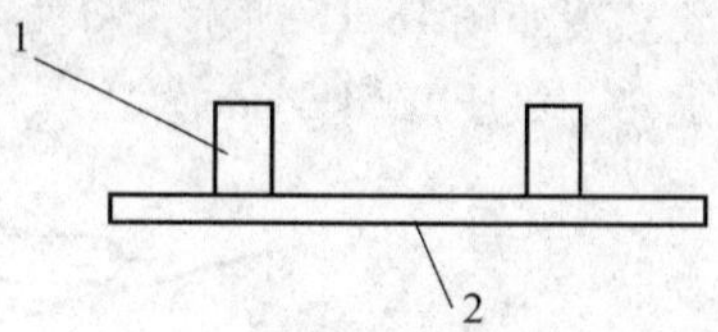

图18-11　衬套与内板的装配

1—衬套；2—内板

由于衬套和内板孔是紧配合，要在压力机上将衬套压入。

（3）内板与滚子的装配后，再与上边内板装配，上边内板装入衬套，仍要在压力机上将上边内板压入衬套（图18-12）。

（4）内外组合板的装配。

将外板组合件穿在内板组合件上，然后再将另一外板压在销轴上，由于该外板与销轴为紧配合，要在压力机上进行，装配后如图18-13所示。

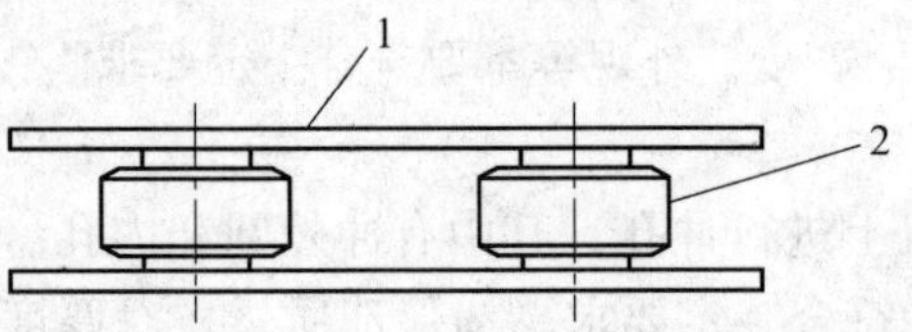

图 18-12　内板与滚子装配后，再与另一内板装配

1—内板；2—滚子

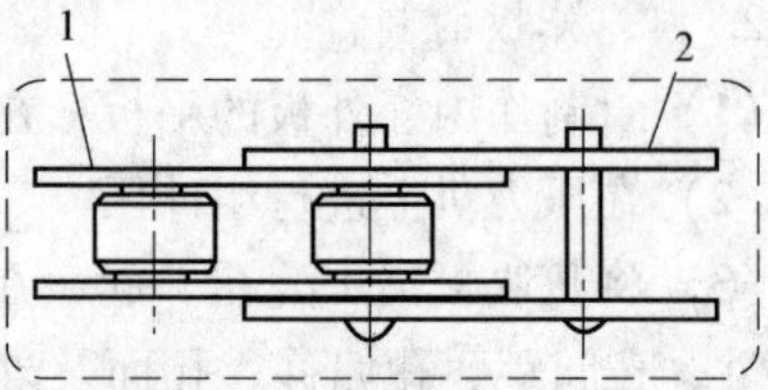

图 18-13　内外组合板的装配

1—内板；2—外板

(5) 组装。

最后组装时进行连接组装，将 T 型销穿入销轴并弯曲，如图 18-14 所示，一组组连到一起。

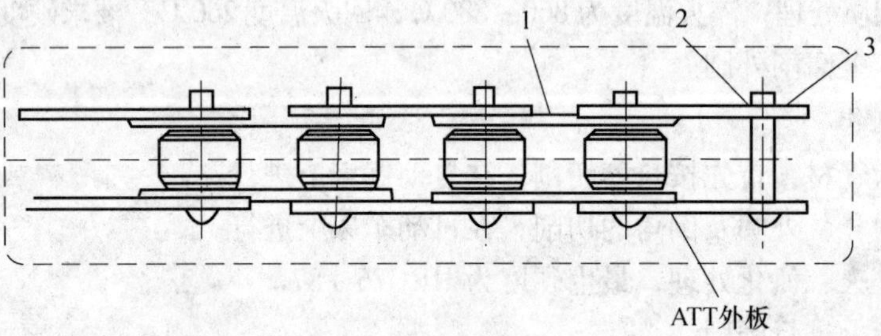

图 18-14　最后装配

1—内板；2—销；3—外板

为便于运输和包装，一般板链 2m 长左右为一段，在现场安装时两段间连接部分有活接，活接与每段连接处有 S 型销，将销轴穿入活接与板链，再将 S 型销穿入销轴并再弯曲。

第四节　板链提升机的组装

板链提升机的组装如下：

1. 链轮的热装

链轮热装如图 18-15 所示，将两个链轮装在一旋转加热器上，转数 28r/min，用大直径燃烧器加热，氧压 0.5kg/cm^2。

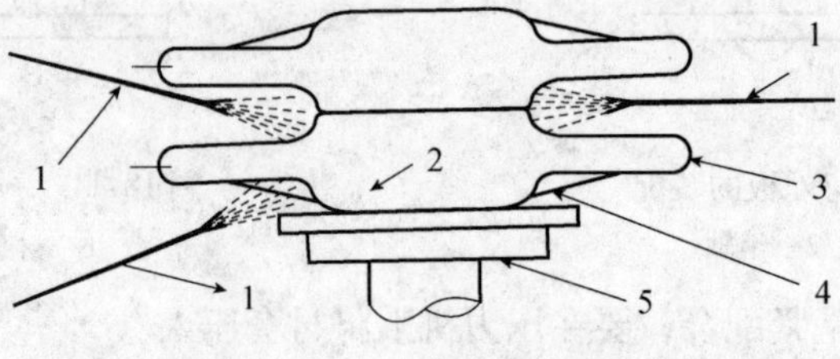

图 18-15　旋转加热器加热链轮

1—大直径燃烧器；2—链轮内径；3—齿顶面；4—轮毂外径；5—旋转加热器

加热后表面温度：内孔 150～200℃，外缘 150～250℃，齿顶面 150℃以下，热装公差见表 18-5。

表 18-5　热装公差

孔尺寸ϕ（mm）	热装公差（mm）
150	+0.1～+0.15
200	+0.15～+0.17
300	+0.20～+0.25

2. 组装后齿顶相位差

（1）组装后，测定链轮齿顶的平行度，如图18-16所示，以此测定齿顶相位差。

（2）组装后齿顶相位差的要求：

NE型　允差为±2.0mm。

NSE型　允差为±0.15mm。

3. 轮轴与框架连接后要求

图18-17中B与B'差要小于4mm。

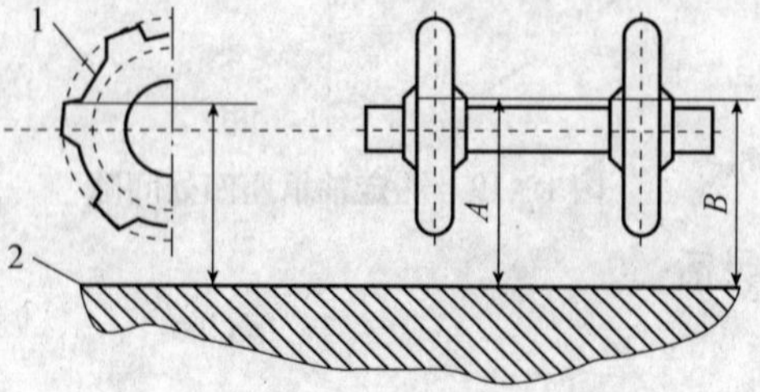

图18-16　测定齿顶平行度

1—齿顶；2—基准面

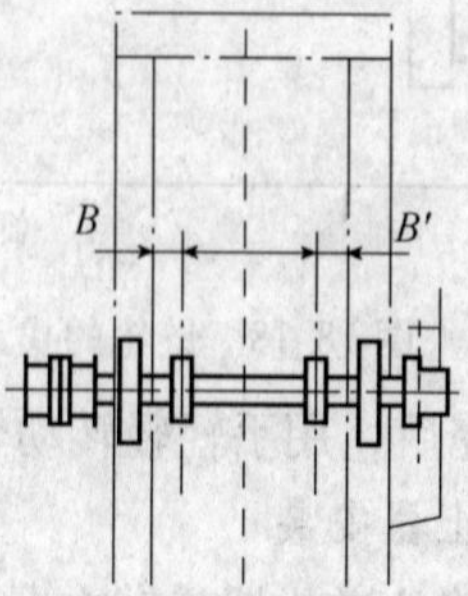

图18-17　轮轴与框架的连接

安装轮轴后，要检查支承轮轴框架是否产生扭曲，测对角尺寸。

第五节　板链提升机的安装

一、壳体安装

1. 尾部壳体安装

（1）在基础上划中心线，打上墨线，从动壳体底板刻印划线，安装地脚螺栓，灌水泥浆。

（2）将底板刻印与基础中心线对齐，墨线和刻线在1mm以内。壳体的四个角水平差在0.5mm以内，找完正后，要临时固定。

2. 中间壳体的安装

（1）决定中间壳体组装数量，紧固壳体间法兰螺栓，选择平坦地方，壳体下面放上枕木，带检查门的不能碰坏把手。

（2）壳体四周安装吊环（四点吊装），吊起时要保持水平，安装完后，马上安装支架。

3. 驱动壳体安装

（1）先组装平台，平台与驱动壳体组装在一起，然后再组装链轮组。

（2）在平台上制作吊装用钩并焊上，吊钩要放在平台紧固处，四点吊起。

（3）吊装时要先试吊，确认平衡和水平。

二、驱动轴的安装调整

1. 链轮找正

A_1 和 A_2 之差及 A_3 与 A_4 之差均在 4mm 以内。B_1 和 B_2 之差为 ±2mm（图 18-18）。

2. 主轴承找正

主轴承找正如图 18-19 所示，测定轴和轴承座外侧密封孔之间的间隙，一共测四点。确定四处间隙是否相等，不相等则找正。

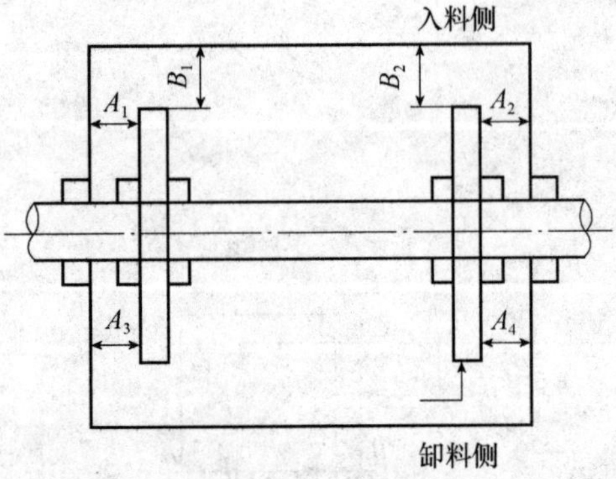

图 18-18　链轮的找正

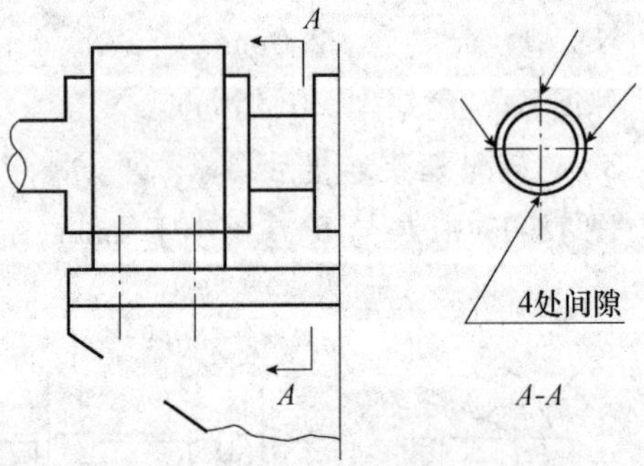

图 18-19　测定轴承座四处间隙

找正完后，用手轻轻转动轴，确认是否转动灵活。

3. 逆止器安装

（1）确认逆止器旋转方向。

（2）固定好转臂挡块，转臂与挡块间要留有 2～5mm 间隙。

（3）逆止器要充入足够的润滑脂。

三、驱动装置的安装

（1）先安装好检修平台，再安装驱动装置。

（2）将直尺对准大链轮的测面、测量大小链轮的偏差值 δ 和倾斜角 θ 在许用值之内（图 18-20）：

$\delta < 1$mm；$\theta < 1/200$

四、平台和吊架安装的注意事项

（1）平台往壳体安装时，要立临时支柱，以防倾倒。

（2）斜支撑装配时，先将螺栓紧固，再进行焊接。

（3）平台分解面组装完后再焊接。

（4）扶手在地面组装后安装。

（5）吊架要在地面组装后上架。

五、进行调整

1. 壳体的垂直度

确认壳体是否垂直，用经纬仪测量①和②的点，X 和 Y 两个方向误差均在 2～－2mm 以内，如图 18-21 所示。

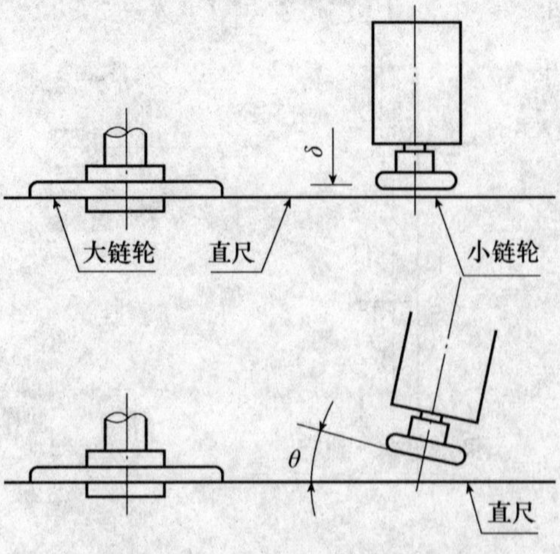

图 18-20　驱动装置找正

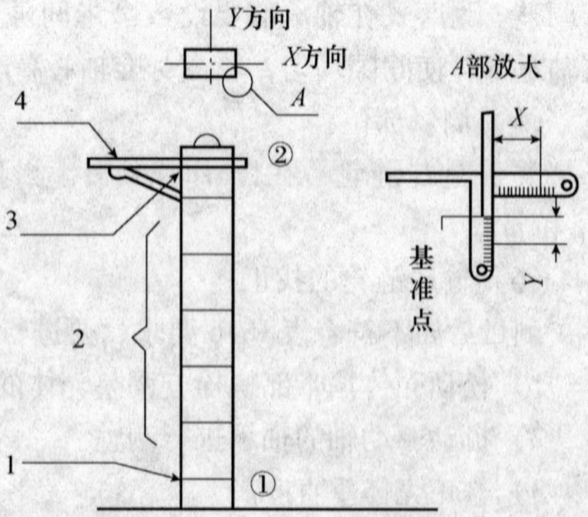

图 18-21　壳体垂直度的检验

1—从动壳体；2—中间壳体；3—驱动壳体；4—平台

2. 轴的水平度

测量轴水平度，如图 18-22 所示，水平度许用值在 0.05mm/m 范围内。

（1）水平仪放在轴的中心部位，测量轴的水平度，调整时在轴承座下面放调整垫片，如图 18-23 所示。

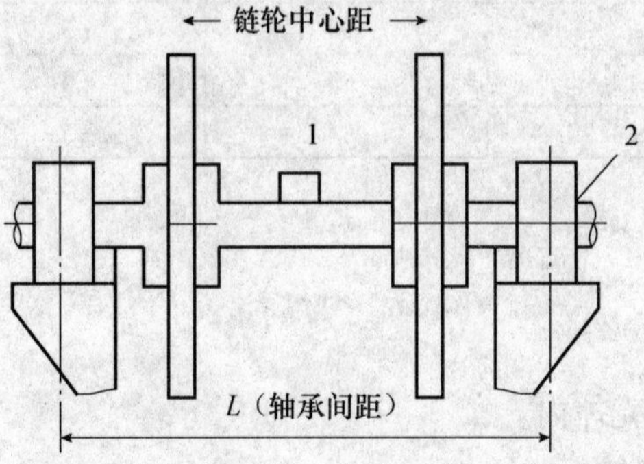

图 18-22　检驱轴水平度

1—水准仪；2—轴承

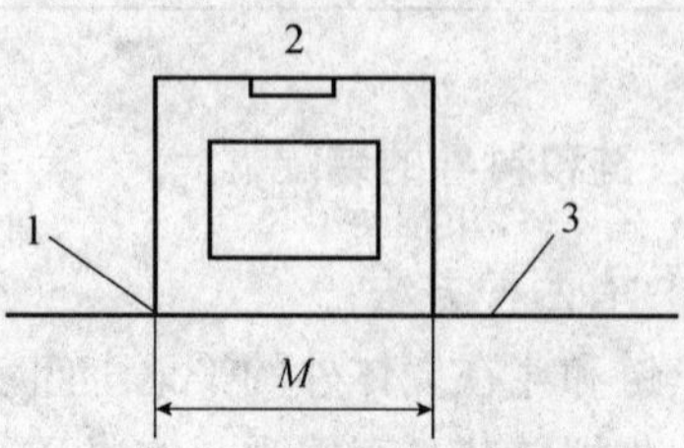

图 18-23　用调整垫片调整轴承座

1—塞尺；2—水准化；3—轴表面

（2）垫片的厚度：

将塞尺放入水平仪一端，达到许用值，检查塞尺厚，垫片厚度按下式计算：

$$垫片厚度 = 塞尺厚 \times L/M，（mm）$$

式中　M——水准仪宽度，mm；

L——轴承间距，mm。

（3）垫片调整完后，紧固轴承螺栓，再次测量。

3. 头尾轮中心的测量

（1）将轮齿对准轴心高度，并将一圆杆固定在齿中心。

（2）如图 18-24 所示，在头轮处设置固定钢线，钢线从元杆垂下，轮两端同时垂下。

（3）钢丝下端栓有重锤，重锤离底面 30cm 左右。重锤放在盛有机油的油箱里。

（4）从动轴找正：

用水平仪确定从动轴的水平度，用张紧装置进行调整。耐磨式在轴承部要设数毫米间隙，检查左右轴承部，使间隙均匀，轮齿对准轴心高度。

（5）测量部位：

关于左右链轮：在图 18-24 中，测量 d、d'、m_1 和 m_2。

（6）输送链轮的找正：

测量后如不符合表 18-6 要求，要进行调整：

1）松动壳体法半部螺栓，调整壳体的偏摆。

2）挪动驱动轴的轴承进行调整。

3）修正壳体垂直度。

调整后中心距偏离要在许用值（表 18-6）以内。

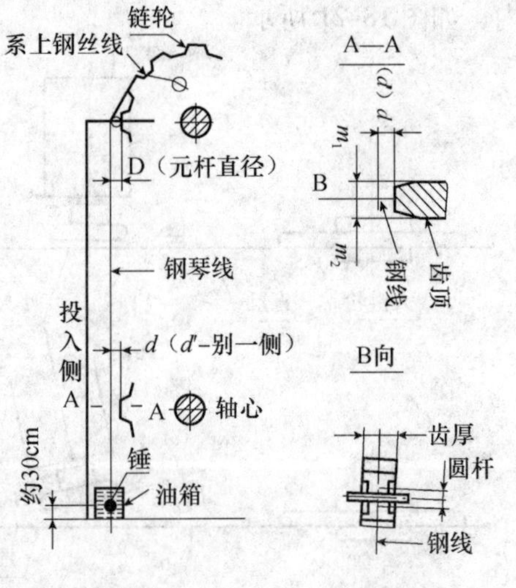

图 18-24　头、尾轮中心距找正

表 18-6　调整后中心距偏离要在许用值以内

项目	机长（m）	链轮中心距（mm）		
		<650	650～1300	>1300
m_1-m_2	<20	±3	±4	±6
	>20	±4	±6	±8
d-d'	<20	±2	±3	±4
	>20	±3	±4	±5
$\frac{d+d'}{2}$	<20	±3	±3	±4
	>20	±4	±4	±5

六、链和料斗的装配

（1）有两种方法：

1）链和斗在壳体外的平地上组装，然后装进壳体内。

2）先把链装进壳体内，连成环状后再装料斗。

（2）链子如果可以从壳体上方装入时，则从上方装入，如果不能从上方装入，将钢丝绳从上部垂下，从操作口提升装入链子，用吊车或卷扬机吊起。

（3）链子一侧连成环状后，再将另一侧。此时，要对准左右链子的连接件位置。

（4）料斗的安装：

1）料斗可以从头部壳体、中间壳体和从动壳体操作口进行安装。

2）料斗安装螺栓要临时紧固。

3）料斗安装前要采用防空转措施。

4）提升机试运转后，螺母要重新紧固，螺栓、螺母进行点焊。

七、张紧装置的调整

1. 重力式

如图 18-25 所示，调整支点带销螺栓，使秤砣侧稍高。有止动块时，X 尺寸按下式概算：

$$X = (5 \sim 10) \cdot Z/Y + L$$

式中　括号内 5——链节距为 200 以下；

括号内 10——链节距为 350 以上；

L——由止动块的安装螺栓位置而引起的误差。

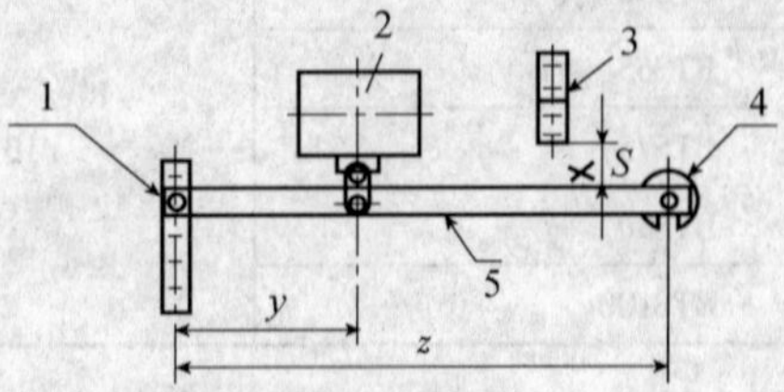

图 18-25　重力式张紧装置调整

1—支点带销螺栓；2—轴承座；3—止动块；4—称砣；5—称杆

2. 耐磨式

耐磨式调整如图 18-26 所示，间隙 Q 由调整螺母来调整；

Q 尺寸由下决定：

链节距≤200，$Q \approx 10$；

链节距≥350，$Q \approx 20$；

链节距在 200 ~ 350 之间时，Q 在 10 ~ 20 之间；

Q 尺寸调整好后，锁紧上部的锁紧螺母。

3. 螺旋式张紧装置调整

螺旋式张紧装置调整如图 18-27 所示。

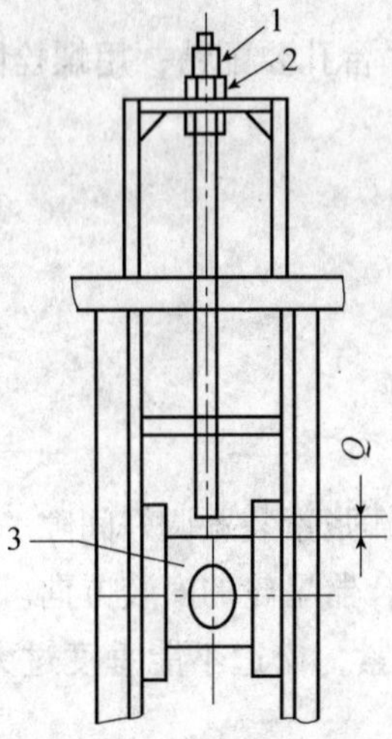

图 18-26　耐磨式张紧装置调整

1—调整螺杆；2—锁紧螺母；3—轴承

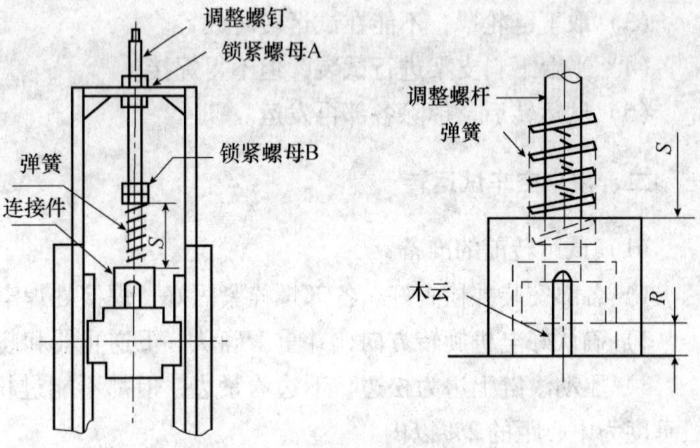

图 18-27　螺旋式张紧装置调整

（1）松开螺母 A 和 B，将调整螺旋和弹簧位于自由状态，此时，确认放大图中 R 尺寸为 0。

（2）升起调整螺杆，R 尺寸达到表 4 值，锁住锁紧螺母 A（R 尺寸的检查从带槽的地方看）。

（3）紧固螺母 B，弹簧的长度调整为表 18-7 中 S 值，先将左右的张紧装置互紧一紧，最生锁紧螺母 B。

表 18-7　弹簧的长度调整　　mm

<table>
<tr><th>提升机规格</th><th>张紧装置公称号</th><th>R</th><th>S</th></tr>
<tr><td>NE30</td><td>BTS50</td><td rowspan="5">10</td><td>128</td></tr>
<tr><td>NE50，NE100</td><td>BTS65</td><td rowspan="2">145</td></tr>
<tr><td>NE150，NE200，NE300</td><td>BTS75</td></tr>
<tr><td>NE400，NE500</td><td>BTS90</td><td rowspan="2">160</td></tr>
<tr><td>NE600，NE800</td><td>BTS100</td></tr>
</table>

第六节　板链提升机的试运转

一、制造厂试动转

（1）传动部分试运转，包括减速机、液力耦合器、电机、超越离合器、辅助电机、大小链轮和逆止器等。其顺序如下：

1）驱动链试装在大、小链轮上（有链传动时）。

2）检验逆止器和超越离合器安装方向是否正确。

3）通过点动检验电机运转方向，不能使提升机倒转。

4）进行空运转 1h，运转后各部无异常振动。

5）液力耦合器及减速机无渗油、漏油现象，液力耦合器无明显振动。

6）主轴承及减速机轴承处温升不超过 30℃。

（2）平台各部用螺栓组合在一起，不得焊死。传动底座与平台孔要配钻，用螺栓固定。

（3）取下链轮罩，不能在试运转时放置。

（4）平台下料支架进行试装，但不得焊接。

（5）试运转后，拆除各部再发运。

二、用户空车试运转

（1）试运转前的准备：

1）各部安装并检查好，各部螺栓紧固好，焊接处焊牢，尾部张紧装置调好间隙。

2）确认好电机旋转方向，并重新确认一下逆止器和超越离合器星轮的安装方向。

3）驱动滚链上边为松边，下边为紧边，但都不能过松和过紧，松边不能垂度过大，一般垂度为中心距的 2% 以内。

4）检查驱动轴承、张紧轴承和逆止器充入润滑脂，减速机和滚轮罩充入稀油。

（2）试运转步骤：

1）开动辅助传动，使牵引件进行慢速运动，观察有无异常和相碰之处。

2）停止辅助传动，开动主传动运动 2h，检查各轴承温升不超过 30℃。

3）停止运转，进行料斗螺母坚固，然后将螺母和螺栓点焊住。

三、负荷试运转

空运转后，进行负荷运转，物料要逐渐加入。仍要检查各轴承温度及减速机和液力耦合器是否漏油。

第七节　板链提升机的维护和使用

（1）提升机启动进入正常运转后开始投料，输送量要逐渐增加，但不许超过额定输送量。

（2）停机时必须先停喂料，待料斗内物料全部清出来后再停机。长时间停机时，必须把残留在尾部的物料清除干净。

（3）要定期检查清除料斗角处的附着物。

（4）链开始使用时会产生初期拉长，以后正常磨损也会增加延伸，要经常检查，开始一周内，每天检查一次；运转一个月内，每周检查一次；运转一个月后，每月检查两次。延伸后必须及时调整张紧装置，当接近调整范围极限时，赶快停止，不允许链子在过松情况下运转。

（5）滑润情况见表18-8。

表18-8　润滑情况

润滑部位	润滑材料	润滑周期
头部轴承　尾部轴承	GB 491—65 钙基润滑脂 ZG3	6个月
辅助电机	HJ20　20机械油	12个月
主减速机	HL-30型齿轮极压油120号，寒冷地区冬季用HL-20，夏季90~120号极压油	按减速机说明书要求
驱动链条	HQB-10	开始一个月每周2次，以后一个月两次
逆止器和超越离合器	GB 491—65 钙基润滑脂 ZG3	3个月
液力耦合器	SYB1201—60，20#或30#汽轮机油	按制造厂液力耦合器说明书要求

（6）链和链轮的使用极限：

1）滚的壁厚和衬套的壁厚磨损了原厚度的30%（即剩余70%）后作废。链板磨损后厚度变薄，同样磨损量为原板厚的30%作废。

2）销和衬套相互摩擦，可使链全长伸长，当链的伸长等于公称节距的2%时，即报废。

3）由于长期使用或超过设计载荷，使销和衬套与链板的镶嵌部位松动，使链板孔不断加大，节距急速伸长，这时就应报废。

4）链板或销达到疲劳极限，开始产生裂缝，甚至损坏，这时就应报废。

5）链轮的轮齿磨损了3~4mm时，可以堆焊。堆焊时，需要齿型样板控制，用砂轮机磨削。

6）及时更换头、尾轴密封垫。

（7）故障的检查与处理：

故障的检查与处理见表18-9。

表 18-9　故障的检查与处理

<table>
<tr><th>现象</th><th>问题点</th><th>推测原因</th><th>检查部位</th><th>处理方法</th></tr>
<tr><td rowspan="3">计量不足</td><td>计量方法
投入量</td><td>计量错误
前段喂料容量不足</td><td>计量装置
前段机器
测量容重</td><td>提高前段喂料能力
根据输送物料提高速度5%～10%</td></tr>
<tr><td>物料状况</td><td>容重降低
物料粘在料斗和投入溜槽内</td><td>料斗、溜槽</td><td>定期清理附着物料</td></tr>
<tr><td>参　数</td><td>链子速度慢</td><td>检查电机转数、减速机、滚链的速比</td><td>调整速比（调整滚链链轮）</td></tr>
<tr><td rowspan="4">输送物料返回</td><td rowspan="4">排出量</td><td>排出溜槽有堵塞现象</td><td rowspan="2">排出溜槽</td><td>提高后面排出部分能力</td></tr>
<tr><td>后边贮藏器已满，排出溜槽不通</td><td>停止输送机</td></tr>
<tr><td>输送物料粘在料斗内</td><td>确认附着量</td><td>定期清正理附着物</td></tr>
<tr><td>排料口小
溜槽滑动角不够</td><td>排出溜槽</td><td>加大排出口
加大溜槽角</td></tr>
<tr><td rowspan="5">漏粉尘</td><td rowspan="3">紧固部</td><td>主、从动轴的防尘密封</td><td>主、从动轴</td><td>增加紧固压盖密封垫的螺栓或更换</td></tr>
<tr><td>各部法兰</td><td>壳体全长</td><td>增紧安装螺栓，涂敷密封剂</td></tr>
<tr><td>密封垫损坏</td><td>壳体全长</td><td>修复或更换</td></tr>
<tr><td>运转方法</td><td>由大落差而引起的投入压力的增大</td><td>投入方法</td><td>调整下料溜子</td></tr>
<tr><td>内　压</td><td>前段喂料因气动滑板产生内压</td><td>前段机器</td><td>安装排气装置</td></tr>
<tr><td rowspan="7">异常声音</td><td rowspan="3">接触</td><td>链和链轮的啮合不良</td><td>链轮通过中心距</td><td>再找正</td></tr>
<tr><td>链和导轨的接触</td><td>导　轨</td><td>增紧螺栓，可靠拧住</td></tr>
<tr><td>料斗和主链轮轮毂的干涉</td><td>料　斗</td><td>修正轮毂部</td></tr>
<tr><td>干　涉</td><td>尾部壳体底板和料斗的接触</td><td>尾部壳体</td><td rowspan="2">更　换</td></tr>
<tr><td>旋转不良</td><td>轴承旋转不良</td><td>轴　承</td></tr>
<tr><td>啮　合</td><td>主链轮、从动轮的齿根磨损</td><td>主、从动链轮</td><td>修补或更换</td></tr>
<tr><td>滚　链</td><td>驱动滚链空转</td><td>滚链的张力</td><td>调整驱动链轮的长度</td></tr>
<tr><td rowspan="6">电机的振动</td><td rowspan="2">振动源</td><td>电机运转不良，出故障</td><td>电　机</td><td rowspan="2">修理或更换</td></tr>
<tr><td>驱动链大小链轮中心距不对</td><td>电机座</td></tr>
<tr><td rowspan="4">找　正</td><td>电机座找正不准</td><td>电机座</td><td rowspan="4">调　整</td></tr>
<tr><td>电机、液力耦合器找正不准，固定方法不好</td><td>电机座</td></tr>
<tr><td>齿形已磨损</td><td>齿　形</td></tr>
<tr><td>驱动轮张力方向不对</td><td>驱动链</td></tr>
<tr><td rowspan="6">料斗变形</td><td rowspan="3">输送物</td><td>物料粘在尾部壳体</td><td>尾部壳体、料斗</td><td>清扫壳体内部</td></tr>
<tr><td>混入异物</td><td>壳体全长</td><td>除去异物，采取防止异物投入措施</td></tr>
<tr><td>装满启动</td><td>尾部壳体、料斗</td><td>除去尾部壳体内的物料</td></tr>
<tr><td rowspan="3">料性质</td><td>超量投入</td><td>投入方法、料斗</td><td>定量投入</td></tr>
<tr><td>张紧装置调整不良</td><td>尾部壳体</td><td>调　整</td></tr>
<tr><td>安装螺栓松动</td><td>安装螺栓、料斗</td><td>增加紧固，可靠拧紧</td></tr>
</table>

续表

现象	问题点	推测原因	检查部位	处理方法
链的损坏	输送物料性质	输送物料紧紧粘在尾部壳体上	尾部壳体	清扫壳体内部
	啮入	混合异物或混入超过标准的大块	壳体全长	除掉异物，采取防止混入措施
	运转方法	振动	驱动链、输送链	调整链的张力
		装满启动	投入方法	不要经常发生
		超过投入，尾部壳体内堆积		定量投入

第十九章　水泥工业用组合式选粉机

按　水泥工业用组合式选粉机是在引进国外技术的基础上国内开发的新产品，投产使用后取得了很好的效果，并成为水泥工业用的主导产品之一，目前已取得广泛应用。2003 年原国家建筑材料工业机械标准化技术委员会开始组织立项，由中天仕名科技集团有限公司等单位成立起草工作组制定行业标准《水泥工业用组合式选粉机》（JC/T 999—2006）。2006 年国家发展和改革委员会批准发布并实施，达到国际水平。该标准实施后在水泥工业生产和发展中发挥了重要作用，满足了水泥生产现代化和大型化设备迅速发展的需要。

第一节　概　　述

组合选粉机是继离心式选粉机和旋风式选粉机后发展起来的具有国内领先水平的又一代选粉设备。TLS 组合式选粉机系列产品由中天仕名科技集团有限公司与其子公司——中天仕名（淄博）重型机械有限公司，经多年的理论研究和试验并吸收国内外先进技术开发研制的，将带笼型转子的动态选粉机与静态粗粉分离器有机结合为一体，设计合理，结构紧凑，有利于简化流程，节约能源，降低投资。由特殊耐磨材料制成的插装式笼型转子，非机械接触的“气仓式”密封装置均具有创新性，产品细度调整方便。经过消化吸收和不断的完善改进，TLS 组合式选粉机的设计、制造和应用技术已经非常成熟。现已制造出几百台不同型号的组合式选粉机，在各地用户相继使用，收到了良好的效果。

第二节　工作原理、技术性能及特点

一、工作原理

组合式选粉机是将笼型转子选粉机和粗粉分离器组合为一体的设备，分为上、下两部分。上部为笼型转子选粉机；下部为粗粉分离器。

出磨物料由提升机提至选粉机上部进入进料装置，从进料口喂入选粉机（或从风扫磨尾部经气流携带进入选粉机）。混合气体进入下部粗料出口的立式风管内，气体中的物料在反击锥处受到碰撞作用而转向，由于上升风速的降低、提升气力的变小，粗颗粒向下降落并通过粗料出口离开选粉机；细颗粒由混合气体继续带到上部。到达位于导向风环与旋转着的笼型转子之间的选粉区，汇合上部喂入物料一并分选。

细粉（即成品）由于气力的驱动，穿过笼型转子上的笼条并离开壳体上部的出风口进入旋风筒（或收尘器）。

粗粉从选粉区降落下来进入内锥体，通过内锥体与反击锥之间的环形缝隙来实现物料的均匀分撒。这样，上升的混合气体可对此部分物料进行再分选，形成选粉机内部循环分选，以提高选粉机的选粉效率。

含尘气体携带着细粉从位于顶部的壳体上部的出风口进入旋风筒（或收尘器）。成品从旋风筒下部（或收尘器）出口卸出，经由输送设备进入料库。含尘气体从旋风筒上部出口进入收尘器（或直接进入收尘器），过滤后的气体通过系统风机后排入大气或部分再循环到系统中。

二、技术性能（表 19-1、表 19-2、表 19-3）

表 19-1　TLS 系列原料组合式选粉机

型号	TLS2000	TLS2500	TLS2800	TLS3100	TLS3500	TLS3900
规格（mm）	ϕ2000	ϕ2500	ϕ2800	ϕ3100	ϕ3500	ϕ3900
喂料量（t/h）	280 ~ 340	430 ~ 500	550 ~ 650	700 ~ 780	900 ~ 1000	1120 ~ 1300
风量（$10^3Nm^3/h$）	81 ~ 95	120 ~ 140	155 ~ 180	195 ~ 220	255 ~ 285	330 ~ 360
风压（Pa）	~3500					
产量（t/h）	80 ~ 100	120 ~ 140	160 ~ 180	200 ~ 220	240 ~ 260	320 ~ 340
电机功率（kW）	90	120	160	185	240	315

表 19-2　TLS 系列煤粉组合式选粉机

型号	TLS890 – C	TLS1100 – C	TLS1150 – C	TLS1560 – C	TLS1760 – C	TLS1900 – C
规格（mm）	ϕ890	ϕ1100	ϕ1150	ϕ1560	ϕ1760	ϕ1900
喂料量（t/h）	27	38	60	96	150	180
风量（$10^3Nm^3/h$）	13 ~ 13.5	17.5 ~ 19	27 ~ 29	48	80 ~ 88	90 ~ 100
风压（Pa）	~2500					
产量（t/h）	8 ~ 10	12	18	30	40 ~ 42	45 ~ 50
电机功率（kW）	18.5	22	30	45	55	55

表 19-3　FWM 系列煤粉组合式选粉机

型号	FWM400	FWM500	FWM600	FWM700	FWM850	FWM900	FWM1100
规格（Nm^3/min）	400	500	600	700	850	900	1100
喂料量（t/h）	48	60	72	100	112	120	144
风量（$10^3Nm^3/h$）	21.6 ~ 24	26.5 ~ 30	34 ~ 36	42 ~ 50	51 ~ 56	54 ~ 60	66 ~ 72
风压（Pa）	~2500						
产量（t/h）	10 ~ 13.2	13 ~ 15	17 ~ 18	21 ~ 25	22 ~ 28	25 ~ 30	33 ~ 36
电机功率（kW）	18.5	22	22	30	30	37	45

三、特点

（1）分离效率高，在一定的分离粒径范围内选粉效率高达 90% 以上；

（2）分离粒径的调整范围广，一般可以在 10 ~ 200μm 范围内；

（3）操作维修方便，产品细度调整只需调整笼式转子的转速和导向叶片的角度；

（4）集选粉与烘干或冷却为一身；

（5）运转平稳可靠，使用寿命长；

(6) 简化流程，降低投资，节省能源；

(7) 结构紧凑。

第三节 设备结构

组合式选粉机由下述部件构成：出风管、进料装置、传动支架、壳体上部、进料口、回转部分、导向风环、旋风筒、支座、壳体、反击锥、粗料出口、传动装置、翻板阀。现分别描述如下：

1. 出风管

由钢板卷制而成。每个进风口处设一个膨胀节，以补偿由于气体温度变化而造成的伸缩量。

2. 进料装置

为四点喂料，由钢板拼焊而成并设有检查门。内部设有钢衬板，以便在磨损后更换。

3. 传动支架

由于回转部分及传动装置均要安装在传动支架上，应对其考虑要有足够的强度及刚度，主要由工字钢拼焊制成。

4. 进料口

主要由钢板拼焊而成。

5. 回转部分

主要由笼型转子、主轴、轴套、轴承、气封装置等组成。

(1) 笼型转子：通过主轴与减速机连接。在圆柱体状的转子外圆周上插装有可更换的片式笼条。由于该部分属较大质量的转动部件，因此，在制造厂要对其进行动平衡实验。

(2) 主轴：为整体锻造而成。

(3) 轴套：为 ZG230-450 材料的铸件。

(4) 轴承：采用了瓦轴产品。轴承测温采用 WZPM-201 端面热电阻。测温应在机旁显示，并在控制室显示温度，还应设有报警装置。报警最低限为 75℃，温度达到 80℃应马上停车。

(5) 气封装置：用钢板焊接一组放射形同心圆导板的空穴式箱形结构以形成气隙密封。

6. 导向风环

在上壳体的空腔内沿圆周设置了一组导板，形成导向风环。在与笼型转子之间内形成选粉区。

7. 旋风筒

壳体由钢板拼焊而成。在顶部设有检查门，内部装有耐磨衬板。

8. 支座

由钢板拼焊而制成整体结构件，保证有足够的强度和刚度，来支承整个选粉机。

9. 壳体

由上壳体、下壳体、内锥体组成。

(1) 上壳体：由钢板拼焊而成并设有检查门。在其内表面上设有可更换的耐磨衬板。在其空腔内沿圆周设置了导向风环。为了方便运输，上壳制成后可剖分为两件。

导向风环采用材料为钢板的一组导板插入上壳体空腔内。这些导板的安装角度可以进行调整，来改变气流的速度和方向。

（2）下壳体：由钢板拼焊而成并设有检查门。下部粗粉选粉区设有可更换的耐磨衬板。粗料出口亦设在此处。为了方便运输，下壳体制成后可剖分为两件。

（3）内锥体：由钢板拼焊而成，安装在笼型转子底部和反击锥之间。为方便运输，内锥体制成后可剖分为两件。

10. 反击锥

主要由支承架、衬壳、反击锥顶帽、衬板等组成。

（1）支承架：由钢板拼焊而制成。外表面设有可更换的耐磨衬板。

（2）反击锥顶帽：为耐磨铸件。

（3）衬壳：由钢板拼焊而制成，其内部填满矿渣棉。

11. 粗料出口

由钢板卷制而成，这时粗粉在此处首次分离（即反击锥处）。为了防止漏风，粗料出口处设有翻板阀。

12. 传动装置

由变频调速电动机驱动螺旋伞齿轮减速机垂直向下输出轴构成传动装置。

第四节　主要参数的确定

1. 选粉效率与循环负荷的确定

A 和 a 分别表示选粉机的喂料量和喂料量中含有合格成品的百分比；G 和 g 分别表示选粉机的粗粉回料量和回料量中含有合格成品的百分比；F 和 f 分别表示选粉机选出的成品量和成品量中含有合格成品的百分比。

根据物料平衡原理，则有：$A \cdot a = F \cdot f + G \cdot g$

因 $A = F + G$，得 $G = A - F$ 代入上式

$A \cdot a = F \cdot f +\ (A - F) \cdot g$ 由此推出 $\dfrac{A}{F} = \dfrac{(f-g)}{(a-g)} = \psi$

ψ 即为循环负荷

根据选粉效率定义 $E = \dfrac{(F \cdot f)}{(A \cdot a)} = \left(\dfrac{f}{a}\right) \cdot \left(\dfrac{1}{\psi}\right)$

一般，对于生料 $\psi = 2.3$。

通常，循环负荷的变化会引起喂料量的变化。

2. 选粉机装机功率的确定

按 $P_{有效} = K \cdot A$ 选择

式中　$P_{有效}$——有效功率，单位 kW；

A——选粉机的喂料量，单位 t/h；

K——系统系数，单位 kW · h/t，对于生料系统，$K_{生料} = 0.15\text{kW} \cdot \text{h/t}$。

3. 选粉风量及转子截面风速、径向风速的确定

对于生料系统：

$$Q_{生料} = 0.455 \times A \times 10^3 \ (\text{m}^3/\text{h})$$

$$V_{截面风速}=8.2\sim8.5m/s\ (V_{max}=9.7m/s)$$

$$V_{径向风速}=3\sim4m/s$$

第五节　主要制造技术标准要求

1. 基本要求

（1）选粉机应符合制造标准的要求，产品型号和基本参数应符合技术性能表 19-1、表 19-2、表 19-3 的规定，并按经规定程序批准的图样及技术文件制造。凡本标准、图样和技术文件未规定的技术要求，均执行建材、机械行业有关通用技术条件规定。

（2）图样上线性尺寸的一般公差执行 GB/T 1804—2000 中的规定，切削加工的尺寸执行 GB/T 804—2000 中 M 级规定。

（3）图样上形状公差未注公差值执行 GB/T 1184—1996 中 K 级规定。

（4）图样上表面粗糙度参数数值执行 GB/T 1031—1995 中 R_a 的规定。

（5）所有焊接件应符合如下要求：

1）焊接接头表面质量应不低于 JC/T 532—1994 中Ⅲ的规定；

2）焊接件的尺寸极限偏差和角度极限偏差应不低于 JC/T 532—1994 中 C 级的规定；

3）焊接件的直线度和平面度公差应不低于 JC/T 532—1994 中的 G 级规定。

（6）铸造尺寸公差执行 JB/T 5000. 4—1998 中 CT12 级规定。

2. 整机要求

（1）钢结构焊接件焊缝和法兰连接处应严密，不允许漏风。

（2）耐磨件使用寿命不低于 15000h，无脱落现象。

（3）各轴承使用寿命不低于 25000h。

（4）选粉机有润滑脂及润滑油两种润滑方式。润滑油管必须进行酸洗、中和、清洗、烘干，（采用润滑脂时）充填满润滑脂后与轴套装配。

3. 主要零部件要求

（1）主轴材料的机械性能应不低于 GB/T 699—1999 中 45 钢的有关规定，调质硬度为 217 ~ 255HB。

（2）轴套材料的机械性能应不低于 GB/T 11352—2009 中 ZG270 ~ 500 铸造碳钢件的有关规定，主轴套焊后须经消除应力热处理，执行 JC/T 532—2007 附录 B 的规定。（也可采用中间钢管焊接结构）

（3）笼子水平格板上的矩形孔应分布均匀，其位置度公差为 0. 5mm。两块以上的格板必须叠合一起加工矩形孔。穿圆钢管的孔亦应一起加工。

（4）反击锥耐磨件要求经时效处理，以消除应力。

4. 装配要求

（1）所有零件必须经检查合格，外购件、外协件必须有质量合格证明文件或经质量检验部门检查合格后方可进行装配。

（2）主轴与主轴套装配后，主轴转动应灵活，采用润滑油润滑时，在主轴套内须进行油压试验，不得有渗漏现象。

（3）笼轮装配后须做动平衡，平衡精度等级执行 GB/T 9239. 1—2006 中的 G6. 3 级规定。

（4）耐磨件装配应符合如下要求：

1）耐磨件与贴合件之间的间隙不大于3mm；

2）耐磨件之间的间隙不大于3mm。

（5）壳体内的导向叶片装配应符合如下要求：

1）符合图纸要求的方向；

2）每片导向叶片的角度偏差不大于20″。

5. 外观要求

（1）整机表面不应有锈蚀、锤痕、凹凸和粗糙不平的缺陷，并应进行喷砂处理。

（2）各接合面边缘应整齐匀称，不得有扭曲变形，错边量±1.0mm。

（3）所有裸露的型钢、钢板的切割边缘应光滑平整，粗糙度R_a50。

（4）各接合面螺栓孔位置应准确，其偏差不得影响螺栓的装配，螺栓尾部突出螺母外长度应为2~4螺距；定位销应略突出部件的外表。

（5）涂漆防锈应符合JC/T 402—2006的规定。

6. 试组装要求

（1）制造厂对传动支架、传动底座、壳体上部、回转部分应进行试组装。

（2）笼轮与密封装置间的间隙按图纸要求进行调整并检验。

（3）回转部分与传动支架间的装配要求，通过调整上壳体与各支架底面之间的调整垫板来保证传动支架上表面的平行度公差值0.05mm。

（4）试组装调整完毕手动盘车，保证笼轮转动灵活。合格后打上明显组装标记。

7. 试运转要求

（1）现场试运转前应先手动盘车，要求笼轮转动灵活，不允许有摩擦、卡碰等现象。

（2）点动电动机，观察转向是否正确。

（3）开动电动机，在对应于5Hz的转速时启动笼轮逐步提高至最高转速，连续运转2h（同时打开风门逐渐增大至100%）。满足以下要求：

1）运转平衡，无异常振动和噪声；

2）各轴承温升不超过40℃，密封无漏油现象；

3）润滑油管畅通，保持良好润滑状态；

4）选粉机主体工作时，噪声不超过85dB（A）。

第六节　安装要求

对于如此大规格的选粉机，有许多的零部件，为此，需要大量的安装工作。

由于本选粉机可用于不同的场合或不同的工厂，因此，其安装空间及安装工具亦可能不同，为此，本说明未规定统一的安装顺序。

（1）由于运输原因，上下壳体、内锥体有可能被剖分为两件，需要到现场安装时组焊。

（2）为了防止运输及焊接时变形，在上下壳体、内锥体剖分处点焊有若干块60×60×8并带有ϕ18孔的扁钢。现场组焊前，首先将被剖开的同一个零件用M16的螺栓把牢，要求壳体圆度<5mm，然后施焊。焊成一体后，校正变形。逐一拆除60×60×8带有ϕ18孔的扁钢。具体位置情况请查阅与之相关的设备图纸。

(3) 为了确保回转部分的垂直度要求，在轴套的圆周上设置了三个拉杆。为了防止拉杆被物料冲刷，拉杆处设有防护罩。

(4) 在回转部分安装完毕并调整好达到垂直度要求后，方可将三个拉杆与壳体上部用螺母固定。

(5) 壳体安装后，安装内锥、粗料出口，反击锥用吊环螺栓固定在壳体顶盖上。

(6) 安装前，应严格校正反击锥底部的圆度，使其达到要求。安装反击锥时，要求对其进行精确的调整，使内锥体与反击锥之间的环形缝隙均匀、相等。

(7) 安装回转部分时，应严格按照图纸要求，确保回转部分与传动支架间的配合尺寸要求。通过调整上壳体与支架之间的调整垫板来保证支架上表面的平面度公差值为0.05mm。

(8) 气封装置用螺栓固定在笼型转子的顶部。

(9) 安装气封装置时，要对其进行精确的调整，使气封装置的每一块导板与壳体上部之间的间隙均为3mm。具体位置请查阅回转部分图纸。

(10) 安装后，用手转动笼轮，气封装置与壳体上部之间不得有金属接触和刮撞现象。

第七节　调试及运行

1. 准备调试

在首次调试之前，应对选粉机及传动装置按以下顺序进行全面检查：

(1) 应认真查阅传动装置供货商提供的电动机、减速机及联轴器的有关技术文件，并检查是否按其要求进行安装。

(2) 是否按图纸及说明书中有关要求进行组装；为方便运输及现场组装所设置的辅助零部件是否已经全部拆除。

(3) 选粉机及传动装置的全部连接件是否牢固。

(4) 粗料出口翻板阀的功能是否正常。

(5) 轴承润滑脂、减速机润滑油是否已加到合适的量。

(6) 笼型转子转动是否自如。

(7) 导板的位置是否均匀、相等。

(8) 各部位连接法兰和检查门处是否严密。

(9) 反击锥是否对中装配，与内锥体之间的环形缝隙是否均匀、相等。

(10) 进料和出料装置是否通畅。

(11) 选粉机的转向是否正确。

(12) 选粉机的机械部分与电气联锁系统是否接通。

2. 空负荷试车

上述各项检查均到达要求后，可以进行短时间的空负荷试车。

空负荷试车时，回转部分运行应平稳，笼型转子既不能碰撞壳体，主轴也不能有噪声。

3. 投料试车

完成上述工作后，方可进行投料试车。

对首次投料试车的选粉机，要求必须保证物料连续、均匀地喂入选粉机。

为了避免系统漏风，粗料出口的翻板阀重锤质量或位置应调节，使得阀板每分钟大约开启6~10次。

只有在选粉机的电动机达到其运行速度之后，才能投料；反之亦然，即必须在已经停止喂料后，选粉机的电动机才能停止运行。

传动装置的润滑系统必须在选粉机之前启动。

4. 成品细度的控制

选粉机的转速和导板的位置变化，必须根据选粉机的进料粒径和成品细度的要求来调节。

对于改变成品细度，可采取下述方法：

（1）成品细度变得更细

逐渐加快笼型转子的转速。如果转速达到最大，仍达不到要求的细度时，可将导板关紧。

（2）成品细度变得更粗

逐渐减慢笼型转子的转速。如已调至笼型转子最高转速的35%时，仍未达到所要求的成品细度时，可将导板开得更宽些。

改变导板的位置时，磨机系统必须停止工作，鉴于本系统具有一定的相互关联性这一特点，上述改变成品细度的工作必须一次完成。

第八节 维护及维修工作

1. 维护要求

应该指出，日常性的维护工作远比故障性的维修工作更为重要。为此，必须加强平时的维护工作。所有维护和检查工作应分为两类，即需要或能够在选粉机运行的情况下进行的和必须在选粉机停车后方能进行的两种。

（1）运行情况下的维护工作：

1）传动装置及回转部分的运行是否平稳；

2）粗料出口处翻板阀的功能是否正常；

3）选粉机各连接法兰和检查门处的密封是否严密；

4）轴承润滑及温升情况是否良好；

5）传动装置的设备及润滑、温升等情况，按供货商提供的技术文件中有关规定要求进行检查；

6）粗料和成品的运输设备状况是否良好。

（2）停车后维护检查的内容：

应把磨损检查和机械检查分开：

1）磨损检查：

必须定期检查与物料接触的部件，至少每月检查一次；

如果必须更换笼型转子的笼条时，应注意所更换的笼条的质量与其对面位置上的笼条的质量应相等，以避免造成不平衡现象；

必须更换运行中已经磨薄不能再安全固定或磨损已达到了严重程度的衬板。

2）机械检查：

必须按照各供货商提供的技术文件中的规定，对传动装置各部件进行检查；

检查底座与传动部件间的连接螺栓是否紧固；

对连接衬板的螺栓应随时检查；

每两年应对轴承做一次全面检查，同时刮掉轴套内的旧油脂，并注入新的油脂。

2. 维修要求

选粉机投入使用以后，应在正常检修时对设备进行必要的检修。在检修时，为确保安全，要遵守下述的维修要求：

（1）必须待选粉机内部处于常温的情况下，才能进入进行检修。

（2）严格遵守有关电气、仪表方面的有关规定。

（3）检修时，应考虑是否需要更换下述选粉机内部的零件，如，耐磨衬板，反击锥的耐磨部分。

（4）对回转部分的维修工作：为了拆卸轴承，首先要将反击锥往下落，然后从选粉机的顶部将回转部分抽出。

1）反击锥下落步骤：

选粉机进行大修时，必须将反击锥往下落，把主轴从选粉机内抽出来。

2）重要说明：

反击锥升、降时，三根吊环螺栓必须同时做等距离运动。

在分选不同物料或者不同细度时，反击锥与内锥体的环形缝隙可能会出现过窄或过宽的现象，所以需要调整，使之形成合适的环形透气带。

3）笼型转子的拆卸：

拆卸笼型转子之前，首先要下落反击锥，然后在内锥体内部圆周上合适的位置，点焊上三个用角钢制成的丁字形支脚，在其圆截面上形成一个辅助平台，再松开轴螺母，将笼型转子卸下来，使其底部座在辅助平台上。

拆卸选粉机上部传动支架上的传动装置后，才能将主轴从选粉机内抽出来。

4）拆卸轴承的具体步骤：

首先拆除电动机、联轴器、减速机、减速机底座，然后松开轴螺母，松开轴套上的拉杆，抽出主轴，取出轴套内的轴承。

5）拆卸回转部分的步骤：

拆卸全部传动装置，拆卸传动支架，松开轴套上的拉杆，拿开壳体上部，将回转部分从选粉机内抽出来。

传动装置应根据各供货商提供的润滑表和技术文件中所规定的要求，定期更换润滑油。润滑油的牌号及用量等请查阅供货商提供的润滑表。

轴承润滑表见表19-4。轴承不能过量润滑，因为过量润滑会导致轴承的温度升高。实践证明，小油量短间隔的润滑方式要比大油量长间隔的润滑方式更为有效。

表19-4　轴承润滑表

润滑点	初次填充量（g）	补充周期	每次填充量（g）	更换润滑脂周期
上轴承	850	每2000h	350	第一次4000h
下轴承	450	每2000h	150	以后8000h

第二十章　水泥工业用旋风式选粉机

按　水泥工业用旋风式选粉机是利用空气解决水泥选粉分级的设备。为确保该产品的性能，有效地实现节能降耗，1985 年制定了水泥工业用旋风式选粉机行业标准，1996 年进行确认。为了提高设备大型化的要求，满足生产的需求，2006 年原国家建筑材料工业机械标准化技术委员会组织由南京水泥工业设计研究院等单位组成的标准起草工作组对该标准进行了修订，2007 年国家发展和改革委员会批准发布并实施。实施后对水泥生产选粉产生了重要作用，极大地提高了经济效益和社会效益。

第一节　概　　述

在水泥生产过程中，固体颗粒（如生料、水泥等）在空气流体中按其粒径大小进行分级，是根据颗粒在空气流体中作重力沉降和离心沉降的原理进行的。以空气做分散介质对固体颗粒进行分级的设备，称为旋风式选粉机。

1. 旋风式选粉机作用

（1）水泥工业是耗能大的产业。从生产工艺上看，能源消耗主要分为两个部分：一部分是消耗燃料较多的熟料烧成系统；另一部分是消耗电能较多的生料及水泥制备的粉磨系统。因此，世界各国都在积极地开发节能设备。开流粉磨系统加上空气选粉机而形成的圈流系统是实现节能的有效途径之一。在产品细度相同的情况下，圈流系统与开流系统比较，提高磨机产量 15% ~30%，降低电耗 5% ~20%。

（2）对于水泥生产企业，生产多种强度等级水泥的一个途径是改变水泥的比表面积，应用选粉机能很灵活地进行细度调节，特别是旋风式选粉机和 O-Sepa 选粉机更为方便、灵敏。

（3）现代水泥都朝着大型化、自动化和节能方向发展。为顺应这一发展，国内外对选粉机的研究、设计也有长足的发展，相继开发四大型式选粉设备。选粉机在水泥生产中的地位越来越重要，作用越来越突出。新建的水泥厂可以说不再设计开流粉磨系统，在工艺设计上均使用上了不同型式的选粉机；老水泥厂的技改也相继选用不同型式的选粉机。

2. 选粉机型式

选粉机分为三种型式：

（1）离心式选粉机。

（2）旋风式选粉机。

（3）O-Sepa 选粉机（水平涡流式选粉机）。

我国不常用的还有：通过式选粉机、串流式选粉机、喷射式选粉机、国外 SKS 型选粉机等。

旋风式选粉机采用外部鼓风、外部收集成品的一种选粉设备，是继离心式选粉机后发展起来的第二代选粉设备。我国 20 世纪 60 年代开始设计、制造并使用，无论是结构设计还是选粉性能都大大优于离心式选粉机。因此，旋风式选粉机在我国水泥工业中得到普遍应用并有很大发展。

第二节　工作原理、规格、性能及特点

一、工作原理

如图20-1所示，旋风机选粉机的选粉室8是一个用钢板制成的圆柱形外壳。选粉室周围均匀布置几个旋风筒7。在选粉室内，小风叶9和撒料盘10一起固定在立轴上，由电动机1通过2、3带动旋转。通过传动装置2、3带动旋转。离心通风机19将空气从切线方向送入选粉机，经滴流装置11的缝隙旋转上升，进入选粉室。物料由进料管5落到撒料盘10后，立即向四周甩出，撒布到选粉区中，与上升旋转气流相遇。物料中的粗粒质量较大，受撒料盘、小风叶和旋转气流作用产生的惯性离心力也较大，被甩到选粉室的四周边缘，与壁面相碰后失去动能，顺壁下滑，落到滴流装置处。在该处被上升气流再次分选，然后落到内下锥处，作为粗粉经粗粉管12排出。物料中的细颗粒，质量较小，在选粉室中被上升的气流带入旋风筒7内。气流从切线方向进入旋风筒，在筒内形成一股强烈的旋转气流。处在气流中的颗粒受到惯性离心力的作用，甩向四周筒壁，向下落到下部的外锥体中（ϕ3m以下选粉机是如此，而ϕ3m以上选粉机从各自的旋风筒中直接排出），作为细粉（即成品）经细粉管13排出。清除细粉后的空气则由旋风筒中心的排风管，经集气管6和风管14再返回离心通风机形成气流的闭路循环。

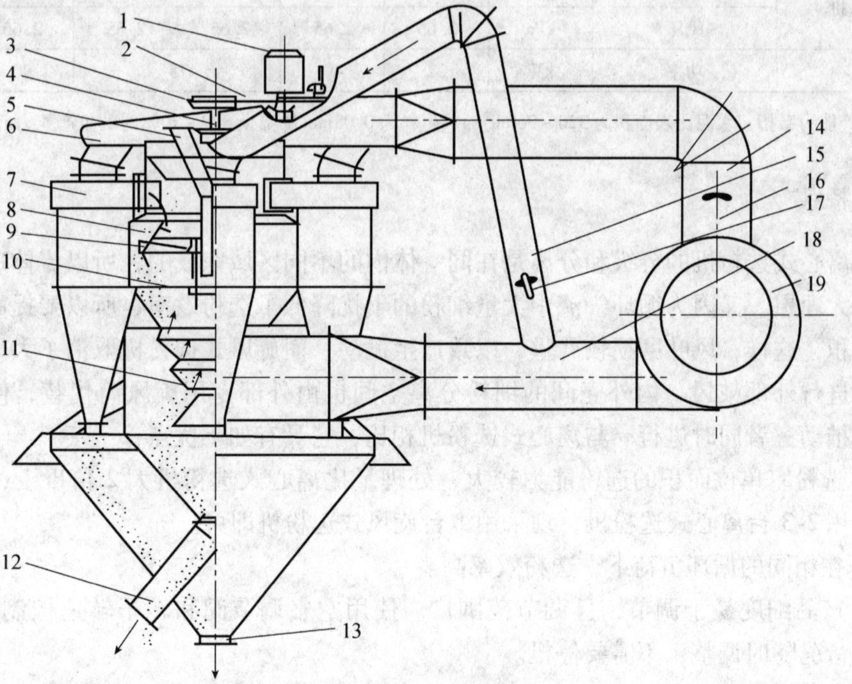

图20-1　旋风式选粉机

1—电动机；2、3—传动装置；4—垂直轴；5—进料管；6—集气管；7—旋风筒；8—选粉室；9—小风叶；10—撒料盘；11—滴流装置；12—粗粉管；13——细粉管；14—风管；15—支风管；16、17—调节阀；18—进风管；19—风机

循环风量可以用风管14上的调节阀16来调节。若不改变循环风量，而要改变选粉室的气流上升速度时，可以改变支风管15上的调节阀17的开度，经过支风管的气流不经选粉室

而直接进入旋风筒。调节直接进入旋风筒的风量与经过滴流装置的风量之比，就可以大幅度调节细粉的细度。改变主轴转速和小风叶的数量也能调节产品细度。选粉机采用调速电机，因此，撒料盘的转速可以调整，对产品的细度要求就容易控制。但是，通常使用调节阀来控制细度，调节也较方便，而且控制细度也较稳定。

二、规格、性能

规格、性能见表20-1。

表 20-1

项目		单位	××15	××20	××25	××28	××30	××40
选粉室直径		m	1.5	2.0	2.5	2.8	3.0	4.0
旋风筒	直径	m	0.65	0.96	1.10	1.00	1.30	1.75
	数量	个	6			8	6	
生产能力	生料	t/h	14～17	25～30	40～46	50～58	59～68	103～120
	水泥	t/h	9～11	16～20	25～31	32～38	38～45	65～80
回转部分	主轴转速	r/min	190～390	160～300	120～250	110～220	90～195	80～175
	电动机功率	kW	5.5	7.5	11	15	18.5	75
配用风机	风量	m^3/h	23000	38000	68000	73000	91000	170000
	风压	kPa	2.65	2.65	2.65	2.65	2.65	2.65
	功率	kW	22	40	75		90	160

注：生产能力系指：水泥比表面积为320～360m^2kg。生料为0.08mm筛筛余8%～10%时的生产能力。

三、特点

因为离心式选粉机的分级和分离是在同一体内的不同区域完成的，所以流体速度和撒料程度都不太理想。又因为循环气流中大量细粉的干扰降低了选粉效率，所以要提高产量，只能增大体积，这样，风叶磨损较严重，以致产生振动。而旋风式选粉机取消了大风叶，采用专用风机进行外部鼓风，内外壳间的细粉分离空间也由外部专用旋风筒代替，使分级、分离、流体推动三者同时进行。与离心式选粉机相比，它具有如下优点：

（1）选粉室单位面积的选粉能力较大，处理量比离心式选粉机大2倍以上，如大型磨机本来采用2-3台离心式选粉机，现采用1台旋风式选粉机即可。

（2）在相同的循环负荷下，选粉效率高。

（3）产品细度易于调节，且调节范围广。使用空气调节阀和转子转速控制产品细度，可以根据情况随时调整，不需要停机。

（4）用体外风机代替大风叶，回转部分结构简单、机体磨损小、振动小。

第三节　主要参数的确定

一、产量

根据生产实践，旋风式选粉机的产量与选粉室面积大小成比例，近似计算公式如下：

生产400[号]、500[号]（旧标）水泥时，计算公式：

$$Q = 5.35d^2 (t/h)$$

式中　d——选粉机内径，m。

生产0.08mm方孔筛筛余为8%的生料时，计算公式：

$$Q = 7.21d^2 (t/h)$$

二、风量

根据生产实践，得出如下数据：

当操作温度以100℃计，0.08mm方孔筛筛余为6%～8%，选粉浓度取500g/m³，选粉室截面上升气流速度取 $u = 3.4 \sim 4$m/s。

根据选粉室截面风速算出风量后，考虑到漏风再增加10%，即可作为风机的风量。

风机的风压一般在2.4kPa左右（20℃）。

各种型号的旋风式选粉机风机的风量、风压见表20-1。

三、主轴转速

$$nD = 300 \sim 550 (\mathrm{m \cdot r/min})$$

式中　n——选粉机主轴转速，r/min；

D——选粉机直径，m。

选粉机的直径越大，nD 值也越大。对于直径为3.5m以上的选粉机，nD 值宜取550m·r/min左右。

以 Φ4.8m旋风式选粉机为例计算：

$$D = 4.8\mathrm{m}$$

取 $nD = 550$m·r/min

则 $n = \frac{550}{D} = \frac{550}{4.8} \approx 115$r/min

与表20-1所列相符。

四、旋风筒直径

流经内锥体的风量 V_2 与进入旋风筒的风量 V_1 可视为相等。根据这个关系可以算出旋风筒的直径。

设：A_1 为旋风筒截面积，U_1 为其截面风速

A_2 为内锥体截面积，U_2 为其截面风速

因为：$V_1 = V_2$

所以：$A_1 U_1 = A_2 U_2$

则：$\frac{A_1}{A_2} = \frac{U_2}{U_1}$

已知内锥体风速为：$U_2 = 3.4 \sim 4$m/s，旋风筒截面风速以 $U_1 = 3$m/s　计：

则：$\frac{A_1}{A_2} = \frac{U_2}{U_1} = \frac{(3.4 \sim 4)}{3} = 1.13 \sim 1.33$

按这个关系就可确定旋风筒的直径。

例如：Φ1.5 旋风式选粉机，其旋风筒的直径确定如下：

取：$\frac{A_1}{A_2}=1.13$　旋风筒数 6

即：$\frac{A_1}{A_2}=6\times\frac{\pi}{4}\times\frac{d_s^2}{\frac{\pi}{4}}\times1.5^2=1.13$

$d_s=\sqrt{\frac{1.13\times1.5^2}{6}}\approx0.65\text{m}$ 所以 Φ1.5m 旋风式选粉机，其旋风筒直径为 0.65m。

也可按下式近似计算：

$$d_s = 0.438d$$

式中　d_s——旋风筒直径，m；

d——选粉机内筒直径，m。

第四节　设备结构

旋风式选粉机主要由壳体、旋风筒、出风管、回转部分、传动部分五大部分组成。壳体起机架的作用，旋风筒装于四周，回转部分在壳体内，传动部分装在壳体的顶部。

一、壳体

壳体是一个组合件，由上盖、筒体上部选粉室、锥形筒体、筒体下部、下部锥体等零件组成，它们之间用螺栓连接而成。

（1）上盖用来承担回转部分、传动部分，上盖有一直接进壳体的支风管，用来辅助调节成品细度；

（2）筒体上部有出风口直接与旋风筒连接；

（3）在筒体上部的选粉室，锥形筒体内镶有衬板，用来防止壳体磨损；

（4）筒体下部有一沿切线方向设置的进风口，该进风口与体外风机的出风口相连接，筒体下部还设有三道挡灰体，用来进行二次选粉，在此处进一步利用上升气流分离细粉，选粉室开有检修门，用来更换小风叶和更换选粉室衬板；

（5）下锥体分成两段制造用螺栓连接，上段锥体分成四半以便运输和制造，下锥体内部还设有内锥体，其上用螺栓连接耐磨衬板，选粉机分离的半粗粉由此落到弹性分格轮中再送回磨机。

二、回转部分

回转部分由主轴、风叶盘、风叶、撒料盘及套筒组成。

（1）主轴装在套筒内，通过联轴器与减速机连接；

（2）风叶盘与撒料盘壳连接；

（3）撒料盘用键固定在轴下端，并用防松螺母锁紧；

（4）风叶由螺栓固定在风叶盘上。

三、传动部分

传动部分由电机及减速机组成，它们之间通过联轴器连接，电动机的动力通过联轴器、减速机传给主轴，使主轴带动撒料盘和风叶转动，鼓风机将风鼓入，从而进行选粉工作。

第五节　主要零部件的技术要求、制造工艺及质量检验

一、主轴

主轴是选粉机上的关键零件，其上安装撒料盘，承受较大传动扭矩，转速较高，应保证其强度及刚度，材料应不低于 GB/T 699—1999《优质碳素结构钢钢号和一般技术条件》的有关 45 号钢的规定；经调质处理后硬度为 HB217 ~ 255。

主要加工工艺：45 号钢毛坯（锻件→粗车年精车→车丝→钻孔→铣键槽→热处理。

与轴承相配合轴径对轴心线的径向圆跳动公差值和轴径的圆柱度公差值应符合表 20-2 的规定。

表 20-2　公差值　mm

直径	>18 ~ 30	>30 ~ 50	>50 ~ 80	>80 ~ 120	>120 ~ 180	>180 ~ 250	>250 ~ 315
同轴度公差圆跳动公差	0.025	0.030	0.040		0.050		0.060
圆柱度公差	0.009	0.011	0.013	0.015	0.018	0.020	0.023

二、套筒

套筒内装主轴，主轴传递的力矩通过轴承传给套筒，对强度要求较高，因此材料应不低于 GB/T 11352 中有关 ZG 270—500 的规定。铸件须经退火处理。套筒两头可采用铸钢件，中间采用无缝钢管焊接，焊缝应符合技术要求，不得有气孔、夹渣等影响强度的缺陷存在。

主要加工工艺：套筒毛坯铸件→退火处理→车端面→膛孔→钻孔。

因套筒系通过轴承与轴装配，并固定于壳体与支架上，故与径向轴承相配合的两端内孔其同轴度、圆柱度公差值应符合表 20-2 的规定；支承推力轴承的平面对轴心线的垂直度公差值在 100mm 直径上为 0.04mm。

三、风叶盘

风叶盘装在主轴上，旋转线速度比较大，制造时要求其圆度误差小；材料应不低于 GB/T 700—1998 中有关 Q235A 钢的规定；风叶盘装风叶杆的平面，其平面度公差值为 1mm。

主要工艺：钢板下料→焊接→钻孔。

四、风叶

风叶装在风叶盘上，起选粉作用，线速度较高；材料应不低于 GB/T 700—1998 中有关 Q235A 钢的规定；每台装配数量较多，应保证全部风叶中任意两个风叶质量之差不得大于设计质量的 4%；考虑到静平衡问题，风叶周边的表面粗糙度不低于 R_a25。

主要工艺：钢板下料→刨边→划线→钻孔。

风叶的平面度公差在100mm×500mm上为0.5mm。

五、撒料盘、撒料盘毂

撒料盘载装在主轴上，其上安装撒料盘，起撒料作用。撒料盘用钢板制作成圆形，主要加工工艺：钢板下料→车外圆→划线→钻孔。

撒料盘毂结构比较复杂，其形状似倒置的圆桌，采用铸铁制造。

主要工艺：铸造毛坯→退火处理→车端面及内圆→钻孔攻丝→插键槽。

盘毂加工完毕后应符合图纸的技术要求。

六、壳体、旋风筒

壳体与旋风筒均用钢板卷制焊接而成，系圆筒状零件，要求其周长公差为0.2%*D*（*D*为零件内直径），相结合的两圆筒状零件的周长差不大于0.15%*D*，圆筒状零件同一断面上最大直径与最小直径之差应小于0.25%*D*，接口处棱角*E*（图20-2）的允许值应符合表20-3的规定。

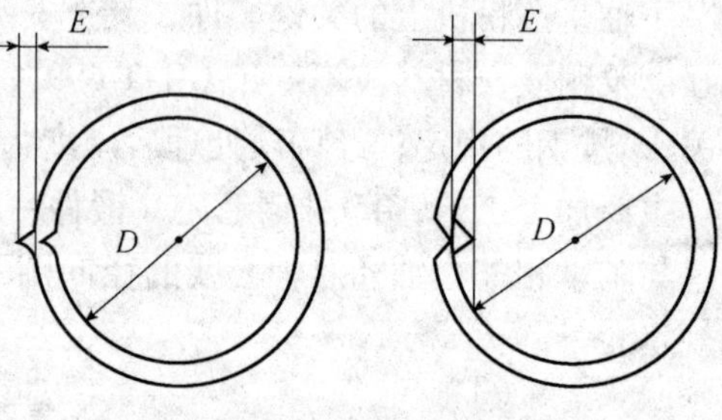

图20-2　筒体示意图

表20-3　允许值　mm

内直径 *D*	>300~1500	>1500~3000	>3000~5000
棱角 *E*	≤2	≤2.5	≤3

圆筒状零件两端法兰平面的平行度公差值在每米直径上为1.5mm，但在全长上不得大于4mm。法兰平面对轴心线的垂直度公差值在每米直径上为1mm。焊接质量应符合焊接技术要求。

主要工艺：钢板下料→卷制筒体→焊接。

七、减速机

减速机是用来传递动力并起减速增扭作用的重要部件，性能好坏直接影响选粉机的正常运转，其技术要求应符合《圆柱齿轮减速机》（JB/T 8853）的有关规定，其中机体、机盖上安装圆锥齿轮轴的孔轴心线不相交性公差值和轴线夹角的极限偏差值应符合表20-4的规定。

表20-4　极限偏差值　mm

锥距	>120~200	>200~320	>320~500
轴心线不相交性公差	—	0.022	0.028
轴线夹角的极限偏差	±0.080	±0.095	±0.011

圆锥齿轮的制造精度应符合《圆锥齿轮和准双曲面齿轮精度传动公差》（GB/T 11365）中的规定。

用手转动高速轴，必须轻快灵活、无卡滞现象。在轻微制动下转动数转后，圆柱齿轮的轮齿表面接触斑点按齿高度不少于45%，按齿长度不少于60%，圆锥齿轮轮齿表面的接触斑点，沿齿高度不少于60%，按齿长度不少于60%；圆锥齿轮与圆柱齿轮传动的最小侧隙，应符合表20-5的规定，轴承内环必须紧贴轴肩或定距环，用0.05mm塞尺检查不得通过。

表20-5　最小侧隙　　mm

中心距（锥距）	>120~200	>200~320	>320~500
圆柱圆锥齿轮传动侧隙	≤0.17	≤0.21	≤0.26

第六节　主要部件装配工艺与精度检验

一、回转部分

其组装主要是转子部分的组装。将轴承装在主轴一端，然后吊主轴装入轴套内，再装另一端轴承，轴承须填入1/3油脂（钙基脂润滑脂），然后装轴套、压盖、拧紧螺栓。安装完毕，主轴转动应灵活，无卡滞碰撞等现象。安装撒料装置：将撒料盘装在撒料毂上，用螺栓固紧后，安装风叶座，再对称地安装风叶等零件，组装成整体后进行静平衡。现将静平衡试验方法作简要介绍：

机器内的旋转零件在制造和装配过程中，其重心和旋转中心线不重合时，会产生不平衡的离心力，因而会引起振动，使机器各部分连接处发生松动、加速机器内部摩擦部分的磨损，若因不平衡力引起的振动频率与机器或基础的自然振动频率相等时，就会发生共振，这时振幅无限地增大，机器或基础就会遭到破坏，甚至产生严重的事故，因此安装和修理工作人员必须了解转子不平衡方面的一些基本知识和基本的操作技能，以便必要时在安装现场调整转子的平衡工作。

旋转零件的不平衡可分三类：一类是静不平衡，在一个转子上不平衡的质量能综合成一个，因此转子在旋转时只产生一个离心力；另一类是动不平衡，在一个转子上能综合出两个大小相等而方向相反，但不在同一条直线上的不平衡质量，则转子静止时虽获得平静，但旋转时就会出现一个不平衡的力偶，这力偶不能在静力状态下决定，故称为动不平衡；第三类是既有静不平衡，又有动不平衡，旋风选粉机转子速度较低，只需做静平衡试验（$L/D<0.2$ 则力耦的影响可以忽略不计，L——转子长度，D——转子直径）。其平衡力矩允差不得大于表20-6的规定。

表20-6　允差值　　mm

型号	××15	××20	××25	××28	××30	××40
平衡力矩允差	0.5	1.0	1.5		2.0	3.0

二、静平衡实验装置

平行轨道式平衡架

如图20-3所示，这种平行架不仅使用简便，其精度也相当高，适用于转子轴直径相同的回转体，平行架固定在底座上的两根棱柱形水平导轨上。最常用的导轨截面如图20-4所示，图20-4中（a）为平刀口形导轨，上部有磨光刀口，零件就沿着这个刀口滚动；图（b）是棱柱形导轨，棱柱顶部切成宽口的平面，四个棱面的宽度各不相同，以便用于平衡质量不同的零件；图（c）为梯形截面平面导轨；图（d）为圆形截面导轨，圆顶点即为平顶面，具有加工方便、使用简单的特点，只需将磨损的部位稍转一个角度即是新顶面。为了减小摩擦系数，导轨工作部分应淬硬，而且要磨得很光，各面棱要制成圆角以免损伤零件轴颈。

导轨面的宽度 b 尽可能做得小些，以小到不会在轴颈表面出现伤痕为度。

另外常见的平衡装置还有滚柱式平衡架、圆盘式平衡架、单盘式平衡架，它们的基本原理都与平行导轨式平衡架相同，具体可参考有关书籍，在此不再赘叙。

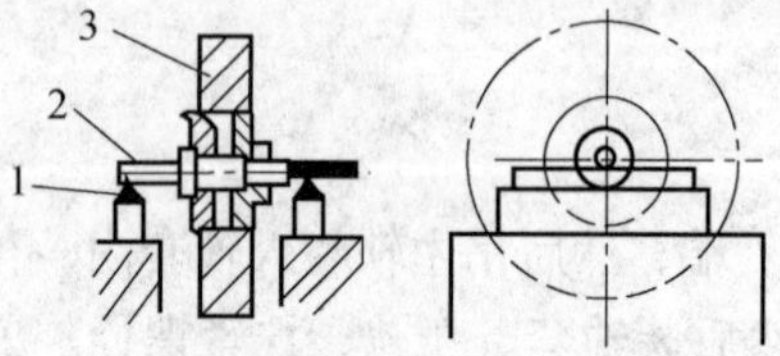

图 20-3　平行导轨式平衡架

1—平行导轨；2—万能心轴；3—转子

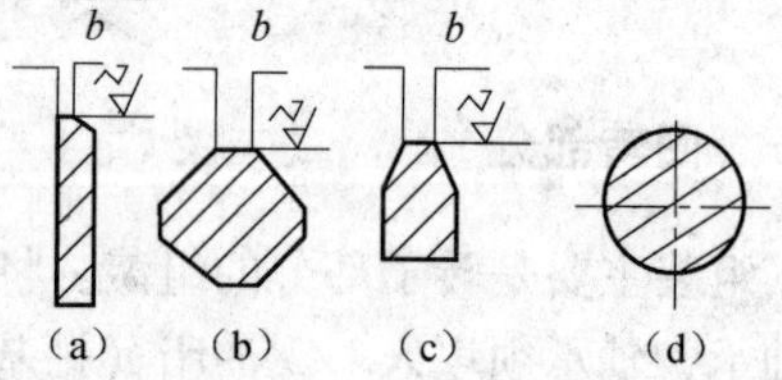

图 20-4　导轨的断面形状

（a）平刀形；（b）棱柱形；（c）梯形；（d）圆形

三、静平衡架的操作方法

明显的不平衡和不明显的不平衡：在平行导轨式平衡架上做转子的静平衡时，可能会遇到明显的和不明显的两种不平衡现象。第一种现象如图 20-6 所示，偏重引起的转动力矩大于滚动摩擦阻力矩，回转体将沿着导轨进行滚动，直到转子的重心 O_1，转到旋转中心 O 以下的稳定区域为止，此时转动力矩等于或小于摩擦力矩。第二种现象是转子重心偏移量小于或等于转子轴颈与导轨之间的滚动摩擦系数，如图 20-6 所示，这时转子偏重所引起的转动力矩较小，即当转子放在任一位置，不可能沿着导轨发生滚动。

1. 找明显不平衡的静平衡法——摩擦消除法

其步骤主要有两大步：

（1）测定转子偏重的方位

测定时先让转子在导轨上自由的滚摆数次，若最后一次是在顺时针转向完全静止下来，则转子的重心一定位于垂直中心线的右侧，此时在转子最低点 a 处作一记号，如图 20-5（a）所示，然后向逆时针方向再次使转了滚摆，最后一次滚摆是在逆时针方向完成，此时转子的重心一定位于垂直中心线的左侧，同样在最低处 b 作一记号如图 20-5（b）所示，显然回转的重心必定在 $<aob$ 的平分线 co 线上，即 C 点所在的方位。多测几次，找出比较精确的位置。

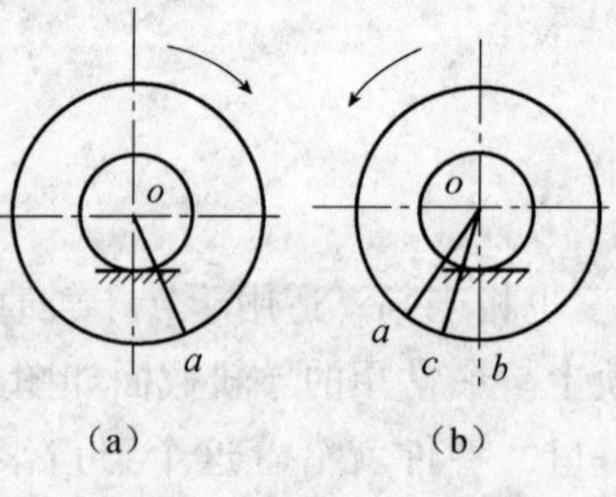

图 20-5　测定偏重方位

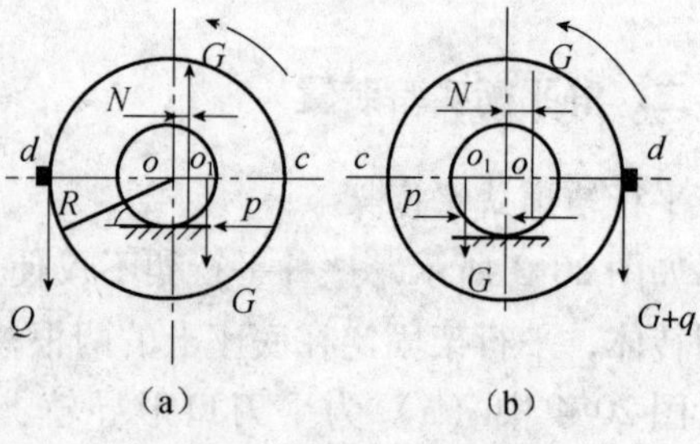

图 20-6　确定平衡重大小

（2）确定平衡重大小

将转子的 C 点转到水平位置，如图 20-6（a）所示，在其相对的 d 点上，加上适当的试重 Q，使转子在偏重的作用下，顺箭头方向转动一很小的角度（如 10°），然后将转子反转 180°使 C 点仍处于水平位置如图 20-6（b）所示，在 d 处再添一个小的附加载荷 q，其大小刚好使转子顺箭头方向转同样一个角度。这样第一次转动力矩与第二次转动力矩相等，即 $M_1=M_2$，其中 $M_1=G\rho-QR-G\mu$，$M_2=(Q+q)R-G\rho-GM$，即 $G\rho-QR-GM=(Q+q)R-G\rho-GM$ 等式两边的滚动式阻力矩 $G\rho$ 可以消去，即消除滚动摩擦的影响，因此这种静平衡法称摩擦消除法。整理等式得 $G\rho=\left(Q+\dfrac{q}{2}\right)R$，设 Q_o 为平衡重的大小，将 Q_o 加到 d 点，转子则能平衡。即 $Q_o=Q+\dfrac{q}{2}$

若需改变固定位置，由 R 改变到 R' 时（方位不能变）如图 20-7 所示，则永久性平衡重的质量 Q'_o 为：

$$Q'_o=Q_o\frac{R}{R'}$$

式中　R——平衡重质量 Q_o 到旋转中心的距离，mm；

R'——永久平衡重质量 Q'_o 到旋转中心的距离，mm。

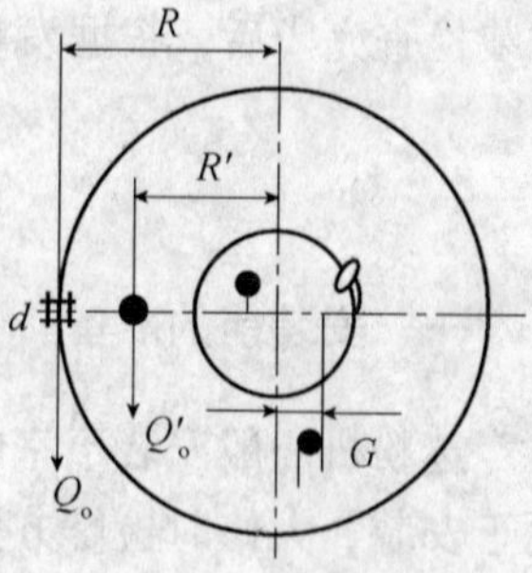

图 20-7　平衡重换算

平衡操作时，试重 Q 和 q 可以用磁铁、黄泥或油腻子暂时加上，当测定完后称出 Q_o 的大小进而可计算出永久性平衡重质量 Q_o 的大小，将其焊在转子上，也可以在 Q_o 的相对位置上去掉与 Q_o 相同质量的材料如钻削、挫削、铲除、刮、锯、磨等。

2. 找不明显不平衡的静平衡法

（1）测定回转体偏重的方位（表 20-7）

表 20-7　测定回转体偏重的方位

分点位置	1	2	3	4	5	6	7	8
试重代号	Q_1	Q_2	Q_3	Q_4	Q_5	Q_6	Q_7	Q_8
试重质量（g）	—	—	—	—	—	—	—	—

测定时先把转子的圆周分成八等份，并依次标上号码，然后轮流使每一分点转到水平位置，并在该点上逐次加上一个适当的试重（Q），该试重使转子每次都能转同样大小的角度（大约 15°），最后把各分点的试重记入下面的记录表 20-7 中。根据表 20-7 中所列数据，绘制分点位置和试重的关系曲线，找出偏重 Q_{min} 方位，平衡重应加在最大试重 Q_{max} 的位置上。

（2）确定平衡重的大小

当偏重方位找到后，可建立力矩平衡方程式，以确定平衡重的大小。此方法称八点试重周移法，实质上也是摩擦消除法，平衡重 $Q_o=\dfrac{(Q_{max}-Q_{min})}{2}$

根据以上介绍可以做旋风式选粉机转子静平衡试验了，试验中调整不平衡质量时，不允许改变风叶质量和安装尺寸，要求平衡力矩允差在 1.0N·m 以内。

第七节　整机组装和精度控制

选粉机各零部件制造完毕后，要进行试装。试装前应做好准备工作，在起吊高度不够高时，可设置地坑，使外锥体下部在地坑内，试装步骤如下：

（1）将壳体中的外锥上段四个底座支承于基础上（或支架上）；

（2）装下筒体及上筒体，用螺栓连接，装上衬板；

（3）将回转部分吊入壳体中，并临时用支架及千斤顶，将回转部分稳固地用支架支起来；

（4）把顶盖装好，并把导风锥装在顶盖上，再把顶盖用螺栓固定在筒体上（注意找正水平）；

（5）把回转部分的底座放在顶盖的槽钢上，撤走临时支架；

（6）装减速机及电机；

（7）试装旋风筒，与壳体之间连接，要求各法兰孔对中。

注意检查各连接处是否紧密，连接法兰孔是否对中，有无干涉的地方，轻轻盘动转子，观察是否轻快灵活，与壳体其他部位应无干涉现象，否则应采取相应的措施，以消除隐患。试装检查完毕后，根据发货要求，按与试装顺序相反程序拆卸，按标准或用户要求包装。

第八节　安装与调试

一、安装前的准备

选粉机一般安装于室内，故须在安装位置上方设置相应吊车或葫芦（电动或手拉），以便于安装、大修时检修方便。

对地基的要求：选粉机能按工艺要求准确地、牢固地固定在设计位置上，能承受设备的全部质量，能承受运转中产生的各种力和力矩的作用，能均匀地传递到基础下面去，能吸收或隔离因动力作用产生的振动，防止产生共振现象。

混凝土强度应符合设计要求，标高及各预留孔位置均应符合图纸要求。若施工图无规定时，可按下式求出：

$$L = \frac{\pi d^2 \sigma_o}{4 s \sigma_s}$$

式中　d——地脚螺栓直径；

σ_o——地脚螺栓抗拉应力；

s——地脚螺栓四周的混凝土基础抗剪切周边长度；

σ_s——混凝土抗剪应力。

也可按下列经验公式确定：

$$L = 15d + S + (5 \sim 10) \quad (\mathrm{mm})$$

式中　d——地脚螺栓直径，mm；

S——垫铁高度、机座厚度、螺母厚度的总和，mm。

厂房空间应足够大，符合工艺要求，便于安装风机，布置风管，进出料方便及检修方便。

对照选粉机发货清单，清理各零部件及附件，若发现缺少或损坏，应及时找生产厂家提供或修复。应重点对回转部分进行检查：主轴在呈铅垂状态时，转动应灵活，无卡滞现象。

二、安装过程和质量控制

安装前的准备工作完毕后，即可进行安装，步骤如下：

（1）先将壳体中的外锥上段四个底座支承于基础上，找正、找平、找标高均符合要求，装内锥体和衬板及下外锥体，下段用螺栓连接好；

（2）装下筒体衬板和三个挡灰体，将吊脚焊好；

（3）装中间锥体、选粉室筒体和衬板以及上筒体；

（4）将静平衡校正好的回转部分（小风叶卸下）吊入壳体中，并临时用支架及千斤顶将回转部分稳固地支承起来；

（5）将顶盖装好，把导风锥装在顶盖上，把顶盖用螺栓固定在上筒体（注意找正水平）；

（6）将回转部分的底座放在通盖的槽钢上，撤走临时支架即可；

（7）装传动部分（减速机及电动机）；

（8）将旋风筒安装在壳体上；

（9）安装风机及布置风管。

安装时应注意：各连接法兰处必须用规定的石棉垫密封，不准有漏气现象，注意回转部分的回转方向和主进风口切线方向是否相同。整机安装完后，应在上盖的加工面测量水平误差，上盖的水平误差在每米长度上不得大于2mm。安装完后，应将各润滑点和减速机上加上适量的润滑油。

三、电控部分的安装

50kW以下电机可直接启动，50kW以上电机必须配启动柜，降压启动。

四、试运转中的检查与调试

选粉机在试运转期间，操作人员应经常检查各部运转情况，定期加注滑润油，经常注意选粉机运转的平稳性，若发现异常的振动应及时停机检查排除。

产品细度的调节一般在试生产时进行，当从选粉机出来的成品细度不够时，可先增加转子的转速，若转子转速已达到上极限，而细度仍不够时，可开大支风管上的调节气门，直到细度符合要求为止。如果成品太细，应首先降低转子转速或把支风管上的调节气门关闭一些，若仍太细，可停机；将回转部分的叶片取下几片，再开机试验。注意取下风叶时，必须对称地取下，以防止转子出现静不平衡现象，引起机器振动。

第九节　设备的管理与维修

影响选粉机生产效果的因素很多，而且互相联系，为达到选粉机在圈流系统中效率高产量大的效果，必须具有一定经验的技术工人进行操作，在操作中根据生产需要，及时地进行调节。

为保证选粉机长期安全运转，要注意对选粉机进行日常维护，使用厂家应制定符合本厂实际情况的操作规程和维护检修制度。

管理维护规则大体应从以下方面考虑：

（1）各轴承应定期注入润滑油。油脂必须清洁，轴承中若出现“沙沙”声音，是由于污垢和不正常的润滑引起的，则必须及时清除杂质，各部分润滑情况详见润滑项目表（表20-8）。

表 20-8　润滑项目表

润滑点			润滑剂				
名称	润滑方式	允许温度（℃）	名称	标准牌号	一次加油量（升）	换油期	备注
减速机	连续无压润滑	60℃	齿轮油 HL－20（冬用） HL－30（夏用）	SY1103－77	43	6 个月	
轴承	连续无压润滑		钙钠基润滑脂 ZGN－2	SY1403－77			
电动机	连续无压润滑		钙钠基润滑脂 ZGN－2	SY1403－77			
密封装置	连续无压润滑		钙钠基润滑脂 ZGN－2	SY1403－77			

（2）减速机的油温不得超过 60℃，轴承温度不得超过 60℃；

（3）经常注意选粉机运转的平稳性，如果发现异常的振动应及时停机检查排除；

（4）风管管道应定期清灰；

（5）减速机第一次加入的润滑油，经过运转一个月之后，必须更换新油，才能继续运转。若周围温度在 10℃以下长期停止运转时，应将减速机内的润滑油放出；

（6）选粉机易磨损的零件有：小风叶、撒料盘等，如发现过度磨损，应及时修好或更换；

（7）检查各连接处的密封情况（包括油封）若有磨损损坏，应立即更换；

（8）检查联轴节及销轴的磨损情况，必要时予以更换；

（9）在打开检修门进入选粉机内部时，必须切断电动机电源，并采取安全措施，以防止随意开车，造成人身事故。

使用注意事项：选用旋风式选粉机时，在粗粉和细粉的出口处必须安装锁风装置，否则选粉机将无法正常选粉，可采用重锤翻板阀作为锁风装置。

第二十一章　水泥工业用 O-Sepa 型选粉机

按　水泥工业用涡流式选粉机是引进国外先进制造技术，经过国内消化吸收实现国产化的产品，1995 年制定国家行业标准，实施后产品得到广泛应用，满足了生产的需要。为适应 WTO 的要求，满足水泥生产大型化发展的需要，2007 年由中天仕名（淄博）重型机械公司等单位组成标准起草工作组，对该标准进行了修订，国家发展和改革委员会批准发布 JC/T 606—2007 标准，同年实施，达到了国际先进水平，指导了生产，在控制和提高产品质量，促进技术进步和行业升华，占领国内外市场方面，收到非常好的效果。

第一节　概　　述

O-Sepa 选粉机是继离心式选粉机和旋风式选粉机后发展起来的具有国际先进水平的第三代选粉设备。日本小野田水泥技术公司拥有此项技术专利，1986 年山东省建筑材料机械厂等四家企业共同从小野田水泥技术公司引进了 N250 ~ 3000 七种规格制造技术。为适应水泥工业大型化的发展趋势，1994 年山东省建材机械厂独家引进了为日产 4000t 水泥熟料生产线配套的 N-3500、N-4000、N-5000 三种规格的 O-Sepa 选粉机设计、生产及制造技术，从而结束了日产 4000t 水泥熟料生产线上用多台选粉机的历史，工艺布置更加紧凑，操作维修更为方便。经过消化吸收和不断的改进完善，O-Sepa 选粉机的设计、制造和应用技术已经非常成熟。现已制造出几百台不同型号的 O-Sepa 选粉机，在各地相继使用，收到了良好的效果。值得一提的是，日本小野田水泥技术公司与中国在大连、张店合建的水泥厂均选用了国产的 O-Sepa 选粉机。

第二节　工作原理技术性能及特点

一、工作原理

如图 21-1 所示，物料从管道 9 喂入，经撒料板 1 和缓冲板 4 使颗粒扩散，并且被抛入从含尘风管 10 和二次风管 11 进入的混合气流中。混合气流（其中部分可用出磨的含尘气流代替）通过固定的导向叶片 5 被引导进入选粉区，凭借旋转涡流调节叶片 3 及水平隔板 2 的作用，在选粉区形成一个稳定的水平涡流选粉场。物料进入选粉区在旋涡气流中主要由于离心力和引力的作用使物料进行第一次分级。其中细粉被气流向上带出选粉机进入收尘器加以收集，粗粒在导向叶片内侧旋转向下时，受到来自含尘气流管 10 和二次风管 11 下部的气流的冲洗，然后又受到三次风管 12 的选粉，最后粗粉从选粉机底部的灰斗 7 排出。

在 O-Sepa 选粉机中，每个颗粒都能反复多次地经受选粉过程，而且每一个选粉过程都是在力获得精确平衡的条件下进行的，因而颗粒在选粉机内的停留时间相当长，而且选粉过程本身是分段地和多方式地进行的，借助于旋涡流调节叶片和水平隔板，在大规格的设备内也能形成稳定的水平涡流。这个事实可以保证此选粉机在各个工业领域中有广阔的应用范围。O-Sepa 选粉机的选粉原理图如图 21-2 所示。

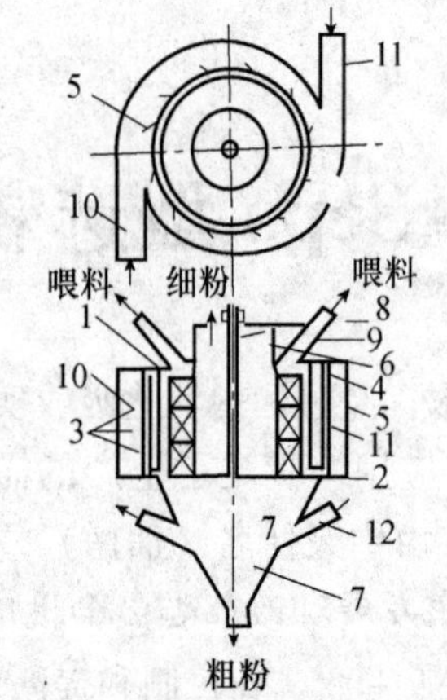

图 21-1　粗粉选粉原理示意图

1—撒料板；2—隔板；3—旋转涡流调节叶片；
4—缓冲板；5—导向叶片；6—细粉出口管；
7—粗粒出口漏斗；8—垂直回转轴；9—物料入口；
10—含尘风管入口；11—二次风管入口；12—三次风管入口

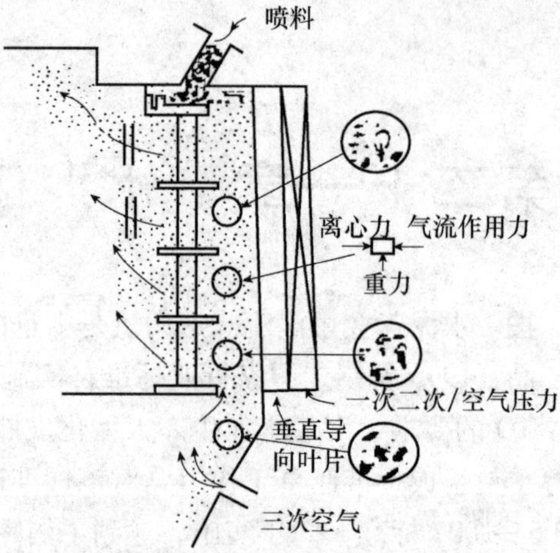

图 21-2　选粉原理示意图

二、技术性能（见表 21-1）

表 21-1　O-Sepa 高效选粉机系列技术性能参数表

型号	水泥产量（t/h）	最大喂料量（t/h）	选粉空气量（m^3/min）	转子转速（r/min）	主轴电动机			减速机		润滑系统稀油站				润滑系统稀油站		
					型号	额定功率 kW	额定转速（r/min）	型号	速比	型号	公称流量（L/min）	冷却水耗量（m^3/h）	电加热器功率（kW）	型号	功率（kW）	转速（r/min）
N－250	9～18（7.5～15）	45（37，5）	250	250～550	YCT	22	120～1200			XYZ－6G	6	0.1				
N－500	18～35（15～30）	90（75）	500	265～320	YCT_2L－280－4A	45	450～1375	NLX－50T	4.05	XYZ－10G	10	0.16	1	A_1－7134	2×0.55	1350
N－1000	36～60（30～50）	180（150）	1000	225～285	YCT_2L－315－4A	75	450～1375	NLX－100T	4.63	XYZ－10G	16	1.8	18	Y90S－4	2×1.1	1500
N－1500	54～90（45～75）	270（225）	1500	185～240	Z_2－101	100	1500	NXL－150	6.25	XYZ－16G	16	1.8	18	Y90S－4	2×1.1	1500
N－1500（T）	54～90（45～75）	270（225）	1500	185～240	YCT_2L－315～4B	90	450～1375	NLX－150T	5.5	XYZ－16G	16	8	18	Y90S－4	2×1.1	1500
N－2000	72～120（60～100）	360（300）	2000	165～210	Z_2－102	125	1500	NLX－200	7.14	XYZ－25G	25	1.8	18	Y90S－4	2×1.1	1500

续表

型号	水泥产量（t/h）	最大喂料量（t/h）	选粉空气量（m^3/min）	转子转速（r/min）	主轴电动机			减速机		润滑系统稀油站				润滑系统稀油站		
					型号	额定功率 kW	额定转速（r/min）	型号	速比	型号	公称流量（L/min）	冷却水耗量（m^3/h）	电加热器功率（kW）	型号	功率（kW）	转速（r/min）
N-2500	90~150（70~125）	450（375）	2500	145~190	Z_2-102	125	1500	NLX-250	7.89		XYZ-25G	25	1.8	Y90S-4	2×1.1	1500
N-3000	108~180（90~150）	540（450）	3000	135~170	Z_2-111	160	1500	NLX-300	8.82	XYZ-25G	25	1.8	18	Y90S-4	2×1.1	1500
N-3500	126~210	630	3500	125~160		180										
N-4000	144~240	720	4000	115~150		210										
N-5000	180~350	900	5000	65~147		375										

注：1. 上述数据是选粉机产品比表面积为3100~3300cm^2/g，料气比为3.0kg/m^3时的数据；括号内为料气比2.5kg/m^3时的数据。

2. 选粉机型号中符号与数字的意义：N代表号，后面的数字代表选粉空气量。

3. O-Spea选粉机系列的主轴下轴承气封压力0.01~0.05MPa，风量0.5~21m^3/min。

三、特点

O-Sepa选粉机与其他选粉机相比，有以下优点：

（1）水泥颗粒级配得到改善，可以适应高、早强水泥和特种水泥对细度的要求。

（2）提高了磨机的粉磨效率，降低了粉磨系统的电耗如图21-3所示和见表21-2。如生产普通水泥时，单位综合电耗降低8.4kW/t，生产早强水泥可望达到更显著的节电效果。与旋风式选粉机相比，在料气比增加的情况下，O-Sepa选粉机仍能保持高的选粉效率。

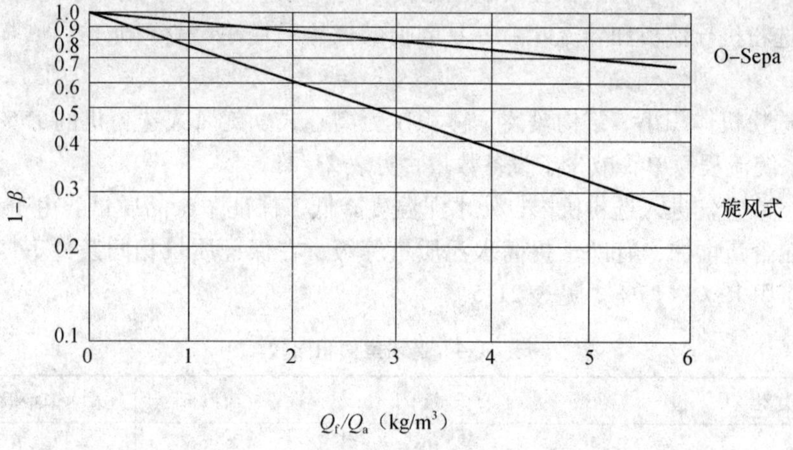

图21-3　料气比与漏选率的关系

表 21-2　O－Sepa 系统能耗分析

选粉机类型	比表面积（cm^2/g）	单位电耗（kW·h/t）				
		磨机	选粉机	提升机	袋收尘	总计
一般*	3400	36.9	4.0	0.6	1.7	43.2
O-Sepa	3240**	31.0	0.7	0.5	2.6	34.8

*二台离心式改为一台 O-Sepa。

**比表面积降低，水泥质量相同。

（3）根据不同条件安装 O-Sepa 选粉机后，系统粉磨能力可提高 10%～30%，见表 21-3。

表 21-3　O-Sepa 生产操作数据

水泥品种	选粉机类型	水泥产量（t/h）	单位电耗（kW·h/t）	产品细度	
				比表面积（cm^2/g）	+30μm 筛余（%）
早强硅酸盐水泥	离心式	14.0	55.0	4100	12
	O－Sepa（N-1000）	17.3	51.6	4100	4
		19.0	47.0	3800*	7
普通水泥	离心式	21.0	40.0	3100	25
	O-Sepa（N-1000）	25.0	34.7	3100	16
		28.0	33.0	2900*	20

*在保证水泥质量相同条件下可降低产品比表面积。

由表 21-3 可知，安装 O-Sepa 选粉机后，当产品比表面积相等时，早强水泥可增产 24%，普通水泥增产 77%。由于 O-Sepa 选粉机产品颗粒级配合理，在保证水泥质量相同的情况下，产品比表面积可相应降低，粉磨系统产量还可进一步提高到 30% 以上。

（4）操作简单，维修量小。

O-Sepa 选粉机控制产品细度非常容易，仅需调节转子转速就能在较大范围内改变产品的细度。

O-Sepa 选粉机调节水泥的颗粒级配也比较方便，可适应生产多品种水泥的粉磨系统。

O-Sepa 选粉机导流板和导流叶片等易磨损部位均采用耐磨材料制造，磨损率低，维修量小。

O-Sepa 选粉机体积小，结构紧凑，体积仅为离心式、旋风式选粉机的 15%～50%，占地面积小，系统流程简单，减少了设备数量，见表 21-4。

（5）大量冷空气进入选粉机内，使水泥温度降低，保证了产品质量。由于 O-Sepa 产品 3～30μm 颗粒含量增加，有助于提高水泥质量等级，在保证质量相同条件下，可降低产品细度或比表面积 10%～15%。见表 21-5。

表 21-4　选粉室面积比较

选粉机类型	台数	产量 t/h	选粉室面积 m^2	选粉室面积/产量 m^2，h/t
O-Sepa	1	105	5.5	0.053
离心式	2	85	28.5	0.335
旋风式	1	98	15.9	0.162

表 21-5　用不同选粉机时水泥强度改善情况

水泥品种	选粉机类型	细度			抗压强度（kg/cm^2）			
		比表面积（cm^2/g）	+30μm 筛余（%）	n（R-R 公式）	1d	3d	7d	28d
普通硅酸盐水泥	一般	3200	18	1.2		140（100）	230（100）	410（100）
	O-Sepa	3200	13	1.6		170（121.4）	280（121.7）	430（104.8）
	O-Sepa	3050	16	1.5		160	26	420
早强硅酸盐水泥	一般	4150	11	1.3	135（100）	250（100）	330（100）	455（100）
	O-Sepa	4150	3	1.8	135（114）	280（112）	365（110.6）	480（105.5）
	O-Sepa	3800	7	1.7	135	255	345	465

由表 21-5 可见：O-Sepa 产品水泥砂浆期龄抗压强度明显提高，当保持水泥质量水平相同时，产品比表面积降低 100～300cm^2/g。

第三节　最大喂料量和风量的确定

一、最大喂料量

最大喂料量是指料气比为 3.4kg/m^3 时单位时间内进入选粉机的物料量。正常喂料量是指料气比为 2.5kg/m^3 时单位时间内进入选粉机内的物料量。

选粉机喂料量可用下式表示：

$$Q_f = Q_p \cdot (1 + d)$$

式中　Q_p——粉磨系统产量，t；

Q_f——选粉机喂料量，t/h；

d——循环负荷，%。

二、选粉机风量

$$Q_a = \frac{1000}{60e_s} \times Q_f$$

式中　Q_a——选粉机风量，m^3/min；

Q_f——选粉机喂料量，t/h；

e_s——选粉机料气比，kg/m^3。

选粉机的风量分配如图 21-4 所示。

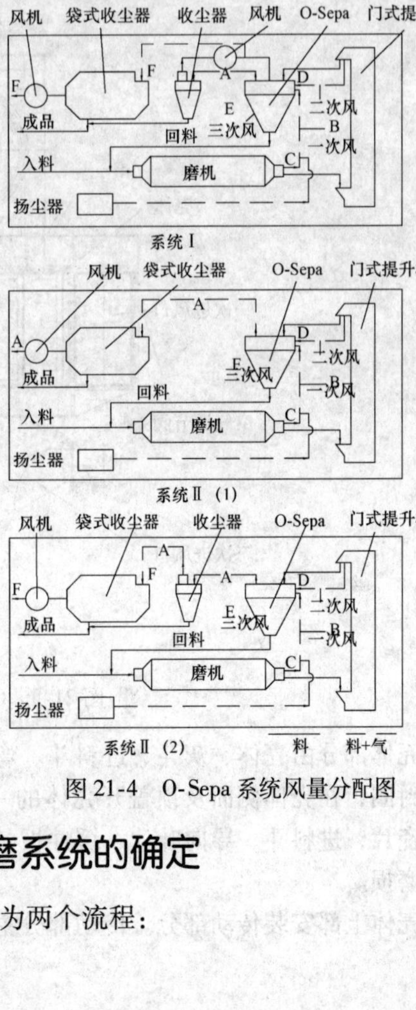

图 21-4　O-Sepa 系统风量分配图

第四节　O-Sepa 粉磨系统的确定

O-Sepa 粉磨系统根据采用收尘器的性能主要分为两个流程：

（1）采用高效收尘器时，出选粉机的高浓度气体直接进入收尘器，产品由高效收尘器全部收下，净化后的气体由风机排出，如图4Ⅱ（1）系统（高效收尘器推荐采用气箱式脉冲高效袋收尘器）。

（2）采用一般收尘器时，需在收尘器前增加旋风分离器，先将大部分成品收下，排出的含尘气体再经收尘器净化后由排风机排出，如图4Ⅰ系统。

在系统工艺设计时，粗粉出口需加设锁风排料装置，出风管道应加膨胀节。

流程Ⅱ（1）与流程Ⅱ（2）相比，系统更为简化，流体阻力小，电耗低1kW · h/t左右，是被推荐的流程。

第五节　O-Sepa选粉机的结构与制造

一、选粉机的主要结构

本机主要由壳体部分、传动部分、回转部分、润滑系统等部件组成。其结构如图21-5所示。

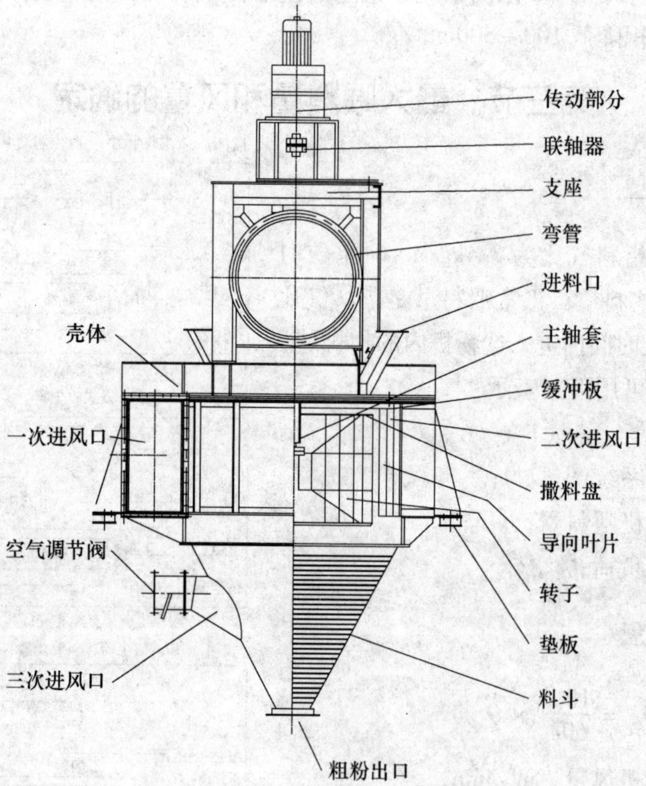

图21-5　O-Sepa空气选粉机简图

壳体部分由壳体、灰斗、进料斗、弯管等组成。在壳体内装设有导向叶片、缓冲板、空气密封圈，在壳体侧面及顶盖开壳体的一、二次进风口（或壳体全部）及弯管内均粘贴有耐磨瓷片，进料斗、导向叶片、缓冲板各处均采用堆焊复合耐磨材料板，灰斗内以料衬方式防止磨损。

壳体上部安装传动部分。传动部分主要由电机、减速机及联轴器构成。

回转部分由转子、主轴、轴套、轴承等组成。转子采用键或法兰连接固定在主轴上，主轴通过传动部分的驱动旋转。

转子由撒料盘及水平垂直隔板、上下轴套、连接板等组成，转子是选粉机的重要部件。

主轴及轴承等均装在轴套内，轴承采用稀油润滑或干油润滑，采用橡胶骨架油封及 O 形圈密封。

传动部分由立式调速电动机、立式减速机、梅花形弹性联轴器组成。

二、O-Sepa 选粉机的技术要求

为保证产品质量，达到选粉机的使用性能要求，必须正确进行水泥工艺线选型设计，以充分发挥 O-Sepa 空气选粉机的特点。选粉机在使用过程中应达到如下要求：

（1）选粉机空气量、水泥产量、最大喂料量、转子转速、电机功率应符合表 21-1 中规定的参数。

（2）选粉机空载运转时，噪声不大于 120dB。

（3）正常使用情况下，选粉机的主轴承和耐磨零件（包括堆焊耐磨复合板、耐磨瓷片及喷涂耐磨材料）的使用寿命均不得低于 3 年。

（4）耐磨瓷片中，Al_2O_3 含量不低于 92%，密度大于 $3.5\times10^3kg/m^3$，抗压强度大于 1200MPa。耐磨瓷片与钢板粘接的剪切强度为 13MPa，最高使用温度 120℃。

（5）上下密封圈采用高铬铸铁材料，硬度要求为 HRC45～50。

三、主要零件的制造工艺及质量控制

选粉机的产品质量应符合建材行业标准 JC/T 606—2007《水泥工业用水平涡流式选粉机》中的规定，并按照经规定程序批准的图样及技术文件制造。

1. 选粉机壳体

选粉机壳体主要是钢结构件，其主要加工工艺流程为：

制作下料样板→自动切割机切割下料→钻各结合面孔→按要求焊接→矫形→检查。

壳体制作时的焊接质量应符合 JC/T 532—2007《建材机械钢焊接件通用技术条件》中的有关规定。

（1）焊接件坡口尺寸极限偏差值应符合表 21-6 中的规定尺寸，如图 21-6 所示。

表 21-6　极限偏差值

坡口面角度极限偏差 $\Delta\beta$	钝边极限偏差 ΔP	坡口高度极限偏差 ΔH	根部半径极限偏差 ΔR
±2.5°	±2mm	±2mm	±1mm

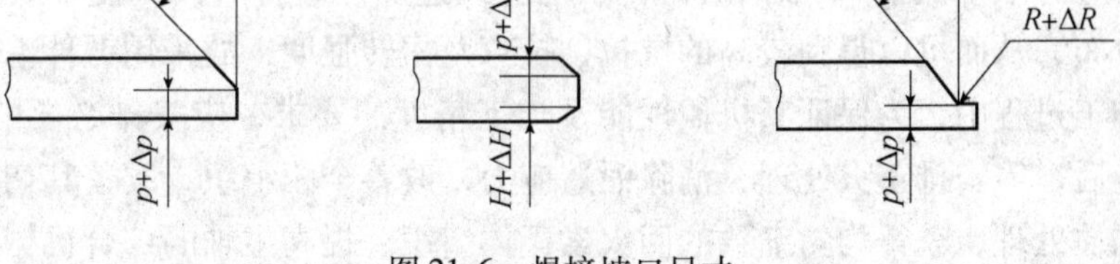

图 21-6　焊接坡口尺寸

(2) 焊接件尺寸极限偏差值应符合C级精度，见表21-7。

表21-7　极限偏差值

公称尺寸（mm）	<315	315~630	630~1000	1000~1600	1600~2500	2500~4000
极限偏差值（mm）	±1.5	±2.0	±3.0	±4.0	±5.5	±7.5

(3) 焊接件的角度极限偏差值应符合表21-8中的规定。

表21-8　极限偏差值

焊接件单边的公称尺寸（mm）	<315	315~1000	>1000
极限偏差值	±1°	±45′	±30′

(4) 焊接件的直线度和平面度公差值应符合表21-9中的规定。

表21-9　公差值

公称尺寸（mm）	<120	120~315	315~630	630~1000	1000~1600	1600~2500	2500~4000
公差值（mm）	1.5	3.0	4.5	5.5	7.0	9.0	11.0

(5) 选粉机筒节纵向或环向对接焊缝处形成的棱角度$E<0.1S+2$mm，且不大于5mm。(S为钢板厚度)。

(6) 筒节同一断面上最大直径与最小直径之差（$D_{gmax}-D_{gmin}$）$<0.1\% D_g$，且不大于25mm（D_g为壳体内径，mm），周长差不大于$\pm 25\% D_g$。

焊接接头的表面质量符合JC/T 532《建材机械钢焊接件通用技术条件》中Ⅲ级精度。

另外，选粉机表面应光滑平整，不得有明显锤痕及凹凸不平等缺陷，各法兰边缘不得有弯曲变形现象。

导向叶片、缓冲板等采用耐磨复合材材，要求复合耐磨材料堆焊层与母材结合牢固，并用弯曲法进行检验。最小弯曲半径为15倍的堆焊板厚度，向堆焊层内侧弯曲，弯曲后不允许堆焊层脱落，母材不得出现断裂现象。其下料采用等离子切割、卷制、矫平。

上、下密封圈采用高铬铸铁件，不得有气孔、夹砂、裂纹等影响其机械性能的铸造缺陷。其工艺过程为：铸造→退火处理→车削加工→钻孔→淬火处理→检查。

2. 主轴的加工

选粉机的主轴主要是用来支承转子和传递扭矩。主轴属于细长轴零件，悬臂工作方式。其主要技术要求应保证：(1) 直径精度和几何形状精度；(2) 相互位置精度，保证配合轴颈（装配转子的轴颈）对于支承轴颈（装配轴承的轴颈）的同轴度，以及配合轴颈对支承轴颈的径向圆跳动的要求；(3) 表面粗糙度。

主轴材料应选取不低于45号钢的材料。毛坯经过加热锻打后，能使金属内部纤维组织沿表面均匀分布，从而可以得到较高的抗拉、抗弯及扭转强度，故采用锻件毛坯。

在主轴加工过程中，为保证其机械性能及加工精度的要求，应安排必要的热处理工序。主轴毛坯锻造后，需安排正火处理，消除锻造应力，改善金相组织，改善其切削性能；在粗车后，进行调质处理，获得均匀细致的回火索氏体组织，提高主轴的综合机械性能。

主轴车削加工时，采用两顶尖孔作为轴的定位基准，符合基准重合原则，可以保证主轴各部位的同轴度和端面对旋转轴线的垂直度。

主轴加工工艺过程规定如下：

(1) 锻造，按图纸要求精锻。

(2) 退火处理。

(3) 铣端面打两顶尖孔。

(4) 粗车，加工各外圆及端面。

(5) 调质处理，硬度HB217~255。

(6) 精车，精车各部件及螺纹。

(7) 磨削加工，外圆磨床磨削装配转子的轴颈及两处装配轴承的轴颈。

(8) 画线，画各处键槽线。

(9) 铣槽。

(10) 检查，按图纸要求检查，加工表面不允许有任何磕碰、划伤等机械损伤。

3. 主轴套零件的制造

主轴套主要起支承和导向作用，由上、下轴承座与无缝钢管焊接而成。在制造过程中，要求轴承座铸钢件不得有任何影响机械性能的缺陷，经粗车后，与钢管焊接，按工艺规定进行热处理，消除其焊接应力。主轴套属于较长的套筒零件，为了保证轴套的同轴度以及圆柱度要求，装夹采用夹一头、另一端用中心架托外圆的方法。其加工工艺过程是：

(1) 按图纸进行焊接。

(2) 退火处理，消除焊接应力。

(3) 喷砂，将需粘贴瓷片的部位进行喷砂处理。

(4) 粗车，粗车外端面及内孔，车套管外圆作为找正基准面。

(5) 精车，按外圆找正，其找正误差不大于0.01mm，保证内孔同轴度、径向圆跳动精度。

(6) 画线钻孔。

(7) 检查。

4. 转子的制造

转子由转子轴套、转子下部、周圈扁钢、上隔板、中隔板及无缝钢管等组成，是选粉机中颗粒分级的部件。

转子轴套在制造过程中，要求保证其同轴度和表面粗糙度。其制造工艺规定：焊接→热处理（时效处理）→膛内孔→刨两端键槽→心轴定位→法兰止口→检查。其中各法兰钻孔后，以心轴定位再进行焊接，转子轴套组焊后，进行人工时效处理，消除焊接应力。

转子中钢管与周圈扁钢采用对称焊接方法，减少焊接变形，并要求各件制作精确，以减少其不平衡量，周圈扁钢必须保证每段长度误差不大于0.5mm；拉杆用螺栓连接并焊牢。

整个转子的主要工艺流程是：下料→组焊→钻孔→喷涂耐磨合金粉末→动平衡试验→检查。

转子部件的磨损是由高浓度粉尘气流高速冲刷造成的，为了提高选粉机的运转率，减少转子维修次数，在转子下部的隔板、上隔板处采取喷涂镍基碳化钨合金粉末方法。喷涂材料选用GNiWC35，采用氧-乙炔焰粉末喷涂。其工艺过程：金属表面处理（除去氧化层、油污等）+预热（温度100~250℃）+喷涂合金粉末+热处理（空冷）。喷涂层厚度0.5mm，硬度HRC≥50；喷涂与母材结合牢固，涂层无分层、夹渣，凸起及过烧等喷涂缺陷。

为了提高转子运转的平稳性，以及传动部分的使用寿命，必须在动平衡机上对转子进行动平衡试验。选粉机中转子的不平衡，是引起振动的主要原因。由于转子的材质不均、毛坯缺陷以及转子在焊接、加工和装配方面误差等原因，使其质量分布不均匀，形成一定的偏心。当转子旋转时就产生不平衡的离心惯性力，从而使选粉机产生振动和噪声，机械零件损坏。

选粉机转子以角速度 ω 旋转（图 21-7），其上各质点的离心惯性力向任一坐标原点 O 简化，得到一个合力 R_O 和一个合力耦 M_O，其大小为：

$$R_O = mrw^2 \quad M_O = w^2 \sqrt{J_{XZ}^2 + J_{YZ}^2}$$

式中　m——转子的质量；

r——质心到主轴的距离；

w——转子的角速度；

J_{XZ}——转子对通过 O 点的 X 轴的离心转动惯量（惯性积）；

J_{YZ}——转子对通过 O 点的 Y 轴的离心转动惯量。

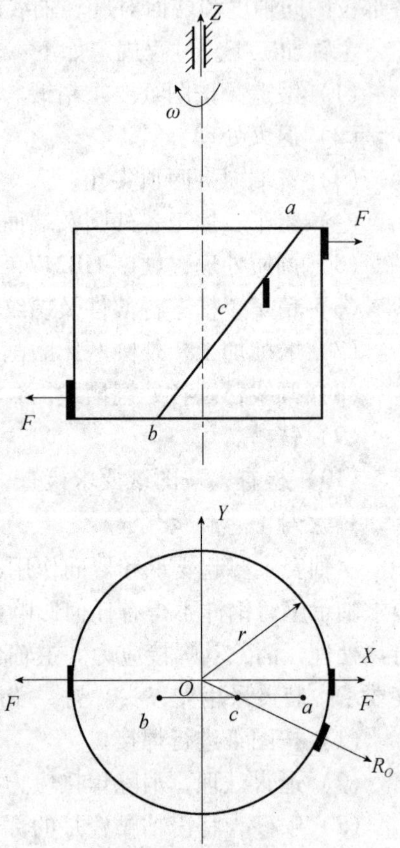

图 21-7

惯性力 R_O 和惯性力耦 M_O 将引起转子支承的动反力或振动，为了减少动反力或振动，必须使惯性力和惯性力耦得到平衡，平衡应满足的条件：

（1）$R_O=0$，即 $r=0$，则主轴必通过质心；

（2）$M_O=0$，即 $J_{XZ}=0$，$J_{YZ}=0$，则主轴是转子的主惯轴。

由此可知，要达到转子平衡，需要重新调整其质量分布，即在其局部加重或去重，使转子的中心主惯轴与主轴一致。使转子由不平衡到平衡，通常在垂直于轴线的隔板面上进行，一般采用以下方法。

1）加重，在已知该校正面上的不平衡量的反方向上加一质量，使这附加质量产生的不平衡量与原不平衡量抵消。加重可采用补焊、胶接、铆接、螺纹连接等方法。

2）去重，在已知该校正面上的不平衡量的相同方向上去掉一质量，使去掉的质量产生的不平衡量就是原来的不平衡量。去重可采用钻孔、磨削等方法。

另外，对不平衡量大的转子，应先进行低速平衡，再以工作转速进行最终的动平衡。

平衡精度是转子平衡后的不平衡程度，转子平衡精度应达到 1973 年国际标准化协会推荐的精度等级中的 6.3 级，其表达式为：

$$A = \frac{ew}{1000}$$

式中　A——平衡精度，mm/s；

w——转子的工作角速度，r/s；

e——转子主惯轴与主轴的偏心距，mm。

5. 选粉机的减速机

选粉机的减速机采用渐开线圆柱齿轮，其精度应符合 GB 100955 中 8.7.7 的规定。

齿轮轴选用渗碳钢（20GMnMo）材料，进行渗碳深度要求渗碳层深度1.1~1.4mm，表面硬度HRC56~62，芯部硬度HRC30~46，芯部有较高韧性，既耐磨又能承受冲击载荷。大齿轮选用中碳合金结构钢（40CrMnMo）材料，进行调质，表面淬火处理。要求调质硬度HB251~287，齿面淬火硬度HRC45~50，具有良好的综合机械性能。齿轮、齿轮轴均采用精锻件毛坯。

在齿轮加工过程中，大齿轮选择内孔和一个端面定位，基准端面相对内孔的端面跳动应符合标准规定。齿轮轴在粗加工时选择轴颈和端面定位，精加工时应选择顶孔定位。

（1）大齿轮加工工艺过程规定如下：

1）毛坯锻造。

2）粗车外形，各部留加工余量。

3）调质处理，硬度HB251~287。

4）精车各部分。

5）滚齿，齿厚留磨量。

6）齿面淬火，硬度HRC45~50。

7）插键槽。

8）磨齿。

9）检查。

（2）齿轮轴加工工艺过程如下：

1）毛坯锻造。

2）正火处理。

3）粗车外形，各部留加工余量。

4）精车各部分。

5）滚齿，留磨量。

6）渗碳处理。

7）磨外圆，磨削各处配合表面。

8）磨齿。

9）检查。

四、主要部件的装配工艺与精度检测

装配前，选粉机的所有零部件必须经检验合格，外购件，外协制件必须具备质量合格证明书，或经厂内质检部门检验合格后，方可进行装配。

为了提高其耐磨性，需要对壳体、弯管内壁以及主轴套外部进行耐磨瓷片粘贴。粘贴前准备：（1）粘贴所需的各种工具；（2）零件粘贴表面的处理，一般采用喷砂以及砂轮打磨方法；（3）胶粘材料选用环氧树脂胶粘剂，最高使用温度140℃，填料合成物选用耐磨陶瓷增强树脂。

其粘结方法如下：

（1）粘结过程：在陶瓷贴合面和耐磨陶瓷上均匀地涂上约0.5mm厚的混合胶粘剂，把瓷片放在指定位置的邻近，将瓷片滑到指定的位置，用压力将其固定。

（2）在凝固之前，要除掉可能影响工作的所有不需要的胶粘剂，如果已凝固，用锐器

将其剔除。

(3) 粘结完成后，应按表21-10所规定的时间进行固化。固化时可使用电热器等加热。

表21-10　固化时间表

固化温度	5℃	15℃	23℃	40℃	80℃	100℃
最少固化时间	3d	1d	8h	2h	15min	10min

(4) 填料的使用方法：在陶瓷片之间小于5mm的间隙处使用，将足够的混合填料抹在间隙中（抹平）；25℃温度下，固化时间应在8h以上。

回转部分的装配。主轴与轴套的装配顺序是：用主轴上端的螺孔起吊主轴插入轴套，先装下部轴承（热装），轴和轴承一并打入轴套，然后依次装好油封及压盖；另一端依次装配轴承、圆螺母、油封和压盖。在装配过程中，骨架油封需用锤基润滑脂充满封唇，不允许用钙基润滑脂；调整好各处间隙，主轴转动应灵活、无卡滞现象。装配完毕，进行油压试验，试验压力是0.15MPa，持续时间5min，各处不得有渗漏现象。

减速机的装配。水平涡流式选粉机选用一对渐开线圆柱斜齿轮，在装配前，所有零件用煤油清洗，滚动轴承用汽油清洗，机体内不允许有杂物，内壁涂耐油防锈漆。其装配顺序：首先装好输出轴上的大齿轮及轴承，装配其下端油封、防尘圈及透盖；然后装配输入齿轮轴、下部油封及端盖；装配上盖及两处轴承，并调整使齿面接触斑点沿齿高方向不小于60%，沿齿长方向不小于80%，喷油嘴调至合适位置（沿小齿轮节圆切线方向）；上部两轴承均留0.3~0.5mm轴向间隙，并加适量润滑脂。装配完成后，减速机必须进行空载试验（在额定转速下），试验时间不小于2h，要求运转平稳无冲击，齿面接触率合格，各密封处、结合处不得渗油、漏油。

选粉机的整机试装：(1) 壳体、弯管、支座、主轴套、转子依次装配，并按图纸及技术要求找正；确定连接板在壳体上的支座位置并焊接；确定进气管、回油管的位置，在壳体上部开孔并焊接密封管件；做好支座与壳体、主轴套与支座之间的相互位置标记。(2) 安装减速机底座和传动部分。用塞尺、百分表将联轴器找正，记录所测数据。

第六节　安装与调试

一、安装前的准备

选粉机在安装前，必须做好准备工作，如必要的机具、仪器、材料、技术力量的配备及安装现场的准备等。

安装选粉机所用的吊装机具，应尽可能根据实际条件选择，依据现场情况确定吊装的方法。选用吊装机具的起重能力，应以最大部件重量来确定，选粉机最大重量一般以转子和主轴套的重量之和来选取，并保留一定的安全系数。

为了保证安装的质量，必须事先准备测量仪器和特制专用工具，否则将直接影响安装的进度和质量。安装选粉机需备水平仪、百分表、水管连通器及专用扳手等，并采用正确的测量使用方法，保证达到应有的精确度。

另外，在安装前应备有常用的材料，如支承架、润滑油、润滑脂、棉纱以及斜垫铁等。清理好安装现场，以便于安装顺利地进行。

二、安装过程及质量控制

根据安装情况做好必要的准备后，就可以进行选粉机的安装。水平涡流式选粉机的安装顺序是：先利用所备仪器找好安装基准线，装好壳体垫板，利用支承架及临时安放转子及灰斗；然后装弯管、传动部分、主轴套、转子、减速机及电动机；最后固定灰斗及各气体进出管路。具体安装要求作以下规定：

（1）检查。检查选粉机各部分零件及组合件，达到设计与装配工艺质量的基本要求。

（2）选粉机应安装在坚固的基础上。

（3）安装垫板，并用垫片进行调整，其允许误差为 ±2mm。

（4）安装转子和灰斗。在转子、灰斗位置处暂时用支承架及方木固定，要求是其中心线同主轴中心线基本重合。

（5）将壳体放置在垫板上，用螺栓临时固定，并进行调整，要求壳体上部支承传动支座的四个加工面位置的不平度不大于 2mm/m，支座上平面的误差不大于 ±0.2mm/m。

（6）将带有轴套的主轴，调整好油管、气管的要求方位，将其从支座上端的孔中落下，准确地将轴端落入转子的孔中，拧紧螺母，连接油管，并做好各连接处的密封。

（7）调整上下密封圈之间的轴向间隙，使其偏差值应符合表 21-11 中的规定，并如图 21-8 所示。上密封圈与主轴旋转中心线的同轴度公差值应符合表 21-12 中的规定。

表 21-11　偏差值

选粉机规格（mm）	XW－250	XW－500	XW－1000	XW－1500	XW－2000	XW－2500	XW－3000
t	5 ±2	5 ±2	7 ±2	8 ±2	8 ±2	8 ±2	8 ±2

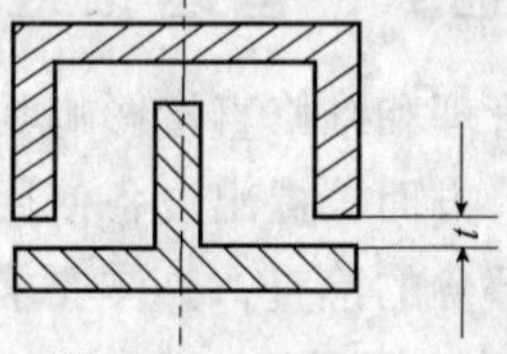

图 21-8　上下密封圈之间轴向间隙的偏差值

表 21-12　公差值

上密封圈外径（mm）	≤1500	>1500
同轴度（mm）	2	3

安装好后的回转部分应转动灵活、轻快、旋转平稳，无卡滞、碰撞现象。

（8）安装减速机、电动机。调整减速机与主轴、电动机和减速机之间的联轴器，其同轴度公差值应符合表 21-13 中的规定。

表 21-13　公差值

联轴器外径（mm）	105～170	190～260	290～350	400～550
同轴度（mm）	0.20	0.25	0.30	0.40

(9) 所有连接处要求密封严密，不得有漏风现象。

三、试运转中的检查与调试

安装检验合格后，选粉机在正式投产前，应进行试运转。首先进行无负荷试运转，即在转子最高转速下，连续进行2~4h空载运转，其具体要求是：

(1) 运转平稳，无异常振动和噪声。

(2) 各处轴承温升不大于30℃。

(3) 主轴承和减速机润滑系统油的循环应正常，润滑油要求洁净，用滤纸检查不得有任何杂质，油路要通畅。

(4) 所有监视检测仪表及控制系统，均应灵敏准确。

(5) 观察、检测并记录电流波动情况。

(6) 检查并紧固各处连接螺栓。

(7) 空气量的分配。在空负荷调试运转中将第一、二、三次进风口处的阀门按下列风量要求，调节到合适位置并固定好阀门：

第一次空气占总空气量的67.5%；第二次空气占总空气量的22.5%；第三次空气占总空气量的10%。

无负荷试运转合格后，方能进行负荷试运转。加载程序，按磨机运转计划进行，负载运转中除满足无负荷试运转要求外，尚需满足下列要求：

1) 各轴承温升不得超过35℃。

2) 各连接部位和密封部位密封良好，不得有漏风、漏灰、渗漏油现象。

3) 电动机电流正常。

第七节　管理和维修

选粉机在运转过程中，设备的管理和维修直接影响其使用寿命和生产的正常进行，这里主要从选粉机的操作、维护及检修等方面，提出设备使用过程中应注意的问题。

选粉机在开车前，必须进行各部分的检查，具体要求如下：

(1) 转子旋转平稳，无卡滞、碰撞等现象。

(2) 减速机的油位是否达到指定的油位，在润滑点加注润滑脂。

(3) 主轴套内是否充满足够量的润滑油。

(4) 检查主电机转向。

(5) 润滑系统的仪表齐全，管路畅通。

(6) 检查并紧固各处连接螺栓。

在开机过程中，必须按照规定的顺序操作，以免因操作不当而引起的设备部件损坏。选粉机的开机顺序是：

(1) 首先开启收尘器及其系统风机（注意风机调节板应逐渐放大）。

(2) 开启润滑系统检查无误后，再开启选粉机电机。

(3) 开启磨机出料输送设备。

(4) 开启球磨机。

(5) 开启磨机的喂料设备。

停机顺序与开机顺序相反。

选粉机在生产过程中，水泥产品的细度及产量要达到规定的要求，需要进行一系列的调整。O-Sepa 选粉机主要从风量及转子转速上控制。

风量的控制。选粉机的第一、二次进风口处的空气调节阀门，工作时基本上是全开的，当来自积灰点的粉尘发生飞散时，可以将调节阀门调小。第三次风进口处的空气调节阀门基本上开启 50%。

O-Sepa 空气选粉机主要是利用转子转速的控制来调整水泥的产品细度，可以在各种规格选粉机所规定的转速范围内进行调整。一般的，转子转速越高，则产品细度越细（即水泥的比表面积增大）。

另外，不提倡用调节风量大小来改变产品细度，这是因为风量比规定值增大或减少都会影响选粉机的选粉效率及成品中的颗粒级配。

转子转速与产品细度之间的基本关系是：转子转速（Vr）增加（或减少）0.65m/s，则成品的比表面积增大（或减少）100cm^3。其转速表达式为：

$$Vr = n\pi D/60$$

式中　Vr——转子圆周速度，m/s；

D——转子直径，m；

n——转子转速，r/min（注：本机所注明转速）。

润滑系统的调整。减速机及主轴套的进口润滑油的工作压力控制在 0.15～0.25MPa 之间（可通过调节稀油站的供油压力达到）。调节压力继电器，使其在压力为 0.15MPa 时报警，油压低于 0.07MPa 时，进行停机检查。

选粉机的使用维护应注意以下方面问题：

（1）注意选粉机运转的平稳性，如发现异常的振动和噪声，应及时停机进行检查排除。原因可能是由于回转部分磨损、损坏引起的不平衡，或撒料不均匀造成的冲击，以及不正常润滑引起的轴承损坏造成的。

（2）主轴承温升不得大于 35℃，如发现异常温升，应停机检查。

（3）注意各轴承及减速机的润滑系统中润滑油的流量、压力，冷却水的温度，过滤器的进出口压力等，发现异常现象应及时排除。

（4）第一次加入的润滑油运转一个月后，必须更换新油。若长期停止运转时，周围环境温度低于 10℃时，应将机内润滑油放出。

（5）主要润滑点润滑剂见表 21-14。

表 21-14　主要润滑点润滑剂

润滑点			润滑剂		
名称	润滑方式	允许温度	名称	标准牌号	换油期
主轴承	连续润滑	65℃	70 号板压齿轮油	Q/Y8051－79	一年
减速机	连续润滑	65℃	70 号板压齿轮油	Q/Y8051－79	一年
油封			ZL－1 锂基润滑脂	SY1412－75	

选粉机的检修应在停机数分钟待机内物料沉降以后，才能打开检修门。进行检修时，一定要在电气控制处挂上“正在检修”明显标牌，检修完毕后，由原挂者取下，绝对禁止随

意开机。

为了重新安装的方便，对拆卸的部位视情况做相互位置及配合标记。主要拆卸顺序是：

（1）切断电源线路。

（2）拆去各处管路。

（3）拆主轴与减速机的连接，将电机连同减速机一体拆下。

（4）拆掉主轴套与壳体之间的连接板。

（5）拆掉弯管上部盖板及密封。

（6）用千斤顶及方木支承转子部分，拆卸主轴下端大螺母。

（7）拆卸主轴套上部法兰与支座之间的连接螺栓。

（8）吊卸主轴套，打开下部将套内润滑油放出。

（9）拆下主轴联轴器及压盖，方可抽出主轴进行检修。

检修主要包括下列内容：

（1）各轴承磨损情况，清除轴承及轴套内杂质，依据检测数据，进行必要的更换。

（2）各连接处的密封及油封的磨损，并注意油封的两唇间用锂基润滑脂充满，不允许使用钙基润滑脂。

（3）检查减速机中齿轮、轴承等的磨损程度，齿轮磨损主要是由磨粒磨损、腐蚀磨损、胶合、点蚀、剥落以及塑形变形等引起的，根据不同磨损情况，通过改善润滑条件，降低润滑油温度以及采取齿面硬化等措施。

（4）各连接螺栓是否松动、损坏。

（5）清除壳体及管道中粘着的粉尘。

（6）润滑油最少每年更换一次。

（7）检查各仪表的灵敏度。

（8）壳体及弯管、护套、轴套处粘贴的耐磨陶瓷片如有磨损、破碎以及脱落现象，应修补更换。下料斗、导向叶片、撒料盘、缓冲板、隔板以及上、下密封圈等处的耐磨材料，如有磨损或脱落，应采取更换或修补措施。

第二十二章　水泥工业用粗粉分离器

按　粗粉分离器是用来将粉料与空气混流中的较粗的粉料分离出来的设备。在水泥生产工艺流程中广泛用于圈流粉磨系统。1991年制定了JC 404—1991（1996）《水泥工业用通过式分离器》行业标准，有效地确保了产品质量的提高。目前，为满足设备大型化的要求，正在修订该标准。

第一节　结构原理

粗粉分离器的结构型式较多，图22-1和图22-2是两种典型的结构。其结构都比较简单，除调节分离细度用的操纵机构外，其他均为壳体结构。

粗粉分离器的分离原理是利用粗细粉粒的惯性力、离心力以及所需用的动力大小不同，采用增大通风截面面积和改变气流方向使粗粉分离出来。

如图22-1所示，内锥筒上部圆周均布若干通孔，并配设相应数量的可转动的挡风板。携带粉料的风由进风管到内外锥筒之间后，由于通风截面增大，风速和风力减小，使粗粉粒降落并由粗粉管排出。其余粉料仍随气流上升进入内锥筒内，由于受挡风板的阻挡作用，气流改呈螺旋运动，粗粉粒被离心分离降落，最终也经粗粉管排出，细粉随气流由出风管排出。调节挡风板角度可调节分离细度：挡风板处于径向位置时无阻挡作用，分离最粗；挡风板由径向位置进行转动和关闭，转角越大分离越细。

如图22-2所示，上盖内表面上固定若干放射螺旋叶片。携带粉料的风由进气管经挡风盘

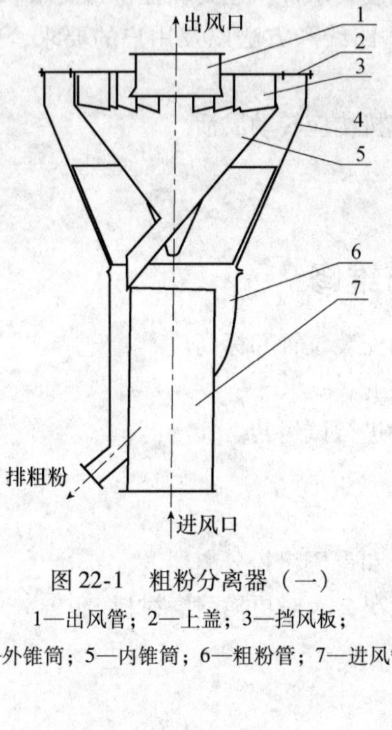

图22-1　粗粉分离器（一）

1—出风管；2—上盖；3—挡风板；4—外锥筒；5—内锥筒；6—粗粉管；7—进风管

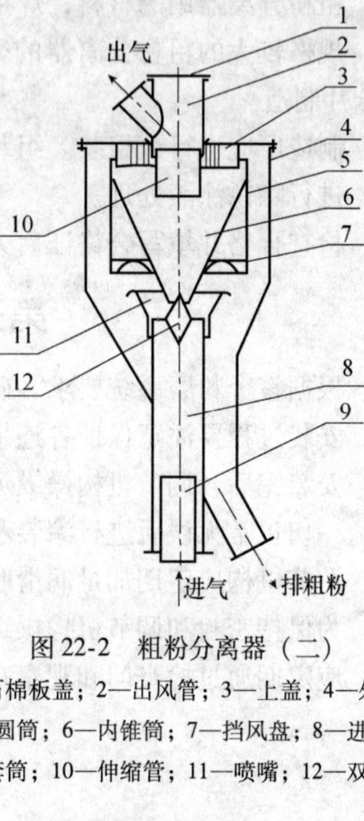

图22-2　粗粉分离器（二）

1—石棉板盖；2—出风管；3—上盖；4—外筒；5—内圆筒；6—内锥筒；7—挡风盘；8—进风管；9—套筒；10—伸缩管；11—喷嘴；12—双锥阀

阻挡进入内外圆筒之间，由于通风截面增大和气流方向改变，粗粉被分离降落并由粗粉管排出。其余粉料仍随气流上升，经螺旋叶片间进入内锥筒内，由于气流产生旋转和下降使粗粉分离降落，细粉随气流由出风管排出。

内锥筒内的粗粉由下部出口沿双锥阀下滑重新被风带起，二次被分离降落于粗粉管或内锥筒内。调节喷嘴、双锥阀、伸缩管的高度可调节分离细度。双锥阀和喷嘴升高、伸缩管下降，分离则细；反之则粗。这种粗粉分离器的顶部设有防爆管和防爆石棉板封盖，适用于煤粉磨系统。

第二节　制造技术要求

国产粗粉分离器的主要规格及性能见表22-1。

表22-1　国产粗粉分离器规格和性能表

规格	ϕ5m	ϕ6.5m	ϕ2.5m	ϕ2.6m/ϕ2.2m	ϕ2.2m
筒径（mm）	5000	6500	2500	2600/2200	2200
风速（m/s）	1.7	1.97	1.9	1.88	2
风量（m^3/h）	120000	235000	34000	36000	17100
温度（℃）	95	95	95	95	95
挡风板调节范围（°）	75	82	60	60	
用途	生料磨系统	水泥磨系统	生料磨系统	煤磨系统	煤磨系统
总重（t）	10.8	15.6	1.97	5.4	2.02

粗粉分离器已有建材行业标准，设计、制造与安装应符合标准要求。其制造要点有如下几方面：

（1）粗粉分离器用的材料，焊接和组装除保证强度要求外，还要保证密封要求。

（2）规格较大的粗粉分离器的壳体，应根据运输路线和方法以及用户的要求，确定整体还是分片制造。

（3）制造厂应进行试组装。组装后挡风板等调节机构应转动灵活。

（4）进行除锈涂漆处理。

（5）检查合格并填写合格证后方可出厂。

第三节　安装与维修

（1）根据整个粉磨系统要求，确定粗粉分离器的安装位置和标高。

（2）安装过程要注意保证各连接法兰处的密封性。

（3）安装完后，调节机构操纵灵活，加润滑脂后进行试运转。

（4）一切正常无误后进行涂装和加保温层。

（5）调节机构应定期加足润滑脂。

（6）为保持密封和调节机构操纵灵活，避免撞击和重压粗粉分离器。

（7）应定期通过检查门和观察孔注意内部磨损状况，及时更换耐磨衬板。

第二十三章　水泥工业用细粉分离器

按　细粉分离器属旋风收尘器类，具有收尘量大或收尘效率高等特点。适用于水泥生产工艺流程中的圈流粉磨系统，在粗粉分离器之后，将细粉由气流中分离出来。1991 年制定了 JC 404—1991（1996）《水泥工业用通过式分离器》行业标准，有效地确保了产品质量的提高。目前，为满足设备大型化的要求，正在修订该标准。

第一节　结构原理

细粉分离器的结构型式较多。图 23-1 和图 23-2 是两种典型结构，均为壳体结构。

细粉分离器的分离原理：利用粉粒与气体的离心力大小不同，使含粉气体在旋转运动中，将粉与气体分离开来。含粉率低、粉粒大，对气体的净化率高；反之则低。

如图 23-1 所示，内外圆筒细而长，收尘效率较高，可达 95%。顶部设有防爆管和防爆石棉板封盖，适用于分离易燃易爆的煤粉等。

如图 23-2 所示是两个同样规格的细粉分离器并联型式。其主要特点是内外圆筒粗而短，尤其内圆筒特别短，其阻力损失小，适用于分离水泥或其生料粉等。

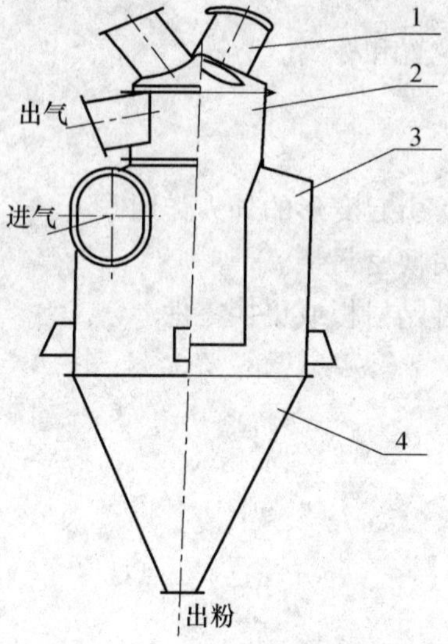

图 23-1　细粉分离图（一）

1—防爆管；2—内圆筒；3—外圆筒；4—锥筒

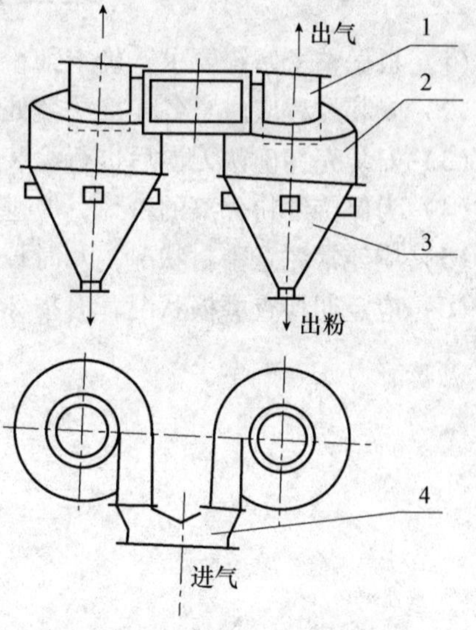

图 23-2　细粉分离器（二）

1—内圆筒；2—外圆筒；3—锥筒；4—进气总管

第二节　制造技术要求

细粉分离器已有建材行业标准，国产的主要规格及其性能见表 23-1。

表 23-1 国产细粉分离器规格性能表

规格	ϕ2m	ϕ2.8m	2-ϕ3.8m	2-ϕ5m
筒径（mm）	2000	2800	3800	5000
并联数量（个）			2	2
气体温度（℃）	90			
阻力损失（Pa）	<700		<800	
进含尘浓度（g/cm^3）	700		250	
分离效率（%）	95		80	
回收物料量（t/h）	14.2	28	25~30	30~45
处理风量（t/h）	21400	42000	2×78000	2×120000
设备总重（t）	2.21	5.5	10	19.3

细粉分离器的设计、制造和安装应符合标准要求，应注意的要点如下：

（1）所采用的材料，焊接、组装除保证强度要求外，应保证密封可靠。

（2）规格较大的细粉分离器，应根据运输路线和方法以及用户要求，确定整体制造组装还是分件出厂。

（3）制造厂应进行试组装。

（4）通过试组装或确认各零部件无误后进行除锈涂漆。

（5）检验合格并填写合格证后方可出厂。

第三节 安装与维修

（1）根据整个系统要求，确定细粉分离器的安装位置和标高。

（2）安装过程应注意各连接法兰处的密封要求。

（3）安装完并确认无误后进行涂装和加保温层。

（4）为保持细粉分离的密封，应避免撞击和重压等引起变形的外力作用。

（5）应经常注意密封状况，及时拧紧连接螺栓或更换密封垫。

（6）应定期检查磨损状况，有损坏时应及时采取补贴衬板或更换零件。

第二十四章　水泥工业用多流股连续料流式均化库设备

按　水泥工业用多流股连续料流式均化库设备直接采用国外先进标准设计制造，是一组设备。该设备由中国建材科学研究总院和南京水泥工业设计研究院消化、吸收、设计，制造后达到了国外先进标准水平，在我国水泥生产中得到广泛推广和应用。随着我国水泥工业的发展，均化技术也逐步发展到连续均化库。目前，特别是多点流连续式均化库不断地得到广泛应用，为企业增产节支，提供了有利的条件。

第一节　概　　述

多点流连续式均化库系统（以下简称 MF 系统）系我国于 1988 年从德国鲍里休斯公司（DRUPP POLYSIUS）引进的 20 世纪 80 年代的专有技术，是经中国建材科学研究总院和南京水泥工业设计院消化、吸收、设计，由无锡建材仪器机械厂制造的先进均化设备，该设备按照 DIN310001 标准和 UVV 标准要求设计制造，符合安全保护的要求。

一、产品在水泥生产过程中的地位和作用

MF 系统是具有输送、重力均化和生料贮存功能的一组设备，适用于输送、均化和贮存干燥的粉状或小颗粒易流动的物料。在水泥厂里主要用于生料入窑前的最后一道均化处理，使入窑生料品质均齐，保证窑的热工制度稳定，提高熟料质量，降低能耗。已在我国新建和改建的水泥生产线上得到推广和应用。

二、产品的分类和发展概况

随着我国现代化水泥工业技术的发展，均化技术也由开始的间歇式均化库逐步发展到连续式均化库。20 世纪 70 年代开始，我国从国外引进了几种不同形式的连续式均化库，如德国的彼德斯均化库、混合室连续均化库、德国 DRUPP POLYSIUS 的多点流连续式均化库（MF 库）、丹麦 F. L. S 的控制流连续均化库（CF 库）和德国汉堡公司的中心室连续式均化库（IBAU 库）等。

三、产品在水泥生产工艺中的特点

MF 系统适用于水泥的干法生产工艺，特别是适用于窑外分解或悬浮预热的生产工艺，也适用于预加水成球后入立窑的生产工艺。由于 MF 系统库型较大，可以兼作生料贮存库，可省去小型多贮存库的基建投资，可连续入库和供料，从而简化了输送系统的设备和管理。其均化系数均衡稳定，单库均化系数 $H=7$，双库并联 $H=10$。入磨生料只要注意预均化的措施，即能保证生料品质均齐，保持稳定生产。MF 系统可以采用单独控制，也可联网采用中央集中控制。控制过程比较简单、管理方便、费用低。MF 系统以重力均化为主、气力搅拌为辅，工艺过程简单、易损件少、单产耗气量小、节省电力、维护保养方便，为企业增产节支提供了有利条件。

第二节　结构与工作原理

一、系统的工艺布置

1. MF 系统的工艺布置（图 24-1）

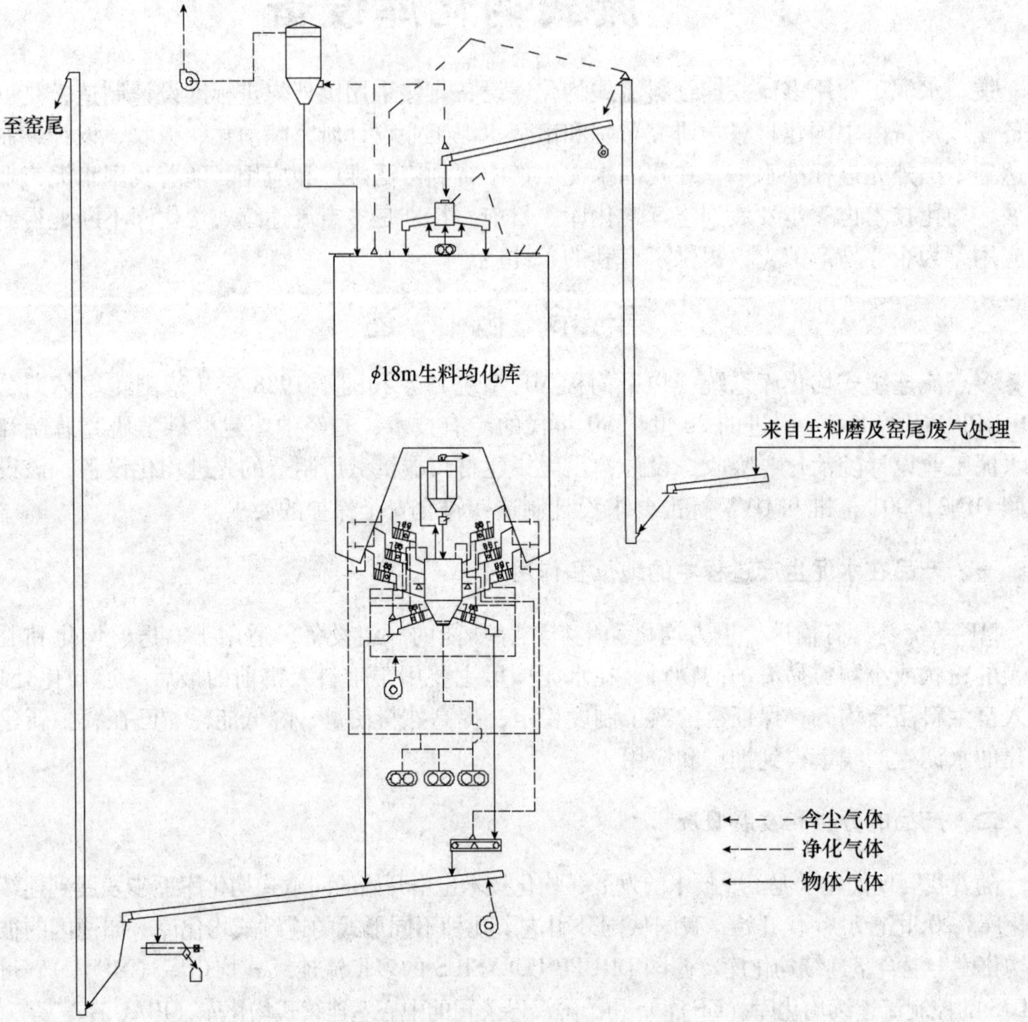

图 24-1　生料均化（MF 库）工艺流程示意图

2. 生料均化库主要设备（表 24-1）

表 24-1　生料均化库主要设备表

名称	型号或规格	技术参数
提升机	N－TGD630－55.150－左	310t/h
空气斜槽	B500×9100mm	330m^3/h
生料分配器	ϕ1600mm	330m^3/h

续表

名称	型号或规格	技术参数
均化库环形区充气系统		每套含：充气槽系统、流股盖板、充气搅拌电控系统
罗茨风机		风量：23.68m^3/min 风压：58.8kPa 转速：1450r/min
均化库中心室充气系统		每套含：中心室充气槽系统、中心室充气管路系统、卸料充气装置
喂料仓	ϕ5000×7000	有效仓容：120m^3 称重范围：0～70t
冲板式流量计		30～280t/h

注：以上参数为ϕ18m库主要设备参数，仅供参考。

二、工作原理（图24-2）

当窑、磨正常运行时，来自生料磨的生料及窑尾废气处理收下的生料由提升机送入库顶生料分配器，经6条长短不一的斜槽连续地送入生料均化库，在库内进行重力及气力均化。当窑正常运行、生料磨停时，窑灰可直接经提升机进入喂料仓，与合格生料混合喂入窑中。出MF均化库的生料经充气螺旋闸门、气动开关阀、电动流量控制阀进入空气斜槽，然后由提升机输送入喂料仓，喂料仓可设为带荷重传感器的溢流仓。一般情况下，依靠溢流管保持喂料仓恒定料位，也可由传感器信号控制流量控制阀的开度来保持喂料仓恒定料位。喂料仓的生料经充气螺旋阀、气动开关阀、流量控制阀流入冲板流量计，计量后流入窑尾提升机。

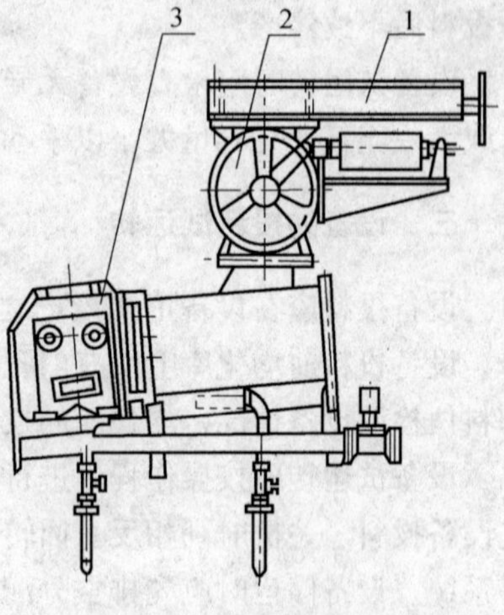

图24-2　库底卸料装置
1—截流阀；2—开关阀；3—流量控制阀

当窑系统不运转，而生料均化库内储料时间较长时，应将库内生料放出送入喂料仓，再通过喂料仓的溢流管道流入均化库，这样出库生料经过提升机又返回到均化库，可使库内生料保持松散状态。

第三节　安装与调试

一、安装前的准备

（1）安装前应对基建质量进行验收，包括安装基础尺寸、预埋件、预留孔是否正确齐全。混凝土基面平整、干燥，必要时应通气干燥，并清除全部杂物。

（2）安装设备应事先进行清洗检查，不留杂物，设备应干燥。安装原则应自上而下以保安全，并备好吊装设施。

（3）现场焊接时严格按焊接安全操作规程进行，焊接电流不得通过活动部件和电磁阀、截止阀、螺管接头等，焊接的飞溅物不得烧伤透气层。

（4）膨胀螺栓固定的设备应按设备的安装孔现场配做膨胀管孔，或做出预留孔现场浇灌。

二、设备安装过程和质量控制

安装应按照设备安装图进行，定位正确，保证垂直水平和斜度要求。连接件或焊缝均有气密性要求。法兰连接处除有密封垫之外最好再涂硅密封胶密封。

机械安装结束后进行电气安装，走线要分组编号扎束整齐，并应注意安全保护。

设备调试应有专业人员按操作图进行。标定和检测工作较为繁杂，应细致调校以达到理想的结果，并要定期复检修正可能存在的零点漂移产生。

设备安装好后应对所有预留孔二次浇灌封闭。对所有焊缝及设备进行补漆，特别是库底充气管道应分区漆成不同颜色，以便操作工识别。

设备安装后进行空运转，充气试验，以手动操作切换电磁阀，检验充气要求是否达到。空压机应连续运转72h，一方面可使库内通风干燥，另一方面考验风机的长期运转性能，保证投料后不致停产。

设备试运转时应检查设备无异声和明显振动，振动会使管接头松弛而漏气，产生充气无力或无效充气，充气量大小以手动截止阀调整。

三、设备的投料试运转

设备投料应在设备正式投产之前进行，提前时间不宜过长，以防止物料受潮流动性下降。设备投料前均化库上所有门孔均应密封加锁，防止漏料事故。并验证各机连锁报警设备和料位检测设备情况，均化库的投料一般为库容量的1/3时可进行试运转。

设备试运转应按操作程序进行，一般原则为先开收尘设备和下道工艺设备，再开上道工艺设备投料。关机时则相反。回转窑烘窑时应将喂料系统与之断开，以防湿热空气进入窑喂料系统。设备停运时应先排空分配器、提升机内的料。

设备试运转时应对充气压力、充气量、截止阀、气动衬胶蝶阀、气动开关阀、流量控制阀、负荷传感器、差压传感器、料位器的性能进行在线调校。对自动控制系统按预设程序运行，测定数据。调整被调参数和调节参数达到理想状态。试运行中应注意安全，库进料充气后检修门严禁打开。分配器、提升机关机，应当在来料断流后再继续工作几分钟排空积料，最后关风机和收尘。库在装料后如试运转暂停，还应每天定时对库底短时间充气，松动干燥物料。

第四节　管理与维修

MF系统向库内装料、库底充气卸料、定量喂料全部采用自动控制和调节，可用通用的工业自动化仪表，设备简单、投资较少，操作容易掌握，日常管理大为简化，有较强的抗干扰能力，能维持长期稳定生产。

一、设备的管理规则

设备管理应有明确的规章制度，专人负责。操作和调试均按经过批准手续的操作程序进行。

管理人员和操作工应进行培训，全面掌握设备操作技能和安全知识后上岗。

制定设备维护检修制度和安全操作规程，并严格执行。

二、设备的维护与检修

MF 系统一般每年进行大修理一次。彻底清除库内杂物，检查充气槽、管道、管件和透气层的损坏情况，如有损坏应更换新的或进行修复。

每月应检查 1 ~2 次风量、风压和控制系统的运转情况，电磁阀损坏应及时修复。风机加注润滑油，风机应有备用机轮流使用和检修。进风管不应有杂物。

每星期应有 1 ~2 次各部运动零件的润滑检查，并加油和清除积垢。对管道内、充气室可能存在的积水和积灰，应打开专用的放水阀进行排除。

经常检查物料入库前的品质和湿度。生料的含水量应低于 1%，以防流动性恶化。空气含水量高时应采取除水措施降低湿度。物料的温度应低于 100℃，以免损坏透气层和密封材料。

第二十五章　水泥工业用堆料机、取料机和堆取料机

按　堆料机、取料机和堆取料机是引进国外先进制造技术，经过消化吸收实现国产化，并于1998年制订了行业标准。随着水泥工业的发展，设备不断地实现大型化，为使适应这一需要，原国家建筑材料工业机械标准化技术委员会申请立项，国家发展和改革委员会批准，由上海建设路桥机械设备有限公司等单位组成了标准起草工作，进行了标准修订工作。这三项标准达到了国际先进水平，为实现全自动远程操作和产品自主创新创造了条件。

第一节　概　　述

一、堆取料机在水泥工业中的应用

堆取料机在水泥生产中既是原料和燃料的储运设备，也是原料和燃料的均化设备。随着水泥行业生产工艺技术的不断更新提高，水泥生产更加环保，规模向大型化、自动化方向迅速发展，水泥生产线已经从最初的1000t发展到如今的万吨生产线，为此对大宗原料和燃料的储运和均化设备提出了越来越高的要求。作为水泥生产用的原料和燃料的预均化处理工艺过程，堆取料机是必不可少的。

现代化的大型堆料取料机既适应了水泥厂生产过程的原料储存和流转量大的要求，也能满足料场大型化、生产过程自动化和高效率连续作业的要求。

二、水泥工业用堆取料机的发展概况

堆取料机在我国水泥行业的应用较晚，在20世纪80年代我国水泥工业用堆取料机才开始起步。最初是引进丹麦FLS公司和德国PHB、MVT等公司的预均化设备，对我国水泥生产技术的发展有一定的促进和提高。

我国最初的预均化堆场是矩形的，使用的典型均化设备是堆料机、桥式斗轮取料机、滚筒式混匀取料机或刮板式取料机。通过引进、消化国外先进技术和自主创新，我国的预均化设备紧跟水泥行业的发展，不断开发生产与新型干法生产线相匹配的预均化设备。目前的预均化设备，从单一的矩形均化堆场发展到圆形均化堆场，产品种类从堆料机、桥式斗轮取料机、刮板式取料机发展到圆形堆取料机、侧式刮板取料机、圆形顶堆侧取式堆取料机等各种类型、规格的堆取料机。均化设备产能和电气自动化方面都有很大程度提高，从最初的人工操作设备发展到可全自动PLC远程操作设备，大大促进了我国水泥工业的发展。

我国水泥工业用堆取料机的设计和制造水平，与国外先进国家相比，正在大大缩短，有些规格已赶上并超过国外产品。最近几年，我国出口欧亚，用于水泥厂均化设备的堆取料机逐年增加，并且此势头有增无减。许多根据国外客户需求设计制造的堆取料机，都得到了这些国家用户的好评及信任。

三、水泥工业用堆取料机的分类介绍

根据水泥厂的生产工艺、原料来源和生产规模的不同，作为主要均化设备的堆取料机的形式、规格和操作方式都有差别。按料场的布置方式可分为长形预均化料场和圆形预均化料场。按物料的种类可分为石灰石均化、辅料均化和煤均化。

长形预均化料场的总体设计是根据厂区地形环境及水泥生产线的规模而定。堆取料机的规格参数（堆料机的悬臂长度、高度和取料机的轨道距离）是按照长形预均化料场大小确定，堆取料机的生产能力是按水泥生产线的生产规模确定。长形预均化料场取料机有桥式刮板取料机、侧式悬臂刮板取料机、桥式斗轮取料机等几种形式，堆料机基本是侧式悬臂堆料机形式。

圆形预均化料场同样是根据工厂地形而定。圆形堆取料机的规格参数（圆形堆取料机的直径）是按照圆形预均化料场大小确定，堆取料机的生产能力是按水泥生产线的生产规模确定。圆形预均化料场主要有圆形堆取料机、圆形顶堆侧取式堆取料机。

第二节　堆取料机的构造和工作原理

物料的均化是指均化后的物料的化学成分相对稳定，煤炭灰分与燃烧值也相对稳定，可使水泥生产质量控制方面与产品质量方面有较大提高，同时提高了经济效益，并降低了能源消耗。

物料均化工艺是指按设定的堆料方法和取料方法对物料进行混匀，从而获得成分均匀、稳定的物料。影响物料均化效果的因素很多，不仅与堆料方法和取料方法有关，而且与建立料堆所需要的时间 T_1（短期平均值）、原料平均波动周期 T_2（长期平均值，可以是整个矿山，也可以是整个台段上 $CaCO_3$ 含量的平均值）、堆料层数 N 等都密切相关。

常规的基本堆料方式有以下几种：

（1）人字形堆料：这种堆料方式所需的堆料机及其动作要求都较简单，但这种堆料方式造成物料的离析作用显著。

（2）波浪形堆料：能有效消除和减少堆料时的粒度离析现象，适用于均化粒度分布范围广、粒度相差悬殊的物料。但这种堆料方法要求堆料皮带机横向收缩。

（3）倾斜层堆料：这种堆料方法的粒度离析现象比人字形堆料更严重，适用于物料的成分、性能波动不大和对预均化要求不高的场合；而且倾斜层堆料时料层厚度都较厚，总料层数一般为 60 ~ 70 层，其他堆料方式可达 400 ~ 500 层以上。

（4）圆锥形堆料：是沿料堆中心线依次定点卸料，形成一个相当大的圆锥形料堆。堆起的料堆适用于侧面取料，它的应用范围与倾斜层堆料方式相同。

在上述基本堆料方式的基础上可以组合形成形式多样的复合形堆料方法，以寻求较好的均化效果，那么堆取料机的结构及工作原理也就形式多样，以满足均化工艺的要求。

对于矩形料场的堆料机来说是连续行走堆料，堆料方式基本分为人字形布料与菱形布料。对于圆形料场的堆取料机，堆料方式基本为人字形和倾斜层组合的连续复合形堆料方式。

当堆料作业结束后再进行混匀取料。除侧式刮板取料机外，大多数取料机取料时均为全断面取料，同时取到整个料堆断面的物料。堆料和取料的共同结合达到物料的均化效果。

一、悬臂堆料机

悬臂堆料机（图 25-1）是长形预均化料场的堆料设备。堆料机可用作石灰石、煤及其他矿物原料的堆料。它具有扬尘少、物料离析现象小等优点，堆料机堆出的料堆为人字形料堆，由桥式刮板或桥式斗轮取料机通过在端面刮取物料，从而达到物料的均化作用。

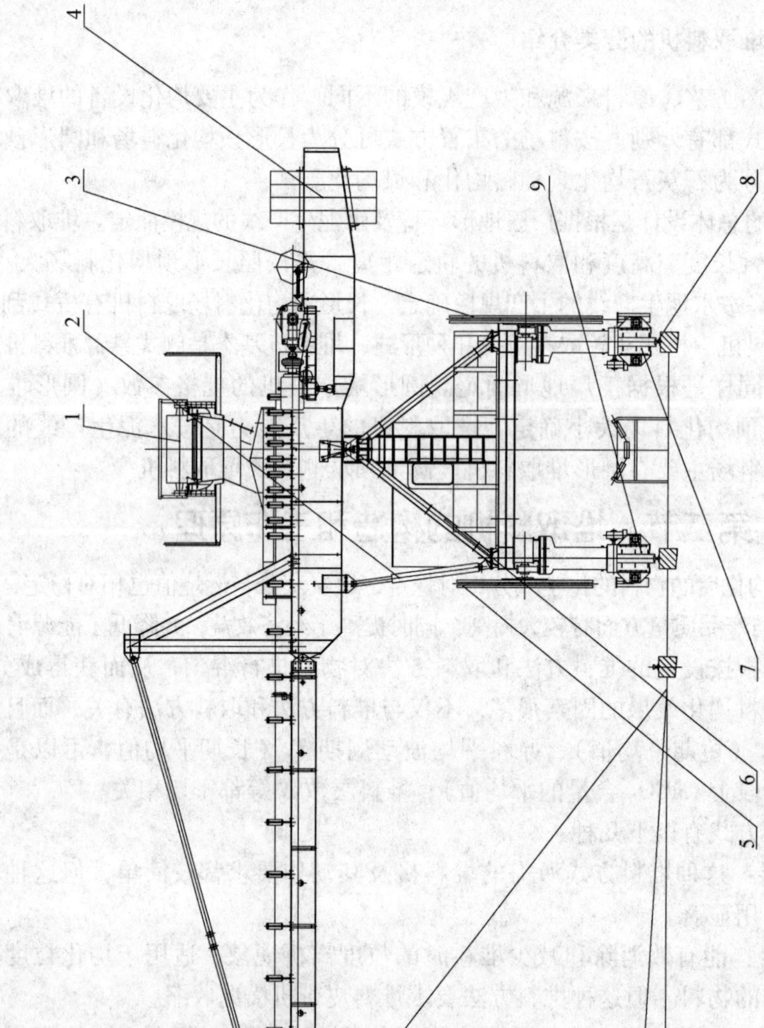

图25-1 悬臂堆料机

1—倾斜小车；2—仰俯液压系统；3—动力电缆卷盘装置；4—悬臂皮带机；
5—控制电缆卷盘装置；6—支架；7、9—行走机构；8—轨道悬臂堆料机由悬臂胶带机、行走机构、钢结构支架、倾斜小车、电气控制、动力和控制电缆卷盘、司机室、轨道系统及堆料机液压提升装置等组成（如堆料是布置在两个料场之间，它还应具有堆料机回转机构）。

沿进料皮带方向，堆料机有左侧堆料和右侧堆料之分。按倾斜小车与主车的连接形式分，有前端支撑在主车上，后部有两套车轮组支撑方式（图25-2），和用牵引杆连接具有四组（及四组以上）车轮的独立倾斜小车（图25-3）。

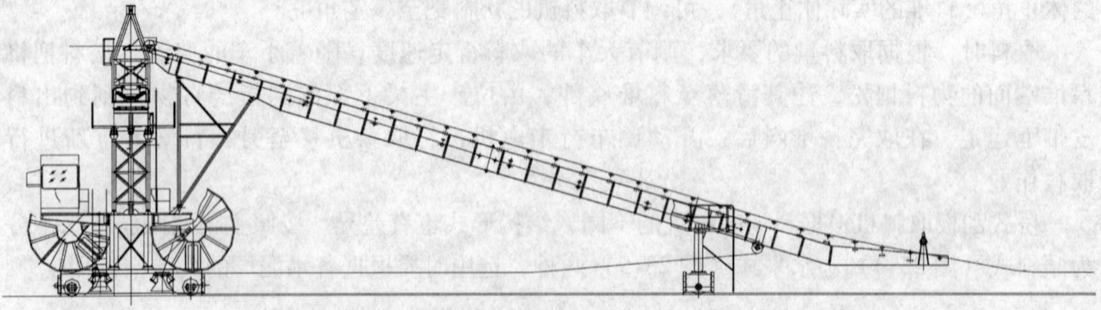

图25-2　堆料机后部示意图（1）

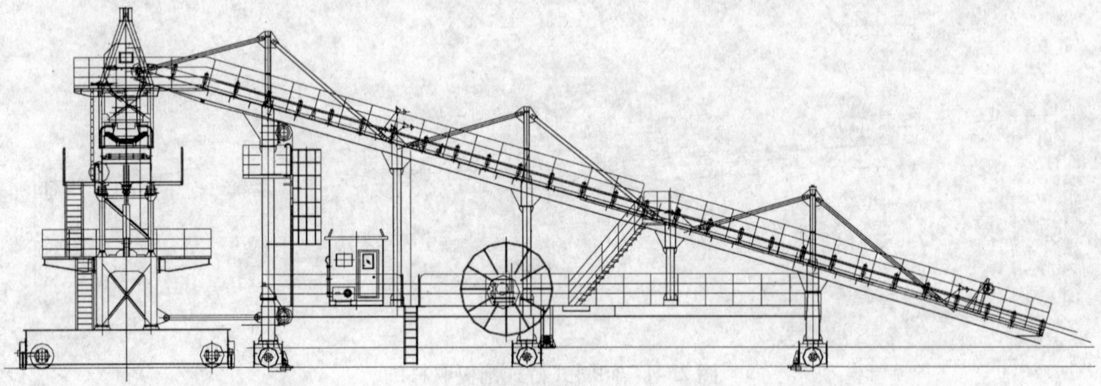

图25-3　堆料机后部示意图（2）

进料皮带绕过堆料机的倾斜小车，物料由进料胶带通过倾斜小车卸入悬臂胶带机上，利用行走小车的往复行走，将物料堆在堆场中，在往复堆料过程中，随着料堆的堆高，通过臂架头部料位计的信号传递，由电气自动控制悬臂臂架，变换悬臂角度，直至堆出所要求高度的料堆。

堆料机的堆料能力取决于水泥厂的生产规模和生产工艺。沿进料皮带方向决定堆料机是左侧式或右侧式，即料场在进料皮带的左侧，堆料机则称为左侧式悬臂堆料机；反之为右侧式。

堆料机的悬臂长度是指从堆料机轨道中心线至皮带机头部滚筒中心的距离，它决定于料堆的中心与堆料机轨道的中心线的距离。料堆的中心决定于料场的宽度和物料的自然堆积角。为使料堆的中心始终持不变，在有些堆料机的皮带机的头部设置有物料对中装置，对中装置挡板的位置随臂架俯仰角度的变化而自动调整，以使物料的落料点始终保持在料堆的中心上，以避免物料堆积过程中心产生偏折。

堆料机的结构形式虽然很多，各机构的基本形式和功能是一致的。

二、桥式刮板取料机

桥式刮板取料机是长形预均化料场的取料设备。其取料方式为全端面取料。桥式刮板取料机的取料能力取决于水泥厂的生产规模和生产工艺。轨距取决于长形预均化料场的场地布置情况，其轨距应与堆料机的悬臂长度匹配。

堆场沿长度方向共布有两个料堆，取料机取料作业起始时应位于两料堆中间，根据物料的休止角（料堆的实际休止角），可调节取料机的松料耙至一定角度。

取料时，根据取料量的要求，调节大车的取料行走速度，随着小车的移动，松料耙将料堆端面的物料耙松，让其滑落至料堆底部，由位于主梁下部的刮板链将物料刮到出料皮带上运走。在取完一堆料后，开动调车行走电机，将取料机移至另一料堆前重新进行取料作业。

桥式刮板取料机根据料场的布置的不同，结构形式也有差异。按照主梁的倾斜或水平分为倾斜式（图 25-4）和水平式（图 25-5）两种，选用时要根据各水泥厂的具体情况而定。

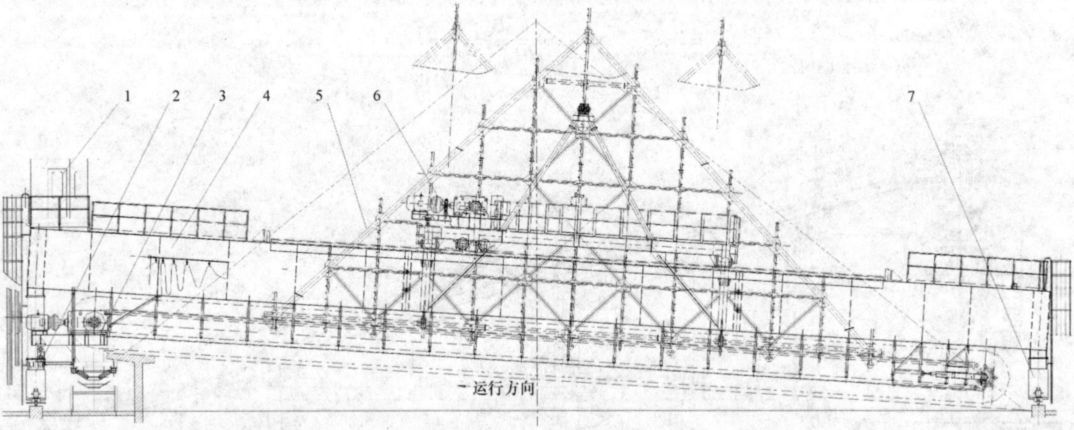

图 25-4 倾斜式桥式刮板取料机

1—司机室；2—头轮端走行机构；3—刮板取炕头机构；4—主梁；5—料耙；6—料耙小车；7—尾轮端走行机构

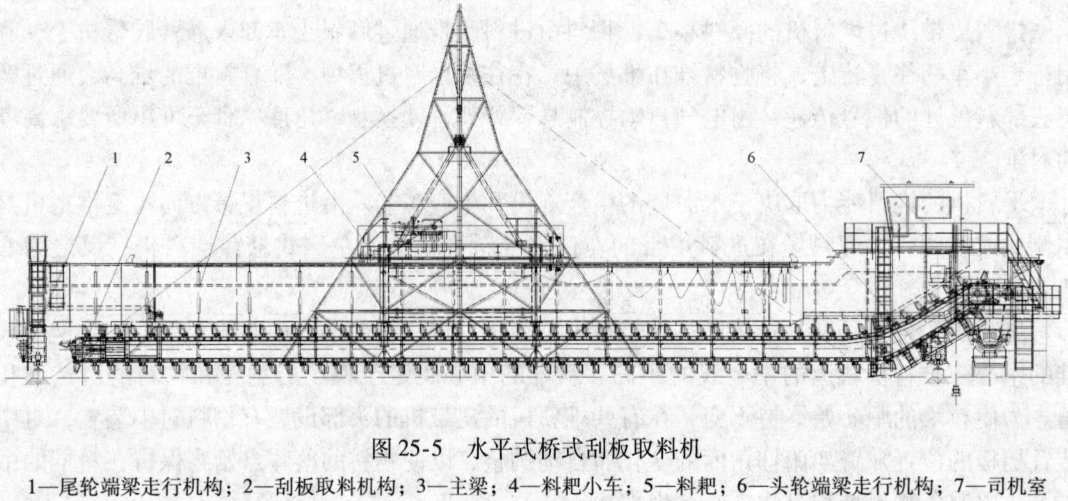

图 25-5 水平式桥式刮板取料机

1—尾轮端梁走行机构；2—刮板取料机构；3—主梁；4—料耙小车；5—料耙；6—头轮端梁走行机构；7—司机室

桥式刮板取料机的结构形式虽因工艺布置的不同而有差异，但其基本结构还是相同的。

取料机由主梁、载重滑车、卸料斗、头轮端端梁行走机构、尾轮端端梁行走机构、刮板链、耙架及移动小车、控制、动力电缆卷盘、滴油润滑系统、小车电缆滑线、操作室和电气控制等主要部件构成。

三、侧式悬臂刮板取料机

侧式悬臂刮板取料机（图 25-6）适用于储有多种物料的混合堆场，用于取煤、砂岩、硫酸渣、泥岩等数种散状物料。该设备在堆料机按规定方式堆成标准料堆后，按预定的程序分层取料，达到再次均化的功效。

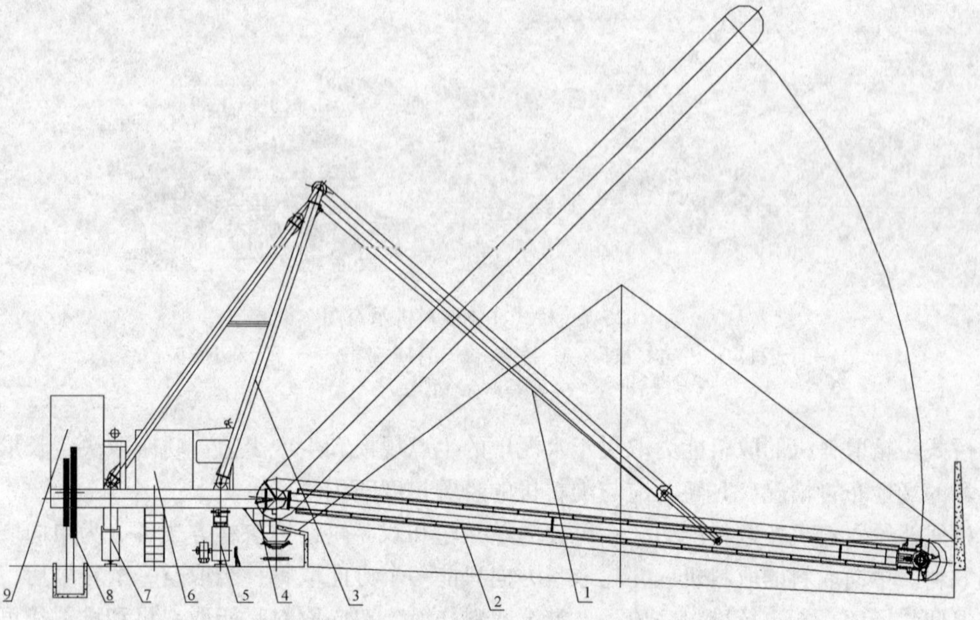

图 25-6　侧式悬臂刮板取料机

1—变幅机构；2—刮板取料机构；3—支架；4—导料槽；5—固定端梁；6—司机室；7—摆动端梁；8—供电装置；9—平衡重

侧式悬臂刮板取料机的取料能力取决于水泥厂的生产规模和生产工艺。其悬臂长度及轨距取决于长形预均化料场的场地布置情况，其悬臂长度应与堆料机的悬臂长度匹配。

侧式悬臂刮板取料机由刮板取料系统、卷扬提升系统、机架部分、固定端梁、摆动端梁、导料槽、供电装置和电气控制系统等部分组成。取料机在混合料场中与堆料机配合使用，混合料场由多个相邻的不同物料料仓组成，储存数种不同的物料，堆料机和取料机分别在不同的料仓堆料和取料。取料机在取同一种物料时，在轨道上往复运动，通过刮板取料系统把物料卸到导料槽内，并由导料槽送到出料胶带机上运出。

取料臂每取完一层物料后，按预置的指令下降相应的高度（即相应的物料深度）并在相应的取料运行速度下，将料堆逐层取出，直至该料仓的物料全部取净。这种取料过程使堆料机按一定方式堆积起的物料再次得到均化。

四、桥式斗轮取料机

桥式斗轮取料机（图 25-7）是一种应用广泛的混匀均化设备。

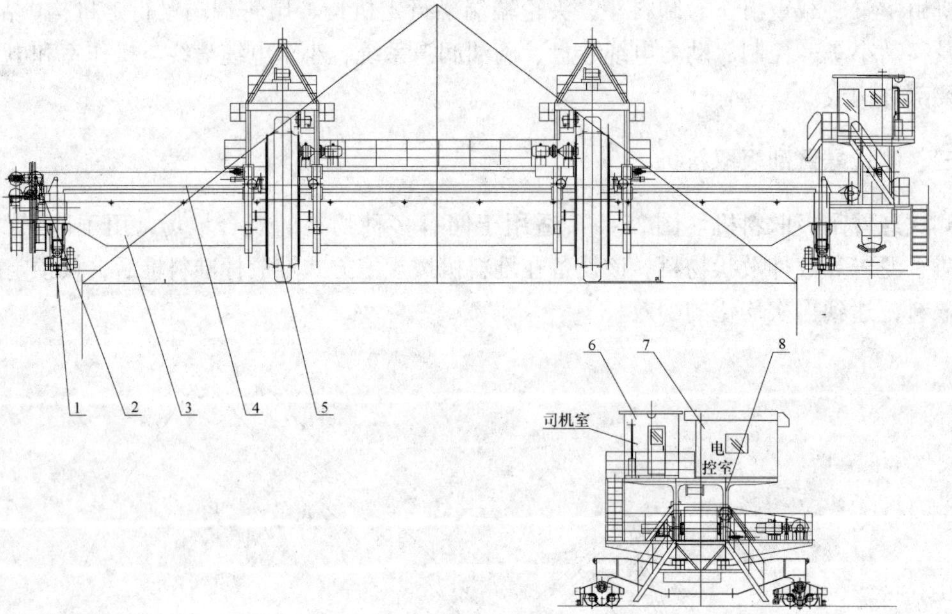

图 25-7　桥式斗轮取料机示意图

1—行走机构；2—卷扬机构；3—桥架；4—出料皮带机；5—斗轮及小车装置；6—司机室；7—平台栏杆；8—动力电缆卷盘

桥式斗轮取料机的取料能力取决于水泥厂的生产规模和生产工艺。轨距取决于长形预均化料场的场地布置情况，其轨距应与堆料机的悬臂长度匹配。

桥式斗轮取料机按取料能力大小可分为单斗轮和双斗轮，按取料方式可分为单向取料和双向取料。单向取料的取料机，斗轮取料方向只能一个方向取料，当取空一个料堆后，取料机需退回料场的一端，待堆料完成后，继续取料作业。双向取料是指取料机和堆料机可分别在两个料场工作，当取料机取完一个料堆后，将斗轮体上的料斗换向，斗轮反向旋转取另外一个料堆。目前，大多桥式斗轮取料机都是双斗轮双向取料。

混匀桥式斗轮取料机由斗轮小车—小车移动机构—双向斗轮及其驱动装置—桥架—大车运行机构—胶带输送机—电缆卷盘—司机室—电气室及电气系统组成。

斗轮取料作业时，小车移动机构在桥架上左右往复运动带动料耙，料耙将物料均匀耙下，让料斗切取的物料进一步混匀。斗轮取料时，切取物料后的料坑形成月牙形的空间，因料耙移动耙下的物料正好填满其间，料斗不停地转动，斗中的物料由于自重及惯性通过卸料斗卸落在水平皮带上，再由皮带输送至出料漏斗至出料皮带。

五、圆形料场堆取料机

圆形料场堆取料机是悬臂堆料机与刮板取料机集于一体的设备，圆形堆取料机结构形式分为有轨道和无轨道两大类。

有轨道的圆形堆取料机（图 25-8）主要由悬臂堆料机、刮板取料机、主梁装置、端梁装置、料耙装置、中心柱装置、司机室、电气室、液压系统和电气控制系统等组成。堆料方式为人字形和倾斜层组合的连续复合形堆料，取料方式为全端面取料。

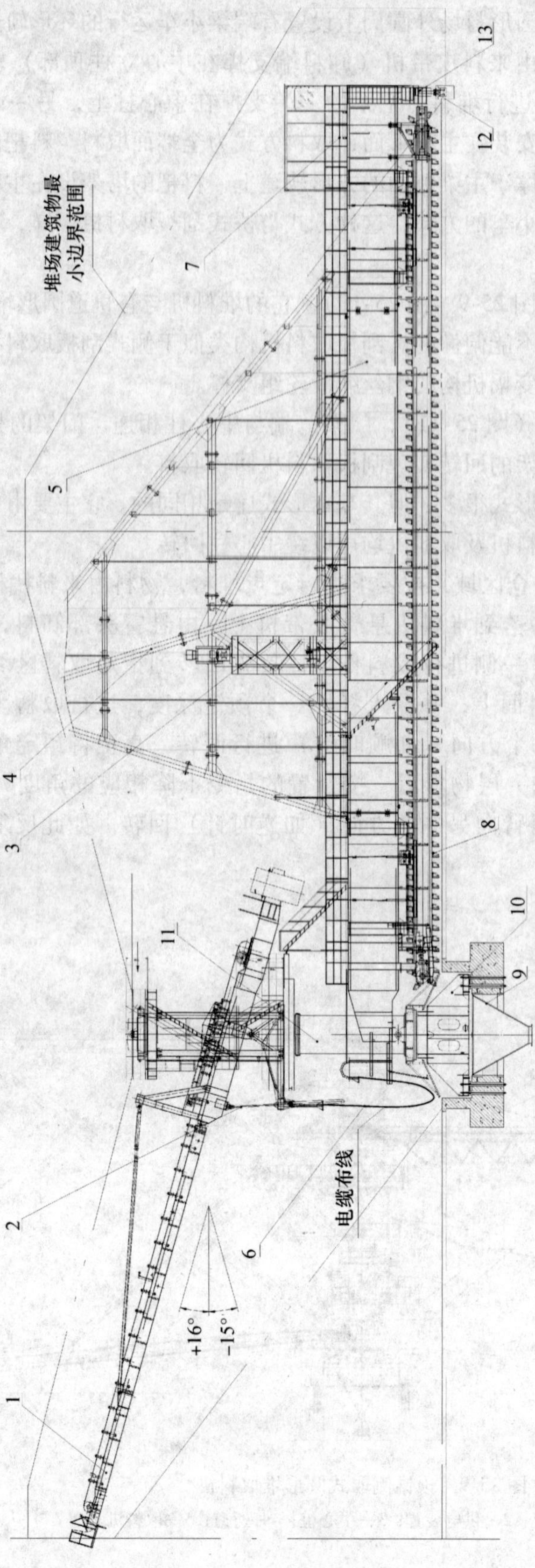

图25-8　圆形料场堆取料机

1—悬臂堆料机；2—变幅机构；3—料耙塔架；4—料耙；5—主梁；6—供电装置；7—司机室；
8—刮板取料机构；9—中心漏斗；10—中心柱基础；11—中心柱装置；12—轨道系统；13—端梁装置

有轨道的圆形堆取料机，圆形料场外圆周上设置有端梁小车运行的环形轨道。来料皮带机布置在中心柱的顶部，物料由来料皮带机（卸料端支撑在中心立柱顶部）输送至悬臂堆料机，按“连续复合式”方法进行堆料。主梁的一端支撑在中心柱上，另一端支撑在端梁小车的端梁上。刮板取料机构安装在主梁下面，取料方式为全端面取料。料耙的支撑和移动方式也有两种：一种是料耙支撑于主梁侧面的方形轨道上，料耙的塔架设在主梁上，料耙驱动是液压传动；另一种是料耙小车的方式，这种方式与桥式刮板取料机一样，其驱动方式可以机械驱动，也可以液压驱动。

无轨道的圆形堆取料机（图 25-9、图 25-10），它的堆料机与有轨道圆形堆取料机相似，可以俯仰变幅，也有固定臂架不能俯仰的。刮板取料机构类似于侧式刮板取料机，取料臂一端支撑在中心柱上，另一端由变幅机构的钢丝绳滑轮组支撑。

另有门架式的刮板取料臂（图 25-11），门架一端与中心柱相连，门架的另一端支撑在侧墙顶部环形轨道上，通过门架的回转实现刮板取料机回转取料。

虽然顶堆侧式堆取料机的形式很多，但其基本形式还是相同的。它主要由中心柱、堆料机部分、取料机部分组成，堆料机及取料机均可以绕中心柱回转。

堆料机回转至预堆料的料仓区域，按要求进行定点堆料，物料由来料栈桥上的来料胶带机运进料仓，并通过落料斗落到堆料机悬臂胶带机上，由悬臂头部卸料，堆料机采用定点堆料法。取料机在料堆另一侧进行取料作业。首先回转到指定取料区域，然后通过电动卷扬机构将取料臂降到料面上，并深入料堆一个预定深度，进行取料。取料的同时取料臂按设定的回转速度向一个方向（如顺时针）进行回转，直至将预定角度内的一层物料全部取净。取料臂每取完一层物料后，按预置的指令下降相应的角度（即相应的取料深度）继续取料，同时取料臂向另一个方向（如逆时针）回转。如此反复，将该区域内物料逐层取出。

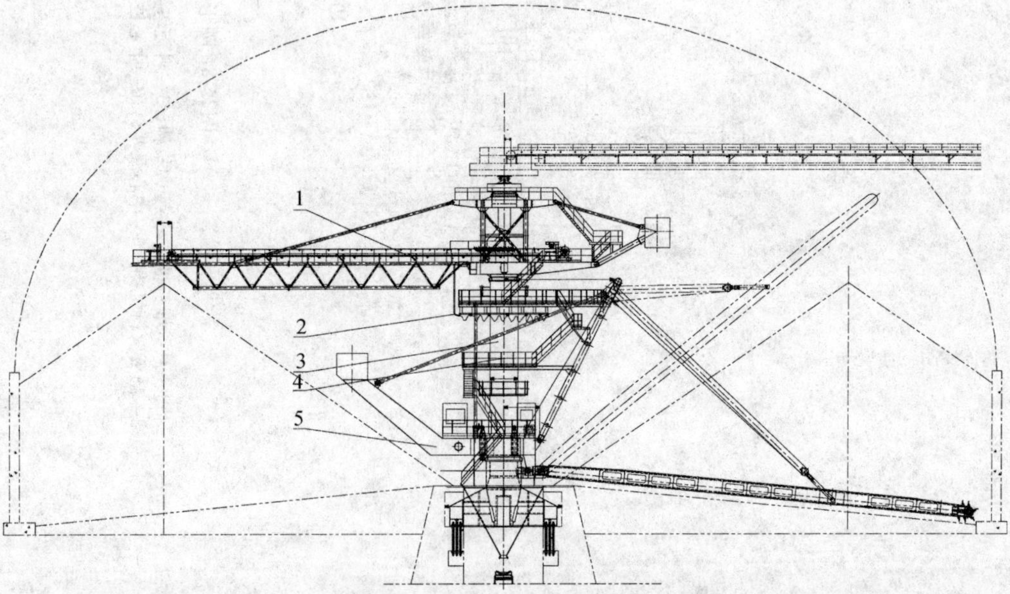

图 25-9　顶锥侧取式圆形堆取料机

1—堆料机；2—供电装置；3—中心桩；4—通道；5—取料机

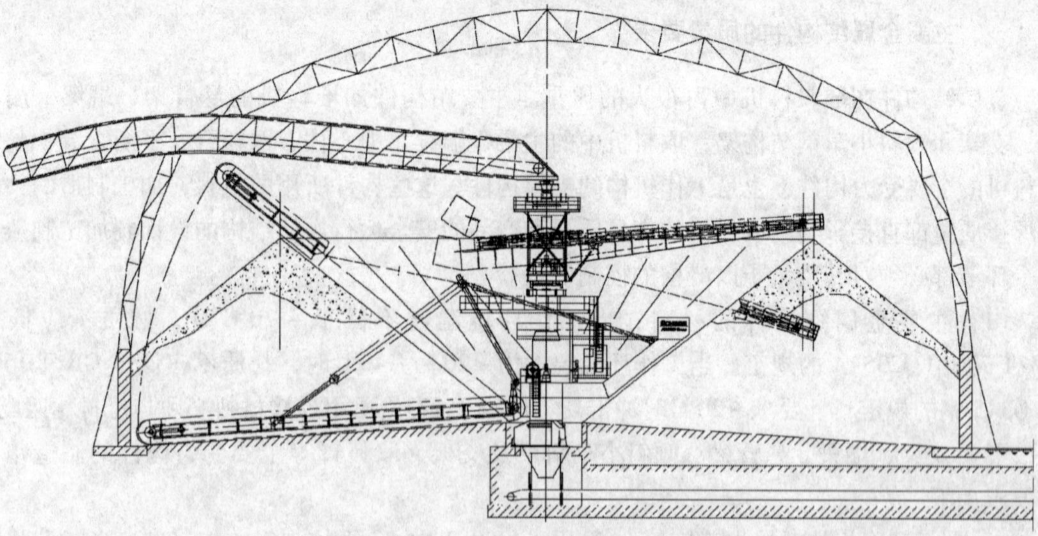

图 25-10　仰俯堆料臂架圆形堆取料机

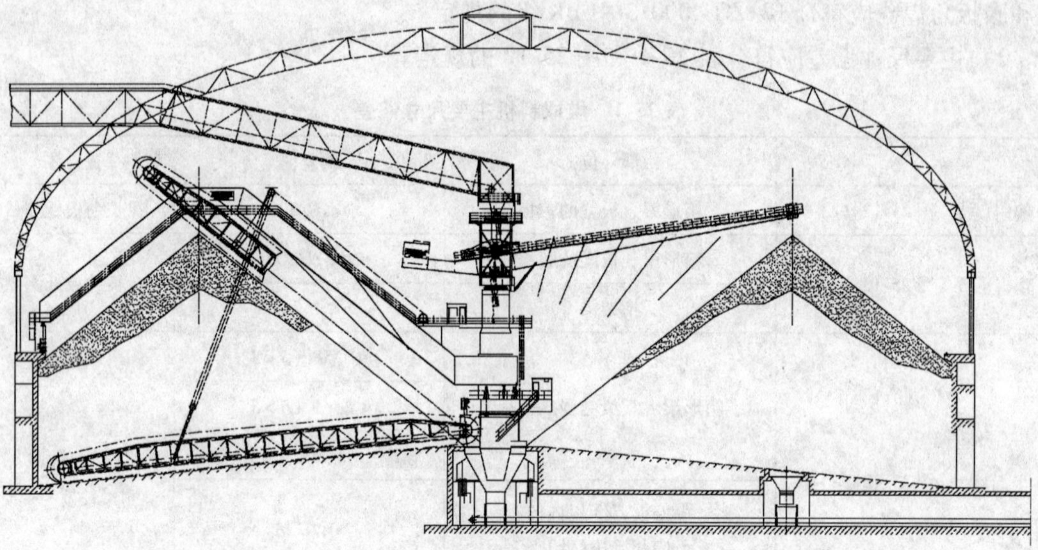

图 25-11　门架式刮板圆形堆取料机

水泥工业用堆取料机的结构形式多种多样，以上介绍的仅是几种基本形式。由于使用的场合不同和物料品种的差异，堆取料机还在不断发展，设计和制造技术也在不断提高，不断提供更先进的均化设备配套水泥生产线。

第三节　堆取料机的制造和技术条件

堆取料机应按规定程序审核批准的设计图纸和技术文件进行加工制造，并应符合 JB/T 833—2008《水泥行业用堆取料机技术条件》的要求。

堆取料机加工制造的基本要求和技术参数的偏离量必须符合 JB/T 833—2008《水泥行业用堆取料机技术条件》中的要求。

一、主要金属结构件的质量要求

金属结构件在堆取料机中占很大的比重。主要结构件如堆料机的悬臂架、端梁、门座架、支架和倾斜小车钢结构架，取料机中的主梁、端梁、中心柱、取料臂、平衡臂等，是堆取料机的主要受力构件，也是工作机构的支撑构件。这些构件所用的材料，加工制造的精度和焊接质量都直接影响堆取料机的产品质量和产品的安全运行。从结构的设计到加工制造的每个环节都必须对其质量予以严格的控制和检验。

（1）主要金属结构件的材料：当工作环境温度不低于 -20℃时，材质不应低于GB/T 700中 Q235-A 的规定。当工作环境温度为 -20～ -40℃时，材质不应低于 GB/T 1591中 Q345 钢的规定，且要求 -20℃时冲击功不应小于 27J。所用焊接材料必须与母材相匹配。

（2）主梁、端梁、悬臂梁、倾斜小车斜梁及支架、取料臂等主要受力构件的制造精度的要求如下。

1）翼板和腹板的对接焊缝应符合 JB/ZQ 4000.3 中 BS 级的规定，焊接剖口形式和尺寸应符合 GB 985—986 的规定，并须经超声波探伤检测，不低于 GB/T 11345—89 中Ⅱ级。翼板和腹板角焊缝应符合 JB/ZQ 4000.3 中 BK 级的规定。

2）主要尺寸偏差应符合表 25-1 和图 25-12 的规定。

表 25-1　堆取料机主要尺寸偏差

名　称	部　位	偏差值	备　注
偏斜度 b［图 25-12（a）］	箱形梁、板梁的盖板	$b \leqslant B/300$	在长劲板处测量
垂直度 h［图 25-12（b）］	箱形梁、板梁的腹板	$h \leqslant H/200$	在长劲板处测量
	桁架梁	$h \leqslant H/300$	
平面度 s［图 25-12（c）］	箱形梁、板梁的受压盖板	$s \leqslant 0.5\delta$（$\delta < 8$）	δ 为腹板厚 测量长度为 1m
		$s \leqslant 2\delta/3$（$\delta > 8$）	
		且 $s \leqslant 10$	
	距盖板 $H/3$ 以内的 腹板受压区域	$s \leqslant 0.7\delta$	
	腹板上的其余区域	$s \leqslant 1.2\delta$	
垂直差值 c	大劲板与盖板间［图 25-12（d）］	$c \leqslant 4H/1000$	H 为劲板高度 B 为劲板宽度 测量长度为 1m
	大劲板与腹板间［图 25-12（e）］	$c \leqslant 4B/1000$	
	劲板与端面［图 25-12（f）］	$c \leqslant 1.5B/1000$	
错位差值 t_1、t_2 ［图 25-12（g）］	$\delta \leqslant 8$	$t_1 \leqslant 1.5$	δ 为板厚
	$8 < \delta \leqslant 14$	$t_2 \leqslant 3$	
	$\delta > 14$	$t_2 \leqslant 3$	

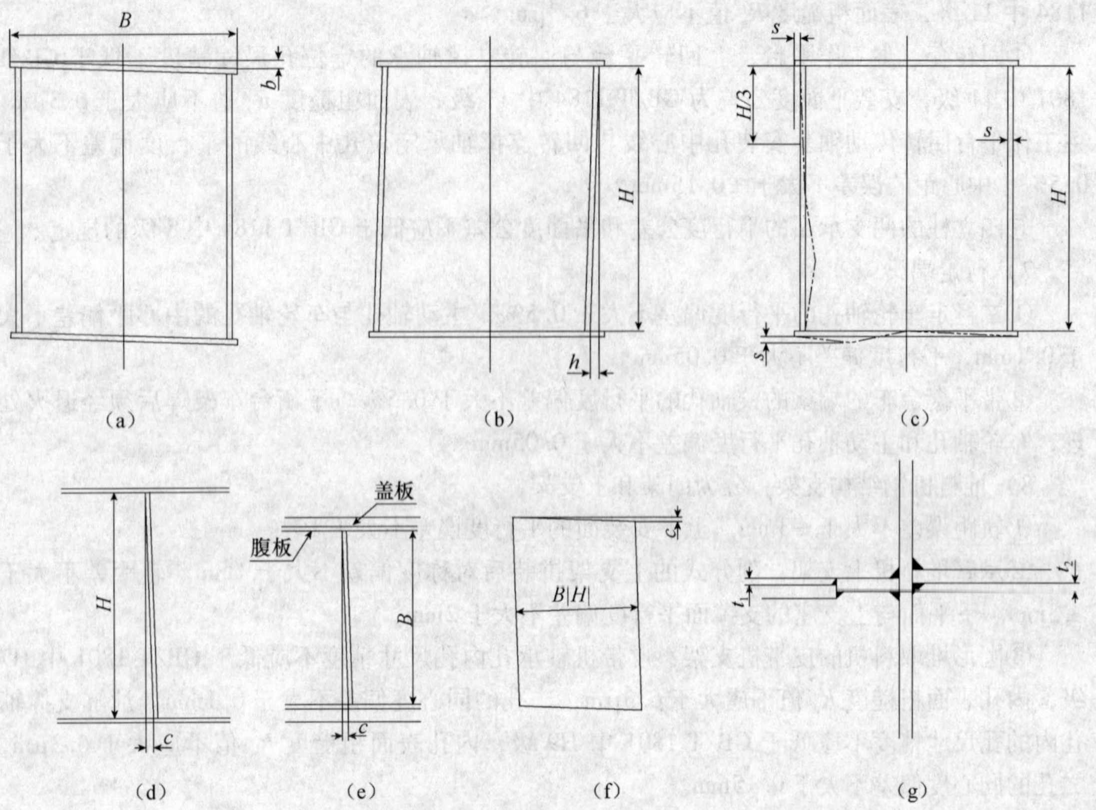

图 25-12　堆取料机主要尺寸

3）主梁：主梁跨中上拱度不应小于 1. 5*L*‰（*L* 为取料机跨度）。当拱度曲线为二次抛物线形式时，最大上拱度应控制在跨中 *L*/10 范围内；当拱度曲线为对称折线形式时，最大上拱度应控制在跨中 *L*/5 范围内。主梁整体拼装后，上拱度必须符合设计图纸要求，起拱方式应在放样落料时，整体按上拱度放样制作，不允许用火工方式起拱。旁弯不大于 15mm，旁弯不得在料耙侧凹陷。总长度偏差不大于 ±5mm。圆形堆取料机的主梁头部与回转套连接的铰支孔同心度偏差不大于 1mm。

4）悬臂梁铰支承内孔尺寸精度不应低于 GB/T 1801 中 H7 级，内孔表面粗糙度 R_a 值不应大于 6. 3μm。两孔同轴度公差为 GB/T 1184 中 9 级，内孔与臂架中心线的垂直度公差为 GB/T 1184 中 10 级。皮带机的安装孔尺寸偏差不应低于 GB 10595 的有关规定。

5）侧式刮板取料机的取料臂：尾部铰支孔的同心度偏差不大于 0. 2mm。张紧导轨平行度偏差不大于 0. 25mm。导轨中心线与链条导轨中心线的不重合度不大于 2mm。臂架拼装后不直度偏差不大于 5mm。

6）中心立柱

①中心柱筒体环焊缝必须开剖口焊接，焊缝须经超声波探伤，符合 GB 11345—90 的Ⅱ焊缝要求。

②各支承圈法兰允许拼接，拼接焊缝质量不应低于 GB/T 3323 中Ⅲ级或 GB/T 11345 中Ⅱ级的规定。

③与回转支承配合的尺寸精度不应低于 GB/T 1801 中Ⅱ级，安装平面度公差为 GB/T

1184 中 11 级，表面粗糙度 R_a 值不应大于 6.3μm。

④回转套、主工作平台、上回转平台与回转支撑轴承的定位孔尺寸精度不低于 GB/T 1801 中 11 级，安装平面度公差为 GB/T 1184 中 11 级，表面粗糙度 R_a 值不应大于 6.3μm。主工作平台回转传动轴套安装孔中心线与回转支撑轴承定位孔中心线的平行度偏差不大于 0.5‰，中心距的误差不大于 ±0.15mm。

⑤四立柱的两支承面的平行度公差和平面度公差不应低于 GB/T 1184 中 8 级的规定。

7）行走端梁

①二行走车轮轴孔的平行度偏差不大于 0.5‰，主动轴孔与车轮轴孔的中心距偏差不大于 0.1mm，平行度偏差不大于 0.05mm。

②带平衡台车的端梁的铰轴孔的平行度偏差不大于 0.5‰。平衡台车架焊后须经退火处理，车轮轴孔和主动轴孔平行度偏差不大于 0.05mm。

8）堆料机钢结构支架：分为门架和上支架。

①轨距误差不大于 ±3mm。上下安装面的平行度误差不大于 1‰。

②悬臂堆料机上支架：剖分式的上支架拼装后对称度偏差不大于 1mm。轨距差不大于 ±3mm。下平面与上支座的支撑面平行度偏差不大于 2mm。

③圆形堆取料机的皮带机支架：皮带机轴承孔内孔尺寸精度不应低于 GB/T 1801 中 H7 级，内孔表面粗糙度 R_a 值不应大于 6.3μm，二孔的同心度偏差不大于 0.1mm。油缸支撑轴孔内的孔尺寸精度不应低于 GB/T 1801 中 H9 级，内孔表面粗糙度 R_a 值不应大于 6.3μm，二孔的同心度偏差不大于 0.15mm。

9）尾车钢结构：出厂前必须预组装，斜梁的倾斜角度不大于 0.01°。下横梁的轨距误差不大于 ±3mm。

10）刮板及链架

①刮板必须带有用耐磨材料（65Mn）制成的耐磨衬板、角板和刮板齿，硬度不低于 HRC40～45。导向轮表面硬度不低于 HRC40～45。

②链轮导轨必须平直，导轨接头的高度差不大于 0.5mm。导轨的承压侧的衬板用耐磨材料制造。表面硬度不低于 HRC40～45。衬板与导槽用螺栓固定，以便衬板磨损后更换。拼装后二导轨和导向轨的平行度偏差不大于 2mm。刮板机中心线的对称度偏差不大于 2mm。

二、主要传动零部件的加工要求

（一）传动圆柱齿轮

（1）开式传动圆柱齿轮精度不应低于 GB/T 10095 中 9－9－8 级的规定。

（2）闭式传动圆柱齿轮精度不应低于 GB/T 10095 中 8－8－7 级的规定。

（3）主动齿轮齿面硬度不应低于 260HB。

（4）从动大齿轮齿面硬度：锻件不应低于 190HB，铸钢件不应低于 180HB，调质硬度不低于 240HB。

（5）齿轮副中的两齿轮齿面硬度差为 25～50HB。

（6）齿面粗糙度 R_a 值不应大于 6.3μm。

（7）齿轮减速机的选用，必须根据传动的轴功率、配置电机的功率和减速比来选取。选用减速机时，必须验算减速机的输出扭矩、热功率等，综合服务系数必须大于该类型减速机样本的规定。

（二）传动轴、链轮轴、齿轮轴、铰链轴、大车车轮轴

（1）轴的材质不应低于 GB/T 699 中 45 钢的规定。负荷较大的轴（如头轮轴）须采用锻件制造，并经调质处理。调质硬度不低于 HB240。锻件须经超声波探伤，不得有影响轴强度的缺陷存在。

（2）轴的尺寸公差、形位公差和粗糙度必须符合图纸要求。

（3）不得用未经锻造的圆钢制造上述各类轴件。

（三）车轮、水平挡轮、导向轮

（1）大车车轮和导向轮材料性能不应低于：锻件为 45 钢；铸钢件为 ZG310-570。

（2）大车车轮的形式、踏面形状和尺寸应符合 JB/T 6392.1 的规定。

（3）大车车轮、水平挡轮和导向轮尺寸公差和形位公差必须符合设计图纸要求。

（4）重载车轮采用高强度合金钢制造。车轮轮缘内测和踏面须进行表面淬火。车轮轮缘内侧和踏面不得有气孔、砂眼和影响强度的缺陷存在，不允许焊补。车轮、挡轮、导轮踏面热处理要求符合表 25-2 的规定。

表 25-2　车轮、挡轮、导轮踏面热处理要求

名　称	硬　度	有效硬化层深度（mm）
料耙小车移动水平挡轮	241 ~ 321HB	5 ~ 10
刮板导向轮	300 ~ 380HB	
大车车轮踏面		

（四）输送链及链轮

（1）链轮的材质不应低于 GB/T 699 中 45 钢的规定。重负荷链轮采用合金钢制造。

（2）链轮、销轴及轴套热处理要求按表 25-3 的规定。

表 25-3　链轮、销轴及轴套热处理要求

名　称	硬度 HRC	有效硬化层厚度（mm）
链轮齿面硬度	50 ~ 55	2 ~ 6
销轴及轴套表面硬度	48 ~ 55	2 ~ 4

（3）链轮齿形必须符合图纸要求。齿形用标准样板检验。链轮的尺寸公差和形位公差必须符合图纸要求。主动链轮齿圈与轮毂装配后成对插键槽，以确保二主动轮的相位误差在允许范围内。

（4）传动链采用 GB 8350—86 标准板式套筒滚子链。出厂检验按有关技术标准进行。

（五）制动器、制动轮

（1）制动器应符合 JB/T 6406.1 ~ JB/T 6406.3 的规定。

（2）制动轮的制动面硬度为 35HRC ~ 45HRC，有效硬化层深度为 2 ~ 3mm。

（3）制动轮外圆对轴中心线的径向圆跳动精度不应低于 GB/T 1184 中 9 级的规定。

（4）制动轮不允许有裂纹，制动面不得有影响使用的缺陷。

（六）轨道

（1）轨道与车轮的匹配应符合 JB/T 6392.1 的规定。

（2）轨道形式与尺寸应符合 GB 2585 或 YB/T 5055 的规定。

（3）圆型轨道采用冷弯方法成形，单节轨道半径尺寸公差为 ±2mm，轨道上平面应平整，每米平面度公差为 2mm，单节轨道平面度公差为 6mm。

（七）带式输送机

堆料皮带机和出料皮带机选用 DTⅡ带式输送机，皮带机的安装应符合 GB/T 10595 的规定。

（八）钢结构高强度螺栓连接

（1）钢结构连接用高强度螺栓应符合 GB/T 1228～1230 的规定。

（2）钢结构高强度螺栓连接处的结合面处理应符合 JGJ 82 的规定。

三、电气控制要求

（一）供电方式

有多种选择，根据使用场合、负载大小来定，主要有以下几种形式。各种方式的技术要求和安装检验验收按相关标准进行。

（1）电缆卷盘供电；

（2）吊挂电缆供电；

（3）滑触导线供电；

（4）中心集电环供电。

（二）电气控制

堆取料机控制采用自动控制和人工控制两种方式。作业时应采用自动控制。控制的基本要求必须满足堆取料机的工艺和设备的操作要求，必须符合有关安全规范的要求。

（1）电缆电线截面：堆取料机上敷设的电缆和电控设备的电线截面应符合设计电流容量的要求，但最小截面积不应小于 GB 50256 的规定。

（2）照明：电控室应有固定安装的照明灯具，其照度不应小于 100Lx。设备通道及平台应有防尘、防震式照明灯具，其照度不应小于 10Lx。

（3）电控设备应符合 GB/T 3811 和 GB/T 5226.1 的规定。

（4）电控设备安装应符合 GB 50254 和 GB 50256 的规定，电动机的安装应符合 GB 50170 的规定。

（5）信号装置（操作信号、故障信号、报警信号等）应设置在操作人员视力、听力可及的地方。

（6）电线、电缆敷设在电缆桥架中，活动段应套有金属软管，电缆敷设的弯曲半径不应小于 6 倍电缆外径。

（7）多股导线的两端应采用不会脱落的冷压铜端头，所有的导线中均不允许有中间接头，照明线允许在设备附近采用过渡端子连接。

（8）堆取料机上安装的电控设备，其外壳防护等级不应低于 GB/T 4942.1 中 IP44 的规定。

（9）堆取料机上的电控设备，正常不带电的金属外壳、金属线管、托架等均需可靠的接地。轴承、齿圈不能作为接地连接体，轨道可作为接地连接体，接电应有明显接地标志，接地电阻应符合 GB 50256 的规定。

（10）中心集电环和炭刷安装应符合 GB 50170 中的有关规定。中心集电环装置组装后，对地绝缘电阻不应小于1.5MΩ。

（11）电控设备应安装牢固，在主机工作过程中，不应发生相对主机的水平移动和垂直跳动。垂直安装的电控设备和配电柜其垂直度不应大于12‰，设备前应留有不应小于800mm的通道。

四、液压系统要求

（1）液压元件应符合GB/T 7935的规定。

（2）液压系统应符合GB/T 3766的规定。

（3）液压系统出厂前检测要求见表25-4。

表25-4　堆取料机液压系统检验要求

序号	试验项目	试验内容	试验方法	测试要求
1	总成的装配质量和加工质量检查	1. 系统完整性及符合性检查		按设计图纸要求
		2. 外观检查		整齐、美观
		3. 油箱检查		完好
		4. 液压泵组检查		按设计图纸要求
		5. 系统阀组检查		按设计图纸要求
		6. 配管检查		按设计图纸要求
		7. 电气接线正确性及完整性检查		按设计图纸要求
2	运行试验检查	1. 卸荷运行试验	系统运行试验	卸荷稳定
		2. 额定工作压力试验		
		3. 液压系统清洁度检查	清洁度测试	
3	液压泵站密封及冲击性试验	1. 耐压压力 $P=12\text{MPa}$，试验时间10min，检查是否符合GB 3766标准要求	系统试压（分4级逐步升压）	
		2. 冲击设定压力 $P=9.6\text{MPa}$，冲击次数：$N=10$ 次，检查是否合格	系统冲击试压	
4	系统功能试验	1. 工作压力参数调整试验压力阀调整值 $P=8.5\text{MPa}$	压力调整往复5次	
		2. 油缸活塞伸出试验	油缸活塞全程伸出（并可任意位置休止）	
		3. 油缸活塞缩回试验	油缸活塞全程缩回（并可任意位置休止）	
		4. 油缸往返连续试验	油缸活塞全程往返试验	
5	系统辅件性能检查	1. 压力继电器检查		
		2. 温度传感器检查		
		3. 液位传感器检查		
		4. 电加热器检查		
		5. 油冷却器检查		

五、工厂组装和出厂检验

堆取料机属大型设备，出厂前在工厂进行整机装配是有困难的，为了确保产品质量，必须分部件进行组装和试车。

（一）基本条件

（1）产品所有零部件加工结束，并经检验合格。各种检测记录、材质报告、热处理报告等原始单据齐全，外配套件、外协件有质量合格证，并经抽查合格，方可进行装配。

（2）装配所需的场地准备，场地应平整，清洁便于设备的安装。工具、吊具和相关的材料和辅料，冷准备齐备。

（二）悬臂堆料机的装配要求

1. 悬臂架及悬臂皮带机的拼装

（1）前后臂拼装必须放置在平整的平台进行。找正前后臂的水平度，前后如铰接时，找正臂架上平面后，再找正二铰轴孔的同心度，修正前后臂架的连接板螺栓孔。紧固部分螺栓（检查所有螺栓孔均对中），再安装斜拉架和斜拉杆。找正后，检测臂架整体的直线度和平直度，不得扭曲、侧弯和下挠。侧弯值不大于5mm。

（2）悬臂皮带机头尾轮的装配：安装头尾轮找正其轴线的平行度和滚筒纵向中心线的重合度。头尾轮横向中心线与皮带机纵向中心线偏差不大于2mm，头尾轮轴心线与皮带机纵向中心线垂直度偏差<2/1000，水平度偏差<1/1000。

（3）悬臂皮带机托辊的装配：托辊横向中心线与输送纵向中心线应重合，其偏差不大于3mm。非调心托辊上表面母线应在同一平面上，相邻三组托辊面高差不大于2mm。

（4）导料槽的安装：导料槽安装前缓冲托辊组须安装好。按图纸要求进行装配。检查上导料口至后臂上平面的距离是否与图相符。

（5）张紧装置的装配：按图纸要求装配，检查清扫器刮刀与滚筒接触是否均匀，并调整，接触长度不小于带宽的85%。

（6）张紧装置的装配：张紧装置装配后，全行程内螺旋松紧全长范围内灵活。

（7）驱动装置装配：电动滚筒驱动时，其装配与头轮装配相同，须检查逆止器的旋转方向。外传动的传动装置：电动机—耦合器（带制动器）—减速机。装配在一个共用机架上，须找正电动机与减速机的同心度，检查调整液力耦合器的径向跳动不大于0.15mm。端面跳动不大于0.10mm，找正扭力臂及扭力座位置。

（8）走台拦杆拼装：按图纸要求装配，平台支架点焊临时固定，编号后解体运输。

2. 行走机构的装配

（1）主从动轮组的装配：按图纸要求先将主从动轮组分别装配成部件，然后再装配在行走梁上，检测主从动组在水平和垂直两个方向的平行度误差。

车轮垂直度偏差，不得大于测量长度的1/400，且要求同一轴线上的一对车轮偏斜方向相反，车轮上边应向轨道外侧（图25-13）。

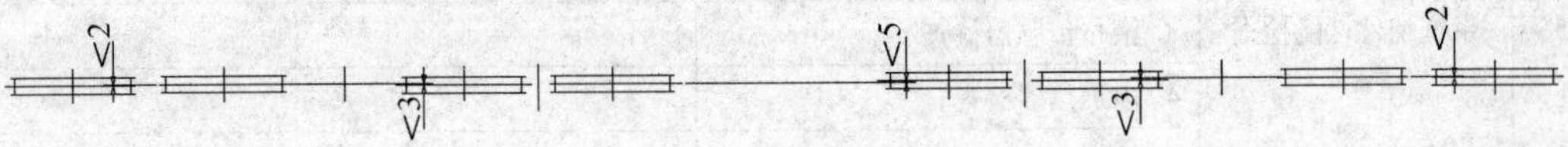

图25-13　行走机构

车轮水平偏斜，不得大于测量长度的1/1000，且要求同一轴线上的一对车轮偏斜方向相反（图25-14）。

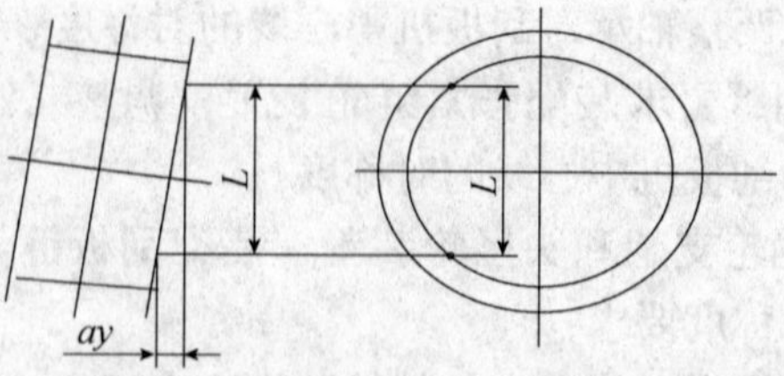

图25-14　车轮水平示意图

（2）车轮中心面同位度应符合表25-5的要求。

表25-5　车轮偏差值

测量部位	偏差值（mm）
同一台车的两个车轮	<2
同一支腿下的四个车轮	<3
同侧轨道上的全部车轮	<5

（3）开式齿轮传动的装配要求：调整齿轮的啮合间隙：0.45～0.85mm，接触斑点：沿齿高方向不小于30%，沿齿宽方向不小于60%。

（4）驱动装置装配：走行机构传动装置安装在一个公用机架上。电动机—带制动轮的弹性联轴器—减速机。要求电动机与减速机的同心度偏差不超过0.05mm。减速机出轴（空心轴）与主动轮用涨盘连接，并调整好扭力杆及座的尺寸。制动器闸瓦与制动轮的间隙0.5～1.0mm。

3. 钢结构支架的装配

将二端梁走行装置放置在轨道上并调整好水平度，平行度和车轮的对角线尺寸。将钢结构门架安装在端梁上，调整好上安装平面的水平度，再安装上支架检查是支架上部铰座平面的不平度和对轨道的高度尺寸。检测合格后再解体。

4. 倾斜小车的装配

按图纸要求进行装配。调整皮带滚筒轴线的平行度，检测托辊组的安装精度，要求同悬臂皮带机。再安装头部溜槽，头部刮板清扫器检测溜槽的下部对轨道面的高度距离，并予组装走行平台和扶梯。调整检测合格后再解体。

（三）桥式刮板取料机的装配

1. 主梁拼装

主梁分段制造后，各分段检验合格后，出厂前必须进行总装，装配必须在平整的平板上进行，并调整好平板的水平度。为了便于刮板链取料机构的预组装，主梁在拼装时可反向进行。即上盖板向下，调整各拼接接头二腹板和上下盖板的密合间隙均匀，并点焊固定。调整全长的直线度和上拱度。主梁的水平侧弯不得大于15mm，并不得在料耙安装侧凹陷。上拱度达到设计要求，误差不超过±10%，检测合格后做好装配标记。待刮板取料机构装配后，主梁再翻转正向拼装。

2. 刮板取料机构的装配

（1）头轮装置：按图纸装配主动链轮调整二链轮轮齿的同位度，对刮板机中心线的对称度，装配轴承及轴承座，调整轴承对刮板机中心线的对称度，同位度偏差不大于0.25°。

（2）张紧轮装配：按图纸要求装配张紧链轮装置，调整二链轮对刮板机中心线的对称度，装配滑块，并调整其对刮板机中心线的对称度。

（3）在主梁上装配头尾轮支架和头尾轮装置，装配刮板链架，上下导轨和上下导向轨调整其对刮板机中心线的对称度要求：

①刮板机中心线应与主梁中心线重合，其偏差不应大于2mm。

②主、被动链轮轴的轴线平行公差为2‰。

③轴心线与刮板机中心线垂直度偏差<2/1000。

④同一轴上的两主（被）动链轮对刮板机纵向中心线的对称度公差为1mm。

⑤链条导槽直线度公差为1mm/m，两条导槽安装位置对刮板机纵向中心线的对称度公差为3mm，同一截面上的两条导槽的标高差不应大于2mm。导轨接头错位差不大于0.5mm。

（4）刮板驱动装置的装配：电动机—耦合器—减速机，组装在一个共用机架上。要求电动机与减速机的同心度，耦合器的径向跳动不大于0.15mm，端面跳动不大于0.10mm。与驱动链轮轴装配调整好扭力杆及座的尺寸。

3. 料耙小车的装配

从动车轮组装配后检测车轮轨距误差不超过±2mm。对角线偏差不大于15mm。车轮垂直度偏差，不得大于测量长度的1/400；车轮水平偏斜，不得大于测量长度的1/1000。

小车在主梁上的拼装：主梁换向正拼装，小车安装在主梁上，调整好车轮与轨道面的尺寸后，安装上下水平挡轮，调整好上下挡轮与轨道的间隙1.5~2.5mm。

链条驱动的小车：主从动链轮的装配：按图纸要求装配调整好三链轮轴线的平行度和主从链轮的平面度。

链条驱动装置装配：电动机—耦合器（带制动轮）—减速机，安装在一个共同底架上。检测耦合器径向跳动不大于0.15mm，端面跳动不大于0.1mm。与驱动链轮轴装配调整好扭力杆及座的位置。

对于液压传动的小车，检测油缸安装位置和行程，是否满足小车移动距离的要求。

4. 行走机构的装配

桥式刮板取料机行走机构的装配要求与第三节五（二）2条堆料机行走机构相同，但驱动装置分取料和调车两挡速度，分别由两套电机减速装置驱动。安装在同一底架上。安装调整电机与减速机的同心度，不得超过0.05mm。制动器闸瓦与制动轮间隙为0.5~1.0mm，电磁离合器的间隙按所用电磁离合器的说明书调整。

（四）侧式刮板取料机的装配

（1）取料臂的拼装：取料臂出厂前必须进行预组装，检测臂架的平直度偏差不大于5mm。链轮导轨的中心线和平行度偏差不大于3mm。臂架端面（轴承支撑面）对臂架中心线的垂直度偏差不大于1‰。张紧链轮导轨中心线与链轮导轨中心线须重合，偏差不大于2mm。

（2）头轮装置、张紧装置、驱动装置等的装配与桥式刮板取料机相同。

（3）行走机构：侧式刮板取料机的行走机构及其传动装置和固定端梁与桥式刮板取料机相同，只是两套传动装置均在固定端梁上。取料机平台是铰接支撑在摆动端梁上。摆动端梁按图纸要求装配，检测两车轮组的安装精度。要求同桥式取料机。

（4）卷扬机构的装配：卷扬机构是取料臂变幅用，出厂前应将取料臂上的动滑轮组和支架上定滑轮组装配好，装配滑轮组时轴承内加满润滑脂，调整好各部位尺寸，滑轮转动灵活。

（五）圆形堆取料机的装配

（1）悬臂堆料机的结构与侧式悬臂堆料机相同，其装配要求也与第三节五（二）相同。

（2）主梁和刮板取料机结构与桥式刮板取料机相同，装配要求也与第三节五（三）2相同。略有不同的是：有的圆形堆取料机的料耙支撑轨道是安装在主梁的一侧，主梁上的料耙塔架是固定安装在主梁上。料耙的驱动是液压缸驱动。出厂前主梁的拼装和刮板取料机系统的装配与桥式取料机相同。

（3）中心柱的装配：

1）中心柱底座与下部回转支撑配装，配钻回转支撑安装孔。

2）调整装配平台的水平，底座固定在平台上，中心柱固定在底座上，检测中心柱与底座装配两结合面接触良好，用塞尺检测，0.05mm塞尺插入深度不大于5mm，检测中心柱上平面的水平度不超过0.5‰。检测中心柱的垂直度偏不超过0.25‰。

3）装配中部回转支撑，配钻回转支撑的安装孔。预组装主工作平台，配钻回转支撑安装孔。检测主工作平台四立柱安装面的水平度不超过0.5mm。回转传动装置安装法兰的水平度不超过0.1mm。各连接部位预组时可采用1/4的螺栓固定。

4）回转传动装置

装配输出轴装置时，轴承内须加满润滑油脂，润滑油孔方向向外，与主工作平台装配时须将润滑油管接在平台外，以便加油。

检查减速机的状况，手盘能灵活转动、匀称，无异声和振动。

与主工作平台装配后，小齿轮与回转齿轮啮合良好，沿齿高方向接触面积大于40%，沿齿宽方向大于60%。齿侧间隙0.7～1.2mm。

装配后须空负荷试车，正反方向各60min。运行平稳，无异声和振动。

（4）端梁装置的装配：

走行台车装配：按图纸安装车轮和传动齿轮检测开式齿付的啮合间隙0.35～0.85mm。同一台车上车轮的同位度偏差不超过1.5mm。

传动装置的装配要求与第三节五（三）4条相同。再将传动装置与台车装配，调整好扭力杆、支座尺寸。

六、涂漆防锈要求

（1）主梁、堆料臂、取料臂、中心柱等主要受力构件所在地用钢材必须进行表面处理除锈等级应符合GB/T 8923中Sa2½级的规定。

（2）一般零件表面除锈等级应符合GB/T 8923中Sa2级的规定。

（3）手工除锈等级应符合GB/T 8923中St2的规定。

（4）涂漆防锈要求应符合JC/T 402的规定。其漆膜厚度不应小于120μm。

堆取料机的形式很多，制造厂的条件不尽相同，装配工艺也不一样，上述仅就典型的结构的装配要求做一些简单的介绍，仅供参考。

制造厂在产品分部件装配时，按产品检验验收大纲的要求，检测相关数据并填写检测报告。会同生产过程中关键零部件检验报告，材料的质保书，零件的热处理报告，关键轴、齿轮、焊缝的探伤报告等资料，经质量部门的主管审核签字，发放产品合格证，方可出厂。

第四节　堆取料机的安装与调试

一、安装前的准备工作

（1）检查零部件的完整性和完好情况，并予以妥善保管。

（2）检查安装图纸及其他技术文件的完整性。

（3）施工人员熟悉所安装设备的图纸和相关的技术要求，编制安装施工方案。

（4）准备必要平整的施工场地、安装机具和检测仪器。

（5）检测调整堆取料机轨道和设备基础。

平行轨道的安装要求见表25-6。

表25-6　平行轨道的安装要求

序号	项目	代号	简图	安装基准
1	跨度	ΔL	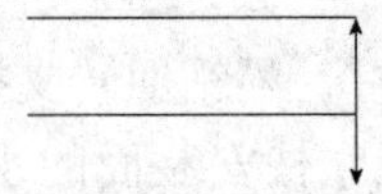	$L\pm5$mm
2	直线度	t		全长允差＜30mm
3	局部直线度			10m长度内＜1/500
4	左右高度差	ΔH		＜1/2000
5	左右交叉局部高度差			在10m长度内允差＜10m
6	总坡度	k		全长范围内＜1/2000
7	局部坡度			10m长度内＜1/1000
8	接头位置度	Δx Δh		顶面或侧面允差＜0.5mm
9	接缝间隙	c		允差5mm
10	轨枕倾斜度	a		＜1/50

（6）圆形轨道的安装要求：

在整圆范围内，轨面的高度极限偏差每6m范围内不大于±1mm，全圆范围内不大于±3mm。轨道上平面的平面度偏差每米不超过2mm，全圆的直径差不超过±6mm。

（7）运行的平行轨道调整要求：

跨度允差：$L\pm5$mm。

每条轨道其踏面标高在每10m长度内偏差不超过±2mm。

两条轨道之间其踏面标高在每10m长度内偏差不超过±2mm。

轨道踏面中心线应成直线，每10m长度内偏差不超过±2mm。

轨道总坡度允差：1/1000。

局部坡度在10m内允差1/300。

轨道接头错位偏差不大于0.5mm接头间隙不大于5mm。

（8）设备基础的检测：检测圆形堆取料机中心柱基础与设计图纸的准确性。

二、设备安装的基本要求

（一）连接

所有连接应按图纸及有关要求进行，连接中不允许存在附加力，严禁强制装配。

（1）焊缝连接：重要的焊接必须开剖口焊接，焊接材料应符合图纸和焊接工艺要求。焊条在使用前必须烘干并及时使用。超过4h后必须重新烘干。超过二次烘干的焊条只能用于非重要的焊缝焊接。焊接前必须彻底清除焊缝边缘的水渍、油污、铁锈等杂物，直至露出金属光泽。不允许在非焊接部位引弧和试电流，焊缝药皮应清除干净，焊瘤应铲除干净。

（2）焊缝检查：焊缝高度必须符合图纸规定。焊缝及其热影响区不得有裂纹、气孔、弧坑和夹渣等缺陷。当钢板厚度小于10mm时，焊缝咬边不大于0.5mm；当板厚大于10mm时，不大于1mm。咬边长度不得大于100mm。

（3）高强度螺栓连接：连接前必须处理被连接表面的异物、油漆、油污及氧化皮等，并用钢丝刷刷去浮锈，严禁用砂轮打磨。高强度螺栓连接必须采用力矩扳手紧固。控制拧紧力矩达到规定的预紧力，拧紧螺栓时应对称交叉拧紧。高强度螺栓预紧力矩见表25-7。

表25-7　高强度螺栓预紧力矩

螺栓直径（mm）	拧紧力矩（N·m）
M10	58
M12	100
M14	160
M16	240
M20	470
M24	840

（二）电缆卷盘的安装

电缆卷盘盘槽中心线与轨道平行度公差为5mm，电缆卷盘与地面的垂直度公差为5mm，如图25-15所示。

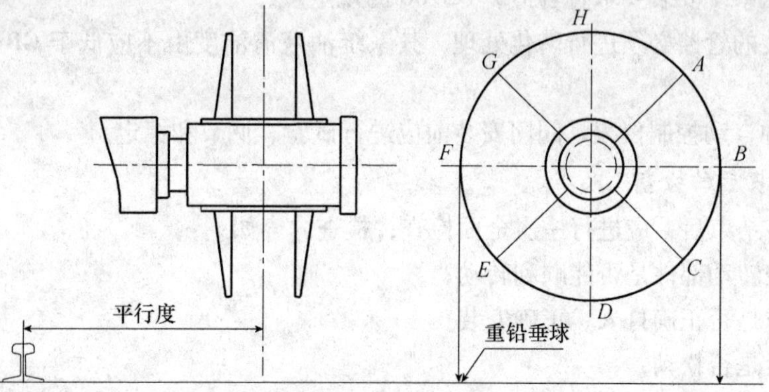

图25-15　电缆卷盘盘槽中心线与轨道平行度、电缆卷盘与地面的垂直度示意图

（三）电气设备

1. 电缆电线截面

堆取料机上敷设的电缆和电控设备的电线截面应符合设计电流容量的要求，但最小截面

面积不应小于 GB 50256 的规定。

2. 照明

(1) 电控室应有固定安装的照明灯具，其照度不应小于 100Lx。

(2) 设备通道及平台应有防尘、防震式照明灯具，其照度不应小于 10Lx。

3. 电控设备

(1) 电控设备应符合 GB/T 3811 和 GB/T 5226.1 的规定。

(2) 电控设备安装应符合 GB 50254 和 GB 50256 的规定，电动机的安装应符合 GB 50170的规定。

(3) 信号装置（操作信号、故障信号、报警信号等）应设置在操作人员视力、听力可及的地方。

(4) 电线、电缆敷设在电缆桥架中，活动段应套有金属软管，电缆敷设的弯曲半径不应小于 6 倍电缆外径。

(5) 多股导线的两端应采用不会脱落的冷压铜端头，所有的导线中均不允许有中间接头，照明线允许在设备附近采用过渡端子连接。

(6) 堆取料机上安装的电控设备，其外壳防护等级不应低于 GB/T 4942.1 中 IP44 的规定。

(7) 堆取料机上的电控设备，正常不带电的金属外壳，金属线管、托架等均需可靠的接地。轴承、齿圈不能作为接地连接体，轨道可作为接地连接体，接电应有明显接地标志，接地电阻应符合 GB 50256 的规定。

(8) 中心集电环和炭刷安装应符合 GB 50170 中有关规定。中心集电环装置组装后，对地绝缘电阻不应小于 1.5MΩ。

(9) 电控设备应安装牢固，在主机工作过程中，不应发生相对主机的水平移动和垂直跳动。垂直安装的电控设备和配电柜其垂直度不应大于 12‰，设备前应留有不应小于 800mm 的通道。

(四) 液压系统安装

(1) 液压系统安装要求符合 GB/T 3766 的规定。

(2) 安装的管路必须进行磷化处理，其系统油液清洁度由不应低于 GB/T 14039 中 19/16 级的规定。

(3) 各种自动控制仪表、阀门安装前应进行试验、调节和标定。

(五) 安装后的检查

整机安装结束后，应进行一次全面检查，检查内容如下：

人工检查转动部件是否能顺利转动；

各种销类是否正确打入、正确安装；

所有螺栓是否松动；

安装作业中所使用的工具、器具、涂料是否清除；

各种部件是否装齐，是否正确安装；

检查走台、扶手是否漏焊，是否焊牢；

各预留间隙是否适当；

各驱动装置是否达到图纸要求，减速机、制动器、耦合器是否注油，注油牌号是否正确，是否有漏油现象；

各润滑部位是否加足润滑油，注油是否正确、有否漏油现象；

现场补漆是否全部结束，是否有漏涂地方；

各传动部件上是否有影响使用的杂物、损伤；

安全装置是否齐备，有否漏装、错装。

三、悬臂堆料机的安装

（一）行走机构的安装

行走端梁车轮装配检测合格后，现场安装时将端梁固定在轨道上，检测并调整轨距和对角线尺寸。轨距偏差 ±5mm，对角线偏差 ±15mm。待上部支架安装后，再安装行走传动装置。注意减速机套装在主动轴上涨盘紧定螺栓必须用扭力扳手逐步扭紧，达到说明书规定的扭紧力矩。切忌涨盘内孔与主动轴结合面不得有油污。调整好制动器和离合器间隙，检查两侧传动电机的旋转方向。

（二）悬臂堆料机钢结构支架的安装

钢结构支架是堆料机的主要受力构件，安装时各连接部位必须按要求紧固。在端梁安装就位后吊装门架（下支架），调整平台上平面（安装上支架平面）的水平度，四平面向差不超过 1mm。安装上支架调整两上支架结合面的接触良好，检查安装铰支座平面的平面度，然后安装两侧平台、扶梯及栏杆等。

（三）悬臂皮带机的安装

（1）悬臂皮带机的安装按第三节五（二）1 的要求进行，当臂架须现场焊接时，上下盖板的对接焊缝须经超声波探伤检测，符合 GB 11345—90 标准中的Ⅱ级要求。高强度螺栓连接时，结合面必须平整，不得有毛刺、飞溅、焊疤、污垢、油渍和油漆涂料等异物。紧定螺栓用扭力扳手逐步拧紧，扭力矩达到设计要求。安装斜拉杆和斜拉架，注意锁紧各部位销轴挡板，各螺栓连接部位必须紧紧固，安装好臂架的铰支座。

（2）皮带机的安装应符合 GB/T 10595 中的有关规定，并达到第三节五（二）1 的各项要求。安装上下托辊支架和托辊。胶接皮带时，张紧装置调整至最短距离，胶接方法采用冷胶或热胶均可，但必须达到皮带的强度要求，皮带接头的直线度偏差在 7m 范围内不超过 25mm。

（3）悬臂堆料机的整体吊装：整体吊装时，堆料机及其臂架较重，应有足够的起吊设备吊装。起吊时，整体必须水平，铰支座安装在上支架上部，并采取临时措施，固定住前臂架。然后安装俯仰油缸及液压站，接通系统管道并充压。液压系统安装应符合 GB/T 3766 的规定。加平衡重时，须按该产品说明书要求进行。如果是全正压系统，臂架处于水平位置时，逐步加平衡重，至油缸压力显示 2～3MPa 为止。空载俯仰油缸，臂架俯仰平稳，无冲击和颤动。

（四）倾斜小车的安装

（1）倾斜梁的拼装：焊接接头上下盖板和腹板应开剖口焊接，并应经超声波探伤检测，达到 GB 11345—89 标准中的Ⅱ级焊缝要求。检测梁的平直度，旁弯和钢板的平面度符合表 25-1的规定。

（2）改向滚筒，上下托辊支架和托辊的安装符合 GB/T 10595 中的有关规定，并达到第三节五（二）1 的各项要求。安装头部清扫器，头部溜槽等。

(3) 倾斜小车下平台（从动台车）的安装：下平台和从动台车的轨距，独立台车的四组从动台车的安装要求参照第三节五（二）2 的要求执行。下平台和从动台车安装在轨道上，并采取临时措施固定。

(4) 吊装倾斜梁：吊装倾斜梁时，吊绳中一根用手拉葫以调整梁的倾角。调整各部位尺寸，连接并锁紧各部位销轴支架或紧固连接螺栓。

(5) 安装倾小车与主车的连杆。

四、桥式刮板取料机的安装

（一）头尾端梁的安装

与第四节三（一）相同。检测头尾端端梁的轨距偏差和对角线偏差，并临时固定，待主梁安装后再分别安装两套行走驱动装置和其他装置。

（二）主梁的拼装

主梁拼装在平整坚实的场地上进行。将拼装的主梁放置在水平支架上，调整主梁的平直度和侧弯，调整上拱度，调整拼接接头的密合状况。逐步点焊，并检测相关尺寸合格后方可施焊。接头的焊接顺序如图 25-16 所示。对接焊缝进行超声波探伤，符合 GB 11345—89 标准中的Ⅱ级要求。检测主梁的直线度，侧弯和钢板的不平度达到第三节一（2）3）和第三节五（三）1 的要求。检测合格后方可进行下面的安装。

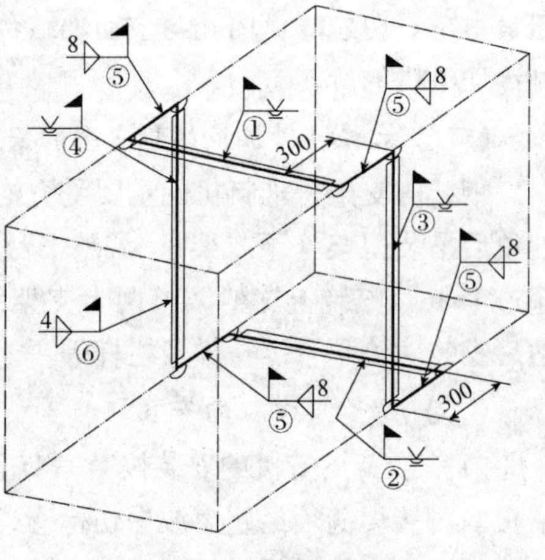

图 25-16　主梁现场连接图

（三）主梁与头尾端端梁的安装

对于取料机主梁为水平的，只需将主梁水平吊装到位，调整好水平后即可紧固连接螺栓。如果是倾斜的主梁，则在吊装主梁前先安装头轮端端梁上的支腿，并找正支腿的上平面的水平度。支腿与端梁固定后再吊装主梁，找正后再紧固螺栓。

（四）料耙及小车的安装

(1) 小车安装：将出厂时已组装的小车吊装在主梁上盖板上的轨道上，调正好小车与主梁的中心，检查四小车车轮的同位误差和对主梁的对称度偏差。调整上部水平挡轮与轨道的间隙，再安装四支腿、斜撑架和下部水平挡轮，与下轨道间隙保持 1.5 ~2.5mm。

(2) 安装驱动装置：液压驱动的小车，根据小车必须移动的距离（即油缸行程）确定油缸支座位置，安装好油缸。链条传动的驱动装置，安装主从动链轮，链齿中心线与小车中心线重合，误差不大于 2mm，主从动链轮必须在同一平面内，偏移量不超过 1mm。安装链条及其张紧装置，张紧螺栓放至最长距离，安装好链条后适当收紧即可。安装驱动装置将已组装好的传动装置减速机空心轴孔与主动链轮轴套装，涨盘紧定螺栓必须用扭力扳手逐步扭紧，达到说明书规定的扭紧力矩，切记涨盘内孔与主动轴结合面不得有油污。调整好制动器间隙 0.6 ~1.0mm，安装扭力杆及其支座。

(3) 安装料耙塔架、手摇绞车等。将料耙塔架上滑轮组装好，将塔架安装在小车上，再安装手摇绞车。安装手摇绞车时，注意两绞车的出绳方向与定滑轮方向一致。

（4）料耙的拼装和吊装：两组料耙分别拼装成一体，要求平面度偏差不大于15mm，分别将料耙下支座装入小车下支腿上，并锁住销轴两端挡板。分别穿好钢丝绳一端与塔架上的卸扣连接，一端与手动绞车的卷筒的压板固定，此时卷筒上留2.5圈的安全圈。两料耙在吊车的帮助下收紧手摇绞车钢丝绳。在提升过程中，料耙在较低位置时检查绞车的自锁性能，确定可靠后继续提高至35°~40°。

（五）刮板取料装置的安装

（1）头尾轮的安装：在头尾轮支架安装时须找其轴承座安装面的水平，再安装头轮和尾轮，要求按第三节五（三）2（1）（2）的要求检测。手拌动链轮灵活，无卡阻，无松动。

（2）刮板链架、上下导轨和导向轨的安装：按第三节五（三）2（3）的要求检测。

（3）刮板驱动装置的安装：检查安装在传动底架上的传动机构在运输过程中有无松动，减速机与电动机同心度有无变动，并调整至第三节五（三）2（4）的要求。减速机空心轴孔套装在头轮轴上时，涨盘内孔（和减速机轴套内孔）和头轮轴外圆必须清洁，不得有锈渍和油污。涨盘紧定螺栓时必须采用扭力扳手施工，按三角形均分逐步拧紧螺栓，每次拧紧力为终扭力矩的1/4，直至均匀收紧至设计的扭力矩，安装扭力杆和扭力杆吊座。

（4）安装刮板链和刮板：在安装刮板链时，将张紧装置收回至最短距离，链条安装后再适当收紧，以给张紧装置留有足够的张紧距离，安装刮板时注意将具有导向轮的刮板、无导向轮的刮板和松料刮板均布安装。

（5）头部溜槽与承托装置的安装，按要求调整好承托装置与出料皮带的距离，使承托装置的支架在取料机全行程不致与出料皮带附件碰撞。调整承托装置纵向中心线与出料皮带机中心线的重合度，使其偏差不大于2mm，平行度不大于5‰，注意检查溜槽与料场挡料板的适当距离，检查下导料槽与承托装置的适当距离。

（六）电缆卷盘的安装

按第四节二（二）节要求进行。

（七）电气控制设备安装

按第四节二（三）节要求进行。

（八）液压系统的安装

按第四节二（四）节要求进行。

（九）司机室及其他

按图纸要求进行，所有扶梯、走台和栏杆必须固定、牢固。

五、圆形堆取料机的安装

（一）圆形轨道敷设

（1）以中心立柱基础中心点为圆心的圆形轨道半径极限偏差为±3mm。

（2）轨道顶面相对理论高度的极限偏差在任意6m范围内为±1mm，整圆轨道的极限偏差为±3mm。

（3）轨道敷设未规定事项还应符合GB/T 10183的有关规定。

（二）中心柱的安装

（1）中心漏斗的安装：在安装中心柱底座之前，先安装中心漏斗，调整好中心漏斗下法兰的水平度。上口与预埋件焊接固定。

（2）安装中心柱底座：中心柱底座支腿的焊接：在平整硬实的场地（或在设备基础）上进行，先将中心柱底座安放平稳，调整上平面的水平度，拼接未焊接的两支腿，调整支腿对底座本体的垂直度，焊缝必须开剖口焊透。将焊好的中心柱底吊入堆取料机底座上，用调整螺栓调整上平面的水平度，同时拧紧地脚螺栓。上平面水平度偏差不大于0.5‰。

（3）安装下部回转支撑轴承及回转套，检测回转支撑与中心柱底座和回转套结合面的密合度，用0.05mm的塞尺检查，插入深度不超过5mm，然后拧紧轴承的内外圈螺栓。

（4）中心柱的安装：吊装中心柱调整好中心柱与底座的同心度，不同心度偏差不大于2mm。检测并调整中心柱上平面的水平度。检测中心柱与底座装配两结合面接触良好，用塞尺检测，0.05mm塞尺插入深度不大于5mm，检测中心柱上平面的水平度不超过0.5‰。检测中心柱的垂直度偏不超过0.25‰。

（5）安装中部回转支撑轴承，与中心柱上部固定后吊装主工作平台，检查回转支撑与中心柱和主工作平台结合面的密合情况，用塞尺检测，0.05mm塞尺插入深度不大于5mm。检测主工作平台四立柱支撑面的不平度，偏差不超过0.5‰。

（6）悬臂堆料机支架的安装：找正支架的中心线，铰支孔中心与中心柱中心重合，支架中心线与主工作平台的中心线重合，调整好与主工作平台焊接牢固。

（7）吊装悬臂堆料机：悬臂堆料机臂架的组装和皮带机的组装与第四节三（三）相同。

（8）回转传动装置的安装：

装配输出轴装置时，轴承内须加满润滑油脂，润滑油孔方向向外，与主工作平台装配时须将润滑油管接在平台外，以便加油。

检查减速机的状况，手盘能灵活转动、匀称，无异声和振动。

与主工作平台装配后，小齿轮与回转齿轮啮合良好，沿齿高方向接触面积大于40%，沿齿宽方向大于60%。齿侧间隙0.7～1.2mm。

（9）立柱和上工作平台的安装：安装立柱与主工作平台后检测上平面的水平度，再吊装上工作平台。螺栓紧固后，安装上部回转支撑、承重台和承托装置，检查两个承托装置的水平度，其偏差不超过2mm。

（10）润滑系统的安装：上、中、下三套润滑装置运行的好坏是设备运行的关键。润滑装置的安装必须按有关规范进行，所有润滑油管必须进行磷化处理，现场尽可能采用管接头连接。需焊接时，必须采用氩弧焊，焊后接头应作酸洗处理。润滑油管必须分段试验，出油后才与润滑点接通。加润滑脂必须配备加油泵注油。

六、顶堆侧取式圆形堆取料机的安装

（一）检测中柱基础

安装中心圆直径误差不得大于±10mm，基础标高误差不得大于±5mm。地脚中心间距误差不大于±10mm。中心柱的基础应平整并有足够的承载能力。安装前，检测基础各点的平面度等误差应在允许范围内。

确定堆取料机的中心点。整个堆取料机均由中心柱来支承，中心柱中心点与堆取料机中心点的重合度对整机的使用非常重要。安装时，必须首先确定堆取料机基础的中心点。所有重要零部件如中心柱各段、堆料机各部平台、取料机平台，在安装过程中均要求检测其中心与中心点所在铅垂线的同轴度。

整个安装主要分为三部分：中心柱部分、取料机部分、堆料机部分。

(二) 中心柱部分的安装

1. 中柱下部的安装

(1) 在安装中心柱下部时，应先将中心落料斗吊进中心柱基础下部的地坑里，待中心柱下部安装就位后安装。整个中心落料斗现场定位并连接好后与基础上的预埋钢板焊接。焊缝为连续角焊缝，焊角高为10mm。中心落料斗与支腿接口处的缝隙用钢板焊接封死。

(2) 支腿与中柱下部拼装焊接：注意调整支腿的垂直度和粗调中心柱下部的回转支撑安装面的水平度，然后焊接。焊缝形式应符合图样要求。焊后焊缝进行100%超声波探伤，达到GB 11345—89Ⅱ级（检验等级B级，以下同）标准。同时检查其中心柱下部的中心线与安装基准面的垂直度误差不得大于2mm，与回转支承连接的法兰结合面对应的水平面的平行度不得大于1mm，中心柱轴线与基础中心线的重合度误差不大于2mm，中心柱内圈(连接中心柱中部）上平面与水平面的平行度不得人于1mm。如超差进行调整使之达到要求后，方可进行下一步的安装。

梯子等应提前按具体位置安装到中心柱内的规定位置，并按图纸要求用螺栓连接或焊接好。

中心柱支腿与安装基准面应先用斜铁等垫好，以备在以后的工作中进行必要的调整。地脚螺栓在每一次调整后均需拧紧固定。

中柱下部安装完毕后，中心柱支腿处进行灌浆，包括预埋钢管与定位孔间的缝隙也要进行灌浆。水泥硬化后，拧紧地脚螺栓固定。

2. 取料机回转平台的安装

取料机回转平台的组装，按图示要求将平台各部分拼装在一起，检测回转支撑面对取料臂轴承安装面的垂直度，支柱和配重臂的铰孔对该平面的平行度。其偏差控制在4mm内，焊后对焊缝进行100%超声波探伤，并达到GB 11345—89Ⅱ级标准。同时检测各法兰及铰座的平行度等尺寸，以免在以后安装过程中出现因变形或不同心（或不平行）造成无法安装。

要求斜臂上的耳座中心线与支架耳座处轴线平行度不超过5mm。

平台焊接完毕后，将回转支承按照要求固定到回转平台上。安装时注意使用回转平台结合法兰处的止口定位，并通过安装螺栓孔的标记找正定位孔，安装后对螺栓施加足够的拧紧力矩（单个螺栓的最终扭紧力矩为1.3kN·m）。然后按照图纸和润滑装置说明书将回转支承部分的润滑管路安装好，并对回转支承注油。

回转支承安装注意事项如下：

①回转支承安装前清理干净安装基面，不允许有小碎片、焊渣及腐蚀现象；

②安装时，用塞尺检测支承平面及安装面的接触情况，如有间隙可以采用填塑或局部垫片充实，以防螺栓上紧后支承变形；

③回转支承淬火软带应置于非负荷区或非经常负荷区；

④回转支承连接均为高强螺栓，使用调质平垫圈，禁止使用弹簧垫圈；

⑤安装时，螺栓扭紧必须达到足够的扭紧力矩。

因回转支承处的润滑为集中润滑，该泵站同时润滑刮板链轮组轴承座等处，安装时注意将暂时不需要安装的管路接成回油管路。以上工作完成后，将整套机构安装到中心柱上（中心柱连接法兰也有相应的配合止口及螺栓标记），并对螺栓施加足够的扭紧力矩（1.3kN·m）。

因平台安装后，基本不再拆卸，甚至无法正常拆卸，所以吊装时应特别注意防止平台上各零部件（尤其是润滑管路）与中心柱发生磕碰，以免造成各零部件的变形并导致无法使用。

3. 中心柱中部、上部的安装

将中心柱中部和上部通过法兰止口定位后焊接成一体，焊后检测两端法兰面的平行度不超过1.5mm，中心线的直线度不超过1.5mm，并对焊缝进行100%超声波探伤，要求达到GB 11345—89Ⅱ级标准。

然后将连接好的中心柱中和上部吊装到已经安装完毕的中心柱下部上，通过接口处的法兰止口，调整定位后将整个中心柱焊接，焊后进行100%超声波探伤，要求达到GB 11345—89Ⅱ级标准。焊后检测上面对水平面的平行度不超过2mm，及对基础中心线的重合度不超过3mm。

4. 堆料机中部回转平台的安装

中柱上部安装完毕后，检测中柱顶部安装回转支承处法兰的水平度，水平度偏差不大于2mm，中柱上部与基础中心线的重合度不大于3mm。

首先将中部回转支承安装到中心柱上，并用高强螺栓扭紧，回转支承安装好后再安装中部回转平台，然后将润滑管路安装好，并对回转支承注油。

回转平台安装后，及时将与平台相连接的走台框架和铺板通过螺栓或焊接的方式安装到平台上。

5. 中心集电器的安装

中心集电器的安装可在中部回转平台安装完毕后但必须在胶带机安装前进行，其检测精度为：水平度不大于1.5mm，对中柱中心同轴度不大于3mm。

6. 上部回转平台的安装

首先安装立柱，然后安装上部回转平台。支柱通过高强螺栓与中部回转平台及上部回转平台固定到一起（螺栓最终拧紧力矩800N·m）。

最后将立柱按照图纸位置焊接到回转平台上。

上部转台因运输因素解体成三部分，现场用高强螺栓连接成一体（螺栓直径M24，单个螺栓拧紧力矩为840N·m），平台另有部分部位为现场焊接连接方式，焊接部位保证足够的焊角高度。安装时注意保证两端耳座的平行度不大于2mm，与转台轴线的对称度不大于4mm。

安装时要注意将上部回转平台、中部回转平台的同轴度调整到ϕ2mm范围之内。

7. 承重台的安装

安装上部回转平台完毕后，检测其顶部安装回转支承处的水平度，其水平度不大于2mm，然后将回转支撑轴承安装在上回转平台上，将承重台安装到回转支撑轴承上，并用高强螺栓固定（螺栓直径M30，拧紧力矩1.3kN·m），安装好回转支承后将润滑管路安装好，最后将托轮组安装到承重台上。托轮安装时，应保证其对轴线的对称度不大于2mm，两者平行度不大于2mm。

（三）取料机部分的安装

1. 回转驱动装置的安装

回转驱动安装前应手动盘转小齿轮，确定其正反转均比较灵活，没有任何卡阻现象后方可将回转驱动安装到平台上。检测小齿轮与齿圈的接触情况，小齿轮与回转齿轮啮合良好，沿齿高方向接触面积大于40%，沿齿宽方向大于60%，齿侧间隙0.7～1.2mm。

2. 支柱及拉杆的安装

首先在地面上组焊支柱及拉杆，焊后对焊缝进行超声波探伤，要求达到GB 11345—89 Ⅱ级标准，合格后方可进行下一步工作。

支柱焊接时，保证直线度不大于5mm。绳轮架上耳座与下部耳座的平行度不大于5mm。

拉杆拼接时应进行长度检测，要求两件铰点处偏差不大于5mm。

将滑轮装置安装在支柱上，然后将支柱和拉杆同时安装到位，通过销轴连接并固定。

3. 取料臂的安装

取料臂现场拼装：先用螺栓连接取料臂各段，并检测取料臂的直线度在全长范围内不超过4mm，在任意10m内不大于2mm。将取料臂焊接成一体。焊后对焊缝进行100%超声波探伤，要求达到GB 11345—89 Ⅱ级标准。

安装链条导槽直线度公差为1mm/m，两条导槽安装位置对刮板机纵向中心线的对称度公差为3mm，同一截面上的两条导槽的标高差不应大于2mm。导轨接头错位差不大于0.5mm。

安装驱动链轮组、张紧链轮组、链条及刮板。安装驱动链轮及张紧链轮时，要求其对纵向中心线对称度误差不得大于±1mm。驱动链轮轴线对刮板臂纵向中心线垂直度误差不得大于1mm。驱动链轮组与臂架连接时，通过调整垫片调整轴线与刮板臂的垂直度。

吊装取料臂：将驱动链轮组轴上轴承座与取料机支腿通过螺栓连接紧固。驱动链轮组与平台连接时，通过调整垫片组调整轴线与平台、刮板臂的轴线垂直度。

4. 刮板驱动装置的安装

刮板驱动在制造厂内已经组装好，现场在安装前应用千分表和塞尺对耦合器两端的端跳、径跳进行打表复测，要求耦合器两端与电机及减速机的端跳不大于0.15mm，径跳不大于0.10mm。如果超差，要求用调整垫片等重新调整直到符合要求。

紧缩盘（胀套）的安装应注意以下几点：

①使用力矩扳手，按对角线、交叉、均匀地拧紧；

②根据螺栓规格及标准拧紧力矩 *MA*，分四部进行；

③以三分之一 *MA* 值拧紧所有螺栓；

④以三分之二 *MA* 值拧紧所有螺栓；

⑤以 *MA* 值拧紧所有螺栓；

⑥以 *MA* 值检查所有螺栓，直到达设计要求为止。

5. 电动葫芦的安装

电动葫芦首先应安装到支座上，然后一起吊装到回转平台上。安装位置应保证钢丝绳缠绕段与刮板臂、立柱对中，电动葫芦轴线与臂架轴线垂直度不超过4mm。缠绕钢丝绳段与轴线的对称度不大于5mm。钢丝绳在电动葫芦上缠绕至少3圈，并固定。电动葫芦尽可能靠近平台外沿。定位后将电动葫芦支座焊接到回转平台上，焊角高不小于12mm。

刮板悬臂中间铰点与动滑轮组连接好，并穿好钢丝绳。卷扬机收紧钢丝绳，然后向配重箱内放置配重块直至设计配重量。

（四）堆料机部分的安装

（1）在中部回转平台安装好后，再安装尾部平台。采用高强度螺栓连接时，按第四节二（一）3的要求进行；采用焊接连接的方式，必须开剖口焊接透。安装时，注意保证上下两销轴孔的平行度偏差不大于2mm，与转台轴线的对称度不大于2mm。

（2）回转驱动的安装：安装前应手动盘转小齿轮，确定其正反转均比较灵活，没有任何卡滞现象后方可将回转驱动安装到平台上。检测小齿轮与齿圈接触情况，小齿轮与回转齿轮啮合良好，沿齿高方向接触面积大于40%，沿齿宽方向大于60%，齿侧间隙0.7～1.2mm。

（3）重锤箱与拉杆的安装：配重箱及其相关的连接件预组装好，并做相对的临时固定，然后整体吊装到位。

（4）堆料臂架与臂架拉杆的安装

分段制作的堆料臂架现场预组装成整体。杆件焊接后须进行超声波探伤检测，达到GB 11345—89中的Ⅱ焊缝要求。臂架连接后，直线度在总长范围内不得超过5mm，再安装行走平台、皮带机支架、头部改向滚筒、挡料板等。

拉杆为现场组立拼接，拼接处应探伤，拉杆两端连接板用螺栓紧固后，连接时检测两根拉杆的长度偏差不大于3mm。

臂架拉杆与堆料臂架先安装好，并临时固定在堆料臂架上的合适位置。堆料臂架起吊到合适高度后，将堆料臂架与中部回转平台通过螺栓连接，臂架拉杆与上部回转平台通过销轴连接。注意此时吊车不得脱钩，待加配重。

（5）配重块的安装

配重块分两次装填。首先加入前臂架部分的平衡重量，再安装托辊，安装驱动轮和传动装置，胶接皮带等施工完成后再加配重至设计配重。每次加入配重量必须准确计算，所加入的重量也必须准确。平衡对该类设备的正常运行是至关重要的。

（6）悬臂胶带机的安装与第四节三（三）相同，张紧方式也是螺旋张紧，调节方式如下

张紧时拆下滚筒支架与尾部平台间的连接螺栓，然后调整螺旋张紧中的螺母进行调整，每次张紧行程均为120mm的整数倍。张紧后（或张紧长度不足时）固定滚筒支架，然后将螺旋张紧松开，并拆掉与平台间的连接螺栓，向滚筒方向移动120mm的整数倍后，再将螺旋张紧装置固定，以便下一次（或继续进行）张紧。

（五）润滑系统的安装

本机共三套干油润滑系统，分别润滑三个回转支承及其他部件。下部润滑应在取料机回转平台安装到中心柱上以前，将回转支承部分的管路安装完毕，而其他管路需在安装过程中继续安装。

其他两套润滑系统可以在转台安装完毕后继续安装。

安装前，要求对所有管路进行清洗。如采用酸洗时，应进行中和处理，之后冲洗干净，待干后方可安装，各部管子不得有凹痕、踩折、压扁和破裂等现象，软管不得有扭转现象。润滑管路畅通，各接头密封处连接紧密、无泄漏。

安装过程中需要仅安装部分管路，当需要润滑系统运行时，应根据润滑系统说明书将未装管路接成回油管路或临时封堵（严禁用棉纱、布、纸屑等堵塞），以便不影响正常使用。

（六）检测系统的安装

检测系统现场安装时，参照图纸并与现实情况相结合，确定安装位置，把支架与碰撞板先点焊在相关件上，经试车调到良好状况后，再把支架和碰撞板焊牢。

堆料机料位检测：安装时现场调整小链长度，注意两个探测器应同时动作。

堆料机角度检测、取料机角度检测：注意非工作区位置与料仓门口对称布置，其他90°逆时针或顺时针布置均可，接近开关与撞铁间隙控制在10～15mm，堆料机及取料机的开关布置为同一旋转方向。

取料机料位检测：安装时现场调整小链长度，因探测器的功能不同，注意对称布置的两个探测器焊接小链长度应相同。距离不同的两组应有高低差，以确保探测器动作符合要求。

溜槽堵塞检测：现场在护罩上开200mm×200mm的方孔及螺栓用地脚孔，通过长孔调整好探测器方向后拧紧螺栓，防止其摆动。两个探测器对称布置。回转检测安装时，注意编码器与小轴的同轴度，另外取料机回转检测固定在其中一个回转驱动上即可，安装时根据走线及方便检修原则确定具体使用的一个回转驱动。

（七）消防装置的安装

消防装置安装时，按照图纸接通管路。管路接头现场套扣，接头用生胶带或麻线等进行密封。机上管路可固定在中心柱内臂上。由中心柱通往外面的管道允许在中心柱上开口，但必须用臂厚不小于10mm、长度不短于100mm的钢管对中心柱上开口处补强。

消防管路需用户提供电源及清洁水源。供电及供水位置为中心柱地脚下部通道中。与机上连接点处管路口径为3″，DN80。电源为380V三相。

七、桥式斗轮取料机的安装

（一）行走机构的安装

（1）端梁的安装将行走台车按图示要求安装在轨道上，临时固定好。然后将大车走行梁安装在走行台车上，要求同侧轨道上车轮的滚动圆的中心面应在同一平面内。同一台车组两车轮的偏差≤2mm，同侧轨道上所有车轮的偏差≤5mm，四支腿对角线的偏差≤15mm，四支点高低差≤2mm，轨距偏差±5mm，轴距偏差±5mm。同一轴线上两车轮的倾角只允许内八字（但其车轮的垂直偏斜值≤L/400，水平偏斜值≤L/1000）。

（2）行走传动机构的安装：传动装置与主动车轮轴采用胀套连接，安装前应采用丙酮洗净结合面，用力矩扳手逐次扭紧螺栓达到设计要求，预紧力矩按设计要求。

（3）桥架的安装：桥架在吊装前，应在安装现场先预组装为一体，再与行走横梁装配在一起。要求直线度偏差不大于1/3000，桥架上拱度（1.5～2）L‰。桥架上平面的小车轨道：轨距允许偏差为±2mm；两条轨道之间同一截面上其踏面相对高差不超过2mm；轨道踏面中心线应成直线每10m长度内偏差不超过2mm；轨道接头错位偏差不大于0.5mm，接头间隙不大于5mm；轨道中心线对桥架中心线的对称度偏差不大于5mm。

（4）斗轮机构的安装如下：

1）小车安装：行走轮装置与小车架装配检测同侧车轮踏面中心同位差小于2mm。车轮垂直偏斜<1/1000L（L为测量长度），车轮水平偏斜<1/1000L（L为测量长度），四轮组对角线偏差不大于10mm，轨距偏差小于±2mm，轴距偏差小于±3mm。同一轴线上两车轮的倾角只允许内八字。小车组装合格后，安放于桥架上，按图示要求分别安装钢结构其他各部

分。安装调整水平挡轮，检测小车架纵向中心线与桥架纵向中心线重合。其偏差不超过2mm，检测横梁，连接杆装配后检测各部位尺寸偏差和所形成平面内的对角线偏差小于3mm。

2）斗轮安装：将上下托辊组、圆弧挡板、导料槽按图纸位置初步固定在小车架上，并找正上托轮滚动圆的水平度和高度。上托轮上踏面水平度偏差不大于0.5mm。相对高度差不大于0.5mm。下托轮、下滚动圆踏面水平度偏差不大于0.5mm，相对高度差不大于1mm。斗轮安装调整后，导轨内圆面的径向跳动不大于1.2mm。端面跳动不大于1.5mm。接头错位不大于0.2mm，接头间隙不大于0.5mm，大链轮的端面跳动不大于1.2mm，径向跳动不大于1.5mm。斗轮中心偏移量不大于2mm。调整圆弧挡板位置，使其外圆面、全圆周方向上与裾板间隙均匀，最大间隙不大于7mm。

3）斗轮传动装置安装：装配后，检测其电机轴与减速机轴线的同轴度。径向跳动小于0.15mm，端面跳动小于0.1mm。减速机出轴与小链轮为胀盘连接，要求装配前用丙酮洗净结合面，并对称逐步拧紧螺栓，达设计要求。安装时，以大链轮为基准，找正传动链轮与大链轮的中心，三链轮传动中心线在一平面内。其端面偏斜度不得超过0.5mm。安装找正后，传动机架与小车钢结构焊接牢固。张紧链轮的安装：点焊固定上支架后拼装张紧链轮。要求链轮与大链的传动中心在同一平面内，其端面偏斜度不超过0.5mm。在现场安装调整好张紧链轮支架和各铰支点后再焊接牢固。

对于齿轮传动的链轮，调整好传动装置、输出齿轮与大齿轮的啮合精度，齿轮侧隙1.2 ~2.0mm。

4）料耙安装：料耙按图纸组装，下铰点与小车钢结构相连接，上部通过变幅滑轮组及钢丝绳与变幅卷扬机相连。要求上下变幅活动灵活，与斗轮中心线对称布置。

（5）小车移动驱动装置：一般采用卷扬装置，安装各改向滑轮组、卷筒及其传动装置，按部件图装配，并按图示要求检测合格。滑轮组转动灵活，传动装置安装在支架上，电机轴与减速机轴，减速机出轴与卷筒轴同轴度偏差均不大于0.05mm。各部位改向滑轮和各部位平台与桥架用点焊拼装，找正后焊接牢固。制动器间瓦与轮的间隙0.6 ~1.0mm。

（6）出料皮带机安装要求如下：

1）桥架中心线与皮带机支架中心线应重合，其偏差小于3mm。

2）皮带机支架中心线的直线度偏差全长范围内不应大于5mm。

3）头尾轮横向中心线与皮带机的纵向中心线应重合，其偏差不应大于2mm。

4）头尾轮轴线与皮带机纵向中心线的垂直度偏差不应大于2/1000。

5）头尾轮和各改向轮轴线的水平度偏差不应大于1/1000。

6）托辊组横向中心线与输送机纵向中心线应重合，其偏差不应大于3mm。

7）传动装置的安装：按图示要求装配。检测其电机和减速机轴心线的同轴度，要求径向跳动小于0.15mm，端面跳动小于0.1mm。传动装置与皮带机传动滚筒的安装必须确保其同轴度。粗调安装后，将传动机架焊接在主梁上，然后再用紫铜垫片找正传动装置与皮带机传动滚筒轴的同心度。手动盘动传动滚筒转动平稳，无轻重或跳动感。再接通电源空负荷试车转动30min后，检测减速机入轴处箱体三个方向上的跳动量均不大于0.05mm。

8）漏斗装置按图纸分别安装调整找正。活动导料槽上下活动灵活无卡阻。

第五节　试车与竣工验收

一、空负荷试验要求

（1）堆取料机空负荷试验条件

1）在用户安装现场进行；

2）完成电气和液压系统试验；

3）各润滑部位润滑正常，并注入足够润滑油、脂。

（2）驱动装置运行平稳，无冲击和异常响声，无渗漏油。

（3）液压系统运转正常，各种发讯装置灵敏可靠，接头、密封件、阀门无泄漏，液压缸工作正常，压力表指示准确。

（4）带式输送机运转正常、平稳、不跑偏。

（5）悬臂梁仰俯自如，回转正常、平稳。

（6）刮板机运行平稳、牵引件运转正常，无卡碰、跑偏，输送链张紧适中。

（7）料耙运行平稳，无抖动冲击现象。

（8）大车行走机构运行平稳，车轮不卡轨。制动开启灵活、制动可靠。

（9）各安全保护装置完善，报警装置灵敏，安全可靠。

（10）电控设备程序运行准确可靠。

（11）单项试验和各传动机构试验时间不应少于30min。

（12）堆取料机在完成单项试验后，应进行整机联动试验。整机联动空负荷试验时间不少于2h。

（13）电动机、减速机和各部位轴承温升不应高于30℃，最高温度不应高于70℃。

（14）内装式电动滚筒温升不应高于40℃，最高温度不应高于80℃。外装式电动滚筒温升不应高于30℃，最高温度不应高于70℃。

（15）液压系统油箱内最高油温不应高于60℃。

二、负荷试验要求

（1）堆取料机负荷试验应满足第五节一中各项要求。

（2）堆取料机负荷试验应在用户现场和在空负荷试验后进行。

（3）堆取料机负荷试验时应逐步加载至50%半负荷，半负荷试验时间不应少于6h。

（4）堆取料机半负荷试验合格后，按工艺要求设定的程序再进行连续满负荷试验，满负荷连续试验时间不应少于2h。

（5）带式输送机托辊与输送带接触均匀，输送带张力适中、送料畅通，不跑偏、不撒料。

（6）带式输送机的清扫器工作正常，与输送带接触长度不应小于85%。

（7）电动机、减速机和各部位轴承的温升不应高于40℃，最高工作温度不应高于80℃。

（8）内装式电动滚筒的温升不应高于50℃，最高工作温度不应高于90℃。外装式电动滚筒温升不应高于40℃，最高工作温度不应高于80℃。

（9）液压系统油箱内最高工作油温不应高于65℃。

三、试验方法

（一）一般试验

（1）主梁、端梁、中心柱、门座架、取料臂和堆料臂的对接焊缝内部质量按 GB/T 3323 或 GB/T 11345 规定进行检验，探伤长度为每条焊缝长度的20%，焊缝交叉处应检验。对用超声波探伤检验发现的焊缝可疑处，应采用射线探伤检验进一步评定。焊缝探伤检验不合格时，对该条焊缝应加倍长度检验；若再不合格时，应100%检验。

（2）主梁、端梁、中心柱、门座架、取料臂和堆料臂的尺寸极限偏差用钢尺进行检验，水平直线度用钢尺和拉线方法在离上翼缘板约100mm处的筋板处进行检验；腹板局部平面度用长1m的钢板尺在离受压盖板 $H/3$ 以内的腹板区域内进行检验。

（3）梁跨中上拱度用经纬仪进行检验。

（4）立柱主要受力构件的材料超声检测，应按 JB 4730.3 的规定；各支承圈法兰拼接焊缝质量按 GB/T 3323 或 GB/T 11345 的规定进行检验，要求100%探伤。

（5）圆形轨道的平面度用经纬仪检验，半径尺寸公差用弧形样板检验，其最大间隙 a 不应大于2mm（图25-17）。

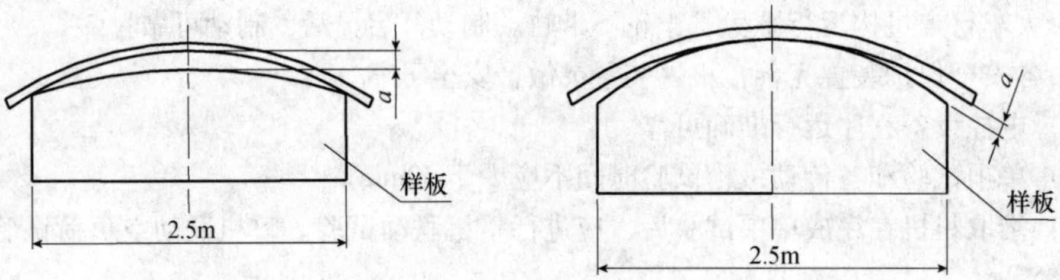

图25-17　轨道平面检验示意图

（6）轨道敷设精度应用钢尺及经纬仪进行检验。

（7）中心立柱底座和顶部法兰的水平度用水平仪检验。

（8）料耙耙架平面度应用水平仪进行检验。

（9）链条导槽直线度应用拉线方法进行检验。

（10）水平挡轮、导向轮、滚轴、销轴和轴套等热处理零件经热处理后应检查硬度，有效硬化层深度，每批抽查1%，且不少于1件。

（11）钢结构高强度螺栓连接质量应按 JGJ 82 进行检验。

（12）钢铁件表面除锈等级应按 GB/T 8923 样板对比，或用目测法进行检验。

（13）涂漆质量检验应按 JC/T 402 的规定。

（二）电气系统试验

（1）电控设备安装验收应符合 GB 50254 和 GB 50256 的规定。

（2）电动机安装验收应符合 GB 50170 的规定。

（3）目测电线、电线弯曲半径应符合 3.3.2 条的规定。

（4）中心集电环对地绝缘电阻用500V兆欧表检验。

（5）电控设备接地标志用目测法检验，接地电阻试验方法应符合 GB 50256 的规定。

（6）电控设备外壳防护等级试验方法应符合 GB/T 4942.1 的规定。

（7）接通控制电源，检查电气元件动作是否正确。

（8）打开全部照明开关，检查灯具插座是否通电照明。

（9）检查安全保护装置动作，连锁、声响和信号是否达到设计要求。

（10）检查程序控制输入和输出是否正常。

（11）操作各控制手柄和按钮反复试验5～10次。

（三）液压系统

（1）液压系统的耐压试验采用1.5倍的工作压力，保压10min，然后检查各处渗漏和变形。

（2）试压时应分级进行，逐渐达到耐压试验要求的压力，每升一级压检查一次，压力分级按表25-8的规定。

表25-8　试验压力分级表

压力分级	1	2	3	4	5
试验压力/公称压力	0.25	0.5	0.75	1.0	1.25

（3）全系统在工作压力下运转30mim，液压缸工作5～10次，同时检查油泵和电动机的运转情况、液压缸运行状态和密封情况，观测管路的形状变化和油温。

（4）液压系统油液清洁度检验方法应符合GB/T 20423的规定。

（四）空负荷试车

（1）皮带输送机按送料方向运转，输送带不跑偏，托辊与输送带接触均匀，转动灵活。

（2）悬臂梁由原始位置仰起或俯下至极限位置，在回转角度范围内，往复进行升降、回转，并进行启动、制动试验。

（3）刮板机按取料方向连续运转，并进行启动、停止试验。

（4）料耙调整到正常工作角度，往返连续运行，并进行启动、停止试验。

（5）大车往返连续运转，并进行启动、制动试验。

（6）取料臂变幅灵活、快速，慢速启动、制动，运行平稳，无颤动。

（7）电动机、轴承、电动滚筒和油箱等温升和最高温度用温度计或传感仪测量。

（8）堆取料机电控室或司机室空负荷噪声声压级试验方法应符合GB/T 3768的规定。

（五）负荷试验

（1）堆取料机负荷试验在完成空负荷试验后进行。

（2）负荷试验应将臂梁处于水平、仰起和俯下三种状态，远近两个极限位置按工艺要求分别进行连续堆取料作业，并进行启动和制动试验。

（3）在堆取料机连续作业时，悬臂应进行往复、升降动作，并进行启动和制动试验。

（4）堆取料机负荷连续作业试验时，大车应进行启动、行走和制动试验。

（5）耙架调整到正常工作位置、往复连续作业，并进行启动和制动试验。

（6）带式输送机进行输送物料试验，托辊与输送带接触均匀，输送物料畅通，不跑偏、不撒料。

（7）堆取料机在完成单项试验后应进行整机联动试验，整机联动负荷试验时间不少于2h。主要技术参数应达到设备技术性能要求。

（六）试车的连续性

（1）试车过程中发现有不符合要求的项目，必须停车处理再重新试车检测，直到合格。

（2）由于意外因素影响而中断试车，或出现短时间可排出的故障，故障排除后，可继续进行。

（3）由于重大故障中断试车，待故障处理完毕后，再重新开始试车，试车时间必须重新计算，不得前后累计。

（七）试车记录和考核结果

（1）建设单位和用户应做好试车记录。

（2）试车结束后再检查一次设备情况，确认记录的缺陷，在规定期限内复查主要缺陷的整改结果，并记录在试车记录本上。

（3）如果产品性能参数达到设计要求，整机未发现裂纹、永久变形、油漆剥落或对堆取料机的安全有影响的损坏，连接处无松动或损坏，则可认为验收试车完成。

（4）试车验收记录和验收报告应由参与试车的代表签字。

考核项目及验收指标应符合表25-9的规定。

表25-9

序号	检查项目	计量单位	验收指标	检测条件与方法	备注
1	额定生产率偏差 ΔQ	%	+10	物料与料堆应符合设计要求 方法一：使用胶带电子秤或有计量的料仓 $\Delta Q=\frac{Q_{测}-Q}{Q}\times 100\%$ 方法二：用测速表测出带式输送机带速，再测量带式输送机单位长度上的料重，截取三段以上（每段长1m）取各段实际重量的平均值，折算出 $Q_{测}$，$Q_{测}=3600qv$ 代入上式，计算出 ΔQ 检查工具：钢卷尺、容器、转速表	Q——额定生产率，t/h； $Q_{测}$——所测平均小时生产率，t/h； q——单位长度输送带上的物料重，t/m； v——带式输送机速度，m/s
2	堆取料高度偏差 ΔH	m	+0.3	在额定生产率 Q 状况下，把臂架升到最高位置正常堆料，然后停止工作，用钢尺测量堆料高度，堆料时测量改向滚筒下边缘50mm处 检查工具：钢卷尺	
3	臂架回转半径偏差	%	+0.5	臂架处于水平位置时堆料臂架（或取料臂架）纵向中心面的投影点至回转中心线的距离 检测工具：钢卷尺、150N弹簧秤、直尺	
4	臂架回转角度偏差		+2	由回转齿圈或销齿的起始齿，查出啮合齿数或销齿，计算出回转角度偏差值（起始点臂架中心应与轨道中心重合）	

续表

序号	检查项目	计量单位	验收指标	检测条件与方法	备注
5	跨度偏差 ΔS $S \leqslant 10$m	mm	±5	在无日照影响时，以车轮端面为基准，用钢卷尺测量。钢卷尺的拉力和测量修正值应符合规定，跨度偏差 ΔS 等于实测值与跨度公称值之差，如一对车轮两个端面的实测值不同时，取两者的平均值为其跨度值，应检测 2 ~ 3 组数据	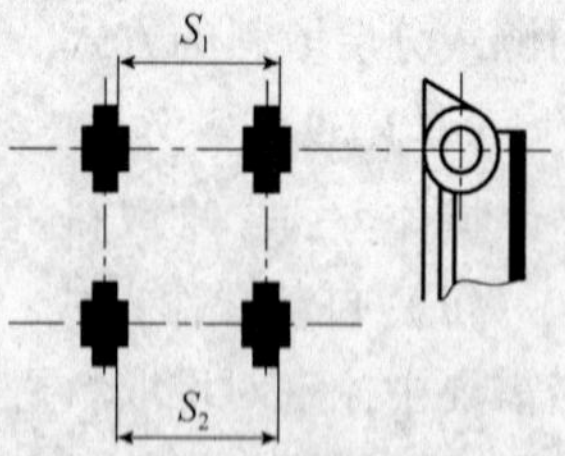
	跨度相对差 $S_1 - S_2$ $S \leqslant 10$m		≤2	两对车轮的 S_1 与 S_2 的实测值之差即为跨度的相对差 检测工具：钢卷尺、150N 弹簧秤、直尺、卡尺	
6	司机室噪声	dB	≤70	机器正常工作时，关闭司机室门窗，在司机坐定时两耳高处前后左右各 0.5m 处，用声级计测量司机室噪声	
7	设备粉尘排放量	mg/m³	130 ~ 150	检查转载漏斗和堆料排料末端处的粉尘排放量 检测仪器：粉尘采样器、空气含尘浓度测定仪、滤膜称量用单盘光电天平	
8	设备各发声源	dB	≤85	测量点应在距壳体垂直距离为 1m 处，用声级计测量	
9	漆膜厚度	μm	JB/T 4149	直接用漆膜测厚仪与漆膜表面接触测量，一般抽检主要钢结构 3 件，一般结构件 2 件，每一被测件检测 10 点取其最薄漆膜为评定依据 检测仪器：漆膜测厚仪、触点式数字显示仪	合同有特殊要求时按合同执行
	漆膜附着力		2 级	按 GB 9286 规定检测（画格法、画圈法、粘贴法等检测方法）	

第六节　堆取料机的操作、维护和检修

一、堆取料机的操作

（一）正确确定操作工艺

根据堆取料机的不同形式和工艺设计的不同要求，选择相应的操作工艺，根据工艺要求选择设备的操作方式。

对于长形料场的堆料机，通常都是采用连续堆料方式，料堆横截面为三角形料堆。相应的桥式刮板取料机采用的是端面取料方式，从而达到物料均化的目的。

对于圆形堆场的堆料方式，按“连续复合式”方法进行堆料。臂架在堆料过程中沿料堆的堆脊运行方式堆料（即臂架的升降和回转协调运行）。其取料方式也是端面取料方式。

对于侧式取料机相对应的，可采用定点堆料的方式，形成锥壳形料堆。其取料方式是采用侧式分层取料的方式。

（二）设备操作

操作方式：堆取料机的操作方式通常有自动、半自动和手动操作方式三种。

（1）自动操作方式：自动控制方式下的堆取料作业由中控室和机上控制室均可实施。当需要中控室对堆取料机自动控制时，操作人员只要把操作台上的自动操作按钮按下，然后按下启动按钮，堆料机上所有的用电设备将按照预定的程序启动，整机操作投入正常自动运行作业状态。在中控室的操作台上，通过按动按钮可以对堆取取料机实现整机系统的启动或停车。堆取料机的运行，联动和连锁控制均是自动控制程序完成的。

（2）半自动操作方式：在堆取料机进行作业前由操作人员设定相关的参数。而后启动半自动堆取料作业程序，堆取料机即可自动进行堆取料作业。在此堆取料过程中，操作人员也可以随时暂停自动程序的运行。针对料堆的变化，重新调整程序再进行自动作业。

（3）手动操作方式：通过相应的操作按钮（或触摸屏上的控制图标）进行操作。作业过程由 PLC 程序实现，相关的一切连锁关系与自动方式相同。

正常的堆取料作业必须具有相关的安全连锁，除设备检修外，不得解除连锁关系。

（三）安全操作规程

（1）操作人员必须认真阅读设备的操作使用说明书，熟悉本设备性能和操作方法，并经考试合格，方可上岗操作。

（2）严禁超出本设备所规定的范围运行，即堆取料能力、运行距离、回转范围、变幅范围等，严禁臂架作为起重臂吊运任何货重。

（3）取料机正常工作条件：环境湿度 -200 ~ +450℃，风速：七级以下。

（4）经常检查各部位限位开关的位置是否准确、可靠，制动器是否可靠，严禁随意移动限位开关位置和制动器间隙。

（5）风速限制：室外工作的堆取料机只能在七级风以下作业。当风速达到七级时，设备停止工作，迅速夹紧夹轨器。

（6）作业过程中，突然停电或电压波动较大时，司机应尽快切断电源总开关，各控制开关复零。

（7）作业时严禁检修、清扫、加油。停机检修时必须切断电源。

（8）工具、备件和其他杂物必须存放在专门的箱柜内，严禁随意散堆、散放。

（9）机上、司机室、电气室内严禁堆放易燃、易爆物品，并经常检查灭火器是否完好。

（10）经常清理扶梯、平台和走道上的油污，雨水、冰雪及散落的物。

（11）电气维修人员必须经常检查和维护电气设备，并严格遵守电气安全操作规程。

（12）保持电机和其他电气设备的良好接地。

（13）用户必须根据本单位具体情况制定安全操作和检修维护规程，并按规程完成作业、作业前的准备和作业后的维护工作。

（四）设备运行操作

（1）司机必须熟悉本设备结构、工作原理、技术参数和操作维护方法，严格遵守安全操作规程。

（2）操作如下：

1）开车前，必须仔细检查主要零部件有无损坏，发现问题及时处理，然后空车试运转各机构。各部位正常后方可以进行作业。

2）在作业前，必须给以预警铃信号，以示机旁各岗位工作人员注意。

3）堆料作业时，应注意物料量与堆料（或）皮带输送量配合，不得引起堵料或撒料。如有异常，应立即通知来料皮带减少来料量（或取料量），甚至停车。

4）堆取料作业过程中，大车行走速度必须按 PLC 编好的程序执行，堆料或取料量变化后，速度值根据实际情况调整。

5）作业停止后，司机离开岗位时，必须切断机器总电源，手动夹轨器夹紧。

6）司机室和电气室的消防设备必须处于完好。

7）严格在瞬间对各驱动装置做正反转操作。换向中间要有短时间的停顿，并力求运行平稳。

8）俯仰、回转、行走的限位开关只做工作极限的开关，不能认为是设备正常运行时的停车开关。正常换向、停机都应用操作台上的开关（按钮）。换向中间要有时间的停顿，并力求运行平稳。

9）机器运行时，司机应集中精力进行操作和观察，尤其在回转和变幅时要防止前臂架碰撞异物。

10）运行中发生意外，使用紧急开关停机。

11）运行中的巡回检查：检查电机、轴承、传动装置、液压装置等有无异常声音、振动、发热等。机器各部位螺栓、轴端挡板有无松动、缺损。结构件有无变形、焊缝有无开裂。减速机油位正常、不漏油。各部位润滑是否良好。发现紧急故障可用急停开关或皮带机拉线开关紧急停车。

（3）作业后的清理工作：

1）定期给润滑点加注润滑油脂。

2）做好设备清洁工作，清扫积料、集灰和通道上的障碍物。

3）切断电源，关闭司机室和电气室。

4）锁紧夹轨器。

二、维护与保养

堆取料机的无故障操作和较长的使用寿命，在很大程度上取决于正确使用、经常检查、正确维护保养、润滑、适时地更换已经被磨损了的零部件。为了及时地正确处理故障，操作人员必须熟悉堆料机的各部分结构、功能及要求。

（一）堆取料机的维护

对堆取料机的维护使用，应按制造厂所提供的产品使用说明书进行。

堆取料机的电气操作、维护、保养，按电气使用维护说明书进行。

（二）预防性检查、保养（表 25-10）

表 25-10　检查、保养表

检查部件	检查项目	周期
刮板（斗轮）取料机构	清理检查调整	每天
堆料（出料）皮带机	清理检查调整	每天
滚（滑）动轴承	检查润滑加油	每天
铰接关节轴承	检查润滑加油	每周
导料槽	检查调整	每周
回撑轴承	检查润滑加油	每天
变幅机构	检查调整	每天
回转机构	检查调整	每天
行走机构	检查调整	每天
料耙及小车	检查调整	每天

（三）设备润滑和液压系统用油

设备的使用寿命通常取决于遵守润滑规程的好坏程度。

堆取料机需要润滑的各润滑点、润滑方法见润滑表（表 25-11）。有关减速机、托辊、驱动及改向滚筒等的润滑详见外购件的产品说明书。特别注意：液压系统用油为 46#耐磨液压油，在加油或换新油时必须经 20μm 的滤芯过滤方可加入油箱。液压系统中的吸油过滤器和回油过滤器经常（至少每月一次）清洗或调换。润滑油（脂）一览表见表 25-11。

表 25-11　润滑油（脂）一览表

油（脂）使用部位	推荐油（脂）品种	注油量	补充时间	更换周期
斗轮减速机	夏季 N320 冬季 N220 齿轮油	到油标	酌情	6 个月
回转减速机	同上	同上	同上	同上
皮带机减速机	N220 齿轮油	同上	同上	同上
行走机构减速机	夏季 N320 冬季 N220 齿轮油	同上	同上	同上
滚动轴承润滑脂	3#极压锂基脂	适量	每天	
回转支撑润滑	2#极压锂基脂	适量	每天	
刮板链滴油润滑	机械油 N220	适量	每天	
开式齿轮	3#极压锂基脂	适量	每月	
液力耦合器	22#透平油		按说明书	
关节轴承	3#极压锂基脂	适量	酌情	
集中润滑站	2#极压锂基脂	适量	每天	
液压系统	冬季 YC-N46 夏季 YB-N46 耐磨液压油	油标	酌情	6 个月

（四）检查和调整

检查各传动机构的电动机、减速机、联轴器工作是否正常，有无异声、振动、连接螺栓有无松动等，发现异常及时处理。

检查所有螺栓连接并重新拧紧（有力矩要求的特殊地方应使用力矩扳手），如果位置移动应调整后拧紧。

行走轮检查车轮的磨损，检查车轮在轨道上运行是否正常。

齿轮和齿圈：检测齿轮啮合时声音是否正常，如不正常，调整齿轮侧隙后拧紧。

检查调整刮板链，输送带是否过度松弛，检修调整。

金属结构：检查金属结构各部位是否腐蚀、变形、裂纹等，发现异常应予以及时处理。

（五）设备检查项目及要求（表25-12）

表25-12　设备检查项目及要求

序号	检查项目	处理意见和要求
1	检查轨道	开动行走机构，观察轨道有无局部下沉及车轮卡轨，及时处理路轨
2	检查轨道接地	轨道接地良好
3	清洁各电机、减速机、平台走道、皮带机托辊、滚筒处的物料和尘土	压缩空气清扫
4	每月检查各机构减速机油箱油位和油质	加油或更换
5	每月检查各机构制动器间隙和工作性能	正常间隙0.5～0.7mm，清除制动轮面的油污，调整间隙
6	每月检查电气各中线接地	保持中线接地
7	检查电气柜和电气元件工作状态	机器开动，查看各电气元件工作状态灵敏程度，磁力启器接触点是否烧焦，如触点接触不良应及时用油光锉或细砂纸修光，电缆卷筒动作正常
8	检查各机构限位开关	开动机器检测，如失灵立即修复
9	检查皮带机系统工作状况	防偏、防堵料、转动灵活、皮带张力足够，否则停机检修
10	每天检查各机构工作状况	无异声，无振动，无不正常温升
11	金属结构件的检查和保养	钢结构每三个月检查一次，防止变形、锈损和焊缝开裂，修复和补漆

（六）常见故障和处理方法（表25-13）

表25-13　常见故障和处理方法

部件	故障情况	原因及可能的后果	处理方法
行走机构	啃轨	两主动车轮直径不相等，大车两侧线速度不等，致使车体倾斜	更换车轮
		传动系统偏差过大	使电动机、制动器合理配置检修传动轴及齿轮
		结构变形	矫正变形
		轨道安装误差过大	矫正轨道，使轨距、直线度、标高等符合要求
		轨道面有油污或冰霜	清除油污和冰霜

续表

部件	故障情况	原因及可能的后果	处理方法
齿轮	轮齿折断	工作时发生跳动，继而损坏机器	更换齿轮
	齿轮磨损	运行时振动大、噪声大	磨损量超过齿厚20%则更换齿轮
	齿轮轮幅轮缘和轮毂有裂纹	齿轮损坏	更换齿轮
	齿轮在轴上跳动	键坏	更换键，确保齿轮在轴上配合牢固
轴	轴有裂纹	轴损坏	更换新轴
	轴变曲	导致轴颈磨损	矫正直线度不直度<0.5mm
	键槽损坏	不能正常传递扭矩	重新铣键槽或换轴
联轴器	半联轴器内有裂纹	联轴器不能正常工作	更换
	螺栓孔磨损	联轴器不能正常工作	重新扩孔配螺栓或更换
	键槽磨损	联轴器不能正常工作	重新开键槽或更换
减速器	发生周期性振动	齿轮周节误差过大，或齿侧间隙过大	更换齿轮
	发生周期性锉擦声减速机周期振动	通常是减速机高速轴与电机轴不同心，或齿轮磨损不均，齿顶有尖锐折边所致	检修，调整同心度，修复齿轮轮齿
	减速机机壳发热	轴承安装不良，或轴承损坏，润滑不良润滑油变质	更换轴承，修复齿轮，更换润滑油
	润滑油泄漏	密封环损坏，壳体变形或连接螺栓松动	更换密封圈，剖分面加609密封胶或检修机壳刮平剖分面，紧固连接螺栓
	减速机整体振动	减速机固定螺栓松动，输入输出轴不同心，或支架刚性差	调整同心度，紧固固定螺栓，加固支架，增强支架刚性
制动器	断电后不能及时制动	杠杆系统活动关节有卡阻现象	检查并消除卡阻
		制动轮表面有油污	清洗制动轮和刹瓦表面
		刹瓦磨损	更换磨损
		液力推杆运行不灵活	检查推杆或电气部分，检查推杆油液是否恰当
	制动器打不开	刹瓦与制动轮黏合	用煤油清洗制动轮和刹瓦
		活动关节卡阻	检查机械卡阻并清除
		推杆运行不灵活	推杆油液是否妥当，推杆叶轮和电气是否正常
	刹瓦发出焦味或磨损	刹车不均匀，局部发热和磨损	检修并调整
	刹瓦易于脱开	调节螺栓未拧紧	按调整位置拧紧螺母
轴承	轴承温度过高	轴承损坏	根据噪声和振动分析是否轴承损坏，更换轴承
		基础松动	检查并拧紧基础螺栓
		缺少润滑油或安装不良	检查轴承润滑油量和油质，补充或更换
		轴承中有油污	清洗并换油
	轴承噪声过大	装配不良或轴承卡阻	检查轴承装配并调整
		轴承部件损坏	更换轴承

续表

部件	故障情况	原因及可能的后果	处理方法
皮带机	皮带跑偏	皮带托辊安装不当	调整调心托辊、托辊组
		头尾改向轮不平行	调整
		滚筒表面有积料	清除
		皮带接头不正	重新粘接
		给料不正	调整落料点位置
	皮带打滑	驱动滚筒表面有水	增加张紧力
		张紧力不够	加大配重，或重新胶接
刮板链	严重噪声和抖动	链条松动	张紧链条
		导轨卡阻	检查维修
		链齿磨损	换链轮
电动机	电机过热	工作制度超过额定值	减少工作时间
	定子铁心局部过热	在低压下工作，铁心硅钢片间发生局部短路	当电压降低时减少负荷，清除短路部位，涂绝缘漆
	转子温度升高，定子有大电流冲击，电机速度达不到额定值	绕线端头中性点或并联绕阻间接触不良	检查的有焊接接头，清除外部缺陷
		绕阻与滑环连接不良	检查绕阻与滑环的接触状况，并消除隐患
		电刷接触不良	检查并调整
	转子温升高，定子有大电流冲击，电机速度达不到额定值	转子电路中有接触不良处	检查连接导线对接触器或控制器转子电路，触头接触不良处进行修整，检查电阻状况，断裂处予以更换
	电动机工作时振动	电机与减速机轴不同心	找正同心度
		轴承磨损	检查并更换轴承
		转子变形	检查并修整
	电动机工作不正常	轴承损坏	更换
		键损坏	更换
液力耦合器	达不到额定转速	电动机有故障或电机缺相或工作机构卡死	检查电机电流，转速、检查工作机构状况
		充油过多，无法达到额定转速	检查充油量，放掉部分油量
		充油太少	检查充油量，补充油量
		耦合器漏油	更换密封，拧紧螺栓
	安全塞经常熔化	充油量太少	检查充油量，补充油量
		耦合器漏油	更换密封，拧紧螺栓
	运动不平稳	不对中	重新找正
液压系统	泵不出量	油位太低	补油
		泵损坏	更换
	建立不起压力	压力表损坏	更换
		油泵故障	检修或更换
		电磁阀失灵	更换或检修
		溢流阀失灵	更换或检修
		油质乳化	清洗油箱并换油
	运转时噪声大	油泵活塞配合过紧或卡死滤油器堵死、管道吸入空气	检修或更换油泵，清洗或更换过滤器，补油至油位
		工作油黏度过大	检查油质，换油
	系统压力不稳定	系统吸入空气，油箱产生气泡	检查捉漏，并排除空气
		溢流阀失灵	检查清洗或更换

续表

部件	故障情况	原因及可能的后果	处理方法
	系统压力不高，液压缸动作迟缓	溢流阀弹簧压力低，油通过溢流阀返回油箱	校正弹簧压力，调定系统压力达额定要求
		油泵泄漏，油泵磨损、密封件损坏，液压系统内漏严重	检修或换泵，更换密封件，系统捉漏
	油路漏油	管道松动，密封损坏，焊接点有裂纹，油液牌号不对或油质变坏	更换密封件系统捉漏，检查油质换油
	俯仰动力不平稳，有抖动	电液阀阀芯有异物，油液黏度过大，平衡阀或液控单向阀阀芯有异物	清洗检修系统阀件或清洗油箱，检查油质滤油或换新油

附录A　堆取料机验收报告

堆取料机验收报告见表25-14。

表25-14　机械验收报告

型号　　　　　　　　　　验收日期　　　年　　月　　日
制造厂　　　　　　　　　验收地点
环境温度（℃）　　　　　司机
环境湿度（%）　　　　　试验负责人
风速/风向　　　　　　　验收负责人

项目			单位	设计要求	实测结果	备注
生产能力	额定生产率	取料	t/h			
		堆料				
	堆取高度	轨上	m			
		轨下				
回转机构	回转半径		m			
	回转角度		（°）			
	回转转速		r/min			
走行机构	速度	慢	m/min			
		快				
	跨度		m			
	对角线长					
刮板链	头尾轮中心距		m			
	刮板尺寸（宽×高）		mm			
	刮板链速度		m/s			
堆料臂头轮上升速度			m/min			
取料臂头轮上升速度						
悬臂带式输送机带速			m/s			
中继带式输送机带速			m/s			

电气系统验收报告见表25-15。

表 25-15　电气系统验收报告

型号　　　　环境温度（℃）　　　　验收日期　　年　　月　　日　　验收地点　　　　试验负责人
制造厂　　　环境湿度（%）　　　　风速/风向　　　　　　　　　　司机　　　　　　验收负责人

项目		电机型号	额定功率（kW）	额定电流（A）	额定电压（V）	实测电压（V）			实测电流（A）			功率因数	对地绝缘（MΩ）	相间绝缘（MΩ）			高压电器设备交流耐压试验	温升（℃）
						A	B	C	I_A	I_B	I_C	$\cos\psi$		$A-B$	$B-C$	$C-A$		
刮板取料机构	设计值																	
	空载																	
	重载																	
回转机购	设计值																	
	空载																	
	重载																	
俯仰机构	设计值																	
	空载																	
	重载																	
悬臂带式输送机	设计值																	
	空载																	
	重载																	
中继带式输送机	设计值																	
	空载																	
	重载																	
走行机构	设计值																	
	低速																	
	高速																	

续表

项目		电机型号	额定功率（kW）	额定电流（A）	额定电压（V）	实测电压（V）			实测电流（A）			功率因数	对地绝缘（MΩ）	相间绝缘（MΩ）			高压电器设备交流耐压试验	温升（℃）
						A	B	C	I_A	I_B	I_C	$\cos\psi$		$A-B$	$B-C$	$C-A$		
夹轨钳	设计值																	
	左侧																	
	右侧																	
动力电缆卷筒	设计值																	
	力矩电机																	
	排风电机																	
控制电缆卷筒	设计值																	
	力矩电机																	
	排风电机																	
干式变压器	设计值																	
	空载																	
	重载																	
断路器																		
高压电缆																		

续表

项目		电机型号	额定功率（kW）	额定电流（A）	额定电压（V）	实测电压（V）			实测电流（A）			功率因数	对地绝缘（MΩ）	相间绝缘（MΩ）			高压电器设备交流耐压试验	温升（℃）
						A	B	C	I_A	I_B	I_C	$\cos\psi$		$A-B$	$B-C$	$C-A$		
高压绝缘子																		
高压卷筒																		
照明																		
其他																		

检测装置测试报告见表25-16。

表25-16 检测装置测试报告

型号　　　　　　　　　　　　验收日期　　　　　年　　月　　日
制造厂　　　　　　　　　　　验收地点
环境温度（℃）　　　　　　　司机
环境湿度（%）　　　　　　　试验负责人
风速/风向　　　　　　　　　验收负责人

项目			设计要求	实测结果	备注
回转机构	左限位				
	右限位				
	角度检测				
	调速	单速			
		1/cosψ 无级调速			
		定量取料无级调速			
俯仰机构					
	上限位				
	角度检测				
走行机构	前进限位				
	后退限位				
	位置限位				
带式输送机	防跑偏检测				
	防打滑检测				
	防溜槽堵料				
侧式刮板取料机构	上限位				
	下限位				
	断链检测				
控制	手动				
	PC半自动				
	PC全自动				
工业电视					

噪声测试报告见表25-17。

表 25-17　噪声测试报告

型号	验收日期	年　月　日
制造厂	验收地点	
环境温度（℃）	司机	
环境湿度（%）	试验负责人	
风速/风向	验收负责人	

dB

测　点			
司机室			
刮板减速机			
回转减速机			
悬臂带式输送机减速机			
中继带式输送机减速机			
行走减速机			

粉尘检测报告见表 25-18。

表 25-18　粉尘检测报告

型号	验收日期	年　月　日
制造厂	验收地点	
环境温度（℃）	司机	
环境湿度（%）	试验负责人	
风速/风向	验收负责人	

mg/m^3

测　点	允许值	实测值	备　注
司机室			
电气室			
臂架前端			
转运落煤管（平台处）			
转运落煤管（地面处）			

注：测试时物料含水量________%。

粉尘检测报告见表 25-19。

表 25-19　粉尘检测报告

型号	验收日期	年　月　日
制造厂	验收地点	
环境温度（℃）	司机	
环境湿度（%）	试验负责人	
风速/风向	验收负责人	

mg/m^3

测　点	允许值	实测值	备　注
司机室			
电气室			

续表

测　点	允许值	实测值	备　注
臂架前端			
转运落煤管（平台处）			
转运落煤管（地面处）			

注：测试时物料含水量________%。

附录B　测量跨度采用的拉力值和修正值

测量跨度采用的拉力值和修正值见表25-20。

表25-20　拉力值和修正值

<table>
<tr><td rowspan="3">拉力
（N）</td><td rowspan="3">跨度
（m）</td><td colspan="4">钢卷尺截面尺寸（mm×mm）</td></tr>
<tr><td>10×0.25</td><td>13×0.2</td><td>15×0.2</td><td>15×0.25</td></tr>
<tr><td colspan="4">修正值（mm）</td></tr>
<tr><td rowspan="2">100</td><td><10</td><td colspan="4">0</td></tr>
<tr><td>≥10</td><td colspan="2">1.0</td><td colspan="2">0.5</td></tr>
</table>

测量时钢卷尺和机架温度要一致，钢卷尺不得摆动并自然下垂。

测量所得钢卷尺上的读数加上表25-20所列修正值，再加上钢卷尺计量修正值，即为堆取料机的实际跨度（或对角线长）。

第二十六章　水泥工业用减速机

按　水泥工业用减速机是满足水泥生产的重要设备，这种硬齿面在国际上早已被列为推广应用的新技术，而我国采用硬齿面起步比较晚，最先采用在水泥生产线上。从此，硬齿面减速机在水泥生产上得到的广泛应用。随着我国水泥设备大型化的发展，硬齿面减速机越来越受到用户青睐，从小功率到大功率的设备被开发出来，目前已达到5000t/d额定功率以上。为此，2006年原国家建筑材料机械标准化技术委员会申报立项，决定修订该标准，经国家发展和改革委员会批准，组织成立以南京高精齿轮股份有限公司等单位组成的起草工作组完成了起草工作，有望达到国际先进水平。

第一节　概　　述

减速机属于通用机械传动设备，在水泥、矿山、冶金、化工、食品等行业有着广泛的用途。水泥工业用减速机通常作为水泥机械主动力设备，一般配置于电机与水泥专用机械之间，实现增大驱动扭矩与降低转速的功能。水泥工业由于其特殊性，所使用的减速机与通用减速机有较大的差别。水泥机械最大的特点是低速重载、大转矩、强冲击、大转动惯量、多粉尘环境等，因此要求减速机具备较强的抗冲击性能、较高的可靠性与密封性能，并且要便于安装维护与故障排除。为保证工作可靠性，水泥机械用减速机一般都配备专用稀油站，并且与水泥机械实现联动控制，为减速机提供清洁、低温、充足的润滑油，达到传动件与轴承的可靠润滑与降温。另外，对于大型水泥生产线，为检测异常振动与高温，一般在减速机传动件部位设置振动传感器，在轴承部位设置温度传感器等。根据不同种类的水泥机械，水泥工业用减速机可分为管磨机减速机、立式磨机减速机、窑用减速机、辊压机减速机、输送机减速机、其他通用减速机等。

随着万吨级水泥生产线的诞生，早期以软齿面为主的水泥工业用减速机已经远远不能满足需要，在新型硬齿面减速机制造技术日趋成熟的形势下，目前水泥工业用减速机主要采用该技术制造。硬齿面制造技术的突出特点是齿轮采用优质低碳合金钢，经渗碳淬火磨齿而成，精度高（一般达到GB 10095—2001标准6级），传动平稳、噪声低、效率高，传递相同功率时体积大幅度减小，因而结构更为紧凑，具有较强的抗强冲击性能，尤其适合水泥工业机械使用。

近年来，国内以硬齿面制造技术为代表的减速机制造业迅速发展，其中以中小型减速机制造较为显著，大型减速机制造基本格局亦有较大改变，有多家制造厂开始进入该领域，制造技术日趋成熟（如重庆齿轮箱厂有限公司、南京高精齿轮股份有限公司、江苏省金象减速机有限公司等）。在国内减速机制造业技术水平迅速提高的形势下，水泥工业用小型减速机国产化程度较高，但大型水泥生产线用减速机还主要依靠进口，其中5000t/d及以下的生产线可以完全国产化，5000t/d以上的生产线可以部分国产化。

第二节 原理与结构

减速机的设计是以齿轮设计为核心的，其设计目标是齿轮传动承载能力最大化，对复杂负载有较强的适应能力，以及实现高可靠性。减速机齿轮一般选用渐开线齿廓，这种齿廓具有可分特性，当两啮合齿轮中心距略有改变时，传动比仍保持不变。因此，当减速机在制造、安装或使用中由于轴承磨损导致中心距改变时，仍能保持精确的传动比。这种特性使得渐开线齿廓传动具有优异的平稳性，能很好地满足低噪声、低振动、传动平稳的要求。目前，渐开线硬齿面齿轮工艺与装备已经非常成熟，国内能制造最高精度稳定在GB 10095—2001标准4级水平的大型齿轮副，渐开线硬齿面齿轮制造技术已经成为传动产品主导技术，水泥工业用减速机主要以此为核心进行设计与制造。

不同的水泥机械有相应的传动形式，其中管磨机减速机有中心传动（MFY、JS减速机）和边缘传动（MBY/JDX边缘传动减速机与DBS单边双传动减速机）两种形式，立式磨机由JMLX、MPS系列减速机与之配套，水泥窑采用JH/YNS/ZSY系列窑用减速机，辊压机采用JGX辊压机减速机，水泥机械常用的其他类型减速机还包括ZDY/ZLY/ZSY圆柱齿轮减速机、DBY/DCY圆锥齿轮减速机、YN/YK硬齿面齿轮减速机等。这些减速机目前都已制定行业标准或通用标准，具有完整的技术规范与检验标准。

一、MFY中心传动磨机减速机的原理与结构

管磨机是由用钢板卷制的筒体，与两端带有空心轴的磨头组成。筒体旋转时，将筒内研磨体带到一定高度，研磨体由于重力抛落，将物料击碎。减速机布置于筒体前端，将电机的旋转扭矩放大后传递给筒体实现旋转运动。MFY中心传动减速机输出轴与筒体位于同一轴线，其传动布置形式如图26-1所示。

为节省安装空间，使减速机占有最少的空间，中心传动形式的减速机采用功率分流设计，其照片如图26-2所示，外形如图26-3所示，内部结构如图26-4所示。

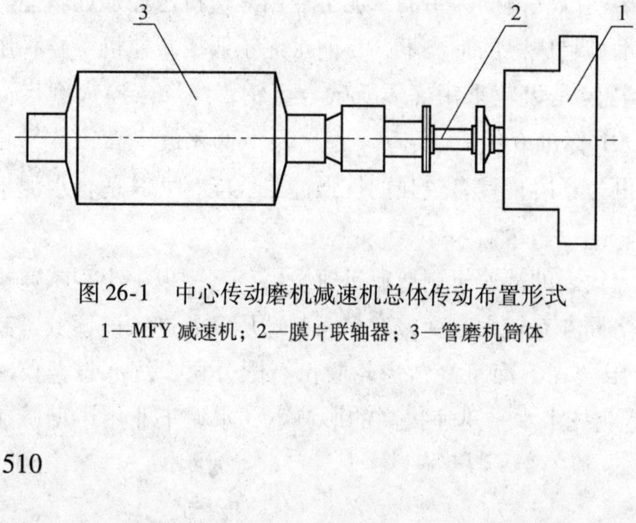

图26-1 中心传动磨机减速机总体传动布置形式

1—MFY减速机；2—膜片联轴器；3—管磨机筒体

图26-2 中心传动减速机照片

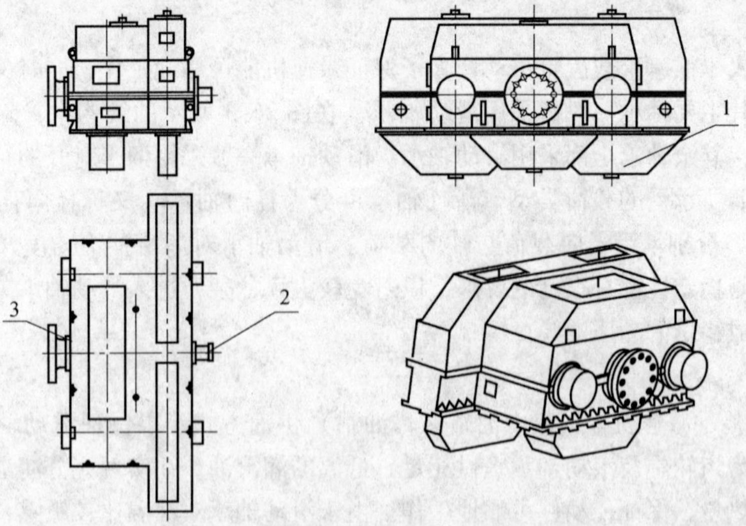

图 26-3　中心传动磨机减速机外形示意图

1—油池；2—输入轴；3—输出轴

1. 主要结构与均载机构

如图 26-4 所示，MFY 中心传动减速机由两级圆柱斜齿轮出动组成，两级齿轮副通过挠性轴连接，输出轴通过膜片联轴器与管磨机筒体连接。由电机传递的转矩自输入齿轮轴传入，输入齿轮轴同时与两个大齿轮啮合，将功率一分为二，经两个第二级小齿轮合流至第二级大齿轮，再由输出轴传递至磨机筒体。由于采用了功率分流结构，当第二级小齿轮进行合流时，由于制造、安装误差以及外负载的不均匀性，导致左右两端齿轮副传递的转矩并不能完全相同，再考虑到两轴系刚度差异，致使两端的第二级小齿轮并不能同时达到良好的啮合状态，因此，有必要采取均载措施，使第二级齿轮副啮合表面在工作中始终接触良好，以充分发挥两端齿轮传动的承载能力，实现系统均衡性与等寿命。不同的制造厂可能会采取迥异的均载方法，图 26-4 所示的挠性轴是较为普遍的方式。挠性轴是细长的实心轴，本身具有一定柔性，当第二级两端小齿轮受到不同的转矩时，将载荷作用到挠性轴上，挠性轴由于自身的柔性，会沿转矩方向旋转一微小转角，从而实现均载。

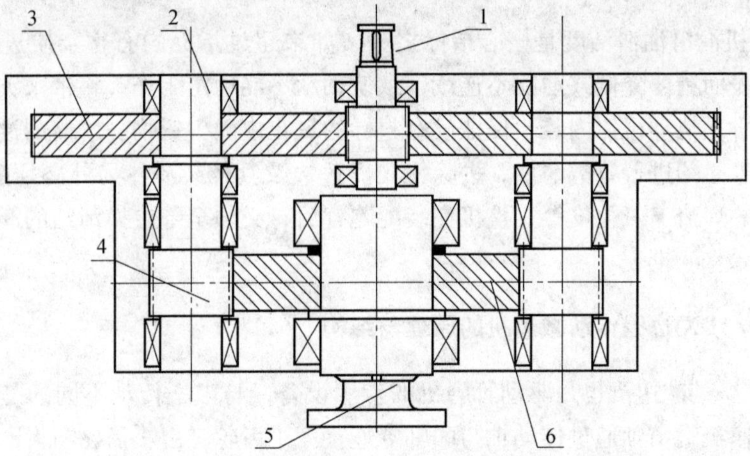

图 26-4　中心传动磨机减速机结构示意图

1—输入齿轮轴；2—挠性轴；3—第一级大齿轮；4—第二级小齿轮；5—输出轴；6—第二级大齿轮

2. 轴承

中心传动属于低速重载齿轮传动，为了保证减速机能可靠地工作，同时又方便维修，降低维修成本，其主要轴承一般都采用滑动轴承。在图 26-3 所示的结构中，除输入齿轮轴采用滚动轴承外，其余轴承全部采用滑动轴承。滑动轴承一般采用两半对开的结构，以方便装配与维修。按照所承受的载荷类型，滑动轴承可分为径向轴承（又称径向瓦）与轴向轴承（又称推力瓦），分别承受径向载荷与轴向载荷。滑动轴承对润滑油清洁度、入口温度以及供油的连续性与稳定性都有很高的要求，以避免较大尺寸杂质进入滑动轴承工作表面，保证合理油隙，形成稳定的动压油膜。

3. 润滑系统

MFY 中心传动减速机采用集中油站（稀油站）供油方式，以保证滑动轴承要求的润滑油环境，同时为齿轮副及滚动轴承提供充足、低温的润滑油，在实现充分润滑的同时，带走工作中产生的热量，保证传动件可靠地工作。由于滑动轴承对油温比较敏感，一般会在各滑动轴承安装温度传感器，当温度异常时，传感器将表征油温数据的电子脉冲传递到控制 PLC，PLC 根据系统设定进行处理并发出动作指令，一般是自动停机或报警以提示操作者进行规定操作。

稀油站是 MFY 减速机的核心润滑设备，由油泵、热交换器（冷凝器）、过滤器以及电控柜组成，一般设置两组泵油系统，当工作组油泵出现故障（油流量过低或输出油温过高等）无法正常工作时，电控柜将报警，同时自动停止工作组油泵，并切换至备用组油泵，使工作组油泵处于待检修状态。

MFY 减速机润滑管线布置采用先进的总线方式，即设置一总线管道，由总线管道连接支线管道至各润滑点。管线的层次不能超过两层，以减小油压损失。总线管道一般为闭环形的钢管，固定在减速机机盖内（位于齿轮件上方）。支线管道的布置较为复杂，因为各润滑点的分布可能并不规则，同时要绕开运动部件以防止接触，因此，支线管道一般采用现场配置的方式，根据施工现场实际情况下料弯制或焊接。支线管道的布置虽然有一定的随意性，但一定要保证可方便地进行减速机检修与故障诊断，尽量使支线管道集中排列、可靠固定，便于检视，防止松动脱落。

MFY 减速机润滑油清洁度是核心指标之一，如果超过指标的有害杂质进入滑动轴承表面，导致工作表面精度降低或油膜不连续，致使轴承不能稳定工作，将带来灾难性后果。因此在总装前，必须清理机体内腔，保证没有超标的氧化皮、尖锐物、脱落的油漆等杂质，各待装配零部件也必须进行打磨清洗，去除锐角、棱边及其他杂质；另外必须酸洗润滑管线，清除管线内部的焊渣、氧化皮等。整机在装配跑合后，必须全部更换清洁的润滑油，才能投入正式运行。

二、MBY/JDX 边缘传动减速机的原理与结构

MBY/JDX 系列减速机也是驱动管磨机的专用设备，与中心传动不同的是，在筒体上安装一齿圈，减速机输出轴通过传动轴与联轴器连接一小齿轮，由小齿轮与齿圈啮合，带动筒体转动，其布置形式如图 26-5 所示，外形照片如图 26-6 所示。

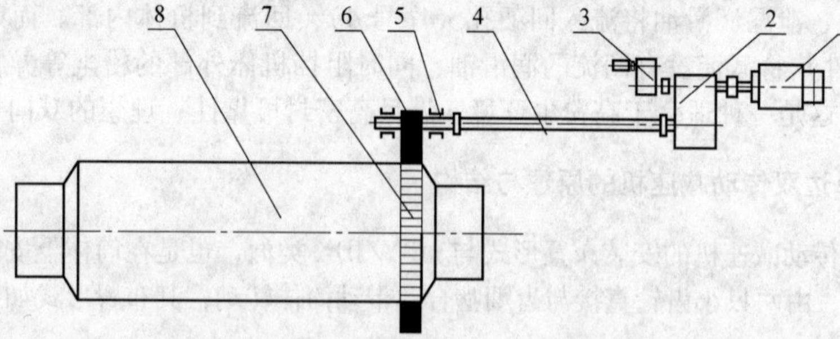

图 26-5　MBY/JDX 减速机单边传动布置形式

1—电机；2—MBY/JDX 减速机；3—辅助传动系统；4—传动轴；5—轴承座；6—小齿轮；7—大齿圈；8—管磨机筒体

1. 主要结构

MBY/JDX 系列减速机为单级圆柱齿轮传动，其内部结构如图 26-7 所示。考虑到管磨机工作时，筒体内研磨体敲击物料产生强冲击载荷，在减速机齿轮设计时，一般采用较大的安全系数，采用低碳合金钢渗碳淬火，齿面硬度 60HRC 以上，齿牙为表层硬、芯部韧的结构，齿牙在啮合时既具有较高的耐磨性，在受到强烈冲击时又具有较强的韧性而不至于折断，从而很好地适应边缘传动磨机的工况。

图 26-6　MBY/JDX 减速机照片

2. 轴承

由于筒体施加给减速机的载荷属于重载荷，而且通常存在强烈振动，因此对轴承具有较高的要求。MBY/JDX 减速机一般采用成对圆柱滚子调心轴承组，在受到与轴线不重合或不平行的载荷时，整个齿轮轴可以沿轴承组的公共轴线做微小摆动，具有一定的载荷柔性，缓冲外载荷对轴承滚动体的冲击，同时减小齿轮副的附加载荷，较好地减轻了强振动对减速机的影响。

3. 润滑与密封

MBY/JDX 减速机布置于筒体旁边，与筒体同处于高粉尘环境，为保证减速机内部清洁的润滑环境，为齿轮副及轴承提供良好的润滑，除了配备工作可靠的稀油站集中供油外，减速机还必须采取可靠的密封措施。MBY/JDX 减速机一般采用双密封回油结构，尽量加长密封路径长度，其结构如图 26-8 所示。

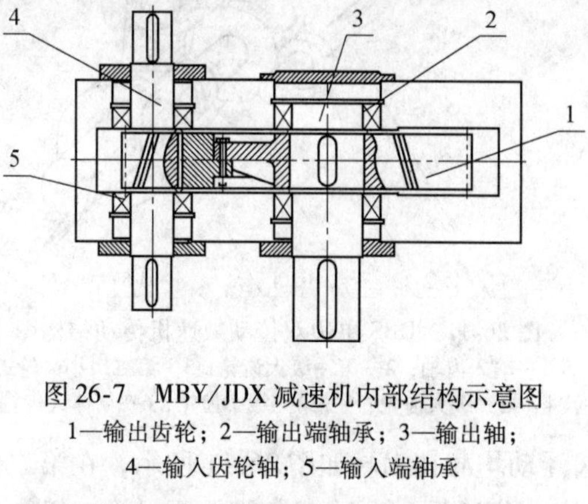

图 26-7　MBY/JDX 减速机内部结构示意图

1—输出齿轮；2—输出端轴承；3—输出轴；
4—输入齿轮轴；5—输入端轴承

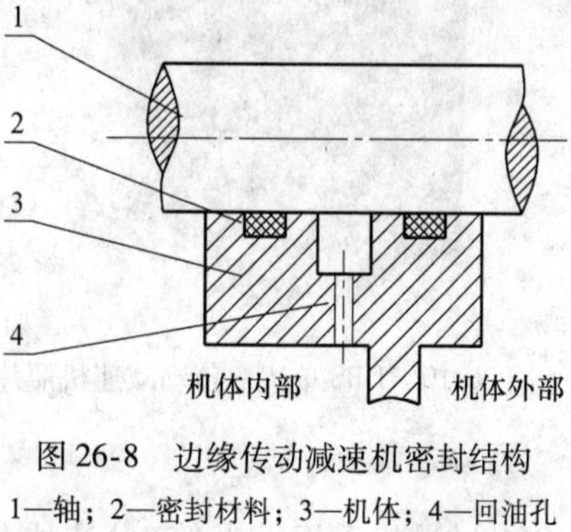

图 26-8　边缘传动减速机密封结构

1—轴；2—密封材料；3—机体；4—回油孔

由于微小的压力差及扩散作用，机体内部润滑油会沿着轴表面向机体外部流动，到达第一处密封（序号 2 左侧零件）时，被密封件截流。如果由于某种原因（如密封件损坏或磨损）出现泄漏时，泄漏润滑油将流入回油孔（序号 4），回流到机体内部。而第二处密封件（序号 2 右侧零件）将截流没有回流的润滑油，同时阻挡机体外部的粉尘等异物进入机体内部。实践证明，这是一种适合于高粉尘环境，满足高密封可靠性、理想的双向密封结构。

三、DBS 单边双传动减速机的原理与结构

DBS 单边双传动减速机的安装布置形式与 MBY/JDX 类似，也是在筒体上安装一齿圈，减速机输出端开口，由两只小齿轮直接与齿圈啮合，带动筒体转动，其布置形式如图 26-9 所示。

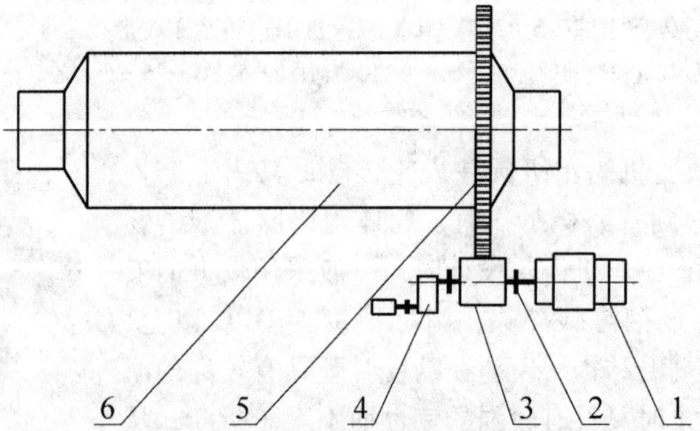

图 26-9　DBS 单边双传动减速机总体传动布置形式

1—电机；2—联轴器；3—DBS 减速机；4—辅助传动系统；5—大齿圈；6—管磨机筒体

与 MBY/JDX 减速机相比，DBS 系列减速机由于缩短了传动链，零部件的数量大幅度减少，安装需要的空间也大大减少，图 26-10 是某制造商生产的 DBS 减速机的照片。

1. 主要结构与原理

DBS 系列减速机为三级分流式圆柱齿轮传动，其传动结构如图 26-11 所示。针对管磨传统布置方式传动链长的缺点，DBS 进行了根本性的改进，用于输出的两个小齿轮直接与筒体大齿圈啮合，大幅缩短了传动链，零部件也大大减少，从而减少故障的发生，减少了安装维护工作量。

图 26-10　DBS 单边双传动减速机照片

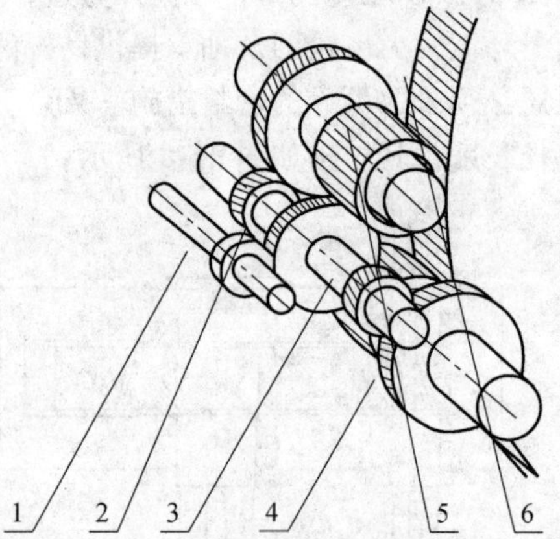

图 26-11　DBS 单边双传动减速机传动结构图

1—输入齿轴；2—第一级大齿轮；3—第二级小齿轮；4—第二级大齿轮；5—第三级小齿轮；6—筒体大齿轮

DBS 减速机采用了功率双分流技术与鼓形齿浮动均载技术。如图 26-11 所示，在第二轴由两对第二级齿轮副（序号 3、4）实现功率分流，分流后，由垂直布置的两只第二级大齿轮带动第三级小齿轮，驱动筒体大齿圈转动。

筒体大齿圈由于尺寸较大（DBS280 齿圈直径达 5m）采用组装结构，因此存在一定的加工误差与装配误差，当系统运行较长时间后，基础会出现沉降，因此，用于驱动的两只小齿轮啮合的状态处于经常变动当中，在齿圈的不同啮合点，啮合接触区面积与分布会存在较大差异，由此带来强烈、高强度的附加载荷，有必要采用合理的结构改善这种情况。在 DBS 中，与大齿圈啮合的两只驱动小齿轮并不是直接套装在轴上，而是通过球面轴承、鼓形齿与轴连接，其轴线可以在微小角度内摆动，当大齿圈齿向误差或基础沉降等因素产生啮合接触区变化时，两只小齿轮会随之做动态的微小摆动，使接触应力朝着最小的趋势变化，从而实现齿牙在整个齿宽方向的均载。

2. 轴承

由于筒体施加给减速机的载荷属于重载荷，而且通常存在强烈振动，因此对轴承具有较高的要求。第一级齿轮副一般为直齿传动，因此一般选用圆柱滚子轴承。后面的数级齿轮副轴承，采用成对圆柱滚子调心轴承组。在受到与轴线不重合或不平行的载荷时，整个齿轮轴可以沿轴承组的公共轴线做微小摆动，缓冲外载荷对轴承滚动体的冲击，从而减小齿轮副的附加载荷。

3. 润滑与密封

与 MBY/JDX 减速机相同，DBS 减速机与筒体同处于高粉尘环境，为保证减速机内部清洁的润滑环境，除了配备工作可靠的稀油站集中供油外，减速机还必须采取可靠的密封措施。

DBS 减速机端盖密封采用与 MBY/JDX 减速机相同的双密封回油结构，以达到可靠的密封效果。与 MBY/JDX 减速机不同的是，DBS 减速机在驱动小齿轮端为开放式结构，为了实现润滑油循环，将大齿圈用罩壳密封起来（如图 26-13），在开口端与罩壳接合面采用密封胶装配结构实现密封。由于大齿圈处于不断旋转的过程当中，而罩壳是静止的，因此，在罩壳与大齿圈密封端面必须采取可靠的密封措施。由于罩壳及大齿圈尺寸很大，使密封长度非常大（以 DBS280 为例，单侧密封长度近 20m），密封件的设计及制造难度相当大。实践证明，此处为 DBS 密封薄弱环节，决定减速机的密封性能，将最终决定 DBS 减速机的工作性能与寿命。

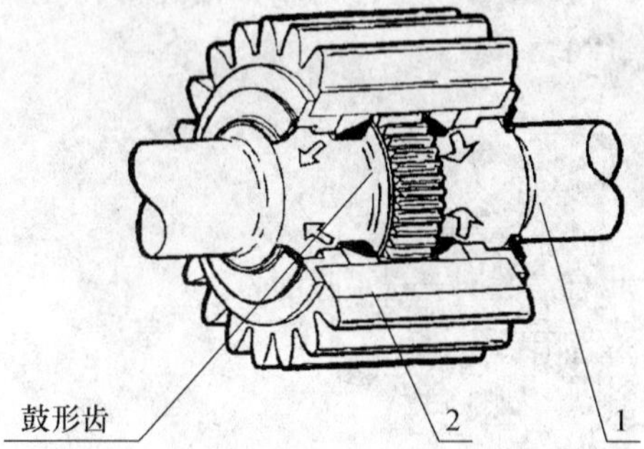

图 26-12　DBS 减速机驱动齿轮结构图
1—鼓形齿轮轴；2—驱动小齿轮

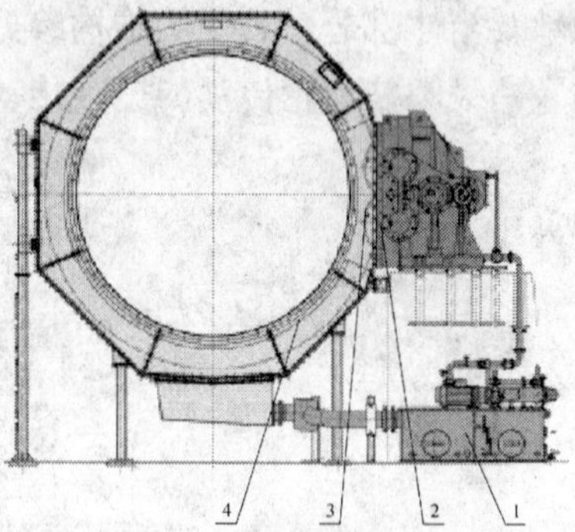

图 26-13　DBS 减速机润滑系统示意图
1—稀油站；2—DBS 减速机；3—驱动小齿轮；4—罩壳

四、JLMX 立式磨机减速机的原理与结构

立式磨机出现于 20 世纪 30 年代，以其占用空间小、能耗低、粉煤效率高的优势，在建材、火电行业迅速获得广泛应用。减速机是立式磨机关键部件之一，其工作效率与可靠性直接影响磨机的运转效率。JLMX 减速机是一种具有代表性的立式磨机驱动设备，其外形如图 26-14 所示，照片如图 26-16 所示。

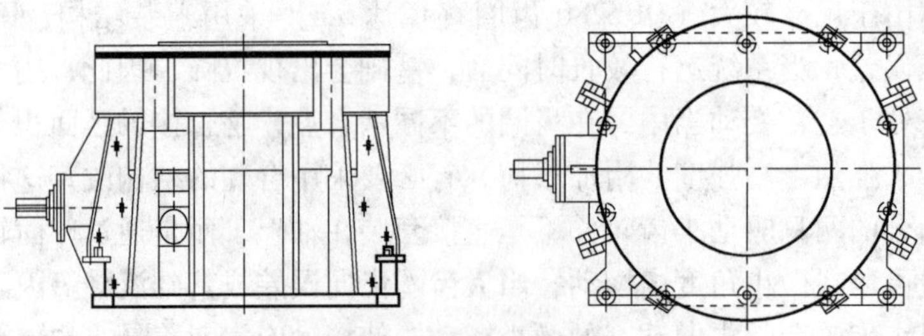

图 26-14　JLMX 立式磨机减速机外形示意图

1—电机；2—减速机；3—磨机

立式磨机减速机一般安装在磨机下部，它除了放大并传递扭矩外，还承受磨盘、磨辊的重量，以及磨辊液压装置产生的粉磨压力。在粉磨过程中，由于物料颗粒大小与硬度不均，会对磨辊与磨盘产生强冲击载荷，并且处于经常波动当中。磨辊总是在不均匀的物料层上运动，产生的垂直载荷及冲击载荷通过箱体传递到基础上，立式磨机的传动布局参见图 26-15。

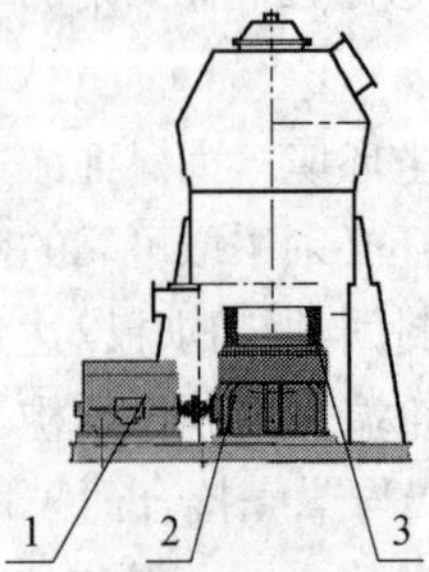

图 26-15　立式磨机传动布置示意图

图 26-16　JLMX 立式磨机减速机照片

1. 主要结构与原理

JLMX 减速机常见结构由三部分组成，即圆锥齿轮传动部分、行星齿轮传动部分与止推滑动轴承及箱体部分，其详细结构参见图 26-17。另外，又出现一种在圆锥齿轮与行星传动之间加入一级圆柱齿轮传动的三级传动结构（图 26-18）。

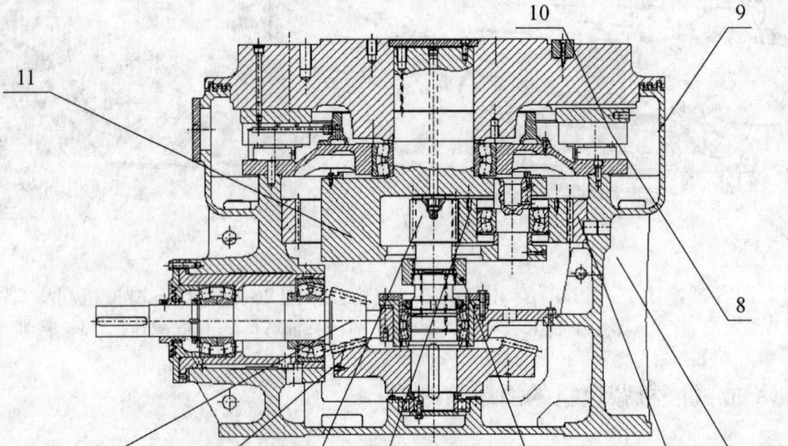

图 26-17　JLMX 立式磨机减速机结构示意图

1—输入锥齿轮轴；2—锥齿轮；3—太阳轮；4—行星轮；5—鼓形联轴器；6—内齿圈；7—箱体；

8—止推滑动轴承；9—磨盘密封；10—磨盘法兰；11—行星架

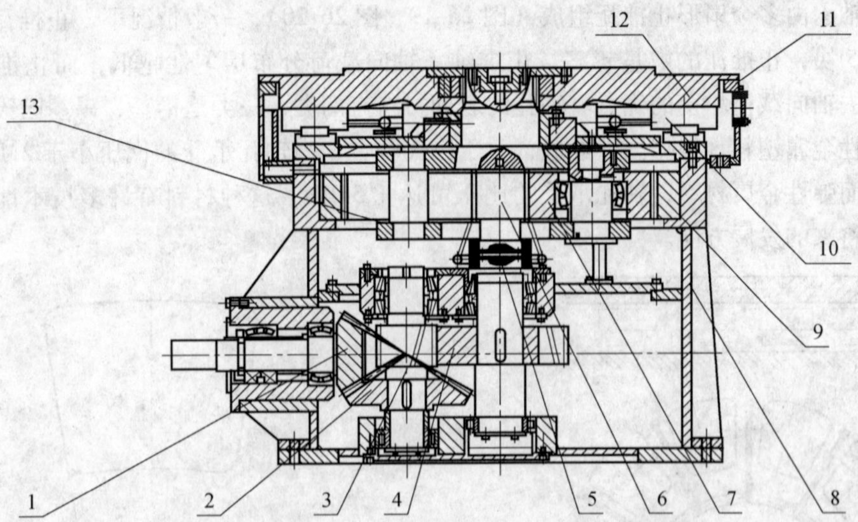

图 26-18　JLMX 三级传动立式磨机减速机结构示意图

1—输入锥齿轮轴；2—锥齿轮；3—第二级齿轮轴；4—第二级齿轮；5—鼓形联轴器；6—太阳轮；7—行星轮；8—箱体；9—内齿圈；10—止推滑动轴承；11—磨盘密封；12—磨盘法兰；13—行星架

锥齿轮传动部分（序号 1、2）是一独立装置，设置于减速机底部，通过鼓形齿联轴器（序号 5）与行星传动部分太阳轮（序号 3）相连，并保持太阳轮浮动实现均载，行星架（序号 11）与磨盘法兰（序号 10）连接成一个整体，悬挂在止推轴承（序号 8）上，其重力通过箱体（序号 7）传递到地基上。内齿圈镶嵌在箱体内（有些结构设置为内齿圈作为箱体一部分，连接止推轴承支架与箱体），不仅作为行星传动的构件，同时对磨盘径向轴承起到对中作用。由于在设计上保证了止推轴承、内齿圈与箱体的平均直径接近，在巨大的轴线力作用下整机不会产生弯矩，而是将所承受的轴向载荷均匀地传递至地基。

圆锥齿轮副、太阳齿轮以及行星齿轮一般采用高级低碳合金钢，经渗碳淬火后磨齿而成，精度均在 GB 10095—2001 标准 6 级以上，齿面硬度 HRC58 ~ 62，芯部硬度 HRC30 ~ 40，有效硬化层深度根据模数等计算确定。内齿圈一般采用优质中碳合金钢经调质或氮化而成。

2. 轴承

由于磨盘止推轴承不仅要承受行星架及行星轮的重量，还要承受来自磨辊的粉磨压力，同时磨盘转速较低，不适宜采用滚动推力轴承这种低速重载的工况，必须采用滑动轴承。磨盘止推轴承一般有两种设计，一种是动静压滑动轴承，适用于小型磨机；另一种是全静压滑动轴承，适用于大型磨机。动静压轴承的原理是：在磨盘启动之初，先以高压油注入轴瓦动静环之间，将磨盘悬浮至设定位置后，再启动减速机，逐步增速至工作转速，待运行稳定后，改为注入常压润滑油，由磨盘带动轴瓦动环转动，与静环之间产生动压油膜，从而实现支撑（图 26-18）。对于大型磨机，由于轴向载荷过大，轴瓦动静环之间相对线速度较低，动压油膜不足以支撑全部轴向载荷，所以一般采用全静压轴承，始终以高压油产生支撑力，将磨盘悬浮起来。

止推轴承由多个扇形止推瓦组成（图 26-19、图 26-20），一般情况下，止推瓦的最佳数量为 8 ~15 块，止推瓦的数量越多，止推轴承轴向载荷分布均匀性越低，而止推瓦数量偏少，将失去轴向载荷均衡的优点。轴瓦的表面材料有两类，一类是铅基、锡基巴氏合金，另一类是弹性金属塑料。根据国外经验，对于巴氏合金，当轴瓦承受的比压小于 2MPa 是完全可靠的；而弹性金属材料，轴瓦承受的比压可达 4. 5MPa，这种材料有许多技术性能方面的优点，是将来的发展方向。

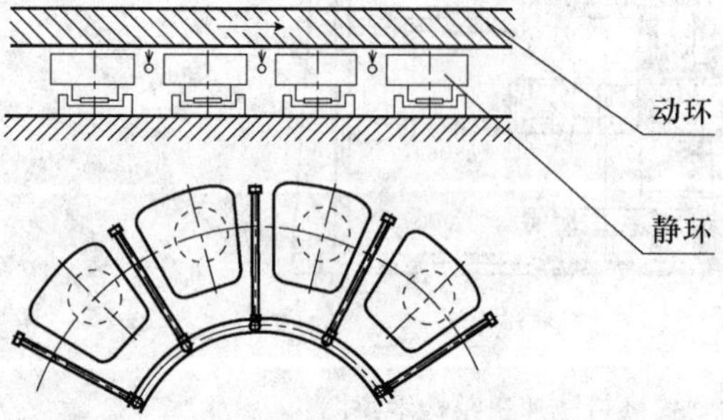

图 26-19　止推轴承结构与工作原理示意图

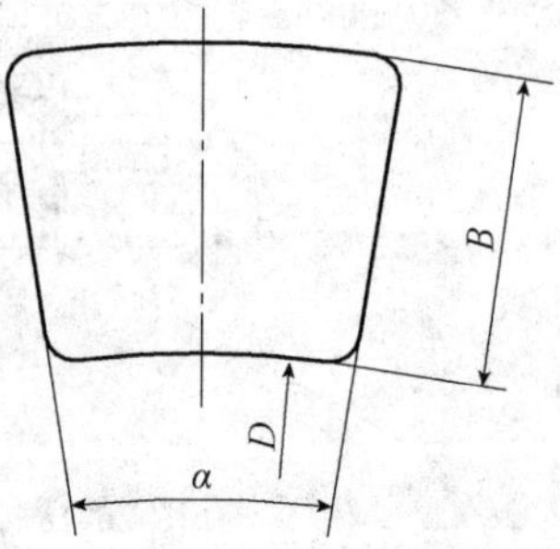

图 26-20　止推轴瓦示意图

在输入轴，由于采用锥齿轮传动，产生较大轴向载荷，采用圆锥滚子轴承与调心滚子轴承组合。在圆锥大齿轮轴上，由于需要承受锥齿轮及轴系部件的重量，采用圆锥滚子轴承与短圆柱滚子轴承的组合结构。其余轴承均采用调心滚子轴承，以适应呈现交变状态的外载荷，减小附加载荷。

3. 润滑与密封

JLMX 减速机采用集中供油方式，稀油站可提供常压与高压润滑油，分别用于齿轮、滚动轴承及滑动轴承润滑与冷却。止推轴承的供油润滑采用圆环形总线结构（图 26-19），稀油站通过减速机进油口将润滑油送入总线管道，再由各支管道分别输送到各轴瓦动静环之间。齿轮润滑通过直接在齿轮副上部设置喷口，将润滑油喷至齿轮副啮合位置，实现润滑与降温。在滚动轴承座上设置专门管道，将润滑油导入轴承注油孔，实现滚动轴承的可靠润滑。

JLMX 减速机的密封主要采用端面迷宫式密封，在图 26-17 中序号 9 磨盘密封及输入轴端盖处，设计多层环形密封，在环槽内加入适量润滑脂，以防止外部异物（如灰尘等）进入减速机。

五、JY 窑用减速机的原理与结构

回转窑是煅烧水泥熟料的主要设备，同时也广泛应用于冶金、化工、耐火材料等领域。回转窑跨度大（目前国内最大达 300m），工作时转速很低（一般 0. 2r/min 或以下），由于烧结过程长，其周围温度很高，一般在 100℃ 以上。窑用减速机是专用于转窑驱动的齿轮装置，一般为三级齿轮传动。JY 系列窑用减速机的传动布局与边缘传动类似，具体的布置形式参见图 26-4。转窑具有体积大、转速低、温度高的特点，因此窑用减速机的工况属于低速、重载、低冲击与高温的类型。为满足转窑的使用环境与工况，JY 系列减速机具有不同于普通齿轮装置的特性，其结构如图 26-21 所示。

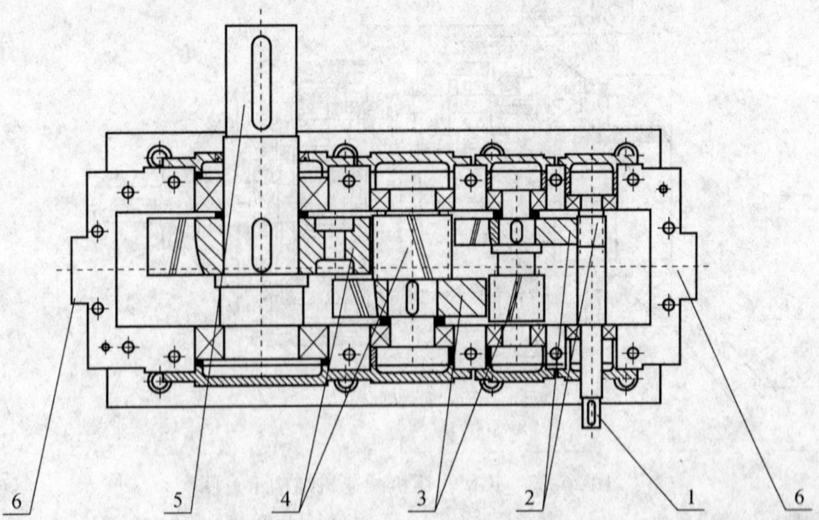

图 26-21　JY 窑用减速机结构示意图

1—输入齿轮轴；2—第一级齿轮副；3—第二级齿轮副；4—第三级齿轮副；5—输出轴；6—安装基准

JY 系列减速机为三级圆柱斜齿轮传动，全部采用硬齿面技术。由于转窑旋转速度极低，而且窑体内主要为粉状物料，并不存在大量的冲击，同时窑体重量极大（大多数在 200t 以上），在运行过程中载荷很大但较为平稳，JY 系列减速机在设计时采用较大的宽径比，以使减速机在一定体积内承载能力有较大幅度提高。

与管磨类似，减速机一般采用成对双列调心滚子轴承，以适应复杂变化的外载荷。由于减速机工作在高于 100℃的高粉尘环境中，在输入轴与输出轴端，一般采用耐高温密封材料（如耐高温氟橡胶）制成的密封件，在一些极端的情况下，采用端面迷宫密封与油封相结合的方案。

JY 系列减速机的润滑与冷却系统根据不同情况采用稀油站或油泵与冷凝器结合的方法，在各轴承与齿轮副啮合部位，设置专门的润滑喷管用于润滑；当采用油泵与冷凝器时，在箱体底部布置冷却盘管，盘管内通以冷水带走产生的热能实现冷却。

六、JGX 辊压机减速机的原理与结构

辊压机是 20 世纪 80 年代发展起来的新型低能耗粉碎设备，可用于生料与水泥熟料的破碎与粉磨中。JGX 减速机是专用于辊压机的行星传动装置，通过锁紧盘与辊轴连接，其输入轴通过万向联轴节与主电机相连。每台辊压机配备两台减速机，分别悬挂于固定辊轴系与移动辊轴系。减速机的输出转矩采用扭矩支承装置来平衡，通过反力矩支架与之连接。JGX 减速机结构如图 26-22 所示。

在图 26-22 中可以看到，JGX 减速机为双级行星减速机，由两级 2K-H 行星传动串联而成，动力由输入齿轮轴（序号 1）传入，经过第一级行星传动减速后传至第一级行星架（序号 5），第二级太阳轮（序号 8）与第一级行星架之间以鼓形齿连接实现均载；第二级行星传动结构与第一级相同，最后由第二级行星架将减速后的转矩传递至辊轴。第一级行星架完全浮动，第二级行星架由行星架轴承（序号 7、14）支撑，固定回转轴线。

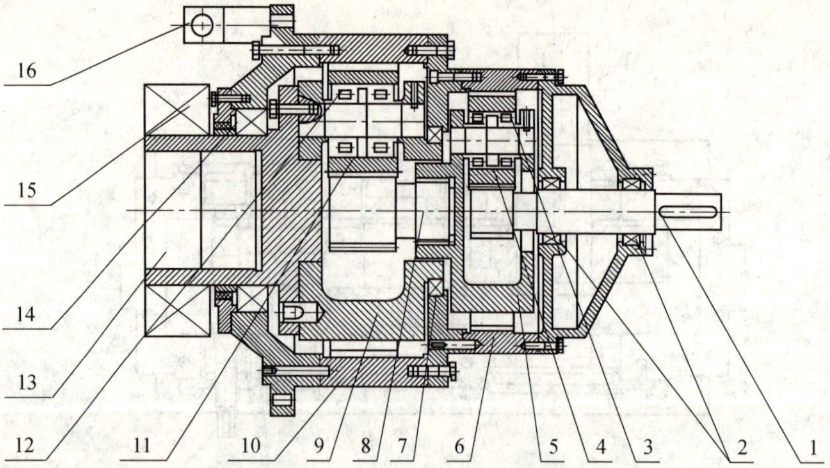

图 26-22　JGX 辊压机减速机结构示意图

1—输入齿轮轴；2—输入轴承；3—第一级行星轴承；4—第一级行星齿轮；5—第一级行星架；6—第一级内齿圈；7—第二级行星架轴承；8—第二级太阳轮；9—第二级行星架；10—第二级内齿圈；11—第二级行星齿轮；12—第二级行星轴承；13—输出轴；14—第二级行星架轴承；15—锁紧盘；16—反扭矩支架

JGX 减速机全部采用滚子轴承，对于小规格系列，可以采用短圆柱滚子轴承，但对于大规格系列，一般全部采用双列调心滚子轴承，以适应经常变化的强冲击载荷。小规格减速机一般采用脂润滑，而大规格减速机，运行中会产生大量热能，需要及时带走以防止损坏传动件与密封件，一般采用油泵或稀油站进行强制润滑。由于减速机处于高粉尘环境，可靠的密封显得尤为重要。JGX 减速机输入轴部位一般采用两个优质骨架油封；在输出轴，采用双骨架油封与端面迷宫密封相结合的结构，以实现可靠的内部防泄漏密封与外部防尘密封。

JGX 减速机扭矩输出采用锁紧盘装置，减速机输出轴套入辊轴输入部分，收紧锁紧盘螺栓（序号 1）至规定扭矩，输出轴孔缩小紧箍在辊轴上，从而实现连接。锁紧盘的结构如图 26-23 所示。

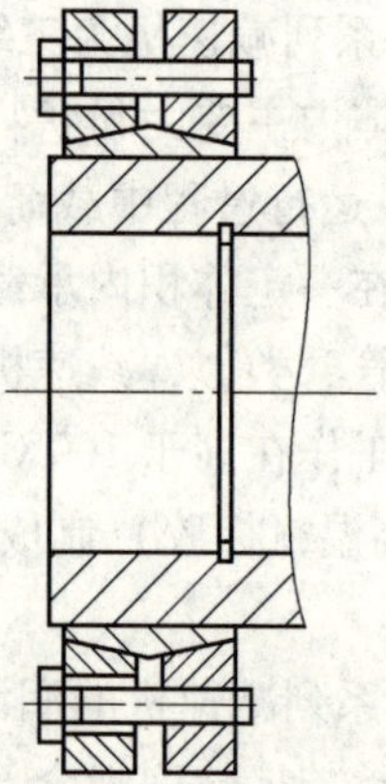

图 26-23　锁紧盘结构示意图

七、ZDY/ZLY/ZSY 圆柱齿轮减速机、DBY/DCY 圆锥齿轮减速机的原理与结构

本系列减速机是我国最早的硬齿面通用减速机国家标准（JB/T 8853—2001 与 JB/T 9002—1999），图 26-24 是 ZDY/ZLY/ZSY 的产品照片，图 26-25 是 DBY/DCY 的产品照片。

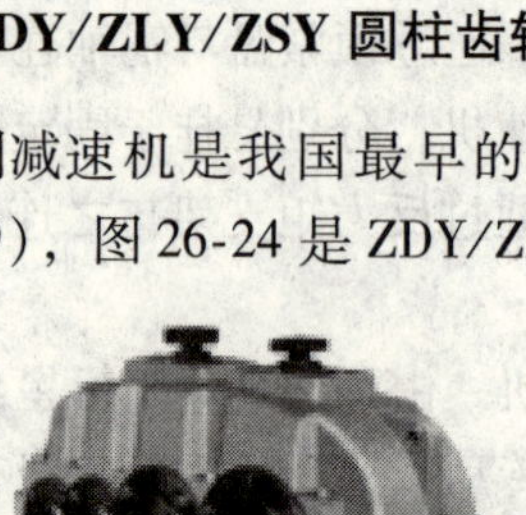

图 26-24　ZSY 减速机照片

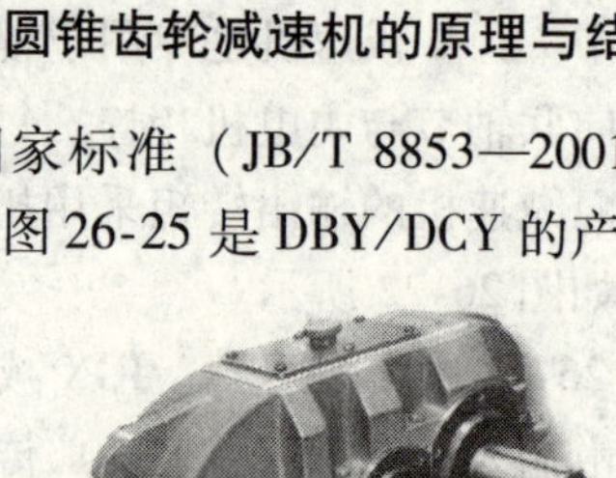

图 26-25　DCY 减速机照片

ZDY/ZLY/ZSY 减速机为一、二或三级圆柱斜齿轮传动，DBY/DCY 减速机为二或三级传动，其中，第一级为圆锥齿轮，其详细结构如图 26-26、图 26-27 所示。

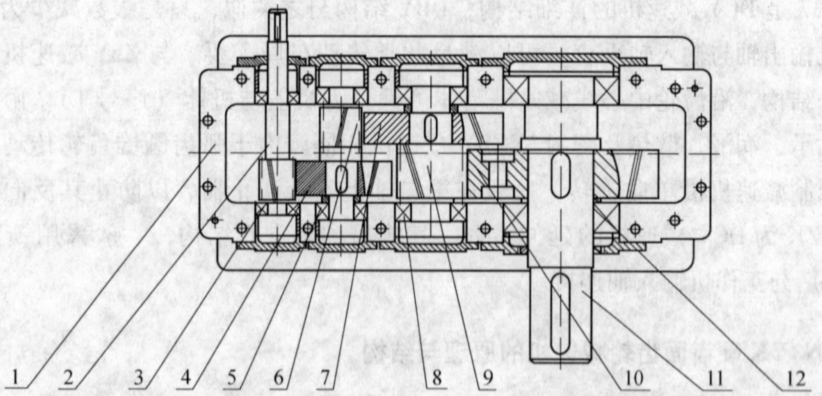

图 26-26　ZSY 减速机结构示意图

1—箱体；2—输入齿轮轴；3—输入轴承；4—第一级齿轮；5—第二轴轴承；6—第二级齿轮轴；7—第二级齿轮；8—第三轴轴承；9—第三级齿轮轴；10—第三级齿轮；11—输出轴；12—第四轴轴承

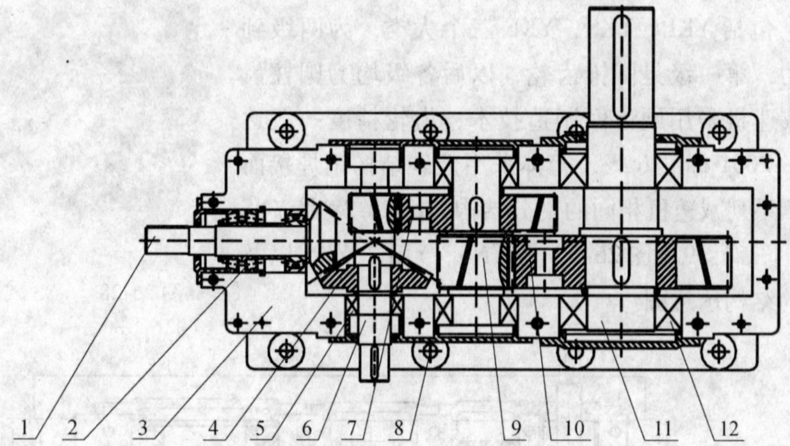

图 26-27　DCY 减速机结构示意图

1—输入伞齿轮轴；2—输入轴承；3—箱体；4—第一级齿轮；5—第二轴轴承；6—第二级齿轮轴；7—第二级齿轮；8—第三轴轴承；9—第三级齿轮轴；10—第三级齿轮；11—输出轴；12—第四轴轴承

图 26-26 是 ZSY 减速机的详细结构，其余 ZDY 与 ZLY 结构与之类似，只是级数减少。减速机为剖分结构，沿齿轮中心线减速机箱体可拆分为机盖与机体（序号 1），由螺栓连接成整体，一般为铸造件，其中机体为承重件，图 26-26 中显示的是将机盖拆除后俯视减速机的情形。输入轴与输入齿轮为一整体（序号 2），动力由此传入后，经各级齿轮副依次减速，同时将扭矩放大，由输出轴传递到工作机。本系列减速机轴承均采用圆锥滚子轴承，可以同时承受较大的径向与轴向载荷；本类轴承内外圈可以分离，其油隙可根据需要调整，以方便装配与维修。减速机一般采用油池润滑，在箱体内注入规定牌号与数量的齿轮润滑油，齿轮转动时将油带至齿轮啮合表面与轴承部位，从而实现润滑；其散热一般依靠箱体表面自然扩

散进行。根据需要，可配备油泵、冷凝器或稀油站进行强制润滑冷却。减速机密封采用常用的骨架油封，一般为单油封结构，根据需要可采用双油封。

图 26-27 是 DCY 减速机的详细结构，DBY 结构与之类似，只是级数减少为两级。DCY 系列减速机输出轴与输入轴垂直，可以满足此类传动布局需要。与 ZSY 减速机类似，减速机也为剖分结构，沿齿轮中心线减速机箱体可拆分为机盖与机体（序号 1），由螺栓连接成整体。其轴承、润滑、散热及密封与 ZSY 减速机相同。由于弧齿圆锥齿轮传动的特性，有时会需要限制减速机沿单向旋转，一般在第二轴上安装逆止器，以防止其反向旋转。其中 DCYK、DCZK 为 DCY 减速机的延伸系列，其输出轴是空心结构，一般采用锁紧盘（如图 26-23 所示）与工作机输入轴连接。

八、YN/YK 硬齿面齿轮减速机的原理与结构

YNK 齿轮减速机是符合冶金设备标准 YB/T 050—1993《冶金设备用 YNK 齿轮减速机》的通用传动产品，是满足冶金行业（包括轧机、矫直机、剪板机以及运输机械、建筑机械、起重机械等）工况的驱动设备。YN 系列减速机是圆柱齿轮减速机，包括 YND、YNL、YNS、YNF 四个大类，为单级到四级传动；YK 系列减速机是圆锥齿轮减速机，包括 YKL、YKS、YKF 三个大类，为两级到四级齿轮传动，第一级是圆锥齿轮，以后各级均为圆柱齿轮。本系列减速机采用硬齿面制造技术，齿轮精度一般达到 GB 10095—2001 标准 6 级，箱体采用低碳结构钢焊接而成，采用与 Z 系列减速机相同的剖分结构，图 26-28 是 YNS 减速机照片，图 26-29 ~ 图 26-32 是 YNS、YNF、YKS 以及 YKF 减速机的结构示意图。

图 26-28　YNS 减速机照片

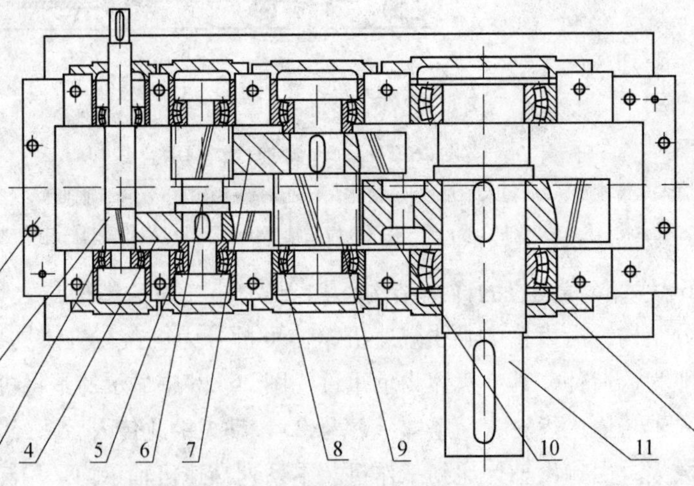

图 26-29　YNS 减速机结构示意图

1—箱体；2—输入齿轮轴；3—输入轴承；4—第一级齿轮；5—第二轴轴承；6—第二级齿轮轴；7—第二级齿轮；8—第三轴轴承；9—第三级齿轮轴；10—第三级齿轮；11—输出轴；12—第四轴轴承

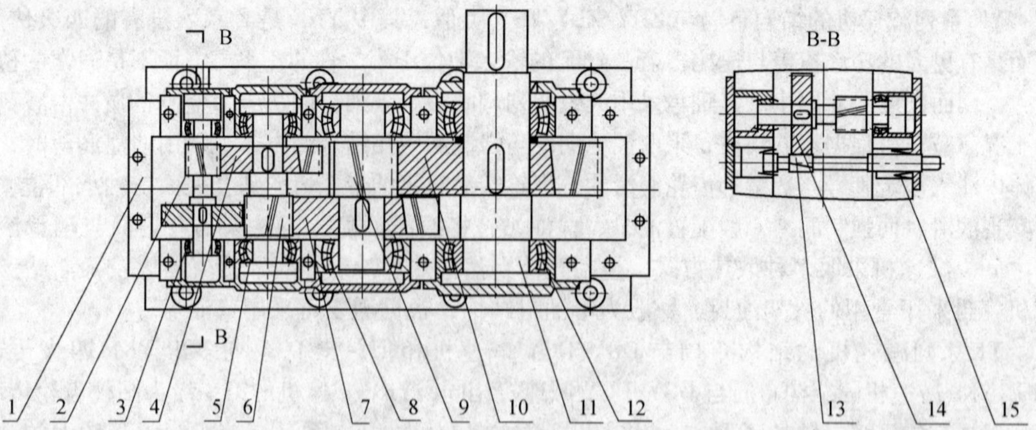

图 26-30　YNF 减速机结构示意图

1—箱体；2—第二级齿轮轴；3—第二轴轴承；4—第二级齿轮；5—第三轴轴承；6—第三级齿轮轴；7—第三级齿轮；8—第四轴轴承；9—第四级齿轮轴；10—第四级齿轮；11—输出轴；12—第五轴轴承；13—输入齿轮轴；14—第一级齿轮；15—输入轴轴承

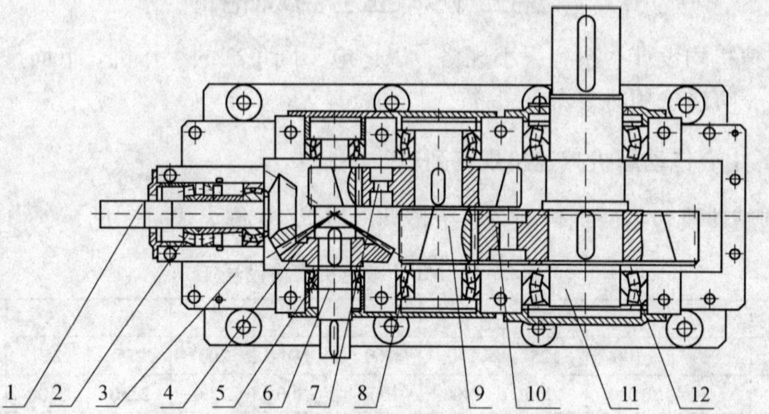

图 26-31　YKS 减速机结构示意图

1—输入锥齿轮轴；2—输入轴承；3—箱体；4—第一级锥齿轮；5—第二轴轴承；6—第二级齿轮轴；7—第二级齿轮；8—第三轴轴承；9—第三级齿轮轴；10—第三级齿轮；11—输出轴；12—第四轴轴承

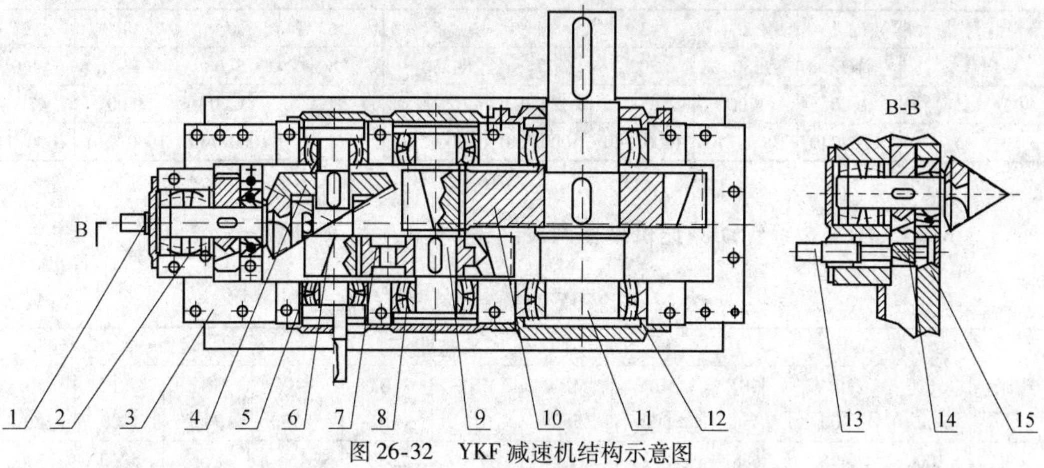

图 26-32　YKF 减速机结构示意图

1—锥齿轮轴；2—第二轴轴承；3—箱体；4—第二级锥齿轮；5—第三轴轴承；6—第三级齿轮轴；7—第三级齿轮；8—第四轴轴承；9—第四级齿轮轴；10—第四级齿轮；11—输出轴；12—第五轴轴承；13—输入齿轮轴；14—第一级齿轮；15—输入轴轴承

YN 系列减速机的结构布局与 ZDY/ZLY/ZSY 类似，其中 YNF 是 Z 系列没有的四级传动，因而具有更大的功率覆盖与速比覆盖。YNF 的输入轴位于第二轴的正下方，而不是通常的位于左方，因而长度尺寸更小。其轴承采用成组双列调心滚子系列，以适应冶金设备强冲击载荷复杂工况。减速机根据不同规格，采取油池润滑与强制润滑相结合的方式。采用油池润滑时，在箱体内注入规定牌号与数量的齿轮润滑油，齿轮转动时将油带至齿轮啮合表面与轴承部位，从而实现润滑；而强制润滑一般配置油泵、稀油站，将润滑油喷入齿轮副啮合表面与轴承滚动体之间。减速机采取多种散热方式，包括箱体自然散热、冷却盘管、冷凝器以及稀油站。减速机密封采用常用的骨架油封，一般为单油封结构，根据需要可采用双油封。

YK 系列减速机的结构布局与 DBY/DCY 减速机相似，比 D 系列多出 YKF 四级传动。YKL/YKS 减速机的结构布局与 DBY/DCY 减速机相同，YKF 减速机的第一级为圆柱齿轮传动，第一轴也是位于第二轴的正下方，以减小长度方向的尺寸。本系列减速机为承受较大的轴向力，在锥齿轮轴上采用一对面对面布置的圆锥滚子轴承与单件调心滚子轴承组成的组合；其余轴承全部采用成组双列调心滚子轴承。其润滑、散热、密封以及附件配置与 DCY 减速机相同。

第三节　型号与规格

每一类减速机均设计一系列大小规格，以适应不同负载的工作机。下面是各类减速机常见的规格列表，可供选用时参考。

一、MFY 中心传动磨机减速机规格列表

MFY 系列减速机包括两级传动与三级传动，以 P/10 作为代号，见表 26-1、表 26-2。

表 26-1　MFY 减速机规格代号

序号	1	2	3	4	5	6	7	8	9	10	11
型号	80	100	125	140	160	180	200	225	250	280	320
功率（kW）	800	1000	1250	1400	1600	1800	2000	2250	2500	2800	3200
输入转速（r/min）	740	740	740	740	600	600	600	600	600	600	600

表 26-2　MFYX 减速机规格代号

序号	1	2	3	4	5	6	7	8	9
型号	160	180	200	225	250	280	320	380	420
功率（kW）	1600	1800	2000	2250	2500	2800	3200	3800	4200
输入转速（r/min）	1000/740	1000/740	1000/740	1000/740	1000/740	1000/740	1000/740	1000/740	1000/740

二、MBY/JDX 边缘传动减速机规格列表（表 26-3、表 26-4）

表 26-3　MBY 边缘传动减速机规格　　kW

速比	输入转速（r/min）	减速机型号									
		MBY 400	MBY 450	MBY 500	MBY 560	MBY 630	MBY 710	MBY 800	MBY 900	MBY 1000	MBY 1100
4.0	1000	496	688	892	1235	1710	2380	3160	4455	5890	7600
	740	368	510	656	915	1270	1764	2340	3300	4365	5630
	600	300	410	530	740	1030	1430	1890	2670	3500	4560

续表

速比	输入转速（r/min）	减速机型号									
		MBY 400	MBY 450	MBY 500	MBY 560	MBY 630	MBY 710	MBY 800	MBY 900	MBY 1000	MBY 1100
4.5	100	418	580	741	1036	1445	2011	2670	3766	4960	6430
	740	310	430	549	768	1070	1490	1980	2790	3676	4765
	600	250	350	445	620	860	1200	1600	2250	2970	3850
5.0	1000	357	510	634	886	1240	1710	2280	3226	4250	5485
	740	265	380	470	657	918	1270	1690	2392	3150	4063
	600	215	308	380	530	740	1030	1370	1930	2550	3290
5.6	1000	300	418	534	745	1040	1445	1917	2700	3585	4540
	740	223	310	396	552	770	1070	1420	2000	2656	3363
	600	180	250	320	450	620	860	1150	1620	2150	2720
6.3	1000	248	350	440	620	864	1200	1590	2250	2956	3816
	740	184	260	327	460	640	890	1180	1670	2190	2827
	600	150	210	265	370	520	720	950	1350	1770	2280
7.1	1000	200	290	367	513	702	990	1360	1860	2400	3140
	740	150	215	272	380	520	734	1010	1380	1800	2325
	600	120	175	220	307	420	590	800	1100	1460	1880

表 26-4　JDX 边缘传动减速机规格　　kW

速比	输入转速（r/min）	额定输入功率（kW）								
		JDX28	JDX36	JDX45	JDX56	JDX63	JDX71	JDX80	JDX90	JDX100
3.15	1500			—	—	—	—	—	—	—
	1000						—	—	—	—
	750								—	—
	600									
3.55	1500				—	—	—	—	—	—
	1000						—	—	—	—
	750								—	—
	600									
4.0	1500				—	—	—	—	—	—
	1000			688	1235	1710	2380	3160	4455	5890
	750			510	915	1270	1764	2340	3300	4365
	600			410	740	1030	1430	1890	2670	3500
4.5	1500					—		—	—	—
	1000			580	1036	1445	2011	2670	3766	4960
	750			430	768	1070	1490	1980	2790	3676
	600			350	620	860	1200	1600	2250	2970

续表

速比	输入转速(r/min)	额定输入功率（kW）								
		JDX28	JDX36	JDX45	JDX56	JDX63	JDX71	JDX80	JDX90	JDX100
5.0	1500									
	1000			510	886	1240	1710	2280	3226	4250
	750			380	657	918	1270	1690	2392	3150
	600			308	530	740	1030	1370	1930	2550
5.6	1500									
	1000			418	745	1040	1445	1917	2700	3585
	750			310	552	770	1070	1420	2000	2656
	600			250	450	620	860	1150	1620	2150
6.3	1500									
	1000			350	620	864	1200	1590	2250	2956
	750			260	460	640	890	1180	1670	2190
	600			210	370	520	720	950	1350	1770
7.1	1500									
	1000			290	513	702	990	1360	1860	2400
	750			215	380	520	734	1010	1380	1800
	600			175	307	420	590	800	1100	1460

三、DBS 单边双传动减速机规格列表（表 26-5）

表 26-5 DBS 单边双传动减速机规格

序号	1	2	3	4	5	6	7	8	9	10	11	12
型号	160	180	200	225	250	280	300	320	360	400	450	500
功率（kW）	1600	1800	2000	2250	2500	2800	3000	3200	3600	4000	4500	5000
输入转速（r/min）	990	990	990	990	990	990	990	990	990	990	990	990

四、JLMX 立式磨机减速机规格列表（表 26-6）

表 26-6 JLMX 立式磨机减速器规格

序号	1	2	3	4	5	6	7	8	9	10	11	12	13	14
型号	5	10	15	20	25	30	40	50	60	70	80	90	100	110
P/n_2 [kW/(r/min)]	1.8	2.9	4.2	5.75	7.85	9.95	12.05	15.72	18.51	21.50	25.15	29.35	34.55	43.95
输入转速(r/min)	990	990	990	990	990	990	990	990	990	990	990	990	990	990

续表

序号	15	16	17	18	19	20	21	22	23	24	25	26	27
型号	130	150	170	200	225	250	280	300	330	365	400	450	500
P/n_2 [kW/(r/min)]	53.95	58.12	65.45	76.95	86.40	96.75	108.3	115.7	129.5	145.05	162.4	181.88	203.66
输入转速（r/min）	990	990	990	990	990	990	990	990	990	990	990	990	990

五、JY 窑用减速机规格列表（表 26-7）

表 26-7　JY 窑减速机规格

速比	转速（r/min）		型　号														
			20	22	25	28	32	36	40	45	50	56	63	71	80	90	100
	n_1	n_2	额定功率（kW）														
22.4	1500	67	35	47	68	97	141	204	280	399	548	768	1094	1567	—	—	—
	1000	45	23	31	45	64	94	136	487	266	365	512	730	1044	1220	1525	—
	750	33	18	23	34	48	71	102	140	199	274	384	547	783	915	1144	1423
25	1500	60	31	42	60	85	126	181	249	354	486	683	972	1393	—	—	—
	1000	40	21	27	40	56	84	121	166	236	324	455	648	928	1085	1355	1686
	750	30	16	21	30	42	63	91	124	177	243	341	486	696	813	1016	1264
28	1500	54	28	37	54	77	113	164	224	319	437	616	875	1253	—	—	—
	1000	36	19	25	36	51	75	109	149	213	292	410	584	835	932	1220	1517
	750	27	14	19	27	38	56	82	112	160	219	308	438	627	699	915	1138
31.5	1500	48	25	33	49	68	100	145	199	283	389	546	778	1144	—	—	—
	1000	32	17	22	32	45	66	97	133	189	259	364	519	742	868	1084	1226
	750	24	12	17	24	34	50	72	100	141	194	273	389	556	651	813	920
35.5	1500	42	22	29	42	60	87	127	174	248	340	478	681	975	—	—	—
	1000	28	14	19	28	40	58	85	116	165	227	319	454	650	759	948	1180
	750	21	11	15	21	30	43	64	87	124	170	239	340	487	569	711	867
40	1500	37.5	19	26	38	53	78	113	155	221	304	427	608	870	—	—	—
	1000	25	13	17	25	36	52	76	104	147	202	284	405	580	677	847	1054
	750	18.8	10	13	19	27	39	57	78	111	152	213	304	435	507	635	790
45	1500	33	17	23	33	47	69	100	142	194	267	392	535	766	—	—	—
	1000	22	11	15	22	31	46	66	95	130	178	261	356	511	597	746	927
	750	16.6	9	11	17	23	34	50	71	97	133	196	267	383	447	559	695
50	1500	30	15	21	30	43	63	90	124	177	267	341	486	696	—	—	—
	1000	20	10	14	20	28	42	60	82	118	178	227	324	464	524	677	843
	750	15	8	10	15	22	31	45	62	88	134	171	243	348	406	507	632

续表

速比	转速（r/min）		型号														
			20	22	25	28	32	36	40	45	50	56	63	71	80	90	100
	n_1	n_2	额定功率（kW）														
56	1500	27.7	14	19	27	38	56	82	112	160	219	308	48	627	—	—	—
	1000	18.8	9	12	18	25	37	54	74	106	146	205	292	418	509	637	792
	750	13.4	7	9	14	19	28	41	56	80	109	154	219	314	381	477	594
63	1500	23.8	12	16	24	34	50	72	99	140	193	270	385	551	—	—	—
	1000	15.8	8	11	16	23	33	48	66	93	128	180	256	367	430	536	667
	750	11.9	6	8	12	17	25	36	45	70	96	135	192	275	322	402	500
71	1500	21.1	11	15	21	30	44	64	87	124	171	241	343	491	—	—	—
	1000	14.1	7	10	14	20	29	43	58	83	114	160	228	327	382	477	594
	750	10.6	5	7	11	15	22	32	43	62	85	120	171	245	286	358	445
80	1500	18.7	10	13	19	27	39	56	78	111	152	213	304	435	—	—	—
	1000	6.4	6	9	13	18	26	38	52	74	101	142	202	290	338	424	527
	750	4.8	5	7	10	13	20	28	39	55	76	107	152	217	254	318	395
90	1500	16.6	9	12	17	24	35	50	69	98	135	189	270	387	—	—	—
	1000	11.1	6	8	11	16	23	34	46	65	90	126	180	25	301	376	468
	750	8.3	5	6	9	12	18	25	34	49	67	94	135	193	225	278	351

六、JGX 辊压机减速机规格列表（表 26-8）

表 26-8　JGX 辊压机减速机规格

速比	转速（r/min）		型　号														
			65	90	110	140	180	225	25	355	420	480	540	650	740	880	1010
	n_1	n_2	额定功率（kW）														
25	1500	60	210	—	—	—	—	—	—	—	—	—	—	—	—	—	—
	1000	40	125	160	205	260	340	430	540	665	800	895	—	—	—	—	—
	750	30	105	135	170	220	285	355	450	555	665	770	865	1020	1165	1385	1600
28	1500	54	190	245	305	—	—	—	—	—	—	—	—	—	—	—	—
	1000	36	125	160	205	260	340	430	540	665	800	895	—	—	—	—	—
	750	27	95	120	155	200	255	325	400	495	600	695	785	925	1045	1245	1440
31.5	1500	48	165	220	270	350	450	—	—	—	—	—	—	—	—	—	—
	1000	32	110	145	180	235	300	385	480	585	710	820	880	1080	—	—	—
	750	24	85	110	135	175	225	285	355	450	540	615	695	650	820	1110	1280
35.5	1500	42	150	200	240	310	400	510	615	—	—	—	—	—	—	—	—
	1000	28	100	133	160	205	260	340	415	525	615	710	820	955	—	—	—
	750	21	75	100	120	155	185	250	310	385	465	540	710	820	815	970	1120
40	1500	37.5	130	180	220	280	360	450	570	710	840	960	108	1300	1480	1760	2020
	1000	25	88	120	145	185	240	300	380	470	560	640	720	865	985	1170	1345
	750	18.8	65	90	110	140	180	225	285	355	420	480	540	650	740	880	1010

七、ZDY/ZLY/ZSY 圆柱齿轮减速机、DBY/DCY 圆锥齿轮减速机规格列表（表 26-9 ~ 表 26-13）

表 26-9　ZDY 圆柱齿轮减速机规格列表

速比	公称转速 (r/min)		名义中心距 a（mm）												
			80	100	125	160	200	250	280	315	355	400	450	500	560
	n_1	n_2	公称输入功率 P_1（kW）												
1.25	1500	1200	57	103	205	360	633	1121	—	—	—	—	—	—	—
	1000	800	40	69	140	260	446	807	—	—	—	—	—	—	—
	750	600	31	52	105	190	348	636	—	—	—	—	—	—	—
1.4	1500	1070	53	96	194	326	616	1109	—	—	—	—	—	—	—
	1000	715	37	65	132	240	433	794	—	—	—	—	—	—	—
	750	535	29	48	102	180	337	624	—	—	—	—	—	—	—
1.6	1500	940	49	92	180	310	587	1068	1473	1996	2766	—	—	—	—
	1000	625	34	63	125	217	410	760	1051	1430	1992	—	—	—	—
	750	470	27	50	98	168	319	595	824	1124	1569	—	—	—	—
1.8	1500	835	45	87	173	290	557	1024	1411	1925	2663	—	—	—	—
	1000	555	31	62	120	206	389	726	1002	1372	1906	—	—	—	—
	750	415	24	48	95	160	302	567	784	1074	1497	—	—	—	—
2	1500	750	39	80	158	278	526	970	1339	1827	2536	—	—	—	—
	1000	500	27	55	110	194	367	684	946	1296	1806	2547	3578	4793	—
	750	375	21	43	85	150	284	534	738	1013	1414	1999	2821	3775	5169
2.24	1500	670	36	70	141	264	484	914	1236	1711	2377	—	—	—	—
	1000	445	25	49	98	183	337	645	874	1207	1683	2402	3397	4512	—
	750	335	19	38	76	142	262	503	682	941	1314	1878	2667	3538	4833
2.5	1500	600	32	64	127	245	447	855	1154	1617	2264	—	—	—	—
	1000	400	22	45	88	170	311	601	812	1136	1596	2235	3182	4353	—
	750	300	17	35	68	132	241	468	633	884	1243	1742	2492	3406	4645
2.8	1500	535	27	53	115	224	409	789	1063	1489	2068	—	—	—	—
	1000	360	19	37	80	155	284	552	746	1048	1456	2049	2945	4000	—
	750	270	15	29	62	120	220	429	580	816	1134	1593	2296	3118	4232
3.15	1500	475	23	47	96	203	375	709	990	1359	1924	2658	3790	5036	6666
	1000	315	16	33	67	140	260	496	695	952	1352	1817	2681	3607	4807
	750	235	13	25	52	109	202	385	540	740	1052	1458	2084	2802	3747
3.55	1500	425	20	41	85	179	337	639	898	1210	1730	2410	3407	4460	6119
	1000	280	14	28	59	124	234	446	628	845	1210	1694	2396	3196	4395
	750	210	11	22	46	96	181	346	488	655	940	1312	1856	2483	3419
4	1500	375	17	34	69	155	300	570	774	1095	1555	2146	2981	3985	[illegible]651
	1000	250	12	24	48	107	208	396	539	764	1088	1501	2090	2838	4033
	750	187	9	18	37	83	161	307	418	590	844	1160	1618	2199	3128

续表

速比	公称转速 (r/min)		名义中心距 a (mm)												
			80	100	125	160	200	250	280	315	355	400	450	500	560
	n_1	n_2	公称输入功率 P_1 (kW)												
4.5	1500	335	14	29	55	137	260	495	703	997	1367	1878	2619	3635	4912
	1000	220	9.5	20	38	95	180	344	488	694	953	1311	1832	2582	3485
	750	166	7	15	30	73	139	266	378	536	738	1015	1416	1997	2694
5	1500	300	11	25	48	121	229	451	608	864	1179	1680	2340	3149	4400
	1000	200	8	17	33	84	159	313	422	599	820	1168	1629	2231	3125
	750	150	6	13	26	65	123	242	326	462	633	900	1257	1724	2418
5.6	1500	270	10	20	40	109	211	389	531	779	1031	1564	2038	2791	3778
	1000	180	7	14	27	75	146	270	368	540	716	1088	1417	1969	2670
	750	134	5	11	21	59	113	208	285	416	554	838	1092	1519	2061
6.3	1500	240	—	16	36	90	175	353	465	651	944	1313	1804	2547	3342
	1000	160	—	11	25	63	121	244	322	451	655	911	1252	1795	2356
	750	120	—	9	19	49	94	189	249	349	507	704	964	1388	1817

表 26-10　ZLY 圆柱齿轮减速机规格列表

速比	公称转速 (r/min)		名义中心距 a (mm)																
			112	125	140	160	180	200	224	250	280	315	355	400	450	500	560	630	710
	n_1	n_2	公称输入功率 P_1 (kW)																
6.3	1500	240	37.4	54	73	114	157	221	305	424	578	791	1156	1650	2192	3132	4310	—	—
	1000	160	26.4	37.4	50	78	109	153	211	294	400	548	802	1146	1558	2181	3000	4347	6229
	750	120	19.5	28.6	38.5	60	84	119	163	227	308	422	618	884	1213	1685	2320	3357	4884
7.1	1500	210	34	49	66	104	143	201	277	385	525	719	1051	1500	1993	2847	3817	—	—
	1000	140	24	34	45.5	71	99	139	192	267	364	498	729	1042	1416	1983	2731	3952	5663
	750	106	17.7	26	35	54.5	76	108	148	206	280	384	562	804	1103	1532	2109	3052	4440
8	1500	185	32	43	61	94.5	130	181.5	250	347	469	678	932	1309	1869	2489	3520	—	—
	1000	125	21.5	29.5	42.4	64	93	126	173	241	325	470	646	908	1298	1730	2447	3398	5019
	750	94	17	23	33	49	69	97	133	186	251	362	498	700	1000	1333	1887	2619	3881
9	1500	167	29	38.5	56	81	119	165.5	227	315	423	612	841	1182	1689	2248	3183	—	—
	1000	111	20	27	38.5	55	82.5	115	157	218	293	424	583	819	1172	1561	2210	3068	4537
	750	83	15	20.5	30	42	64	88	121	168	226	327	449	631	903	1202	1703	2363	3502
10	1500	150	26	35	50	73	109	149	204	284	383	555	762	1070	1530	2038	2883	—	—
	1000	100	18	24	35	50	75	103	142	197	266	384	528	742	1061	1414	2001	2777	4112
	750	75	14	18.5	26.6	38	58	80	109	152	204	296	407	571	817	1088	1541	2139	3172
11.2	1500	134	23	31.5	45	66	96	133	184	255	346	500	688	966	1381	1839	2604	—	—
	1000	89	16	22	31	45	67	92	127	177	240	347	477	669	957	1275	1806	2506	3711
	750	67	12	17	24	35	51	71	98	136	185	267	367	516	737	982	1391	1930	2862

续表

速比	公称转速 (r/min)		名义中心距 a（mm）																
			112	125	140	160	180	200	224	250	280	315	355	400	450	500	560	630	710
	n_1	n_2	公称输入功率 P_1（kW）																
12.5	1500	120	21	28	40	59	83	116.5	165	229	311	450	618	869	1242	1654	2341	—	—
	1000	80	14	19.5	28	40	57	81	114	159	216	312	428	601	860	1146	1621	2251	3338
	750	60	11	15	21	31	44	63	88	122	166	240	330	463	663	882	1249	1734	2573
14	1500	107	18.5	25	36	52.5	74	105	148	206	279	404	555	779	1115	1485	2162	2918	4318
	1000	71	12.5	17.5	25	36	51	73	102	142	193	280	384	540	772	1028	1455	2020	2996
	750	54	9.8	13	19	27.6	39	56	79	110	149	216	296	416	594	792	1120	1555	2310
16	1500	94	16	22	31	47.5	70.5	98	133	185	251	362	498	700	1000	1333	1887	2619	3879
	1000	62	11	15	21.5	32	49	68	92	128	174	251	345	484	693	923	1306	1812	2690
	750	47	8	11.5	17	25	38	53	71	99	134	193	266	373	533	711	1005	1395	2073
18	1500	83	14	19.5	28	42.5	60.5	86	115	161	225	326	448	629	899	1197	1697	2353	3487
	1000	56	10	13.5	19.6	29	42	59.5	80	111	156	226	310	435	622	829	1175	1628	2417
	750	42	7.5	10.5	15	22	32	46	61	86	120	174	239	335	479	638	905	1252	1861
20	1500	75	13	18	25.5	38	59	77	103	142	205	296	418	587	839	1120	1580	2200	3260
	1000	50	9	12	18	26.5	41	53.5	72	95	142	205	279	392	560	746	1050	1460	2170
	750	38	6.8	9.5	14	20	32	41	55	76	109	158	210	295	420	562	735	1120	1635

表 26-11　ZSY 圆柱齿轮减速机规格列表

速比	公称转速 (r/min)		名义中心距 a（mm）													
			160	180	200	224	250	280	315	355	400	450	500	560	630	710
	n_1	n_2	公称输入功率 P_1（kW）													
22.4	1500	67	34	51	68	98	131	182	270	400	530	780	1065	1450	1865	—
	1000	44	24	35	48	68	91	12	185	262	355	540	750	1025	1325	1905
	750	33	18	27	37	52	70	97	135	215	275	415	580	800	1030	1485
25	1500	60	32	46	63	96	115	157	240	365	470	705	1020	1405	1865	—
	1000	40	22	31	43	66	80	108	163	250	315	465	705	975	1325	1905
	750	30	16	24	33	51	60	84	122	195	240	350	540	750	1030	1485
28	1500	42	29	42	59	86	113	142	220	325	425	625	945	1260	1800	—
	1000	36	20	29	41	60	75	98	148	215	280	420	650	870	1245	1760
	750	27	15	22	31	46	56	76	114	160	210	310	500	670	960	1355
31.5	1500	48	26	37	51	79	95	127	197	290	395	560	840	1140	1600	—
	1000	32	17	26	35	55	63	86	132	195	370	370	585	790	1110	1565
	750	24	14	20	27	42	49	65	100	145	200	280	450	605	855	1200
35.5	1500	42	23	34	47	70	88	117	178	275	350	510	755	1025	1450	—
	1000	28	15	23	32	48	59	80	118	180	235	340	520	710	1000	1410
	750	21	12	18	25	37	44	61	90	140	175	255	405	545	750	1090

续表

速比	公称转速 (r/min)		名义中心距 a (mm)													
			160	180	200	224	250	280	315	355	400	450	500	560	630	710
	n_1	n_2	公称输入功率 P_1 (kW)													
40	1500	38	21	30	42	64	79	107	158	235	325	465	675	930	1300	
	1000	25	17	21	29	40	53	71	108	160	210	315	465	640	900	1315
	750	19	11	16	22	31	41	55	80	125	155	235	360	465	680	1015
45	1500	33	17	24	34	46	70	96	142	215	280	410	615	850	1130	—
	1000	22	12	16	24	32	47	64	95	145	185	280	425	590	770	1150
	750	17	9	12	18	25	36	50	74	110	140	210	320	450	600	885
50	1500	30	15	22	32	46	63	85	128	195	245	360	540	750	1030	1490
	1000	20	11	15	22	31	43	59	85	130	165	240	370	520	710	1030
	750	15	8	12	17	24	32	43	65	95	125	180	290	400	550	795
56	1500	27	15	21	31	43	56	76	112	170	220	310	480	675	955	1340
	1000	18	10	15	22	30	38	52	77	115	145	210	330	470	660	930
	750	13	8	11	17	23	28	40	58	90	110	160	255	360	510	715
63	1500	24	12	17	23	37	45	61	102	145	195	280	425	605	860	1170
	1000	16	8	12	16	25	30	42	70	100	130	190	290	420	600	810
	750	12	6	9	12	20	23	32	52	75	100	140	225	325	460	620
71	1500	21	11	17	23	33	40	56	90	130	185	245	390	540	770	1045
	1000	14	8	11	15	23	27	38	60	90	115	170	270	370	540	725
	750	10.6	6	9	12	18	21	29	45	65	90	125	210	285	410	555
80	1500	18.8	9	13	18	26	36	51	80	115	155	225	340	470	675	960
	1000	12.5	6	9	12	18	24	34	54	80	100	150	240	330	470	665
	750	9.4	4	7	10	14	19	27	42	60	80	110	185	250	360	510
90	1500	16.7	8	12	18	25	33	46	74	105	140	200	305	395	590	765
	1000	11.1	6	8	12	17	22	30	49	70	95	130	200	278	405	530
	750	8.3	4	6	9	13	17	23	37	55	70	100	160	210	300	405
100	1500	15	8	11	16	24	30	43	60	—	—	—	—	—	—	—
	1000	10	5	7	11	16	21	29	40	—	—	—	—	—	—	—
	750	7.5	4	6	8	13	16	22	30	—	—	—	—	—	—	—

表 26-12 DBY 圆锥齿轮减速机规格列表

速比	公称转速 (r/min)		名义中心距 a (mm)											
			160	180	200	224	250	280	315	355	400	450	500	560
	n_1	n_2	公称输入功率 P_1 (kW)											
8	1500	188	81	115	145	205	320	435	610	750	1080	1680	2100	—
	1000	125	56	86	110	155	245	325	465	560	810	1260	1700	2200
	750	94	42	55	88	125	185	250	340	465	660	950	1400	1800

续表

速比	公称转速 (r/min)		名义中心距 a（mm）											
			160	180	200	224	250	280	315	355	400	450	500	560
	n_1	n_2	公称输入功率 P_1（kW）											
10			67	92	130	165	255	345	480	610	910	1370	1900	—
	1000	100	44	69	94	125	195	260	360	465	620	950	1270	1700
	750	75	34	46	73	105	155	210	295	380	510	710	950	1300
11. 2	1500	134	59	81	115	150	235	325	450	560	840	1200	1550	—
	1000	89	40	61	84	130	175	245	340	430	630	810	1030	1380
	750	67	31	41	65	98	140	185	240	350	470	610	780	1040
12. 5	1500	120	53	75	105	140	210	285	390	500	760	980	1260	1550
	1000	80	36	56	74	105	145	215	265	380	480	660	850	1110
	750	60	27	36	56	76	110	150	190	270	365	500	640	840
14	1500	107	48	66	81	125	190	260	345	465	580	780	1000	1150
	1000	71	31	42	54	84	110	165	205	310	415	520	680	900
	750	53	23	31	38	60	80	115	145	235	310	400	510	690

表 26-13　DCY 圆锥齿轮减速机规格列表

速比	公称转速 (r/min)		名义中心距 a（mm）														
			160	180	200	224	250	280	315	355	400	450	500	560	630	710	800
	n_1	n_2	公称输入功率 P_1（kW）														
16	1500	94	45	61	80	120	160	230	305	440	600	830	1350	1850	—	—	—
	1000	63	30	43	60	85	115	170	230	330	440	630	1010	1420	2200	2500	2850
	750	47	24	35	45	70	85	140	185	270	360	510	830	1180	1600	2300	2600
18	1500	83	42	58	75	110	150	210	290	440	560	780	1350	1850	—	—	—
	1000	56	30	40	53	75	105	155	215	330	420	590	1000	1400	1860	2500	2850
	750	42	23	32	42	65	80	120	175	260	345	480	790	1120	1460	2180	2500
20	1500	75	39	53	68	100	135	195	270	430	550	780	1320	1800	—	—	—
	1000	50	27	36	48	70	95	140	200	315	380	550	880	1240	1640	2400	2850
	750	38	20	28	38	55	75	110	160	245	310	445	700	1000	1290	1920	2500
22. 4	1500	67	34	50	65	94	130	175	250	400	510	730	1170	1540	—	—	—
	1000	45	23	34	48	65	90	130	185	290	360	520	780	1100	1450	2120	2600
	750	33	17	25	36	49	70	95	140	220	275	400	620	880	1140	1710	2460
25	1500	60	30	44	62	83	115	160	225	350	450	650	1030	1460	—	—	—
	1000	40	20	30	42	57	80	110	165	255	315	460	730	1040	1350	2010	2600
	750	30	15	23	32	43	60	85	125	195	240	350	550	780	1010	1510	2180
28	1500	54	22	37	48	75	92	140	215	320	405	590	910	1290	—	—	—
	1000	36	15	25	34	52	66	94	150	225	285	420	640	910	1190	1770	2500
	750	27	12	19	26	39	50	71	115	170	215	315	490	690	890	1330	1920

续表

速比	公称转速 (r/min)		名义中心距 a (mm)														
			160	180	200	224	250	280	315	355	400	450	500	560	630	710	800
	n_1	n_2	公称输入功率 P_1 (kW)														
31.5	1500	48	20	33	44	69	85	120	195	290	385	550	820	1170	—	—	—
	1000	32	14	22	31	46	59	83	130	200	255	370	580	820	1070	1600	2310
	750	24	10	17	23	34	44	62	100	150	190	280	440	620	800	1200	1740
35.5	1500	42	18	30	40	62	77	110	180	260	345	500	770	1100	1430	2120	—
	1000	28	12	20	28	42	53	75	120	180	230	340	510	720	950	1410	2030
	750	21	9	15	21	31	40	56	90	135	175	250	385	540	710	1060	1540
40	1500	38	17	27	36	56	69	98	160	235	310	450	690	990	1290	1920	—
	1000	25	11	18	25	41	47	67	120	160	225	330	465	660	860	1280	1850
	750	19	8.5	14	19	29	36	52	82	125	155	230	350	495	640	960	1390
45	1500	33.5	15	24	33	50	64	90	145	215	275	400	620	880	1150	1720	2100
	1000	22	10	16	22	33	42	60	95	145	180	265	455	640	840	1250	1810
	750	16.6	7.5	12	17	26	32	46	74	110	140	205	320	455	600	870	1260
50	1500	30	13	21	30	44	57	80	130	195	245	360	550	780	1030	1540	2050
	1000	20	9	14	20	31	38	54	87	130	165	240	365	520	680	1020	1480
	750	15	7	11	15	23	29	41	65	99	120	180	290	410	540	780	1130

八、YN/YK 硬齿面齿轮减速机的规格列表（表 26-14 ~ 表 26-20）

表 26-14　YND 圆柱齿轮减速机规格列表

速比	公称转速 (r/min)		名义中心距 a (mm)												
			80	100	125	160	200	250	280	320	360	400	450	500	560
	n_1	n_2	公称输入功率 P_1 (kW)												
1.25	1500	1200	56	106	200	395	710	1370*	带"*"要求强制润滑						
	1000	800	39	70	140	260	480	920							
	750	600	29	54	110	200	360	720							
1.4	1500	1070	52	98	192	365	645	1310*							
	1000	715	36	65	130	248	435	890							
	750	535	29	51	105	195	335	690							
1.6	1500	940	50	96	185	332	595	1200*	1660*	2170*	2900*				
	1000	625	36	70	125	230	410	810	1150	1460	2130				
	750	470	27	54	100	190	310	660	910	1210	1520				
1.8	1500	835	45	90	174	312	545	1120	1520*	2080*	2680*				
	1000	555	32	64	120	220	370	760	1110	1420	1830				
	750	415	24	51	97	182	275	600	850	1150	1440				

续表

速比	公称转速（r/min）		名义中心距 a（mm）												
			80	100	125	160	200	250	280	320	360	400	450	500	560
	n_1	n_2	公称输入功率 P_1（kW）												
2	1500	750	39	80	156	292	520	1010	1410	1920*	2520*	—	—	—	—
	1000	500	27	56	110	200	360	710	970	1310	1710	2630*	3730*	4650*	—
	750	375	21	44	87	163	265	580	770	1060	1350	1990	2950	3820	5050
2.24	1500	670	36	70	140	278	460	955	1260	1760*	2300*	—	—	—	—
	1000	445	26	48	100	192	310	660	910	1210	1620	2380	3420	4310*	—
	750	335	19	37	82	152	250	530	740	990	1250	1870	2760	3520	4530
2.5	1500	600	32	60	130	250	410	895	1145	1620	2170*	—	—	—	—
	1000	400	20	42	95	170	280	630	815	1160	1490	2220	3130	4110*	—
	750	300	17	32	76	140	230	490	670	920	1140	1760	2510	3320	4230
2.8	1500	535	27	53	115	228	380	825	1050	1460	1970	—	—	—	—
	1000	360	19	37	80	160	260	560	750	995	1330	1970	2910	3820	—
	750	270	15	27	62	125	210	460	610	825	1050	1540	2360	3100	3900
3.15	1500	475	23	47	95	205	360	750	1000	1350	1750	2490	3620*	4730*	—
	1000	315	16	34	67	140	235	510	690	930	1260	1760	2650	3420	4550
	750	235	13	25	50	110	185	400	580	760	965	1400	2130	2750	3700
3.55	1500	425	20	42	90	180	320	680	890	1240	1600	2300	3310*	4200*	—
	1000	280	14	30	62	130	220	460	610	860	1160	1640	2460	3120	4350
	750	210	11	22	47	98	175	370	500	670	900	1340	2010	2490	3550
4	1500	375	17	35	74	155	305	635	840	1150	1460	2110	3000	3820*	—
	1000	250	11	25	53	108	215	425	580	780	1050	1490	2180	2750	4250
	750	187	8.5	19	40	83	165	345	480	620	820	1190	1800	2240	3480
4.5	1500	335	14	31	55	138	270	560	790	1080	1290	1850	2540	3300	—
	1000	220	10	22	38	95	180	370	560	720	970	1250	1800	2480	3850
	750	166	7	17	29	74	150	290	450	590	760	950	1380	1930	2970
5	1500	300	12	27	48	122	215	470	670	990	1200	1680	2450	3100	—
	1000	200	8	19	33	84	140	330	460	695	830	1170	1750	2300	3150
	750	150	6	15	26	64	105	255	360	525	670	890	1320	1720	2550
5.6	1500	270	10	23	41	102	195	410	560	860	1030	1470	2020	2700	—
	1000	180	7	16	28	70	135	280	400	560	740	1020	1370	1820	2640
	750	134	5	12	21	53	100	210	300	435	580	780	1020	1380	2060
6.3	1500	240	—	17	38	82	155	330	500	690	920	1240	1820	2150	—
	1000	160	—	12	27	56	105	220	350	460	680	830	1240	1450	2150
	750	120	—	9	20	42	85	170	260	340	470	620	920	1100	1620

表 26-15　YNL 圆柱齿轮减速机规格列表

速比	公称转速（r/min）		规格（总中心距）（mm）																	
			192	215	240	272	305	340	385	430	480	545	610	680	770	860	960	1080	1210	1360
	n_1	n_2	额定功率 P_1（kW）																	
6.3	1500	240	39	54	74	115	160	220	305	425	640	790	1200	1650	2300*	3600*	5000*	—	—	—
	1000	160	27	38	51	78	110	150	215	295	460	550	810	1150	1550	2500	3500	4800	6600*	8000*
	750	120	20	28	38	60	84	120	165	230	310	420	620	890	1200	1850	2600	3600	5000	6500
7.1	1500	210	36	49	71	106	152	205	298	390	560	750	1140	1560	2180*	3380*	4830*	—	—	—
	1000	140	24	35	46	68	102	132	205	260	375	495	760	1040	1440	2360	3320	4500	6350*	8520*
	750	106	18	25	35	53	76	103	152	205	285	375	560	800	1090	1770	2460	3400	4760	6300
8	1500	185	33	45	67	97	136	188	273	365	510	705	1060	1420	1960*	3100*	4390*	—	—	—
	1000	125	22	31	43	64	91	126	182	245	340	480	710	970	1300	2110	3020	3940	5830	7930
	750	94	16	22	33	48	69	95	136	185	255	360	530	730	990	1610	2260	3030	4320	5780
9	1500	167	30	40	60	86	124	170	243	328	460	670	930	1270	1760*	2850*	3920*	—	—	—
	1000	111	20	27	41	58	82	117	165	220	305	445	625	850	1150	1910	2650	3520	5140	6860
	750	83	15	20	30	43	62	86	124	169	240	340	495	660	910	1490	2040	2760	4030	5380
10	1500	150	27	37	51	78	105	154	222	295	405	585	815	1150	1600	2480	3600*	—	—	—
	1000	100	19	25	34	51	72	106	146	195	270	390	545	780	1040	1720	2410	3210	4620	6280
	750	75	14	18	25	39	53	80	108	152	210	295	420	610	830	1360	1870	2440	3610	4870
11.2	1500	134	23	33	47	69	97	140	198	260	370	530	750	1000	1420	2300	3210*	—	—	—
	1000	89	15	23	31	47	65	95	132	175	250	355	510	690	960	1540	2160	2860	4320	5860
	750	67	11	17	23	34	48	70	98	128	190	270	385	520	710	1180	1650	2180	3310	4480
12.5	1500	120	20	29	40	60	82	112	170	225	325	455	660	900	1240	2040	2910	—	—	—
	1000	80	13	19	27	41	55	78	112	162	220	310	450	620	840	1390	1990	2610	3780	5200
	750	60	11	15	20	31	42	58	86	123	160	230	340	470	650	1100	1510	1940	2860	3880
14	1500	107	18	26	37	50	75	105	158	207	290	405	595	810	1080	1810	2540	3380	4850*	—
	1000	71	11	17	24	34	50	72	106	142	195	265	395	545	730	1240	1765	2270	3360	4570
	750	54	9	13	18	25	38	54	79	110	150	200	295	425	560	930	1350	1740	2520	3480
16	1500	94	16	21	30	46	65	98	135	186	255	360	525	705	980	1590	2270	2980	4350*	—
	1000	62	11	14	20	32	43	66	92	128	170	235	350	480	690	1080	1540	2050	3000	4090
	750	47	8	11	15	23	32	50	68	96	125	180	270	360	515	820	1220	1530	2230	3060
18	1500	83	14	19	28	40	58	88	120	160	230	340	460	630	900	1500	1960	2740	3980	—
	1000	56	9	13	19	28	38	56	78	104	150	230	315	425	610	990	1280	1840	2710	3650
	750	42	7	10	14	20	30	42	62	82	110	180	250	335	440	780	970	1420	2120	2910
20	1500	75	12	17	24	38	56	76	108	145	205	280								
	1000	50	8	12	17	26	35	52	72	96	140	195								
	750	38	6	9	12	18	26	38	57	76	110	150								

带"*"要求强制润滑

表 26-16　YNS 圆柱齿轮减速机规格列表

速比	公称转速 (r/min)		规格（总中心距）(mm)														
			352	395	440	497	555	620	705	790	880	995	1110	1240	1400	1570	1760
	n_1	n_2	公称输入功率 P_1（kW）														
20	1500	75								450	595	875	1350	1840	2500 *	3600 *	4800 *
	1000	50								300	400	570	900	1240	1630	2380	3380
	750	38								240	300	445	700	990	1290	1880	2700
22.4	1500	67	35	52	70	99	133	184	270	405	540	790	1190	1650	2190	3180 *	4300 *
	1000	44	24	34	50	66	91	130	190	270	355	530	800	1100	1450	2130	3000
	750	33	17.5	26	37	51	70	97	140	218	275	400	610	875	1130	1700	2400
25	1500	60	31	46	61	88	115	160	240	365	470	700	1050	1500	1995	2820	4000 *
	1000	40	21	31	42	58	80	108	165	253	320	470	730	1030	1330	2000	2900
	750	30	15.5	23	30	44	60	84	124	200	245	360	540	770	1020	1485	2150
28	1500	54	28	42	55	80	110	144	220	325	425	620	910	1280	1730	2500	3600 *
	1000	36	19.5	28	38	52	73	100	150	230	280	425	530	900	1140	1700	2500
	750	27	14	21	27.5	40	55	76	114	163	210	320	485	670	900	1300	1930
31.5	1500	45	25	38	48	70	95	130	200	290	400	565	830	1190	1580	2200	3300
	1000	32	16	24	33	47	63	85	134	200	270	380	570	800	1100	1600	2300
	750	24	12.5	18.5	25	35	48	65	100	150	200	289	440	630	810	1200	1720
35.5	1500	42	22	34	45	62	88	120	180	280	350	510	770	1090	1400	2100	3100
	1000	28	15	22	30.5	41	58	80	120	183	230	350	510	710	965	1400	2020
	750	21	11	16.5	22.5	32	45	60	90	142	180	261	400	550	725	1100	1530
40	1500	38	20	30	42.5	55	80	110	160	240	325	465	700	980	1290	1900	2730
	1000	25	13.5	20	28	38	53	72	110	160	210	320	470	660	800	1280	1820
	750	19	10	14.5	22	29	40	55	80	125	161	235	365	505	650	1000	1400
45	1500	33	18	26	35.5	50	70	98	145	220	280	414	630	870	1130	1700	2430
	1000	22	12	17	25	33	46	65	95	145	190	280	420	590	750	1200	1630
	750	17	9	13	18	26	35	50	75	113	142	209	315	450	600	850	1230
50	1500	30	15.5	23	31.5	46	62	85	130	200	245	360	550	760	1060	1500	2220
	1000	20	11	15.5	22	30	42	60	85	160	170	240	365	520	700	1030	1500
	750	15	8	12	15.5	23	31	44	65	100	125	190	285	405	540	790	1130
56	1500	27	13	20	28	40	55	75	113	175	225	315	500	700	910	1400	1930
	1000	18	9	13.5	19	27	38	51	78	120	150	215	340	475	620	930	1345
	750	13.4	7	10	15	21	28	39	58	90	114	165	255	360	470	700	984
63	1500	24	11	16.5	24	35	45	65	105	155	200	285	435	620	810	1200	1743
	1000	16	7	11	15.5	24	30	42	69	105	135	195	300	430	545	820	1142
	750	12	6	8.5	12	18	22	33	51	75	105	147	220	325	430	620	900

续表

速比	公称转速 (r/min)		规格（总中心距）（mm）														
			352	395	440	497	555	620	705	790	880	995	1110	1240	1400	1570	1760
	n_1	n_2	公称输入功率 P_1（kW）														
71	1500	21	10	15	21	30	40	56	91	135	180	255	395	560	730	1100	1540
	1000	14	6.8	9.8	14	21	27	38	60	93	120	170	270	370	500	720	1030
	750	10.6	5	7.5	11	16	20	29	45	70	95	130	200	280	370	550	750
80	1500	18.8	9.3	14	19	28	37	51	80	120	160	230	345	480	640	950	1400
	1000	12.5	6.2	9	13	19	24	35	55	81	105	155	240	340	450	640	920
	750	9.4	4.7	7	10	14	19	27	41	62	80	115	180	250	335	500	700
90	1500	16.7	8.3	11.5	17	26	32	47	75	110	145	200	315	400	600	880	1230
	1000	11.1	5.5	8	12	17	22	32	50	75	96	140	210	305	395	570	810
	750	8.3	4.2	6.4	9	13	16	24	37	50	72	105	165	230	300	420	625
100	1500	15	7.4	10	16	22.5	30	44	59	带“*”要求强制润滑。							
	1000	10	5	7	11	16	21	29	40								
	750	7.5	3.6	5	8	12	17	22	30								

表 26-17　YNF 圆柱齿轮减速机规格列表

速比	公称转速 (r/min)		规格（中分面上总中心距）（mm）													
			395	440	497	555	620	705	790	880	995	1110	1240	1400	1570	1760
	n_1	n_2	公称输入功率 P_1（kW）													
100	1500	15							97	129	189	288	395	535	770	1110
	1000	10							65	86	123	193	260	355	510	740
	750	7.5							50	64	93	144	200	265	400	550
112	1500	13.4	9.1	15	20	28.5	40.5	58	87	114	168	250	355	475	670	980
	1000	8.9	6.0	10	14.5	20	27	39	58	75	112	170	235	315	465	665
	750	6.7	4.5	7.2	11.5	15	20	28	43	57	82	127	180	240	350	505
125	1500	12	9.1	12	18	25	36	51	80	105	146	230	315	425	600	895
	1000	8	6.0	8	12	17.5	24	35	53	70	98	154	214	280	408	585
	750	6	4.5	6	9	13.5	18.5	26	40	51	72	114	160	210	305	435
140	1500	10.7	8.1	11	16	23	32	45	71	91	135	205	288	380	550	800
	1000	7.1	5.5	7.0	11	16	21	31	47	60	90	135	194	253	365	510
	750	5.4	4.1	5.3	8.2	12	16	22	35	45	67	105	143	190	275	400
160	1500	9.4	7.4	9.5	14	20	28	40	64	80	120	180	253	335	490	700
	1000	6.3	5	6.3	9.7	14.5	18.5	27.5	42	54	80	120	168	220	320	450
	750	4.7	3.6	4.6	7.6	10.5	14	20.5	31	40	60.5	90	128	170	248	350
180	1500	8.3	6.5	8.4	12.7	19	25	36	56	70	105	158	220	300	435	620
	1000	5.6	4.2	5.5	8.5	12	17	25	37	45	70	105	148	198	290	415
	750	4.2	3.3	4.2	6.3	9.2	12.5	18	26.5	35	52	81	114	154	215	315

续表

速比	公称转速 (r/min)		规格（中分面上总中心距）(mm)													
			395	440	497	555	620	705	790	880	995	1110	1240	1400	1570	1760
	n_1	n_2	公称输入功率 P_1 (kW)													
200	1500	7.5	5.5	7.5	11.5	15	22	33	51	64	94	143	200	270	385	555
	1000	5	3.7	5	8	10	14	22.5	34	42	62	96	130	178	255	365
	750	3.8	2.7	3.7	6	7.5	11.4	16.5	25.5	32	47	70	101	130	195	275
224	1500	6.7	4.8	6.7	10.4	14	20	29	45	55	81	130	184	240	350	500
	1000	4.5	3.1	4.4	7.1	9.2	13	20	30.5	37	54	85	124	160	230	340
	750	3.3	2.3	3.4	5.2	7.3	10	14.5	22.5	28	41	62	93	120	178	250
250	1500	6	4.5	6.0	9.6	12.4	17	26	41	50	73	113	164	210	315	445
	1000	4	3	4.0	6.4	8.5	12	17	27	33.5	48	75	110	143	210	300
	750	3	2.1	3.0	4.9	6.4	8.5	13.5	20.6	25	36.5	55	82	110	158	220
280	1500	5.4	3.9	5.2	8.2	11	15	23	37	45	65	100	143	190	278	395
	1000	3.6	2.5	3.5	5.5	7.3	10.4	15.6	24	30	43	65	95	130	182	260
	750	2.7	2	2.6	4.2	5.5	7.5	11.5	18.7	22	33	50	72	95	138	200
315	1500	4.8	3.5	4.5	7.6	9.3	13.8	21.5	32	42	58	90	128	170	250	350
	1000	3.2	2.2	3.0	5.0	6.2	9.2	14.5	21	27	38	60	86	110	160	230
	750	2.4	1.7	2.3	3.8	5	7	10	16	20	29	47	65	85	120	170
355	1500	4.2	2.9	4	6.6	8.5	12	18	28	35	52.2	82	114	153	220	310
	1000	2.8	1.8	2.6	4.5	6	8	11.5	19	24	34	53	75	102	150	200
	750	2.1	1.4	2	3.3	4.3	6	9	14.1	18	26	41	57	75	113	150
400	1500	3.8	2.5	3.5	6	8	11	16	25	33	45	71	100	133	190	260
	1000	2.5	1.5	2.3	4	5.5	7.5	10.5	17	22	30	47	67	90	128	160
	750	1.9	1.3	1.7	3	4	5.5	8.1	13	16.5	22	35	51	65	97	130
450	1500	3.3	2.3	3.2	5	7	10	13.4	21	28	40	63	92	125	176	240
	1000	2.2	1.5	2.0	3.5	4.6	6.5	9	14	19	26	43	61	82	115	150
	750	1.7	1.2	1.6	2.6	3.4	5	6.7	10.5	14.2	20.5	32.5	45	62	89	120
500	1500	3	2.1	2.8	4.3	6.1	9.0	12	19.5	26.5	36	58	81	110	153	220
	1000	2	1.3	1.85	2.3	4.2	6.0	8.2	13	17	23.5	37	54	72	103	140
	750	1.5	1.1	1.4	2.15	3.0	4.5	6.1	9.5	12.5	18	28	41	53	77	110

表 26-18　YKL 圆锥齿轮减速机规格列表

速比	公称转速 (r/min)		规格（圆柱齿轮总中心距）a（mm）												
			80	100	125	160	200	250	280	320	360	400	450	500	560
	n_1	n_2	公称输入功率 P_1（kW）												
5	1500	300	11.5	24	45	98	174	355	460	615	840	1280	1840*	—	—
	1000	200	8.4	16	34	71	130	270	350	465	625	980	1380	1810	2200
	750	150	6.4	12	24	55	104	210	280	375	495	780	1040	1440	1700
5.6	1500	270	12	24	45	98	174	355	460	615	840	1280	1840*	—	—
	1000	180	8.4	16	34	71	130	270	345	465	625	980	1400	1780	2200
	750	134	6.4	12	24	55	104	210	280	375	495	780	1040	1440	1700
6.3	1500	240	12	24	45	98	174	360	460	615	840	1280	1800*	—	—
	1000	160	8.4	16	34	71	130	275	350	465	625	980	1400	1780	2200
	750	120	6.4	12	24	55	104	213	280	375	495	780	1040	1430	1700
7.1	1500	210	12	24	45	98	174	360	460	615	840	1280	1800*	—	—
	1000	140	8.4	16	34	71	130	275	350	465	625	980	1400	1780	2200
	750	106	6.4	12	24	55	104	213	280	375	495	780	1040	1430	1700
8	1500	185	10	20	40	82	155	320	430	600	760	1140	1700	—	—
	1000	125	7	13.5	28	55	115	243	330	465	580	850	1280	1710	2200
	750	94	5.1	10.4	22	42	90	183	250	335	460	660	950	1370	1600
9	1500	167	9.1	18	36	74	140	290	400	540	680	1040	1520	—	—
	1000	111	6.1	12	25	50	105	223	300	420	520	770	1150	1540	1900
	750	83	4.6	9.4	20	39	80	173	225	320	415	605	850	1200	1450
10	1500	150	7.6	16.5	32	66	130	260	345	475	620	920	1410	—	—
	1000	100	5.4	11	22	45	94	190	260	355	465	680	1000	1330	1700
	750	75	4.1	8.3	17	33.5	73	150	215	300	380	520	760	1040	1300
11.2	1500	134	7.1	14.4	29	58	120	230	325	445	560	840	1200	—	—
	1000	89	4.8	9.5	20	40	84	170	245	325	430	640	880	1150	1400
	750	67	3.5	7.5	15.5	31	65	130	190	250	345	470	675	880	1100
12.5	1500	120	5.5	13	26	53	105	210	290	360	495	680	940	—	—
	1000	80	4	8.5	18	37	75	140	215	270	380	500	685	1040	1100
	750	60	3	6.5	13	27	56.5	110	168	195	280	375	525	800	840
14	1500	107	5	10	22										
	1000	71	3.5	6.5	15										
	750	54	2.5	5.1	11										
16	1500	94	4.2	7.9	18										
	1000	62	2.8	5.2	11										
	750	47	2.1	4.2	9										

带“*”要求强制润滑

表 26-19　YKS 圆锥齿轮减速机规格列表

速比	公称转速 (r/min)		规格（圆柱齿轮总中心距）(mm)																	
			192	215	240	272	305	340	385	430	480	545	610	680	770	860	960	1080	1210	1360
	n_1	n_2	公称输入功率 P_1 (kW)																	
11.2	1500	134															1880*	—	—	—
	1000	89	带“*”要求强制润滑														1440	2180*	2510*	2900*
	750	67															1200	1720	2300	2700*
12.5	1500	120											475	670	900*	1340*	1880*	—	—	—
	1000	80											350	500	680	1040	1440	2180*	2510*	2900*
	750	60											270	375	510	840	1200	1720	2300	2700*
14	1500	107	16	21	32	45	65	85	128	173	250	330	475	640	870	1340*	1880*	—	—	—
	1000	71	11	14	23	30	45	60	85	120	180	230	350	480	670	1040	1440	2180*	2510*	2900*
	750	54	8.5	11	16	23	35	45	70	90	140	190	270	370	500	840	1200	1720	2300	2700*
16	1500	94	15	21	32	45	65	85	120	165	230	310	465	610	840	1340*	1880*	—	—	—
	1000	62	10	14	23	30	45	60	83	115	170	225	340	460	630	1040	1440	2180*	2510*	2900*
	750	47	8	11	16	23	35	45	68	86	130	188	265	360	490	830	1200	1700	2300	2650*
18	1500	83	14	20	28	42	58	75	110	150	212	290	460	570	800	1340*	1820*	—	—	—
	1000	56	9.7	13	20	29	40	53	75	105	150	215	330	430	590	1000	1400	1820	2510*	2900*
	750	42	7.2	9.5	14	22	32	40	61	80	120	175	255	350	480	780	1100	1450	2100	2500*
20	1500	75	13	17	25	40	54	68	105	135	200	275	440	560	780	1340*	1770*	—	—	—
	1000	50	8.6	12	17	27	35	48	70	95	140	205	320	390	540	870	1240	1650	2400*	2800*
	750	38	6.5	9	13	20	28	37	55	75	110	160	240	310	450	700	1000	1300	1740	2450*
22.4	1500	67	11	15	22	35	50	65	95	130	180	250	400	510	730	1190	1530*	—	—	—
	1000	44	7.5	11	15	23	33	44	65	90	130	190	285	350	500	790	1100	1440	2100	2600*
	750	33	5.5	8	11	17	25	35	47	70	95	140	220	270	390	610	870	1140	1700	2300
25	1500	60	10	14	20	30	45	62	85	120	165	230	350	460	640	1040	1450	—	—	—
	1000	40	6.7	9	14	20	30	42	55	80	115	170	250	320	450	720	1040	1340	2000	2600*
	750	30	5	7.1	10	15.5	22	33	40	60	85	130	190	240	350	530	770	1040	1500	2200
28	1500	54	9.2	12.5	18	25	38	51	75	100	140	220	330	400	600	920	1300	—	—	—
	1000	36	6.2	8.3	12	17	25	34	52	68	95	150	230	280	420	640	900	1200	1700	2500
	750	27	4.5	6.2	9	13	19	26	38	50	70	110	170	210	310	480	680	880	1300	1900
31.5	1500	48	7.5	11	16	22.5	34	45	68	90	130	200	290	380	550	840	1190	—	—	—
	1000	32	5.3	7.4	11	15	22	30	45	60	90	130	200	260	370	570	820	1100	1600	2300
	750	24	4	5.5	8	12	17	23	32	45	65	100	150	190	270	440	610	800	1200	1700
35.5	1500	42	6.5	9.5	15	19	31	40	60	80	110	180	260	350	510	770	1100	—	—	—
	1000	28	4.4	6.5	10	12.5	20	28	40	52	75	120	180	230	330	520	700	990	1440	2000
	750	21	3.3	4.5	7	9.5	15	21	30	40	55	90	140	180	250	380	540	720	1100	1500

续表

速比	公称转速 (r/min)		规格（圆柱齿轮总中心距）(mm)																	
			192	215	240	272	305	340	385	430	480	545	610	680	770	860	960	1080	1210	1360
	n_1	n_2	公称输入功率 P_1 (kW)																	
40	1500	38	6	8.5	13	17	27	37	55	70	97	160	240	310	450	680	990	—	—	—
	1000	25	4	5.5	9	11	18	25	35	45	65	110	160	220	300	460	640	850	1300	1800
	750	19	3	4.2	6	8	14	18	28	35	50	80	120	150	230	350	500	640	970	1400
45	1500	33	5.2	7.5	11	15	24	32	50	65	90	140	210	280	400	610	870	—	—	—
	1000	22	3.5	5	8	10	16.5	20	33	43	60	95	140	180	260	450	600	800	1200	1600
	750	17	2.6	4	5.8	7.5	12.5	15	26	32	45	70	110	140	200	300	450	600	850	1200
50	1500	30	4.6	7	10	13	21	30	43	58	80	130	180	240	350	540	770	1040	—	—
	1000	20	3.2	4.5	7	9	14	19	31	37	53	85	120	160	230	360	510	680	1040	1500
	750	15	2.4	3.5	5.2	7	11	14	22	28	40	65	90	120	180	280	400	540	770	1100
56	1500	27	4.1	6	9	12	19	26.5	38	50	72	115	160	220	310	500	700	910	—	—
	1000	18	2.8	4	6.2	8	13	17.5	26	35	48	75	110	140	200	340	480	630	940	1300
	750	13.4	2.1	3	4.5	6	10	13	20	25	35	58	85	110	160	250	350	470	680	980
63	1500	24	3.5	5.5	8.2	11	16	23	35	45	64	100	150	200	280	440	610	800	—	—
	1000	16	2.5	3.5	5.5	7.5	12	15	24	30	43	68	100	130	190	300	420	550	820	1080
	750	12	1.8	2.7	4.1	5.5	8.5	12	17	23	30	50	76	95	140	220	310	420	620	830
71	1500	21	3.3	4.6	7.3	9	15	21	30	40	56	91	130	180	230	400	550	720	—	—
	1000	14	2.2	3.2	4.7	6	9.5	14	21	27	38	60	85	120	160	260	370	500	680	890
	750	10.6	1.5	2.4	3.7	4.5	7.5	11	15.5	21	28	45	60	90	120	200	280	370	500	670
80	1500	18.8	3	4.3	6.0	8.5	12	19	27	38	50	73	110	160	210	340	480	600	—	—
	1000	12.5	2	3	4	5.5	8	13	18	25	35	50	75	110	140	230	340	400	560	720
	750	9.4	1.3	2.1	3.2	4.2	6	10	13.5	19	25.5	38	55	80	110	180	240	300	420	550
90	1500	16.7	2.4	3.7	5.4	8	10	18	25	35	43	65								
	1000	11.1	1.5	2.5	3.5	5	6.8	12	17	23	30	43								
	750	8.3	1.1	2	2.7	4	5	9	12.5	17	22	32								

表 26-20 YKF 圆锥齿轮减速机规格列表

公称传动比	公称转速 (r/min)		规格（圆柱齿轮总中心距）(mm)														
			272	305	340	385	430	480	545	610	680	770	860	960	1080	1210	1360
	n_1	n_2	公称输入功率 P_1 (kW)														
90	1500	16.7								105	145	204	300	420	560	800	1130
	1000	11.1								70	96	140	204	282	360	525	750
	750	8.3								52	72	104	150	210	280	400	520
100	1500	15	7.3	10.3	14	22	29	42	65	95	130	180	280	400	540	780	1100
	1000	10	5	7	9.7	15	20	28	45	65	85	120	190	270	350	500	750
	750	7.5	3.5	5.2	7.1	11	15	20	33	50	65	90	140	200	260	380	550

续表

公称传动比	公称转速 (r/min)		规格（圆柱齿轮总中心距）(mm)														
			272	305	340	385	430	480	545	610	680	770	860	960	1080	1210	1360
	n_1	n_2	公称输入功率 P_1 (kW)														
112	1500	13.2	6.4	9.4	13	21	27	37	58	85	114	170	250	360	470	680	930
	1000	8.8	4.2	7	9	14	18	25	38	60	75	115	170	240	320	450	660
	750	6.6	3.2	5	7	10	14	19	29	42	55	85	130	180	240	350	500
125	1500	12	5.6	9	12	18	24	33	52	75	100	150	220	320	420	600	870
	1000	8	3.7	6	8	12	16	22	35	52	65	100	150	210	280	410	580
	750	6	2.8	4.5	6	9	12	17	26	40	50	75	110	160	210	300	430
140	1500	10.6	5.1	8	11	16	22	30	46	70	85	135	200	290	380	550	800
	1000	7.1	3.3	5.5	7	11	15	20	32	48	60	90	140	190	250	350	520
	750	5.3	2.5	4.1	5	8	11	15	24	35	45	65	105	150	190	250	410
160	1500	9.4	4.5	7.2	10	14	20	27	41	62	80	115	180	260	330	430	700
	1000	6.2	3	5	6.8	9	13	18	27	41	55	75	120	170	220	330	460
	750	4.7	2.25	3.5	5	7	10	14	21	31	40	55	90	130	170	240	350
180	1500	8.3	4	6.3	9	13	17	24	37	55	70	100	160	220	290	440	620
	1000	5.6	2.7	4.2	6	8.2	12	16	25	38	47	65	102	150	200	290	420
	750	4.2	2	3.1	4.5	6.5	9	12	19	28	35	50	80	110	150	220	310
200	1500	7.5	3.5	5.6	8	12	15	22	32.5	50	63	90	142	200	260	390	550
	1000	5	2.3	3.75	5.5	8	10	14	21.5	34	40	60	95	130	180	250	370
	750	3.8	1.8	2.8	4.2	6	8	11	17	26	32	45	70	100	130	200	280
224	1500	6.7	3.1	5.1	7	10	14	19	30	45	55	80	130	180	240	350	500
	1000	4.5	2.1	3.5	4.8	7	9	13	20	30	35	53	85	120	160	240	330
	750	3.3	1.6	2.5	3.8	5	7	10	15	23	28	40	65	90	120	180	250
250	1500	6	2.8	4.5	6.5	9	12	17	26	40	50	70	115	160	210	310	440
	1000	4	2	3.1	4.5	6	8	12	17	25.5	32	45	75	110	140	210	300
	750	3	1.45	2.2	3.3	4.5	6	9	13	20	25	35	55	80	110	160	220
280	1500	5.4	2.5	3.3	5.5	8	11	16	23	35.5	45	65	100	140	190	280	380
	1000	3.6	1.7	2.3	3.75	5.5	7	11	15	24	30	42	65	95	130	180	260
	750	2.7	1.3	1.7	2.7	4	5.4	8	12	18	22.5	31	50	70	95	140	190
315	1500	4.8	2.35	3.2	5	7.4	9	14	20	33	40	57	90	130	170	250	330
	1000	3.2	1.5	2.15	3.5	4.8	6.5	9	14	21	26	36	60	85	110	160	230
	750	2.4	1.2	1.55	2.5	3.55	5	7	10.5	16	20	29	45	65	85	120	170
355	1500	4.2	2.1	2.9	4.5	6.5	8	12	18	23	35	45	80	110	150	210	270
	1000	2.8	1.4	2	3	4.3	6	8	12	16	24	30	52	75	100	140	180
	750	2.1	1.1	1.4	2.2	3.3	4.2	6	9	12	18	23	50	55	75	100	140

续表

公称传动比	公称转速（r/min）		规格（圆柱齿轮总中心距）（mm）														
			272	305	340	385	430	480	545	610	680	770	860	960	1080	1210	1360
	n_1	n_2	公称输入功率 P_1（kW）														
400	1500	3.8	1.75	2.5	3.5	5.5	7.5	10	15	22	30	40	70	100	120	170	240
	1000	2.5	1.1	1.7	2.5	3.8	5	6.5	10	14	20	27	45	65	80	110	160
	750	1.9	0.9	1.2	2	2.8	3.8	5	7.5	11	15	20	35	50	60	85	120
450	1500	3.3	1.5	2.1	3	5	6.7	9	13	19	27	35	58	85	110	150	220
	1000	2.2	1	1.5	2	3	4.5	6	9	13	19	25	38	55	72	100	150
	750	1.7	0.8	1.1	1.5	2.3	3.4	4.4	6.5	10	13	18	29	45	55	75	110
500	1500	3	—	1.8	2.5	3.9	6	7	10.5	17	24	33	50	70	95	150	190
	1000	2		1.2	1.5	2.5	4	4.6	7	11	15	22	33	45	65	100	180
	750	1.5		1	1.1	2	3.1	3.5	5	8	12	16	25	35	45	75	90

第四节　制造与工艺

水泥行业用减速机均采用硬齿面制造技术，因此，其制造工艺存在共性。在减速机中，齿轮副处于核心位置，虽然不同种类的减速机齿轮副的结构千差万别，但其制造工艺非常相似。另外，轴类、盘盖类零件的制造工艺也大体相同。箱体作为减速机的框架，是体现减速机差别的主要零部件，其制造工艺差别较大。各类主要零件的制造工艺简要介绍如下。

一、圆柱齿轮轴制造工艺

圆柱齿轮轴一般采用低碳合金钢材料，典型材料如20CrMnTi、20CrMnMo、20CrNi2Mo等，毛坯经锻造而成，其工艺流程如下：

毛坯锻造→调质→打中心孔→粗车→精车→滚齿→渗碳淬火→车渗碳层→修研中心孔→磨外圆与端面→磨齿→探伤→铣键槽。

二、圆柱齿轮制造工艺

圆柱齿轮根据尺寸大小，一般分为整体结构（包括锻造与焊接结构）与装配结构两类。一般小尺寸齿轮采用整体锻造方式，大型齿轮采用焊接结构；有时为了节省价格较高的齿轮材料，齿轮采用中碳钢轮毂与低碳合金钢轮缘装配而成，这种结构一般用于大尺寸齿轮。各种结构的齿轮制造工艺略有差异，其详细工艺流程如下：

锻造齿轮：锻造毛坯→调质→粗车→精车→滚齿→插键槽→渗碳淬火→车渗碳层→磨内孔与端面→磨齿→探伤。

焊接齿轮：焊接毛坯→去应力回火→粗车→精车→滚齿→插键槽→渗碳淬火→二次回火→车渗碳层→磨内孔与端面→磨齿→探伤。

装配结构齿轮：

轮毂：铸造或锻造→调质→粗车→精车→插键槽→与轮缘装配。

轮缘（齿圈）：锻造毛坯→调质→粗车→精车→滚齿→渗碳淬火→车渗碳层→与轮毂装

配→磨内孔与端面→磨齿→探伤。

三、圆锥齿轮轴制造工艺

圆锥齿轮轴一般也采用低碳合金钢材料，毛坯经锻造而成，其工艺流程如下：

毛坯锻造→调质→打中心孔→粗车→精车→铣齿→渗碳淬火→车渗碳层→修研中心孔→磨外圆与端面→磨齿或研磨→探伤→铣键槽。

四、圆锥齿轮制造工艺

锻造毛坯→调质→粗车→精车→铣齿→插键槽→渗碳淬火→车渗碳层→磨内孔与端面→磨齿或研磨→探伤。

五、轴类零件制造工艺

轴类零件一般采用中碳合金钢，典型材料如40Cr、42CrMo等，毛坯经锻造而成，其工艺流程如下：

锻造毛坯→调质→粗车→精车→磨外圆与端面。

行星架制造工艺：行星架是JLMX与JGX减速机的重要部件，一般小尺寸行星架采用锻造制成毛坯，大尺寸行星架采用铸件或焊接件毛坯，其工艺流程基本相同，详细内容如下：

锻造（或铸造/焊接）毛坯→回火（去应力）→粗车→调质→精车→磨外圆与端面→钻孔合配→镗削轴承孔→铣或插键槽（或花键）。

六、端盖类零件制造工艺

端盖一般分为闷盖与透盖两类，有铸造与焊接两种结构，端盖的工艺过程比较简单，粗车与精车后即可完成。

七、箱体类零件制造工艺

1. MFY中心传动箱体制造工艺

MFY箱体采用剖分式结构，其机体为承重件，机盖仅用于密封，因此MFY箱体的制造关键零件是机体。机体呈倒品字形，由于是焊接结构，机体各点刚性分布不均衡，支承部位刚性较好，但连接部位刚性较弱，是一个柔性体。因此，在机体加工中，合箱面、轴承孔、轴承孔端面等关键结构的形位误差控制成为核心关注点，机体的工艺流程与控制点均依次为中心进行，其完整的工艺流程如下：

焊接→回火（去应力）→焊缝探伤→粗铣底脚面与合箱面→二次回火（去应力）→涂防锈漆→精铣底脚面与合箱面→合箱→铣面镗孔→钻全孔。

箱体的加工过程中，有两次回火的过程，第一次回火是为了消除焊接应力，第二次是为了消除切削应力，以尽量释放内应力，减小变形。在铣面镗孔时，要严格控制找正误差，并在找正部位注明误差值，作为总装配与安装调试的基准。

2. MBY/JDX、DBS、JY、YNK减速机箱体制造工艺

这四类减速机箱体均为剖分式结构，由低碳结构钢焊接而成，其组成件均直接承受来自齿轮副的载荷，因此，其制造工艺是近似的，详细的工艺流程如下：

机盖：焊接→回火（去应力）→焊缝探伤→粗精铣合箱面→涂防锈漆→钻孔、与机体合箱。

机体：焊接→回火（去应力）→焊缝探伤→粗精铣底脚面与铣合箱面→涂防锈漆→钻孔、与机体合箱。

箱体（机盖机体合箱后）：粗精铣轴承孔端面→粗精镗轴承孔→钻全孔。

3. JLMX 减速机箱体制造工艺

轴承盖：焊接→回火（去应力）→焊缝探伤→粗精车合箱面→涂防锈漆→钻孔、与机体合箱。

机体：焊接→回火（去应力）→焊缝探伤→粗精车底脚面、合箱面→涂防锈漆→钻孔与轴承盖合箱。

箱体：粗精车磨盘止口、内齿圈配合孔、行星轴承孔、等配合孔面→铣输入轴承孔端面、镗孔→钻全孔。

4. JGX 辊压机减速机箱体制造工艺

JGX 减速机的箱体可分为四部分，分别为输入法兰、第一级内齿圈、第二级内齿圈与输出法兰，这四部分通过止口装配连接而成。因此，JGX 减速机的箱体是分段加工组装而成的，没有其他减速机箱体合箱后加工的过程，各组件工艺流程如下：

输入/输出法兰：铸造毛坯→时效→粗车→精车→钻孔→涂防锈漆。

内齿圈：锻造毛坯→回火（去应力）→粗车→调质→精车→插齿。

5. ZDY/ZLY/ZSY 与 DBY/DCY 齿轮减速机箱体制造工艺

这两个系列减速机箱体均为铸铁件，因此与 YNK 减速机略有不同，其工艺流程如下：

机盖：铸造毛坯→时效（去应力）→探伤→粗精铣合箱面→涂防锈漆→钻孔、与机体合箱。

机体：铸造毛坯→时效（去应力）→探伤→粗精铣底脚面与合箱面→涂防锈漆→钻孔、与机体合箱。

箱体（机盖机体合箱后）：粗精铣轴承孔端面→粗精镗轴承孔→钻全孔。

第五节　使用、维护以及常见故障及其排除

减速机是机械设备基本部件之一，虽然其类型与规格差异较大，但机械装置部分的使用与维护工作都大同小异，而对配备有稀油站、传感器与监控设备的中大型减速机，需另外注意电控设备的维护。在水泥工业用减速机中，MBY/JDX、JY、JGX、Z/D 以及 YNK 系列减速机因结构特性相似，其使用维护要点基本相同；而 MFY、JLMX 与 DBS 属于大型传动机械，具有不同于中小型减速机的特殊维护要求。

一、MFY 中心传动减速机使用、维护与故障排除

1. 安装要点

MFY 独特的倒品字形结构，同时箱体为大型焊接件，使得整机的柔性特点特别突出，因此，安装基础的良好的刚性与严格的调平极为重要。同时，基础必须与外界隔离，保证无外部振动传递到减速机上。基础的设计必须根据减速机质量与转矩，同时要考虑减速机所受的外力。

减速机底脚螺栓的位置分布要能保证减速机的输入/输出轴相关的部件可以精确对中，以使减速机受力时有充裕的弹性变形裕量。

地脚螺栓必须按指定的扭矩拧紧，不可过小，也不可过大，使螺栓保证足够的连接强度的同时，具备适当的抗冲击能力。

在安装前用汽油清洗干净主减速机及慢驱机构轴上的防锈介质。

安装输入/输出轴传动部件（如联轴器），这些部件必须预热并保温一段时间。不允许采用强行打击或冲击的装配方式，以防止损坏挡圈、轴承等零件。

将主减速机安装在水泥基础上时，用调平垫块仔细调平，并达到规定的精度。

保证热感电阻与控制设备正确连接，以保证油温控制装置动作正确、工作稳定。

安装结束后，必须检查所有的螺栓是否松紧合适，检查调平基准面是否有变动，检查全部配件是否均已到位。

2. 使用要点

设备在正常使用时，应对其工作状态进行随时监控，发现有异常时应立即查清。

必须严密监控稀油站的工作情况，进入减速机和滚动轴承的油压一般控制在0.4～0.6MPa，如果出现异常，必须立即启动备用组，并对故障进行检修；稀油站的进、出水温差不得大于15℃，如果温差过高，表明减速机有异常情况出现，必须停机检查。

密切监视滚动轴承的温度，最高不得超过80℃。

应注意设备的振动情况，注意管路、密封处的渗漏油、水情况。

定期检查设备有无卡碰、异常响声，各零部件在运转中有无移动，紧固件是否有松动现象。

检查电器设备的各种仪表是否灵活、准确，电压、电流值在运转过程中的稳定值是否与额定参数相符。

应设立工作日志，在设备正常运转时对以上内容进行记录，并存档管理。

3. 维护要点

要经常检查油站、慢驱机构减速机的油位，要特别注意的是，在任何情况下，油位不能低于最低油位线位置。

稀油站上配有冷却器，冷却器使用钙含量尽可能低的水。水的压力在0.2～0.3MPa。

当环境温度低于0℃，且减速机将长时间停止运转时，必须把冷却水排干净，使用压缩空气清除掉所有残余水滴。

稀油站内配有浸没式电加热器，如果减速机工作气温低于润滑油凝固点，应该启动加热系统，对润滑油加热至37℃。

三个月以上不使用的减速机应每隔三个星期左右启动运转一次，运转时加载或不加载均可，如果在不使用期间无法进行短时间的开动，应对减速机进行保护，防止腐蚀生锈。

减速机首次使用运转300～600h后，注意：其润滑油必须进行更换。润滑油的排放应在减速机停车后立即进行，以带出铁屑等杂质。其后减速机每运转1500～5000h更换一次润滑油，润滑油每次更换的间隔不应超过12个月。在换油后，减速机应充入与以前同样等级的润滑油，不同等级或者不同的工厂所生产的润滑油不允许混合在一起使用。使用1000h左右时应对减速机以及电机的输入端和输出端的中心高进行再次测量，超过允许误差要采取措施还原。

应做好减速机的使用与维护记录。

稀油站的过滤器要每周清理一次。

检查齿轮的啮合情况，底脚螺栓、紧固螺栓、连接螺栓及销等紧固件有无松动，各润滑点是否漏油，如有应及时找出原因并修复。

4. 检修要点

（1）零部件拆卸

1）需拆卸检查时应在专门的场地进行，场地需干净，没有其他杂物。

2）拆卸时，应把外部油管路拆下，拆下的管子两头需用塑料布包扎，以防油污渗入油管。

3）拆装任何零部件时，注意装配记号和定位销位置，重新装配时应恢复原来位置。

4）防止任何杂物落入箱体内，保持箱体清洁。

（2）检查

1）齿轮传动零件解体后，零部件应做全面检查并作详细记录。

2）齿面接触情况。

3）轴承磨损情况。

4）检查推力瓦块和径向瓦磨合情况，必要时重新刮研与手工修整。

5）检查后确定易损件更换清单。

（3）装配

1）齿轮箱重新装配时应符合齿轮箱装配图的各项要求并按装配技术条件执行。

2）重新装配时，所有零部件必须彻底清洗。

3）螺栓螺母及其他连接元件、锁紧元件如果在拆装时损坏必须用完好件更换。

4）箱体零件安装时，必须清洗结合面上的旧的密封胶，用新的密封胶密封。

注： 在较大的维修中应重新更换润滑油，并对齿轮箱的找正进行重新复查。

5. 常见故障与排除

（1）油压

油站的油压一般在试运转时已调好，不需调整，当油压偏离使用值时，应进行下列检查及处理：

1）检查油站的阀门是否都在正确的位置。

2）检查过滤器是否清理干净。

3）管路有无堵塞可能。

（2）油温

当油温偏离使用值时，应进行下列检查并处理：

1）检查各轴承的温度是否偏高。

2）油站的冷却水是否供应正常。

3）油站的润滑油量是否符合要求。

（3）噪声

当设备出现异常噪声时，应检查：

1）噪声源。

2）齿轮齿面。

3）轴承，并采取相应措施。

（4）漏油

在设备发生漏油情况时，应根据漏油的部位不同采取相应的方法：

1）密封罩漏油时，可更换密封垫，调整压板，紧固螺栓。

2）主减速机漏油时应通知制造商，经双方同意后采取相应的措施。

（5）轴承温度偏高

当轴承温度偏高时，应检查紧固螺栓是否松动、供油是否充分、轴承是否损坏等，并采取相应措施。

6. 安全注意事项

（1）在减速机运输、组装、分解、操作及维修期间，所有与安全及环境相关的制度必须执行。

（2）减速机的操作、维护及修理必须由经过培训有资质的人员进行。

（3）禁止用高压清洗设备清洗减速机。

（4）所有与减速机相关的维修必须小心进行，一切以安全为目标。

（5）减速机维修必须在完全停车时才能进行。驱动组件必须防止出现偶然启动的情况（例如锁住电源开关或者取走电源保险），必须设立“正在维修”的警示牌。

（6）禁止在减速机上进行焊接操作。由于焊接会使齿牙及轴承造成不可修复的损坏，禁止将减速机作为焊接时的接地极。

（7）如果在运行中发现异常情况（如过热或异常噪声），必须立即关闭驱动组件。

（8）旋转的传动件如联轴器、齿轮、带轮等，必须设立防护罩以防止被意外接触。

（9）减速机附带的各种标志如标牌、旋转方向等，必须妥善保管，任何时候都不能被污染或油漆。

（10）各种电器应按要求充分接地。

二、JLMX 立式磨机减速机的使用与维护

1. 安装要点

JLMX 减速机既是立式磨机的驱动部件，又是磨机中主要转动部件（如磨辊、磨环等转动件）的最初安装基准，同时又是磨机碾磨载荷的支撑体，因此减速机的安装正确与否严重关系到立式磨机的工作性能问题。因此，在整个磨机安装过程中，必须有懂得减速机安装技术的工程师和技术工人（或者是经过专门技术培训的这些人员）一起进行。

安装减速机前，必须仔细审阅减速机外形图和润滑站外形图，以及减速机和润滑站之间的布置图等，了解后进行下述工作。

（1）清理与检查

安装前用煤油擦洗掉减速机底面、输入轴颈、输出传动法兰端面上的防锈沥青漆和其他杂质污物等。检查并排放干净减速机内部的残留润滑防锈油。

为保证减速机精确定位，修磨因不慎而造成的减速机底面上和基础台板表面上的凸痕等。为防止安装后在长期使用情况下，减速机底面与台板表面锈蚀在一起，应在台板表面上均匀涂一层薄薄的 MoS_2 润滑脂。

注：减速机输入轴为迷宫密封，推力盘为迷宫密封，空气滤清器上的胶带最好在减速机启动前拆除，

以免安装周期过长，内部零件发生锈蚀。

（2）安装

安装减速机的基准精度要求为：减速机台板的水平度误差不大于0.1mm/m，平面度误差不大于0.1mm。

减速机以底面法兰侧面的四条刻线对准台板画线进行找正。

地脚螺栓应采用液压拉紧装置进行拧紧，并进行防松处理。

为了防止减速机在工作中因磨机振动而产生位移，减速机底部四边必须用螺栓顶住定位，定位螺栓要进行防松处理，减速机底面不允许加垫片。

（3）找正

减速机与主电机相连接的输入轴在运转时必须与电机轴同心。为了满足这个需要，其轴向与径向跳动必须用专用测量装置来测量。

减速机与磨机之间的安装工作必须正确而细致地进行。磨盘与推力盘必须清理干净，不得有任何杂质存在。磨盘与推力盘相连接的配合止口尺寸测量后必须作详细记录，磨盘与推力盘之间的连接螺栓必须拧紧，与磨盘连接的推力盘不能有变形或扭曲，推力盘的轴向及端面跳动公差不能超过0.1mm。

注：在磨机和减速机安装过程中或在其他任何情况下，减速机在没有注油和润滑系统没有投入工作的情况下，慢转或盘车是不允许的。

（4）加油

在启动润滑系统之前，因减速机采用推力轴承来承受磨机的工作载荷，所以对润滑油的黏度和加油过滤精度有严格的要求。必须认真审定所购油品是否为减速机规定用油，生产厂家是否为国家承认的正式单位，油品有无检验报告和合格证等，并避免使用伪劣油品。

启动润滑站油泵对减速机上箱体进行加油，当观察到有润滑油从油池中溢出时，说明上箱体油已加满。

注：严禁打开减速机下箱体上的视孔盖对减速机进行加油和观看，以免发生漏油现象。

2. 使用要点

（1）启动

1）启动前的准备工作

①外接润滑油管路安装完毕，安装时应特别注意不能将棉纱、铁屑等留在管内，管道必须清洗干净。

②检查安全控制和自动保护系统工作可靠。

③检查系统上的仪器仪表是否安装完毕。

④检查油箱的油位是否正常。

⑤减速机供油1h后，检查润滑系统应无渗漏现象。

⑥检查推力轴承、箱体上的油位是否正常。

⑦轴承油温低于28℃时，使用油加热器使油温升到28℃以上。

2）油泵启动

①检查油泵运行状态是否正常。

②检查油压：泵的出口油压：0.25～0.63MPa；减速机入口处油压：0.15～0.40MPa。

3）减速机启动

①加载油缸必须同时工作，避免加载不均。

②检查减速机是否有不正常的声响和振动。

③检查推力轴承的推力瓦温度是否正常，超过70℃时必须停机。

注：油冷却器出口处的油温在37℃以下或43℃以上不能启动主电机。

4）主电机启动

①可按减速机带负荷磨合试验大纲进行空负荷和带负荷试车。

②检查减速机是否有不正常的声响和振动。

③推力轴承的推力瓦正常工作温度应≤50℃，超过60℃时报警，超过70℃时停机。

④输入油压为0.15～0.40MPa，≤0.105MPa时报警，≤0.100MPa时停机。

（2）停车

1）正常停运

当减速机在正常情况下停止运行时，应该先停减速机，后停润滑站。并且润滑站至少要延迟5min停止，以使减速机内部的热量全部散发。

2）紧急停运

如果因为减速机事故造成减速机紧急停止运行，应立即查明故障原因并进行解决。不允许在没有搞清问题的情况下将减速机投入运行。

注：油泵停车后，再次启动磨机前，必须首先检查减速机推力轴承油池内的油位，应在推力轴承油镜中心位置，否则，不允许启动磨机。

3. 维护要点

为了保证良好的运行状态，在连续运转期间必须定期检查如下事项：

（1）每天按照规定时间检查和记录各处的压力表、温度计或其他显示的数据。

将记录的数据与表26-21的数据进行比较，发现任何不正常情况应查明原因，必要时应停机检查。

表26-21　数据

项　目	额定值
进油温度	37～43℃
进油压力	0.15～0.40MPa
润滑油泵的出口压力	0.25～0.63MPa
油箱的油位	油镜中心以上
推力轴承箱体内油温	≤50℃

（2）应注意减速机的过载情况。

（3）监视滤油器的情况：油过滤精度为0.08mm。

第一次开机后3～4h清洗一次滤油器，以后一般在200h清洗一次滤油器，在清洗时应注意滤油器上的杂质来源与类别。

（4）连接螺栓的检查

在运行开始200h，以及在大约运行1500h以后，必须检查箱体上及地基框架相连接的所有螺栓和螺母有无松动，拧紧已经松动的螺栓。

（5）推力盘与箱体之间相对位置的检查：每工作2000h必须检查推力盘与箱体间的相对位置尺寸，每次测得数据应与上次数据作比较，如有太大的变化应停机检查原因。

（6）经常检查减速机的声响与振动，如响声与振动加大应分析原因。

（7）经常检查减速机各连接部位有无漏油现象，一经发现应查原因，并予以消除。

（8）经常检查油箱的油镜高度。当低于油镜中心高度时，必须向油箱内加入新油，至油镜中心高度。

（9）经常检查润滑系统空气滤清器和减速机上空气滤清器是否有粉尘堵塞。

（10）检修磨机和减速机时严禁用水冲洗，以免有水进入减速机后油质变坏，损坏推力瓦和轴承等。减速机连续停运15天以上时，应启动润滑油站对减速机内部齿轮进行一次润滑防锈处理；连续停运30天以上时，应启动减速机进行一次运转。

（11）换油是减速机维护与保养的重要工作之一，必须严格执行。由于磨机减速机的工作环境粉尘较大，温度较高，粉尘很容易从减速机推力盘的迷宫缝隙处进入减速机，污染内部润滑油，使润滑油的性能下降。减速机中推力轴承过早地发生磨损和烧瓦，滚动轴承和齿轮的磨损、点蚀等，均和油品的质量有关，因此，要及时换油。

推荐的经验换油周期：第一次，300h；第二次，1000h；第三次，3000h；以后均为3000h/次。

粗略判别润滑油是否变质的办法是，按规定期限抽取油样进行观察：①颜色变深，甚至成黑色；②流动困难；③在移动零件上留下褐色胶状物；④出现沉积物或固体颗粒；⑤金属表面出现腐蚀痕迹；⑥散发出难闻的气味。

以上是对减速机正常运转换油时间的规定。如果发生意外，例如，因润滑系统冷却器漏水导致油品润滑性能下降时，应及时提取油样，送到专门的技术部门对油品进行鉴定，确保用油质量。

换油时还要注意所换油品不仅要求符合有关国家标准规定，还要与以前运行中的一致。两个厂家生产的牌号相同的润滑油不得混用。

换油工作也可利用润滑站上的油泵进行，此时需要打开油泵后面的三通法兰，接上排油管向外排油。

换油时，减速机内部的残油必须彻底排放干净，以利于新油有较长时间的工作寿命。残油的排放可由减速机尾部的阀门和推力轴承油池的放油阀门来进行。

换油时，如果发现减速机内过脏，应开启润滑站对减速机进行清洗。清洗油最好采用减速机工作用油，并排放干净，然后再对减速机加注新油。

（12）定期检查

减速机运行2000h或更长时间（一般不超过一年）应做一次全面检查，可以是专门的停机进行检查，也可以在其他设备维修期间进行检查。

4. 检修要点

工作一定时间后对减速机进行全面的检查及维修是必不可少的，在进行维修检查及更新安装时最好与制造商取得联系，以获得专业的指导。

（1）拆卸

需拆卸检查时应在专门的场地进行，场地需干净，没有其他杂物。

拆卸时，应把外部油管路拆下，拆下的管子两头需用塑料布包扎，以防油污渗入油管。

拆装任何零部件时，注意装配记号和定位销位置，重新装配时应恢复原来位置。

防止任何杂物落入箱体内，保持箱体清洁。

（2）检查

1）齿轮传动零件解体后，零部件应做全面检查并作详细记录。

2）检查齿面接触情况。

3）检查轴承磨损情况。

4）检查推力瓦块磨合情况，并检查其高度公差不超过 ±0.025mm，支承球面必须重新研磨与手工修整。

（3）装配

减速机重新装配时应符合减速机装配图的各项要求并按装配技术条件执行。

重新装配时，所有零部件必须彻底清洗。

螺栓螺母及其他连接零件、锁紧元件如果在拆装时损坏必须更换新的。

箱体零件安装时，必须清洗结合面上的密封胶，更换新的密封胶。

注：在较大的维修中应重新更换新润滑油，并对减速机的找正进行重新复查。

三、DBS 单边双传动磨机减速机的使用、维护以及故障排除

1. 安装

DBS 驱动系统包括主减速机、主电机、大齿圈、慢驱机构与罩壳。以下是简要的安装流程：

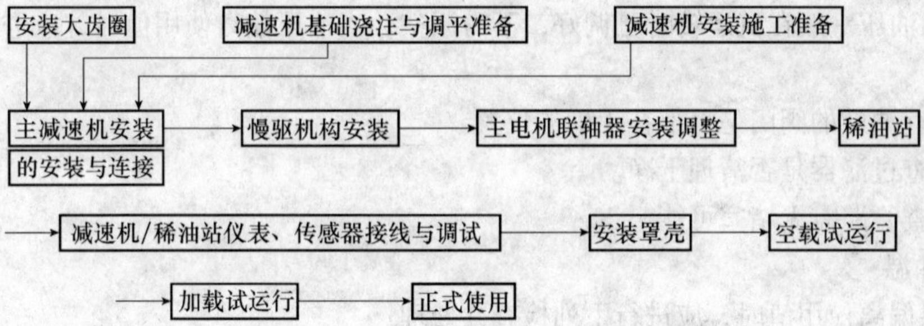

2. 使用

（1）进入减速机和滚动轴承的油压为 0.2~0.3MPa。

（2）油站的进、出水温差不得大于 15℃。

（3）设备的振动情况。

（4）管路、密封处的渗漏油、水情况。

（5）检查设备有无卡碰、异常响声、各零部件在运转中有无移动，紧固件是否有松动现象。

（6）检查电器设备的各种仪表是否灵活、准确，电压、电流值在运转过程中的稳定值是否与额定参数相符。

（7）应设立工作日志，在设备正常运转时对以上内容进行记录，并存档管理。

3. 维护

（1）检查油温，及测温点温度。

（2）要经常检查油站、慢驱机构减速机的油位。

注：在任何情况下，油位不能低于最低油位线位置。

（3）稀油站上配有冷却器，冷却器使用钙含量尽可能低的水。水的压力在0.2～0.4MPa。

（4）当环境温度低于0℃，且减速机将长时间停止运转时，必须把冷却水排干净，使用压缩空气清除掉所有残余水滴。

（5）稀油站内配有浸没式电加热器，如果减速机工作气温低于润滑油凝固点，应该启动加热系统，对润滑油加热至20℃。

（6）三个月以上不使用的减速机应每隔三个星期左右启动运转一次，运转时加载或不加载均可，如果在不使用期间无法进行短时间的开动，应对减速机进行保护，防止腐蚀生锈。

（7）减速机首次使用运转300～600h后，润滑油必须进行更换。润滑油的排放应在减速机停车后立即进行，以带出铁屑等杂质。其后减速机每运转1500～5000h更换一次润滑油，润滑油每次更换的间隔不应超过12个月。在换油后，减速机应充入与以前同样等级的润滑油，不同等级或者不同的工厂所生产的润滑油不允许混合在一起使用。

（8）应做好减速机的使用与维护记录。

（9）稀油站的过滤器要每周清理一次。

（10）检查齿轮的啮合情况，底脚螺栓、紧固螺栓、连接螺栓及销等紧固件有无松动。

4. 常见故障与排除

（1）油压

油站的油压一般在试运转时已调好，不需调整，当油压偏离使用值时，应进行下列检查及处理：

1）检查油站的阀门是否都在正确的位置。

2）检查过滤器是否清理干净。

3）检查管路有无堵塞可能。

（2）油温

当油温偏离使用值时，应进行下列检查并处理：

1）检查各轴承的温度是否偏高。

2）油站的冷却水是否供应正常。

3）油站的润滑油量是否符合要求。

（3）噪声

当设备出现异常噪声时，应检查：

1）各连接处，包括联轴器、螺栓。

2）检查齿轮齿面。

3）检查轴承。

（4）漏油

在设备发生漏油情况时，应根据漏油的部位不同采取相应的方法：

1）密封罩漏油时，可更换密封垫，调整压板，紧固螺栓。

2）主减速机漏油时应通知制造商，经双方同意后采取相应的措施。

（5）轴承温度偏高

1）应检查紧固螺栓是否松动。

2）供油是否充分。

3）过滤器是否清洁。

4）轴承是否损坏。

5. 维护注意事项

（1）运转中发现机械设备有不正常的现象，需停车检查和调整时，必须与相关操作人员联系，不得随意停车、开车，避免发生事故。

（2）运转时，开车和停车必须有信号，严禁无信号开车，如遇紧急情况，也要通过操作者，他人不得随便按动各种电器开关。

（3）严禁接触机械设备的任何转动部位，禁止在运转设备上面或下面行走。

（4）设备在运转时，严禁将遮盖的部分掀开（如设备的安全罩、地沟盖板等）。

（5）设置试运转工作标牌，非直接试车人员不得进入试运转区域。

（6）应制定完备的设备运转管理制度，并认真贯彻执行。

（7）各种电器应按要求充分接地。

四、MBY/JDX、JY、JGX、Z/D 以及 YNK 减速机的使用维护要点

这五类减速机都属于中型通用减速机，其结构特点与使用环境类似，因此，在使用与维护方面非常相似，下面简要介绍其使用维护要点。

1. 安装与调整

（1）减速机必须刚性固定在坚实的水平基础上。

（2）减速机与原动机（电机等）安装连接时，必须严格控制以下几个方面：

1）各轴线必须处于精确的水平位置，不能有任何纵向或横向的倾斜。

2）连接轴同轴度应控制在ϕ0.05mm 公差范围内或更小，由设备条件确定。

3）在安装时，根据电机转子的窜动量，连接轴端面之间必须留有 2 ~ 8mm 范围的适当的轴向间隙，防止相连接的设备产生相互作用力。

（3）为了保护联轴器和减速机，即使采用柔性联轴器，也需要进行认真仔细的调整。

（4）为了消除减速机壳体变形的任何可能性，地基表面不平时，必须利用调整垫片非常认真地调平，以保证减速机可靠运行。

（5）如果减速机安装在钢铁结构或者受外力作用，安装时应采用销栓或水平制动装置锁紧减速机，防止在运行中产生移动。

（6）联轴器安装采用热装配法，将联轴器加热至一定温度后，保温一段时间，再与轴进行装配。不允许采用强行打击或冲击的装配方式，以防止损坏挡圈、轴承等零件。

（7）如果配备稀油站或其他辅助设备，电气接线应严格按照接线盒端子、电气控制接线图进行，减速机电机与稀油站应有连锁线路。

2. 试运行

（1）润滑

1）减速机润滑油牌号（黏度），选用中极压齿轮油 N220（根据不同的环境特点和要求，润滑油牌号可能不同，在选择具体牌号时，要参考制造商提供的产品样本），当环境温

度高于40℃时，应对减速机采取降温措施；当环境温度低于0℃时，润滑油必须预热。

2）开机时，先启动稀油站，使其油压稳定在0.15～0.3MPa后，方可启动主机。停机时先停止减速机运行，后停稀油站。

3）采用油池浸油甩油润滑时，应根据油标位置加油。

（2）加载

1）减速机首次启动时，应空载运行2～3h，如果没有发现异常情况（异常声音或转动有卡滞等），可对减速机逐级加载，分别按照25%、50%、75%、100%负载加载，每级载荷持续到油温平衡2h为止。

2）随着负载的增加，减速机油温会上升，对连续运行的减速机，油池温升不应超过80℃，温度不应超过100℃。

注：在减速机投入使用前，应检查各项安装调整工作是否已经完成；特别要检查稀油站或减速机内（未配置稀油站时）是否注入正确牌号的适量润滑油。在启动后为确保润滑油喷入减速机内部，必须立即查看压力仪表和油压开关。

3. 使用与维护

（1）减速机首次使用300～600h后，应更换润滑油，减速机停机后，应立即排放润滑油。

（2）减速机每运转1500～3000h换油一次，润滑油每次更换时间间隔不应超过12个月。每次换油时，箱体应用同等品质的油冲洗干净，加入的润滑油应与以前具有相同等级，不同等级或品牌的润滑油不可混用。

（3）环境温度低于0℃时，如果减速机长时间停止运转，必须把冷却器及其管道中的冷却水排干净，使用压缩空气清除所有残余水滴。

（4）配置了稀油站的减速机，在稀油站内部设有浸没式电加热器，如果减速机工作温度低于润滑油凝固点，应启动该加热器，对润滑油加热。

（5）三个月以上不使用的减速机应每隔三个星期左右启动运行一次，运行时加载或不加载均可，如果在不使用期间无法进行短时间开动，应对减速机进行保护，防止腐蚀生锈。

4. 维护注意事项

（1）强制润滑时，润滑油的正常压力应维持在0.15～0.3MPa。

（2）按油标位置或其刻线注油。

（3）减速机停止转动并且在润滑油冷却至环境温度后，要经常检查油位。

注：在任何情况下，油位不能低于最低油位线位置。

（4）稀油站上配有冷却器（或专门配置的冷凝器），冷却器所需水管配置由用户安排布置。冷却水的钙含量应尽量低，水的压力不应超过0.2MPa。

（5）各种电器应按要求充分接地。

第二十七章　水泥粉磨设备耐磨件表面堆焊制造与加工

按　水泥工业用铬合金铸造磨球已成为当代最为耐磨的材料之一，解决了水泥生产耐磨件的磨损问题。但粉磨设备耐磨件的表面耐磨性能仍然是当前急需解决的问题，为尽快解决这个问题，现将水泥粉磨设备耐磨件表面堆焊制造与加工实践经验进行介绍，使耐磨件得到更加广泛的应用，创造更大的经济效益。

水泥工业是国民经济的基础原材料工业，也是最典型的资源消耗型工业。据统计，生产1t水泥，需粉磨的原燃材料数量约为2.5t，如生料制备时要粉磨石灰石、黏土、铁粉等主要原料和硅、铝质校正原料；使用煤作为燃料时，要粉磨成细粉才可入窑炉燃烧；在制成水泥时，要粉磨熟料、石膏及混合材料。目前，在水泥生产线上，用于粉磨的设备大致包括球（管）磨机、立磨、辊压机及配套使用的各种选粉机。这些设备上都大量地使用耐磨件，因此，耐磨件的性能、使用寿命直接关系到水泥企业的正常生产和经济效益。在实际生产中，有些耐磨件由于寿命过短、频繁更换、增加停机时间，所造成的损失远远高于高性能耐磨材料的价值。为此，如何正确、合理地选用不同耐磨性能的耐磨件，或者在可能的条件下，选用合适的表面处理和强化手段，以提高耐磨件的耐磨性能，从而获得最佳减磨效果和最大经济效益，已成为广大技术和研究工作者不断追求的目标。

目前，随着新型干法水泥生产线规模的日益扩大，在近几年新建、扩建、改建的项目中选用立式辊磨来粉磨生料、煤粉、水泥和矿渣粉已非常广泛，而辊压机除作为生料的预粉磨设备外，还被广泛用于混合料的粉磨。由此，在粉磨系统中，最为迫切和突出的要求就是提高立式辊磨和辊压机耐磨件的耐磨性能。

第一节　立式辊磨及其表面堆焊概述

一、立式辊磨的主要特点及磨型

立式辊磨已成为水泥工业中工艺过程的重要装备，在国内外得到了广泛应用，用于磨制煤粉、水泥生料、水泥矿渣粉和预碎熟料。按其粉磨物料的不同，立式辊磨可以分为煤磨、生料磨、水泥磨、矿渣磨、预碎磨。我国4000t/d以上的水泥熟料生产线，生料磨基本上已全部采用立式辊磨（在2500t/d及以下的熟料生产线上，生料磨还较多采用球磨机或少量应用立磨）。

立式辊磨采用料床粉磨原理粉磨物料，具有以下特点：

（1）粉磨效率高；

（2）电耗低（比球磨机节电20%～30%）；

（3）烘干能力强；

（4）粉磨、选粉、烘干同时在磨内完成；

（5）允许入磨物料粒度大；

（6）粉磨工艺流程简单；

（7）占地面积小，土建费用低；

（8）噪声低，磨损小；

（9）寿命长，操作容易。

为满足水泥厂工艺生产线的磨煤、磨水泥生料、磨水泥熟料及矿渣的要求，世界各国水泥机械制造商开发了多个品牌的立式辊磨，在国外磨机生产企业中比较有代表性的有下述厂家和型号：

（1）德国 Loesche（莱歇）公司：LM 立式磨；

（2）德国 Phfeiffer（埃弗尔）公司：MPS 立式磨；

（3）德国 Krupp Polysius 公司：RM 立式磨；

（4）德国 Peters 公司：E 型磨；

（5）英国 Babcock 公司：雷蒙磨；

（6）丹麦 F. L. Smith（史密斯）公司：ATOX 立式磨、OK 立式磨；

（7）日本宇部公司：UBE、LM 立式磨；

（8）日本三菱重工：VP 立式磨。

目前，世界上最大的立式磨为德国 Loesche 公司研制的六辊磨，单台产量可达 1200t/h，能与 10000t/d 水泥生产线配套粉磨水泥原料，将用于印度某水泥厂。

上述这些立磨在国内水泥建材行业的应用也已十分广泛，尤其是 LM、MPS、RM、ATOX、OK、宇部立磨，几乎占据国内水泥生料粉磨和矿渣粉磨系统的 80% 以上的市场份额。立磨在水泥熟料粉磨中的应用也将成为未来的发展趋势。

“十五”以来，我国水泥产业政策鼓励投资 5000t/d 新型干法水泥生产线，而为 5000t/d 生产线配套的大型原料立磨长期依赖进口产品，在吸收国外产品设计加工经验的基础上，国内多家研发和加工企业开始陆续推出了国产化设备。比较典型的生产厂家包括：

（1）合肥水泥设计研究院（HRM 型立式磨）；

（2）天津水泥工业设计研究院（TRM 型立式磨）；

（3）沈阳重型机械集团有限公司（MPS 立式磨）；

（4）中信重工机械股份有限公司（LGM 矿渣立磨）。

另外，在国内水泥企业的煤磨系统中，被广泛使用的还是国产立磨，如北京电力设备总厂生产的 ZGM 系列磨煤机（图 27-1）、沈阳重型机械有限责任公司生产的 MPF 磨煤机及合肥水泥研究院的 HRM 型立式磨煤机、长城重机公司 CLM 立式磨煤机。

图 27-1　ZGM 磨煤机主体图

（图片来源：云南保山嘉华水泥有限公司）

二、耐磨件磨损机理分析

不论是进口磨机还是国产磨机，不论研磨何种物料（水泥熟料、石灰石、黏土、瓷土、石膏、长石、重晶石及煤等），在使用中，由于物料的摩擦作用，特别是生料、水泥、熟料和矿渣等物料的硬度高、可磨性差，且物料常常含有一些硬杂质，如石英石、铁块等，对磨辊、磨盘等耐磨件的磨损相当严重。磨耗使得磨辊与磨盘之间的间隙加大，设备运转效率下降，能耗不断提高，这些问题最终导致了立磨的停产检修。在极端情况下，磨辊、磨盘运行时间仅一千多小时就失去了碾磨能力，不仅不能保证物料的细度和出粉量，电耗也将成倍加大。对于辊压机，也同样存在挤压辊辊面磨损的问题。

水泥机械磨损件的抗磨损机械性能是由材质的性能决定的，它包括材质（金属）的化学成分、基体组织结构、强度、塑性和脆性，而金属材料的表面硬度对磨损的影响更为显著。磨损是指相互接触的金属部件工作面与磨料有相对运动，表面上的材料粒子受到磨料的机械、物理或化学作用而脱离部件本体，致使部件的形状、尺寸发生变化及部件重量减少的过程。材料要抵抗磨损，才能有效发挥其性能，抵抗磨损的能力就是耐磨性。

为了提高材料的耐磨性，除应充分考虑上述磨料的特性外，还应从水泥生产过程的工艺特点、设备工作特性、金属材料的韧性方面研究磨料磨损的特性。韧性较好而磨料比较硬且尖锐时，工作面的磨损沟槽清晰、规则，沟边产生毛刺；而当磨料较钝时，则不能有效地切削金属，只能将金属推挤向磨料运动方向的两侧或前方使表面形成沟槽，沟槽前方材料隆起、变形严重；如果材料的韧性很差，则会出现脆性而断裂。还有一种情况，材料的硬质点与基体的结合力较弱，受到磨料作用使硬质点脱落，甚至造成平面波峰或波谷，还容易形成磨削瘤，在材料表面形成凹坑或是孔洞。材料有时会出现裂纹，形成的原因可能是在工作条件下硬质磨料颗粒反复被压入金属表面，导致材料反复发生塑性变形和恢复，在这种作用下，材料的次表层或表层会出现裂纹，裂纹扩散形成碎屑，也会在表面上留下凹坑或断面。

金属材料的硬度对材料耐磨性能的影响是最大的。而在一定限度内，材料的耐磨性是随其硬度的提高而提高，但超过一定的限度，虽然硬度继续提高，但并不能使耐磨性也相应提高。在磨料磨损中，磨料硬度与金属材料硬度之比是影响耐磨性的一个重要参数。在磨料与材料材质的硬度基本上反映出各自的耐磨性对磨损的影响后，磨料与材料的关系以各自的硬度之比来确定。设 H_m 代表材料的硬度，磨料的硬度为 H_a，当 $H_m/H_a \leqslant 0.5 \sim 0.8$ 时为硬磨料磨损，增加材料的硬度对耐磨性影响不大；当 $H_m/H_a \geqslant 0.5 \sim 0.8$ 时为软磨料磨损，增加材质的硬度会迅速提高耐磨性。例如，钢材经过热处理能够获得不同的硬度，而采用硬度值为2800HV 的碳化硅及硬度值为1000HV 的石英砂磨料进行试验，当 H_m/H_a 达到 0.5 后耐磨性提高迅速，达到 0.7 后磨损很少。就一般规律而言，提高材料的硬度能够增加其耐磨性，但在重负荷条件下，还要考虑材料的韧性，二者要兼顾，避免剥落或断裂。

材料的基体组织非常重要。成分相同的钢，如果它们的基体组织不同，耐磨性相差很大。其耐磨性按铁素体、珠光体、贝氏体和马氏体的顺序增加。钢中的碳化物至关重要，高硬度的碳化物可以起到很好的阻止磨料磨损的作用。

另外，耐磨件的导热系数也是影响耐磨性的重要因素。当材料的导热系数很小时，在磨料磨损过程中产生的热量不能很快散发，导致材料因热量聚集、温度高而产生热变形，使磨损加剧。

操作管理也直接影响着材料的耐磨性，合理使用设备能够适当减轻耐磨件的磨损。例如，保持立磨内适当的料床厚度，以免产生磨辊磨盘直接接触磨损；安装除铁装置，及时除掉聚集在磨床或磨内的铁，避免影响产量和耐磨件表面的加速磨损；适当调整辊压机双辊缝隙，因为缝隙过小，会加快辊面磨损；辊压机通过的物料是混合料，比单一熟料能减轻辊面的磨损；破碎机下篦条安装与否，也会影响锤头的磨损，而原料石灰石中夹杂黏土并含水，则会加快锤头的磨损。

原料、半成品、辅助材料及燃料煤等不同物料的可磨性能差异较大，其物理性能、化学成分及矿物组成对设备磨损件工作面的磨损有着很大的影响，也因此使得磨辊/盘瓦的寿命差异较大。这些原材料、燃材料的物理性能对磨损的影响因素包括粒度、形状、强度、硬度、密实度、均匀性、含水量、温度、种类和配合比例等；化学性能对磨损的影响因素包括各种化学成分和含量、矿物组成、结构和形态。矿石、矿渣、煤等原料及所含杂质对磨辊/盘瓦形成的是三体高应力磨料磨损，因为这些物料在被破碎、粉磨、分选等加工过程中并非静止不动，而是以不同的运动方式和速度在加工设备、输送转运设备中做相对运动，产生摩擦致使工作面磨损。

物料中所含杂质如石英、黄铁矿等的硬度也是一个重要指标。实践表明，杂质硬度对耐磨件的磨损有着重要的影响，如石英和黄铁矿含量增加，耐磨件形成的磨沟会增加，并明显变深、变宽。

以磨辊的磨损为例，通过电镜分析，可以看到磨辊表面存在犁沟，这些犁沟的产生均与载荷作用有关。除部分为切削外，大多是由于金属被推向两侧而形成脊隆，接下来又被矿石、煤粒碾平所造成。这种犁沟—碾平—犁沟—碾平的反复进行，导致了裂纹的形成和扩展，最后磨辊表面金属以片状磨屑形式断裂脱落。无论是犁沟及脊隆的碾平和断裂，还是沟底的塑性变形，其过程都属于多次塑变的磨损机理。磨损严重的宇部40.6磨辊如图27-2所示，HRM2200磨辊如图27-3所示。

图27-2　磨损严重的宇部40.6磨辊
（图片来源：广东惠州光大水泥有限公司）

图27-3　磨损严重的HRM2200磨辊
（图片来源：贵州顶效瑞安水泥）

在磨损表面产生犁沟的同时，物料中的高硬度矿物杂质还对磨料表面产生严重划伤，这种划伤不易出现明显沟槽，受冲击时无金属塑性。它的磨损机理主要是碳化物质点的破碎和剥落，因而碳化物的相对硬度、尺寸、分布状态（位向）及它和莱氏体基体的结合强度都对磨辊抗磨损性能产生直接影响。如果碳化物为颗粒状或其分布呈无序状态，则在磨料作用下容易从基体中脱落而形成凹坑，使基体的磨损量增大，耐磨性下降；相反，如果碳化物垂直于磨损面呈条状分布，则有利于耐磨性的提高。而碳化物深埋于基体中，与基体有很好的结合强度，可以有效抵抗磨料对基体的磨损而不易崩落。

由于磨料对工作部件表面的反作用，使其变形或压入，所以从磨损的机理上可认为有切削磨损、变形磨损、脆裂和剥落磨损等形式。在气力输送过程中，对于易发生磨损并且磨损严重的弯管部位，由于磨料粒子对工作面的作用，磨损机理表述为擦动或滚动磨损、刮痕磨损、撞击磨损。用这些方式表述磨损机理更有助于解释磨损产生的原因。

综上所述，为了提高立磨磨辊/磨盘衬板的耐磨性，除了提高组织中基体硬度外，更重要的是通过适当的堆焊工艺来获得最佳的碳化物硬度、尺寸和分布状态。

三、磨辊、磨盘耐磨件制造方法

为了解决磨损问题，提高设备运转率，最直接有效的方法就是选择不同材质的铸造耐磨件，或者通过各种工艺（如堆焊、喷涂等）来提高工件的耐磨性能。

（一）新品铸造

耐磨材料的性能一直是制约立磨应用的一大课题，世界著名立磨生产商如德国莱歇公司（Loesche）、德国伯利鸠斯公司（Polysius）、丹麦史密斯公司（F. L. Smidth）、日本神户制钢宇部（UBE）等，都致力于各种材料的磨辊和磨盘衬板的研究开发工程。

作为立磨耐磨件的磨辊与磨盘，既要求具有防断裂的可靠性，又要求有抗磨损的耐磨性。因此，耐磨性高、韧性好、防断裂是立磨磨辊、磨盘选材的重要考虑因素。Mn 钢、NI-hardIV 合金、高 Cr 合金是磨辊与磨盘通常所采用的合金，这些材料硬度高，耐磨性好，应用也较为广泛。但就如同一个硬币的两面一样，其抗冲击韧性差、脆性大的弱点又制约着耐磨件成品的使用性能，运行一段时间后断裂的风险较大。

目前，国内所用立磨磨辊大多采用整体高铬铸造圆环形辊套，通常其碳含量约为 3%，铬含量约为 21%，此二者在高温下生成 Cr_7C_3 嵌埋在铁基奥氏体或马氏体中，形成一种非常耐磨的结构组织，其洛氏硬度约为 HRC56。

随着对水泥生产线产能的不断提高、磨机的大型化，也带动了磨辊、磨盘直径的大型化，其中圆环形磨辊套直径由最初的ϕ1200mm 左右发展到现在的ϕ2900mm（分块式磨辊的直径更大，如 ATOX56.4 立磨辊套直径为ϕ3450mm）。磨辊直径的增大解决了产能的问题，相对却大大增加了铸造辊套在运行时开裂的风险。

断裂的主要原因有两点：一是硬度过高，碳及铬的含量越高硬度也会越高，产品耐磨，但断裂的可能性也增大；二是硬度的均匀问题，当高铬铸铁浇铸后并以热处理的方法来提高其硬度时，如果硬度的均匀度差异太大（一般维氏硬度 H_V 差 >30），则会产生断裂。随着物件体积的增大，热处理难度加大，其硬度均匀度更难控制，断裂的可能性也就越大，这也就是目前国内铸造磨辊新品（如 LM56.2 或 UM50.4）断裂的原因之一。

（二）硬面堆焊再制造

机械产品的损坏一般是个别部件失效造成的，而零部件的失效又出现在部件表面，磨辊、磨盘就是典型的表面磨损。耐磨件的修复费用约为新产品价格的 30% 或更低，故可大幅度提高产品的性能及附加值。粉体加工设备的耐磨部件因磨料磨损造成的失效，可以采用一些表面工程技术进行加工处理，加工后甚至可得到耐磨性能超过原品的产品。

所谓表面工程技术，就是采用一些特定方法，对固体表面进行涂覆、改性，形成具有特殊功能的表面层（工作层），或用某种功能覆盖层的技术手段进行表面处理的工程技术。这些特殊处理方法包括物理、化学、电化学、物理化学等方法。加工处理后的表面层（工作层）具有优异的性能，如耐磨性、抗蚀性等都是本体材料难以得到的。明弧堆焊、等离子喷涂方法、电弧喷涂等的方法都是耐磨部件修复的常用技术，也可以用于新品制造。

所谓堆焊，就是为增大或恢复焊件尺寸，或使焊件表面获得具有特殊性能的熔敷金属，而在工件的表面或边缘熔敷一层或多层具有一定性能的金属层的焊接工艺。利用这一技术可以改变工件表面的化学成分和组织结构，完善其性能，延长工件的使用寿命。

明弧低温堆焊是利用明弧堆焊方法在磨损件表面熔敷一层具有特殊性能的合金材料的工艺过程。其特点是：（1）采用能产生自保护气体的药芯焊丝在与堆焊件间产生电弧形成的高温的作用下，把金属熔化在焊件表面而形成合金，同时将固体药芯加热转变为保护气体，对堆焊焊道进行保护；（2）具有明弧冷焊工艺的优点，焊件无需预热和焊后热处理。明弧是相对埋弧而言的。药芯焊丝通过送丝轮自动送入。故此，明弧低温堆焊也称作明弧低温自保护自动堆焊。由于明弧堆焊后冷却速度快，产生细化碳化物晶体的效果，碳化物则可均匀分布在强化的基体内，形成的奥氏体基体具有较高的抗拉强度，表面耐磨性高，又因焊材与基材的熔合好，所以堆焊后的耐磨件具备较好的抗冲击性能，适应高应力的磨料磨损的工况条件，从而被广泛应用于冶金、矿山、电力、水泥、农业、石油等行业中。

具体到水泥工业，硬面堆焊就是指在耐磨件的表面堆焊一层或多层耐磨合金材料，如立式辊磨的磨辊、磨盘衬板、破碎机锤头、轧钢机轧辊、辊压机挤压辊的堆焊再制造等，用以提高工件的耐磨性能，延长使用寿命，减少维修费用及时间，减少备件购置支出。

对于一个耐磨件，如果其铸件从成本、性能等方面能够完全满足使用要求，人们就不必考虑堆焊了。那么为什么要考虑堆焊呢？这是因为仅靠铸造，耐磨件的寿命、质量无法达到所要求的指标，需采用堆焊的方式来加强所要求部位的耐磨质量。

耐磨堆焊再制造就是用堆焊工艺将品质合适的硬面焊丝或焊条堆焊到磨损后的磨辊及磨盘衬板表面，直至原始尺寸。堆焊后细化的复合碳化物均匀分布在强化的基体内，形成的奥氏体基体具有较好的抗拉强度，焊材与原基材熔合性好，具有高应力的磨耗性，外观焊缝成型美观，具备较好的抗冲击性能，从而提升了耐磨件的使用寿命。磨损后的耐磨件采用堆焊工艺进行加工后，可获得比原铸件更耐磨的性能。同时，通过废旧品加工利用，可实现循环经济，是一个再制造过程。由此，耐磨堆焊再制造成为目前对耐磨件表面强化最为可行和经济的方法之一，优势突出，已被各领域广泛采用。

（三）堆焊复合制造

高铬铸铁铸造新品是磨辊及磨盘衬板的理想材料，但是由于高铬铸铁材料的厚大工件淬透性、耐磨性都不理想，且高铬铸铁优良耐磨性的利用仅限用于有效截面在 100 ~ 140mm 的铸件上。这对整个耐磨件而言是一种高性能材料的浪费，不仅增加了生产运营成本，也是对贵金属资源的不当利用。

从吨位来说，耐磨件的制造是以铸造为主，堆焊件占的比重比较小。但随着技术的进步，现在耐磨件的制造不仅可通过铸造工艺来制造，也可通过堆焊工艺来制造。堆焊和铸造一样都是耐磨件的制造方法。

铸造比堆焊发展得早，所以从堆焊诞生开始，就有了铸造和焊接（堆焊）谁代替谁的问题，其实从原理上讲，两者应该是一家，是不能相互替代的。有观点认为，堆焊过程实际就是一个微观的铸造过程，如果铸造可以看做是焊件尺寸以米为单位的大尺寸熔池，那么堆焊就是以毫米为单位的很小的熔池。为什么在工件制造过程中会有微观铸造的概念呢？这是因为，对于铸造而言，随着铸件尺寸的不断增大，其制造难度和热处理难度也越来越高，如果再要求耐磨件能够由里到外具有均匀的耐磨性能，实现起来将非常困难。但是堆焊过程可以解决这一难题，它将铸造过程微观化、微细化，把一个大的铸造分解成无数小的铸造，这样，每个微观熔池都可以很容易达到最终工件要求的强度、硬度、韧性等微观指标。

所以，在耐磨件的堆焊过程中，铸造和堆焊是相辅相成的，就比如铸造是皮，耐磨层堆焊是毛，对耐磨件整体质量而言，二者是“皮之不存，毛将焉附”的关系。如果要求一个工件整体具有很好的质量，就要求其铸造和堆焊的质量都很高。

耐磨件的堆焊复合制造方法是以铸钢为材质铸造磨辊/盘衬板胎体，根据成品设计规格预留30%～50%的尺寸作为耐磨堆焊层，然后采用堆焊熔敷方式将复合碳化物耐磨层熔敷于磨辊/盘衬板胎体之上，直至堆焊到成品设计规格。由于铸钢的良好韧性，这种方法制造的耐磨件完全没有断裂的风险，而且因为堆焊层的硬度较高，约HRC58～60（一般含碳量约为5%，含铬量约为27%），且Cr_7C_3金相组织较佳，所以比高铬铸铁更为耐磨。

但这种耐磨件制造方法最大的风险就是耐磨层的剥落。所指“剥落”，一是耐磨层与母材铸钢间的剥离；二是耐磨层之间的剥离。一般耐磨层越厚，剥落的可能性越高，要想降低剥落风险，在堆焊层厚度设计、焊丝的选择、施工工艺和施工操作上都需要严格控制。

第二节　立磨耐磨件表面堆焊特点和方法

一、立磨耐磨件堆焊效果

堆焊作为材料表面改性的一种经济而快速的工艺方法，越来越广泛地应用于各个零部件制造、修复的工业部门。为更有效地发挥堆焊层的作用，已有很多企业、单位致力于优质、高效、低稀释率的堆焊技术的开发和应用。

根据近十年来国内各行业对立磨堆焊的经验总结，采用耐磨堆焊能为用户带来以下效果：

1. 延长工件使用寿命

与铸件相比，堆焊件耐磨性能有很大提高，使用寿命更长。在国内水泥行业立磨表面堆焊处理后，经粉磨试验表明：在正常情况下，表面堆焊材料的使用寿命可比原有材料的使用寿命提高15%～25%，一般可以达100%的使用寿命。

2. 合理使用材料，提高产品性能

堆焊技术的运用使耐磨件表面形成一层或多层硬质合金，以具有更好的耐磨损、耐腐蚀、抗热疲劳性能等特点。性能优异的焊接材料使耐磨件在同等工况条件下磨损程度更轻、更均匀，生产效率得到一定程度的提高，同时更加节约电能。

3. 降低成本

有效降低立磨耐磨件的更换频率，从而降低更换备品的费用。在国内水泥行业中，大规格磨机表面堆焊的成本大约是更换衬板所需成本的一半。对于小规格的磨机，两者成本几乎相差无几，但是由于堆焊加工过的耐磨件使用寿命延长，其使用性能仍比较优越。有关调查表明，通过表面堆焊加工的大型磨机，其维修成本可降低50%。堆焊后的Polysius 57/28/510磨辊焊道美观，尺寸复合要求如图27-4所示，ATOX50磨盘离线堆焊再制造如图27-5所示。

图 27-4　Polysius 57/28/510 磨辊焊道
（图片来源：北京嘉克新兴科技有限公司）

图 27-5　ATOX50 磨盘离线堆焊再制造
（图片来源：北京嘉克新兴科技有限公司）

4. 可多次重复堆焊

采用表面堆焊技术可进行 10 次以上的重新堆焊处理，与更换磨损磨辊及衬板相比，表面堆焊处理能有效避免因磨损面的扩展而引起的产量下降和生产波动问题的发生。另外，在线堆焊可实现磨内的磨辊/磨盘衬板堆焊加工，检修更为简单方便。

二、立磨堆焊材料的选择

（一）耐磨材料的选择原则

合理选择堆焊用金属材料的性能和形状是进行堆焊修复高质量、低成本的前提。堆焊所用的金属材料也称为堆焊合金，分为铁基、碳化钨、镍基、钴基等，广泛使用的是铁基类，且分为合金钢与合金铸铁两种。合金钢包括低碳低合金钢、中碳低合金钢、高碳低合金钢、高铬马氏体合金钢、高锰奥氏体合金钢，还有铬 - 钨、铬 - 钼、铬 - 铌等；合金铸铁包括马氏体与高铬合金铸铁；碳化物是碳化钨堆焊合金，由 WC 和 W_2C 组成，是耐磨堆焊合金中最耐磨的组合。高铬合金中的碳化铬（Cr_7C_3）比 WC 略软些。渗碳体 Fe_3C 是 Fe 的碳化物，用在多种耐磨合金中。

从经济性和可行性方面考虑，在选择耐磨材料前，首先要分析生产方法的类型、工艺流程特点、设备的技术参数、原料的性能、产品的指标等工艺、技术、装备条件。在一定的工况条件下，首先应满足耐磨材料使用寿命的最大化；其次，要保证磨损后的物料进入产品不影响产品质量，不污染产品；第三，耐磨材料有高的性价比，即耐磨材料先进适用，价格合理，耐磨性能好，能兼顾硬度和韧性，国内就近选材，选择生产可靠、技术成熟厂家生产的产品。

从技术性能方面，选择耐磨材料的原则如下：

第一，分析确定耐磨损部件的使用环境（温度、湿度、介质等）和工作条件（正压、负压、流速、流量、载荷、振动、冲击）。

第二，磨料的磨耗性系数、磨料的加工性能及磨料与金属材料硬度值的对应关系。

第三，被堆焊材质即母材与焊材的相熔性，表现为良好的可堆焊性。母材包括原铸造合金或前次堆焊被磨损部位使用的堆焊合金钢。母材材质是指金属元素的化学成分，堆焊前可对原磨辊材料取样化验，以确定采用的堆焊焊丝成分。堆焊层一般分为过渡（打底）层和硬面层，过渡层焊丝既要保证能和基体良好熔合，又要无脆性相产生，同时应防止裂纹向基体扩展；硬面层既要保证不脱层，又要有一定耐磨性能。

第四，被堆焊件首先是无铸造缺陷、无加工缺陷或在使用过程中未形成严重缺陷的部件。

第五，根据磨料特性及工况条件确定磨损类型。

第六，焊接合金材料便于进行自动化、机械化连续操作方式。

第七，焊材工艺简便实用，节能环保，性价比高。

第八，焊材与所使用的堆焊设备具有良好的匹配性。

在实际操作中，我们难以找到万能的耐磨材料，关键在于如何合理选用。首先要正确分析工件的使用工况、条件及其磨损机理，了解各种耐磨材料的性能指标，从经济性、可靠性等方面综合考虑，选择最合适的耐磨材料，达到节能降耗的目的。

（二）常见耐磨堆焊焊材

1. 常用堆焊焊丝的特点

堆焊用焊丝分为实芯和药芯两大类，其中药芯焊丝又分为气体保护和自保护两种。自保护堆焊药芯焊丝由于不需要外加气体的保护，增加了堆焊制造的灵活性。自保护药芯焊丝具有高熔敷效率、低稀释、操作方便等优点，其工艺性能和力学性能较好，因此被广泛应用。

堆焊合金的化学成分、组织结构以及合金的特点和性能是被选择使用的基础。对于在冲击应力下工作的耐磨部件，一般选用高铬合金铸铁、碳化钨、合金铸钢、合金钢锰钢、改性高锰钢、超高锰钢、中碳中合金钢等。各类堆焊材料的分类、使用极为繁杂，标准化的分类方法提供的只是一般规律的焊材，不同的工作条件和部件基材的特殊性使得焊材的选择和使用又非常个性化。因此，国内外一些著名品牌的焊材常常以企业名称或者以与企业文化相关的主题来命名。例如德国法奥迪、蒂伯、克鲁德、比利时丝铠、英国威尔等都是材质很好的焊丝，国内的北京嘉克、法奥迪等也被广泛应用于堆焊水泥工业的各类立式磨的磨辊、磨盘，如 ARCFCW1011、ARCFCW9011 等自保护明弧药芯焊丝。堆焊用焊丝的技术参数见表27-1。

表 27-1　堆焊用焊丝的技术参数

焊丝牌号	ARCFCW1001	ARCFCW1011	ARCFCW9011	ARCFCW9051	ARCFCW9011Mo	ARCFCW9991
材料等级	过渡（底层）层焊丝	一般抗磨损性能	高抗磨损性能	高抗磨损性能	高等级抗磨损性能	高等级抗磨损性能
碳含量	0.1	5.0	5.0	5.5	5.2	5.8
铬含量	18.0	28.0	24.0	25.0	21.0	24.0
其他金属	Mn、Ni 等	Mn、Si 等	Mn、Mo 等	Mn、B 等	Mn、Mo 等	Nb、Mn 等
焊材硬度值	200～300HB	56～61HRC	58～62HRC	58～62HRC	59～63HRC	59～65HRC

续表

焊丝牌号	ARCFCW1001	ARCFCW1011	ARCFCW9011	ARCFCW9051	ARCFCW9011Mo	ARCFCW9991
焊材特性	1. 具有耐腐蚀、耐气蚀性能的焊接金属合金 2. 用于堆焊高冲击力或旋转载荷的工件	1. 抗冲击能力较好 2. 工件表面经堆焊后，韧性、塑性较好，且具有一般抗磨损性能 3. 既可用于过渡层材料，也可用于耐磨层材料 4. 应用温度范围不超过350℃	1. 焊后细化的碳化物均匀分布在强化的基体内 2. 具有抗磨性，产生奥氏体，堆焊材料中含初始碳化物 3. 当施于磨损应力时，材料显示极其耐磨 4. 材料易于磨抛光，但不适合于用火焰切割，并且不能机械加工，会有裂缝形成 5. 应用温度范围不超过550℃	1. 具有较高的硬度 2. 硼和碳的结合会产生极具抗磨损性能 3. 工件表面堆焊后，再变形性有限 4. 材料不能机械加工处理 5. 应用温度范围不超过350℃	1. 焊后细化的复合碳化物均匀的分布在强化的基体内 2. 具有抗磨性，产生奥氏体，堆焊材料中含初始碳化物 3. 当施于磨损应力时，材料显示极其耐磨 4. 材料易于磨抛光，但不适合于用火焰切割，并且不能机械加工，会有裂缝形成 5. 应用温度范围不超过650℃	1. 具有很高的抗磨损性能 2. 由于能分离出细微的、非常硬的碳化铌，使含初始碳化物的堆焊材料极抗磨损 3. 具有一般的抗冲击能力 4. 不适合于用火焰切割，抵抗剥落性强 5. 不能被机械加工，会有裂缝形成 6. 应用温度范围不超过650℃
焊材应用	用于硬面堆焊或堆焊的过渡层；用于锰钢及其他异种金属的焊接	用于对承受高度磨损和中等冲击的部件做硬面处理	用于对承受高度磨损和中等冲击的部件做硬面处理	用于承受高度磨损和中等冲击的部件做硬面处理	用于承受高度磨损和中等冲击的部件做硬面处理	极适用于对承受高度磨损和一般冲击的部件做硬面处理

2. 煤磨、生料磨对堆焊焊丝的要求

堆焊中速磨磨辊/盘瓦一般分为过渡（打底）层和硬化层，过渡层焊丝既要保证和基体良好熔合，又要无脆性相产生，同时应防止裂纹向基体扩展；硬化层既要保证不脱层，又要有一定的耐磨性能。要求堆焊后细化的复合碳化物均匀分布在强化的基体内，具有高应力的磨耗性，堆焊后的中速磨耐磨件的寿命理论上为原高铬铸铁铸件的1.3~1.5倍（根据物料耐磨系数的不同，寿命也有所不同）。

3. 矿渣磨的特点

国外采用立磨粉磨矿渣较著名的公司有莱歇的LM磨、伯力鸠斯的RM磨、非凡的MPS磨、神户制钢的OK磨、川崎的CK磨。国内合肥院、天津院、中信重机亦开始采用立磨粉磨矿渣。莱歇公司的LM2+2或LM3+3磨的特点是磨辊一小一大配对，小辊以低压高速运行，执行预备粉磨料床的功能；大辊位于小辊后面，执行粉磨工作。通过对辊可以更好地控制料床的形成，从而能够粉磨比生料或水泥更细的物料，同时磨盘设计了专门的除铁排渣孔，除铁更加及时有效。

由于立磨工艺投资比较大，因此在国内采用立磨生产矿渣粉主要以大中型企业为主，且生产规模较大（40万t/a以上），而水泥企业或其他企业新建或改建矿渣粉生产线一般以球磨机闭路或开路为主，生产规模相对较小（30万t/a以下）。国际上以立磨和辊压机终粉磨系统为主，从国内实际应用情况来看，以立磨和球磨两种生产工艺占大多数。而磨盘及磨辊的磨损是立磨进行矿渣粉磨的难点。

矿渣作为冶金工业副产品，其理化组成及微观结构又受冶炼工艺、钢种及水淬效果等因素的影响而改变，故各厂矿渣的易磨性截然不同，粉磨效率也随其易磨性不同相差很大。其粉磨特性变得更为复杂，致使磨辊、磨盘瓦磨损较生料磨快得多，平均为2000h，且磨耗增加后磨机出粉效率下降会很快。因此对矿渣磨的磨辊、磨盘堆焊的要求是周期短、堆焊材料耐磨性优越。

三、立磨耐磨堆焊工艺控制

合理的堆焊再制造工艺是达到立磨磨辊、盘瓦堆焊效果的关键。根据磨辊/盘瓦的不同磨损情况和实际工况要求，应合理设计和选择耐磨堆焊工艺，以达到最佳的堆焊修复效果。

（一）制定堆焊工艺首先考虑的原则

1. 能达到或超过原磨损件的技术特征；
2. 符合适用工作环境和条件；
3. 与基体结合的力学性能；
4. 堆焊层厚度的设计和控制；
5. 对基体的影响；
6. 适宜的焊材和设备。

（二）堆焊工艺的要求

堆焊的特点在于它不是把两个分离的部件连接在一起，而仅仅是在焊件表面施焊一层熔敷金属，因此其工艺要求是：

1. 根据使用要求合理选用堆焊合金

关于堆焊材料的选择原则前文已述。

2. 形成均匀的龟裂纹及防止堆焊层剥离

堆焊后的焊缝金属硬度大、塑性低，尤其当堆焊金属成分与基本金属成分相差比较大时，金属的线膨胀系数较大，从而引起相当大的内应力，使堆焊层金属在堆焊后的冷却过程中容易产生堆焊层裂纹及剥离（堆焊层金属从基体上剥落下来）。

有效防止堆焊层裂纹和剥离的主要办法是设法减小堆焊时的焊接应力，具体措施有：对焊件采取冷焊或合理的局部预热，或者用隔离层堆焊的办法，即先用塑性好、强度不高的焊丝进行打底焊，使堆焊层与母材隔离开来。

3. 采用低温冷焊方式，堆焊过程中要严格控制层间温度

表面堆焊的焊接过程是一个“冷”过程，绝对不能事先预热，而且在焊接过程中基体金属温度必须≤100℃。堆焊后剩余应力的大小很大程度上取决于堆焊中产生的裂纹状况和对传入基体金属内的热量控制。堆焊过程中产生的分布均匀的裂纹可以消除不同材质之间的收缩应力。

4. 防止堆焊层的硬度不符合要求

堆焊层的硬度依靠堆焊层的合金成分来获得，而合金成分来自焊接材料（焊条、焊丝、焊剂），而不是母材。所以堆焊时，要求熔深浅、熔合比小，尽量降低母材稀释率，避免过度稀释，因此不宜采用大电流。由于母材对焊缝金属的稀释，所以堆焊第一层时硬度往往偏低，其余各层硬度逐渐提高，一般在第三层后硬度基本不再变化。

5. 防止堆焊零件变形

堆焊过程要求堆焊金属和母材有相近的膨胀系数和相变温度。对细长轴或直径大而管壁

薄的圆筒形零件表面堆焊时，要考虑防止焊后变形。

6. 采用适合的堆焊方式，以提高生产效率

（三）堆焊工艺设计

堆焊工艺参数包括焊材直径、焊道宽度、堆焊速度、堆焊量、焊接电流、电弧电压、层间温度、焊丝伸出长度和倾角、硬度、堆焊厚度偏差值、圆形磨损件焊后椭圆度、裂纹允许深度与长度、边缘堆焊留量以及工件温度等，具体要求如下：

1. 磨辊堆焊的最低温度为16℃，低于此温度时需要进行预热处理；

2. 使用过渡层焊丝做局部堆焊，采用单向堆焊方式将磨辊凹坑填补平整，补层应有适当的横向裂纹，保持在10~20mm，以释放焊接应力；

3. 使用打底层焊丝，如ARCFCW1001，采用单向焊接方式自动堆焊1~3层，作为打底层，打底层的作用是防止堆焊裂纹向基体扩展；

4. 使用硬化层焊丝，如ARCFCW9011、ARCFCW9991等，以自动焊方法堆焊至所需要的尺寸；

5. 在整个堆焊过程中，焊缝层间温度应控制在100℃以下；

6. 焊层不宜进行火焰切割及机械加工；

7. 对于产生的焊瘤应及时用电弧气刨清理平整。

（四）堆焊工艺流程及技术要求

1. 清理磨损件，去除灰尘、油污和锈迹。若需去除原有堆焊层，可使用碳弧气刨或短电弧切削的方法进行去除，清理后的磨损件要有金属本色的光泽。

2. 用着色剂将磨损件工作表面着色，或用超声波等检测方法检查耐磨件是否有裂纹、铸造缺陷、局部磨损等异常，做好原始记录。如有铸造缺陷或局部磨损现象，则先进行缺陷或局部磨损的修复；铸件表面不得有气孔、裂纹、夹渣、包砂等铸造缺陷，测量估算剥落局部磨损的面积深度。

3. 做好堆焊过程中所需材料、设备的准备，按耐磨件原图纸尺寸要求对磨辊、磨盘衬板进行堆焊，直到尺寸符合图纸要求。

4. 用ARC-NMG7-2磨辊/盘瓦明弧自动堆焊机，该设备按照《工业机械电器设备通用技术标准GB/T 5266.1—1996》执行。每次开机前，检查设备的状态和安全情况；设备运行中，对设备的运行状况进行监控，遇到紧急情况进行应急处理；每日工作结束后，关掉电源，检查设备的各功能设置是否处于复位状态。

5. 为达到预防应力异常，堆焊过程中，采用喷雾冷却方式或风冷方式强迫降温，使堆焊过程的温度不超过100℃。

6. 堆焊过程中，随时检查质量和尺寸，检查焊后的焊道裂纹、有无气泡等情况。堆焊后从整体上看焊道是否美观。

7. 堆焊后的磨辊/盘瓦，堆焊层测试硬度达到HRC58。

8. 堆焊后经检查合格的磨损件由工作台取下，对堆焊层进行清理，打磨掉飞溅、焊瘤等堆焊缺陷，检测硬度，计重。

9. 经堆焊后的辊套耐磨层焊接牢固，堆焊表面均匀平整，外形尺寸与原始设计数据相符，能满足安装要求。

（五）堆焊再制造的质量标准

堆焊后，焊缝严密牢固，耐磨件表面不得出现块状剥落等缺陷，堆焊层硬度为 HRC58～62；在堆焊过程中采用合理的焊接工艺，保证堆焊物品不变形、不开裂、不剥落。堆焊时不允许在同一位置长时间连续堆焊，以免造成局部过热，堆焊时辊体的温度不应超过 100℃。堆焊时表面的焊接飞溅应及时清理干净。堆焊表面出现长度超过 10mm 的气孔区，应立即用角向磨光机将气孔清理干净，重新补焊该位置。焊道成形应光滑、美观、无夹渣，在使用过程中不会出现脱落。

（六）验收方法

1. 按图纸制作卡规，用卡规对堆焊后的磨辊、磨盘外形尺寸进行验收；
2. 用硬度仪检测堆焊后的磨辊、磨盘耐磨层表面硬度，应达到 HRC58 以上；
3. 通过敲击堆焊层，由堆焊层发出的声频判断堆焊层与母材融合的情况；
4. 从整体上看，焊道应光滑、美观、无夹渣。

四、耐磨堆焊再制造方法的选择

堆焊方法有很多，如气焊、手工电弧焊、气体保护焊、埋弧焊、明弧焊等。为了最有效地发挥堆焊层的作用，希望采用的堆焊方法有较小的母材稀释、较高的熔敷速度和优良的堆焊层性能，即优质、高效、低稀释率。

那么这些堆焊方法应该如何选择呢？我们认为，应从工件的最终性能要求来考虑，例如：煤磨、立磨的磨辊/盘这类工件要求高耐磨、低抗冲击性，工艺选择要从碳化物的数量和形态上来考虑；而辊压机挤压辊这类产品则要求高抗冲击、中低耐磨，工艺选择要考虑碳当量的概念，碳当量决定耐磨件本身的强度、韧性和抗冲击性。简单的说，辊压机挤压辊的堆焊要考虑预热和保温，要围绕碳当量做工艺，原则上要采用热焊，需要在一定的温度条件下进行焊接，焊接、保温温度都比较高。而立磨、煤磨的辊/盘要求有足够的耐磨性能，要考虑碳化物的形态，只考虑控制小的变形和快的冷却速度，采用冷焊就可以了。因此，埋弧焊更适合辊压机的堆焊，明弧自保护焊更适合立磨、煤磨磨辊/盘的堆焊。只有针对不同的工件和场合综合考虑堆焊方式，才能兼顾不同的堆焊方法，得到所需要的性能。

（一）埋弧焊

1. 原理及特点

埋弧焊是利用电弧作为热源的焊接方法。埋弧焊时，电弧是在一层颗粒状的可熔化焊剂覆盖下燃烧，电弧光不外露，埋弧焊由此得名。所用的金属电极是不间断送进的裸焊丝。该工艺产生的电流密度非常高，焊剂层防止了热量的快速散失，并将其集中在焊接区域内。熔焊深度较深，熔焊宽度较窄。采用埋弧焊对复合磨辊进行打底堆焊如图 27-6 所示。

图 27-6　采用埋弧焊对复合磨辊进行打底堆焊
（图片来源：北京嘉克新兴科技有限公司）

2. 适用范围

由于埋弧焊熔深大、生产率高、机械操作的程度高，因而适于焊接中厚板结构的长焊缝。在有轨电车、造船、锅炉与压力容器、桥梁、超重机械、核电站结构、海洋结构、武器等制造部门有着广泛的应用，还用于管材加工制造中，例如构造结构梁、柱子，以及其他需要长焊缝的应用场合，是当今焊接生产中最普遍使用的焊接方法之一。

埋弧焊除了用于金属结构中构件的连接外，还可在基体金属表面堆焊耐磨或耐腐蚀的合金层。

3. 焊接材料

一般使用直径3.2~5mm的药芯焊丝在焊剂层下进行自动埋弧堆焊。埋弧焊能焊的材料已从碳素结构钢发展到低合金结构钢、不锈钢、耐热钢及某些有色金属，如镍基合金、钛合金、铜合金等。

4. 局限性

(1) 焊前要对焊剂进行烘干；

(2) 焊接过程中要不断添加焊剂；

(3) 焊接过程中需专人去除焊渣，堆焊过程人力、物力投入很大；

(4) 环境恶劣；

(5) 因焊渣影响无法对工件进行强迫冷却以保持正常堆焊层间温度，致使工件可焊性受到限制；

(6) 硬面堆焊时耐磨性能差。

(二) 明弧焊

1. 定义

明弧焊是一种能产生自保护气体的药芯与焊件产生电弧后，在高温下把焊丝熔合在工件上的焊接方法。

2. 原理及特点

由于堆焊工艺采用快速冷却、细化碳化铬等晶体的效果，堆焊层具有极好的耐磨性，且不需使用溶剂，故可降低成本。

3. 焊接材料

使用直径1.6~3.2mm自保护药芯焊丝。

4. 优势

与埋弧焊相比，明弧焊具有显著的优势，因此得到了广泛的应用。

(1) 采用自保护药芯焊丝，没有焊渣产生，不用添加焊剂；

(2) 焊前不预热，焊后无需热处理，焊接效率高，节省能源；

(3) 对工件加热程度小，因此可高速堆焊；

(4) 焊道稀释率低，耐腐蚀耐磨损性能好，采用明弧焊的磨辊寿命能达到埋弧焊的2倍；

(5) 性能可靠，不易引起母材开裂变形，使堆焊层耐磨性提高；

(6) 节省人力，实现了生产的自动化，能适应高质量、高效率的堆焊要求；

（7）由于堆焊工艺采用快速冷却、细化碳化铬等晶体的工艺，堆焊层具有极好的耐磨性，且不需要使用熔剂，故可降低成本；

（8）明弧焊设备采用逆变电源对电弧进行控制，使堆焊过程飞溅小，焊道成形好。

明弧焊与埋弧焊的比较见表27-2，堆焊后工作性能的比较见表27-3。

表27-2　明弧焊与埋弧焊的比较

	明弧焊	埋弧焊
熔填率	快	慢
施工方式	容易	复杂
施工成本	低	高
施工环境	干净	一般
施工品质	优	好

表27-3　堆焊后工件性能的比较

	明弧焊	埋弧焊
耐磨性	优	良
耐剥落性	优	良
耐冲击性	佳	一般

立磨磨辊、磨盘的明弧自动堆焊最早是由北京嘉克新兴科技有限公司1998年开始向国内推出的，现已生产ARC-NMG7-1/2磨辊/盘瓦明弧自动堆焊机200多台。

五、在线堆焊与离线堆焊的选择

（一）在线堆焊再制造

立磨磨辊、盘瓦在线堆焊再制造是将堆焊设备运到磨机现场，在磨辊/盘瓦不拆除的情况下，使用药芯焊丝进行明弧堆焊再制造。

最初的在线堆焊施工（图27-7）是2000年从电力系统的煤磨开始的，因为可最大限度地节省工程施工时间，因此很快得到推广。火力发电厂一台机组至少有五六台磨煤机，而一般停机检修的时间只有10～15d。典型磨型如ZGM113系列磨煤机，一个机组六台煤磨共有18只磨辊、6套盘，如果要在这么短的检修期内堆焊完，即使堆焊场地离电厂不是很远，加上拆装和运输时间，以一台设备堆焊一只磨辊计算，共需要24台设备、10～14d才能完成施工，而在线堆焊施工却可以在10d内顺利完成同样的工程量。

图27-7　煤磨磨盘在线堆焊施工
（图片来源：北京嘉克新兴科技有限公司）

国内最早开始实施立磨在线堆焊的北京嘉克新兴科技有限公司从2000年开始提供在线堆焊施工服务，现在的技术能力已能一次性堆焊完成电厂一个机组的全部磨机。在电厂、水泥厂检修的高峰期，该公司可同时对10多个项目进行堆焊施工，每个项目的堆焊量都在5~10t。

一个新兴事物出现时，总会有这样或那样的反对声，在线堆焊技术也不例外。在该技术已经被成功应用后的近10年时间里，还不断有人对在线堆焊的质量表示怀疑。事实上，经过几百个在线堆焊再制造的案例比较，我们认为，如果在装备上、工艺上真正达到要求，在线堆焊后工件的表面质量和耐磨性能完全可以达到和离线堆焊同样的堆焊效果和性能要求。POLYSIUS 57/28生料磨磨辊在线堆焊施工现场，两只磨辊同时施焊如图27-8所示。

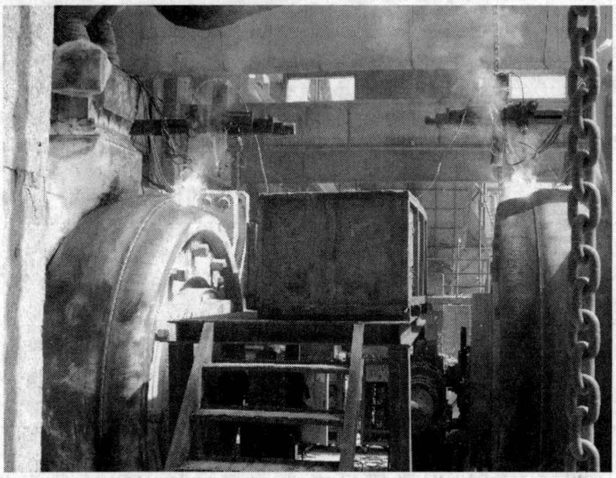

图27-8 POLYSIUS 57/28生料磨磨辊在线堆焊施工现场，两只磨辊同时施焊

（图片来源：北京嘉克新兴科技有限公司，施工地点：华润水泥（贵港）有限公司）

1. 在线堆焊再制造的优势

（1）降低磨机检修成本：这是在线堆焊最大的优势。因为不用拆装磨辊、盘瓦，因此能节省拆卸需要的大量人力、时间和费用，检修总费用大大降低，且磨辊、盘瓦还能够重复进行在线堆焊。

（2）缩短设备检修停工时间：因不拆卸磨辊和磨盘衬板，堆焊施工可在设备检修和设备停机的较短时间内进行，满足即时检修的需要，最大程度缩短停工时间。

（3）降低设备拆卸带来的风险：可避免由于磨辊、盘瓦拆卸不当可能造成的断裂。

（4）施工时间更灵活、更机动：施工期可随时根据厂家的检修时间安排，在厂家维护设备的间隙里，即可进行在线堆焊施工。

（5）施工更安全：在线堆焊再制造设备小巧、轻便，在磨内安装方便，不会对磨机造成任何伤害，进行在线施工工作比更换备件更安全。

（6）适合处理紧急情况：当耐磨件出现表面剥落或局部掉块等意外情况时，在线堆焊能适应磨机紧急检修的需要，使生产效率和出粉产量不会有大的波动。

（7）尤其适合矿渣磨和分块式磨辊的堆焊：因为矿渣磨的磨辊、磨盘磨损较快，且磨耗增加后效率下降会很快，因此矿渣磨两次的堆焊再制造的间隔短，平均在3个月左右，如果采用离线堆焊，1年中需要多次拆装磨辊。而在线堆焊从根本上解决了拆装的问题，仅需要较短的停机检修时间，因而矿渣磨更适合采用在线堆焊再制造。

对于 MPS4000B、MLS3626、ATOX50 等分块式的磨辊，进行在线堆焊后，堆焊的耐磨层将每一块磨辊衬板焊成了一个整体，可以减小衬板块间接缝处边缘堆焊层脱落的可能性，将有效降低离线焊时存在的风险，因而延长了磨辊的整体使用寿命。

（8）尤其适合大直径圆环形磨辊套的堆焊再制造：因为 MPS5600BC、MPS4000B、POLYSIUS57/28（图 27-9）等磨辊直径大，重量重，设备拆装和运输困难，而在线堆焊不仅节省了拆装费用、运输费用，而且避免了拆装、运输过程中的不安全因素，省钱、省时、省力。

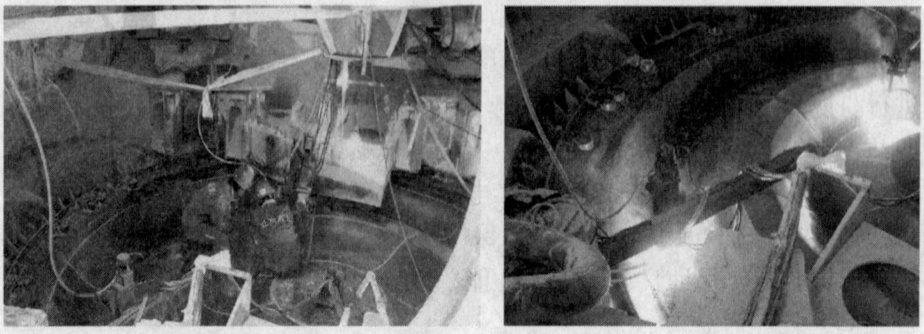

图 27-9　POLYSIUS 57/28 生料磨磨盘在线堆焊施工现场

（图片来源：北京嘉克新兴科技有限公司，施工地点：华润水泥（贵港）有限公司）

2. 在线堆焊再制造工序

（1）磨机停机后清理物料；

（2）停机前 1～2d，将堆焊设备和堆焊材料按照计划要求运输至磨机现场；

（3）施工前清理磨辊、磨盘：用钢丝轮或砂轮将工件表面清理干净，如油、石灰石、料粉、杂质等，露出金属；

（4）焊前检查：用着色探伤方式，检查磨辊是否有铸造缺陷、局部磨损等异常，如有局部磨损现象，则先进行局部磨损的堆焊；

（5）施工前按原图纸尺寸要求制作卡规；

（6）按原图纸尺寸要求对磨辊、磨盘进行自动堆焊，随时用卡规检查，直至焊至所要求的尺寸；

（7）堆焊中严格按照施工技术方案、施工组织措施、质量保证措施、安全措施、施工进度计划表、堆焊工艺等进行施工；

（8）堆焊设备质量保证措施：可使用 ARC-NMP7-1 磨辊/盘瓦明弧自动堆焊机，每次开机前，检查设备的状态和安全情况。设备运行中，对设备的运行状况进行监控，遇到紧急情况进行应急处理；

（9）做好磨辊堆焊施工记录，边堆焊边检测堆焊的质量；

（10）可采取 24h 连续作业方式；

（11）堆焊后测量堆焊焊丝用量，并做好相应的记录；

（12）为达到预防应力异常，堆焊过程中，采用喷雾冷却或风冷方式使堆焊过程的层间（上层和下层）温度不超过 100℃；

（13）堆焊过程保证措施：堆焊过程中，边焊边检验焊后焊道的裂纹情况、敲击检查熔合情况、有无气泡等，堆焊后从整体上看焊道是否美观；

（14）堆焊后的磨辊/盘瓦堆焊层硬度 HRC58-62；

（15）堆焊质量的验收方法：堆焊表面均匀平整，堆焊后的工件外形尺寸与原始设计数据相符，能较好地满足安装的要求。

3. 在线堆焊的驱动装置

磨盘驱动方式：使用辅传电机变频调速驱动磨盘。

磨辊驱动方式：使用专用的传动装置，即采用电机直接驱动磨辊的方法实施堆焊，并安装导电装置，确保辊芯及轴承不受损害；驱动装置平稳牢靠，功率适当，体积小，重量轻，安装方便。

4. 在线堆焊施工过程控制

（1）堆焊层间温度控制在100℃以下，可用喷雾冷却或压缩空气冷却降温；

（2）进行打底焊之前必须用钢刷将磨辊、磨盘表面清洗干净，露出金属本色；

（3）凹凸不平处要先用专用焊丝补齐，方能进行堆焊；

（4）堆焊打底层时，要严格控制电流、电压，保证打底层与基体结合牢固；

（5）焊接速度控制在2m/min左右，并保持连续性堆焊；

（6）采用导电装置，保证良好的导电性能，以确保辊芯及轴承不受损害。

5. 在线堆焊对现场的要求

为使在线堆焊顺利进行，在线堆焊前需要做如下准备工作：

（1）准备立磨装配图，确定焊接设备的安装点；准备磨辊/磨盘原图纸，以便制作卡规，以控制磨辊/磨盘堆焊后的尺寸；

（2）准备盘车电机，作为磨辊、磨盘的驱动；

（3）提供符合施工要求的电源、水源、气源；

（4）堆焊设备和焊材的贮存场地和适当的存放环境，保证焊材不生锈变质。

6. 在线堆焊再制造的质量要求、技术标准、验收标准

（1）焊前对磨辊、磨盘进行检测，确定可焊性；

（2）针对磨辊、磨盘磨损严重部位，如坑、裂纹等提出可行性修补方案；

（3）堆焊过程中保证质量，不出现裂纹、气孔、漏焊等问题；

（4）必须连续堆焊，确保堆焊中工艺控制得当，焊后磨辊、磨盘表面形状与原图纸要求形状、尺寸一致；

（5）焊道成形光滑、美观、无夹渣，在使用过程中不会脱落；

（6）焊后表面硬度达到HRC58-62；

（7）堆焊后表面平整，经着色探伤检查无弧坑、夹渣等缺陷，敲击检查无未熔合情况；

（8）使用专用的磨辊、磨盘卡规，对堆焊后的磨辊、磨盘进行测量并验收。

7. 在线堆焊再制造存在的难度和风险

（1）因现场及磨机内工作条件的限制，使得在线施工操作人员工作环境不理想；

（2）施工空间有限，对磨损后的母材无法做全面检查，会加大断裂（包括施工中及运行中）的可能性；

（3）磨辊、磨盘的驱动、辅传、工装设计难度高，工艺控制、层间温控难度大；

（4）对施工人员技术要求高，操作不当可能引发人员伤害、设备损坏等；

（5）安全保证要求更为严格；

（6）如果事先准备不周，施工现场设备故障或意外事件发生，将可能造成工期得不到保证，影响生产；

(7) 对厂家在场地、水、电、气的提供和施工配合上也有较高要求。

因此，在线堆焊的成功实施并不能完全取代离线堆焊，这两种焊接方法同样重要。

(二) 离线堆焊再制造（图 27-10 ~ 图 27-13）

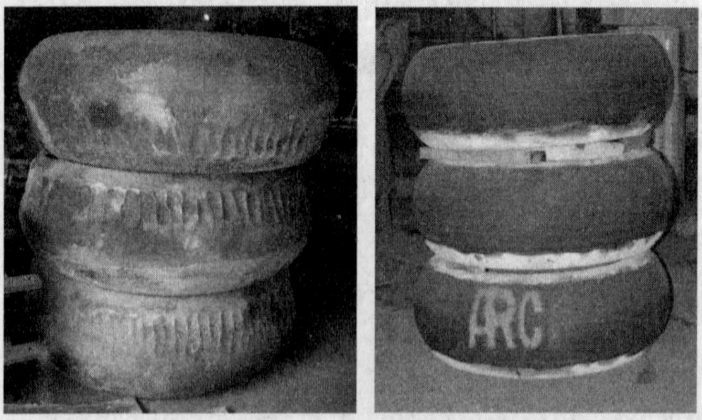

图 27-10　ZGM113K 煤磨离线堆焊前后外观效果比较

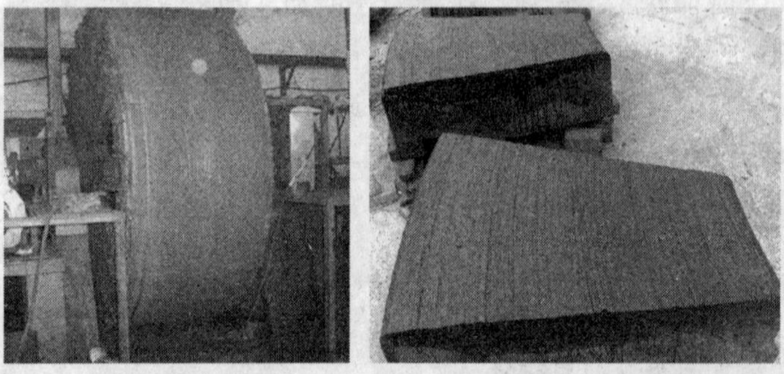

图 27-11　ATOX50 生料磨辊辊皮离线堆焊施工及堆焊后外观情况

图 27-12　离线堆焊再制造后的 MPF 磨辊

图 27-13　POLYSIUS 57/28 生料磨磨辊离线堆焊后尺寸符合要求，焊道美观

（以上图片来源：北京嘉克新兴科技有限公司）

厂家如果拥有耐磨件备品备件，也可以把磨损后的工件拆卸下来运到堆焊车间进行施工。

离线堆焊再制造具有下述优点：

（1）堆焊再制造的磨辊/盘瓦尺寸不受限制，且各种形状的磨辊/盘瓦均可堆焊再制造；

（2）经堆焊再制造的磨辊/盘瓦熔敷金属与基体结合牢固，外观焊缝成型美观，耐磨性能好，使用寿命长；

（3）无论工作量多大，离线堆焊施工都不会影响停机时间，也不会造成任何附加损失；

（4）磨损后的磨辊、磨盘拆下来后，可以详细检查母材是否存在裂纹，以减少断裂的风险；

（5）施工品质可以得到保证，施工中根据原图尺寸，以全面的施工工艺及技术为基础，保证磨辊或磨盘衬板的真圆度和平衡性，安装、使用稳定安全，节省电耗，避免振动过大。

离线堆焊风险虽小，但相对施工周期长，且存在拆卸费用、运输费用、安装费用、检修成本较高，同时堆焊后设备还存在安装及安装中的安全等问题。

综上所述，采取何种方式关键取决企业对于时机、风险、费用的综合考虑。企业必须对磨机的运转时间、产品产量、物料的性能、耗电量做详细记录，并对衬板的磨损进行监视和测量，据此结合上述情况做出分析，用设备管理的预检修或是当今推行的设备健康管理模式的思路，优化出磨损部件的堆焊周期和方法，以节能降耗为前提，取得事半功倍的效果。

六、堆焊设备的配备

（一）磨辊/盘瓦自动明弧离线堆焊机

目前，行业内比较常见的是北京嘉克设计生产的 ARC-NMG7-1/2 立磨磨辊/盘瓦自动明弧堆焊机（图 27-14、图 27-15）。它是磨辊/盘瓦离线堆焊再制造的专用设备，主要用于水泥生料磨、矿渣磨、煤磨等的磨辊/盘瓦的堆焊再制造，科技含量高，自动化程度高，堆焊效率高，占地面积小，检修方便，耗电省，能适合多种不同形状和型号的磨辊/盘瓦的堆焊再制造，焊枪摆动器和高度跟踪系统还能实现对局部缺陷的堆焊再制造。

图 27-14　ARC-NMG7-1/2 立磨磨辊/盘瓦自动明弧堆焊机（1）

（以上图片来源：北京嘉克新兴科技有限公司）

该设备为国内各大水泥集团公司进行过磨辊/磨盘瓦离线堆焊再制造，如华润水泥集团、山水水泥集团、华新水泥集团、冀东水泥、同力水泥集团、山东中联水泥、天瑞水泥集团、天津水泥工业设计院、合肥水泥工业研究设计院、郑州机械研究所、中信重机、蒙西水泥、陕西尧柏水泥、新疆青松水泥、浙江水泥集团等100多家水泥厂均达到满意的效果。

此外，该设备曾为国内五大发电集团下属的200多家电厂进行了磨辊、盘瓦离线堆焊施工，为磨煤机的正常运转和电厂的节能降耗发挥了巨大的作用。目前，在国内电力系统配备ARC-NMG7-1/2磨辊/盘瓦离线自动明弧堆焊机的企业多达100多家，共有200多台套设备在正常运转中。利用该设备对ZGM、HP、RP、MPS等各种不同型号磨煤机的磨辊/盘瓦进行堆焊再制造，有效解决了电厂磨机的日常检修和维护问题，为企业创下了可观的经济效益。

图27-15　ARC-NMG7-1/2立磨磨辊/盘瓦自动明弧堆焊机（2）

（以上图片来源：北京嘉克新兴科技有限公司，用户：广东某电厂）

1. 设备主要构成

ARC-NMG7-1/2明弧自动离线堆焊机主要由以下部件组成：

（1）变频式整流电源（ARC-ZD7-1000/1250A）

（2）总控制柜，包括：

- 总电源控制单元
- 焊接控制单元
- 操作架控制单元
- 送丝控制单元
- 变位机控制单元
- 抽烟尘、水冷控制单元
- 焊枪高度跟踪及摆动控制单元
- 远控操作盒

（3）变位机（M1713、M225）

（4）操作架（AZ23）

（5）专用送丝机（CWF5110）

（6）喂丝装置：焊丝送进绝缘支架、送丝机安装绝缘板、水冷焊枪导丝管、送丝机安装机构

（7）专用水冷焊枪

（8）焊枪水冷器

（9）抽烟尘系统、烟尘净化箱及附件

（10）自保护焊遮弧罩

（11）控制电缆、焊接电缆

（12）焊丝盘回转台

（13）水冷喷枪及附件

（14）焊枪高度跟踪控制器（选配）

（15）焊枪角度调整机构

（16）焊枪摆动器（选配）

（17）焊接远程监视系统（选配）

（18）空压机（选配）

2. 设备的突出特点

ARC-NMG7-1/2 明弧堆焊设备是处于国际先进水平的自动堆焊设备，含有多项国家专利。下面仅从几个关键点简单说明这套设备的特点和优势：

（1）采用逆变电源：专利产品 ARC-ZD7-1000/1250A 逆变电源具备电压平稳特性、下降特性两种外特性，输出焊接电流平稳、焊弧飞溅小、设备高效节能，负载持续率 100%，可实现连续不间断焊接。

（2）采用逆变电源及其对电弧的控制技术，配备焊枪摆动器和焊枪高度跟踪系统，用 PLC 实现堆焊程序及摆动器、高度跟踪的控制，使堆焊过程飞溅小，焊道成形好。

（3）设备选用直径ϕ2.4mm、ϕ3.2mm 的自保护药芯焊丝，用于各种型号磨辊/磨盘瓦的明弧堆焊再制造，被焊磨辊、盘尺寸不受限制。堆焊的磨辊、磨盘瓦熔敷金属与基体结合牢固，外观焊缝成形美观，耐磨性能好。

（4）采用先进的步进控制技术与编码反馈技术，实现精确定位；堆焊轨迹可以编程控制，且具有存储功能；出色的人性化设计面板，高亮度 LCD 液晶显示，使操作简单快捷。

（5）能够精确调节焊接枪头的高度和进给距离，进口送丝机，带焊丝校直机构；循环水冷焊枪连续焊接电流不小于 700A（负载持续率 100%）。

（6）自动化程度高，可通过编程方式排列焊道，实现焊距高度跟踪，便于对局部缺陷进行堆焊。

（7）加配焊枪摆动装置，可根据需要选用规格适合的焊丝，人为设定宽度，使表面平整美观，尤其是形状复杂的磨辊。

（8）局部缺陷智能补焊：磨辊往往局部磨损非常严重，需要先对局部进行堆焊修复。设备配置了高度跟踪系统来实现对局部缺陷的堆焊，使磨辊/磨瓦堆焊过程自动进行。

随着磨辊/磨瓦堆焊层的不断提高，焊枪和工件距离越来越近，如不及时调整将影响焊接质量，严重时会导致焊枪接触工件造成短路。采用 PID 控制器，以电弧电流为检测参数，实际焊接电流与给定电流的差值经 PID 调整器处理后，再经操作器控制垂直滑板移动，达到控制焊枪导电嘴与工件的间隙恒定，实现稳定焊接规范的目的。

磨盘瓦的磨损是一个凹面，每焊上几圈后需人工调整焊枪高度。该套设备配上高度跟综系统后，则整个磨辊/磨盘的堆焊过程就不用人工来调整了。

（9）焊枪摆动器采用步进电机、直线导轨、滚轴丝杠构成的滑台实现摆动焊接，用于工件的局部修补和平板堆焊，摆动幅度 0 ~ 80mm。

（10）温度控制

层间温度控制可快速消除堆焊后内应力，防止磨辊变形，降低焊接热应力。

对于一般的堆焊处理，焊前将焊件预热和焊后缓冷是堆焊时防止堆焊层金属开裂和剥离的主要工艺措施。而本设备采用喷水雾降温，能够实现将堆焊层间温度控制在 60 ~ 100℃，真正实现了冷焊，因此大大降低了堆焊失效的风险。

（11）抽烟尘系统

药芯焊丝自保护堆焊时，造气剂释放的大量烟尘对环境污染极为严重，该设备配置的抽烟尘系统体积小、除尘效率高，可以大大改善工作环境。该设备基本结构由风机、过滤器和集尘器三个部件组成，各部件都安装在一个立式框架内，钢板壳体，烘漆防锈，运行可靠、使用方便。

（12）遮弧罩

自保护焊属于明弧焊，弧光对环境有严重污染，通过遮弧罩将弧光屏蔽起来，可避免弧光对操作人员眼睛的伤害。

（二）自动明弧在线堆焊机

磨辊/盘瓦自动明弧在线堆焊机是磨辊、磨盘瓦磨内在线堆焊专用设备，可在磨辊/盘瓦不拆除的情况下，在磨内完成堆焊再制造工作。整个过程安装方便，操作简单，短时间即可完成堆焊施工。

ARC-NMP7-1 磨辊/盘瓦自动明弧在线堆焊机是由北京嘉克公司研制生产，含有 8 项专利，已经被广泛用于水泥、电力、钢铁、矿山等行业的磨辊/盘瓦的现场堆焊再制造中。

1. 设备构成

该自动堆焊系统主要由以下部件组成：

（1）焊接电源（ARC-ZD7-1250A）

（2）带变频调速器控制柜

（3）操作架

（4）防尘滑架

（5）专用水冷焊枪（ARC-WQ-2）

（6）水冷器

（7）专用送丝机（CWF5110）

（8）焊丝自动称重及送进装置（ARC-CZ-1）

（9）水冷喷枪及附件（ARC-PQ-1）

（10）控制及焊接电缆

（11）导电组件

（12）电气、水管等附件

（13）焊枪角度调整器

（14）喂丝装置

（15）焊丝送进绝缘支架

（16）送丝机安装绝缘板

（17）水冷焊枪导丝管

（18）送丝机安装机构

（19）水冷焊枪枪夹

（20）穿线管

（21）移动式操作盒

2. 设备的突出特点

（1）设备可选用直径ϕ2.4mm、ϕ3.2mm的自保护药芯焊丝，用于各种磨辊/盘瓦明弧堆焊，被焊辊/盘尺寸不受限制。

（2）设备采用逆变电源及其对电弧的控制技术，使堆焊过程飞溅小，焊道成形好。

（3）自动化程度高：

①焊枪高度跟踪系统：采用PID控制器，以电弧电流为检测参数，实际焊接电流与给定电流的差值经PID调整器处理后，再经操作器控制垂直滑板移动，达到控制焊枪导电嘴与工件的间隙恒定，实现稳定焊接规范的目的。

②调整精度为±2mm，最大超调量：3mm。

③用PLC实现堆焊程序及对摆动器和高度跟踪的控制。

④适用于各种尺寸磨辊/盘瓦明弧堆焊。可以选用直径ϕ1.2mm、ϕ1.6mm、ϕ2.4mm、ϕ2.8mm、ϕ3.2mm的各种国产和进口药芯焊丝，焊件表面平整美观，实用性更强。

⑤操作架拆卸方便。

⑥焊枪头与工件距离可自动调节。

⑦进口送丝机带校直机构。

⑧采用循环水冷焊枪更适合大电流焊接。

⑨采用逆变电源：专利产品ARC-ZD7-1000/1250A逆变电源具备平特性、下降特性两种外特性，输出焊接电流平稳，飞溅极小且高效节能。

第三节　立磨耐磨件堆焊复合制造与加工

从技术性能方面考虑，复合耐磨件的诞生基于以下因素：

1. 材料性能的优化

磨辊失效的形式为犁削磨损、变形疲劳磨损和材料脆性相的断裂，其中以犁削磨损为主。因此磨辊材料必须具有：（1）高硬度，以抵抗物料的犁削，材料的硬度大于HRC58时，才能保证磨辊的使用寿命；（2）足够的韧性，以保证在工作环境中受力状态下不断裂。磨辊材料应是良好的强韧性与高硬度等机械性能相匹配及优化的结果。

磨盘衬板磨损机理与磨辊相近，承受挤压力，以犁削为主，并受小负荷能量的多次冲击，需要高硬度与一定韧性的耐磨材料。由于磨盘衬板较薄，热处理容易淬硬，一般采用铬15型高铬铸铁。国外采用镍硬4#铸铁，其硬度为HRC62左右，可满足使用要求。我国多采用铬20型高铬铸铁，经过高温淬火和中温回火热处理，硬度可达HRC62以上，使用寿命为8000h左右。

近年来，各磨机生产和应用厂家开始使用堆焊制造的复合磨辊/盘瓦，即中碳铸钢制作辊套及磨盘衬板基体，采用硬面堆焊作为耐磨保护层，这是一种新兴、科学的方法。它通过在基材表面堆焊一定厚度的高硬度、抗磨损的耐磨层，由基体提供抵抗外力所需的强度、韧性和塑性等综合性能，由表面堆焊层提供满足指定工况需要的耐磨性能。

此方法不仅解决了高铬、镍硬系列合金材料的高脆性、易开裂、可焊性差的问题，还大大提高了辊套及衬板的耐磨性能，根据其不同的工矿条件，使用寿命为高铬合金或镍硬系列合金材料的1.3～1.8倍以上。

2. 经济性

复合磨辊/盘瓦的制造方法与传统的高铬铸铁铸件不同，分为两个步骤：首先采用铸钢ZG25/35材质铸造磨辊/盘胎，根据成品设计规格预留30%～50%的尺寸作为耐磨堆焊层；然后采用堆焊熔敷方式将复合碳化物耐磨层熔敷于磨辊/盘胎之上，直至成品设计规格。

在耐磨堆焊技术被应用以前，传统的高铬铸铁耐磨件在严重磨损后（磨损量占总重量的30%～40%），企业一般只能将磨辊/磨盘衬板遗弃，这既浪费了60%～70%的购置成本，也是对高铬材料的利用不当。而铸钢ZG25/35成本较高铬铸铁低很多，总的购置成本只占原高铬铸铁新品的50%左右，而且在使用一段时间磨损后可多次进行堆焊，可焊性能也远高于高铬铸铁，因此耐磨堆焊复合技术的应用增加了耐磨件的使用寿命，为企业节约了购买备品备件的巨大成本。

目前，国内常见的几种型号的生料磨都已开始采用此制造方案，如宇部50.4磨辊套，POLYSIUS 57/28磨辊、磨盘，MLS3626磨辊、磨盘，ATOX50磨辊、磨盘等，如图27-16～图27-19所示。电厂的煤磨辊也有采用复合新品的趋势。水泥生产线上运行的复合新品的使用状况有力证明了堆焊复合辊/盘不仅具出基材韧、塑性较好的优点，又具有高硬度、高耐磨性的耐磨层，并且可多次重复堆焊，具有卓越的技术性能和可观的经济效益。

图27-16　正在堆焊中的宇部复合衬板
（图片来源：北京嘉克新兴科技有限公司，
用户：平阴山水水泥有限公司）

图27-17　POLYSUIS 57/28/510磨盘堆焊复合新品
（图片来源：北京嘉克新兴科技有限公司，
用户：驻马店豫龙同力水泥）

图27-18　POLYSUIS57/28复合磨辊堆焊制造图片
（图片来源：北京嘉克新兴科技有限公司，
用户：驻马店豫龙同力水泥）

图 27-19　宇部 UBE50.4 堆焊复合辊新品制造图片

（图片来源：北京嘉克新兴科技有限公司，用户：平阴山水水泥有限公司）

一、堆焊复合耐磨件的性能特点和优势

（1）内在优良品质决定好的耐磨性。高铬合金铸铁磨辊在铸造过程中，由于其铸造特点，其耐磨相在基体中呈弥散均匀分布。而由表面耐磨堆焊处理的金属微观结构相当细腻，耐磨相呈均匀密排六方或体心立方结构，可以形成相当稳定和坚硬的碳化物，表面平整美观、硬度均一，且具有优越的耐热性和耐磨性。铸造磨辊表面硬度为 HRC48～52，堆焊磨辊表面硬度 HRC58～64。

（2）成本低。制造一个堆焊磨辊和铸造磨辊的费用相当，但铸造磨辊磨损后只能回炉报废，而堆焊磨辊只需花费原制造费用的 50%～60% 进行堆焊即可作为新品使用。近年来的调查表明，通过表面堆焊的大型磨机，其维修成本可降低 50% 左右。对于小规格的磨机，两者成本几乎相差不大，但是由于表面堆焊过的耐磨件使用寿命延长，大约是新品使用寿命的 1.3～1.8 倍以上，其使用成本仍相对低廉。

（3）工艺简单、质量控制容易。铸造磨辊的控制环节多，设备较大；堆焊磨辊工艺简单，质量易控制。

（4）使用寿命长。由于碳化物结构和数量的差异，在正常情况下，采用表面堆焊的产品使用寿命比原有铸造产品可提高 30%～50%，即堆焊磨辊的运行寿命是铸造磨辊的 1.3～1.8 倍。有的产品可能更高，而且由于能够反复多次进行堆焊，进一步延长了其使用寿命。

（5）适合表面堆焊的材料广泛。适合表面堆焊的材料有铸铁（FCD40，FCD45，FCD60）、高铬铸铁（CIX2，NPX85，CH-S）、镍铬合金（Ni-Hard Type Ⅰ～Ⅳ）、普通铸钢（ZG35，SS400，SCW42，SCW46，SCW450，SCW480）、其他铸钢（$SCMn_3$，$SCMn_5$）等。

二、复合耐磨件基体铸造及耐磨层堆焊制造工序

（1）根据详细图纸制作模具。

（2）采用电弧炉熔炼，呋喃树脂沙作为坯胎，在浇注过程中严格按铸造工艺进行，减少杂质、气泡及缩孔的产生。

（3）严格控制铸件的热处理工艺，然后进行精加工处理。

（4）对处理好的磨辊和衬板基体进行超声波探伤，确保处理好的磨辊和衬板不存在铸造缺陷，如有铸造缺陷现象，则先进行铸造缺陷的处理。

（5）对铸造基体做彻底的能谱分析，以精确测定其成分。

（6）根据基材成分和用户要求的耐磨性能等条件，选择合理的堆焊材料作过渡层和硬面层，并做好堆焊过程中所需材料、备件的准备。

（7）对检测完好的磨辊和衬板基体进行耐磨材料的堆焊，堆焊前要根据对基体检测的结果，制定严格的、科学的堆焊工艺和检测制度，并严格遵守和执行。

（8）对现场的安装尺寸及位置进行核对，在堆焊过程中对各道工序严格把关，并做好记录。

（9）做好堆焊过程中所需材料、备件的准备，按设备原图纸尺寸要求对衬板进行堆焊，尺寸符合图纸要求，即形状尺寸与随机备品一致。

（10）用 ARC-NMG7-1/2 磨辊/盘瓦明弧自动堆焊机，设备按照《工业机械电器设备通用技术标准》GB/T 5266.1—1996 执行。每次开机前，检查设备的状态和安全情况。设备运行中，对设备的运行状况进行监控，遇到紧急情况进行应急处理；每日工作结束后，关掉电源，检查设备的各功能设置是否处于复位状态。

（11）堆焊过程中，为达到预防应力异常，采用喷雾强迫冷却方式使堆焊过程的温度不超过 100℃。

（12）堆焊过程中，边焊边检验焊道裂纹情况、有无气泡等。

（13）堆焊后从整体上看焊道是否美观，测量尺寸是否符合卡规的要求。

（14）对堆焊好的磨辊和衬板进行着色探伤检测。

（15）经堆焊后的辊套、衬瓦焊接牢固，堆焊表面均匀平整，表面硬度 HRC58~62，外形尺寸与原始设计数据相符，能很好地满足安装要求。

三、复合耐磨件制造中容易出现的问题

1. 结构设计不合理

因为复合耐磨件为铸钢和高铬合金两种材质结合而成，在运行中受到较大的挤压力，如果对磨辊运行时的受力情况考虑不周，磨辊结构设计不合理，就很容易造成运行中磨辊端面堆焊层的脱落。

2. 耐磨层设计不合理

因为各种型号磨机的不同结构和运行情况、物料差异等因素，实际运行中的各种磨辊、磨盘衬板的易磨损部位是不尽相似的，即使是同一磨型在不同的厂家，其磨损情况也是不一样的。因此，耐磨层的设计要有针对性，不能拘泥，需要参考原耐磨件的实际磨损曲线和寿命要求来设计，由此，设计者的经验显得尤为重要。如果耐磨层设计不合理，可能造成耐磨件的局部磨损严重而提前结束其使用寿命。

3. 铸件质量问题

铸件的质量问题对成品的最终质量有重要影响，如果铸件本身就存在很多缺陷，如沙眼、缩孔、裂纹等，将给堆焊后的成品带来安全隐患；如果铸件存在较大面积的空洞或者较深的裂纹，而焊前又没有经过严格检测，未能发现这些缺陷，那么在堆焊过程中或者磨机运行中，磨辊可能因为局部应力集中、加压过大或温升过高，导致铸件基体从其强度薄弱处断裂，或者基体裂纹继续扩展导致磨辊断裂。而磨辊一旦断裂，还有可能造成磨机中其他设备的损坏。

当然，如果在堆焊前对铸件进行严格检测，多数缺陷都是可以克服和处理的。因此，严

格的焊前铸件质量检测是成品质量的有力保证。

4. 堆焊质量问题

堆焊复合耐磨件有效地利用了铸钢的高强度、韧性和高铬合金的良好耐磨性能，那么必然存在二者如何结合以及结合是否牢固的问题，这是堆焊的关键。对此，要从两个方面考虑：一是选用合适的过渡层焊材，如使用 ARCFCW1001 焊丝作为打底层，防止堆焊裂纹向基体扩展。过渡层的堆焊厚度也要严格设计，一般是采用单向堆焊方式自动堆焊 1~3 层；二是合理控制堆焊工艺，如堆焊层建立适当的横向裂纹，以释放焊接应力；在整个堆焊过程中严格控制焊缝层间温度；对于产生的焊瘤及时用电弧气刨清理平整，以保证焊层之间良好的融合等。

另外，对成品外观尺寸的控制也比较关键，必须保证一次堆焊成形。因为堆焊层硬度很高，一般的机械加工办法很难实现对耐磨层的加工，如果堆焊尺寸超过图纸设计尺寸，再进行机加工以求恢复将会是一件十分困难的事情。

第四节　立磨耐磨件堆焊风险、常见问题与质量控制

堆焊风险是大家比较关注的问题，比如耐磨件断裂、脱落等。其实，所谓的堆焊风险可能是多方面的原因，其中铸件本身质量是一个重要因素，还有设计、运行因素等，都可能造成磨损失效。但因为相对于铸造而言，堆焊是一项较新的工艺，一旦出现问题，人们可能会对堆焊多一些质疑。另一方面，高铬材质铸件制造时通常只考虑了本身的耐磨性，而忽略了可焊性的问题，这也会给堆焊加工带来一定困难。

一、堆焊失效原因

堆焊失效形式包括疲劳、磨损、剥落和断裂，其失效原因来自以下方面：

（1）设计缺陷：在高应力部位存在沟槽、机械缺口，圆角半径过小，堆焊层易脱落。

（2）铸造缺陷：断裂失效与铸件在铸造过程中和热处理过程中产生的缺陷有直接关系，如铸件存在的气孔、针孔、缩孔、砂眼、裂纹等，会使铸件局部强度薄弱，堆焊时或运行中因受力而发生断裂、裂纹扩展等情况。

（3）堆焊材料及堆焊工艺不当：堆焊温度控制不当，产生的热量作用而形成残余热应力，引起堆焊过程中工件断裂。

（4）磨损件局部形成凹坑，填补方法不当，导致焊接不牢。

（5）磨辊运行周期过长引起辊身表面冷作硬化，并形成微裂纹后扩展成为大的裂纹。

（6）物料的可磨系数不同造成磨辊耐磨层磨损。

（7）从磨辊结构形状看，磨辊与轮毂的配合面有两个，一个是柱面配合，另一个是锥面配合。由于磨辊和轮毂的两对配合表面存在加工误差，磨辊与轮毂装配时就很难保证柱体和锥体面同时接触，这种局部的不良接触会使磨辊在有配合间隙部位或有铸造缺陷处产生应力集中。

（8）立磨生产过程中不但存在着粉碎大颗粒物料时的振动，而且在入磨热气体作用下，磨辊在开停磨时还受到温度变化的作用，特别是冬季，磨辊表面会在零下几度的状态中几分钟内迅速上升到 100~200℃，这会使磨辊在热应力、热处理残余应力和粉磨力作用下，易在有铸造缺陷，且磨辊与轮毂有配合间隙的部位发生断裂，其断裂是从磨辊内侧向外侧扩

展的。

(9) 设备安装用力超限、预紧力过大，产生附加应力。

只有针对耐磨件失效的形成原因进行分析，并制定相应措施和办法来解决。同时严格按工艺操作方法和工艺参数进行堆焊，按质量检验方法在施焊前后对焊件进行检验，才能有效降低磨损失效风险。

二、堆焊质量检验和控制

堆焊前对工件的磨损状况进行检查以判定工件的可焊性，和堆焊后对焊后性能进行检测是重要的堆焊质量控制手段，如图 27-20 所示。焊前、焊后检测方法包括：

测定基体可焊性：母材成分分析、着色探伤、超声波探伤、磁粉探伤。

焊道耐磨性能：磨料磨损试验、硬度测试、金相分析。

(1) 母材成分分析：母材是被焊材料的通称，其材质即其金属元素的化学成分。在实施堆焊前应对原耐磨件的材料进行取样化验分析，以选择能与母材结合的堆焊材料的最佳成分。母材本身的特性也会直接决定焊后耐磨件的使用特性和寿命，如母材的韧性、母材本身是否存在裂纹、母材与堆焊材料的熔合性差异等。

(2) 表面着色探伤：将溶有彩色染料（如红色染料）的渗透剂渗入工件表面的微小裂纹中，清洗后涂吸附剂，使缺陷内的彩色染料渗至表面，根据彩色斑点和条纹发现和判断缺陷的方法。着色探伤液由非离子表面活性剂、亲油性物质和染料配制而成。

图 27-20　耐磨件堆焊质量检验
（图片来源：北京嘉克新兴科技有限公司，用户：驻马店豫龙同力水泥厂）

(3) 超声波探伤检测：利用材料及其缺陷的声学性能差异对超声波传播的影响来检验材料内部缺陷的无损检验方法。现在广泛采用的是观测声脉冲在材料中反射情况的超声脉冲反射法，此外还有观测穿过材料后的入射声波振幅变化的穿透法等。常用的频率在 0.5 ~ 5MHz 之间。当超声波束自零件表面由探头通至金属内部，遇到缺陷与零件底面时就分别发生反射波来，在荧光屏上形成脉冲波形，根据这些脉冲波形来判断缺陷位置和大小。

(4) 磁粉探伤：将钢铁等磁性材料制作的工件予以磁化，利用其缺陷部位能吸附磁粉的特征，依磁粉分布显示被探测物件表面缺陷和近表面缺陷的探伤方法。该探伤方法的特点是简便、显示直观。

(5) 磨料磨损试验。

(6) 硬度检测：硬度表示材料抵抗硬物体压入其表面的能力。它是金属材料的重要性能指标之一。

(7) 金相分析：金相分析是金属材料试验研究的重要手段之一，采用定量金相学原理，由二维金相试样磨面或薄膜的金相显微组织的测量和计算来确定合金组织的三维空间形貌，从而建立合金成分、组织和性能间的定量关系。

(8) 失效分析：产品丧失规定的功能称为失效。判断失效的模式，查找失效原因和机理，提出预防再失效的对策的技术活动和管理活动称为失效分析。

三、避免和减少堆焊风险的必要措施

（1）焊前采取超声波探伤、表面着色探伤、磁粉探伤、母材成分分析等手段确定工件的可焊性。

（2）清理耐磨件，用钢丝轮或砂轮将磨辊表面清理干净，如油、灰、杂质等，以保证焊层与基体良好融合。

（3）根据母材成分选择合适的堆焊材料。

（4）制定科学合理的堆焊工艺和严格规范的操作规程。

（5）用锤击方式检查磨辊是否有裂纹，锤击时磨辊发出高频率清脆的金属声音时，表示磨辊没有裂纹或残留的堆焊层没有剥落现象。当出现低频率沙哑的声音时，则表示有裂纹。这种情况下的磨辊是无法堆焊而必须报废的。如果沙哑低频率的声音是由残余的堆焊层发出，则用碳弧气刨处理，直到锤击再次发出高频率的金属声音。

（6）堆焊过程中定时以锤击方式检查焊层间的结合性。

（7）控制焊补高低不平时的引弧和灭弧：通过堆焊设备的高度跟踪功能自动实现局部磨损严重部位的堆焊。

（8）制作卡规：制作卡规的目的是估算所用焊丝量，以及在堆焊时保持磨辊的侧面成形精度，以作即时的调整。制作卡规参考新磨辊或制造商提供的图纸尺寸。

（9）消除焊接应力的措施：焊件自身在堆焊过程中，由于受到不均匀的加热和冷却，在工件中必然会产生焊接应力，这些焊接应力会残留在焊后已经冷却的工件中，将会影响整个工件的强度，因此，控制和消除焊接应力，有利于提高整个工件的堆焊质量。

消除焊接应力的措施包括：

①低温堆焊：强迫冷却，控制层间温度≤100℃，减少热应力。

②建立焊道横向裂纹，释放焊接残余应力。

③锤击焊道，释放焊接残余应力。

④正确排焊道，控制焊接残余应力。

（10）表面微裂纹的控制：

①强迫冷却（水冷、风冷），控制层间温度≤95℃，使之产生横向裂纹。

②锤击焊道，增加横向裂纹。

③控制焊材的P、S含量，减少焊道纵向裂纹。

④通过排焊道来增加横向裂纹，减少焊道纵向裂纹。

（11）提高生产管理水平：生产过程中要求操作人员严格按工艺规程组织生产，经常进行技术培训和技术测评，纠正不正确的操作，提高操作工人的操作水平和质量意识，保证每一道工序的操作都是准确的。

第五节　辊压机挤压辊堆焊概述

辊压机又名挤压磨、辊压磨，是一种高效节能、用途广泛的粉磨设备，适用于水泥生料、熟料的粉磨，具有替代能耗高、效率低的球磨机预粉磨系统的功能，并且能降低钢材消耗及噪声，适用于新厂建设，也可用于老厂技术改造，使球磨机系统产量提高30%～40%，总能耗降低20%～30%。

自20世纪80年代中期，由合肥水泥研究设计院、天津水泥工业设计研究院、洛阳矿山机器厂、唐山水泥机械厂四家单位联合引进德国KHD公司辊压机设计制造技术以来，经过二十多年的不断完善，国产辊压机的辊径由800mm发展到今天的1600mm；辊宽由200mm发展到今天的1400mm；装机功率由90kW×2发展到今天的1120kW×2；整机重量由30多吨发展到今天的200多吨，通过量由40t/h发展到今天的800t/h；配套磨机的产量由20t/h发展到今天的180t/h，辊压机产品质量逐步提高，节能幅度达30%以上。

一、辊压机工作原理、主要特点、型号及生产厂家概述

国内应用得较多的辊压机型号及其生产厂家：

（1）德国洪堡公司生产的洪堡TRP1400/500、1400/1100等型号辊压机

（2）美国富勒公司

（3）成都利君实业公司生产的CLF系列辊压机

辊径：1400～2400mm；

辊宽：300～2000mm；

最大单台系统产量：可配套日产10000t熟料生产线。

（4）合肥水泥研究院生产的HFCG系列辊压机

辊径：1000～1600mm；

辊宽：350～1200mm；

最大单台系统产量达到220t/h，已成功应用于国内1000t/d、2000t/d、2500t/d、3000t/d等大中型水泥厂生料和水泥成品的粉磨系统。

（5）中信重机

公司在20世纪80年代末引进德国洪堡公司的中小型辊压机的设计制造技术，通过消化、吸收和创新，开发了RP系列多种规格辊压机，成为国内最大的辊压机试验、研发中心。辊压机为RP120-80～RP170-110系列。

（6）唐山盾石机械制造有限责任公司（原唐山水泥机械厂）

（7）江苏海建股份有限公司（海安建材机械厂）

20世纪80年代末引进消化德国洪堡公司技术，研制生产了ϕ1000mm×300mm辊压机。目前最大产品规格为ϕ1600mm×1100mm，年生产加工能力100多台。

二、挤压辊磨损原理

辊压机粉磨系统应用的是料层高压粉碎原理，特别适合处理石灰石、熟料、矿渣类等脆性物料，效率高，特别是在终粉磨系统，效率更高，电耗更低。辊压机由两个相向同步转动的挤压辊组成，一个为固定辊，一个为活动辊。工作时，物料从两辊上方给入，被挤压辊连续带入辊间，受到50～300MPa的高压作用后，变成密实的料饼从机下排出。经过挤压后的物料料饼中0.08mm细料占20%～35%，小于2mm占65%～85%，排出的料饼除含有一定比例的细粒成品外，在非成品颗粒的内部，产生大量裂纹，使其易磨性大为改善，在进一步粉碎过程中，可较大地降低粉磨能耗。

三、挤压辊制造方法及堆焊修复方法

（一）挤压辊堆焊复合制造

相对于立磨等粉磨设备，辊压机的主要特点就是高压，物料通过 50～300Pa 的高压对辊后呈粉状或碎裂状态，故辊压机挤压辊要承受高压力下的磨粒磨损和应力疲劳破坏，要求辊面有很高的硬度，一般要求硬度 HRC≥55，而且限制裂纹的发生，以免裂纹在高应力反复作用下扩展。在辊压机运行中，辊面不允许出现局部或大面积剥落以及掉块现象。对辊压机辊面的及时堆焊维护是保证辊压机使用寿命的关键。辊面维护得好，可以大大减少停机堆焊次数。

长期以来，对辊压机辊面制造和保养技术的研究，国内外均进行了大量的工作。目前在国内外辊压机制造中，常用的辊体材料多为 Cr、W、Mo、V 合金、45#钢等锻件，国外也有采用铸件的。但总体来说，铸件不如锻件使用效果好。整体铸造式、堆焊式、硬质合金柱钉式等方法是不同时期的挤压辊的制造方法。整体铸造式属于早期技术，目前已不多用；硬质合金柱钉式则因其对物料中的异物过于敏感或造价过于昂贵而难于推广使用。从对耐磨性、对工况的适应性以及使用、维护的方便性等诸多因素考虑，目前认为堆焊方法效果最好。

在辊压机工作状态下，由于物料在两个辊面之间相互挤压和摩擦，因此辊面的磨损类型属于典型的高应力磨料磨损，这就要求辊面具有较高的硬度和韧性。从挤压辊的破坏形式来分析，选择的堆焊材料不仅耐磨性好，而且要具备较高的韧性和抗疲劳性，故工艺选择要考虑碳当量的概念，碳当量决定耐磨件本身的强度、韧性和抗冲击性。简单的说，辊压机挤压辊的堆焊要考虑预热和保温，要围绕碳当量做工艺，原则上采用热焊，焊接、保温温度都比较高，而堆焊材料则必须硬度、耐磨性及韧性相结合。

挤压辊制造工艺如下：

（1）挤压辊锻件经粗车加工后，放入 700℃热处理炉中整体预热，温度 300℃，升温速度 5℃/min，保温时间 4h。

（2）出炉后马上进行辊面过渡层与缓冲层的堆焊，采用埋弧堆焊。

（3）焊接参数：焊接电流 600～650A，电弧电压 32～34V，焊接速度 18～22mm/min。

（4）焊接过程中，要保持辊体温度不低于 250℃，用测温计随时监测。若低于 250℃，马上停止焊接，入炉加热至 300℃时，再出炉进行焊接，如此反复进行。焊道厚度要严格控制均匀，随时测量，焊道最低点应满足图纸设计的厚度要求。

（5）挤压辊端面的堆焊量较少，焊接电流 400～450A，电弧电压 34～40V，焊接速度视堆焊层厚度酌情处理。

（6）在挤压辊温度不低于 200℃的情况下，及时入炉消除焊接应力，具体参数如下：升温速度 50℃/h，升至 550℃后保温 5h，随炉冷却至 80℃出炉，降温速度 50℃/h。

（7）为确保辊面硬层组织及性能的均匀稳定，辊体出炉降至室温后，进行车削加工，将缓冲层焊道车削光滑平整达图纸要求尺寸。

（8）700℃热处理炉重新进行预热，温度仍为 300℃，升温速度 50℃/h，保温时间 4h。

（9）辊面硬层的堆焊：焊接电流 600～680A，电弧电压 32～34V，焊接速度按厚度要求酌情调整，其他要求与辊面缓冲层堆焊时相同。

（10）焊后使用硅酸铝针刺保温毯包裹缓冷至室温，检查硬度 HRC55。

（二）挤压辊硬面堆焊修复（图 27-21）

对辊压机辊面的及时堆焊维护是保证辊压机使用寿命的关键。辊面维护得好，可以大大减少停机堆焊的次数，为正常生产提供保证，充分发挥辊压机在粉磨系统中的优越性。若不及时修复，耐磨花纹完全磨损后，失去了最外面耐磨层的保护，下面的过渡层磨损得更快，这是对辊压机辊面致命的破坏。

现以某厂辊压机挤压辊的使用情况为例，分析其失效和修复。该挤压辊采用镶套结构制造，辊套厚度 300mm。原装辊面堆焊有耐磨材料，表面堆焊有一字型耐磨条纹。辊压机投入使用后辊面磨损或剥落情况均较严重，尤其是两台用于熟料粉磨的辊压机，辊面剥落频繁，严重影响系统产量，所以每 2 ~ 3 个月就不得不堆焊一次辊面，每次都要耗费 1 ~ 2d 的时间，既耗费人力和物力，又造成水泥生产的损失。由于每次堆焊都是在线施工，无法对辊体进行符合堆焊工艺要求的加热（因设备中的轴承不允许）。且由于工期所限，每次堆焊的时间都很短，只能进行局部堆焊，所以会在辊面局部产生较大的焊接残余应力，无法对这些焊接残余应力进行消除。频繁的堆焊使得辊面堆焊层的焊接残余应力不断地增加、积累，在辊面一直承受高应力的工作状态下，这些残余应力会不可避免地与工作应力叠加，并不断地在堆焊层内部扩展。随着时间的推移，这些应力会导致堆焊层产生裂纹。这些裂纹在辊子的工作中不断地向不同方向扩展，会形成层状裂纹，从而导致堆焊层产生剥落。

由上述分析可见，对辊面堆焊的技术要求是必须能有效减少堆焊过程中微裂纹的产生和扩散，硬化层硬度高（HRC > 58）、韧性好，辊面的使用寿命在 8000h 以上，日常维护简单，由此对挤压辊辊面堆焊提出了高硬度、高韧性、无裂纹的要求。

辊压机辊面堆焊再制造包括局部堆焊和全面堆焊再制造。根据各方面的案例显示，堆焊关键技术在于合理设计辊面的耐磨材质和花纹形式，以及辊面局部和整体堆焊工艺的制定。

当沿辊宽方向不均匀磨损和花纹、硬质点不均匀磨损以及辊面整体磨损时，可采取局部堆焊方法直接堆焊。局部堆焊耐磨层需根据损伤深度确定堆焊层。堆焊前应对表面水泥灰和辊面疲劳层进行清理，堆焊材料应与原辊体有良好的相熔性，同时应焊过渡层，以避免焊接应力太大，破坏原辊体。局部堆焊一般采用焊条或 CO_2 气保护焊丝等进行。

经过 5 ~ 6 次直接补焊以后，由于母体反复承受高挤压应力作用，焊接微裂纹不断扩展，磨辊表面会产生一定厚度的疲劳层，用碳弧气刨在磨损比较严重的辊面上刨出几道槽检查裂纹情况，会发现辊子深处有很多层状裂纹，较浅的距辊面约 10mm，较深的距辊面约 20 ~ 30mm，局部深达 50 ~ 60mm，并且多数裂纹都沿辊子周向延绵不断。从刨掉的料块来看，下表面呈植物年轮状，一圈沿着一圈向外扩展。由此也可看出，辊子的破坏形式是高应力磨料磨损及疲劳磨损的综合表现。此时若再用耐磨焊条直接补焊，易产生层间脱落，故需对磨辊表面疲劳层彻底清理后再进行整体耐磨层堆焊，同时配合适当的热处理。疲劳层的清理一般采用碳弧气刨或电熔刨，用砂轮打磨表面，车床车圆，彻底清理可能存在的夹碳层，然后采用明弧或埋弧堆焊的方法进行修复。

无论局部或整体修复，辊体的圆度误差和两辊直径误差都不能太大，否则会引起辊压机水平振动和两挤压辊不均匀，荷载加大。

挤压辊经气刨去除表面磨损层后

挤压辊堆焊前进行着色探伤

挤压辊堆焊前加热

挤压辊堆焊后表面状况

图 27-21 抗压辊硬面堆焊修复

（图片来源：北京嘉克新兴科技有限公司，用户：浙江常山水泥有限公司）

第六节 挤压辊表面堆焊材料及工艺设计

一、辊压机挤压辊堆焊材料的选择

辊压机挤压辊辊面的耐磨效果决定于辊面耐磨材料的表面硬度及韧性，一般要求辊面硬度 HRC≥55，而且对表面裂纹的数量及分布都有比较严格的限制，以免裂纹在高应力反复作用下扩展、连网，同时在辊体运行中，不允许出现局部或大面积剥落、掉块现象。

在以往的辊面修复中，水泥厂多采用高 Cr 铸铁型耐磨焊条，此类焊条焊后组织主要为铸铁型基体上分布大块碳化物，含 C 量在3%以上，堆焊层硬度在 HRC60 左右，具有良好的耐磨性能，但其结合性、抗裂性和抗疲劳性差，在辊面上堆焊一层就会出现交错裂纹。在辊体运行过程中，由于应力的影响，很容易出现大面积剥落。同时堆焊层的交错裂纹易延伸至辊子母体，使辊面出现大量缺陷，直接影响辊体质量，长期下去，很可能造成整个辊体报废。

对挤压辊用堆焊材料及其工艺一般有如下要求：

（1）打底层焊丝要求韧性好，作为止裂层焊在最底层

如北京嘉克公司研制的 ARCFCW1002 是抗高冲击磨损的硬面材料，由 18%铬、8%镍、7%锰高合金药芯焊丝组成的奥氏体，硬度 HB180～200，焊道具有耐腐蚀、自动硬化、防磁热性能，在 850℃能防热冲击。由于其高延展性达到40%，这种合金在旧的耐磨表面充当过

渡层，连接异种钢或者很难焊接的钢种（如高锰钢）。

（2）良好的过渡层材料选择及焊接是保证硬层安全有效运行的重要前提。

在母体与硬面层之间堆焊过渡层材料，可在辊体径向形成硬度递增的梯度，提高辊体堆焊层的结合。过渡层焊丝要求强度高，可抵抗较高的拉应力和压应力，可起到很好的缓冲作用。如北京嘉克公司研制的 ARCFCW1001 是含有高锰和铬合金的抗高冲击负荷和磨损的奥氏体药芯焊丝，硬度 HB200～250，是一种高韧性、中等硬度的堆焊材料，具有良好的抗疲劳性和结合性，同时又具有一定的抗磨性能，在辊体和硬层之间起到了很好的桥梁作用。并且全奥氏体焊道具有耐腐蚀、无磁化、高塑性的特点，在旧的硬表面上作为一种过渡，焊道的工作硬度可以达到 HB500，这种焊道可防收缩、抗应力以及高冲击负荷。

（3）辊面焊材要求耐磨性能优越

辊面耐磨材料可采用 Corodur 600 Tic，它是德国 Corodur 公司生产的辊压机堆焊专用焊丝。堆焊后组织为马氏体＋残余奥氏体＋针状贝氏体＋少量碳化物，焊道的微观组织含有高耐磨碳化钛马氏体，抗裂性能优良，也被应用于水泥破碎机辊、粉碎机辊和粉碎锤。焊层硬度 HRC53～58，可作为耐磨层焊在 ARCFCW1001 上面。硬面层材料不宜堆焊过厚，否则在高应力作用下易剥落。

（4）花纹层材料要求抗剧烈磨粒磨损及中等冲击磨损

花纹层材料要求能承受剧烈磨粒磨损及中等冲击磨损，如 ARCFCW9011 属于高合金堆焊材料，作为辊面的耐磨花纹处理，耐磨性能优异，其焊层硬度为 HRC58～62，花纹上面会出现少量细小裂纹，但由于 Corodur 600 Tic 良好的韧性，裂纹不会向堆焊层扩展，而辊体没有裂纹的最大优势在于高应力作用下，辊体内部不易积存太多水泥粉尘，导致辊体局部发空而出现大面积剥落。

二、挤压辊花纹层形式的选择（图 27-22）

辊面花纹的差别对挤压辊的运行有不同影响，对辊面进行花纹处理，有以下几个优点：

（1）增加辊子扒料力度，提高挤压效率；

（2）辊面有效形成料饼，提高辊体耐磨性；

（3）磨损首先从花纹开始，因此花纹对辊体是一个有效保护。

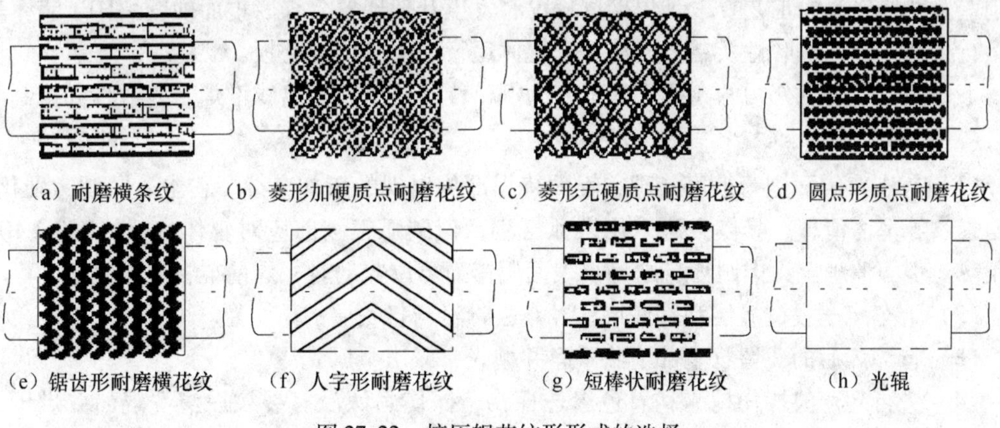

（a）耐磨横条纹　（b）菱形加硬质点耐磨花纹　（c）菱形无硬质点耐磨花纹　（d）圆点形质点耐磨花纹

（e）锯齿形耐磨横花纹　（f）人字形耐磨花纹　（g）短棒状耐磨花纹　（h）光辊

图 27-22　挤压辊花纹形形式的选择

（图片来源：郑州机械研究所）

实践中发现，采用横条纹具有许多显著的优点。首先，堆焊工艺简单，人为影响因素减少；其次，用作耐磨花纹焊接的材料大都耐磨性很好，但抗裂性稍差，花纹焊层上或多或少的存在裂纹，采用横条花纹，裂纹行走方向单一，均为横向裂纹，裂纹止于横条，不会延伸至辊体，花纹之间不交错，裂纹不会相互延伸交叉，辊面应力小，辊面运行过程，裂纹不会对辊体造成破坏，不会出现辊体剥落掉块现象；同时在进行局部维修中，工艺简单，只需对磨损严重的花纹进行处理，而不会影响其他部位花纹的使用。

采用菱形花纹，耐磨花纹相对面积增加，对耐磨性的提高有好处，存在的问题是堆焊层交错相连，裂纹纵横交错，受各方向应力影响，裂纹会延至母体，虽然这种花纹形式有很好的扒料作用，形成的料饼效果好，但由于裂纹多，走向复杂，在辊压机高应力作用下容易出现剥落，局部出现剥落后，由于裂纹影响到辊体，且重新修复菱形条又与原先菱形条横纵交叉，对母体影响更大，经常导致的结果是整体修复后，使用过程中一旦出现剥落，就止不住，以至于一个月一修，维修量特别大。

短棒状和点状不易形成料垫，对辊体保护不足，锯齿状花纹工艺复杂，对设备及人员要求很高，不利于推广及现场操作。

综合辊压机实际经验及研究结果，我们认为对辊面进行横条纹处理是最简便易行的方法。在辊压机的实际应用中，德国洪堡公司、美国富勒公司等进口辊压机以及中信重机、唐山水泥机械厂、成都利君等国产的辊压机均采用横条纹，江苏海安建材机械厂早期产品采用菱形花纹，目前也改为横条纹。

三、挤压辊离线堆焊工序及工艺

对于挤压辊离线堆焊，为保证其质量，辊面疲劳层的清理工作非常重要，对于旧辊堆焊再制造，清理时间与堆焊时间基本对半，甚至多于堆焊时间，底部清理彻底是保证堆焊层良好结合性的前提条件。

堆焊时首先将辊子整体预热到一定温度，局部修复或现场维修时预热温度可适当低一些。先用打底层焊丝如 ARCFCW1002 堆焊使辊体找圆，后上车床车圆；然后依次连续堆焊过渡层、硬面层和花纹层焊丝（如 ARCFCW1001、CORODUR600TIC、ARCFCW9011），全部焊完后，再把辊体整体预热一下，用保温材料将辊体仔细包好，缓冷。对辊压机挤压辊进行制造及堆焊修复的工艺要求是焊接过程没有发生开裂现象，焊后辊面硬度≥HRC55，辊压机运行良好，辊面抗磨性及结合性良好，辊体运行中整体均匀磨损。

下面以北京嘉克公司的离线堆焊工艺为例，详述挤压辊的离线堆焊工艺过程和控制。

（一）焊前处理

（1）首先对辊面进行彻底清理，辊面待焊部位出现的诸如夹杂、粉尘、铁锈、硬化层，甚至裂纹等都需清理。具体方法采用碳弧气刨，但碳弧气刨前应对辊体进行（250±10）℃的预热。辊面清理至无肉眼可见缺陷、表面用锉刀可以锉动时，焊前准备工作完毕。

（2）上车床车去过渡层和打底层，并车去母材与打底层的熔合层。

（3）将加工后的残留物全部清除干净并抛光，露出金属光泽。

（4）进行超声波探伤检测和着色渗透探伤，探伤确认没有裂纹后清洗辊面并烘干，然后进行下道工序。

（5）修整辊面真圆度。

（6）使用专用加热器，利用氧乙炔焰或陶瓷电加热器进行预热，温度300℃，升温速度60℃/min，保温10h。

（二）堆焊施工

焊接速度视堆焊层厚度酌情调整。焊接一旦开始就要求连续施焊不能停止，目的是为了保证一定的辊体温度，防止辊体出现裂纹（裂纹是导致辊体出现剥落的主要原因）。在整个焊接过程中，辊体温度不应低于200℃。各耐磨层的厚度要力求均匀一致，且达图纸设计要求，以使挤压辊在使用过程中永远保持圆形。

1. 打底层

（1）堆焊过程必须在炉内进行，以保证层间温度大于200℃。

（2）当辊体温度大于250℃后，用ARCFCW1002焊丝堆焊。

2. 过渡层

（1）堆焊过程必须在炉内进行，以保证层间温度大于250℃。

（2）用ARCFCW1001焊丝堆焊两层过渡层。

（3）电流400～450A，电压28～32V。

（4）580～600℃中间回火处理，保温24h。

3. 硬面层

（1）堆焊过程必须在炉内进行，以保证层间温度大于250℃。

（2）用Corodur600 Tic焊丝堆焊硬面层。

（3）电流：450～470A，电压32～35V。

（4）堆焊需连续进行，使焊件长时间地保持较高的温度，直至堆焊至一定尺寸。

4. 花纹层

（1）堆焊过程必须在炉内进行，以保证层间温度大于100℃。

（2）用ϕ3.2mm的ARCFCW9011连续焊接花纹。

（3）焊道有适当横向裂纹。

（4）电流：450～500A，电压：27～30V。

（5）花纹层厚度4～5mm。

（三）焊后处理

（1）580～600℃回火处理，保温24h。

（2）整理，打磨，作平衡校正。

（3）测量两辊体间距，保证无大小端。

（4）测量辊体表面高度差控制在±2mm。

（5）焊后用保温毯包裹缓冷，冷却后的辊体，严禁二次堆焊。

四、挤压辊在线堆焊工序及工艺

整个堆焊过程包括焊前处理、堆焊施工、焊后处理等过程。下面以北京嘉克公司的在线堆焊工艺为例，详述挤压辊的在线堆焊工艺过程和控制。

（一）焊前处理

（1）停机，拆除辊面上方下料口以下至辊体上表面部分，用电动钢丝刷或毛刷清理辊子最上面的一段辊面，清理辊面上的油污、水泥粉尘等杂质；

（2）安装辅传设备，接通设备电源；

（3）室温下用碳弧气刨清理去除硬面层、过渡层及打底层；

（4）确定无裂纹后进行下道工序；

（5）将气刨后残留物全部清除干净并抛光，露出金属光泽；

（6）修整辊面真圆度；

（7）对堆焊部位作着色渗透探伤后，探伤确认没有裂纹后清洗辊面并烘干；

（8）用乙炔焰烘烤辊面，通过烘烤，既可以把辊面微裂纹里的粉尘吹出来，也可以起到预热辊面的作用。

（二）堆焊施工

1. 打底层

- 当辊体温度大于160℃后。
- 用 ARCFCW1002 焊丝堆焊。
- 层间温度控制在130℃以上。

2. 过渡层

- 用 ARCFCW1001 焊丝堆焊两层过渡层。
- 堆焊过程中要辅以火焰加热，并监控层间温度，保证层间温度大于130℃。
- 电流：400～450A，电压：28～32V。

3. 硬面层

- 用 Corodur600 Tic 焊丝堆焊硬面层。
- 堆焊过程中监控层间温度，并辅以火焰加热，以保证层间温度大于130℃。
- 电流：450～470A，电压32～35V。
- 堆焊需连续进行，使焊件长时间地保持较高的温度，直至堆焊至一定尺寸。

4. 花纹层

- 用ϕ3.2mm 的 ARCFCW9011 连续焊接花纹。
- 层间温度控制在100℃。
- 焊道有适当横向裂纹。
- 电流：450～500A，电压：27～30V。
- 花纹层厚度4～5mm。

（三）焊后处理

（1）焊后用保温棉包覆缓冷。

（2）整理，打磨。

（3）测量两辊体间距，保证无大小端。

（4）测量辊体表面高度差控制在±2mm。

综上所述，水泥粉磨设备中的耐磨件堆焊修复技术实际上是一种包含了多种学科知识的综合艺术，如焊接材料学、金属材料学、物理化学、力学、电子学、机械学、物理学、化学等，而绝不单单是很多人认为的一种简单的机加工工艺。只有充分认识和重视到这一点，才能真正促进这一项高新技术为耐磨材料和技术的进步服务，才能更好地利用这一技术为企业解决问题，创造更高的效益。

第二十八章　JD 型带式定量给料机

按　JD 型带式定量给料机是引进国外先进制造技术而生产的产品，又经国内不断地开发和改进实现了机、电、仪一体化，在水泥生产中得到了广泛应用。该产品标准 2003 年经国家发展和改革委员会批准发布并实施，达到国际水平，为行业进步发挥了重要作用，实现了操作无人化，设备运行连续稳定，满足了现代化生产的需要，被评为著名品牌产品。

第一节　概　　述

一、产品在水泥生产中的地位和作用

在水泥生产线中，带式定量给料机是有关生产环节中必不可少的进行连续称量、定量给料和配料的关键设备，是保证优质、高效、大批量生产水泥的重要技术装备。随着水泥工业生产的大型化和工艺技术及管理的现代化，高技术、高可靠性的带式定量给料机的作用越来越重要。

我国目前生产的绝大部分带式定量给料机是由计算机控制的，能自动按照预定的程序，依据设定的给料量，自动调节流量，使之等于设定值，以恒定的给料速率，连续稳定地定量给料，自动计量和累积。该产品是机、电、仪一体化，可以通过仪表键盘、多种接口和模拟输入，对设备进行控制，也可以通过上位机完成系统的自动控制。该产品计量控制精度高，长期稳定性好，可靠性高，适应能力强，条件恶劣的环境下也能正常工作，在国内外的大中型水泥生产线上得到了广泛的应用。

二、技术发展状况

带式定量给料机，初始阶段比较简易，技术含量低，功能少，精度和可靠性差，故障率高。调速驱动机构，由滑差电机、链条传动，发展到直流电机轴装式硬齿面减速机传动。近些年又发展到交流变频电机、轴装式硬齿面减速机传动，调速范围超过 1∶10。控制仪表，从分离元件到单片机，一机多控的系统计算机。机械部分更加完备，有分别适用于各种流动特性物料的料斗和预给料机构，以保证连续稳定的物料流，有自动张紧、自动防偏装置，有皮带的内外清扫装置和导料装置，更有设计合理性能可靠的称量机构。还有设备自检，各种故障报警，远程通信功能。现已实现现场无人化，设备自动连续稳定运行，其功能完全满足现代化水泥生产的需要。

三、产品分类

目前生产两种标准的系列带式定量给料机（见中华人民共和国建材行业标准 JC/T 917—2003），即 JDQ 轻系列和 JDZ 重系列，如图 28-1 所示。规格和皮带宽度见表 28-1。

图 28-1　带式定量给料机

表 28-1　规格和皮带宽度

型　号	滚筒中心距（mm）	皮带宽度（mm） 400	500	650	800	1000	1200	1400	1600	1800
JDQ L = 总长 C = 总宽	1300	L = 1820 C = 1120	L = 1820 C = 1220	L = 1820 C = 1320	L = 1820 C = 1520					
	1500	L = 2020 C = 1120	L = 2020 C = 1220	L = 2020 C = 1320	L = 2020 C = 1520	L = 2020 C = 1720				
	2000	L = 2520 C = 1120	L = 2520 C = 1220	L = 2520 C = 1320	L = 2520 C = 1520	L = 2520 C = 1720				
	2700	L = 3220 C = 1120	L = 3220 C = 1220	L = 3220 C = 1320	L = 3220 C = 1520	L = 3220 C = 1720				
	3500	L = 4020 C = 1120	L = 4020 C = 1220	L = 4020 C = 1320	L = 4020 C = 1520	L = 4020 C = 1720				
	4000	L = 4520 C = 1120	L = 4520 C = 1220	L = 4520 C = 1320	L = 4520 C = 1520	L = 4520 C = 1720				
	4500	L = 5020 C = 1120	L = 5020 C = 1220	L = 5020 C = 1320	L = 5020 C = 1520	L = 5020 C = 1720				
	5000	L = 5520 C = 1120	L = 5520 C = 1220	L = 5520 C = 1320	L = 5520 C = 1520	L = 5520 C = 1720				
JDZ L = 总长 C = 总宽	1500					L = 2190 C = 1860	L = 2190 C = 2110			
	2000					L = 2690 C = 1860	L = 2690 C = 2110	L = 2690 C = 2310		
	2700					L = 3390 C = 1860	L = 3390 C = 2110	L = 3390 C = 2310	L = 3390 C = 2510	L = 3390 C = 2710
	3500					L = 4190 C = 1860	L = 4190 C = 2110	L = 4190 C = 2310	L = 4190 C = 2510	L = 4190 C = 2710
	4000					L = 4690 C = 1860	L = 4690 C = 2110	L = 4690 C = 2310	L = 4690 C = 2510	L = 4690 C = 2710
	4500					L = 5190 C = 1860	L = 5190 C = 2110	L = 5190 C = 2310	L = 5190 C = 2510	L = 5190 C = 2710
	5000					L = 5690 C = 1860	L = 5690 C = 2110	L = 5690 C = 2310	L = 5690 C = 2510	L = 5690 C = 2710

第二节　产品型号的编制与主要技术参数

一、型号说明

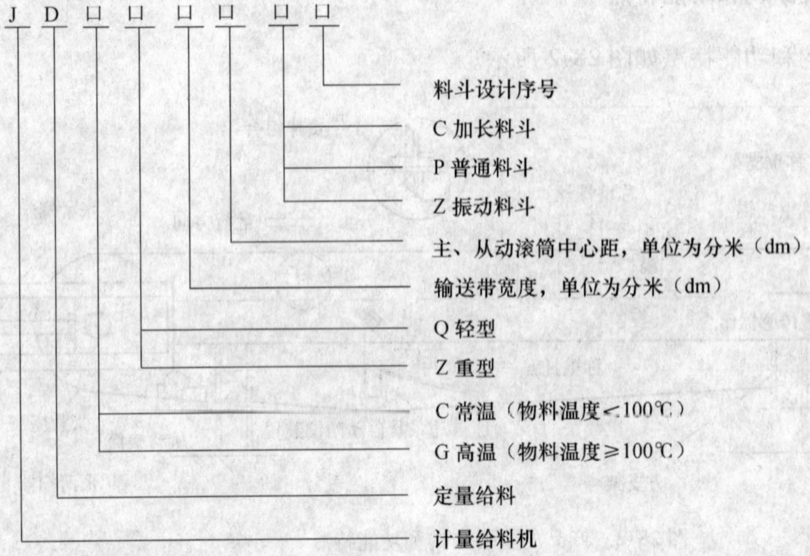

Q 型滚筒直径：F190mm。

Z 型滚筒直径：F320mm。

皮带宽度：400mm，500mm，650mm，800mm，1000mm，1200mm，1400mm，1600mm，1800mm。

主、从动滚筒中心距：1300mm，1500mm，2000mm，2700mm，3500mm，4000mm，4500mm，5000mm。

因特殊需要，也可做成其他尺寸。

料斗型号：根据物料特性和皮带宽度配置。

C 型：加长料斗，用于倾泻性和流体化粉状物料；

P 型：普通料斗，用于可自由流动的物料；

Z 型：振动料斗，用于流动性差的物料。

二、主要技术参数

给料精度：设定给料率的 ±0.5%；

流量：0.5～1500t/h；

电源：380V +10% ～15%，50Hz 或 60Hz；

物料温度：正常≤80℃，特殊设计≤150℃；

使用环境：机械部分 -30～70℃，仪表控制柜 0～45℃；

输入特性：1. 模拟信号：0/4～20mA；

2. 仪表键盘；

3. 接口；

4. 现场控制盒。

输出特性：1. 模拟信号：0/4～20mA；

2. 累计脉冲信号；

3. 无源触点信号。

三、产品的主要结构和功能特点

产品的主要结构和功能特点如图 28-2 所示。

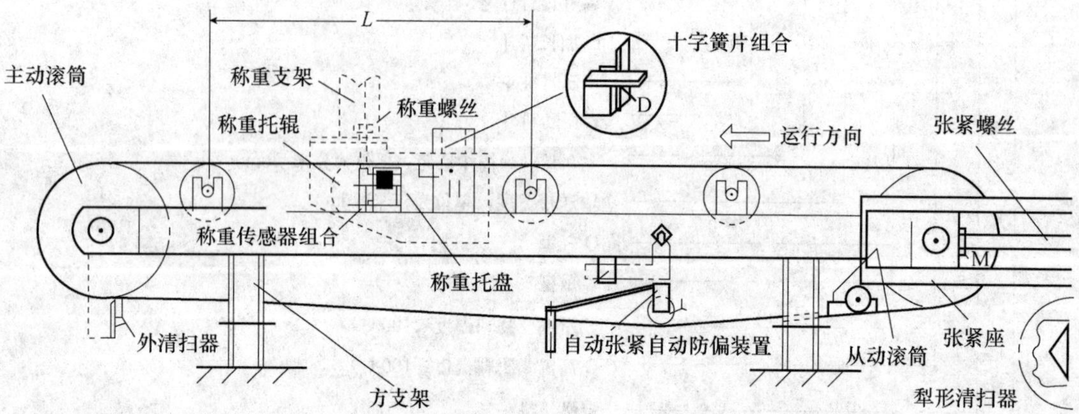

图 28-2　产品的主要结构和功能特点

1. 称量框架：称量框架采用单托辊杠杆式结构，支点为不锈钢十字弹簧片。在称量架上有标定支架，标定支架上开有 V 形槽。标定砝码为一长钢棒，搭在两支架的 V 形槽上标定。

2. 从动滚筒及张紧装置：从动滚筒在进料端，调整张紧螺杆可使从动滚筒前后移动，调整皮带的张紧度。同时可使主、从动滚筒平行，避免皮带跑偏。

3. 驱动装置：驱动装置包括调速电机（直流或交流变频）、减速机和主动滚筒，电动机与减速机直联后，将减速机的空心轴直接套装于主动滚筒轴上，平键连接，轴向固定。驱动主动滚筒带动皮带无滑动地运动。速度传感器直接装在电机轴上，随电机的转动，直接发生相应的速度脉冲信号。

4. 自动张紧装置：自动张紧装置有两个作用，一是自动张紧，使皮带张紧力恒定，保证称重精度；二是皮带导向，随时自动调整皮带走向，防止皮带跑偏。

机械结构特点如下：

1. 皮带更换容易。松开张紧装置，取下无驱动装置侧的有关部件，使秤体呈悬臂状态，就可方便取下旧皮带，套上新皮带。

2. 计量精度受皮带张力影响很小。由于有皮带自动张紧装置，张力恒定加之称重传感器应变位移量很小，所以皮带张力对计量精度可以忽略不计。

3. 对于不同特性的物料和不同的工艺要求可采用不同的给料料斗，保证物料流动连续稳定，并有可调整料层厚度的截面板、导料板和卸料溜子。

4. 皮带内表面与滚筒之间有犁形清扫器，皮带外表有刮料板，并带有橡胶刀口，可随机清除皮带面上粘附的物料，一则保证皮带运行平稳，延长皮带使用寿命；二则称量零点稳定保证了称量精度。

5. 皮带两侧有皮带限位开关，一旦平衡外力太大，自动防偏装置无能为力，皮带跑偏触动限位开关时，通过微机发生报警信号。排除不平衡外力，报警解除。

6. 机架上有皮带张紧标准刻度，能方便地进行皮带张紧度的调整。

四、工作原理

称重系统通过称重传感器测量出输送皮带上通过称量段的物料重量信号，安装在电机轴上的速度传感器发生与皮带速度成固定比例的脉冲信号，以上两个信号同时送到微处理器中，经过系统的处理得出了实际给料量。将实际给料量不断地与设定的给料量相比较，并通过数字调节系统调整皮带输送速度，使之精确地以恒定的给料速率给料，如图 28-3 所示。

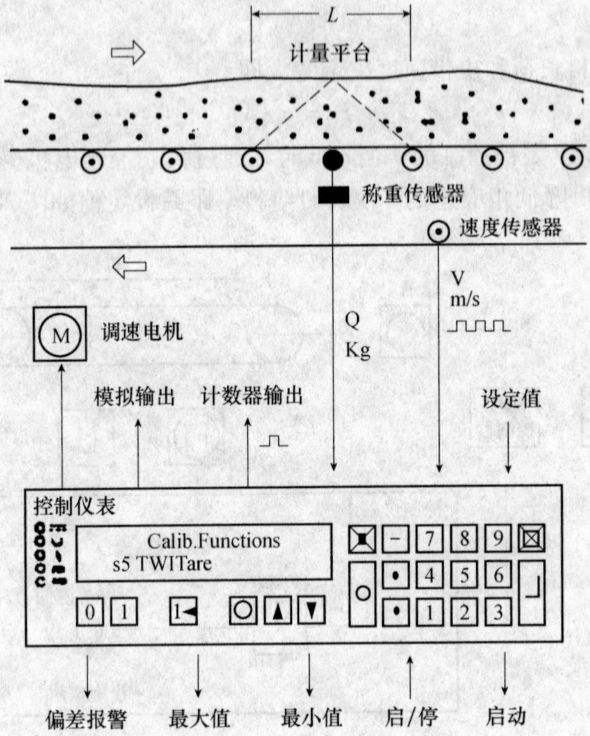

图 28-3　称重系统工作原理

给料量取决于：

(1) 物料在皮带上的横截面积和物料容重；

(2) 皮带的输送速度。

通过称量段上的物料负荷：

$$Q = \frac{L}{2} \cdot q$$

式中　Q——有效称量段上的物料负荷，kg；

L——称量段长度，m；

q——皮带上物料单位负荷，kg/m。

给料率：

$$P = q \cdot V = \frac{2Q \cdot V}{L}$$

式中 P——给料率，kg/s；

Q——有效称量段上的物料负荷，kg；

L——称量段长度，m；

V——皮带输送速度，m/s。

总累计量：

$$F = \int P \cdot dt$$

即给料率的积分。

控制原理：

给料率 P 是由物料负荷和皮带速度决定的，即

$$P = q \cdot V$$

其中 q 是变化的，V 是被控制的。当 q 低时，通过仪表控制电机提高相应速度；当 q 高时，通过仪表控制电机降低相应速度；使瞬时给料率跟踪设定值如图 28-4 所示。

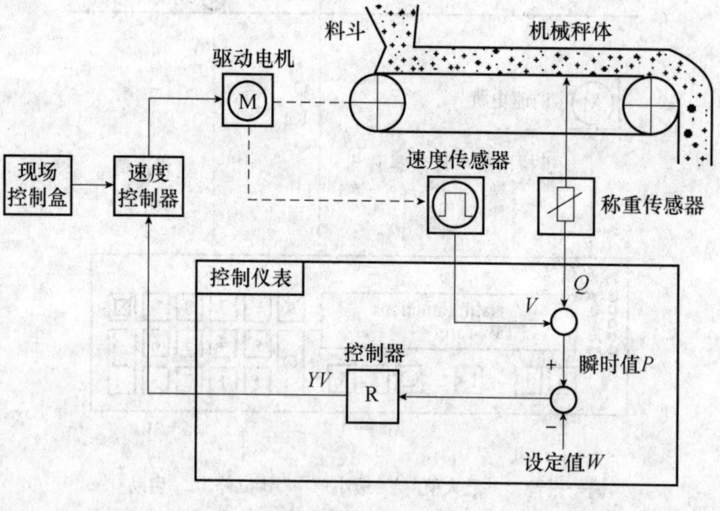

图 28-4　控制系统图

五、定量给料机设计选型要点

根据物料特性选择设计最佳的定量给料系统方案及配置，是保证定量给料机良好运行，满足工艺需要的前提。而保证定量给料机良好运行的前提，是应有连续稳定的物料流。为了保持连续稳定的物料流，就必须针对物料的不同特性，包括物料性质、最大给料量（t/h）、物料平均容重（t/m^3）、粒度（mm）、水分（%）、温度（℃）等，选择相应的配置方案。

一般来说，按流动特性，物料分为三大类：可自由流动的块状物料、流动性不好的黏性物料和半流态化的粉状物料。对可自由流动的物料，一般用 P4、P6 料斗；对水分大或黏度较大的流动性物料，用 P20 料斗；对水分较大，易起拱的黏性物料，选用 Z2、Z5 振动料斗或用板喂机、宽皮带机、强制下料器作为预给料机；对流态化或半流态化的粉状

物料，选用 C1 或 C2 型料斗，上面再加格式给料机、流量控制阀、螺旋输送机等作预给料机。

根据物料特性，选定技术方案，确定料斗形式或预给料机后，再确定皮带宽度，设备型号及主、从动滚筒中心距。需要说明的是：P4、P6 料斗只适用于带宽 1.2m 以下的；P20、Z5 料斗适用于带宽 1m 以上，主、从动滚筒中心距 2m 以上的；Z2 型料斗适用于带宽大于 0.8m，主、从动滚筒中心距 2m 以上的；C1 型料斗只适用于带宽大于 0.8m，主、从动滚筒中心距 2.7m 以上的；C2 型料斗只适用于带宽大于 0.8m，主、从动滚筒中心距 3.5m 以上的定量给料机。

再分别依次计算出：皮带的输送计量速度（m/s）（对于不同的给料方案，输送计量速度有不同的限制范围）、每米荷重（kg/m）。按称量段长度（m），计算出称量段荷重，按杠杆比计算出称量段物料，皮重加在称重传感器上的总负荷，以确定称重传感器的规格（JDQ 型定量给料机只适用 100kg 以下规格的称重传感器；JDZ 型定量给料机适用于 100kg 以上规格的称重传感器）；计算仓压及皮带满负荷运行时皮带所需的拖动力（N），计算出相应的扭矩（N·m）（JDQ 型一般不超过 250Nm；JDZ 型可选 4200N·m）按皮带输送速度计算出减速机的速比，再归整到标准速比上。根据所需扭矩、减速机速比及机械效率计算出变频调整电机的功率。同时按减速机的速比，计算出电动机的相应转速。一定要兼顾到当最大和最小给料量时，调速电机都能可靠工作，且留有相应裕度。

上述每一步计算结果都有相应的限制条件，如果超出限定范围，则应推倒重来，重新选择设计方案和配置。

需要进一步说明的是：Z2 型料斗为间歇振动料斗，在出料口处有一料位控制开关，当料斗内堵料，出料层厚度小于设定值时，开关动作，启动振动电机，振动破拱。当料层厚度达到设定值时，开关复位，自动停止振动，适用于起拱概率不大，偶尔起拱堵料的物料。而对起拱概率较大的物料则应用 Z5 型连续振动的料斗。

对于用板喂机或宽皮带机作预给料机时，则应与定量给料机同步调速（并不是同速调速，而是预给料机运行较慢，定量给料机运行较快）。

对于流态化、半流态化物料所用的三面密封的 C1、C2 型料斗，内部有多层阻尼装置，上部有收尘排气口，当物料落到沉降室后，气、料分离，大部分空气溢出，物料在随皮带运行过程中，被阻尼装置整形，被拖出料斗后，物料层呈规则的梯形形状。上部的预给料机选择：当给料量较小时，可用格式给料机或螺旋给料机。预给料机根据给料量的不同，又分为不调速的和与定量给料机同步调速的两种形式。当给料量相对小时，用不调速可间歇工作的预给料机和 C1 型料斗。C1 型料斗上装有一料位膜片开关，以保证料斗内的料量满足连续流量的要求。当料斗内的料位到上料位时，膜片开关动作，预给料机停止下料；当料斗内的料位到下料位时，膜片开关自动启动预给料机工作，向料斗内充料，如此循环。值得注意的是，预给料机的给料能力应稍大于最大给料量，若大得很多，则预给料机会频繁启停。当给料量较大时，则宜用 C2 型料斗，预给料机与定量给料机同步调速，当给料量大于格式旋转给料机或螺旋给料机能力时，则应用气动截止阀和电动流量调节阀组成的阀门组，根据给料量的变化，自动调节电动流量调节阀的开度。

第三节　产品制造及检验

一、主要零部件的制造及要求

1. 秤体框架

（1）保证主动滚筒轴承孔及托辊槽的平行度，将左右侧框连接在一起，整体加工，再用十字坐标胎夹具，以两轴承孔和托辊槽定位焊接，保证了全部孔、槽的平行度。

（2）对左右侧框与张紧座连接端面事先用端面铣床加工，既保证了两侧框长度相同，又保证了两张紧座与框架的直线性。这样，再用上述胎夹具焊接时，既防止了框架可能出现的平行四边形（对角线相等），又能保证装配后的主、从动滚筒平行度，从而防止了皮带自动跑偏的现象。

2. 称量框架

该部件是保证称量精度的关键部件，各零件要求精度高，尤其是组焊位置精度，在精心制作各零件的基础上，用专门的组合胎夹具组焊，从而保证十字弹簧片座、称量托辊槽、称重传感器承重的钉孔、配重力臂、标定砝码支架位置的准确性。

3. 计量托辊

该部件是关键部件，其径向精度和转动的灵活性直接影响称量精度和设备性能。确保两端轴承孔的同轴度（0.03mm）和径向跳动（0.1mm）。

4. 无接头环形夹布胶带

厚度均匀一致，表面平整光洁，张力均布稳定，保证了运行平衡，从而保证了计量精度。

二、整机装配要点

（1）要求装配平台水平。

（2）装好十字弹簧片的称量框架在存储、运输过程中，弹簧片及支座决不许受到外力作用，以免出现变形应力，在装配过程中，要调整好限位螺钉和定位螺钉。

（3）所有托辊上母线应水平、平行，称量段三根托辊的上母线组成的平面比输送段上母线平面应高出3mm。可用桥形平尺检验其平面度，即：当用桥形平尺推动时，有关托辊全部灵活随动，对于不随动的，可在托辊槽内加薄的工字形垫片。

（4）安装环形胶带。拆下没有驱动装置一侧的支腿、张紧支座，使秤体处于悬臂状态，将犁形清扫器用绳吊挂在框架上，将胶带套入，放在中间位置，再将支腿、张紧座装好。

（5）张紧皮带。分别转动两侧张紧装置的螺母，使皮带逐渐张紧，使两侧螺杆伸出的长度相同，且使自动张紧装置上的标尺上沿达到“◇”形观察孔的水平对角线位置上，为张紧适度。在以后运行中，也应注意观察标尺位置，如有变化，应及时调整。

（6）调整皮带内表面的犁形清扫器的刮料板与皮带表面的间隙，应不大于0.5mm，它是通过事先在平台上调整小支撑托辊的高度实现的。

（7）自动张紧防偏装置中，下侧的三段托辊应同轴，且下母线应在同一平面上，保证三段托辊都均匀地压在皮带内表面上，要求整体能随中间立轴水平摆动，且托辊的自转动应该灵活。

（8）皮带上表面与导料胶板之间的间隙调整：在皮带上表面置放一个 2mm 厚的钢板条，将导料胶板放在钢板条上，再紧固导料胶板，紧固好后，抽出钢板条，即可保证该间隙。

三、机械秤体运行实验

（1）用现场控制盒启动电机，皮带平稳运行，无噪声。

（2）自动张紧装置随皮带运行，上下轻微浮动。

（3）自动防偏的尼龙套筒随机轻微水平摆动。

（4）观察从动滚筒的皮带位置，如果明显跑偏，则应调整张紧机构中的螺母，使皮带回到中间位置，至不再跑偏为止。

（5）轻轻旋转现场控制盒旋钮，皮带运行速度应随之变快或变慢。

（6）用手触动跑偏行程开关，能停机。

（7）用手触动紧停开关按钮，能即刻停机，如要再次启动，应先将紧停开关复位。

四、整机测试检验

机械秤体运行实现合格后，再进行整机机电联调测试，主要是静态标定，步骤如下：

（1）按数据表要求准备一组（不少于 3 个）标准砝码：额定载荷的 20% ~130% 范围内。

（2）将从动滚筒推至与张紧座相连的“匚”形架，使皮带处于最松的位置，使称量框架处于空载状态，记录下控制仪表显示值（百分比显示）。

（3）计算结果应符合规定。

（4）检测实例：

设备型号：JDCQ0820

正常标准载荷：Q_m = 42.4kg

称重传感器额定负荷：100kg

控制仪表显示皮重：0.52%

线性测试结果，见表 28-2。

表 28-2　线性测试结果

	Q_1	Q_2	Q_3	Q_4
砝码重量（kg）	44.252	30.579	20.384	8.048
仪表显示值（%）	129.74	89.77	60.00	24.01
皮重显示值（%）	0.52	0.52	0.52	0.52
砝码显示值（%）	129.22	89.25	59.48	23.49
理论值（%）	129.22	89.294	59.523	23.50
误差值	0.00	0.044	0.043	0.01
精度值（%）	0.00	0.049	0.072	0.053

上述计算公式：

$$\text{砝码显示值}(\%) = \text{仪表显示值}(\%) - \text{皮重显示值}(\%)$$

$$\text{理论值}(\%) = \frac{\text{最大砝码显示值}(\%)}{\text{最大砝码重}(\text{kg})} \times Q_i(\text{kg})$$

$$\text{精度值}(\%) = \frac{\text{误差值}}{\text{理论值}} \times 100\%$$

测试结果：优于0.2%的精度值规定。

第四节　产品的安装与调试

一、检查安装现场

检查料仓出料口法兰、法兰下表面至安装基面高度、地脚螺栓孔、卸料溜子法兰孔的位置及尺寸是否正确，见表28-3。

表28-3　现场设备安装尺寸表　　mm

料斗型号	P4/P6	P20	Z2/Z5	C1/C2
料斗高度	365	710	1275	610
JDQ 型皮带距地面高度	492	492	492	492
料斗距皮带间隙	30	50	65	10
总高度	887	1252	1832	1112
JDZ 型皮带距地面高度	650	650	650	650
料斗距皮带间隙	30	50	65	10
总高度	1045	1410	1990	1270

仓底法兰或闸棒（闸板）阀与料斗之间，如加装密封胶板，上述总尺寸应再加装胶板厚度。

现场实测高度（安装基面距料斗连接面）如大于上述总高度尺寸，应在安装基面加相应厚度的垫板，或在上部与料斗连接处加连接节或垫板。

二、开箱验收

设备运到现场后，按装箱单检查所装机件是否正确齐全。

三、对中安装

通过机架上的环首螺钉，将设备吊到基础上，使皮带中心线与料斗卸料口中心连线重合，以防物料在输送过程中偏载。

四、调整水平

用长度不小于1000mm的平尺和条式水平尺，在皮带上表面按纵横两个方向检测水平度。在调整水平时，可用薄钢板垫片在地脚螺钉处调整。调好后加斜垫圈、弹簧垫圈，用螺母拧紧，而后再复测一次水平。

五、调整皮带

环形输送计量胶带的松紧度在设备出厂前是调好的，要再检查一下自动张紧装置上的标尺上沿是否与框架两侧“◇”形方孔的水平对角线重合。如发生偏离，应通过调整张紧机构的螺母，使皮带达到规定位置。在以后的运行过程中，要注意观察和调整。

六、使称重传感器进入工作状态

1. 将承重螺钉端头与承重钢球用软薄纤维物拉几次，擦拭干净。
2. 将承重螺钉向下旋动，使端头与钢球表面良好接触，拧紧防松螺母。
3. 松开提起保护螺钉，使称量架的重量通过承重的螺钉和钢球全部加在称重传感器上。
4. 称重传感器下侧的过载限位保护螺钉与称重传感器下面的间隙是设备出厂前调好的，不能随便调整。

七、安装卸料罩

料斗一般在安装秤体前就已与仓底或相应法兰安装好了。

八、安装料斗

在正常使用时，应向后拉出料斗下部的水平闸板，使料柱压在皮带上。

C1/C2 料斗无水平闸板。垂直闸板可根据需要上下调整，以保证出料口的大小，满足给料量的规定要求。

九、更换皮带

当设备检修或更换皮带时，应关闭水平和垂直闸板，以堵截往下泄的物料。

十、电气调试

由电气专业技术人员按说明书安装和调试有关设备及电线电缆。

十一、电控柜的安装

定量给料机的仪表及控制系统全部安装在电控柜中，电控柜是密封的，要求安装在通风干燥、附近没有强电磁干扰的地方，并有良好的接地点（接地电阻 $<4\Omega$）。所用电缆应架空或通过电缆沟。

电缆允许长度：

称重传感器、速度传感器电缆为500m，控制信号电缆为300m，强电电缆与信号电缆如果平行架设，两电缆之间相距应大于0.3m。

十二、空载试运行

定量给料机的机械安装与调整全部达到要求后，要进行电气检查。检查所有接线是否有松动、脱落，接线是否正确、承重螺钉端头与称重传感器上的钢球是否接触良好。

接通电源，检查称重传感器的输出是否正常。

将现场控制盒的开关旋到规定位置，给定电位器旋到最小，按启动按钮，启动定量给料机，调节给定电位器旋钮，使定量给料机运行，其运行速度随给定电位器旋钮的调节而随机变化，且自动张紧，自动防偏机构微微随动。

第五节　产品的维护与修理

（1）每天清扫皮带内外表面的残留物。

（2）经常检查承重螺钉与称重传感器上的钢球是否接触良好，接触点之间是否有积尘

(如有积尘可用硬纸片往复按几次)。长期不用或维修时，应使用称重传感器的限位保护螺钉将称量架稍稍提起以防止非正常压力作用在传感器上，并应检查称重架与框架之间的缝隙中有无杂物或物料颗粒，如有应及时清除。

(3) 齿轮箱要定期换油，换油时一定要注意油的清洁，带杂质的油会起相反的作用。

(4) 电控柜是密封的，但在粉尘较大的环境下经常开门也存在扬尘问题，要注意清理电气元件和线路上的粉尘。开门的钥匙要有专人掌握。维护和事故处理要由专业人员进行，仪表损坏一定要由专业人员处理。

(5) 更换皮带要按下述步骤进行：

1) 拆下卸料罩。

2) 拆下两侧的挡料装置。

3) 拆下驱动装置对面一侧的砝码托架。

4) 用两根软绳将犁形清扫器吊在两侧框架上。

5) 松开张紧机构的螺母，使从动滚筒的轴承组合移至“匚”形框上，拆下该侧的张紧座。

6) 拆下卸料罩侧下方的皮带清扫器。

7) 拆下相应侧框架下的方支架，使秤体呈悬臂状态。

8) 将旧皮带从相应侧抽出卸下。

9) 将新皮带从相应侧套入装好。

10) 将上述部件按 (7) ~ (1) 的逆向顺序，按位置要求装好。

11) 调整皮带张紧螺母，使自动张紧机构上两侧的标尺上沿与框架上两侧的“◇”形方孔的对角线重合。

12) 使挡料装置橡胶板的下沿与皮带上表面有 1~2mm 的间隙。

13) 使皮带清扫器橡胶板的端面与皮带外表面的间隙为 0.5mm 左右。

14) 检查各部，使设备处于完好状态，即可投入常规运行。

第二十九章　JGL型滑槽式固体流量计 JGLD型滑槽式固体流量给料机

按　JGL型滑槽式固体流量计和JGLD型滑槽式固体流量给料机从国外引进后消化吸收实现国产化，并于2003年制定行业标准，达到了国外同类产品水平，国家发展和改革委员会批准发布实施后取得了明显的效果，推动了行业的发展，促进了技术进步，提高了产品质量，占领了国内外市场，使水泥生产量大幅提高，实现了节约和自动化水平的提高，为我国水泥工业创造了明显经济效益，为行业升华发挥了作用。

第一节　概　　述

一、产品在水泥生产中的地位和作用

滑槽式固体流量计系列产品是引进德国申克（SCHENCK）公司的设计制造技术生产的高新技术产品。该产品是选用高精度称重传感器和专用微机控制的计量设备，适应能力和抗干扰能力强，性能稳定，可靠性高，是提高水泥产量、质量、节约能源、提高系统自动化水平必不可少的设备。

JGL型滑槽式固体流量计适合于粉状、颗粒状物料及流程密封、空间受限制或由于温度原因其他同类产品不能适应的场合。具有连续计量和累积量及批量定量给料的功能，属于通过式计量设备。

JGLD型滑槽式固体流量给料机适于粉状、颗粒状物料的定量给料、配料，如生料入窑定量给料，具有连续定量给料和累积的功能。与之配套的设备有：校正仓、预给料设备、空气斜槽等，属于连续定量给料设备。

二、产品技术简况

该产品属于滑槽式流量计，即物料通过专用弯头均匀地进入导料槽，再进入大曲面计量滑槽。物料滑过该槽的作用力通过称量框架，以十字弹簧片中心为支点，转换成一个扭矩，该扭矩除以设定的杠杆比，所产生的力作用于称重传感器。称重传感器输出比例于流量值的信号，通过微机转换出流量值。对该流量不断积分，即为累积量，因此有别于冲板流量计和核子计量装置。

三、产品的分类

如前所述：JGL型滑槽式固体流量计是通过式连续计量设备，如图29-1所示，JGLD型滑槽式固体流量给料机是连续定量给料设备如图29-2所示。

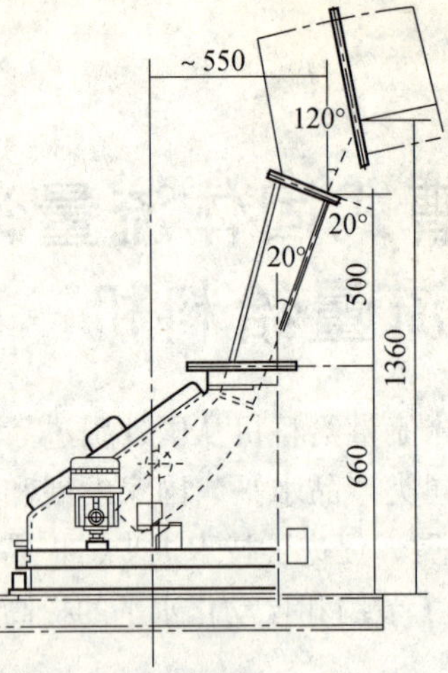

图 29-1　JGL 固体流量计

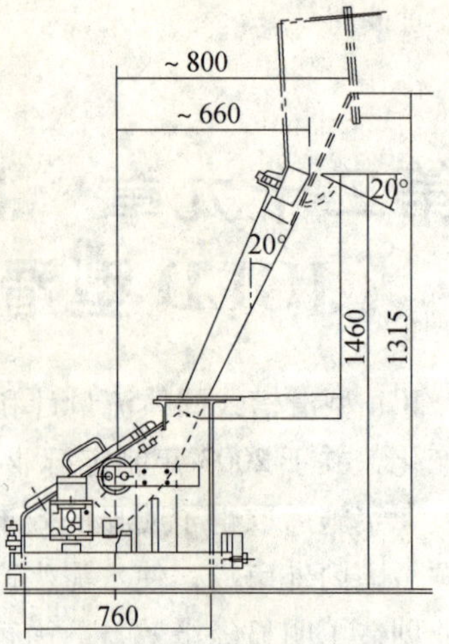

图 29-2　JGLD 固体流量给料机

第二节　产品型号的编制与工作原理

一、型号规格

产品型号规格是按滑槽宽度确定的：JGL250、JGLD250 滑槽宽度为 260mm，计量能力为 40 ~ 120m³/h；JGL500、JGLD500 滑槽宽度为 510mm，计量能力为 80 ~ 300m³/h；JGL650、JGLD650 滑槽宽度为 660mm，计量能力为 200 ~ 600m³/h。二者的区别在于导料槽高度不同，与专用弯头的连接方式不同：JGL 型为法兰刚性连接，而 JGLD 型为插入式软连接。

型号说明（见中华人民共和国建材行业标准 JC/T 916—2003 和 JC/T 918—2003）：

JGL 型滑槽式固体流量计

J G L □
- □ —— 滑槽公称宽度，单位为毫米（mm）
- L —— 溜槽（滑槽）
- G —— 固体流量
- J —— 计量给料机

JGLD 型滑槽式固体流量给料机

J G L D □ □
- □ —— S速度式流量控制设备；T通道截面积式流量控制设备
- □ —— 滑槽公称宽度，单位为毫米（mm）
- D —— 定量给料
- L —— 溜槽（滑槽）
- G —— 固体流量
- J —— 计量给料机

滑槽公称宽度为 250mm，400mm，500mm，650mm。因特殊需要，可做成其他尺寸。

主要技术参数：

计量精度：JGL 型：±2%

JGLD 型：±1%（带校正仓）

电源：380V +10% ~15%，50Hz 或 60Hz；

物料：粒度≤5mm，水分≤1%，温度≤100℃；

使用环境：机械部分 -30 ~70℃，仪表控制柜 0 ~45℃；

输入特性：1. 模拟信号：0/4 ~20mA（仅 JGLD 型）；

2. 仪表键盘；

3. 接口。

输出特性：1. 模拟信号：0/4mA；

2. 累计脉冲信号；

3. 无源触点信号。

二、主要结构和特点

主要结构图如图 29-3 所示。

该产品的基本原理实际上也是称重传感器的重量信号与物料流动速度的乘积处理结果。而该结构并没有直接测速装置，而是物料以一定规律的速度（非匀速）滑过溜槽。而该速度是靠规定的进料方向，严格设计制造的零部件的形状、尺寸，安装的相对位置及落料高度决定的。

（1）专用弯头：该弯头内折棱必须平整光洁，下滑面与垂直方向呈 20°角，以使物料顺畅均匀地进入导料槽。

（2）导料槽：该槽内表面平整光洁，与垂直方向的夹角也是 20°。JGL 型滑槽式固体流量计是与专用弯头直接法兰连接的，两下滑面在同一平面。JGLD 型滑槽式固体流量给料机以专用弯头的内折棱线至导料槽下端的垂直计算距离为 800mm。JGLD 型滑槽式固体流量给料机的专用弯头与导料槽是插入式软连接，物料从专用弯头进入导料槽下滑面有一过渡段。为了保证物料进入滑槽内的速度与 JGL 型滑槽式固体流量计相同，该导料槽较高，以专用弯头内折棱线至导料槽下端的垂直计算距离为 1200mm。

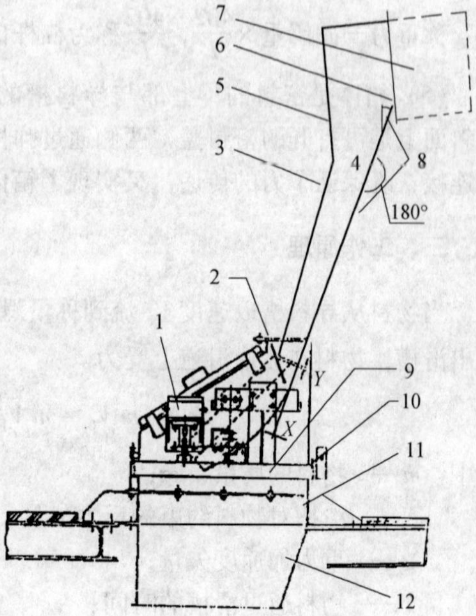

图 29-3 结构示意图

1—称重传感器组合；2—滑槽；3—导料槽；4—专用弯头与导料槽连接处；5—专用弯头；6—连接棱线（平整光滑）；7—空气斜槽；8—与垂直线夹角 20°；9—称量框架；10—标定砝码；11—安装基础；12—出料连接节

（3）称量滑槽：是一个表面光洁的曲面，滑槽内表面应涂一层聚四氟乙烯，尽量减小物料的滑动阻力和粘附性，且比导料槽的下滑面后移 1mm，保证物料全部进入称量滑槽。该滑槽固定在一圆筒形支架上，该支架与套在箱体外的称量框架连接，使物料对曲面的作用力通过称量框架传到称重传感器上。物料在曲面上摩擦阻力的合力方向通过十字弹簧片的中心支点，所以摩擦阻力矩为 0。因此，称量精度与物料种类及与在曲面上的摩擦阻力无关。

（4）称量框架：为一套在箱体外部的矩形框架，通过两组十字弹簧片与箱体弹性连接，前部有一限位保护螺钉，侧面有一与称重传感器接触的承重螺钉，后部为挂标定砝码的支架，其中心距十字弹片中心（杠杆力臂）为402mm。

由结构示意图可以看出，物料对滑槽的作用力，通过称量框架形成一个以十字簧片中心为支点的力矩 M。称重传感器的承重螺钉至十字簧片中心的距离为一称重力臂 L，力矩 M 除以力臂 L，其值即为作用在称重传感器上的力 $Q\left(Q=\frac{M}{L}\right)$。为了保证传感器在最佳区域工作，力臂 L 长度选在170～200mm之间的相应值，该值是在确定了 Q 值后计算出来的。

在标定时，专用砝码的重量乘以杠杆力臂（402mm），所得值就等于称重力 Q 乘以力臂 L。

称重力=砝码重 $\times\frac{402}{L}$，$\frac{402}{L}$ 称为杠杆比。

（5）箱体是密封的，上部与导料槽的腰板密封连接，下法兰固定在水平基础支架上，前斜面上是可打开的密封盖，两侧通过弹性很好的橡胶异形薄膜片与称量滑槽的横圆筒支架相连接，既保证了力的传递，又实现了箱体的密封。

三、工作原理

当物料从导料槽以速度 V_1 流到称量滑槽时，由于称量滑槽是弧形的，物料将以速度 V_0 流出滑槽，物料在弧形滑道上受力。

$$m\overrightarrow{V_0}-m\overrightarrow{V_1}=\int_0^T\overrightarrow{N}\mathrm{d}t+\int_0^T\overrightarrow{mg}\mathrm{d}t$$

式中 m——物料的质量，kg；

$\overrightarrow{N}$——滑槽对物料约束的反力矢量；

$\overrightarrow{g}$——重力加速度矢量；

T——物料通过滑槽的时间；

$m\overrightarrow{V_0}-m\overrightarrow{V_1}$——动量的增量；

$\int_0^T\overrightarrow{mg}\mathrm{d}t$——常数。

则：
$$\int_0^T\overrightarrow{N}\mathrm{d}t=m(\overrightarrow{V_0}-\overrightarrow{V_1}-\overrightarrow{g}t)$$

$\overrightarrow{N}$ 是沿着滑槽切线方向，可以分解为水平分力 N_x 和垂直分力 N_y，如图29-4所示。

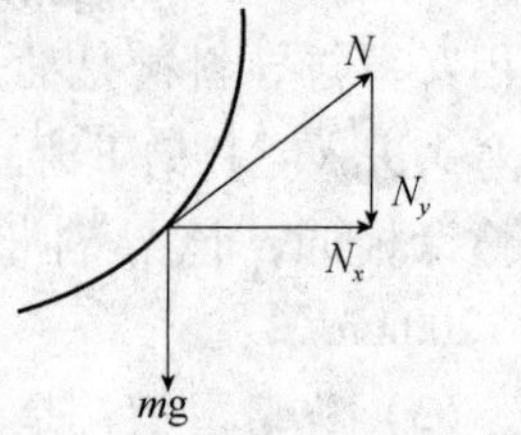

图29-4　滑槽对物料的力矩分析

综上所述，弧形滑槽上主要受力有两个，一个是物料本身的重力，二是滑槽对物料的约束分力（冲击力）。

对于JGL型滑槽式固体流量计和JGLD型滑槽式固体流量给料机，主要是测量物料对滑槽的冲击力，而冲击力的大小与物料的质量有关。

$\int_0^T f(m)\mathrm{d}t$，由于滑槽的弧度和几何尺寸是固定的，对于不同物料的函数关系也是固定的。物料通过滑槽式固体流量计的流量：$P=K\cdot N$，其中 K 为系数是实际测量出来。

各原理图如图 29-5、图 29-6 所示。

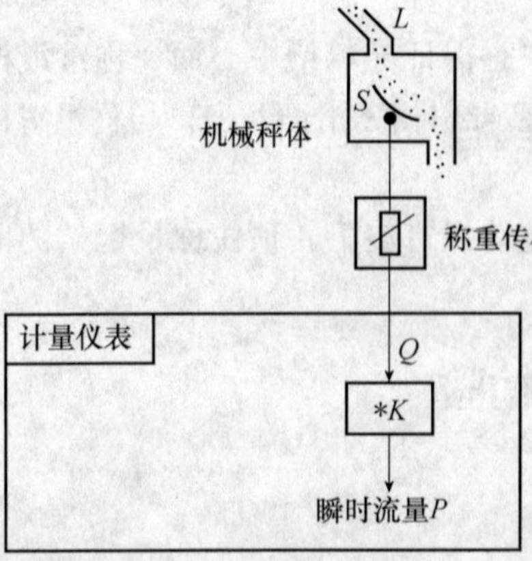

图 29-5　固体流量计系统框图

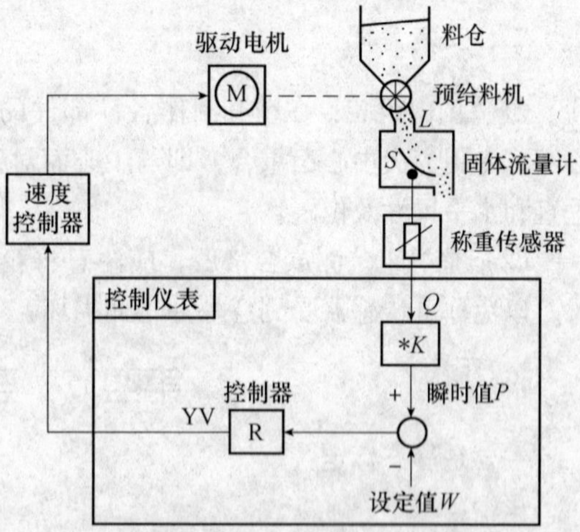

图 29-6　固体流量给料机系统框图

四、系统配置及工作概况

1. JGL 型滑槽式固体流量计为通过式计量设备，配置比较简单。一般的是，专用弯头接在倾斜的来料滑道上（有的是空气斜槽），物料通过专用弯头，导料槽和称量滑槽后，就能计量出其流量速率和累积量。

2. JGLD 型滑槽式固体流量给料机为定量给料设备，配置相对复杂，上面要有相应容积的校正仓，以便在线标定，仓的出料口有预给料设备，如格式给料机、电动流量调节阀门组和空气斜槽。事先将预定给料量输入控制仪表，计量结果不断地与预定值对比，以便随时调整预给料机的转速或出料口的开度，使实际给料量紧紧跟踪预定值，所以仪表功能较多。除完成计量，累积计量外，还具备校正仓的料位监测、计量及系统的在线标定和预给料机的控制、跟踪、调整功能。

第三节　产品制造与检验

一、制造

（1）专用弯头：用专用工艺装备定位夹紧、焊接，所有焊缝尤其是内折棱处要打磨光滑，以保证来料方向的正确性，下滑面与垂直方向成 20°夹角，并保证两端连接法兰的相应角度。

（2）导料槽：用专用工艺装备定位、夹紧、焊接，以保证连接法兰及腰板与下滑面的 70°夹角。

（3）称量滑槽：用专用工艺装备定位、夹紧、焊接，以保证曲面滑槽的几何形状、位置及与滑槽圆筒支架轴心线的平行度。

（4）称量框架：用专用工艺装备定位、组焊，以保证与箱体中心面的对称度、与安装下法兰面的平行度（即水平度）、十字弹簧片支座及承重螺钉的位置尺寸。

（5）箱体：用专用工艺装备保证箱体的几何形状、固定十字弹簧片支座的位置、称重传感器支座的位置及下法兰连接面的水平度。

二、安装

(1) 厂内组装：在精心制作各零部件的基础上，注意保证导料槽中心面、称量滑槽中心面、专用弯头中心面重合，即与中心面对称；同时保证导料槽下滑面及出口与称量滑槽的垂直和水平尺寸及位置。

(2) 整机组装测试合格后，应注意将箱体正面的止动螺钉旋下，顶住称量框架的前横梁，以免称重传感器受到意外冲击而损坏。

第四节　整机测试检验

主要是静态标定：

步骤：

(1) 按数据表要求准备一组（不少于 3 个）标准砝码，额定载荷的 20% ~130% 范围内。

(2) 记录仪表的显示值（百分比显示）。

(3) 计算结果应符合规定。

(4) 检测实例：

设备型号：JGL650；

正常标准载荷：$Q_n = 17.909$kg；

称重传感器额定负荷：100kg；

控制仪表显示皮重：−0.08%。

线性测试结果：

	Q_1	Q_2	Q_3
砝码重量（kg）	16.1178	12.042	4.076
仪表显示值（%）	90.48	67.68	22.79
皮重显示值（%）	−0.08	−0.08	−0.08
砝码显示值（%）	90.56	67.77	22.87
理论值（%）	90.56	67.66	22.90
误差值	0.00	−0.11	0.03
满量程精度值（%）	0.00	−0.12	0.03

上述计算公式：

$$\text{砝码显示值(\%)} = \text{仪表显示值(\%)} - \text{皮重显示值(\%)}$$

$$\text{理论值(\%)} = \frac{\text{最大砝码显示值(\%)}}{\text{最大砝码重(kg)}} \times Q_i\text{(kg)}$$

$$\text{满量程精度值(\%)} = \frac{\text{误差值}}{\text{最大砝码显示值}} \times 100\%$$

测试结果：优于 0.2% 的精度值规定。

第五节　现场安装与调试

（1）检查安装现场：

对于 JGL 型滑槽式固体流量计，从水平安装基础到空气斜槽出口下沿的垂直高度1360mm。如尺寸不符，可在水平基础上调整。

对于 JGLD 型滑槽式固体流量给料机，从水平安装基础到空气斜槽出口下沿的垂直高度1815mm。如尺寸不符，也可在水平基础上调整。

（2）水平基础安装与相同规格的 JGL 型滑槽式固体流量计和 JGLD 型滑槽式固体流量给料机尺寸相同。

（3）现场安装：

1）安装基础必须水平，进料斜槽与专用弯头连接必须平顺且密封，如果垂直方向尺寸不适，应在安装基础上加装连接节或垫板，确保物料均匀地滑过专用弯头、导料槽，到达称量滑槽。物料的流动状态应该是层流而不是紊流。

对于 JCLD 型滑槽式固体流量给料机，其专用弯头为插入式软连接，其四周结合面应密封，但应能自由滑动、阻力小，以确保校正仓的计量精度。

2）现场安装完成，调试前将设备清扫干净，松开箱体正面的止动螺钉并提起，使螺钉头与横梁间留有充分的间隙，以便称重传感器进入工作状态。

3）由电器专业技术人员按规程安装和检查有关设施及电线、电缆。

4）电控柜的安装：固体流量计、固体流量给料机的仪表及控制系统全部装在仪表柜或电控柜中，有墙挂式、柜式。电控柜是密封的，要安装在通风干燥、附近没有强电磁干扰的地方，并有良好的接地点（接地电阻 $<4\Omega$）。所用电缆应架空或通过电缆沟。

电缆允许长度：称重传感器电缆 500m；控制信号电缆 300m；强电电缆与信号电缆如果平行架设，两电缆之间相距应大于 0.3m。

5）现场调试：

按随机提供的《技术参数表》和《使用说明书》进行调试及试运行。

如有条件可以参照第四节整机测试检验的程序和方法进行，也可进行足够量的实物标定。

第六节　产品的维护与修理

（1）称量框架是通过两侧的十字弹簧片吊挂在箱体上，除承重螺钉与称重传感器接触外，其他部分呈悬浮状态，因此要随时检查各处，随时清扫异物。

（2）称重传感器上部的限位保护螺钉与传感器之间的间隙（0.29 ± 0.01mm）是事先调整好的，不能随便调动，但可用干净的薄软布拉动擦拭，以排除中间的杂物。

（3）如果计量仪表出现故障，一定要请仪表专业技术员修理。

第三十章　水泥工业用空气炮清堵器

按　水泥工业用空气清堵器是有行业标准的产品，属于强制执行的标准（JC 462—1992），发布于1992年，2005年由郑州欧亚空气炮有限公司和天津水泥工业设计研究院等单位组成的标准起草工作组修订并实施了新标准，其水平达国际先进水平。实施后产品质量得到提高，推动了水泥工业生产的技术进步，不少生产企业所生产的产品替代了进口产品，不仅占领了国内市场，也占领了国外市场，为我国经济建设发挥了重要作用。

第一节　概　　述

空气炮清堵器是防止和清除各种类型料仓、料斗、水泥预热器窑和管道分叉处及矿山溜井、溜坡的物料起拱、粘仓闭塞等现象的专用装置。混凝土、钢、木或塑料制成的仓和斗均可使用，广泛用于煤矿及井下煤仓、洗煤厂、水泥厂、铸造厂、火力发电厂、烧结厂、煤气厂、化肥厂、化工厂、铝厂、制碱厂、钢铁厂、焦化厂、制药厂、矿山、码头、粮食和饲料加工厂、混凝土加工厂等拥有料仓、料斗、输送管道和溜井的厂矿企业。

空气炮清堵器的主要特点：

（1）安全可靠：由于空气炮的喷射是瞬间的，每次使用的空气量有限，因此不会对仓、斗等构筑物产生大的振动和对仓壁的冲击。采用无火花开关，周围介质没有爆炸危险。

（2）能量大、能耗低：空气炮清堵器是利用储存在贮气罐中的气体以突然爆发所产生的气流冲击力，直接作用于物料闭塞事故区，破拱清堵助流。由于空气炮清堵器是间歇工作，每次充气时间很短，因此比其他清堵助流装置所消耗的能源都低。

（3）噪声低：膨胀释放压缩空气的声音几乎全部被仓中的物料所吸收，又是间歇工作，所以噪声低于工业企业噪声标准。

（4）安装维修方便：在料仓易被阻塞的适当部位，切割一个孔或设计时预留孔，把管座焊接或用混凝土稳固在仓壁上，然后与空气炮喷射管直接连接，炮体用螺旋扣或钢条悬吊于仓壁或其他构筑物上，以加强炮体的稳固性。无需使用专用工具。

第二节　空气炮结构、原理和制造

1. 结构

空气炮清堵器是由炮体、喷爆总程、活塞、弹簧、密封环、膜片等组成。突然喷出的压缩空气的强烈气流，以超过一马赫的速度或高于音速的速度直接冲入贮存散装物料的闭塞事故区，这种突然释放的膨胀冲击力克服了物料的静摩擦，使仓中的物料再一次恢复动力流动。

2. 工作原理

空气炮的工作原理如图30-1所示。

（1）打开供气阀门，压缩空气经由电磁阀S进入汽缸A，同时通过单向阀进入贮气罐D。

（2）汽缸 A 中的压缩空气迫使活塞 P 移向位置 C。封闭贮气罐 D，此时空气炮处于待发射状态。

（3）启动电磁阀或气动控制阀，S 换向，S 中余气经 S 排出，A、D 压力失去平衡，P 受 D 压力作用很快回移，同时 D 中的压缩气通过喷射管在瞬间喷射出去。

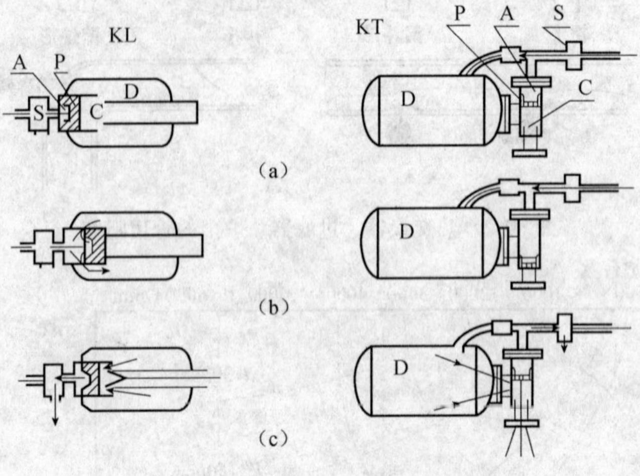

图 30-1　空气炮的工作原理

3. 制造

（1）空气炮是严格按照 GB 150—1998《钢制压力容器》、JC 464—2005《水泥工业用空气炮清堵器》、TSG R0003—2007《简单压力容器安全技术监察规程》等标准设计、制造并验收的。

（2）设计单位、设计人必须具有压力容器设计资格。

（3）制造单位必须具有国家颁发的特种设备制造许可证（压力容器）。

（4）制造单位必须建立有质量保证体系，制定有质量保证手册，严格按照标准和手册进行工艺制作、检验。从原材料进厂到水压试验要进行材料标记移植。空气炮清堵器主体材料采用 Q235-B（特殊要求采用 16MnR）钢板制作。

（5）参加制造空气炮的焊工必须具有技术监督部门颁发的焊工资格证书，焊接时严格按照焊接工艺制作，严格控制电流、电压、焊条、焊丝、焊剂的型号和规格，并在规定处打上焊工钢印，使产品有追索性。

（6）探伤人员必须具有Ⅰ、Ⅱ级探伤资格证书。持Ⅱ级资格证的人员可参加探伤评片。

（7）每台空气炮必须进行水压试验并保持一定时间的压，并认真做好记录。

（8）空气炮出厂时必须具备合格证、竣工图、空气炮使用说明书等证明。

第三节　空气炮清堵器的选型及配置

在各种贮料仓内，贮料由于潮湿、挤压等原因，可形成不同类型的起拱堵塞。热交换器、过滤器、炉窑的管道阻塞如图 30-2 所示。为适应各种情况，现有多种规格的空气炮供选用，其选型及布置形式应根据料仓形式、容量、截面积、卸料角度、贮料性质、放料周期、环境等条件综合考虑。空气炮的选型如图 30-3 所示。

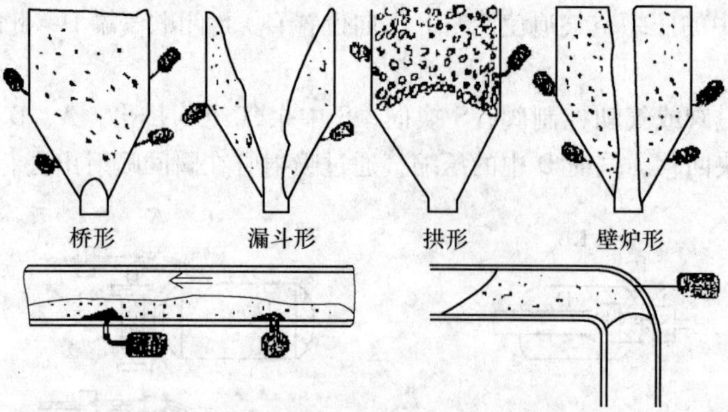

图 30-2　热交换器、过滤器、炉窑的管道阻塞

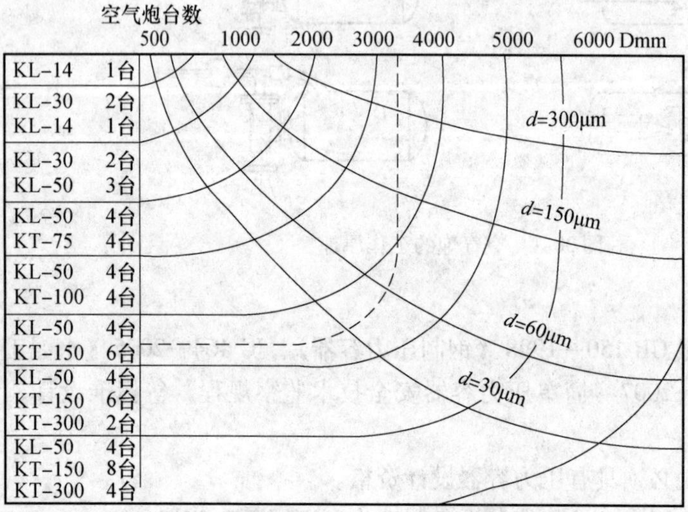

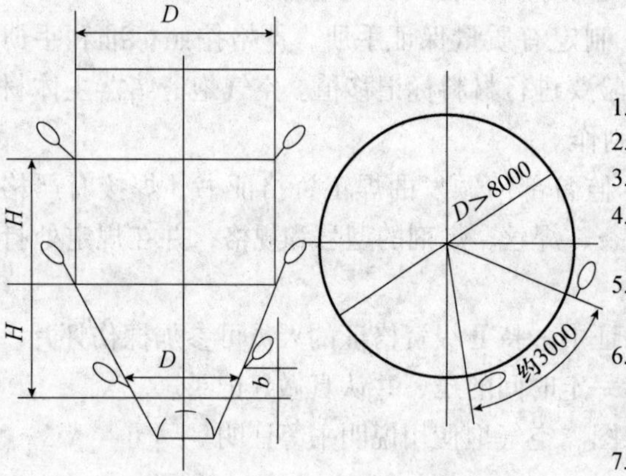

（a）　（b）

1.D为内径或当量圆的内径，以60° 圆锥角料仓为基准。
2.d为物料平均粒度。
3.块状物料可按d=30μm选取。
4.选取数量除料仓直径外，还要根据物料的特性、水分、黏度、料仓容量、料仓角度等进行增减。
5.当D>8000mm时直筒部分可按圆周每隔3000mm装一台300L空气炮的办法，确定一周安装的数量（图b）。
6.在料仓高度方面每隔H=2000mm（或稍大于2000mm）应增装一层空气炮（图a），同层圆锥部分空气炮，希望有一定高度（h<900mm）。
7.料仓下部是多锥出料口时，每个锥体部分均应装设空气炮。

图 30-3　空气炮的选型

1. 一般选型原则

容积 14L、30L 空气炮主要用于贮料比重较小，流动性较好，贮料仓容量及截面积较小的情况，如粮仓、木屑仓、塑料仓、小型水泥仓及输料管路上。

容积 50L、60L、75L、100L 的空气炮主要用于贮存一般物料的中、小型料仓，如化肥、水泥、铸造用砂、小型装车闸门、小型矸石仓等。

容积150L、160L、170L、300L的空气炮，主要用于贮料密度较大，贮料仓容量及截面积不太大，流动条件差及易板结压实的贮料仓上，如各种中型装车煤仓、容量较大的原煤仓和缓冲仓、小型的精矿石料仓等。

容积300L、500L的空气炮，主要用于大型的贮煤仓，比重很大的精矿石仓及其他特殊用途的场合。

在热态上应用时应选用耐热型空气炮配置。

对于防爆要求的场所应选用防爆电磁阀或气动控制。

2. 一般布置原则

在料仓结构分析及现场考察，一般来讲最易起拱、堵塞的部位，在垂直仓壁与锥形料斗结合部至下部，所在布炮重点也应在此范围。针对各种情况在容易起拱处按角度分层次布置空气炮若干台，组成一个操作系统进行工作。布炮的层距为0.9～2.5m，间距为3m左右交错配备。这是一般选择方法，一个料仓确切配置几台、分几层布置应具体情况具体确定。

第四节　空气炮安装、调试

空气炮安装、调试如图30-4所示。

（1）安装时空气炮喷射接管（仓内部分）应向下布置，其角度与水平线不得小于15°。

（2）气动控制时，炮体与气动控制阀之间的距离不得超过15m。

（3）气源各个接头部位及管路不得漏气。使用的压缩空气必须是过滤的、稳定的、干燥的。最大工作压力不得超过0.8MPa，最小工作压力不得低于0.4MPa。

（4）炮体排水塞应向下，便于排水。如炮体距地面或操作平台过高不便操作，且气源水分过大，可拆下排水塞引出管路至便于操作处装一阀门，确保定期排水。

（5）单向阀、球阀应安装在便于操作的位置。

（6）空气炮未稳固在料仓上之前，切勿随意放炮。

（7）热态设备上安装，应采用特殊耐热喷管，炮体与热态设备应保持一定距离，其环境温度应低于50℃。

（8）温度低于－10℃时，应采取保温措施。

（9）电磁阀交流额定电压220V，消耗功率15W，启动时22VA。

（10）空气炮安装时可采用吊索或支架进行固定。

空气炮放炮换向阀可选用二位二通电磁阀、二位三通电磁阀、快速释放脉冲电磁阀、气动阀、手动阀。

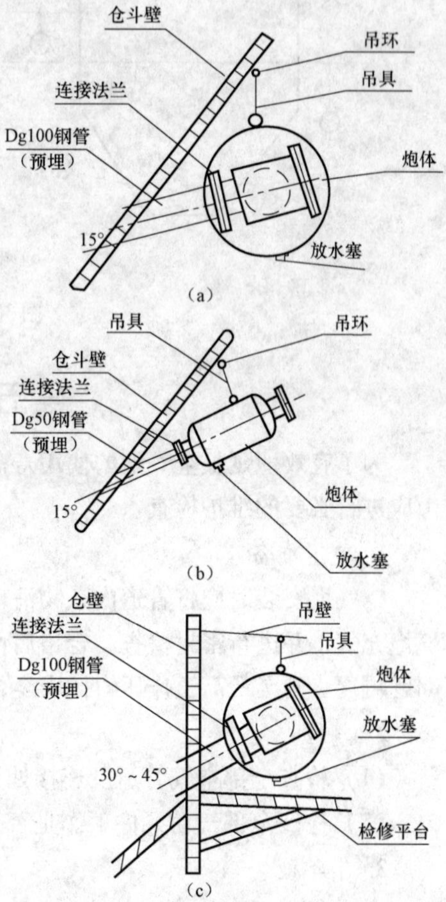

图30-4　空气炮安装、调试

空气炮的操作十分灵活，可采用手动、气动单个控制，电控单个、成组放炮，定时自动，PLC 程序等控制方法。操作时先打开手动球阀，气体便自动进入炮体，需要放炮时，按一下启动按钮，给换向阀一个脉冲电信号或气信号，空气炮即通过排气口喷出强大的冲击气流，能量释放后自动恢复充气状态，随时可完成第二个工作循环。空气炮的释放操纵程序为先放下层炮，后放上层炮，以利排料。

空气炮的手动操纵是利用换向阀上的小把手完成的，电、气控制是靠操纵按钮来完成的，自动控制系统靠空气炮自动控制仪执行，可以进行中央控制程序。一个安全自动化的系统是为了操纵许多空气炮，可以无人看管，用一个固定的定时信号发生装置区控制每台空气炮，自动按预定间隔时间放炮。空气炮控制示意图如图 30-5 所示。

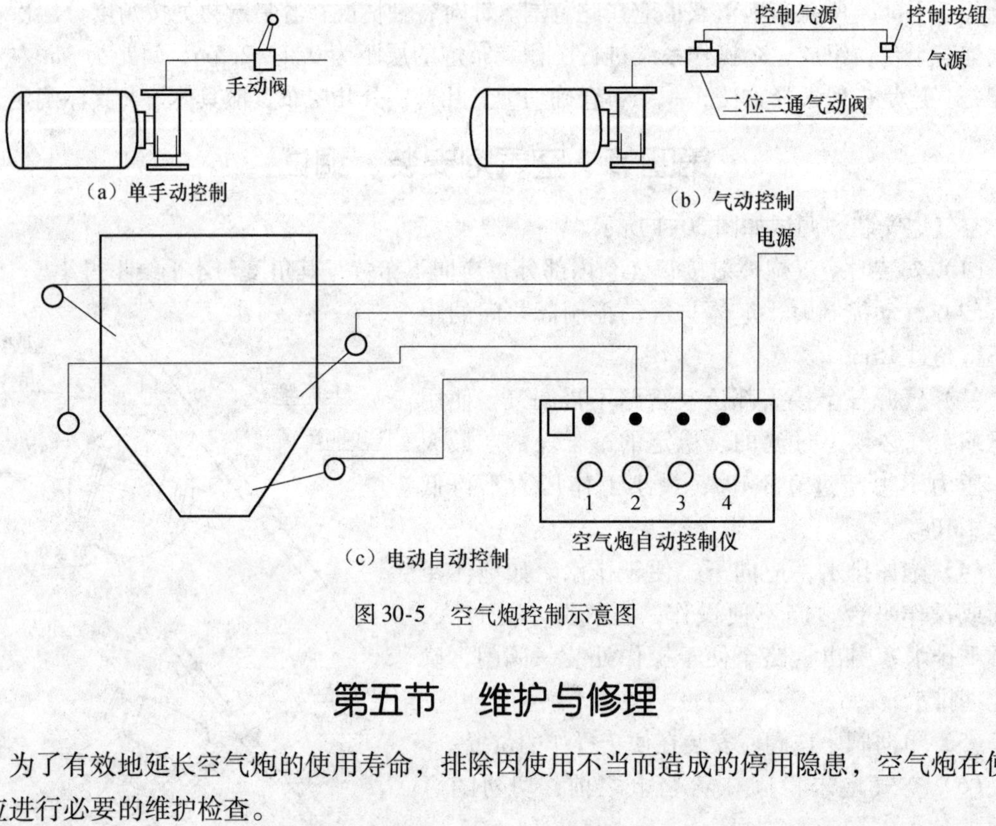

图 30-5　空气炮控制示意图

第五节　维护与修理

为了有效地延长空气炮的使用寿命，排除因使用不当而造成的停用隐患，空气炮在使用中应进行必要的维护检查。

1. 使用准备

空气炮安装时应将管道内杂物清理干净，全部安装完毕后，经认真检查，无问题再向空气炮充气，并进行密封检查，合格后可进行放空炮试验，试验时可先用较低的压力试放，无问题再逐步升至最高工作压力，安全合格后可正式投入使用。

2. 月检

（1）检查全部空气管道及连接处是否松动漏气。

（2）检查全部气动元件工作是否正常、灵活。

3. 半年检

（1）进行全面外观检查，空气炮有无结构损伤。

（2）关闭空气炮气源，释放炮体内气体，卸掉放水塞，排出内部全部积水，然后再把放水塞原处拧紧。

（3）检查空气炮的吊挂、支撑装置的焊接处，固定是否有损坏，螺栓是否有松动等不正常现象。

（4）正常操作时，如发现空气炮漏气，需清理或更换“O”型密封圈或活塞。此项工作应注意：首先关闭气源，停止供气，释放炮内气体，从炮头活塞缸筒中取出活塞进行清理，更换配件。无论是清理还是更换配件，只要活塞从缸筒中取出，都应更换新的“O”型密封圈。安装前活塞和密封圈都应加油润滑。

（5）检查炮头和炮体之间的法兰垫片，如损坏应更换，然后把全部零件安装牢固。

（6）检查全部接线，有无松动、磨损或断裂现象。

（7）检查电磁阀、脉冲阀部件，如有损坏应及时更换。

完成上述检查后，重新接上所有空气管路和电源，检查各部连接正确可靠后，方可投入使用。

（8）可能出现的故障及排除方法见表30-1。

表30-1　可能出现的故障及排除方法

现　象	原　因	排除方法
1. 空气炮不能充气	1. 单向阀安装有误 2. “O”型密封圈漏气 3. 炮体内充满了水或污物 4. 放水塞松动泄漏 5. 气源管路受阻或管路漏气 6. 电磁换向阀安装不正确或有脏物及损坏	1. 调换单向阀安装方向 2. 清洗活塞或更换密封圈 3. 排除水分及污物 4. 拧紧放水塞 5. 检修管路，保证畅通，不得漏气 6. 检查纠正安装位置清洗或更换
2. 空气炮不能排气	1. 电磁换向阀不动作 2. 电磁换向阀装错 3. 电磁换向阀失灵 4. 活塞卡住 5. 气动操作阀安装不适当，离炮体太远	1. 排除电、气、信号故障。检修电磁换向阀 2. 正确连接换向阀 3. 清理检查失灵原因，保养维修或更换 4. 清洗活塞缸筒，更换损坏部件 5. 调整气动操作阀与炮体的距离，不得超过15m
3. 空气炮释放能力小	1. 气压过低 2. 空气炮充气不足 3. 炮体内有水或污物 4. 活塞和密封圈漏气 5. 喷射管气流阻力大 6. 气动操作阀不适当，离炮体太远	1. 检查并增加气源压气 2. 适当延长充气时间 3. 排除炮体内污物和水 4. 清理更换活塞、密封圈 5. 降低气流阻力 6. 调整气动操作阀与炮体的距离，不得超过15m
4. 空气炮充气速度慢	1. 气源引管出口通径小 2. 空压机排气量小 3. 气源管路受阻	1. 更换大通径管路 2. 增加空压机排气量 3. 查找气源受阻原因并排除

第六节　设备主要技术参数

KL型、KT型空气炮外型如图30-6所示。

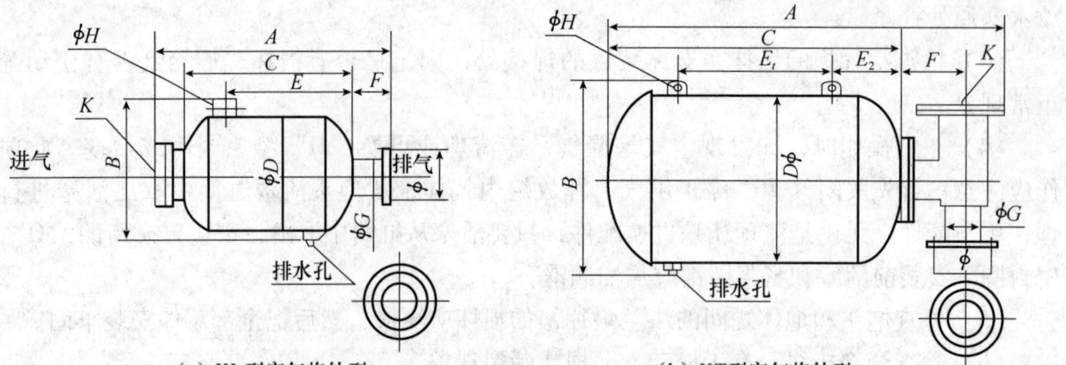

（a）KL型空气炮外型　　（b）KT型空气炮外型

图 30-6　KL 型、KT 型空气炮外型

KL 型、KT 型空气炮主要参数见表 30-2。

表 30-2　KL 型、KT 型空气炮主要参数表

型　号	容量（L）	A（mm）	B（mm）	C（mm）	DN（mm）	E E_1（mm）	E E_2（mm）	F（mm）	Ⅰ型ϕG 喷管（mm）	Ⅱ型ϕG 喷管（mm）	ϕH 吊环孔（mm）	ϕ孔中心距	K 进气孔	工作压力（MPa）
KL-14	14	535	290	400	210	280		65	50	65	14	125	G1/2″	0.4～0.8
KL-30	30	610	375	480	300	330		70	50	65	14	125	G1/2″	0.4～0.8
KL-50	50	700	430	568	350	400		70	50	65	14	125	G1/2″	0.4～0.8
KT-75	75	980	486	680	400	365	200	185	100	125	16	180	G1/2″	0.4～0.8
KT-100	100	1170	486	870	400	480	200	185	100	125	16	180	G1/2″	0.4～0.8
KT-150	150	1190	580	890	500	560	225	185	100	125	18	180	G1/2″	0.4～0.8
KT-160	160	1225	580	920	500	560	225	185	100	125	18	180	G1/2″	0.4～0.8
KT-170	170	1300	580	980	500	560	225	185	100	125	18	180	G1/2″	0.4～0.8
KT-200	200	1400	580	1080	500	570	225	185	100	125	18	180	G1/2″	0.4～0.8
KT-220	220	1500	580	1230	500	575	225	185	100	125	18	180	G1/2″	0.4～0.8
KT-300	300	1615	580	1250	500	685	260	190	125	130	18	210	G1/2″～1″	0.4～0.8
KT-500	500	1745	790	1420	700	870	285	190	125	130	18	210	G1/2″～1″	0.4～0.8

KZ 型、KZ-K 型空气炮外型如图 30-7 所示。

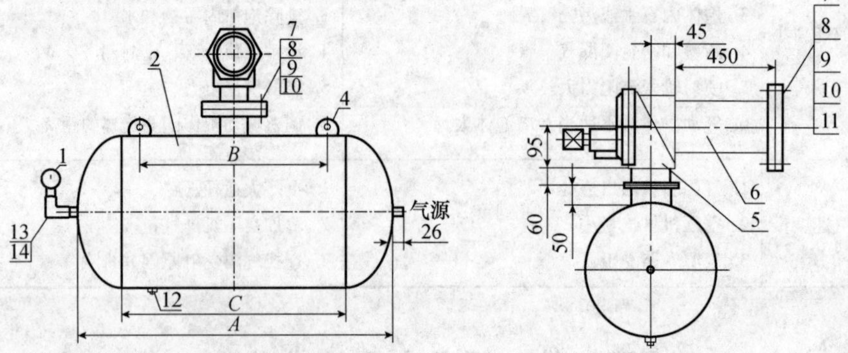

（a）KZ型空气炮　　（b）KZ-K型空气炮

图 30-7　KZ 型、KZ-K 型空气炮外型

KZ-K 型空气炮主要参数见表 30-3。空气炮主要零部件表见表 30-4。

表 30-3　KZ-K 型空气炮主要参数

型　号	容积（L）	内径（mm）	喷口（mm）	型号	喷口（mm）	A（mm）	B（mm）	C（mm）	工作压力（MPa）	冲击力（N）	功率（W）	重量（kg）
KZ-50-K	50	350	50			578	250	350		1400 - 4200		58
KZ-60-K	60	350				688	360	460		2000 - 4600		70
KZ-75-K	75	400		KZ-75		660	310	410		2500 - 6500		81
KZ-100-K	100	400		KZ-100		860	510	610		3000 - 8000		95
KZ-150-K	150	500	65	KZ-150	100	882	460	570	0.4 ~ 0.8	4500 - 10000	10.5	130
KZ-160-K	160	500		KZ-160		922	480	610		4800 - 10500		138
KZ-170-K	170	500		KZ-170		982	560	670		4850 - 11000		145
KZ-200-K	200	500		KZ-200		1080	730	830		5200 - 12800		165
KZ-220-K	220	500	80	KZ-220	125	1232	820	920		5720 - 14080		170
KZ-300-K	300	600		KZ-300		1172	690	810		7800 - 19200		178

表 30-4　空气炮主要零部件表

序号	名称	规格	数量
1	压力表		1
2	炮体		1
3	短管法兰	DN65	1
4	吊环		2
5	电磁阀	DN65	1
6	喷管法兰	DN65	1
7	螺栓	M16 × 60	8
8	螺母	M16	8
9	弹垫	ϕ16	8
10	石棉橡胶垫		2
11	法兰	DN65	1
12	排水塞	1/2″	1
13	弯头		1
14	接头	1/2″	1

第三十一章　水泥工业用链条（圆环链）

按　《水泥工业用链条技术条件》标准2002年组织制订，2003年3月20日由国家发展和改革委员会批准发布，2003年12月1日实施，达到了国际水平。标准实施后，产品质量得到提高，促进了行业技术进步，推动了我国水泥工业的发展，提高了经济效益，对占领国内外市场发挥了重要作用。

第一节　概　　述

水泥工业用链条主要包括圆环链、输送用滚子链和套筒链以及湿法窑用链条（铸造链条），在此主要介绍圆环链的制造、安装及维护修理。

环链斗式提升机是国内外水泥制造行业广泛采用的主要机械设备之一，而水泥工业用链条（圆环链）则是环链斗式提升机设备的关键件和易损件，且用量很大。随着我国国民经济的快速发展，水泥需求量不断增加，推动了水泥工业的发展，高产、高效环链斗式提升机的应用越来越多，提升高度也在不断增加，对环链斗式提升机用链条的力学性能有了更高的要求。环链斗式提升机工作时，圆环链循环承载，除承受拉－拉疲劳外，遇有刮卡还会受到冲击载荷。由于链环在负载状态下通过滚筒或链轮时不断弯折，在链环与链环的连接部位会产生磨损（这种链间的磨损是链条在水泥厂的主要失效形式）和接触疲劳，同时对链环中部（包括焊接接头所在部位）产生弯曲载荷。链条在运行中链环的直边部分与槽体及所提升物料产生磨损，链条在工作时与腐蚀性的物料接触，应力腐蚀、腐蚀疲劳也有发生，因此圆环链需要具有高强度、高韧性、耐磨损、耐腐蚀等综合力学性能。链条的力学性能和使用寿命的高低直接影响到提升机的工作效率和水泥厂的水泥产量。链条的使用寿命与链条的制造、安装及维护修理有着直接的关系。

第二节　水泥工业用链条（圆环链）的制造

1. 链条用钢

（1）对链条用钢的要求

圆环链分高强度圆环链和渗碳圆环链两种。高强度圆环链的力学性能应达到表31-1中的要求，渗碳圆环链的力学性能和渗碳层深度应达到表31-2中的要求。圆环链的性能除与制链工艺有关外，还与其用钢质量有着密切的关系。因此，对圆环链用钢的化学成分、力学性能及钢材交货状态下的显微组织有较严格的要求。

表31-1　高强度圆环链的力学性能

最大工作拉应力（N/mm^2）	最小破断应力（N/mm^2）	破断时最小总伸长率（%）
157.5	630	8

注：圆环链的最小破断负荷 Tk 应按下式计算：

$$Tk = \pi(d^2/4) \times 2 \times 630 \div 1000 (kN)$$

式中　d——链环钢材的公称直径，mm；

$\pi(d^2/4)$——链环钢材的理论截面积，mm^2。

表 31-2　渗碳圆环链的力学性能和渗碳层深度

最大工作拉应力（N/mm^2）	最小破断应力（N/mm^2）	表面硬度（Hv）	渗碳层深度（mm）
72.5	290	600～800	$0.06d \sim 0.1d$

注：1. 表中 d——链环钢材的公称直径，mm。

2. 圆环链的最小破断负荷 Tk 按下式计算：

$$Tk = \pi(d^2/4) \times 2 \times 290 \div 1000(kN)$$

式中　d——同本表注 1；

$\pi(d^2/4)$——链环钢材的理论截面积，mm^2。

为了满足圆环链对上述的性能（包括工艺性能）要求，圆环链用钢必须是镇静钢，且有较高的纯净度。交货状态下钢的组织应均匀，碳化物颗粒应细小均匀，奥氏体晶粒度不小于 5 级。钢应具有良好的弯曲成型性、焊接性、淬透性和回火稳定性，所制链条在热处理后应具有较高的强韧性。圆环链用钢的质量及尺寸公差应不低于《水泥工业用链条技术条件》（JC/T 919—2003）的规定。

（2）高强度圆环链用钢现状

长期以来，我国水泥工业用圆环链的用钢比较成熟和生产使用较多的是 25MnV 钢，其化学成分如表 31-3 所示。而大规格圆环链的用钢则使用 NiCrMo 系列的高级优质链条钢 23MnNiMoCr54（以下简称 54 钢）制造。54 钢是德国 DIN17115—1987 链条钢标准规定的高级优质链条钢，经世界许多大的链条公司使用效果良好，较好地满足了各种高质量级别圆环链（矿用高强度圆环链、焊接吊链等）的性能要求，在水泥工业用圆环链的制造中也得到广泛应用。54 钢的化学成分如表 31-4 所示。

表 31-3　25MnV 钢的化学成分　　质量分数，%

C	Si	Mn	S	P	V	Cr	Ni	Mo	Al
0.21～0.28	0.17～0.37	1.20～1.60	≤0.035	≤0.035	0.10～0.20	—	—	—	—

表 31-4　54 钢的化学成分　　质量分数，%

C	Mn	Ni	Cr	Mo	S	P	Cu	Al	N
0.20～0.26	1.10～1.40	0.90～1.10	0.4～0.6	0.5～0.6	≤0.02	≤0.02	≤0.25	0.02－0.05	<0.012

注：S＋P≤0.035%

钢中合金元素所起的作用：①碳。对提高钢的强度起主要作用，但含碳量不宜过高或过低，过高将影响钢的焊接性能并增加脆性，过低又会使钢的强度下降。②锰。强烈提高钢的淬透性，对回火稳定性影响较小。锰含量较高时，有使钢晶粒粗化的倾向，并增加钢的回火脆敏感性，54 钢中锰的上限含量为 1.4%。③钒。细化晶粒，提高钢的强度，对提高淬透性和回火稳定性有显著影响。钒含量较高时对韧性有不利影响。④镍。增加钢的韧性并能改善抗低温缺口冲击性能，有好的抗疲劳性。对提高淬透性和回火稳定性影响较小。⑤铬。显著提高钢的淬透性并提高钢的回火稳定性，提高钢的耐磨性和钢的抗氧化、抗腐蚀能力。铬是促进回火脆性的元素，在给定的处理条件下回火脆性随铬含量的增多而更显著。⑥钼。对提高淬透性和回火稳定性有显著影响。⑦铜。对焊接性有不利影响，对韧性有害。⑧铝。铝被用作细化晶粒和除氧的净化剂。铝能显著降低应变时效脆性，过量的铝将降低钢的韧性。

⑨硫。为有害元素，它使钢的塑性和韧性降低，对韧性作用更为明显，对焊接性有不良影响。⑩磷。为有害元素，剧烈降低钢的塑性和冲击韧性，提高钢的脆化温度，增大钢的焊裂敏感性。硫和磷的含量在 DIN 17115—1987 标准中被严格控制，即对硫、磷在钢中各自的最大含量进行了限制又对两者之和进行了限制。⑪氮。作为钢中的残留元素存在，可使钢产生应变时效和蓝脆等现象。当钢中的残留氮含量较高时，会导致钢宏观组织的疏松，甚至形成气泡。

锰、镍、钼、铬在钢中的合理配合使用可大大提高过冷奥氏体的稳定性，从而显著提高钢的淬透性。同时由于碳、锰、镍、钼、铬在钢中的合理配合经正确的淬、回火后可使钢获得显著的强韧化效果和优良的综合性能。

在《矿用高强度圆环链用钢技术条件》（GB 10560—89）标准中，25MnV 钢经 880℃水淬不低于 370℃回火后的力学性能见表 31-5。

表 31-5　25MnV 钢的力学性能

最大适用直径（mm）	最小屈服强度（MPa）	最小抗拉强度（MPa）	破断后的最小伸长率（%）	冲击值 Aku/J	冷弯试验 180° d = 弯心直径 a = 钢材直径
18	930	1130	9	—	$d=a$

在《焊接圆环链用钢技术条件》（DIN 17115—1987）标准中，54 钢经 880℃水淬不低于 400℃回火 1h 后的力学性能见表 31-6。

表 31-6　54 钢的力学性能

最大适用直径（mm）	最小屈服强度（MPa）	最小抗拉强度（MPa）	破断后的最小伸长率（%）	破断后的最小断面收缩率（%）	3 个试样的最小平均冲击值 Akv/J
30	980	1180	10	50	40

2. 链条制造

按照提升机的设计要求，链条的尺寸规格众多，下面仅列出部分常用规格，见表 31-7。

表 31-7　水泥工业用链条（圆环链）部分常用规格和尺寸　mm

<table>
<tr><th rowspan="2">链条规格
$d\times p$</th><th colspan="2">链环直边直径 d</th><th colspan="2">节距 p</th><th colspan="2">宽度</th><th colspan="2">焊接处</th><th colspan="3">测量长度</th><th rowspan="2">重量
(kg/m)</th></tr>
<tr><th>公称尺寸</th><th>极限偏差</th><th>公称尺寸</th><th>极限偏差</th><th>最小内宽 a</th><th>最大外宽 b</th><th>最大直径 d_1</th><th>长度 e</th><th>环数 n</th><th>长度 $l=n\times p$</th><th>允许偏差</th></tr>
<tr><td>10×35</td><td>10</td><td rowspan="4">±0.4</td><td>35</td><td>+0.6
−0.3</td><td>14</td><td>36</td><td>11</td><td>7.0</td><td rowspan="4">5</td><td>175</td><td>+1.2
−0.7</td><td>2</td></tr>
<tr><td>13×45</td><td>13</td><td rowspan="2">45</td><td>+0.7
−0.4</td><td rowspan="2">18</td><td>47</td><td>14</td><td>9.2</td><td>225</td><td>+1.6
−0.9</td><td>3.5</td></tr>
<tr><td>14×45</td><td>14</td><td>±0.4</td><td>48</td><td>15</td><td>9.5</td><td>225</td><td>±1</td><td>4.2</td></tr>
<tr><td>16×56</td><td>16</td><td>56</td><td>+0.9
−0.5</td><td>22</td><td>58</td><td>17.0</td><td>11.5</td><td>280</td><td>+2.0
−1.1</td><td>5.2</td></tr>
</table>

续表

链条规格 $d \times p$	链环直边直径 d		节距 p		宽度		焊接处		测量长度			重量 (kg/m)
	公称尺寸	极限偏差	公称尺寸	极限偏差	最小内宽 a	最大外宽 b	最大直径 d_1	长度 e	环数 n	长度 $l=n\times p$	允许偏差	
18×50	18	±0.5	50	±0.6	21	60	19.5	13.0	7	350	±1.5	7.2
18×63			63	+1.0 −0.5	24	65			5	325	+2.2 −1.3	6.5
18×64			64	±0.6	21	60			7	448	±1.9	
20×70	20		70	+1.1 −0.6	27	72	21.5	14.0	5	350	+2.5 −1.4	8.2
22×64	22	±0.7	64	±0.6		73	23.5	15.5	7	448	±1.9	10.4
22×70			70	±0.7		72.5				490	±2	10.1
22×76			76	±0.9	26	74				532	±2.4	10.4
22×80			80	+1.8 −0.7	31	83			5	400	+2.8 −1.6	10
22×86			86	±0.9	26	74			7	602	±2.6	9.5
26×81	26	±0.8	81		36	101	28	18	3	243	±1.7	15.2
26×91			91	+1.5 −0.8	35	94			5	455	+3.2 −1.8	14
30×105	30	±0.9	105	+1.7 −0.9	39	108	32.5	21.0		525	+3.7 −2.1	19
33×115	33	±1.0	115	+1.9 −1.0	43	119	34.5	23.0		575	+4.4 −2.5	22.5
34×126	34		126	±1.0	38	109	36.9	23.8		630	±2.6	22.7
36×126	36	±1.1		+2.1 −1.0	47	130	38.9	25.2		630	+4.4 −2.5	26.5
39×136	39		136	+2.2 −1.1	51	140	42.0	27.0		680	+4.8 −2.5	31
42×147	42	±1.3	147	+2.4 −1.3	55	151	45.0	29.4		735	+5.1 −2.5	36

注：链环钩（链节）的规格应与链条匹配。

圆环链的制造工艺过程为：下料→编链→抛丸→闪光对焊→初次校正→热处理→最终校正→测长→性能抽检→表面防腐处理→入库。

钢材确定后，在链条的制造中主要应满足链条的几何尺寸要求和力学性能要求，在生产实践中发现圆环链的力学性能不仅与原材料、热处理有关，还与链环的尺寸和几何形状有着十分密切的关系。由于链环是一种结构件，它的尺寸和几何形状是否合理对圆环链的力学性能将产生显著影响，所以在链条制造过程中应十分重视链环尺寸和几何形状的正确性，并采用优化设计，改善链环在受力状态下的应力分布。

圆环链应采用正确的焊接方法，在国内ϕ14mm 及以上直径的链条均采用闪光对焊的方法。圆环链焊接处不应有影响链环质量的夹渣、烧伤、目视裂纹、凹痕等缺陷。焊接处必须去除毛刺。链环焊接后要进行外观检查，不符合要求的链环要去除并补入符合要求的新环。

圆环链焊接完成后应进行热处理，如淬、回火或经渗碳处理后再淬、回火。高强度圆环链的淬、回火国内多数厂家采用中频感应加热的方法进行。热处理后，链环得到差温回火的效果，即链环的肩顶部硬度较高，直臂部硬度较低，硬度分布与使用要求十分吻合。

对高强度圆环链，热处理后应进行预拉伸（即生产工序中的最终校正），预拉伸负荷为该规格圆环链最小破断负荷的60%～65%。预拉伸处理后的圆环链应进行外观检查，对任何有目视裂纹及其他缺陷的链环应去掉并补入新环，对所补入的新环仍应进行热处理和预拉伸。

第三节　水泥工业用链条（圆环链）的安装及维护修理

水泥工业用链条的选用应根据所输送物料的物理和化学特性确定，对在使用中会使链条产生严重磨损的物料应选用渗碳链条，产生一般磨损的使用高强度链条。对链条有腐蚀作用的物料，应特殊订货选择耐腐蚀链条或强度级别较低的链条。链条的强度应满足提升机的功率要求。应选择与所用圆环链配套的链环钩，链环钩应配有定距板。提升机链条组装时，链条成对使用，成对使用两条链的长度误差尽量小，链环钩与料斗应紧固连接。提升机投入使用后应对链条、链环钩、链轮以及链环钩与料斗的连接定期检查，如有较严重的损伤、腐蚀、磨损等情况时应及时更换，紧固螺母松动时应及时紧固。

第三十二章　高铬铸球

按　高铬铸球是建材工业中主要的研磨体，在水泥生产中已成为不可替代的耐磨产品。1994 年制定了 JC/T 533—1994 建材行业标准，实施后推动了技术进步，促进了生产的发展。为适应 WTO 要求，2004 年又对该标准做了修订，已达到国际先进水平。这是我国第一项达到国际先进水平的标准，提升了行业的水平，是满足高耐磨、低球耗的产品，要求得到全行业乃至全国用户的认可，成为建材行业生产不可替代的最佳耐磨材料之一，并且广泛应用，各有关企业大量出口，占领了国内外市场，创造了最佳的经济效益。

第一节　概　　述

一、高铬铸球在水泥生产中的地位和作用

在建材的生产过程中，磨机是重要的粉磨设备，而磨机生产又是直接依靠研磨体在磨机筒体内产生的冲击和研磨作用，将物料制成所需要的细粉。因此，磨机生产时除了要消耗大量的内衬（筒体衬板、磨头衬板、隔仓板、中空轴衬套等）之外，还要消耗大量的研磨体。据不完全统计，研磨体的消耗比内衬的消耗大很多，约占研磨体和内衬总消耗的 80% ~90%，因此，除了要合理地确定研磨体的填充率及级配外，还应重点选择研磨体的材料。

研磨体基本上可以按形状分为球、段、棒三类，球类研磨体主要用于管磨机中的第一仓和第二仓，几乎占研磨体总量的 100%。因此，合理选择磨球材料，提高磨球的耐磨性有着重要的经济意义。近几年来，国内的耐磨材料发展比较迅速，磨球材料的种类在不断增加，但是从原国家建材局组织的《耐磨铸球》国家建材行业标准（JC/T 533—1994）制订过程中的调研情况来分析，由于高铬铸球具有耐磨损和抗冲击优异等综合机械性能，仍是国内外建材工业中使用的最为理想的磨球材料之一。

二、高铬铸球发展概况

高铬铸球的发展起源于国外，二次大战结束后，以原西德为首的少数西方国家开始了这一领域的研究，到了 20 世纪 60 ~70 年代，欧洲，美国、日本等国均开始大量生产高铬铸球，高铬铸球已经得到了广泛的运用。我国高铬铸球研制和开发起步较晚，20 世纪 70 年代我国普遍使用碳素锻钢淬火球，吨水泥球耗在 800 ~1000g 之间。后来有些单位虽采用过低合金锻钢球，如 45Mn2、60Mn、Cr15 等材质的锻球，但效果仍不理想。到了 20 世纪 70 年代末，我国才开始研究、开发高铬铸球，使吨水泥球耗下降到了单仓球耗≤30g、单仓碎球率≤0. 8%。从此，高铬铸球在我国的研磨体中占据了主导地位。

第二节　产品结构与工作原理

一、主要技术参数

磨机用磨球的技术参数见表 32-1。

表 32-1　磨机用磨球的技术参数

钢球直径（mm）	一个钢球的质量（kg）	1t 钢球的个数（个）	每立方米钢球的质量（kg/m^3）	每个钢球的表面积（cm^2）	每吨钢球的表面积（m^2/t）
15	0.014	71428	—	7.069	50.493
17	0.020	50000	—	9.079	45.40
20	0.033	30303	—	12.566	38.08
25	0.064	15625	—	19.63	30.67
30	0.111	9009	4850	28	25.0
40	0.263	3802	4760	50	19.0
50	0.514	1946	4708	78	15.2
60	0.889	1125	4660	113	12.7
70	1.410	709	4640	154	11.0
75	1.756	576	4630	176.7	10.18
80	2.107	474	4620	201	9.5
90	2.994	334	4590	254	8.5
100	4.115	243	4560	314	7.6
110	5.478	183		380	6.95

二、高铬铸球的性能

1. 铸球表面硬度为 HRC58-66。

2. 沿通过浇口的直径方向的铸球硬度差不得超过 HRC3。

在一般的工况条件下，粉磨普通硅酸盐水泥的磨耗应小于 80g/t 水泥，磨球破碎率不大于 1%。

三、工作原理

1. 磨损机制

图 32-1 显示了磨球在球磨机内部的运动情况，大致包括两种运动方式：一是沿球磨机筒壁向上、向下运动过程中，磨球与水泥块（磨料）之间有相对滑动；二是达到一定高度抛落下来，对水泥块（磨料）有较大的冲击作用。

针对磨球的运动方式，将磨球在工况条件下的磨损机制分为以下三种形式：

图 32-1　磨球在球磨机内部的运动情况

（1）切削磨损

磨球在低应力作用下，磨损面被划伤、切削成犁沟。由于高铬铸球的基体是坚硬的马氏体组织，因此只能形成宽而浅的沟槽，并且在马氏体基体上分布着高硬度的铬铁碳化物 $(CrFe)_7C_3$，造成犁沟受阻而改变方向或间断，形成了不连续的犁沟。

（2）变形磨损

犁沟变形，金属被推挤至沟槽两侧，在反复变形过程中应变形成犁屑，自两侧辗压金属脱落。

（3）脆性剥落

高铬铸球的金相组织是：马氏体 + 共晶碳化物 + 二次碳化物 + 少量残余奥氏体。高铬铸球磨损面在高应力冲击载荷的持续作用下，表层的碳化物周围产生显微裂纹，并且沿着共晶碳化物网络不断向四周扩展，当裂纹相互连接后形成脆性剥落。

在磨球运动的相互滑动过程中，发生切削磨损和变形磨损，在磨球抛落时的冲击过程中，出现脆性剥落。试验分析表明：小型球磨机（ϕ1.83m）磨球冲击力较小，磨损机制主要是切削磨损和变形磨损；对大型磨机（ϕ3m）而言，磨球冲击严重，磨损机制以脆性剥落为主。

2. 失效分析

（1）磨损失效

磨损失效是高铬铸球在正常情况下最基本的失效形式，当高铬铸球本身不存在工艺缺陷时主要以这种方式失效。其特征是磨球表面被一层一层地均匀磨损，在磨损失效的整个过程中基本上保持着完整的外观几何形状。

在高铬铸球的磨损失效过程中，良好的显微组织状态有利于提高磨球的使用寿命。图 32-2 和图 32-3 是高铬铸球的金相组织照片，从照片中可以看到两种不同尺寸的碳化物。由于高铬铸球组织中的碳化物数量较大，它的形态、分布、大小对性能均存在一定影响。图 32-2 中的碳化物形状与粒度相对于图 32-3 中的较小，从理论上来讲其力学性能应好一些。

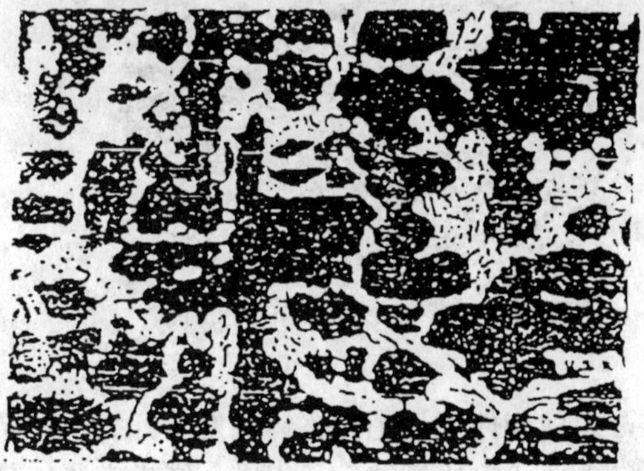

图 32-2　高铬铸球金相组织 ×100

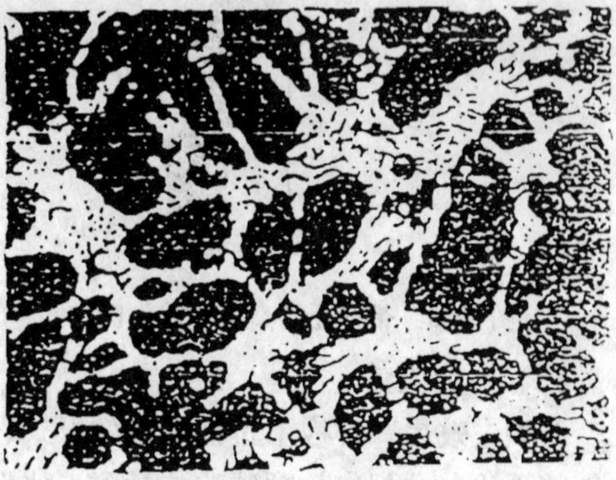

图 32-3　高铬铸球金相组织 ×100

（2）变形失效

变形失效是由于高铬铸球表面层的剥落而引起的。磨球在疲劳冲击的持续作用下，随着表面层剥落的不断扩展、延续，致使高铬铸球的几何形状遭到严重破坏，最终导致在磨损失效之前过早地产生变形失效。所以，变形失效将会大大缩短高铬铸球的使用寿命。

表面剥落现象主要由高铬铸球本身存在着的缩孔、缩松、气孔、夹渣、夹砂等各种铸造缺陷而引发的。通过图 32-4 ~ 图 32-9 可以清楚地了解到表面层剥落的过程。

在图 32-4 中，缩孔的位置较深，经使用后在缩孔的上部发生大块剥落。图 32-5 则表明高铬铸球表面层剥落是随着铸造缺陷存在的数量而持续发生的，在新形成的断口（由缩孔引起）的右下方可以见到旧断口（由夹砂引起）的痕迹。

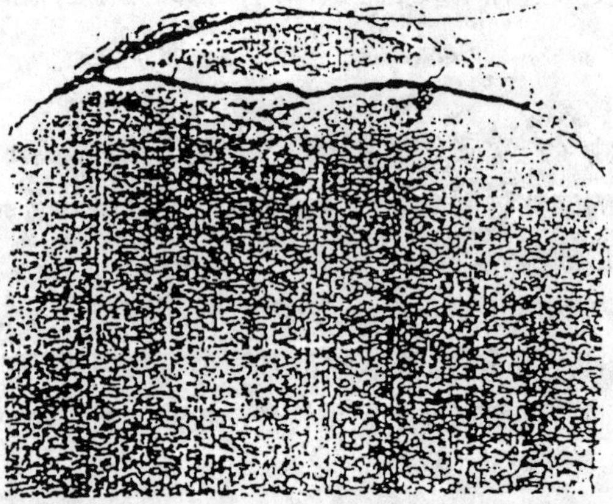

图 32-4　带有缩孔的高铬铸球剖面

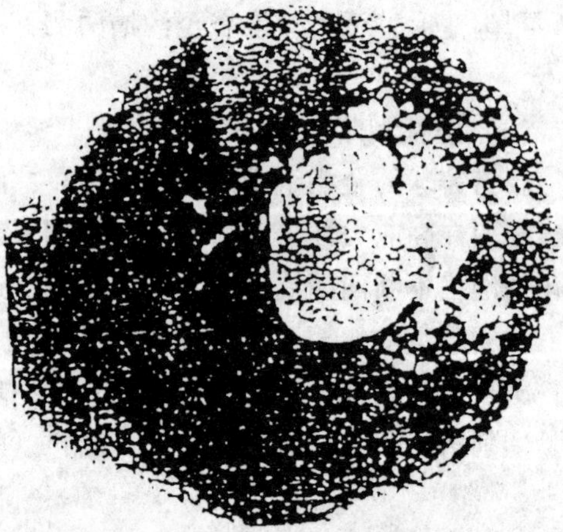

图 32-5　带有缩孔和夹砂的高铬铸球

图 32-6 中的两个气孔也较深，在冲击载荷的不断作用下，在两个气孔间连成一条裂纹，在此处将会发生剥落。图 32-7 是带有夹渣的金相照片，在照片上部的剥落处，明显地有炉渣夹杂物存在。图 32-8 是带有气孔和夹砂综合缺陷的照片，可以看出由气孔和夹砂引起的剥落其形式不同，由夹砂引起的剥落或形成较大的麻坑，或造成较小的金属层片状脱落。

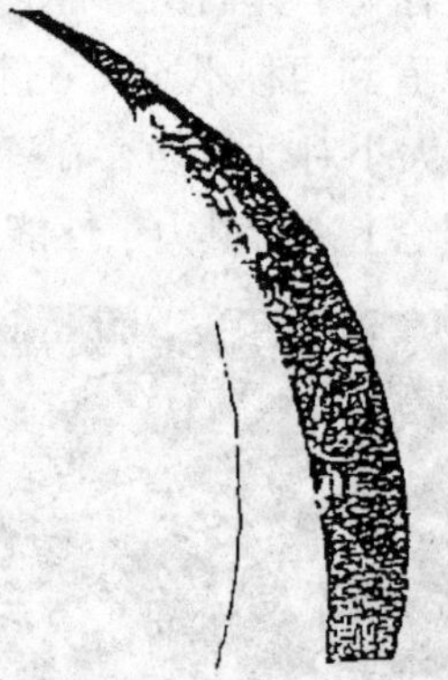

图 32-6　带气孔的高铬铸球剖面

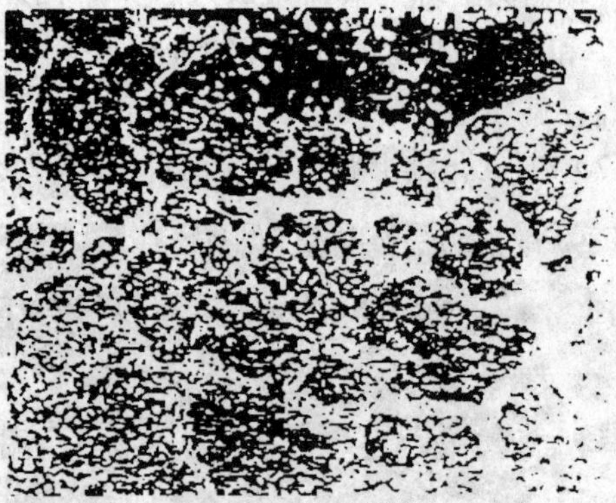

图 32-7　带有夹渣缺陷的金相照片 ×200

（3）开裂失效

开裂失效是一种极不正常的失效形式，其特点表现为使用过的高铬铸球发生开裂，乃至炸裂的现象。开裂失效磨球的数量多、比例大，经常造成高铬铸球大量报废。产生高铬铸球开裂失效现象的原因主要是生产工艺不当。这种失效现象多发生在 20 世纪 80 年代初，即国内高铬铸球研制、应用的起步阶段。目前，随着高铬铸球生产技术的日趋成熟，开裂失效基本得到了有效的控制。

3. *磨损面微观形貌分析及磨损机制*

图 32-9 是高铬铸球使用后磨损面凹凸不平的微观形貌的扫描电镜照片。

图 32-8　带有气孔和夹砂的高铬铸球

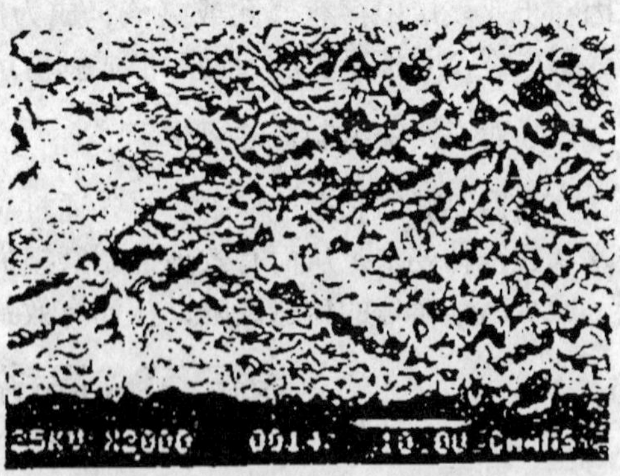

图 32-9　磨损面微观形貌 ×2000

（1）磨损面扫描电镜分析

失效磨球的磨损面在扫描电镜观察中，可以看到两种典型的形态。

①犁沟：高铬铸球的磨损面经切削后形成沟槽，如图 32-10、图 32-11 所示。沟槽中嵌有作为磨料的水泥块，可以看到变形推挤至沟槽两侧的金属。经反复碾压，部分开裂、部分脱落形成参差不齐的边缘。

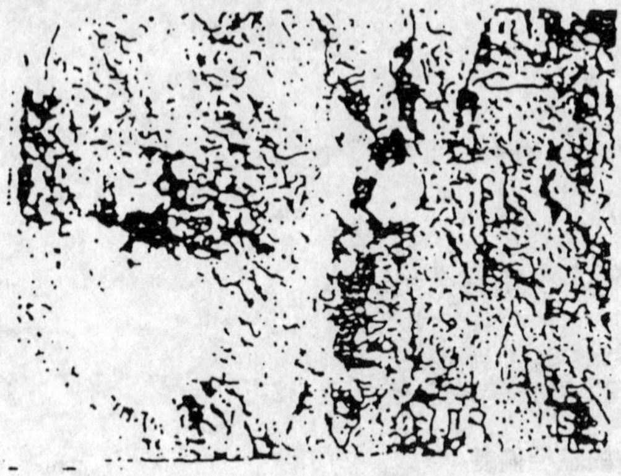

图 32-10　ϕ3m 磨机ϕ80 球磨损面 ×600

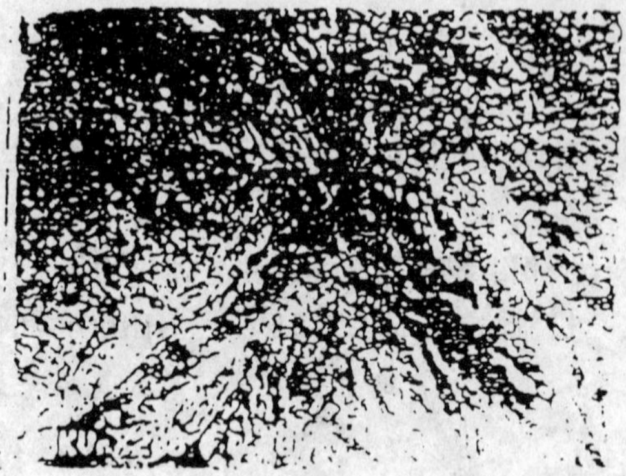

图 32-11　ϕ1.83m 磨机ϕ90 球磨损面 ×200

②凹坑：高铬铸球的磨损面无沟槽，或只有轻微的沟槽，而大部分是冲击坑，如图 32-12所示。冲击坑主要是碳化物从基本体脱落而形成的，可以呈现多种形状。

（2）亚表层分析

由图 32-13 可以看到，球面已形成裂纹，裂纹接近 45°角，沿其共晶碳化物方向发展。

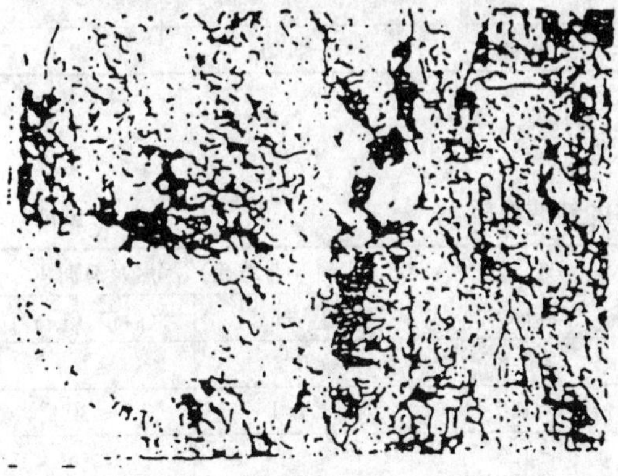

图 32-12　ϕ3m 磨ϕ70 磨损面 ×1000

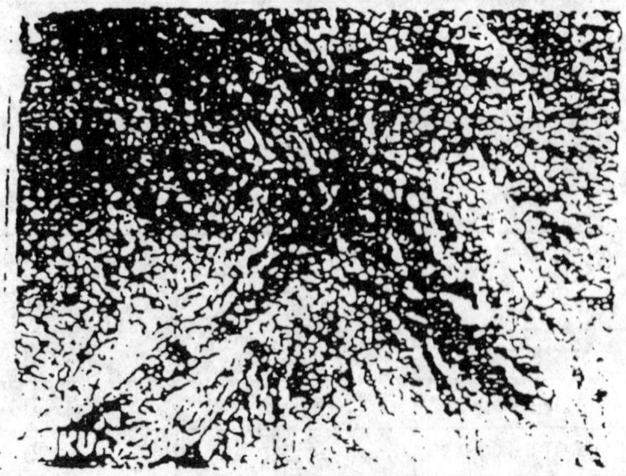

图 32-13　ϕ3m 磨ϕ70 磨损面 ×2200

原因在于亚表层中存有气孔或夹渣，成为应力集中点和裂纹源，磨球在多次冲击力的作用下，形成裂纹并不断扩展，最后形成剥落坑或剥落片。

四、对高铬铸球制造的要求

在高铬铸球的制造过程中，首先通过对化学成分和热处理进行控制，使高铬铸球的主要技术参数符合要求，从而有效地控制磨损失效；其次，通过对熔炼、造型、浇注等工序的控制，减少高铬铸球的铸造缺陷，从而有效地控制变形失效和开裂失效。

第三节　高铬铸球的制造与检验

一、制造

1. 化学成分（表32-2）

表32-2　化学成分 %

元素名称		C	Si	Mn	Cr	P	S
规格（mm）	≤φ60	1.7～1.9	0.3～1.3	0.4～1.3	11.0～19.0	≤0.07	≤0.07
	>φ60	1.9～2.1					

2. 热处理工艺

980～1010℃油淬，450℃回火。

对于大磨机用高铬铸球回火温度应适当提高。

3. 金相组织及机械性能

金相组织：马氏体+共晶碳化物+二次碳化物+少量残余奥氏体。

机械性能：ak≥2.5J/cm^2。HRC54～64。

4. 铸球允许的直径偏差、最大直径与最小直径差值、错箱值（表32-3）

表32-3　铸球允许的直径偏差 mm

项　目	规　格												
	φ20	φ25	φ30	φ35	φ40	φ50	φ60	φ70	φ80	φ90	φ100	φ110	φ125
直径偏差	+2 -1				+3 -1				+3.5 -1.5			+4 -2	
最大直径与最小直径差值	≤1.8		≤2.4	≤3.0		≤3.6	≤4.2	≤4.6				≤5.0	
错箱值	≤0.7				≤1.0				≤1.5			≤2.0	

5. 铸球允许的铸造缺陷（表32-4）

表32-4　铸球允许的铸造缺陷 mm

规　格	浇口处多肉、少肉（mm）	浇口附近粘砂宽度（mm）	飞　边（mm）	孔洞（非缩孔）深度及总面积	
				深度（mm^2）	总面积（mm^2）
φ10～φ25	≤1.0	≤2.0	≤0.8	≤0.5	≤16
φ30～φ50	≤1.5	≤3.0	≤1.0	≤1.0	≤30
φ60～φ90	≤2.0	≤4.0	≤1.0	≤1.5	≤45
φ100～φ120	≤2.5	≤5.0	≤1.5	≤2.0	≤60

二、检验

(1) 化学成分检验应逐炉检验。每炉次随机抽取一个试样进行检验，如检验不合格，应加倍复检，其中一个不合格，则该批为不合格。

(2) 铸球表面硬度的检验对非连续热处理炉，应从每一炉不同位置，取样个数不少于5个的铸球；对连续热处理炉，按每个工作班抽取不少于5个的铸球进行检验。若有一个铸球检验不合格，则应任取双倍数量的铸球进行复验；复验结果若有一个铸球不合格，则该批为不合格。

(3) 对铸球表里硬度均匀性的检验。在同一规格和同一工艺情况下，每连续生产50t铸球，随机抽取其中一个规格的铸球进行剖切，剖切面应通过浇口中心。在剖切面上划一直线，该直线应通过剖切面中心和浇口中心，从剖切面中心开始，在划线上每隔5mm打一硬度点，同时应检验剖面有否缩孔。如检验不合格，则应在该批中加倍复验，若仍有一个铸球不合格，则该批为不合格。

三、检验标准

检验标准按JC/T 533《建材工业用铬合金铸造磨球》中检验规则执行。

四、高铬铸球的使用操作

在管磨机正常运转过程中，磨内的高铬铸球受到磨损而逐渐变小。当磨损到一定程度时，必须及时进行补充；否则磨内球的填充率变低，平均球径会变小，与被粉磨料的粒度不相适应，势必影响磨机的产量和成品细度。在一般情况下，若发现磨机生产能力下降、磨声异常、磨机主电动机功率读数下降等情况，很可能是球消耗过多的信号，必须及时地向磨内补充一部分新球，补充的周期和数量应根据每台磨的具体情况确定。

不管哪一种磨机，经过一段时间运转后，都应该测量球面的净高，以检查补球误差，然后进行适当的调整。运转一定周期后，应当彻底清仓。一方面除去不合格的球及其残骸，另一方面可检查各种规格球的数量，通常称为检球或选球。

磨机的补球不能代替清仓检球。在每次清仓时，应把其结果和球的补充情况详细记录下来，以便于不断地总结补配球的经验，使磨机经常在高效率下运转。

磨机清仓后重新启动进行负荷动转时，必须加入相应数量的物料，在试运转过程中逐渐增加负载，其负荷增加情况及运转时间见表32-5。

表32-5　装载量及相应试运转时间

装载量	试运转时间（h）	
	通过减速机传动	无减速机传动
总装载量的1/3	48	48
总装载量的2/3	96	72
总装载量的5/6	96	72
装入全部研磨体	72	72

第三十三章　高铬合金铸铁衬板

按　JC/T 691—1998《高铬铸铁衬板技术条件》行业标准实施以来，对水泥生产发挥了重要作用，特别是水泥产量、质量和经济效益大幅提高。但随着水泥设备大型化发展，为适应中国加入WTO要求，尽快满足水泥生产需要，经过研究决定修订该标准。2007年经过国家发展和改革委员会批准立项修订这项标准，并组成起草工作组，经过工作组的努力、调研和审查协调、修改，该标准现已制定。

第一节　概　　述

水泥工业用球磨机耐磨衬板，经历了高锰钢、合金钢和高铬合金铸铁衬板的三个应用发展阶段。高锰钢作为第一代耐磨材料，已有100多年的历史，其特点韧性好，但在强冲击条件下容易发生硬化。随着现代工业的迅猛发展，高锰钢衬板用于水泥球磨机中，由于加工硬化能力不足且易塑性变形而早期失效，20世纪70年代后即被合金钢或高铬铸铁衬板所代替。合金钢类衬板材料以高碳中合金、中碳中合金、中碳低合金、低碳低合金钢为主，品种繁杂，标准不一，因其高韧性、低成本及良好的耐磨性和适宜性而得到快速发展。但是，在实际应用中，由于合金含量少，耐磨性仍然不能满足市场需求。高铬铸铁衬板耐磨性高，使用寿命长，一直以来被业界所认知。其高性能化代表了目前金属耐磨材料的最高水准。但是，由于其合金含量高，生产成本相对偏高等，推广应用受到了不同程度的影响，致使应用不普遍。金属耐磨材料的发展，推动了产业的质量技术进步，高铬合金抗磨材料的应用重新摆在了重要议事日程上来。采用先进技术，赶超国际衬板技术先进水平，降低材料消耗，提高粉磨效率，节能降耗增效，是新型干法水泥生产企业“节能减排”必须考虑的一项重要工作。

第二节　高铬合金铸铁衬板工作原理

（一）水泥工业球（管）磨机基本工作原理

球磨机筒体内镶嵌着不同形状的筒体衬板、端衬板、隔仓板、出料篦板等，并装填有不同规格的研磨介质和物料。磨机运转时，研磨介质和物料被衬板提升到一定高度之后抛落或泻落。在粗磨仓（一仓）中，抛落的钢球中有一部分先直接砸到衬板上，球和物料以较大的冲击力凿削衬板，即球在下落的滑动或滚动中挤压物料，物料尖角切削衬板，因此粗磨仓衬板磨损机理是以高应力冲击凿削磨损为主，挤压切削为辅。对细磨仓（二仓）而言，通过隔仓板进入到细磨仓的物料已变细，尖角变钝，细磨仓里的球或钢直径一般 <60mm，冲击力小，因此细磨仓磨损机理是低应力切削磨损或冲刷磨损。磨头端衬板在粗磨仓进料端，物料粒度大，研磨体平均球径大，受磨球和物料的侧冲击力大，是以高应力冲击凿削磨损为主，切削冲刷为辅的磨损机理。对于ϕ3m以上大型磨机磨头端衬板在径向一般设计为2～4

块，以减少应力集中。粗磨仓粉磨达到一定粒度的物料是通过隔仓板篦缝到细磨仓的，物料对隔仓板篦缝进行挤压冲刷磨损，球和物料对隔仓板进行侧冲击凿削磨损，并且隔仓板为悬壁梁式安装，受力情况较为恶劣。一般ϕ3m 以上大型磨机隔仓板是分块制作的，这样隔仓板的使用相对安全可靠。出料篦板在磨机的出口，主要受小球或钢锻的挤压切削磨损。

（二）高铬铸铁衬板技术规范

高铬铸铁衬板以其高强度、强韧性、高耐磨性而著称。在国外已大量应用于水泥工业大型球磨机上，一般使用寿命一仓在 8 年左右，二、三仓在 12 年以上，有的长达 20 年之久，表现了良好的耐磨性。我国从 20 世纪 70 年代中后期材料科学工作者开始研究并推广应用高铬铸铁衬板，形成了一系列工艺技术理论，并于 1998 年制定了建材行业标准 JC/T 691—1998《高铬铸铁衬板技术条件》，有力地推动了高铬铸铁衬板的生产和应用。

1. 化学成分及主要机械性能和用途

在 JC/T 691—1998 标准中，明确规定高铬铸铁衬板是指含铬量为 12.0% ~23.0%，共晶碳化物类型主要为 M_7C_3 型的高铬铸铁衬板，按含铬量的多少不同划分为两类，见表 33-1。

表 33-1　高铬铸铁衬板化学成分（%）及主要机械性能和用途

代号	化学成分（质量分数%）									表面硬度（HRC）	冲击值（J/cm^2）	用途
	C	Si	Mn	Cr	Mo	Ni	Cu	S	P			
CBCr15	2.0 ~ 3.0	<1.0	0.5 ~ 2.0	12.0 ~ 18.0	0.5 ~ 2.5	0 ~ 1.0	0 ~ 1.2	<0.06	<0.10	≥52	≥5	适用于承受较小冲击载荷，发生磨料磨损的衬板
CBCr20	2.0 ~ 3.0	<1.0	0.5 ~ 2.0	18.0 ~ 23.0	0.5 ~ 2.5	0 ~ 1.5	0.8 ~ 1.2	<0.06	<0.10	≥48	≥7	适用于承受较大冲击载荷，发生磨料磨损的衬板

在实际应用中，对冲击载荷较大的工况，一般采用低碳的高韧性高铬铸铁衬板；对冲击载荷较小的工况，采用高碳的高铬铸铁衬板，以便充分发挥材料的耐磨性能。

2. 金相组织

金相组织由共晶碳化物、马氏体、二次碳化物及少量残余奥氏体组成，也允许基体组织由奥氏体的其他转变产物组成。

3. 衬板的结构与尺寸

高铬铸铁衬板可采用波纹、阶梯、分级或镶嵌式等结构。其外形基本尺寸为 250mm × 100mm，最小厚度 CBCr15 为 40mm，CBCr20 为 50mm。

4. 热处理

高铬铸铁衬板必须进行专门的热处理来改善其组织和力学性能。热处理规范的选择要根据铸件的尺寸、结构以及使用要求来决定并在实践中加以调整和完善。具体可参考国家标准 GB/T 8263—1999《抗磨白口铸铁件》中建议的高铬铸铁的热处理规范及其特性进行操作。

5. 尺寸公差及形位公差

（1）尺寸公差应符合表 33-2 的规定。

表 33-2 高铬铸铁衬板基本尺寸及公差 mm

衬板基本尺寸	大于	–	100	160	250
	至	100	160	250	400
公差	装配	+1 −2			
	其余	+1.3 −1.9	+1.4 −2.2	+1.6 −2.4	+1.8 −2.6

螺栓孔应铸出，其孔径尺寸公差应符合表 33-3 的规定。

表 33-3 螺栓孔径公差 mm

孔径	≤40	>40
公差	0 +2	0 +3

（2）形位公差：螺栓孔的位置度公差为 1mm，公差值应符合表 33-4 的规定。

表 33-4 基本尺寸及公差值 mm

基本尺寸	≤250	>250
公差值	0 +2	0 +3

6. 内、外观质量

内、外观质量应符合以下要求：

（1）衬板上的型砂、芯砂、飞边、毛刺、多肉等必须清除干净；（2）装配面上的凸点应打磨平整；（3）衬板表面不允许裂纹、缩孔，也不允许有气孔、夹渣等影响使用的缺陷；（4）衬板不允许火焰切割和焊补；（5）衬板内部不允许有影响使用的铸造缺陷。

7. 试验方法

（1）化学成分检验：化学成分按 GB/T 223，GB/T 223.11，GB/T 223.18，GB/T 223.23，GB/T 223.26 或 GB/T 5678 进行检验。

（2）机械性能试验：冲击试验（块）按照规定的试样尺寸应在衬板上取样，每次不少于 3 块。冲击试验按 GB/T 229 进行，支距为 70mm。

表面硬度应在衬板的主要工作部位或试样上进行测试。试样在已做冲击试验的试样中选取，方法按 GB/T 230.1 进行。

（3）金相组织检验：金相组织检验在已做冲击试验的试样上取得。金相组织检验按 GB/T 13298 进行。

8. 检验

（1）化学成分当熔炼炉容量不小于 0.5t 时，应逐炉检验；当熔炼炉容量小于 0.5t 时，按熔炉批检验。

（2）表面硬度按热处理炉逐炉检验。连续热处理炉每工作班检验一次，每次检验数量不少于三件，若其中一件不合格则加倍检验，若其中有一项不合格，则视为全不合格。

（3）装配尺寸及外观质量应逐件检验。

第三节　高铬铸铁衬板制造工艺要素及质量控制

1. 化学成分的优化

在亚共晶高铬铸铁中，按含碳量分为低碳区 2.0% ~2.5% C，中碳区 2.5% ~2.8% C，高碳区 2.8% ~3.4% C 三个区。高铬铸铁衬板一般采用 2.5% ~2.8% C，高铬铸铁磨球一般采用 2.0% ~2.5% C，破碎机锤头类铸件一般采用 2.8% ~3.4% C。

从高铬铸铁的铸态获得马氏体组织要求出发，对碳量的选择应在 2.5% ~2.8% C，使 Cr/c 比在 5 ~6 为宜，碳化物含量应在 21% ~25% 之间，这对于高铬铸铁 Cr15 衬板是合适的。对于高铬铸铁 Cr20 衬板，Cr/C 比以 7.0 为宜，碳化物含量大于 26%。这时高铬铸铁的共晶碳化物为断网状，使 M_7C_3 型碳化物的显微硬度可提高到 HV1300 ~1800，材料具有强韧性，能够满足大型磨机衬板的使用要求。

2. 微合金化及变质处理技术的应用

随着科技的进步，材料科学工作者研究发现，改变高铬铸铁共晶碳化物形态、数量和分布并提高其强韧性的最简便而且经济有效的方法是对铁液进行变质处理，控制其凝固。使碳化物由粗大的、互相交错的杆簇状，变成彼此孤立、分布均匀的细杆状，更重要的是细化共晶碳化物，减少对其基体的割裂作用，提高高铬铸铁晶界的冶金质量，以达到高铬铸铁铸件的高性能化要求，既提高了强度、韧性和耐磨性，同时还可以降低镍、钼、铜的加入量，降低企业生产成本。

钒、钛、铌是形成碳化物结晶核心的元素，能显著细化组织。微量的硼可明显提高淬透性，有效强化晶界，改变高铬铸铁碳化物形态，形成高硬度的硼化物，可显著提高淬透性。稀土是生产中最常用的变质剂，能够提高碳化物的形核率，同时与铁液中的氧和硫均有较大的亲和力，能净化铁液。

当稀土和钒、钛、铌、硼微量合金化元素（表 33-5）同时使用时，使合金的细化晶粒作用与弥散强化作用同稀土的净化作用同时得到较好发挥，实现了净化铁液、细化晶粒，提高淬透性和韧性，来共同满足高铬铸铁衬板的高性能的使用要求。

表 33-5　稀土和微量合金元素的含量　　质量分数%

V	Ti	Nb	B	Re	
0 ~0.3	≤0.2	≤0.2	≤0.15	≤0.5	注：FeV40、FeTi30、FeNb50、FeB20

3. 生产用原材料控制

采用优质废钢，主要合金如高碳铬铁等要从生产厂家直接采购，这一环节是提高衬板品质稳定性的重要基础。

4. 热处理工艺

衬板高温淬火并回火热处理的目的是提高衬板的冲击疲劳抗力，提高硬度和韧性，消除或大幅降低内应力。热处理时应视铸件的壁厚、装炉量、工况条件、热工技能水平或四季气温变化情况而采用不同的淬火冷却方法。如对较厚的衬板，应保证热处理过程中衬板不开裂，工艺上应使冲击韧度和硬度之间良好配合。在低温区要缓慢升温，在高温奥氏体化时要有一定的保温时间，确保衬板硬度值在初始设定的范围内。

5. 清理打磨工艺

铁液浇注成衬板后，在砂型中缓冷至8h后开箱，落砂后用敲击法去掉冒口、飞边、毛刺；禁割、禁补；冒口的残余部分应干磨去掉；在削磨时表面不能发生蓝色，以免引起热裂纹。热处理装筐等搬运中应轻拿轻放，防止碰撞，防止铸态裂纹的产生。

第四节　高铬铸铁衬板的磨料磨损失效形式

1. 磨损失效

对高铬铸铁衬板而言，磨损失效分为正常磨损失效和非正常磨损失效。正常磨损失效是指衬板在服役期间，安全正点地达到了技术要求规定的服役时间，需要进行衬板的更换。非正常磨损失效是指衬板在服役期间，未能达到技术要求规定的服役时间，而提前卸下，即衬板表现为不耐磨现象。应从两个方面查明早期失效原因：一是依据磨损原理，材料硬度（H_m）应达到物料硬度（H_a）的0.8～1.2倍，即$H_m/H_a=0.8\sim1.2$，水泥熟料硬度为H_V500～550，相当于HRC 49～53，所以衬板材料硬度应在HRC50以上才耐磨；二是检查衬板化学成分和制造工艺，是否存在产品质量问题。

2. 断裂失效

高铬铸铁衬板的断裂主要是由铸造缺陷，如疏松、缩孔、气孔、夹杂等造成的，热处理工艺不当也是造成衬板断裂而早期失效的一个原因。因此，生产制造过程中不允许铸件内部有铸造缺陷，同时，热处理工艺应做到一丝不苟。着重强调的是，由于衬板在使用过程中受到较大冲击载荷，如果衬板安装不当即在衬板安装中背部与筒体不是面接触而是局部接触，则更易断裂。如果有此问题发生，则应排除产品质量因素。提高衬板的冲击韧度、断裂韧度，降低其裂纹扩展速率将有利于抗断裂。另外，选择适宜的衬板结构，如小而厚的衬板，单螺栓孔或无螺栓孔衬板也是抗断裂的必要条件。

第五节　高铬铸铁衬板在水泥工业中的应用

（一）高铬铸铁衬板在水泥工业中的应用实例

（1）世界一流的耐磨材料制造商比利时马科托国际公司生产衬板的技术资料及其在大型磨机上的应用（表33-6），衬板结构如图33-1、图33-2所示。从表33-6中可以看出，化学成分的设计是按衬板所在的不同位置或不同受力状况而确定，衬板耐磨性一仓可以保证在8年以上，二仓保证在12年以上。

表33-6　马科托公司生产的球磨机高铬铸铁造衬板技术应用情况

产品名称	材料	主要化学成分（%）		HRC	保证寿命（年）	
		C	Cr		有预粉磨	无预粉磨
磨头衬板	Magotteaux 合金 FMU11	±1.25	±12	±50	5～6	3～4
第一仓提升衬板（阶梯或波纹状）	Magotteaux 合金 FMU11	±1.25	±12	±50	8～10	5～6
第二仓分级衬板	Magotteaux 合金 FMU12	±1.9	±12	±57	10～20	10～12
中间隔仓板	Magotteaux 合金 FMU29（前部）	±0.33	±7	±50	约8	约4
	Magotteaux 合金 FMU11（后部）	±1.25	±12	±52	约12	约6

注：此技术资料来源于马科托公司产品使用说明书

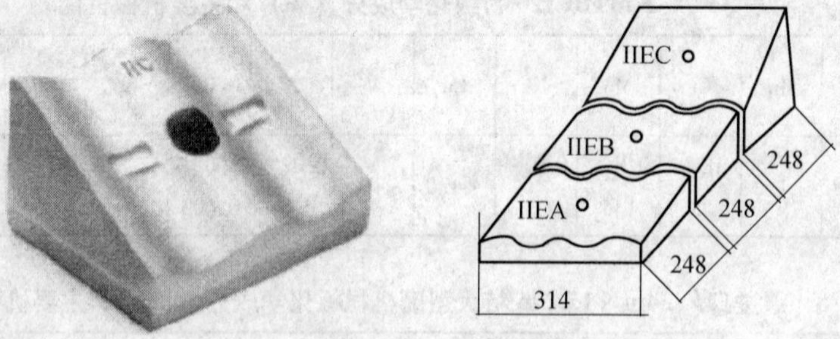

图 33-1　马科托公司单阶梯衬板（一仓）

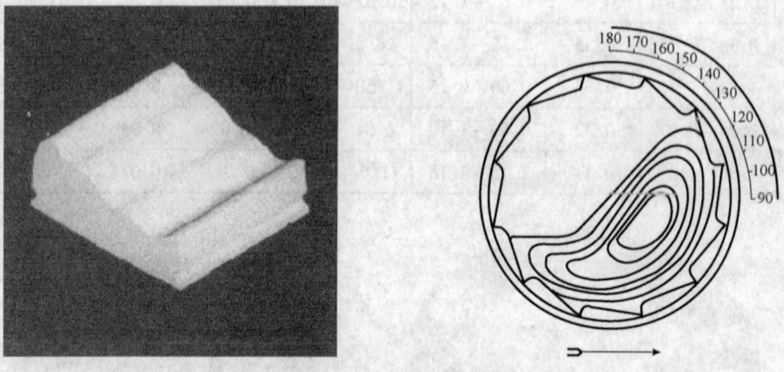

图 33-2　马科托公司分级衬板（二仓）

（2）驻马店三山实业有限公司生产的高铬铸铁衬板有 Cr13、Cr15、Cr20、Cr26，用于不同规格型号ϕ2.2m、ϕ2.6m、ϕ3m、ϕ3.8m、ϕ4.2m、ϕ5m、ϕ5.4m 等磨机上 200 多台（套）。其中 KmTBCr15Mo2Cu 高铬铸铁衬板于 1986 年用于原河南省偃师县水泥厂ϕ2.2m×6.5m 磨机上一仓，连续使用达 13 年之久；该型号衬板于 2001 年 1 月用于河南郑州顺宝水泥股份有限公司ϕ3m×9m 大型磨机上（套），连续使用达 7 年之久，衬板结构如图 33-3 所示。该型号衬板于 2003 年年初用于河南焦作坚固水泥有限公司ϕ3.8m×8.7m 大型磨机上，目前仍在服役，预计使用寿命在 8 年左右。2003 年 5 月，安装于大宇水泥（山东）有限公司世界级巨大型磨机ϕ5.4m×15.5m 以上的 KmTBCr26 衬板（表 33-7），已连续运转 6 年以上，目前正在服役，据客户反映磨头板使用寿命已超过原进口同类产品（表 33-8），衬板结构如图 33-4所示。

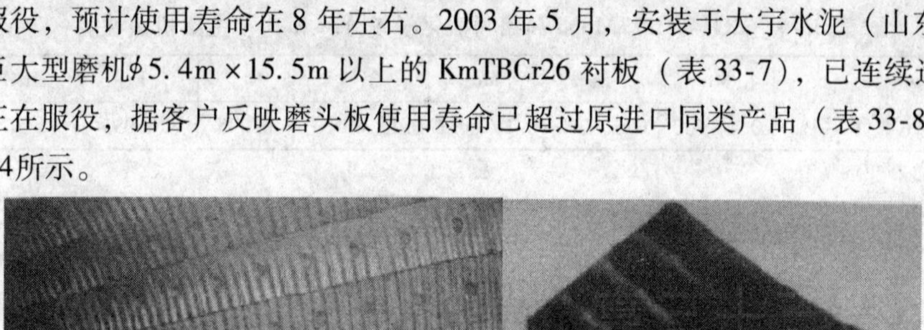

图 33-3　河南郑州顺宝水泥股份公司连续使用 7 年的高铬铸铁 Cr15 沟槽衬板

表 33-7　KmTBCr26 衬板化学成分（%）和主要机械性能

元素	C	Si	Mn	Cr	Mo	Ni	Cu	V	Ti	B	Re	S	P	HRC	J/cm²
含量	2.0 ~ 2.9	<1.0	<1.2	18 ~ 28	0.8 ~ 1.5	0.5 ~ 1.2	<1.0	<0.5	0.02 ~ 0.06	0.001 ~ 0.003	+0.25	<0.05	<0.1	>58	>5

表 33-8　原进口ϕ5.4m×15.5m 特大型磨机衬板化学成分（%）和主要机械性能

衬板品种	化学成分（质量分数%）							备注
	C	Si	Mn	Cr	S	P	硬度 HRC	
隔仓篦板	0.23 ~ 0.24	0.43	0.62 ~ 1.12	10.52 ~ 10.91	0.018	0.031	41.5 ~ 45	其他微量元素含量未进行分析
磨头衬板	0.33 ~ 0.35	0.35	1.12 ~ 1.16	6.5 ~ 7.1	0.019	0.024	45 ~ 48	
盲板衬板	1.34 ~ 1.36	0.36	0.60 ~ 0.75	11.50 ~ 12.00	0.016	0.029	45.5 ~ 50	
磨头筒体衬板	0.25 ~ 0.27	0.37	0.80 ~ 1.10	6.84 ~ 7.10	0.02	0.039	41.4 ~ 46	
筒体衬板	1.36 ~ 1.37	0.41	1.16 ~ 1.18	11.64 ~ 12.0	0.021	0.036	48 ~ 54	

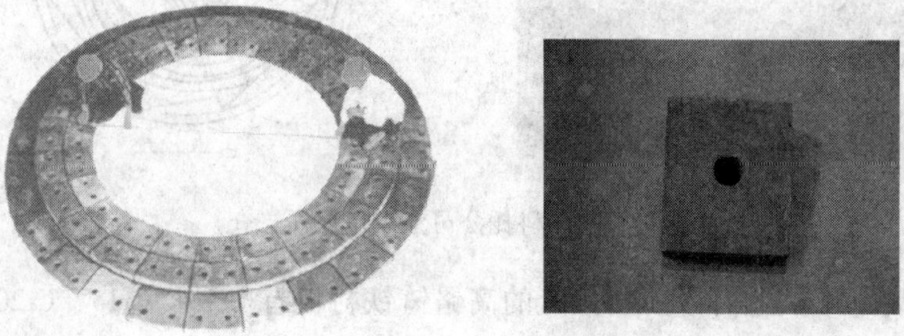

图 33-4　大宇水泥（山东）有限公司ϕ5.4m×15.5m 特大型磨机高铬铸铁 Cr26 衬板

（3）原唐山水泥机械厂于 1985 年生产安装于原河北冀东水泥厂ϕ4.5m×15.11m 特大型磨机二仓上的低碳高铬铸铁衬板（ZG140Cr13MoNi）（表 33-9），衬板结构如图 33-5 所示，使用寿命达 20 年以上。

表 33-9　ZG140Cr13MoNi 高铬衬板化学成分（%）和主要机械性能

元素	C	Cr	Mn	Si	Mo	Ni	S	P	HRC	J/cm²
含量	1.2 ~ 1.6	11 ~ 15	0.4 ~ 1.0	0.3 ~ 0.8	0.15 ~ 0.3	0.15 ~ 0.3	≤0.035	≤0.035	>56	>5

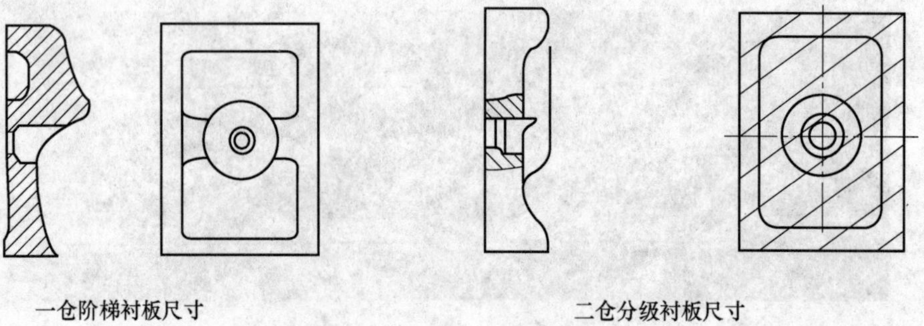

一仓阶梯衬板尺寸　　二仓分级衬板尺寸

图 33-5　原冀东水泥厂ϕ4.5m×15.11m 大型磨机高铬衬板 Cr13

（4）合肥水泥研究设计院耐磨耐热材料厂于2005年生产用于嘉新京阳水泥有限公司ϕ4.2m×13m大型水泥磨机高铬铸铁Cr20衬板（表33-10），衬板结构如图33-6所示。

表33-10　KmTBCr20衬板化学成分（%）和主要机械性能

元素	C	Si	Mn	Cr	Mo	Ni	S	P	HRC	ak：J/cm^2
含量	2.4～3.0	0.8～1.0	0.8～1.0	18～24	0.5～1.0	0.5～1.0	<0.05	<0.05	57～61	5～8

（5）节能型沟槽衬板，最初于1968年在奥地利进行工业性试验，1982年起在世界范围内推广应用。1986年，合肥水泥研究设计院与驻马店三山实业有限公司共同研制、生产、推广中国第一套水泥磨机沟槽衬板。1989年通过原国家建材局组织的技术鉴定。1992年荣获建材行业部级科学技术进步三等奖。

1）沟槽衬板的结构特点与原理：

沟槽的设计使得钢球在衬板上以密排六方结构堆积。该结构配位数最大，致密度最高，球之间的有效碰撞几率增大。沟槽与球径的关系（图33-7）由于沟槽的作用，原来衬板的点接触，变为120°弧线接触，增大了研磨面积。球与衬板之间有一层不易脱离的料垫（图33-8），充分利用了球与衬板之间的滑动摩擦功。此外附加研磨容积略有扩大；钢球的合理分级作用；活化衬板排列方式不同，使得研磨介质在轴向和径向的运动状态发生变化，球层间错动增大更符合粉磨原理，有利于增产及提高水泥比表面积。

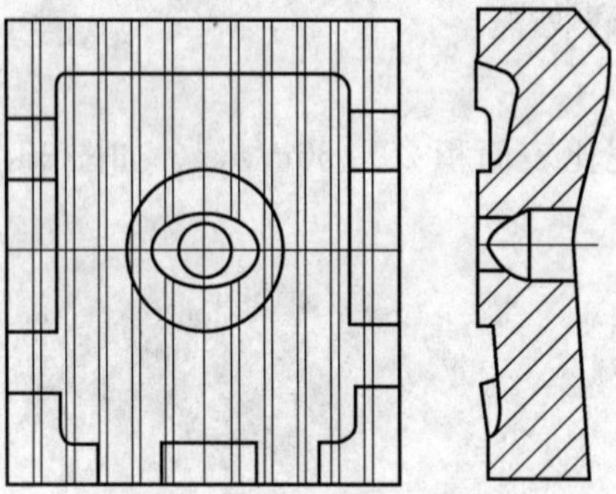

图33-6　嘉新京阳水泥有限公司ϕ4.2m×13m大型水泥磨机高铬铸铁Cr20衬板

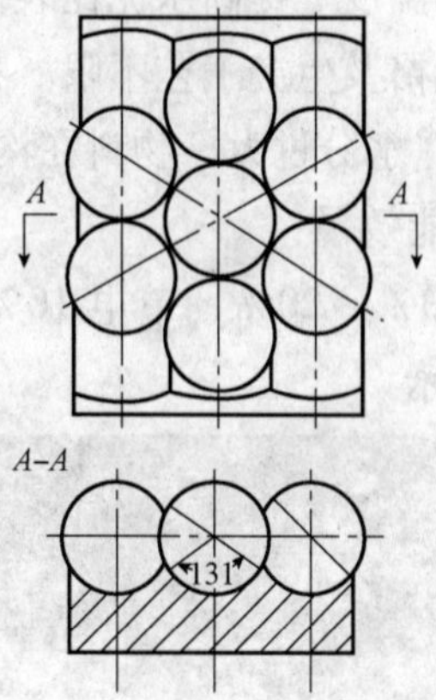

图33-7　沟槽间距与球径的关系

沟槽衬板对钢球的抛落没有额外的加速作用（图33-9），钢球不会打击裸露衬板，大大提高了粗磨仓衬板的使用安全性（图33-9）。由于球对衬板的直接冲击减少，粗磨仓衬板的磨损失效机制将发生变化，高应力的凿削磨损减少，犁沟、切削磨损方式增加，这正好满足高铬铸铁等材质的特性——高硬度碳化物相抵抗磨粒的侵入和犁削最有效，但不利于高应力的冲击和磨削，使得高耐磨性低韧性的高铬材质衬板能安全应用于大型磨机粗磨仓。此外，沟槽衬板磨损均匀，利用率高，均使衬板使用寿命延长。

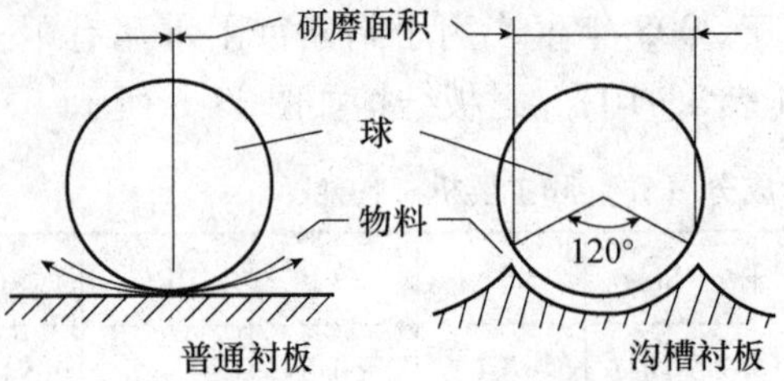

图 33-8　沟槽衬板增大了研磨面积，物料不易脱离料垫示意图

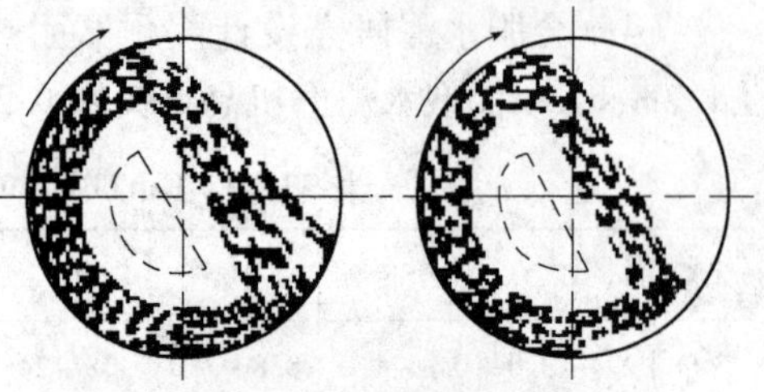

图 33-9　研磨体抛落轨迹示意图

由于球与衬板之间的料垫作用，减少了球空砸和磨削衬板几率，使得钢球和衬板的磨耗大大降低了。

由于上述原因，使得磨机噪声降低。

细磨仓采用螺旋沟槽衬板，宏观分布类似多头螺旋线。在旋转过程中对大球产生向前的推力，迫使小球向磨尾移动，达到分级。

利用活化衬板排列方式不同（入料端密、出料端疏）产生钢球的分级。其分级机理为：改变衬板的摩擦系数，使其向出料端递减，则衬板传递给研磨体的能量也递减。而大钢球有移向能量大的区域的趋势。

通过原理和结构分析可以看出，沟槽衬板反映了一种新的粉磨原理。只要破碎能力满足物料粒度的要求，沟槽衬板将以其合理的结构获得增产、节电、降低球耗、延长衬板寿命、降低噪声和温度、提高水泥比表面积等效果。

磨机规格及生产工艺不限。物料粒度越小，增产幅度越大。生料磨要求入磨物料综合水分<2.3%，水分过大，物料在沟槽内粘结，影响粉磨效率。

2）节能效果：

增产10%～20%，节电10%～20%，提高水泥比表面积20～30m^2/kg，如图33-10～图33-12所示。

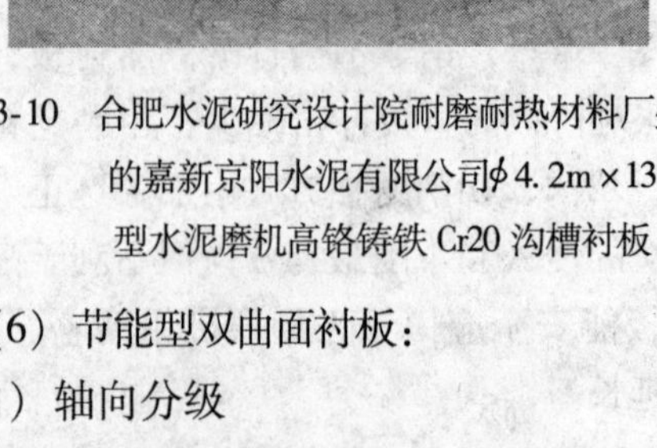

图 33-10　合肥水泥研究设计院耐磨耐热材料厂生产的嘉新京阳水泥有限公司ϕ4.2m×13m大型水泥磨机高铬铸铁Cr20沟槽衬板

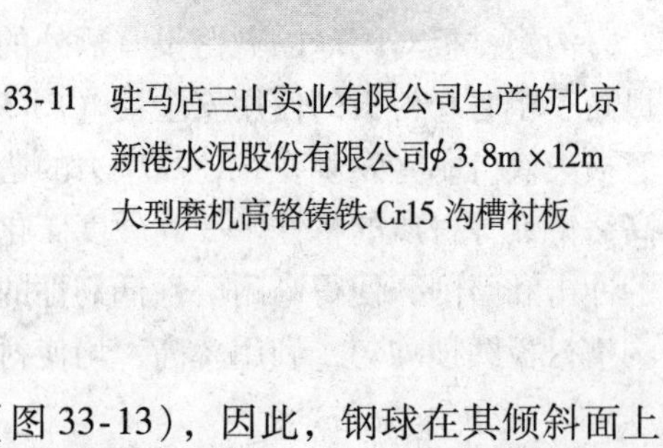

图 33-11　驻马店三山实业有限公司生产的北京新港水泥股份有限公司ϕ3.8m×12m大型磨机高铬铸铁Cr15沟槽衬板

（6）节能型双曲面衬板：

1）轴向分级

双曲面分级衬板安装后，轴向倾斜面近似连续（图33-13），因此，钢球在其倾斜面上运动是连续运动，能量大的大直径钢球移向进料端，小球被挤出料端，即钢球在磨内沿着料

流方向随着物料粒度的变小，钢球的直径也由大到小，得到良好的轴向分级，满足了粉磨工艺的要求，即随着物料颗粒的变小，球径也相应随着变小，因为在堆积体积或总重量相同的情况下，钢球的直径越小，其总的球表面积越大，对物料的研磨效果越好，也越有利于磨机产量的提高。

图 33-12 双螺旋型分级衬板，适用于管磨机二仓，可使钢段产生良好的正分级，特别有利于提高水泥的比表面积

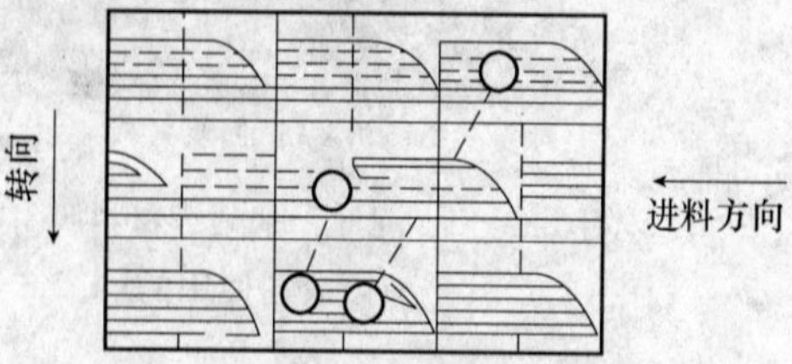

图 33-13 钢球在双曲面衬板上的运动

钢球在装有双曲面分级衬板和小波纹衬板磨仓内，钢球沿磨机轴向平均球径分布。双曲面分级衬板具有很好的轴向分级功能，而小波纹衬板又有明显的反分级作用，因而起到了防止因双曲面分级衬板对钢球的轴向推力过大，导致钢球剧烈冲击出料篦板，使其过早损坏。这种双曲面分级衬板在高循环负荷情况下，也能使钢球得到良好的分级效果。

2）横向分级

双曲面分级衬板的另一个分级特性是能使钢球在磨内呈横向分级，即大球基本居于外层，而小球在中心居多。图 33-14 是钢球在双曲面分级衬板磨机内水平横断面上的平均球径分布示意图，从图中看出大球靠近脱离边的衬板处，这样大球被提升到较高的位置，下降时具有更大动能对大颗粒物料进行粉碎，小球集在球群的内部，有利于钢球的轴向分级和对物料的研磨。

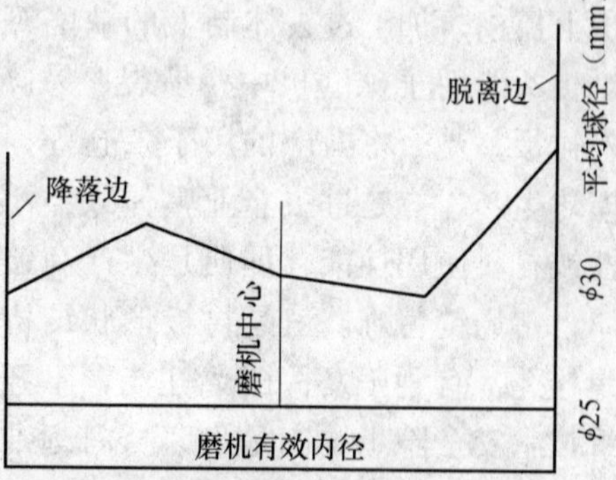

图 33-14 钢球在双曲面分级衬板磨机内水平横断面上的平均球径分布示意图

3）最佳的研磨效率

采用这种衬板，在磨机规格、转速、物料等条件基本相同的情况下，由于双曲面分级衬板的特殊结构，使钢球的提升高度比普通倾斜面分级衬板高。另外，呈抛落状态的那部分活动的球，所占的比例大于采用普通衬板时的数量。衬板的双曲面在带动钢球做纵横向运动过程中，增加了钢球与物料互相碰撞的机遇，而使钢球对物料产生极好的研磨作用。

4）保持不变的研磨效率

双曲面分级衬板的提升表面设计成与自然磨损相近似的形状，在长期使用过程中仍然能保持初期的衬板表面形状。因此，磨机粉磨效率不会因衬板的磨损而降低。

5）在粗磨仓内安装沟槽衬板，在细磨仓内安装双曲面衬板，增产、节能效果十分明显。

（7）河北鼎基耐磨材料股份有限公司 2005 年生产的在河北金牛能源股份有限公司使用的ϕ4.2m×13m，ϕ4.6m×13m 高铬铸铁 Cr15 阶梯衬板（图 33-15）。

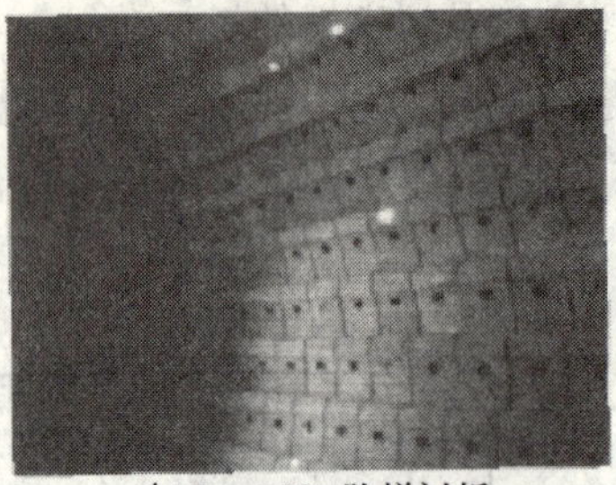

ϕ4.2m × 13m阶梯衬板

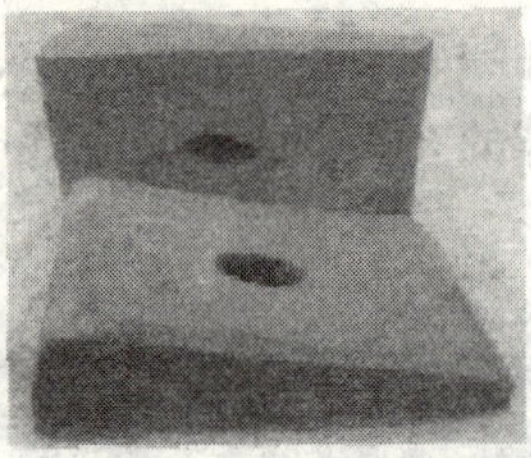

ϕ4.6m × 13m阶梯衬板

图 33-15　河北鼎基耐磨材料股份有限公司 2005 年生产的在河北金牛能源股份有限公司使用的ϕ4.2m × 13m，ϕ4.6m × 13m 高铬铸铁 Cr15 阶梯衬板

（二）高铬铸铁衬板在新型干法水泥生产中的地位和作用

我国抗磨高合金白口铸铁自 20 世纪 70 年代末推广应用以来，特别是近十年来，材料科学工作者和生产一线技术工作人员，通过认真研究，不懈努力探索，并且不断持续改进，使抗磨高铬白口铸铁的合金化理论和有关的生产工艺已初步形成具有我国特色的生产技术标准体系，已达到了标准化、系列化，稳定化生产水平，部分铸件如 Cr20 衬板、Cr26 衬板已达到了国际领先水平，显示了良好的使用性能和较高的经济效益。但是，在实际推广应用中，也暴露出一些问题，主要表现在：一是思想观念陈旧，创新意识不强，认识上模糊，加上过去体制上的缺陷等，有很大的一部分水泥企业或个人总认为高铬铸铁衬板不能用于球磨机中，易裂、易碎、易断，安全系数低，即使同意使用，要么进口国外衬板，要么将国产的用于二仓等，致使高铬铸铁衬板的应用，多年来一直未能形成规模化生产。二是过去企业整体效益不好，在衬板采购和使用中，多侧重价格，忽略耐磨性或材料使用性能，即便是生产高铬铸铁衬板，由于生产成本相对较高，也很少有人问津，市场销售难。三是衬板形状结构的差异，国外水泥磨机衬板小而厚，单螺栓孔或无螺栓孔，有利于发挥耐磨性能，不开裂，我国衬板多以大而薄或双螺栓孔出现，存在严重技术安全隐患。四是耐磨材料标准较粗，生产企业标准化工作难以全面掌握。五是我国大部分铸造生产整体工装工况、工艺水平相对落后，原材料采用上参差不齐，产品质量稳定性如表面粗糙度、尺寸精度等与国外衬板相比确有一定差别。上述主要问题，困扰和影响了高铬铸铁衬板的大量推广应用工作，也进一步影响了水泥工业的技术进步和经济效益的全面提高。

我国水泥工业进入“十一五”以来，新型干法水泥发展迅速，产能持续增长，生产集中度不断提高，通过并购重组，结构调整，淘汰落后的水泥产能等，水泥工业的发展进入了成熟健康阶段。到 2007 年年底，水泥产量完成 13.6 亿 t，比 2006 年增长 10.12%，创历史新高。新型干法水泥生产线 798 条，其中 2000 ~ 5000t/d 生产线 340 条，5000t/d 及以上规模生产线 137 条。随着球磨机的大型化、预破碎、预粉碎、预粉磨等磨前预粉技术的应用，平均球径越来越小，入磨粒度越来越细等水泥工艺装备技术水平的不断提高，高铬铸铁衬板的应用将更安全、更可靠、更耐磨，使用寿命更长久，一次采购 8 ~ 16 年期间不需更换，降低工人劳动强度，提高粉磨效率，经济效益将更凸现。同时，生产优化，合理选择和使用高铬铸铁衬板又是节能降耗的有效途径之一。随着国企的改革，民营企业的崛起，外资的不断涌入，外企、民营、国有三分天下格局的形成；随着建设资源节约型社会、环境友好型社会以及“节能减排”政策的强力推动下，这给高合金衬板的推广应用带来了一个崭新的技术发展空间。高铬铸铁衬板以其高性价比优势在水泥行业中有着广阔的市场需求，具有良好的发展前景。高铬铸铁衬板在新型干法水泥生产中的地位不可低估，必将发挥出越来越重要的作用。

第六节　高铬铸铁衬板生产应用中注意的几个问题

（1）优选法配置衬板

1）磨头板、筒体衬板（一仓），选用中（低）碳高铬铸铁材料；筒体衬板二仓及出料篦板，选用中、高碳高铬铸铁材料；单（整）块隔仓板选用中碳中铬合金钢类材料，分块组成的隔仓板允许使用低碳高铬铸铁材料，以提高抗磨性能和抗冲击性能。一般有磨前预粉磨系统的，如“辊压机 + 水泥磨”等，平均球径≤60，高铬铸铁衬板一仓使用寿命 8 年以上，二仓耐磨时间更长；隔仓篦板一般使用寿命在 4 年以上。

2）磨头板、筒体衬板（一仓），选用中（低）碳高铬铸铁材料；出料篦板选用中、高碳高铬铸铁材料；筒体衬板（二仓）选用高碳中铬合金钢或中铬铸铁材料，在不影响材料使用性能情况下，尽力降低采购成本。单（整）块隔仓板选用中碳中铬合金钢材料，分块组成的隔仓板允许使用低碳高铬铸铁材料。

3）对于$\phi 4.5$m 以下水泥磨机，一般选用高铬铸铁 Cr15 或 Cr13 衬板即可满足生产需要；对$\phi 4.5$m 以上或$\phi 5$m 以上水泥磨机应采用高铬铸铁 Cr20 或 Cr26 为宜。需要指出的是，球磨机衬板的磨损有别于其他易磨损件。从入料端到出料端随钢球和物料形状、大小的变化，磨机内不同部位的衬板受力不同，导致衬板磨损程度及表面形貌也不尽一样。相同的材料，研磨不同特性的物料，显示出完全不同的耐磨性能。另外衬板的磨损还与磨机类型、直径、转数等密切相关。因此，根据不同研磨物料的物理性能、结构，以及它们在研磨过程中对材料的磨损特点，来选择不同性能的材料，使其物尽其用，显得十分重要。

（2）衬板与磨球材料应相匹配。磨球应该选择高铬球。高硬度衬板和高硬度磨球匹配，系统耐磨性最高。

（3）粉磨工艺专家、学者，应多设计小而厚、单螺栓孔或无螺柱孔衬板，使高合金材料、高性能产品应用范围更宽更广，为降低金属材料消耗，提高粉磨效率，赶超国际衬板技术先进水平而共同努力。

（4）高铬铸铁衬板在安装初期，凡有螺栓孔的衬板，螺柱固定要紧实、紧密。最好选用橡胶垫作垫层。严禁无任何铺垫的情况下安装和使用高铬铸铁衬板。安装完毕进行初（试）运转时，磨机内必须填充一定量的物料方可进行，严禁空磨运转。

第三十四章　水泥工业用耐热钢铸件

按　水泥工业用耐热钢铸件是保证水泥正常生产的关键零件，其耐热性能直接关系到水泥产品质量的好坏和产量的高低，选择耐热钢的成分是十分必要的，因此我国开发生产的耐热钢得到了广泛应用。为促使技术进步、实现节能降耗，制订了 JC/T 880—2001《水泥工业用耐热钢铸件》行业标准，实施后发挥了重要作用，促进了行业发展，特别是水泥生产设备大型化后，有了长足发展，满足了生产需要，确保了生产需要。

第一节　概　　述

耐热钢是在高温条件下，具有抗氧化性和足够的高温强度以及良好的耐热性能的钢。耐热钢主要用于在高温下长期使用的零件。

耐热钢铸件的耐热性能包括抗氧化性能和高温力学性能，广泛应用于工作温度超过650℃的场合。在许多情况下，这类钢在不同的腐蚀性气氛下使用，故强度仅是选择合金钢的依据之一，在不同腐蚀介质中的耐腐蚀性也应予以考虑。

按建材行业标准 JC/T 880—2001 生产的耐热钢铸件：篦板、盲板等系列产品为水泥工业用耐热钢铸件。

第二节　结构与工作原理

耐热钢按成分分为高铬钢、高铬镍钢和高镍铬钢三类，这些高合金钢的成分与不锈钢相近，但其碳的含量较高，从而在高温下具有较高的强度。

高铬钢　这类钢 ω（Cr）=8%～30%，有少量的 Ni 或不含 Ni，组织是铁素体，在室温下塑性差，由于其在高温下强度较低，主要用于抗燃气腐蚀的条件下。

高铬镍钢　这类钢 ω（Cr）>18%，ω（Ni）>8%，而含铬量超过含镍量，其基本组织是奥氏体，有一些钢中有少量铁素体，与高铬钢相比，高温强度和塑性较高，高温下耐腐蚀能力也较强，这类钢适用于温度高达 1093℃的环境中，但是在 649～871℃，易产生 σ 相。

高镍铬钢　主要合金元素是 Ni，ω（Ni）>23%，ω（Cr）>10%，且含 Ni 量高于含 Cr 量，其组织为单一的奥氏体，一般说来，适用的温度可达 1149℃，并有较好的抗热冲击和热疲劳的性能。

耐热钢按其组织可分为珠光体钢、马氏体钢、铁素体钢和奥氏体钢四类。

珠光体钢　合金元素以铬、钼为主，总量一般不超过 5%。其组织除珠光体、铁素体外，还有贝氏体。这类钢在 500～600℃有良好的高温强度及工艺性能，价格较低，广泛用于制作 600℃以下的耐热部件，如锅炉钢管、汽轮机叶轮、转子、紧固件及高压容器、管道等。典型钢种有：16Mo，15CrMo，12Cr1MoV，12Cr2MoWVTiB，10Cr2Mo1，25Cr2Mo1V，20Cr3MoWV 等。

马氏体钢　含铬量一般为 7%～13%，在 650℃以下有较高的高温强度、抗氧化性和耐水气腐蚀的能力，但焊接性较差。含铬12%左右的1Cr13、2Cr13，以及在此基础上发展出来的钢号如1Cr11MoV，1Cr12WMoV，2Cr12WMoNbVB等，通常用来制作汽轮机叶片、轮盘、轴、紧固件等。此外，作为制造内燃机排气阀用4Cr9Si2，4Cr10Si2Mo等也属于马氏体耐热钢。

铁素体钢　含有较多的铬、铝、硅等元素，形成单相铁素体组织，有良好的抗氧化性和耐高温气体腐蚀的能力，但高温强度较低，室温脆性较大，焊接性较差，如1Cr13SiAl，1Cr25Si2等。一般用于制作承受载荷较低而要求有高温抗氧化性的部件。

奥氏体钢　含有较多的镍、锰、氮等奥氏体形成元素，在600℃以上时，有较好的高温强度和组织稳定性，焊接性能良好。通常用作在600℃以上工作的热强材料。典型钢种有1Cr18Ni9Ti，1Cr23Ni13，1Cr25Ni20Si2，2Cr20Mn9Ni2Si2N，4Cr14Ni14W2Mo等。

篦冷机是水泥生产运输中输送冷却水泥熟料的设备。篦板是篦冷机上的一个重要部件，工作中输送温度900～1000℃，并利用其往复运动输送水泥熟料。篦板正常使用寿命为12～18个月，材料为ZG0Cr25Ni20铸造耐热钢，工作时所送熟料高度为600mm，熟料的密度为1.4kg/cm^3，局部温度较高，最高可达750℃以上。所以保证产品的质量，提高使用寿命，合理的制造工艺是关键。

耐热钢材料的用途见表34-1。

表34-1　耐热钢材料用途

材料牌号	用　途
ZG40Cr25Ni20 ZG35Cr25Ni12	回转窑熟料 分解系统
ZG40Cr25Ni20 ZG35Cr25Ni12 ZG30Cr28Ni12 ZG3Cr24Ni7 ZG35Cr25Ni12 ZGM1，ZGM2（自行研发）	预热器系统
ZG40Cr25Ni20 ZG35Cr25Ni12 ZG30Cr26Ni15	冷却机系统
ZG40Cr25Ni20 ZG40Cr28Ni16 ZG30Cr20Ni10 ZG30Cr26Ni5	燃烧器系统
中碳多元合金钢及锰钢系列	破碎机系统
中高铬　镍铬合金	立磨系统

第三节　制　　造

由于篦板长期在高温环境下工作，因此篦板的磨损与断裂故障时有发生，严重影响设备的运转和生产。为保证产品的质量，对产品几何尺寸严格要求外尤其注重产品的材质，每年对原材料供应商实施评价，采购材料均由合格供方提供的优质产品，确保采购产品符合生产要求；对顾客提供的图纸等各种资料认真做好保密工作，首先根据顾客产品要求编排工艺，产品在批量生产前先进行试生产，对生产产品的外观形状、铸造质量进行检验；产品在生产的每一个过程都认真检验、记录，炉前化验采用德国进口光谱仪，严格做到成分不达标不出炉，试样第二天由另一人复核，试样保存三个月；产品检验实行百分之百检验，确保无不合格产品出厂，让用户无后顾之忧。

冶炼　耐热钢一般在电弧炉或感应炉中熔炼。质量要求高的往往采用真空精炼和炉外精炼工艺。

铸造　某些高合金耐热钢难以加工成形，生产铸件不仅比轧材合算，而且铸件还有较高的持久强度。所以在耐热钢中耐热铸钢占有相当大的比例。铸造方法除采用砂型铸造外，还可用精密铸造工艺以获得表面光滑尺寸精准的产品。对合成氨和乙烯裂解用的高温炉管往往采用离心铸造的方法。

生产所用树酯应由酚醛尿烷树酯，该树酯高温溃散好，铸件完全自由收缩，裂纹少，应力小，产品的质量优，代表了该行业的先进水平，公司拥有一批熟练生产队伍，丰富的实践经验让产品质量一直非常稳定。

生产耐热钢技术标准及产品技术规范如下：

1. 技术标准

高合金耐热钢产品及原材料严格执行国家（行业）现行最新标准，下列标准应是主要依据。

GB/T 223.69　钢铁及合金　碳含量的测定　管式炉内燃烧后气体容量法

GB/T 223.68　钢铁及合金化学分析方法　管式炉内燃烧后碘酸钾滴定法　测定硫含量

GB/T 223.5　钢铁　溶酸硅和全硅含量测定　还原型硅钼酸盐分光光度法

GB 223.58　钢铁及合金化学分析方法　亚砷酸钠-亚硝酸钠滴定法测定锰量

2. 耐热钢的技术规范

严格执行有关制造标准，并按企业标准《耐热耐磨合金钢》进行制造和验收。

金相组织试验按 GB/T 3298 的规定进行。

产品表面严整，无冒口、气孔、浇口、夹渣、飞边、裂纹、毛刺、粘砂。

产品的缺陷允许进行修复。凡不影响铸件使用要求和外观的缺陷，允许存在。

产品的缺陷具有下列情形之一时，不允许焊补：

a）有蜂窝状气孔者；

b）有裂缝超过规定者；

c）图样规定不允许焊补的缺陷。

3. 抽样

（1）产品经质量检验部门按本规定检验合格后，签发合格证和质量证明书，方可出厂。

（2）产品的检验分出厂检验和型式检验。

出厂检验项目为外观、几何尺寸、硬度、化学成分。

型式检验为本标准的全部内容。

产品成批验收，同一熔炼号为一批。

进行型式检验的样本应在经出厂检验合格的产品中随机抽取，抽样数为 5 件，型式检验时，如有某一项不符合本标准要求，则从该批产品中抽取加倍数量的试样进行不合格项目的复检，如仍不合格，则该批产品不合格。

4. 复检

需方有权对我方产品进行复检，如发现尺寸、质量不符合图纸要求或其他技术问题时有权退货。

（1）化学成分试验按 GB 223 的规定进行。

（2）抗拉强度试验按 GB/T 228—2002 的规定进行。

（3）冲击韧性试验按 GB/T 22—2008 的规定进行。

5. 包装和质量证明书

按 GB/T 247—2008 的规定进行，也可根据需方要求进行。

6. 产品使用周期

为一年以上，在使用期内如发生因衬板质量问题，修复由我方负责。

耐热钢的化学成分符合表 34-2 的规定。

表 34-2　耐热钢的化学成分

牌号	化学成分（%）								
ZG40Cr25Ni20	C	Cr	Mo	Mn	Si	S	P	Ni	Fe
	0.35～0.45	23～26	0.30～0.50	0.80～1.20	1.00～1.50	≤0.03	≤0.02	18～20	余量

注：1. Re 表示稀土的加入量。

2. 经双方协议，可加入其他元素，以改进衬板原性能，但须在质量证明说明书中说明加入量。

产品的机械性能见表 34-3。

表 34-3　产品的机械性能

牌　号	使用温度（℃）	抗拉强度（MPa）	冲击韧性 K	硬度 HB
ZG40Cr25Ni20	≥1200	≥600	≥15	≥48

产品的金相组织见表 34-4。

表 34-4　产品的金相组织

牌　号	使用温度（℃）	金相组织（%）		
		奥氏体	碳化物	马氏体与莱氏体
ZG40Cr25Ni20	≥1200	160－180	38－40	≤12

第四节　安　　装

在篦板安装过程中要检查篦板与篦板之间的侧向间隙，使侧向间隙控制在 3mm 左右，同时前后排篦板之间的间隙要调整好，保证间隙在 2～5mm 之间，以防止漏料现象的发生，另外注意要将篦板下面的紧固螺栓紧好，防止在篦冷机运行过程中，前后排篦板发生碰撞现象。如果出现篦板与篦板之间的间隙很难调整，前排间隙大、后排间隙小，就需要检查活动框架是否变形，活动梁和固定梁是否弯曲，还要检查托轮和轮轨磨损程度，如果磨损严重，就需要进行更换，在检修后运行前要运行篦床，以确定无卡碰和跑偏现象。预热器检修时首先要检查内筒法兰有无烧损变形，挂片之间的间隙要调整均匀，上下挂板错位安装。

第五节　维护及修理

因篦板是长期在高温下工作，安装和调试好篦板之间的间隙、保证设备正常的运行是关键。在试运行中，要严防烧坏篦板，除特殊情况外，高温区总是要供给最大的冷风量（但应与料层厚度相适应）。如因废气风机故障或其他因素需要减少供风量时，也只能从低温区开始逐渐减少风量。当要停窑和停止冷却机运行时，按照熟料下料量来逐步降低篦床速度，直到熟料停卸时，才能停止篦床运行。但是，风机不能停止供风，应在冷却机和熟料完全冷却之后，才能停下风机。以防止篦床过热变形，或烧坏篦板。篦冷机的停机检修对于篦床的固定梁、活动梁及框架变形修理尤为重要，由于磨损造成篦床下沉时，可在活动梁与框架之间加垫片进行调整，检查篦板间的间隙，并进行必要的调整。检查和调整篦板之间、篦板与侧板之间的间隙，以及篦板的重叠量。篦板如磨损、开裂不十分严重时，可采用相同材料进行堆焊、打磨修复，如有断裂要进行更换。

第三十五章　水泥工业用密封装置

按　水泥工业用密封装置在世界水泥生产的应用已有一百多年的历史，自有了回转窑的应用就有了密封装置的应用。随着社会的发展和技术的进步，其节能降耗作用越来越明显，但是作为密封装置标准，国际上尚无先例。为了促进技术进步，推动我国循环经济的发展，实现节能、环保，减少环境污染，提高该装置的作用，2006 年组织立项，经国家发展和改革委员会批准，由北京四方联公司等单位组成的起草小组完成了 JC/T 1003—2006《水泥工业用密封装置》行业标准的起草工作，并于 2006 年国家发展和改革委员会批准发布实施，对提高产品质量发挥了重要作用。

第一节　概　　述

我国水泥工业设备的发展是从国外技术的转化开始的，又因新中国成立后进口的设备来自民主德国、罗马尼亚、捷克、丹麦、前联邦德国等不同的国家，所以密封装置的结构形式都不相同，先后有迷宫、石墨块、摩擦片、弹簧压板和鱼鳞片等。在水泥工业发展前期，密封装置在烧成系统中的重要性和对生产工艺、生产成本的影响都未得到足够的重视，国家一直也未制定相关的标准，造成了各设计院、设备制造厂、使用单位的密封装置设计、制造、使用的混乱。随着我国水泥工业的不断发展壮大及国家对高能耗企业节能降耗的重视、市场竞争对企业产品降低成本的要求、生产能源的紧张、生产企业的大型化等因素使生产企业对密封装置的重视程度有了提升，认识到了它的重要性，也有对提出了更高的要求。水泥生产企业的不断发展造成应用需求量不断增加，密封装置生产厂家也在不断增多。目前国内密封装置的应用厂家涵盖建材、有色、冶金、化工等行业已达上千家，生产的厂家也有二十多家，但大多数厂家仍然采用着老的结构和技术进行生产，也无任何企业标准，使得用户在使用密封装置的过程中发生质量事故与制造厂交涉时无据可依。

因此，规范水泥工业用密封装置的设计、生产、使用和进行质量检验，加强行业管理，促进水泥机械装备的技术进步，具有较高的现实意义。

第二节　复合式密封的结构与原理

如图 35-1 所示，以窑尾密封为例，其结构由密封体、压板、摩擦板和发射板组成的复合密封一端固定在灰斗座上，另一端围绕在调整套的外面，复合密封外面有张紧装置。调整套支撑在筒体端部连接法兰上，另一侧通过支架连接在筒体上。回料勺也连接在筒体端部连接法兰上。舌头固定在烟室端面上。灰斗设置在灰斗座下面。

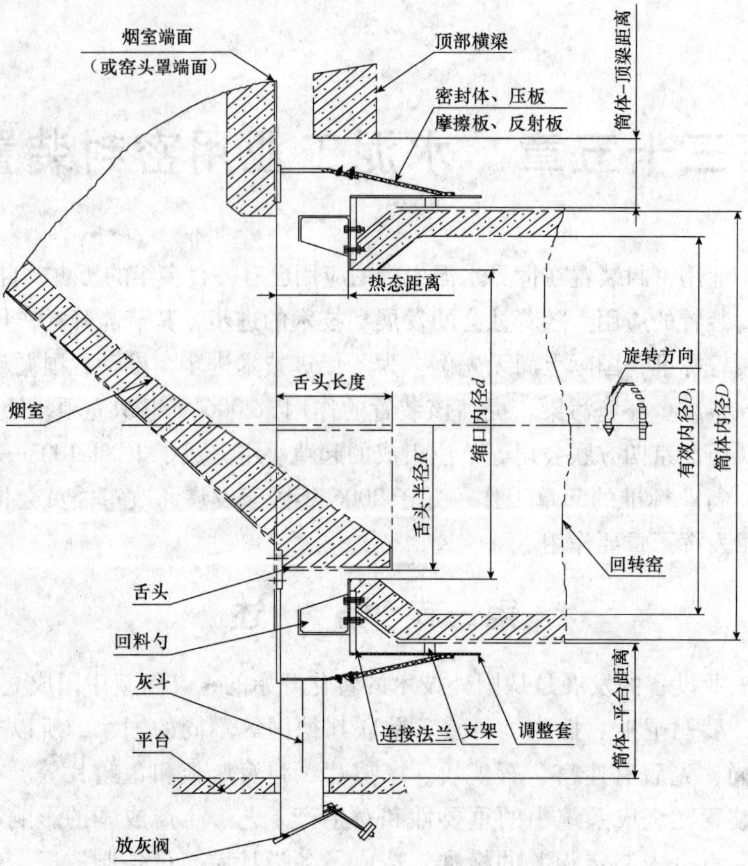

图 35-1　窑尾密封结构示意图

如图 35-2 所示，其工作原理：回转筒体与固定部件之间的漏风有两个条件：漏风间隙和漏风动力。漏风动力可以是温度差和压力差。以回转窑端部为例同时存在：1—挡轮调整量；2—筒体转速；3—热膨胀量；4—端部偏转角度；5—端部偏摆量。传统密封很难适应端面这种非常复杂运动，产生间隙造成漏风、漏灰。复合式密封是可以随筒体变形而变形的半柔性结构，无论接触部位如何变化，其与调整套之间始终保持没有间隙，起到很好的密封效果。复合式密封彻底解决了漏风和漏灰问题。漏料问题是由于舌头和回料勺没有处理好造成的，要解决漏料问题必须处理好舌头和回料勺的结构和相互关系，如图 35-1 所示。

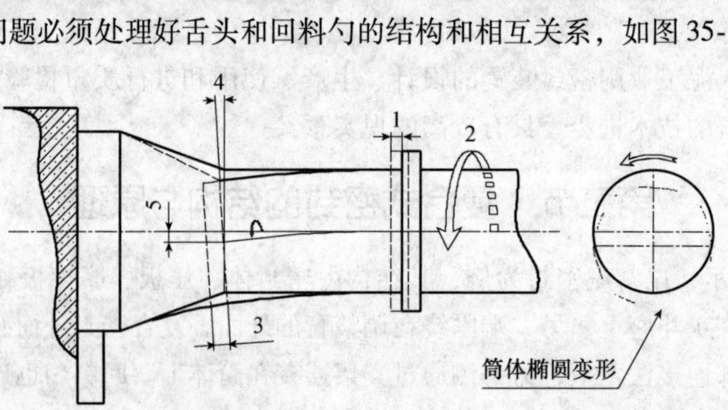

图 35-2　工作原理

1—挡轮调整量；2—筒体转速；3—热膨胀量；4—端部偏转角度；5—端部偏摆量

第三节　制　　作

1. 基本部件的制作，包括：密封体、压板、摩擦部分和反射部分。

2. 非标部件的制作，包括：调整套、灰斗座、张紧、支架，该部分可以现场制作。

其中关键部件的制作需要保证：

(1) 调整套制作需要保证：筒体椭圆度误差小于筒体外径的2%，接缝处开坡口焊接、没有错边和凸棱、焊后磨平，保证与摩擦部分接触的区域没有大于0.3mm的凸棱和硬点。

(2) 灰斗座制作需要保证：灰斗座锥体上的两排螺栓要交错对称、间歇、均匀布置。

3. 辅助部分的制作，包括：舌头和回料勺的加工制作，其材质为耐热钢，由专业厂家根据图纸进行加工制作。

第四节　安　　装

(一) 安装准备

制定施工进度表，见表35-1。

表35-1　施工进度表

序号	项目	1	2	3	4	5	6	7	8	9	10	11	…	备注
1	拆除	*	*	*										
2	调整套				*	*	*							吊装、找正、焊接
3	灰斗座					*	*	*						吊装、找正、焊接
4	入料舌头、回料勺						*	*						吊装、找正、调整、连接及焊接
5	耐火材料							*	*	*				砌筑或修补
6	密封						*	*						
7	张紧，支架							*						
8	调整验收									*	*			包括空载试车
9	其他											*	…	特殊情况

(1) 基本准备：如图35-3和图35-4所示。确定窑型、直径、长度、斜度（明确是正弦还是正切值）、转速、旋转方向与设计是否相同。窑尾端面和窑头罩端面与窑中心关系（是否垂直于窑中心）。窑头和窑尾端部最大偏摆量，挡轮调整量。测量筒体外皮到窑尾（或窑头）平台和上部框架距离，平台下是否有梁、柱，窑尾平台下是否有工作间，冷却机形式、相对位置关系。

(2) 人员准备：确定停窑时间，提前通知四方联安装时间，在指定时间内到达现场；准备电焊工、铆焊工、水焊工、吊装工、安全员、现场负责人（施工及安全）、保管员、垃圾清运工等（可以兼职）。

(3) 将安装工具、所制作完成的部件运抵现场。

(4) 按确定方案进行拆除，垃圾及时清运出现场，避免影响安装。

（二）密封的安装

（1）测量窑及挡轮的位置，通过检测挡轮处的轮带与托轮轴向压痕位置并记录，测量窑尾端面与烟室端面的热态或冷态距离并记录，计算热膨胀，根据测量值计算安装前是否需要改变筒体长度。测量冷风套冷态时伸出窑头罩部分的长度是否与图纸吻合。

（2）测量窑耐火材料厚度或有效内径，窑尾缩口内径。当利用原有入料舌头和回料勺时需要确定材质、外径、内径、宽度、隔板数量和角度等和图纸要求是否一致，出现偏差时及时和技术人员沟通。

（3）平台开设灰斗孔，当平台下是否有工作间时要同时作好防水、防灰处理。

（4）确认回料勺隔板方向符合回转要求，将回料勺固定在筒体法兰上，旋转筒体适当调整回料勺与回转中心的同轴度（注意此时调整量有限）。

（5）安装入料舌头，根据缩口调整舌头位置，保证回转时间隙合理、均匀。确认舌头包角及与端面接触部位形成的溜槽深度符合要求。当深度过浅要采取措施保证其不漏料。

（6）将调整套吊装套在筒体上，保证接缝处坡口焊接、没有错边和凸棱、焊后磨平，保证与摩擦部分接触的区域没有大于0.3mm的凸棱和硬点，保证调整套的椭圆度要求。

（7）当空间受限制时，先将灰斗放入平台上的灰斗孔，再将灰斗座吊装并用工艺螺栓初步固定在烟室端面或窑头罩端面上，保证锥体部位接缝处坡口焊接、没有错边和凸棱、焊后磨平，保证调整套的椭圆度要求。

（8）将调整套初步固定在筒体法兰上，旋转筒体，调整调整套与回转中心的同轴度，注意不一定是和筒体的同轴度。确认后固定调整套和筒体，焊接支架、法兰连接螺栓、冷风套支板（窑头）。注意与法兰之间的焊接为密闭焊接。

（9）以调整套为基准调整灰斗座与调整套的同轴度，确认后将灰斗座与烟室端面或窑头罩端面密闭焊接。焊接张紧支撑杆。

（10）灰斗座与灰斗连接处要开设漏灰孔，当空间受限制时，先将先期放入平台上的灰斗孔的灰斗与灰斗座密闭焊接。

（11）焊接放灰阀，注意放灰阀的配重调整到放灰灵活，切忌使用闸板阀。窑头使用篦冷机时可以不用放灰阀直接放入拉链机。

（12）安装反射板在灰斗座上，确认折回有效。

（13）在反射板外面安装摩擦部分，用第一层螺栓预拧紧，调整与调整套接触处板间间隙均匀，确认均匀后拧紧第一层螺栓。检查摩擦部分预应力变形均匀一致。测量间隙的宽度，累计上述间隙之和乘以该处摩擦部分的板厚度，乘积的结果是漏风面积。

（14）现场在密封体上打孔，在摩擦板部分面安装密封体，密封体之间要相互合理搭接。

（15）在密封体外面安装压板，压板排布要均匀。

（16）安装滑轮，缠绕张紧用钢丝绳。注意其中一根按m形缠绕且配重稍大，另一根按n形缠绕且配重稍小。禁止使用旧衬板等超重件代替配重块，以免影响使用寿命。

（17）安装后进行补漆。

（18）砌筑耐火材料，窑尾缩口处要保证旋转时不和入料舌头刮碰且间隙均匀，保证缩口处的宽度，砌筑后冷态轴向位置，计算热态时保证舌头出料端深入窑内不少于30mm。

（19）空载试车，确认无刮碰。用上面测量计算的漏风面积除以窑筒体有效面积的商，按标准对比是否合格。具体标准要求见表35-2。

表 35-2　漏风面积系数

项　目	单　位	参　数							
筒体内径	m	2.5	2.7	2.8	3.0	3.2	3.3	3.5	4.0
漏风面积系数	%	≤0.20	≤0.19	≤0.18	≤0.17	≤0.16	≤0.15	≤0.14	≤0.12
筒体内径	m	4.3	4.5	5.0	5.2	5.6	5.8	6.0	6.4
漏风面积系数	%	≤0.11	≤0.10	≤0.09	≤0.09	≤0.08	≤0.08	≤0.07	≤0.07

注：1. 当筒体内径不在表 35-2 所列范围时，采用插入法计算漏风面积系数。

2. 漏风面积系数偏差波动的上限范围：+20%。

第五节　维　　护

复合式密封装置试运转经验收合格后，可以正式投入生产。生产中正常使用时，复合式密封装置不需要过多维护。当不正常时存在如下现象，需要及时处理：

1. 配重过重

张紧装置的配重提供张紧力，张紧力的大小不代表密封效果的好坏。按说明书要求，m 型缠绕的钢丝绳配重大约在 10~15kg，n 型缠绕的钢丝绳配重大约在 7~12kg 即可。配重过大时会影响摩擦部分和调整套的寿命。

2. 密封体

密封体是耐高温纤维材料，其没有疲劳和老化，但其强度不高，禁止随意拆卸。

3. 放灰阀

当灰斗中有灰时通过放灰阀放出。放灰阀必须保持放灰灵活。切记不允许使用不能自动放灰的闸板阀。当使用闸板阀放灰不及时灰斗中积满灰时，积灰会从密封与调整套之间挤出损坏密封。

4. 调整套

调整套与摩擦部分接触的区域磨损是正常的。由于摩擦部分是经过化学热处理的，硬度和耐磨性都高于调整套，往往调整套要先磨损。当调整套磨损深度超过 10mm 时，需要对调整套进行维修。其方法是：卷制一个内径等于调整套外径，宽度 200~300mm，厚度及材质与调整套筒体相同的圆筒，分三瓣分别焊在调整套的外面的摩擦部位，接缝处坡口焊接并磨平。上述维修过程不需要拆卸密封体。窑尾密封示意图如图 35-3 所示，窑头和单冷机密封示意图如图 35-4 所示。

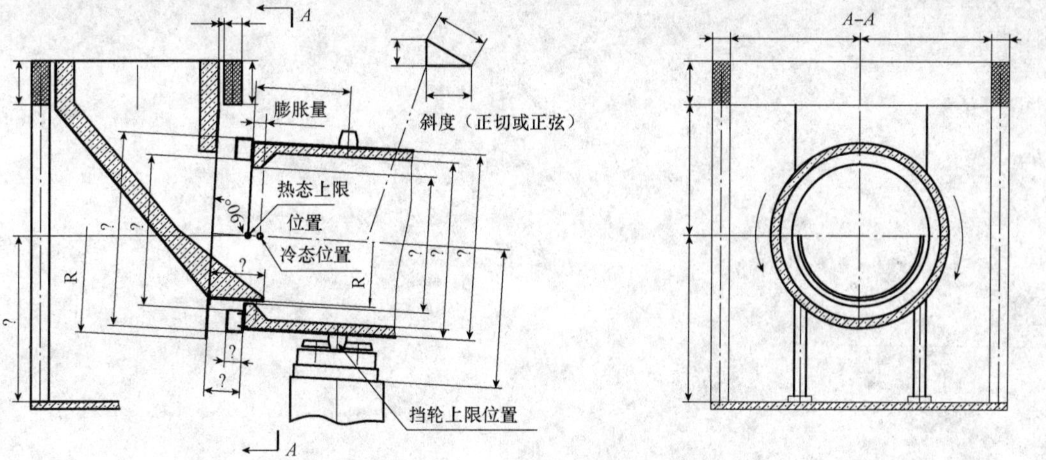

图 35-3　窑尾密封示意图

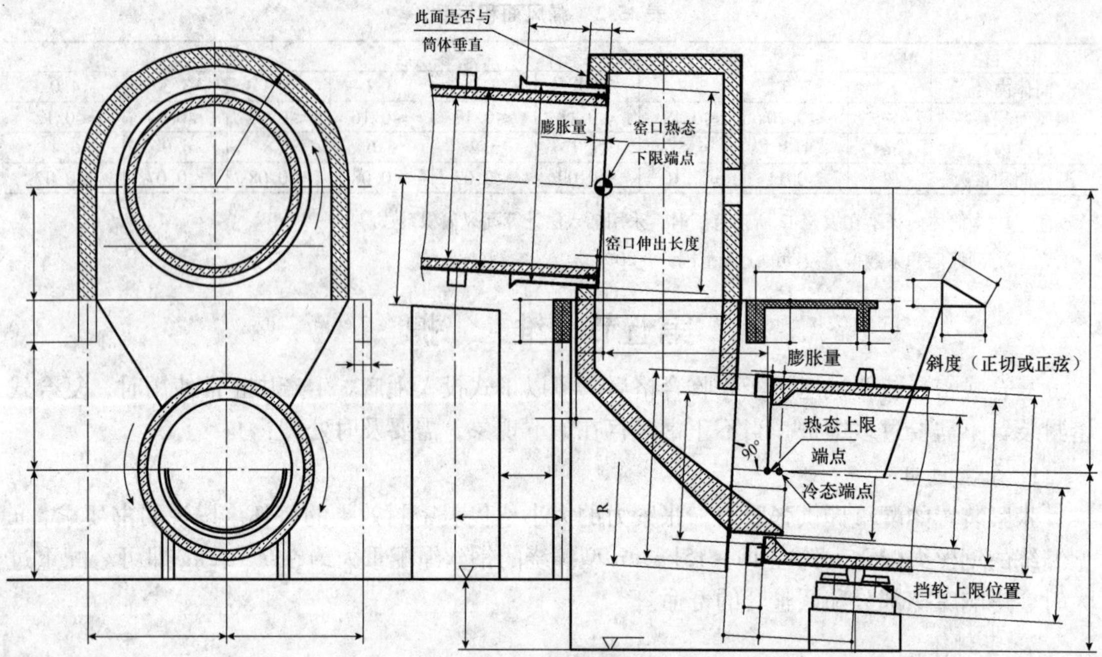

图 35-4　窑头和单冷机密封示意图

第三十六章　水泥工业用锤式破碎机

第一节　概　　述

锤式破碎机具有结构简单、破碎比大、能耗低、产品粒度均匀等优点，广泛地应用于建材、化工、发电、选矿、炼焦等工业部门，作为中等硬度以下的各种物料的破碎。

锤式破碎机能将1m以上的大块石灰石一次破碎到小于20mm，使传统的两段或三段破碎改为一段破碎。从而简化了生产流程，节省了投资，降低了能耗及其他生产费用，是水泥厂理想的破碎设备。

第二节　锤式破碎机的工作原理及结构

（一）锤式破碎机的工作原理

锤式破碎机是由电动机通过弹性柱销齿式联轴器，直接带动具有飞轮的转子部，矿石由一个单独的给矿机送至破碎机。这个给矿机将矿石送到破碎机进口的整个宽度上，以达到均匀布料。矿石进入破碎机后，就落在一个橡胶支撑的防震的给料辊上。给料辊以一定的速度旋转，把进入机内的矿石陆续送到高速回转的转子部。给料辊与机架之间有一定的间隙，矿石中的一部分细粒从这个间隙可以落下去，起到一定的排泥作用。与传统的锤式破碎机不同，这种破碎机在开始破碎阶段，锤头反打给料块，这时给料块同时被抛起。被抛起的矿石在机架部足够大的反击腔中能够自相碰撞或在反击腔中再行破碎。在后一个破碎阶段，则与传统的给料锤式破碎机一样，矿石撞击破碎板和出口篦条，被粉碎到合格粒度后通过篦条开口落下。破碎产品由皮带运输机运走。为了排除进入机内的铁块等非破碎物，在篦条的后半部分设置了排铁保险门装置。

一段锤式破碎机的工作原理是反击破碎和锤式破碎原理的完美结合。因此，现在锤式破碎机具有如下特点：

（1）破碎比大，使水泥工业的两段或三段破碎改为一段破碎，从而简化流程，节省投资，降低能耗及其他费用。

（2）由于锤式破碎机具有反击破碎的功能，所以单位功耗比传统破碎机低。

（3）由于转子部前面设有给料辊，大块矿石不直接冲击压迫转子部，从而延长其寿命。

（二）锤式破碎机的结构

锤式破碎机主要由机架部、给料辊部、转子部、保险门部、篦条部和基础部组成。其结构示意剖面图如图36-1所示。

1. 给料辊部

给料辊部用来缓冲矿石冲击力度，减轻转子部受到的冲击，对延长转子部的寿命有重要意义。给料辊由辊皮、耐冲击橡胶板、辊轴等组成。在辊皮和辊轴之间砌有耐冲击橡胶板，用以吸收大块矿石的冲击。辊皮由内外两层组成，外层由五段耐磨铸锰钢件组成，两边用压环压住。内层由锻钢毛坯机械加工制造。这样的结构便于更换易损件的外层辊皮。为增加传送矿石的摩擦角，给料辊的辊皮上铸有凸台。

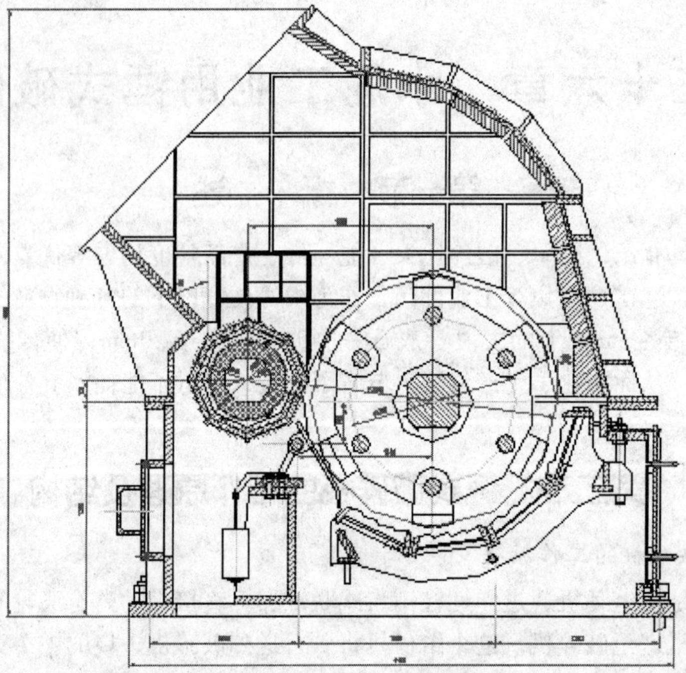

图 36-1　结构示意剖面图

给料辊由三相异步电动机通过摩擦安全联轴器、三级圆柱齿轮减速机和棒销联轴器来驱动。当出现给料辊被泥土等物卡住的时候，摩擦安全联轴器自动打滑，起到保护电机的作用。

给料辊的径向最佳给料深度应该等于锤头打击中心距其顶端的距离。此时打击功最大，而反力最小。锤式破碎机的给料辊与转子尺寸、转速是根据这个原理确定的。

辊子的轴承为球面调心滑动轴承，采用油杯注油方式，每隔一段时间按要求注油。

2. 锤式破碎机机架部

为了适应大块矿石的给料及其反击破碎原理，机架部上腔留出了足够大的空间。为避免粘料现象的出现，机架上后腔呈圆弧形。

机架部由多块机架用螺栓连接而成。下机架主要采用60mm 的厚钢板焊接而成，这种结构对整个机器的稳定、减少震动、增加强度等方面都有其好处。上部机架中受冲击较少的两侧壁采用30mm 钢板，冲击大的中机架、上机架的正面部分采用40mm 钢板。为增加机架强度，上下各架体焊有很多竖筋板。各机架内壁装置了耐磨的铸锰钢衬板。各衬板由螺栓把合，磨损后可以更换。

机架侧壁在锤轴回转半径部位设有可拆卸压盖，在检修更换锤头时打开压盖，再把上机架的螺栓松开，拿开上机架后，可以利用吊车配合即可很方便地更换锤头。

在给料辊部位的机架侧壁处设有两段可拆侧板，其中上部可在机器发生故障时排除机内残存矿石用。

下机架的后面留有很大的门，更换已磨损的篦条时，可将整个篦条部从这个门拿出去。

3. 锤式破碎机转子部

为了适应大块矿石的破碎，除了采用较重的片状锤头外，在锤头的排列上采用了各排锤头错开排列。排列形式如图 36-2 所示。

第一排	○	○	□	△			△	□	○	○
第二排				△	□	□	△			
第三排	○	○	□	△			△	□	○	○
第四排				△	□	□	△			
第五排	○	○	□	△			△	□	○	○
第六排				△	□	□	△			

图 36-2　锤头排列展开示意图

图中符号：

○——重锤头；

□——中锤头；

△——轻锤头。

这样的排列将有助于对大块矿石的分别击碎和剪切破碎，符合传统的粗破碎机的破碎原理。

从锤头与锤盘的搭配结构上，采用了全回转锤头。即锤头在锤轴上旋转 360°，不与锤盘干扰。这样有助于锤头打击大块矿石后完全转回到锤盘中间，避免了锤头与锤盘之间不必要的冲击，并有利于锤头再一次发挥充分动能击碎下一个大块矿石。

为了适应破碎大块矿石所需的大扭矩及为了提高主轴的抗弯断面系数，主轴截面采用了方形。主轴承采用双列调心球面辊子轴承，以满足本机大功率、大冲击、大跨度等要求。为轴承装卸方便，还配置了轴承装卸工具。

主电机与主轴之间采用弹性柱销齿式联轴器或皮带轮连接。主轴另一端装有惯性飞轮，以利于破碎机动能的充分利用。

4. 保险门部

锤式破碎机作为一段锤式破碎机，直接破碎从采矿现场运来的原矿。采矿场中多采用爆破等手段，因此运来的物料当中难免混入铲牙、潜孔钻头、钢轨、风钻、大锤等异物。如果设备没有可靠的保护装置，则势必受到损坏而停产。因此，本机在篦条部的后部设置了常闭的自动排铁保险门装置。当进入机内的铁件被转子驱赶行至保险门时，靠铁块的离心力和重力克服保险门常闭用重锤的重量而推开，铁块落到下面。重锤的配重可在现场根据实际情况调整。

实践证明，这种结构比丹麦史密斯公司的 EV 型破碎机在传动轮上设保险销的结构，以及德国 OK 公司的 MAMMUT 型破碎机靠破碎机上腔形状，更具有使进入机内铁块反弹机外的结构可靠方便。

5. 锤式破碎机篦条部

锤式破碎机篦条采用了带齿板状 45°篦缝结构。篦条迎着料流作成齿形。这种形状可以增加不合格料的打击次数，改变了传统平面篦条主要靠摩擦破碎为主的结构，故下腔不积料和泥土并大大提高破碎效率，降低了能耗。45°篦缝结构避免了顺向篦缝排出长扁物料的现象，又大大优越于横向篦条的排料能力，是理想的角度。板状篦条结构尽管单根断面积小，但总体强度高，不易发生折断和变形。

篦板用铸锰钢件制造。考虑到大尺寸篦条在铸造和热处理时易变形，因此沿锤轴轴向设计了两段篦架。篦架用钢板焊接而成，而篦架的前后两端均用螺杆吊挂在下架体上，以便根据需要随时调整篦条与转子锤头回转半径之间的规定间隙。

第三节　主要技术参数的设计计算

1. 生产能力

$$Q = 60ZLcd\mu Kn\gamma$$

式中　Q——生产能力，N/h；

Z——出料篦条的个数；

L——出料篦条的长度，m；

c——出料篦条的宽度，m；

d——出料粒径，m；

μ——物料的松散与不均匀系数，一般为0.015~0.07，取$\mu=0.04$；

K——转子圆周方向的锤头排数；

n——转子的转速，r/min；

γ——物料的堆积重量，N/m^3。

2. 功率

$$N = \frac{GR^2n^3mK}{11\times10^7\eta}$$

式中　N——锤式破碎机所需功率，kW；

G——每个锤头重量，N；

R——转子外端半径，m；

n——转速，r/min；

m——锤头的总数；

η——有效利用率，一般取0.70~0.85；

K——校正系数。

3. 转子转速

$$E = \frac{Gv^2}{2g}$$

式中　E——锤头的动能，N·m；

G——锤头的重量，N；

g——重力加速度，m/s^2；

v——锤头的圆周速度，m/s，$v=\pi Dn/60$。

4. 锤头重量

转子上全部锤头每转一次所产生的动能E_a为：

$$E_a = K_1K_2E = K_1K_2GD^2n^2/7200$$

式中　K_1——转子圆周方向的锤头排数；

K_2——转子横向每排锤头的个数；

n——转子转速，r/min；

D——转子外端直径，m。

转子每分钟 n 转时全部锤头所产生的动能 N_a 为：

$$N_a = nE_a/1000 \times 60$$

式中　N_g——电动机的功率，kW。

按 $G=(0.7\sim1)G_1$

G_1——最大物料块的重量。

5. 锤头的打击平衡

打击中心公式：

$$L = J_{F0}/F_0 C$$

式中　C——锤头悬挂中心 O 到重心 S 的距离，cm；

L——锤头悬挂中心 O 到打击中心（锤头外棱）的距离，cm；

F_0——有孔锤头的面积，cm^2；

J_{F0}——F_0 面积对悬挂中心的极惯性矩，cm^4。

6. 传动设计

（1）设计功率

$$P_d = K_A P$$

式中　P——电机功率；

工况系数：$K_A=1.8$。

（2）传动比

$$i = n_1/n_2$$

式中　n_1——电机转速；

n_2——主轴转速。

（3）确定小带轮节圆直径

$$带速\ v = \pi d_{p1} n_1/60 \times 1000 \leqslant v_{max}$$

（4）确定大带轮节圆直径

$$i = d_{p2}/(1-\varepsilon)d_p$$

其中：$\varepsilon=0.01\sim0.02$

$$d_{p2} = i \times (1-\varepsilon) \times d_{p1}$$

（5）确定带速

$$v = \pi d_{p1} n_1/60 \times 1000$$

（6）初定中心距

$$0.7(d_{e1}+d_{e2}) < a_0 < 2(d_{e1}+d_{e2})$$

（7）确定有效长度 L_{e0}

$$L_{e0} = 2a_0 + \pi(d_{e1}+d_{e2})/2 + (d_{e2}-d_{e1})^2/4a_0$$

（8）确定实际中心距 a

$$a \approx a_0 + (L_e + L_{e0})/2$$

（9）验算主动轮上的包角 α_1

$$\alpha_1 = 180° - (d_{e2} - d_{e1}) \times 57.3°/\alpha$$

第四节　基本参数与整机要求

（一）基本参数

应符合表 36-1 的规定。

表 36-1　基本参数

型　号	转子直径 (mm)	转子长度 (mm)	产量 (t/h)	电机功率 (kW)	进料粒度 ≤ (mm)	出料粒度 ≤ (mm)	转子转速 (r/min)
PCK-0606	600	600	7.5～15	45	60	3	1250
PCK-0808	800	800	25～35	90	80	3	1250
PCK-1010	1000	1000	50	280	80	3	1000
PCK-1413	1430	1300	200/400	520～550	80	3	985
PCK-1416	1410	1608	400	560	80	3	985
PC-0404	400	400	2.5～5	7.5	100	10	1450
PC-0604	600	400	12～15	22	100	15	1000
PC-0806	800	600	20～25	55	200	15	980
PC-0808	800	800	35～45	75	200	15	980
PC-1010	1000	1000	60～80	132	200	15	1000
PC-1212	1250	1250	90～110	180	200	20	750
PC-1412	1420	1194	110～130	250	600	25	735
PC-1414	1400	1400	160～180	280	600	25	735
PC-1616	1650	1630	190～240	280～355	800	25	—
PC-1818	1800	1800	300～500	480～560	900	25	—
PCY-2018	2010	1750	350～450	500～630	1000	25	—
PCY-2020	2000	2000	400～600	630	1100	80	375
PCY-2022	2010	2227	450～650	800～1000	1500	80	375
PCY-2030	2000	3000	700～1000	1000～1250	1500	80	375
PCY-2225	2200	2485	1200～1400	1250～1400	1800	80	375
PCY-2530	2500	3000	1500	1800	1800	80	375

（二）整机要求

1. 基本参数和传动的方位应满足系统工艺的要求。

2. 同型号破碎机的易损件应具有互换性。

3. 易损件容易更换，并具有方便装卸的辅助装置。

4. 机体各接合部以及检查门、盖等应密封严实，不得泄漏粉尘。

5. 轴承应有良好的密封防尘措施，主轴承的工作温度一般不应超过75℃，其他轴承的工作温度不应超过60℃。

6. 各润滑、液压件应密封良好无渗漏，其液压系统应符合GB/T 3766的规定。

7. 空负荷试车时的噪声声压级不大于90dB（A）。

8. 外露的旋转轴和联轴器等运动部位必须有防护罩。

9. 脚踏板、走道、梯子应有防滑及高处作业防坠落的措施，并符合GB 5083的规定。

10. 电气系统应符合GB/T 4064的规定。

11. 破碎机首次大修前的使用期限：

（1）电机功率≥100kW的不应低于12000h；

（2）电机功率＜100kW的不应低于8000h。

12. 主轴和耐磨件的材料，其力学性能不应低于表36-2的规定。

表36-2　力学性能

名　称	力学性能				
	σ_b	σ_S	δ_5	ψ	A_K
	MPa		%		J
主轴	600	355	16	40	39
耐磨件	640	—	20	—	—

13. 主轴必须经超声波探伤检验，并符合JB/T 5000.15中Ⅳ级的规定。

14. 转子体（不含锤类件）应进行静平衡试验，其平衡品质等级值应符合GB/T 9239中G16的规定。

第五节　机器的安装与试运转

（一）一般说明

1. 基础图仅供参考，只能作为确定螺栓位置所用，不能直接作为土建施工图。其结构形式、强度和尺寸均由用户根据具体情况自行决定。破碎机应安装在稳固的基础上。基础应有足够的卸料空间，不许矿石堆积在篦条下面。

2. 破碎机的安装与检修应有适应的起重设备。

3. 安装时，应特别注意制造厂的装配程序和装配序号。如发现调整垫片不能使用者，可按原尺寸重新更换。

4. 安装前，应除净所有零件和部件加工表面的灰尘和防护涂料，且应消除运输过程中所产生的一切缺陷。

5. 安装时，凡零件的所有接触表面必须涂润滑油（衬板间接触面例外），其固定表面涂干油，活动表面涂稀油。

6. 在安装时，应注意保护磨损面，勿使灰尘和脏物落下，不可使用不洁净的油类及脏棉纱。在容易弄脏的地方要用防护板及净帆布盖上。

7. 安装时须按总图和部件图上的技术要求进行。

（二）给料辊部的安装

1. 给料辊轴的平行度与倾斜度允差每米不得大于0.3mm。

2. 滑动轴承各部都要清洗干净，并认真刮研，使轴瓦和轴颈的配合符合下列规定：

（1）接触弧面为80°~100°。

（2）接触面上的接触斑点在每25mm×25mm面积内不得少于三个点。

（3）每侧的侧向间隙为0.30~0.36mm。

（4）顶端间隙为0.45~0.54mm。

3. 安装后转动灵活，无卡阻现象。

（三）机架部的安装

1. 机架部的横向（主轴方向）平行度允差每米不得大于0.1mm，纵向平行度允差每米不大于0.5mm。

2. 机架部各机架之间的结合处和所有门盖与机架的结合应严密不得漏矿粉。

3. 下机架与基础之间要留有适当空隙，以便浇注二次水泥。安装时先用调整楔铁仔细找正，当下机架调整完毕之后，进行二次灌浆，添满一次灌浆面与机架底部的空间，并把调整楔铁也埋进去。同时再一次拧紧地脚螺栓。

（四）转子部的安装

1. 主轴的平行度和倾斜度允差每米不大于0.3mm。

2. 安装前应将滚子轴承清洗干净，并注入润滑油。

3. 转子的锤头与篦条之间的间隙不得大于30mm。测量时应用盘车的方法逐排检查此间隙。

4. 安装完毕后应转动灵活，无卡阻现象。

（五）保险门部的安装

保险门的内壁与转子锤头顶端的间隙应不大于93mm，安装后的试调无卡阻现象。重锤的配重可根据现场实际情况调整。配重应使保险门摆到30°为宜，此时保险门开口最大。

（六）篦条部的安装

由修磨各篦条的凸台来保证各篦条之间的间隙为90mm，安装后要求调试，调整应灵活，无卡阻现象。

第六节　机器的试车

机器的试车应在安装完毕，经检验合格后，方可进行。试车前检查设备内部有无遗留杂物，各部轴承有无足够润滑油，然后盘动转子部和给料辊部。盘动应灵活，无卡阻现象。主电动机加电阻启动要求启动时间30~35s，给料辊电机启动时间1~3s。装配完毕后必须先进行空负荷试车2h，没有问题才可以进行下一步。

（一）空负荷试车

空负荷试车时间为2h，应符合下列要求：

1. 转子运转应平稳，飞轮的摆动不得超过0.2mm。

2. 机架的振动振摆幅不得超过0.2mm。

3. 轴承温度，滑动轴承最高不得超过60℃，滚动轴承最高不得超过70℃。

4. 检查给料辊与转子旋转方向是否正确。

5. 运转中应无金属与金属的撞击声音。

（二）负荷试车

负荷试车应在空负荷试车合格后方可进行。连续负荷试车时间为 8 ~ 24h。负荷试车应符合下列要求：

1. 运转前应复查连接螺栓和地脚螺栓的紧固情况。

2. 机架的启动必须是空负荷启动。启动顺序应是转子部，给料辊部和给矿机。当机器达到正常转速后，方可加入矿石。给矿应由少渐多，直至满负荷为止。加入的物料性质和粒度，应符合本机技术性能的规定。机器的停机顺序是：给矿机、给料辊部、转子部。间隔时间应以各部残存矿石排净为止。

3. 符合空负荷试车的各项要求。

第七节　机器的维护与安全

1. 应沿机器的整个宽度上均匀给料，不允许只中部有料两侧无料的现象存在。

2. 矿石入机前应清除非破碎物，如金属块、木板等。

3. 应尽量控制给矿的含水量、含泥量，以免篦条孔的堵塞或给料辊的卡住。

4. 经常检查破碎产品粒度，如发现粒度变粗时，应及时检查调整转子与衬板之间、转子与篦条之间的间隙。如发现这些部分过分磨损再也调整不了时，则应分别更换有关易损件。

5. 经常检查轴承温度是否超过允许极限。定期往滑动轴承注入稀油，滚动轴承推荐使用 40 号机械油润滑，需定期更换。

6. 更换锤头时应按图纸技术要求，对锤头重量进行选配，保证各排的锤头重量分布均等，符合技术要求的规定。

7. 定期检查各部衬板的松动和磨损情况，做到及时紧固和更换新衬板。

8. 破碎机开动前必须认真检查紧固件的紧固性。检查破碎机内是否有残存矿石，危险部位是否有人。确认无误后鸣笛，然后再开动破碎机。

9. 破碎机开动 2 ~ 3min 后，方能给矿。破碎机运转时不许用手或工具检查任何零件。必要时应该采取足够的安全措施后方可进行。

10. 破碎机的飞轮、联轴器等旋转部位必须设置防护罩。

11. 破碎机运转时应时刻注意机器的声音。如发现异常声音时，应立即停车检查。如发现破碎机有毛病或个别零件损坏时，则不应继续工作。

12. 破碎机应在停止给矿，待破碎腔内确认无残存矿石后方可停车。

13. 冬季使用环首螺钉时，应事先预热至 10 ~ 20℃。

14. 给料辊部和转子部轴承上吊环，只做吊轴承上盖用，不许吊整个轴承体。

15. 机器安装或检修时，吊环的平面必须和零件紧密接触。如用两个环首螺钉时，两吊钩之间形成的夹角不得大于 90°。

16. 使用厂矿应按自己单位的具体情况，定出详细的安全技术操作规程和安全技术措施。在未定出之前本破碎机最好不要使用。

17. 破碎机应存放在备有防雨、防晒设施的场所，并具备防锈、防腐和防损伤的设施。放置时须充分考虑防挤压变形和本身重力变形，贮存期长的应定期检查维护。

第三十七章　水泥工业用球磨机滚动轴承

按　水泥工业用管磨机（球磨机）滚动轴承是近几年开发出来的产品。为了提高和控制产品质量，促进技术进步，2006 年制定了建材行业标准 TC/T 1000—2006，由国家发展和改革委员会批准发布并实施。实施后，发挥了重要作用，特别在节能降耗方面，取得了很好的效果，目前正在广泛应用。

第一节　概　　述

管磨机（球磨机）广泛应用在建材、化工、冶金矿山等行业的粉磨作业中，老式磨机的主轴承都采用滑动轴承（巴氏合金瓦），部分磨机也有选用动静压轴承（即巴氏合金瓦配套高压稀油启动，低压稀油工作）。理论和实践证明滑动轴承的摩擦系数在 0. 04 左右，每台磨机在正常转动时需要克服滑动轴承较大的摩擦阻力矩，其消耗的电机功率占配套电机功率的 7% ~12%，功率消耗大。20 世纪 80 年代，我国一些单位（例如辽宁北票市理想机械工程有限公司）着手开发采用滚动轴承代替老式磨机滑动轴承的工作。

最初选用滚动轴承的规格型号时遇到了很多困难，也走了很多的弯路。我国最早使用轴承磨的厂家，是 1976 年引进的捷克产ϕ3. 2m ×3. 9m 磨煤机，采用的是单列圆柱滚动轴承。据操作工人讲，轴承使用寿命在 5 ~6 年，同国产ϕ2. 2m ×6. 5m 磨煤机相比，电机功率相同、电耗低 10% 左右。但是，捷克轴承却因单列短圆柱轴承本身没有调心功能，要靠普通磨机的球面底座来实现调心作用，而球型底座是球面接触型，调心时产生的摩擦阻力很大，使轴承滚动体的轴向一侧受力过大，会产生疲劳现象，时间一长会导致滚动体的使用寿命达不到设计要求。

通过对捷克产轴承磨机进行仔细的研究，并做了详细的论证，开始进行中国轴承磨机的研制、开发工作。

20 世纪 80 年代末期，开始了对“滚动轴承”的技术攻关。根据对捷克轴承的掌握，技术人员把重点投入到轴承自身的调心功能上，采用了单列调心滚动轴承。解决了调心不好的毛病，但节省功效仅 5% 左右。

针对大规格磨机运转时，滚动体最大直径的线速度要大于两端小直径部位的线速度，导致滚动体与外圈产生滑移，增大摩擦阻力，为此，将单列调心改为双列调心滚动轴承。用户使用证明效果较好，其中节省电机功率达 7% ~10%，但仍有不足之处。

经过与全国各大、中型轴承厂家的相互交流，与许多专家的探讨，滚动轴承终于研制试验成功。

第二节　结构及工作原理

（一）结构及工作原理

滚动轴承由内圈、外圈、保持架和滚动体四大部分组成，具备“定位”、“调心”、“轴向伸缩”三大功能。其中，外圈去掉了上半圈，呈下半环形外套圈，这是因为磨机在运行时，主轴承受的力是向下的，也有较小的轴向和侧向力，而没有向上的力。标准调心滚动轴承，短圆柱滚动轴承等在磨机运转时，主轴承只是外圈的下半圈受力，上半圈处于闲置状态，运行一段时间后，整个外套圈会出现偏磨现象。所述这种半环外套圈就解决了这一问题，也简化了加工工艺。

（1）磨机滚动轴承外形尺寸随磨机规格的大小、动负荷的轻重而确定，更适合球磨机的使用要求，而且制造成本低，经济适用性强。

（2）实现良好润滑，延长轴承使用寿命。采用国标双列调心滚动轴承时，直径和幅高都比较大，润滑油进入滚动体中心时距离长、时间慢，如果轴承盒内的油量达不到三分之二以上时，形不成油压，就会出现缺油润滑不良的现象。为此，虽然同是滚动轴承，但摩擦系数大，起不到节电作用。而 LMGU 滚动轴承滚动体的上半圈外露，能够使润滑油直接与滚动体接触，轴承盒内润滑油只要超过 50% 油位，即可形成良好润滑，达到节电和延长轴承使用寿命的双重效果。

（3）由于去掉了轴承外套圈的上半圈，其轴承质量下降四分之一，生产成本有所降低，降低了购买价格。

（4）年末检修时，打开轴承盒上盖可以直接看到滚动体和保持架。一方面可以观察到各部件的使用及磨损情况；另一方面清洗轴承时能把脏油盒杂质彻底清除干净，与其他型号轴承相比，具有截然不同的效果。

（二）磨机滚动轴承的使用优点

（1）降低工作电流：选择合理的滚动轴承应用在磨机上，在转动时产生的摩擦系数只为 0.0025，低于滑动轴承近 16 倍。通过计算和使用实例，磨机转动时滚动轴承消耗的电机功率只占配套电机功率的 0.5% ~1%，这样就会降低正常工作电耗、节省电费支出、降低生产成本、提高企业经济效益。

（2）降低启动电流：由于滑动轴承的摩擦阻力大，在启动时，轴与轴承之间摩擦以加速度原理达到固定转数时为止，电动机要克服很大的摩擦阻力矩，一般启动电流是工作电流的 5 ~6 倍。采用滚动轴承之后，启动电流只是工作电流的 2 倍左右。老式磨机正常工作时的电机富余功率较大是滑动轴承的原因。主轴承改用滚动轴承之后，可以减小配套电机功率或增加磨机研磨体装入量，提高电机效率，减小无功损耗，还可提高台时产量。

（3）减小润滑油消耗：滑动轴承必须采用稀油润滑并配稀油站才能正常工作，如润滑站和轴承部之间润滑油道密封不好和管理不善，易出现漏油和环境污染等问题，加之轴与轴瓦之间产生的压力使稀油的劣变也较严重，因此稀油的消耗和浪费现象特别严重。改用滚动轴承之后，ϕ2.4m 直径以上磨机宜采用稀油润滑并可取消稀油站，因为磨机转数低，承载能力大，不产生摩擦热源，小直径磨机可改用润滑脂润滑，也可以用稀油润滑，都可以满足要求，去掉稀油润滑站，达到节省油耗 90%。

（4）减小维修量，提高运转率：滑动轴承使用年限为 1 ~3 年，磨机主轴也会磨损，如果保养不好，有些厂家几个月就换一副轴承。滑动轴承正常工作时不允许出现缺少润滑油、冷却水或轴承升温过高的现象发生。一旦发生这种现象就要停机检修，因此普遍存在运转率低的现象。采用滚动轴承之后只要及时加注少量的干油，就能正常运转，不需要专门看护磨机。且滚动轴承的实际使用年限在 8 ~12 年，用户可放心使用，这会减小部分维修量和停机现象，提高了设备运转率。

(5) 节约冷却水，改善环境卫生：采用滚动轴承之后，湿式磨和水泥原料磨可去掉轴承循环冷却水装置，不影响轴承使用年限，滚动轴承座采用干油润滑之后，没有油渍污染现象发生，改善了环境卫生。

(6) 改造现有滑动轴承磨机，当年投资，当年见效：利用原磨机的中空轴再加工或不加工配用精密调整套后装配滚动轴承和所配套的轴承盒。现场安装3~4d即可交付使用，磨机原基础高度不变。

为了使这种轴承向系列化、标准化方向发展，2006年制定了建材行业标准《水泥工业用轴瓦（轴承）》，经中华人民共和国国家发展和改革委员会批准于2006年12月1日颁布施行。

第三节　加工制造过程及注意事项

(一) 轴承主要部件的加工过程

(1) 内外套圈的加工过程：轴承内圈和外圈的加工依原材料或毛坯形式的不同而有所不同，其中车加工前的工序可分为下述三种，整个加工过程为：棒料或管料（有的棒料需经锻造和退火、正火）→车加工→热处理→磨加工→精研或抛光→零件终检→防锈→入库（待合套装配）。

(2) 滚子的加工过程：滚子的加工依原材料的不同而有所不同，其中热处理前的工序可分为下述两种，整个加工过程为：棒料车加工或线材冷镦后串环带及软磨→热处理→串软点→粗磨外径→粗磨端面→终磨端面→细磨外径→终磨外径→终检分组→防锈、包装→入库（待合套装配）。

(3) 保持架的加工过程：保持架的加工过程依设计结构及原材料的不同，可分为下述两类：

1) 板框保持架的加工过程：板料→剪切→冲裁→冲压成形→整形及精加工→酸洗或喷丸或串光→终检→防锈、包装→入库（待合套装配）。

2) 实体保持架的加工过程：实体保持架的加工，依原材料或毛坯的不同而有所不同，其中车加工前可分为下述四种毛坯形式，整个加工过程为：棒料、管料、锻件、铸件→车内径、外径、端面、倒角→钻孔（或拉孔、镗孔）→酸洗→终检→防锈、包装→入库（待合套装配）。

(二) 滚动轴承的装配过程

滚动轴承零件如内圈、外圈、滚动体和保持架等，经检验合格后，进入装配车间进行装配，其过程如下：

零件退磁、清洗→内、外滚〈沟〉道尺寸分组选别→合套→检查游隙→铆合保持架→终检→退磁、清洗→防锈、包装→入成品库（装箱、发运）。

(三) 加工过程中的注意事项

1. 内圈

(1) 轧环材料不低于GB/T 18254—2002中GCr15SiMn的规定。

(2) 滚道加工尺寸公差不低于GB/T 307.1—2005中0级公差的规定。

(3) 滚道加工表面粗糙度不低于GB/T 307.3—2005中6级的规定，表面粗糙度R_a值不大于 0.4μm。

（4）圆柱孔的加工精度不低于 GB/T 307.1—2005 中 6 级的规定。

（5）圆柱孔和滚道的两个侧面及端面的表面粗糙度不低于 GB/T 307.3—2005 中 0 级的规定，表面粗糙度 R_a 值不大于 0.8μm。

（6）其余部位的表面粗糙度 R_a 值不大于 1.25μm。

（7）热处理硬度不低于 JB/T 1255—2001 中的规定 58～62HRC。

2. 外圈

（1）轧环材料不低于 GB/T 18254—2002 中 GCr15SiMn 的规定。

（2）滚道加工精度不低于 GB/T 307.1—2005 中 6 级的规定。

（3）滚道加工表面粗糙度不低于 GB/T 307.3—2005 中 6 级的规定，表面粗糙度 R_a 值不大于 0.4μm。

（4）外径及端面加工精度不低于 GB/T 307.1—2005 中 6 级公差的规定。

（5）外径及端面表面粗糙度 R_a 值不大于 0.8μm。

（6）热处理硬度不低于 JB/T 1255—2001 中的规定 58～62HRC。

3. 滚子

（1）使用材料不低于 GB/T 18254—2002 中 GCr15SiMn 的规定。

（2）加工精度不低于 GB/T 4661—2002 中Ⅲ级的规定，表面粗糙度 R_a 值不大于 0.25μm。

（3）热处理硬度不低于 JB/T 1255—2001 中的规定 60～64HRC。

4. 保持架

（1）轧环材料不低于 GB/T 699—1999 中 45 号钢的规定。

（2）加工精度不低于 GB/T 1801—1999 和 GB/T 1804—2000 的规定。

（3）表面粗糙度 R_a 值不大于 12.5μm。

（4）热处理硬度不低于 217～255HRC。

第四节　产品安装及注意事项

1. 主轴承安装

（1）轴承与轴和轴承座安装

1）轴承与轴和外壳的安装应符合有关标准规定，轴承与轴配合采用基孔制；轴承与外壳配合采用基轴制。

2）轴和外壳与轴承配合的表面粗糙度按 GB/T 1031—2009 中的规定。

3）轴承与轴装配时需用机械油加热到 90～95℃，30min 后再安装。

（2）轴承部安装

1）轴承部安装其所有零件的位置应符合 GB/T 5868—2003 中的规定。

2）轴承部安装，执行《机械设备安装技术规范》，同时根据不同形式及规格磨机的技术要求进行安装。

3）安装前要对基础进行现场测量，测量并标出两轴承部及回转部的中心线和两轴承部的径向中心线，即划出十字中心线，测量轴承部的基础标高和轴承部实际中心高。

4）清理轴承底座与轴承座安装接触平面，如果需要垫板同时准备好。

5）按基础和轴承座的十字中心线对正就位，如果是已装配好的轴承部没有十字中心线，现场安装就位时，可拆掉密封毛毡测量通盖与中空轴之间缝隙是否一致，允许偏差不得超过0.5mm。剖分式轴承安装，内圈端面与外圈端面左右高差不大于1mm。

6）干式球磨机安装，进料端轴承座底部的滚针组，要将滚针和上下接触面清理干净，涂满润滑油，校正后安装密封板。

7）轴承和轴承座组装后，应对其冷却水通道及接头做不小于0.5MPa的水压试验，延续时间不少于10min。干式磨机接好冷却水管路。

2. 注意事项

（1）要根据技术规范和磨机技术要求，检查各轴承部径向中心与回转部轴向中心垂直度，两轴承部的同轴度及中心高度。

（2）检查毛毡压圈与中空轴缝隙大小，毛毡密封是否合适，各紧固螺栓是否拧紧可靠。

（3）磨机运转时不得与任何部件硬性接触，不准有噪声，不准有跳动和振动现象。

（4）在试运行时，运转工及有关技术人员要时刻在现场进行观察，不准离开试车现场，发现问题立即停车，及时排除故障。

第五节　日常管理及维护

（1）主轴承采用优质钙基脂润滑时，在设备正常运行前十天每天每套轴承加注一杯油，以后每周每套轴承加注0.3～1kg的优质钙基脂以上的润滑油，做到每周都能发现在中空轴与轴承端压盖间有废油顶出为宜。一年清洗更换一次。应将轴承盒及轴承滚道内存积的杂物或结块的废油清理干净，以保证良好的润滑效果。

（2）对主轴承采用稀油润滑时，宜采用中级压齿轮油325号润滑。润滑油的添充量占油位标至的三分之二以上。新油运行1个月时应放出沉淀备用，注入新油。在设备正常运行一年时在对轴承进行清理和换油时，应将轴承盒及轴承滚道内存积的杂物或结块的废油清理干净，以保证良好的润滑效果。

（3）当轴承温升超过60℃时要使用冷却水冷却。检修期间应对循环水管道进行清理，放掉并清洗出杂物，确保在用水时的良好冷却效果。

（4）年末检修时，轴承外圈为下半圈形式，轴承外圈调向180°，以防止外圈偏磨，使轴承在有效使用期内，外圈的各个部位都能均匀磨损，从而延长轴承的使用寿命。另外，转动轴承外圈时，轴承部的密封也是非常重要的。检修期间，应在螺旋筒法兰与中空轴连接处加垫一个石棉垫或橡胶垫，双面涂漆；安装时垫片外径不能超出中空轴外径，也不能垫在轴承外顶套的端面上，以防止粉尘进入到轴承盒内。另外，在检修时应更换轴承盒的密封毛毡，以确保良好的密封性。

（5）水泥企业应用的磨机筒体比较长，受热胀冷缩影响主轴承部位会出现轴向位移，进料端主轴承座下部设有滚针组件，在年末检修时应清洗后注满润滑脂，以防止进入粉尘或生锈影响自由移动。

第六节　滚动轴承球磨机中空轴、轴承、轴承座的装配润滑新技术

1. 中空轴与滚动轴承的装配

工业细粉磨管磨机采用滚动轴承，已经在我国得到了较大的推广。在节省电耗、提高产量、节省润滑油、减少维修量、减少污染等诸多方面，起到了良好的效果。目前有些厂家效仿磨机采用滚动轴承的方法，在中空轴与滚动轴承的安装形式上有较多不合理之处，给磨机使用厂家在今后工作运行中带来了一定的弊端。为了解决这一问题，我们特提出磨机中空轴安装滚动轴承的最佳装配方法。

磨机中空轴安装滚动轴承的老式方法是将中空轴加工成适合轴承的内径，将轴承热装置、轴承部位、轴承内套圈的外部有顶套，顶套靠进出料螺旋筒（或进出料衬套）用螺栓固定在中空轴上，进行压紧。其缺点是：在磨机运行使用中，进出料螺旋筒、固定螺栓经常松动，造成了顶套和中空轴产生位移，粉尘会从中空轴与顶套之间的缝隙中进入轴承盒内，使润滑脂变脏，导致润滑不良，造成轴承的损坏现象时有发生。

老式装配方法的第二个缺点是，中空轴与滚动轴承内套之间是采用过盈配合，在安装时需要将轴承加热到一定温度，才能上到中空轴上。由于轴承的继续加热，对轴承体的表面硬度会有一定的影响，也会产生一些局部变形，影响轴承的几何尺寸精度。当轴承损坏时，轴承内套圈很难从中空轴上取下，大直径球磨机需要将中空轴内套圈割成两半，这样就损坏了轴承部件，造成了浪费。为了解决上述几项缺点，经过我们几年的实践和摸索，设计出了一种新式的安装方法，并在一些使用厂家得到了良好的应用。其方法是：在磨机中空轴安装滚动轴承的部位直径加粗，外圆周面制成锥体表面，滚动轴承也制锥体内孔，直径比原中空轴加粗。中空轴安装滚动轴承的外部直径缩小（在保证安装进出料装置有足够强度和扭矩力的前提下），中空轴与进出料螺旋筒连接端面设一法兰，与进出料螺旋筒法兰进行连接。在中空轴由粗变细的端面上，设一个压紧轴承内套圈法兰，防止轴承轴向窜出。这种结构的优点是安装轴承时轴承不用加温，轴承由中空轴自外向里推进即可。

第二个优点是更换轴承内圈时，不需要较大的外力就能将轴承内圈卸下。

第三个优点，去掉了轴承外顶套，杜绝了粉尘进入轴承盒内，保持了良好的油质，保证了轴承的使用寿命，运行安全可靠。

第四个优点，由于滚动轴承的直径加大，与中空轴平均外径形成径差，对采用稀油润滑室，提高稀油油位，减少稀油外溢起到了一定的效果。

第五个优点，由于安装了滚动轴承部位的中空轴直径加粗，使滚动轴承与进出料螺旋筒之间的径向距离加大，起到了一定的隔热降温作用。对轴承的冷却、延长使用寿命起到一定作用。

2. 滚动轴承座及轴承润滑形式

滚动轴承球磨机在水泥行业、矿山行业、电力行业得到了广泛的应用。滚动轴承的轴承座设计和制造，大多数采用干油润滑。通过近几年的使用情况看，由于给现场操作者和注油工带来不能及时观察油位，不能及时补充润滑脂，润滑脂在轴承盒内的装载量不能及时明确反映，而出现轴承缺油，润滑不良的现象。轻者造成轴承使用寿命的减少，重者造成轴承损坏，需重新购买安装新的轴承，为了解决这一问题，我们采用了一项稀油润滑的滚动轴承座的新方法。

该轴承座的下座由两个油室和一个循环水室组成，每个油室的稀油油面高度可在轴承的内径位置，油室的底平面可至油室的底板。滚动轴承的三分之一体积浸泡在稀油油室中，这保证了滚动轴承的良好润滑。两个油室的中间设有冷却循环水套体，冷却水会将油温冷却至轴承适合的温度。被冷却的稀油又将中空轴传导到轴承上的温度降至60℃以下的正常范围内。这种轴承座的优点有以下几个方面：

（1）稀油润滑优越于脂润滑，使轴承的摩擦系数降到最低，节电效果更好。

（2）轴承正常运转的温度，比干油润滑的轴承温度要低得多。保证了轴承的使用寿命。

（3）轴承下座设有油位观察油标，操作工能够随时看到油位高低，能够及时补充油量，杜绝了缺油润滑不良现象的发生，避免了轴承损坏事故的发生。

（4）轴承座的油室含油量，能够保证轴承润滑的需求，不需要采用外设润滑站等复杂设施，也不用安装温控装置，即可达到安全运行。

综上所述，这种新的中空轴与滚动轴承安装形式和方法，是在原来安装方法的基础上有了较多的进步和提高。这种新的稀油润滑轴承座，对保证轴承的良好润滑至关重要。例如辽宁北票市理想机械工程有限公司在2002年为辽阳铧子新生水泥厂ϕ3m×11m磨机主轴承改造为滚动轴承时，采用了这两种实用技术；2003年为北京平谷区水泥二厂新制造的ϕ3m×12m磨机也采用了这种技术，分别取得了良好的效果。2005年年末，辽阳铧子新生水泥厂的主轴承进行了年末检查、检验，其轴承滚动体和内外套圈磨损量都在10μm左右，预计轴承再使用六年以上没有问题。

希望没有实践经验的用户，及对新购买轴承磨和将对磨机主轴承向滚动轴承改造的用户，应该详细了解上述至关重要的新技术，选择制造厂家时，应该要求磨机中空轴与滚动轴承安装，采取凸台式的安装方法及稀油润滑轴承座，是保证今后磨机的良好运行的必要条件。

第三十八章 袋装水泥移动式汽车装车机

按 袋装水泥的装车过去一直是劳动强度大、工作环境恶劣、一般人不愿干的工作。从手抬肩扛的搬运到手推老虎车的装车作业，需要一种省力、无粉尘的装车工具替代它。随着水泥工业工艺水平和设备设计制造水平的不断提高，袋装水泥装车机在水泥厂及其他行业包装系统中得到越来越广泛的应用，从袋装水泥的多次搬运、码放到从包装系统出来直接连续装车作业，改善了工人的劳动强度和工作环境。因此，袋装水泥移动式汽车装车机是节能降耗、改善环境污染的工具之一。目前已在水泥搬运、码放、装车等方面发挥了较好作用。

第一节 概 述

袋装水泥装车机实际上是装在某种机构上，进行某种功能的运动，实现装车作业的皮带输送机的组合，它用于从尾部或侧面给卡车装运袋装物料。本机适用于水泥厂包装车间或成品库站台从尾部或侧面给卡车装运袋装水泥，具有工艺布置灵活、使用方便快捷、自动化程度高、降低劳动强度等特点。

第二节 结构与工作原理

袋装水泥装车机的结构形式多种多样，但机体移动式装车机应用广泛。机体移动式装车机是指装车机整体可沿固定轨道做往复直线运动，以适应装车不同位置要求。机体移动式装车机可分为站台移动式和楼台移动式装车机等。

1. 站台移动式袋装水泥装车机（图38-1）

图38-1 站台移动式袋装水泥装车机

该装车机安装在包装车间一楼，承接包装系统皮带送来的袋装水泥。

(1) 站台移动式装车机的结构

该机主要由移动装置、水平皮带机、活动皮带机、摆动及俯仰装置、电气控制系统等组成。

移动装置由移动支架、行走装置等组成。移动支架支承、水平皮带输送机；行走装置由电机和链传动驱动走轮行走，带动装车机前后移动。

水平皮带机位于装车机的后部，固定在移动支架上。由电滚、托辊、改向滚筒、张紧装置、皮带等组成。用于接受上游输送系统送来的袋装物料。

活动皮带机位于装车机的前部，固定在摆动装置上的回转支承上，可手动，随摆动装置左右摆动。由电滚、托辊、改向滚筒、张紧装置、皮带等组成。用于接受水平皮带机送来的袋装物料。

摆动及俯仰装置由支架、回转支承、电动推杆等组成。电动推杆带动活动皮带上下俯仰运动。

电气控制系统由计数检测及显示器、限位装置、电控柜、机头控制按钮、电缆及导缆架等组成。计数检测及显示器采用光电管检测袋装物料及大屏幕显示，可自动计量装车袋数，还可对装车袋装物料的数量进行预设置，当装车数量达到设定值时，会自动报警。限位装置采用光电管检测控制装车机的两端极限位置，保证设备安全。机头控制按钮便于装卸工装车时，可在车厢内对装车机的往复行走、活动皮带机的上下俯仰及皮带机的启停进行操作。

电气控制系统控制方式：机上手动半自动控制和机头手动控制方式。水平皮带机、活动皮带机与上游输送系统实行连锁控制。

（2）站台移动式装车机的工作原理

该装车机可进行四种运动：皮带输送机的旋转运动、装车机在轨道上做往复直线行走、活动胶皮带机上下俯仰运动及活动皮带机的手动左右摆动，以适应袋装物料码放的不同位置。以上四种运动共同协作来完成整套装载作业。

工作时，装车机向前移动，伸入到卡车车厢内，调整好装车机与车厢内的位置。由上游输送系统送来的袋装物料进入装车机的水平皮带机，被向前送到活动皮带机，到达活动皮带机的头部溜板，由人工卸袋装车。随着袋装物料在卡车上由底层到顶层的规则堆砌及由前及后的码放，启停移动装置及摆动及俯仰装置，移动装车机及活动皮带机，调整其位置。当装车机运行至行程时，车架端部限位装置动作，移动装置停止工作。

2. 楼台移动式袋装水泥装车机（图 38-2）

图 38-2　楼台移动式袋装水泥装车机

该装车机安装在包装车间二楼，活动皮带机延伸至楼下。它承接包装系统皮带送来的袋装水泥，并送至停在一楼的卡车上。

该装车机主要由移动装置、水平皮带机、活动皮带机、俯仰装置、电气控制系统等组成。

移动装置由移动支架、行走装置等组成。移动支架支承、水平皮带输送机；行走装置由电机和链传动驱动走轮行走，带动装车机前后移动。

水平皮带机位于装车机的后部，固定在移动支架上。由主动、从动滚筒、托辊、张紧装置、皮带等组成。用于接收上游输送系统送来的袋装物料。

活动皮带机位于装车机的前部，一端绞接在固定皮带机支架上，另一端通过俯仰装置的电动葫芦悬挂，可上下俯仰运动。由主动、从动滚筒、托辊、张紧装置及防滑皮带等组成。用于接收水平皮带机送来的袋装物料。活动皮带机与水平皮带机通过链传动，可单独驱动，也可共用一台减速电机驱动。

其电气控制系统与站台移动式装车机相仿。

该装车机可进行三种运动：皮带输送机的旋转运动、装车机在轨道上做往复直线行走、活动皮带机上下俯仰运动。其工作原理与站台移动式装车机相似。由于活动皮带机倾斜进入卡车车厢，因此，该装车机只能进行敞篷车的装车作业。

第三节　制　　造

（1）按照经规定程序批准的图样和技术文件制造、安装和使用。凡图样和技术文件未规定的技术要求，均应符合国家标准、建材行业及机电行业的有关通用标准的规定。

（2）图样上未注公差，按 GB/T 1804—2000 的规定执行，其中机械加工尺寸按 m 级，焊接件非加工尺寸按 c 级。未注形位公差的金属切削加工面，按 GB/T 1184—1996 的 L 级公差制造。

（3）钢焊接件应按 JC 532—2007 的有关规定执行。其中直线和角度尺寸偏差为 B 级，直线度和平面度公差为 F 级，焊接接头的表面质量应达到Ⅱ级要求。

（4）易损件及备用件的相应配合尺寸应做到互换。

（5）产品构件的外表面应平整，不得有明显的凹凸不平等影响外观质量的缺陷。

（6）主要零部件技术要求：

1）传动链轮

材料性能不低于 ZG310-570 的要求，铸件不得有裂纹和影响强度的砂眼、缩孔等铸造缺陷。齿面热处理，硬度为 HRC45-50。

2）传动轴和轮轴

材质性能不低于 GB/T 699—1999 中的 45 号钢的规定；调质处理后的硬度为 HB241-286。各级外圆应同心。

3）车轮

材料性能不低于 ZG310-570 的要求，铸件不得有裂纹和影响强度的砂眼、缩孔等铸造缺陷。踏面热处理，硬度为 HRC45-55。

4）皮带架

左右皮带架折弯后，上下面、侧面的直线度不大于总长的1/1000。左右皮带架安装后，左右皮带架的上面和下面及两侧面，其平行度均不大于总宽的1/1000。

（7）装配技术要求

1）所有零件必须检验合格方可装配，外购件、外协件必须按有关标准检验，并具有产品质量合格证明书方可组装。

2）传动装置、车轮装配后，转动应灵活。

3）各滚筒应转动灵活，无卡滞现象，无异常声响。

（8）产品涂漆防锈应符合JC/T 402—2006的规定。

第四节　安　　装

（1）轨道（方钢或钢轨）安装在基础或钢架上。安装后，每根轨道上面、下面及侧面的直线度均不大于总长的1/1000。两轨安装后，其上面和下面及两侧面，其平行度均不大于两轨中心距的1/1000。

（2）所有车轮踏面应处于同一平面，左右应与轨道中心线对称。车轮凸缘内（外）侧与方钢或钢轨翼缘间的间隙约3～5mm。

（3）水平皮带机应保持水平状态，活动皮带机摆动灵活。

（4）皮带机的运行方向应与袋装水泥在皮带机上的输送一致。

（5）卷扬机安装前应检查钢丝绳的型号、规格和长度，不应有腐蚀、硬度、扭曲和压扁等缺陷；长度不够时不得接长，应换绳；钢丝绳工作时不应有卡阻或其他部件相碰等现象。

（6）卷扬机钢丝绳、电动推杆、电动葫芦链条上下运动到极限位置时，安全限位装置应灵敏可靠。

（7）卷扬机在额定负荷试验时，制动时间内的下滑距离应不大于5mm。

（8）为了人身安全，应在活动皮带机与装车机之间增加保险钢丝绳，其松紧以不影响装船机正常工作为宜。

（9）皮带、链条张紧适度，无打滑和异常声响。

（10）行走限位开关应处于正常位置，并保证其动作可靠。

（11）如果活动皮带机俯仰的角度过大，活动皮带机皮带应选用防滑皮带。

（12）空载试运转和重载要求如下：

1）各处螺栓不应有松动。

2）对各润滑点进行检查并按要求加润滑油。

3）传动装置、各滚筒、托辊应转动灵活，无异常声响。

4）皮带运转正常，不应跑偏。

5）袋装水泥通过水平皮带机与活动皮带机间应通畅，无卡袋现象。

第五节　维护与修理

（1）皮带应处于滚筒、托辊的中间，运行中，如皮带跑偏或侧边与机体有摩擦，应在运行中调整滚筒或托辊。

（2）操作时，运动部件的动作一次不要太大，注意随时观察装车机的工作状态，以免与其他物件碰撞，造成对设备的损坏。

（3）装车前，应先启动装车机，并与卡车对好位，再启动上游输送系统。

（4）装车机不工作时，应停在站台以内，或将运动部件停放在安全位置。

（5）定期对各润滑点进行检查和加油。

（6）经常检查紧固件不应有松动。

第三十九章　水泥装备安装技术（参考资料一）

按　水泥装备安装技术是水泥行业建设和发展的重要组成部分，也是水泥机械设备从设计、制作后进入到现场安装、调试、运行等必不可少的重要环节。水泥装备安装技术不仅确保安装工程的质量，也是提高安装工程效率的保证，同时，又是解决与土建工程协作和配套的主要方法，主要包括一般机械设备安装技术和特殊机械设备安装技术，因此，对安装施工人员的技能素质要求非常高，需要有高水平、高技能的专业人才才能完成。

水泥装备安装技术是我国水泥行业多年来在新建、扩建和改建的各类水泥干法生产线的机械设备实际安装中总结出来的先进经验，是由我国知名的设计工程单位和安装单位，如中天仕名科技集团有限公司、唐山中材建设有限公司、苏州中材建设有限公司、中材国际邯郸技术装备分公司等单位的专业人才收集和整理出来的安装方法和实践范例。

但由于水泥干法生产线技术进步较快，各类设备型号及规格不断改革，如果本书内容的技术要求与图纸或设备的其他技术文件要求不相符合时，应认真参阅图纸、设备技术文件以及国家现行标准 GB 50234《机械设备安装工程施工及验收通用规范》的相关规定。

这部分资料内容具有充分的实践经验和较高的理论水平，他能够指导水泥装备安装并保障安装质量。为此，笔者经过编纂，以示例的形式整理出来，向同行展示，以供使用者选择参考。

第一节　概　　述

水泥干法生产线上的技术装备、计量设备的安装、试运转这部资料主要来源是以中天仕名科技集团有限公司、唐山中材建设有限公司、苏州中材建设有限公司、中材国际邯郸技术装备分公司等单位，通过调研收集以及多年来自身安装技术经验和吸取国内外安装技术经验总结整理而形成的。主要内容与适用范围如下：

（1）主要阐述了水泥干法生产线上的技术装备、计量设备的安装要求及试运转规定；

（2）可供新建、扩建、改建的各类水泥厂干法生产线技术装备安装。亦可供所有水泥技术装备安装参照使用；

（3）目前，他体现了我国水泥安装技术水平的先进性、可靠性和应用性，并已步入了国际安装的先进行列，这一方法推动了我国水泥技术装备安装水平的提高，并上升了一个新的台阶。确保了安装质量，但本内容不包括部分通用设备、起重设备、机械加工设备、暖通、制冷设备、给排水设备及工业金属管道等，其施工中应执行相应施工及验收规定；

（4）由于水泥干法生产线技术进步较快，加之各类设备型号及规格较多，若本内容的技术要求与图纸不相符时，执行顺序是：标准—图纸—设备技术文件—规范；

（5）设备安装中采用的各种计量检测器具、仪器、仪表和设备，均应符合国家现行计量法规的规定。其精度等级不应低于被检对象的精度等级；

（6）水泥干法生产线机械装备安装工程施工及验收除按本内容规定外，并应符合现行有关国家标准的规定。

第二节　一般规定

第 1 条　水泥干法生产线技术装备安装工程应按本内容执行。

第 2 条　在施工中，施工人员若发现设计有不合理或与现场实际不符之处，应及时向监理工程师提出，经设计单位出具设计变更后，方可按变更后的设计进行施工，安装单位不应自行修改设计。

第 3 条　安装工程中所采用的机械设备，主要零部件及重要材料，必须符合设计规定和产品标准，并具有出厂合格证。若无出厂合格证或对质量有怀疑时，应进行检验或试验，符合要求后，方可使用。

第 4 条　机械设备安装工程施工前，对临时建筑、运输道路、施工场地水源、电源，主要施工机具、检测仪器、材料、人力资源、安全及消除措施等应有充分准备，并作合理安排，以保证工程顺利实施。

第 5 条　设备安装工序中，若有恒温、防震、防尘、防潮、防冻、防风等要求时，在安装地点应采取相应的措施后，方可进行该工序的施工。

第 6 条　利用建筑物做吊装搬运设备的承力点时，必须在结构允许的负荷量范围之内，并对建筑物外观采取相应的保护措施。

第 7 条　设备安装中，一般设备安装和主要设备安装中的一般工序，应认真进行自检，并做好自检记录；主要设备安装中的主要工序，在自检合格的基础上，需进行由建设单位、质检单位、施工单位共同参加的会检，并作好会检记录。未通过会检确认，不得进行下道工序的施工。各工序的检查记录应完整，准确，并作为竣工验收的重要资料。

第 8 条　隐蔽工程必须在隐蔽前检查合格方可隐蔽，并做好记录。主要隐蔽工程须经会检合格后方可隐蔽。

第 9 条　机械设备单机及联动无负荷试运转应由安装单位负责，建设单位参加；负荷试运转应由建设单位负责，安装单位参加。试运转所需的水、电、润滑油（脂），备品零部件等应由建设单位提供。

第 10 条　施工中若遇施工图纸、技术文件及本规范均无明确要求的特例时，或建设单位有特别要求时，由建设单位与安装单位、监理单位协商解决，并做好记录和签证手续。

第 11 条　主要机械设备安装中需会检的工序，开工前由建设单位与安装单位共同协商确定。

第三节　设备验收与设备的起重及搬运

第 12 条　设备验收

（1）为了保证设备安装质量，加快工程进度，建设单位和安装单位必须严格执行设备验收制度，以便能事先发现问题，予以处理。

（2）设备出库验收，分外观检查与开箱检查：

1）裸装设备的外观检查，安装单位按照所需出库的设备明细表或设备装箱单，会同建设单位认真查对设备编号、规格、数量及设备外观有无缺陷等，并与建设单位办理出库手续和填写设备检查记录；

2）设备的开箱检查在安装工地进行。箱装设备出库后，安装单位会同建设单位，根据设备的安装图和生产厂家提供的装箱清单等，仔细清点和检查设备零、部件的数量和质量，并认真填写“设备开箱检查记录”，双方确认。安装单位不得自行开箱。

（3）随机所带的技术文件（如产品说明书、出厂检查试验记录、装箱单等）及产品合格证，建设单位应及时提供给安装单位（原件或复印件），以作为安装单位安装的技术参考和交工资料，建设单位应保留原件。

（4）随机带来的专用工具及多供应的易损、易丢件，在验收时应作记录，并先交安装单位使用。安装完毕后，专用工具及多余的零部件，安装单位应退还建设单位，并办理移交手续。

（5）设备验收时，如发现设备数量和质量有问题，除作好设备检查记录外，建设单位应负责解决。

（6）验收时，难以检查的设备内部零部件，在安装清洗、装配过程中，如发现有缺件或质量等问题，应由建设单位负责解决，也可委托安装单位处理。

（7）设备经验收出库后，应由安装单位负责保管。凡因工地保管不善或因安装过程中操作不良，所造成的设备锈蚀、变形、损坏、缺件等，应由安装单位负责，其处理办法，须经建设单位同意。

（8）易丢、易损件（如压力表、温度计、油杯、紫铜管等），宜在设备试运转前安装，出库后应妥善保管，且安装部位的孔洞应及时暂予密封，不得进入灰尘或杂物。

（9）开箱出库后对备品备件上有防护物的，不宜过早拆除，如有损坏应及时修补防护，以免备件受损。

第 13 条　设备的起重和搬运

（1）在施工前，所有起重搬运机具、钢丝绳和滑轮等，必须经过检验和验算，证明确实可靠后才能使用。

（2）在利用各种起重搬运机具时，必须遵守下列规定：

1）操作起重机械，必须严格遵守安全操作规程及有关施工安全规定；

2）所有起重机具，不得超负荷使用。

（3）设备搬运、吊装时必须注意下列事项：

1）必须确定专人指挥，重大设备起重搬运时，应由经验丰富、技术水平较高的起重人员指挥；

2）搬运设备时，应预先摸清装卸的场地情况、搬运的道路情况、设备的安装位置、方向及设备搬运的先后次序，以免造成返工；

3）起吊设备时，必须按设备出厂标志的吊装位置起吊，无明显标志时，应事先找好重心，确定受力部位；

4）吊装绳索不能与设备的加工面或棱角处直接接触，必须垫以木版、胶皮等物，以防损坏加工面或切断吊装绳索；

5）起吊的设备重量接近吊装机械许用吊装能力时，起吊前必须试吊，认真检查吊物和机械有无异常变化，确认安全无误后方可起吊；

6）采用双（多）机抬吊时，应保证每台单机负荷不超过额定负荷的75%，且必须由一人统一指挥，确保双（多）机抬吊动作协调一致；

7）吊装时，每根吊装绳索受力应均匀，吊索与水平面夹角一般宜采用60°夹角，最低不应小于45°；

8）起重机在输电线路附近吊装时，机械及设备等与输电线路最近的距离应符合表39-1的规定。

表39-1　机械及设备与输电线路的距离

输电线路电压（kV）	<0.4	3~10	35~110	≥220
最近距离（m）	1.5	2	4	6

第四节　基础验收与划线

第14条　基础验收

（1）在设备安装前，必须对照土建图、安装图和设备实际尺寸对设备基础进行验收，以便确认设备基础有无问题，使基础问题提前得以处理，保证安装的质量和进度。

（2）设备基础验收工作的内容，包括以下各项：

1）检查土建单位提供的中心线、标高点是否正确；

2）对照设备和工艺图检查基础的外形尺寸、基础标高尺寸、基础孔的几何尺寸及相互位置尺寸等。

（3）提交安装设备的基础，必须达到下列要求：

1）为了二次灌浆结合紧密，基础表面必须凿毛；

2）所有遗留的模板和露出混凝土外的钢筋等，必须清除，并将设备安装场地及地脚孔内碎料、脏物及积水等全部清除干净；

3）基础周围必须填平、夯实。

（4）设备基础各部分的偏差应符合表39-2的要求。

表39-2　设备基础各部分的偏差　mm

项目名称		偏差
基础外形尺寸		±30
基础坐标位置（纵、横中心线）		±20
基础上平面标高		0 -20
中心线间的距离		1
基准点标高对车间零点标高		±3
地脚孔	相互中心位置	±10
	深度	+20 0
	垂直度	5/1000
预埋地脚螺栓	顶端标高	+10 0
	中心距	±2

续表

项目名称		偏差
预埋钢板	标高	+10 0
	中心位置	±5
	水平度	1/1000
	平行度	10/1000

(5) 基础验收方法应符合下列规定:

1) 基础验收应由建设单位召集土建单位和安装单位共同进行;

2) 土建单位应提供包括表39-2内容的技术资料及混凝土强度等级。

(6) 重要设备基础,土建单位应向安装单位和建设单位提供沉降观察点。

第15条　基础划线

(1) 除窑、磨等设备基础划线另有规定外,一般设备基础划线应按下列规定进行:

1) 测定基础纵横中心线:

①单机设备应根据建筑结构的主要柱基中心线,按设计图纸坐标位置,用钢盘尺或经纬仪测量出设备基础中心线,并将纵横中心线固定在中心标板上或用墨线划在基础上;

②与其他设备有关联的设备,应根据已安装好的其他设备纵横中心线来确定该设备的中心线位置,并参考设计图纸的坐标位置尺寸;

③如设备的基础为多组基础组成,首先应确定两端基础中心位置,再根据两端中心位置来确定中间各基础的中心线,使纵向中心线在一条直线上。横向中心线测量的钢盘尺应用弹簧秤张紧,张紧拉力应为5~8N/m;

④同一基础、同一组设备,其附属设备的中心线应根据主机的中心线来确定。

2) 测量标高:

①根据车间内基准线,按照设计图纸的规定,用水准仪测量出标高;

②附属设备的标高应根据主机的标高来确定,与其他设备有关联的设备的标高,应根据已安装好的其他设备的标高来确定。

(2) 基础划线的质量要求:

1) 基础上同一中心线各中心标板上的中心点偏差不应大于±0.5mm;

2) 基础中心线与设计规定的位置,与其他设备无关联的设备偏差不应大于±10mm;与其他设备有关联的设备偏差不应大于±2mm;

3) 基础划线时,墨线宽度不得大于1.5mm;

4) 多组基础时,各基础的中心间距偏差不应大于±2mm,横向中心线应相互平行,偏差不应大于±0.5mm;

5) 数组同样设备的中心间距偏差不应大于±5mm;

6) 基础上基准线的标高与永久性标高偏差不应大于±3mm。

第五节　垫铁施工及设备定位与地脚螺栓孔灌浆

第16条　为保证设备安装质量,施工中应尽量采用砂墩垫铁。

第17条　砂墩垫铁面积的计算。

（1）设备底座就位前，应根据底座的形状、尺寸、地脚螺栓直径及设备的重量等来确定垫铁的尺寸、组数和堆放位置。

（2）垫铁的面积可按下式计算：

$$A = C\frac{100(Q_1 + Q_2)}{R}$$

式中　A——垫铁面积，mm^2；

C——安全系数，一般采用 1.5～3；

Q_1——由于设备等的重量加在该垫铁组上的负荷，N；

Q_2——由于地脚螺栓拧紧（可采用地脚螺栓的许可抗拉强度）后，所分布的在该垫铁组上的压力，N；

R——基础或地坪混凝土的抗压强度（可采用混凝土设计强度等级，N/cm^2）。

第 18 条　砂墩垫铁规格的选择及垫铁组数的确定。

（1）垫铁规格，见表 39-3。

表 39-3　垫铁规格

斜垫铁（见附图左）						平垫铁（见附图右）				
代号	*L*	*b*	*h*	斜度	材料	代号	*L*	*b*	*h*	材料
斜 1	100	40	5	1/20	Q235	平 1	120	60	10－20	Q235
斜 2	150	60	5			平 2	170	80		
斜 3	200	80	5			平 3	220	100		
斜 4	250	100	5	1/25		平 4	270	120		
斜 5	350	120	5			平 5	370	140		
斜 6	500	180	5			平 6	520	200		

注：斜垫铁应与同号平垫铁配合使用。

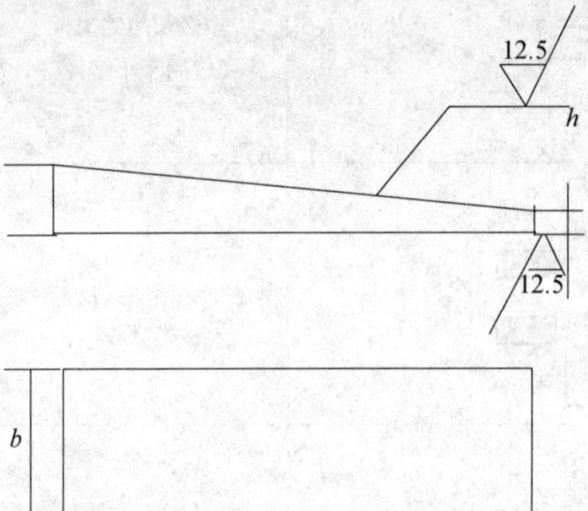

斜垫铁的示意图

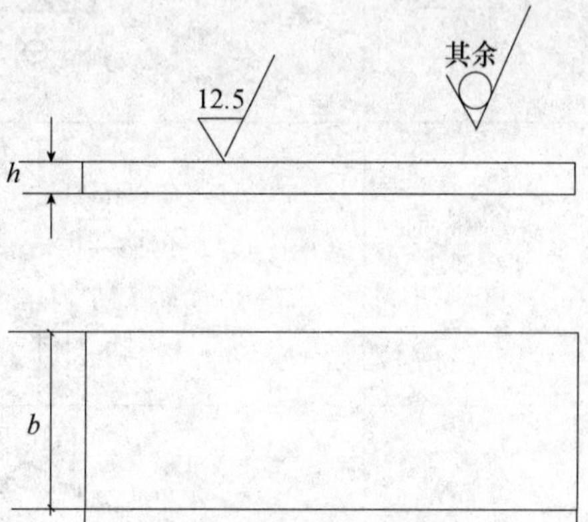

平垫铁的示意图

（2）垫铁的种类：

垫铁的种类比较多，一般可分为平垫铁、斜垫铁、开口垫铁、开孔垫铁、钩头垫铁和可调垫铁等。

（3）砂墩垫铁组数的确定：

根据计算出的垫铁总面积，来算出垫铁组数，其计算公式如下：

$$Z = \frac{A}{KF}$$

式中 Z——砂墩垫铁的组数；

A——垫铁的总面积，cm^2；

K——有效接触系数，一般取 0.65～0.85；

F——每组垫铁的面积，cm^2。

第 19 条　砂墩垫铁的布置

（1）砂墩垫铁布置的原则：

1）每个地脚螺栓孔旁边至少有一组砂墩垫铁；

2）砂墩垫铁组尽量布置在底座立筋处；

3）砂墩垫铁组的面积应能承受设备负荷及螺栓锁紧力。

（2）砂墩垫铁的布置形式及图示，见表 39-4。

表 39-4　砂墩垫铁布置形式及图示

	垫铁布置形式	图示	备注
1	标准垫法	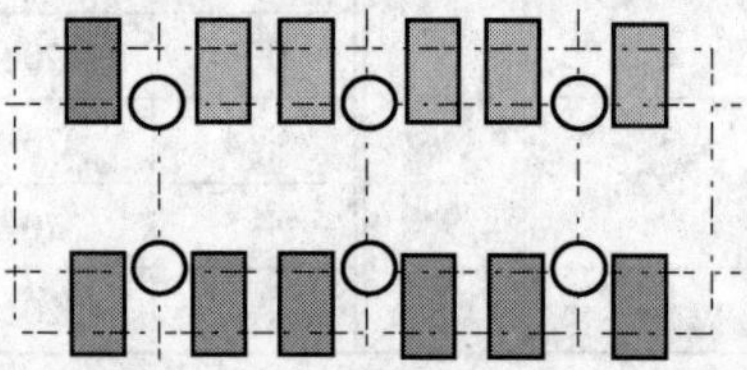	必须照此执行
2	十字垫法	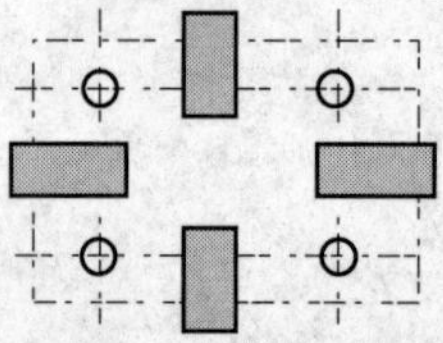	必须照此执行（仅用于小型设备）
3	井字垫法	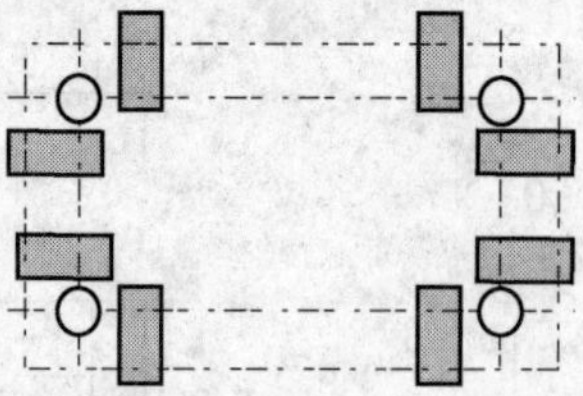	必须照此执行
4	混合垫法	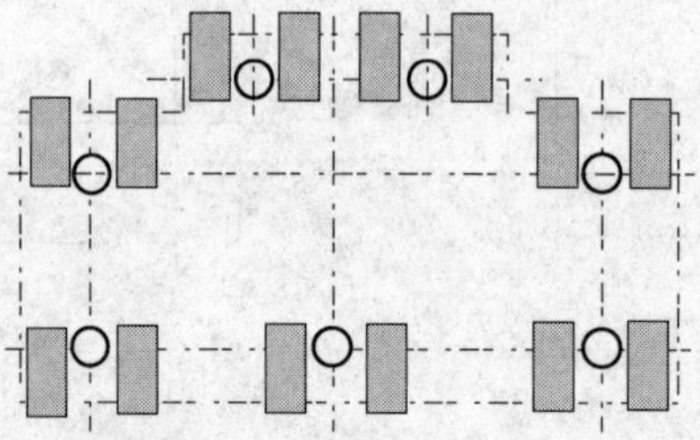	必须照此执行

续表

	垫铁布置形式	图示	备注
5	混合垫法	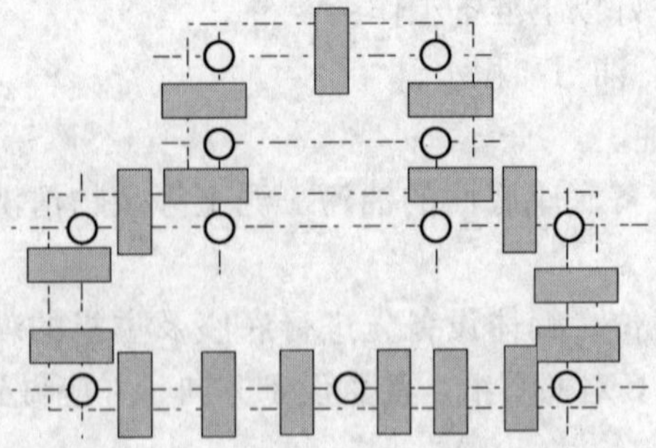	必须照此执行

第 20 条　砂墩的制作及养护

（1）砂墩的制作，如图 39-1 所示。

砂墩的质量比例要求：水泥（p. o42. 5）：中砂：水为 1:1: 适量，即搅拌均匀后，用手握紧能成团但不出水，手松开后不散开为合格。

根据砂墩垫铁的布置，将基础表面凿毛，深度 $h \geqslant 30mm$（图 39-1），并用水冲洗干净。

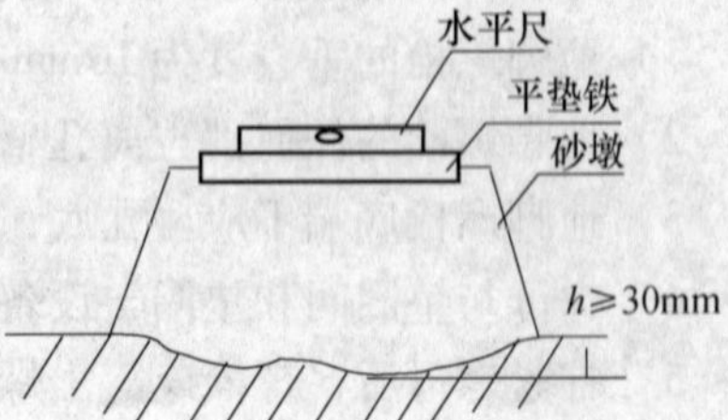

图 39-1　砂墩的制作

将拌好的水泥砂浆加一层，用锤捣一层，一般以三层为宜，直到捣出水为止。

将制作好的平垫铁捣入砂墩内，平垫铁上表面必须高于砂墩上表面，一般应高于 5mm 左右（图 39-1）。

在平垫铁上测量砂墩垫铁的标高（用标尺和水准仪测量）和水平度（用铁水平测量），一般要求标高偏差不应大于 ±0. 5mm，水平度为 0. 2mm/m。

平垫铁应在设备底边外侧露出 10 ~30mm，斜垫铁应露出 30 ~50mm。

设备精平后将几块垫铁点焊在一起。

（2）砂墩的养生

砂墩制作完成后，应根据天气情况，及时浇水养生。

若温度低于 5℃，还应采取保温措施。

砂墩的养生期一般为 3 ~7d。

第 21 条　若未能采用砂墩垫铁，垫铁放置除符合第 17 条、第 18 条、第 19 条外，还应符合下列要求：

1）放置垫铁处应铲平研磨，垫铁与混凝土接触应均匀、密实；

2）垫铁上表面水平度为 0. 2mm/m；

3）垫铁总高度不应小于 30mm；

4）每组垫铁不应超过四块，最厚的应放在下面，最薄的放在中间，找正完毕应点焊牢固；

5）机座底下的垫铁露出机座外的长度应在 10 ~30mm。

第 22 条　垫铁与垫铁之间，垫铁与底座之间应紧密贴合，接触面积不得少于接触面的 70%，不得有松动现象。垫铁组伸入设备底座底面的长度应超过地脚螺栓孔。

第 23 条　设备在二次灌浆前，全部垫铁应点焊牢固（铸铁垫铁不用点焊）。

第24条　设备就位与地脚螺栓安装

（1）设备就位前应先把地脚螺栓放入地脚孔内。

（2）地脚螺栓放入前应作好以下准备工作：

1）应清除地脚孔内杂物、油污和积水；

2）地脚螺栓应除漆和除油。

（3）设备就位前必须将设备底座底面的油污、泥土等杂物清洗干净，被设备覆盖的基础面应凿成毛面。

（4）整体设备可以一次就位，解体设备先进行底座及主机的就位，然后进行传动和附件的就位，设备就位时，要认真对照图纸，注意设备方向，并应做到设备起落稳妥，防止震动和磕碰。

（5）地脚螺栓安装应符合下列技术要求：

1）地脚螺栓的垂直度为10mm/m；

2）地脚螺栓的任何部位离孔壁的距离不应小于15mm；

3）地脚螺栓底端不应碰孔底；

4）螺母与垫圈间和垫圈与设备间的接触均应紧密良好；

5）拧紧螺母后，螺栓应露出螺母2～3扣螺纹。

第25条　设备的初步定位

（1）测量设备中心线、标高和水平的工具，必须经计量部门确认合格后方能使用。

（2）设备的纵横中心线与基础的纵横中心线偏差不应大于±0.5mm。

（3）设备基础若为多组基础时，测量横向跨距的钢盘尺应用弹簧秤张紧，张紧的拉力为5～8N/m，设备的两横向中心线应平行，偏差不应大于±0.5mm。

（4）设备标高的测量应在设备的轴或加工面上或其他能够准确确定设备标高的基准面、线或点上进行。

（5）设备的实际安装标高与设计标高偏差：

1）与其他设备无关联的设备偏差为±10mm；

2）与其他设备有关联的设备偏差为±1mm；

3）多台同类规格设备安装时，相互标高偏差为±5mm。

（6）设备的水平测点应选择如下部位：

1）设备加工精确度较高的面；

2）机体的接触面、滑动面和主要工作面；

3）加工轴的表面、轴承外套和轴承瓦口等；

4）非标设备应为水平或垂直的主要轮廓面。

（7）测定中心线、标高和水平时，应注意下列事项：

1）测量部位和测量工具应清洗和擦拭干净，使其接触良好；

2）应选择适宜气温，最好在15～25℃气温下测量，以避免温差过大所造成的测量偏差；

3）在滚动轴承外套上测量时，轴承外套与瓦座之间应接触良好；在传动轴轴承颈上测量时，应将轴转动几个位置，各测几次水平；

4）测定面如为倾斜面时，应加同样斜度的斜度规进行测量。

（8）分部安装的大型设备，应分部测量设备部件的标高和水平。

（9）设备安装精度的偏差，不同设备、不同部件有不同的要求，应按照各类设备的具体要求进行，但一般宜偏向下列方面：

1）能补偿受力或温度变化后所引起的偏差；

2）能补偿使用过程中磨损所引起的偏差；

3）不增加功率消耗；

4）使运转平稳；

5）使机件在负荷作用下受力较小；

6）使有关的机件更好地接连配合；

7）有利于产品数量和质量的提高。

第26条 地脚螺栓孔灌浆及其养护

（1）灌浆前，应将地脚孔壁用水淋湿，对设备进行初找正，并对地脚螺栓的安装质量进行确认，然后方能进行地脚孔灌浆。

（2）灌浆一般宜用细碎石混凝土（碎石直径宜为10mm左右），其强度等级应比基础的混凝土强度等级高一级。灌浆时，应捣固密实，并不应使地脚螺栓歪斜，以免影响设备的安装精度。

（3）每个地脚孔的灌浆量应按图纸要求，图纸无要求时灌浆量应低于基础面30~50mm，以便加水养护。

（4）灌浆后须每天加水养护，直至混凝土强度达到规定强度75%后，方可进行下道工序。

（5）冬季灌浆和养护需采取保暖措施。

第27条 设备的定位

（1）设备定位必须在地脚螺栓灌浆后，且浇灌的混凝土强度达到规定强度的75%以后，方可进行。

（2）拧紧地脚螺栓时，应使每个地脚螺栓均匀受力。拧紧后，螺栓头露出螺母2~3扣。

（3）调整设备水平时，必须使用垫铁来调整，不得用拧紧或放松地脚螺栓的办法来调整。

（4）设备定位的技术要求，同第25条。

（5）认真做好设备安装最后确认的安装找正记录，主要设备的主要工序找正需经甲乙双方会检，并认真做好会检记录。

第28条 设备机件与连接件装配

带上下轴瓦的滑动轴承、轴套、各类滚动轴承、联轴节、离合器、密封装置的组装，螺栓连接、键、定位销的装配，传动皮带、链条和齿轮装配，液压、气动和润滑管道的焊接、安装及冲洗等，均执行GB 50231—2009。

第六节 工程验收

第29条 安装工程竣工后，应按本规范和各类设备安装工程施工及验收规范进行工程验收。

第30条 工程验收可根据建设单位需要分阶段进行。

第31条 工程验收时，应具备下列资料：

（1）竣工图或按实际完成情况注明修改部分的施工图；

（2）设计修改的有关文件；

（3）主要材料和用于重要部位材料的出厂合格证和检验试验记录；

（4）回转窑、窑尾塔架、立式辊磨机机架等重要设备的主要部件焊接检验记录；

（5）隐蔽工程记录；

（6）施工中的自检和会检记录；

（7）单机及联动无负荷试运转记录；

（8）重要灌浆所用混凝土的配合比和强度试验记录；

（9）重要设备砂墩垫铁的强度试验记录（如回转窑、各类磨机、破碎机、大型减速机、窑尾塔架等）；

（10）重大问题及其处理的文件；

（11）其他有关资料。

第 32 条　应及时办理工程验收手续。

第七节　破碎装备安装

实例一　锤式破碎机安装

第 33 条　本节适用于单段和双转子的锤式破碎机和环锤式碎煤机的安装。

第 34 条　在安装锤式破碎机之前，应安装好破碎机基础里的卸料溜槽。卸料溜槽应固定在基础上，不得将其固定在机座上。

第 35 条　基础划线应符合下列规定：

（1）纵向中心线应与石灰石料仓、板式喂料机纵向中心线重合，允许偏差为 ±1.5mm；

（2）破碎机主轴中心线应与纵向中心线垂直，一端中心标板为基准点，另一端中心标板打点划线允许偏差为 ±1mm；

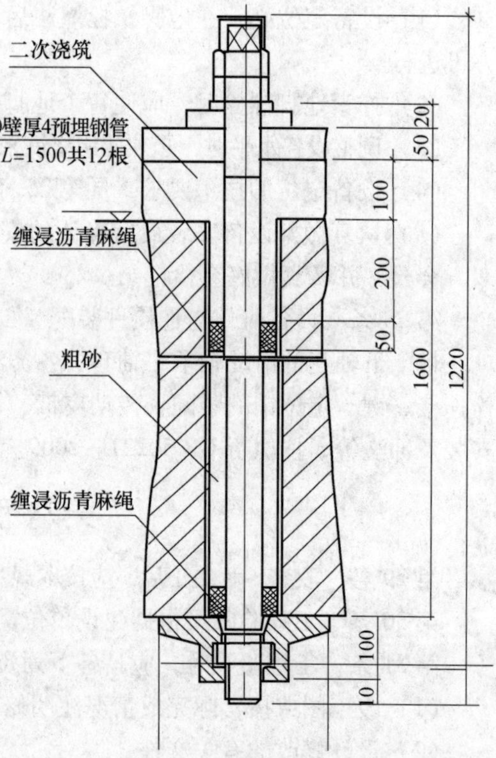

图 39-2　地脚螺栓安装图

（3）主动给料辊中心线应与纵向中心线垂直，一端中心标板为基准点，另一端中心标板打点划线允许偏差为 ±1mm；

（4）破碎机主轴中心线与主动给料辊中心线左右端跨距相对差不得大于 1mm；

（5）在基础上面应埋设标高标板，根据车间内标准水准点，测出标高标板顶端高程，作为安装设备的基准点，标高允许偏差为 ±5mm。

第 36 条　垫铁的放置应符合下列规定：

（1）锤式破碎机安装垫铁的放置执行第二节：一般规定，并应符合现行国家标准《机械设备安装工程施工及验收通用规范》GB 50231—2009 的规定；

（2）按位放置地脚螺栓（图 39-2），并在每个基础孔旁设置一组斜垫铁；

（3）每组垫铁放置必须符合下列要求：

1）钢制垫铁高度（含平垫和斜垫）不应小于 30mm；

2）水泥砂墩高度（含砸基础面凹槽深度）不应大于70mm；

3）当基础面标高偏低二次浇注大于100mm时，应采用增设钢制平垫铁控制标高测量。

第37条　组装机座应符合下列要求：

（1）接合面的定位销必须全部装上，组装时应注意制造厂的装配编号；

（2）接合面的接触应紧密，局部间隙不应大于0.1mm，边缘间隙每段长度不应大于150mm，累计长度不应大于接合面边缘总长的10%；

（3）机座的横向（主轴方向）安装水平不应大于0.1mm/m，纵向安装水平不应大于0.5mm/m。

第38条　机座找正精调后的纵向中心线与安装基准线重合，横向中心线（指破碎机主轴中心线与主动给料辊中心线）与安装基准线一端重合，另一端允许偏差为±1mm。

第39条　转子体对机座与上架体结合面的平行度每米不应大于0.2mm；主轴安装水平不应大于0.1mm/m。

第40条　转子轴两端滚动轴承就位找正时，应符合设备技术文件的规定。

第41条　转子上的锤头顶端与篦条之间、锤头顶端与破碎板之间、篦条与篦条之间的间隙，应符合设备技术文件的规定；破碎板与锤头顶端间隙的调节螺栓应灵活。

第42条　主动给料辊和被动给料辊就位找正时应与转子轴平行，主动给料辊与转子轴间距应符合设备技术文件的规定。

第43条　给料辊二端滑动轴承刮研时，轴瓦与轴颈的配合应符合下列规定：

（1）接触角宜为80°~100°；

（2）接触面上的接触点数，在每25mm×25mm面积内不应少于3个；

（3）每侧的侧间隙应为轴颈直径的1/1000~1.2/1000；

（4）顶间隙应为每侧侧间隙的1.5倍。

第44条　给料辊两侧轴承的水平度不得大于0.1mm/m。

第45条　联轴器的安装应符合下列规定：

（1）主电机与破碎机主轴同轴度≤0.2mm，倾斜0.2mm/m；

（2）飞轮安装不得摆动。

第46条　上罩与机座和检查孔盖板与机体的接合应严密，不得漏灰。

第47条　转子上的锤头一般不应拆卸，必须拆卸时，应按制造厂所注明的标记进行装配。如未注明标记，装配前必须进行称重和选配，使各排上的锤头在圆周方向和轴向重量的配制符合设备技术文件的规定。

第48条　破碎机上壳体（I）液压顶升和锤轴液压抽出装置的液压系统安装应符合设备技术文件的规定。

实例二　反击式破碎机安装

第49条　本节适用于单转子和同向及异向双转子反击式破碎机的安装。

第50条　在安装反击式破碎机之前，应安装好破碎机基础里的卸料溜槽。卸料溜槽应固定在基础上，不得将其固定在机座上。

第51条　基础划线应符合下列规定：

（1）纵向中心线应与板式喂料机或一破纵向中心线重合，允许偏差为±1.5mm；

（2）破碎机主轴中心线应与纵向中心线垂直，一端中心标板为基准点，另一端中心标板打点划线允许偏差为±1mm；

（3）双转子反击式破碎机主轴中心线平行，左右端跨距相对差不得大于1mm；

（4）在基础上面应埋设标高标板，根据车间内标准水准点，测出标高标板顶端高程，作为安装设备的基准点，标高允许偏差为±3mm。

第52条　垫铁的放置参见锤式破碎机安装第36条。

第53条　机座分体组装参见锤式破碎机安装第37条。

第54条　机座的纵向中心线与安装基准线重合，横向中心线（指破碎机主轴中心线的单转子或双转子）与安装基准线一端重合，另一端允许偏差±1mm。

第55条　机座中心标高偏差不应大于±3mm。

第56条　机座的横向（主轴方向）水平度为0.1mm/m，纵向水平度为0.5mm/m。

第57条　主轴水平度为0.1mm/m。

第58条　上、下架体之间的结合处和所有门盖与机架的结合处的密封应严密，不得有泄漏现象。

第59条　转子上的板锤一般不应拆卸，必须拆卸时，应按制造厂的标记进行装配。未注明标记的板锤装配前必须进行选配，板锤间的重量偏差应符合设备技术文件的规定。

第60条　转子板锤顶端与反击板之间的间隙，转子板锤顶端与篦条之间的间隙，应符合设备技术文件的规定。

第61条　反击板调节螺栓灵活，有弹簧保险装置的弹簧预紧力应符合设备技术文件的规定。

第62条　如果上壳为液压顶升的，液压系统安装应符合设备技术文件的规定。

实例三　颚式破碎机

第63条　本节适用于大型简摆分段启动和液压保险颚式破碎机安装，通用简摆、复摆和复摆型细碎颚式破碎机的安装按现行国家标准《破碎、粉磨设备安装工程施工及验收规范》GB 50276—2009的规定。

第64条　基础划线参见第35条。

第65条　垫铁的放置应符合下列规定：

（1）颚式破碎机安装垫铁的放置执行第二节：一般规定，并应符合现行国家标准《机械设备安装工程施工及验收通用规范》GB 50231—2009的规定；

（2）按位放置地脚螺栓，并在每个基础孔旁设置一组斜垫铁；

（3）每组垫铁放置必须符合下列要求：

1）钢制垫铁高度（含平垫和斜垫）不应小于50mm；

2）当基础面标高偏低二次浇注大于50mm时，应采用增设钢制平垫铁控制标高测量（图39-3）。

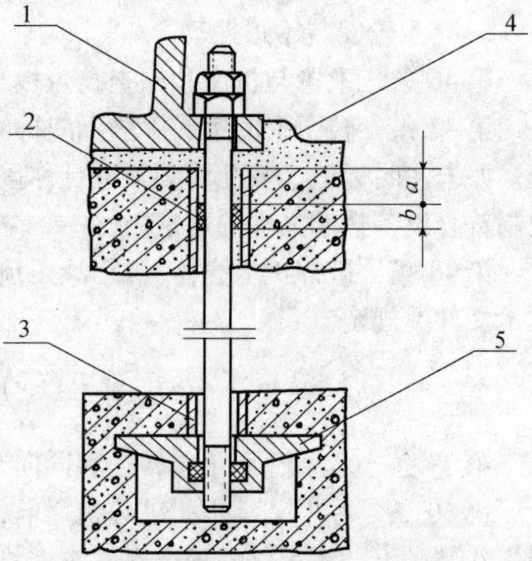

图39-3　机座灌浆

1—机座；2—浸油麻绳；3—预埋钢管；4—细碎石混凝土；5—锚板

第66条　组装机座应符合下列要求：

（1）上机架与下机座装配必须把接合面的定位销轴全部装上，组装时应注意制造厂的装配编号；

（2）连接上下架体用的螺栓，应在≤100～120℃的热状态下拧紧。螺栓应放入油中加热、保温；

（3）接合面的接触应紧密，局部间隙不应大于0.1mm，边缘间隙每段长度不应大于100mm，累计长度不应大于接合面边缘总长的8%。

第67条　机座找正精调应符合下列要求：

（1）楔头与楔槽应连接正确；

（2）上侧壁与下侧壁的平行度和垂直度为1mm/m；

（3）机座中心位置偏差不得大于±5mm；

（4）机座的横向（主轴和动颚轴方向）安装水平度不应大于0.1mm/m，纵向安装水平度不应大于0.5mm/m；

（5）偏心轴中心标高偏差不得大于±5mm；

（6）主轴对机座与上架体结合面的平行度每米不应大丁0.2mm，主轴安装水平不应大于0.1mm/m，动颚轴就位找正时应与主轴中心线平行，主轴与动颚轴间距应符合设备技术文件的规定。

第68条　机座找正后，进行地脚螺栓灌浆（图39-3）。用锚定式活动地脚螺栓符合下列规定：

（1）灌浆要采用高强度细石混凝土；

（2）预留管内灌干砂，然后塞入厚度约为100mm的浸油麻绳。灌入预留管内的混凝土的深度 a 宜为200mm左右；

（3）待混凝土达到强度后，对机座进行复检与精调并拧紧地脚螺栓，然后进行下道工序。

第69条　现场组装动颚时，动颚的轴瓦应进行刮研，轴瓦与轴颈的配合应符合下列规定：

（1）接触角宜为100°～120°；

（2）接触面上接触点，在每25mm×25mm的面积内不应少于1个；每侧的间隙应符合设备技术文件的规定；

（3）顶间隙宜为轴颈直径的1/1000～1.5/1000。

第70条　装配主轴承时，应将轴瓦进行刮研，使轴瓦与轴颈的配合符合下列要求：

（1）接触弧面应为100°～120°；

（2）接触面上的接触点数，在每25mm×25mm面积内，铜瓦不应少于3个，轴承合金瓦不应少于2个；

（3）顶间隙宜为轴颈直径的1.2/1000～1.5/1000；

（4）每侧的间隙应符合设备技术文件的规定或为顶间隙的50%～95%。

第71条　装配主轴与连杆轴承时，检查顶间隙和每侧间隙应符合设备技术文件的规定。连杆轴瓦的安装方向与偏心轴的回转方向必须一致。

第72条　主轴承、连杆上的冷却水管和润滑油管在安装时应吹洗干净，油管及管件采用酸洗。

第73条　主轴承上下集油器的开合面及其他部件接触面间不应漏油，开合面间隙不应大于0.1mm。

第74条　筋板（或称推力板）与筋板座（或称支撑滑块）间接触的总长不应小于筋板全宽的60%，如有局部间隙，每段长度不应大于板的10%。

第75条　固定颚板与滑动颚板的衬板在安装时，需要在衬板背面衬水泥砂浆，且衬板应平正，其凸凹偏差不应大于±10mm。

第76条　动颚的轴瓦、主轴的轴瓦和连杆轴瓦开合面上的垫片（油浸纸或紫铜片）应注意制造厂随机装配的位置及数量，开合面要求无渗漏现象。

第77条　调整板必须与设备装配图的位置相符，并把楔形螺栓装配固定。采用液压调整板的安装应符合设备技术文件的规定。

第78条　检查动颚张开时（连杆在最下部位置时），拉杆不应与弹簧支座相接触，间隙应大于3mm，两边的弹簧压缩应受力均匀。

第79条　分段启动颚式破碎机的皮带轮、主轴、飞轮分段启动的时间、动作及让主轴连杆推动动颚进入工作状态的液压系统，电气自动化控制应符合设备技术文件的规定。

第80条　大型筒摆分段启动和液压保险颚式破碎机液压、汽动和润滑管道的安装执行第二节：一般规定，并应符合现行国家标准《机械设备安装工程施工及验收通用规范》GB50231—2009的规定。

第81条　干油润滑管路及管件试压与验收：无缝钢管以10MPa压力试验、软管以2.5MPa压力试验，管路及管件各连接处要求无渗漏现象。

第82条　分段启动液压管路及管件试压与验收应符合设备技术文件的规定。

第83条　稀油润滑管路及管件以0.6MPa的压力进行试验，各连接处要求无渗漏现象。

实例四　辊式破碎机

第84条　本节适用于单辊、双辊和多辊的辊式破碎机安装。双驱动双辊的辊式破碎机安装按现行国家标准《破碎、粉磨设备安装工程施工及验收规范》GB50276—1998的规定。

第85条　在安装辊式破碎机之前，应安装好破碎机基础里的卸料溜槽。卸料溜槽应固定在基础上，不得将其固定在机座上。

第86条　基础划线参见第35条。

第87条　垫铁的放置参见第65条。

第88条　安装破碎机的基础有垫木要求时，其垫木的材质、尺寸、位置及地脚螺栓的形式应按设备技术文件或设计图纸的规定执行。

第89条　机座的纵向中心线与基准线重合，辊子轴中心线与机座的纵向中心线垂直，一端中心标板基准点吊线锥重合，另一端中心标板上基准线允许偏差±1mm。

第90条　机座的横向（辊子轴方向）安装水平度不应大于0.1mm/m，纵向安装水平度不应大于0.5mm/m。

第91条　辊与辊之间的距离，应符合设计要求，可动辊与固定辊的轴线应平行，其平行度为0.2mm/m，两边的弹簧应受力均匀。

第92条　辊筒轴水平度为0.1mm/m。

第93条　辊筒轴二端滚动轴承的装配和测量应符合现行国家标准《机械设备安装工程

施工及验收通用规范》GB50231—2009 的规定。

第 94 条　装配滑动轴承时，应将轴瓦和球面瓦进行刮研，使其配合符合下列规定：

（1）轴瓦与轴颈的接触弧面为 100°~120°；

（2）接触面上的接触点数，在每 25mm×25mm 面积内，铜瓦不应少于 3 个，轴承合金瓦不应少于 2 个；

（3）轴瓦与轴颈之间的顶间隙宜为轴颈直径的 1/1000~1.5/1000，每侧的间隙宜为顶间隙的 50%~70%；

（4）球面瓦的（球窝）刮研接触面积不应小于球面瓦总面积的 60%，并应集中在中间位置，接触面上接触点数，在每 25mm×25mm 面积内不应少于 2 个，球体在球面瓦上转动（上和下，左和右方向）灵活。

第 95 条　装配齿辊时，辊子的齿尖应对准一辊子的齿槽。

第 96 条　辊式破碎机传动装置上皮带轮和联轴器装配、找正、测量执行第二节：一般规定，并应符合现行国家标准《机械设备安装工程施工及验收通用规范》GB50231—2009 的规定。

第八节　喂料及输送装备安装

实例一　板喂机

第 97 条　机架安装

（1）根据建筑物中心位置，确定基础中心，其偏差不得大于 ±5mm，倾斜度为 0.1mm/m。

（2）头、尾链轮的纵向中心线应一致，偏差不得大于 1mm，横向中心距偏差不得大于 ±1mm，链轮轴的水平度为 0.1mm/m。

第 98 条　各道托辊安装

（1）各道托辊中心线与链轮中心线应一致，偏差不得大于 ±1mm。

（2）各道托辊横向中心应相互平行，其平行度为 0.5mm/m。

第 99 条　送料带和槽板的安装

（1）送料带与托辊应接触良好，能自由转动，不得有卡阻现象。

（2）槽板连接应正确，与机架不得相碰。

（3）槽板中心线和送料带中心线应保持一致。

第 100 条　传动装置安装

（1）传动装置轴中心线与小齿轮轴中心线应一致，同轴度为 0.3mm。

（2）两侧转动齿轮啮合间隙应一致。

实例二　电磁振动给料机安装

第 101 条　吊架安装时，同建筑物预埋铁的纵横向中心偏差不应大于 ±3mm，沿给料机长度方向悬挂的吊杆应垂直，料槽两侧的吊杆一般向外张开 0°~10°。

第 102 条　悬挂的吊杆应挂在主构架上，吊杆构件应有足够的强度。

第 103 条　检查及调整电磁振头铁芯衔铁之间的装配间隙为（2±0.1）mm。

第 104 条　电振机的安装倾角，根据不同物料参照设备说明书及有关规定执行。

第 105 条　吊杆、吊绳和料槽不许与其他物体相碰。

第 106 条　滑槽不允许任意加长。

实例三　斗式提升机安装

第 107 条　根据平面图的尺寸划出基础的纵横向中心线，其偏差不得大于 ±1mm。

第 108 条　尾部安装后，上法兰面水平度为 1mm/m。

第 109 条　头、尾轮轴的水平度为 0.3mm/m。头、尾轮轴应相互平行，平行度在 1m 长度内不应大于 0.6mm。

第 110 条　提升机头、尾轮安装（图 39-4）应符合表 39-5 的规定。

表 39-5　机头、尾轮安装要求

测量尺寸	$H \leqslant 30m$	$30m < H \leqslant 50m$	$H > 50m$
	公差值（mm）		
$A_1 - A_2$	2	4	6
$B_1 - B_2$	5	7	9

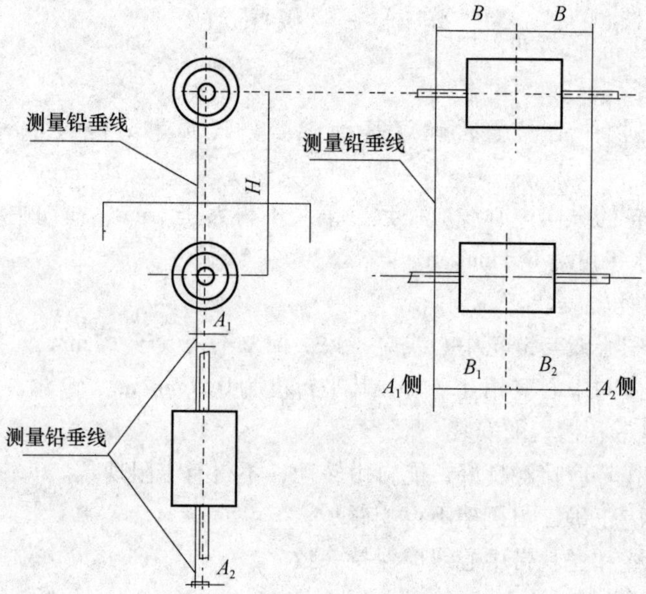

图 39-4　机头、尾轮安装示意图

第 111 条　中间壳体对提升机中心垂线偏差为 0.5mm/m，同时应符合相关规定。

第 112 条　为防止胶带接头脱开和料斗在胶带上配置可靠，须用力矩扳手拧螺栓。预紧力见表 39-6。

表 39-6　螺栓预紧力

Nm

规格	160	200	250	315	400	500	630	800	1000	1250	1400	1600
预紧力	120	210	210	210	210	380 ~ 380	380 ~ 380	380 ~ 380	380 ~ 380	380 ~ 380	380 ~ 380	380 ~ 380

第113条 在调整胶带张紧力时，须参考配重箱的配重量，配重参照表39-7。

表39-7 配重量 kg

规格	160	200	250	315	400	500	630	800	1000	1250	1400	1600
配重	100	100	150	150	225	275	400	450	600	600	1000	1000

第114条 安装逆止器时，必须使其旋转方向与提升机要求的旋转方向相符，不得装反。

第115条 牵引胶带回链条经调整到适当的工作拉力，拉紧后，尾部链轮剩余的行程不应小于全部行程的50%，螺旋拉紧装置调节螺栓和滑板调整时应灵活，不应有阻滞现象。

第116条 从提升机基础开始每隔10m左右或在每层楼面上应设置固定支架。安装后须保证提升机壳体在垂直方向能自由伸缩。

第117条 机壳密封法兰面连接应严密。

第118条 其他斗式提升机的安装按安装图及《垂直斗式提升机技术条件》JB/T 3926.2—1999执行。

实例四 链斗输送机安装

第119条 基础的尺寸、标高及中心线检验应符合图纸要求。

第120条 头部装置的安装如下：

（1）两头部链轮对输送机纵向中心线的偏差为1mm。

（2）两轴承中心高的差值不大于其间距的1mm/m。

（3）头轮轴中心线对输送机纵向中心线的垂直度偏差为两轴承间距的1mm/m。

第121条 尾部装置的安装如下：

（1）两链轮对输送机纵向中心线的对称度公差为1mm。

（2）尾轮轴对输送机纵向中心线的垂直度公差为两轴承间距的1mm/m。

（3）两轴承中心高的差值不大于其间距的1mm/m。

第122条 传动装置的安装如下：

（1）按照已找好的头轮中心线位置及减速机低速轴中心线确定底座标高和位置，然后进行二次灌浆，并再次核对尺寸和标高。待混凝土强度达到设计值的75%，拧紧螺母。

（2）装妥驱动装置与头轮轴之间的联轴器，头轮轴中心线与减速机低速轴中心线的同心度允差在相应联轴器的允许范围内。

第123条 支架的安装

（1）支架中心线对输送机纵向中心线的偏移值不超过2mm。

（2）支架平面与输送机中心线垂直，垂直度为支架宽度的2mm/m。

（3）两相邻支架上的轨道支承平面的标高差不超过其间距的1mm/m。在输送机全长上不超过5mm。

（4）同支架的两个轨道支承平面的相对高差不超过轨距的0.5mm/m。

（5）支架平面内的两对角线长度差不大于5mm。

第124条 轨道的安装

（1）钢轨在安装前必须校直，直线度公差为测量长度的1mm/m，全长不超过3mm。

（2）同一水平面上的两条轨道对输送机中心线的偏差为4mm，轨距极限偏差为±2mm。

（3）同一水平面上的两条轨道，在输送机同一横截面上的相对高差为轨距的0.5mm/m。

（4）轨道接头处水平错位不大于0.5mm，高低差不大于0.5mm。

（5）接头处间隙为3~6mm。

（6）当轨道调整至符合要求后，通过翼板固定轨道，把翼板焊在托架上。也可把轨道直接焊在托架上。

实例五　螺旋输送机安装

第125条　机壳安装

（1）中心位置偏差不得大于±5mm。

（2）水平度为0.3mm/m，但全长不得大于5mm。

（3）机壳的直线度为5mm。

（4）中心标高偏差不得大于±5mm。

（5）各接口处应严密，不得漏灰。

第126条　悬吊轴承安装时，各轴承的中心应在同一直线上，偏差不得大于0.5mm。

第127条　螺旋叶片轴安装

（1）螺旋叶片轴中心应成一直线，偏差不得大于±3mm。

（2）螺旋叶片外径与机壳两侧的间隙应均匀，底部间隙不得小于10mm。

（3）在同一轴线有左右螺旋叶片时，应按图纸要求，不得装错。

第128条　传动装置安装

联轴器同轴度应符合设计要求。

实例六　固定式胶带输送机安装

第129条　输送机（头尾架、中间架、滚筒）纵横向中心线与安装基准线的偏差不应大于±3mm。

第130条　驱动、拉紧滚筒轴线对输送机纵向中心线的垂直度为2mm/m，驱动、拉紧滚筒横向中心线对输送机纵向中心线的位置偏差不应大于2mm。

第131条　机架（包括中间架和中间架支腿）组装（图39-5）。

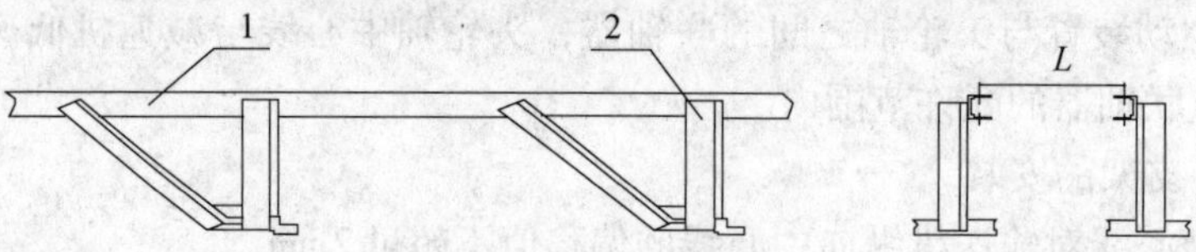

图39-5　机架图

1—中间架；2—中间架支腿

（1）中间架支腿与建筑物地面的垂直度为3mm/m。

（2）中间架在垂直面内的直线度为长度的1‰。

（3）中间架接头处左右、高低的偏移量不应大于1mm。

（4）中间架间距L的偏差不应大于±1.5mm，相对标高差不应大于间距的2‰。

第132条　各托辊的上母线应在同一平面上，其偏差不得大于±1mm。托辊轴向水平度为0.5mm/m。托辊横向中心与输送机纵向中心线位置偏差不应大于±3mm。滚筒轴应水平，其水平度为0.5mm/m。

第133条　拉紧滚筒在输送带连接后的位置，应根据拉紧装置的形式、输送带芯的材质、带长和启动、制动要求确定，一般应符合下列要求：

（1）对绞车或螺旋式拉紧装置，预留张紧的行程不应小于100mm。

（2）对垂直或车式拉紧装置，预留张紧的行程不宜小于行程的1/3。

第134条　组装清扫装置应符合下列要求：

（1）刮板的清扫面应与胶带接触，其接触面不应小于85%。

（2）回转式清扫刷子的轴线应与滚筒平行，刷子应与胶带接触，其接触长度不应小于90%。

第135条　带式逆止装置的工作包角 θ 不应小于70°，滚柱逆止回逆转角度不应大于30°。

第136条　棉芯胶带连接应符合以下规定：

（1）在胶接前皮带应预拉伸，拉力为工作拉力的1.5~2倍。

（2）接头按皮带层数剖成阶梯，其阶梯长度 S 的尺寸按表39-8的规定执行。

（3）接头端部剖割处应平整，不得有凸凹破裂缺陷，表面须锉毛，并保持清洁，搭接时两接头中心线应在一条直线上，偏差不得大于±0.5mm。

表39-8　胶带接头的切割尺寸　　mm

皮带宽度 B	≤500	>500~600	>1000~1600
阶梯长度 S 不应小于	200	250	300

（4）胶带硫化温度与时间应符合所用胶料的性能，一般硫化温度为135~145℃之间，硫化连接剖割尺寸如图39-6所示。

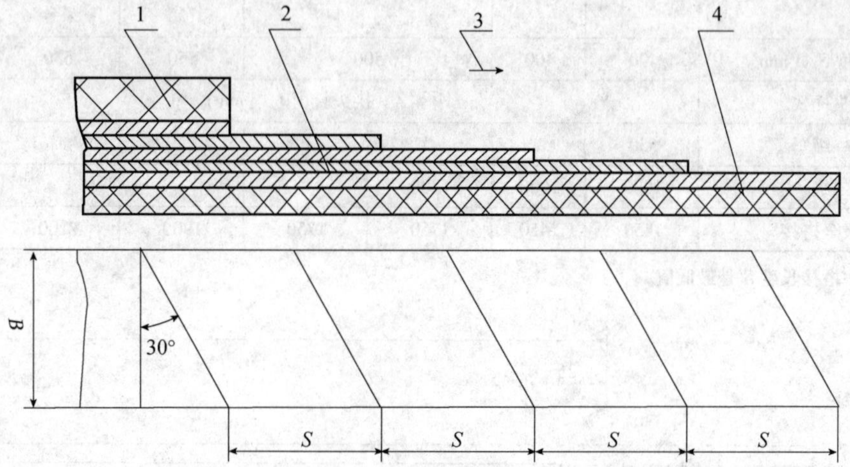

图39-6　硫化连接剖割

1—上覆盖胶；2—纤维网；3—运行方向；4—下覆盖胶

硫化温度从100℃起，升到143℃所需时间按下两式计算：

1）当输送带总厚度不大于25mm时：

$$T = 1.4 \times (14 + 0.7i + 1.6A)$$

2）当输送带总厚度大于25mm时，

$$T = 1.4 \times (17 + 0.7i + 2A)$$

式中 T——保温时间，min；

i——纤维层数；

A——上胶与下胶的总厚度，mm。

（5）硫化时加压的压力为1～2.5MPa，最低压力不得低于0.5MPa。

（6）冷胶时阶梯长度可参照表39-8。

（7）阶梯层数按皮带层数而定，不得少于两层。

（8）两胶结接头角度差不得大于10′。

（9）皮带的工作面应向上（厚层橡胶面为工作面）。

（10）胶结接头的上下覆盖方式应符合运转方向的要求。

（11）接合面锉毛后用汽油等有机溶剂擦洗并保持清洁。

（12）在接合面上涂胶结剂粘合后加压，具体方法参照胶粘剂的有关规定。

（13）胶结后的皮带厚度应与原带厚度相同，偏差不得大于±1mm。

（14）胶结后皮带表面应光滑，内部不得有空隙和漏线。

第137条　钢丝绳芯胶带连接

（1）接头形式：

接头形式为插接形式，且要求每根钢丝长短一致受力均衡。皮带搭接长度见表39-9；钢丝绳芯胶带开剥截面如图39-7所示。

表39-9　皮带搭接长度

胶带型号GX－	650～1000	1250	1600	2000	2500	3000～3500	4000
钢丝绳直径ϕ（mm）	4.5	4.5	6.75		8.1	9.18	10.3
搭接长度S'（mm）	400	400	500		550	650	700
接头样式	接头长度L_s（mm）						
一级	550						
二级	1000	1000	1200				
三级全搭接	1450	1450	1750	1750	1900	2200	2350

注：表中搭接长度S'是最低值。

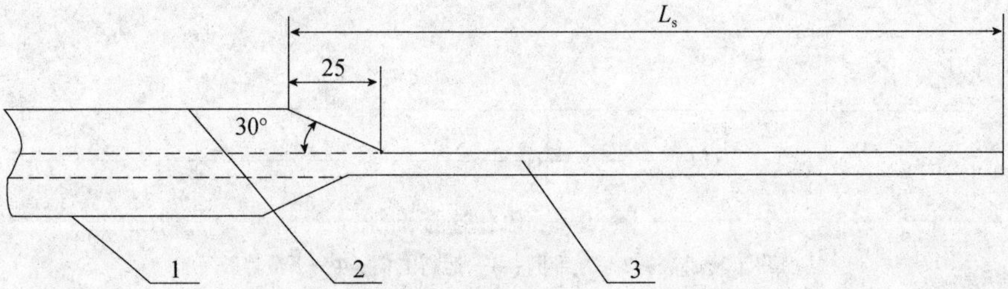

图39-7　钢丝绳芯胶带开剥截面图

1—下覆盖胶；2—上覆盖胶；3—钢丝绳

（2）接头使用的覆盖胶和芯胶，宜用胶带制造厂指定的胶料。

（3）胶带胶接后的中心线偏差为 ±0.5mm。

（4）硫化温度：135～145℃。

（5）硫化压力：1.5～3.5MPa。

（6）硫化时间见表 39-10。表中的硫化时间适用于蒸气加热接头（平板硫化机）。如用电加热接头，须按照升温情况减少正硫化时间，以免过硫。

表 39-10　硫化时间

胶带标准厚度（mm）	硫化温度（℃）	正硫化时间（mm）
19～20	144.7	35
23	144.7	40
27	144.7	45
28	144.7	50
29	144.7	53

实例七　空气输送斜槽安装

第 138 条　根据设备工艺的斜度的要求安装斜槽。

第 139 条　壳体中心位置偏差不得大于 ±5mm/m，横向水平偏差不应大于 1mm。

第 140 条　壳体各节连接法兰必须用“日”字形橡胶片垫好，密封胶应涂抹均匀。拧紧螺栓时，扭力应均匀。

第 141 条　在进行电焊或切割时，防止赤红的铁渣烧坏透气层。

实例八　链式输送机安装

第 142 条　链式输送机的头尾链轮中心应在同一中心线上，偏差不得大于 ±1mm，链轮轴应互相平行，且与中心线相互垂直，其偏差不得大于 0.1mm/m。

第 143 条　两端的链轮轴中心线应与底槽中心线一致，其偏差不得大于 ±1mm。

第 144 条　支架顶部托轮应在同一平面上，其偏差不得大于 ±3mm，径向中心应在同一直线上，偏差不得大于 ±2mm。

第 145 条　链条安装应平直，松紧程度应适当。

第 146 条　机壳各接合处应严密。

实例九　电子皮带秤安装

第 147 条　安装程序

（1）安装程序依次为：机架悬吊装置、闸板、皮带输送机、负荷传感器。

（2）每道安装工序完成后，必须进行检查，达到制造厂技术要求，方能进行下道工序安装。

第 148 条　机架悬吊装置安装，应按制造厂安装调试要领书的要求执行。

第 149 条　闸板和皮带输送机安装，应参照实例六和制造厂说明书执行。

第 150 条　负荷传感器安装如下：

（1）不到安装阶段不得拆开负荷传感器的包装。

（2）负荷传感器安装，开始阶段放在中间位置上，与中间挡块上的环形接触面均应清洗干净，并加上润滑油防止生锈。

（3）负荷传感器下部止推环中的凹槽应清洁，不得堵塞，也不得用润滑脂填满凹槽。

（4）负荷传感器所带的屏蔽电缆，不得受到机械超载或热冲击，多余电缆应留在传感器旁或接线端子箱旁，不得截短或接长。

（5）负荷传感器接线箱的盖子必须始终盖好，以免受潮甚至影响传感器的毫伏信号。

第151条　电子皮带秤调整

（1）电气设备的调整，应按制造厂的技术要求执行。

（2）整机调整：

1）皮带机运行正常，电气设备的调整达到制造厂调试要领书要求后，方可进行整机调整。

2）用制造厂提供的砝码或物料，应按制造厂调试要领书要求的步骤进行调整，并应达到说明书要求的精度。

实例十　地中衡、汽车衡安装

第152条　基础检查

（1）应按制造厂提供的基础图尺寸验收设备基础。

（2）各支承点砂墩垫铁标高差不应大于0.3‰，砂墩垫铁上平面的水平度应为0.1mm/m。砂墩配比应符合第五节中砂墩制作的要求。

第153条　设备开箱检查

按装箱单和安装图纸校对零部件的数量、规格和型号，设备应无损坏和漆膜脱落等现象。

第154条　地中衡安装应按制造厂技术要求执行。

第155条　地中衡调整

（1）用0.5级标准砝码进行校核，其偏差应符合出厂技术要求的有关规定。

（2）地中衡调整应制造厂调整要领书的要求执行。

（3）地中衡调整达到标准要求后，申请当地计量部门检查，合格后方可投入使用。

第九节　均化装备安装

实例一　矩形堆料机安装

第156条　轨道基础划线及标高的确立如下：

（1）在每条轨道的基础两端埋设标板，标板尺寸为150mm×150mm×10mm。

（2）依据车间工艺基准线，划出轨道的中心线，使用钢盘尺要对两中心线的平行度进行复测。中心线跨距偏差≤±5mm。并在两端埋设的标板上用样冲眼作出永久标注，样冲眼的直径<0.5mm。

（3）以标板的固定膨胀螺栓头为安装找正时的标高基准点。标高偏差≤±5mm。

（4）砂墩垫铁布置和制作执行第五节中相关规定。

第 157 条　轨道安装

（1）底板安装：

1）跨距偏差≤ ±4mm；检测工具为钢卷尺；

2）标高偏差：任意 10m 内≤ ±3mm，全长内 $H_{max}-H_{min}\leqslant 15$mm，检测工具为水准仪；

3）跨距和标高间隔 5m 测一点。

（2）地脚孔灌浆，参照第五节中相关规定。

（3）轨道安装：

1）安装时应根据轨道两端标板的样冲眼为基准用经纬仪在轨道底板上划出轨道外缘线，轨道对线安装，并隔 3 ~ 4m 焊上挡块进行调整，然后复查轨距和标高，跨距和标高间隔 5m 测一点。如图 39-8 所示。

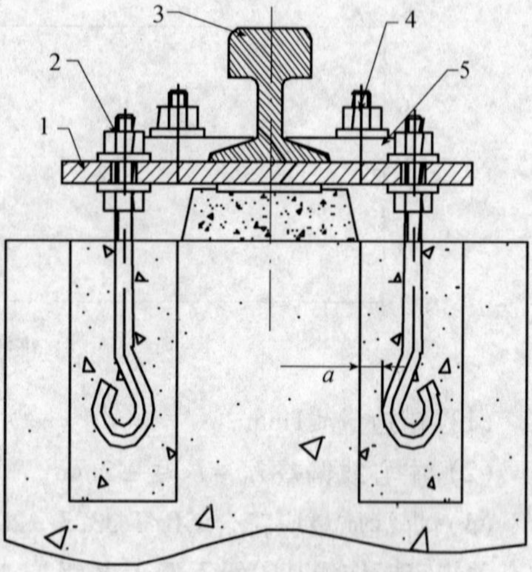

图 39-8　轨道安装示意图

1—轨道垫板；2—地脚螺栓；3—轨道；4—压板螺栓；5—轨道压板

2）轨道安装接头处，上、左、右三面错边均应控制在 0. 5mm 内。

3）两平行轨道的接头位置错开距离不能等于同侧前后车轮的轮距。

第 158 条　行走机构安装

（1）车轮端面垂直度≤$D/400$，D 为车轮直径，且车轮上部应向外偏斜，在车轮架空的情况下用线坠测量。车轮端面垂直度示意图如图 39-9 所示。

（2）两车轮同位差与车轮端面水平倾斜同时测量，且相对应的车轮不平行方向应相反。如图 39-10 所示。

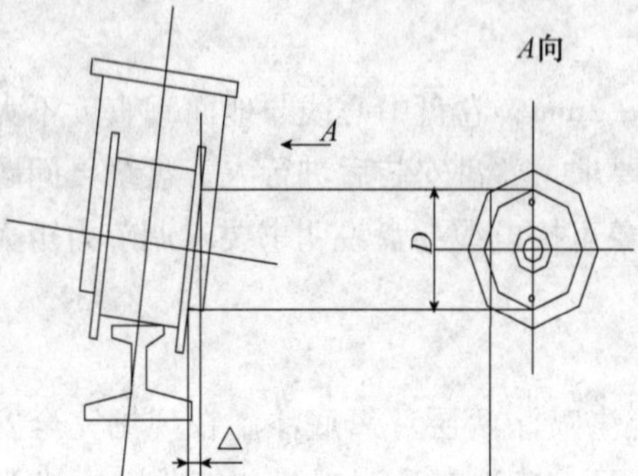

图 39-9　车轮端面垂直度示意图

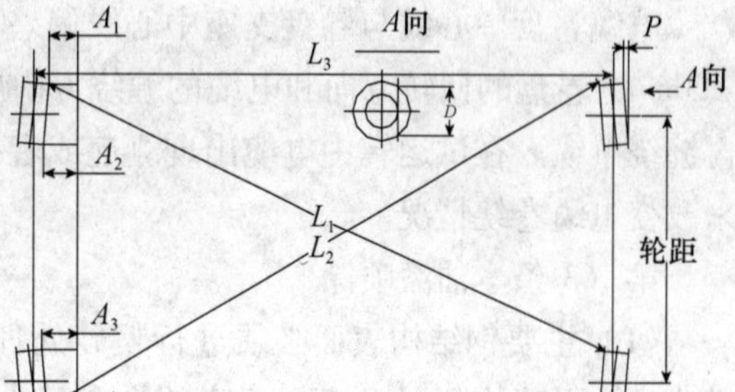

图 39-10　两车轮示意图

1）两车轮同位差 $|A_1+A_2-A_3-A_4|\leqslant 2$mm。

2）大车轮端面的水平倾斜如下：

$|A_1-A_2|\leqslant 1$mm

$|A_3-A_4|\leqslant 1$mm

$|L_1-L_2|\leqslant 4$mm

$|L_3-L_4|\leqslant 4$mm

第 159 条　堆料臂架组对，如图 39-11 所示，焊接及安装

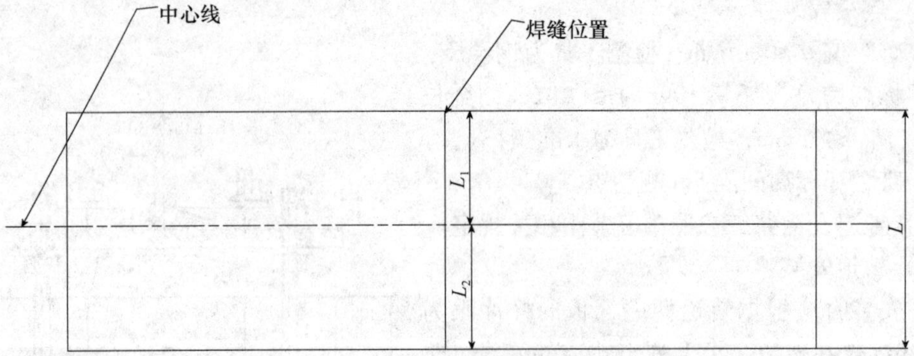

图 39-11　堆料臂架

（1）错边量≤1mm。

（2）中心线偏差 $L_1 - L_2 \leqslant \pm 2$mm。

（3）焊缝质量应符合 GB/T 3323—2005 中的Ⅱ级质量标准，并按 GB/T 11345—1989 中的有关规定探伤测其等级不低于 B 级。

根据臂架上头部、尾部的中心，用钢丝找出中心线，测量 L_1，L_2。

（4）若采用高强螺栓连接应按照 GB 50205—2001 相关要求执行。

第 160 条　皮带机的安装，执行 GB 50270—1998 相关规定

第 161 条　油缸及润滑管路的安装

安装前必须把液压缸，油箱，管路和阀清洗干净。向油箱内注入液压油。检查电机的运转方向。排出系统空气，确保管路中充满液压油。确保系统无渗漏及油箱正常的温升。

第 162 条　电缆卷盘的安装

电缆卷盘中心线与卷盘支座中心线偏差不大于 ±2mm，卷盘中心线与地面垂直度不大于 ±5mm，卷盘的回转方向和电缆的缠绕方向应符合要求，卷盘安装后进行人工盘绕无问题后再缠绕电缆。在试运转中电缆出现绷起或者松弛现象可按电缆卷盘说明书要求调节力矩大小来改变电缆卷绕情况。

第 163 条　油漆喷涂

（1）主要钢结构表面必须进行喷砂处理后，至少喷涂两层环氧底漆。在现场完全安装完成后，再喷涂两层面漆。面漆的寿命至少为 9 个月。喷涂时注意对机加工件及标准设备（电机，减速机等）做适当保护。

（2）以下条件下不允许进行油漆喷涂：

1）相对湿度高于 80%；

2）钢结构表面温度低于露点温度 3℃；

3）钢结构表面有水分时。

第 164 条　现场焊接

（1）在焊接前，必须进行火焰预热。

（2）焊条必须在（250 ± 50）℃的环境下至少干燥 3h。在使用前，必须保存在 80 ~

150℃的环境下。

（3）所有的焊接坡口必须保持清洁。焊接完成后，焊渣必须被清除掉。

（4）焊后需修磨平整，并对焊缝进行超声波探伤，其结果不低于 GB/T 11345—1989 中的 B 级质量标准。

第 165 条　设备安装前的存储

设备安装前，必须存储在干燥，清洁的环境下。如果设备存储期超过一个月，所有供电系统必须切断，钢结构应进行适当保护，防止油漆剥落。减速机等部件应涂防护油脂保护，防止锈蚀。

第 166 条　设备润滑

（1）该设备主要运动部件的运动速度较低，并且润滑分散，故所有润滑点均采用手动润滑方式。所有润滑管路安装前必须清洗，以保证油路畅通。

（2）建立润滑油表，以备操作人员定期维护使用。

实例二　矩形取料机安装

第 167 条　轨道基础划线及标高确定。

参照第 15 条中基础划线及测量标高。

第 168 条　轨道安装

应符合实例一相应规定。

第 169 条　行走机构安装：

（1）车轮端面垂直度≤$D/400$，D 为车轮直径。相对应的车轮偏离方向应相反，且车轮应向外偏斜。车轮端面垂直度示意图如图 39-12 所示。

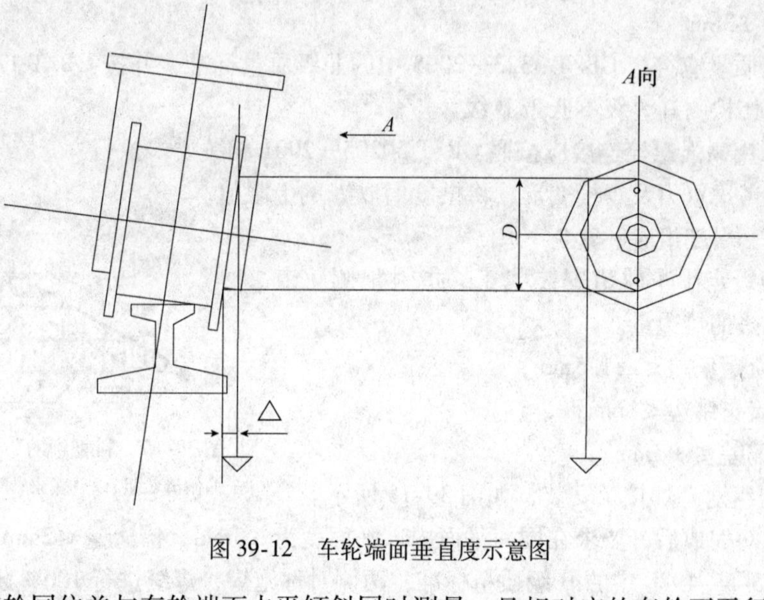

图 39-12　车轮端面垂直度示意图

（2）两车轮同位差与车轮端面水平倾斜同时测量，且相对应的车轮不平行方向应相反。如图 39-13 所示。

1）两车轮同位差 $|A_1+A_2-A_3-A_4|\leqslant 2\text{mm}$；

2）大车轮端面的水平倾斜如下：

$|A_1-A_2|\leqslant 1.5\text{mm}$

$|A_3-A_4|\leqslant 1.5\text{mm}$

$|L_1-L_2|\leqslant 5\text{mm}$

$|L_3-L_4|\leqslant 4.5\text{mm}$

第 170 条　主梁组对，如图 39-14 所示，安装如下

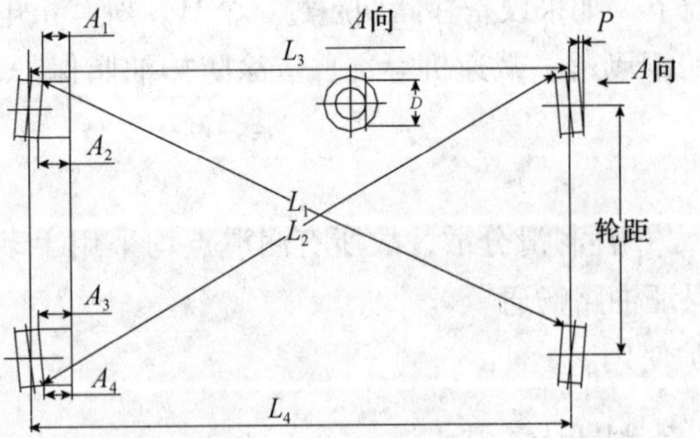

图 39-13　两车轮示意图

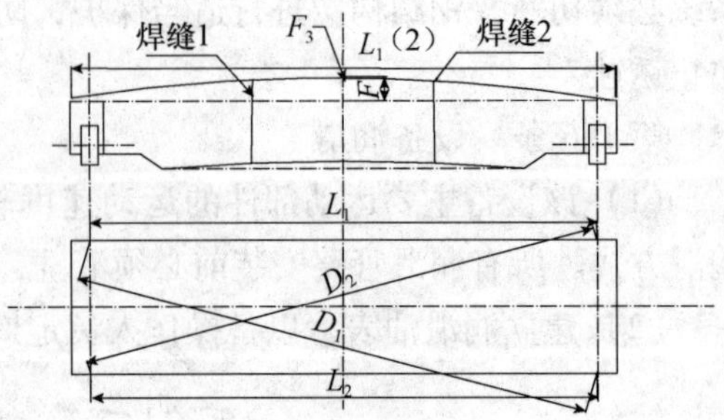

图 39-14　主梁组对，安装示意图

（1）拱度偏差 = −0.1 ~ 0.3F，F 为设计上拱值，且最大拱度控制在跨度中部 1L/10 内（L 为主梁长度）。

（2）长度偏差如下：

$L_1-L\leqslant \pm 5\text{mm}$

$L_2-L\leqslant \pm 5\text{mm}$

$L_2-L_1\leqslant \pm 2\text{mm}$

（3）对角线偏差如下：

$D_1-D_2\leqslant \pm 3\text{mm}$

（4）焊缝质量应符合 GB/T 3323—2005 中的Ⅱ级质量标准，并按 GB/T 11345—1989 中的有关规定探伤检测其等级不低于 B 级。

（5）若采用高强螺栓连接应按照 GB/T 50205—2001 相关要求执行。

在组对时考虑重力及焊接变形，将拱度值取 F 的上限值。

第 171 条　料耙组对、安装

（1）料耙行走小车轨道安装找正，指料耙侧轨道与小车轨道接头的错边量。

1）轨道轨距偏差≤ ±1.5mm；

2）轨道接头错边≤1mm；

3）标高偏差≤ ±3mm。

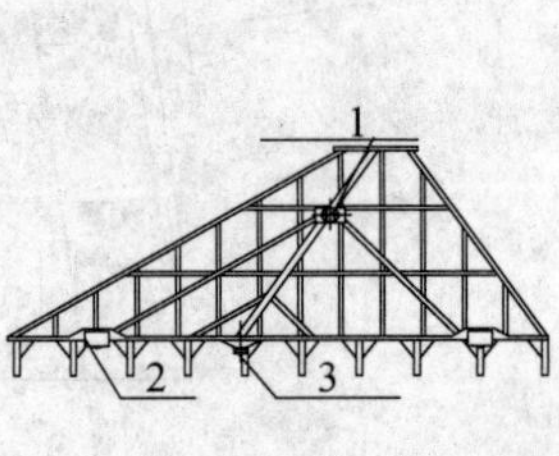

图 39-15　料耙组对、安装示意图

1—仰俯滑轮组；2—底梁；3—液压缸铰接点

（2）料耙组对，焊接及安装，如图 39-15 所示。

耙整体组对完成后，要求在同一平面内。平面度为 ±5mm；错边量≤2mm；焊缝质量应符合 GB/T 11345—1989 中的 B 级质量标准，两侧对称施焊，焊缝进行 100% 超声波探伤。

第 172 条　刮板输送系统安装

（1）头尾轮安装如下：

1）头尾轴水平度≤0.1mm/m，如图 39-16 所示。

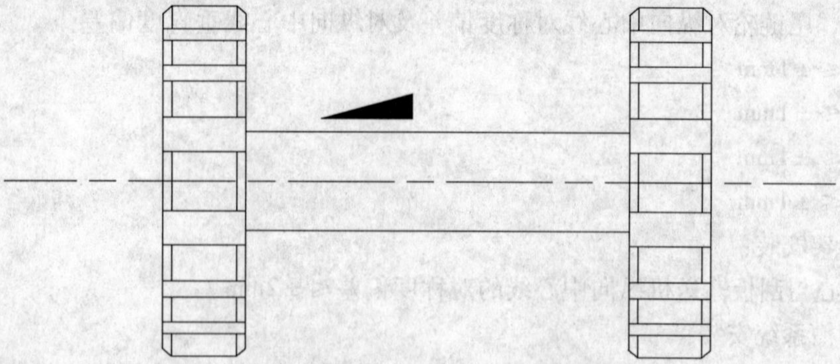

图 39-16　轴的水平度

2）对称度：

$|L_1 - L_2| \leqslant 1\text{mm}$

$|L_3 - L_4| \leqslant 1\text{mm}$

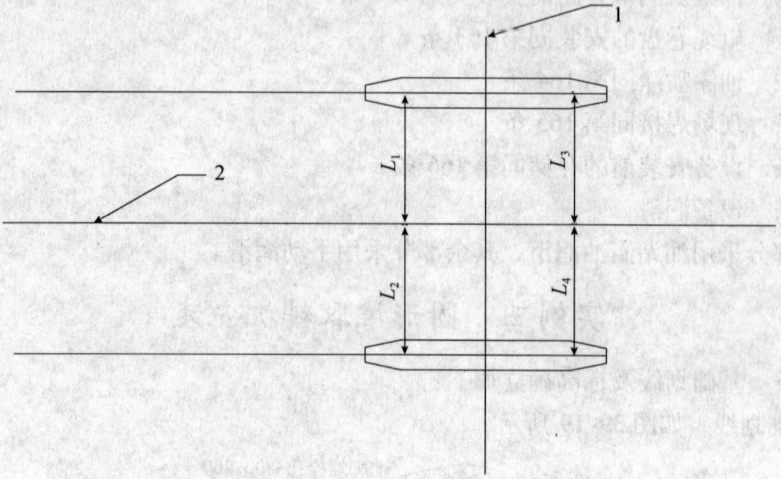

图 39-17　对称度

1—链轮轴心线；2—纵向中心线

3）链轮安装，如图 39-18 所示。

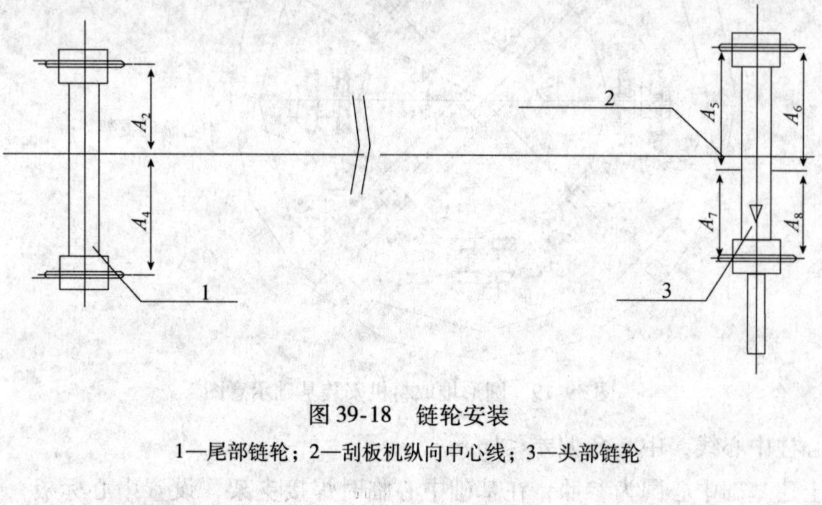

图 39-18　链轮安装

1—尾部链轮；2—刮板机纵向中心线；3—头部链轮

要求头、尾链轮对纵向中心线对称度偏差及对纵向中心线垂直度偏差：

$A_1 - A_3 \leqslant \pm 1mm$

$A_2 - A_4 \leqslant \pm 1mm$

$A_5 - A_6 \leqslant \pm 1mm$

$A_7 - A_8 \leqslant \pm 1mm$

（2）吊架安装：

吊架中心与刮板输送机纵向中心线的对称度偏差≤±2mm。

（3）导槽系统安装：

要求导槽轨道在全长范围标高偏差在±3mm范围内，可加垫片调整；导槽轨道中心与刮板输送机纵向中心线的对称度偏差≤±3mm。

（4）刮板驱动安装：

偶合器端面圆跳动≤0.15mm，径向圆跳动≤0.1mm。

第173条　油缸及润滑管路的安装同第162条

第174条　电缆卷盘的安装同第163条

第175条　油漆喷涂同第164条

第176条　现场焊接同第165条

第177条　设备安装前的存储同第166条

第178条　设备润滑

刮板链部分采用油站滴油润滑，其余部分采用手动润滑。

实例三　圆形堆取料机安装

第179条　基础划线及标高确立如下：

（1）基础划线，如图39-19所示。

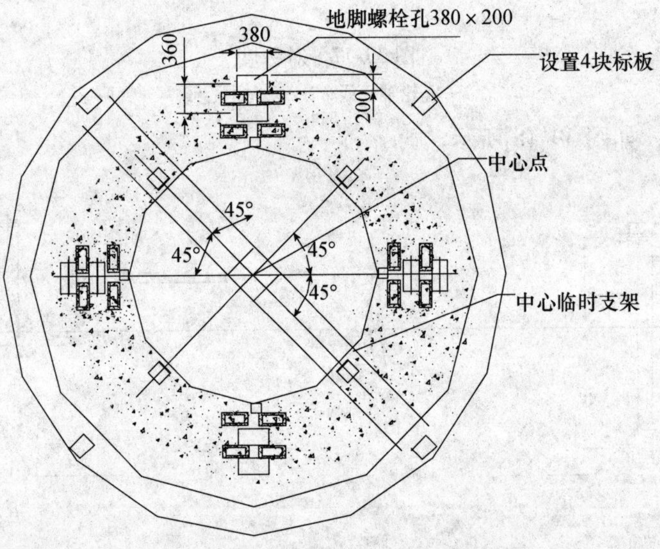

图39-19　圆形堆取料机安装基础示意图

1）中心柱中心线，中心孔偏差≤1mm。

2）以土建基础中心圆为参照，在基础中心临时焊接支架，设置中心标板，要求支架引出地平与轨道等高，用来找正轨道，标板中心孔直径小于1mm，同时在中柱基础台上设置4块标板，与中柱中心等距离且成十字分布。在每条轨道的基础两端埋设标板，标板样冲眼直径小于0.5mm。标板尺寸150mm×150mm×10mm。

3）在标板的固定膨胀螺栓上设立标高基准点。标高偏差≤±5mm。

4）以中心标板为圆心，划出轨道的中心线，中心线偏差≤±5mm。

（2）砂墩布置和制作参照第五节中相关规定。

第180条　轨道安装

（1）底板安装，如图39-20所示。

1）半径偏差≤±5mm。

2）标高偏差：任意10m内≤±3mm，全周长≤±5mm。

根据中柱中心标板至底板中心尺寸进行控制。

（2）地脚孔灌浆，参照相关规定。

（3）轨道安装，如图39-21所示。

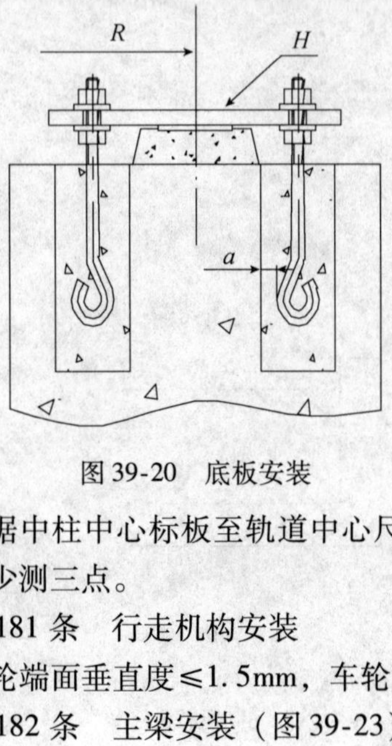

图39-20　底板安装

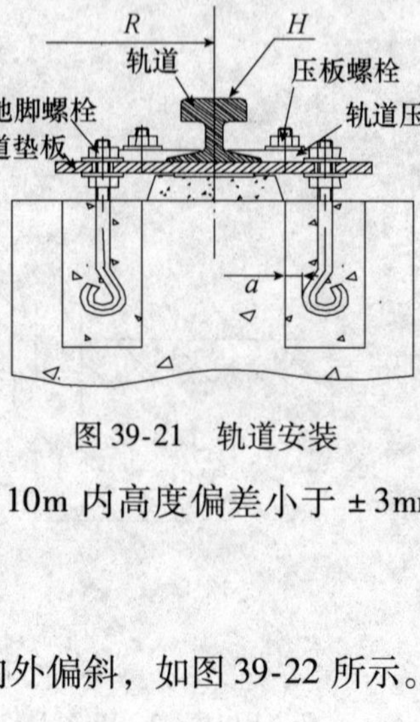

图39-21　轨道安装

根据中柱中心标板至轨道中心尺寸进行控制，任意10m内高度偏差小于±3mm，每根轨道至少测三点。

第181条　行走机构安装

车轮端面垂直度≤1.5mm，车轮如果偏斜，上部应向外偏斜，如图39-22所示。

第182条　主梁安装（图39-23）

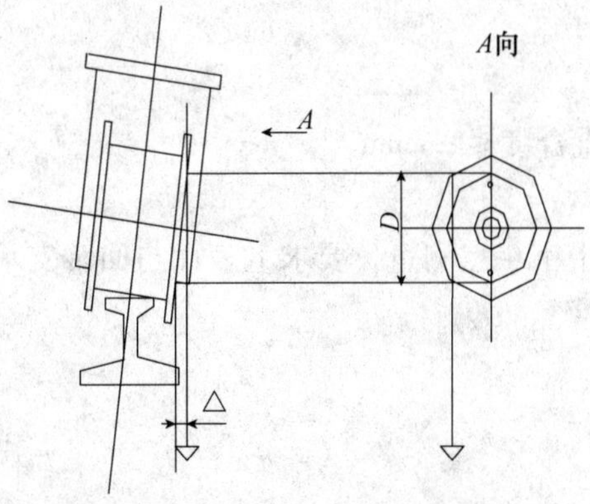

图39-22　车轮端面垂直度示意图

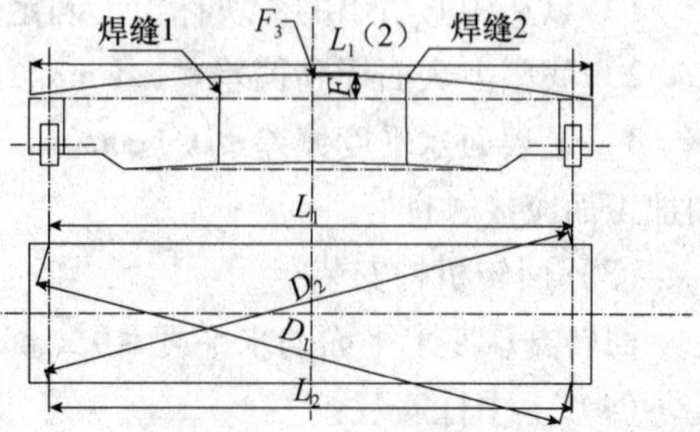

图39-23　主梁安装示意图

（1）拱度偏差 = $-0.1 \sim 0.3F$，F 为设计上拱值，且最大拱度控制在跨度中部 $1L/10$ 内（L 为主梁长度）。

（2）长度偏差如下：

$L_1 - L \leqslant \pm 5$mm

$L_2 - L \leqslant \pm 5$mm

$L_2 - L_1 \leqslant \pm 2$mm

（3）对角线偏差如下：

$D_1 - D_2 \leqslant \pm 3$mm

（4）焊缝质量应符合 GB/T 3323—2005 中的Ⅱ级质量标准，并按 GB/T 11345—1989 中的有关规定探伤检测其等级不低于 B 级。两侧对称施焊，焊缝进行 100% 超声波探伤。

（5）若采用高强度螺栓连接按 GB 50205—2001 相关规定执行。

在组对时考虑重力及焊接变形，将拱度值取 F 的上限值。

第 183 条　中柱安装（图 39-24）

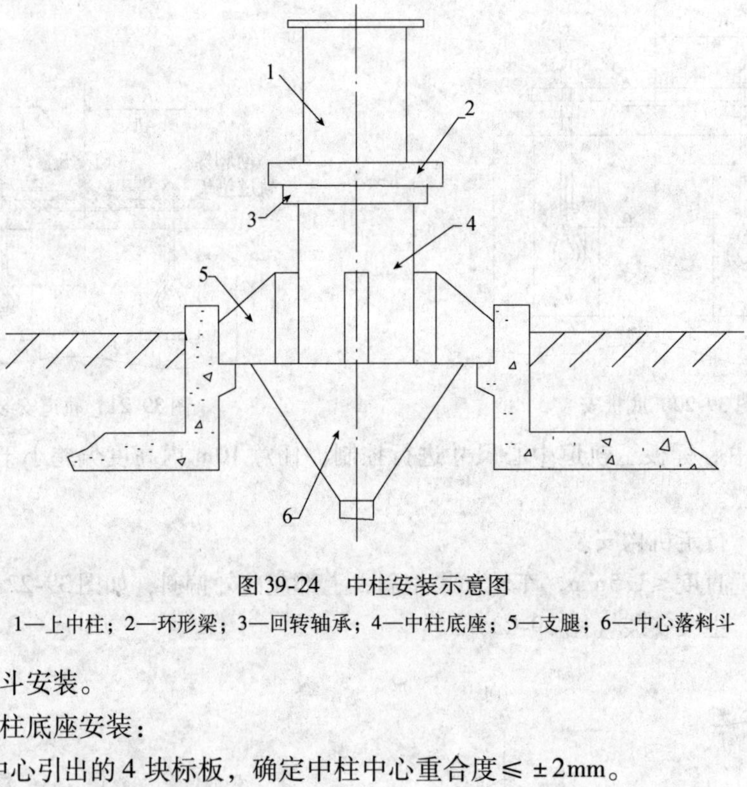

图 39-24　中柱安装示意图

1—上中柱；2—环形梁；3—回转轴承；4—中柱底座；5—支腿；6—中心落料斗

（1）下料斗安装。

（2）中心柱底座安装：

1）以从中心引出的 4 块标板，确定中柱中心重合度≤ ±2mm。

2）底座上表面标高偏差≤ ±1mm。

3）上表面水平度偏差≤0.1mm/m。水平度分十字 4 点测量，要求上表面与回转支承座圈加工面应接触良好。

（3）回转机构安装：

回转支承座上平面的水平度≤0.1mm/m。

（4）上中柱安装：

1）指顶部安装回转支承处的水平度，分十字 4 点测量。水平度≤1.5mm/m。

2）指上中柱与底座的同轴度。同轴度≤2mm。

第 184 条　料耙组对、安装

同第 4.2.5 条

第 185 条　刮板输送系统安装

同第 4.2.6 条

第 186 条　堆料臂架组对，焊接及安装

同第 4.1.4 条

第 187 条　皮带机的安装，执行 GB 50270—1998 相关规定。

第 188 条　油缸及润滑管路的安装

安装前必须把液压缸、油箱、管路和阀清洗干净。向油箱内注入液压油。检查电机的运转方向。排出系统空气，确保管路中充满液压油。确保系统无渗漏及油箱正常的温升。

第 189 条　油漆喷涂

同第 164 条

第 190 条　现场焊接

同第 165 条

第 191 条　设备安装前的存储

同第 166 条

第 192 条　设备润滑

刮板链条部分采用油站滴油润滑；回转支撑采用干油泵润滑。其余低速运转部件采用手动润滑。

第十节　烧成设备安装

实例一　回转窑的安装

第 193 条　设备检查

（1）回转窑的全部零件的检查，除按总则有关规定执行外，安装前还必须做好设备的检查和尺寸核对工作，如检查结果与设计不符时，安装单位、建设单位会同设计单位共同进行修正设计图纸。

（2）底座检查如下：

1）检查底座有无变形，实测底座螺栓孔间距及底座厚度尺寸等；

2）校核底座的纵横中心线。

（3）托轮及轴承检查如下：

1）检查托轮及轴承的规格；

2）检查托轮的直径，尤其检查托轮是否存在锥度；

3）检查托轮承座与球面接触情况；

4）检查轴承底面上的纵横中心线；

5）轴承的冷却水瓦应试压，试验压力为 0.6MPa，并保压 8min 不得有渗漏现象。

（4）窑体检查如下：

1）圆度的检查——着重在每节筒体的两端检查：

圆度偏差（同一断面最大与最小直径差）不得大于0.002D（D为窑体直径），轮带下筒节和大齿圈下筒节不得大于0.0015D。超过此限度者必须调圆，但不得采用热加工方法。

2）圆周检查：

两对接接口圆周长度应相等，偏差不得大于0.002D，最大不得大于7mm。

3）窑体不应有局部变形，尤其是接口的地方。对于局部变形可用冷加工或热加工方法修复，热加工次数不应超过两次。

4）检查窑体的下列尺寸：

①窑各段筒体的长度及总长度，尤其检查各段筒体是否存在“马蹄口”；

②轮带中心线位置至窑体接口边缘的尺寸；

③大齿圈中心位置至窑体接口边缘的尺寸。

（5）核对轮带与窑体的配合尺寸，一般窑体外径加上垫板尺寸，应符合图纸要求。

（6）大齿圈及传动设备检查：

1）核对大齿圈及弹簧板的规格尺寸，大齿圈内径应比窑体外径与弹簧板的高度的尺寸之和大3~5mm。

2）大齿圈接口处的周节偏差，最大不应大于0.005m（模数）。

3）核对小齿轮的规格及齿轮轴和轴承配合尺寸。

（7）加固圈及轮带挡圈检查：

加固圈与轮带挡圈不得有变形，其内径尺寸应比窑体加固板的外圈尺寸大2~3mm。

第194条　基础划线

（1）在基础上面应埋设纵横向中心标板和标高基准点（图39-25）。

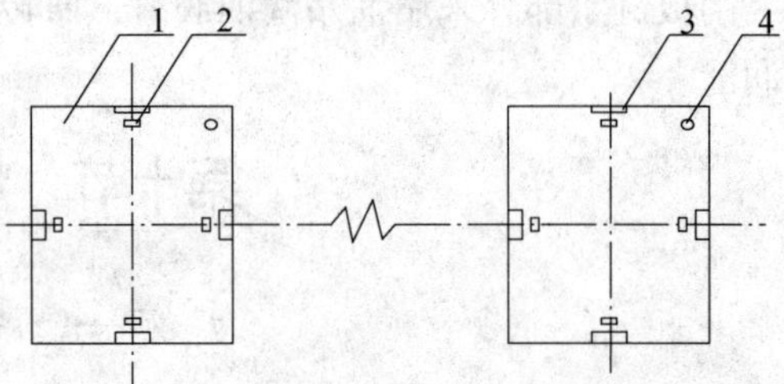

图39-25　基础划线

1—基础；2—预埋中心标板；3—放线架；4—标高点

（2）根据设计给出的基准线，并参考头尾两组支承装置的地脚螺栓孔位置，用经纬仪划出纵向中心线，各基础纵向中心线偏差不得大于±0.5mm。与设计位置偏差不得大于±5mm，并延伸至窑尾塔架及预热器基础和窑头冷却机基础。

（3）根据设计给定基准线并参考各组支承装置及传动装置地脚螺栓孔的位置以靠近传动的支承装置基础为基准，依次划出各基础横向中心线，相邻两个基础横向中心距偏差不得大于±1.5mm，首尾两个基础中心距偏差不得大于±3mm。基准横向中心线与设计位置偏差不得大于±5mm。

（4）根据已校正准确的窑中心线，做出传动部分的纵横十字线。

（5）根据厂区标准水准点，测出基础上面基准点标高，作为安装设备的基准点，其偏差不得大于±1mm。

第195条　砂墩垫铁的布置与制作按第五节有关条款执行。

第196条　回转窑的安装

（1）托轮的安装可采用分部吊装或组合吊装。

（2）托轮清洗与轴瓦刮研如下：

1）把部件或零件清洗干净，按设备配合字码及编号核对无误后进行组装，无字码、编号则重新编码，打上相应钢印；

2）检查轴瓦与轴颈的配合情况，不符合要求者则需要刮研；

①轴瓦与轴颈的接触包角重研时为30°～60°，轻研时为连续等宽窄条带状接触；

②轴瓦与轴颈的侧间隙，每侧为0.001～0.0015D（D为轴的直径）；

③轴瓦背与球面瓦接触点不应少于3点/2.5×2.5（cm^2）；

④球面瓦和轴承底座凹面接触角应在40°左右，接触形状应近似椭圆形，椭圆短径为凹面宽度减去40～60mm，接触点不应少于1～2点/2.5×2.5（cm^2）；

⑤球面瓦放入轴承底座内后，活动应灵活自如。

（3）托轮组安装及初找正，托轮组找正应从离传动最近的一组开始，并依此为基准对其他托轮组进行找正。

1）中心位置测量：

①中心位置找正，应以底座的中心十字线对准基础中心十字线（图39-26）；

②两托轮纵向中心线距底座纵向中心线应相等，偏差不得大于0.5mm（图39-27），即$l_1-l_2=l_3-l_4\leqslant 0.5$mm；

③托轮横向中心线应与底座的横向中心线重合，偏差不应大于±0.5mm，同时应使托轮两侧的串动量c相等。

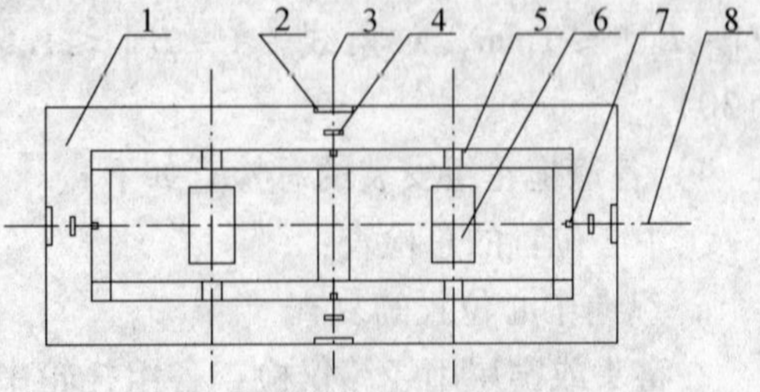

图39-26　中心位置测量

1—基础；2—放线架；3—纵向中心钢丝；4—预埋中心铁板；5—底座；6—托轮；7—底座中心标板；8—横向中心钢丝

2）标高及斜度测量：

①找正时，应以托轮顶面中心点为准，来测定托轮顶面的标高；

②同一组托轮的斜度测量应与标高测量同时进行（图39-28），每个托轮斜度偏差不得大于0.1mm/m；

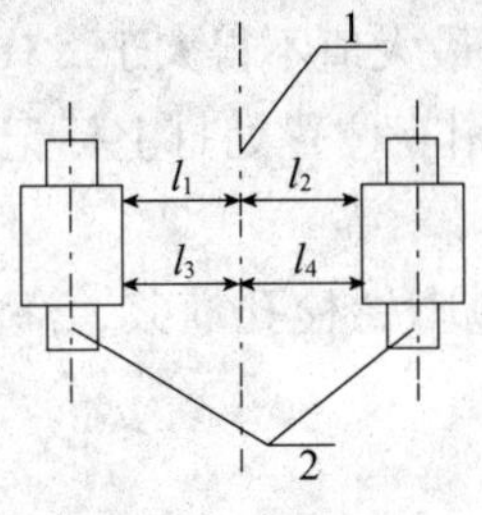

图39-27　托轮中心找正

1—底座纵向中心线；2—托轮纵向中心线

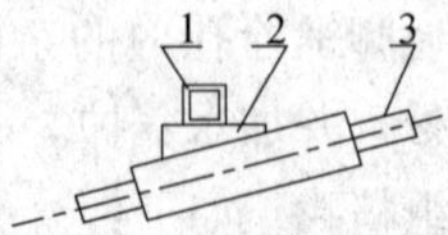

图39-28　托轮斜度测量示意图

1—水平仪；2—斜度规；3—托轮

③两个托轮顶面（位于纵横中心位置，且同组两托轮不得逆向偏差）标高应相等，若用平尺及框式水准仪检测，偏差不得大于0.05mm/m（图39-29），若用高精度水准仪测量，偏差不得大于0.1mm。

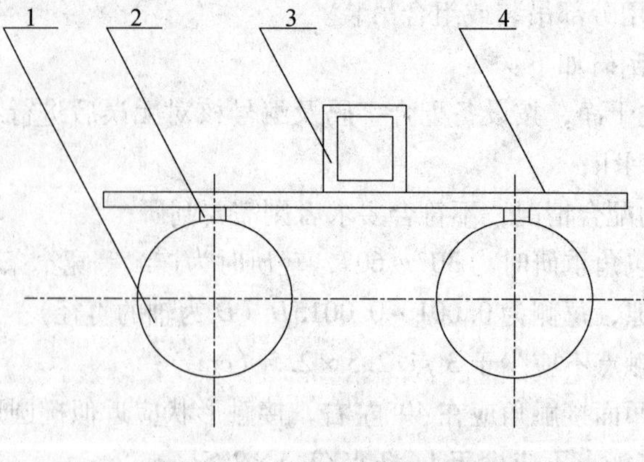

图 39-29 托轮顶面水平度测量示意图

1—托轮；2—斜度规；3—水平仪；4—平尺

3）相邻两道托轮组横向中心跨距 L 与实测筒体后修正的理论跨距不得大于 ±1mm，$|L_1-L_2|\leqslant 1$mm，对角线 $|A-B|\leqslant 1.5$mm（图 39-30）。

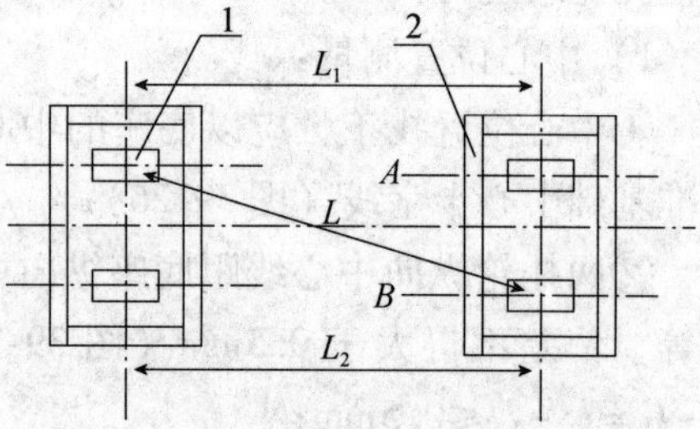

图 39-30 对角线之差

1—托轮；2—底座

4）各道拖轮组安装的总检查如下：

①中心位置的总检查：

a. 纵向中心位置的复查

在窑头或窑尾用经纬仪检查各组托轮中心位置，或者在窑头窑尾纵向放线架上挂钢丝检查，纵向中心线偏差不得大于 ±0.5mm。

b. 横向中心距的复查

以传动基础上的拖轮组横向中心线为准，分别向窑头和窑尾测量相邻两托轮组的横向中心跨距尺寸 L，偏差不大于 ±1mm，窑首尾两托轮的横向中心距与修正后的理论中心距偏差不得大于 ±2mm，相邻两托轮组横向中心跨距对角线之差不得大于 ±1.5mm。

②标高及斜度的总检查：

相邻两道托轮组的相对标高，偏差不得大于 ±0.5mm，首尾两道拖轮组的标高（斜度形成高差不计）偏差不得大于相邻各挡相对标高偏差之和，其最大值不得大于 ±1mm。

5）各组托轮安装总复查完毕，应立即在底座和轴承的相互位置处打上标记，然后再进行下道工序。

6）清除地脚螺栓孔内的杂物，然后按相关要求进行地脚螺栓孔灌浆，灌至距基础面 200～300mm 处，并加水养护。

7）托轮组精找正如下：

①托轮组精找正应在地脚螺栓孔混凝土强度达到设计强度 75% 以上方可进行；

②找正方法与技术要求按相关规定执行。

8）挡轮安装如下：

①安装前应将轴和轴承清洗干净，填满润滑脂；

②挡轮安装的位置应符合设计规定，挡轮与轮带的贴合应紧密。

9）轮带装配如下：

①轮带套装前应把轮带和垫板上的漆、锈等除净，并涂上一层润滑脂；

②检查轮带与垫板的间隙，最后把轮带两面的挡圈装上（注意挡圈的字码对好窑体上的字码），轮带的挡圈与窑体垫板应紧密贴合，不得有间隙；

③轮带与挡圈的间隙一般为2～3mm。

10）窑体对接如下：

①在对接前应清除飞边、毛刺、油漆、铁锈等污物，如有凸凹不平处须事先修理。

②窑的对接口应符合下列要求：纵向焊缝应相互错开，错开角度不应小于45°，窑体错边量不得大于2mm。

③筒体组对时，搭接板应均匀布置，全周最少布置16块，搭接板$\Delta=20$mm，钢板制作其规格为500mm×200mm。

11）窑筒体同轴度找正，筒体接口经检查调整后，转动窑体用激光经纬仪通视检查找正。

①筒体各部位中心的允许偏差如下：大齿圈及轮带处为2mm，其余部位为8mm，窑头及窑尾处为4mm，调整合格后，方能焊接。

②轮带与托轮接触面长度不应小于其工作面的70%。

③窑体轴线调整后，检查轮带宽度中心线与托轮宽度中心线的距离（考虑了设计规定的膨胀量后），偏差不应大于±3mm。

④窑体检查合格后，对筒体焊缝立即进行点焊。

12）大齿圈安装如下：

①大齿圈在吊装前须预组装，两半齿圈结合处应紧密贴合，接口四周用0.04mm厚塞尺检查，塞入区域不应大于周边长的1/5，塞入深度不得大于100mm。

②大齿圈吊装时，应注意将弹簧板和齿圈上的螺栓孔编号对好。

③转动窑体，调整大齿圈，测量大齿圈的径向、端面摆动值，偏差为：

a. 径向圆跳动不得大于1.5mm；

b. 端面圆跳动不得大于1mm。

④大齿圈与相邻轮带的横向中心线偏差不得大于3mm。

⑤切线弹簧板应在大齿圈吊装前安装好，顺切线方向固定在齿圈上，吊装调整后，将弹簧板临时固定于筒体上，复测径向、端面圆跳动，符合要求后，点焊弹簧板临时固定。若弹簧板采用焊接，可在大齿圈找正后焊接三分之一，得筒体焊接完后，再次复查确认，再焊剩余三分之二。若弹簧板采用高强度螺栓连接，按GB 50205《钢结构工程施工质量验收规范》有关条款执行。

若弹簧板采用铆接，要求如下：

a. 铆钉在筒体内部分不得高于筒体内表面1mm；

b. 不得有“咬肉”现象；

c. 铆接后，铆钉的松动数量总数不得超过2个，且不得集中在一块弹簧板上。

13）小齿轮安装如下：

①小齿轮应根据大齿轮的位置定位，轴向定位时必须考虑安装时大齿轮实际位置的偏差，大齿轮（设计冷态位置）与小齿轮宽度中心线相对位置偏差不得大于2mm。

②大小齿轮啮合后齿顶间隙应在$0.25m_n+(2\sim3)$ mm范围内，m_n为齿轮法向模数。

③用塞规检查大小齿轮两端顶间隙，其偏差≤0.1mm。

④用塞尺检查大小齿轮两端侧间隙，其偏差≤0.1mm。

⑤大小齿轮接触面积：沿齿高大于40%；沿齿长大于50%。

14）电机减速机安装如下：

①减速机以小齿轮为基准安装找正，电机以减速机为基准安装找正。

②找正方法均以双方的联轴节为基准，用百分表测量，其允许偏差：径向圆跳动和端面圆跳动均不得大于0.1mm。

③对小齿轮及传动按相关要求进行地脚螺栓灌浆及养护，混凝土达到规定强度后按6.2.3条中十三、十四要求进行精找正。

窑头、窑尾密封装置，窑头罩、油泵站均应严格按图纸施工。

第197条　其他装置安装按图纸实施。不得有漏灰、漏油现象。

第198条　回转窑筒体焊接

（1）焊接前的准备如下：

1）焊接方法的确定。

根据现场条件，施工人员技术状况及焊接设备情况，确定回转窑焊接方法三种供选：手工焊、堆弧自动焊、CO_2气体保护焊。

2）焊材的选择，应符合相应的国家标准，其质量应保证焊缝的机械性能不低于母材的机械性能。

母材是Q235B、Q235C、Q235D、20g。

若采用手工焊，焊条型号为E4315、E4316（GB/T5117碳钢焊条）。

若采用埋弧焊，焊剂型号为HJ401－H08A（GB/T5293埋弧焊剂）。

若采用CO_2气体保护焊，焊丝钢号为H08MnSi（GB/T14958 CO_2气体保护焊机）。

3）施焊焊工必须进行考试。考试时的焊接位置和试板数量，应根据现场实际采用的焊接方法来确定。试板的材质和坡口形式应与母材等同，焊接材料应与焊接窑筒体的材料相同。通过射线或超声波探伤检查和力学性能试验，全部合格者，方可参加窑筒体焊接。

4）确认窑筒体及传动系统已安装找正完毕，三种焊接方法均宜采用辅助传动转动窑体焊接，其中埋弧自动焊必须采用辅助传动转动窑体施焊。

5）焊接设备的选择要满足焊接需要，性能稳定，运转正常。

①直流焊接：打底焊接、碳弧气刨、手工焊填充焊。

②CO_2气体保护焊机：打底焊接和填充焊。

③埋弧焊机：填充焊。

（2）窑筒体环缝焊接如下：

1）环境气候确认。

回转窑焊接宜在15～25℃气温空气干燥的无风天气下进行。气温低于0℃时，施焊前将焊接坡口两侧加热到35℃以上。雨天或湿度大于80%时，应保证母材焊接区不残留水分，强风天气必须采取防风措施。

2）焊材的烘干与保温。

碱性焊条：在烘箱中烘干1～2h，烘干温度350～400℃，使用时放置在保温箱随用随取，保温温度100～150℃。

焊剂：在烘箱中烘干1h，烘干温度150～350℃，使用时放置在保温箱内随用随取，保温温度100～150℃。

3）焊接区域清理：清除坡口内及其两侧50mm左右表面的水分、油污、铁锈、杂物，要求露出金属光泽。

4）焊前预热：厚度大于34mm的碳素钢板，应加温至100～150℃，预热范围为焊接坡口两侧80～100mm，预热时应均匀加热，边预热边施焊。

5）焊接顺序：一般情况下先焊外环缝，后焊内环缝。

6）外环缝焊接及要求：

①起弧点的确定，应根据窑筒体找正同轴度偏差最大位置起弧；

②手工焊宜采用多名焊工多道焊口同时在窑筒体两侧对称立焊，也可采用多名焊工多道焊口同时在窑体上部平焊；

③埋弧焊及CO_2气体保护焊宜在窑体上部施平焊，为削弱曲面对熔池金属流动的不利影响，在内外环缝焊接时，焊接位置应在水平位置逆窑旋转方向偏离40～70mm，以获得良好成形；

④填充焊接时，每层应连续焊接一次完成；

⑤使用钢丝刷、小尖锤及磨光机随时清理已焊部位的焊渣飞溅，并将较高部位的接头点打磨平滑，发现缺陷及时处理，每焊一层清理处理一层；

⑥焊后缓冷，厚度大于34mm的碳素钢板采用保温棉或保温带保温3～4h，以消除应力。

7）内环缝焊接及要求：

①施焊前应清除窑筒体组对找正的支撑架、搭接板，调整螺栓等所有影响施焊的障碍物；

②施焊位置应选择在内环缝的最下部（即接近水平的位置）；

③内环缝施焊前必须用碳弧气刨彻底清根、打磨，确认无缺陷方可施焊；

④焊接方法及要求同外环缝焊接相同；

⑤窑筒体内环缝打磨，烧成带内环缝焊缝余高不得大于0.5mm，其他区段不得大于1.5mm。

（3）焊接质量检查如下：

1）外观质量检查：

①焊缝表面应光滑，接头处无凸凹现象；

②焊缝表面及热影响区不得存在裂纹；

③焊缝咬边深度不得大于0.5mm，咬边连续长度不得大于100mm，咬边总长度不得大于该焊缝长度的10%；

④焊缝余高：窑筒体外部不得大于3mm，窑筒体内部按环缝打磨后的要求，所有焊缝的最低点不得低于筒体表面，并应饱满。

2）探伤检查如下：

①探伤检查人员应持有国家质量监督检验检疫总局颁发的Ⅱ级或Ⅱ级以上《特种设备检验检测人员证》或相应资质证书；

②采用超声探伤检查时，每道焊缝均应100%探伤，质量达到GB 11345钢焊缝手工超

声波探伤方法和探伤结果中Ⅱ级为合格。对超声波探伤检查发现疑点时，必须用X射线探伤检查确认；

③采用X射线探伤检查时，每道焊缝均应抽该焊缝长度的15%以上，其中焊缝交叉处必须重点检查；

④焊缝通过X射线探伤检查若不合格时，应对该焊缝不合格部位扩大一倍探伤长度进行复检，若仍不合格，则对该焊缝进行100%探伤检查；

⑤回转窑环缝任何部位的焊缝返修次数不得超过两次，超过两次必须经单位技术总负责人批准，并记录存档。

实例二　推动篦式冷却机安装

第199条　基础划线

（1）以回转窑轴向中心线为基准，按照工艺布置图要求，在冷却机基础平面上划出一条与回转窑中心线水平投影平行的冷却机纵向中心线，其偏差不得大于±1.5mm。

（2）以与冷却机相邻的窑墩横向中心线（垂直于地面）与冷却机第一根立柱中心线的设计距离为间距，划出冷却机第一根立柱的横向中心线，其偏差不得大于±1.5mm。

（3）以冷却机的纵向中心线及第一根柱的横向中心线为基准，划出其余立柱及相关设备的纵横中心线，其偏差不得大于±1mm。

第200条　标高的确定

（1）以回转窑的标高基准点为基准，在冷却机基础周围固定物上（如立柱等）划出一条冷却机水平基准线，其偏差不得大于±1.5mm。

（2）以冷却机的水平基准线为基准，确定各立柱及相关设备的安装标高，其偏差不得大于±1mm。

第201条　砂墩垫铁布置及制作按第五节中相关条款执行。

第202条　侧框架（下墙板）安装

（1）端面划线，在侧框架各端面划出中心线，并打上洋冲眼。

（2）下料斗安装，侧框架安装前先将下料斗临时就位，待侧框架安装好后再进行找正、固定、焊接，其纵向中心线偏差不大于2mm。

（3）侧框架安装如下：

1）同一段两侧框架相对标高应不大于±1mm；

2）在同一横断面上左右、纵梁中心距偏差不大于±3mm；

3）两侧框架立柱中心线，对水平基础面的垂直度为ϕ2mm；

4）同一横断面两对角线长度之差不大于4mm；

5）侧框架安装找正后应按规定进行地脚螺栓孔灌浆及养护。

第203条　侧框架与底板包括风室的密封板组装后，四周与底板接缝均为连续气密焊缝。

第204条　支撑托轮安装

（1）同一段各支承托轮顶面标高误差不大于0.5mm。

（2）每对支承轮距冷却机中心线的距离应相等且符合设计要求，其误差不大于0.5mm。

（3）同一段最远距离的两托轮对角线误差不大于2mm，每相邻两组托轮对角线误差不大于1mm。

（4）两侧每相邻两组托轮距离应相等且符合图纸要求，其误差不大于1mm。

（5）各支承托轮与固定在活动框架下的导轨安装后应接触均匀不得有间隙，且活动框架往复运动时，每个托轮都应灵活自如。

第205条　传动轴安装

（1）如果设备有支撑轴，则安装传动轴后，必须安装支撑轴，其轴线与水平面的平行度为0.5mm。

（2）采用机械传动的机型，曲轴轴线与水平面的平行度为0.5mm，与篦冷机中心线的垂直度为0.5mm。采用液压传动的机型，传动轴轴线与水平面的平行度为0.5mm，与篦冷机中心线的垂直度为0.5mm。

（3）采用机械传动的机型，从动轴轴线对曲轴轴线的平行度为0.5mm，固定及游动轴承的位置应与图纸相符。

第206条　活动框架安装

（1）活动框架纵向中心线与篦冷机纵向中心线偏差不大于1mm。

（2）活动框架同一断面上横向连线与篦冷机纵向中心线应垂直，其垂直度偏差不得大于0.5mm。

（3）活动框架组装后两对角线之差不大于4mm。

第207条　篦板梁安装

（1）篦板梁的中心（以篦板固定螺栓孔为准）应与篦冷机纵向中心线重合，其偏差不大于1mm。

（2）篦板梁之间的相互距离应符合设计要求，其偏差不大于1mm。

（3）篦板梁应垂直于篦冷机纵向中心线，每连续3~4组测一对角线，其对角线误差不大于2mm。

第208条　上部墙板安装

（1）两墙板立柱中心线对水平基础面的垂直度不大于ϕ3mm。

（2）在同一断面上两侧墙板内侧与篦冷机中心线垂直距离应相等且符合设计要求，其误差不大于3mm。

（3）同一断面两对角线长度之差不大于4mm。

第209条　篦板安装间隙

（1）安装前对篦板进行检查，应符合设计规定。

（2）侧密封板间隙为（3±1）mm。

（3）篦板与篦板之间的侧向间隙为：

1）充气篦板：（3±1）mm；

2）阻力篦板：（3±1）mm；

3）普通篦板：（3±1）mm。

（4）活动篦板与固定篦板之间的垂直间隙为：

1）充气篦板：3^{+2}_{-1}mm；

2）阻力篦板：3^{+2}_{-1}mm；

3）普通篦板：5^{+2}_{-1}mm。

第210条　传动装置安装

（1）机械传动机型（链传动）如下：

1）减速机水平度不应大于0.2mm/m；

2）减速机输出轴中心线应平行于篦冷机传动轴，主传动链轮与从动链在同一平面上，其偏差不大于1mm。

（2）液压传动机型如下：

1）液压系统管路应根据其在篦冷机上的安装位置进行配置，所有接头按要求进行焊接或连接；

2）液压系统管理应使用循环过滤泵进行冲洗，清洁度达到液压系统中最精密部件所要求的清洁度等级；

3）液压系统管路冲洗后，进行压力检测，压力值为系统最高工作压力1.2倍，并保压10min无渗漏。

第211条　破碎机及料斗拉链机安装

（1）破碎机转子轴水平度不大于0.1mm/m。

（2）主电机轴中心线应平行于破碎机转子轴中心线，主传动皮带轮与从动皮带轮在同一平面上。

（3）破碎机旋转时，锤头外缘顶面与栅板的间隙为（25±5）mm（如设计图纸有特殊要求按图纸要求）。

（4）料斗拉链机安装严格按图纸施工，其纵向中心线与冷却机纵向中心线偏差不得大于±1mm。

（5）破碎机及料斗拉链机地脚螺栓按第59条规定进行灌浆，精找正按本条相关要求执行。

实例三　三次风管安装

第212条　安装前划出基础中心线，并应符合下列要求：

（1）轴向中心线与设计位置偏差不大于±20mm，各支承点轴向中心线偏差不得大于±2mm。

（2）各支承基础中心跨距偏差不大于±5mm。

（3）各支承基础标高不大于±10mm，标高相对差不大于±3mm。

第213条　根据实测的基础长度尺寸，得出各支承点的设备尺寸并加上热膨胀量，对制作完的三次风管加以修正。

第214条　风管筒体组对时，其同轴度偏差不大于ϕ5mm。

第215条　风管安装时，其轴向中心偏差不大于±5mm。

第216条　现场焊接的焊缝应严密，不得漏气，在膨胀节与风管连接的部位焊接时，不得在膨胀节的波片上起弧，飞溅物不得落到波片上。

第217条　膨胀节安装时，根据热膨胀量，预先拉伸并与筒体连接。

第218条　各支承点滑块、铰支点滑动要灵活，不得有碰撞、卡死现象。

实例四　燃烧器安装

第 219 条　燃烧器的清洗、检查、验收等按总则有关规定执行。

第 220 条　接各处燃烧器的各管道法兰应连接严密，不得有漏风现象。

第 221 条　分解炉和预热室用燃烧器，严格按图纸要求，安装在正确的位置。

第 222 条　回转窑用燃烧器各净风管道上应设置压力表。

第 223 条　回转窑燃烧器行走小车导轨应符合下列要求：

（1）两导轨的中心线与回转窑纵向中心线应重合，其偏差不应大于 ±2mm。

（2）两轨距偏差不得大于 2mm。

（3）导轨的纵向水平度为 ±1mm/m，全长不得大于 ±5mm。

第 224 条　行走小车车轮的凸缘内侧与导轨侧面间的间隙 c 应为 3～5mm（图 39-31）

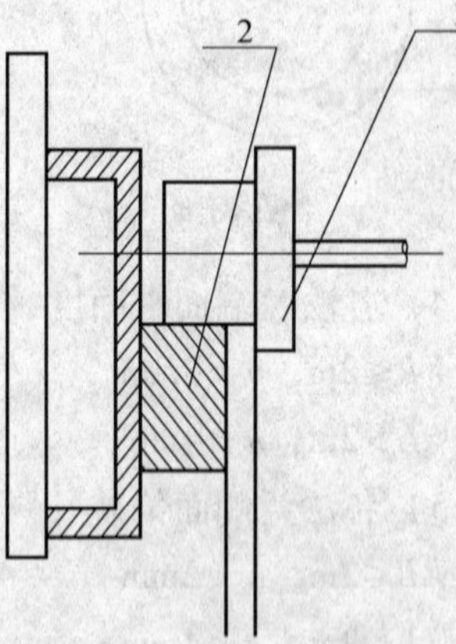

图 39-31　车轮凸缘内侧与导轨侧面间隙

1—车轮凸缘；2—导轨

第 225 条　安装调整后，燃烧器中心线与回转窑纵向中心线的偏差不得大于 2mm。中心标高不得大于 ±2mm。

实例五　预热器及塔架安装

预热器安装

第 226 条　基础检查与划线

（1）根据回转窑中心线，划出喂料室支架及窑尾框架柱子的纵横向中心线。

（2）根据框架柱子的中心线，划出每层预热器设备位置的纵横向中心线，并以回转窑中心线进行最后检查和校正。

第 227 条　设备检查

（1）根据出库单，清查零、部件的规格和数量，对于结构相同而材质不同的零、部件应仔细查对，分清其安装位置。

（2）认真核对组对标记。

（3）检查零、部件有无变形或损坏。

1）现场对接的两筒体，对接侧的两筒体圆周长偏差为：

①直径大于 5000mm 的偏差不应大于 ±6mm；

②直径小于 5000mm 的偏差不应大于 ±4mm。

2）筒体对接纵焊缝处形成的棱角度，用长 $L=D/6$ 且不应小于 500mm 不应大于 800mm 的样板检查［图 39-32（1），凸不应大于 4mm，凹不应大于 2mm，镶砖内焊缝高度不得超过母体金属表面 2mm］。

3）对接侧两筒体端面偏差不得大于 2mm［图 39-32（2）］。

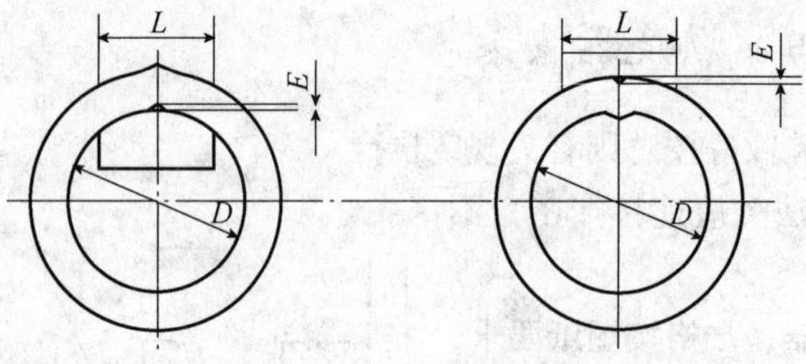

图 39-32（1） 棱角度检查示意图

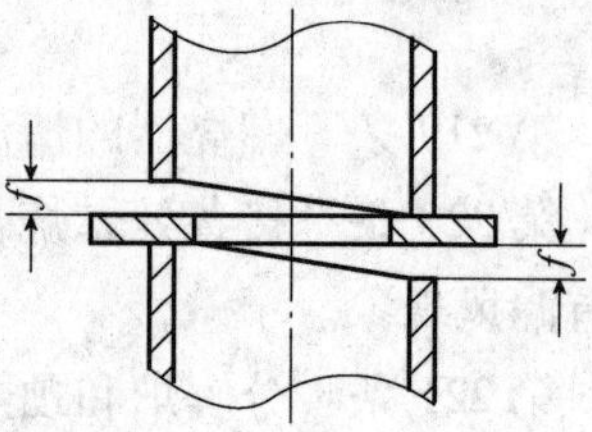

图 39-32（2） 筒体端面偏差

4）各法兰端面平面度［图 39-32（3）］。

$\phi L \leqslant 2\text{m}$，$a < 2\text{mm}$

$\phi L > 2\text{m}$，$a < 4\text{mm}$

5）各法兰侧面偏差［图 39-32（4）］。

$\phi L \leqslant 2\text{m}$，$a < 2\text{mm}$

$\phi L > 2\text{m}$，$a < 4\text{mm}$

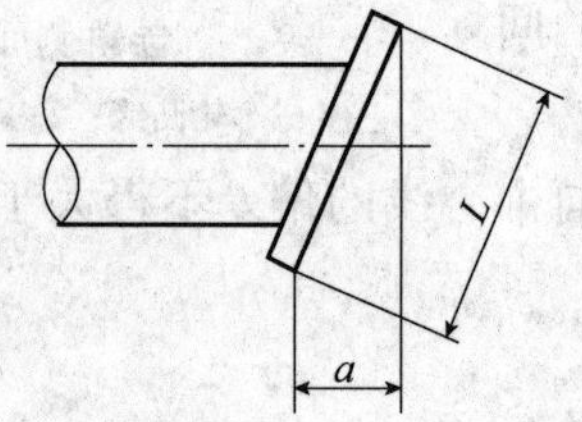

图 39-32（3） 端面

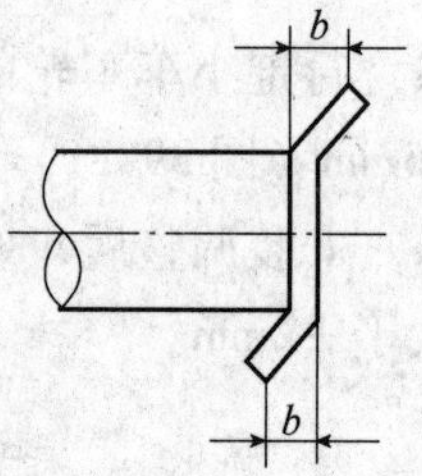

图 39-32（4） 侧面

6）筒体同一横断面上最大直径与最小直径之差不应大于 0.3%D（D 为筒体内径）。

7）旋风筒挂砖顶盖上工字钢中心线的平行度和工字钢向中心线与顶盖的垂直度均为 1.5mm。

第 228 条 预热器设备的安装

（1）喂料室的安装

1）喂料室以回转窑中心线为准进行安装，喂料室端面的中心线与回转窑中心线的同轴度为 2mm。

2）喂料室端面的倾斜度必须与窑体端面的倾斜度平行。两端面距离必须满足设计要求，偏差不大于 ±1mm。

3）喂料室中心标高，必须满足设计要求，偏差不大于 ±2mm。

（2）旋风筒与风管的安装

1）按以回转窑中心线进行最后检查和校正的设备位置的中心线进行安装，偏差不应大于 ±2.5mm。

2）旋风筒安装应水平，水平度 0.5mm/m。

3）按设计要求提拉旋风筒顶盖，提拉高度偏差不大于 ±1mm。

4）旋风筒和风管底座下的垫铁应与底座全面接触，并且应焊在楼面上，不允许与底座焊接。

5）两旋风筒的中心距离偏差不应大于±5mm。

6）旋风筒与风管的同轴度为5mm。

7）安装旋风筒内筒时，应保证内筒与旋风筒的中心轴线一致。

（3）膨胀节安装

1）应仔细核对气流或料流方向，不得装反。

2）安装前沿周边用调整螺母把膨胀节上、下法兰间距均匀地调整到设计尺寸，不允许用调节膨胀节法兰高度来补偿安装偏差。

3）安装过程中，不允许随意把调整螺杆或螺母去掉，待整套系统安装完毕，必须把它们去掉。

4）膨胀节安装时，与上、下连接部件的同轴度为4mm。

5）排灰阀、撒料闸板和缩口调节器在安装前，应检查调整达到灵活可靠后，方可安装。

6）安装时，如有变形或超差，应及时矫正，不允许强行组装。

7）焊缝不允许漏气，有外保温处，必须确认焊缝不漏气后再进行保温。

8）筒体组对时的错边量不得大于0.15δ（δ为钢板厚度），但不应大于2mm。

9）凡是设备上的混凝土浇注孔盖，必须在砌衬烘干后，方可焊于筒体上。

第229条　塔架安装

第230条　塔架构件的运输和堆放

（1）安装前，应按照构件明细表核对进场的构件，查验质量证明书和设计更改文件；工厂预装的大型构件在现场组装时，应根据预组装的合格记录进行。

（2）塔架构件应按安装程序保证成套供应。现场堆放场地能满足按顺序安装的需要。构件分类堆放，刚度较大的构件可以铺垫木水平堆放。多层叠放时垫木应在一条垂线上。

（3）构件在施工现场制孔、组装、焊接和铆接以及涂层等的质量要求均应符合有关规定。

（4）检查构件在装卸、运输及堆放中有无损坏或变形。损坏和变形的构件应予矫正或重新加工。

第231条　准备工作

（1）复验安装定位所使用的轴线控制点和测量标高使用的水准点。

（2）放出塔架标高控制线和坐标轴线。

（3）复验塔架制作及支撑系统的预埋件，其轴线、标高、水平度、预埋螺栓位置及伸出长度，超过允许偏差时，应做好技术处理。

（4）清理检查吊装机械及吊具，按照施工组织设计要求搭设操作平台或脚手架。

（5）测量时所用的量具须取得计量单位的检定证明。

（6）需要利用已安装好的结构吊装其他构件和设备时，应征得设计单位的同意，同时应采取措施防止损坏结构。建筑物定位轴线、基础上柱的定位轴线和标高、地脚螺栓见表39-10。

表 39-10　建筑物定位轴线、基础上柱的定位轴线和标高、地脚螺栓（锚栓）的允许偏差　　mm

项目	允许偏差	图例
建筑物定位轴线	L/20000，且不应大于 3.0	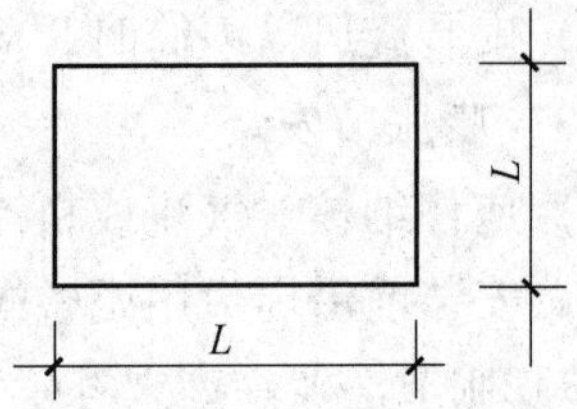
基础上柱的定位轴线	1.0	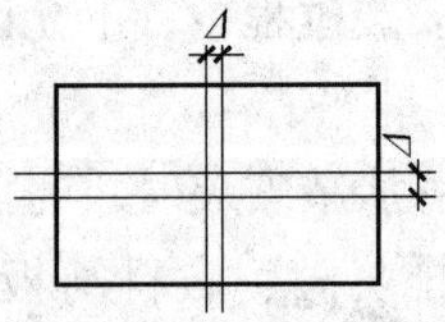
基础上柱底标高	±2.0	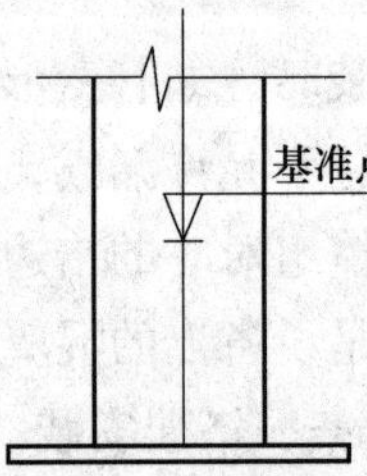
地脚螺栓（锚栓）位移	2.0	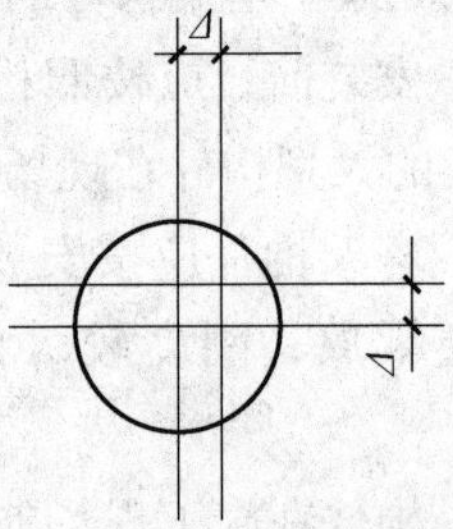

第 232 条　钢柱的安装

（1）钢柱安装时，先将基础清理干净，并调整基础标高，然后进行安装。柱子安装层次包括：基础放线、绑扎、吊装、校正、固定等。

（2）柱子起吊前，应从柱底板向上 500 ~ 1000mm 处，划一水平线，以便安装固定前后作复查平面标高基准用。

（3）柱子校正和调整标高，垫不同厚度垫铁或偏心垫铁的重叠数量不准多于 3 块。

（4）每完成一层的构件安装之后，必须做好中间验收，填写测量数据。

（5）设计要求顶紧的节点，相接触的两个平面必须保证有 70% 紧贴，用 0.3mm 的塞尺检查，插入深度的面积之和不得大于总面积的 30%。边缘最大间隙不得大于 0.8mm。

（6）钢管混凝土柱：

1）钢管内壁不得有任何油污。钢管上所有焊接构件、节点板必须在管内浇筑混凝土之前全部焊接完毕，浇筑混凝土后严禁任何浇筑。

2）钢管在运输和吊装过程中严防管内积水和落入杂物。管内混凝土逐层浇筑，混凝土的搅拌时间比普通混凝土延长 5min。每台班抽测塌落度 2 次，强度 1 次。混凝土从搅拌到浇筑完毕时间不超过 1h。

3）管内混凝土采用抛落有振捣的施工方法：混凝土一次浇筑高度不超过振捣器的有效工作范围，并不大于 2m，振捣时间不少于 30s。混凝土不分散抛落。

4）混凝土施工缝处理：重新浇筑前，先浇一层同强度等级的水泥砂浆找平，厚度为 100～200mm，再浇筑混凝土；当混凝土浇筑到顶层（高出平面 100mm）且强度达到 50% 时，改用水泥砂浆浇筑到顶，压入封顶盖板，直到砂浆从小圆孔溢出后焊死盖板；并用 6mm 后钢板封死小圆孔。柱子安装的允许偏差见表 39-11。

表 39-11　柱子安装的允许偏差　　mm

项目	允许偏差	图例
底层柱柱地轴线对定位轴线偏移	3.0	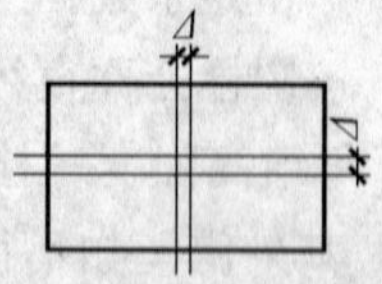
单节柱的垂直度	$h/1000$，且不应大于 10.0	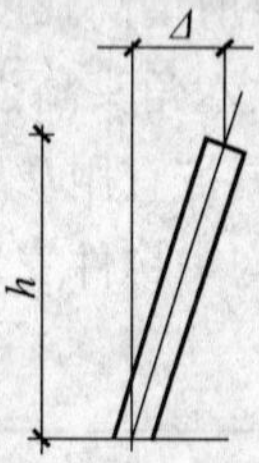

第 233 条　塔架其他构件连接和固定

（1）各类构件的连接接头，必须经过检查合格后，方可紧固和焊接。

（2）安装用的临时螺栓和冲钉，在每个节点上穿入的数量必须由计算决定，并应符合下列规定：

1）不得少于安装孔总数的 1/3；

2）应穿两个临时螺栓；

3）冲钉穿入数量不宜多于临时螺栓的 30%；

4）扩钻后的精制螺栓的孔不得使用冲钉。

（3）永久性的普通螺栓的连接应符合下列规定：

1）每个螺栓不得垫两个以上的垫圈，或用大螺母代替垫圈。螺栓拧紧后，外露丝扣应不少于 2～3 扣，并应防止螺母松动；

2）任何安装孔均不得随意用气割扩孔。

（4）安装定位焊缝，需承受荷载者的点焊长度，不得小于设计焊缝长度的 10%，并不小于 50mm。

（5）采用高强度螺栓连接，其摩擦系数值必须符合设计要求。制造厂处理好的构件摩擦面，安装前，应注意保护。

（6）高强度螺栓连接副（即高强度螺栓带有配套的螺母和垫圈），应在同一包装箱中配套使用。施工有剩余时，必须按批号分别存放，不得混放混用。在储存运输和施工过程中应防止受潮生锈、玷污和碰伤。

（7）安装高强度螺栓时，构件的摩擦面应保持干燥；不得在雨中作业。

（8）高强度螺栓应顺畅穿入孔内，不得强行敲打。穿入方向应一致，便于操作，并不得做临时安装螺栓用。

（9）安装高强度螺栓必须分两次（即初拧和终拧）拧紧。初拧扭矩不得小于终拧扭矩值的30%，终拧扭矩值应符合设计要求，并按下式计算：

$$M = (P + \Delta P) \cdot K \cdot d$$

式中 M——终拧扭矩值，N·m；

P——设计预拉力，kN；

ΔP——预拉力损失值，一般为设计预拉力值的5%~10%；

K——扭矩系数；

d——螺栓公称直径，mm。

（10）每组高强度螺栓的拧紧顺序应从节点中心向边缘施拧。当天安装的螺栓应在当天终拧完毕，其外露丝扣不得少于2扣。

（11）扭剪型高强度螺栓，以拧掉尾部梅花卡头为终拧结束。

（12）大六角头高强度螺栓终拧结束后，检查时，如发现欠拧、漏拧应补拧；超拧应更换。欠拧、漏拧宜用0.3~0.5kg重的小锤逐个敲检。钢梁安装的允许偏差见表39-12，多层及高层钢结构中构件安装的允许偏差见表39-13。

39-12　钢梁安装的允许偏差　　mm

项目		允许偏差	图例
梁跨中垂直度		$h/500$	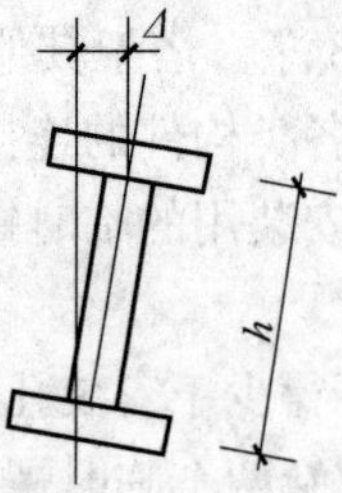
挠曲	侧向	$L/1000$ 10.0	
	垂直方向	+10.0 0	

表39-13　多层及高层钢结构中构件安装的允许偏差　　mm

项目	允许偏差	图例	检验方法
上、下柱连接处的错口Δ	3.0	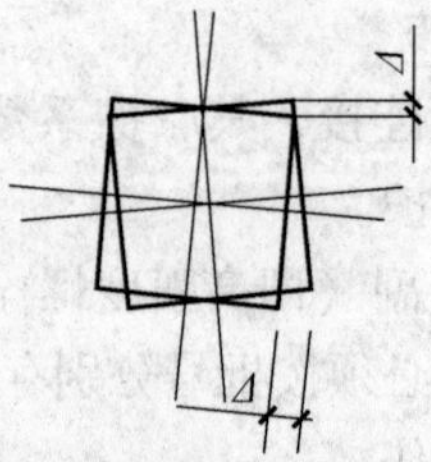	用钢尺检查

续表

项目	允许偏差	图例	检验方法
同一层柱的各柱顶高度差 Δ	5.0	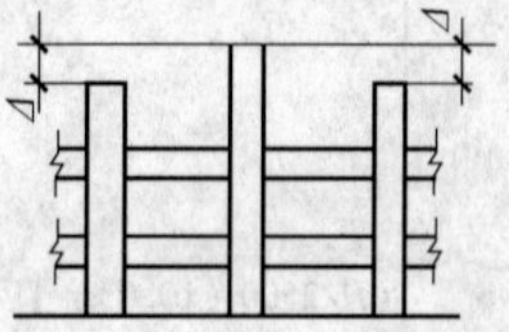	用水准仪检查
同一根梁两端顶面的高差 Δ	l/1000，且不应大于 10.0	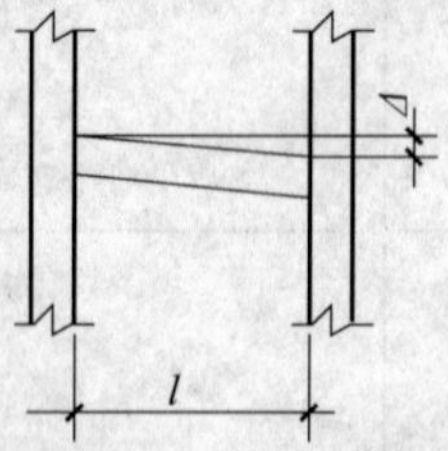	用水准仪检查
主梁与次梁表面的高差 Δ	±2.0	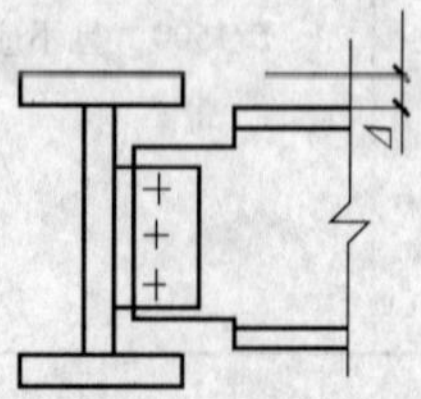	用直尺和钢尺检查
压型金属板在钢梁上相邻列的错位 Δ	15.00	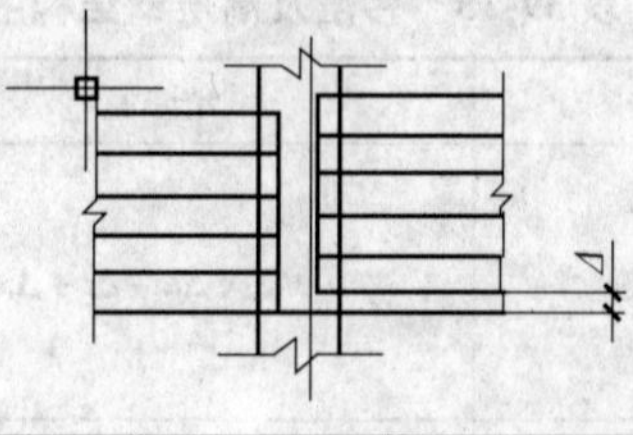	用直尺和钢尺检查

第 234 条　塔架工程验收

（1）塔架工程的竣工验收，应在建筑物全部或具有空间刚度单元部分安装工作完成后进行。

（2）塔架安装工程的质量必须符合 GB 50205《钢结构工程施工质量验收规范》的有关规定。

（3）竣工验收，应提交下列文件：

1）塔架竣工图、施工图和设计更改文件；

2）在安装过程中所达成的协议文件；

3）按装所用的钢材和其他材料的质量证明书或试验报告；

4）隐蔽工程中间验收记录以及整个塔架工程（单元）的安装测量资料。如塔架加工厂制作的金属构件或成品，应提供“钢构件出厂合格证”；

5）焊缝质量检验资料、焊工编号或标志；

6）高强度螺栓检查记录；

7）塔架构件试验记录（如设计有要求）。整体垂直度和整体平面弯曲的允许偏差见表 39-14，多层及高层钢结构主体结构总高度的允许偏差见表 39-15。

表 39-14　整体垂直度和整体平面弯曲的允许偏差　mm

项目	允许偏差	图例
主体结构的整体垂直度	（H/2500 + 10.0），且不应大于 50.0	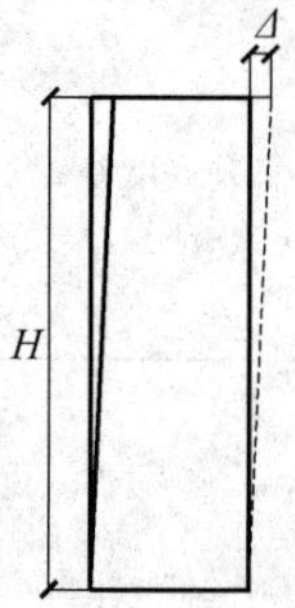
主体结构的整体平面弯曲	L/1500，且不应大于 25.0	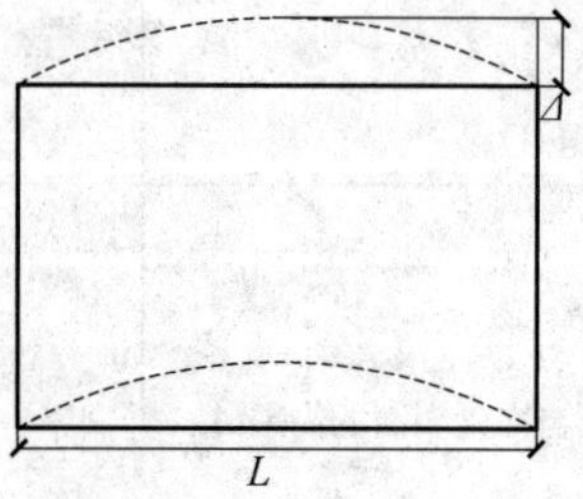

表 39-15　多层及高层钢结构主体结构总高度的允许偏差　mm

项目	允许偏差	图例
用相对标高控制安装	$\pm\Sigma$（$\Delta h + \Delta z + \Delta w$）	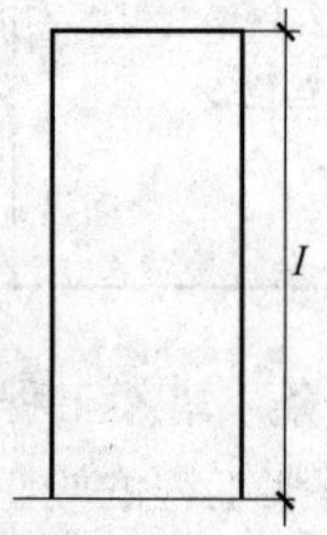
用设计标高控制安装	H/1000，且不应大于 30.0 $-H$/1000，且不应小于 −30.0	

注：1. Δh 为每节柱子长度的制造允许偏差；

2. Δz 为每节柱子长度受荷载后的压缩值；

3. Δw 为每节柱子接头焊缝的收缩值。

实例六　增湿塔安装

第 235 条　底座安装

（1）将多块法兰拼成一体，用垫铁调整高度，并找平找正，达到要求后焊接为一体。

（2）安装地脚螺栓。

1）地脚螺栓的规格尺寸，应符合设计要求，并应将螺栓上油漆、铁锈和油污等清除干净。

2）地脚螺栓放进基准孔内应垂直，螺栓与孔壁的最大距离不得小于 15mm。

3）混凝土设计强度达到 75% 之后，才允许拧地脚螺栓。

（3）上法兰安装筒体处的直径尺寸偏差见表39-16。

表39-16 法兰安装偏差 mm

筒体直径（m）	偏差值
$D<3$	±3
$3<D<5$	±5
$D>5$	±7

（4）底座水平度为±2mm。

（5）底座基础标高偏差不应大于±5mm。

第236条 安装筒体

（1）单片筒体在组装前应进行检查，如有变形应进行矫正。

（2）安装时筒体和锥体两端平行度为2.5mm。

（3）筒体同一断面上最大直径和最小直径之差不应大于0.3%D（D为筒体内径，以下相同）。

（4）筒体周长公差，增湿塔直径D小于3m时，公差5mm；直径D为3～5m时，公差7mm；直径D大于5m时，直径每增加1m，公差值增加0.5mm。

（5）筒体钢板对接错边量b（环向和纵向）不应大于1.5mm［图39-33（1），图39-33（2）］。

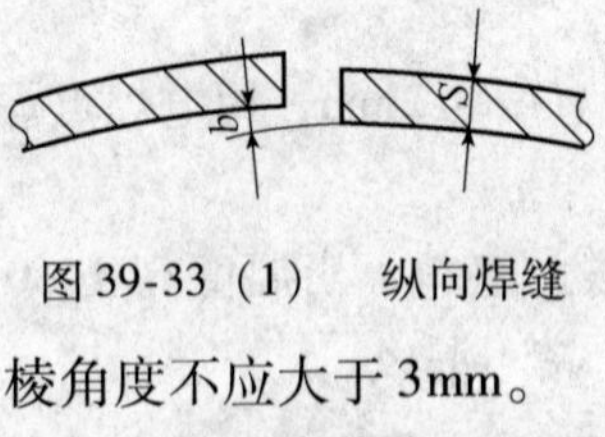

图39-33（1） 纵向焊缝

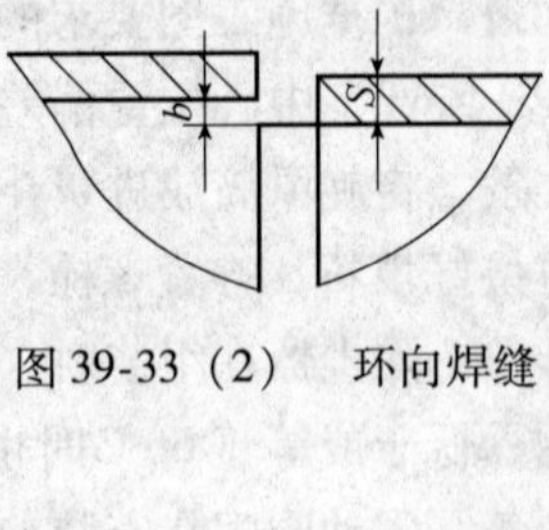

图39-33（2） 环向焊缝

（6）棱角度不应大于3mm。

（7）筒体母线的直线度，用1m长钢板尺测量不应大于1.5mm。

（8）安装后的塔体垂直度为H/1000mm（H为塔有效高度，单位mm），但总高度的垂直度不得大于20mm。

实例七 水泥包装机安装

第237条 整机安装时，将包装机横梁水平置于楼板上，将包装机下轴承固定于地面，保证包装机主轴垂直于地面，空转包装机无明显晃动现象。包装机进料口与立式分格轮下料阀连接时应当使用石棉条密封。电器控制柜，气动控制柜均需相应采取防尘措施和防震措施。

第238条 接好电源，注意接地可靠。气源部分外接夹布气压胶管，内径16mm，长度由用户视具体情况而定。进入包装机的压缩空气应先经过滤器。

第239条 开车前先用物拨动叶轮轴，以保证无异物或其他杂质进入叶轮箱，检查各接口的密封是否良好，喂料嘴活动闸阀是否灵活并符合要求，压缩空气气压调至5kg/cm^2。据包装袋大小调节好鞍座的高度。

第240条 机械秤包装机分别调整每个机械秤的游动砝码，使鞍座上受力50kg时，杠杆尾部指针向零位。电子秤先调零，并检查45kg及50kg时的信号发出是否及时、准确。

第241条　调整结束，分别对每个嘴进行套袋试验，观察各嘴的动作是否符合要求。一切正常，便可正常开机运转。

实例八　汽车散装、火车散装安装

第242条　在散装机安装前，应根据布置图核对斜槽、卷扬机、除尘器、风机、控制阀门的位置及现对位置。

第243条　斜槽安装时应注意斜槽内部的透气层不要烧坏。

第244条　斜槽的安装斜度误差不得超过0.5%。

第245条　所有法兰连接处不得有漏气、冒灰现象。

第246条　部分法兰在制造时没有焊牢，是为在安装时根据实际情况进行调整，在安装时必须连续焊接。

第247条　回转阀（碟阀）上用于开（关）阀限位的限位开关固定时，应保证其滚轮受挤压时力量适中，以压到底正好切断电源为准。

第248条　除尘器内振打凸轮的旋转方向在安装时一定根据实际情况要正确，方向不正确会损坏除尘器。

实例九　旋风收尘器安装

第249条　根据施工图要求的中心位置，先安装集灰斗底座，用螺栓固定，底座标高偏差不得大于±5mm，中心位置偏差不大于±5mm。

第250条　将旋风筒放进灰斗圆孔内进行找正，其垂直度为2mm，用电焊点焊3~4点。法兰之间应垫好填料，拧紧螺栓，然后将旋风筒与灰斗焊牢。

第251条　除尘器在组装时，应根据工作温度选择法兰垫料，当温度高于60℃时用石棉胶板垫圈，低于或等于60℃时也可用橡胶垫圈，且应严密不漏风。

第252条　闪动阀门在安装前，应将平面重锤调整灵活。

第253条　进、排风管口方向应按图纸要求找正位置。

第254条　除尘器应严密不漏风。

实例十　袋除（收）尘器安装

第255条　支架安装

（1）支架安装时，其中心位置偏差不应大于±5mm，水平度为0.5mm/m。

（2）支架的标高偏差不得大于±5mm，垂直度为1mm/m。

第256条　集灰斗安装在支架上，机体安装于集灰斗上，各接口对正后用螺栓连接，且必须加垫石棉绳或密封垫料，不得漏风。要求漏风率小于5%。

第257条　大型袋收尘器现场组装后，顶盖、壳体、集灰斗和钢结构先用螺栓连接，找正定位拧紧螺栓后，为防止漏风和松动，按图纸要求内部全部满焊，外部断续焊接。

第258条　袋收尘器安装，应位置正确，牢固平稳，进出口方向应符合设计要求，壳体垂直度为1mm/m，且总偏差不应大于10mm。

第259条　袋收尘器内部件现场安装时应按下列要求：

（1）安装前应检查袖袋有无损坏，袖袋尺寸是否符合图纸要求，袋笼应无变形、毛刺，安装时严禁损伤袖袋。

（2）与袖袋连接的花板导管应圆滑、平整，不得有毛刺，连接处不得漏气，导管与悬吊装置的中心偏差不应大于5mm。

（3）脉冲除尘器喷吹管的孔眼应对准文氏管的中心，同轴度为2mm。

（4）振打或脉冲吹刷系统安装应位置正确、严密，操作运行可靠。

第260条　反吹风风机和阀门应固定牢固。

第261条　电热装置安装于灰斗内架上，应留出导线孔。

第262条　收尘器的排灰装置、卸料阀安装必须运转灵活，密封严密，并便于操作和维修。

第263条　机体各部的所有门、盖都应严格密封。

第264条　袋收尘器的主空气阀、反吹阀、清灰阀、电磁阀和气罐等阀门，管路系统应仔细检查、清理，最终连接前要吹净。

第265条　在制造厂整体出厂的小型袋收尘器的安装可参照执行。

实例十一　电除尘器安装

第266条　电除尘器基础验收应符合下列要求：

（1）基础纵横向中心线位置偏差不得大于±20mm。

（2）地脚螺栓预留孔或预埋铁板位置及深度偏差应符合设备安装图纸规定。

（3）基础标高偏差应介于－20～10mm之间。

（4）拉链机基础中心线应与电除尘器基础中心线重合，其偏差不得大于±10mm。标高偏差应介于－20～+5mm之间。

（5）其余部分质量要求按有关规定。

第267条　基础划线应满足设备安装图纸的技术要求。

第268条　壳体支座安装

（1）支座分固定支座和活动支座，活动支座有单向和多向活动支座，其布置位置必须严格按支座布置图纸进行布置。

（2）各支座安装标高偏差不应大于±2mm。水平度为0.2mm/m，各支座间距和跨距偏差不应大于±1mm，间距累计偏差不应大于±5mm，对角线相互偏差不应大于6mm。

（3）活动支座为滚轮活动支座时，找正位置后，应用楔形块固定，在壳体安装后应将楔形块拆除。

（4）活动支座安装前应将活动部分调整好位置，并用调节螺栓固定。当底梁端墙壁及下灰斗安装后，即应将调节螺钉卸下，并堵死螺孔。

第269条　钢结构支柱安装（对本体支承于钢结构立柱上的电除尘器）

（1）钢结构支柱中心线位置偏差不应大于±5mm，柱间距和跨距偏差不应大于±2mm，对角线偏差不大于6mm，柱顶标高相互偏差不大于±2mm。

（2）支柱安装时，固定点支柱应垂直于水平面安装，其余各支柱应以固定支柱为中心预倾斜ΔL（图39-34）

$$\Delta L = aLT$$

式中　a——碳钢的线膨胀系数，1/℃；

L——柱间距，mm；

T——电除尘器正常工作时的烟气温度，℃。

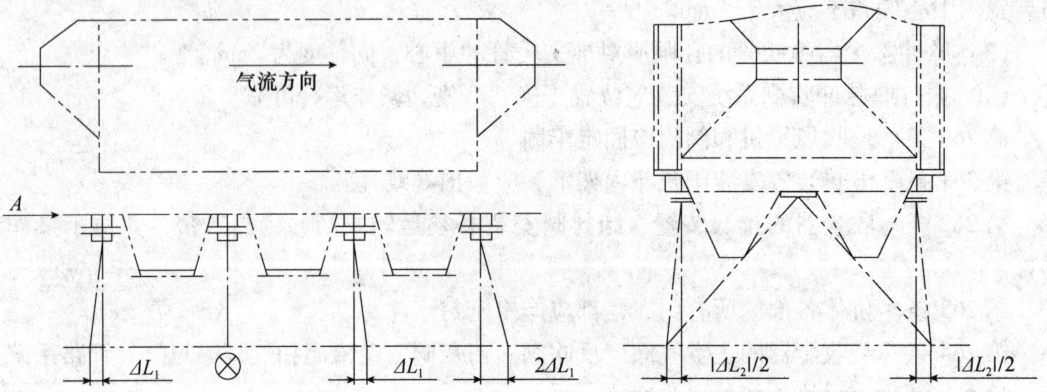

图 39-34　钢支柱安装预倾斜 ΔL

第 270 条　底梁、端墙安装

（1）底梁与端墙组装，找正后应进行气密焊接。

（2）底梁之间及端墙之间水平跨距偏差均不得大于 ±6mm；内侧对角线偏差不应大于 8mm。

（3）底梁与端墙若为分段制造现场组对焊接，拼接后接缝两侧支点间距偏差不应大于 ±3mm，平面度为 5mm。

（4）整体底梁上安装侧板柱的各平面应在同一水平面内，其平面度为 5mm。

第 271 条　灰斗安装

（1）灰斗组对安装时，上口对角线尺寸偏差不大于 6mm，下口对角线偏差不大于 3mm。

（2）灰斗组对安装时，必须进行气密焊接。

第 272 条　内部走道安装，要求水平度为 1mm/m，标高偏差不应大于 -5mm。

第 273 条　立柱安装

（1）各立柱间距和跨距偏差分别为间距和跨距的 1/1000，最大值不应大于 ±5mm。

（2）立柱与水平面应垂直，其垂直度为立柱高度的 1/1000，最大值不应大于 8mm。

（3）各立柱顶部标高偏差不应大于 ±3mm。

第 274 条　顶梁安装

（1）相邻两顶梁之间纵向中心线的间距偏差不应大于 ±5mm，且应平行。对角线相互偏差不应大于 6mm。

（2）顶梁或箱形梁安装在立柱上，找正位置后，应与柱顶板进行连续焊接，焊缝应牢固。

第 275 条　侧板安装

（1）侧板应严格按安装图及侧板编号正确布置。调整好位置及板与板之间焊缝间隙（一般留 2mm）。

（2）侧板安装焊接后，板平面应平直，平面度为 10mm。

（3）侧板内壁间距偏差不得大于 ±10mm。

（4）全部侧板安装找正后，应进行气密焊接。

第276条　壳体全部安装后，应对电除尘器内部通道的净室各部尺寸进行全面测量校正，与内部构件安装有关的尺寸应详细检查。

第277条　壳体安装校正后，必须全面进行气密焊接，要求壳体严密不漏风，经会检确认合格。

第278条　气体分布板安装

（1）分布板支承工字钢和槽钢柱安装，垂直度为高度的1/1000，且最大为10mm，横向间距偏差不大于±2mm，纵向间距偏差不大于±5mm。

（2）振打锤轴安装水平度为0.2mm/m，有中间联轴器的两轴中心线应一致，同轴度为0.5mm。

（3）振打传动轴与锤轴应在同一轴线上，同轴度为2mm。

（4）分布板安装调整后所有螺栓必须点焊。

第279条　电晕极框架组对安装

（1）电晕极框架现场组对焊接后，其平面度为10mm，对角线偏差不得大于10mm。

（2）电晕线与框架安装张紧力应均匀适度。

（3）两端为光杆的电晕线张紧后，应将光杆与框架点焊，焊点不应少于3点，两端为螺杆的电晕线张紧后，应将螺母点焊，焊点不得有尖角、毛刺，丝扣露出螺母2~3扣螺纹。

（4）电晕框架与支承弓形架组合安装后，螺栓螺母应点焊。

第280条　电晕极悬挂架组对安装

（1）悬挂框架组对焊接后，平面度为10mm。

（2）悬挂框架应垂直于水平面安装，同一电场两悬挂架四个吊点，标高偏差不应大于±5mm。

（3）同一电场两悬挂架的中心线，应在该电场沿气流方向的中心平面内，偏差不大于±5mm。

（4）找正悬挂架时，应保证上下间距角钢的缺口与下间距架上固定定位弓形架螺栓孔中心线在同一条垂线上，偏差不大于2mm。

第281条　收尘极板排组对安装

（1）单片极板安装前应检查，平面度为10mm。

（2）极板板排组装后，悬吊检查其平面度不应大于10mm。

（3）极板与小梁组合后，销轴上的保险圆销应搬弯，极板与吊板连接螺栓拧紧后必须点焊。

（4）极板与撞击杆连接用螺栓，应在安装调整撞击杆高度后，再全部拧紧并点焊。

第282条　电晕极悬吊系统安装

（1）绝缘套管安装前应仔细检查，不得有裂纹、破损等缺陷。

（2）绝缘套管安装时，上下平面必须垫好完整的石棉垫。

（3）同一组绝缘大管与吊杆中心线应重合，其同轴度为5mm。

（4）悬吊管与电流保护管中心线应重合，同轴度为5mm。

第283条　收尘极与电晕极系统安装

（1）极板悬吊梁安装后，其间距偏差不大于±1mm。悬吊梁与两端支持角钢连接螺栓，应按表 39-17 扭紧力矩值拧紧后点焊牢固。

表 39-17　极板悬吊梁螺栓拧紧力矩　　N·m

螺栓规格	拧紧力矩	
	电场出气端	电场进气端
M10×30	50	15
M12×35	80	25
M16×40	200	65

（2）收尘极板排与电晕极框架与水平面垂直安装，垂直度为 3mm。

（3）收尘极与电晕极调整后，其最终异极间距偏差：当同极间距小于或等于 300mm 时，不大于 ±10mm；当同极间距小于或等于 400mm 时，不大于 ±20mm。

（4）同一电场的撞击杆就调整到同一高度，振打砧应排成一直线，其偏差在高度方向不应大于 ±3mm，振打杆纵向位置偏差不大于 ±3mm。

（5）撞击杆下平面与间隔板下口的间距应严格按图纸要求执行。

（6）电晕极安装调整后，振打弓形架砧头前缘应在一直线上，高度应同一水平面上，偏差不应大于 ±3mm。

（7）电晕极和收尘极系统安装调整完毕，应将所有坚固螺栓螺母拧紧并点焊，螺栓露出螺母 2～3 扣螺纹，各部尖角、毛刺应进行打磨。

第 284 条　振打系统安装

（1）侧部振打锤轴中心线，各段应水平，水平度为 0.2mm/m，同轴度为 1mm，全长上为 3mm。

（2）锤头（包括收尘极、电晕极、气体分布板振打锤头）与承击砧的接触应符合设计要求，其偏差在垂直和水平方向均不应大于 ±5mm。

（3）传动装置及传动支架应固定牢固，传动轴与振打锤轴轴中心线应在同一直线上，同轴度为 2mm，振打锤应转动灵活，无卡碰现象。

第 285 条　电晕极提升振打安装

（1）提升装置安装，上拉杆与绝缘套管内支承管的轴心线应重合，上升下降应无卡碰和阻滞现象。

（2）振打锤提升角度，一般应按 $\alpha=30°$ 进行调整，最大可调整到 $\alpha=45°$，调整上、下升降拉杆尺寸，确认合格后应锁紧螺母防止松脱。

（3）提升脱钩振打，振打锤提升角不应小于 55°。

第 286 条　密封板和顶盖安装

（1）极板悬吊梁上铺设密封板时，与顶梁和侧板结合处应用角钢加固板连接，各接合处及密封板之间必须全部进行密封焊接。

（2）防雨板安装时，接合处应用密封带密封，每块搭接不应小于 250mm，固定螺栓应有密封垫圈防止漏雨。

第 287 条　屋顶盖如为屋顶板和屋面板时，屋顶板与壳体各部连接处必须全部进行密封焊接。

第 288 条　人孔门、检查门安装，应严密不漏风，密封填料应完好。

第 289 条 排灰拉链机安装质量应按第十节的有关规定执行。

第 290 条 全部设备安装后，应清除电场内部杂物，关闭人孔门。

第 291 条 保温层敷设应按设计要求及制造厂提供的保温层施工技术规范进行。

第十一节 粉磨及分选装备安装

实例一 双中空轴承管磨机

第 292 条 本节适用于边缘传动或中心传动的通用型、风扫型、烘干型的尾卸式或中卸式的双中空轴承管磨机（含球磨机）的安装。

第 293 条 双中空轴承管磨机安装应符合现行国家标准《破碎、粉磨设备安装工程及验收规范》GB 50276 的规定。

第 294 条 基础检查、测量执行第二节一般规定，并应符合现行国家标准《机械设备安装工程施工及验收通用规范》GB 50231 的规定。

第 295 条 基础划线应符合下列规定：

（1）基础面上埋设中心标板、标高基准点；基础两侧的左右端埋设沉降点；埋设应牢固，为永久性标识。

1）纵横向中心标板根据工艺布置图控制埋设位置；

2）标高基准点在相对车间 ±0 点测量，偏差不应大于 ±5mm；

3）沉降点在相对车间 ±0 点同一高程的基准线的标高值，偏差不应大于 ±0. 5mm。

（2）中心标板上所指示的纵向中心线与设计图纸上的纵向中心线的偏差不应大于 ±3mm。

（3）纵向中心线由头尾中心标板（中心传动含减速机基础）打点划线，中间各点偏差不应大于 0. 5mm。

（4）横向中心标板打点划线应与纵向中心垂直，两基础上横向中心线距离偏差不得大于 ±1mm；对角线偏差不应大于 1mm。

（5）磨机进料端、出料端、减速机基础上的基准点标高差不应大于 ±0. 5mm。

（6）边缘传动磨体中心线与传动中心线平行度为 0. 15mm/m。

（7）中心传动减速机横向中心线与磨机出料端跨距的定位划线应符合设备技术文件或设计图纸的要求。

第 296 条 主轴承的检查：

（1）测量底座地脚螺栓孔的距离、轴承与底座连接的螺栓孔距离及底座高度等主要尺寸，并按图纸进行核对。

（2）测量底座与轴承座的四周接触应紧密，一般局部间隙不应大于 0. 1mm，边缘间隙每段长度不应大于 30mm，累计长度不应大于接合面边缘总长的 5%。带辊子侧的主轴承底面与底座接触不应小于 80%。

（3）主轴承内冷却水通道进行 0. 6MPa 保压 8min 的水压试验，要求无渗漏现象。

（4）轴承合金与球面瓦的铸合应严密、牢固，不得有脱壳、裂纹、气孔等缺陷，特别是在 90°接触区内不得有任何缺陷；合金在球面瓦内表面的厚度应符合设备技术文件的规定。

（5）测量中空轴轴颈表面加工圆度（用刀口尺）和左、中、右直径偏差（用π尺）应符合设备技术文件或设计文件的规定。

（6）磨机中空轴轴承合金瓦刮研应符合下列规定：

1）接触角对有压力油裹的合金瓦为50°，没有压力油裹的为40°；

2）接触面上接触点数每10mm×10mm面积内不应少于2个；

3）瓦面两端10mm宽处按圆周方向与轴颈不接触；

4）磨机中空轴轴承合金瓦与中空轴轴颈配合侧间隙见表39-18和如图39-35所示。

表39-18　配合侧间隙

mm

中空轴直径 d	800	900	1000	1200	1400	1600	1800	2000	2240
侧隙 s	0.12~0.19	0.145~0.21	0.16~0.23	0.21~0.28	0.24~0.32	0.25~0.35	0.29~0.41	0.34~0.46	0.39~0.54

5）表39-18中侧间隙是从接触角开始由小逐步过渡到最大侧隙的进油楔形隙，应按3~4深度检测点测量侧隙，瓦口两侧轴瓦宽度应按4~6等份确认检查位置来测量侧隙，要求侧间隙过渡圆滑，不允许有台阶现象。

6）图39-35中的配合接触斑痕的分布区，应为一条连续的接触带，斑痕间距不应大于5mm，且应均布于轴母线下部的90%以上瓦宽，如仅在任何一区域或仅在中间接触等斑痕分布不均时，则稍加刮削，达到上述要求。

（7）磨机中空轴轴承球面瓦与球面座刮研应符合下列要求：

1）球面座的刮研要求是为了让球面座与球面瓦的球面接触良好，转动必须灵活；

2）两配合球面的四周应留有楔形间隙，其深度 a 宜为25~50mm，边缘间隙 c 宜为0.2~1.5mm，如图39-36所示；

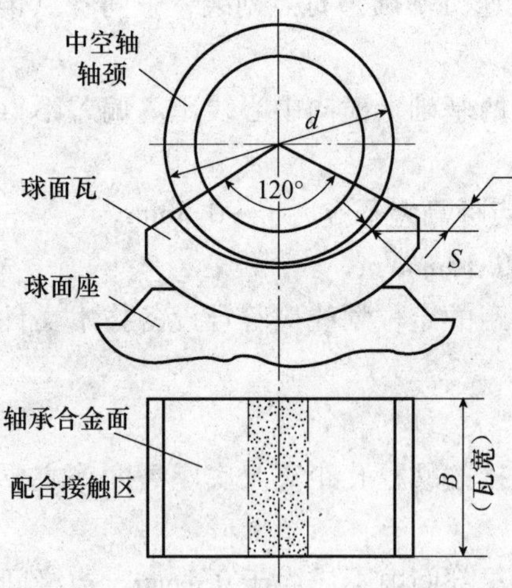

图39-35　球面瓦与轴颈配合示意图

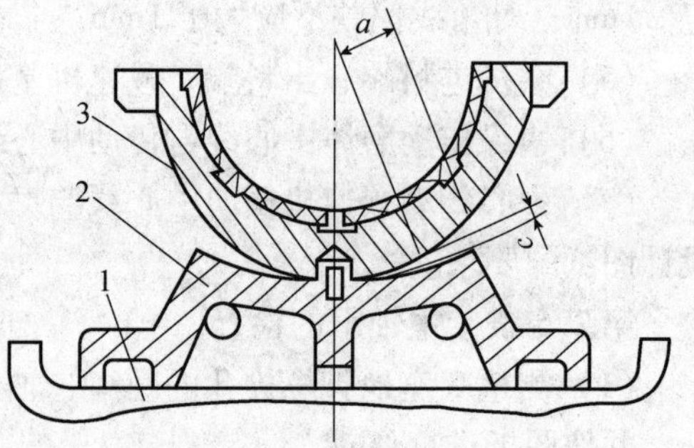

图39-36　主轴承与轴承座的装配

1—底盘；2—轴承座；3—主轴瓦

3）球面接触带的周向接触包角应不小于35°；

4）接触面的接触点数，在每25mm×25mm面积内不应少于1个；

5）装配主轴承与轴承座时，在轴承的球面上，应均匀地涂上掺有石墨的润滑油（或二硫化钼润滑脂）。

第 297 条　筒体及中空轴的检查：

（1）测量筒体长度，弹簧秤的拉力应符合本章第二节一般规定。

（2）进出料端中空轴装配尺寸测量。

（3）磨机两端中空轴的同轴度，应在筒体装入主轴承后盘磨检查。检查应在两端轴颈宽度左、中、右位置以百分表打径向圆跳动和两端中空轴外端法兰面上以百分表打端面摆动，应符合下列规定（图 39-37）：

图 39-37　磨机两中空轴径向圆跳动检查

1）两中空轴的相对径向圆跳动公差为 0.2mm；

2）中空轴外端法兰的端面摆动允许偏差见表 39-19。

表 39-19　中空轴外端法兰的端面摆动允许偏差　　mm

两主轴承中线间的距离	端面跳动允许偏差		
	筒体直径		
	900 ~ 1500	2100 ~ 2700	≥3200
$L \leqslant 5000$	0.6	0.8	1.0
$5000 < L \leqslant 10000$	0.7	0.9	1.1
$L > 10000$	0.8	1.0	1.2

（4）中卸磨筒体卸料孔两侧的密封摩擦面，对中空轴轴颈的径向圆跳动偏差不大于 0.5mm。

（5）筒体上与大齿轮连接法兰的检查、测量应符合下列要求：

1）径向跳动偏差不得大于 1mm；

2）端面摆动偏差（$b = |b_1 - b_2|$）不得大于 0.5mm。

第 298 条　传动装置检查

（1）边缘传动的磨机，大齿轮装配在筒体上后按周向不少于 8 等份检测点测量应符合下列规定：

1）齿顶圆对法兰定位圆的同轴度公差为 GB 1184 中的 7 级，现场装配找正、精调时大齿轮径向跳动偏差不得大于 1.5mm；

2）法兰基准端面对齿顶圆的全摆动公差为 GB 1184 中的 7 级，现场装配找正、精调时大齿轮端面摆动偏差（$b = |b_1 - b_2|$）不得大于 1mm（式中 b_1 为大齿轮上端齿顶圆用百分表测量数据，b_2 为大齿轮下端齿顶圆用百分表测量数据）。

（2）开式大小齿轮副的齿侧间隙，在设计文件中无规定时，按表 39-20 的规定。

表 39-20　齿侧间隙　　mm

中心距	>1250~1600	>1600~2000	>2000~2500	>2500~3150	>3150~4000	>4000
齿侧间隙	0.85~1.05	1.06~1.30	1.32~1.55	1.60~1.90	1.92~2.17	>2.20

(3) 中心传动管磨机主减速机的输出轴与传动接管法兰旋转中心的同轴度，当无特殊规定时，不应大于0.4mm。

(4) 检查设备时，应对检查结论进行详细记录，对不符合设计及本内容要求的部位，应会同有关方面研究确定处置意见。

第299条　垫铁的放置应符合下列规定：

(1) 边缘或中心传动管磨机安装垫铁的放置执行第二节一般规定，并应符合现行国家标准《机械设备安装工程施工及验收通用规范》GB 50231的规定。

(2) 当基础面标高偏低，两次浇注高度大于设计要求时，应增设钢制平垫铁控制标高测量，水泥砂墩高度不宜超过120mm。

(3) 垫铁接合面的接触应紧密，承载后接触面应超过90%，边缘局部间隙不应大于0.1mm。

第300条　底座、主轴承安装

(1) 在基础上设置垫铁（见第299条），根据磨体的实测尺寸和磨机热胀位移量，确定两底座的位置（图39-38）。底座找正、精调应符合下列规定：

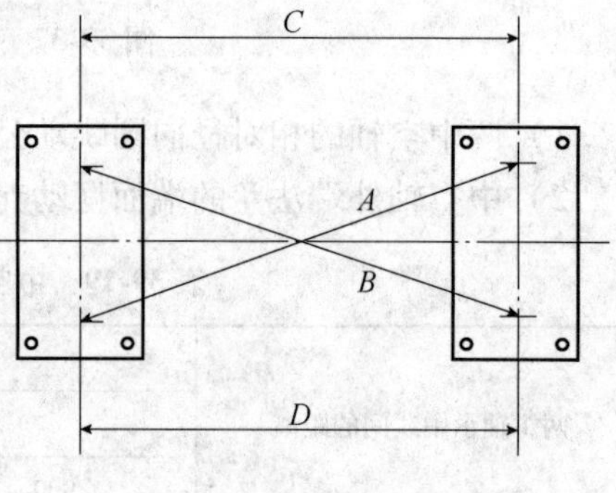

图 39-38　底座安装示意图

1) 底座的十字中心线对准中心标板，其偏差不得大于±0.5mm；

2) 两底座的标高偏差不应大于1mm，且出料端不得高于进料端；

3) 底座水平度为0.04mm/m；

4) $|A-B| \leqslant 1$mm，$|C-D| \leqslant 1$mm。

(2) 主轴承座安装找正、精调，应符合下列规定：

1) 主轴承座的十字中心线对准底座十字中心线，偏差不得大于±0.5mm；

2) 在轴承上测量两轴承的相对标高，偏差不得大于1mm，且出料端不得高于进料端，水平度为0.04mm/m。轴承的中心标高对基准点标高不得大于±1mm。

第301条　磨体安装

(1) 磨体吊装、运搬、调位、落磨等作业过程应做好设备的防护，落磨时不允许发生轴肩卡或切瓦边现象。

(2) 磨体落到轴承上后检查、测量，应符合下列规定：

1) 在中空轴顶端测量两中空轴，标高偏差值不得大于1mm，且出料端不得高于进料端，水平度为0.04mm/m；

2) 检查中空轴与主轴承的侧间隙及轴肩间隙（图39-39）。

a. $S_1 = S_2 = S_3 = S_4 \geqslant 1$mm

b. $C_1 = C_2 = C_3 = C_4 \geqslant 0.001D$

式中　D——中空轴直径。

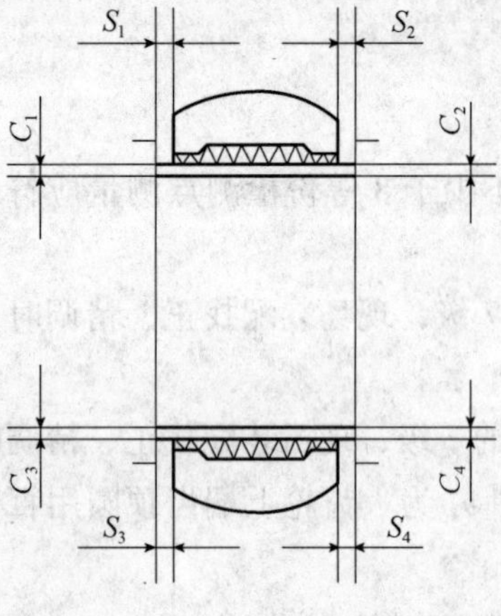

图 39-39　侧间隙示意图

c. 按第 294 条检查、测量中空轴与主轴承的侧间隙。

3）检查磨机滑动端的轴肩间隙（磨体冷态下轴肩内侧热胀预留尺寸）应符合设备技术文件或设计文件的要求。

（3）盘磨转动筒体检查、测量中空轴轴颈的同轴度，其同轴度应符合第 297 条规定。

第 302 条　衬板安装

（1）衬板检查如下：

1）衬板外弧应与筒体内径弧度贴合紧密；

2）衬板外形尺寸的公差应符合设备技术文件（部件图）的要求；

3）带螺栓孔的衬板螺栓孔距应与筒体相吻合。

（2）衬板安装如下：

1）安装衬板时应注意筒体回转方向，每仓衬板排列首先应从磨门衬板开始，衬板与筒体接触应严密，充填缝隙的填料，当设计图纸无特殊要求时，采用水泥砂浆充填缝隙，应填实填满；

2）带螺栓的衬板在筒体内部的排列不应构成环形间隙，衬板与衬板的间隙应符合设计规定，一般为 5～10mm；不带螺栓的衬板，衬板与衬板之间不应有间隙，结合要紧密，镶砌衬板四周须砌紧楔牢；

3）磨头衬板和隔仓板安装时，衬板之间的间隙应符合设计规定，隔仓板平面应与磨机筒体的中心线相垂直，其垂直度为 0.5%，隔仓板、篦板的相邻间隙不超过篦缝的最大宽度。

第 303 条　传动装置安装应符合下列规定：

（1）大齿轮组装时两半齿圈接合面应紧密贴合，接口四周用 0.04mm 厚塞尺检查、测量：塞入区域不应大于周边长的 1/5，塞入深度不得大于 100mm。

（2）大齿轮接口处的周节偏差，最大不应大于 0.05m（模数）。

（3）大齿轮与磨体法兰应结合严密，局部间隙不应大于 0.1mm，周向边缘间隙每段长度不应大于 30mm，累计长度不应大于周向边缘总长的 2%。

（4）大齿轮安装、找正、测量、精调的径向跳动和端面摆动允许偏差执行第 298 条，也可以参照下列计算：

1）大齿轮径向圆跳动公差不大于节圆直径的 0.25/1000；

2）大齿轮端面摆动公差不大于节圆直径的 0.35/1000。

（5）大小齿轮副的接触精度应不低于 GB 10095 中的 8 级规定，也可以参照下列要求：

1）大小齿轮齿面的接触斑点沿齿高不少于 55%；

2）大小齿轮齿面的接触斑点沿齿长不少于 75%。

（6）大小齿轮咬合的侧间隙执行第 298 条。

（7）小齿轮定位尺寸应符合设计图纸对大齿轮中心夹角的要求，故传动轴找正、精调应符合下列要求：

1）小齿轮轴中心与磨机中心的跨距偏差≤0.5mm；

2）小齿轮轴中心与磨机中心的平行度为 0.15mm/m；

3）小齿轮轴承座标高偏差不得大于 ±0.5mm；

4）小齿轮轴水平度为 0.04mm/m。

（8）大小齿轮咬合的顶间隙在侧间隙达到规定后进行测量记录，齿两端的顶间隙应保持一致。

(9) 边缘传动管磨机传动装置找正、精调应符合下列要求：

1) 传动轴输入端与减速机输出同轴度≤0.2mm；

2) 减速机输入端与电动机输出同轴度≤0.1mm；

3) 辅助传动对减速机输入端同轴度≤0.2mm；

4) 辅助传动对电动机输入端同轴度≤0.1mm。

第304条　边缘传动或中心传动的中空轴承管磨机的润滑装置、液压装置、冷却水系统的设备、管道及管件、仪表安装，执行第二节一般规定，并应符合现行国家标准《机械设备安装工程施工及验收通用规范》GB 50231和《工业金属管道工程及验收规范》GB 50235的规定；钢结构安装执行《钢结构工程施工质量验收规范》GB 50205的规定；焊接作业执行《现场设备、工业管道焊接工程施工及验收规范》GB 50236的规定。

实例二　滑履轴承管磨机安装

第305条　本节适用于边缘传动或中心传动的通用型、风扫型、烘干型的尾卸式或中卸式的双滑履轴承及单滑履轴承管磨机（含球磨机）的安装。

第306条　滑履轴承有分部件组装式和整体机座式，安装顺序及工序质量保证点基本一致，应符合现行行业标准《水泥工业用管磨机》JC334.1-2006的规定，并参照执行丹麦史密斯（F. L. SMIDTH）公司设备技术文件的要求。

第307条　基础检查、测量执行第二节一般规定。安装分部件组装式滑履轴承时，基础检查、测量还应该符合下列规定：

(1) 带30°的斜基础面应符合设计图纸要求，基础面标高对设计要求预留的两次浇注及抹面的高度偏差不得大于±10mm。

(2) 滑履轴承用双头螺栓的地脚螺丝预留孔应符合设备技术文件要求，纵横向孔距偏差不得大于±5mm，预留孔要与基础面保持垂直。

(3) 滑履轴承管磨机相邻二基础地脚螺丝预留孔中心线之间的跨距偏差不得大于±10mm。

第308条　基础划线应符合下列规定：

(1) 基础面上埋设中心标板、标高基准点；基础两侧的左右端埋设沉降点，埋设应牢固，为永久性标识。

1) 纵横向中心标板根据工艺布置图控制埋设位置；带30°的斜面基础中间纵向应增设一组中心标板；

2) 标高基准点在相对车间±0点测量，偏差不得大于±5mm；

3) 沉降点在相对车间±0点同一高程的基准线的标高值偏差不得大于±0.5mm。

(2) 中心标板上所指示的纵向中心线与设计图纸上的纵向中心线的偏差不得大于±3mm。

(3) 纵向中心线由头尾中心标板（中心传动含减速机基础）打点划线，中间各点偏差不得大于0.5mm。

(4) 横向中心标板打点划线应与纵向中心垂直，两基础上横向中心线距离偏差不得大于±1mm，对角线偏差不得大于1mm。

(5) 磨机进料端、出料端、减速机基础上的基准点标高差不得大于±0.5mm。

(6) 边缘传动磨体中心线与传动中心线平行度为0.15mm/m。

（7）中心传动减速机横向中心线与磨机出料端跨距的定位划线应符合设备技术文件或设计图纸的要求。

第 309 条　主轴承的检查

（1）测量基座板地脚螺栓孔的距离、固定滑履轴承的定距块与基座板连接的螺栓孔距离及基座板、定距块、止推座、滚球座圈（球面瓦座）、球形截体（球面体）、滑瓦、导轨、滚柱、定位隔片等部件的主要尺寸，并按图纸进行核对（图 39-40）。

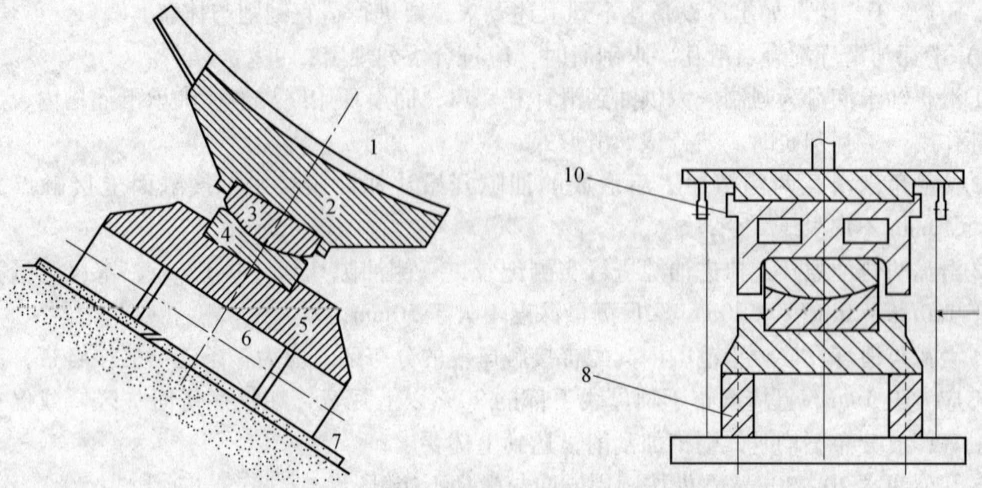

图 39-40　主轴承活动、固定支座检查示意图

1—滑履；2—滑瓦轴承；3—球形截体；4—滚球座圈；5—止推座；
6—滚柱；7—基座板；8—固定支撑座；9—轴承保护罩；10—固定滑瓦的定距块

（2）测量基座板与滚柱配合面的平整度（用刀口尺）及滚柱表面加工圆度（用外径千分尺），检查基座面与滚柱、止推座底面与滚柱接触不应小于 95%。

（3）滑履轴承内冷却水通道进行 0. 6MPa 保压 8min 的水压试验，要求无渗漏现象（图 39-41）。

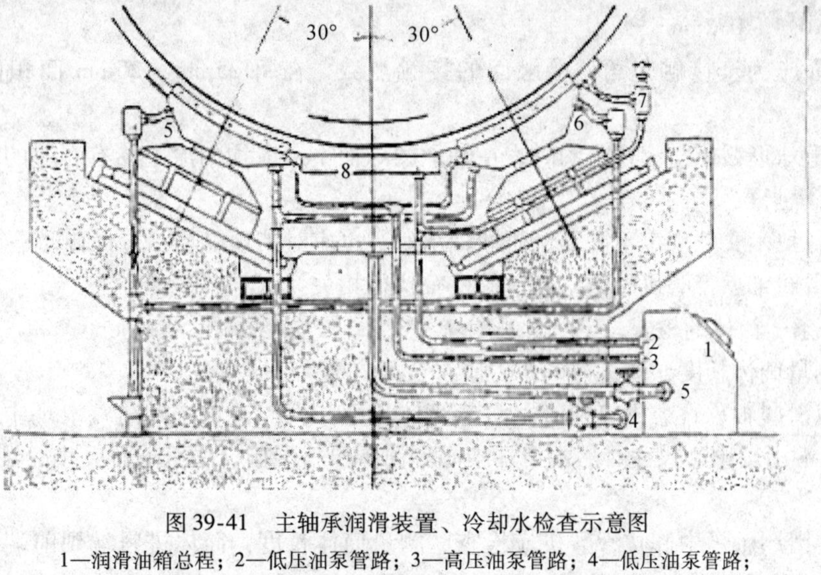

图 39-41　主轴承润滑装置、冷却水检查示意图

1—润滑油箱总程；2—低压油泵管路；3—高压油泵管路；4—低压油泵管路；
5—回油管路；6—轴承冷却水管路；7—进油控制阀；8—油盘

（4）滑瓦面上轴承合金与瓦体的铸合应严密、牢固，不得有脱壳、裂纹、气孔等缺陷，特别是在90°接触区内不得有任何缺陷；合金在瓦体内表面的厚度应符合设备技术文件的规定。

（5）滑瓦与滑环配合检查应符合设备技术文件或设计文件的规定：

1）滑瓦与滑环配合对滑瓦不要求刮研时，检查滑瓦与滑环四周边缘间隙，周向不大于0.2mm，深度20～30mm；纵向不大于0.2mm，深度40～60mm。瓦面检查接触点数10mm×10mm不应少于2个。如出厂设备达不到上述要求，要进行适宜刮削与休整。

2）滑瓦与滑环配合对滑瓦要求刮研时，应符合下列规定：

①滑履轴承润滑为强制压力供油到滑环和瓦口，而滑环始终浸泡在轴承下油槽内，起到甩油环作用，滑瓦刮研时应结合该润滑形式；

②接触角由滑瓦两侧精加工后形成的油隙开始让瓦面全接触，接触面上接触点数每10mm×10mm不应少于2个；

③滑瓦两侧油隙及瓦口进油隙进行实测记录，一侧油隙0.05～0.10mm，塞尺测量深度不大于100mm；0.15～0.20mm塞尺测量深度不大于50mm；

④滑瓦与滑环在接触角范围内其配合接触斑痕的分布区，应为一条连续的接触带，斑痕间距不应大于5mm，且应均布于轴母线下部的90%以上瓦宽，如仅在任何一区域或仅在中间接触等斑痕分布不均时，则稍加刮削，达到上述要求；

⑤瓦面两端20～30mm宽处按圆周方向与滑环不接触；

⑥滑瓦与滑环的配合侧间隙是从接触角开始由小逐步过渡到最大侧隙的进油楔形隙，应按不少于2个深度检测点测量侧隙（见第307条），瓦口两侧轴瓦宽度应按4～6等份确认检查位置来测量侧隙，要求侧间隙过渡圆滑，不允许有台阶现象。

（6）滑履轴承的球形截体与滚球座圈刮研应符合下列要求：

1）球形截体的球面瓦与滚球座圈的球面座按配合要求进行刮研，是为了让球面瓦的球面与球面座接触良好，转动必须灵活；

2）两配合球面的四周应留有楔形间隙，其深度用塞尺检查、测量宜为10～15mm，边缘间隙宜为0.1～0.2mm；

3）球面应为全接触包角，接触面的接触点数，在每25mm×25mm面积内不应少于1个；

4）装配球形截体与滚球座圈时，在轴承的球面上，应均匀涂上掺有石墨的润滑油（或二硫花钼润滑脂）；

5）设备技术文件规定不需要刮研球轴承时，也应对其预组装，检查转动是否灵活；

6）单滑履轴承管磨机的中空轴承的检查执行相关规定。

第310条　筒体的检查

（1）测量筒体长度，弹簧秤的拉力应符合第二节一般规定。

（2）双滑履轴承管磨机应检查、测量筒体长度：筒体进料端到前端滑环中心尺寸，前端滑环到后端滑环中心尺寸，后端滑环中心到筒体出料端接口法兰端面尺寸，并按图纸逐一进行核对。

（3）单滑履轴承中卸式管磨机应检查、测量筒体长度：筒体进料端到前端滑环中心尺寸、前段滑环中心到筒体后进料端接口法兰端面尺寸、后进料端中空轴装配尺寸，并按图纸逐一进行核对。

（4）双滑履轴承管磨机的两端滑环的同轴度，应在筒体装入滑履轴承后盘磨检查。检查应在两滑环宽度左、中、右位置以百分表打径向圆跳动和两滑环端面上以百分表打端面摆动应符合下列规定：

1）两滑环的相对径向圆跳动公差为 0.2mm；

2）两滑环的端面摆动允许偏差为 1mm。

（5）单滑履轴承管磨机的一端滑环与另一端中空轴轴颈的同轴度检查、测量在执行本条款时，应参照执行相关条款。

（6）中卸磨筒体卸料孔两侧的密封摩擦面，对滑环或中空轴轴颈的径向圆跳动偏差不大于 0.5mm。

（7）边缘传动的滑履轴承管磨机对筒体上与大齿轮连接法兰的检查、测量应符合第 297 条。

第 311 条　传动装置检查执行相关条款。

第 312 条　垫铁的放置执行相关条款。

第 313 条　基座板、滑履轴承的安装：

（1）确定基础面上垫铁设置的位置，用可调试辅助工具将基座板架在带 30°斜面上，并根据磨体的实测尺寸和磨机热胀位移量，参照设计图纸尺寸将基座板定位（图 39-42）。基座板找正、精调应符合下列规定：

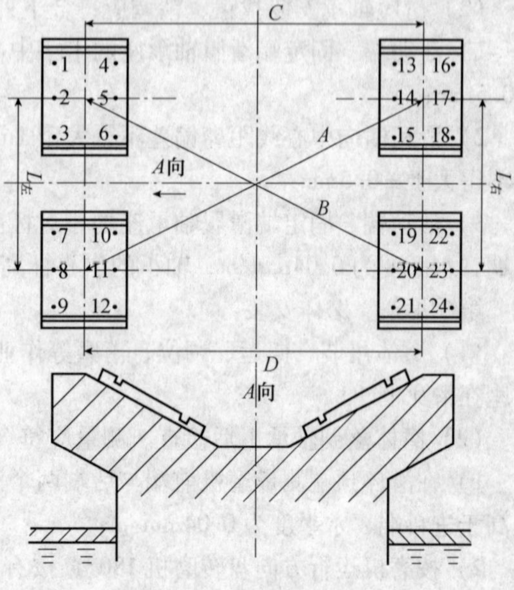

图 39-42　基座板找正示意图

1）两侧基座板的十字中心线对准中心标板，其偏差不得大于 ±0.5mm；基座板的斜度按 $X_2\ (L+e)\ /2$ 测量控制，偏差不得大于 ±0.25mm（图 39-43）；

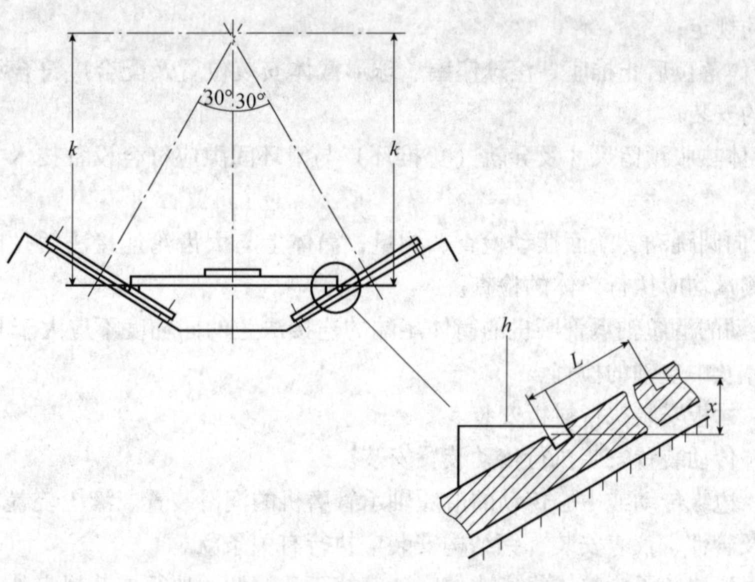

图 39-43　基座板测量示意图

2）两端基座板的对磨中心标高 n 值偏差不应大于1mm，且出料端不得高于进料端。两侧基座板的标高 n 值应相等；

3）基座板水平度为0.04mm/m；

4）$|A-B| \leqslant 1$mm，$|C-D| \leqslant 1$mm；基座板横向中心线距离 $L_{左}$ 与 $L_{右}$ 的偏差不得大于1mm；

5）图39-42中1～12和13～24点标高测量各点的理论标高值与实测标高值偏差不大于0.30mm。

（2）滑履轴承安装找正、精调应符合下列规定：

1）活动端、固定端滑履轴承座的十字中心线对准基座板的十字中心线，偏差不得大于±0.5mm；

2）滑瓦横向中心线距离偏差不得大于1mm，滑瓦横向跨距中心对准磨机纵向中心线偏差不得大于±0.5mm；

3）活动端、固定端滑履轴承座的相对标高，偏差不得大于1mm，且出料端不得高于进料端，水平度为0.04mm/m，轴承的中心标高对基准点标高不得大于±1mm。

第314条　磨体安装

（1）磨体吊装、搬运、调位、落磨等作业过程应做好设备的防护，落磨时应让滑环准确座在滑瓦上。

（2）磨体落到轴承上后检查、测量应符合下列规定：

1）在滑环顶端测量磨机前端与后端两个滑环标高，偏差值不得大于1mm，且出料端不得高于进料端，水平度为0.04mm/m；

2）按磨机运行方向盘转磨机180°，按有关内容要求再做检查、测量、调整；

3）检查滑环与滑瓦配合的瓦口侧间隙及周向边缘预留的间隙应符合第309条主轴承的检查；

4）检查滑环、滑瓦宽度及滑环座在滑瓦的定位尺寸，应符合磨机在冷态下设备技术文件或设计文件的规定；

5）检查磨体落位后止推座、滚球座圈、球形截体安装位置及配合应符合第313条基座板、滑履轴承的安装；

6）检查磨体热胀预留尺寸及导轨（止推环）与滑环间隙应符合设备技术文件或设计文件的规定；

7）滑环径向圆跳动、端面摆动检查、测量，筒体上与大齿轮连接法兰径向圆跳动、端面摆动检查、测量均应执行筒体的检查。

8）中心传动的滑履轴承管磨机的筒体尾端的连接法兰的同轴度不应大于0.4mm，端面摆动应执行筒体及中空轴的检查。

第315条　衬板安装执行衬板安装。

第316条　传动装置安装执行传动装置安装。

第317条　边缘传动或中心传动的滑履轴承管磨机的润滑装置、液压装置、冷却水系统的设备、管道及管件、仪表安装、钢结构安装应执行有关条款。

第318条　滑履轴承为整体机座式的安装、找正、精调，执行本节规定外，垫铁的放置执行第299条，底座、主轴承安装执行第300条。

实例三 辊式立磨机安装

第 319 条 本节适用于原料粉磨、水泥成品、煤粉制备、矿渣微粉等多种细粉生产的 ATOX、MPS、LM、UM、PolysiusAG、MLG、TRM、HRM、CLM、ZGM 等型号的辊式立磨机的安装。

第 320 条 辊式立磨机安装应符合现行国家标准《机械设备安装工程施工及验收通用规范》GB 50231 的规定，并参照执行丹麦史密斯（F. L. SMIDTH）、德国非凡（PFEIDFFER）、德国莱歇（LOESCHEGMBH）、日本宇部（UBE）等公司设备技术文件的要求。

第 321 条 基础检查、测量执行第二节一般规定，并按不同型号辊式立磨机基础平面布置还应符合下列规定：

（1）经测量计算的两次浇注和抹面的基础与车间 ±0 点相对的标高值，应符合设计文件要求，允许偏差不得大于 ±5mm。

（2）三辊式立磨机的辊子上压力框架液压缸支座基础平面定位尺寸应符合设计文件要求，一支座基础中心与磨机横向中心线（X 轴）重合，相邻二支座基础中心与 X 轴夹角 120°，允许偏差不得大于 ±2°。

（3）四辊式立磨机的辊子液压缸支座基础平面定位尺寸应符合设计文件要求，一支座基础中心与磨机横向中心线（X 轴）夹角 45°，相邻三支座基础中心线夹角 90°，允许偏差不得大于 ±2°。

（4）两组辊式的 PolysiusAG 立磨机，每一组辊子上压力架两端的二个液压缸支座基础中心与磨机横向中心线（X 轴）夹角应符合设备技术文件要求，检查、测量允许偏差不得大于 ±2°。

（5）带有预埋钢棒的地脚螺栓孔，预埋钢棒深度应符合设计文件要求，检查、测量钢棒顶部标高不得大于 ±10mm。

（6）带有下大上小锥度的地脚螺栓孔，孔壁斜度和孔内几何尺寸应符合设计文件要求。

第 322 条 基础划线应符合下列规定：

（1）基础面上埋设中心标板、标高基准点、基础两侧（指磨机主减速机与主电机基础）的左右端埋设沉降点，埋设应牢固，为永久性标识。

1）纵横向中心标板根据工艺布置图控制埋设位置；

2）三辊式立磨机的辊子上压力框架液压缸支座基础中心、四辊式立磨机支撑架中心，两组辊式的 PolysiusAG 立磨机支撑架中心均应埋设中心标板；

3）标高基准点在相对车间 ±0 点测量，偏差不得大于 ±5mm；

4）沉降点在相对车间 ±0 点同一高程的基准线的标高值，偏差不得大于 ±0.5mm。

（2）磨机纵横向中心（$X-Y$ 轴线）与厂房柱轴线之间距离按设计尺寸放线、定位，允许偏差不大于 ±3mm。

（3）磨机纵横向中心（$X-Y$ 轴线）垂直反差的垂直度其 90°，夹角偏差不大于 2″。

（4）磨辊压力液压缸支撑座中心与 $X-Y$ 轴线夹角，磨辊压力液压缸支撑座中心相互间的夹角偏差不大于 2″。

（5）磨机横向中心线由头尾中心标板（三辊指磨辊压力液压缸与主减速机基础端，四辊指对称磨辊支撑架基础端）打点划线，中间各点偏差不大于0.5mm（图39-44、图39-45、图39-46）。

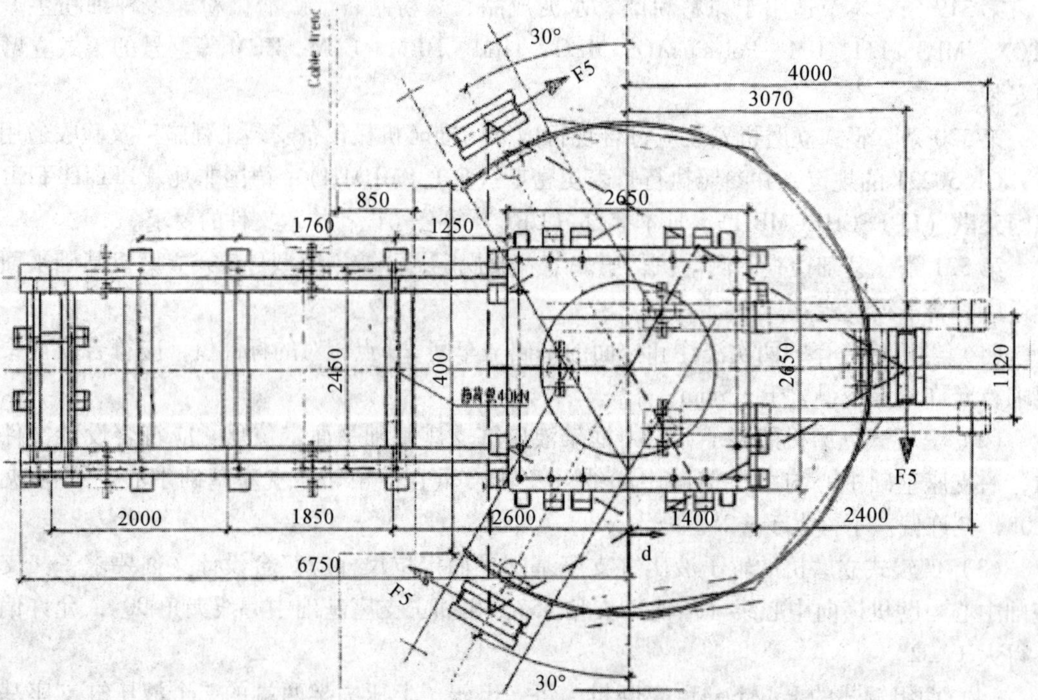

图39-44　MPS立式辊磨机基础划线示意图

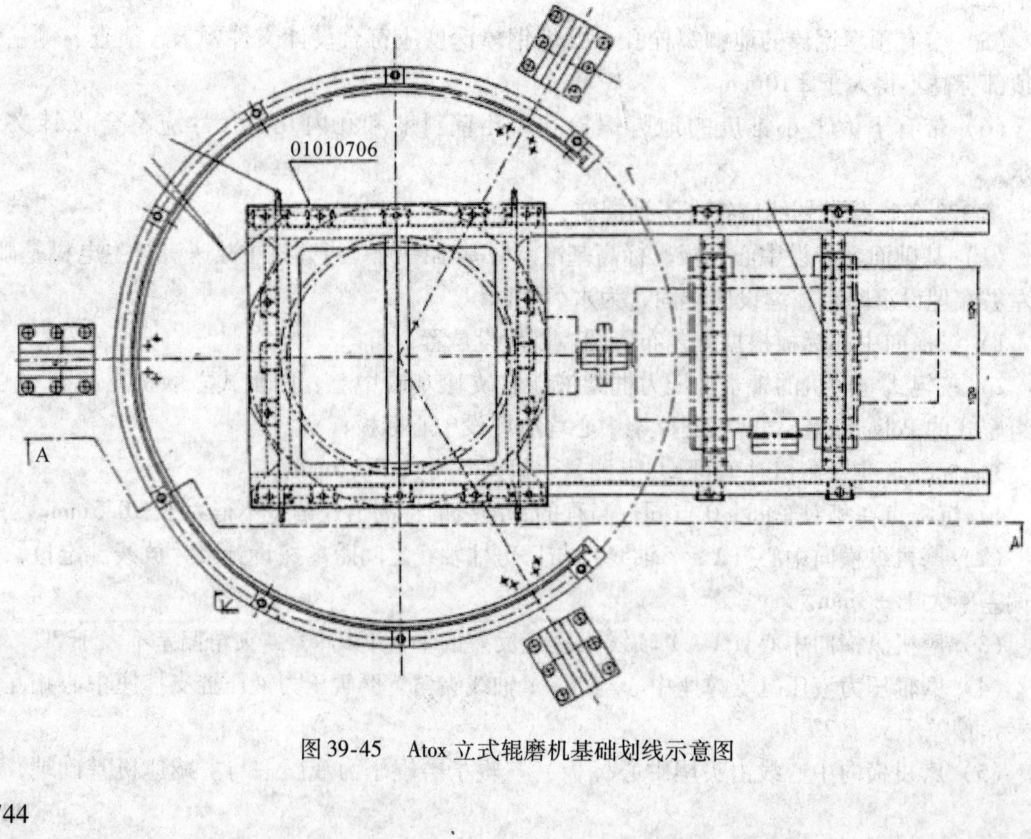

图39-45　Atox立式辊磨机基础划线示意图

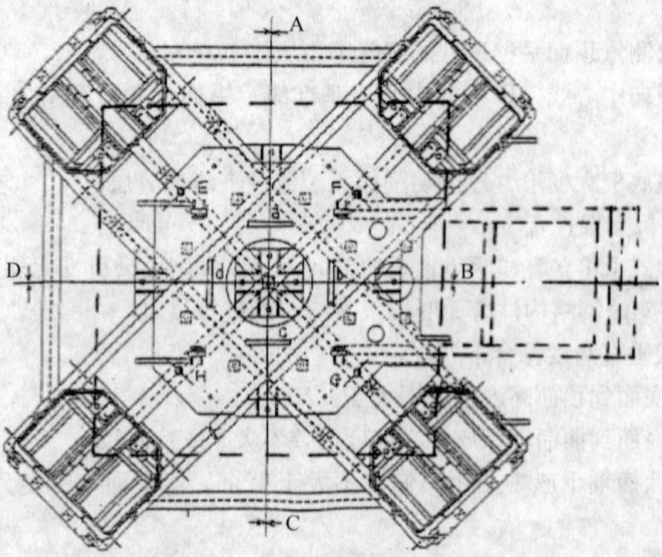

图 39-46　LM 立式辊磨机基础划线示意图

（6）两组辊式的 PolysiusAG 立磨机的压力液压缸基础中心连线按长方形检查，三辊式立磨机的压力液压缸基础中心连线按等边三角形检查，四辊式立磨机的压力液压缸基础中心连线按正方形检查。

1）长方形边线的距离偏差不大于 1mm，对角线偏差不大于 1.5mm；

2）三角形边线的距离偏差不大于 1mm，对中点距离偏差不大于 0.5mm；

3）正方形边线的距离偏差不大于 1mm，对角线偏差不大于 1.5mm。

4）垫铁的放置应符合下列规定：

①辊式立磨机安装垫铁的放置执行第二节一般规定，并应符合设备技术文件的要求；

②当基础面标高偏低，两次浇注高度大于设计要求时，应增设钢制平垫铁控制标高测量，水泥砂墩高度不宜超过 120mm；

③垫铁接合面的接触应紧密，承载后接触面应超过 90%，边缘局部间隙不应大于 0.1mm；

④当立磨基座座用调平螺栓顶丝时，放置垫铁位置应和其吻合，螺栓顶丝保持在垫铁中心受力，各组垫铁相对标高偏差不大于 ±0.5mm，垫铁上表面水平度为 0.2mm/m；

⑤磨辊压力液压缸支座安装有特殊要求，垫铁的放置应符合设计文件规定。

第 323 条　立磨基座（含主电机底座）检查

（1）测量立磨基座座外形尺寸、地脚螺栓孔距，检查立磨基座座的钢结构件有无变形，并按图纸进行核对；

（2）核对基座座纵横中心线，以横向中心为基准线，纵向中心应和横向垂直，划线偏差不大于 ±0.5mm；

（3）立磨基座平整度、焊接焊缝外观检查应符合现行国家标准《钢结构工程施工质量验收规范》GB 50205 和行业标准《建筑钢结构焊接技术规程》JGJ 81—2002 的规定。

第 324 条　主减速底板检查

（1）测量主减速底板外形尺寸、底和顶面加工表面粗糙度、螺栓孔径和孔距符合设备技术文件的规定。

（2）用刀口尺测量顶面平整度，局部缝隙不大于0.04mm。

（3）测量纵横向中心线，以横向中心为基准线，纵向中心应和横向垂直，划线偏差不大于±0.5mm。

（4）主减速机底板无变形，厚度切削面无裂纹、夹渣、分层。

第325条　磨机支架检查

（1）测量四辊式LM立磨和两组辊式的PolysiusAG立磨的磨机支架外形尺寸、地脚螺栓孔距，检查磨机支架的钢结构件有无变形，并按图纸进行核对。

（2）磨机支架垂直高度符合下列规定：

1）磨机支架底面到顶面高度偏差不大于±2mm；

2）磨机支架底面到曲柄轴承座中心高度偏差不大于±1mm；

3）顶面相邻曲柄轴承座中心距离偏差不大于1mm，接合面水平度为0.1mm/m，同轴度0.2mm；

4）底部相邻液压缸支撑座中心距离偏差不大于1mm，轴线水平度为0.1mm/m，同轴度0.1mm。

第326条　磨机筒体（上下架体）检查

（1）测量磨机筒体外形尺寸及表面有无局部变形。筒体内壁带有衬板的排列不应构成环形间隙，衬板与衬板的间隙应符合设备技术文件的规定，一般为5~10mm。

（2）磨机筒体组对符合下列规定：

1）圆度偏差（同一断面最大于最小直径差）不得大于0.0015D；

2）垂直度为上部与下部端面用线锥垂吊不大于1mm；

3）圆周长为上端、中间、下端用π尺检查，偏差不大于3mm；

4）高度为上端与下端面按8等份测量，偏差不大于1mm；

5）人孔门、检修门、热风进口等的位置与方向应符合技术文件规定。

（3）筒体弧板对接时纵向或环向焊缝检验应执行设备技术文件规定，并应符合现行国家标准《现场设备、工业管道焊接工程施工及验收规范》GB 50236—1998。

（4）筒体人孔门、检修门、热风进口等的密封装置应符合设计文件的规定。

第327条　三辊式MPS立磨机压力框架检查

（1）测量压力框架部件的外型尺寸应符合设备技术文件规定，检查压力框架水平与垂直方向有无变形，并按图纸进行核对。

（2）压力框架组装、焊接符合下列规定：

1）压力框架为箱型焊接结构，组装时检查、测量焊件的坡口形式：X形坡口、V形坡口和单边坡口的加工尺寸应符合设备技术文件的规定；

2）压力框架组装尺寸应符合设备技术文件的规定，焊接后检查、测量：跨距偏差不大于±1mm，边长偏差不大于±3mm，水平标高偏差不大于±1mm；

3）压力框架焊缝的受热影响区域不得有裂纹，焊缝外观质量检验：

①焊缝表面裂纹不允许；

②焊缝表面夹渣深≤0.1δ（δ为焊件厚度），长≤0.3δ，且≤10mm；

③焊缝咬边深≤0.05δ，且≤0.5mm，连续长度≤100m，且焊缝两侧咬边总长≤10%焊

缝全长；

④焊缝未焊透深对不加垫单面焊允许值≤0.15δ，且≤1.5mm，缺陷总长在6δ焊缝长度内不超过δ；

⑤焊缝根部收缩深≤0.2+0.02δ，且≤1mm，长度不限；

⑥焊缝余高≤1+0.2b（b为焊缝宽度），且最大为5mm。

4）压力框架对接焊缝内部质量检验：

①采用超声波检验时，每条焊缝均应检查，检验长度为该焊缝的30%；

②质量评定应符合现行国家标准《钢焊缝手工超声波探伤方法和探伤结果分级》GB/T 11345—1989的Ⅱ级规定。

第328条　四辊式LM立磨机、两组辊式的PolysiusAG立磨机的磨辊支架相连钢结构过桥及中心环检查：

（1）检查过桥的钢结构部件外形尺寸和数量，测量钢梁有无变形，并按图纸进行核对。

（2）测量中心环外径、内径、厚度应符合设备技术文件的规定，过桥与磨辊支架、中心环与过桥安装焊接后水平面标高不少于16等份检测点检查，相对标高偏差不大于±1mm，中心环中心点与磨机垂直中心线重合，偏差不大于0.5mm。

（3）检查四辊式LM立磨机环形风管及进风管，两组辊式的PolysiusAG立磨机的下架体及进风管的钢结构部件外形尺寸和数量，必要时进行预组装、编号，并按图纸进行核对。

（4）两组辊式的PolysiusAG立磨机进风下架体为圆锥形结构，检查和测量执行第326条，上下端面中心点应与磨机垂直中心线重合，偏差不大于±1mm。

（5）过桥、中心环焊缝检验执行现行国家标准《钢结构工程施工质量验收规范》GB 50205—2001，并应符合设备技术文件规定；进风下架体（筒体）弧板对接时的纵向或环向焊缝检验执行现行国家标准《现场设备、工业管道焊接工程施工及验收规范》GB 50236—1998，并应符合设备技术文件规定。

第329条　主减速机、主电机、磨盘、磨辊等主要部件检查

（1）测量主减速机外形尺寸、底部螺栓孔径、孔距、底到顶面高度、底与顶面加工粗糙度、进出油管的位置、方向，并按图纸进行核对。

（2）测量主电机外形尺寸、底部螺栓孔径、孔距、电机转子轴中心到底面高度、主电机进线位置、进出油管的位置、方向、转子与定子间隙、转子轴轴承装配尺寸，并按图纸进行核对。

（3）测量磨盘外形尺寸、底到顶面高度、磨盘上的螺栓孔径、定位销孔径及孔距，并按图纸进行核对。

1）磨盘衬板安装应符合下列规定：

①衬板按出厂编号、顺序、排列要求安装；

②衬板与磨盘之间有衬垫或衬料安装应符合设备技术文件要求；

③衬板与磨盘接触面的平面度为0.05mm；

④衬板与磨盘的接触率不应小于90%；

⑤衬板间隙与衬板紧固应符合设备技术文件要求。

2）磨盘刮板安装应符合下列规定：

①斜槽底板面耐磨衬料施工应符合设计文件规定；

②刮板与斜槽底面预留间隙为25~75mm；

③刮板支撑架与磨盘安装螺栓拧紧力应符合设备技术文件要求。

3）磨盘边缘周向档料圈安装应按工艺要求进行调整。

（4）测量磨辊外形尺寸、磨辊轴加工粗糙度、磨辊轴承润滑进出油管和风压密封装置的进风管位置、方向及尺寸，并按图纸进行核对。检查辊套（辊皮）两端锁紧螺栓拧紧力应符合设备技术文件的规定。

第330条　磨机分离器检查

（1）测量分离器壳体、内部耐磨回料锥体、转子及转子轴、定子可调叶片、分离器传动装置、润滑系统等部件的外形尺寸，并按图纸进行核对。

（2）壳体预组装符合下列规定：

1）壳体外表面不得有局部变形，各接口处端面光滑平整；

2）各接口处圆度偏差（同一断面最大与最小直径差）不得大于0.0015D；

3）壳体高度在顶面分8等份垂直测量，偏差不大于1mm；

4）壳体底与顶面中心吊线锥检查偏差不大于1mm。

（3）转子与转子轴装配符合下列规定：

1）转子由零部件进货，必须按制造厂指定的标记进行组装，并应进行静平衡试验复查，其作用平衡力矩应符合图纸要求。转子为整体进货，按设备技术文件检验；

2）转子与转子轴装配应符合设备技术文件的规定；

3）转子轴垂直度为0.04mm/m。

（4）转子与定子可调叶片间隙符合下列规定：

1）间隙检查按壳体周向不少于12等份检测点；

2）定子叶片的间隙和角度及其与转子间隙均应符合设备技术文件的要求，上端与下端间隙均匀，偏差不大于±1mm。

第331条　辊式立磨机安装

（1）主机基座（含主电机）安装符合下列规定：

1）基座垫铁与基础上基准点标高偏差不大于±0.5mm；垫铁面相对标高不大于±0.5mm；垫铁水平度为0.2mm/m；

2）基座横向中心（X轴线）与标板基准基准线重合，纵向中心（Y轴线）与标板基准线垂直，以一端标板对中点挂线找正，另一端偏差不大于±0.5mm；

3）基座平面标高测量点：三辊式MPS立磨机（含下架体）不少于39个；三辊式ATOX立磨机（含下架体）不少于32个；四辊式LM立磨机不少于32个；两组辊式PolysiusAG立磨机不少于42个；

4）基座平面标高偏差不大于±1mm，基座水平度为0.2mm/m时，基座平面上安装、焊接主减速机底板位置的各测量点的标高偏差为：

①当边长>0~1000mm，标高偏差为±0.1mm；

②当边长>1000~3000mm，标高偏差为±0.2mm；

③当边长>3000mm，标高偏差为±0.25mm。

5）基座各分点应正确定位搭焊，焊接过程中不应出现扭曲应力，基座平面上焊缝应磨平。

（2）主减速机底板安装符合下列规定：

1）为了防止挠曲，主减速机底板应紧密地结合在主机基座接触面上，其间隙用薄钢垫片调整；

2）主减速机底板上平面的纵横中心线与基座中心线横向应重合，纵向应垂直，以一端对中点挂线找正，另端偏差不大于 ±0.5mm；

3）主减速机底板与主机基座连接、找正、紧固形式：三辊式 MPS 立磨机为焊接、三辊式 ATOX 立磨机为整体（基座和底板为一体）、四辊式 LM 立磨为调节螺栓找正、底板与基座间隙由特殊胶脂（cnockfast）浇注，并由主减速机双头螺栓与基座紧固，两组辊式 PolysiusAG 立磨机为焊接；

4）上述不同形式的主减速机与主机基座紧固最终应达到的质量标准：

①底板顶面标高精测偏差为 ±0.1mm；

②底板顶面水平度为 0.1mm/m（$X-Y$ 轴方向）。

（3）主减速安装符合下列规定：

1）减速吊装前，应保持底面清洁，减速机与底座结合应均匀、紧密，局部间隙不应大于 0.1mm，边缘间隙每段长度不应大于 100mm，累计长度不应大于接合面边缘总长的 5%；

2）减速机中心线横向与底板重合，纵向一端对中，另一端偏差不大于 ±0.5mm；

3）减速机顶面高度应符合设备技术文件的规定；

4）减速机上部压盖轴向跳动偏差不大于 ±0.02mm；

5）减速机与底座配铰的定位销，在锥度接触面用红丹油检查，周向接触 100%，长度不小于 75%。

（4）下架体（筒体或磨机支架）安装符合下列规定：

1）MPS 立磨、ATOX 立磨下架体（筒体钢结构形式）：

①下架体垫铁与基础上基准点标高偏差不大于 ±0.5mm，垫铁面相对标高不大于 ±0.5mm，垫铁水平度为 0.2mm/m；

②下架体中心线与主减速机中心偏差不大于 ±0.5mm；

③下架体上部端口水平度为 0.2mm/m；

④下架体上部端口高度应符合设备技术文件的规定；

⑤下架体垂直度为 $0.5H$（mm）/1000mm（H 为筒体高度）；

⑥下架体上部开口处的焊缝端部须磨光。

2）LM 立磨、PolysiusAG 立磨下架体（支架钢结构形式）：

①LM 立磨支架顶部曲柄轴承座中心线与主减速机中心线偏差不大于 ±0.5mm；

②LM 立磨支架顶部曲柄轴承座中心线水平度为 0.04mm/m；

③LM 立磨支架顶部曲柄轴承座相邻中心标高偏差不大于 ±0.5mm；

④LM 立磨支架顶部曲柄轴承座相邻中心跨距偏差不大于 1mm，对角线偏差不大于 2mm；

⑤LM 立磨支架顶部曲柄轴承座中心到主减速机顶面的高度应符合设备技术文件的规定；

⑥LM 立磨支架顶部曲柄轴承座中心与基座平面的垂直度为 $0.25H$（mm）/1000mm（H 为轴承座中心到基座面高度）；

⑦LM 立磨支架中间连接过桥和支架顶面中心环应执行第 328 条；

⑧PolysiusAG 立磨支架横向中心线与主减速机中心线的间距偏差不大于 0.5mm；

⑨PolysiusAG 立磨支架纵向中心线与主减速机中心线的间距偏差不大于 1mm；

⑩PolysiusAG 立磨支架中心对角线偏差不大于 2mm；

⑪PolysiusAG 立磨支架标高偏差不大于 ±0.5mm；

⑫PolysiusAG 立磨支架顶面水平度为 0.2mm/m；

⑬PolysiusAG 立磨支架顶面到主减速机顶面高度应符合设备技术文件规定，支架底部基架水平度为 0.2mm/m。

（5）LM 立磨环形风管及进风口安装符合下列规定：

1）下箱体与主减速机的相对尺寸应符合设备技术文件的规定，组装偏差不大于 ±2mm；

2）气体箱凸缘的尺寸应符合设备技术文件的规定，组装偏差不大于 ±10mm；

3）气体箱在组对时依中心环风管的位置来控制标高及水平度，箱底水平度为 0.2mm/m。

（6）MPS、ATOX、PolysiusAG 立磨上架体及进风口安装符合下列规定：

1）立磨上架体中心线与主减速机中心偏差不大于 ±0.5mm；

2）立磨上架体端口水平度为 0.2mm/m；

3）立磨上架体端口高度应符合设备技术文件的规定；

4）立磨上架体垂直度为 0.5H（mm）/1000mm（H 为上架体高度）；

5）立磨上架体的下箱体与主减速机的相对尺寸应符合设备技术文件的规定，组装偏差不大于 ±2mm；

6）立磨上架体的进风口中心到底板高度和主减速机中心的定位尺寸应符合设备技术文件的规定，组装偏差不大于 ±10mm；

7）立磨上架体的气体箱在组对时依上端口平面的位置来控制标高及水平度，箱体水平度为 0.2mm/m。

（7）磨盘安装符合下列规定：

1）磨盘吊装前，应保持减速机顶面和磨盘底面清洁，磨盘与减速机结合面的接触率 100%，局部极小范围间隙不应大于 0.05mm；

2）磨盘中心线应与减速机重合，磨盘上端口到底板高度应符合设备技术文件的规定；

3）磨盘上端口中心点与磨机支架（曲柄轴承座）或磨机上架体的中心线偏差不大于 ±1mm；

4）磨盘与减速机连接螺栓拧紧力和定位销的装配应符合设备技术文件的规定。

（8）磨机风箱内喷气环装置应符合下列规定：

1）喷气导流环的方向应符合设备技术文件的规定，喷气导流环及盖板安装前应预组装，接口间隙不大于 2mm；

2）喷气导流环与磨盘上端口外围间隙应符合设备技术文件的规定，周向间隙应均匀分布且不小于 3mm；

3）喷气导流环水平标高偏差不大于 ±1mm。

（9）磨机筒体安装符合下列规定：

1）筒体中心线与磨盘中心偏差不大于 ±1mm；

2）筒体上端口水平度为0.2mm/m；

3）筒体上端口高度应符合设备技术文件的规定；

4）筒体垂直度（与基座面）为0.5*H*（mm）/1000mm（*H*为筒体的高度）；

5）筒体焊接和焊缝检验应符合现行国家标准《现场设备、工业管道焊接工程施工及验收规范》GB 50236—1998的规定；

6）筒体焊缝内部质量检验应符合国家质量等级Ⅲ，对接焊缝内部质量无损探伤：

①射线照相（RT）为GB/T 3323—2005的Ⅲ级；

②超声波检验（UT）为GB/T 11345—1989的Ⅱ级。

（10）磨辊安装符合下列规定：

1）三辊式MPS立磨机磨辊安装：

①吊装横向中心线位置上磨辊，另外两个磨辊间隔120°均匀放置，磨辊中心与磨盘横向中心线重合，偏差不大于±1mm；

②将磨辊放置在磨盘上倾斜15°，并使其轮缘中心与研磨轨道中心相一致；

③在夹角120°位置上的磨辊中心与磨盘下120°中心线重合，偏差不大于±1mm；

④三角形压力框架和张紧拉杆的压力液压缸结构安装应符合设备技术文件的规定，并符合下列要求：

a. 磨辊轴支撑装置中心与压力框架中心线重合，应确保三个磨辊承受均布压力；

b. 压力框架的尺寸偏差不大于±3mm；

c. 压力框架的调整衬板和上架体的硬化衬板之间的间隙应符合设备技术文件规定，可用薄垫片进行调整：

Ⅰ. 当磨盘直径小于3000mm时，间隙3～7mm；

Ⅱ. 当磨盘直径大于或等于3000mm时，间隙6～8mm。

2）三辊式ATOX立磨机磨辊安装：

①吊装磨辊中心轭用临时支撑固定，中心轭找正：中心线应与磨盘中点重合，横向中心线与磨盘偏差不大于±0.5mm；中心高度与磨辊轴中心重合，水平度为0.1mm/m；

②吊装横向中心线位上磨辊与中心轭连接，另外两个磨辊间隔120°均布放置；磨辊中心与磨盘横向中心线重合，偏差不大于±0.5mm；

③将磨辊水平放在磨盘上，并使其轮缘中心与研磨轨道中心相一致；

④在夹角120°位置上的磨辊与中心轭连接，结合应均匀、紧密，结合面的接触率100%；

⑤磨辊轴支撑装置和张紧拉杆的压力液压缸结构安装应符合设备技术文件的规定，并符合下列要求：

a. 磨辊张紧拉杆的压力液压缸支座相邻夹角120°与磨辊中心轭中心线应重合，应确保三个磨辊承受均匀压力，角度偏差不大于2″；

b. 磨辊中心轭用临时支撑固定的高度应符合磨辊与磨盘用δ22～24mm钢板作为调整间隙垫板的要求，并在此高度平面上水平度为0.1mm/m。

3）四辊式LM立磨机磨辊安装：

①磨辊曲柄轴与轴承座装配应符合设备技术文件的规定，相邻两轴承座的同轴度为0.2mm；

②磨辊轴垂直吊装入辊轴套，其位置和方向应符合设备技术文件的规定，磨辊轴承润滑进油与出油口在装配时轴与轴套应对中；

③用液压装置将磨辊平稳向内翻转90°放在磨盘上，并使其轮缘中心与研磨轨道中心相一致，偏差不大于±1mm；

④测量磨辊中心与磨盘横向中心线45°夹角，且四个磨辊呈90°夹角定位尺寸应符合曲柄轴承座中心线与磨盘中心夹角相一致，确保磨盘在磨辊90°夹角位置承受均匀压力。

4）两组辊式PolysiusAG立磨机磨辊安装：

①按磨机横向中心线（含主电机中心方向）垂直吊装磨辊及磨辊上压力架装置水平放在带有波凹形衬板的磨盘上，并使其轮缘中心与研磨轨道中心相一致，偏差不大于±1mm；

②扁担式压力架和张紧拉杆的压力液压缸结构安装应符合设备技术文件的规定，并符合下列要求：

a. 磨辊轴支撑装置中心与压力架中心线重合，应确保一组两个磨辊承受均匀压力；

b. 相邻压力架横向中心线应平行；

c. 压力架档头和上架体的档槽硬化衬板之间的间隙应符合设备技术文件规定，可用薄垫片进行调整。

③检查相邻两组合式磨辊水平中心线应与磨盘横向中心线重合，偏差不大于±0.5mm，磨辊纵向中心应与磨盘横向中心线垂直。

（11）立磨分离器安装符合下列规定：

1）分离器壳体纵横向中心线对磨盘中心点的位置偏差不大于±1mm；

2）分离器壳体标高按对称8点测量偏差不大于±2mm；

3）分离器壳体顶部平台水平度为0.2mm/m；

4）主轴垂直度为0.1mm/m；

5）主轴、内、外壳体的同轴度≤2mm；

6）分离器传动装置同轴度见表39-21：

表39-21　联轴器的同轴度　　mm

联轴器外形最大直径（*D*）	两轴同轴度	
	径向位移	倾斜
105～260	0.05	0.2/1000
290～500	0.10	

7）转子与顶部密封板的间隙应符合设备技术文件的规定。

（12）主电动机安装符合下列规定：

1）主电动机底座横向中心与基座中心线重合；

2）主电动机底座水平度为0.1mm/m；

3）主电动机转子轴纵向水平度为0.02mm/m；

4）主减速机输入和主电动机输出联轴器间隙符合第二节一般规定，并对滑动轴承的电动机转子轴轴向窜动量加大调整间隙应符合主电动机技术文件的规定；

5）联轴器找正、测量、调整：

①主电机输出轴与减速机输入轴的同轴度为0.1mm；

a. 径向跳动偏差≤0. 10mm；

b. 轴向摆动偏差≤0. 20mm。

②端面间隙偏差≤0. 20mm。

实例四　大型减速机

第 332 条　本节适用于管磨机中心传动配置的整装或解体式大型减速机安装。

第 333 条　基础检查、测量执行第二节一般规定，并应符合现行国家标准《机械设备安装工程施工及验收通用规范》GB 50231—2009 的规定。

第 334 条　基础划线执行第 295 条，并应符合下列要求：

（1）减速机的纵向中心线（含主电机）与磨机的纵向中心线，应在同一直线上，偏差不应大于 ±0. 5mm。

（2）减速机的横向中心线到传动接管端面的距离，应符合设计文件规定，其距离偏差设计无具体规定时，不应大于 ±3mm。

（3）基准点标高的偏差不应大于 ±0. 5mm。

（4）按不同结构的整装或解体式大型减速机的主基座或下箱体，在纵横中心线上适当的部位设置中心标板。

第 335 条　垫铁设置执行第二节一般规定，特殊情况应符合下列规定：

（1）主基座或下箱体初找正有设置特殊垫铁要求时不应少于 4 组。

（2）下箱体精找正设置螺栓调整垫铁要求时不应少于 10 组。

（3）采用螺栓可调试平垫铁的特殊胶脂（cnockfast）浇筑（替代水泥砂墩），养护时间为 24 ~ 48h。

（4）安装与磨筒体端面直联式的减速机机架垫铁应符合设备技术文件的规定。

（5）每组垫铁不能超过 4 块，斜垫铁的斜度应为 1/25 ~ 1/30。

（6）垫铁结合面均匀、紧密，接触面率不应少于 90%，边缘局部缝隙不应大于 0. 10mm。

（7）垫铁标高相对偏差不应大于 ±0. 4mm，水平度为 0. 2mm/m。

第 336 条　整装式减速机安装应符合下列规定

（1）将减速机吊装到初找正垫铁上进行定位尺寸的调整：

1）减速机输入轴与输出轴中心和基础纵向中心线重合，横向一端与标板中心线重合，另一端偏差不应大于 ±0. 5mm；

2）减速机输出轴连接法兰端面与磨机传动接管端面按周向 90°分点测量跨距应符合设计文件规定，相对偏差不应大于 ±1mm；

3）减速机输出轴连接法兰端面与磨机传动接管端面跨距定位尺寸应符合下列要求：

①按周向 90°分点测量传动轴长度并取 4 点平均值；

②传动轴调节间隙应符合设计文件规定，当设计文件无规定时，间隙预留不应小于 8mm；

③传动轴膜片厚度及与法兰垂直度应符合设备技术文件规定。

4）减速机输出轴中心与磨机传动接管中心在同一标高上，偏差不应大于 0. 4mm，且减速机应低于磨机；

5）下箱体上表面相对标高应在同一水平线上，偏差不应大于 ±0.2mm。

（2）利用螺栓调整垫铁和斜垫铁进行下箱体水平调整：

1）在下箱体上表面测量水平度的位置及方向应执行产品随机文件的要求，无特殊情况时不应少于 16 个检测点；

2）各检测点的数据应与制造厂提供的相吻合，偏差不大于 0.02mm/m；

3）齿轴轴颈上水平度偏差不应大于 0.1mm/m。

（3）减速机输出轴中心对磨机中空轴或筒体接口端面法兰旋转中心的同轴度不应大于 0.2mm；对磨机传动接管法兰旋转中心的同轴度不应大于 0.4mm。

（4）减速机输出轴连接法兰对磨机中空轴或筒体接口法兰端面跳动公差不应大于1mm。

（5）齿面接触调整检查应符合设备技术文件的规定。

第 337 条　解体式减速机安装应符合下列规定：

（1）将减速机下机箱吊装就位，其纵向中心线严格对准磨机中心线（图 39-47）。

（2）使减速机下机的上表面与磨机的轴心在同一标高上，偏差不应大于 0.4mm，且减速机应低于磨机（图 39-48）。

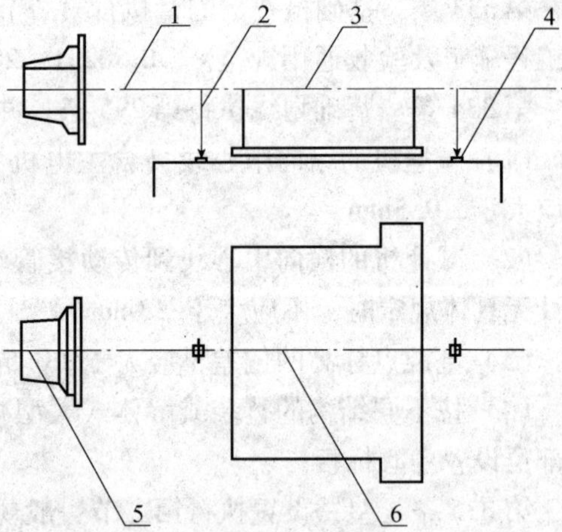

图 39-47　减速机与磨机中心线示意图

1—磨机中心线；2—线垂；3—钢丝；4—预埋设；5—磨机中心线；6—减速机中心线

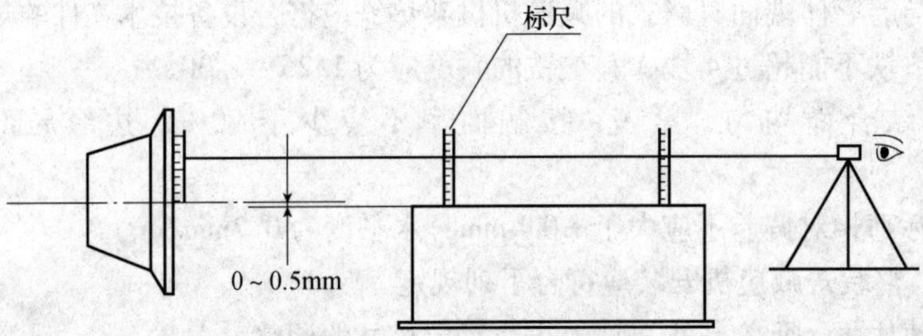

图 39-48　标高测量示意图

（3）减速机横向中心与磨机出料端端面之间的距离及偏差，应符合设计要求，当设计无具体规定时，其偏差不应大于 ±3mm。

（4）在下机箱上表面测量水平度。如减速机出厂前制造厂进行过预组装，现场安装时其水平度与工厂提供的数据相比，偏差不应大于 0.02mm/m。如果制造厂未提供数据，现场安装时，减速机的水平度为 0.02mm/m。

（5）齿轮的装配：

1）减速机齿轮在进行装配之前，下机箱油槽必须彻底清洗，保证清洁。齿轮表面出厂时涂的防腐材料也步彻底清洗干净；

2）齿轮装配前应先将轴承装在下机箱上表面，并清洗干净；

3）检查、测量滑动轴承座与轴承衬配合，要求接触面均匀，转动灵活；

4）检查、测量滚动和滑动轴承座与下机箱定位销配合，要求销轴面接触均匀，装配牢固；

5）检查、测量滚动和滑动轴承座水平及相邻轴承座中心标高、水平度应符合设备技术文件的规定；

6）必须严格按照设备技术文件规定的顺序进行装配；

7）齿轮吊起并往轴承座装配时，应保证齿轮轴处于水平状态；

8）检查滑动轴承与轴颈配合应符合下列规定：

①轴承与轴颈接触斑点轴向为100%，周向接触角≥45°；

②轴承与轴颈的侧间隙应符合设备技术文件要求（图39-49）；

（C_1+C_3）和（C_2+C_4）应等于制造厂数据$^{+0.2}_{-0.1}$mm，C_5 和 C_6 应等于制造厂数$^{+0.2}_{-0.1}$mm（指推力轴承 $L_{(左)01}$ 和 L_{02}，$R_{(右)01}$ 和 R_{02}，$M_{(中)03}$ 和 M_{04}，图39-50）；

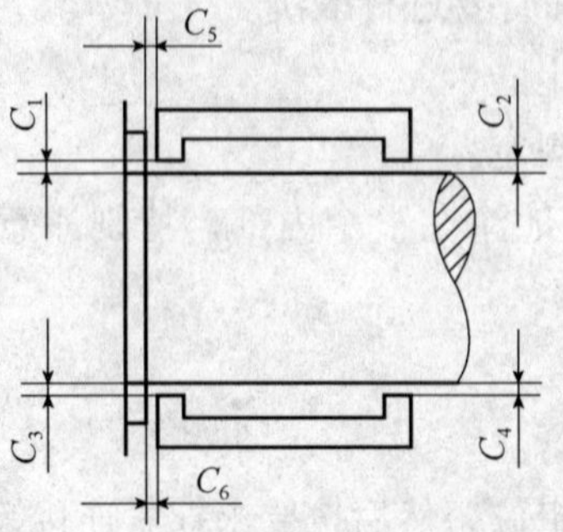

图39-49　侧间隙示意图

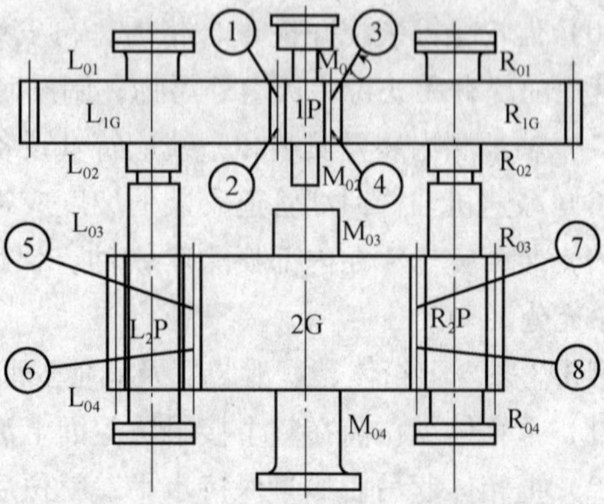

图39-50　齿轮副啮合配对标记

符号说明：

L—左端；R—右端；P—小齿轮；G—大齿轮；1—输入级齿轮；2—输出级齿轮；M—中端

图中①～⑧为侧隙测量位置

③轴承与轴颈配合的径向间隙左右端相等，并符合设备技术文件的要求；

④轴承与轴颈配合瓦口间隙按轴向左右端上下4个位置用标准塞尺测量，其间隙大小和塞入深度相等，并符合设备技术文件的要求。

9）检查轴颈水平度偏差不应大于0.1mm/m；

10）装配 L_2P 和 R_2P 齿轮时，轴颈在轴承下瓦内轴向左右滑动灵活，有阻力时应对轴承座面进行修整；

11）检查、测量减速机IP级齿轮滚动轴承与轴承座装配时滚动轴承的游隙应符合出厂要求；

12）检查、测量齿轮侧间隙应符合下列规定：

①用压铅丝的方法测量齿轮的侧间隙，被测齿的数量最好为3～5个（图39-50）；

②齿咬合的侧间隙是用千分尺测量软铅丝受压最重位置的厚度尺寸，并为一个齿内二个受压面之和，应符合出厂要求。

13）检查、测量齿轮齿面接触应符合下列规定：

①在齿轮打有钢印的位置，用红丹涂料涂在连续3～4个齿的齿面上，用辅助传动转齿

检查，方向应同磨机回转方向一致；

②检查齿面接触长度、接触高度及接触部位，应达到出厂要求。如果齿面接触状态未达到出厂要求，而减速机设计的结构对齿轮接触情况又能进行调整时，应进行调整：

a. 转动偏心轴承调整齿面的接触情况时，转动的角度应按设计要求，如设计无具体规定时，转动角度一般不应大于5°；

b. 按转动偏心轴承来调整齿面接触的方法应执行设备技术文件的规定；

c. 当左右齿轮齿面在受压或受抬时的接触是连续均匀的，接触长度与出厂的数据接近时，把轴承的定位销或定位档块全部锁紧，并做好调整记录。

14）检查、测量 L_1G、R_1G、2G 传动大齿轮的径向圆跳动和端面摆动应符合设计要求，并做好检测记录；

15）齿轮轴套内扭力轴装配应符合设备技术文件规定。

（6）齿轮全部装配并检查合格后，再安装机座内的轴承供油管。供油管安装时，首先检查管道内部有无铁粉、灰尘等污物；搁置时间较长的供油管要进行酸洗。

（7）轴承测温装置安装和布线应符合设备技术文件规定。

（8）减速机油槽回油管道安装的坡度应符合设计文件规定。

（9）装配完毕，在内部喷涂防锈油，保证防锈油均匀地涂在整个内部，特别注意齿面要喷涂充分。

第338条　上箱体、润滑装置及其他安装

（1）上箱体就位前在整个接触法兰面上涂上液态密封膏。

（2）上箱体起吊后尽量保持水平，就位后先用定位销定位，然后按要求拧紧连接螺栓。

（3）润滑站油箱安装时，应彻底检查，保证内部清洁，无任何杂质。

（4）所有润滑管道和管件内部应保证清洁，无任何灰尘及杂质。如果管道安装前经较长时间存放，安装时要进行酸洗。

第339条　主电动机安装符合下列规定：

（1）主电动机底座纵向中心与磨机中心线重合。

（2）主电动机底座水平度为0.1mm/m。

（3）主电动机转子轴纵向水平度为0.02mm/m。

（4）主电动机输出和减速机输入联轴器间隙符合第二节一般规定，并对滑动轴承的电动机转子轴轴向窜动量加大调整间隙应符合主电动机技术文件的规定。

（5）联轴器找正、测量、调整：

1）主电机输出轴与减速机输入轴的同轴度为0.1mm；

①径向圆跳动偏差≤0.10mm；

②轴向摆动偏差≤0.20mm。

2）端面间隙偏差≤0.20mm。

（6）主电机润滑装置安装执行第338条。

第340条　减速机辅助传动装置安装

（1）辅助传动减速机找正水平度为0.2mm/m；

（2）减速机输出与主电动机或减速机输入联轴器同轴度应符合第二节一般规定。

实例五　辊压机安装

第 341 条　本节适用于生料制备和熟料粉碎的辊压机安装。

第 342 条　基础检查、测量执行第二节一般规定，并应符合现行国家标准《机械设备安装工程施工及验收通用规范》GB 50231—2009 的规定。

第 343 条　基础划线应符合下列规定：

（1）纵向中心线和进料溜槽中心在同一直线上，偏差不应大于 ±1mm。

（2）横向中心线和纵向垂直，以一端中心标板为基准点，另一端打点划线偏差不应大于 ±0.5mm。

（3）电动机纵向中心线与基础中心线的距离应符合设计文件的规定，且相邻电动机应相互平行，偏差不大于 0.5mm。

第 344 条　垫铁的放置执行第二节一般规定。当安装 KHD 或 FULLER 公司辊压机还应符合下列规定：

（1）基础底板或下机架要放置平垫铁，垫铁位置和尺寸应符合设计文件的规定。

（2）垫铁面结合均匀、紧密，接触面不应小于 90%。

（3）主动机垫铁为调整板，放置应符合设备技术文件规定。

（4）垫铁面标高相对偏差不大于 0.2mm，水平度为 0.1mm/m。

第 345 条　基础底板和下机架安装应符合下列规定：

（1）纵横中心线与安装基准线偏差不得大于 ±0.5mm。

（2）机架的中心间距偏差不应大于 ±0.5mm。

（3）机架的中心标高的偏差不得大于 ±0.2mm。

（4）机架两底座轨道平面的平行度为 0.2mm/m。

（5）机架两底座导轨上的水平度为 0.1mm/m。

（6）基础底板上地脚螺栓拧紧力的扭矩值不低于 2000N·m。

（7）机架与基础底板连接螺栓拧紧力的扭矩值不低于 5700N·m。

第 346 条　安装机架延伸部件确认槽找正，顶面水平与下机架找正，偏差不应大于 ±0.30mm。

第 347 条　下机架外侧支架上安装卸料壳体及壳体内硬化衬里预组装应符合设备技术文件的规定。

第 348 条　安装活动辊应符合下列规定：

（1）彻底清洗轴承箱的滑动表面及上下导轨面，并清除毛刺或多余金属，在滑动表面上加上足量的二硫化钼润滑脂。

（2）安装活动辊筒板时不得压折或损坏导线。

（3）活动辊吊起落位不得损坏辊子表面。

（4）活动辊安装定位尺寸调整应符合设备技术文件的规定。

第 349 条　中间壳体及活动端下外壳的安装按设备组装标记进行，组装的专用垫片应对号入座，不得错位混装。

第 350 条　固定端下壳体安装前应进行试装。

第351条　固定辊的安装执行第348条。

第352条　端柱安装应符合下列规定：

（1）彻底清洁端柱和机架的配合表面，保证清洁。

（2）安装端柱和键应按设备组装标记进行。

（3）相邻端柱的平行度为0.2mm/m。

第353条　液压缸安装应符合下列规定：

（1）装在中心架上的两挡铁端面的连线和装有橡胶支撑的端部件的内端面的连线，对装有液压缸的端部件的内端面的连线的平行度为0.2mm/m。

（2）装有液压缸的端部件的内端面的连线，对机架座侧的基准面的垂直度为0.3mm/m。

（3）液压缸排液口的放油阀安装应符合设备技术文件的规定。

第354条　机架隔板的安装与下机架机加工顶表面的接触良好，结合面的接触率不应小于90%。

第355条　上机架安装应符合下列规定：

（1）彻底清洗机架结合面，保证清洁。

（2）连接螺栓的拧紧力应达到设计的扭矩值。

（3）相邻上下机架水平度为0.2mm/m，垂直度0.5H（mm）/1000，（H为机架高度）。

第356条　辊子间隙调整应符合下列规定：

（1）固定机架端柱上每组垫片应按出厂编号组装，厚度一致。

（2）两机架隔板上面位置安装的间隙调整垫片应按出厂编号组装，其厚度让两辊子分离的尺寸应符合设备技术文件的规定。

（3）端柱与机架键接触良好，并让端柱与上下机架连接螺栓的拧紧力应达到设计的扭矩值。

（4）垫片结合面接触均匀、紧密，边缘夹缝不应大于0.1mm。

第357条　进料装置内硬化衬里安装应符合设备技术文件的规定。

第358条　辊压机夹板安装应符合下列规定：

（1）两侧夹板安装应符合设备技术文件的规定。

（2）夹板垫片应按出厂编号组装、调整。

（3）夹板与辊子各侧间隙：

1）辊子驱动侧：δ为1.3~1.5mm；

2）辊子另一侧：δ为2.5~2.8mm。

第359条　辊压机上壳体内的橡胶防尘帘与防尘帘定位器安装应符合设备技术文件的规定。

第360条　传动装置的安装

（1）固定插入式减速机和松动减速机的力矩支撑底座的安装应符合下列规定：

1）力矩支撑座的定位尺寸应符合设计文件的规定，纵横向中心线间距偏差不大于±2mm；

2）底座板水平度为0.05mm/m；

3）底座板顶面必须比其基础平面高10mm；

4）相邻底座板水平标高偏差不应大于0.1mm；

5）力矩支撑装置的底部结果件安装的调整垫片应按出厂编号。

（2）固定插入式减速机和松动减速机的安装应符合下列规定：

1）辊子的轴肩至联轴器毂部或活动辊伸出轴轴肩至减速机输出轴端面距离的定位尺寸最大与最小应符合设备技术文件的规定；

2）减速机输出与辊子轴输入夹紧盘安装应符合下列规定：

①孔和轴须彻底清洗并除油，保证清洁；

②在输出油线或驱动轴的孔内应确保齿轮与联轴器水平，偏差不应大于0.02mm/m；

③利用液压紧固装置装配时，不允许在未安装轴的情况下将夹紧盘夹紧；

④夹紧盘安装最大夹紧力应符合设计文件的规定。

（3）齿轮联轴器的安装应符合下列规定：

1）检查、测量联轴器毂部之间的尺寸应符合设计文件的规定；

2）调整垫片应符合出厂标记；

3）安装联轴器套筒应符合出厂编号；

4）毂部和套筒之间允许的角向变动量应符合设备技术文件的规定。

（4）力矩支撑装置安装、调整应符合下列规定：

1）力矩支撑底部与上部结构装配与安装应符合设备技术文件的规定；

2）力矩支撑底部钢结构的焊接应符合设计文件的规定；

3）按规定的扭矩值拧紧连接螺栓；

4）对松动减速机的力矩支撑调整最终让辊子间距符合设计要求。

（5）电动机安装应符合下列规定：

1）电动机输出端与减速机输入的十字轴式万向联轴器的安装、找正、测量应执行GB 50231—2009；

2）毂部和套筒之间允许的角向变动量应符合设备技术文件的规定。

第361条　辊压机机架座、电动机和转矩臂锚定框架的基础孔灌浆和二次浇注除执行第二节一般规定外，还应符合设计文件的规定。

第362条　辊压机所有压力管道、润滑管道、冷却水管道和管件内部应保证清洁，无任何灰尘及杂质。如果管道安装前经较长时间存放，安装时要进行酸洗。

第363条　辊压机压力管道的液压强度试验和严密性试验压力与试验结果必须符合设计要求和现行国家标准《工业金属管道工程施工及验收规范》GB 50235—1997的规定。

实例六　选粉机

第364条　本节适用于煤粉制备、生料制备和水泥成品粗细粉分离的选粉机安装。

第365条　基础检查、测量、划线符合下列规定：

（1）基础中心线和设计图纸偏差应不大于±3mm。

（2）在基础上放置垫板。

1）相邻垫板纵向中心线偏差不大于±0.5mm；

2）相邻垫板横向中心线偏差不大于±0.5mm；

3）垫板上中心点对角线偏差不大于±1mm。

（3）垫板标高与基准点偏差不大于±5mm。

（4）垫板相对标高偏差不大于±0.5mm，水平度为0.2mm/m。

第366条　选粉机钢结构安装和焊接应符合设计要求和现行国家标准《钢结构工程施工质量验收规范》GB 50205及《现场设备、工业管道焊接工程施工及验收规范》GB 50236—1998。

第367条　壳体安装应符合下列规定：

（1）壳体纵横中心线对安装基准纵横中心线的位置偏差不大于±3mm。

（2）壳体标高偏差应不大于±5mm。

（3）壳体内的导向叶片必须按要求的方向进行调整，使其偏斜误差不大于20′。

（4）壳体上部支撑传动支座的四个加工面的标高偏差应不大于1mm。

（5）壳体机座与垫板在调整时所加垫片应和垫板点焊固定，垫板不允许和壳体焊接。

（6）传动支座水平度为0.05mm/m。

第368条　转子部分的零部件，必须按制造厂指定的标记进行组装，并应进行静平衡试验复查，其允许用平衡力矩应符合图纸要求。

第369条　转子安装应符合下列规定：

（1）主轴垂直度为0.1mm/m，可在主轴部位的上底加工面测量，允许在壳体支脚下加垫片调整。

（2）转子上部与壳体上出风口下部所组成的密封圈间隙和位置进行调整，使其上下的轴向间隙应符合设备技术文件的规定，间隙尺寸允许公差为±2mm。

（3）主轴轴套及油管、气管的装配应符合设备技术文件的规定，主轴与转子装配后盘车检查应转动灵活、轻便、平稳。

（4）壳体内定子叶片的间隙和角度及与转子间隙，转子回转方向与定子叶片位置应符合设备技术文件的规定。

（5）主轴、内、外壳体的同轴度为4mm。

第370条　传动装置安装应符合下列规定：

（1）减速机底座面与传动支座结合均匀、紧密，水平度为0.05mm/m。

（2）减速机输入和输出联轴器同轴度为0.1mm。

（3）减速机输出轴不能压在主轴上，安装完毕的转动部分转动应轻快、灵活，无卡带、碰撞现象。

第371条　传动装置的稀油站和管道、管件的安装应符合设备技术文件的规定，管道、管件内的清洗要用酸洗。

第372条　壳体内耐磨陶瓷片的粘贴应符合设计要求，粘贴时应控制粘结剂的用量和涂抹均匀。

第373条　壳体所有连接处要求密封严密，不得有漏气现象。

第374条　有冷却装置的选粉机、冷却水管安装后，应做水压试验，水压在0.4MPa时，不得有漏水、渗水现象。

第375条　有旋风筒装置的选粉机，旋风筒垂直度为1mm/m，但全长上下应不大于3mm。

第376条　电动式粗、细粉分离器及空气分离器安装和选粉机相同，但是分离有易燃、易爆的物料时，设备上的消防灭火和防爆装置安装应符合设计文件的要求。

第 377 条　选粉机或分离器壳体分片或分段的现场组装应符合下列规定：

（1）圆筒周长公差为 $2D/1000$（D 为内径，以下相同），但相结合的两圆筒周长公差应不大于 $1.5D/1000$。

（2）圆筒同一断面上最大直径与最小直径之差应不大于 $2.5D/1000$。

（3）接口处棱角度 E 值见表 39-22 和如图 39-51 所示，检查样板长 $L = D/6$，但应不大于 500mm，应不小于 300mm。

表 39-22　棱角度 E 值　　mm

内径（D）	300～1500	1500～3000	>3000
棱角度（E）	2	2.5	3

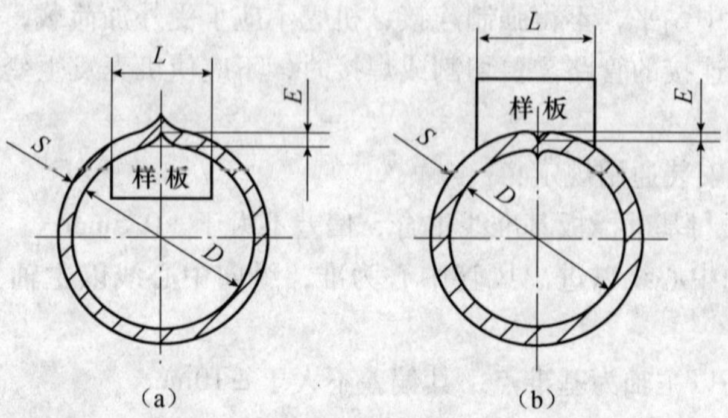

图 39-51　棱角度示意图

（4）壳体组对接口处外表面应圆滑，不得有明显的锤痕、凹凸不平等影响设备安装质量的缺陷；法兰接口应垂直、平整，连接螺栓孔要用配钻成型。

第十二节　风动设备安装一般规定

第 378 条　本节适用于建材机械装备配置的离心通风机、离心鼓风机、轴流通风机、轴流鼓风机、罗茨鼓风机和叶氏鼓风机的安装。

第 379 条　不同类别及型号的风机安装应符合工程设计要求和现行国家标准《压缩机、风机、泵安装工程施工及验收规范》GB 50275—1998。

第 380 条　承受气流温度高、含尘量大的风机安装在执行有关条款同时，应完整达到设备技术文件的各项规定。

第 381 条　基础检查、测量、划线、埋设中心标板和标高基准点、垫铁放置应符合第二节一般规定和现行国家标准《机械设备安装工程施工及验收通用规范》GB 50231—2009。

第 382 条　窑尾高温风机和煤粉制备、原料磨房、水泥磨房的循环风机基础的两侧左右端应埋设沉降点，其基准线标高与相对车间 ±0 点同一高程的偏差应不大于 ±0.5mm，埋设应牢固，为永久性标识。

第 383 条　风机的安装要检查消音装置和防震装置应符合工程设计的有关要求。

第 384 条　风机的开箱检查执行 GB 50275—1998 第 3.1.3 条。

第 385 条　风机的搬运和吊装应符合下列规定：

（1）整体出厂的风机搬运和吊装时，绳索不得捆缚在转子和机壳上盖或轴承上盖的吊耳上。

（2）解体出厂的风机绳索的捆缚不得损伤机件表面；转子和齿轮的轴颈、测振部位均不应作为捆缚部位；转子和机壳的吊装应保持水平。

（3）现场组装风机时，绳索的捆缚不得损伤机件表面。

第386条　风机组装前对部件检查、清洗执行GB 50275—1998第3.1.5条，并应符合第二节一般规定。

第387条　风机的润滑、油冷却和密封系统的管路等受压部分均应强度试验。当设备技术文件无规定时，水压试验的压力应为最高工作压力的1.25～1.5倍，气压试验的压力应为最高工作压力的1.05倍。

第388条　风机的进风管、排风管、阀件、调节装置等，均应有单独支撑，各管路与风机连接时法兰面应对中贴平，不得强制连接，机壳不应承受外加荷载，以防机壳变形。

第389条　风机连接的管路需要切割或焊接时，不应使机壳发生变形，一般宜在管路与机壳脱开后进行。

第390条　风机安装通用规定：

（1）主轴中心线与基础标板基准线重合，偏差不大于±0.5mm。

（2）风机的横向中心线以进出风管中心为准，纵向中心线以主轴为准，其偏差不大于±5mm。

（3）风机的标高以主轴为基准点，其偏差不大于±10mm。

（4）风机壳体水平度为0.4mm/m，主轴水平度为0.04mm/m。

（5）风机两三角皮带轮端面的平行度为0.5mm，其中心线偏差不大于±1mm。

（6）液力偶合器安装应符合设计文件的要求。

（7）电动机与主轴联轴器同轴度应符合GB 50231—2009。

（8）当风机壳体支座与底座找正、调整时，支座不允许点焊。

（9）气路系统中补偿器的安装，应按设备技术文件的规定执行。

（10）风机传动装置的外露部分，直接通大气的进口，其防护罩（网）在试运转前应安装完毕。

实例一　离心通风机安装

第391条　离心通风机的清洗和检查应符合下列要求：

（1）拆卸轴承座的上瓦盖，清洗轴承箱体和轴承，检查主轴轴颈与固定轴承座和活动轴承座的装配尺寸应符合设备技术文件的规定。

（2）滚动轴承应检查、测量滚动轴承的游隙或滚子轴承的轴向游隙；滑动轴承应检查瓦背与相关轴承孔配合，上、下轴瓦的接合面及轴承顶间隙，单侧间隙应符合GB 50231—2009。

（3）检查液力偶合器注油阀、安全阀及冷却水装置应符合设备技术文件的规定。

（4）清洗、检查风机轴承座润滑装置的油箱、管道和管件，进回油管路的管道和管件要酸洗。

（5）检查轴承座和液力偶合器的冷却水管路应畅通，并应对整个系统进行试压，试验压力应符合设备技术文件的规定。当设备技术文件无规定时，其压力不应低于0.4MPa；

（6）风机进出风口阀门的调节机构应清洗洁净，其转动应灵活。

第 392 条　离心风机安装

（1）轴承箱的找正、调平应符合下列要求：

1）轴承座与底座应紧密结合，局部间隙不大于 0.1mm；

2）整体安装的轴承箱的纵向和横向安装水平应在轴承箱中分面上进行测量，其纵向安装水平也可以在主轴上进行测量，其水平度偏差不应大于 0.2mm/m；

3）左、右分开式的固定性和非固定性轴承箱的纵向和横向安装水平，以及轴承孔对主轴轴线在水平面的对称度应符合下列要求：

①每个轴承箱中分面的纵向安装水平度为 0.04mm/m；

②每个轴承箱中分面的横向安装水平度为 0.10mm/m；

③主轴轴颈处的安装水平度偏差不应大于 0.04mm/m；

④检查、测量轴承箱两侧密封径向间隙之差不大于 0.06mm（图 39-52）。

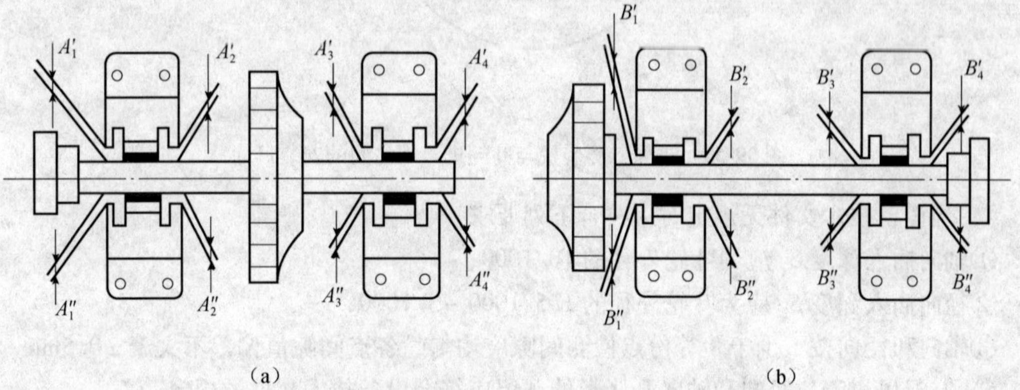

图 39-52　轴承孔对主轴轴线在水平面内的对称度

（a）叶轮安装在两独立的轴承箱之间；（b）叶轮悬臂安装在两独立的轴承箱之间

注：①轴承箱两侧密封径向间隙之差是指 $A_1'-A_1''$、$A_2'-A_2''$…$B_1'-B_2''$、$B_2'-B_2''$…；

②$A_1'-A_4'$、$B_1'-B_4'$、$A_1''-A_4''$、$B_1''-B_4''$—轴承箱两侧密封径向间隙值。

（2）安装滑动轴承的离心通风机其轴颈与轴瓦的配合应符合设备技术文件规定或 GB 50231—2009，当不符合规定时，应进行修刮和调整，且符合下列要求：

1）上、下轴瓦内孔与相关轴颈的接触应均匀，接触角 α 不小于 60°，轴向接触长度不小于轴瓦长度的 80%，接触面与非接触面之间不应有明显的界限；

2）接触角 α 范围内接触点 25mm×25mm 不少于 8 点；

3）轴瓦与轴颈之间的径向总间隙宜为轴颈直径的 0.8/1000～1.2/1000；

4）侧间隙应为顶间隙的 1/2～2/3；

5）上、下轴瓦的接合面应接触良好。未拧紧螺钉时，应采用 0.05mm 塞尺从外侧检查接合面，其塞入深度不得大于接合面宽度的 1/3；

6）检查、调整推力轴承时，轴承推力瓦与主轴推力盘的接触应均匀，其接触面面积不应小于止推面积的 70%。

（3）机壳组装应符合下列要求：

1）机壳组装时，应以转子轴线为基准找正机壳的位置；

2）大型双吸口式离心通风机机壳组装应参照出厂标记，接口法兰定位应符合设备技术文件的规定；

3）机壳进风口或密封圈与叶轮进口圈的轴向插入深度 S_1 和径向间隙 S_2 应调整到设备技术文件规定的范围内（图 39-53），同时尚应使机壳后侧板轴孔与主轴同轴，并不得碰刮；

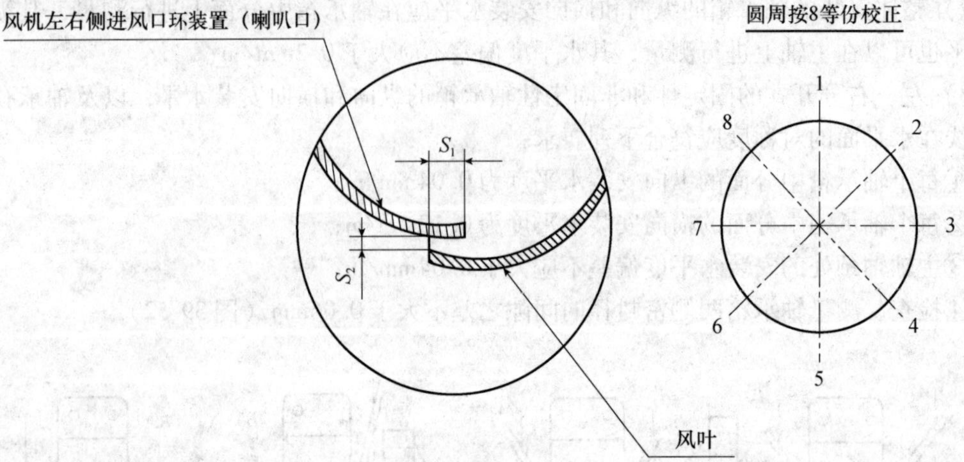

图 39-53　进风口环装置与叶轮进口圈之间的安装尺寸

4）当设备技术文件无规定时应符合下列要求：

①轴向插入深度 S_1 应为叶轮外径的 10/1000；

②径向插入深度 S_2 应为叶轮外径的 1.5/1000～3/1000；

③轴向和径向按不少于 8 等份点检测间隙应均匀，各点间隙值偏差不大于 ±0.5mm。

5）高温风机壳体径向和轴向膨胀量的预留应符合设备技术文件的规定。

（4）电动机与离心通风机或液压偶合器与电动机、离心通风机与液压偶合器找正时，应符合下列要求：

1）两半联轴器之间的间隙应符合设备技术文件的规定。对具有滑动轴承的电动机，应在测定电机转子的磁力中心位置后再确定联轴器间的间隙；

2）联轴器的径向位移不大于 0.1mm，轴线倾斜度不大于 0.2/1000。

实例二　罗茨和叶氏鼓风机安装

第 393 条　罗茨和叶氏鼓风机的清洗和检查应符合下列要求：

（1）清洗齿轮箱及其齿轮，保证洁净。

（2）转子转动应灵活，机壳内部应无脏物和杂物。

（3）清洗润滑系统应清洁，并畅通。

第 394 条　罗茨和叶氏鼓风机安装应符合下列规定：

（1）风机的纵向和横向安装水平应在主轴和进气口、排气口法兰面上进行测量，其偏差均不应大于 0.2mm/m。

（2）罗茨鼓风机的主动转子与从动转子之间的间隙、两转子与机壳内表面的径向间隙、两转子端面与机壳轴向平面的间隙，应符合设备技术文件的规定，如无规定时，间隙值一般为 0.15～0.40mm。

（3）叶氏鼓风机径向间隙与轴向间隙，应符合设备技术文件规定。

（4）转子运行时，径向跳动值见表39-23。

表39-23　罗茨及叶氏鼓风机转子跳动值　mm

转子外径	<300	300~600	>600
转子两端面	0.025~0.05	0.035~0.07	0.05~0.10
转子外圆	0.05~0.075	0.07~0.10	0.10~0.15

第十三节　砌筑与保温

实例一　砌筑工程

第395条　砌筑工程施工应符合工程设计规定和现行国家标准《工业炉砌筑工程施工及验收规范》GB 50211—2004。

第396条　耐火材料的化学成分、物理性能及其均匀性的进货检验与试验必须符合相应的国家标准、行业标准或企业（生产厂家）标准。

第397条　耐火砖外形尺寸应符合下列要求：

（1）尺寸公差：

1）高度公差±2%；

2）楔形面大头及小头宽度公差±2mm；

3）大小头差值公差±1mm；

4）长度公差±1%，但最大差为±2mm。

（2）外形缺陷：

1）边损：允许热面或冷面有两条边的损坏，但长度不准超过40mm，深度5mm；

2）角损：冷热面均只许有一处角损，角损处三条棱的角损长度之和不超过50mm，未超过20mm的不作为角损；

3）裂缝：砖面不允许有平行摩损面的裂纹，其他方向的局部裂纹长度≤40mm，宽度≤0.2mm，深度≤10mm；

4）凹坑、熔迹和鼓包：允许凹坑和熔迹的最大直径为10mm，最大深度为10mm，鼓包最大不得超过0.5mm；

5）外形缺陷在选砖、检查、测量的每批次砖中不得超过总数的7%。

第398条　耐火材料的质量进行抽检或取样检查应执行设计文件的规定或相关合同要求。

第399条　耐火材料的包装、运输（装卸）、保管应符合下列规定：

（1）耐火材料的包装不准用草绳或草袋，包装应牢靠，应能满足短途倒运和长途运输的要求。

（2）耐火材料的运输应防雨、防潮湿。

（3）耐火材料的倒运装卸应防摔、防碰、防挤压。

（4）耐火材料的保管均应存入库房，不宜露天存放。

第400条　耐火材料的交付与接收应符合产品或物资进货检验与试验程序文件的规定：

（1）合格供方应向顾客（用户）提交产品合格证和检验单，单上载明合同号码、材料品种、数量、质量控制指标和实际检测结果。

（2）浇注料出厂还必须附有施工说明书，说明书上注明浇注料的施工用水量和凝结时间以及其他有关事项。

第401条　水泥工厂的窑炉砌筑工程依耐火材料的选择和配套的原则规定，传统回转窑和新型干法窑不同部位耐火材料的选配应符合下列要求：

（1）传统水泥窑耐火材料的配置，见表39-24。

表39-24　传统水泥窑耐火材料的配置

工艺部位	材料品种	干法窑内各部位长度		湿法窑内各部位长度	
		带篦式冷却机	带筒式冷却机	带篦式冷却机	带筒式冷却机
燃烧器	高铝质耐火浇注料				
卸料端	高铝质耐火浇注料、高铝质砖	~1D	~1.5D	~1D	1~1.5D
烧成带	碱性砖、高铝质砖	4D	4~5D	4~5D	4~5D
过渡带	高铝质砖	3D	3D	3D	3D
分解带	高铝质砖	2D	2D	2D	2D
预热部位	工作层用黏土砖、耐碱砖、隔热层用隔热砖	6D	6D	14~25D	14~25D
进料端	耐火浇注料、黏土砖	~1m	~1m	~1D	~1D
链带	高铝质耐磨砖、耐火浇注料	—	—	10~15D	10~15D
冷却机中温区	黏土砖	2/3L	2/3L	2/3L	2/3L
冷却机高温区	碳化硅复合砖、高铝质耐磨砖	1/3L	1/3L	1/3L	1/3L

表39-24中：

1. D——窑筒体的有效内径，m；
2. L——冷却机内砌筑耐火衬里部位的有效长度，m；
3. 高铝质耐火浇注料——指高铝质高强耐火浇注料，钢纤维增强耐火浇注料和磷酸盐结合捣打料等；
4. 隔热砖——指耐碱隔热砖、陶粒隔热砖等，若与黏土砖配合作双层衬使用时还包括高强隔热砖、硅藻土砖等，在窑筒体内使用的各种隔热砖，其耐压强度必须不低于9MPa；
5. 高铝质砖——包括磷酸盐结合高铝砖，抗剥落高铝砖、化学结合（特种）高铝砖等；
6. 碱性砖——包括普通镁铬砖、直接结合镁铬砖、尖晶石砖、特种镁砖及白云石砖等。

（2）700~2000t/d新型干法窑耐火材料的配置见表39-25。

表39-25　700~2000t/d新型干法窑耐火材料的配置

工艺部位	工作层材料	隔热层材料
燃烧器	高铝质耐火浇注料	—
预热器及连接管道	普通耐碱砖、耐碱浇注料	硅酸钙板、硅藻土砖、轻质浇注料
分解炉	抗剥落高铝砖、耐碱砖、耐碱浇注料	硅酸钙板、硅藻土砖、轻质浇注料
三次风管	高强耐碱砖、耐碱浇注料	硅酸钙板、硅藻土砖、轻质浇注料

续表

工艺部位		工作层材料	隔热层材料
篦式冷却机		高铝质砖、黏土砖、碳化硅复合硅、耐碱浇注料	硅酸钙板、硅藻土砖、轻质浇注料
窑门罩		高铝质砖、高强耐火浇注料	硅酸钙板、硅藻土砖、轻质浇注料
回转窑	前后窑口	高铝质浇注料、高铝质砖	——
	上下侧过渡带	抗剥落高铝砖、化学结合（特种）高铝砖	——
	烧成带	碱性砖、优质磷酸盐结合高铝砖	——
	分解带	磷酸盐结合高铝砖、抗剥落高铝砖	——
	预热带	耐碱隔热砖、黏土砖	——

（3）2000t/d 以上新型干法窑耐火材料配置见表 39-26。

表 39-26　2000t/d 以上新型干法窑耐火材料配置

工艺部位		工作层材料	隔热层材料
燃烧器		刚玉质耐火浇注料	——
预热器及连接管道		普通耐碱砖、耐碱浇注料	硅酸钙板、硅藻土砖、轻质浇注料
分解炉		抗剥落高铝砖、耐碱砖、耐碱浇注料	硅酸钙板、硅藻土砖、轻质浇注料
三次风管		高强耐碱砖、耐碱浇注料	硅酸钙板、硅藻土砖、轻质浇注料
篦式冷却机		碳化硅复合硅、抗剥落高铝砖、高铝质浇注料、高铝质砖	硅酸钙板、硅藻土砖、轻质浇注料
窑门罩		抗剥落高铝砖、高铝质浇注料	硅酸钙板、硅藻土砖、轻质浇注料
回转窑	前后窑口	刚玉质浇注料、碱性砖、碳化硅复合硅	——
	上下侧过渡带	碱性砖、抗剥落高铝砖	——
	烧成带	碱性砖	——
	分解带	碱性砖、抗剥落高铝砖	——
	预热带	抗剥落高铝砖、耐碱隔热砖、黏土砖	——

第 402 条　砌筑耐火砖必须使用与所砌砖在性质上同类的耐火泥浆，不同质的耐火砖和耐火泥浆不得相互混用。水泥窑系统耐火材料与常用耐火泥浆相匹配见表 39-27。

表 39-27　耐火砖与耐火泥浆的匹配

序号	耐火砖	耐火泥浆
1	黏土砖	应配黏土质火泥
2	系列耐碱砖	应配耐碱火泥
3	系列高铝砖（含普通型、抗剥落型、磷酸盐结合型及特种高铝砖）	应配高铝质火泥、磷酸盐结合火泥、PA-80 型高铝质火泥
4	镁铬砖	镁铬质火泥、镁铁火泥
5	尖晶石砖	镁质及尖晶石质火泥
6	硅藻土砖	硅藻土火泥
7	硅酸钙板	专用胶结剂

第403条　各种耐火泥的化学成分、物理性能及粒度应符合相应的国家标准、行业标准或企业标准的要求，也可根据砌筑的需要制订相匹配的规定。

第404条　砌筑工程对窑筒设备和不动设备的检查、测量的安装质量应符合本规范烧成设备的相关要求，且满足砌筑工程的施工。

第405条　回转窑及其附属设备各部位砌体的砖缝厚度，应符合表39-28规定的数值。

表39-28　回转窑及其附属设备各部位砌体的砖缝厚度

项次	部位名称	砌体砖缝的厚度（mm）不大于
	Ⅰ、回转窑和单筒冷却机	
1	回转窑各带和单筒冷却机（包括错缝砌筑和环砌） （1）纵向缝 （2）横向缝	 2 3
	Ⅱ、预热器和分解炉	
2	直墙或斜墙： （1）烟室 （2）分解炉及燃烧室 （3）风管 （4）旋风筒	 2 2 3 3
3	圆墙及锥形墙	3
	Ⅲ、篦式冷却机	
4	耐火砖	2
5	隔热砖	3
6	硅酸钙板	3

注：用镁质耐火制品砌筑的内衬，其砖缝厚度由设计规定。

第406条　回转窑、单筒冷却机砌筑应符合下列要求：

（1）回转窑、单筒冷却机筒体安装完毕后，应经检验和空运转合格，才可进行内衬施工。

（2）回转窑、单筒冷却机内壁应仔细清除灰尘和渣屑并打磨平整。焊缝高度在窑筒内的一般部位应不大于1.5mm，在煅烧带部位（从热端起长8倍内径的部位）不得大于1mm。

（3）砌筑内衬的纵向基准线，可用垂吊、激光仪器法放线。纵向控制线应平行于基准线且等分于筒体，并应做明显标记于筒体上。

（4）砌筑内衬的环向基准线宜用垂吊转动法划出。环向基准线每10m放一条，施工控制线无论是湿砌还是干砌每隔1m放一条，划在筒体上。环向线均应互相平行且垂直于窑的轴线。

（5）筒体直径小于4m时宜采用转动支撑法砌筑，直径大于4m时应采用拱架法砌筑。

（6）内衬采用湿砌时，宜采用环向错缝或分段环向错缝的砌筑方法。当使用磷酸盐泥浆砌筑时，在砌体与筒体间应另使用黏土或高铝质耐火泥浆填充。

（7）窑筒内应采用同一系列中的两中楔形砖砖型相配用，并配置两种不同型的锁砖。

（8）内衬采用干砌时，应采用环砌法，砖衬横缝（径向缝）与竖缝（轴向缝）使用的接缝材料应符合设计文件规定。砖与筒体（或永久层）之间完全贴紧，不得有硬质充填物。

（9）内衬采用拱架法砌砖机砌筑时，应环砌。环缝应根据环向基准线或施工控制线砌筑，砖环应相互平行，并与窑轴线垂直。

（10）内衬采用转动支撑法砌筑时，应从窑底开始，沿圆周方向同时均衡向两边进行。砌过半周 1～2 层砖后，应予支撑加固，然后将筒体转动 1/4 周，从窑底砌至水平，进行第二道支撑加固和转动筒体，砌筑其余 1/4 周（图 39-54）。

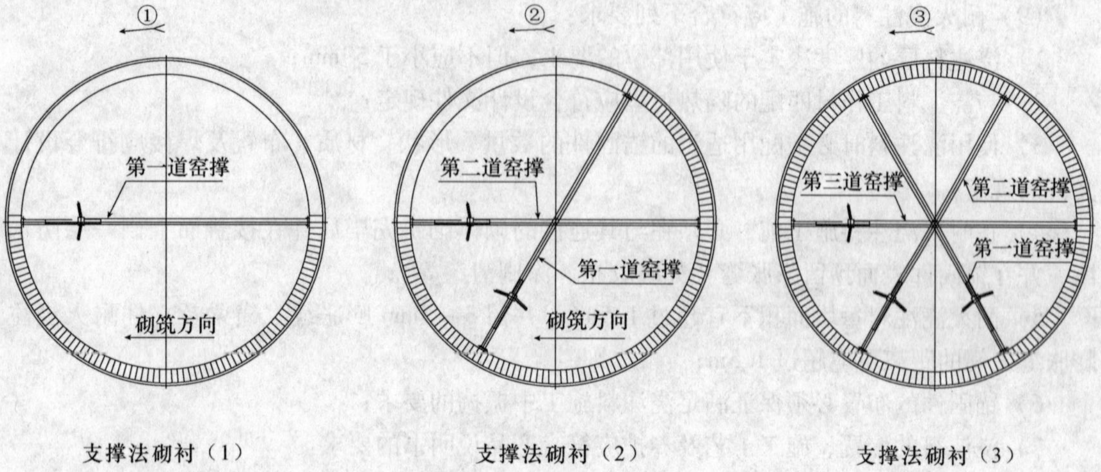

图 39-54　转动支撑法砌筑

（11）转动支撑法砌筑，每段长度宜为 5～6m。

（12）内衬采用交错砌筑时，应严格选砖。纵向缝与窑轴线应在同一平面内，其允许扭曲应小于 3mm/m，在同一砌筑段的全长内，不应超过 20mm/m。

（13）锁口时宜选用专用锁砖。需加工砖厚度不应小于原砖厚度的 2/3，并不得作为本环最后一块锁砖打入砌体。

（14）专用锁砖均应从侧面打入拱内，在最后一块锁砖不能侧面打入时，可先将锁口一侧的 1～2 块砖进行加工，使锁口上下尺寸相等，然后将与锁口尺寸相适应的锁砖从上面打入，并应将其两侧用钢板锁片打紧。

（15）锁口用钢板锁片可采用 2～3mm 钢板，锁口缝中不得超过一块钢板锁片，每环锁口区不应超过 4 块锁片，并应均匀地分布在锁口区内。

（16）每砌筑完一段或一环拆除支撑或拱架后，应及时检查砖与筒体间隙，其局部间隙应小于 3mm，并应用带楔钢板做必要的紧固。全窑完成砌筑、检查、紧固后，不宜再行转窑，并应及时点火烘窑。

第 407 条　预热器砌筑应符合下列规定：

（1）口径小于 1.5m 的小管件、闸阀和膨胀节等，宜在地面或平台上进行内衬施工。施工时，应为安装留出工作间隙，并在安装过程中及时进行处理。

（2）预热器系统内各炉子之间、炉子与管道之间的连接部，应按设计留设膨胀缝，并应填充耐火陶瓷纤维。

（3）直墙部位托砖板之间的距离不宜超过 1.5m。

（4）直墙部位锚固件横向中心距离不宜超过 3 块标准砖长，高度不宜超过 4 层砖。锚固件后固定座与壳体结合面应为平面结合，焊接应牢固，并应用耐火陶瓷纤维塞紧。

（5）在砌体拐角处，宜采用耐火浇注料。

（6）系统内或炉子内，当设计内衬的厚度不一致而产生错台时，错台处应加工成斜坡形。

（7）锥体部位应分段砌筑。砌体斜壁表面应平整，坡度应准确。

（8）旋流部位宜采用耐火浇注料。当采用耐火砖砌筑时，应进行预砌筑。砌筑完成后应打磨平整。

（9）耐火浇注料的施工应符合下列要求：

1）浇注料层的厚度决定于使用部位的要求，但不应小于 50mm；

2）与浇注料工作衬匹配的隔热衬里应符合设计文件规定；

3）使用浇注料时必须配用适当的锚固件的数量、形状、材质、布置及焊接应符合设计文件的规定；

4）在耐火浇注料施工前，必须在与其连接的砌体砌筑完毕后并在接触面上刷一层防水漆，并在锚固件表面预留膨胀缝（如缠胶布、涂刷清漆等）；

5）耐火浇注料每块面积不宜超过 1.5m^2，并留 3～5mm 膨胀缝。横梁及立柱耐火浇注膨胀缝之间的距离不应超过 1.5m；

6）锚固件的布置必须保证满足浇注料施工中振捣的要求；

7）浇注料的配置、施工工艺及养护应符合产品说明书的要求。

（10）预热器所有预留的孔洞，应逐个检查，不得遗漏；

（11）硅酸钙板隔热层贴砌厚度不宜超过 80mm，超过时应采用两层错缝贴砌。圆形体贴砌硅酸钙板时，其宽度宜为 100～250mm。

第 408 条　冷却机及其他设备砌筑应符合下列规定：

（1）高、中温区的耐火砖砌体与隔热砖砌体之间不宜使用耐火泥浆，但应贴紧、靠平。

（2）各区交接处及不同材质的耐火砖结合处，应按设计文件的规定留设膨胀缝。设计无规定时，该缝应交错留设，宽度以 10mm 为宜。

（3）直墙部位的（指两边侧墙和后墙上与熟料直接接触部位）上部配置托砖板，并设置锚固件和锚固砖的施工应执行有关条款和设计文件的规定。

（4）吊墙及咽喉拱两端上部封墙周围，均应留设膨胀缝。吊墙除周围留设膨胀外，还应在中部等距离留设两条膨胀缝。

（5）窑门罩的砌筑应符合下列要求：

1）窑门罩的上半圆顶盖砌筑耐火砖衬时应在罩壳上划线，全长中的环缝偏差不大于 8mm，砌体不得出现歪斜、脱空和爬坡现象；

2）窑门罩直墙砌筑应执行有关条款；

3）隔热砖与耐火砖应错缝砌筑，最后锁砖可设在罩顶的专用孔处。无专用孔时，则应沿砖环方向切开一个长方形小孔，最后一块砖从罩顶上插入，并用钢板锁紧；

4）当窑头罩顶部采用吊砖或耐火浇注料施工应执行有关条款，并符合设计文件的规定。

（6）膨胀节内衬里施工应符合设计文件的规定，衬里应保持在膨胀与收缩中不受力而损坏。安装膨胀节应对准进气方向，保证在生产中气流运行顺畅。

（7）三次风管的衬里施工必须由若干段节所组成，衬里的设置与配置应符合设计文件的规定，在相邻段节间的衬里中应按设计要求留设膨胀缝。

（8）燃烧器外侧保护衬应采用相适应的刚玉质或高铝质耐火浇注料，最好用耐热钢纤维增强，保护衬可整体制作，也可分段施工。保护衬的耐高温浇注料必须与锚固件相互牢固结合。

（9）窑尾密封装置的衬里砌筑应在施工中处理好安装与制作衬里间的配合。

实例二 保温工程

第409条 保温工程施工应符合工程设计规定和现行国家标准《工业设备及管道绝热工程施工及验收规范》、《工业设备及管道绝热工程设计规范》GB 50264—1997。

第410条 常用绝热材料性能的进货检验与试验应符合《工业设备及管道绝热工程设计规范》有关的要求。

第411条 保温工程的绝热层材料性能在配置时应符合下列要求：

（1）按保温材料在工艺线运行时的平均温度低于350℃时，其导热系数不得大于0.12W/(m·K)。

（2）按保温材料采用软质材料及半硬质制品密度不得人于200kg/m^3。

（3）按保温材料采用软质材料及半硬质制品的含水率不得大于7.5%（质量比）。按保温材料采用硬质材料的抗压强度不得小于0.4MPa。

（4）保温层材料按被绝热的工艺设备和热风（汽）管道外表面温度不同，其燃烧性能应符合现行国家标准《建筑材料及制品燃烧性能分级》GB 8624—2006规定的燃烧等级，并应符合下列规定：

1）被绝热的设备与通风管外表面温度 T_0 大于100℃时，绝热层材料应符合不燃类A级材料性能要求；

2）被绝热的设备与通风管外表面温度 T_0 小于或等于100℃时，绝热层材料不得低于难燃类 B_1 级材料的性能要求；

3）被绝热的设备与通风管外表面温度 T_0 小于或等于50℃时，有保护层的泡沫塑料类绝热层材料不得低于一般可燃性 B_2 级材料的性能要求。

（5）热力管道的绝热层材料性能及设备与管道防冻保暖材料性能在配置时应符合设计文件的要求。

第412条 保温工程的防潮材料性能在配置时应符合下列要求：

（1）防潮层材料应选择具有抗蒸汽渗透性能、防水性能和防潮性能，且其吸水率不大于1%的材料。

（2）防潮层材料的燃烧性能应符合有关的规定。

（3）防潮层材料应选用化学性能稳定、无毒且耐腐蚀的材料，并不得对绝热层和保护层材料产生腐蚀或溶解作用。

（4）防潮层材料应选择在夏季不软化、不起泡和不流淌的材料，且在低温使用时不脆化、不开裂、不脱落的材料；

（5）涂抹型防潮层材料，其软化温度不应低于65℃，粘接强度不应小于0.15MPa，挥发物不得大于30%。

第413条 保温工程的保护层材料性能在配置时应符合设计文件的规定。

第414条 固定件和支撑件制作应符合设计文件要求。

第415条　对于介质温度≥200℃的设备或热风（汽）管道、非铁素体碳钢的设备或管道，当使用抱箍式支撑件时，必须按设计要求的规定。

第416条　固定件和支撑件安装应符合下列规定：

（1）安装固定件的钩钉、销钉在工艺设备和热风（汽）管道上的分布、数量应符合设计文件要求，当设计无规定时，应符合下列要求：

1）对稳固保温层硬质、半硬质、软质制品的钩钉、销钉在工艺设备和热风（汽）管道表面每平方米面积：侧部不得小于6个，底部不得少于8个；

2）钩钉、销钉在划线、定点、焊接位置的间距不大于350mm；

3）焊接或安装牢固，自锁紧板不得向外滑动；间距均匀、长短一致、安装垂直。

（2）安装支撑件的托架、支撑板、支撑环在工艺设备和热风（汽）管道上的间距应符合设计文件要求，当设计无规定时，应符合下列要求：

1）立式设备和公称直径大于100mm的垂直管道，平壁为1.5～2m；

2）圆罐和管道，高温介质为2～3m，中低温介质为3～5m；

3）支撑件的宽度应小于保温层厚度10mm，但不得小于20mm；

4）当保温材料为软质（毡、垫）的绝热制品用支撑环稳固时，其结构应符合设计文件规定；在水平和垂直位置，保护层支撑环安装间距为0.5～1m；

5）不锈钢与合金钢设备管道上的支撑件，宜采用抱箍型结构；

6）焊接和安装牢固无松动，位置正确，间距和宽度符合本规范要求，平直美观。

第417条　绝热层安装应符合下列规定：

（1）绝热层厚度应以10mm为单位进行分档。硬质绝热材料制品最小厚度为30mm，但厚度小于30mm厚的硬质泡沫塑料允许选用25mm，其最小厚度为20mm。

（2）除浇注型、喷涂型、砌筑型和填充型外，在无其他说明的情况下，保温层厚度大于100mm，绝热层的施工必须分层进行。

（3）当内外层采用同种绝热材料时，内外层厚度宜近似相等。

（4）当内外层为不同绝热材料时，内外层厚度的比例保证内外层界面处温度绝对值不超过外层材料安全使用温度绝对值的0.9倍（以摄氏度计算）。

（5）拼缝宽度保温层不得大于5mm。采用同层错缝，内外层压缝方式敷设。内外层接缝应错开100～150mm。角缝为封盖式搭缝。各层表面应做严缝处理。

（6）水平安装的管道（热风管）和设备最外层的纵缝拼缝位置应尽量远离垂直中心线上方。纵向单缝的缝口朝下。

（7）保温设备及管道的附件和管道端部或有盲板的部位应按设计文件规定进行绝热。

（8）绝热层厚度、安装容重的允许偏差应符合表39-29。

表39-29　绝热层厚度、安装容重的允许偏差

项　目		允许偏差
厚度	保温层硬质制品	+10mm，－5mm
	保温层半硬质、软质制品	+10%，－5%，但不得大于+10mm，不得小于－10mm
安装容重	硬质、半硬质制品	+5%
	软质制品	+10%

第418条　保温层捆扎结构安装应符合下列规定：

（1）保温结构中一般采用镀锌铁丝、镀锌钢带作保温结构的捆扎材料。

1）$DN \leqslant 100$mm的管道，宜用$\Phi 0.8$mm双股镀锌铁丝捆扎；

2）$100 < DN \leqslant 600$mm的管道，宜用$\Phi 1 \sim \Phi 1.2$mm双股镀锌铁丝捆扎；

3）$600 < DN \leqslant 1000$mm的管道，宜用$w \cdot \delta$：12×0.5mm镀锌钢带或$\Phi 1.6 \sim \Phi 2.5$mm镀锌铁丝捆扎；

4）$DN > 1000$mm的管道和设备，宜用$w \cdot \delta$：20×0.5mm镀锌钢带捆扎；

5）工艺设备和热风（汽）管道上固定件的钩钉、销钉对绝热材料表面加固捆扎镀锌铁丝的施工应符合设计文件的规定。

（2）捆扎间距：200～400mm（软质材料宜靠下限）。每块绝热材料至少要捆扎两道。

（3）管道双层、多层保温时应逐层捆扎，内层可采用镀锌钢带或镀锌铁丝捆扎。大管道外层宜用镀锌钢带捆扎。设备双层保温时，内外均宜采用镀锌钢带捆扎。

（4）工艺设备和热风（汽）管道壳体的锥体或封头的各层捆扎施工应符合设计文件的规定。当设计无规定时，可利用活动环和固定环呈辐射型固定。

（5）严禁用螺旋缠绕法捆扎。

（6）有振动部位或受振动影响的工艺设备和热风（汽）管道的保温层捆扎，应采用加强措施捆扎。

第419条　保护层安装应符合下列规定：

（1）保护层材料的采用、预制和安装应符合设计文件的规定。

（2）金属保护层厚度当设计无明确规定时应符合表39-30的要求。

表39-30　常用保护层厚度　　mm

使用场合 / 材料类型	$DN \leqslant 100$管道	$DN > 100$管道	设备与平壁	可拆卸结构	要　求
镀锌薄钢板	0.3～0.35	0.35～0.5	0.5～0.7	0.5～0.6	需增加刚度的保护层可采用瓦楞板形式
铝合金薄板	0.4～0.5	0.5～0.6	0.8～1.0	0.6～0.8	

（3）金属保护层接缝型式的采用当设计无明确规定应符合下列要求：

1）硬质绝热制品金属保护层纵缝，在不损坏里面制品及防潮层前提下可进行咬接，咬接宽度12～16mm；

2）半硬质和软质绝热制品的金属保护层的纵缝可用插接或搭接，重叠宽度为30～50mm：

①插接缝用自攻螺钉或抽芯铆钉连接；

②搭接缝用抽芯铆钉连接；

③钉与钉的间距不应大于200mm。

3）金属保护层的环缝，可采用搭接或插接，重叠宽度30～50mm。除有防坠落要求的垂直安装的保护层外，在保护层搭接或插接的环缝上，水平管道不宜使用自攻螺钉或抽芯铆钉固定。

（4）金属保护层的防（雨）水应符合工程设计的要求。

第 420 条　砌筑型的绝热及保护层材料、绝热层的干砌填缝材料或湿砌灰浆材料的采用应符合设计文件的规定。保温墙体的砌筑应符合现行国家标准《砌体工程施工质量验收规范》GB 50203—2002 的规定。

第 421 条　缠绕式绝热及保护层材料的采用、预制、安装应符合设计文件的规定。

第 422 条　充填式绝热及保护层材料的采用、预制、安装应符合设计文件的规定。充填层厚度、安装容重的允许偏差为：

（1）绝热层厚度 >50mm，+10%；

（2）绝热层厚度≤50mm，+5mm；

（3）安装容重，+10%。

第 423 条　粘贴绝热层安装对大型设备及管道保温层采用半硬质、软质毡、板的粘贴应符合设计文件的规定。粘贴绝热层厚度的允许偏差执行本标准。

第 424 条　浇注、喷涂绝热层施工对聚氨酯泡沫塑料和轻质粒料的施工配合比应符合设计文件的规定和 GBJ 126—89 的规定。浇注、喷涂绝热层厚度、安装容重的允许偏差执行本标准。

第 425 条　可拆卸式绝热层的保温和保护层材料的采用、预制、安装应符合设计文件的规定。保温材料应紧贴金属护壳，工件操作灵活，并便于安装拆卸。

第 426 条　工艺设备及管道硬质绝热制品绝热层的伸缩缝及膨胀间隙的安装应符合设计文件的规定。伸缩缝定位尺寸和膨胀间隙预留的允许偏差应符合下列规定：

（1）伸缩缝宽度为 5mm。

（2）膨胀间隙预留为 2mm。

第十四节　主要装备试运转

（一）试运转规范

第 427 条　设备试运转应按下列三个阶段进行：

（1）单机无负荷试运转（各类风机、罗茨风机、空气压缩机、各类起重设备、水泵等必须进行带负荷试运转）。

（2）无负荷联动试运转（不参与连锁的设备，只进行单机试运转）。

（3）带负荷联动试运转。

第 428 条　单机无负荷试运转和无负荷联动试运转的组织、指挥和操作，均由施工单位负责进行，建设单位参加，经试运转合格后双方办理单位工程交工验收手续，交建设单位。其设备的保管、维护和带负荷联动试运转的组织、指挥及操作等，均由建设单位负责进行，施工单位参加。

第 429 条　设备的单机无负荷试运转和无负荷联动试运转工作，施工单位应会同建设单位共同议定试运转方案。试运转程序应严格按本规范执行。

第 430 条　单机无负荷试运转验收合格后，进行无负荷联动试运转。联动试运转时间，以电气连锁动作三次无误为合格。无负荷联动试运转合格后，交接双方应在“无负荷单位工程试运转验收证书”上签字，之后设备即移交建设单位。

第 431 条　试运转中的安全工作

（1）试运转工作要明确分工，统一指挥，参加试运转的实际操作人员，必须具备本机丰富的安装经验和全面的试运转安全知识。

（2）试运转中发现机械设备由不正常的现象，须停车检查和调整时，必须与操作人员联系，不得随意停车、开车，避免发生事故。

（3）试运转时，开车及停车必须有信号，严禁无信号开车，如遇紧急情况也应通过操作者，他人不得随便按动各种电气开关。

（4）禁止接触机械设备的任何转动部位，禁止在运转设备上面或下面行走。

（5）试运转前凡需要遮盖的部分均应盖好（如设备的安全罩、螺旋输送绞刀盖子、地沟盖板等）。

（6）设置试运转用的工作标牌，设置警卫，非试车人员不得进入试运转区域。

（7）对订出的试运转制度及试运转方案，应认真贯彻执行。

（8）操作人员必须坚守岗位，注意机械设备的试运转情况及倾听机械设备的转动声音，以便及时发现问题，及时解决问题，不得擅离职守随便走动。

第 432 条　试运转前的准备

（1）准备好所需的工具和材料，如各种扳手、手锤、电工三大件、转速表、温度计、振动测定仪、电流表、电压表、油枪、清洗材料、润滑材料和试运转中各种记录表格等。

（2）设备四周及车间环境卫生应良好、整洁，搞好试车现场清理工作。

（3）检查设备内脏，不许有施工中遗留下的东西，如钢筋、砖头、水泥板、木板、扳手、螺栓和棉纱等物，特别是黑暗部位和不易查看部位要认真检查、不能马虎。

（4）单机试运转前，对电气设备必须事先进行检查、试验、整定和调试工作，确认性能良好，符合设计要求，才能合闸试运转。

（5）重要和重大设备（如窑、磨、窑尾框架等）要检查混凝土基础沉降情况，做好沉降观测点记录。

（6）检查设备地脚螺栓、连接螺栓和键销等固定件是否有松动及损坏现象。

（7）检查各润滑系统和传动部件是否按设备的技术文件要求加入适量的润滑油、脂，检查电机轴承注油情况，并对供油管路上的各种阀门进行检查，确认动作是否灵活，关闭方向是否正确。

（8）检查供水、供气管道，清除管内杂物，试车前应先进行试水、施压工作。

第 433 条　试运转注意事项

（1）有润滑系统和冷却系统的设备，试运转时先启动润滑油泵和打开供水闸门，使油压和水量达到正常后，才能正式开车。

（2）大型、重要电动机必须经过单独空载试运转，抱闸、控制器及极限开关等必须试验合格，才能带动机械设备进行试运转。

（3）设备检查后电机启动前，必须盘动传动部件数圈，确认无误后才能开车。

（4）设备启动时，应先作点动开车，确认转向正确和一切正常后才能正式试运转。

（5）有辅助传动装置的设备，可先采用辅助电机启动，设备运转数圈后再正式试运转。

第 434 条　试运转中一般机械设备检查内容

（1）各部轴承运转中的温升情况，没有明确轴承温度许可值的设备，可按下列数值进行测定：

1）滚动轴承的温度不得超过75℃；

2）滑动轴承铜瓦的温度不得超过70℃；

3）滑动轴承钨金瓦的温度不得超过65℃。

（2）各润滑站（点）的供油情况，循环润滑系统的油压无明确规定时，可按如下数值测定：

1）进入滑动轴承的油压力为0.15～0.3MPa；

2）进入齿轮减速机的滚动轴承的油压力为0.2～0.25MPa。

（3）冷却水的供水情况，进、出口水温差不得大于15℃，密封装置填料箱及逆转刹车装置的工作水温，不得大于70℃。

（4）设备的振动情况，设备技术文件提出要求的，应按规定数据检查；如有过大的振动现象，应立即停车检查。

（5）检查管路、密封处有无漏水、漏油、漏风现象。

（6）检查设备有无卡碰、异常响声，各零部件在运转中有无移动和松动现象。

（7）检查电气设备的各种仪表是否灵活、准确，电压、电流值在运行过程中的稳定值是否与额定参数相符。

第435条　一般设备试运转结束后应复查一下工作内容：

（1）运转中不易检查到的设备部位的温升情况。

（2）润滑油的油质有无变化，油内是否有金属铁末和污物，滤油器内滤油网上有无污物。

（3）地脚螺栓、坚固螺栓、连接螺栓及键销等固定件有无松动及损坏。

（4）要求试车后重新紧固的连接件及需点焊和焊牢的零件，在复查后及时处理。

（5）冰冻季节，必须排净设备及管道内所有的存水。

（6）检查齿轮传动的啮合情况及运转部件的接触情况。

（7）检查各开关、各电气仪表指针是否复位。

（二）一般设备试运转

第436条　小型各类破碎机、各类给料及输送设备、各类包装设备、各类吸尘设备运转部分，电机可直接带动机械设备进行单机无负荷试运转，运转时间以各部轴承温度在规定范围内相对稳定为止，一般不少于2h。

第437条　整体出厂的小型风机，空气压缩机、各类油泵、水泵，电机可直接带动机械设备无负荷启动，带负荷运行，运转时间以各部轴承温度在规定范围内相对稳定为止，最少不得少于2h。

第438条　罗茨风机，电机可直接带设备运行，但必须带负荷启动，带负荷运行，运转时间以电机和轴承温度规定范围内相对稳定为止，最少不得少于2h。

第439条　选粉机、辊压机

（1）电机单独运行2h。

（2）带设备运行运行时间以各种轴承温度在规定范围内相对稳定为止，最少不得少于4h。

第440条　现场组装的各类较大型风机

（1）电机单独运行2h。

（2）带设备无负荷启动。

（3）带负荷运行，运行时间以各种轴承温度在规定范围相对稳定为止，最少不得少于4h。

第441条　一般设备试运转时的其他要求按本章相关规定执行。

实例一　破碎机试运转

第442条　本规定适用于水泥工业用现场组装的各类大型锤式破碎机、反击式破碎机、颚式破碎机及辊式破碎机。

第443条　试运转前的检查

（1）确认各部润滑点的润滑油（脂）状况（数量、品质），是否有滴漏现象。

（2）检查各转动部位，相对运动部位是否有杂物和干涉。

（3）确认所有连接螺栓是否按要求紧固。

（4）确认破碎机腔内是否有异物，尤其是高硬度的金属异物。

（5）检查破碎机周围的安全防护装置是否可靠，破碎机检修门是否关闭严密紧固。

（6）有冷却水的设备，确认冷却水系统供水正常。

第444条　试运转时间

（1）确认电机运转方向后，电机单独运转4h。

（2）主电机带动破碎机运转，运转时间以电机及破碎机各部轴承温升在规定范围内停止上升，即可停机，但最少不得少于8h。

第445条　试运转的检查

（1）检查噪声、振动情况及有无异常声响、振动、气味等现象。

（2）检查和记录各部轴承的温升情况。

（3）检查各润滑点有无滴漏油现象。

第446条　试运转后的检查

（1）检查地脚螺栓及各部连接螺栓有无松动并及时处理。

（2）检查破碎机腔内有无异常变化并及时处理。

（3）检查润滑油（脂）情况，及时补充及更换，滴漏处及时处理。

实例二　堆取料机试运转

第447条　本规定适用于水泥工业用各种型号规格的矩形堆料机、矩形取料机及圆形堆取料机。

第448条　试运转前的检查

（1）检查各润滑点和润滑系统的供油（脂）情况有无滴漏现象，并确认润滑油（脂）的质量和数量。

（2）检查液压系统：泵的转向是否正确，管路系统有无渗漏现象，各部元件是否调至规定位置。

（3）确认传动机构及机体零部件装配正确，无损坏、漏装、漏焊现象，连接螺栓是否按规定拧紧，铰接点转动是否灵活，链条张紧是否适度。

（4）清除行车范围内所有障碍物，确认轨道无变形、错位、硬伤、裂纹等。

第449条　矩形堆料机试运转

（1）带式输送机按堆料方向运转，运转时间按有关规定要求温升停止且不得少于Δh，运转中进行启动，制动试验2次。

（2）变幅运动，由原始位置仰起和下俯至极限为止，在带式输送机运转的过程中反复进行，并进行2次启动和制动试验。

（3）行走机构在设计的行程内往返运行，运行时间与带式输送机同步。

（4）试运转中的检查：

1）行走机构运行是否有卡轨现象并予以及时处理；

2）带式输送机有无跑偏现象，并予以及时处理，启动制动灵活；

3）变幅运动仰俯正常，启动制动灵活；

4）行走传动及带式输送机各部轴承温升不大于40℃，最高温度不超过70℃。

第450条　矩形取料试运转

（1）刮板输送机按取料方向连续运转并进行2次启动和制动试验，无负荷试运转时间按有关规定，温升停止且不得少于Δh。

（2）料耙在形成范围内随大车行走做往复运行。

（3）主梁在行程范围内往复运行8h。

（4）试运转中的要求与检查：

1）行走机构运行平稳，不得有卡轨现象；

2）刮板输送机不得有跑偏、卡碰现象，启动、运转、制动应灵活；

3）料耙运动往复灵活正常；

4）行走传动及刮板输送机各位轴承温升不大于40℃，最高不超过70℃。

（5）停车后主要检查主梁挠度有无变化，所有连接螺栓有无松动，并予以及时处理。

（6）矩形堆料机、取料机、联动试运转停开三次，确认连锁程序正确，堆料机、取料机配合正常。

第451条　圆形堆取料试运转

（1）试运转前除按第448条内容检查外还应分次增加，调整配重量。

（2）带式输动机变幅运动要求同第449条；

刮板输送机、料耙运动要求同第450条。

（3）回转运动在回转120°角度范围内往复运行，并进行启动和制动试验，回转正常。

（4）主梁绕中柱沿轨道运行8h，且满足温升不大于40°，最高温度不超过80℃范围内稳定。

（5）试运转中及试转后检查同第449条及第450条相关要求。

（6）联动试车如下：

1）各驱动装置单独启动4次左右；

2）整机联动停开3次；

3）确认连锁程序正确，堆取料系统配合正常。

实例三　管磨机试运转

第452条　本规定适用水泥工业用以粉磨生料、水泥、煤粉的各种型号及规格的管磨机。

第453条　试运转前的检查与确认

（1）确认磨筒体内无杂物、试运转现场整洁、无障碍物。

（2）确认所有润滑系统、液压系统已冲洗干净，管路系统无渗漏，油质清洁、油型号正确，油压符合设计要求。

（3）中心传动主电机的定子和转子应用压缩空气吹干净，并确认定子和转子之间间隙是否均匀。

（4）点动主电机和辅助电机，确认磨机运转方向正确。

（5）对有喷水装置的磨机，应检查喷水情况是否符合设计要求。

（6）确认所有连接螺栓是否按要求紧固。

（7）确认冷却水系统供水正常。

第454条　试运转时间

（1）主电机单独运转4h。

（2）主电机带减速机在设计无特殊要求情况下，不单独运转。

（3）辅助电机可直接带减速机和磨机运转，运转时间30min。

（4）主电机带减速机及磨机运转，运转时间不少于8h，且确认各部轴承温度在有关的规定范围内停止上升。

第455条　磨机启动和停机的注意事项：

（1）磨机启动前必须完成润滑系统和液压系统，冷却水系统的调试。

（2）磨机启动前必须先开启润滑系统、液压系统和冷却水系统，正常后方可启动磨机。

（3）磨机停机前，不得停止润滑系统和冷却水系统，待磨机完全停止运转后方可停止。

第456条　试运转中的检查与要求

（1）传动系统及磨机运转平稳，无异常声响。

（2）检查传动系统及磨机运转中的振动情况。

（3）检查记录各供油点的供油情况，液压系统的压力状况。

（4）检查记录各部轴承的温升情况：

1）主电机轴承温度不得超过75℃；

2）主减速机轴承温度：若是滚动轴承，温度不得超过75℃；若是铜瓦滚动轴承，温度不得超过70℃；若是巴氏合合瓦滚动轴承，温度不得超过65℃；

3）中空轴轴瓦温度不超过65℃，润滑油油温不超过60℃；

4）滑履轴承托瓦温度不超过75℃，润滑油油温不超过60℃。

（5）检查进料与出料装置与磨体有无摩擦现象。

第457条　试运转后的检查

（1）检查并重新紧固所有连接螺栓，尤其是地脚螺栓及衬板螺栓。

（2）检查润滑油中有无金属粉末及其他杂质，并予以处理。

实例四　辊式立磨试运转

第 458 条　本规定适用水泥工业用以粉磨生料、煤粉、水泥用各种类型规格的辊式立磨。

第 459 条　试运转前的检查与确认

（1）检查并确认各润滑点的供油情况，减速机高低压油泵系统及其他液压系统的冲洗情况及管路系统的密封情况，保证油牌号正确，油质情况。系统无渗漏现象，压力正常。

（2）检查磨体内有无异物，检查门是否封闭，试运转设备周围清洁无障碍物。

（3）检查所有紧固螺栓是否按要求紧固。

（4）确认磨辊是否按规定顶起，离开磨盘（若不能顶起的磨辊，该类型磨机在磨盘上铺垫碎石，直接带负荷运转，不进行无负荷试运转）。

（5）点动电机，确认运转方向正确。

第 460 条　试运转时间

（1）主电机单独运行 4h。

（2）主电机带减速机及磨盘运行，以主电机减速机轴承温度在有关的规定范围内稳定即可停机，一般 4h。国外设备按专家指导意见执行（磨辊不能顶起的磨机除外）。

第 461 条　试运转的检查与确认

（1）主电机、减速机轴承温度不超过 70℃（并做出记录）。

（2）减速机低压油泵系统压力符合产品说明要求（并做出记录）。

（3）确认运转平稳，无噪声及卡碰、刮磨等现象。

（4）确认无负荷运转时不振动。

（5）检查液压及润滑系统运转正常，压力稳定，无渗漏现象。

第 462 条　整机联动试验

（1）本条一般情况下在带料运行时同时进行，不属无负荷试运转的内容，业主有要求时，在制造厂专家指导下进行。

（2）联动前，除进行有关检查外，需对压力蓄能器的氮气压力进行检查确认，符合产品性能要求，并调整好相应的安全阀。

（3）开机顺序：张紧装置，减速机及三道闸门的液压站加热器加热—密封风机运转—分离器运转—减速机低压泵运转—高压泵运转—张紧装置液压站运转—三道闸门液压站运转—接通超越离合器—接通辅助电机—接通主电机。

（4）整机联动时应在磨盘上布满物料（约 60mm 厚），严禁磨辊直接与磨盘摩擦。

（5）检查各部压力是否正常，各运动部件是否灵活，运转是否平稳。

实例五　回转窑试运转

第 463 条　本规定适用于水泥工业干法生产的各种规格、种类的回转窑。

第 464 条　回转窑无负荷试运转必须在窑体砌筑耐火材料之前进行。

第 465 条　试运转前的检查与确认

（1）检查托轮与轮带接合处有无异物，托轮与轮带表面是否清洁。

（2）检查轮带垫铁缝隙是否清洁。

（3）确认窑筒体内无杂物，窑筒体外及窑头、窑尾运转部位无障碍物。

（4）确认各部润滑油（脂）质量和数量符合设计要求。

（5）确认液压档轮油泵站及传动油泵站系统已经调试完成，运转正常。

（6）确认冷却水系统供排水正常。

（7）确认地脚螺栓及各部连接螺栓按要求已全部紧固。

（8）确认托轮轴承油勺与油盘角度与距离。

第466条　试运转时间

（1）主电机单独运转2h。

（2）主电机带减速机一般情况下可不单独运转，若需要可运转2h。

（3）辅助电机带减速机及回转窑运转30min。

（4）主电机带减速机及回转运转，运转时间以托轮及传动各部轴承温度在有关规定的温升范围内相对稳定为止，但最少不少于4h。

第467条　带窑体运转开启顺序

（1）启动低压润滑油泵。

（2）辅助传动带窑体启动运转30min后停止。

（3）开启冷却水系统。

（4）启动液压挡轮油泵调至规定压力。

（5）启动主电机，带动窑体运行，运转速度从低速到高速，再从高速回到额定运转速运行考核。

第468条　试运转中的检查与要求

（1）检查并定时记录托轮轴承，传动各部轴承的温升情况：

1）托轮滑动轴承温度不应超过70℃；

2）电机、减速机和小齿轮轴承温度不应超过75℃。

（2）轮带与托轮接触长度不应小于工作宽度的75%。

（3）运转时无异常振动和噪声，润滑和密封正常。

（4）检查并确认窑体上下窜动是否符合设计要求，上窜速度可用调整液压挡轮压力来完成：

1）托轮找正定位后，一般情况下，运转中不得调整托轮；

2）若上窜速度用液压挡轮压力调整仍不能达到要求或下窜速度过快或过慢时，方可根据窑体的上下窜动速度，确认托轮的微调方向，然后微调中间支点托轮轴承顶丝（若仅两支点，调整远离传动的一组托轮组），以达到调整的目的。

第469条　试运转后的检查

（1）各托轮滑动轴承的研磨情况。

（2）大小齿轮的啮合情况。

（3）各部连接螺栓有无松动。

（4）各润滑点及液压润滑系统有无滴漏现象。

（5）检查油的清洁程度。

（6）检查窑头、窑尾密封及摩擦部位有无异常。

（7）及时处理试运转所发现的问题。

实例六　推动篦式冷却机试运转

第470条　本规定适用于水泥工业用各型号、规格的推动篦式冷却机。

第471条　试运转前的检查与确认

（1）确认所有连接螺栓按要求已全部紧固，所有焊接部位按要求已全部完成。

（2）检查并确认冷却机内部（含破碎机及料斗拉链机内部）已清理干净，外部现场已打扫干净。

（3）确认所有移动、转动部件部位无杂物，无干扰。

（4）确认各润滑点的油（脂）加注到位，品质符合，并无渗漏现象。

（5）确认液压系统管路清洁，无渗漏，压力符合设计要求。

（6）检查所有安全罩，安全阀是否缺位和安装正确。

第472条　试运转时间以各部轴承温度温升不大于40℃且不再上升为准，但最少不少于4h。

第473条　试运转启动顺序及试运转中的要求

（1）启动篦床：

1）确认传动运转平稳，无异常声音；

2）篦床无卡碰及跑偏现象；

3）采用液压传动的机型，要求在设计的正常压力下，液压系统及油缸无渗漏且运行平稳，两侧液压缸行程误差小于1mm。

（2）启动料斗拉链机：

1）无跑偏及卡碰现象；

2）链条松紧适度，运转平稳。

（3）启动熟料破碎机，运转正常，无异常声响。

第474条　试运转后的检查确认

（1）集中润滑脂系统无渗漏现象。

（2）各润滑点润滑脂供应正常。

（3）检查所有紧固螺栓有无松动现象。

（4）及时处理试运转中发现的各种问题。

实例七　增湿塔调试

第475条　本规定适用于水泥工业各种规格的增湿塔。

第476条　增湿塔配套使用的排灰输送机、风机、水泵等试运转按本节有关要求进行。

第477条　喷嘴雾化试验前，先开启水泵，待水泵水压正常，运转平稳后方可进行。

第478条　喷嘴雾化试验，确认供水管道铁锈水排净后，对喷嘴进行雾化效果检查，将喷嘴全部由增湿塔内取出，打开一套喷嘴的外流阀观察雾化情况，若雾化情况良好，再打开内流阀，雾化情况依然良好，本套喷嘴即为合格，若雾化情况不好，则拆下喷嘴进行清洁，经反复试验仍不合格，则更换喷嘴，依次对其他喷嘴进行同样的试验，直至全部喷嘴雾化合格。

实例八　大型布袋收尘器试运行

第479条　本规定适用于水泥工业解体进厂的各型号规格的大型布袋收尘器。

第480条　与大型布袋收尘器配套的输送设备，风机试运转按相关规定执行。

第481条　试运转前的确认

（1）确认提升阀，反吹风阀（或脉喷阀）位置安装正确。

（2）确认反吹风风道或压缩空气管道内无杂物。

（3）确认滤袋无损伤，滤袋张力适度且相同。

（4）反吹风式确认反吹风风机运转正常，脉喷式确认压缩空气供气正常。

第482条　试运转中的调整与确认

（1）严格根据设备技术文件调节各室清灰顺序，吹风时间，间隙时间。

（2）确认各部运行正常满足技术条件文件按要求。

（3）确认壳体密封良好。

（4）试运转时间以调整时间而定，全部调整结束后运行30min，即可停机。

实例九　电收尘器试运行

第483条　本规定适用于水泥工业用各种规格型号的电收尘器。

第484条　电收尘器的试运转是在高压通电中进行，必须对人身安全予以保证，试运行时必须做到：

（1）非调试人员严禁进入调试区。

（2）通高压电区域必须有明确的安全警示标识。

（3）通电过程中严禁人员进入机内；需进入排除故障时，必须切断电源，并派专人把守，通风后方可进入机内处理。

（4）重新送电时，必须再检查，确认机内无人及遗留工机具方可再次送电。

（5）振打机构调试时，严禁送高压电。且应在送高压电前完成。

第485条　试运行前的检查与确认

（1）严格检查机体内是否混有杂物，如工具、铁丝、钢筋、工机具、焊把线等以免引起“短路”或提前放电。

（2）确认保温箱内无异物。

（3）确认两极间距及极板无变形，电晕极无断裂、无松动。

（4）检查绝缘套管是否清洁、干燥、完好无损。

（5）确认接地装置安全可靠，接地电阻不得大于2Ω。

（6）测量机体湿度，必要时进行湿度处理。

（7）检查各检修门是否关闭可靠。

第486条　电收尘升压调试

（1）试压前4h，应将保温箱内的电加热器通电，以便烘干绝缘套管。

（2）通高压电并逐步升压，观察二次电流及电压的变化情况，如果二次电流和电压未达达到设计值而发生电击穿现象，应打开人孔门观察电极放电情况，并停止送电排除故障。

直至电压和二次电流达到设计要求。即可停止试运行。

第487条　排灰输送设备试运转按相关条款执行。

实例十　水泥包装机试运转

第488条　本规定适用于各种型号、规格的水泥包装机

第489条　试运转前的检查与确认

（1）确认设备所有运转及动作部位无异物及障碍物。

（2）检查确认各润滑点油（脂）品质及数量符合设备要求。

（3）检查气动控制系统供气正常，动作灵活。

（4）检查运动机构及计量刀口等动作灵活，且无漏油或漏气现象。

第490条　在运转状态下，称量装置应调整准确，其误差不得大于±0.3kg。

第491条　包装机工作时，压缩空气的压力为0.1~0.2MPa，且系统不得漏风。

第492条　在额定转速下，包装机无负荷试运转时间以各部轴承温升停止且符合相关规定为准，但不得少于2h。

第493条　运转中各部轴承最高温度不得高于70℃，运转应平稳。

第494条　试运转后检查各部连接螺栓有无松动，各润滑点有无渗漏油（脂）现象。并予以及时处理。

实例十一　无负荷联动试运转

第495条　无负荷联动试运转应在单机无负荷试运转合格后进行。

第496条　无符合联动试运转根据电气自动化设置，可分组分阶段进行。

第497条　无负荷试运转前的检查，机械设备部分的要求执行相关规定，电气自动化部分执行电气自动化的相关规定。

第498条　接到联动信号铃声后，各设备监视人员应立即就岗，联动试验过程中不得擅自离岗。

第499条　联动试运转过程中，无特殊情况不得随意停机。

第500条　联动试运转时间，以电气自动化连锁动作三次无误为合格。

第四十章　参考资料（二）

按　由于历史原因使一些相对落后的生产线仍在运行之中，为便于生产应用，特提供下列产品的制造安装维护与修理过程，仅供参考。

第一节　水泥工业用 CXBC 型袋除尘器

一、概述

搞好环境保护，改善企业劳动条件，防止粉尘和有毒物质对人体的危害，是关系到广大人民身体健康和工农业发展的一项重要工作。水泥、电力、冶金等行业在生产过程中排放出大量的粉尘，给大气造成严重污染。据粗略估算，到 20 世纪末我国的年烟尘总排放量将高达 4470 万 t。因此，搞好消烟除尘工作，对保护环境，保护人民的身体健康和农作物的生长是至关重要的。

水泥生产过程中粉尘排放，一是经济受损，二是造成大量资源浪费，三是增加了产品的成本。水泥厂的粉尘粒度比较细，要求能收下微小的尘粒，这也是水泥厂大量采用袋除尘器的主要原因。

CXBC 型系列袋除尘器是在原 FD 型袋除尘器的基础上改进型产品。适用于建材工业中物料破碎、粉磨、包装、输送、筛分、储库及其他设备的抽风除尘。当采用硅油石墨处理的玻纤布滤袋时可用于冷却机、烟气温度不大的烘干机和小型干法水泥窑的烟气除尘，也可用于煤碳、化工、电力、冶金、机械和轻工等行业的清烟除尘。其主要特点有：

本机壳体设计成一个低阻力的旋风筒和除尘器组合而成的复式除尘器，以一级除尘代替二级除尘系统。灰斗溜角大，不易积灰，顶盖略拱成盘形，具有一定的防爆能力，特别是顶盖的四个检修门可作为重力或防爆阀使用，以保安全。

顶盖可以通过手推轮正反旋转 180°，当需要检查和更换滤袋时，可使顶盖悬空，靠三个轮子支承，即可人工推着正反旋转，检查破袋或更换滤袋。

采用回转高频脉动吹振清袋技术，在反吹清袋的同时，产生高频脉动气振，用气力边吹边抖落积尘，反吹前、后有屏闭，可保证有效的吹洗滤袋，又可减少再次飞扬。

进气方向有两种可供选用，“N”型和“S”型，即逆时针和顺时针，可将 N、S 型两台并联使用，等于扩大其规格。

根据入口气体含尘浓度大小的不同，有快、慢两种清灰周期可供选择。

考虑到水泥库顶、生料库顶较高，为降低设备高度，专门设计了无灰斗形式，大大降低了除尘器高度，整个设备支承在四个支座上。

采用梯形截面扁布袋，按圆周以辐射状排列，布置紧凑，过滤面积大，而且有利于在反吹风作用下，布袋抖动振幅大，容易抖落附在滤袋表面的积尘，节省安装占地面积。

本机可以在室内外安装使用，不须另建收尘器房。

遇到有潮湿气体时，可在进气口设置加热装置。利用收尘器内部气体进行反吹清灰，不受使用气源条件的限制，可节省能源，易损件少，维护简便。

二、工作原理

含尘气体自入口切线方向进入旋风筒或壳体之内，并自上而下地做低速旋转运动，粗粒粉尘在离心力作用下分离出去，并沿壳体内壁运动，逐渐落入灰斗中。细粒粉尘随着气体一起弥漫于过滤室内的滤袋之间，气体穿过滤布进入袋内，成为清洁气体（被净化的气体）。由袋内经袋口汇集于上部清洁气体室，再经出口进入排风管，由主排风机排出。当气体穿过滤布进入袋内时，原来悬浮于气体中的粉尘，则被阻挡而滞留在滤袋的外壁上，滤袋阻力随着积灰的不断加厚而逐渐增高，当滤袋阻力为 90~100mmH_2O 时则进行清袋工作。清袋后，滤袋阻力为 60~70mmH_2O，接着进行过滤工作，如此循环。从滤袋上清除下来的粉尘和旋风筒壳体分离的粉尘一样，落入灰斗中，均由叶轮给料机卸出，如图 40-1 所示，其主要技术性能见表 40-1。

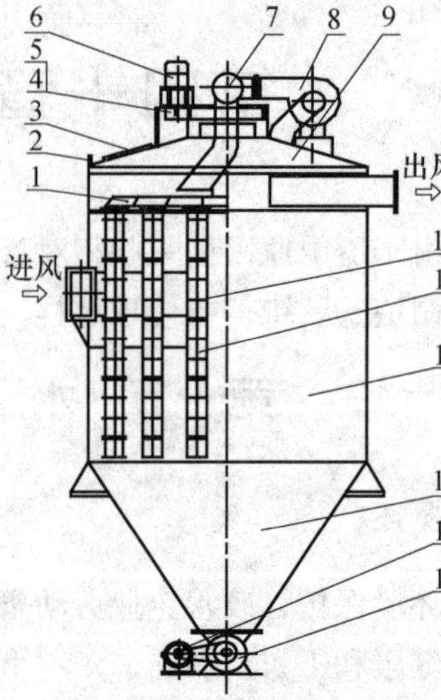

图 40-1　CXBC 型袋除尘器结构示意图

1—回转臂；2—顶起装置；3—检修门；4—小齿轮；5—大齿轮；6—减速电机；7—脉动阀；8—风机；9—顶盖；10—滤袋笼；11—滤袋；12—壳体；13—灰斗；14—钢性叶轮给料机；15—减速电机

表 40-1　CXBC 袋除尘器基本参数

基本参数	单位	型号							
		CXBC 510/148	CXBC 340/148	CXBC 227/148	CXBC 180/78	CXBC 90/78	CXBC 60/27	CXBC 41/27	CXBC 31/27
过滤面积	m^2	510	340	227	180	90	60	41	31
处理风量	m^3/h	30600~15300	20480~10240	13620~6810	10800~5040	5400~2700	3720~1860	2460~1230	1860~930
入口气体温度	℃	≤200							
过滤风速	m/min	≤1							
入口含尘浓度	g/m^3（标）	≤200							
出口含尘浓度	mg/m^3（标）	按 GB/T 4915 规定							
压力损失	Pa	≤1700							

（一）屏闭吹振式清袋原理

清袋工作过程可以分为三个阶段。一是清灰准备阶段，即吹前屏闭阶段，在开始反吹之前，屏闭袋口，使袋内失去负压，袋壁由原来向里凹变为趋近垂直，即袋壁由于自重与灰尘层重的作用自然向外回弹，有部分灰尘（主要是大块）弹落。二是清袋阶段，即屏闭反吹脉动气振清袋阶段，将袋吹鼓起来边吹边振，利用反吹和颤抖力将袋壁上的灰尘分离开来，灰尘靠自重下落。三是沉降阶段，即吹后屏闭阶段，在清袋分离袋壁的粉尘下降时，需要一定的时间才能落到灰斗中，所似吹后屏闭一段时间，就能保证绝大多数粉尘落入灰斗中，避免了灰尘重返袋壁现象。

（二）吹振阀工作原理

由反吹风机来的气体，从阀壳入口进入，经阀壳出口流出，反吹风机连续不断鼓风，气流也是不断进入阀内，但由于叶轮回转阀芯是连续高速回转的，每转一周便二次切断气流，因此，能使反吹气体产生高频脉动式纵向振动波，这种高频振动的气源就是清袋所需要的吹振气源。

三、结构与制造

（一）CXBC 系列除尘器的主要结构

除尘器的外壳分为三部分：顶盖、壳体、灰斗。顶盖略拱，盘形、壳体为圆筒形，具有一定的防爆能力。当采用285硅油石墨处理的玻璃纤维布滤袋时，可用于煤粉系统收尘，这时可将顶盖上的检修门改为重锤式压紧的形式，能起防爆阀的作用。圆筒形壳体被花板分为两部分，上部为净气室，下部为装筒滤袋的过滤室。在圆形花板上，从圆心向外有1～3圈沿圆周呈放射状排列的梯形孔，每个孔内装有一条断面呈梯形的滤袋，滤袋内装有同样断面的框架支撑。筒体上的切线进风口带有导向蜗旋，筒体顶端的出风口为喇叭形，含尘气体沿切线进入壳体，在离心力的作用下，分离出部分粗粒粉尘，其余被滤袋过滤，净气在滤袋内向上经袋口到达壳体顶部净气室，经出风口排出，粉尘被阻留在滤袋的外表面，清灰时便落入灰斗中。灰斗基本是圆锥形，下部设有刚性叶轮给料机，随时将粉尘排出。顶盖可以正反各旋转180°，这是通过顶盖与壳体之间的手推轮来实现的，使顶盖上的人孔对准任何一条需要更换的滤袋，实现机外检查和维修，只有大修时才揭开顶盖进行检查维修。一般情况下，大修时检修人员也不必进入滤袋室。

（二）清灰方式

本系列除尘器采用回转高频脉动吹振清袋新技术，反吹风机连续供应的高压风（比主排风机的风压更高）由脉动阀控制，间断地（脉动式地）进入反吹管。通过反吹口，喷吹到滤袋里面，使滤袋突然扩张，由于反吹气流是脉动式供应的，兼有反吹和气振的作用，故滤袋产生迅速扩张后又接着迅速收缩，使滤袋如此连续反复地突然迅速收缩，也就是一方面对滤袋进行反吹，另一方面又使其产生振动，因此既能抖落袋上积灰，又能吹掉袋上积尘，吹跑滤袋附近的灰尘。由于反吹压力不很大和滤袋做高频低振幅的振动，所以清洁滤袋非常有效而又不损伤滤料。

（三）主要零部件的工作要求

反吹风机与脉动阀之间用橡胶伸缩节连接，既可减振，又可满足风机移动需要。

脉动阀下面连着反吹管。为了适应花板顶面较小的平面度，反吹口与反吹管亦用挠性连接，挠性节可以上下变形，但不能前后（或左右）变形，这样就可以使反吹口紧靠花板滑动。尽量减少反吹时的漏风，反吹用风量最多为收尘器处理风量的7%，由于反吹风机的入口管可以接在顶盖上，使直接吹入清洁气体室的被净化后气体作为反吹风，这样实际上并不增加主排风机的风量，是比较经济合理的。

滤袋断面形状为扁梯形，既有利于吹振袋工作，又可使总体布置紧凑，滤袋主要由布袋、骨管、框圈、弹簧箍、梯形撑头、定位头及其他辅件组成，框圈上设有把手，供安装和拆卸时提拿滤袋之用。框圈上口有凸缘，整个滤袋借助于凸缘自由地吊挂在花板的袋套上，滤袋的下端利用定位头插入下花板的钢管孔中以定位，因此滤袋的安装和取出都很方便。

滤袋材料可以根据不同情况选用涤纶绒布和玻纤布。208 涤纶绒布的主要性能为斜纹单面绒布，厚度 1.9mm 左右，不含水分重量 379.5g/m^2，缝制针距为 3mm，安装时绒面朝里，即绒面向滤袋框架。中碱玻璃纤维布的主要性能为斜纹，厚度 0.24mm，重量为 270g/m^2，并要用 285 硅油石墨处理，缝制针距为 4mm。

卸灰装置采用刚性叶轮给料机，由齿轮减速电动机通过销子联轴器直联传动。为了防止偶然卡死，配置了一个特殊保安联轴节，可避免主要设备损坏，销子上刻槽深度可在试车时根据实际情况改变并确定。以确保安全而不经常折断为原则。

（四）主要零部件技术要求

1. 顶部装置

顶盖：顶盖焊后不得变形，下平面的平面度公差为 1.5/1000*D*（*D* 为顶盖下平面直径，单位为 mm），检修门框及其他焊接部位焊后应平整无裂纹、气孔。

小齿轮：材料应不低于 45 锻钢，齿面硬度为 HB 217-255。齿轮制造精度等级按 GB/T 10095.1～2《渐开线圆柱齿轮精度》中的 998FG 执行。

大齿轮：材料应不低于 QT 400-15。大齿轮制造精度等级按 GB/T 10095.1～2 中的 998FG 执行。

反吹管：材料不低于 QT 400-15。铸件无砂眼、缩孔、裂纹等影响质量的铸造缺陷。大齿轮和两个滚动轴承配合应同心，其同轴度公差按 GB/T 1184—1996 的 8 级制造。

2. 回转脉动吹振阀

阀芯：材料应不低于 HT200。铸件不得有砂眼、缩孔、裂纹等缺陷。要求阀芯与皮带轮做静平衡试验，其平衡力矩允差不得大于以下规定值：

回转脉动吹振阀直径（mm）	ϕ250	ϕ200	ϕ140
平衡力矩允差（N·m）	0.02	0.004	0.003

3. 花板

上花板：表面应平整光滑，其平面度公差为 1/1000*D*（*D* 为花板直径，单位为 mm），袋套口内四周要光滑、无毛刺。每个袋套口加工后的实际位置与理论位置误差不得超过 2m。

下花板：材料应不低于 QT 400-15。表面应平整光滑，其平面度公差为 1/1000*D*（*D* 为花板直径，单位为 mm），袋套口内四周要光滑、无毛刺，加工后的实际位置与理论位置误差不得超过 2mm。

4. 滤袋

制作应符合图样要求。如用其他材料代替时，应与设计单位联系，同意后方可采用。

5. 滤袋框架

滤袋框架的表面应光滑，不应有焊接凸起物或毛刺，其长度偏差为 0～3mm。

6. 装配技术要求

（1）所有零件必须经检验合格，外购外协件必须有质量合格证，并经制造厂检验合格后，方可进行装配。

（2）顶部装置装配后，应保证手推轮装置升高10mm，且自由旋转180°。

（3）顶部装置的传动齿轮啮合面接触斑点沿齿高不得少于40%，沿齿宽不得少于50%。

（4）回转脉动吹振阀装配后，阀芯应转动灵活，阀芯与阀壳及阀盖之间结合面上有0.1～0.15mmn间隙。

（5）花板应在制造厂组装并整体发运，花板装配后应保证滤袋自如地放入袋套内，滤袋框架上表面不能突出花板上平面。

（6）除尘器各传动部位应转动灵活可靠，无卡滞现象。

（7）产品涂漆应符合JC/T 402（水泥机械涂漆防锈技术条件）的规定。

7. 整机组装后试车要术

（1）除尘器的顶部装置和脉动阀组装后，在安装完毕后进行试车2h，传动部分应运行正常，顶盖旋转灵活，反吹臂回转时无卡滞现象，脉动阀轴承温升不得超过25℃。

（2）转动部分噪声级不大于85dB（A）。噪声级的测定是将声级计面向除尘器，距离按规定执行。

（3）除尘器在制造厂安装后，其漏风量应不超过10%。

四、安装与调试

（一）安装前的准备工作

安装前应按图纸要求检查各零部件与安装有关的各部尺寸，检查有无锈蚀和变形等质量问题，在检查中各部（零）件合格后再进行安装；否则应采取适当措施，如防锈、矫正及其他措施。

（二）安装顺序

（1）检查基础，进行基础划线。

（2）安装底座，必须找正。

（3）将灰斗焊接在底座上，里面各条焊缝为连续焊，要求严密不漏气，外面一条焊缝可为间断焊，亦可为连续焊。

（4）将下花板放入灰斗中，注意暂时不焊死。

（5）将壳体安放在底座上面，注意必须找正，尤其是要以壳体上端角钢上的螺栓孔为基准，按照花板安装位置对应地找正下花板的位置，这时暂时不进行安装焊。

（6）装入上花板，此时再校正一遍底座、灰斗、下花板、壳体和花板的相互位置及有关尺寸，特别是花板和下花板的基准线必须对正，花板上各孔中心线要对正下花板相应孔的中心线。检查进出气口位置是否符合设计要求，检查合格后，再进行安装焊。壳体与底座的里面各条焊缝为连续焊，焊接要严密，不漏气，外面焊缝可为间断焊，亦可为连续焊。

（7）安装顶部装置顺序：

1）轴和轴承；

2）反吹管、挠性节、拖动机构、反吹口；

3）顶盖、轴承座、钢球和透盖；

4）反吹管传动装置：电动机、小齿轮和大齿轮；

5）接管和压盖；

6）最后安装防护罩和检修门。

（8）脉动阀的安装顺序：

1）反吹风机；

2）已经组装好的脉动阀；

3）橡胶伸缩节；

4）电机与其他。

（9）单元滤袋的组装顺序如下：

1）上下两节滤袋框架连接好后，再将定位头用螺栓固定好；

2）将布袋从下端往上套在框架外面，滤袋为单面绒布时，必须绒面朝框架，光面朝灰尘；

3）用弹簧将布袋上端箍在框圈凹槽中，并将袋上端翻约50mm，弹簧箍全部包在布中；

4）将50mm长的翻转袋头表面涂清漆。

（10）卸灰装置：

1）先装吊架和加固板；

2）将销子联轴器的两半分别装在叶轮给料机和齿轮减速电机上；

3）将叶轮给料机装在灰斗法兰口上；

4）将减速机对正给料机，安装在吊架上。

（11）装人孔门及其他。

（12）安装检测仪表：温度计和V形压力计等。

（13）保温层应在空负荷试车正常后进行敷设。

（三）安装过程的质量控制

（1）基础划线时，要求基础平面的中心与相关设备基础面中心的水平高度误差不大于±5mm。

（2）底座必须水平，底座面的水平倾斜量在底座全宽上不得超过1.5mm。

（3）灰斗下口法兰平面水平安装时用水平仪检查，找正后再焊接灰斗。

（4）花板上面应水平，其水平度不大于$D/1000$，袋套口内边四周应打毛刺，要光滑，以防损伤布袋。各袋套口中心必须对正下花板上相对应的钢管中心，其偏差不得大于3mm。

（5）反吹管安装好后，用手轻轻一推就应灵活转动，接管与反吹管在圆锥口处的间隙为0.2～0.5mm（初安装时可取0.2～0.3mm）。

（6）安装时各轴承应注满润滑脂。

（7）反吹管传动装置。

1）带电机的行星摆线针轮减速机要装正，不得歪斜。

2）大齿轮的啮合主要检查接触班点，其次测量齿顶隙和侧隙，接触班点要求沿齿高不少于40%，沿齿长不少于50%。

3）运转时振动和声音较小，不得有异常的声音和较大振动。

（8）脉动阀的转动要非常灵活、轻便。

1）安装时，各轴承内注满二号钙钠基润滑脂（ZGN-2）；

2）阀壳与阀芯的接触面安装时可加适量的二号钙钠基润滑脂（ZGN-2）；

3）整个阀的轴中心线应水平，在安装前用水平仪检查和找平其下面的接管法兰口；

4）反吹风机轴中心线应与阀中心线平行。

（9）卸灰装置

1）安装时先用水平仪检查和找正齿轮减速电机的底座；

2）给料机和齿轮减速电机的轴中心线应对正，两中心线的偏移量不大于0.5mm；

3）空车时用手搬动联轴器，给料机转动应灵活、轻便。

（10）安装后，整个壳体包括的所有门和盖都必须严格密封，不得漏气。

（11）对保温层的要求，在整个收尘系统安装、调整妥当，试车完全正常后，再进行敷设保温层，敷设后应满足保温要求，保证袋收尘器内气体温度应高于露点20～30℃，保温层敷设要牢固，外观整齐美观。

（四）试运转中检查与调试

首先检查各部安装合格，按润滑项目表，各润滑点都应加好润滑油，并按设计要求确定各电动机的运转方向正确后，方可进行空负荷试车。空负荷试车实质上是用清洁空气代替工作气体进行负荷试车，这时没有灰尘和温度等影响，但其他运转基本和负荷试车相似，空负荷试车时可以打开壳体下部人孔门进行观测：

（1）按开车顺序先后启动设备各运转部分，检查各部运转情况，以振动小、噪声小、运转平稳为正常。

（2）记录V形压力计读数，以450～850Pa为正常。

（3）观察滤袋吹振情况，测量布袋振幅等数据，振幅以1mm左右为正常。

（4）观察反吹口的运行情况和漏风情况，反吹口应与花板顶面接触并平稳滑行。

（5）空运行试车4h后，检查各部是否正常，如有故障，必须及时消除，在调整空试正常后，方可投入负荷试生产。

（6）关闭所有孔门，开始负荷试车，按顺序试车8h后，各部正常，即可投入正常使用。

（7）试车8h后，V形压力计的续数在900～1200Pa之间为正常，温度计的读数应是：涤纶袋≤120℃，玻纤袋≤200℃。

（8）可以短时间打开人孔门观察滤袋工作情况，但时间不可长，防止结露。

（9）检查各部运转情况是否正常，要求运转平稳，机壳外部各轴承的温度不应超过80℃，齿轮减速电机的温升不应超过40℃。

（10）反吹管的轴承在机壳内，运行条件恶劣，则以运转平稳、灵活为正常。

（11）运转8h后，测量各电动机的功率或电流，以小于额定值为正常。

（12）试车时，可以根据需要，试验卸灰装置销子联轴器的销子结合情况，以求得常用的销子刻槽深度。

五、管理与维修

（一）日常运转的管理

（1）定时记录除尘器的进出口压差、入口气体温度、主要电机的电压和电流等各项参数。

（2）若除尘系统设有流量仪表，应定时记录处理气体流量，若未设气体流量仪表，可根据上述记录的各参数判断流量变化与否，以确定系统运转正常。

（3）当除尘器进出口压差与正常值相差很大时，应查找原因，及时排除故障。

（4）当除尘器入口气体温度明显高于正常值时，应防止超过滤料的耐热限度而烧坏滤袋，在相反的情况下，应注意防止温度低于露点而导致水分在除尘器内凝结。

（5）经常注意排气含尘情况，通过观察排气颜色，判断是否出现漏袋等故障，并及时排除。

（6）经常检查清灰机构和各运动部件的工作情况，按要求及时注油或作必要的保养。

（7）及时排除灰斗积灰。

（二）使用规则

除尘器运行前，应将所有机体检查一遍，尤其是螺栓等连接件，如有松动立即拧紧，确认所有润滑点都有足量的润滑剂。

（1）开车顺序：开车顺序是逆生产流程的，即先开动有关处理除尘器卸出物料的设备，而在收尘系统中，应先开除尘的工艺设备。除尘器的开车顺序是：卸灰装置、反吹管、反吹风机，再开主排风机。

（2）停车顺序：停车顺序是顺生产流程的，即和开车顺序相反，值得注意的是，应在主排风机停车后，使除尘器的反吹风机、反吹管和卸灰装置再运转10～30min，也就是在清洁了滤袋和卸空灰斗之后再依次停车。

（3）注意温度计的读数不得超过技术性能中规定值。

（4）经常注意各运转部分是否平稳，振动、噪声小，温升不高。

（三）除尘器的常见故障及处理

（1）除尘器阻力明显高于正常值

1）滤袋堵塞：

①含尘气体结露，使粉尘在袋子、袋口处粘结——以加热保温等措施提高壳体内温度或更换滤袋。

②漏水使滤袋潮湿——补漏，使壳体密封。

③粉尘吸湿性强，在滤袋上产生粘结——采取加热保温措施。

2）滤袋使用时间过长——更换新袋。

3）处理风量过大，由于调节阀门开启过大或位于入口管段的各种阀门漏气所引起——调节阀门。

4）连接压力计的管路堵塞或一根连管脱落——检查压力计进出口及连接管路，疏通或更换之。

5）清灰机构出现故障——及时修理。

6）灰斗积存大量粉尘——查明原因及时排除。

（2）除尘器阻力明显低于正常值

1）处理风量过小，可能因风机调节阀门开启过小，或管堵塞所致——调节阀门开启程度，疏通管道。

2）压力计的连接管路堵塞或一根连管脱落——检查压力计进出风口及连接管路疏通或更换管路。

3）滤袋严重破损或滤袋脱落——检查滤袋更换或调整滤袋。

（3）排气浓度明显高于正常值

1）滤袋破损——检查更换破损滤袋。

2）滤袋脱落——检查并重新装好滤袋。

3）花板破裂导致泄漏——修补花板。

（4）滤袋破损的几种情况

1）滤袋安装位置不当，导致滤袋之间或滤袋与壳体板壁间摩擦——检查并调整间距。

2）粉尘直接冲刷滤袋——检查含尘气体入口，调整导流装置，若有破损及时修理。

3）破损滤袋得不到及时更换而邻近滤袋被吹漏——及时找出并更换破损滤袋。

4）滤袋框架个别处有毛刺，磨破、刮伤滤袋——消除框架上毛刺。

（5）清灰机构发生故障的情况

1）反吹管路漏气——加强密封，压紧石棉盘根，拧紧螺栓，使透盖压紧盘根。

2）传动机构损坏——及时检修及更换零件。

3）脉动阀阀芯磨损——更换阀芯。

（6）灰斗中存大量粉尘的情况

1）排灰不及时——增加排灰次数。

2）排灰口漏风——增强刚性叶轮给料机密封性。

3）销子联轴器的销子频繁折断——销子刻槽过深，更换刻槽浅的新销子。

4）潮湿粉尘附着甚至粘结在灰斗排灰口处——疏通排灰口，对灰斗采取保温或加热措施。

（四）除尘器的检修

CXBC 系列除尘器检修周期一般为一年，但也要根据实际情况决定检修时要逐个检查滤袋的各个零件，不合格的要修理或更换。更换时最好全部换新袋，经检查后如果还可以用，则留待以后旧袋一起使用，或留作操作维护时换袋用。脉动阀、反吹管、给料机及其传动装置应拆洗检查修理，对所有易磨损件更要仔细检查，及时更换。

第二节　水泥工业用立轴式破碎机

一、立轴式破碎机的型号

（一）概述

立轴锤式破碎机（以下简称立轴破碎机）在水泥、冶金、建筑和化工等行业中有着广泛的用途。它适于破碎中等硬度（<200MPa）的石灰石、水泥熟料、煤矸石、石棉矿石、煤块和石膏等物料的细碎作业，具有结构简单、操作方便、产品粒度均细、耗能少、占地面积小、密闭性能好、粉尘浓度低、噪声小等优点。当用以破碎石棉矿石时，具有揭棉程度高、增棉系数大的特点，能取得优质高产的效益；当与水泥行业球磨机配套使用时，可使粉磨能力提高 20% 左右，单位产品粉磨电耗有较大幅度下降，它是水泥行业较为理想的新型节能细碎破碎设备。

自 1979 年我国用于水泥行业的第一台立轴破碎机在徐州建材机械厂问世以来，由于它所具有的一系列优点，越来越受到广大用户的欢迎，并在水泥行业中首先得到推广应用。三十年来，立轴破碎机需要量日益增加，市场不断扩大。据不完全统计，目前全国各行业使用的立轴破碎机已达10000多台，产品规格已形成系列。立轴破碎机现已遍布全国26个省、市、自治区的400多家水泥厂和石棉矿，建筑、冶金和化工行业也在逐步推广使用。

随着立轴破碎机的普遍应用，制造厂家则由徐州建材机械厂一家发展到数家。江苏镇江建材机械厂、四川建材机械厂、秦皇岛建材机械厂和浙江桐乡煤矿机械厂等也相继在研制或生产立轴破碎机。在立轴破碎机产、销量不断增加的同时，产品的结构、性能和质量也不断得到改进和提高。

目前，投入批量生产的立轴破碎机有PCL670-46、PCL900-38和PCL1120-38三种型号。随着我国小水泥向大水泥的发展趋势，预计更大型、效率更高、性能更优越的立轴破碎机将会不断地被开发出来。

（二）立轴破碎机的型号

为了使立轴破碎机制造厂家的产品统一规范，也便于产品的使用和维修，国家已对立轴破碎机制定了行业标准，对立轴破碎机型号的编制方法也作了统一规定（详见原国家建筑材料工业局发布的《水泥工业用立轴锤式破碎机》国家行业标准）。主要内容如下：

立轴破碎机的型号主要由四项内容组成：

（1）立轴锤式破碎机的名称代号。用PCL三个汉语拼音大写字母表示，P表示破碎机，C表示锤式，L表示立轴式。

（2）锤头回转直径。以数字表示，单位为毫米。

（3）锤头排数。以数字表示该机可装锤头的排数。

（4）每排锤头的个数。以数字表示该机每排最多可装锤头的数量。

表示立轴锤式破碎机型号的上述四项内容的排列顺序及符号代表的意义规定如下：

型号编制举例：PCL900-38

表示每排最多可装8个锤头，可装3排，锤头回转直径为900mm的立轴锤式破碎机。

立轴破碎机型号的这种表示方法，基本上反映了该机的主要结构性能。与以往制造厂家常用的表示方法不同。过去，制造厂家都是用立轴破碎机的筒体内径尺寸和锤头排数表示规格型号的。如PCL750-4，则表示该机筒体内径为750mm，锤头排数为4排的立轴破碎机。这种表示方法与锤式破碎机的表示方法（即以转子直径×转子长度）很不一致。而且，立轴破碎机也是属于锤式破碎机的一种。因此，为科学统一起见，在国家行业标准中规定了立轴破碎机型号一律采用PCL加锤头回转直径、锤头排数和每排可装锤头个数来表示。

采用国家行业标准规定来表示立轴破碎机的型号后，原立轴破碎机制造厂家的各种立轴破碎机相关零件、部件尺寸都将发生变化，有关的图纸工艺及文件也要作相应的修改。

立轴破碎机新、旧规格型号的近似对照列表见表40-2。

表40-2　立轴破碎机新、旧规格型号对照表

立轴破碎机新型号	PCL670-46	PCL900-38	PCL1120-38
立轴破碎机旧型号	PCL750-4	PCL1000-3	PCL1250-3

二、立轴式破碎机的构造原理及基本参数

（一）构造及原理

1. 立轴破碎机的构造

立轴破碎机结构较简单，容易制造，操作维护也方便。它由五个部分组成：主轴部分、筒体部分、上盖部分、底座部分和传动部分。

（1）主轴部分

立轴破碎机的主轴部分主要包括主轴、上圆盘、下圆盘、轴套、销轴、打击锤和主轴皮带轮等。

主轴垂直地立在筒体中心。上、下圆盘成对地套在主轴上，以键固定。圆盘上有6～8个对称均布的孔，上圆盘为方孔，下圆盘为圆孔，打击锤则通过销轴连接上、下圆盘之间，并可绕销轴轴心自由转动。在主轴上可装3～4排打击锤，每排打击锤由套在主轴上的轴套分隔开。主轴上、下端装轴承，分别与上盖和底座的轴承座相配，主轴最上端安装主轴皮带轮。

（2）筒体部分

筒体部分主要包括筒体、上隔板、中隔板、下隔板、衬板、上法兰、下法兰、衬板螺栓、承重螺母、活节螺栓等。

为方便检修和更换衬板、锤头等易损零件，筒体常加工成半圆，然后由铰链组合成整体。衬板是易磨损件，紧贴在筒壁上，用螺栓固定。

隔板是用于分隔破碎腔用的，在每一破碎腔中都有一排打击锤在运转工作。

（3）上盖部分

上盖部分主要包括上盖、轴承座、密封圈和进料斗等。

（4）底座部分

底座部分主要包括底座、下轴承座、加油管和出料斗等。

（5）传动部分

传动部分主要包括电动机、电机皮带轮、电机底座和皮带罩等。

电动机的安装有两种形式。一种是通过电机底座直接安装在筒体外壁，另一种是与筒体分离安装。

电机皮带轮的高低、电机轴心线与主轴轴心线的距离，可以通过电机底座上的螺杆进行调节。

立轴破碎机的结构示意图如图40-2所示。

2. 工作原理

立轴破碎机由电动机通过三角皮带传动带动主轴旋转而工作。

物料从进料斗自由下落、进入筒体第一破碎腔中时，受到机内高速旋转的第一排打击锤的猛烈打击而碎裂，破碎后的物料又以很高的速度撞击衬板，弹回落下，进入第二破碎腔，又受到第二排打击锤的打击而进一步破碎，再撞击衬板，再弹回落下，进入第三破碎腔，由此受到反复打击和撞击，由大块变成小块，由小块变成颗粒，最后从筒体底部的出料口卸出。

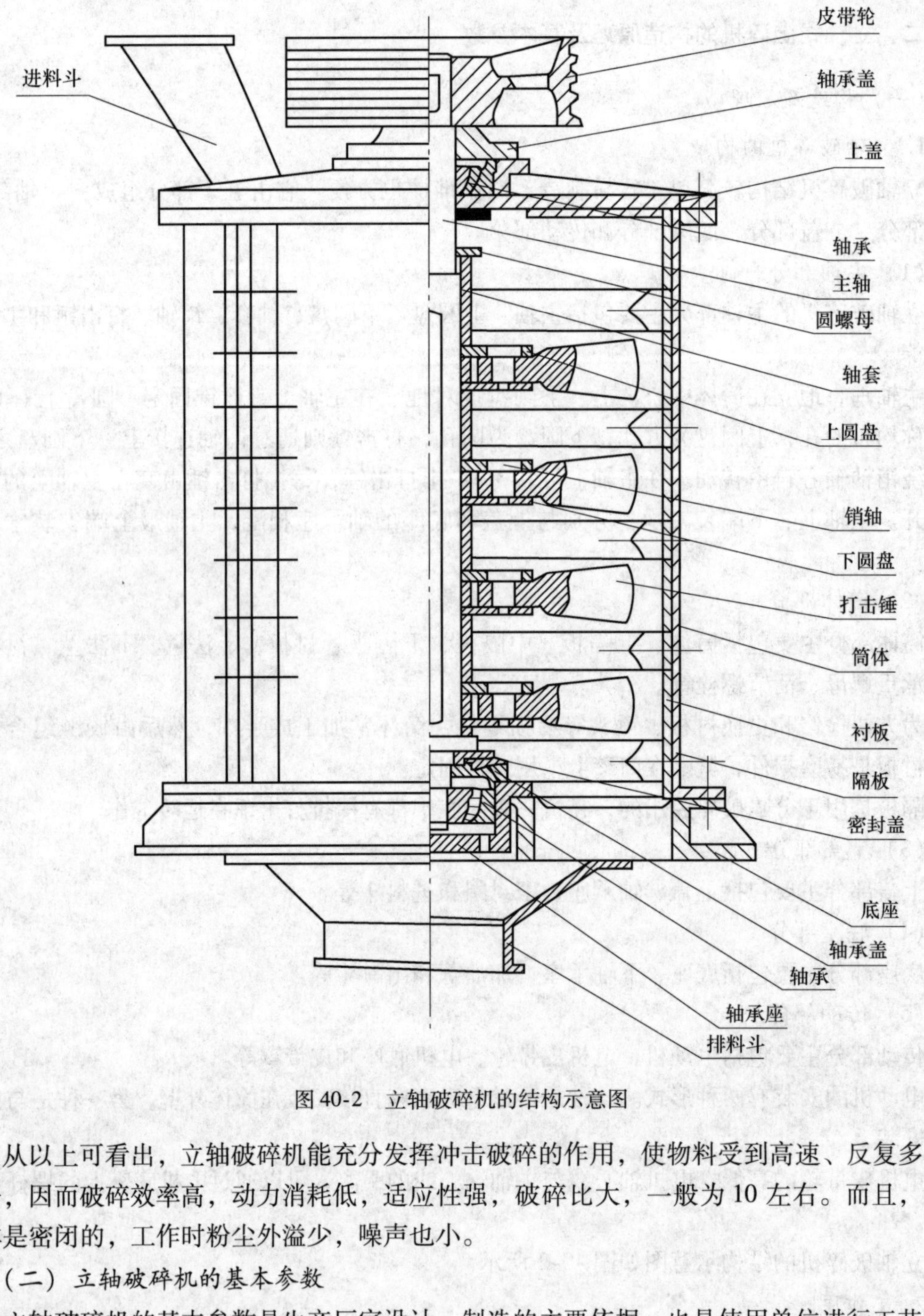

图 40-2　立轴破碎机的结构示意图

从以上可看出，立轴破碎机能充分发挥冲击破碎的作用，使物料受到高速、反复多次的打击，因而破碎效率高，动力消耗低，适应性强，破碎比大，一般为 10 左右。而且，由于筒体是密闭的，工作时粉尘外溢少，噪声也小。

（二）立轴破碎机的基本参数

立轴破碎机的基本参数是生产厂家设计、制造的主要依据，也是使用单位进行工艺流程设计能力配套选择的重要依据。立轴破碎机的基本参数主要包括锤头回转直径、最大给料粒度、排料粒度、生产能力、主轴转速、打击锤的排数及每排打击锤的数量、电机功率及设备重量等。

JC 445—1991（1996）《水泥工业用立轴锤式破碎机》行业标准中，已对目前普遍推广使用的三种型号的立轴破碎机的基本参数作了严格规定，现列表并加以说明。

1. 基本参数（表40-3）

表40-3　基本参数

参数名称		单位	型　号		
			PCL670-46	PCL900-38	PCL1120-38
			参　数		
锤头回转直径		mm	670	900	1120
最大给料粒度		mm	50	60	70
排料粒度①		mm	5	6	7
生产能力②		t/h	12～25	25～30	40～45
主轴转速		r/min	720	500	420
打击锤	排数	排	4	3	3
	每排数量	个	6	8	8
电机功率		kW	30	55	75
设备重量		t	～2.5	～4.5	～6.5

① 排料粒度超过规定尺寸的数量，应少于排料总量的10%。

② 表中生产能力是破碎中等硬度石灰石的产量。

2. 立轴破碎机主要参数确定的原则

立轴破碎机的主要参数项目与一般破碎机的参数项目基本相同，这些参数的确定都必须遵循一定的原则，现分别说明如下：

（1）立轴破碎机的规格

立轴破碎机的规格是以锤头回转直径的大小尺寸表示的，锤头回转直径尺寸是立轴破碎机的最主要的参数。锤头回转直径尺寸越大，立轴破碎机机体横截面积也越大，在单位时间内可以通过的物料则越多，产量也越高。其确定的原则，应符合"三化"的要求，以及与相应的机器配套。一般是要求立轴破碎机的生产能力越大时，锤头回转直径尺寸也越大。

根据制造厂家多年的实践经验，立轴破碎机锤头回转直径尺寸一般可参考经验公式并根据优先数和优先系数的原则来确定。

锤头回转直径尺寸与设计生产能力关系的经验公式为：

$$D_0 = 175\sqrt{Q}$$

式中　D_0——立轴破碎机的锤头回转直径尺寸，mm；

Q——设计生产能力，t/h。

以PCL670-46立轴破碎机为例，当设计生产能力为12～15t/h时，锤头回转直径尺寸可按经验公式计算得：

$$D_{0_1} = 606\text{mm};\qquad D_{0_2} = 677\text{mm};$$

因此，在确定锤头回转直径时，根据优先数和优先系数的原则，可选取 $D_0 = 677$mm。

（2）给料粒度

立轴破碎机的给料粒度是根据物料中碎时采用颚式破碎机不同产量时粒度不同的原则进行配用的。如PCL670-46型及更小型的立轴破碎机与PE25型颚式破碎机配用；PCL900-38型及更大型一些的立轴破碎机与PE40型颚式破碎机配用。

(3) 排料粒度

排料粒度是立轴破碎机的一项重要性能参数。排料粒度的大小将直接影响到球磨机的产量和电耗。国内各种类型的破碎机都日益趋向于细碎化，以期达到大幅度提高磨机产量和节省电耗的目的。立轴破碎机就是一种新型的细碎破碎设备，目前较大型的PCL1120-38型立轴破碎机，其排料粒度也只有7mm以下。

立轴破碎机的排料粒度是根据给料粒度、生产能力和破碎比来确定的。实践表明，在维持一定的生产能力下，给料粒度越大时，则排料粒度也越大。排料粒度大小，又与锤头排数的多少和每排锤头的数量有着密切关系。一般情况是，锤头排数和每排锤头数量越多时，物料被打击的次数将越多，则排料粒度将越细。

(4) 主轴转速

立轴破碎机的主轴转速是一个重要的工艺参数，它对产品的粒度和破碎比起着决定性的作用。同时，对立轴破碎机的生产能力也有着很大的影响。确定主轴转速时，往往是先假定锤头的圆周速度，以锤头旋转时所产生的动能和冲击能能够击碎所确定的物料进行选择。因此，主轴转速选择的原则是：既要使锤头旋转时的冲击动能满足破碎中硬物料时所需要的能量，又要使物料的排料粒度达到设计要求的条件下，选择较低的转速。

与锤式破碎机相似，立轴破碎机也是以锤间的冲击作用进行工作的。其动能和冲击能（$P=\frac{1}{2}mv^2$，式中P为动能，m为锤头的重量，v为锤头的线速度）首先要满足物料的破碎要求，因为每一种物料都需要合适的圆周速度以获得在最优粒度下的最大产量。

当锤间的圆周速度过低时，冲击动能就小，则不能破碎物料，或虽能破碎物料，但出料粒度过粗；反之，圆周速度高时，锤头的冲击动能就大，则容易击碎物料，出料粒度也较细，破碎比增大，生产能力也相应提高。但是，主轴转速是否越大越好呢？也不是。主轴转速是不能无限制地提高的。因为转速达到一定的速度时，会严重影响物料的下落速度，反而降低生产效率，且功率消耗也显著增加。同时，还将引起锤头和衬板的剧烈磨损，寿命缩短，造成更换锤头、衬板而停机的次数大大增加和生产时间的缩短，成本反而升高，生产率下降。

多年的实践证明，立轴破碎机破碎中等硬度物料时，在综合平衡各种因素后，锤头的线速度一般在20～30m/s范围内选择为宜，比其他类型破碎机的圆周速度略低。

系列立轴破碎机的主轴转速及锤头线速度见表40-4。

表40-4　主轴破碎机的主轴转速及锤头线速度

立轴破碎机型号	PCL670-46	PCL900-38	PCL1120-38
主轴转速（r/min）	720	500	420
锤头回转直径（mm）	670	900	1120
锤头线速度（m/s）	25.25	23.54	24.62

(5) 电机功率

立轴破碎机的功率消耗与很多因素有关，但主要取决于物料的性质、破碎比、生产能力和锤头的圆周速度。

立轴破碎机电机功率选择的原则是，一方面要保证机器正常工作时所需的额定负荷，另一方面也要考虑工作时误入大块或铁件等特殊情况下，电流突然增大时不致烧毁电机的一定安全值。

根据制造厂家长期的摸索和实践，立轴破碎机电机功率的选择可用下面的经验公式来估算：

$$N = kv^2Q \cdot \frac{1}{1000}$$

式中　N——电机功率 kW；

k——修正系数，当锤头回转直径大于 1000mm 时，k 可取 3.3；当锤头回转直径小于或等于 1000mm 时，k 取 3.0；

v——锤头线速度，m/s；

Q——生产能力，t/h。

长期的实践证明，用上述公式选择的电机功率，能满足实际生产的需要，还未发现因机器过载而烧毁电机的问题。

系列立轴破碎机电机功率选择情况见表 40-5。

表 40-5　系列立轴破碎机电机功率选择情况

立轴破碎机型号	PCL670-46	PCL900-38	PCL1120-38
锤头线速度（m/s）	25.25	23.54	24.46
生产能力（t/h）	13.5	27.5	42.5
估算功率（kW）	28.4	50.3	77.3
实选功率（kW）	30	55	75

（6）生产能力

影响立轴破碎机实际生产能力的因素是很多的。如立轴转速、转子回转直径、给料粒度、破碎比及加料均匀程度等。目前，我国还没有一套完整的计算立轴破碎机生产能力的理论公式。我们仅可以根据制造厂家经多年实践归纳出来的经验公式进行估算。

$$Q = (1.8 \sim 2.2) D_0 \cdot n^2 \cdot \frac{d_2}{d_1} \cdot e^2$$

式中　Q——生产能力，t/h；

D_0——锤头回转直径，m；

n——主轴转速，r/min；

d_1——给料粒度，m；

d_2——排料粒度，m；

e——锤头与衬板间隙，m。

（7）锤头排数与个数

物料自进料口自由下落时，将依次受到机内高速旋转的各排锤头的连续打击而破碎成小颗粒。锤头的排数与物料的排料粒度有密切的关系。排数越多，物料被打击的次数将越多，排料粒度则越细，但所需的电机功率就越大，且机体也将升高，重心随之提高，则机器的稳定性就越差。而且，锤头排数过多时，也越容易产生过粉碎现象。

以大量的试验证明，锤头回转直径在 670mm 以下的立轴破碎机，锤头以四排为宜；而锤头回转直径为900mm以上的立轴破碎机，锤头以三排为宜。锤头回转直径大的立轴破碎机，虽然少一排锤头，但由于回转直径大，可以安装的锤头也多。回转直径越大的立轴破碎机，产生的离心力也越大，以保证机器的稳定性和节省电机功率角度考虑，应尽量减少锤头排数。根据试验和现场使用结果来看，各排的锤头磨损程度差别很大。第一排最严重，第二排次之，第三排较轻，第四排磨损轻微，磨损率仅为4%左右。综合考虑各方面的因素，稍大型的立轴破碎机采用三排锤头较为合适。

立轴破碎机各排锤头的个数是可以调节的，每排的个数可根据破碎物料的性质、所需料粒度的大小和粒度的稳定程度等情况进行调整。一般是物料硬、所需料粒度细时多装锤头，反之亦然。

三、立轴破碎机的主要技术要求

技术要求是设计、制造立轴破碎机的依据，是为满足机器的使用要求而必须具备的技术性能指标。

（一）基本要求

考虑到使用性和加工的经济性，对立轴破碎机的基本要求主要有以下几点：

（1）凡图纸上未注公差尺寸的极限偏差，要符合相关规定，即机械加工表面按IT13级；金属结构件的非加工表面按IT16级；铸、锻件的非加工表面按IT16级制造。

（2）未注形位公差的配合表面的圆度和圆柱度公差为直径尺寸公差值之半。

（二）主要零件的技术要求

1. 立轴破碎机的主轴

（1）主轴材料

主轴是承受扭、弯、压应力的主要零件，处在各种负荷下工作，受力情况比较复杂，要求其应具在良好的综合机械性能，保证有足够的抗扭、抗弯、抗疲劳、耐冲击等能力。因此，要求主轴必须用45号钢，综合机械性能比较好，材料来源广，成本较低廉，又具有良好的热处理性能，所以是制造立轴破碎机主轴的主要材料。

为保证主轴能长期安全运行，主轴在精加工后应进行探伤检查，不允许有夹渣、裂纹等影响质量的缺陷。

（2）主轴热处理要求

为进一步提高主轴的韧性和机械强度，延长使用寿命，要求主轴必须经过调质处理，表面硬度不能低于HB217～255。

（3）主轴精度

在立轴破碎机的主轴上安装有数排打击锤，两端装轴承，顶端装皮带轮，它们都随主轴高速旋转。因此，严格规定主轴各段轴径的精度具有头等重要的意义，是保证机器运行平稳的首要条件。

在JC 445—1991（1996）《水泥工业用立轴锤式破碎机》行业标准中，规定主轴各配合轴径应符合下列要求：

1）各段轴径的同轴度公差为8级，这是根据在不影响产品使用性能的条件下，选择较低精度的原则确定的。由于主轴较长，如果同轴度要求过高时，将给加工制造带来困难，大大增加制造成本。但是，如果同轴度要求过低，又会影响机器的使用性能，使主轴运行不平稳、机器振动过大等。长期的实际使用证明，主轴同轴度公差规定为8级是合适的，能满足实际使用的要求。

2）与轴承配合处的表面粗糙度 R_a 的最大的允许值为1.6μm，与密封件配合处的表面粗糙度 R_a 的最大允许值为3.2μm。这两处的表面粗糙度规定，是与主轴相应轴径的公差等级相适应的。

3）与轴承配合处的轴径圆柱度公差为8级。要保证轴颈与轴承配合良好，接触可靠，同时考虑易于加工、降低成本，且从实际使用来看，规定轴颈的圆柱度公差为8级较为合理和经济。

2. 筒体

为方便检修、更换锤头和衬板等易损零件，立轴破碎机筒体一般是由两个半圆柱组合起来的薄壁零件，在加工制作过程中极易产生变形，变形过大时，将影响物料排料粒度的均匀性和稳定性，甚至可能导致筒体衬板无法安装，或者锤头与衬板相互碰撞。因此，规定筒体内径的圆度公差是非常必要的。

筒体内径在ϕ1000mm以下，其圆度公差规定为5mm；在ϕ1000mm以上（包括ϕ1000mm）时，圆度公差规定为8mm。长期实践证明，这种规定是可行的，制造厂家通过努力是完全可以达到的，而又不影响产品的使用性能。如果规定圆度公差过小时，会给制造带来极大的困难，甚至无法制作。

筒体一般由45号钢板卷焊而成，材料性能应不低于GB 700《碳素结构钢》中Q235-B·b的有关规定。

筒体的上端与上盖相连接，下端与底座相连接。为安装和拆卸需要，筒体两端均焊接有法兰，法兰上加工有止口。

筒体上、下法兰止口的同轴度公差以及上、下法兰端面的平行度公差，是关系到上盖、主轴、底座与筒体能否正常装配的问题。由于上、下法兰的止口是由两道工序加工完成的，加上筒体的变形，不规定上、下法兰止口的同轴度公差和上下法兰端面的平行度公差，将导致上盖、主轴、底座和筒体无法装配。根据经验，一般规定筒体上、下法兰止口的同轴度公差为9级，上、下法兰端面的平行度公差为10级，就可保证正常装配。

3. 上盖、底座与下轴承座

上盖、底座和下轴承座一般用球墨铸铁制造，材料性能不能低于GB 1348《球墨铸铁件》中有关QT50-5的有关规定。铸件不允许有裂纹、气孔等影响使用性能的缺陷。

上盖、底座是分别安装主轴承和轴承座的。要求与轴承配合处的表面粗糙度 R_a 最大允许值为3.2μm。为保证主轴顺利安装，要求上盖止口、下轴承座止口与轴承配合处的同轴度公差为10级。

4. 锤头、衬板和隔板

锤头、衬板和隔板是立轴破碎机的主要易损零件，要求具有良好的耐磨性能，一般用高锰钢或高铬铸铁来制造。考虑到成本等方面的原因，目前许多中小型企业仍乐于采用高锰钢锤头和衬板。而新型的耐磨材料高铬铸铁，耐磨性能比高锰钢要优越得多，现已在水泥行业中逐步得到应用。

为保证锤头铸造质量，方便级配，要求铸造厂家生产的锤头重量差不得超过0.5kg。

衬板和隔板是紧贴在筒体内壁上的。为贴合紧密，利于装配，保证衬板与锤头之间的间隙符合设计要求，一般都是衬板和隔板装配面不允许有拔模斜度，并要求应光洁、规正。

（三）装配技术要求

立轴破碎机的结构虽然较为简单，但由于工作时做高速旋转，在装配时必须严格遵守下列技术要求：

（1）主轴轴承装配后，上轴承的轴向间隙应保证在0.15～0.25mm之间，下轴承的轴向间隙应该在0.10～0.20mm之间。

规定一定的轴向间隙，主要是为了避免工作时因温度升高，主轴轴向伸长而起不必要的附加应力，造成机器的损坏。

（2）隔板、衬板不允许用火焰切割，这是为了避免零件产生不应有的变形。

（3）锤头应称重，同一排锤头的重量差值不得大于0.2kg。且在装配时，应将重量差值最小的一对，成对对称装入同一排中，锤头装配后应转动灵活。

上述规定主要是为确保主轴运转平稳，努力减小机器运转时的振动。实践证明，当同一排打击锤重量差值不大于0.2kg时，能达到机器振动小和运转平稳的要求。

（4）电动机皮带轮上端面应与主轴皮带轮上端面在同一平面内，其偏移误差不得大于两皮带轮中心距的千分之二。

上述要求保证了主轴和电机轴心线的平行，使皮带受力均匀，减轻对主轴的附加应力。

在外观质量方面，所有零件结合部边缘应整齐匀称，不应有明显的错位，机器外表面要求光滑、美观。

（四）运转技术要求

立轴破碎机所有零件加工、组装完毕后，应对整机进行空负荷试车和负荷试车，以检验机器的设计、零件的加工和装配质量。

1. 空运转技术要求

（1）电器控制准确可靠；

（2）润滑正常，无漏油现象；

（3）运转中无金属碰击声及其他异常声响；

（4）轴承温升应小于30℃；

（5）噪声应小于80dB（A）；

（6）上盖处的径向振幅不大于0.5mm。

2. 负荷运转要求

（1）运转中轴承温升应小于50℃；

（2）噪声应小于85dB（A）；

（3）上盖处的径向振幅不大于0.5mm；

（4）给料粒度、排料粒度和生产能力应符合相应机型的性能参数。

四、立轴破碎机的试验方法和检验规则

（一）空运转试验方法

新装配或大修后的立轴破碎机，需先进行空负荷试验。试验前，需要做好下列准备工作：

（1）新装配的立轴破碎机，应置于一专用平台或固定在金属框架上进行试验。金属框架的重量不得大于立轴破碎机重量的三分之一，且金属框架不得固定在基础上。

（2）检查并清除干净机器内的各种杂物。

（3）检查各部分连接螺栓是否牢靠。

（4）检查上、下进油管道是否畅通，并按规定加油。

（5）检查传动皮带的松紧程度是否适当。

（6）检查电气线路的安装是否正确。

（7）上述事项检查完毕无误后，先用手盘车，观察主轴运转是否灵活自由，有无卡滞现象和异常响声，如有，应立即排除。

等各项检查正常后，方可启动运行试车。

为了检验立轴破碎机的各项性能是否达到空运转技术要求，要对机器进行测试，正确的方法是：

（1）测量轴承温度时，应将温度计插入机器的油管中，每隔 20min 一次。这样测出的轴承温度较准确，也较安全。规定 20min 测一次，是基于这阶段是跑合阶段，轴承温度上升较快，经常测量能及时发现和消除因轴承温度上升过高所反映出来的加工、装配质量问题。

（2）测量振辐时，应将测量仪器安装在与机体不相连接的独立支架上，这样测出的振幅比较真实。

（3）测量噪声，应按 GB 3768 规定进行。

（4）空运转的时间不得少于 2h。

（二）负荷运转试验方法

立轴破碎机经过空运转试车，各项指标达到空运转技术要求后，证明机器设计、加工和装配没有什么问题，可以进行负荷试车。

进行负荷试车，应具备下列三个条件：

（1）机器空运转试车合格，如不合格时，就要重新修改、调整，使之合格。

（2）试验用的物料粒度不能大于标准规定的最大给料粒度。

（3）试验用的物料，其硬度为中等硬度（$<200MPa$）。

负荷试车的程序应为：先半负荷试车 2h，再满负荷试车 4h。

负荷试车的测试方法：

（1）测量轴承温度，每隔 30min 一次，方法同空负荷试验一样。

（2）测量机器振幅、噪声，方法也同空负荷试验相同。

（3）测定生产能力时，应在给料粒度符合规定、满负荷运行以及加料均匀的条件下进行。

（4）排料粒度筛析，应在上述规定的前提条件下进行，同时，要求取样应具有代表性。

（三）立轴破碎机的检验规则

每台立轴破碎机在加工制造过程中或出厂时，都必须按照规定的检验项目进行检验。

立轴破碎机的检验分为出厂检验和型式检验两类。

1. 出厂检验

立轴破碎机出厂检验时，首先要对各零部件进行检验，检验项目有零件的材质、加工精度、表面粗糙度和装配精度等。其次，检查外购件、外协件是否符合有关标准规定和有无产品质量合格证。只有各个检验项目都经检验合格后，才能签发产品合格证书，产品方能出厂。

2. 型式检验

如果在产品试验鉴定时，或者工艺、材料有较大变化有可能影响到整机性能时；或者正常生产满一年时；或者停产时间超过一年以上时，则必须进行型式检验。

对立轴破碎机进行型式检验时，要按照《水泥工业用立轴锤式破碎机》国家行业标准规定全部项目进行检验，以便全面考核产品的各项性能指标。

型式检验的样机，如遇批量生产时，应在批量中随机抽取一台。

另外，型式检验的样机，在试验过程中因故停机时，在排除故障后，可以继续进行试验。但是，要按照标准规定加时50%。如果通过加时试验，达到了规定要求，仍为合格品；否则应判该批为不合格品。

五、立轴破碎机的安装与使用

全面掌握立轴破碎机的正确安装和使用方法，是保证机器正常运转和优质高产的前提条件。有了制造质量精良、合理配套的机器后，如果安装不好，或者使用不当，也不能保证安全高效地运行，甚至会损坏机器或者降低机器的使用寿命，造成不应有的经济损失。本节仅对立轴破碎机的安装与使用作一简单介绍。

（一）立轴破碎机的安装

1. 基础

不论何种立轴破碎机，对基础的要求总的来说是：能承受机器的重量而不沉陷；在运转时，各部分间的相互位置保持不变；并能承受机器高速运转时的振动。

立轴破碎机的基础，一般都是用混凝土浇注而成。根据经验，混凝土基础的重量应大于机组重量的1.5~2.5倍。基础的大小与厚度一般要求比机组高度大500~700mm，高出地面100~150mm，其面积应比机组底座每边大出100~150mm。

浇注混凝土的方法，多采用二次浇注法。

浇注基础前，要先挖好地基坑，基础底部用灰土夯实，然后浇注碎石混凝土。在浇注时，应按照立轴破碎机底座螺孔位置留出160mm×160mm的长方形孔。等基础干固后，再按照机器底座螺栓孔位置，将地脚螺栓浇注到长方形孔中去，与基础固定在一起。

基础平面应仔细校平，以免立轴破碎机安装后发生倾斜或在紧固地脚螺栓时引起底座变形，影响机器正常工作和使用年限。

2. 安装与调整

（1）立轴破碎机安装前，应清洗机器外部的一切污物。

（2）测量地脚螺栓孔尺寸是否符合机器地脚螺栓尺寸的要求，如不符合时，应及时修正。

（3）将主机吊装在基础上，以主轴皮带端面为基准，加垫调整机器与基础平面垂直。

（4）将电机组件吊装在基础上，加垫调整电机皮带轮上端面与主轴皮带轮上端面同水平面；调整电机底座调节螺栓，使两轮中心距在规定范围内。

（5）调整进料斗的位置，使其满足工艺安排的需要。

（6）进行二次灌浆，待水泥凝固后，精调两皮带轮的上端面同水平；调整中心距，使三角皮带张紧，但用手应能转动其皮带，如图 40-3 所示。

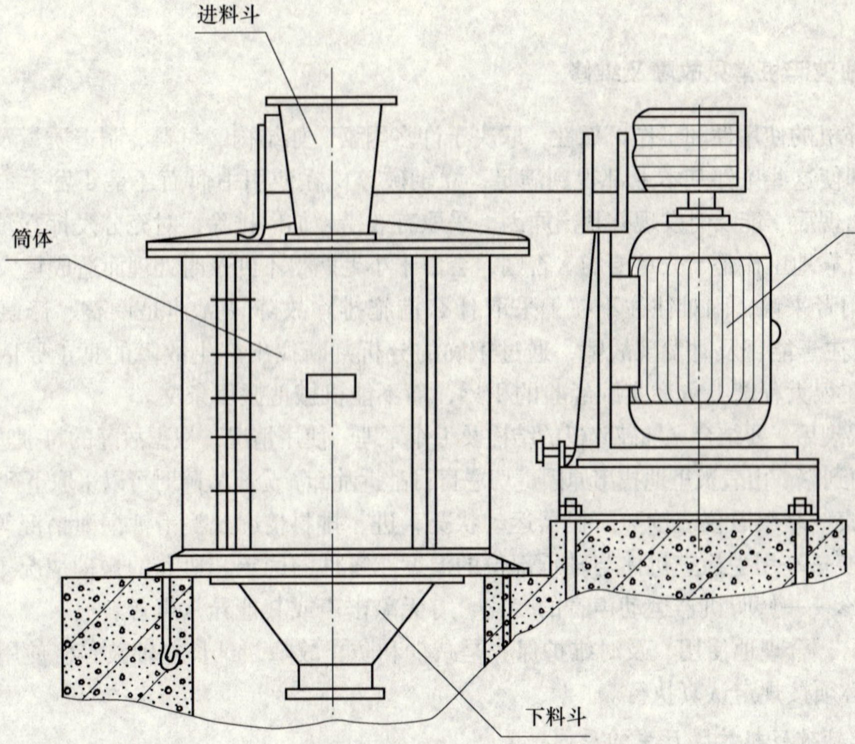

图 40-3　立轴破碎机安装示意图

（二）立轴破碎机的使用

立轴破碎机是一种高速回转的破碎机械，为确保其正常运行，操作人员必须预先熟读产品使用说明书，掌握正确的使用方法，严格按照规程操作。在使用过程中，应着重强调以下几点：

（1）开机前，应与有关岗位取得联系，未经取得联系，不得随便开车或停车，以防堵塞或其他意外事故的发生。

（2）机器启动后，待电机及破碎机运转平稳后，方可加料。

（3）要严格遵守空车启动，卸空停车的原则，严禁带负荷启动。

（4）生产过程中，排料口不得有堵塞现象，以免影响排料。

（5）喂料要均匀，防止喂入过硬的物料或铁件，以免损坏机器。

（6）当发现主轴转速降低，破碎声异常时，应立即停止加料并停车，待查出原因并排除故障后方可开车。

（7）经常检查、紧固地脚螺栓和衬板螺栓，防止松动。

（8）停机时，应开门检查锤头、衬板、上圆盘及销轴等易损零件的磨损情况，发现问题应及时处理。在开门时要先拧紧承重螺母，把门稍稍顶起，以使开门时灵活、省力。当机器正常工作时，应将承重螺母松开至不受力状态。

（9）用高压黄油枪经常对上、下轴承加注润滑脂，以保证轴承具有良好的润滑。

（10）经常检查轴承温度，一般应保持在 70℃以下，最高不得超过 80℃。如发现超过温度时，应立即停车检查，待排除故障后，方可重新开车。

（11）经常检查卸料粒度，如发现不符合要求时，应停车检查锤头与衬板的磨损情况和皮带的张紧情况。如发现锤头衬板磨损严重，则应调整打击锤与衬板间的间隙，或者更换锤头、衬板。

六、立轴破碎机常见故障及维修

立轴破碎机的使用性和工作可靠性，取决于许多因素，如结构、材料、制造质量及保养使用状况等，即使这些条件基本上都得到满足，立轴破碎机在使用中偶而还是要发生一些故障的。当故障出现后，能及时发现并找出原因，采取有效措施加以排除，对充分发挥立轴破碎机的效能长期可靠地工作是十分重要的。否则，会由于小毛病得不到及时处理而造成重大事故。

对于使用者来说，困难往往不在于采取什么措施排除故障（无非是调整、修复和更换零件等），而在于能否及时发现故障，通过正确的分析判断找出产生故障的真正原因，分析故障的能力在很大程度上依靠实践经验的积累，而不能机械地搬用条文。

当故障出现后，要结合立轴破碎机的结构及工作原理、使用情况，根据故障的特征进行具体的分析，由简到繁、由表及里地找出原因，切忌盲目乱拆乱卸。分析故障时可以采取下列措施：

（1）观察——察看仪表读数，机器运动状况，进、排料情况及润滑油漏泄情况等。

（2）触摸——用手检查机体与轴承部位的温度、零件的固定和机器的振动情况等。

（3）听诊——倾听机器运动声音的变化，有无敲击声或其他异常声音。

应该指出，合理地使用、及时维护保养是减少和防止故障，延长立轴破碎机使用寿命的重要因素，必须按规定认真执行。

（一）立轴破碎机故障产生的原因

一台立轴破碎机是由许多零件有机地结合在一起所构成，若其中一个或部分零件工作受阻，丧失原来的工作能力，甚至损坏而不能工作；或有关零部件间工作不协调时，立轴破碎机便产生不正常工作现象，即通常所说的发生故障。

立轴破碎机故障主要是由以下原因造成的：

（1）违章操作、使用不当。常犯的操作错误有：

1）新立轴破碎机或刚更换过轴承等的立轴破碎机，不经过充分的磨合而直接带高负荷使用，造成零件严重磨损。

2）直接带负荷启动，造成零件严重磨损，而引起一系列故障。

3）润滑油量不足，使润滑条件恶化，造成轴承发热、烧损。

4）长期超负荷运行，造成零件严重磨损或损坏。

5）带负荷停车，受热零件因冷却过快引起骤冷裂纹。

（2）维护保养不良：

1）不及时地添加润滑油和定期更换润滑油，造成润滑油量不足，或润滑油污染、变质而丧失润滑性能，造成轴承发热而磨损。

2）不经常检查和疏通加油管道，造成堵塞，使润滑油条件恶化，引起轴承发热磨损。

3）不按期检查和调整主轴轴承的轴向间隙，造成因间隙过小，主轴受热伸长而轴承座磨损加剧或轴承盖顶裂。

4）不经常检查衬板紧固螺栓和销轴的磨损情况，造成因衬板松动，锤头与衬板碰撞的严重事故。

（3）装配和调整错误

1）主轴承轴向间隙不符合规定，间隙过小或无间隙，引起轴承座严重磨损。

2）锤头与衬板间隙过小，或因衬板受火焰切割而变形，引起锤头与衬板撞击事故。

3）装配锤头不按重量进行级配，引起机器剧烈振动。

（4）零件不合格

由于零件的材质、加工精度不符合设计要求，使用时没有进行严格的检查而装配。或由于零件内部缺陷，检查时难于发现，而在使用过程中暴露出来，造成故障。常见问题有：

1）主要铸件（如锤头、衬板、轴承座、上盖及底座等）存在着缩松、砂眼、细小裂纹等铸造缺陷，这些问题往往在检查时不易发现，装在立轴破碎机上初期也不容易暴露，而经过一个时期的使用，上述缺陷逐渐扩大，造成零件损坏。

2）零件在加工制造时，没有很好地消除内应力，引起零件变形，丧失原来的加工精度和配合关系，如衬板、上盖翘曲变形。

3）零件加工精度不合格，如主轴各段轴径的同轴度公差不符合标准规定，工作时产生剧烈跳动，造成机器振动过大等。

（二）立轴破碎机常见故障及排除

立轴破碎机因结构和使用环境不同，故障原因也不相同，对具体问题应根据各种不同情况具体分析。一般常见故障的判别和排除方法见表40-6。

表40-6　一般常见故障的判别和排除方法

故障现象	产生原因	排除方法
振动量增加	1. 装配或更换锤头时，对称锤头重量差值太大 2. 锤头材质差异大，磨损不均匀 3. 地脚螺栓松动	1. 卸下锤头，按重量重新进行级配 2. 更换锤头，重新安装 3. 拧紧地脚螺栓
轴承发热，超过允许温度	1. 润滑油不足，油路堵塞 2. 润滑油脏污 3. 轴承安装误差太大 4. 工作超载 5. 轴承损坏	1. 加入适量润滑油，保持油路畅 2. 清洗轴承，更换润滑油 3. 检查轴承，调整安装的轴装 4. 调整喂料量，使给料均匀 5. 更换轴承
主轴转速降低	1. 进料粒度过大 2. 卡料 3. 过载	1. 控制进料粒度，防止特大块料喂入 2. 停止给料，停车检查，排除故障 3. 调整给料量，使给料均匀
机内产生敲击声	1. 喂入料中有金属块或不能破碎的物料 2. 衬板螺栓松动，锤头与衬板撞击 3. 锤头或其他零件断裂	1. 停机清理破碎腔，安装电磁滚洞或电磁铁 2. 检查衬板紧固情况和锤头与衬板之间的间隙 3. 更换断裂零件
排料口堵塞，排料量不正常	1. 破碎物料黏度大，含水分偏高 2. 衬板内附着物过多，使锤头与衬板间间隙过小	1. 控制物料含水量，破碎前，物料应烘干 2. 清除附着物，使锤头与衬板保持一定间隙
排料粒度增大	打击锤与衬板磨损严重	1. 机器反转使用 2. 用偏心销轴调整打击锤，使之径向位移，缩小锤头与衬板间间隙 3. 更换锤头或衬板

第三节　水泥工业用预加水成球装备

一、概述

（一）成球技术的发展

在水泥、冶金、建筑陶粒等生产中需要将粉状物料进行高温煅烧，在煅烧工艺之前必不可少的一道工序就是成团、成块、成球。而成团、成块、成球一般需在粉状物料中加入适量的水分，使物料湿润后塑性凝聚力被激发出来，在一定的条件下凝聚为团、块、球。水分的多少是最适宜煅烧的块度、粒度所对应的含水条件来决定的。因此，人们称这一过程为造粒和成球。

最早的成球方法有三种，一种是滚动式成球；一种是模具成型；还有一种是自然团聚，就是粉状物料加入适量水分后在某一特定的搅拌状态下自然形成团状物。其中模具成型为间歇操作式，不能适应大工业生产的需要，而且压制后过于密实，料球自身透气性差，不能充分煅烧，产品质量差，燃料消耗多，不经济。自然团聚的粒径尺寸大小无法控制，形状不规则，强度过低，经不住料层压力的作用易发生变形，料层的透气性差，流体阻力高，不利于通风燃烧，使高温煅烧提炼不易进行，因此，这两种方式很快被淘汰，而逐渐被滚动式成球所代替，沿用至今。

滚动式成球有：筒式成球、盘式成球以及振动成球。

20 世纪 50 年代以前筒式成球，即成球筒的应用极为广泛，连续作业性能好，产量高，料球质量也可以，但由于不利于操作，料球粒径尺寸和物理性能难以控制，到了 20 世纪 80 年代已全部被盘式成球机所取代。振动式成球由于机械结构复杂，设备投资高，技术要求高，且有强烈的振动，对建筑物产生不良的影响，使其应用受到限制。

盘式成球有：盘内一次加水成球，即传统的“滴水成球”；盘外加部分水、盘内加部分水成球，即“预湿成球”；盘外一次加水成球即“预加水成球”。它们的成球机理，料球物理性能以及在立窑中煅烧的适应性能是大不相同的，产生的经济技术效果也是完全不一样的。

（二）盘内一次加水成球的成球机理

我国自 20 世纪 70 年代，在立窑水泥生产中采用盘式成球方法以来，基本上是采用将生料和水同时从不同部位加入旋转运动的盘式成球机内，在倾斜旋转、离心、抛物运动中成球。加水方式多为重力水箱低速淋洒式，又称滴水成球，水压一般只在 4.9×10^4Pa 左右，料球含水率宏观控制在 13% ~15%，盘速一般为$\frac{15\sim20}{\sqrt{D_1}}$r/min（$D_1$ 为盘径），由于转速低无法散开，物料运动面积在圆盘面积内只占 2/3 ~3/4，所以又称为四分之三面积成球。

由于物料颗粒表面与水的亲和力较强，使之颗粒迅速集聚成团状料水混合物，通过滚动形成基础球。料球粒径大小主要因素是含水率。由于洒水不均、局部生料粉受水量不等，受水多的基础球较大，受水少的基础球较小。这些大小不等、含水量不一的基础球，在滚动运动中，依靠水和粉状物料的亲和力及水的表面张力不断吸附，粘连未受水的生料粉，使逐步形成一定粒径的生料球。

料球粒径的增长主要有两种状态：一是料球粒径较小的往复通过洒水后增加水分，未受水的生料粉重复包裹于料球之上，粒径得到增长；二是料球粒径增大，运动轨迹脱离洒水后，经过滚动，球内水分逐渐往外渗透，不断被新入盘的生料粉包裹，从而球径进一步增大。实际成球过程是两者同时进行，是两种成球状态的综合效应。

另外，受水多的基础球大而软，受水少的基础球小而且很坚硬，两者在相遇时由于滚动速度不等，小球将被压入大球，然后仍遵循重复包裹效应增大至成品球。实际生产中能经常见到夹心球中的球。

最后，在后料推前料的推力作用和旋转离心力的联合作用下成球被推出球盘，完成全部过程。

盘内一次加水成球的工艺特征是，以水和生料的包裹效应为主而成料球的，因此我们又称之为“包裹式成球”。

（三）预加水成球的成球机理

预加水成球是一种在入盘前一次加水成球的工艺。它是根据重组工艺技术原理将成球的全过程分两步进行。第一步是在双轴搅拌机中加入生料粉和全部需要的水进行预加工，然后再进入盘式成球机中形成成品球。

盘式成球机的转速一般为$\frac{22.5}{\sqrt{D_1}}$r/min 左右，改变转速采用拆换不同直径的三角皮带轮来实现，一般每台盘式成球机都备有三档转速。盘径越大采用的转速可略低些，盘径越小，采用的转速可略高一些，其目的是能实现全盘面积全部用来进行成球。因此，它的成球效率高，成球速度快。加入的水是通过离心压力式喷嘴雾化后的雾化水。所以，预加水成球又称为“全盘成球”和“雾化成球”，是一种较为科学的成球方法。

将生料粉与粒径 1mm 左右煤粒按一定比例混合后，与从喷嘴雾化器喷出的、粒径为 100~500μm 的雾化水同时进入搅拌机，使料、水在液固运动中得到充分的均化，并在较短的时间内使含水率达到12%~14%。经过55~60s 的机械搅拌，使之进一步均化、破团、湿润、渗透。在湿润渗透的过程中，生料粉和水依靠粉体颗粒的表面能和水的表面张力，以及被逐渐激发出来的物料塑性力的综合作用下，自由结合成为 1~2mm 粒度的料水团混合物，即松散的含水料团，这就是搅拌机预加工的半成品（称料球的初级层次）。预加工的半成品经倾斜下料管进入装有能回转或往复运动的立刮刀和边刮刀的盘式成球机内，入盘后一经滚动即形成 1~2mm 粒径的子球。这些子球随倾斜式转盘在旋转、离心、抛物运动中，依靠物料塑性粘结力和部分渗出水的表面张力联合作用下相互粘连，成为料球的第二层次。料球由少到多、由小到大，随质量的加大，运动曲率半径逐渐减少，运动速度降低，在平面内逐渐从边缘向涡旋空心区靠拢，在纵剖面内，料球由盘底至盘面呈由小到大的层次分布。这种现象为筛析效应。由于筛析效应的作用，当料球增大到一定尺寸时，在运动中逐渐浮至表面，缩小运动范围，不再同子球相遇，球径停止增长，最后在进料推力的作用下被推出盘。全部成球过程需要 140~180s。盘径小需要的成球时间短，盘径大则所需的时间长。

二、结构与工作原理

（一）盘式成球机

水泥厂立窑生料的成球设备主要有成球筒和盘式成球机。由于成球盘的成球粒度均匀，成球水分较低，料球强度较高，而且成球盘的结构简单，控制方便，动力消耗少，运转平稳，因而到目前为止已被水泥厂广为采用。

1. 基本参数（表40-7）

表40-7　基本参数

参数名称	单位	型号			
		QPY28	QPY32	QPY36	QPY42
盘直径	mm	2.8	3.2	3.6	4.2
盘边高	mm	350～600	400～650	450～700	550～800
盘倾角	度	45～55			
盘转速	r/min	11～14	10～13	9～12	8～11
生产能力	t/h	11～15	15～20	20～25	25～30
主电机功率	kW	≤11	≤15	≤18.5	≤30

2. 结构原理

预加水盘式成球机（图40-4），由刮刀装置（1）、支架（2）、圆盘（3）、传动装置（4）、主轴部分（5）、底座（6）和盘倾角调整机构（7）等部件组成。

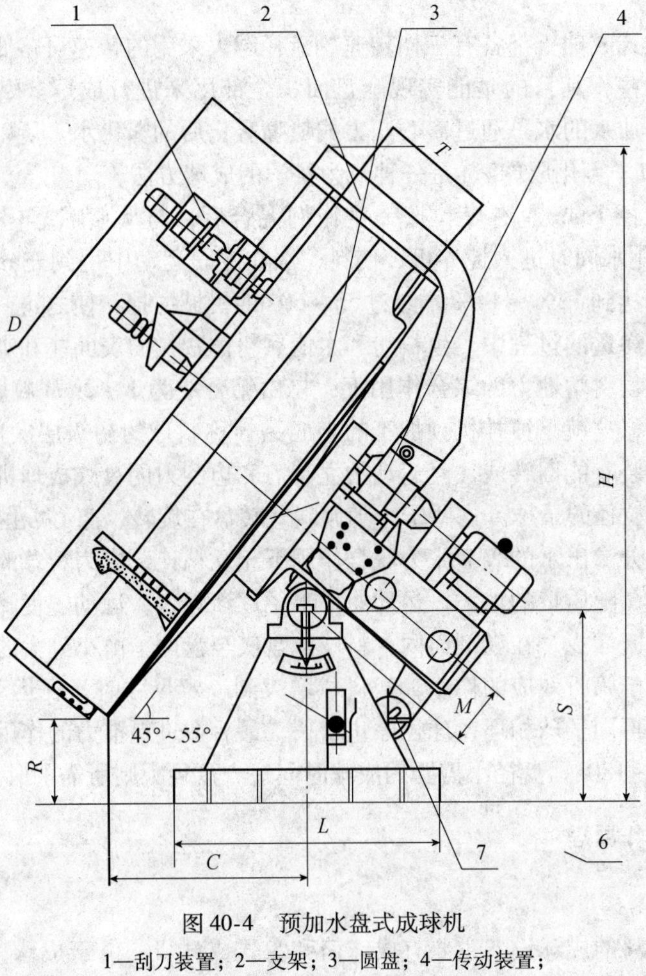

图40-4　预加水盘式成球机

1—刮刀装置；2—支架；3—圆盘；4—传动装置；5—主轴部分；6—底座；7—盘倾角调整机构

主电动机经三角皮带和行星齿轮减速机减速，再经一对直齿轮减速后，将动力传给圆盘并驱动圆盘旋转。圆盘通过键与主轴连接，主轴用前后滚动轴承安装在可绕底座支承轴转动的托架上。用盘倾角调整机构可使托架支承轴转动，即实现圆盘倾角的调节。为了清除圆盘底面和盘边的积料，设有两组电动底刮刀和一组电动侧刮刀。这三组电动刮刀均安装在框形支架上，并能随盘倾角的调节过程一同调整，而与圆盘始终保持相对固定位置。

圆盘的工作转速是通过更换电机皮带轮的方法，实现有级调速。圆盘由内盘和外盘组成，利用内外盘之间均匀分布的八组调节螺栓，来调节盘边高度。

为保证主轴轴承的润滑，配置黄油泵实现定时、定点润滑。

当生料在双轴搅拌机内经受水浸润、混合、搅拌、形成含水率均匀、粒度均齐的子球进入成球盘后，在盘内受离心力、重力和摩擦力的作用，沿圆弧和抛物线轨迹运动。由于物料的粘结性和可塑性，使子球在运动过程中逐渐长大并产生筛析效应，直至形成成品球被后续料球推出盘外。

综上所述，新型的预加水盘式成球机在结构上除采用独立式电动刮刀外，还具有转速、盘倾角和盘边高可以调节的特点，这就为使成球机能调整在“最佳成球”的条件下工作，奠定了基础条件。

3. 刮刀装置

刮刀装置是成球盘的重要部件，也是预加水成球的结构特点之一。其主要作用是在不影响料球运动轨迹的条件下，刮净盘底及盘边粘结物料，以免因改变盘边的有效内径或盘低不平整以及积料所造成的不平衡运转。保持圆盘的正确几何形状这一点相当重要，如果不能保证盘正确的几何形状，就会破坏料球运动轨迹。与此同时，刮刀的形式结构也不应阻碍或破坏料球的运动轨迹。

带独立传动装置的电动圆盘立杆式回转刮刀，目前已广泛应用于预加水成球机的圆盘底部刮净装置，这种刮刀的特点是带有自己的动力和减速机构，配套性较强，特别是它对于物料成球过程的轨迹没有或几乎没有任何影响，刮净效果好。减速机是采用与电动机直接串联的摆线针轮减速机。减速机的输送轴用平键与刮刀圆盘连接或通过中间轴和弹性联轴器与刮刀圆盘连接。刮刀圆盘采用薄钢板焊接结构，为了减轻重量和降低回转时的转动惯性，其上开有减载孔。刮刀圆盘一般均装有五根杆式刮刀，杆的工作端焊有耐磨刀头或 YG6 硬质合金刀头。刀杆是利用刮刀圆盘上的 V 形槽和压板、螺钉实现固定和刀头磨损后的调节。

通常，预加水成球机装有三组电动刮刀装置。一组侧刮刀，是为了刮去成球机圆盘侧壁粘结物料，另外两组构成底刮刀，它们是为了刮去成球机圆盘底平面的粘结物料。通过实践证明，电动刮刀装置对刮净盘边或盘底的粘结料是有效的。

但是，值得注意的是：电动刮刀装置相对于成球机的回转方向，对于确保它的工作可靠性有着十分重要的影响，这个问题过去不被人们所重视。图 40-5 所示为电动底刮刀装置相对成球盘的四种传动方案。图（a）的方案是两组底刮刀由外向里相对回转，在这种情况下，当盘内出现较大粒径的料球时，它们极容易被夹入并卡死在刮刀盘之间，导致底刮刀电动机的过载而烧坏。尤其是对于 O_2 的底刮刀来说，其回转运动轨迹是与料球下落时运动轨迹相反，它不仅影响到料球的成长过程，而且使其工作负载要大于 O_1 底刮刀电机的负载，因而 O_2 电机容易发热，工作可靠性降低。图（b）的方案是两组底刮刀由里向外反向旋转。这种工况能避免大粒径球产生刮刀盘卡滞现象，但是 O_1 底刮刀的运动轨迹与料球运动轨迹相反，因而，也同样既破坏了料球的成长，增加了电机的动力消耗。图（c）是两组底刮刀同时与圆盘回转方向相反的运动工况（这种工况与机械加工中的逆铣切削原理一样）。显然，这种工况下底刮刀的运动破坏了料球的运动轨迹，不利于提高料球的品质，而且使刮刀阻力增大即电机的电耗增大。图（d）是两组底刮刀同时与圆盘回转方向同向旋转（与机械加工中顺铣一样）的方案。不难看出，这种工况下每组刮刀盘中的各刮刀杆均按料球的下落方向，顺流切入料球的运动轨迹而不影响料球成长，同时电机的反向阻力减小，因而这样工况下的成球质量最好，而且电耗低。

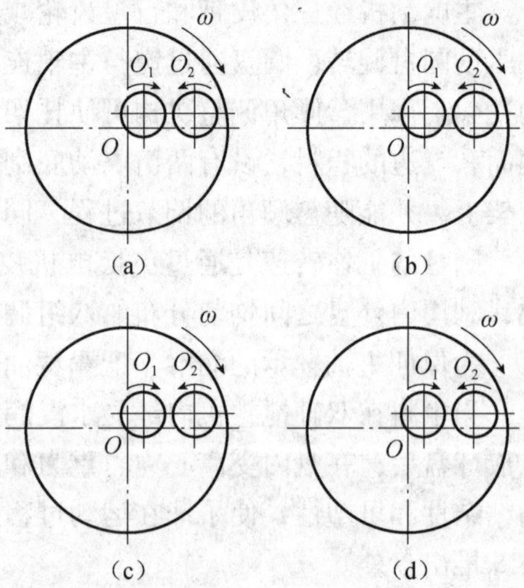

图40-5　电动刮刀装置回转方向工作图

综上所述，在设计和改造盘式成球机的刮刀装置时，应当采用电动式刮刀，特别是要采用图40-5中（d）运动方案，它不仅可以生产出品质较好的料球，而且还可以改善电动机的工作条件，提高电动机的工作寿命以及降低电动机的能耗。

4. 支架

支架是用来安装和固定底刮刀和侧刮刀的。对老式成球机还担负安装喷水莲蓬头的作用，支架可用钢板或用角钢、槽钢焊接而成。支架为框架结构，设计时，特别是对于大直径的成球机必须考虑到它的刚度和稳定性。同时支架自身的安装方式必须与成球盘的圆盘之间不产生相对运动，即盘倾角在调节的过程中支架也随之调节，以保证支架上安装的刮刀机构相对盘底和盘边具有正确的几何位置。

5. 圆盘

圆盘是成球机的重要部件，料球的成球过程是在圆盘内完成的。根据料球的成球轨迹的要求，圆盘的盘底和盘边应按一定精度要求并保持正确的几何形状。

圆盘用钢板制成。盘底用10～12mm的钢板拼焊而成，盘边用6～8mm钢板卷制。为增加盘边的刚度，在盘边外径用扁钢焊一加强圈。

为使圆盘有足够的强度和刚度，防止圆盘因物料重力的作用发生变形，在盘底用6～8mm钢板制成3～4个同心圆形的加强筋立焊其上，同时各同心圆加强筋之间采用8～12条辐射状加强筋与盘底焊接成一个整体。

在盘底背部的中心位置处，还焊制一个中心托管盘，其传动大齿轮与其法兰处连接。

制造中应对圆盘盘底的端面全跳动和盘边内壁的径向全跳动误差进行控制，控制的目的是保证它们具备正确的表面形位。因为保证圆盘的旋转平稳性相当重要，它不仅对于提高主轴承、电动机、齿轮副的工作寿命有重要影响，而且防止工作中的振动和噪声也具有很大的影响。但由于圆盘的盘底和盘边不可能实现切削加工，故我们推荐端面全跳动和径向全跳动公差，按盘径尺寸公差的15级精度选取，即取为±IT15是比较经济的精度等级。也有的采用圆度、圆柱度、平面度等形位公差来控制，但我们认为采用上述两项全跳动的指标进行控制，既符合圆盘的实际工作情况，也容易实现误差值的测量。

此外，为了解决比较难成球物料的成球问题，也就是为了适应塑性较小物料（如铁矿粉）的成球问题，一般在圆盘底面上铺设一层钢板网或不锈钢多层网，以便使盘底挂上一定厚度层的料垫。这样做一方面可以保护盘边和盘底不致被磨损，另一方面又可以增大物料与盘底的摩擦力，使物料在圆盘以较低速度回转时能被提升得较高，从而达到减小动力消耗和提高成球效率的目的。

实践证明，在水泥生料成球时，这层金属网也可以不设置，因为水泥生料粉的颗粒较细、塑性较大，不设置金属网料垫也容易成球，甚至想避免都很困难。当铺设金属网后，一旦需要清理盘底时，要比不铺设金属网清理起来要困难得多，所以，不铺金属网如能满足要求，就尽量不铺设。

6. 传动装置

这里所说的传动装置，指的是成球机主传动用的传动装置，不包括刮刀机构中的传动装置。它是由电动机、皮带传动、行星齿轮减速机和齿轮传动等组成。

（1）皮带传动

成球机主传动是在电动机和摆线针轮减速机之间采用三角带传动，使摆线针轮减速机的输入轴的转速实现一级减速作用。这样处理可使摆线针轮减速机的传动比下降，减少了减速机的结构尺寸。其次，在考虑到物料千差万别的变化以及有利于物料成球的因素，圆盘的转速应设计成可调节的，这种调节范围尽管很小，但这种可调性是不可缺少的。因此，采用鼠笼式 Y 型节能电动机，然后通过皮带传动实现有级调速，既简单迅速，又能满足要求。

（2）齿轮传动

齿轮传动是驱使成球机圆盘旋转的重要部件，预加水成球机均采用渐开线标准直齿圆柱齿轮传动。

渐开线直齿圆柱齿轮的一个重要优点是其中心距略为变化（平行移动）而不影响其传动比，由于齿轮制造和安装时的误差，运转时径向推力的作用以及使用旷日持久后轴承磨损等原因，实际运转的齿轮件，其中心距与设计中心距往往不等，但即使这样，渐开线直齿圆柱齿轮仍能保持不变的定传动比传动。但是，渐开线直齿圆锥齿轮缺少这种可分性，特别是对于安装误差和轮齿的变形很敏感，容易导致齿轮偏载后的早期断齿故障，同时其承载能力较低，噪声大，故预加水成球机已不再采用渐开线直齿圆锥齿轮传动，而由直齿圆柱齿轮所代替。

齿轮的工作可靠性是和齿形的正确设计、选择较好的材质和处理方法以及正确的安装有很大的关系。

齿轮的强度包括齿面接触强度和齿根弯曲强度。齿面的磨损、点蚀、剥落、胶合、撕伤等破坏形式，都属于齿面接触强度的范畴，而轮齿根部产生裂纹或断齿的破坏形式，则属于齿根弯曲强度的范畴。

众所周知，预加水成球机的传动齿轮是在中等载荷和低速的工况下工作的，因此，它的失效形式主要与齿根弯曲强度有关。这就是说，在实际生产中齿轮的破坏形式主要是齿根产生裂纹或断齿，而在水泥厂粉尘污染大的特定环境下，由于齿面硬度不足也会产生轮齿磨损的失效。在材质上采用优质碳素钢制造齿轮，采用整体调质处理和齿面淬火处理方法能获得很好的使用效果。

7. 主轴部分

主轴部分是由主轴、滚动轴承、轴承座及端盖等组成。

因为成球机的盘是处于倾斜状态下工作的，主轴不仅要传递使圆盘旋转的扭矩，而且不要承受盘内存料的重量对其产生的弯矩，因此，主轴一般采用优质碳素钢或低合金钢制造，并进行调质处理来提高其机械性能。

主轴的两端通过滚动轴承安装在轴承座内，主轴前端与大齿轮相连接。滚动轴承有两种不同的组合方式：一种是由圆锥滚子轴承组合，另一种则由双列调心短圆柱滚子轴承与单向推力球轴承或圆锥滚子轴承组合。

轴承座一般采用形状较为特殊的铸钢加工而成。其中部为中空的圆筒形，以便安装主轴和轴承，它的上部为平板形，以便安装电动机和减速机。他的下部为双凸耳形，通过衬套和安装在底座上的固定轴配合。当盘倾角需要调整时，通过盘倾角调整机构，使圆盘轴承座及其上的传动装置一同绕固定轴旋转。

8. 底座

底座是用来承担成球机整机（包括装入料）的重量、工作中产生的动载荷以及实现成球机的固定和安装。

通常底座采用槽钢焊接结构，底座上部经轴承支座安装固定轴，下部装有盘倾角调整机构。

底座的结构必须有足够的刚度，防止成球机工作时不稳定或产生振动，同时还应考虑当圆盘内盛有最大物料量时，其重心基本上作用在固定轴上并位于底座的平面中心处。

降低底座高度可使成球机的总高度下降，这对于老水泥厂的更新改造特别有利，可以大大减少由于设备过高而增加成球作业区屋面改建的投资费用。

9. 盘倾角调整机构

预加水成球机采用丝杆螺母方式。将丝杆安装在专门的支座上，其轴承可绕与主轴轴线相垂直的一条水平轴线转动，使丝杆能在不同倾角时始终与主轴线垂直相交。调整螺母安装在主轴轴承座下端的特制端盖上，转动丝杆，可使盘倾角改变。

（二）管式螺旋喂料机

管式螺旋喂料机是预加水盘式成球机的配套设备之一，它主要用于将水泥生料或混合料连续、均匀而稳定地喂入双轴搅拌机中。从新的成球工艺来看，管式螺旋喂料机的主要作用是保证生料量的稳定，为实现自动控制提供良好的条件。

1. 基本参数（表40-8、表40-9）

表40-8 单管螺旋喂料机

参数名称	型号	
	WL25/250	WL25/300
螺旋绞刀公称直径（mm）	250	300
进出料口中心距（mm）	2500 ~ 3000	2500 ~ 3000
转　速（r/min）	40 ~ 60	40 ~ 60
最大喂料能力（t/h）	21.5	25
功　率（kW）	2.2	3.0

表 40-9 双管螺旋喂料机

参数名称	型号		
	2WL20/200	2WL20/250	2WL20/300
螺旋绞刀公称直径（mm）	200	250	300
进出料口中心距（mm）	2000	2000	2000
转速（r/min）	无级	无级	无级
最大喂料能力（t/h）	23	30	35
功 率（kW）	5.5	7.5	15

2. 结构原理

单管螺旋喂料机是由调速电动机、标准型摆线针轮减速机、联轴节、螺旋绞刀和机壳等组成，而双管螺旋喂料机除由上述部分组成外，还由螺旋闸门和由两根螺旋绞刀和作反向同步旋转的齿轮副组成。

单管螺旋喂料机工作原理：调速电机通过弹性联轴器摆线针轮减速机和其输出轴上的联轴器驱动螺旋绞刀旋转，物料经进料口进入后，通过螺旋绞刀片的旋转运动，将物料向前输送并由出料口排出。

双管螺旋喂料机工作原理：调速电机驱动减速机，减速机通过十字滑块联轴节和主动螺旋绞刀相连并带动其回转，主、从动螺旋绞刀的转速大小相等而方向相反。物料自进料口进入、经主、从动螺旋绞刀的输送，由出料口排出。

单管螺旋喂料机的喂料量是通过改变调速电机的转速，也就是螺旋绞刀的转速来实现，增加转速则喂料量增多；反之降低转速则喂料量减少。

3. 螺旋绞刀轴

螺旋绞刀轴通常采用无缝钢管制造，其材料不低于 YB231 规定的 20 号优质碳素钢。沿钢管的轴向焊材质为 A_3 钢的螺旋叶片，并在钢管的两端各焊一轴头，供安装滚动轴承内圈之用。

根据工作部位的不同，螺旋叶片分为三个工作区段：在受料口下方构成受料段，叶片的螺距较大，可使螺距空间内最大限度地装填物料，在接近出料口一段，叶片采用双头螺旋，在保持这段螺旋叶片的导程与受料段螺距相等的条件下，这时的螺旋螺矩则减少一半，因而构成了供料段，使得从受料段输送来的物料进入供料段后形成一定的阻力或压力，从而提高物料的填充率，在出料口部分则焊装一个螺距长的反向螺旋叶片，强制物料向下道工序输送，从而构成了稳流段。

4. 机壳

螺旋喂料机的机壳一般由三部分组成：进料箱、出料箱和中间管。

进料箱和出料箱都是由型钢和板材焊接而成，其中间用无缝钢管焊接连接，其进料箱、出料箱和中间输送管均用螺栓连接。

(三) 双轴搅拌机

1. 基本参数(表40-10)

表40-10 双轴搅拌机基本参数

参数名称	型号				
	2J40	2J45	2J50	2J55	2J60
搅拌刀回转直径(mm)	400	450	500	550	600
进出料口中心距(mm)	3000	3000	3000	3000	3000
两轴中心距(mm)	272	320	360	360	420
生产能力(t/h)	12~16	14~18	20~25	28~32	30~40
功率(kW)	≤11	≤15	≤18.5	22	37

2. 结构原理(图40-6)

预加水成球用双轴搅拌机其结构如图40-6所示。

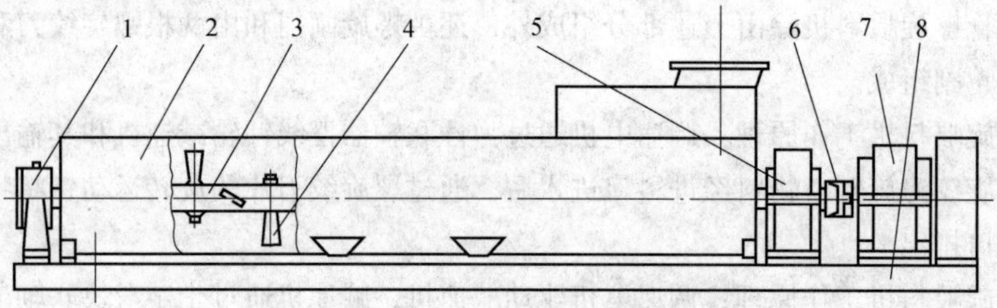

图40-6 双轴搅拌机结构图

1—双联轴承座;2—机壳;3—搅拌轴;4—搅拌叶;5—联动齿轮箱;6—十字滑块联轴节;7—齿轮减速机;8—底座

电动机的扭矩是这样传递给搅拌轴的:即通过三角皮带和齿轮减速机的减速后,由减速机的输出轴,驱动主动搅拌轴旋转,主动搅拌轴和从动搅拌轴之间,通过减速比为1的联动齿轮箱相连,使主、从动搅拌轴之间实现转速相等而旋转方向相反的运动。

当干料粉经冲量计从进料口落入双轴搅拌机后,被雾化喷嘴喷出粒径小于1mm的水滴湿润、渗透、在搅拌叶的不断搅动下,将生料向前推进,送入成球机中成球。

主、从动搅拌轴的旋转方向应保证使两轴之间的物料向上翻起,如图40-7(a)所示。在这种工况下,物料的混合、搅拌的效果好,而且生产能力高,图40-7(b)所示的工况中,既不能使物料进行充分的混合搅拌,而且使搅拌机的产量下降以及使壳壁出现搭棚、结块现象,给维护工作带来困难。

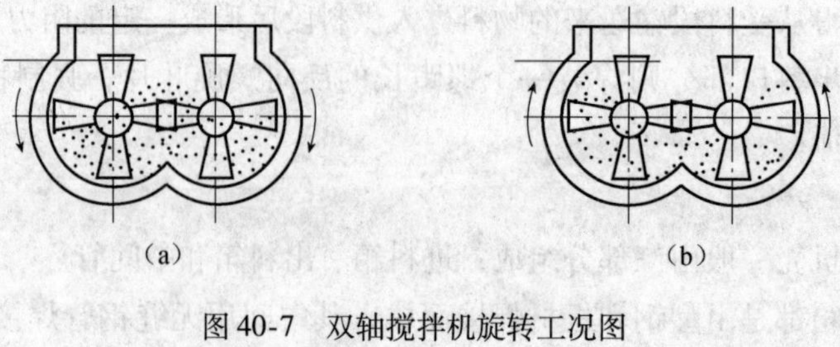

(a) (b)

图40-7 双轴搅拌机旋转工况图

物料在机壳内的料位高度，应在搅拌叶回转直径的2/3处为宜，料位过高则超过回转直径以上的物料，得不到充分的搅拌，料位过低则影响产量。如果物料料位不满足上述要求，可以调整搅拌轴的转速或改变管式螺旋喂料机的喂料量。

3. 搅拌轴

搅拌轴上沿轴线方向以搅拌刀螺距的四分之一长为间距，加工有若干个通孔，且相邻各孔的轴线相差90°。这些孔供搅刀叶安装用，从而保证搅刀叶沿搅拌轴呈螺旋线分布。

4. 搅拌叶

搅拌叶的外形为桨叶式，一般采用厚为12mm的钢板做成桨叶并与螺杆焊制而成。搅拌叶通过螺杆穿过搅拌轴上的径向通孔，并用螺母和圆弧形垫圈紧固在搅拌轴上，以利于调整搅拌叶的角度和更换旧的搅拌叶。

为了提高搅拌叶的耐磨性能，可以在叶片的工作端面上喷涂耐磨性好的碳化钨。也可以焊3~5块YG8硬质合金刀头。

5. 机壳

机壳是用来容纳物料、支撑和安装运动零部件并将载荷传至地基，它由壳体和机盖组成。

壳体的两端设有端板，每块端板均由上、下两个平块板组成，以搅拌轴孔水平中心线为分界面，下半块与壳体焊成一体，上半块采用螺栓紧固，以利于搅拌轴的安装。

6. 传动系统

双轴搅拌机的传动系统包括电动机、齿轮减速机和使主、从动搅拌轴实现联动的一对直齿轮，由于搅拌机传动系统的零部件均为通用机械中所常用的，这里不作叙述。

三、设备的安装

（一）安装前的准备

设备到达施工现场后，应对照装箱单和使用说明书清点零部件数量，检查是否锈蚀、变形和损坏。开箱后应对被雨水淋湿有锈迹的进行清理除锈，并用防锈油涂抹，以防再次锈蚀。

起吊运输前应对起重用具进行准备，钢丝绳不应有锈蚀、硬弯、扭曲和压扁等缺陷，起重用葫芦等设备应根据设备重量进行选用。

（二）预加水成球工艺对设备的安装要求

1. 稳流仓

2~3t容量的椭圆形稳流小料仓，其朝向应与提升机卸料方向相垂直进行布置，以便获得紧凑合理的效果。斗式提升机至稳流仓的卸料管与水平线的夹角不得小于55°，既可实现粉料的滑行卸料，减少扬尘，又可避开生料粉的堆积不发生堵塞。卸料管的垂直高度应小于1200mm，这样可使该卸料管内的粉体物料受到提升机斗子卸料时的冲击作用，保证生料粉的畅通无阻。稳流仓下方出口处应装有平闸板，以便在下道工序发生故障时减少清理内部集料的工作量。

2. 管式螺旋喂料机

在工艺布置条件允许的情况下，其安装形式应本着在运转时使内部螺旋轴处于受拉状态下工作，这样当杂物进入管内发生卡阻时，不致使螺旋轴受挤而翘曲变形，影响正常工作，影响设备使用寿命，即传动装置应安装在喂料机卸料端方向。

3. 冲量流量计或杠杆式螺旋电子秤

在安装时必须设独立的支撑装置，不得与前后机械设备发生刚性连接，管接头应采用柔性连接，以免前后机械设备运转时产生振动干扰，影响流量计的正常工作和信号输出。

采用冲量式流量计时必须配备动态标定仓，以便采用测定试数的方法校验流量计的零位。

因此，流量计与双轴搅拌机的布置型式，应保证冲量式流量计内冲击板的板面与搅拌机纵向中心线相平行。

4. 双轴搅拌机

由于双轴搅拌机机械结构原因，其双轴是不可能用垂直提升的方法卸出机壳，它必须从机体纵向水平抽出机壳。因此，为了方便检修，搅拌机在平台上的布置，在纵向必须留有双轴水平抽出的位置。

搅拌机的进料管应与水平线呈55°以上的夹角，以便生料粉从搅拌机的进料端部滑入机内，为实现无尘操作创造有利条件。

5. 盘式成球机

盘式成球机是预加水成球装置系统设备安装的中心和基准，安装位置应与机立窑加料机处于同一水平面上，其高度差不得小于－500mm，以利料球往窑内输送。成球机与机立窑的相对位置应保持盘面平行于机立窑径向线，盘面不得面朝或背朝机立窑的纵向中心线，以免造成料球输送机难以布置。

（三）管式螺旋喂料机的安装

管式螺旋喂料机在机械结构上大都具有整体槽钢机座，安装时都可进行整机吊装，按照工艺要求进行整体就位。因此安装时，除电机、减速机或减速电机单独吊装后在现场就位外，其余部分一律整体组装好后再进行吊装就位。安装的具体要求是：

（1）为保证螺旋轴转动灵活，两端轴承座中心线同心度误差应不大于1～2mm。

（2）为防止工况条件下螺旋轴热膨胀，两端轴承轴向游隙应为1.5～2mm。

（3）为提高螺旋喂料机的双向锁料功能，螺旋叶片与螺旋壳体的间隙应小于2mm，并以不擦碰壳体为限，间隙愈小愈好。

（4）双管要保证两管纵向中心线在同一平面上，其平面度误差不大于2～3mm。

（5）整机密封性应严密可靠。

（四）双轴搅拌机的安装

双轴搅拌机具有整体槽钢机座，安装时应首先使壳体与机座吊装就位，然后将双轴从壳体端部轴孔送入，装好轴承座，接着在轴的主动端装上对齿轴及对齿轮箱或罩壳，将减速机、电动机以联轴器连接，最后按角度要求装上搅拌叶片。根据现场条件传动装置可装置在进料端，亦可装置在出料端，但有条件的情况下应尽量装在出料端。安装的具体要求是：

（1）双轴就位后，其两轴中心线的平行度误差应不大于1.5mm，两轴中心线的连线水平误差应不大于2mm。

（2）搅拌叶片与壳体的间隙应保证在5～8mm以内。间隙小，壳体上的垫料易清理，双轴旋转运动阻力较小；间隙大，集料不易清理，运动阻力大，易在操作中发生振动。

（3）齿轮齿顶间隙应控制在2.5～3mm。

（4）双轴两端轴承轴向游隙应不小于1.5mm。

（5）搅拌机进料管的安装必须呈大于60°的倾斜状态，不得垂直进料。出料管的安装必须根据工艺要求，呈大于60°～65°的倾斜状态，不得垂直出料。

（6）机壳密封性能应良好、可靠，不得漏水漏灰。

（7）为防止因机壳集料而增加运动阻力，机壳内可敷设$\delta=3\sim5$mm厚的工程塑料板，或涂以耐磨树脂，改善含水生料在壳体上吸附作用。

（8）双轴搅拌机的旋向应呈从外侧向上的“↺↻”形式。

（五）盘式成球机的安装

盘式成球机在安装前分解为：机座、主轴轴承装置、大盘、刮刀装置、传动装置五部分，安装时按安装工艺要求，按一定顺序进行安装就位。

首先根据安装要求将机座定位，然后组装主轴轴承，接着吊装大盘，再组装好边、底刮刀，最后组装传动装置。安装的具体要求是：

（1）盘体的几何形状误差对使用性能影响很大，当盘体不圆、盘底平面度误差大时，使用中将造成局部集料过多，在运动中受离心力的作用使电机负荷产生大幅度波动，甚至烧毁主电机。因此，安装时盘体圆度误差不大于2.5‰，盘底平面度误差不大于2.5‰。

（2）底刮刀与盘底的安装间隙应控制在5～8mm，过小将影响底料垫的形成，造成料球在钢板上的滚动摩擦系数较小，运动中料球旋转离心提升高度受限，从而不能实现全盘运动的最佳成球效果，间隙过大，使盘体的集料加厚，刮料阻力增加，电机负荷加大。

（3）实践证明，含水率为12%～14%的生料与钢板的吸附能力是极强的，在使用中底刮刀与盘底的间隙之间将形成一层薄薄的料垫，有助于增加摩擦力，使料球按照理想的运动轨迹运行。

（4）底刮刀、边刮刀的运动方向都与大盘旋转运动方向一致，不得逆向旋转，以保证刮刀电机的安全运转；否则将增加电机负荷，甚至使刮刀电机烧毁。

（5）大、小齿轮传动的齿顶间隙应控制在3～4mm之间。

（6）为减少盘式成球机运转中的振动，三角皮带轮内轮缘应进行加工，其表面粗糙度应达到R_a12.5μm。

（7）以活络角尺校正大盘倾角的刻度指针。

四、设备的调试及其应用

（一）双轴搅拌机的调试

1. 双轴搅拌机的应用工艺要求

双轴搅拌机在系统成球过程中起关键作用。

双轴搅拌机的任务是：将雾化水喷在生料上经机械搅拌，加工成粒径1～2mm、粒度均齐的料水混合团粒子，为下道工序成球做好准备。

（1）对料水团粒子的要求

料水团粒子粒径要适宜，粒度大小要均齐。适宜的粒径尺寸，是料球内部形成理想网络化孔隙结构的需要；粒度均齐，是为了在成球的过程中实现等径颗粒填充排列，以得到较高的孔隙率。

（2）对含水的要求

含水量要适宜，水分要均布，当水分过大时，料水团粒子粒度较大；水分过小时，料水团粒子粒度较小，一般要求含水率为12%～14%，具体指标可根据料水团粒子的大小进行调整。只有在含水量适宜，水分均布的条件下，才会产生粒径适宜、粒度均齐的料水团粒子。

（3）双轴搅拌机的操作要求

双轴搅拌机操作工艺有三个阶段：

1）粉状生料与雾化水在搅拌机入口处先进行初步液固均化，要求含水率达到5%～6%。必须严格掌握均匀喷水，雾化器必须对准和覆盖生料流和落料层，尽量增加喷水量，使雾化锁住粉尘飞扬，为实现无粉尘操作创造条件。

2）在双轴搅拌机进行机械搅拌过程中喷入雾化水，使含水率迅速达到工艺要求，这一阶段的特征是，喷水和机械搅拌同时进行，使生料的含水率达到12%～14%。为了保证生料含水量达到规定指标后有足够的湿润渗透时间，在双轴搅拌机上的喷水长度不宜过长，一般控制在800mm左右。喷水长度过长，湿润渗透度不彻底，喷水长度过短，造成水分分布不均，不同颗粒含水率不同。喷水距离的过长和过短都将直接影响料水团的粒径均匀性。

3）通过充分湿润渗透的生料粉，在机械搅拌过程中依靠水表面的张力作用凝聚为1～2mm粒度的料水团粒子。对已形成大团物料还兼有破成小粒作用。将均匀理想的料水团粒子送入成球机。

物料在这三个阶段的总需时间一般为40～50s，若时间过长，将造成过湿润渗透，使水分提前蒸发，成球的含水率大幅度下降，产生水分控制错觉对成球不利。若时间过短，粉状物料尚未完全湿润，液体架桥的功能受到削弱，造成难以成球的不良效果。

此外，搅拌叶片的角度大小控制物料在搅拌机内的推进速度，是确定适宜搅拌时间的可靠保证。所以，搅拌机在运行中，机槽内料面的过高或过低，都不得依靠采用调整搅拌叶片角度的方法获得。无原则地调整叶片角度去实现搅拌机机壳内料面高度，都将严重妨碍物料在机内的搅拌时间，造成对成球质量产生不良影响。叶片角度的调整只能根据搅拌时间的长短，是否符合物料湿润渗透的需要进行。而保证搅拌效果应该在工艺要求所确定的满负荷条件下进行，因此，叶片角度完全可以在保证停留时间的条件下固定角度运行。无需进行频繁调整。

2. 双轴搅拌机的调试

（1）叶片的角度

双轴搅拌机的搅拌、均化、破团功能是依靠叶片的旋转运动实现的，运动阻力小、搅拌效率高、推进速度适宜是确定叶片角度的基本原则。实践证明，叶片角度在15°～17°时，具有推进速度和推进阻力适宜、搅拌效率高的最佳效果。

（2）搅拌轴的旋转方向和转速

搅拌机的旋转方向有两种：一种是自下向中心旋转↺ ↻，另一种是自上向中心旋转↻ ↺。自下向中心旋转是正确的，这样物料形成向中心堆积的状态，搅拌效果好，效率高。而当搅拌轴为自上向中心旋转时，形成两股物料推进运动路线，两者之间的拌和困难，均匀性差，这是对预加水成球有害的旋转方向，不得采用。

搅拌轴的转速既要适应高效拌和的需要，又要避免叶片激剧磨损和呈抛掷性搅拌。一般控制叶片外缘旋转运动的线速度为1.2～1.4m/s。转速过低，搅拌效率差，转速过高，加剧叶片的磨损，产生向上的抛掷性搅拌，容易造成严重的失水现象，影响料球粒径的控制。

（二）盘式成球机的调试及应用

1. 调试和应用的主要技术要求

盘式成球机担负着从第一层次含12%～14%水分的料水团粒子到入盘后滚动形成ϕ1～ϕ2mm粒径的子球，然后让子球相互粘连，完成料球加工的任务。

（1）进料管

盘式成球机的进料管，应使料水团粒子入盘后顺料流而下，并按一定的运动轨道运动。不得逆流而动，不得进入其他尺寸颗粒的运动轨道。

（2）运动形态

物料在倾斜盘内形成离心抛物运动，料球有规律的由小到大，由底至表逐渐进行筛析。这一状态只有在盘内物料的旋转运动出现涡旋空心区才会成为可能，没有涡旋空心区的运动，就不会有理想的成球条件，这一点万万不可忽视。

（3）负荷条件

盘式成球机的喂料量必须满负荷，而且必须是稳定的满负荷，以免成球时间发生随机性变化，保证成球时间不超过140～180s，盘径小成球时间短，盘径大时间长；否则，将影响成球质量。

（4）成品球的性能

制成的成品球应含水均匀，粒径均齐，具有适宜的强度，抗爆性能优越的孔隙率。而抗爆性能优越的孔隙率是基础，没有理想的孔隙就不是预加水成球。

（5）加水方法

不得在盘内加水，以免在料球第二层次结构子球之间的网络状毛细管遭受破坏。

2. 盘式成球机工艺过程

（1）子球的形成

料水团粒子在与圆盘出料部位相对的半圆外围入盘，进入最小物料粒径的运动轨迹，并沉于盘底进行运动范围最大的旋转运动。在这一阶段的无料层压力的前半段，料水团粒子滚动形成ϕ1～ϕ2mm的子球。

（2）球径的增长

子球向涡旋区方向从边部切入子球与各粒径料球相接触的粘带，随盘旋转作自转运动，此时受到料群向盘边的挤压互相粘连增加质量。然后进入上抛和下落运动进行整形，往复处于受压下粘连、抛物运动中整形，使球径增长。

（3）料球的出盘

料球粒径达到要求以后，脱离各粒径与子球接触的粘连带，沉在涡旋区的最表层后，在进料和离心力的双重作用下被推出盘。完成母球的全部形成过程。

物料的这三个阶段的总停留时间即成球时间，一般为120～150s。任何加长或缩短停留时间的操作都不符合预加水成球的工艺要求和应用原则。

3. 盘式成球机的调试方法

（1）下料管位置的设置

下料管的位置只能在与涡旋空心区相对的子球形成区设置，除刮刀位置无法设置外，都可设。设置原则为：下料管中心线在盘面上的垂直投影应为子球运动轨迹的切线，管内料流应与子球运动方向相同，下料管中心线在三维空间的位置应与水平呈55°～60°以上的夹角，这样才能保证调试及应用的技术要求。但仅满足这样的要求是不够的，下料管在子球形成区内的具体位置设置是很有讲究的，不同位置都具有不同的特点。

当生科的黏性特别好，配料黏土的塑性较高，生料本身的成球性较好时，下料口的位置设置在第Ⅱ象限，较为合适。当生料粉的配料黏土塑性指数较低，生料粉的黏性较差而不易成球时，下料口的位置应设置在易成性最好的第Ⅲ象限，这样同样可以形成较好的料球。

当生料粉的黏性比较适宜时，下料口的位置设在中、上部其易成性中等和最差的位置上。争取形成技术指标较先进的料球。总之，下料口位置的设置应视具体情况作具体分析，不可一概而论。至于下料口设置在子球形成区的上方还是下方，对成球时间的影响不是很大的，其间的时间差也只有2～3s

（2）盘倾角的调整

盘倾角的调整会给成球时间带来变化。当盘倾角较大时，盘内的存料量减少，在相同喂料量的条件下，必须使成球时间缩短。反之亦然，所以调整盘倾角可以起到调整成球时间的作用。但是，一般不应以调整成球时间作为调整盘倾角的主要目的，它是与转速配合实现全盘性成球的需要为主要调整目的的。

在某一转速条件下，盘倾角在允许角度范围内的大和小都将对成球产生影响。

1）对盘内物料涡旋空心区的影响：当盘倾角较大时，空心区由于物料在盘内的偏心作用，运动范围缩小而逐渐向盘边偏移，甚至消失，当盘倾角较小时空心区将向盘中心靠拢。

2）对子球粘连带的影响：当盘倾角减小时，随着活动范围加大，盘内物料对子球粘连带的挤压力加大，同时还延长了子球粘连带的弧长路程，其结果是使子球易于相互粘连，表现为料球易成性较好。反之，当增大倾角时，料层对子球粘连带的挤压力减小，挤压弧长缩短，可得到结构较为疏松的料球。

3）对料球在盘底压力的影响：不同盘倾角时，料球对盘底的压力是不一样的，所以盘倾角的大与小对料球的形成有很大的影响。

（3）盘边高的调整

盘式成球机的边高对成球质量、功率消耗、成球操作都有很大的影响，但主要是对成球时间产生重大的影响。一定的盘边高，具有一定的盘边存料量，就具有一定的停留时间（即成球时间）。

调整盘边高会产生以下几个方面的效果：

1）增加盘边高，盘内的存料量增加，不但延长了成球时间，而且还加大了料层对料球的压力。成球时间的延长，使料球越滚越密；料球压力的加大，也同样使料球内部结构更加致密。

因此，盘边高的加大将产生延长成球时间和增加料球层压力两个作用的叠加效应，其结果会大大提高料球的强度，降低料球的孔隙率。另一方面，由于成球时间的延长，粘连子球的数量增加，必然会使球径增大。

2）降低盘边高，必然缩短了成球时间，减小了料层对料球的压力，其结果肯定将产生提高料球的孔隙率，降低料球的强度，减小料球粒径的效果。

因此，盘边高的调整必须根据成球时间的要求，通过料球性能的检测和调整量的计算来进行，才能真正取得应用效果。那种随意确定盘边高，甚至对盘边高的作用不子理睬的操作都是不合理和有害的。

（三）常见调试的运用方法

1. 双轴搅拌机入料口扬尘

成因：

（1）进料管的位置过于垂直，下料为冲击式造成扬尘。

（2）雾化器排列不合理，喷出的水雾不能起到锁尘作用。

采取的措施：

（1）改进下料管的连接。往搅拌机机头向外延伸的一侧偏移料体物料流量计，形成上下都有偏角的连接形式，但上、下连接管的水平倾角不得小于55°。若无条件偏移流量计，则应重新安装搅拌机。

（2）重新按要求排列雾化器，发挥雾化水的锁尘作用，实现无粉尘工艺。

2. 双轴搅拌机出口料水团粒子太细

成因：

（1）水分不足12%～14%，团粒子的大小与含水率成正比。

（2）生料粉太细，具有更大的比表面积，需要更高的含水率才能达到同等湿润程度。因此，颗粒之间进行液体架桥时的含水量不足，聚积能力差，形成的料水团粒子小。

（3）在搅拌机内的搅拌时间太短，料水团粒子尚未完全形成，应重新进行停留时间的检测和计算。必须保证搅拌时间在40～50s范围内。

对策措施：

（1）重新检测生料细度，根据工艺流程要求适当放粗生料细度。检测料球含水率，根据水分控制指标，适当增加含水率。

（2）减小搅拌机叶片角度，并观察生料搅拌过程中的颜色变化，必须使生料粉逐渐由暗淡变为深沉方可结束搅拌而卸出。

（3）若在进行调整后仍不能使搅拌达到规定的范围，则证明设备本身工艺性能达不到要求，应进行设备的更新改造。

3. 搅拌机出口料水团粒子大小不均，干湿不匀，出现大团

成因：

（1）雾化不均、含水率不匀或喷水过于集中等，都会造成局部水分超标，形成团料粒子大大小小，使受水过多的局部生料粉凝聚为大团。

（2）雾化水擦碰机壳，又从雾态变为液态，使水分过于集中，其后果必然出现大团。

（3）搅拌机的操作料面过高，料层压力太大，不但搅拌效率低，而且旋转时叶片的破碎作用得不到充分发挥，致使浮面的大小料团粒子掠过搅拌机而进入成球盘内，大团入盘必成大球或特大球。

对策措施：

（1）清洗雾化器，调整雾化器喷射方向，合理选择和确定雾化器的喷液量，切忌喷雾高度集中。

（2）叶片角度确定物料在搅拌机内搅拌时间的长短，当料面高度过高时，不能简单从增大叶片角度，加快物料运行速度的方法来降低，否则将对在搅拌机内停留时间和成球质量

产生不良影响。出现这种情况，证明搅拌机的能力不够，系选型不当所造成，应重新进行工艺选型计算，并进行技术改造。

4. 盘式成球机进料管出口扬尘

成因：

（1）搅拌机喷雾不均，含水不匀，有部分干料未经湿润即出了搅拌机。

（2）搅拌停留时间不足，致使未经湿润的物料送入了盘式成球机。

（3）物料含水率不足或水分太小，经搅拌后部分物料表面的水分被蒸发。

（4）搅拌机的运行参数不合理，雾化器雾化操作不当，都会严重影响物料的湿润效果。

措施：

重新检测、计算、调整搅拌机雾化器运行参数，控制配水量满足水分要求。

5. 盘式成球机运行操作中涡旋空心区太偏向盘边或无涡旋空心区

成因：

（1）盘倾角太大，离心力不足，物料的提升高度不够，抛物能力弱，盘内大面积物料呈瀑泻状态下落。

（2）转速太低亦同样造成物料旋转离心力小，物料抛洒不开，物料在盘内的运动主要呈瀑泻式运动状态。

措施：

（1）逐渐降低盘倾角直至出现理想的空心区，并使之具有最适合的偏心位置。

（2）缩小主减速机输入轴上的三角皮带轮，适当提高成球盘转速，并与盘倾角相适应。

6. 料球表面潮湿

成因：

（1）料球表面潮湿，必然会出现表面湿烂，内里坚硬。这是由于成球机在正常运行过程中，突然减少喂料量，使料球在盘内滚动时间大大延长，球内水分逐渐被挤出浮至表面。这种料球肯定具有较高的强度，但孔隙率却很低。这是不允许的。

（2）盘边调整不当，高度太高，延长了成球时间，球在盘内运动中增加了偏心挤压作用，致使球内水分被挤压而润至表面，从而为料球内部第一层次结构粉体颗粒相互紧密排列填充创造了条件，同时又为第二层次结构子球的密填充创造了条件。结果必然使孔隙率很低，而强度又太高。

（3）盘倾角大幅度减小后，没有相应降低盘边高，其结果将延长成球时间。

（4）生料颗粒粒径参差不齐，在运动中聚集时，按密填充、紧排列的方式进行，而不断将颗粒间的水分往外排挤，致使料球表面水分多，其物理特性表现为“内硬、表面烂”。

措施：

（1）实现成球机上道供料工序的料流稳定，保障成球机成球条件的平衡；稳定立窑热工制度，实现均衡喂料，为成球机的稳定运行创造条件。

（2）根据理想的成球时间需要，重新确定和及时调整盘边高和盘倾角，盘边高和盘倾角的调整不可大起大落，必须以相互适应为准则。

（3）调整生料磨中球、锻级配比例，在保证生料细度指标要求的前提下，尽量缩小生料颗粒的粒径范围，以免形成料球内部第一层次结构子球内粉体的密填充。优化双轴搅拌机的操作，以获得均齐的料团粒子，使入盘后形成粒径均齐的子球，为料球第二层次结构子球的堆积实现等径球颗粒的疏填充创造良好的条件。

7. 料球出盘球径太小

成因：

（1）搅拌机内物料停留时间太长，产生过湿润现象，在这种状态下，生料粉体颗粒表面形成了一层液体附着薄膜，与空气的接触面增大，极易在很短的时间内发生蒸发和升华，粉体之间实现液体架桥的能力减弱，料球粒径的正常增长发生困难。

（2）配水量少，含水率低，造成子球粒径小，子球相互粘连，由于物料在低含水状态下塑性激发得不充分，结合能力差，虽有足够的成球时间，但球径仍然很小。

（3）盘边高度太低，停留时间不够，子球相互粘连的数量受到限制，致使球径偏小。

（4）在进行增大盘倾角的调整后，未及时相应提高盘边高度，减少了料球在盘内的停留时间，产生与盘边太低同样的不良效果。

（5）盘转速过低，子球不能完全进入各粒径料球接触的交叉点上，与子球结合的机会和范围缩小，致使球径增长速度慢，以致在原有预定成球时间内，料球不能增长到预期粒度。

（6）在原有运行参数条件下，突然大幅度增加喂料量，加速了盘内料球的出料速度，缩短了料球在盘内的成球时间，粘连的子球数量不足，导致出盘料球大幅度减小。或者是由于实际喂料量已大大超过原定参数运行条件下的允许喂料量，其实际不良效果仍然是缩短了料球在盘内的成球时间。

措施：

（1）检查和调整双轴搅拌机的运行参数，测定生料团粒子的含水率，适当增加水分。

（2）按照成球时间要求和预定喂料量，重新计算、调整盘边高和盘倾角，实现成球运行系统最适宜化。

（3）立窑操作应以稳定热工制度为基础，稳定喂料量，成球应在稳定的满负荷条件下进行，严禁喂料量大起大落。若成球能力过剩或严重不足时，应更换成球盘的规格以便与主机窑的产量相适应，不允许用大盘进行小量生产，或小盘进行大量生产的能力不匹配条件下操作。

8. 料球强度过高、孔隙率过低

成因：

生料黏性过高，当生料配料用黏土的塑性指数达到和超过 20 时，通过粉磨而制备的生料粉加水后的黏性很高，在预加水成球工艺中表现极易成球，但所成料球的技术经济指标很差，干湿球强度特别高，而孔隙率却很低。这种料球入窑后极易爆裂，堵塞料层，大大提高了通风阻力，影响了立窑的正常煅烧，违背了预加水成球技术应用的初衷。

措施：

（1）减少成球粒径，缩短料球在盘内停留时间。由于生料粉黏性很大，极易成球，干湿球强度指标亦容易达到要求。因此，物料在盘内停留时间应打破常规缩短到 100s 左右。具体调试方法应大幅度降低盘边高，减少盘内存料量，让子球进入挤压粘连带时所受到的挤压力大幅度降低，保证和提高球内孔隙率。由于成球时间的缩短，粘连子球量减小，其球径可偏小控制到 6～8mm，不会影响使用效果。

（2）加大盘倾角、实现大倾角运行。可将盘倾角调至 48°～48.5°，加大空心区与盘中心的距离，让空心区外移，不但减小了料层对盘底的压力，同时又进一步减小于挤压粘连带的挤压力，实现低压力状态下成球的条件，达到保证和提高料球孔隙率的目的。

9. 盘内出现特大球

（1）双轴搅拌机用单个喷嘴雾化器喷水量过大，局部生料粉含水率大大超过标准要求。

（2）搅拌机运行参数调整不合理，机械搅拌能力差，不能起到强化含水率均布的作用。

（3）雾化器位置布置不当，喷雾擦碰搅拌机壳体，又形成集中水，造成局部含水率过高。

（4）雾化器内流体通道被堵塞，雾化不良，喷液形成水柱，使局部生料粉含水分过多。

总之，盘中出现大球是由于局部生料粉含水率过高，入盘后粘连吸附物料能力强所致。

措施：

检查生成原因，排除故障，创造最理想雾化和液固均化效果。

10. 料球粒度很好，但强度很高，孔隙率极低，爆破多

当预加水成球系统的所有工艺环节：如料流稳定、喷水均匀、搅拌良好、渗透湿润时间适当，成球角度、转速、旋转运动、时间等条件都较理想，控制亦稳定可靠，料球粒度也很均齐，料球却强度很高而孔隙率极低，煅烧操作中爆球现象严重。此时，以常规调试方法已不能奏效的情况下，调试方法应遵循“降低盘转速，增大盘倾角，减小盘内物料对挤压粘连带的压力”的原则进行。

（1）盘倾角不变，较大幅度的降低转速，使涡旋空心区向盘边转移，加大与盘中心的距离，减薄离心旋转料层的厚度，减少盘内物料对挤压粘连带的压力，这样使子球相互粘连的变形减小，只有使子球的变形量减小才能提高相互粘连后的空间，保证料球内部的孔隙率提高。这时从盘面上看，成球面积有所缩小，但只要喂料量不变，成球产量不会发生变化。

（2）转速不变，较大幅度提高盘倾角。盘倾角提高以后，涡旋空心区也向边部转移，也缩小了盘面上的成球面积，同样减薄了离心旋转料层的厚度，起到了物料在盘内对挤压粘连带的压力的作用。其结果可同样达到使子球在挤压程度较小的条件下实现相互粘连，以利料球的强度随密实性降低和孔隙率的提高。在此条件下，为保证盘内物料的成球时间，仍应适当提高盘边高度，不致使出盘料球粒径减小。

五、设备的使用维护和修理

预加水成球装备和其他的水泥生产设备一样，属于大型、重载、低速、高能耗的设备。这些设备的制造、安装、检修都比较困难，投资和维修费用也比较高。同时，这些设备的工作条件由工艺特性所决定，具有高温、高磨损、高粉尘的工作特点。因此，对这些设备及时进行调整、紧固、润滑，使之保持良好的工作条件，对延长设备的使用寿命有着重要的意义。

（一）使用维护内容

1. 盘式成球机的维护

（1）每班给传动齿轮涂抹钨基润滑油脂1~2次，保持工作齿面的润滑。

（2）每班认真检查一次主传动减速机和刮刀用减速机，注意齿轮的啮合声响和轴承温升是否正常。

（3）经常检查主传动三角皮带的松紧程度，发现松弛要及时更换。

（4）按照说明书要求及时调整刮刀杆与盘底平面的距离，若不调整，则在刮刀杆磨损后使盘底积料增多，使电机的负载增大。若刮刀杆已无法调整，应更换新件。

调整时，应使两组底刮刀盘上的所有刮刀头保持在同一水平面上，这样才能保证盘底料层的平面度，不致因高低不平增大电机的负载。

（5）因主传动用减速机和刮刀用减速机的体积小，结构紧凑，其机壳内的润滑油贮量与普通减速机相比要少得多，同时它们均处于倾斜状态下工作，润滑油容易泄漏，因此要经常检查其油面是否处于规定位置，如发现漏油或油位过低，则应及时处理和补油。

2. 双轴搅拌机的维护

（1）每班要检查所有的螺钉和螺栓的紧固情况，发现松动及时拧紧。

（2）每班给加油点注油一次（如轴承、十字滑块联轴器等）以及检查圆柱齿轮减速机油标杆上油位的高低。

（3）因搅拌叶片磨损严重，在其叶片的顶部焊有耐磨合金刀头，以提高其使用寿命。因此，要经常检查叶片的磨损情况。在更换搅拌叶片时，应严格控制叶片的安装角度，以免影响搅拌机的产量和搅拌质量。

要特别注意搅拌叶片的断裂，断裂时应及时停机取出断裂部分，以免进入下道工序引起连锁反应，造成更大的损坏。

（4）经常检查雾化喷嘴系统的水量和水压以及喷嘴是否堵塞。

（5）要经常检查齿轮减速机和传动齿轮箱的润滑和磨损情况，发现异常现象要及时处理。

（6）在正常工作中，搅拌机机壳边缘常有积料，要求每班下班前将积料清除干净，以免积料硬化，造成下一次开机时将搅拌轴卡死，引起设备损坏。

（7）经常检查搅拌轴进料端的密封，发现密封处漏灰应及时修理。

3. 管式螺旋喂料机的维护

（1）喂料机的料流量要稳定，这是实现自动控制的先决条件，应定时打开冲量流量计的校验门，进行瞬时流量的动态标定。

要经常观察冲量流量计冲击板上是否有粘料发生，发现粘料时应停机，将粘料铲除。

（2）每班给轴承加油一次。

（3）经常检查端盖处的填料密封，发现漏灰可将填料压紧或更换新件。

（4）定期检查螺旋绞刀与管壁的间隙，防止间隙过大影响喂料量。

（5）每班给传动齿轮涂抹钙基脂一次。

（二）设备的润滑

预加水成球装备的润滑工作是维护工作中极其重要的组成部分和关键的环节，决不可掉以轻心。及时、正确、合理地润滑各零部件，能减少摩擦阻力，降低动力消耗，减少磨损，延长使用寿命，充分发挥设备效能，并有助于安全运行。

1. 设备的清洗要点

预加水成球装备是在高湿、高粉尘的环境中工作，因而减速机、轴承等润滑部位要进行经常的清洗和换油，清洗和换油工作应按以下要点进行。

（1）设备的清洗换油计划要由润滑技术负责人编制，并尽量结合定期检查和计划检修进行。

(2) 清洗换油时，应先将存油放出，彻底清洗油箱中的机械杂质，检查化验油质是否符合技术条件要求，符合技术条件的油质应延长使用周期。清洗换油工作必须进行记录。

(3) 进行换油工作时以润滑工为主，操作者应配合，同时负责检查验收工作。

(4) 换油及废油回收应做好记录，包括换油部位、油质、油量、日期及换油人姓名等。

2. 润滑剂的选择原则

(1) 摩擦面的运动速度

速度高易形成油楔，故选用低黏度油料，速度低，承受大负载时，选用黏度较大润滑油或针入度较大的润滑脂。高速旋转运动引起离心作用，使油脂甩离摩擦面，因此在温升许可的情况下，应选用黏度稍高的润滑油或针入度较小的润滑脂。往复运动和间歇运动的速度变化较大，不利于形成油膜，也应选用黏度较大的润滑油或用润滑脂代替。

(2) 摩擦面的运动负载

负载大时选用油料的黏度要大，油性要好，对润滑脂则针入度要小；低速重载荷应考虑润滑油的容许承载能力；边界润滑和重载荷摩擦副应选用极压性好的油；冲击振动载荷的瞬时压强很大，往复及间歇运动对油膜形成不利，应选用黏度大或针入度小的油料。

(3) 工作温度

高温条件下应选用黏度较大、闪点较高、油性较好、氧化安定性较稳的油料；低温时，应选用黏度较小、水分较小、凝固点较低或针入度较大、耐低温的油料。温度变化大时，应选用黏温性能好的油料。

(4) 工作环境

对水温环境应选择乳化性强、油性及防锈性好的油料；对尘屑环境应注意防尘密封；对腐蚀性气体的环境应选用抗腐蚀性好的油料。

3. 设备的修理

(1) 预加水成球系统的修理

1) 大修

成球机的大修周期为一年，即一般在运行一年后进行大修。大修时间安排 10～15d。大修的具体内容有：

①全部零件解体、清洗和技术测量。

②更换已磨损零部件—盘面、盘边和盘节、刮刀、轴承等。如主轴有关配合面已磨损或拉痕、划伤，可进行喷镀修复或更换新件。

③主传动用减速机和刮刀减速机要全部解体、清洗、检测，更换严重磨损的齿轮和轴承以及润滑油。

④成组的更换三角皮带，组装后松紧要适中。

⑤检查和处理大小传动齿轮的齿面磨损和齿根裂纹、断齿等情况，检查齿高和齿长两个方向的接触面积大小和位置。

⑥彻底检查给水系统，清除积垢，更换填料密封。

⑦更换破损的下料溜筒，修正变形的支架等。

⑧按技术要求和工艺要求装配完成后，进行空载试车，然后外部打光、刮腻、喷漆。

2) 中修

运行后一般每隔半年进行一次中修，中修时间安排 2～3d。

中修的具体内容有：

①更换已磨损的刮刀、桨叶、并调整其刮刀的相对位置和桨叶角度。

②解体和清洗所有的减速机，轴承换新脂，调节好轴承间隙。

③检查传动齿轮齿高、齿长两个方向的接触情况。

④整修变形的盘边、盘节、壳体。

⑤更换三角皮带，并调整好松紧程度。

⑥更换密封填料，消除漏油现象。

⑦电机清灰处理、检查绝缘电阻值。

⑧保养电气或微机控制系统，更换烧损的元器件。

⑨修补、更换破损的下料溜筒。

3）小修

小修的修理间隔一般在运行一个月后进行，即每隔一个月小修一次，小修时间 8～12h，小修的内容有：

①清理盘面、盘边及刮刀上的所有的积料。

②更换磨损刮刀，并调整刮刀的相对位置。

③检查所有的减速机的润滑情况。缺油补油，油不清洁则更换，油泄应调节或更换油封填料。

④检查和拧紧螺钉和螺栓。

⑤维护保养电气、微机控制系统。

⑥电机清灰处理、检查绝缘电阻情况。

⑦处理漏灰、漏油各部位。

第四节　水泥工业用立筒预热器

一、概述

（一）立筒预热器在水泥生产过程中的地位、作用和特点

立筒预热器是小型干法回转窑煅烧系统中的重要设备。从回转窑窑尾出来的烟气进入窑尾预热器，与由气力提升泵喂入预热器系统的生料在系统中进行充分的热交换，使窑尾烟气温度从进预热器前的1000℃左右降至预热器出口的350℃左右；使生料粉从常温预热到进入回转窑前的800℃左右，并使得部分生料粉在预热器内得到分解。

立筒预热器同其他悬浮预热器一样，使原来在窑内以堆积状态进行的物料预热及部分碳酸盐分解过程移到预热器内，以悬浮状态进行。因此，呈悬浮状态的生料粉能与热气流充分接触，气、固相接触面大，传热速度快，热效率高，有利于提高窑的生产能力，降低熟料热耗。

立筒预热器窑具有以下独特的优点：

（1）原料中挥发组分的循环系数小，对原料的适应性强，不像旋风预热器对原料中的有害成分那么敏感。据德国资料，立筒预热器窑氯的循环系数为 11～30，而旋风预热器窑则高达 74～208；循环中不回收的氯，前者为 0.002%～0.004%，后者则为 0.02%。一般旋风预热器窑要求入窑生料中氯含量不超过 0.015%，而立筒预热器则允许达到 0.073%。

（2）结构简单、运转可靠。由于立筒本身是一个中空圆筒，没有狭窄管道，因此不易产生堵塞现象，同时，运转中维护工作量小，操作可靠，有利于提高运转率。

（3）运转中漏风系数小，流体阻力也较小，因而其电耗较低。虽然立筒预热器窑的热耗普遍较旋风预热器窑稍高，但由于电耗较低而节约的费用同热耗较高而增加的费用相抵是有余的。这在电价较高而燃料价格较低的地区更是如此。

（二）立筒预热器的分类和发展概况

悬浮预热器窑自20世纪50年代初期德国洪堡公司建造的第一台带旋风预热器窑投产以来，已相继出现了多种类型的悬浮预热器，其中包括由数级旋风筒组成的旋风预热器；以立筒为主与旋风筒组成的立筒预热器；以及旋风筒与立筒混合组成的预热器。立筒预热器主要有盖波尔型（即克虏伯型）、ZAB型与捷克普列洛夫型三种，主要特点列于表40-11。

表40-11　三种立筒预热器的特点比较

序号	类型	盖波尔型	ZAB型	捷克普列洛夫型
1	立筒结构	立筒为圆柱体，内部设有数个缩口，分3~4个钵室	立筒截面为椭圆形，设有数个偏心缩口，分3~4个钵室	立筒中空圆柱体，无端口，亦不分钵室
2	立筒与窑尾的连接方式	立筒与窑尾由烟室直接连接，烟气出窑后立即与生料接触	立筒与窑尾由烟室直接连接，烟气出窑后立即与生料接触	窑烟气通过管道从立筒底部沿切线方向进入。预热后生料落入立筒底部锥体经管道入窑

国内带立筒预热器的小型干法回转窑，自1969年在杭州建成第一台$\phi 2.4\times 36$m盖波尔型立筒预热器窑以来，得到较快的发展。20世纪80年代初，各种仿制国外立筒预热器窑型相继出现，具有代表意义的有三种，1980年在中坝水泥厂建成“盖波尔”型；1982年在泾阳县水泥厂建成“泾阳”型（即ZAB型），这种窑型推广相当广泛，到20世纪90年代初，有二百多条生产线投入生产；1984年古文水泥厂建成“捷克”型，标志着立筒预器窑在国内进入了一个全面发展的时期。

从国内各种立筒预热器窑的鉴定数据来看，单位容积产量一般在50kg/($m^3\cdot h$)以下，热耗在1050kcal/(kg·cl)以上，而国外的立筒预热器窑单位容积产量一般在65kg/($m^3\cdot h$)左右，热耗一般在9000kcal/(kg·cl)以下。并且，实际生产中，各种指标往往低于设计、鉴定指标，其原因是多方面的，首先预热器窑整个生产流程从设计到生产还不成熟，使得整个窑系统处于不平衡生产状态；其次立筒预热器本身的结构、参数尚不完善；立筒表面热损失大；设备漏风量大；立筒截面风速偏低；立筒内物料分散性差；锁风阀开启不灵活，锁风效果差等，并且对立筒预热器的系统研究尚不透彻。

近几年来，随着经济的发展，立筒预热器窑从结构设计到操作管理，不断摸索，并不断吸收和消化国外先进技术，逐步形成了一套完整的理论。立筒预热器的结构，由各个独立的结构形式，逐渐吸收其他形式预热器的优点，向高产、低耗、适应性强、易操作管理、运转可靠等方面发展，出现了许多综合式、混合式立筒预热器，其生产指标不断提高。

（三）捷克普列洛夫型立筒预热器的基本形式和工作原理

捷克型立筒预热器有三种基本形式，如图40-8所示。第Ⅰ种形式是捷克立筒预热器的典型结构，由立筒和一级预热旋风筒、一级收尘旋风筒组成。它的特点是预热器本身的收尘效率相当高，窑尾收尘负荷较小，系统料耗较低。第Ⅱ种形式是综合盖波尔和捷克立筒的一种新型立筒，由立筒和二级预热旋风筒组成，立筒的中部带一缩口。这种新型立筒产量较高，热耗较低。第Ⅲ种形式也是一种综合型立筒预热器，与多波尔预热器相似，它由立筒和三级旋风筒混合组成。它适合于产量较高的生产线。

三种形式的捷克型立筒，其工作原理大同小异，现以第Ⅱ种形式加以说明，如图 40-9 所示。

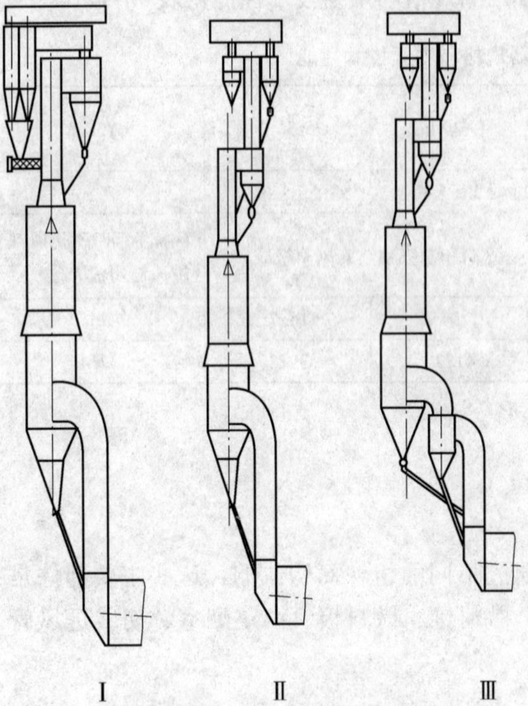

图 40-8　捷克型立筒预热器的基本形式

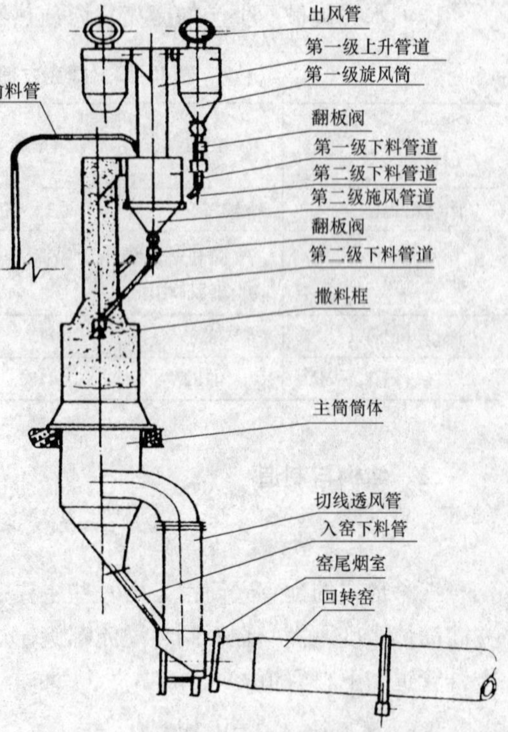

图 40-9　捷克Ⅱ型立筒预热器工作原理

回转窑的热烟气经窑尾烟室进入切线进风管，沿切线方向进入立筒，在立筒内形成一股旋转上升气流。干生料由仓式提升泵经输料管喂入第一级旋风筒的上升进气管道，由于上升管道内的风速远大于生料颗粒的悬浮速度，故喂入的生料粉被气流卷起而形成雾状，并随气流上升，在此过程中，热气流对固体颗粒进行同流传热。气流携带物料沿切线进入第一级旋风筒内，因离心力的作用，生料沉降在第一级旋风筒下部的锥筒内，含有少量粉尘的废气再经废气管道进入窑尾收尘器。当处在第一级旋风筒下料管中的翻板式排灰阀的生料堆积到一定重量后，便将排灰阀压开，预热了的生料从下料管落入到第二级旋风筒的上升进气管道，与从立筒顶部出来的热气流再一次进行同流热交换。第二级旋风筒分离后的废气进入第一级旋风筒的上升进气管道，分离后的生料经第二级下料管落到立筒上部中心处的集料管内，并被装在集料管下部的撒料锥分散，使生料较均匀地分布在立筒内，以改善生料粉在立筒内的分散性。在立筒上部，生料与热气流在撒料锥附近混合、预热、分离，完成逆流热交换。生料经过中部缩口处被中心流吹起进行同流换热，吹起的生料上升到分离区再一次沿边壁下落。当缩口处物料团达到一定重量后便落到下部撒料锥上再一次分散，并与旋转上升气流进行逆流交换，最后沉降到立筒下部的锥筒内，经入窑下料管道进入窑尾烟室。

对于第Ⅰ种形式立筒预热器，以预热旋风筒出来的废气先进入收尘旋风筒收尘后再进入窑尾收尘器，收集下来的粉尘经溢流螺旋输送机与预热旋风筒下来的生料同时喂入立筒顶部。对于第Ⅲ种形式立筒预热器，窑尾热烟气首先进入下部旋风筒的进风管道，与立筒斜圆锥筒下来的生料在管道内进行再次同流换热，并完成部分碳酸盐分解过程。经下部旋风筒分离后的热烟气进入立筒切线进风管，预热后的生料进入窑尾烟室。

（四）捷克立筒预热器产品规格和主要技术性能

株洲水泥机械厂生产的捷克立筒预热器，其产品规格和主要技术性能见表40-12。

表40-12 捷克立筒预热器规格和主要技术性能

项目＼型号	LY30	LY36	LY30Ⅱ	LY36Ⅱ	LY38.5
回转窑规格（m）	$\phi2.5\times40$	$\phi3\times48$	$\phi2.5\times40$	$\phi3\times48$	
结构特点	立筒和一级预热旋风筒、一级收尘旋风筒组成		立筒和二级预热旋风筒组成		立筒和三级预热旋风筒组成
产量（t/h）	8.3	15	9	16.7	25
热耗（kJ/kg·cl）	4182	4182	4182	3978	3764

二、结构与制造

（一）主要结构

三种形式的捷克立筒都是由一些主要部件通过不同的组合而构成的。这些主要部件是：立筒筒体、旋风筒、翻板阀、溢流螺旋输送机、撒料锥、撒料板、窑尾烟室、切线进风管、上升管道、下料管道。

1. 立筒筒体（图40-10）

立筒筒体是预热器的主体部分，由进风管引入的热风烟气，从进气口沿切线方向进入立筒下部后旋转上升。从上往下看出，气流沿顺时针方向旋转，与从立筒上部下来的生料进行逆流热交换，预热后的生料落入底部斜圆锥筒。

立筒中部为裙式支座，由内、外两筒构成，现场安装时，两筒的支座底面在同一水平面上，都装在混凝土环梁上，但内筒的支座可水平方向自由移动，这样，可使内筒有一定热胀冷缩余地；外筒的支座用地脚螺栓固定在混凝土环梁上，起主要支承作用，而内筒的支座则承担内筒内所砌筑的耐火材料的重量和下部各筒节的重量。由于内、外筒之间不允许采用焊接连接，为防止漏风，在内筒顶面与外筒盘根箱之间装有密封盘根。为了在安装时装入盘根方便，盘根箱须待盘根装好后再与外筒焊接，制造厂只将其点焊在外筒的正确位置上。立筒顶部法兰与上升管道焊接，立筒底部斜面锥筒与下料管道用螺栓连接。在立筒直筒部分和顶部开设有检修门、测孔盖，在容易产生积料和堵塞的进气口水平段和斜圆锥筒下部开设有捅料孔。

筒体分段出厂。为保证安装时筒体各段节的圆度，以及便于对焊，每段筒节两端须经机械加工，切出焊接坡口，打好运输支撑件。

2. 旋风筒（图 40-11）

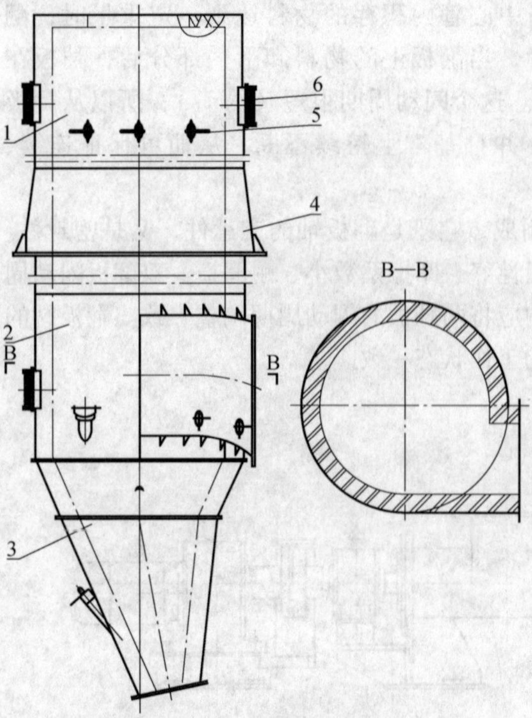

图 40-10　立筒筒体

1—上部直筒；2—进气口筒体；3—底部锥筒；4—裙式支座；5—测孔盖；6—检修门

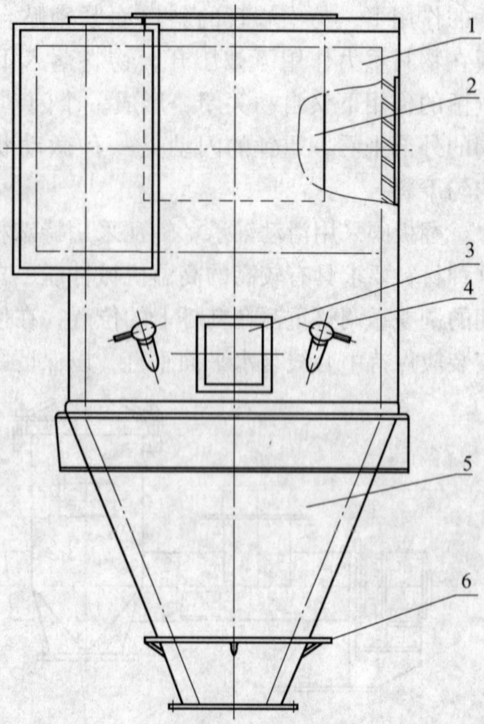

图 40-11　旋风筒

1—进口蜗壳；2—内筒；3—检修门；4—测孔盖；5—锥筒；6—压缩空气喷管

从蜗壳进气口沿切线方向进来的气流和生料，在上筒和中心筒之间的环形空间内旋转向下，生料颗粒受离心力的作用，撞向外筒内壁向下沉降在底部锥筒内。气流和少量粉尘在负压作用下通过内筒进入上升管道。

旋风筒主要由进口蜗壳、外筒、锥筒和内筒组成，锥筒上有裙式支座，安装时，将支座与混凝土梁上预埋钢板相焊接。有的旋风筒在锥筒下部布置有压缩空气喷管，在设备运转不正常产生结皮堵塞时，及时进行喷吹，压缩空气喷管安装时与锥筒焊接。内筒采用耐热钢板或耐热铸钢件制成，内筒的焊接和焊修采用不锈钢焊条。直筒上开设有检修门和测孔盖。

旋风筒分件出厂，安装时组对。对于大型旋风筒无法运输时，每一件分两半出厂，制造时，先整体制造，检验合格后，打好支撑和组对连接法兰，再割成两半。

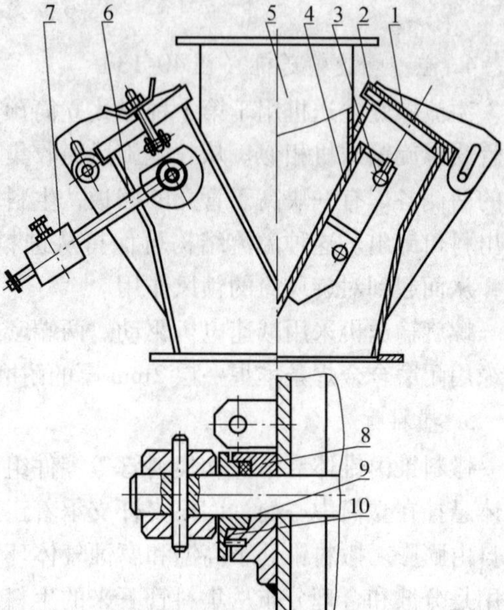

图 40-12　翻板式排灰阀

1—检修门；2—盘根；3—翻板轴；4—翻板；5—阀体；6—杠杆；7—重锤；8—轴承；9—密封件；10—压盖

3. 翻板阀（图 40-12）

翻板阀由阀体、翻板、翻板轴、中心管、

杠杆、重锤、轴承等主要零件组成。当阀体中心管内没有物料或物料不多时，翻板在重锤的作用下，与中心管的斜口面紧密贴合。当中心管内积存的物料达到一定重量时，翻板在物料重力作用下被压开，物料落入下料管，当翻板上的物料卸下一部分后，翻板在重锤的作用下又自动关闭，形成一个闪动周期。这个闪动周期很短（约1s），所以从翻板阀的外部来看，重锤的闪动是一种微动状态，并且基本上持续不断，从而可保证连续、均匀下料。

翻板阀采用滑动轴承，轴瓦采用特殊材料制成，它既是翻板轴的支承件，又是密封件。这种材料要求具有较高的高温机械性能、自润滑性好、摩擦系数小、耐磨损。双翻板闪动周期的调整靠调整重锤在杠杆上的位置，在使用中应将两翻板的闪动周期调整一致。翻板阀的安装应保持中心线与水平面垂直，以保证翻板的工作状态一致。

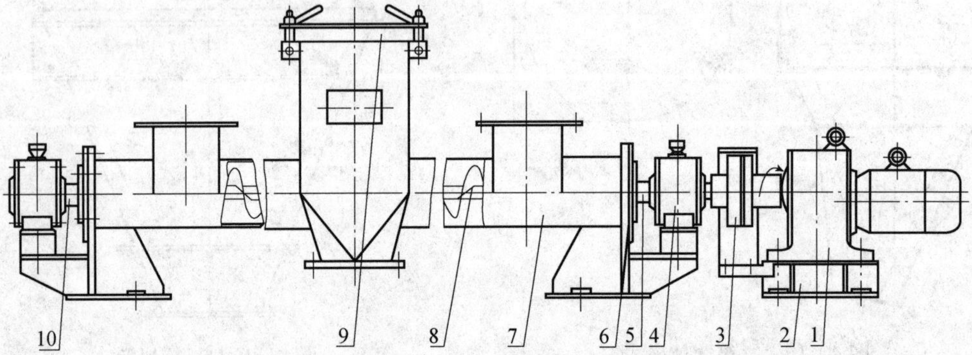

图 40-13　溢流螺旋输送机

1—减速电动机；2—底座；3—联轴器；4—轴承座；5—传动轴；
6—密封端盖；7—管壳；8—螺旋轴；9—检修门；10—尾轴

4. 溢流螺旋输送机（图40-13）

溢流螺旋输送机用于第Ⅰ种形式立筒预热器的收尘旋风筒的锁风和粉尘输送，它与普通的管式螺旋输送机相似。从收尘旋风筒收集下来的粉尘，由螺旋叶片推进至出料端，在出料口的两侧各焊有一块高于管壳的挡板，生料粉只有在堆积到超过挡板高度时，才能越过挡板从出料口卸出。这种溢流结构可保持从进料口到出料口边缘的一段管壳内，始终充满生料粉，从而起到对旋风筒的锁风作用。

螺旋输送机采用减速电机驱动。两端密封装置采用两道密封，防止粉尘溢出。螺旋叶片外缘用耐磨合金焊条堆焊一层2mm厚的耐磨层，可大大延长螺旋叶片的使用寿命。

5. 撒料锥

撒料锥由锥体、吊杆和集料管等零件组成。四根吊杆的上端与立筒筒体顶部法兰相连，锥体悬挂在立筒中心处，四根支杆支承着正上方的集料管。这种结构能保证构件在受热后都能自由膨胀。撒料锥处于高温和腐蚀气体环境中工作，全部采用不锈耐热钢制造。撒料锥的作用是分散和合理分布从集料管下来的生料。

6. 撒料板

在立筒预热器的各上升管道的下料点处设有撒料板，撒料板的作用是使从下料管下来的生料在撒料板上溅散，均匀地分散到上升管道的整个截面上，避免生料直接冲入到下一级预热单元造成“短路”，并改善生料的分散性，提高生料的预热效果。

撒料板结构简单，更换方便，主要由撒料板、调节轴和支承部分组成。撒料板的角度和伸入上升管道内的长度根据溅散情况可以进行调整，调整的依据是最大限度地提高物料的分散性。

7. 窑尾烟室

窑尾烟室是连接回转窑与立筒预热器的连接部件，窑尾烟室有支架支承在混凝土梁上。物料经入窑下料管沿烟室斜坡（50°）和下料溜板进入回转窑；窑尾废气经烟室进入立筒切线进风管，在烟室内，物料和热气流是分流的。烟室与回转窑连接部位须根据回转窑窑尾筒体段节和窑尾密封装置结构确定。

8. 其他部件

立筒预热器的切线进风管、上升管道以及下料管等部件都是焊接结构的连接部件。在这些管道上设有伸缩装置，使设备在运转中产生的热胀冷缩不致引起设备的变形和损坏，提高设备的运转率。

伸缩装置的结构有两种形式：第一种形式采用伸缩片密封结构，如图 40-13 所示（伸缩节）用于垂直或水平位置的伸缩，靠伸缩片的拉压变形实现部件的热胀冷缩，伸缩片内填满硅酸铝耐火纤维，既起隔热保护作用，又不妨碍自由伸缩；第二种形式用于倾斜位置的伸缩，靠内管与密封盘根的相对滑动实现管道自身的热胀冷缩。

各连接部件在制造时，长度方向都比理论尺寸要大些，即留有补偿尺寸，这是为了抵销土建误差和安装误差带来的装配尺寸误差，现场安装应根据实测连接部件的长度进行修割。

（二）主要零部件的制造装配技术要求

立筒预热器大部分零件为焊接件，机械加工件很少，除翻板式排灰阀和溢流螺旋输送机等少数部位的装配在制造厂完成外，其余大多数部件的装配在安装现场进行。下面介绍在制造厂制造和装配主要零部件技术要求。

1. 立筒预热器具有共性的零部件技术要求

立筒中的大部分焊接结构件都是由圆锥筒、法兰等有共性的零件焊接而成，制造时的主要技术要求是：

（1）零件段节作环向拼板时，沿整个圆周上的纵焊缝条数不得多于 3 条，最短拼板弧不得少于1/4 周长；各相邻筒节的纵向焊缝相互错开，且间距不得小于300mm；零件上各孔的边缘与纵、横焊缝的距离不得小于60mm。

（2）零件的周长公差为 0.25%D（D 为零件内径），但相邻筒节接缝处的周长之差不得大于0.2%D。零件同一断面上的最大直径与最小直径之差不大于0.3%；零件焊缝对口错边量不大于2mm，两端面的偏差不大于3mm；对接焊缝形成的棱角度不得大于 2mm（$300 \leq D < 1500$mm）、2.5mm（$1500 \leq D < 3000$mm）、3mm（$3000 \leq D < 5000$mm）。

（3）焊缝要致密，与立筒预热器内腔热气流接触的焊缝要进行气密性试验，不得漏气。

（4）焊接结构件的外表面要平整，不得有明显的锤痕、凹凸不平、翅扭曲等影响外观质量的缺陷。

（5）各连接法兰的法兰面应平整，螺栓孔位置应正确，其偏差不得影响螺栓的顺利装配。

2. 圆筒状零件技术要求

立筒筒体各筒节圆度公差为 6mm，立筒筒体与上升管道每段筒节的两端面对其轴心线的垂直度公差为6mm。

3. 矩形状零件

上升管道矩形出口处的相邻两面及旋风筒矩形进口处的两面应相互垂直，垂直度公差为2mm，矩形进风管各段两端面对其轴心线的垂直度公差为5mm；相邻两面的垂直度公差为16mm。

4. 翻板阀

翻板阀在制造厂完成装配，装配后，翻板应开闭灵活，翻板关闭时应与中心管斜面严密接触，用0.05mm塞尺检查，不得通过。

5. 溢流螺旋输送机

螺旋输送机在制造厂完成装配后，用手转动螺旋轴一周以上，应轻快灵活，然后进行2h以上的空负荷试车，应符合下列要求：

（1）各传动件运转平稳，无周期性噪声和明显振动。

（2）各连接件、紧固件无松动现象。

（3）减速机润滑油温升不超过20℃，轴承温升不超过25℃。

（4）减速机与轴承装置无漏油、渗油现象。

（三）主要零件加工制造工艺及质量控制

立筒预热器大部分零件为焊接结构件，其圆筒状与圆锥状筒体的制作，与其他水泥机械产品的相似零件的制作工艺相同。但要注意，制作时要采用减少变形的焊接工艺，在制作不锈钢焊接件时，应采用不锈钢焊条。

立筒预热器特有的典型零件制造工艺介绍如下。

1. 伸缩节（图40-14）

伸缩节的每个零件分别制作，经检验合格后，将上管、上环板、内管焊接组成件1，将下管、下环板焊接组成件2，将环形槽钢、伸缩片焊接组成件3，并在件3中填充硅酸铝耐火纤维。然后再将三件组焊，组焊后，试压伸缩节，最后将运输定位板点焊上。

为保证上管、下管与内管的半径间隙（2±1）mm，使内管可以在下管内上、下自由移动，在焊接件1和件3组焊时，制作一个2mm厚的垫片，垫片的形状、尺寸与间隙的形状、尺寸一致，先后分别插入内管与上管或内管与下管之间，待焊接或组焊成形后抽出。

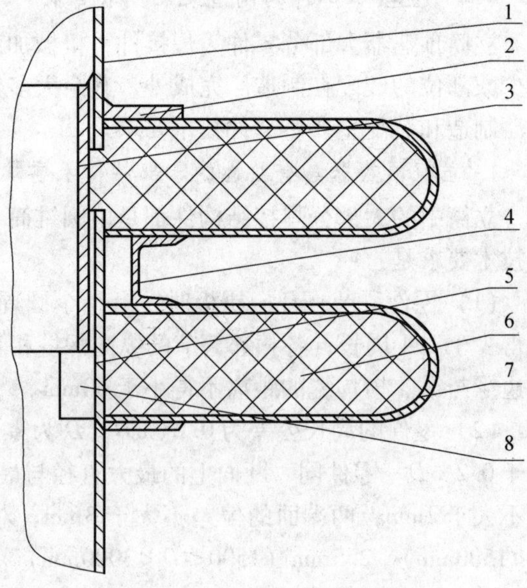

图40-14 伸缩节

1—上管；2—环板；3—内管；4—环形槽钢；5—下管；6—硅酸铝纤维毡；7—伸缩片；8—运输定位板

为保证整圈伸缩片中每件伸缩片性能一致，伸缩片按样板划线下料，采用模压成型，如图40-15所示。压制时，通过调整定位块、模板，选择不同的压模轴、底模，在一个模板上可以压制不同规格的伸缩片。

2. 翻板阀阀体（图 40-16）

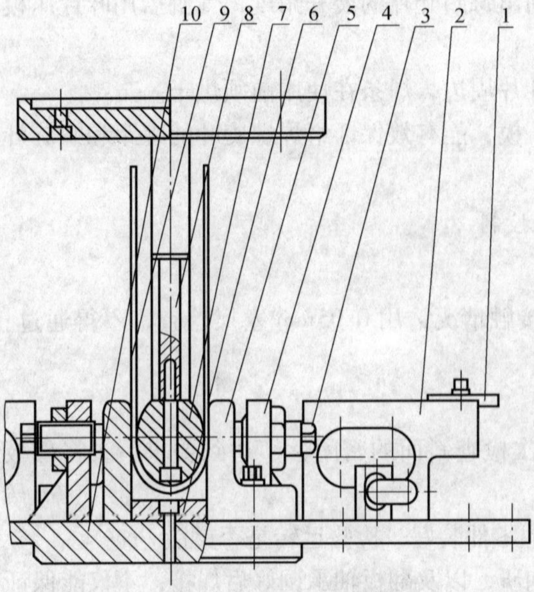

图 40-15　伸缩片成型压模

1—定位块；2—定位块架；3—调节螺钉；4—调节座；5—模板；6—底模；7—压模轴；8—压座；9—伸缩片；10—底板

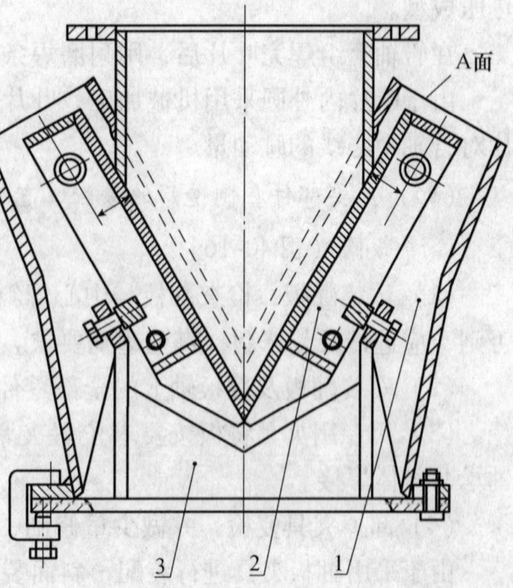

图 40-16　翻板阀加工、装配示意图

1—阀体；2—翻板；3—装配夹具

为减少焊接变形，各钢板下料后，其所有焊接边先进行机加工，然后再制作、焊接。中心管是不锈钢件，下料时不要采用气割，可以采用等离子切割等较先进的方法，避免出现气割硬化层，便于机械加工。如果要采用气割下料，中心管必须经退火处理，消除硬化层。焊接时，应用合理的焊接工艺和焊接方法，如加定位支撑板、采用对称施焊等，尽量减少焊接变形。

为保证中心管中心线与整体阀体中心线一致，斜板上与中心管相焊的孔在斜板与下部各板焊接成形并划线找正后切出。然后再采用对称施焊将中心管与斜板焊接。

焊接后，先加工下法兰面，再以下法兰面为基准加工图 40-16 中 A 面和上法兰面，然后划出轴孔中心线，再以此为基准在中心管上划出两斜面线，并加工两斜面，最后镗出两轴孔。

中心管焊接后加工，能有效保证图 40-16 中所示尺寸 h；两斜面的对中性；斜面与轴孔中心线的平行度。避免由于加工后焊接带来的焊接变形，引起两斜面的形位和尺寸误差。

3. 翻板（图 40-16）

翻板上各钢板采用剪板下料，每块钢板的各边都须经机械加工，这样，能减少翻板焊接变形，并控制翻板的重量偏差，下料加工后再焊接。

焊接后，刨削翻板工作面，然后以翻板工作面为基准，划线加工翻板上的轴孔，保证尺寸 h，保证轴孔中心线与阀板工作面的平行度，最后加工其余加工面。

4. 螺旋轴（图 40-13）

管轴采用无缝钢管，锯床下料后调直，三爪卡盘，中心架夹紧，两端平钢管端面、车内孔。

螺旋叶片下整圈料，内、外圆留加工余量，叶片毛坯分垛，每垛9~10块，夹紧后点焊叶片毛坯外圈，先车内圆孔后车外圆。用样板划出每圈叶片的展开角度，气割后用叶片压模热压成型。

在管轴上组焊完叶片后，用耐磨焊条堆焊叶片周边，焊条在使用前须烘干。

由于叶片内外圆采用机械加工，叶片进行压模，能有效保证组焊螺旋叶的螺距和螺旋叶片对管轴中心线的跳动量。

（四）主要部件在制造厂的装配工艺及质量控制

1. 翻板阀（图40-16）

（1）试装翻板，检查翻板与中心管斜面的接触情况，用0.05mm塞尺检查，不得通过；否则，应进行反复修刮，直至达到要求。

（2）安装翻板及翻板轴上的全部零件。

（3）用专用夹具将板按要求位置夹紧，再次检查斜面的密闭性，达到要求后，将翻板轴承与阀体焊接。

（4）卸掉夹具复检，并做少量修刮，将其他零件装好，检验运转是否灵活。

由于采用翻板夹具进行装配，斜面装配时刮研，以及翻板轴承调好后焊接，不仅能保证翻板阀转动灵活，而且密闭性基本上不受装配技术水平高低的影响。

2. 溢流螺旋输送机（图40-13）

（1）用煤油清洗尾轴、传动轴、轴承、轴承座内腔、密封件、联轴器等零件，用干净棉布擦干净。

（2）将尾轴和传动轴与螺旋装配，插入开尾圆锥销，将尾部胀开，然后装入机体。轴上装入所有机体密封件，将密封件与机体连接好，暂不拧紧连接螺栓，然后装入轴承内端的闷盖。

（3）装配轴承。冷装可用套筒沿周边均匀打入；热装应控制油温在80~120℃范围内，且装到紧贴轴肩为止。装配轴承座与轴承盖，在轴承座内注入润滑脂，注满油腔的2/3左右。先拧紧轴承座与机体的连接螺栓，再拧紧其他紧固件。

（4）压装联轴器，装配减速机电机。减速电机轴出轴轴心线与螺旋轴轴心线的同轴度公差为$\phi 0.2$mm。在减速机内注入120号中极压齿轮油。

（5）安装其他辅助件。检验所有连接件是否紧固，用手盘动传动轴，有无卡碰、轻重不一的现象；否则，应进行调整。

（6）空负荷试车，按装配技术要求严格检查各项次。

三、安装与调试

（一）安装技术要求

立筒预热器的安装过程就是一些主要部件的装配过程以及整机的装配过程。安装前必须熟悉这些主要部件的装配技术要求和整机的装配技术要求。

1. 基本要求

（1）清点设备，检查设备是否由于运输发生遗失和变形。该撑圆的应撑圆，该焊补的应焊补，该矫正的应矫正。对于分两半出厂的筒节，要先对焊好并撑圆。待所有零部件到位后，检查并确认符合制造技术要求时，方可着手安装。

（2）设备安装前，应复测框架各平台的标高，各平台的预留孔、预埋件、设备基础的位置和大小，框架上立筒预留孔的轴心线至回转窑窑尾端面中心的距离（两个方向），是否符合图样规定，并记录实测值不合格时应返工，不能返工的经有关单位协商解决。

（3）安装时，各零部件未规定的尺寸公差，按 GB 1804《公差与配合，未注公差尺寸的极限偏差》中 ±1/2 IT16 的规定。

（4）安装时，有些检修门、测孔盖以及下料管道、压缩空气喷管等零部件与其他部件焊接的孔须在现场开设，开孔位置一般应在有关零部件安装定位后，用样板划线割孔。孔边缘应整齐，焊接应铲尽氧化渣。

（5）立筒预热器连接管件上的某些尺寸为两尺寸数字的相加的形式，其中前一个尺寸表示理论计算尺寸，后一个尺寸为考虑土建施工和设备安装误差而附加的补偿尺寸，制造厂按两尺寸之和进行制造；现场安装时，应根据实测所需尺寸对连接管件的长度进行修割。

（6）对于狭长的下料管道及一些安装焊接后难以砌筑或浇注耐火材料的零部件，在试装后须拆下，待砌筑或浇注耐火材料后再安装。

（7）各法兰结合面之间，应按规定装入垫片、石棉绳等密封件，拧紧螺栓或按规定进行焊接，严防漏风。现场焊接的所有焊缝必须严密、焊透、焊牢。

（8）安装后应将用于加工、运输、吊装时防止变形的工艺支撑件全部拆除，并铲尽焊缝，然后按规定砌筑耐火材料，砌筑时，应每隔 2～3m 焊一块钢质托砖板，并留膨胀缝。在检修门、测孔盖、下料管道、撒料板等处，在砌筑耐火材料时，应留出形状和大小都符合规定的通孔，以便于检修、测温、测压和下料。

2. 主要零部件安装技术要求

（1）窑尾烟室

1）安装时，窑尾护板端面与烟室法兰前端面的轴向距离应符合安装图样的规定。烟室前法兰及与该法兰焊接的短圆筒的轴线，应与回转窑轴心线重合，同轴度公差为ϕ6mm，可通过在窑尾烟室支承架与预埋钢板之间垫板来调整。

2）安装下料溜板时，应先在烟室本体的前端板上，将连接孔扩钻。扩孔的中心应根据以下条件确定：下料溜板安装后，其外圆与窑尾护板的内圆之间半径方向的间隙应符合图样规定；相邻两块下料滑板的周向间隙基本相等。

3）对于窑尾密封装置为端面摩擦密封，烟室静环的安装，应检查其摩擦面的平面度，整个平面的平面度公差为 0.2mm，否则应加垫调整；在 100mm×100mm 范围内平面度公差为 0.04mm，否则应铲刮或磨平。

4）安装后，在烟室内砌筑磷酸盐耐火砖，砌成的斜坡与水平面的夹角为 50°±1°，斜面表面应光滑，局部高低不得超过 2mm，以免积料。

（2）立筒筒体

1）铲平混凝土环梁上表面，下表面与地脚螺栓钢垫板的接触范围应磨平。

2）吊装立筒带裙式支座的内、外筒节，根据支座法兰面至窑尾烟室上法兰的垂直高度，用垫铁垫平裙式支座的内、外法兰面，使内、外法兰面在同一水平面上，用水平仪测量，在 1m 长度范围内的水平度公差为 0.5mm。根据立筒筒体轴心线至窑尾烟室的垂直中心线的水平距离（两个方向），调整内筒的位置，当偏差控制在 ±8mm 时，再调整内筒水平；

按内筒调整外筒，使内、外筒轴心线重合，同轴度公差为ϕ6.3mm。装配后，测量内、外筒轴心线对水平面的垂直度，垂直度公差为ϕ6.3mm。内、外筒安装合格后，装入地脚螺栓，在混凝土环梁上进行二次灌浆。灌浆前，应将混凝土环梁表面凿成麻面，灌浆时应捣实，灌浆层不得超过裙式支座底法兰板的下表面，水泥砂浆不得与裙式座板相粘固。待灌浆养护到达到设计强度时，再用经纬仪测量内、外筒轴心线对水平面的垂直度，垂直度公差为ϕ7.5mm。

3）当内、外筒安装符合要求后，吊装其余筒节，并点焊初步定位。各筒节环向焊缝的对口错边量不大于2mm，立筒整个直筒部分的公共轴心线对水平面的垂直度公差为ϕ12.5mm，各筒节的纵向焊缝错开不得小于300mm。当筒体部分吊装达到要求后，将裙式支座内、外筒之间的密封盘根装好，将盘根箱与外筒焊牢，然后焊接各段筒体。焊缝应焊透，焊缝表面及其热影响区不得出现裂纹，焊缝咬边深度不大于1mm，咬边连续长度不大于250mm，每焊缝的咬边总长度不得超过该条焊缝长度的20%，焊缝应饱满，焊波应均匀。

（3）旋风筒

首先吊装带裙式支座的锥筒部分，在预埋钢板上加垫垫平，并根据旋风筒的轴心线至立筒轴线的水平距离（两个方向）进行调整，安装调整后，圆锥筒轴心线对水平面的垂直度公差为ϕ6mm。将裙式支座及其垫板与预埋钢板相互焊接。然后吊接蜗壳部分和内筒，注意蜗壳部分必须在进风口与上升管道对接、点焊定位后，才允许将蜗壳部分与锥筒焊接。内筒安装后，在内筒与蜗壳之间周边加撑，待内筒与蜗壳焊接后拆除，其轴心线对水平面的垂直度公差为ϕ10mm，内筒轴心线与蜗壳轴心线的同轴度公差为ϕ5mm。

（4）撒料锥

以集料管上端面与立筒顶部环板的距离为准吊装撒料锥。通过调整四根吊杆，保证集料管轴心线对立筒轴心线的同轴度公差为ϕ6.3mm，撒料锥的锥体底面应平行于水平面，公差为5mm。安装后，四根吊杆所受拉力基本相等，任何一根吊杆不得有不受力的情况。在集料管上端用手轻推时，撒料锥不得有晃动现象。

（5）伸缩节

伸缩节安装前必须拆除上、下两端支撑环板及内管下端的定位板，并铲尽焊缝，否则，将阻碍气流通过，且伸缩节失去作用，在安装前，所有伸缩节都应预拉伸，拉伸长度按每圈拉伸5~10mm，并在拉伸后进行安装。

（6）管道和其他部件的安装

1）安装后，切线进风管的中心线与水平面的垂直公差为ϕ8mm；上升管道中心线与水平面的垂直度公差为ϕ10mm，下料管道斜管部分与水平面的夹角为$\alpha \pm 1°$，轴心线直线度公差为ϕ8mm。

2）下料管道中部翻板阀的安装应符合有关规定。溢流螺旋输送机的安装应符合以下要求：壳体的轴心线应平行于水平面，平行度公差为4mm；电机接线后，螺旋轴的旋转方向应符合规定，不得反转。

3）撒料板安装后应伸缩自如，转动灵活，其初始位置应符合安装图样的规定。

3. 现场安装顺序

（1）以回转窑轴心线和窑尾端面为基准，安装窑尾烟室。

（2）安装立筒各段筒体（对于第Ⅲ种立筒，先安装下部旋风筒）。

（3）按实测所需尺寸修割和安装进风管。

（4）按实测所需尺寸修割和安装入窑下料管。

（5）安装撒料锥及其集料管。

（6）安装二级旋风筒，其进口蜗壳在系统安装后才允许焊接。

（7）按实测所需尺寸修割和安装二级旋风筒上的上升管道。

（8）按实测所需尺寸修割和安装二级下料管及下料管处的其他零部件。

（9）安装一级旋风筒系统，其安装顺序同上（6）～（8）。

（10）安装立筒预热器出风管。

（11）安装各种钢制平台、检修门、测孔盖等辅助零部件。

（12）按耐火砖砌筑图砌筑耐火材料。

（二）试运转时立筒预热器的检查与调试

试运转时，必须对耐火材料进行烘烤，烘烤时检查立筒预热器所有焊缝、法兰、检修门等处的密闭性，如有渗漏，及时修复。

烘烤和点火时，打开立筒预器顶部的检修门，在启动窑尾风机后关闭。在回转窑点火后，当窑尾温度达到700～800℃时，开始以正常下料量的50%给料（第Ⅰ种形式立筒预热器还应开动溢流螺旋输送机），随着窑尾温度升高，逐渐加大给料量。

在试运转时要不断地观察整个预热器系统的密闭件；检查和调整翻板阀的闪动状态，通过调整重锤将闪动周期控制在1～5s；检查螺旋输送机；检查各基础和伸缩情况；测量和判断预热器内部的温度压力分布是否正常，并做记录分析。

如有不正常现象，打开不正常部位的观察孔盖，检查系统内部运输支撑件和安装时的工装是否拆除，是否出现掉砖造成堵塞现象，撒料板是否安装到位；翻板阀斜面密闭是否严密；内部零件是否漏装；窑尾风机、风量是否合适；以及预热器系统的风、煤、料是否平衡等。发现问题，及时修复或调整。

四、设备操作管理与维修

（一）操作管理

立筒预热器的操作不能作为一个独立的设备来考虑，它与回转窑系统各个设备的操作相互联系。操作人员不但要观察和判断预热状况，而且要考虑回转窑的运转情况，因为窑尾烟气是在回转窑内产生，其烟气温度的高低、烟气量，以及回转窑的运转情况直接影响预热器的预热效果。因为立筒预热器各个部分的设计，其工艺参数的选取是按整个窑系统的生产设计指标来决定的，只有对立筒预热器窑作为一个不可分割的系统来操作管理，才能更快、更好地获得理想、稳定的操作条件，才能充分发挥立筒预热器的预热效果。

通过测量分析立筒预热器的运行情况，来判断预热器整个系统的运行情况，主要是观察分析立筒预热器内部气体温度、气体压力、气体成分。

1. 观察分析气体温度

首先观察窑尾废气温度。窑尾废气温度的稳定是窑系统稳定热工制度的关键，对预热效果有很重要的影响。在正常操作中，要求控制在规定的指标范围内，窑尾温度波动越小，说明系统热工制度稳定。若风、煤不变时，当发现窑尾温度下降，说明入窑的物料量增大。若窑尾废气温度突然上升，可能是入窑物料量减少，或者是物料成分波动，或者是煤粉燃烧不完全，移到窑尾燃烧等原因引起的。发现上述情况，应查明原因，及时调整，使窑尾废气温度恢复正常。

观察立筒预热器出口废气温度。出口废气温度降低，可能是由于喂料量增加，或者是由于漏风量增加。若出口废气温度升高，可能是由于喂料量减少或窑尾废气温度升高等原因引起的，如果窑尾废气温度突然升高，可能是由于断料引起的。应查明原因，及时调整。

观察窑尾至预热器出口中间各测点的温度。当窑尾温度、下料量正常时，某一测点处温度突然变化时，可能在此处范围内发生堵塞、断料、内部零件烧损、漏风增加等原因引起的，应及时查明原因，进行修复。

2. 观察分析气体压力

观察分析预热器气体压力，主要是观察分析窑尾及预热器出口负压。当负压变化时，首先观察窑尾排风机转速和闸板是否有变化，再找其他原因。如果负压降低，检查漏风量是否增加。由于漏风而降低负压，同时出现废气中氧含量的增加与废气温度的降低。若不出现上述现象，必须从窑本身找原因。如果负压在逐渐增加，说明窑圈正在继续发展或预热器开始有堵塞现象发生。若预热器发生堵塞，堵塞处温度将逐渐降低，应及时用压缩空气喷管进行喷吹。

3. 观察分析气体成分

回转窑不能在燃烧空气不足的情况下进行操作，应有少量的过剩空气，因此，观察窑尾废气成分，首先要观察废气中氧的百分含量。在正常情况下，废气中氧含量应在0.7%～1.5%之间，当含氧量太少时（<0.4%），会导致燃烧不完全，火焰温度降低，这种情况下形成的CO若不立即消除，就有发生爆炸的危险。相反，如果含氧量太多时（>2.5%），进入窑内过多的过剩空气，也会造成火焰温度较低，燃烧效率不高。

除此之外，预热器出口废气 CO_2 的含量，它除受燃烧情况影响外，还受生料预分解的影响。当窑尾废气中 CO_2 含量不变时，预热器出口废气中 CO_2 含量增高，就表明生料的预分解率增高，可能是由于生料成分或来料情况发生变化。

4. 观察分析窑尾收尘负荷

窑尾收尘负荷主要取决于预热器旋风筒收尘效率，直接反映旋风筒收尘效率的高低。当收尘负荷增加，可能是由于翻板轴承磨损，翻板阀密闭性降低，或者是由于下料量增加，当收尘负荷突然增加，可能是内筒穿透性损坏，或者是翻板阀开启后卡住，不能关闭。应查明原因，及时修复。

立筒预热器的操作管理，主要借助于温度、压力、气体成分等测量仪表的帮助。正确选择各测量点，正确安装测量仪表都是很重要的。立筒预热器的预热效率，主要决定于整个窑系统在正常工作范围内平衡稳定生产。当然还有一些设备本身方面的因素，如密闭性降低造成的漏风；内部结构的损坏造成的不正常工作状态；以及出现的结皮堵塞现象等。只有在平衡稳定生产的同时，加强设备的维护保养工作，进行定期检查修理，做好运行记录，才能充分发挥立筒预热效果。

（二）维护和修理

立筒预热器在工作状态下，除翻板阀、溢流螺旋输送机处于运动状态，其他焊接结构零部件都处于静止工作状态，其维护、修理工作比较简单。

1. 翻板阀

翻板阀的重锤应根据生产实际情况及时调整、控制闪动周期。经常检查翻板与中心管斜面的密闭性和轴承的磨损情况，发现问题，及时修理。轴承磨损后，如暂无备件，允许用尺寸相当的、牌号为XS550的方形断面橡胶石棉盘根代用，盘根接口处应切成30°的斜面。更换时，要保证翻板的密闭性，以及转动灵活性。

2. 溢流螺旋输送机

溢流螺旋输送机的减速电动机采用120号中极压齿轮油进行润滑，滚动轴承夏季采用1号钙钠基润滑脂（牌号为ZGN-1）进行润滑，冬季采用2号钙基润滑脂（牌号为ZGN-2）进行润滑。各种润滑油（脂）应每半年更换一次。螺旋叶片，磨损2mm后（即堆焊层全部磨损），应将螺旋轴拆卸，用耐磨焊条堆焊，再按装配技术要求重新装配。

3. 其他焊接结构

立筒预热器的各下料管道、旋风筒的圆锥筒底部、切线进风管和上升管道的水平段，当工艺参数不符合设计要求时，可能发生积料和结皮堵塞，应及时打开压缩空气喷管进行定点或不定点喷吹，并调整工艺参数。清除完毕后应立即关闭压缩空气喷管，关闭各捅料孔盖，防止冷空气大量进入预热器。

大部分焊接结构件的损坏有两种形式。一是由于设备处于高温、有腐蚀性气体的环境中工作，设备钢板表面锈蚀发生变形或烧穿，出现这种情况，允许采取焊补措施。焊补时要注意，焊补材料必须与母材一致，焊接后，应矫正变形。二是各管道法兰面的密封元件（如盘根、石棉板、石棉绳、石棉橡胶板、软金属密封件等）的密封性受到破坏，应及时更换。对于难以更换的法兰面，允许将两法兰面焊接起来。所用焊接材料见表40-13。

表40-13　立筒预热器焊接材料

序号	焊条型号	焊条牌号	焊接母材	焊接要求
1	E4303	J422	A3 等低碳钢	
2	E5003	J502	09MnV、16Mn 等普通低碳钢	
3	E5018	J506Fe	20s 及强度相当的低合金钢	焊前：焊条烘干；清除工件的铁锈、油污、水分等杂质
4	E1-23-13-16	A132	1Cr18Ni9Ti 以及其与碳钢的焊接	焊前：焊条烘干
5	E2-26-21-26	A402	1Cr13、OCr25Ni20 异种钢焊接	焊前：焊条烘干；工件预热 焊后：工件热处理

第五节　BGW-2型微机控制固定式水泥包装机

一、概述

水泥包装机是水泥厂必备的一种专用设备，是用于水泥定量包装，其性能如何直接影响到使用单位的正常生产、成本和产品的合格率，特别是在目前强调加强计量工作的情况下，水泥袋装重量合格率是各水泥厂产品质量考核的一项重要指标，所以水泥厂对包装生产较为重视，否则将造成不可估量的损失。

目前，国内大多数中小型水泥厂仍使用20世纪60年代研制的机械式的G4201型包装机，甚至是简易的螺旋型水泥包装机，普遍存在袋重合格率低，工人劳动强度大，粉尘污染严重等问题。有些厂为了解决水泥包装中的这些问题，对固定式包装机进行了多种形式的技术改造，取得了一定的效果，但终因原设备条件所限，改造后的包装机仍不能彻底解决上述问题。

BGW-2 型微机控制固定式水泥包装机是由机械、计算机、强电控制三大部分组成，共同协调工作的一个整体，在机械部分位置正确、连接良好、动作灵活、电器部分工作正常的情况下，微机才能发挥电脑的作用，指挥各个部件，自动完成水泥定量包装、称重和推包的全过程，使设备正常工作。

（一）对包装工艺的要求

水泥包装机是水泥包装工艺过程中的一个重要环节，其正常工作条件还要工艺线中其他相关设备提供，如果必要的工艺条件得不到保障，则必然会对包装机的性能，如产量、计量精度、设备运转率等产生影响，这是 GBW-2 型固定水泥包装机在使用中需要强调和注意的，这也是水泥包装工艺的基本要求。其工艺流程如图 40-17 所示。工艺流程图简介如下：

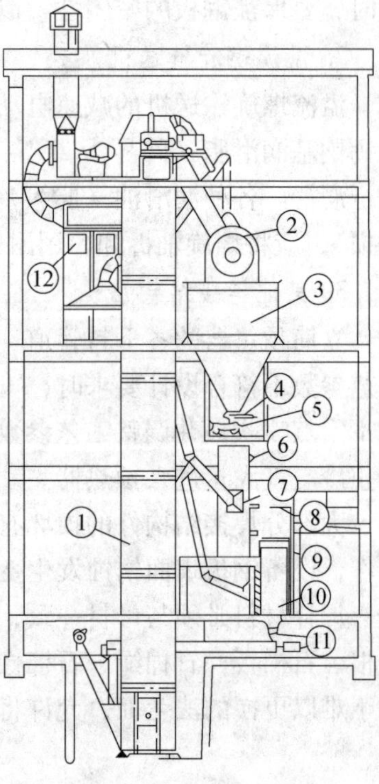

图 40-17　包装工艺流程

水泥由库底输送到斗式提升机①，并通过筛粉设备②进入料仓③，输入量由料仓内料位器控制，手动闸门④供检修之用。包装机料仓上料位器⑥控制刚性叶轮下料器⑤以保证供料。包装机⑦装好的水泥经输送机⑨送出。少量回灰由回灰收集罩⑩螺旋输送机⑪返回斗式提升机①。包装流程中产生的粉尘由收尘器⑫收尘，皮带机上收尘罩⑧同时可作操作平台。

（二）BGW-2 型包装机的特点

BGW-2 型微机控制固定水泥包装机采用了新技术，标准零部件占 80% 以上，所以使设备机械部分结构不但新颖、简单，而且易磨易损件少，易更换，易购买。同时运用微机控制和电子技术，采用电子无触点开关，提高开关速度，以适应微机控制的需要，且寿命长，使用可靠。该设备具有以下几个特点：

1. 包装计量准确，袋重一致性好。由于采用简便的键盘设定袋重方式，操作工人可方便地将袋重调整到所需要的重量，以保证袋重合格率。

2. 自动化程度高，工人劳动强度低，人工只需完成插袋动作，其余如开闸、灌装、闭闸、推包等动作均由电脑控制，自动完成。

3. 在国内首次采用水平叶轮出料方式，直装式（吊挂式）电机传动，以减少机械传动机构，减少机械震动和噪声。另外又采用电力液压推动器执行机构，其结构简单、美观实用，不需要使用压缩空气。包装机总装机功率仅 8.72kW，与国内同类产品相比，单位产量可降低电耗 40% 以上。

4. 微机系统，电脑部分只用了一个单片机，同时控制两个出料嘴正常工作，互不干扰，也能单嘴运行。该系统只采用了 8 位 A/D 转换器，用比率转换方式达到 0.13kg/bit 的分辨率和 0.4% 的转换精度，在保证计量精度的前提下降低微机成本，该微机系统还具有与上位机通信的功能。

5. 该包装机在包装过程中回灰量极小，同时采用了密闭顺流的收尘方式使扬尘减少，操作岗位空气含尘浓度达到了环保和劳动保护的要求，包装机工作时噪声低，在其他设备开动时几乎无法察觉包装机是否在运行，该设备在正常运行时噪声只有50dB左右。

6. 采用了单元组合结构，使设备重量轻，标准化程度高，备品备件品种少，易购买，易更换。

（三）主要技术指标及参数（表40-14）

表40-14　主要技术指标及参数

项　目		单　位	基　本　参　数		
出料嘴数		个	2		
设计包装能力		袋/小时	≥600		
单袋质量		kg	50		
称量精度	单袋质量误差	kg	±1		
	连续10袋平均质量误差	kg	±0.5		
电动机	型号		$Y132M_1$-6		
	数量	台	2		
	功率	kW	4		
	转速	r/min	970		
出料叶轮转速		r/min	970		
电力液压推杆	型号		$YT_1$45z/4	$YT_1$25z/4	YTD2-300/50
	数量	只	2	2	2
	功率	W	120	60	180
外型尺寸（长×宽×高）		mm	1200×970×2800		
设备质量		kg	1100		
开闭闸门掉袋方式		自动			
通信接口		RS-232、RS-422（根据用户要求）			

（四）工作原理和计算机控制过程

该包装机工作时，人工将水泥纸袋插到料嘴上，同时纸袋推动了装在料嘴上方摆杆，使摆杆上的开关信号接通，向微机发出启动信号，微机接到信号后，立即启动主电机，控制电力液压推动器打开三位出料闸门，使闸门全开。卸料室内的水泥在水平旋转叶片的加速作用下，靠离心力高速喷出，通过闸、橡胶较管和出料嘴灌入水泥袋内，同时传感器不断地将袋内水泥重量值转化为电模拟量，经运算放大器放大后，该模拟量送入微机，由微机计算处理。当袋内水泥装到45kg时，微机便关闭一位闸，使闸门处于半开位置，水泥以细流状灌装，到50kg时再使闸门全部关闭，此时推包电力液压推动器动作，从料架上推下水泥包，每装完一袋水泥后，电脑内的累加器自动进行加1计算，并实现累加产量。

1. 计算机的操作过程

（1）按下启动键，微机显示运行状态。

（2）插上纸袋时，插袋信号开关接通，电脑即自动启动主电机，开启大闸位电力液压推动器和小闸位电压液压推动器。

（3）延时3.5s，袋重未达到5kg时，则说明包装不正常，电脑会自动关所有电机。

（4）灌装时包重达45kg时，关闭大闸位电力液压推动器。

（5）包装达到50kg时，关闭主电机、小闸位电力液压推动器。

（6）启动推包电力液压推动器至托盘上，重量小于50kg时停推电力液压推动器，但另一嘴工作在细流灌装过程时，推包电力液压推动器暂缓复位，以减少对机械的冲击，以免另一嘴的计量精度受到影响，造成重量不足，这全由电脑自动完成。

（7）累加单嘴包装数和总包数。

（8）自动回到运行状态，等待插袋信号的到来，完成下一包灌装的全过程。

2. 电气原理

该机采用美国INTEL公司MCS-51系列单片微机为主芯片，并配备扩展RAM，I/O接口电路，光电隔离电路，LED数码显示，四个多功能按键高精度运算放大器，传感器等组成。强电执行器采用快速无触点开关，电气控制原理如图40-18所示。

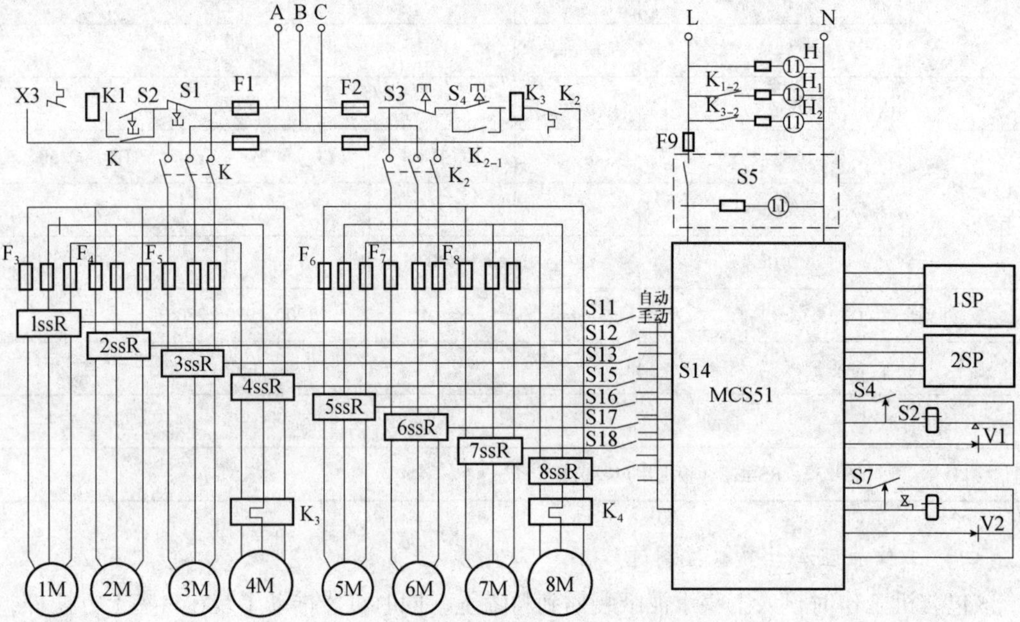

图40-18　电气控制原理图

1M～4M为A口大闸位电机、小闸位电机、推包电机、主电机；5M～8M为B口大闸位电机、小闸位电机、推包电机、主电机；1SSR～8SSR为无触点固态继电器；S_{11}～S_{18}为手动、自动转换开头；1SP～2SP为高精度拉力传感器

微机逻辑原理框图如图40-19所示。微机原理如图40-20所示。

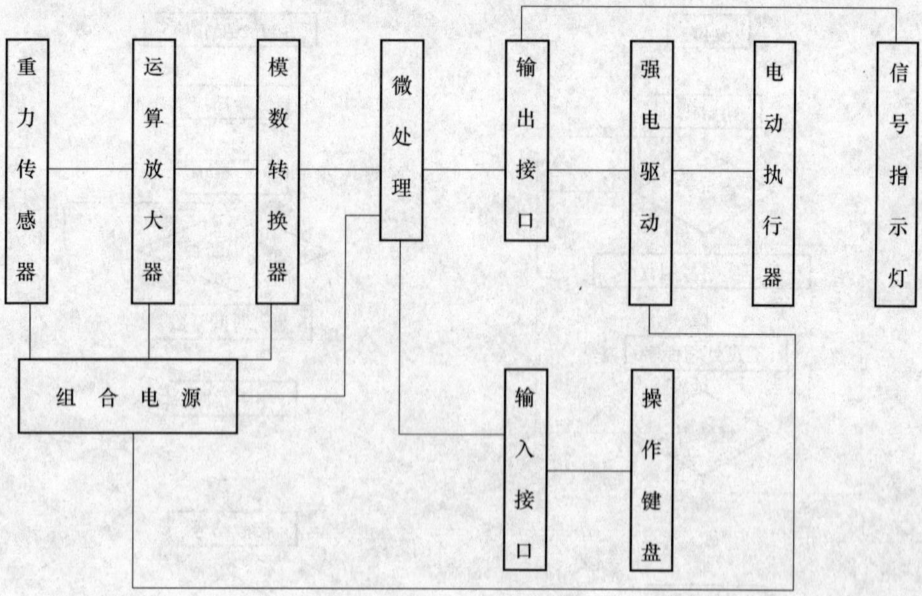

图 40-19　微机逻辑原理框图

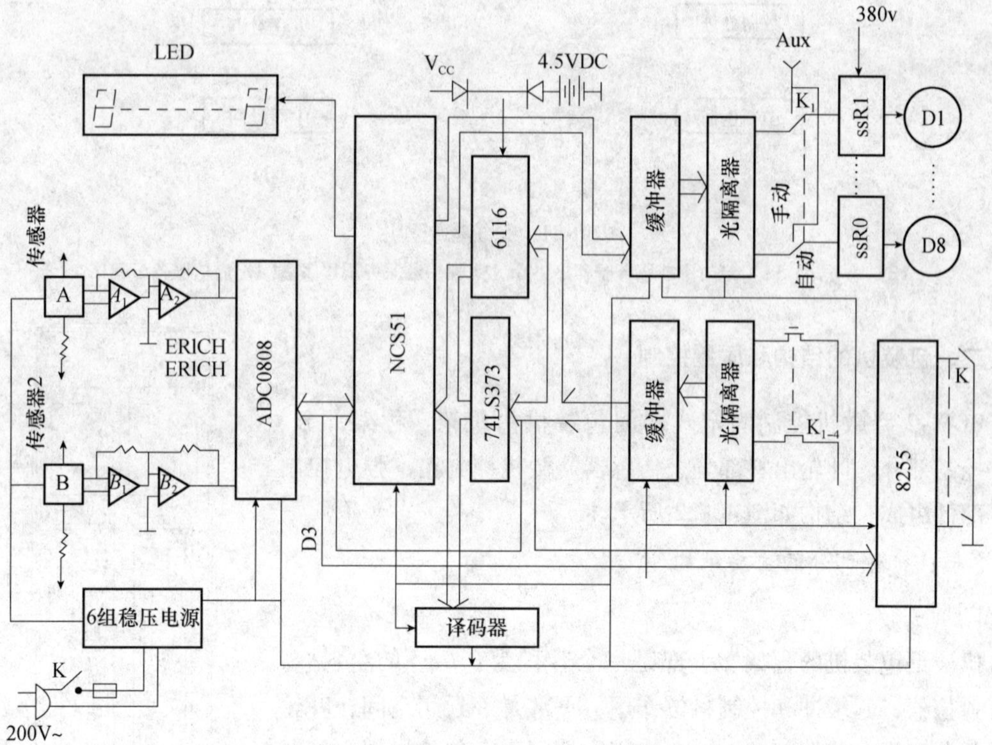

图 40-20　微机原理示意图

3. 系统软件结构

BGW-2 型微机控制系统软件，采用了模块化设计方法，本系统软件由以下功能模块组成：实时控制程序、计时管理程序、采样处理程序、键盘管理程序、显示程序、通信程序、应用子程序集、整个系统控制程序，如图 40-21 所示。

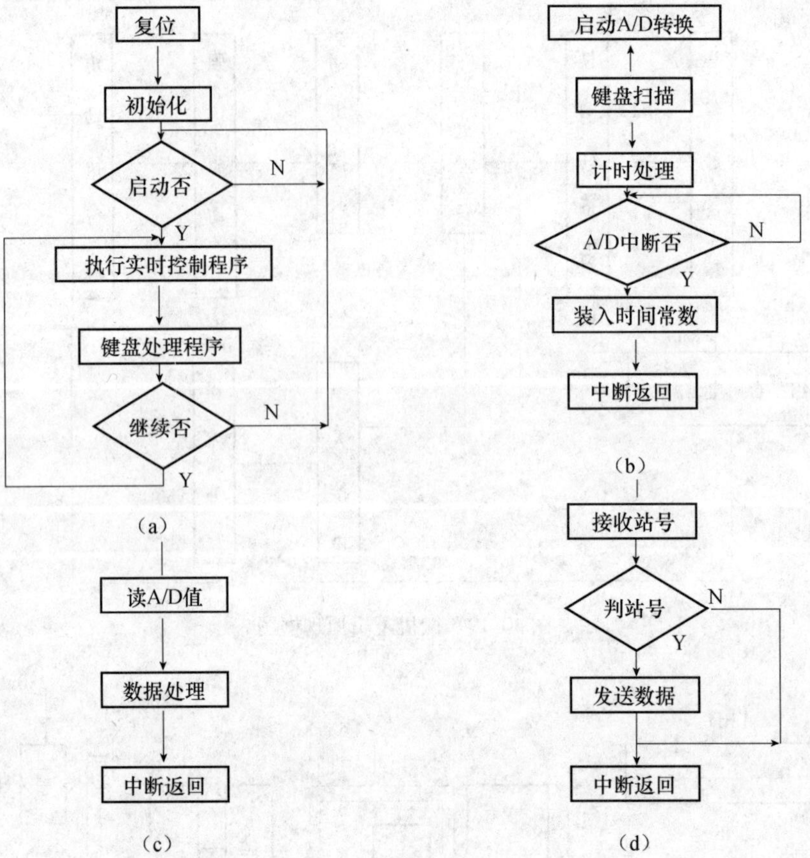

图 40-21 系统控制程序

(a) 主程序；(b) 定时中断服务子程序；(c) 采样中断服务子程序；(d) 通信服务子程序

二、包装机的结构和质量控制

BGW-2 型微机控制固定式水泥包装机由机架、称架部分、闸位控制部分、叶轮出料部分、传感器、微机控制箱、强电控制柜等部件组成，结构如图 40-22 所示。

(一) 机械部分的主要结构

1. 机架

机架是包装机的骨架，上部是一个容积为 0.6m^3 的小料仓，装有料位器，起缓冲和控制料位作用。下部是一封闭空间，叶轮出料部分和闸门装置都装在这个密闭的空间内，包装机闸门处漏出的少量水泥灰都在其间并顺溜板溜到包装系统中的回灰螺旋输送机内。机架一侧开有 450mm×400mm 收尘孔，便于安装收尘通风管，另一侧安装微机箱和强电控制柜，称架、传感器、闸位控制部分都安装在机架的正面，包装机各部件均安装在机架上，形成一个整体。其外型尺寸图 40-23 所示。

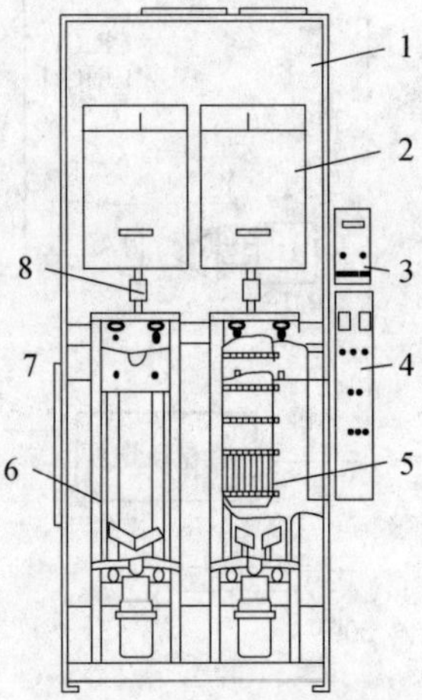

图 40-22 包装机结构图

1—机架；2—闸板控制部分；3—微机箱；4—强电控制柜；5—叶轮出料部分；6—称架；7—收尘孔；8—拉力传感器

2. 称架及称重机构

称架是一刚性体，同高精度拉力传感器通过关节轴承垂直吊挂，并由弹簧钢片水平固定在机架上，成为称重机构，称重机构上还装有压袋器、料嘴、插袋信号开关、急停开关、启动开关、信号灯、推包器等部件。称重机构的主要作用是在包装时将称架上的袋装水泥重量如实反映到拉力传感器上，传感器将袋装水泥的重量转换成相应的电模拟量，送入微机以便于微机检测。因此需要称重机构以具有对纵向力反应敏感，而对横向起稳定性作用，不受干扰的影响，采用薄弹簧钢片受拉形式固定称架，较好地解决了这一问题，称重机构示意图如图 40-24 所示。

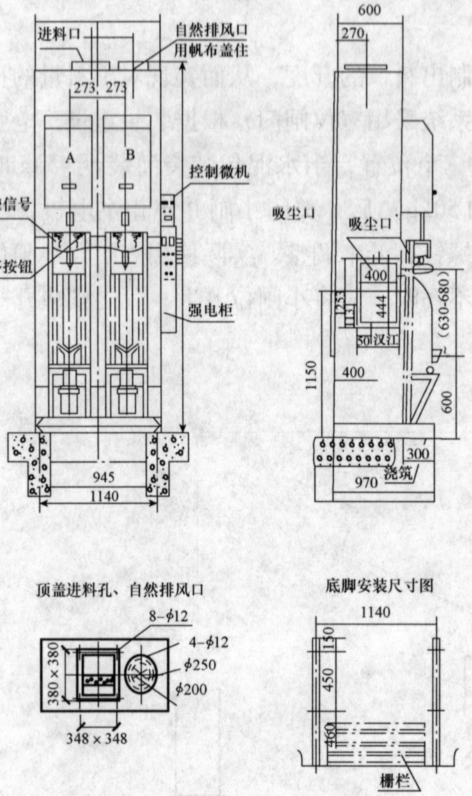

图 40-23 包装机外型尺寸示意图

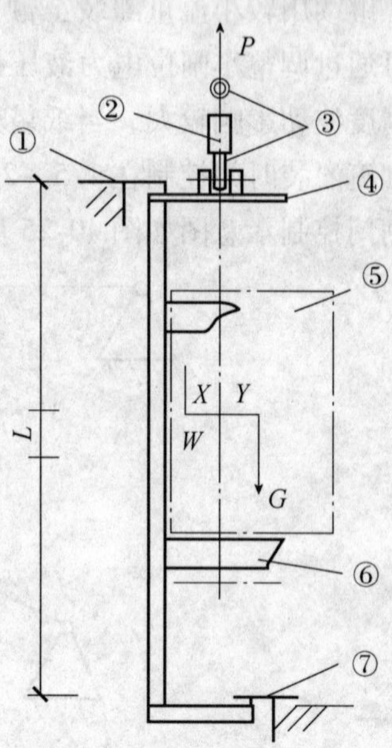

图 40-24 称重机构示意图

设：称架自重 W；

水泥袋重 $G=50\text{kg}$；

称架重心至传感器轴线距为 X；

水泥袋重心至传感器轴线距为 Y；

两组弹簧钢片间距为 L。

弹簧钢片受水平力为 F，因称架垂直位移很小（即拉力传感器受力后的变形伸长量），弹簧钢片的刚度也较小，因此弹簧钢片垂直附加力的变化可忽略不计。

传感器受拉力 P

空称时：$P=W$

$$F = \frac{W \cdot X}{L}$$

实称时：$P = W + G$

$$F = \frac{W \cdot X - G \cdot Y}{L}$$

根据以上计算，传感器所受力只与称架上全部物体重量有关，而与称架几何尺寸无关，实际上因称架存在微量的垂直位移，弹簧弹片也有一定的刚度，所以弹簧钢片会作用一附加力在称架上，由此产生的误差在静态实物标定时得到校正。但如工作时纸袋插的位置偏离太多，可能会对计量产生一定的误差，压袋机构可解决此问题。

3. 闸门控制部分

这部分的作用是通过控制闸板位置来控制出料口的开度，从而实现对出料量的控制，为了减少动态误差，保证计量精度，闸门控制系统采用三位闸门，根据装袋重量，电脑发出指令控制闸门，使闸门处于全开、半开、全闭三个位置，当水泥包装袋灌装至45kg时，关闭大闸，继续用较小流量灌装至额定重量（如50kg）后，关闭小闸并停止主电机，小闸位的开度可通过调整小闸位电力液压推动器上的螺钉高低来调整。实际使用表明，小闸位开度大小对精度波动影响较大，当纸袋较小、料流不畅时，应将小闸位开大；反之则应开小，一般应使细流灌装时间控制在1.5～2s。

闸门控制示意图如图40-25所示。

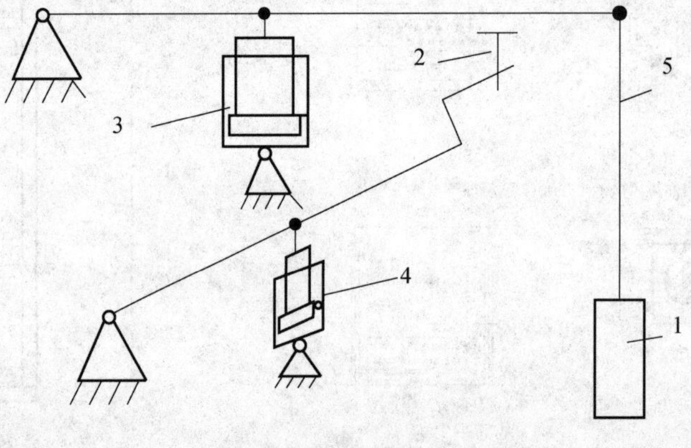

图40-25　闸门控制示意图

1—闸板；2—小闸位调整螺钉；3—大闸液压推动器；

4—小闸液压推动器；5—闸板调节螺杆

液压推动器上升时间需0.7s，下降时间需0.4s；从水泥包到重量发出信号至闸门关闭最少需要0.4s时间，对包重有影响。

控制闸位采用两个电力液压推动器作开闭闸门执行器，大闸位时两个执行器同时动作，抬起闸门，小闸位时大闸执行器落下，使闸门落在小闸执行器上，电力液压推动器是以380V交流电源作动力，功耗小，不像气动元件那样需要压缩空气，更便于条件差的无气源的水泥厂使用。

4. 叶轮出料部分

叶轮出料部分是包装机的心脏，该设备是采用一嘴一机分别驱动，电动机直接垂吊在叶轮轴承座上直接驱动水平旋转的叶轮，叶轮的转速为970r/min，叶轮将水泥旋转加速后依靠离心力从出料口高速喷出。这种结构布置较紧凑，产生的机械振动小，并采用装灌一包立即停机的间断工作方式，比老式包装机可节电40%。

（二）主要部件的工艺、质量控制

包装机是机电一体化的新型包装设备，其供料、送料、包装、称重、推包、控制六部分为一体，是一种综合的包装设备。外购件品种涉及面广，铆焊、板金件比重较大，铸件、机加工件、热处理件要求较高，为了保证零部件的制造质量，严格按图纸投料、加工、验收，对不符合图纸要求的零部件拒绝接收使用，在各零部件加工现场，认真组织每道工序的质量把关。在装配过程中，生产工人严格按装配工艺进行操作，凡不合格的零部件和外协件（包括标准件、元器件）不准流到装配现场，装配完工后，根据产品标准进行出厂试验，并详细记录试验数据，同时建立整套产品质量档案。

1. 称重系统

称重系统在装配过程中要注意称架星否与机架固定部分有碰触之处，如有将会严重影响计量精度。弹簧钢片是起稳定称架的作用，不得松动，出料嘴与叶轮出料部分的料嘴座应对准且保持2~3mm间隙，用软橡皮管将料嘴与料嘴座连接。

压袋器采用自锁方式将水泥袋压紧，推包时压袋器与翻包架联动，通过推包电力液压推杆的动作，即可推下水泥袋。

2. 闸门控制部分

闸门控制是采用电力液压推动器作为执行器，液压推动器是使用变压器油作为液压油，电力液压推动器中电机到叶轮的传动是由方轴和方孔联轴器来完成的，当工作时由于是断续工作，这两个零件相互有滑动摩擦，所以均是易磨易损件，当电机工作正常而推动器顶杆抬不起来时，除液压油不足外，一般均是方轴和方孔联轴器损坏而引起的，应及时更换。推包用的电力液压推动器，原理与控制闸门的电力液压推动器一样。

闸板的装配应做到既上下灵活，自由间隙又不能太大，闸板的活动间隙应在20mm左右，并调整小闸位的开度在1/2~2/3处，具体情况根据灌装时间而定。

3. 叶轮出料部分

叶轮在叶轮壳体内旋转速度较高，水泥灰产生的压力大，使轴和轴承座的密封较困难，在这里需采用迷宫密封、盘根密封、聚四氟乙烯密封环和防尘轴承等综合密封措施，装配时又在轴承座内以及叶片座下的迷宫间隙加满高温轴承脂，使润滑脂不但起到润滑作用，还起到密封防尘的作用。如果不按要求的方法加注高温轴承脂，则将大大缩短轴承座的维修周期，一般情况最好每三个月清洗一次轴承座，加入新的润滑脂，并注意封好轴承座上的铁皮封盖，防止水泥从轴端进入。

叶轮座上的叶片，是4mm厚的60Mn制作，并经淬火处理，如用Q235钢板制作叶片，则在较短的时间就会弯曲，降低水泥包装速度，甚至会发生堵料现象，可用45号钢板制作，但必须经淬火处理，淬火硬度为HRC48~50。叶片磨损到一定程度就应及时更换，叶片中心需对准出料口中心线，上下偏差不应超1mm，与叶轮壳体的四周间隙不大于3mm。

（三）电气控制部分

电气控制原理图如图40-18所示。主要用了八块固态继电器板（SSR），直接驱动三相交流电动机，每块SSR板上有三路双向可控硅开关，当微机给出触发信号，双向可控硅导通就可驱动三相电机旋转，使用固态继电器的优点是实现无触点运行，不怕粉尘，使用寿命长、可靠。固态继电器板（SSR）示意图如图40-26所示。

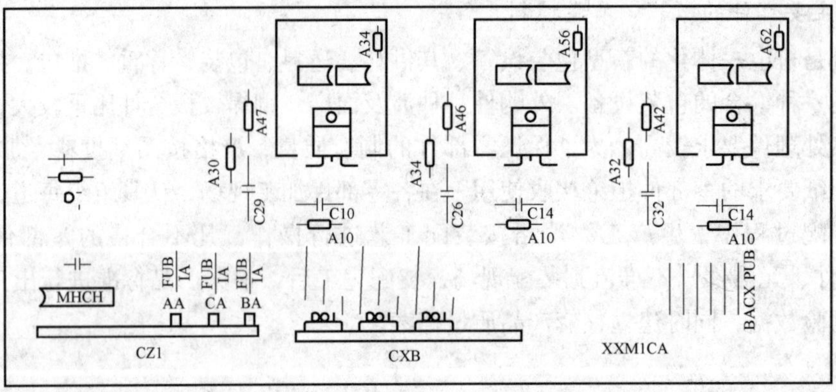

图40-26　固态继电器板（SSR）示意图

由于叶轮是通过联轴器与电动机直接驱动，当叶轮工作时突被异物卡住不能转动时，电机电流会突然升高，为了保护固态继电器板和电动机，电路中已装有40A快熔和10A的热继电器；如无快熔，可用25A普通熔断丝代替，过流继电器要整定在合适的电流值上，这样才能起到过流保护的作用。

（四）微机系统

1. 硬件结构与特点

BGW-2型包装机的微电脑使用的INTEL公司的MCS-51系列单片机为中央处理器上专用微机，硬件系统由CPU板、AMP放大器板、KEY键盘操作板、DSPL显示器板、BUS总线板和POWER电源板组成，各模板功能用途如下：

（1）CPU模板，外形结构如图40-27所示。

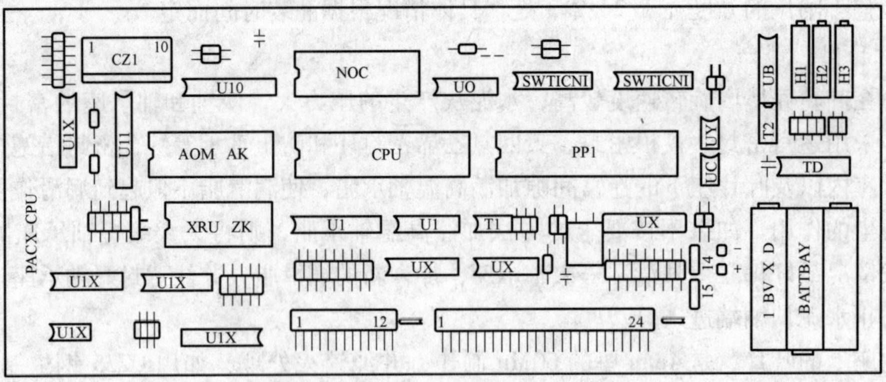

图40-27　CPU模板元件位置图

CPU模板是本微机控制系统核心，它有中央处理器，RAM、ROM，采样转换A/D、I/O接口，隔离电路，驱动电路，参数电路等，全部I/O引线均通过24线插件引出。

（2）AMP放大器板，外形结构及元件位置如图40-28所示。

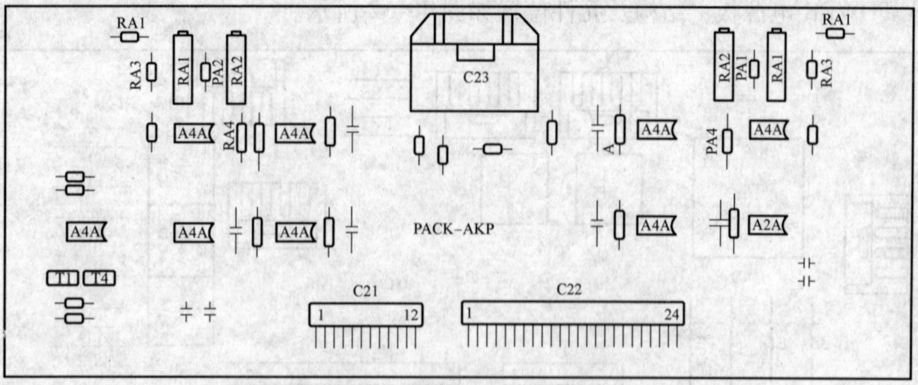

图 40-28　AMP 模板元件位置图

AMP 模板由完全隔离的两路运算放大器电路，把传感器输出的微弱，mv 信号放大到符合 A/D 转换器所需的电压幅值。

（3）KEY 键盘操作板，外形结构及元件位置如图 40-29 所示。

KEY 键盘操作板提供使用者通过 4 个键进行 11 种的功能操作手段，与显示板配合提供人机对话手段。

（4）DSPL 显示板，外形结构及元件位置如图 40-30 所示。

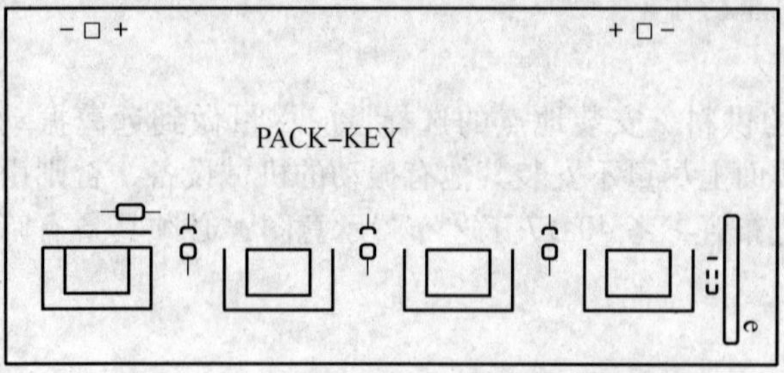

图 40-29　KEY 键盘操作板元件位置图

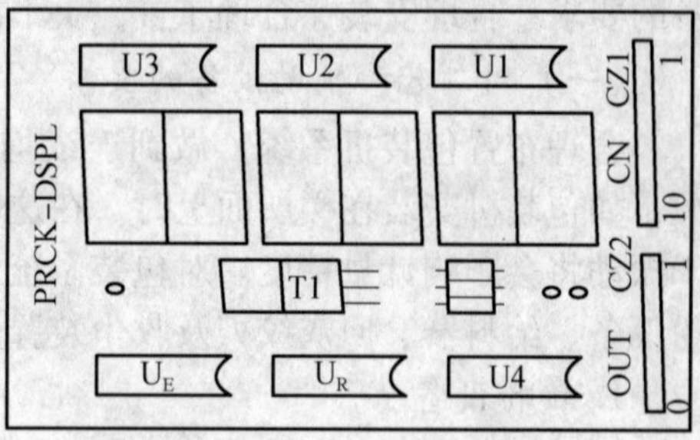

图 40-30　DSPL 显示板元件位置图

DSPL 显示板有 6 个 8 段码 LED 显示器，用来显示 19 种显示格式，提示操作者机器当前的状态和数据。

（5）BUS 总线板，外形结构如图 40-31 所示。

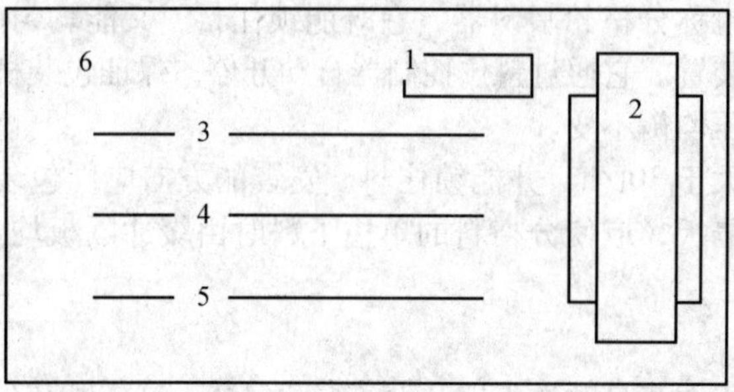

1—I/O输出电缆插座
2—变压器
3—DW-CPU主模板插座
4—DW-AMP放大器模板插座
5—DW-POWER电源模板插座
6—DW-BUS总线模板

图 40-31　BUS 总线板示意图

BUS 总线板完成各功能模板之间所有电源和 I/O 引线的连接任务。

（6）POWER 电源板，结构及元件位置如图 40-32 所示。

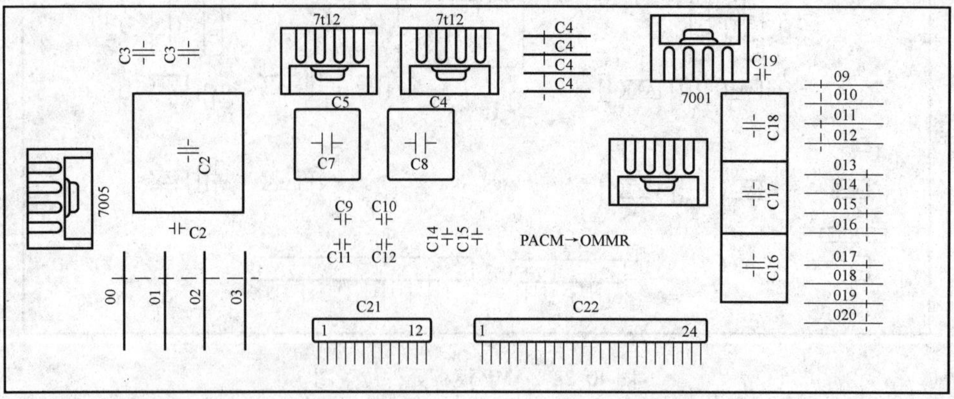

图 40-32　POWER 电源板元件位置示意图

POWER 电源板提供整个系统所需的 6 路电源电压，它们是：+5V、±12V、+A5V、+10V×2。

三、包装机的安装与调试

设备安装的好与坏、合理与不合理直接影响到设备的正常使用，必须严格按照工艺对设备的要求、合理安装、合理布置，决不能草率行事。

（一）对工艺和辅助设备的要求

合理布置包装机系统，做到连续均匀的供料。安装地点的选择，应尽量做到远离振动源，如包装机安装在楼层面上时，在这层楼面上尽量不安装其他有振动的机械设备，否则由于振动将会影响计量精度。对包装系统工艺布置参考 40-17 工艺布置示意图，必须具备有筛粉设备、给料器、回灰绞刀及收尘装置。

1. 筛粉设备

筛粉设备是包装系统中必不可少的辅助设备，它应能筛去大于 3mm 的硬块和杂物，确保在包装水泥中不含杂物，并能使设备在运转时不被杂物卡死而损坏设备，保证设备正常运行。筛粉设备台时产量应大于 30t/h，在安装此设备时，注意出渣口不得有泄漏现象，确保杂物、大块能顺利流入其他管线。

2. 给料器

给料器采用的刚性叶轮喂料器，也称分格轮喂料器，它既能锁住料，又能均匀的下料，是包装机供料系统中比较理想的供料装置。它通过料位控制器自动开停，保证包装机小料仓的料位只在一定的范围内变化，使仓压均衡不变。

刚性叶轮给料器的下料量应选用大于 30t/h，并能锁住料。安装的方向应同包装机正面平行，因包装机顶部进料口有一缓冲隔板，应使分格料的单边下料时由缓冲隔板均匀分开，使仓内料面基本是平面。

3. 回灰绞刀

回灰绞刀是将散漏、破包引起的水泥灰自动送入提升设备继续包装，这样既减少了不必要的劳动强度，又使散落的水泥灰回收重新包装，因此在工艺布置时必须考虑。

4. 收尘设备

收尘设备可以根据各个厂家的情况自行选择，不管采用袋式收尘还是静电式收尘，总之收尘风量应在4000～6000m³/h，这是对包装机本身而言，操作岗位上的收尘以及皮带输送机上的收尘，用户自行考虑。

（二）安装基础

包装机必须有牢固的基础，其基础的好坏直接影响精度。若在楼面上应将包装机定位在有梁位置，减少振动；若在地面上应浇注水泥台面，水泥台的高度应将回灰装置的高度考虑进去。

1. 基础尺寸

包装机的基础尺寸如图40-23所示，在浇注水泥台面时，除正面操作、溜包外，其他三面应适当放宽800mm，以利于维修。

2. 固定方式

（1）地脚螺栓应采用M16或M18的长螺杆，在浇注水泥台面时直接浇注，然后直接固定包装机。地脚螺栓孔垫平压紧，前后左右推动包装机不应有振动。

（2）用厚度大于14mm的钢板，钢板的长宽应大于包装的基础尺寸，先将预埋螺栓固定钢板垫平，然后将包装机固定在钢板上。

3. 溜灰槽

在浇注水泥台面时，必须注意栅栏的尺寸，在栅栏下要有溜灰槽，使散漏的灰从溜灰槽溜进回灰绞刀内，溜灰槽上口要对准包装机的溜灰板，下口对准回灰绞刀。

（三）与辅助设备的连接

1. 软连接

由于包装机是一计量设备，为避免其他辅助设备对包装机的直接干扰，又不至于漏灰，因此对进料口必须采用软连接，在设备安装时进料口应留5～10mm的间隙，采用帆布包扎，不能泄漏，收尘口的通风管道同样如此，否则其他设备的抖动将带动包装机。

2. 排风口

包装机顶端除有一个进料方孔外，还有一个自然排风圆孔，其顶端示意见图40-23，其圆孔上方，应用钢材制作一个高500～800mm的骨架，套上能透气的布套，以便自然排气。

3. 输送器

水泥袋灌到额定重量时，由推包机构将水泥包推下，此时应由输送带或溜板将水泥袋送走，为了不使水泥袋落下时破包，输送带应距托包盘200mm左右。如采用溜包板，最后在包下落的中间有一缓冲机构，使纸袋不易破裂。采用输送带，其带速不能快，为0.8～1.2m/min。

（四）电气方面

1. 装机容量

大闸位电机	YT_1-45/60	0.12kW×2
小闸位电机	YT_1-25/40	0.06kW×2
推包电机	YTD_2-300/50	
主电机	Y132M-6	4kW×2

微机功率小于0.5kW，应采用净化稳压电源单独供电，供电电压220V（交流）。

2. 加装隔离开关

为了便于维修，在供给包装机三相四线电源时必须通过开关对包装机进行供电，否则在维修时打开强电箱，强电箱有电，不安全。

3. 过流短路失压保护

包装机的电源采用过流短路和失压保护，螺旋熔断器采用的是快速熔芯（40A），若无快速熔芯也可选用25～30A的普通熔芯。各路小电机采用保险电阻，主电机还采用了热继电器进行过电流保护，整定电流值一般在8～9A之间。根据环境温度适当调整。

4. 接地线

包装机由于采用微电脑控制，所以在安装时，应将包装机接上接地线，确保微机正常工作，不受其他设备电磁干扰，接地电阻应小于4Ω，采用不小于6mm^{2}铜线与机壳相连。

5. 传感器

传感器是采用MS高精度拉力传感器，量程为200kg，垂直吊挂，不得随意扭动传感器，黄色称架不得长期放置重物；否则使传感器疲劳损坏，两只传感器分别对应两嘴不得插错。

（五）其他

1. 纸袋

水泥包装袋，要符合GB 9774—88规定，其大小尺寸根据水泥的容重决定，以选用稍大一点为宜。

2. 温度

包装水泥温度应低于120℃。

3. 砝码

为了检验和调试包装机必须备用标准砝码，25kg两只。

4. 液压推动器用油

液压推动器采用变压器油，必须干净无杂质，并根据环境温度选用变压器油。

环境温度（℃）	变压器油
40～20	20号机油
20～0	10号机油
0～－15	25号机油
<－15	10号航空油

（六）设备调试

设备到厂后，首先检查是否完整或损坏，对照清单检查主机的零部件有无缺少或遗漏，根据工艺要求就位安装。

1. 机械部分调整

（1）电压液压推杆加注变压器油

①大闸位液压推动器、小闸位液压推动器和推包液压推动器，都应注油至油面线。

②液压推动注油器应能上下灵活，通电后立即顶起，断电后即可复位。

（2）杆架调整

①更换运输螺杆、吊挂传感器、长线为A口传感器，短线为B口传感器。

②拆掉弹簧片上的固定压板。

③对准出料嘴，偏移应小于3mm，与料嘴座的间隙3～5mm，用橡皮软管将料嘴和料嘴座连接起来，用铁丝扎紧。

④调整压袋器，使水泥袋插在料嘴上压得紧、松得开。

⑤调整托盘高度，使水泥袋在灌满水泥后既无弯折又不吊挂为宜。

（3）装叶轮出料部分

①清理仓内杂物（由于在安装过程中不可避免掉入杂物在仓内）。

②检查叶轮是否转动灵活，是否锈蚀、卡死，如不灵活应拆开清洗，重新装配。

③用油枪对轴承内补加黄油。

④固定出料部分。

（4）闸门控制系统

①检查闸板是否上下灵活，如不灵活，应拆开打磨。

②调整闸板门开度，大闸位打开时闸门应全开，大闸电机关闭小闸电机工作时，闸门开度应在1/2～2/3处。

2. 电气调整

（1）强电控制柜内元件布置和接线端子如图40-33和图40-34所示。

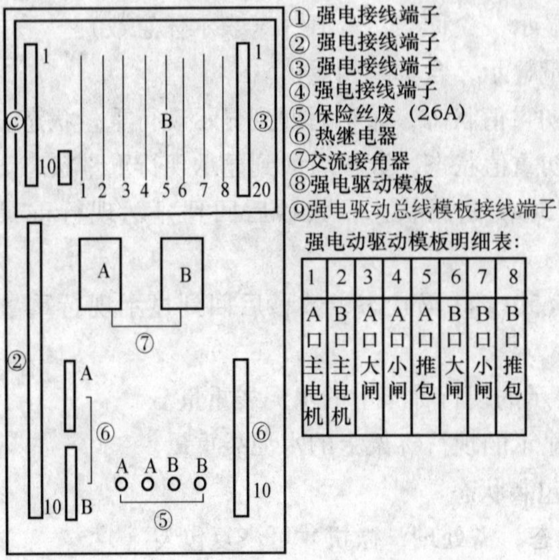

强电动驱动模板明细表：

1	2	3	4	5	6	7	8
A口主电机	B口主电机	A口大闸	A口小闸	A口推包	B口大闸	B口小闸	B口推包

图40-33　强电控制柜内元件布置示意图

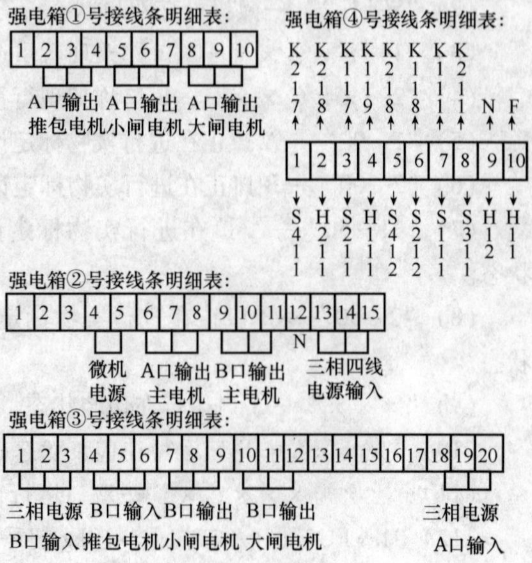

图40-34　强电柜内接线端子明细示意图

（2）按照接线端子排列接好三相四线电源线，接好主电机线，并检查各接线端子有无松动或脱落。

（3）用手动开关控制各液压推动器是否工作正常，主电机的转向从风扇叶方向看去应逆时针方向旋转，旋转时有无异常声音。

（4）初重值的调整

两口传感器不能插错，将微机显示在单口测定测重状态，数值是否在2～5kg之间；否则应打开微机箱，调放大器板上的调零电位器，直到数值在2～5kg范围内。

（5）放大倍数的调整

在托盘上放上50kg的标准砝码，微机在测重状态显示的数值是：初重值+50kg=显示数，说明放大倍数达到要求，否则应反复调整放大倍数电位器和调整电位器。

(6) 标定（实物标准）

标定的方法是：先读入初重值，微机显 00，数秒后回到初重值，在托盘上放 50kg 砝码后，再读入标定值，微机显示 50，数秒后回到当前显示状态，表示标定完毕，两个嘴是分别进行标定。

(7) 试运行

将微机电源打开，分别送上 A 口和 B 口电源，操作微机按键，使微机工作处运行状态(单口双口都可以)。用手去碰摆杆，微机得到信号后立即启动电机，放上 50kg 砝码，大电机停，闸位立即关闭，推包电机工作，计数器自动加 1，表示一切试调正常，即可投料运行。

四、包装机的操作与维护

(一) 操作方法

1. 显示状态及内容

(1)“HELLO”—微机自检正确，等待键盘命令输入。

(2)“SCL1.2”—微机处在双口状态，等待键盘命令输入。

(3)“1—××、××—A 口称架现行重量显示，含称架初重值（×表示任意数)。

(4)“2—××、××”—B 口称架现行重量显示，含称架初重值。

(5)“1—00”—A 口正在进行实物标定读初重值状态，数秒后回到显示现行重量状态。

(6)“2—00”—B 口正在进行实物标定读初重值状态，数秒后回到显示现行重量状态。

(7) “1—50”—A 口在进行实物标定读 50kg 砝码状态，数秒后回到显示现行重量状态。

(8) “2—50”—B 口正在进行实物标定读 50kg 砝码状态，数秒后回到显示现行重量状态。

(9)“×××”—A 口运行在包装状态，显示的现行称架上的水泥袋重量。

(10)“×××”—B 口运行在包装状态，显示的现行称架上的水泥袋重量。

(11)“××、×××、×”—双口运行在包装状态。

(12)“1—FU!”—A 口初重 >10kg 超重状态，需处理，微机才可恢复包装。

(13)“2—FU!”—B 口初重 >10kg 超重状态，需处理，微机才可恢复包装。

(14)“1—NO!”—A 口在插袋 5s 后袋内没灌料，微机自动关闭主电机、大闸、小闸后显示无料状态；若在清零时显示，表示初重值 <0kg。

(15)“2—NO!”—B 口在插袋 5s 后袋内没灌料，微机自动关闭主电机、大闸、小闸后显示无料状态；若在清零时显示，表示初重值 <0kg。

(16)“CLR”—A 口正在进行“去皮重”功能。数秒后自动回到运行状态。

(17)“CLR”—B 口正在进行“去皮重”功能，数秒后自动回到运行状态。

(18)“CLR CLR”—双口正在进行“去皮重”功能。

(19)“1—AUTO”—A 口进入包装重量设定状态。

(20)“2—AUTO”—B 口进入包装重量设定状态。

(21)“STOP—1”—A 口进入暂停状态。

（22）“STOP—2”—B 口进入暂停状态。

2. 键功能，微机面板示意图（图 40-35）

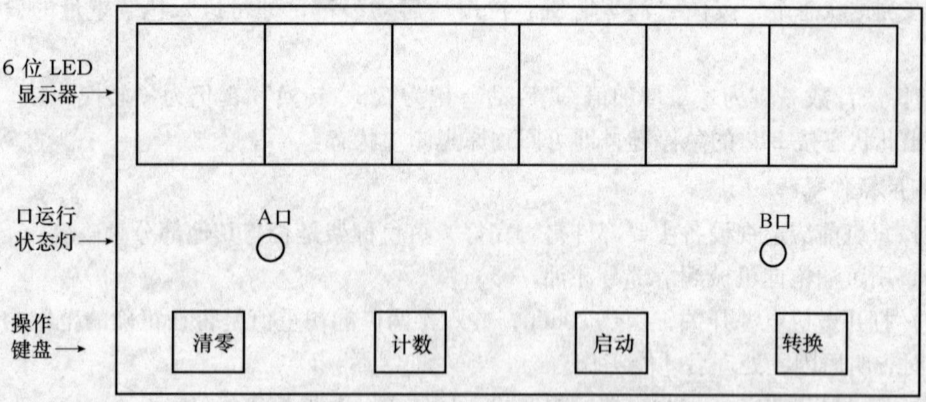

图 40-35　微机面板示意图

（1）单键操作

①“清零”键

在运行状态下作为去称架皮重功能键使用，又是微机自检后显示“HELLO”后按此键即可进入“SLC1. 2”。

②“计数”键

按此键显示器即显示包装的袋数，在单口状态时显示的是单口袋数，在双口显示的总袋数，在运行状态时，只显示数秒立即又回到运行状态。

③“启动”键

使包装机进入运行状态，急停后再按此键立即进入运行状态，在重量设定状态时，按此键为减数键。

④“转换”键

用来选择单口或双口，A→B→双→A 轮流转换，同时面板上指示灯也有指示，亮为运行，灭为暂停。

⑤“急停”键

此键在称架，用来处理非常紧急事态，或使计算机退出包装状态（运行），以及退出重量设定状态。

（2）双键操作

①包装累计数清零

在打开微机电源前同时按清零、计数两键，再开电源开关，即可将以前累计袋数清零。

②实物标定

在进行此功能操作时，须单口标定并且分读初重和读 50kg 两步进行。

在单口测重状态如“1—×××”时，先按住“清零”键，再按“转换”键，此时显示“1—00”，当显示回到原来状态时，在称架上放上 50kg 砝码（或 50kg 铁块），再先按住“清零”键，然后再按“转换”键，此时显示“1—50”，数秒后又回到原状态。

每次只能标定单口，在标定时不能触碰称架。

③标定的修改

须在测重状态下，按住“清零”键，再按“启动”键，即可进入包装重量的设定修改状态。

此时，“计数”键为重量增加值，“启动”键为减，“转换”键仍为“转换”键。

退出此状态按B12的急停键，即可回到原先测重状态。

（二）操作规程

（1）每班前应巡视设备主要部件是否完好，黄色称架是否与其他部分触碰。

（2）用黄油枪向机械润滑部分注油。

（3）打开微机电源开关，预热20min，并观察两口的初重值是否在正确的范围内，不正确应及时查明原因，处理后才能工作。

（4）启动辅助设备，如收尘器、提升机、回转筛、分格轮等。

（5）合上A、B两电源，用手动开关分别检查8台电机，工作是否正常，然后将手动开关拨到原自动位置。

（6）按“启动”键，使微机处于运行状态，再按“清零”键，当回到运行状态时即可包装。

（7）包装一段时间后，应检查一下重量是否达到要求，否则应再清零或修改标定值，或查明原因再包装。

（8）结束包装前，应先停分格轮给料机电源，并将包装机料仓的料包完为止。

（9）先关闭两电源再关闭微机电源。

（10）清理现场，特别是称架部分，为下一班做好准备。

（三）注意事项

（1）每班必须用黄油枪向油嘴压入一定的黄油。

（2）黄色称体不得站人、脚踩或长时间放置重物。

（3）传感器一旦调整完毕不得再去随意拨动。

（4）在包装过程中，大闸位落下后操作工不得任意拍打水泥袋，否则将会造成计量误差。

（5）在包装过程中，不得随意拉合电闸，在开关微机电源时，也不能开关频繁，间隔时间要大于10s，否则将造成微机内存数据紊乱。

（6）微机电源尽量采用稳压电源，交流稳压电源功率选用500W即可。

（7）一旦微机无记忆功能，应更换内部电池，采用1.2V可充电电池三节。

（8）在包装时，如听到异常声响，应立即按急停键，检查原因排除异常。

（9）出现不出料现象应停止主机，方可检查料嘴是否堵塞。

（10）注意清扫卫生，特别是称架上。

（四）故障分析

1. 日常维护

（1）及时清扫称架上的积灰，以及各部分的连接部件有无松动现象。

（2）及时更换料嘴与料嘴座之间软连接橡皮，以及压袋器上的橡皮块。

（3）用皮老虎和吹风机清扫强电箱和微机箱的灰尘。

（4）主轴承除每班加油一次外，三个月或半年应全面清洗保养。

（5）液压推动器应注意油面高度，每个月加一次油，半年应更换一次油。

2. 机械故障及处理

（1）出料不畅

故障：叶片变形或断裂，增压板脱落，料嘴未对正，闸门未全开，料湿。

处理：叶片应采用南京进相机厂生产的叶片，它是冲压后热处理过的。焊牢增压板，没有增压板是不行的，对准料嘴，调节闸杆，使闸门全开。

（2）计量不准

故障：簧片变形松动或断裂、推包板靠机壳、小闸开度偏大、料位控制器失灵。

处理：及时更换簧片，调整推包板、调节小闸位的开度，修理或更换料位控制器。

（3）不推包

故障：设定值大于50kg较多、纸袋偏小、初重值降低、小闸位开度小。

处理：调出设定值重新设定或标定，更换大一点纸袋，在运行状态时按“清零”键，调节小闸位开度。

（4）闸门打不开

故障：液压推动器缺油、滑道磨损、叶轮脱落。

处理：按要求及时加油至油平面线，更换滑道，装好叶轮。

（5）壳体内有异声

故障：轴承缺油或损坏，叶片变形。

处理：更换轴承，更换叶片。

3. 电气故障

（1）显示乱码

故障：电压不稳、CPU板有问题。

处理：采用交流稳压电源供电，更换CPU板。

（2）按键不响应

故障：键被灰尘卡死、连接线脱落、A/D转换损坏。

处理：重新更换键板或按键，焊好连接线，更换A/D转换芯片。

（3）电源送不上

故障：保险丝损坏，按扭接触不好，二次回路开路。

处理：更换保险丝，将按扭内灰尘除掉，检查二次回路元件。

（4）插袋后执行元件不工作

故障：插袋信号未接通，25芯电缆脱落。

处理：检查插袋信号开关电路，合上电源，插好25芯电缆。

（5）急停键不起作用

故障：按键损坏，25芯电缆脱落或断线、七芯航空插头未插或断线。

处理：更换按键，插好25芯电缆，七芯电缆，检查有无断线之处。

以上是BGW-2型微机控制固定式双嘴包装机的工作原理、使用维护以及故障的排除。

第六节　机械立窑

一、概述

立窑是以竖直方式对水泥熟料进行煅烧的生产设备，也可用于煅烧陶粒。根据立窑的卸料方式不同，分为机械立窑和普通立窑。普通立窑（也称土立窑）是间歇式人工卸料，而连续式机械化卸料的立窑，称为机械立窑。

机立窑是1910年问世的，卸料部分采用盘形回转篦子，并用机械传动，上部配有连续的机械喂料装置，下部配有锁风装置。我国的第一台机械立窑是1942年从德国购置的，安装于山西大同口泉水泥厂、原北京水泥工业设计院于1956年进行了测绘，为我国开发机械立窑打下基础。我国自己研究设计的第一台辊式卸料机械立窑是吉林省四平市石嵌水泥厂，后对其进行了改进和完善，并于1959年在河南新乡水泥厂投入运行。我国立窑水泥厂的发展是从1958年大办“小水泥”群众运动开始的，经过四十多年的研究、改进，目前我国的立窑生产，无论生产规模、产品质量或技术装备，都已跃居世界先进水平。我国常见的机械立窑的规格和产量有以下六种，见表40-15。

表40-15　机械立窑的规格和产量

窑直径（m）	窑高度（m）	日产量（t/d）	工厂规模（t）	
			熟料	普通水泥
ϕ1.7	6.5～7.3	60～80	2	2.5
ϕ2.0	6.5～8.0	90～120	3	3.5
ϕ2.2	7.0～8.5	120～150	4	4.5
ϕ2.5	8.0～10	180～220	5.5	6.5
ϕ2.8～3.0	10	240～280	7.5	9.0
ϕ3.6	10	400	12	14.0

生产立窑水泥是我国水泥工业生产的重要组成部分，新中国成立以来，立窑水泥工厂数量和产量都有较大幅度的增长，因立窑煅烧熟料有以下优点：

（1）可使用灰分高、热值低的劣质煤作燃料，符合能源政策。

（2）立窑的热效率较高，一般可达45%以上，因而熟料的单位热耗较低，3345～4600kJ/kg（800～1100kcal/kg），节约能源。

（3）机立窑构造简单，用钢量少，无大型铸件，制造方便。

（4）窑内耐火砖使用寿命长，维修量少，操作简单，管理方便。

（5）占地面积小，基建投资少，建设周期短，速度快，受益快。

由于立窑煅烧熟料时，物料在窑内为自然沉落，有不均匀料层孔隙，物料截面上的通风有时不均匀，烧成熟料的质量不如回转窑稳定和易于控制。这是我国水泥工业实施“结构调整”和淘汰小水泥的原因。

二、机械立窑的结构形式、技术参数与加工制造

机械立窑由加料罩、窑体、卸料装置和排风烟囱四大部分组成。机械立窑有多种形式，

按其卸料装置，一般分为辊式、往复式、盘式和塔式四大类，其技术性能比较见表40-16。

表40-16　ϕ2.5m×10m机械立窑四种卸料篦子比较表

项目	辊式	往复式	盘式	塔式
出料粒度（mm）	<100	<200	<200	<100
卸料能力	一般	一般	强	较强
卸料均匀性	差	较差	较均匀	均匀
漏料状况	漏料较少	易漏料	易漏料	不漏料
通风状况	较均匀	不均匀	不均匀	均匀
篦子结构	较简单	最简单	复杂	较复杂
箅子重量（t）	18.7	12.5	22	23.15
传动装置形式	液压往复传动	液压传动	机械传动	机械传动
重量（t）	3.89	3.24	7.7	10.89
传动功率（kW）	5.5	5.5	10	10

（一）各种卸料装置的构造原理

1. 辊式卸料装置

辊式卸料装置是在立窑下部水平安装四根带齿的金属圆辊，辊子直径约0.6m，辊子长度为窑的内径。辊子由辊心和辊套两部分组成，辊套表面有70mm高的菱形齿，辊内部为空心，可通水冷却，齿辊由传动装置驱动。按齿辊运动形式的不同，分转辊式和摆辊式两种，转辊式类似两台辊式破碎机组合成破碎卸料篦床，由电机、减速机、涡轮蜗杆带动两对辊子作向内相对回转。摆辊式通常用液压驱动，由往复推杆将齿辊按所需要的摆角作同速左右摆动（最大摆动角度约30°）。由于齿辊的转动或摆动，将立窑底部的熟料挤碎，并通过两辊的间隙卸到窑下的料斗中。

辊式卸料篦床，没有破拱能力，不能均匀卸料，且齿辊极易磨损，维修量大，因此，虽然具有用钢少，构造简单，容易制作等优点，但实际上在逐步淘汰。

2. 往复式卸料位置

往复式卸料装置是由带有破碎齿和卸料孔的两块半圆形铸钢篦子组成。篦子上有许多锥形齿，齿高约90mm，齿间均布150mm×300mm的矩形孔，通风卸料，风孔率约45%，篦子装在以滚轮支承的水平滑轨上，由机械传动装置或液压传动装置驱动，使两块篦板在水平位置方向相反作周期性的往复运动，其行程为立窑内径的20%～30%，往复运动速度为250～400mm/min，从而将立窑底部的熟料挤碎并经篦孔卸出。

这种篦子具有通风面积和卸料面积大的特点，但容易漏料。由于它结构简单、重量轻、造价低、易制造，一般用于规格较小的立窑上。

3. 盘式卸料装置

盘式卸料装置的篦子为一中部凸起的铸钢圆盘，盘中突出部分直径约1m，中心高约250mm。圆盘置于立轴的顶端，盘面均布破碎齿，齿高约100mm；齿间设有矩形卸料孔，孔长约200mm。盘式篦子用涡轮蜗杆传动，篦子转速0.05～0.18r/min。当盘式篦子转动时，窑底部的熟料受扭剪、挤压而被破碎，经卸料孔排至窑下料斗中。

由于卸料圆盘转动时，圆盘周边与盘中心的线速度有较大差异，致使卸料很不均匀，周边卸得快，中部卸得慢，加之容易漏料，因此，影响了窑内热工制度的稳定性，这种形式的卸料装置也趋于淘汰之列。

4. 塔式卸料装置

塔式卸料装置因形状似塔而得名。它是由数层环形压圈组成。环形压圈和破碎齿，以螺栓固定。由于塔篦子中心与转轴中心有一定的偏心距，间隙小的一侧熟料在回转时受偏心挤压力的作用下被破碎，当偏心塔篦子继续回转时间隙越来越大，被破碎的熟料逐渐地卸出，直至转到180°时，该点间隙最大，把能卸出粒度的熟料全部卸出。早期的塔式卸料装置，由于塔身高度低，塔顶锥角大（约100°），影响卸料和通风均匀性，因此，这种旧式的塔篦子已被逐步淘汰。

5. 几种改进型的塔式卸料装置

经过多年的生产实践总结，塔式卸料装置有了很多改进，出现了各种新型的塔篦子。改进后的新型塔式卸料装置，一般具有较强的破碎能力和均匀卸料的特点，具有均匀布风功能。还有的改进了支承和传动方式，以钢球支承取代了大立轴。几种改进型的塔式卸料装置，如盘塔式，它兼具盘式和塔式的优点，中心部分塔式，边缘部分盘式，具有提高破碎能力和卸料能力的特点，改善了通风和卸料状况。再如，垂直齿式，为了改进原设计的塔式卸料篦子风口向窑壁的缺陷，由于物料的阻力，使到窑壁的风不能向中心折射而沿壁向上，故边风较大，当将篦子改为在阶梯台阶上开垂直齿、垂直孔，将能增大窑中部的通风卸料能力。另外还有一种塔型，为了进一步改善进风角度和塔齿角度，将圆锥塔改成球冠形，风口呈辐射状，改锥塔为球塔，使通风面积、篦齿总的工作面积增加，从而提高了卸料能力。

（二）卸料密封装置

机械立窑卸料密封装置，早期用机械或液压传动的三道或四道闸门，由于设备重，制造、维修管理要求高、价格贵，现已很少采用。也曾经用轮式卸料机密封，但因易卡料、磨损快、密封差，也已很少采用。

自20世纪80年代初，机械立窑的卸料密封装置主要是采用料封管。垂直料封管一般由承料斗、料封管、软接头、节流器（通常使用电磁振动给料机）及料位控制仪表等组成。常用的料位控制仪表有：射线料位计、电容式料位计、压差光电自控料位计和水银开关料位计等。

水平料封出料机是解决立窑密封的专用设备，具有耐高温、耐磨损、能耗低、灰尘少、密封好、安装方便等特点，其缺点是该机运输比较麻烦。现将三道闸门、轮式卸料机和料封管三种密封装置性能对比列于表40-17。

表40-17 密封方式对比表

密封方式	三道闸门	轮式卸料机	料封	
			垂直料封管	水平料封机
生产能力（t/h）	15	10~12	25	18
漏风量（%）	1~20	7	1.5~10	1.5
磨损状况	较大	较快	轻微	较小
检修周期	2~6月	20~30天	1~2年	0.5~1年
设备重量（t）	6.40	2.50	0.80~1.20	2~4

（三）窑体

窑体主要由筒体、窑衬及筒体与窑衬间的隔热层组成，它在煅烧过程中承受高温，是热量对流、传导等进行热交换的场所，要求它具有耐高温、抗磨损、耐化学侵蚀、稳定性好，有一定强度，散热少等性能。

1. 筒体

筒体用 8～10mm 钢板卷制成型后焊接而成。根据窑体大小，将全窑高度分成 2～3 段节，到现场组装拼焊。筒体内装有隔热材料和窑衬。筒体冷却带下部有一段钢板夹层，用筋支承，并用铁管将内外层筒体连接，可作衬板用螺栓与衬套连接，既能填料密封，又能加固筒体。

2. 窑体相关尺寸的确定

（1）窑的内径和高度：机械立窑内径的大小与窑的产量、通风等关系密切，内径大，产量高，但通风均匀性差，加工制造要求高。立窑的内径为$\phi 1.7 \sim \phi 3.0$m 之间，个别的达到$\phi 3.6$m，其中以$\phi 2.5 \sim \phi 2.8$m 居多。

机械立窑高度，固然与物料在窑内进行反应所需要的时间有关，更重要的是要求卸料装置能保证物料均匀下沉和通风均匀。在这个前提下，降低窑身高度，有利于快烧急冷，提高质量，节约能耗。物料在窑内的下沉速度一般为 20～30mm/min，即 1.2～1.8m/h。

机械立窑的高径比（H/D）是表示立窑规格的一项技术参数。对于直径在$\phi 2.5$m 以下的立窑，$H/D = 3.0 \sim 4$；对$\phi 3$m 以上的立窑，或改造老窑时，由于厂房高度所限，其值可降低为 $H/D = 3 \sim 3.5$。

（2）窑内喇叭口（图 40-36）：机械立窑上部窑体扩大为喇叭口，是为了克服由于料球在煅烧过程中的收缩，造成料球和窑壁间生成环形间隙而影响均匀通风。

喇叭口的倾角，视料球的收缩情况而定，不同原料和配煤方式的料球在煅烧过程中其收缩有差别，白生料法收缩大，黑生料法收缩小，一般喇叭口倾角在 15°～24°之间。喇叭口锥体高度，原则上应以料球能够收缩完毕为准，实际上，机械立窑喇叭口高度根据沉料速度而定，一般为 1.3～1.5m，以 1.5m 为最普遍。喇叭口的适宜角度和高度，可在生产实践中摸索和调整。

喇叭口内径、扩大角度、高度、窑的内径其之间几何关系式为：

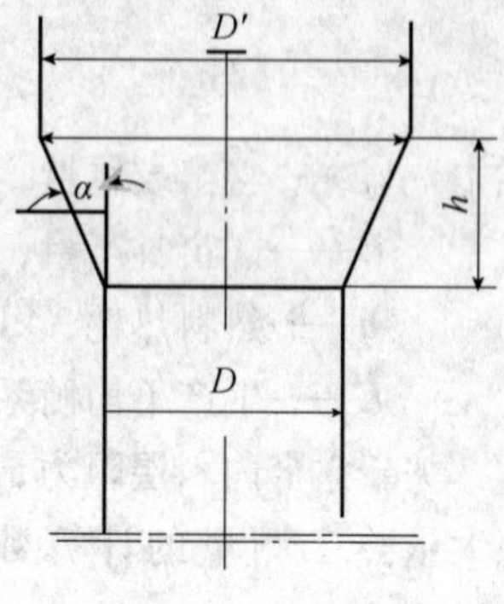

图 40-36　喇叭口示意图

$$\tan\alpha = \frac{D' - D}{2h}$$

式中　α——喇叭的扩大角，°；

D——喇叭口内径，m；

D——立窑窑内径，m；

h——喇叭口高度，m。

（四）机械立窑窑罩、烟囱和喂料装置

机械立窑的窑罩、烟囱和喂料装置组合一个整体。立窑的窑罩用 8～10mm 的钢板卷成锥台，下底与窑扩大部分相适应。上端由两层钢板卷成，中间相距 100mm，内填保温材料。上置喂料装置。窑罩锥度约 70°，窑罩高度 2000mm 左右，四周开 4～6 个观察和操作用的窑门。

立窑的烟囱，分为单烟囱和双烟囱两种，用3~6mm钢板卷成。在烟囱上有的增设了辅助排风装置，以提高排风速度，促使排气顺畅。烟囱的直径和高度，对窑排风影响很大，一般要求窑内呈负压（$-3mmH_2O$），烟气速度一般在2~4m/s。通常单烟囱的直径为ϕ1.27~1.8m；双烟囱直径为ϕ0.9~1.27m。其高度取10~15m。烟囱高度还应高出周围建筑群3m以上。

机械立窑的喂料装置，均采用回转的单溜子喂料装置。溜子设在窑罩内部，它的驱动装置在窑罩顶部，溜子的卸料溜角，用手动或电动操纵机构进行调节。调节的方法是：通过钢丝绳和滑轮组，对溜子进行升降，从而改变溜子的卸料溜角。操纵机构，一种是在窑罩顶部装有小型电机传动装置，控制钢丝绳的升降；另一种采用悬挂在喂料装置上方的小型电动葫芦进行控制。

（五）机械立窑工艺参数的确定

1. 机械立窑产量的计算

机械立窑产量与窑体内径的平方成正比，为简便计算，常以窑的单位截面积产量来计算立窑的产量。经验公式如下：

$$G = 0.785D^2 \cdot K_1$$

式中 G——机械立窑的产量，t/h；

D——窑的内径，m；

K_1——窑的单位截面积产量，t/（$m^2 \cdot h$）。

根据统计，机械立窑单位截面积产量为1.5~1.9t（$m^2 \cdot h$）可按1.7t/（$m^2 \cdot h$）取值计算。

2. 机械立窑鼓风量的计算

$$V_1 = \frac{KGq}{5000}(m^3/min)$$

式中 V_1——立窑鼓风量，m^3/min；

G——立窑日产量，t/d；

q——熟料热耗，kJ/kg；

K——生产不均衡系数，机立窑取$K=1.0$。

关于立窑内料层阻力，即所需鼓风机的压力计算，虽有理论计算式，但实用性不大。按照大量热工测量的计算数据，在窑身高度不超过10m时，所需鼓风机压力一般不超过20~25kPa。

3. 立窑鼓风机功率的确定

按立窑所需风压、风量，根据鼓风机厂的合理配套选定。

4. 机械立窑的废气量

机械立窑的废气量是由煤的燃烧废气、生料分解产生的CO_2和料球蒸发的水汽等组成，进入烟囱需要处理的废气量尚需包括自由进入烟囱的漏风量。每公斤熟料的单位废气量，为1.6~1.8Nm^3/kg熟料，其计算公式如下：

（1）出窑面的废气量：

$$V_g = V_f + V_c + V_w$$

式中　V_g——出窑面废气量，Nm^3/kg 熟料；

V_f——煤燃烧生成的废气量，Nm^3/kg 熟料；

V_c——生料分解生成的废气量，Nm^3/kg 熟料；

V_w——料球蒸发生成的废气量，Nm^3/kg 熟料。

1）煤燃烧生成的废气量的计算公式

$$V_f = (0.21\frac{Q_H^P}{1000} + 1.65)G_m$$

式中　Q_H^P——煤的低热值，kJ/kg 煤；

G_m——熟料煤耗，kg 煤/kg 熟料。

2）生料分解生成的废气量的计算公式

$$V_c = \frac{I_c}{(100 - I_C) \times 1.977}$$

式中　I_c——生料烧失量,%；

1.977——标准状态下 CO_2 气体的重量，kg/Nm^3。

3）料球水分蒸发生成的废气量

$$V_w = \frac{w \cdot g_c}{(100 - w)} \times 0.805$$

式中　w——料球水分,%；

g_c——熟料料耗，kg 生料/kg 熟料；

0.805——标准状态下水蒸气的质量，kg/Nm^3。

（2）进入烟囱的废气量：

$$V = V_g \cdot G(\frac{273 + t}{273} \times \frac{760}{P})K$$

式中　V——进入烟囱的废气量，m^3/h；

V_g——出窑面废气量，Nm^3/kg；

G——熟料产量，t/h；

t——进入烟囱的废气温度，一般为 70～120℃；

P——当地大气压力，Pa；

K——窑内漏风系数，K＝1.2～1.5。

注：式中 P 的单位原为 mmHg，规采用 Pa，故在使用该公式时，P 应乘上 133.22Pa，以保持系数 K 不变。

（六）机械立窑的制造

1. 窑罩和烟囱

窑罩和烟囱制造的难点与对策。

窑罩和烟囱两者都是用普通钢板卷制后焊接而成型的，其窑罩与烟囱接口焊接部位的开设是制造难点，因为两者相贯曲面是非圆孤曲线，如果没有曲面样板，孔开得正好是比较困难的。采取的对策，通常是先将与窑罩相拼接的烟囱部分的曲面接口加工好，按照图纸要求位置焊于窑罩上，焊好后，再根据外焊缝在窑罩内壁的痕迹，割去出烟道口，注意要将边缘接口进行平整。

制造烟囱时还应注意在窑罩上部和沉降收尘室下部之间的烟囱连接部分，设置松连接段节。通常是在连接法兰处加制一段内外套烟囱，法兰口不用刚性连接，其目的是以便窑体、烟囱热胀冷缩时，烟囱的内外套自由伸缩。

2. 窑体

机械立窑的筒体，冷却带下部有一段钢板夹层，有筋支承且用钢管将内外层筒体焊连，即可作衬板连接螺栓之衬套便于填料密封，又能加固筒体。窑体夹层螺栓导管，一般4~5层，每层24~30个，其关键是处理好孔的位置度和两孔同轴度，采用下述两种方法。

（1）内外层组装焊好后，在专用工装上钻、扩或镗外层孔，再以此孔定位，用专用导向套钻、扩大或镗内层孔。

（2）按划线加工外壁孔，内层筒体吊入并定位，以外壁的孔为导向孔，寻找内层孔中心位置，当内外层相对位置标记好之后取出加工内壁孔，再装入复原位，焊钢管注意焊缝不漏气，内壁管不凸出壁面（当加工条件不足时多采用此方法）。

3. 卸料装置

机械立窑的卸料装置为辊式、往复式、盘式和塔式几种，由于结构各异，制造的难点和对策各不相同。仅就其有关磨损的共性问题提供几种改进方式。

由于卸料装置和热物料相对运动，还担负着熟料破碎的功能，因而磨损相当严重，据统计资料表明，塔尖寿命一般为1~2年，有的仅3~4个月，其改进方式为：

（1）将塔体、塔齿加厚以抗磨损，延长使用寿命，有的厂家将塔体的塔齿加厚到110~120mm。

（2）塔齿磨损后，采用堆焊方式成为各使用厂通常采用的方法。

（3）选用耐磨耐热材料，如白口铸铁等，当选用此类材质时，要考虑焊接性能、加工性能，尽量减少加工面，如螺栓孔用铸造孔，还要防止风口和塔齿邻接部位由于截面突变、厚薄不均可能产生的铸造裂纹。

（4）采用齿部衬套，如窑锥体上两排齿都用销子固定衬套，并在齿与帽间嵌楔片楔紧。当塔帽磨损后，取出销子，可方便更换。

（5）塔面镶齿，将磨损件制成可更换齿，镶插在不更换的塔体上，这种形式的塔体铸造更容易。

三、机械立窑的安装

（一）安装前的准备工作

1. 设备的清点与检查

（1）设备的清点是按设备图纸和制造厂家的发货单，检查设备的全部零部件，并认真做好记录，对于缺少的部分提出处理意见，如外购、现场制作或向供货单位索取。

（2）设备的外观检查：是指设备规格及主要外形尺寸的检查、零部件损坏与变形的检查、地脚螺栓孔的数量与位置进行核实，附属设备如电动机、减速机的型号、转速、速比等是否符合设计要求。

2. 设备的清洗与预装

（1）清洗全部的减速机，要求对减速机箱体内壁、啮合齿面及各部轴承清洗干净，并将各轴承加油后，重新组装；对主要零部件的工作表面、配合表面要除油并清洗干净；清除各油路、油孔的杂物，清洗后用木塞将油孔口堵注；清除地脚螺栓上的油漆或油脂。

（2）预装工作是现场安装的必要准备工作，它能提早发现和处理装配存在的问题，也是提高工作效率的有效措施之一。预装配的部分，如各减速机、摩擦离合器、立轴下球面摩擦片瓦座的研合组装、传动螺杆及齿辊滑动轴承的刮研；集料溜子与钢架的配装定位、塔式机械立窑动颚板和固颚板的试装、卸料轮鼓和托盘的预装，往复式机械立窑托轮组的预装；液压站及工作油缸的清理与组装和烟囱的连接准备整体吊装等。

3. 基础的验收与划线

（1）基础验收的主要内容，是指检查测量主轴底座基础、卸料传动基础、窑筒体、底座基础、操作平台等标高及相互高差是否符合要求；核实基础外形（指长、宽、高）、基础位置及方向、地脚孔的位置及孔洞尺寸是否符合设计要求；同时验收基础浇灌的质量和基础孔内是否清理干净。

（2）基础划线：

基础划线是设备安装就位的依据。基础划线要分清各部中心线的主从关系，有系统、有步骤地进行，无论是各水平台上的中心定位，还是垂直面上的设备的安装标高，都要有一个基准中心线或基准标高。划线的步骤如下：

①清扫现场：清除混凝土表面的杂物，并将孔口临时堵严，以防杂物再沉落入孔中。

②对塔式和盘式机立窑，测量核实轴底座中心，测量窑筒体预留孔洞中心和窑看火平台预留孔洞中心的不同心偏差值及方位。

③确定基准中心线并做出标记，综合现场实测结果，本着在不影响安装质量的前提下，尽量避免修凿混凝土，用调整偏差值的方法确定基准中心线的调整数据，在主轴底座、窑筒体座和窑看火平台三个平面做十字线，在平面或延长线的墙上埋设固定标板，并在标板上做好标记。再在窑项平面打一孔洞或利用加料溜子调整装置的滑轮座，做一个全方位可调的中心线吊板，用线锤检查三个平面的中心点是否在同一条垂直线上，经检查调整后，分别将可调吊板固定焊牢和修改三个平面的标记。

④根据基准中心线在窑体底座平面上，以该平面窑中心十字线为依据划出底座各孔的位置，对于辊式或往复式机械立窑，还需同时划出传动装置的各中心线和各地脚孔的位置。

对立轴底座及其传动装置，同样以该平面窑中心十字线为依据，划出各部地脚孔及传动装置中心线。

4. 准备垫铁与处理垫铁平面

①首先测量传动部分基础面到筒体底座基础面的高度、筒体底座基础面到看火平台的高度，并确定筒体底座下面、立轴底座下面及其他底座下面的垫铁厚度。通常在筒体及立轴底座下面的垫铁尺寸为长180mm，宽110mm，其斜度为1∶10；其他底座下面的垫铁尺寸为长130mm，宽80mm，斜度为1∶10。

垫铁的施放位置，根据受力大小和底座刚度而定，但原则是放在靠近地脚螺钉的一侧或两侧，不能离螺栓太远。

②对放垫铁位置的混凝土平面要修理水平，以保持与垫铁接触平稳，如多组垫铁在混凝土基础面上相互高差太大时，应加以处理。

（二）机械立窑的安装

机械立窑的安装先从下部装起，最后砌筑窑衬。本节将分别介绍塔式、盘式、往复式、辊式机立窑的重点部位的安装。

1. 塔式机立窑的安装

（1）塔式机立窑安装之前，先组合轮毂与托盘，其方法是，将托盘倒置，清除接合法兰面上的锈垢，然后用螺栓紧固，在30个螺栓中，至少有10个铰孔螺栓，最后装上五组刮料器，然后将组件翻转搁置在垫木上待用。

（2）安装下节筒体和锥形漏斗。首先按基础线将下节筒体就位，注意法兰盘上的四条刻线应落在基础的中心十字线上，与立轴底座中心对正，并将两块一组的垫铁放置在抹有水泥的垫铁的位置上。然后装锥形漏斗，注意锥形漏斗法兰上的刻线与筒体下法兰上的刻线对准，锥形漏斗上的入孔向着窑后，将筒体和锥形漏斗法兰的结合面清理好，并涂汽缸胶或铅油密封加螺栓紧固。最后将0.02/1000水平仪放置在锥形漏斗轴承体上端面，进行筒体和锥形漏斗找正，使下节筒体的水平差在1000mm内不得超过0.03mm；使用线坠找正，并保证轴承体中心与主轴底座基础中心在同一垂直线上，要求锥形漏斗法兰盘上的刻线与立轴底座基础中心线要保证在同一垂直平面内，找正后将固定筒体的地脚螺栓拧紧。

（3）安装下料溜子、轴承下压环、胶质环、轴承下密封环和立轴密封环。由于下料溜子是由两件组成的，可以在地面先将两件组成整体后吊装，也可以在大齿轮装完后分别吊装。但要注意下料溜子与锥形漏斗的结合面，均涂汽缸胶或铅油密封。要求下料溜子吊装后要保证两件接缝和立轴底座的基础中心线在同一垂直面内。

（4）安装底座和球面座，首先将清理过的底座和球面座按划好的十字中心线将其组合。然后按基础中心十字线放好，同时垫好垫铁和挂好地脚螺检。用0.02/1000水平仪在球面座的上平面测量，要求水平误差不超过0.03/1000mm。用线坠校正，球面座中心与锥形漏斗上的上轴承体中心在同一垂线上，其误差小于1mm。

用钢卷尺测量球面座与上轴承体之间的高度，可用调整垫铁方法达到要求的尺寸。此后，浇灌地脚螺栓，混凝土经养护后，紧固地脚螺栓并复验以上几项要求。最后用红丹检查球面瓦与球面座的接触面，应不少于75%，周缘间隙为0.1~0.2mm，达不到要求时进行刮研处理至合格为止。

（5）装轴承、轴承上压环、胶质环、套管和轴承上密封环，轴承是用油压千斤顶压入。在轴承内加入适量的二硫化钼锂基润滑脂。当装轴承上压环时，注意轴承上压环的油孔和锥形漏斗与轴承体上的油孔要对正。最后固定轴承上密封环的螺栓，但不要紧到工作位置，待传动轴装入轴承时再上紧。

（6）吊装立轴。在吊装立轴之前制作两个M36的吊环，用于起吊立轴，用吊环垂直送至下节窑体内，使其垂直悬吊，并对准上轴承中心，注意在下落前用0.02/1000方框水平仪检测立轴垂直度，使其达到0.04/1000时，下落立轴。当轴端伸出轴承体下端面以后，将两个J型橡胶密封环套到轴上，再继续下落，当立轴下端距球面座500~600mm时停止下落。用热装法将下端的3003156轴承和8340轴承的上圈装到轴颈上，然后放置球面瓦，不要忘记在球面瓦与瓦座之间要抹上一层二硫化钼锂基润滑脂。再装8340轴承下圈及滚子，同样注入润滑脂，然后继续下落立轴，使其就位。用塞尺检测球面瓦与瓦座及推力轴承的间隙，以判断立轴是否落实。接着装轴承的上、下橡胶密封圈及其密封压盖和装下轴承的对开座圈和密封压盖。最后，校正立轴垂直度，达到0.04/1000，其方法是用0.02/1000的方框水平仪在大齿轮轴颈处测量，用千斤顶移动球面座来调整垂直度，达到要求后，方可紧固球面座与底座的连接螺栓。

（7）吊装轮毂与托盘的组合件，按标记将平键装入键槽，并涂油。然后将组合件吊至筒体内，调整组合件，使其轴线基本垂直，对准键槽下落，就位后用塞尺检查轮毂孔与轴颈是否贴合，迷宫槽间隙是否在4～5mm之间，若超差，则需调整底座高度。同时，还要检测刮料器与托板的间隙，看是否相碰，符合后，方可装轴端压板。

（8）装大齿轮时先将两半的大齿轮在立轴与其装配的轴经段上方对合，以垫木垫平后，用螺栓连接成整体，再在与其装配的轴经段上装好平键和下边的限位档圈之后，将大齿圈对准键槽下落，在齿轮上方用三个千斤顶往下压使其就位，切记大齿轮凹槽的面向下，以防装反。然后紧固大齿轮连接螺栓，并用塞尺检查对合面是否有间隙，用0.04mm厚的塞尺，塞入深度不大于90mm，接口处的齿距误差小于0.05模数。最后转动大齿轮，用百分表或划针检测经向和端面摆差，要求小于0.5mm。

（9）装底座、齿轮座和齿轮轴：

①将底座中心线与基础中心线对正，或根据调整球面座的位移方向和量值，适当调整底座的就位位置，垫好垫铁，挂好地脚螺栓，四方位找好水平，其上平面高度要保证大小齿轮齿宽对中的要求。

②将齿轮轴装入齿轮座，齿轮轴下端装好轴承和上盖，上端装一同心钢环，环的内孔与轴采用间隙配合，外圆与轮座过渡配合，使轴既能定心又能转动灵活。

③将齿轮座与齿轮轴的组合件吊至底座上面，按事先划好的中心线对正就位，两齿轮啮合，再用0.02/1000水平仪检查齿轮轴的垂直度，并以调整齿轮座与底座之间的垫片，使齿轮轴达到垂直要求，然后将齿轮座与底座的连接螺栓和水平限位螺钉拧紧，将底座下面的地脚螺钉浇灌水泥，待达到养护期后上紧螺母。在上紧螺母后再复核齿轮轴的垂直度，保证不变。

④检查齿的啮合情况

用压铅法检查齿的啮合情况，在压铅之前先使两个齿轮空转几转，查看是否有蹩劲现象。压铅后做压铅检查，在大齿轮圆周每隔120°为一个检查点，每个检查点连续压三个完整齿，每个齿又分上、中、下三点。要求齿的工作面和背面压出的铅厚度之和在0.75～1.36mm之间；上、中、下三点压出的铅厚度差不得超过0.05mm；齿顶压铅厚度应在5～5.4mm之间。如达不到要求需调整齿轮座。

（10）装涡轮减速箱，首先取出同心钢环，装上衬套、轴承和压盖，轴承内加入适量的2号二硫化钼之润滑脂，注意衬套上的油孔，压盖上的油槽和齿轮座上的油孔要对正。涡轮减速箱的安装次序是：装箱壳座、导向键、涡轮、蜗杆（注意涡轮键槽和导向键的配合不能过紧），最后装箱壳上盖和端盖，在涡轮箱内装入52号热汽缸油。

（1）吊装并接窑筒体，以窑体中心线为依据进行找正。从基础面到顶部（指刺叭口上端）最大误差不得超过10mm。

（2）安装窑罩，要注意烟囱和加料口的方向，窑罩上盖中心与窑体中心误差不超过5mm，窑罩水平误差不超过0.5/1000。

（3）安装加料装置，先涡轮箱就位，要求中空轴与窑体中心线偏差小于5mm，中空轴本身的垂直度偏差小于0.10/1000。然后安装漏斗和溜子，安装防热器和升降钢丝绳，注意其长度，要使溜子的倾斜角度的调整范围适合煅烧时布料位置的要求，最后安装电动葫芦和传动电动机。

（4）安装料封出料装置，首先安装上方下圆的接管和下料封管，各连接法兰要用3mm厚的石棉橡胶垫片密封好，各法兰连接处对接平滑，不得错位或内露垫片阻碍物料运动，保证料封管设计的倾角，并将软管接头套在料封管上。然后安装电磁振动给料机，注意其进料口与封管壁四周间隙基本相同，不得相碰，保持槽体呈水平，四根吊索受力均匀。最后安装软管接头，接通软管进出水路，再安装料位控制电射源、接收器及其控制部分。

（5）按设计用砖和砌筑结构进行砌筑窑衬，并进行大小齿轮啮合状况的调试。在调试过程中，通过调整后使其齿宽啮合长度大于60%，齿高啮合高度大于40%。

2. 盘式机械立窑的安装

（1）盘式机立窑的安装：首先将槽钢架与集料溜子前后部分预组装，将槽钢架与整体的集料溜子的法兰重合起来，穿上螺栓，然后将相结合的对应边做好明显标记后，将两根短槽钢在焊接处（此处制做时应点焊）割开。

（2）安装两根横向槽钢，将两根长槽钢从厂房基础预留孔中穿进，中心线大体与窑中心线相一致。穿进时特别注意其前后左右的方向不要搞错。

（3）整体吊装集料溜子

①将集料溜子整体吊起，在结合面上，放好带孔的橡胶石棉垫板，涂上白铅油，连接两槽钢和集料溜子的前后两排法兰，穿好螺栓并拧紧。

②将两根短槽钢同样加上垫片，对准孔，穿上螺栓至坚固，同时把割开处重新焊牢。

③集料溜子连同槽钢架一起找正，水平找正时用0.02/1000方水平仪置于集料溜子中的滑动轴承外壳体的上端面上，四方位找平；中心找正，依窑体中心线为依据，滑动轴承内孔中心与窑体中心线误差不超过3mm；法兰结合面标高，是根据立轴底基础面、筒体底座平面和窑操作台平面，以及两根长槽钢上下可动余量的实测数值，进行综合调整来确定；集料溜子的前伸方向，在前伸的法兰上沿溜子中心线，挂线锤与下面基础中心线在同一个垂直平面内；最后装好溜子的所有衬板。

④穿好横穿的槽钢，前后挤牢后浇灌混凝土。

（4）安装天圆地方漏斗，将天圆地方漏斗内加支撑和拉筋，吊该件放入基础漏斗中，并与筒体基础面上的十字线找正，当上口找好水平后，即可与槽钢架焊在一起，焊缝要严密，防止漏风，穿上漏斗壁上的地脚螺栓，周围浇灌混凝土。

（5）安装立轴承座与立轴，将立轴承底座中心线与基础中心线对正，按基础测量调整的尺寸要求调整底座高度（用垫铁调整），同时用水平仪找准四个方位的水平，然后以窑体中心线复核集料溜子立轴孔中心和立轴底座中心是否在同一垂直线上，若有误差，经调整后，基础地脚孔灌混凝土。

将立轴承底座球面和三片摩擦片组合刮研，要求接触位置均匀，占总面积的75%以上，每平方厘米2~3接触斑点，中间摩擦片的油线坡角符合设计要求，在球面上再装上两个限动销，各摩擦面涂以钙基润滑脂后安装就位。最后将两个立轴承壳吊放在立轴底座上，再装上限动销和立轴铜瓦。

安装立轴时，将立轴垂直吊起移到窑中心位置，徐徐下落，穿过集料溜子的立轴孔，再继续下落，使立轴下端的突台轻轻地放入上摩擦片的圆坑中，这时立即把已经准备好的两个立轴承壳移靠过来，穿好地脚螺栓和结合面螺栓，并紧固，再打上结合面稳钉销。

（6）安装立轴上部轴瓦与立轴，将预刮研好的两片铜瓦沿轴孔向上推入（带螺栓孔的在后面），当螺纹孔与轮毂的孔对正时，旋上两个油杯接管和油杯。再填油麻绳，安装上轴孔固定环。

立轴校正是用0.02/1000水平仪在立轴光洁度好的地方，分四个方位对立轴垂直度进行检查校正，要求垂直度达到0.04/1000。

（7）安装大涡轮蜗杆

①安装大涡轮：首先检查大涡轮对开结合面是不是在孔的中心上，如不在孔的中心位置，则需将孔大的半孔在结合面上的距离加大到不小于轴直径；然后检查两个斜键槽位置是否与轴键槽相一致，量好两个键槽的深度，配厚度适宜的斜键；检查轴和孔有无碰伤突起，处理好轴、孔、键、键槽的表面粗糙度；在大涡轮安装之前，要安装好轴上的定位环；吊装大涡轮是先吊起半个轴孔，对准轴搁放枕木上，再吊起另半个轴孔，将孔也对准轴，先用两只较长较细的螺栓，穿在结合面的螺栓孔，尽量紧进螺母。当距离缩小到工作用螺栓的长度时，及时穿上螺栓拧紧，并把两只长而细的螺栓换下来，这时要注意准确地对正键槽，把斜键放入键槽内，大涡轮下落到档圈上之后，进一步拧紧连接螺栓，直到轮缘结合缝闭合，把所有螺栓都紧固和检查一遍，最后用大锤将两个斜键打入。

②装大蜗杆：先将蜗杆两端轴颈及传动外伸轴表面清洗干净，再将半联轴节安装在传动外伸轴上，接着刮研蜗杆铜瓦。然后将两片轴承下瓦放入两个轴承下座的瓦口中，瓦面涂红丹之后，将大蜗杆吊放在两轴承下瓦上进行人工转动研磨，然后再把大蜗杆吊起来，根据瓦的接触位置和斑点的疏密程度进行刮削，要返复进行。要求接触角60°~90°，瓦侧间隙为0.05~0.1mm，每平方厘米有2~3个斑点，轴瓦端与轴突缘间的间隙为0.15~0.2mm。盖上轴承上瓦和上盖，在瓦口垫0.1~0.2mm的垫片，通过刮研使瓦上间隙控制在0.08~0.16mm；将蜗杆轴承底座按划线安放在基础上，垫好垫铁，用水平仪通过调整垫铁将底座纵横找平；把蜗杆下座吊放到底座上，再把蜗杆放到铜瓦内，加上垫片盖好上瓦和上盖，将轴承结合螺栓坚固。将蜗杆组件（包括轴承下座）向涡轮方向推进，使蜗杆与涡轮啮合。最后紧固蜗杆轴承下座与底座的螺栓，同时打紧两端的楔铁，再打紧蜗杆底座外侧的楔铁，最后浇灌地脚螺栓混凝土，并安装涡轮护罩，要求密封严、支撑牢、不刮碰。

（8）安装盘式卸料篦子，盘式卸料篦子有整体和对开的两种，当安装整体结构时，应将轴与孔清理干净，检查公差，符合标准后，将轴、孔分别涂油而后起吊盘式篦子，键槽对准下落，旋上轴中心孔的M90的螺栓，压上足够强度的压铁，以旋转M90螺栓的压力把盘式篦子装到底，打紧键。如果是对开结构，则应在吊装前在地面上组合好，将螺栓拧到接近工作位置，少紧两个螺距，再进行整体吊装，装到立轴上，拧紧结合面的所有螺栓，打紧键。

装上盘式篦子后，要旋上M90的中心螺栓，再上好立轴保护帽，然后再装上中心篦子盘。

（9）安装卸料部分的筒体，这段筒体是在筒体底座的下边，是铁砖的依靠。安装前先在筒体内部加上拉撑。起吊就位，其水平位置以窑体中心垂线为基准，参考盘篦子外缘而定位，两旁十字线方向找平，下沿以天圆地方漏斗满焊不漏风，然后浇灌混凝土。

（10）镶铁砖，铁砖是白口铸铁，分上下两层，与窑没有螺栓固定，而是靠相互挤紧固定。在镶砌之前，在平地上划一个要镶砌的相同直径的圆圈，把铁砖沿圈排列，检测一下是否合适，如果砖的尺寸大时，可用手砂轮磨掉。同时还要备用一些铁板垫片和铁楔。镶砌时，铁砖圆的中心要以窑中心（料盘中心）一致，偏差小于10mm，相邻两铁砖的不平度小于3mm，内径比耐火砖窑衬的内径大4cm。铁砖的内外圆和上下缝都要用铁楔打紧，然后从铁砖上平面的缺口处将背后灌满水泥砂浆，第二层除以上述要求外，纵向砌缝要与第一层错开。

（11）涡轮、蜗杆调试，将蜗杆螺旋正反两面都涂上薄薄一层红丹，在涡轮和蜗杆运转4～5r之后，检查啮合情况，只有蜗杆中心线与涡轮中心线在同一水平面内方属正常，否则按出现的情况进行调整，使其达到啮合长度与高度均占50%～60%。

3. 往复式机械立窑的安装

（1）吊装下节筒体就位，挂好地脚螺栓，并放置斜垫铁，按十字中心线校正中心位置，并在日字梁上平面从纵横两个方向校对水平，要求水平误差小于0.5/1000。校正后，地脚螺栓孔浇灌混凝土，经养护后紧固地脚螺栓时，用斜垫铁调整日字梁的水平度，其误差不大于0.2/1000。

（2）安装托轮组，托轮组就位于日字梁上之后，用尺和水平仪复测托轮在纵横两个方向上的水平度，要求误差不超过0.02/1000，当超过时，可在托轮底座与日字梁之间用垫片调整。在校水平的同时，还要测量两排托轮的中心距，使其两排托轮轴线的平行度误差不大于0.5mm。同一托轮组的端面，应在一条直线上，可用拉线法测量，允许误差为0.5mm。托轮座在日字梁上的固定有两种方式，一种是用加有弹簧垫圈的螺栓连接起来；另一种是用螺栓固定后，再点焊，防止螺栓松动位移，但对以后检修不便。

（3）安装往复板。将两块往复板（通常出厂前把导轨装在往复板上），吊装就位，将其导轨准确的位于托轮上，用塞规检查导轨与托轮的接触情况，如有托轮与导轨不接触，且间隙大于0.2mm时，则需调整托轮的高度，使其与导轨接触。

（4）安装齿板。齿板就位后用螺栓与往复板连接，要求两者接触面要贴合，同一块往复板上的几块齿板之间的空隙，可用楔条嵌紧，并用间断焊点焊以提高齿板的整体性，使与往复板连接牢靠。

（5）安装动力油缸组件。首先将连接轴与往复板用锁轴和拉杆座连接，并在窑体上安装密封装置。用水平仪校正连接轴的水平度，其误差不大于0.05/1000。然后将动油缸组件整个吊装就位，按十字中心线在基础初步找正，并按连接轴的中心高，确定动力油缸活塞杆的中心高。基本校正后，可浇灌地脚螺栓孔的混凝土，待养护期满后，重新校正以下内容，一是两根活塞杆和两根连接轴的同轴度，误差不大于0.05mm；二是动力油缸底座本身的水平，纵向水平误差不大于0.05/1000，而且倾斜方向应与连接轴的倾斜方向一致，横向水平应兼顾两根活塞杆与连接轴的同轴度要求；三是动力油缸中心与窑筒体中心的距离。当以上三项校正达到要求后，可紧固地脚螺栓，并将活塞杆与连接轴用丝套连接起来。

4. 摆轴式机械立窑的安装

（1）研配主轴瓦，在配研之前将八组轴承的位置排定，并编号打上钢印，然后再确定每组瓦与其相配合的轴颈，在轴颈旁也打上相对应的与轴瓦相同的编号钢印。下一步将相同编号的轴颈与瓦相配研，要求下轴瓦接触面达70%～90%，接触点每平方厘米2～4点，上瓦的上间隙 0.30～0.40mm，侧间隙 0.20～0.30mm。

（2）组装动力油缸

在装配前用脱水柴油清各零件，不得使用棉纱头、粗毛巾等物擦洗，以免造成液压阀堵塞，安装过程中还应注意以下事项：

①装配缸体与端盖时，不得使用台虎钳等夹具，以免缸体变形失圆。

②橡胶圈在使用前均需用 30 号平油或液压油浸泡 2～4h，如发现变形或异常膨胀现象时，不可使用。在装配过程中防止“O”型圈被剪切损坏。

③注意人字形密封圈的面不能装反。

④以两端盖进油孔与卡圈中心的距离来控制活塞行程，安装时应符合设计要求，误差值控制在 1.5mm 以内。

（3）安装底座，将两支底座按十字线就位，穿好地脚螺栓，放好垫铁，用方水平仪和水连通器找平，其水平误差小于 0.05/1000。每支底座上平面的横向水平，要求误差小于 0.05/1000，然后再测量两底座上平面，纵向中心距应符合设计要求，且相互平行，同时检查各组垫铁是否均匀，然后浇灌混凝土、养护、拧紧地脚螺栓，并再次复核校正。

（4）安装八支主轴瓦座，按十字中心线将八支轴瓦按编号就位要与底座对正，用垫片调整各轴承中心高、允差不大于 0.1mm，将其螺栓轻轻拧紧。

（5）吊装 1 号、4 号齿辊就位后，使下端轴颈进入下轴瓦，然后进行下列几项检查调整工作。

①用塞尺检查下轴瓦与轴颈接触面是否与研配时相同，如有一端落实，一端悬空，则应在轴承底座下加垫调整。

②用方水平仪在辊子两头的轴颈上测量水平度，其误差不得超过 0.10/1000，超差时用垫片调整轴承座。

③用长端轴的轴承为定位轴承，两端面与轴颈台肩之间隙应在 0.2mm 以内，短轴的轴颈长度比轴承长度大 15mm，在安装时，外端面间隙控制在 0.5mm 以内。内端面间隙是用于辊子热胀的补偿。

④1 号和 4 号辊子中心距初校误差控制在 0.5mm 以内。

（6）吊装 2 号和 3 号齿辊，其校正要求同前，同个齿辊校平后，必须保证以下两点：

其一，四个辊子长端轴的法兰面必须在同一平面内，在靠法兰面用拉线检查，出现偏差时沿轴向移动轴承座；其二，相邻两个辊子的中心距离为（600 ± 0.10）mm，如有误差，可横向移动轴承座。四个辊子的三个中心距偏差值，不允许同是正值或负值，总偏差值（1 号与 4 号辊子中心距偏差值）不得大于 0.2mm。上述校正调整完成后，紧固轴承座与底座的连接螺栓，然后分别将四个辊子原地吊起，在下轴瓦上涂润滑脂，盖上轴承上盖时，可在上下瓦合缝处用铜垫片调整瓦的上间隙。

（7）安装摇杆，摇杆与端轴法兰的 12 条连接螺栓中有 4 条是配铰孔螺栓，按圆周均布。四根杆装好用撬棍转动齿辊，使摇杆的纵向中心线处在垂直位置，将连杆销轴装入摇杆孔中。相邻两轴上摇杆的上下销轴孔的中心距的误差应小于 0.10mm。若超差，则需检查相应的辊子位置是否有误，如属于辊子位置有误时，采取松开辊子两头的轴承座的底脚螺栓，用千斤顶进行微调，同时相邻两根轴的两头中心距及摇杆上下两个孔的中心距，要保持两支辊子中心线的平行，调整后紧固地脚螺栓。

（8）安装油缸支架，支架按十字中心线就位，挂好地脚螺栓，垫好垫铁，按四根摇杆轴向中心线的延长线，复核支架纵向应在同一直线上，同时校正支架本身的水平。支座上的油缸座中心与第一个辊子的中心距离应符合图纸要求，允许误差 ±5mm，符合要求时紧固地脚螺栓并复核。

（9）安装连杆，上下两级连杆分别通过销轴与摇杆及动力油缸活塞杆头相连接，在装活塞杆头与连杆的销轴时，可移动油缸位置，使之动作轻松，避免运行中造成油缸衬套单边磨损。为调整油缸与第一个辊子的中心距，其误差为 1 ~ 2mm 的范围，用楔铁将油缸支承座的底板两端加楔铁，然后紧固地脚螺栓，并将楔铁组楔紧后点焊，以防运行中脱落。

（10）液压系统的调试

①检查油温是否在 25 ~ 50℃，若不符合，需加热或冷却。

②开截止阀，将溢流阀调至最低压力点，打开压力表开关。

③开动齿轮油泵，逐渐关闭截止阀，压力表的压力将有微量向上变化，将截止阀完全关闭。

④调整溢流阀，使压力上升到 100 ~ 120N/mm^2，用锁紧螺母将溢流阀的调节螺杆固定。

上述调整方法适用于 O 型、Y 型、J 型滑阀的换面阀。而对于 H 型、P 型、K 型、M 型则均需先将流量控制阀关闭；否则在进行上述操作时，压力表没有压力显示。

⑤将动力油缸上的排气螺栓旋松。

⑥开启电磁换向阀，当油缸活塞开始运动后，用手拨动换向行程开关，检查换向阀的动作是否与油缸动作一致；若不一致，则调换接电磁阀的两根电源线来改变其动作方向。

⑦在油缸进油腔排气结束后，将排气螺塞旋紧，不得漏油或渗油。

⑧调整拨块位置，使油缸活塞行程逐渐增大，到达 350mm，应特别注意拨块位置要保证活塞不碰撞缸盖。

⑨在调试过程，应注意油箱油面下降情况，需要时应补加油液。若调试时，开机前使用电加热器，则在开机后，油箱一侧的油温达到 25℃以上时，即可关闭电加热器。

注：对于盘式、往复式和摆辊式机械立窑的筒体窑罩、出料密封装置、砌筑窑衬等可参照塔式机械立窑，为此没有重复叙述。

四、机械立窑操作程序

（一）烘窑

机械立窑整个系统的所有设备经度运转正常后，方可进行烘窑，其目的是使新砌筑（含更换窑衬）的窑衬逐渐升温，进行干燥，以防煅烧时窑衬因骤热使水分急剧蒸发，产生热膨胀内应力，致使溃裂，缩短窑衬寿命，同时也具有防止由于裂纹粘料引起的炼边、偏火和窑体变形。

烘窑分一次烘窑和分段烘窑两种方式，这里只介绍分段烘窑的方式。先烘下部 1/3 窑衬，在卸料篦子上堆放一层约 100mm 厚的熟料（粒度小于 40mm）后，再均匀投放刨花、木柴等引火物，分三处以上点火引燃，由于借助于料封管和烟囱的抽吸（必要时风机风管也可略开一点）起火烧旺后投入原煤块，进行低温烘窑，使水分渐渐脱去。烘窑 8 ~ 12h 后，再填入块状物料如熟料等，至 1/3 有效窑高处，加入易燃物，按上法再烘 8 ~ 12h，然后再加块状物料至2/3有效窑高处，同上法烘烤。由于此时已烘烤到高温带，应加煤延长烘烤，温度渐升至耐火砖呈红色（约24h）时，烘窑完毕可进入点火操作。

（二）点火

（1）点火准备，首先检查生料制备和烧成系统的鼓风机、成球盘、喂料机所有辅机有无故障，生料的储存量要有5d以上为宜，不得少于3d，粒煤的储存量应保证一周的用量。检查完毕后，将块状物料（可利用烘窑的填料）填至喇叭口，扒平后，进行试卸料，降低约500mm使之成自然堆积状，再扒平料面，再铺上易燃引火物，将200～500kg木柴铺入窑内，并准备粒度小于40mm的块状烟煤洒水拌均待用。

（2）点火步骤，点火时在窑面点燃三个以上火点，使其均匀燃烧后，加煤并可开动鼓风机鼓入微风助燃，然后多次加煤，待煤火层均匀形成后，块煤燃烧旺盛而无黑烟时，把煤块拨匀，加入超过正常配煤50%～60%的生料，并适当加大鼓风以充分燃烧，通常加2～3成料球，停2～3min提火燃烧，注意观察燃烧情况，灵活加入少量块煤，细心培养底火。

当底火均匀完整地形成后，逐渐加大风量和下料量，料面在喇叭口上0.3～0.5m时，可适当缓慢卸料几分钟，底火层松动，不粘窑壁时，再采取停止卸料—开始加料—停止加料—煅烧—开始卸料—停止卸料，进行反复循环，一直到底火均匀完整，通风均匀良好，就可加入正常掺煤量的料球，转入正常操作。

（三）正常煅烧操作

1. 煅烧操作要领

机械立窑的操作归纳为一稳定、二合理、三平衡和四勤。

一稳定：稳定底火；

二合理：合理用风、合理加料；

三平衡：加料速度、卸料速度、底火上升速度相平衡；

四勤：勤观察料面、勤观察热工仪表、勤撬扎炼边和风洞、勤联系。

（1）稳定底火：稳定底火是指机立窑在连续加料、卸料时，原底火的均匀下落和新底火的完整形成。处于动态平衡，而使底火层的深度、厚度、温度、均匀完整性得到稳定。正常底火层的标志，见表40-18。

表40-18　正常底火标志

	底火深度（m）	底火厚度（m）	底火温度（℃）	底火均匀性
窑边部	~0.5	0.3~0.5	1250~1400	全窑面底火深浅相差小于0.5m
窑中部	~0.8	0.5~1.0	1300~1450	厚度由边向中逐渐增加，无断裂脱节

1）底火深浅变更的原因

①风量大小：风大料球升温快，高温带提前形成，底火位置升高；相反，风小时底火变深。

②卸料速度快慢：速度过快，底火层下降；反之，底火层上升。

③加料数量多少：速度增加，料层厚阻力大，底火深；反之，底火浅。

④料球水分多少：水分多，预热时间长，底火位置下降变深；反之，底火浅。

⑤煤质好坏：煤质好，底火浅；反之，底火变深。

2）底火厚薄变动原因

①煤料粗细和煤质好坏：煤料粗，燃烧时间长，底火厚；反之，底火薄而集中。灰分大发热量低，劣质煤底火变薄；反之，底火变厚。

②风量大：风机的风量由小到大，底火由厚变薄，且底火位置上升。

3）底火温度变动的原因

①发热量多少：发热多，底火温度高；反之，低火温度低。

②风量大小：风量大，氧气充足，底火温度高；反之，底火温度低。

③风阻大小：料球大，空隙率大，风阻小，燃烧充分，底火温度高；反之，底火温度低。

（2）合理用风，合理加料

合理用风，合理加料是稳定底火的有力措施，要稳定底火则需合理用风和加料。合理用风是要突出全风，以全风为主导，边加风边调火直到开足全风，使底火稳定。

1）突出全风率

①全风率概念：是指最佳窑况所确定的最大鼓风量，通常1kg煤均需8m^3空气，或每千克熟料约需1m^3空气。

②风量小，燃烧慢，窑内还原气氛增加，出现结大块，煅烧带拉长，温度下降，热耗增加，产量下降。

2）坚持全风量操作处理窑面

①通过实施全风操作，才能暴露窑内底火矛盾。根据窑内底火的平衡程度，通风阻力大小而适当加大用风，不能盲目或突然开大风；否则会严重龇火或风洞，使底火破坏，导致严重不平衡。

②要学会在全风中处理窑面，既消灭窑内底火温度低的部分，又要制止上火快，出现明火的地方，所谓的消灭“慢口”抑制“快口”的操作技术，使底火趋于正常。

3）合理加料。

合理加料是适当的控制加料量，使窑面保持稳定在一个适当高度，是稳定底火的必要条件和主要措施。窑面过深或过满，不是产生上火慢，易炼边、结圈、结瘤，甚至架窑，就是出现边风大、易龇火、掉洞，窑的有效高度不能全部利用，通常的窑面高度是以底火位置控制在喇叭口下端附近为宜。

（3）三平衡

三平衡是指加料速度、卸料速度、底火生成速度相对平衡。

要坚持“风—火—料”连续平衡，当料供不上则慢卸料，减少用风；若底火上不来，则增加风量，减慢卸料。

加料的要领是压快口（即通风好，上火快的地方），让开慢口，风料相适应。

由于立窑煅烧时快口最易发生在窑的二肋，而通常采用“压二肋、盖边部、提中间”的重点加料法。为解决中风不足、底火拉伸、中间火温不正常的窑况，有些立窑工作者提出“压边部、盖二肋、淌中间”的加料方法。

注：距离窑壁直筒部分延长线两侧各10cm左右为“二肋”，二肋以外为“边部”，二肋向内20cm为“三肋”，再向里为“中部”。

（4）四勤

勤观测窑面，勤观察热工仪表、勤撬扎炼边、风帽和勤联系。

①不观察就不知道底火变化、窑况正常与否。

②不勤用钎子处理窑面，会使一些小的炼边、结圈，偏火发展为大的结瘤、结块、架窑。

③不观察窑面，发现不了加料和卸料的失衡，使其不能及时处理窑架，以至发生喷火。

2. 加料操作要领

加料是以稳定底火为基础，以上火速度为中心，达到窑内阻力平衡，加料原则是压线引深。

①传统方法是压二肋、盖边部、提中部。二肋区重点加料，边中部靠脱落或用钩子推至，有时稍调布盖三肋或边部明火部分，严禁直放布料器。

②改进的方法是压边部、盖二肋、淌中部，使中心风阻小，边部风阻大，中火容易提。

3. 卸料操作要领

卸料操作的原则是以稳定底火为中心，保持加料平衡。

①当窑风底火不均匀、深浅不一，如偏火、垮边、掉洞、料层下移速度快，此时应停止卸料，进行返火处理后，再缓慢卸料，直至窑面起火正常。

②当加料卸料速度正常，但窑面升高，则可能发生架窑，应停卸处理。

（四）停窑操作

机械立窑的停窑，根据停窑时间长短，通常有以下三种停窑形式：

1. 临时停窑

临时停窑是要求底火均匀完整，底火层温度足够，位置适当，便于开窑后能迅速转入正常煅烧。由于停水、断电、原料供应不上等原因造成的，这种停窑的处理方式是：

a）1～8h 内停窑，不需加煤量，待鼓风机停后，窑面加一层湿料，停止卸料和加料。

b）停窑 8～24h，停风后，表面撒一层高煤料球，其厚度约 200mm。

2. 短期停窑

停窑在 7d 以下，此时应调窑至均匀完整底火，加高煤料球继续卸料，将中部提明，使窑内料面降至距离窑口 0.8～1.2m。停止卸料、鼓风 5min 后，将窑壁的粘料清除，加高含煤量 20%～30% 的湿料球，厚度达 60～80cm，（湿料层距窑口 0.3～0.5m）。封窑后应将卸密封装置中的熟料全部卸空，使其能自然抽风，其目的是防止 CO 大量积存，导致开窑后爆炸。

3. 长期停窑

当检修窑衬和大修时，需停窑熄火，先是在窑面上加料不停风，使窑面降至检修窑衬层以下 0.8～1.3m，停止卸料。撬掉炼边料，盖上 0.5～0.8m 厚的高水分低煤料球或 30～50cm 厚的熟料。开全风将窑内底火吹熄，此时若有大风眼应及时堵死。当修换耐火衬料时，底火灭后，边卸料边由上而下拆除耐火砖及填充物料，若是大修则需整窑卸空。

（五）开窑操作

开窑操作是指临时停窑、短期封窑后，利用原有底火恢复煅烧谓之开窑操作，注意掌握要点，谨慎处理窑面，防止架窑，迅速完整底火，恢复正常煅烧，分为两种情况处置：

(1) 窑面过满，湿料层堆至窑口下 0～20cm，此时应先卸料（不鼓风）视窑面正常下落，再开风机鼓风提火。若出现窑面下落，应停止卸料（防架空），按架窑结圈处理，可用钢钎将边缘结圈或架窑薄弱处打开缺口，松动后再卸料。如仍卸不动，则应停止卸料开小风，使结圈或架窑料自然淬散至可卸为止，待确认无架窑现象，方可开风提火。

（2）若窑面不满，则卸料同时鼓风提火，待窑面正常下落，布低煤料球过渡到正常操作。

五、机械立窑管理与维修

（一）设备管理维修概述

机械立窑是水泥（或陶粒）生产线中的重要设备，加强设备修理工作，对于保持整个生产系统的设备长期安全运转，提高生产效率和经济效益都极其重要。

设备修理是在设备寿命周期内，排除设备运行中产生的振动、松动、窜动、断裂、变形、发热、突然事故和磨损等故障所需要的一项必不可少的工作；同时又是改善、恢复、保持设备正常的运转功能，使设备发挥最高效能的重要工作。

1. 设备修理内容和周期的确定

通常将修理工作分大修、中修、小修三种层次进行。其工作内容分类见表40-19。

表40-19　设备修理内容分类表

项目	大修理	中修理	小修理
拆卸分解程度	全部拆卸分解	拆卸分解需修理部分	部分拆卸零部件
更换与修理程度	修理基准件、更换或维修主要大型零件及所有不符合要求的零件	修理主要零件，基准件更换或修复部分不能使用到下次修理的零件	清理积屑，调整零件间隙与相对位置，更换不能使用到下次修理时的零件
精度要求	恢复原有精度，达到出厂标准或精度检验标准	主要精度达到工艺要求，个别精度难以恢复时，延续到下次大修中解决	对工件进行加工试验，达到工艺要求
工作量比例	100%	约56%	约18%

设备大修、中修、小修周期一般是根据修理工作量的大小和修理难易程度安排确定。企业往往对设备的小修与设备定检相结合，也就是说小修工作量不大时，可安排在定检时间内进行；当工作量较大时，才可单独安排。小修通常每一个月、两个月或三个月安排一次，修理时间为1～3个工作日。

生产系统的中修、大修理周期是一个大约间隔时间，它的确定是在检查设备的实际状况考虑生产的安排和准备工作进展情况等因素后，大修理年计划中具体规定的，一般每年一个生产系统最多安排一次，有的大修项目在两年、三年，甚至四年只能安排一次。

在安排设备修理周期时，注意一定要摸清设备的实际情况，准确衡量，妥善安排，照顾全面，尽量减少问题的出现，以减少损失，保证设备长期安全运转为原则。

2. 设备的修理质量要求

设备的修理质量要求是修理工人和技术人员必须明确和掌握的，修理质量主要包括：

（1）维护保养的质量要求，如清洗、紧固件调试、润滑和密封要求等。

（2）配合的质量要求，如配合间隙、啮合精度、圆心度等要求。

（3）几何位置精度要求，如水平度、垂直度、倾斜度等形位公差的要求。

（4）零部件更换的质量要求，如轴承磨损极限、传动磨损极限、齿轮及链轮磨损极限等。

（5）设备修理过程中，要求的拆卸、清洗、修理、刮研、装配、调整、测试工序方面的质量要求。

除以上各种质量要求外，还应掌握设备使用说明和图纸提出的要求。

3. 设备的试车与验收

设备一经修理或重新安装都应重新调整、试车与验收，目的是检验修理调整后设备是否恢复到原有的技术状态，这是设备维修活动中必不可少的一个环节。

（1）试车前应有较详细的修理记录，现场应保持整洁（各种杂物零件都应清除掉）。

（2）设备启动前应检查各部部件、连接件的紧度，试车后应复检复紧。

（3）试车步骤：先单机、后联动，接着半负荷，至全负荷，一步一步地进行，当上一步骤未合格时，不得进行下一步骤的试车。

（4）设备的机械部分试车前，先将电气部分试车或试验，当合格后，再进行机械部分试车。

（5）设备的转动部分，应先用人力使其缓慢转动数周，确信没有阻碍，运转方向无误，方可正式启动。

（6）启动前，润滑系统应进行检查，须符合下列要求：

①润滑油的品种和规格应符合规定。

②储油器的油脂应保持规定的数量。

设备在试车启动之前，应先启动润滑油泵；设备运转期间，润滑系统应畅通，油压、油量、油源均保持在规定范围内，无漏油，人工加油部位必须按时按量加油。

（7）试车运转时，油压表、气压表、安全阀应灵敏、可靠、指示准确，冷却与加热系统的阀件与机械动作协调灵敏，管路、阀门畅通，无泄漏现象。

（8）试车运转中，轴承部位一般应符合下列要求：

①用棒听轴承转动的声音，不得有不正常的噪声或异常声响。

②轴的径向振动和轴向窜动不得超出规定。

③滑动轴承的温度一般不得超过60℃，滚动轴承的温度一般不超过70℃。

（9）设备的运动部分的工作温度一般不得超过60℃。

（10）在试车过程中，应检查各传动机械的情况，一般应符合下列要求：

①三角传动带不得打滑、平皮带不得歪斜。

②链条、链轮应啮合平稳，无噪声和卡死现象。

③联轴节的振幅应符合规定。

④离合器灵敏可靠，运转中不得过分发热。

⑤啮合齿轮运动时，不得有异常声响及噪声，齿轮啮合面不得有不正常磨损。

⑥安全和防护装置应完整、稳固，起到应有的防护作用，不得妨碍工作。

（11）设备工作时的振幅不得超过表40-20规定。

表40-20　设备工作时的振幅

转速（r/min）	<500	<1500	>1500
振幅值（mm）	0.10~0.15	0.08~0.10	0.04~0.06

（12）承压容器先经试压合格后，方可投入试车。

（13）试车结束后，应做好下列工作：

①断开电源、气源、水源等。

②消除压力和负荷（包括放气、排水）。

③复查设备各主要部位的配合，调整精度和拧紧各紧固部分。

④整理试车各项记录，并做好试车验收的准备工作。

（二）机械立窑的修理

由于我国机械立窑的卸料篦子、传动方式及卸料装置的密封等品种多样，更新发展迅速，不可能面面俱到，本节主要以前面介绍的几种卸料方式的机械立窑为例，分别简述其修理的内容和修理的质量要求。

1. 摆辊式卸料机械立窑

（1）检修周期

①以$\phi 2m \times 8m$摆辊式机立窑运转时间以每天24h为计划检修依据，其计划分为大、中、小三类，检修周期和所需时间见表40-21。

表40-21　检修周期

检修类别	检修周期（月）	所需时间（d）
小修	1	1～2
中修	6～12	5～7
大修	20～24	20～26

注：检修时间按每天三班工作制。

②摆辊式机立窑使用年限一般为15年。

（2）修理内容

①小修项目：烟囱和窑罩检查修补，加料漏斗和溜子的检查补焊，料封管、天方地圆接管和电磁振动给料机槽修补，液压油泵弹性柱销或联轴节弹性块的更换，液压元件：油泵、换向阀、单向阀、流量控制阀等的检查、清洗、个别更换，管接头的检查、密封修理，轴密封圈的填料更换和齿辊使用方位调整等。

②中修项目：包括小修项目、加料溜子及加料漏斗的修理更换；加料装置涡轮减速机解体清洗、零部件更换，蜗杆轴向窜动量调整，中空轴密封填料的更换，防扭器及电动升降机构检查清洗保养，轴齿检查堆焊，冷却水管疏通，各类阀门检查修理，喇叭口耐火砖更换。

③大修项目：包括中、小修项目，烟囱和窑罩更换，加料装置涡轮减速机的涡轮蜗杆和摩擦离合器的摩擦片更换，卸料齿辊检查更换，墙体和挡板的衬板更换，各滑动轴承的修复或更换，端轴窑封圈的磨损检查或更换，混凝土梁衬板的修复或重新焊接以及漏风处理，液压站的油箱清洗和冷却水管的疏通，动力油缸的解体清洗保养，铜衬套和O型密封圈的更换，窑内衬和耐火砖及铁砖的更新，电器设备大修理和基础检查修理。

（3）修理质量要求

1）窑主体部分

①窑罩、烟囱、料封管、天方地圆接管，不应有严重的腐蚀和磨损现象，较大面积的局部腐蚀和磨损厚度小于2mm或出现孔洞允许采取补焊的方法修复，但在同一位置最多不能超过三次。

②窑体各部衬板的磨损修复要求及窑体的测检：窑筒体中心线与水平面的垂直度允差为1.6/1000；铁砖应无孔洞现象，最大允许磨损厚度不得超过原始设计厚度的50%；窑内衬砖应圆滑，不得有掉砖缺角现象，内衬磨损厚度最大不得超过原始尺寸的30%。

2）卸料摆轴部分

①摆辊齿不得有严重磨损，当其齿磨损超过原齿高度的50%时应予更换。

②齿辊两端瓦内孔最大磨损量不得超过2mm，其最大径向间隙应小于2mm。

③齿辊端摇杆与连杆接点铜套内径磨损最大不得超过2mm。

④连杆不得有严重磨损与弯曲，当连杆磨损超过2mm，或出现弯曲时应予更换。

⑤各滑动轴承的最大磨损量应小于0.01D（D为轴颈直径尺寸）。

⑥辊子轴线的水平度偏差值应小于0.1/1000。

3）加料涡轮蜗杆减速机部分。

①涡轮蜗杆不得有严重磨损，其磨损量超过原齿厚的40%时应予更换。

②各部轴承处的轴颈应保持光滑，几何公差符合要求。修理时采用刷涂、喷镀的金属层不得有剥脱现象。

4）推动缸系统部分

①各部密封应严实有效，不得有漏油现象。

②各部控制阀门应灵活有效，不得有磨损、失灵、泄漏等现象。

③油泵由于磨损造成压力下降，当压力下降到6.3kg以下时应予更换。

④动力缸的活塞杆磨损后，可以用刷涂镀铬的方法进行修复，要求表面光滑，公差达到设计要求，镀层不剥脱。

（4）主要部件的修理工艺及要求

1）弯曲变形齿辊的调直修复：齿辊产生较大弯曲变形后，可按一定步骤进行调直修复，具体方法是：

①在加长的C650车床上（或特别的专用支架上）测量出齿辊弯曲的最大偏差值并标出方位。

②堆焊磨损的轴颈，施焊时应注意焊接应力引起的辊弯变形，并尽量控制变形量，避免出现整个齿辊呈现波浪形，或不同方位的扭曲，否则齿辊将报废。

③用特别的加热炉将齿辊弯曲量最大处均匀加热至700～800℃（表面开始见红），而后迅速放在特制的支承架上，对准方位，用100～200t的千斤顶顶压，同时测量变形量，以过2～4mm为宜，保持校正压力，待齿辊冷却后再松开千斤顶。

④校正齿辊弯曲情况，如已达到要求，则可在C650车床上加工轴颈，如未达到要求，则需根据复测的情况进行第二次热压校直。

2）漏风部位的修理

①轴端密封失效而漏风。由于密封填料缺油硬结，或齿辊弯曲不成直线转动和轴颈磨损与填料结合不好等原因造成。首先，填料应加油或更换新填料，压紧填料压盖。如不能解决问题，则应更换新齿辊或处理弯曲变形或轴颈焊补车削。

②挡风板与混凝土基础漏风。由于挡风板变形，挡风板与混凝土的热膨胀不同，使挡风板与混凝土结合处裂缝漏风。简单的解决办法是以石棉绳加白铅油（或水玻璃）堵塞裂缝，并以压板压牢，如仍无效，则应结合基础座另行改造处理。

③衬板螺栓孔漏风。将漏风的螺母拧开，以石棉绳加白铅油做垫，拧紧螺母即可。

④筒体底座和基础之间漏风。筒体底座与基础之间的漏风，主要来源于筒体、内腔钢板件（基座内壁护板、挡风板框架、内筒体等）焊接质量不好，出现漏焊、开焊等缺陷，及内筒体上部窜风所致。解决的方法是：普遍检查并重焊开焊漏焊的焊缝；以铜板封闭内筒体与外筒体的开口；在以上基础上对漏风点用石棉绳加白铅油塞堵，并用压板压实；如上述处理均无效时，也可采用将筒体法兰与基础之间和挡风板基础之间的漏风部位，以钢板完全封闭解决。

2. 往复式卸料机械立窑

（1）检修周期

①机械立窑运转时间以每天24h运转为计划检修的依据，其计划分为大修、中修、小修三类，检修周期和所需时间见表40-22。

表40-22　检修周期

检修类别	检修周期（月）	所需时间（d）
小修	1	1～2
中修	12	5～7
大修	24	20～25

注：检修时间按一天三班工作制。

②往复式机械立窑使用年限一般定为20年。

（2）往复式机械立窑的修理内容

①小修项目：差动滑轮的检查修理；涡轮减速机的清洗和蜗杆轴轴向游动间隙的调整；烟囱和窑罩的腐蚀检查、修补；加料漏斗和加料溜子的检查修补；下料溜子拉紧钢丝绳的更换；料封管、接管和振动器的槽体检查修补；电容式料位器的电容侧板检查更换。

②中修项目：包括小修项目；"喇叭口"耐火砖的更换；料封管、接管、振动器的槽体检查更换；电振机的震动杆、弹簧及磁力线圈的检查更换；往复篦齿堆焊耐磨材料、铁砖的磨损和稳定情况的检查，部分更换；加料漏斗、加料溜子和摩擦盘的检查更换；往复连接轴密封装置的检查更换和弹性软接管的修理。

③大修项目：包括中、小修项目；往复篦子的检查更换；托轮组的修复并调整其纵横水平度：烟囱和窑罩的检查更换；加料装置的大小圆锥齿轮及轴和钢套，以及涡轮减速机的涡轮蜗杆的处理或更换；全部耐火砖和铁砖的更换；液压站油箱，油泵的解体清洗，零部件磨损检查或更换；动力缸清洗保养，铜套和密封件的更换和基础部分检查修补。

（3）修理质量要求

①窑罩、烟囱保证焊缝严密无漏风现象。

②料封管接管补焊严实、不漏风，内壁光滑无阻。

③固定、活动齿板的磨损最大不得超过原设计厚度的50%。

④加料部分涡轮减速机的涡轮蜗杆齿的磨损量不得超过原齿厚的40%。

⑤加料大、小圆锥齿轮的齿最大磨损量不得超过原齿厚的30%。

⑥大圆锥齿轮铜套内径磨损最大不超过0.8mm，小圆锥齿轮铜套内径最大磨损不超过0.4mm。

⑦动力油缸活塞杆铜套直径磨损最大不超过0.2mm。

⑧加料装置大圆锥齿轮中心对窑体中心的偏差不大于5mm。

⑨窑体中心线垂直度允许差应不小于1.6/1000。

⑩两排托轮的纵向和横向水平度偏差不大于0.2/1000。

⑪两排托轮的中心距偏差应不大于0.5mm。

⑫动力缸活塞杆水平偏差不大于0.02/1000。

⑬窑主体部分可以参照摆辊式机立窑的修理质量要求。

⑭主要部件的修理工艺及要求。

往复式机械立窑大部分与其他窑型相同，所不同的部分就是往复式卸料部分。该部分常出的故障有托轮辊道磨损，工字梁弯曲变形，梁头部与集料漏斗结合部分，由于热膨胀易出现裂缝跑风、托轮轴磨坏、齿板磨损、行程开关损坏等。

对于齿板、托轮轨道，通过检查，按时更换，对于漏斗的热变裂缝可及时焊补。

3. 盘式卸料机械立窑

(1) 修理周期

①以ϕ2.5m×10m盘式卸料机械立窑运转时间以每天24h为计划检修的依据，其计划分为大、中、小三类，检修周期和所需时间见表40-23。

表40-23　检修周期

检修类别	检修周期（月）	所需时间（d）
小修	1	1~2
中修	6~12	7
大修	24	20~25

注：检修时间按每天三班工作制。

②盘式卸料机械立窑使用年限一般定为20年。

(2) 盘式机械产窑的修理内容

①小修理项目：加料溜子的钢丝绳及防扭器的检查、修理或更换；加料溜子及下料漏斗的检查修补；烟囱及窑罩的检查修补；料封管、天方地圆接管的检查修补和法兰漏风处理；电振机与料封管的连接软管的修理或更换；电容料位器的电容板的检查更换。

②中修项目：包括小修项目；加料溜子的漏斗和摩擦离合器的摩擦片的清洗或更换；加料装置传动减速机涡轮蜗杆或整台减速机的解体清洗或更换；“喇叭口”耐火砖的更换；集料漏斗衬板修补或局部更换；中心篦板和固定铁砖的检查、修理及部分更换；料封管及天方地圆接管的更换；电振机的槽体，振动杆及磁力线圈的检查、更换或整台振动给料机更换。

③大修项目：包括中、小修项目；烟囱和窑罩的腐蚀检查，修补或更换；加料装置的更换；全部耐火砖、铁砖的更换；中心篦子更换，盘篦子的修复、堆焊篦齿等磨损表面，集料漏斗和前后溜子的更换，窑底漏风的处理；主轴垂直度的调整，下部球轴承清洗检查或更换；主轴上端滑动轴承的清理修复、检查密封情况；大涡轮蜗杆减速机解体清洗、磨损件更换；大蜗杆底座加固、调整、解决由于大蜗杆工作的轴向方向而引起的传统系统几何中心的位移；卸料传动装置的涡轮蜗杆减速机的解体清洗更换磨损件或整台更换；

基础部分的检查修复。

（3）修理质量要求

1）窑主体部分

①窑体、窑罩、烟囱、料封管、天方地圆接管以及加料漏斗不得有严重腐蚀和磨损。局部磨损、磨损钢板厚度小于2mm或有少量孔洞，允许补贴焊补，但在同一部位最多不得超过3次。

②料封管、天方地圆接管法兰应平整，管内壁光滑无阻，密闭不漏风。

③铁砖磨损允许堆焊耐磨材料，但必须全部覆盖内圆孤表面。

④窑体钢板壳体中心线垂直度允差不大于1.6/1000。

⑤窑体外应平整，其最大磨损量不得超过原始尺寸的30%。

2）主轴支承部分

①主轴应与水平垂直，其垂直度允差不大于0.24/1000。

②主轴上端滑动轴瓦径向间隙为0.14～0.2mm。

③主轴下端滑动轴瓦径向间隙为0.14～0.25mm。

3）大盘篦子、中心篦子磨损后，堆焊耐磨材料，加高篦齿时应全部盖住磨损表面，并要求焊透焊牢。

4）大涡轮蜗杆减速机部分

①涡轮蜗杆传动应平稳，其最大磨损不得超过原齿厚的50%。

②大涡轮蜗杆啮合齿顶间隙为0.25M（M，为模数）。

③大涡轮蜗杆啮合高度应大于60%，宽度大于50%。

④蜗杆两端滑动轴瓦间隙为0.08～0.16mm，轴向游动间隙为0.15～0.2mm。

5）加料装置部分

①牵引钢丝绳不得有断股、断头现象，如有少量的断股、断头也必须在国家安全标准规定的范围内。

②加料装置涡轮蜗杆的齿顶磨损最大不得超过原齿厚的50%。

（4）主要部件的修理工艺及要求

①大涡轮蜗杆系统的修理和几何中心线的调整：

盘式机械立窑卸料传动系统的故障大多数为靠近刚性联轴节两端断轴和浮动联轴节磨损快，以及大蜗杆靠近浮动联轴节的轴颈折断。其原因主要是由于大蜗杆底座发生轴向窜动，而且将涡轮减速机推动一定位移，造成涡轮减速机的蜗杆轴线与皮带轮轴线不同心。

上述情况，当修理时，如果是由于安装质量不好而造成的，应按要求重新组装；如果是看火操作产生的结大块或掉钢钎，则应改善操作。

②摩擦离合器的修理或更换：

机立窑使用的摩擦离合器在正常的修理工作中，只须在规定修理周期内按时清洗和维护，比较容易磨损的零件是内外摩擦片。检查时如发现摩擦片有孔洞和不能保证下个运行周期，就需要更换。更换的方法是：松开摩擦离合器与加料漏斗的连接法兰螺栓，将加料漏斗和加料溜子停放妥当，松开摩擦离合器与涡轮减速机竖轴的连接法兰螺栓，将摩擦离合器取下，继续分解摩擦离合器，取下下端盖和上边铁板护罩，再松开从动体结合法兰螺栓，卸开从动体再卸下紧固圆锥轴承的两个圆螺母，从主动体上退下圆锥轴承及外套圈，这时内外摩擦片就可以从摩擦离合器的主动体取下。更换新摩擦片的操作按取下摩擦片的相反顺序进行。

③主立轴上部滑动轴瓦的修理与更换

由于上部轴承的工作环境很差，而密封结构不太可靠，常有粉尘进入轴瓦，造成轴瓦磨损加快。轴瓦的润滑大部分是人工加油，有时因轴与轴瓦摩擦力很大，造成输油管断裂，致使轴瓦转动一个角度，中断润滑，更加剧磨损。出现此类情况后的修理方法是将轴瓦转回原位，尽量从两根油管孔处，以小工具、小动作将轴瓦转回来，再用手电钻扩孔攻丝，更换较粗的油管，安上油杯供生产运行。如果轴瓦按上述方法处理时，轴瓦仍转不过来，则应卸开漏斗后的溜子水平和垂直两结合面的螺栓，移开后溜子，恢复轴瓦位置，然后再钻孔钻丝装上后溜子，装上粗油管、油杯，注油后开机使用。

实际上，更换轴瓦比转动轴瓦更为简单。卸下下部密封固定圈，掏出填料，轴瓦便自动下落。更换新轴瓦时，待把轴和轮毂孔清理好涂油后，再填好填料，装上密封套，靠紧填料，并用手锤向上锤击密封套，再紧固即可。

④卸料篦子和中心篦子的修理

当卸料篦子和中心篦子出现的磨损和局部有裂纹时，采用在磨损表面堆焊耐磨材料，要求在安装前堆焊好，也可在趁大修机会对磨损量小于15mm的齿轮实施堆焊耐磨材料，对磨损量大于15mm，可加圆钢或圆球筋板堆焊。其次，对局部损坏采取有效措施，如有时某位置横筋板或圆环板由于磨损所剩面积较小或磨断、磨裂，则需另加方钢加强补焊或挖去一部分，再布置新方钢加强补焊。

当卸料盘是由两个半边组成，特别要注意结合螺栓的检查，如有松动及时拧紧，如有断裂和缺掉要及时配齐拧紧。

中心篦子是磨损最快的配件，当磨损严重且碎裂难以修复时则应进行更换。

⑤铁砖的修理

在每次卸空立窑的条件下，都要对铁砖的磨损和稳定性进行检查。对耐磨性不好的铁砖，进行耐磨材料的堆焊；对不牢固的铁砖，以铁楔进行加固。如磨损或不稳定相当严重，用简单的方法不能解问题，就应及时更换。

4. 塔式卸料的机械产窑

（1）检修周期

①以ϕ2.5m×10m塔式机立窑运转时间以每日24h为计划检修依据，其计划检修分大修、中修、小修三类进行，检修周期和所需时间见表40-24。

表40-24　检修周期

检修类别	检修周期（月）	所需时间（d）
小修	1	1~2
中修	10~12	5~7
大修	20~24	20~25

注：检修时间按一天三班工作制。

②塔式机械立窑使用年限一般定为20年。

（2）塔式机械立窑的修理内容

①小修项目：烟囱和窑罩的腐蚀检查、修补；加料溜子及漏斗的检查、修补；料封管、天方地圆接管和电磁振动给料机的槽体检查修补；各部弹性联轴节的柱销和弹性圈的检查、更换；各类减速机检查清洗润滑油检查或更换，密封件的修理与更换；风管进口的检查修补。

②中修项目：包括小修；料封管、天方地圆接管、电磁给料机的槽体及软接件的检查更换；加料溜子、下料漏斗及布料总成的检查、修理或更换；加料器传动涡轮减速机清洗，调整蜗杆的轴向窜动量，更换密封填料；塔篦子顶帽的检查、修补；防扭器的清洗保养；加料溜子电动升降机构的清洗、修理、磨损件更换；主轴密封圈（护轴套）的检查更换和“喇叭口”等高温带耐火砖的更换。

③大修项目：包括中、小修项目；烟囱、窑罩的更换；加料装置传动涡轮减速机的涡轮蜗杆、滚动轴承和摩擦片的修理或更换；塔篦子的篦齿的修补，塔顶帽的修理或更换；塔篦子的颚板，刮料板及托板的检查更换；主轴上下两端轴承的清洗检查或更换；卸料传动装置的涡轮减速机和小齿轮座的清洗检测或更换，涡轮、蜗杆及其轴承的检查或更换，调整蜗杆轴向窜动量；主轴大齿轮、配合小齿轮的修理或更换；主轴垂直度的检测、校正，传动小齿轮调整；各类减速机的解体、检查、清洗、磨损件更换；筒体衬板检查及部分更换；全部铁砖和耐火砖的更换；电器系统按规定大修及主机基础的检查、修补。

（3）修理质量要求

1）窑主体部分

①窑罩及烟囱不得有严重的腐蚀，局部出现孔洞允许补焊，但在一个部位堆贴补焊最多不超过3次。

②下部风管、料管及各窑封部位应严实，不得有任何磨损孔洞和漏风现象。

③窑内衬砖应圆滑，不得有掉砖缺角现象；内衬砖磨损量厚度最大不得超过原始尺寸的30%。

④铁砖应无孔洞现象，最大允许磨损厚度不得超过原始设计厚度的50%。

⑤活动颚板和固定颚板不得有缺损，其最大允许磨损不超过原始齿高的80%。

⑥窑筒体中心线与水平面的垂直度允差为1.6/1000。

⑦窑体中空的圆度和“喇叭口”角度应符合图纸规定的要求。

2）主轴支承部分

①上端滚动轴承的径向间隙为0.14～0.21mm。

②下端滚动轴承的径向间隙为0.11～0.17mm。

③下端单向推力球面轴承的轴向间隙为0.06～0.08mm。

④上端轴承由于处在高温状态下工作，拧开检查，其滚子和滚道应无热烫剥脱现象，座圈无裂纹。

⑤主轴的垂直度允差应小于0.04/1000。

3）主轴传动正齿轮副部分

①传动大小齿轮副齿的磨损最大允许值不得超过原设计齿厚的40%。

②齿轮齿面磨损，采用补焊加工后的齿形，用齿形样板靠贴检验，其齿廓基本重合，允许略小于标准齿形，但决不能大于标准齿形。

③齿轮两端的圆锥滚子轴承的轴向间隙为0.12～0.2mm。

④大齿轮径向跳动量应小于0.15mm；端面跳动允许值不大于0.2mm。

4）减速机部分

①轴向窜动量小于0.15～0.21mm。

②齿轮副啮合接触面齿高大于60%，齿宽大于50%。

③输出轴部位的密封应完好有效，不得有任何漏油现象。

5）涡轮蜗杆减速机部分

①蜗杆两端圆锥滚子轴承的轴向间隙为0.08～0.15mm。

②涡轮两端圆锥滚子轴承的轴向间隙为0.16～0.25mm。

③蜗杆轴向窜动量应小于0.3mm。

④蜗杆中心平面与蜗杆中心线的偏差值小于0.10mm。

⑤涡轮径向跳动量小于0.14mm。

⑥涡轮、蜗杆啮合接触面要求齿高大于60%，齿宽大于50%。

6）加料装置减速机部分

①蜗杆两端圆锥滚子轴承的轴向间隙为0.04～0.07mm。

②涡轮两端向心球面轴承的径向间隙为0.02～0.046mm。

③蜗杆允许轴向窜动量为0.13～0.18mm。

④涡轮蜗杆磨损后允差不得超过原始齿厚的40%。

（4）主要部件的修理工艺及要求

1）主轴上端滚动轴承部分的修理

①滚动轴承的检查、清理、换油：主轴上端的滚动轴承在正常运行的条件下，一般每次大修时清理一次。具体清洗换油的方法有两种：一种是主轴在原位不升高，拆下轴承下密封盖和下压环，从轴承下端掏出废油脂，再用煤油喷洗，然后再注入新润滑脂；另一种是将主轴升高0.8～1m，拆除轴承上下密封盖和压环，即从上、下两方向同时进行清理废油脂，再用煤油从上面清洗，然后再注入新润滑脂。

如轴承由于密封不良，出现故障，则应升高主轴，进行彻底的清洗检查，更换损坏件，注入新油，同时考虑检查、清洗主轴下轴承、涡轮蜗杆传动箱、小齿轮组合件等，并修理。

②轴承更换：若发现轴承滚子表面有严重剥落、裂圈、烧坏、严重磨损等现象，应更换轴承，改变操作方法，按安装规程执行。

③滚动轴承游动间隙的测量：在清洗轴承后，应测量一下轴承滚道之间的游动间隙，即用两把塞尺同时塞测轴承两边间隙，塞尺厚度相加就是轴承径向游动间隙量。由于主轴转动对轴承要求的精度不高，轴承允许游动间隙可适当放宽，一般在0.2～0.25mm以内可以继续运转。

2）塔顶帽的修理及更换

当通风不好和顶帽材质不佳时，塔顶帽的磨损极快，是塔式机械立窑最容易损坏的主要机件。

①如果磨损不是很严重，可在其磨损表面堆焊耐磨材料，如耐磨锰钢，用铸铁质焊料，覆盖层厚不超过3mm效果最好，太厚易出现剥落现象。若受修理时间约束，也可不完全覆盖表面，而进行隔焊，未覆盖的间隙不超过5mm，效果很好；若用普通碳钢和铸件质焊料

混合堆焊效果更好，但必须掌握好操作。

注意采用上述三种堆焊修理时，若塔顶帽是铸钢件，可以直接堆焊；若是锰钢件，则应预热后再施焊。堆焊后应做保温处理，以防止出现裂纹。

②如果是个别筋板破裂，应在断裂处先按规定开好坡口，补焊或采用挖补办法处理，然后再进行表面堆焊进行修复。

③在磨损严重或多处断裂无法修补的情况下，只能采用更换的办法进行修复。即用气割割除连接螺栓后，整体吊出窑口，或割成十块从窑口下部检修门拿出，再重新装上新的塔顶帽。

3）塔篦子修理

塔篦子的工作环境略好于塔顶帽，但也是个易损件。由于它的体积大，重量也大，无特殊情况，一般不采取更换的措施，而尽量要用修补的办法。如在磨损面堆焊耐磨材料、补焊裂纹、挖补个别部位等，具体操作方法与修理塔顶帽相同。

4）颚板更换

颚板有活动颚板和固定颚板，当颚板齿磨损严重时，只有进行更换。在新装颚板时，T型螺栓必须拧紧，并将T型头沉入孔内，必要时把螺帽点死焊牢。

5）更换筒体平衬板

筒体衬板一般是铸铁件，当出现破裂或磨损严重时，也应进行更换修理，T型螺栓装入新料板时，应将T型头沉入座孔内，螺母下方的平垫圈与筒体之间应放置石棉板垫圈，并在螺丝上用油浸石棉绳密封后拧紧。

6）更换下料溜子衬板

①先拆除斜封管及天方地圆接管，再将衬板从出料口取出，新衬板也从此出料口拿进。

②装衬板紧固螺栓时，应在垫圈下加涂有铅油的石棉绳，拧紧螺母后，应保证螺栓孔不漏风。

③为防止衬板在使用过程中翘起，各衬板之间可点焊固定。

7）校正主轴垂直度

主轴垂直度偏差值控制范围不大于0.04/1000，可用精度0.02/1000的方框水平仪测量，以光滑的轴周表面为基准（每次检查基准点不变），四点对称靠轴检测，如超出允许范围，应予校正。校正的方法是：先松开球面座的底脚螺栓，再用千斤顶使球面座在底座上移动，移动方向应根据主轴倾斜方向确定。在移动球面轴承时，用方框水平仪随时注意移动量，移正后拧紧球面底部螺栓，并用手锤敲击螺母检查紧固程度。计算主轴垂直偏差时，要考虑上端轴承的径向间隙影响，并予以排除。

（三）机械立窑的试运转与验收

1. 试运转前的检查工作

（1）机械设备附近及周围的杂物必须全部清除干净。

（2）检查设备各部零件是否完整无缺，各连接部件应紧固、无松动现象。

（3）各减速机油箱内油量和油的品种应符合要求，润滑系统应畅通，各润滑点供油良好。

（4）各控制仪表完好，工作正常。

（5）各安全防护装置齐全、牢靠。

2. 试运转

机械立窑试运转分为无负荷运转和负荷运转两个阶段。

（1）无负荷试运转是在安装调试和试运转前检查的基础上进行的。无负荷试运转的步骤及运转时间是：

①电动机空载试运转30min；

②电动机带减速机运转2h；

③带工作机试运转时加料装置试运转2h，卸料装置试运转8h。

（2）无负荷试运转应注意事项

①试运转前，必须对机械设备进行盘车，检查转动部分应无阻碍及不正常现象后方能启动。

②当开始用电动机带动机械设备试运转时，应作点动试车（开动后马上停），一切正常后，才能由低速到高速，逐渐增到规定数值。

③无负荷试运转时，应对设备的运行情况不断做检查并记录。

在试运转中，应检查各轴承部位的温度是否正常，液压部分的油压应正常，冷却水畅通，无异常振动和声响，各啮合齿正常，底座和各紧固件无振动。

（3）带负荷试运转

①带负荷试运转前，应将窑衬烘干，在卸料篦子上加木柴点燃，自然通风烘窑，要求逐渐升温，均匀分布，以免造成火砖产生裂纹，烘干时间一般为2d左右。

②带负荷试运转应先低负荷，即将熟料或矿渣块放入窑内，分三次进行，第一次装入窑容量的30%；第二次装到60%；第三次装满，分别进行卸料试运转。

③满负荷试运转应在前期工作认真处理、充分准备的基础上，点火、下料、煅烧，试运转72h，一切正常方可正式投入生产交接。

（4）试运转验收合格后，修理负责人应准确填写检修记录，作为验收的书面报告。

第七节　HC-O2预加水成球微机自控系统

一、概述

（一）微机自控系统对物料预加水成球的作用

1. 预加水成球的机理

预加水成球工艺是将生料粉的喷水、预湿、搅拌过程由盘内全部移至盘外进行，盘内不再加水，使相互制约、相互干扰的工序分解开来，重新组合，在生料粉入盘前预先使料、水在双轴搅拌机中进行充分的混合搅拌、湿润、渗透。从搅拌机出来的都是经过充分湿润搅拌成球核和湿粉颗粒的物料，没有干粉料，成球盘内是单一的成球过程，整个盘面都是成球区，不仅充分地利用了盘面，而且充分利用了盘内空间（容积），成球速度快，合格率高，预加水成球所成的料球内部孔隙率高，且结构为“网络化”，透气性好，不易炸裂，粒径均匀，耐压强度高，能满足立窑煅烧工艺的要求，是目前理想的成球方法。

2. 微机自控的作用

由于预加水成球在成球工艺、设备和机理方面与普通成球（即在盘内加水成球）有较大的差别，因此其控制和操作也不相同，若采用普通成球的手动控制和操作方法，将存在料球含水率不均匀、料球大小不一致、料球内部孔隙率变化大，严重影响料球的质量。

因此，为了解决上述问题，满足预加水成球工艺要求，采用以微机为中心的自动控制方法，通过自动调节，一方面稳定生料下料量，同时按一定料水比自动调节给水量，保证料水比率一致，从而使所成的球含水量一定，保证了预加水成球的料球质量，预加水成球采用微机自控系统后，改变了手动操作的落后面貌，减轻了工人劳动强度，有效地稳定了生料下料量、给水量，保证了料水比率，成球粒度均匀，因此预加水成球微机自控系统是预加水成球的关键技术之一。

（二）微机自控系统的工作原理

1. 对微机自控系统的要求

综上所述，预加水成球微机自控系统应满足如下要求：

（1）在工艺设备保证来料均匀的基础上，稳定入窑生料量。

（2）调节给水量，稳定成球水分，稳定成球球径。

（3）报告系统运行状况，程控启停，事故判断，分析，报警处理。

根据预加水成球对微机自控系统的要求以及调节对象和现场条件，微机自控系统采用了如下功能和特点：

（1）采用 PI 调节规律，调节喂料量和加水量。

（2）加水量自动跟踪料量的变化。

（3）喂料量设定，如水比例系数设定，能由操作工人根据工艺要求进行给定和修改。

（4）各种参数如料、水的瞬时流量、喂料量设定值、水的给定系数以及其他参数都可根据需要及时显示，并有“手动”、“自动”工作方式可供选择，报警信号声光提示工人。

（5）能满足工艺要求、检测仪表反应灵敏。误差在工艺允许范围内。

（6）微机能接受 0～10mADC 或0～5VDC测试仪表信号，并能输出 0～10mADC 或0～5VDC信号，控制执行器。

2. 微机自控系统结构和工作原理

HC-O2 系列微机自控系统，由专用微机、料、水计量检测仪表以及能完成自动、手动控制料、水的执行器组成，其系统的组成及工艺流程如图 40-37 所示。

图中虚线部分是指智能型专用微机自动系统的皮带机、刮刀、成球盘、双轴搅拌机、管式螺旋喂料机和提升机；电动机控制线路并按工艺流程顺序自动启停，以及进行检测某台电机机出现故障后发出报警信号。

HC-O2 系列微机自控系统的自动控制原理是，当系统运行时，计算机接到由冲量流量计产生的生料流量信号，一方面显示，另一方面与设定值比较，计算出偏差值，根据其偏差值的大小反馈控制滑差电机转速，以控制管式螺旋喂料机的转速而达到控制料流量的大小，实现料的闭环自动控制，从而保证了料均匀稳定地定量给料，同时，计算机把生料流量瞬时值乘以给水比例系数作为给水量的设定值，并与转子流量计检测到的实际流量比较，计算出偏差值，以 PI 调节控制电动调节阀门的开度，从而控制给水量的大小，保证料水比率准确，实现稳定水流量，跟踪不稳定的料流量的自动控制过程。微机自控系统原理图如图 40-38 所示。

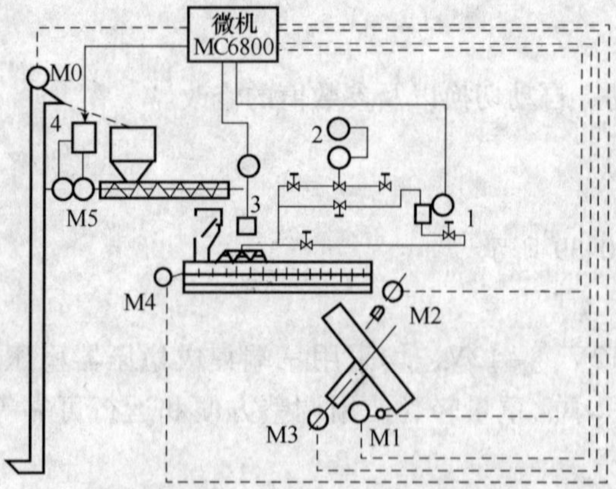

图 40-37　预加水成球工艺流程微机控制示意图

1—转子流量计；2—电动调节阀；3—冲量流量计；4—调速电机控制器；M1—皮带输送机电机；M2—刮刀电机；M3—成球盘电机；M4—双轴搅拌机电机；M5—调速电机；M6—提升机电机

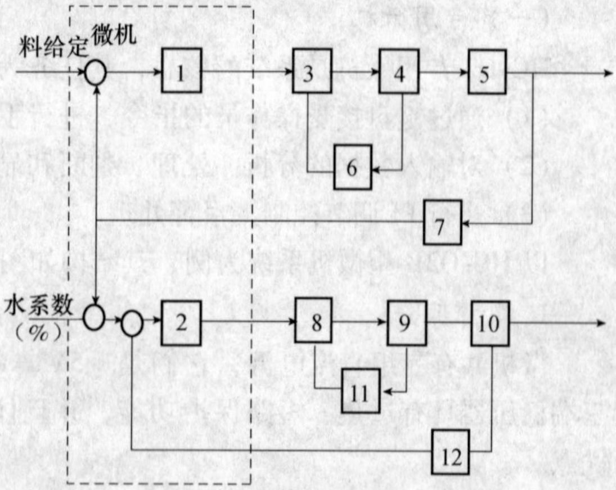

图 40-38　微机控制系统原理框图

1、2—PI 调节器；3—可控硅调节器；4—滑差电机；5—喂料绞刀；6—速度反馈；7—冲量流量计；8—自服放大操作器；9—电动执行器；10—转子流量计；11—阀位反馈；12—水流量反馈

（三）微机自控系统的分类和发展

HC-O2 系列预加水成球微机自控系统，是为预加水成球新工艺研制的专用微机自控系统，其产品已成系列，型号分为：

HC-O2A 型　钢琴式与 D 型功能完全兼容

HC-O2B 型　智能型与 F 型功能完全兼容

HC-O2C 型　智能型具有外配煤功能

HC-O2D 型　一般型

HC-O2E 型　仪表自控式

HC-O2F 型　智能型，标准机箱柜

当前已进入计算机时代，预加水成球虽已采用微机控制，但它的外围设备如计量仪表、控制执行器还是 20 世纪 60 年代的二型仪表，远远跟不上计算机的要求。发展向高智能型迈进，开发二次仪表，用单片机改进二次计量仪表和执行器，与主机联络采用数字接口，以减少工业现场的干扰，提高产品的适用性、可靠性，并具有与上位机联网的功能，同时设计成 STD 总线式，形成通用化和标准化，这是今后的发展方向。

二、微机自控系统组成与结构

HC-O2 系列预加水成球装备微机自控系统是由以下四个部分组成的：

（1）专用微机：HC-O2 系统控制中心。

（2）检测计量仪表：LFD-125 型冲量流量计和 LZD 型转子流量计，分别用来计量检测料、水流量。

（3）控制执行器：DK-2 型控制器和 ZAZP 型电动执行器，分别控制料、水流量。

（4）强电控制柜：内有六个控制回路，分别控制皮带输送机、刮刀、成球盘、双轴搅拌机、管式螺旋机、提升机六个电机的启停。

（一）专用微机

HC-O2 专用微机是系统的核心，其任务为：

（1）通过键盘接受操作员的指令，进行手动、自动切换以及参数值的修改。

（2）对输入数据的分析、处理、判断和显示。

（3）进行 PI 调节控制，报警处理。

以 HC-O2B 型微机系统为例，其结构如图 40-39 所示。

1. 电源部分

微机共有三组直流电源，它们是 +5V、+12V、-12V，均采用三端集成稳压器稳压，三端稳压器具有过热、短路保护功能，并且体积小、重量轻、使用调整方便和运行可靠等优点。

在交流输入端，采用了低通滤波器，防止电网内的高频干扰，以提高电源的供电质量，提高微机的抗干扰能力。

2. CPU 板

CPU 板是微机核心，采用摩托罗拉公司的 MC6802 微处理器、能处理的字数长为 8 位，处理器本身只需单个 5V 电源，国内外这种器件使用较普遍。

存贮器采用片 2764，分别存放主控程序、监控程序和应用程序。

随机读写存贮器采用两片 2114，用来存放数据和可变的程序，系统软件框图如图 40-40 所示。

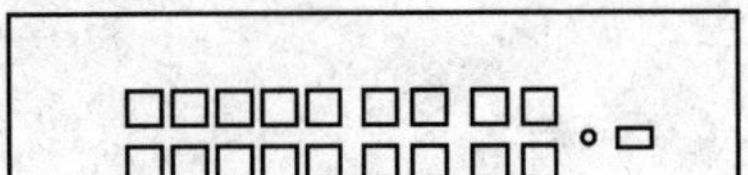

图 40-39　HC-O2 智能型微机系统结构示意图

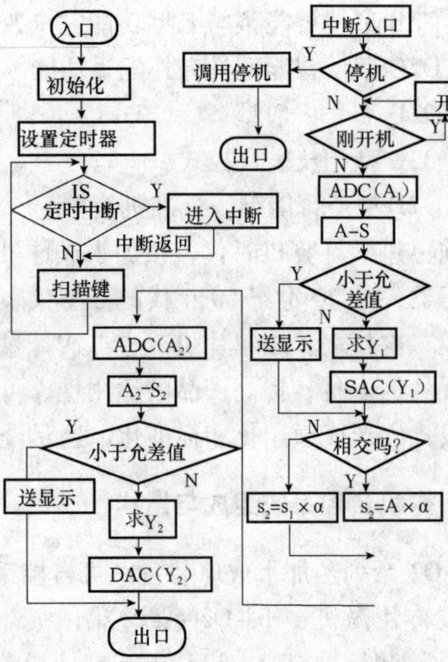

图 40-40　系统软件框图

3. A/D、D/A 板

在工业生产控制过程中，经常遇到各种各样的参数，如温度、压力、流量及物质的组成成分等，需要用计算机进行测量、处理和控制，为此必须把它们输入计算机中，但是计算机本身只能识别数字量，因此必须在计算机上加入一个装置，把表示各种参数的物理量变换成模拟量，再把模拟量转换成数字量，如当输入模拟量5V时，由A/D转换成数字量FF，这种把电压摸拟量转换成数字量称为模数转换器，即A/D转换器，这里选用AD/C-0809的芯片。

另一方面，计算机为了控制某些物理量，如控制调速电机的转速控制下料量、控制阀位的开度，以控制水流量，但计算机不能直接输出电流（电压）量，必须把输出的代表电流（电压）量的数字量信号通过某一装置转换成电流（电压）量，这种转换电路就是数模转换器，即D/A转换器，这里选用的是MC140芯片。A/D、D/A转换器框图如图40-41所示。

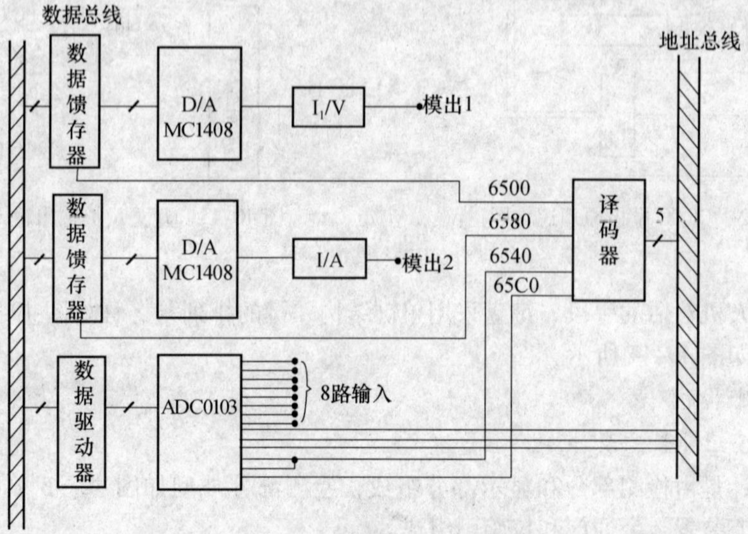

图40-41　A/D、D/A转换器框图

4. CRTC板

CRTC模板的主要芯片是MC6845，采用MC6845作为视频通道的CRT控制器，有汉字、字符两种工作方式，汉字方式可显示15×18点阵的标准汉字或字母，字库容量可达256个专用字，每幕可显示32字×12行，5个页面程控可选，字符方式可显示5×7点阵的各种字符，CRTC模板逻辑原理如图40-42所示。

采用荧光屏显示汉字和字符，使操作员更加直观清楚明白，五个页面的内容是：

第一幕，输入年、月、日、时、分、秒，时间参数。

第二幕，参数设定、修改。

第三幕，自动、手动工作方式的选择

第四幕，运行报告、显示料、水的瞬时和累计流量。

第五幕，故障报警，显示故障点。

5. I/O、O/I板

I/O、O/I开关模量板，是HC-O2微机系统配套的功能模板，该模板是控制成球设备六只电机的自动启停，以及检测各路电机运行是否正常和声光报警等，各路的输入输出信号均运用光电耦合原理，从而消除了外围设备及周围环境造成的干扰，提高了微机控制系统运行的可靠性。

开关量模板主要有总线隔离和驱动、译码电路、数据储存、声光报警电路和系统工作方式预置电路等，电路原理如图 40-43 所示。

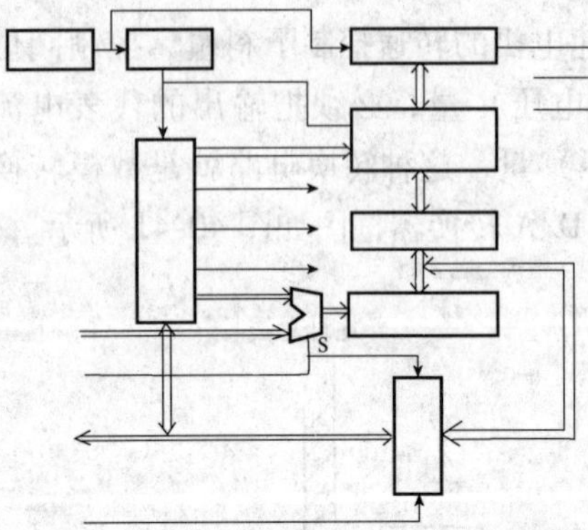

图 40-42　CRTC 模板原理逻辑图

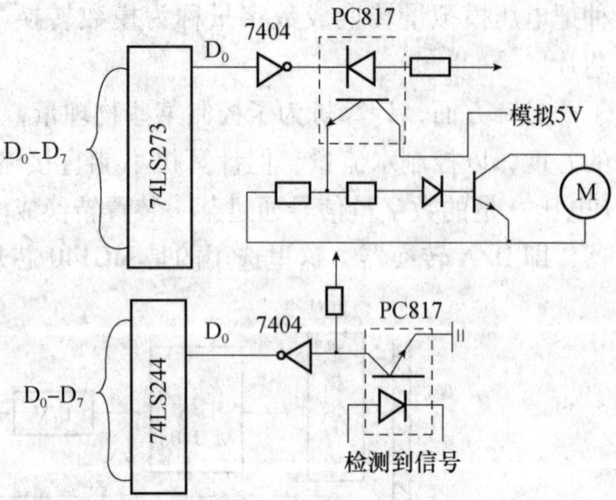

图 40-43　开关量板输出输入原理图

6. 键盘板

键盘板是人机对话的手段、键盘采用单键结构、键的排列与名称如图 40-39 所示，键盘板逻辑原理图如图 40-44 所示。

（二）检测计量仪表

1. LFD-125 型冲量流量计

冲量流量计是由检测部分和显示部分组成，检测部分外型如图 40-45（a）所示，它是由检测头、整流装置、旁通门和校验门组成。

（1）检测头：检测头由检测板、主梁、平行移动机构、量程弹簧、差动变压器、阻尼器、静态校验装置及壳体组成，如图 40-45（b）所示。

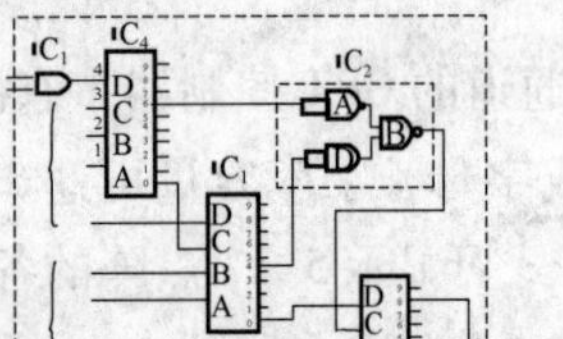

图 40-44　键盘逻辑框图

图 40-45　冲量流量计

（a）检测部分；（b）检测头

（2）整流装置：它装在检测板的上方，是提高冲量流量计测量精度的重要组成部分，其作用是将给料装置送入的物料进行整理，使下落的初速度基本恒定，并保证被测物料在检测板上的落点不变。

（3）旁通门：位于整流装置导流管的一侧，仪表正常工作时，旁通门处于“工作”位置，被测物料经导流管落到检测板上进行测量。当通过壳外手柄把旁通门转向“旁通”位置时，物料经旁流槽在检测板后面通过，在不中断工艺流程的情况下对流量计进行静态校验、维修等工作。

（4）动态校验门：它是作为现场动态校验用的仪表，工作时校验门位于“工作”位置，物料经检测板流向下面的工艺管路，当进行现场校验时，可通过壳体外手柄切换到“校验”位置，物料就在校验管路进入标定容器。

显示部分，它将频率约为1000Hz 的交流电压供给检测头内的差动变压器初级线圈，同时接收次级线圈的交流信号，经过整流，放大后转换成与瞬时流量成正比的0～10mA直流信号，并进行积算和表头显示，其原理如图 40-46 所示。

2. LZD-40 转子流量计

转子流量计是用来连续测量水流量的检测仪表，用其将管道中水的流量转换成0～10mA直流信号，作为仪表的反馈信号和指示信号，实现对水的流量的测量。

转子流量计由变送器和转换器两大部分组成。

变送器由锥管和浮子组成，在浮子内封有磁钢和两套四连杆机构组成，其工作原理如图 40-47 所示。

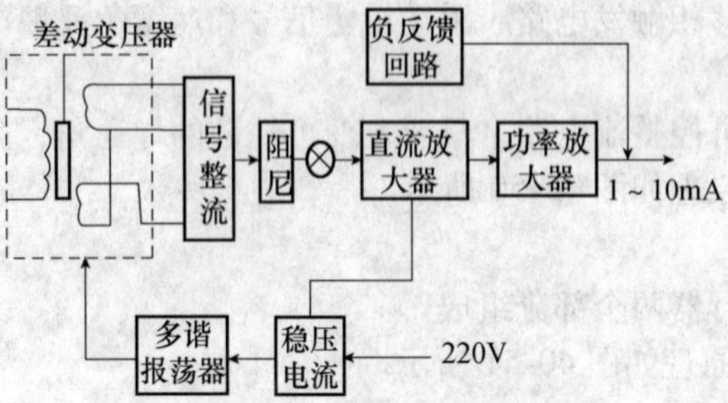

图 40-46　冲量流量计原理框图

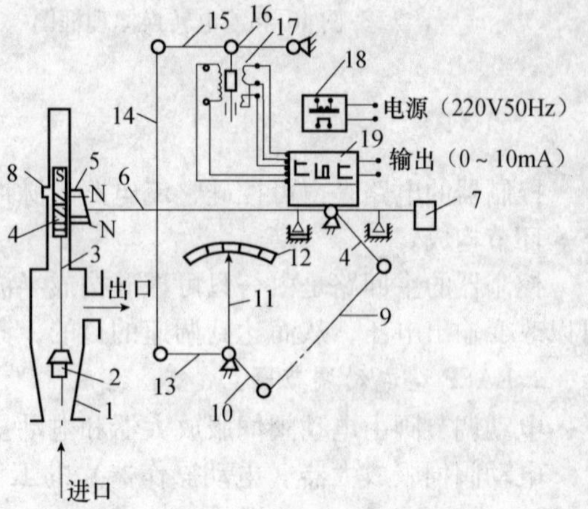

图 40-47　转子流量计工作原理框图

1—锥管；2—浮子；3—连杆；4—磁钢；5—磁钢；6—平衡杆；7—平衡块；8、9、10—四连杆调整机构；11—指针；12—刻度盘；13、14、15—四连杆调整机构；16—铁芯；17—差动变压器；18—电源变压器；19—电转换单元

当水自下向上流过锥管 1 时，浮子 2 就向上升起，浮子的位移通过磁钢 4、5 的耦合传给第一套四连杆机构 8、9、10，使指针 11 有流量指示，再通过第二套四连杆机构 13、14、15 传动，使铁芯 16 在差动变压器 17 里产生位移，由于铁芯与变压器相对位置的改变，使变压器输出的差动电势也随之改变，然后经整流放大。

转换器主要由电源变压器、差动变压器、电转换单元等组成，其转换原理如图40-48 所示。

差动变压器稳压电源由 IKC 振荡器供电，其差动电势经整流输出直流毫伏信号，并经由场效应管组成的调制器变为交流进行放大，最后经解调、功放实现电转换，与实际流量成比例，输出标准的 0～10mA 直流电信号。

（三）控制执行器

1. DK-2 型调速电机控制器

调速电机控制器是 JZT 型电磁调速电动机的直接控制单元，它直接与管式螺旋喂料机的调速电机连接，控制喂料机的转速，以达到定量、稳流的作用。

控制器可以通过面板上的手动给定电位器，如图 40-49 所示，对滑差调速电动机进行较大范围的无级调速，也可以接受 0 ~ 10V 的直流信号自动对滑差调速电动机进行自动调速，面板上的手动/自动切换开关，用手实现手动/自动之间的无扰动切换。

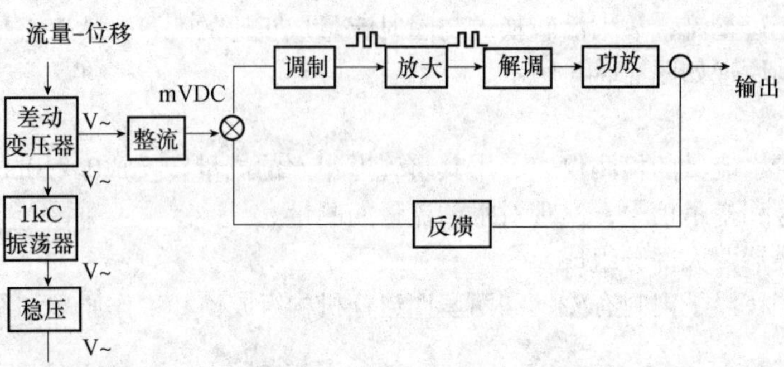

图 40-48　电转换原理框图

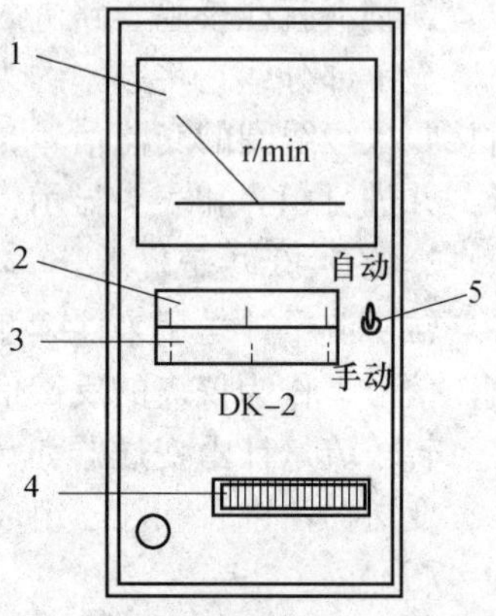

图 40-49　调速电机控制器面板图

1—转速表；2—自动信号指示；3—手动信号指示；4—手动给定电位器；5—手动/自动切按开关

控制器的电路是由可控硅整流电路、脉冲移相触发电路、手动给定信号和速度负反馈电路等环节构成。

控制器的主回路是由一只可控硅构成半波可控整流电路，只要改变可控硅的导通角，就可以改变输出电压，从而达到调速的目的，其原理如图 40-50 所示。

2. EAEP 型电动调节阀

电动调节阀由电动阀伺服放大器和电动执行器两个部分组成。

电动阀伺服放大器（电动操作器）的工作原理如图 40-51 所示。

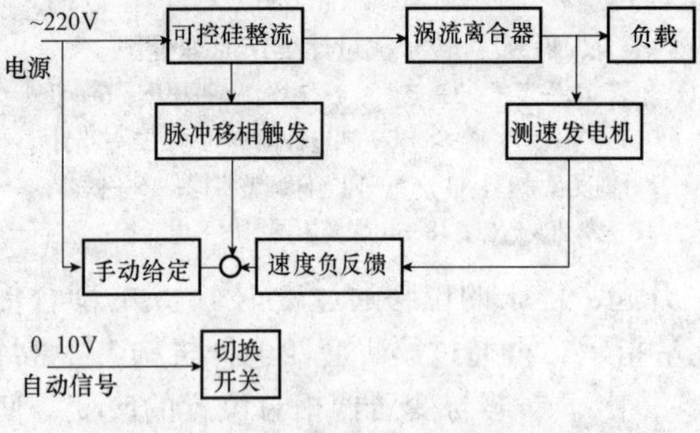

图 40-50　调整电机控制原理框图

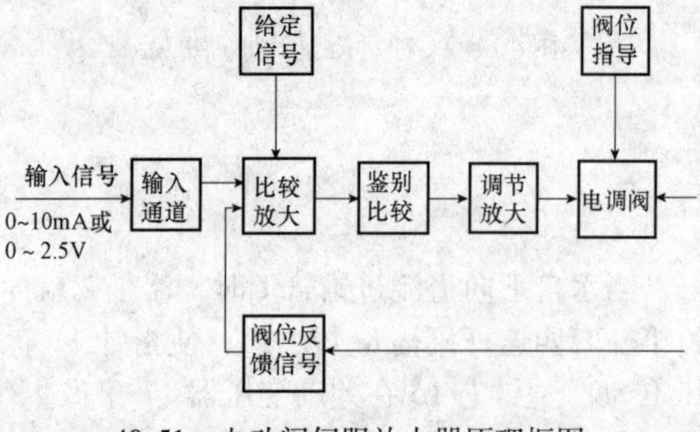

40-51　电动阀伺服放大器原理框图

输入信号经滤波、放大后与反馈信号、给定信号进行比较，经比较运算后输出一个二位电信号（开—停—关），控制电动执行器，当输入信号与阀位反馈信号趋于平衡时，阀门就调整在相应的开度上。

电动执行器的阀位开度与输入信号成一定的比例关系，即输入信号增大，阀位开度增加，输入信号减小，阀位开度关小。

电动执行器由可逆电动机、减速机、推力机构、机械限位组件、手轮、弹性联轴器、反馈螺旋电位器等组成，其结构原理如图 40-52 所示。

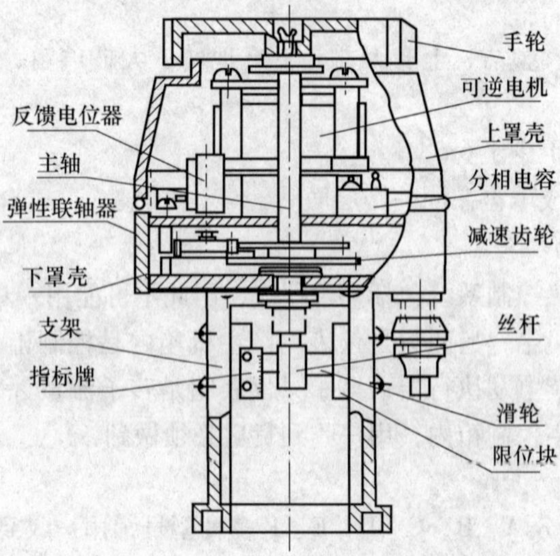

图 40-52　电动执行器结构示意图

当电动机绕组接受 220V 交流电压后，定子上两个相隔 90°电角度的定子绕组借助于裂相电容器，使两个绕组获得 90°相位差的交流电，其合成向量产生定子旋转磁场，并与转子磁场作用产生电磁转矩，使转子旋转、转子一端通过齿轮减速机带动推力机构，由于电动机的可逆运转，因而可以实现阀门的开或关，完成调节作用。

（四）强电控制柜

预加水成球系统控制六台电机，它们是提升电机、管式螺旋机的调速电机、双轴搅拌机电机、成球盘电机、刮刀电机、皮带运输机电机。控制框上每台电机都装有电流表，以示每台电机的运行情况，便于操作工观察，同时为满足预加水成球工艺流程的要求，以及安装、调试、维修的方便，还设置了连锁和解锁转换开关。在连锁时，若启动电机，必须按顺序启动，其顺序是：皮带机、刮刀电机、成球盘电机、双轴搅拌机电机、管式螺旋调速电机、提升机电机，停止时则按相反顺序进行，转换开关在单机位置时就不需要按顺序启停电机，可任意进行，这给安装、调试、维修带来了方便。

整个电器控制由一个空气自动开关作为隔离开关，同时每台电动机控制回路均有过载、断相、短路保护功能，每个回路的电机都有报警装置，一旦发生故障，自动接通报警回路，点亮报警灯，警铃也立即发出响声，警示操作人员，立即采取处理措施。各路的二次回路都具有自己的独立性，具有缺相保护功能。

三、安装与调试

（一）安装的准备

1. 控制室的要求

UC-O2 系列预加水成球微机控制系统主要由专用微机、检测仪表、执行控制器以及控制柜组成，为了使本系统能可靠地运行，必须对控制室提出如下要求：

（1）控制室的温度应控制在常温±10℃范围之内。

（2）控制室应能防尘，做到室内无粉尘、无污染、无有害气体，以防线路被腐蚀、老化。

（3）室内光线明亮、整洁、上有天花、下有地砖、大玻璃窗，便于在室内能观看到成球盘内的成球情况。

（4）控制室的面积不少于6m²。

（5）控制室最好与成球盘在同一楼层面。

2. 安装前的准备工作

由于预加水成球微机控制系统包括几种仪表，因此不可能用一只包装箱包装，一般分为三只包装箱，第一只主机箱，另两只是仪表箱。主机箱内是控制柜、微机。另两只仪表箱，一只是冲量流量计，内装电动执行器；另一只仪表箱是转子流量计，所有资料包括说明书，装箱清单、备件等都在主控制箱内，用户收到货后必须做到：

（1）核对清点

由于HC-O2系列为分A、B、C、D、E、F多种型号，用户收到货后，核对型号与本单位所订的是否相符。打开主机箱、仪表箱清点数目，核对资料，有问题立即与制造厂家联系。

（2）熟悉各部件

所有的仪表、微机说明书都在主控柜中，取出后应反复阅读消化，了解各仪表、微机控制的基本原理、安装要求、操作方法、线路接线等，以便在安装线时少走弯路，一次安装调试成功。

（3）材料的准备

根据各用户的实际情况，备足动力线、信号线。动力线按各电动机的功率大小进行选择，最好采用铜芯线，信号线应采用屏蔽电缆，其型号为SVVP型，一般要求两芯、三芯和五芯三种，尽量串管敷设。

（二）安装过程的质量控制

1. 控制柜

（1）控制柜定要安装在室内。

（2）控制柜四面要留有一定的通道，便于操作、维护，正面不得小于1.5m，其他三面应大于0.8m。

（3）控制柜的接线方式为底进、底出，因此控制柜下面应有走线电缆沟，电缆沟的深、宽不得小于20cm。

（4）控制柜要求接有专用接地线，不能同零线混接，接地线的接地电阻应<10mΩ，专用接地线导线截面应>6mm²。

2. 线路敷设

（1）所有的动力线、信号线都应串管，但动力线与信号线不得同串一根管内。

（2）信号线的屏蔽层只能一端接地，否则干扰信号将在屏蔽层产生压差，出现回流干扰信号源，起不到屏蔽作用。

3. 水路安装

（1）水路的安装示意图如图40-53所示，图中已标各个部分所用的最小管径，管道的长短需根据本单位的具体情况而定。

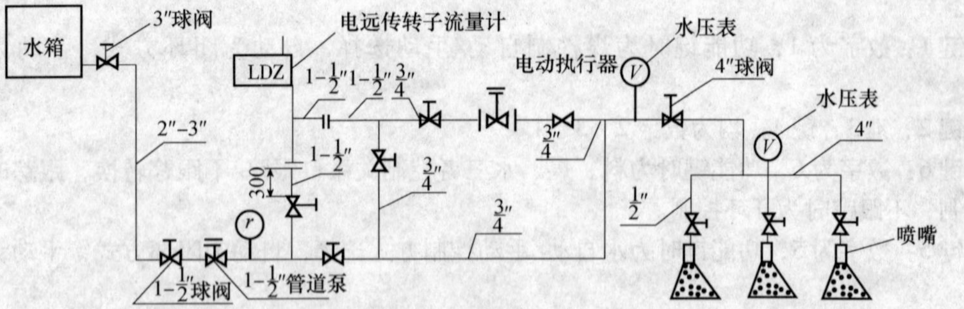

图40-53　水路安装示意图

（2）水路应安装在与双轴搅拌机同一层楼面，水箱应在顶上，并注意冬季保温。

（3）进水管的水压应大于2.5kg/cm²，不足时应加管道泵。

（4）水质要清洁，否则应加装水过滤装置，以免喷头堵塞。

4. 转子流量计

（1）安装要垂直，倾斜度不得大于5°，即肉眼看不出。

（2）禁止倒流，水的流向自下而上。

（3）不得有振动，四周空隙要大，不能安装太高，以利于维护观看。

（4）对直管段的要求为，表前表后的直管段均为仪表管径的5倍以上。

5. 冲量流量计

冲量流量计是安装在管式螺旋机和双轴搅拌机之间，用来检测物料的瞬时流量，为保证冲量流量计正常工作，安装时必须做到：

（1）与上、下设备的连接处应留有间隙，采用软连接，否则上、下设备的振动会影响计量。

（2）冲量流量计应紧固在单独的支架上，四周应有一定的活动余地，以便标定、维护。

（3）安装时必须用水平尺校平，否则会产生零位漂移。

（三）调试运行

1. 微机部分

（1）键盘

HC-02系列微机系统以智能性为例，共有18个键，其排列见表40-25。

表40-25　键排列

料 0	煤 1	2	3	4	修改	选择	换页	总清
水 5	跟踪 6	7	8	保存9	清除	打印	启停	清零

（2）键功能

0～9，可作数字键，数上有上标的也可作功能键用。

需说明的是：上标的功能键由硬件电路拨码选择开关决定，若拨码开关处在无效位置时，此时按下标功能键无效，即为非法键、微机出厂时，已将拨码开关设定在可选择位置，一般不可乱拨动。

键0：数字为0，功能键时为料控制自动/手动选择，自动为闭环方式，手动为开环方式。

键1：数字为1，功能键时为煤控制自动/手动选择，自动为闭环方式，手动为开环方式。

键2、键3、键4：均为数字2、3、4。

键6：数字为6，功能键时为料、煤、水三者控制关系，跟踪/不跟踪转换，跟踪时为闭环控制，不跟踪时为开环控制。

键5：数字为5，功能键时为水自动/手动控制方式选择，自动为闭环方式，手动为开环方式。

键7、键8：为数字7、8。

键9：数字为9，功能键为数据保存，即当屏幕在刚开机时出现“累计数”时有效，按键9即可保存，把以前的数据保存，若按清除键，即清除内部累计数据。

修改键：按此键后屏幕自动转换到第三幕显示系统参数设定，这时光标自动跳向第一个参数的第一个数字，若再按数字键就可输入所需的数据。

选择键：此键只有在按修改键后方有效，按此键将光标移至你所需修改的参数位置处，再按数字键即可修改或设定参数。

清除键：此键只有当开机时，屏幕出现“累计数”值时有效，按此键时内存累计数被清除。

打印键，此键为打印键，按此键可以在第一幕（运行前）或在第四幕下边显示打印方式（1参数、2报告），这时可按数字键1或2，若按1即打印系统参数，若按2即打印生产月报表，如打印机未接线或电源未开或损坏，立即显示出“打印机不工作”。

换页键：当系统未报自动运行前按此键，屏幕在第一、第二、第三幕之间轮换显示，当系统投入运行后，屏幕在第二、第三、第四幕之间轮流显示。如果用换页键结束修改指令，若修改参数有错，例如超出修改值的范围，此时按换页键无效并报警，同时光标自动移至到第一个错误参数值的首字。

总清键：即RESET键，按此键系统软件处在初始化状态，系统全部停止工作，各项参数需重新修定。

启停键：按此键，由计算机控制系统自动按工艺线顺序启停各路电机，启动时按工艺顺序开启电机1、2、3、4、5、6，然后屏幕自动换到第四幕-系统运行报告。停机时，按此键可顺序停止电机6、5、4、3、2、1，屏幕显示自动换到第一幕。

清零键：按此键，计算机返回初始状态，而原设定的各项参数不变，等待重新启动。

2. 冲量流量计

（1）水平调整

如果检测部分安装不水平，作用于检测板的垂直分力将对仪表起作用，另外检测板上粘有被检测介质时，将引起仪表零点漂移，从而影响仪表测量精度，因此，首先要调整检测头的水平位置，调整方法如下：

1）在静态校验机钩上挂上一定重量的砝码，使输出信号处于能看出它增大或减少的位置，例如输出信号指示为20%左右。

2）把水平调整砝码悬挂在检测板外侧的角上，并观察仪表的输出值，若指示值在20%±1%以内变化，则表明检测头已符合水平安装要求，无需再调整；若输出值偏差大于上述值，则应按图 40-54 所示方法适当调整螺检，使检测板在有无悬挂砝码时都能达到输出值偏差小于 ±1% 的要求。

（2）静态校验

静态校验的目的是解决水平分力与输出信号间的线性关系，校验步骤如下：

测量范围的调整，首先活动主梁，在不加水平力时，仪表输出应为零；否则，通过显示部分的内部调零电位器调整到零。然后，在静态校验机构上挂上对应于满量程的硅码，此时，输出信号应为 10mA，若不为 10mA，可通过范围电位器调整到 10mA，如此反复调整几次，使测量范围达到要求。

（3）实物标定

按图 40-55 接好管路，校验口法兰与称量容器接口间最好用软性材料连接。

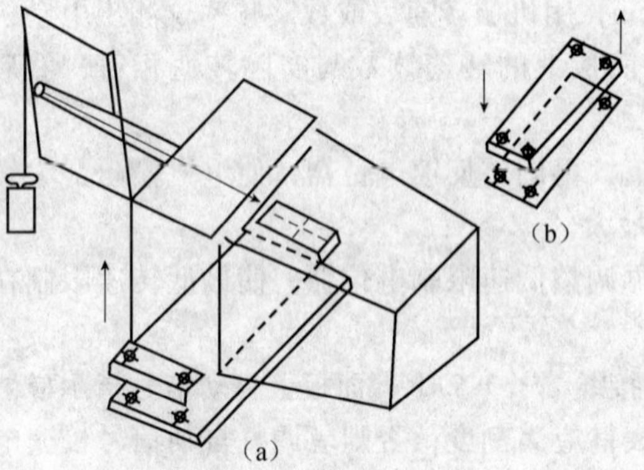

图 40-54　水平调整示意图

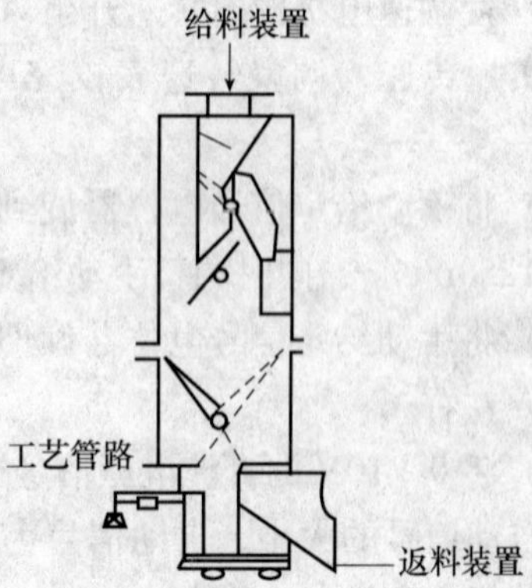

图 40-55　标定装置示意图

校验前，仪表的校验门处于工作位置，试验时，先启动给料装置，物料经工作管路流入工艺设备或返料装置，待流量稳定后，快速地把动态校验门切换到校验位置，并开始计时和记录输出值，达到标定一次的时间或重量时，马上把校验门切换到工作位置，同时停止计时，根据测出的时间、重量可换算出这一时间的平均流量，对照输出信号的平均值，应与实际流量下的输出信号值相符，偏差不得大于 2.5%；否则重新静态标定，然后再进行实物标定，实际标定应连续三次，三次平均值与仪表输出信号值相符即可。

3. 转子流量计

转子流量计的标定如图 40-56 所示。

按图 40-56 放好标定器材，打开进水阀，调节校验阀，使水流量稳定在流量计量程的 5% 左右，把校验水管移入容器，同时计时，到一定时间后，把校验水管移出校验容器，并停止计时，这时秤出容器里水的重量，并计算出水的平均流量。根据此流量对应流量计量程的百分比，算出此时水流量计应显示的毫安值，与流量计实际输出的毫安值是否相符；如不符合，应调整转子流量计调零电位器，使流量计的

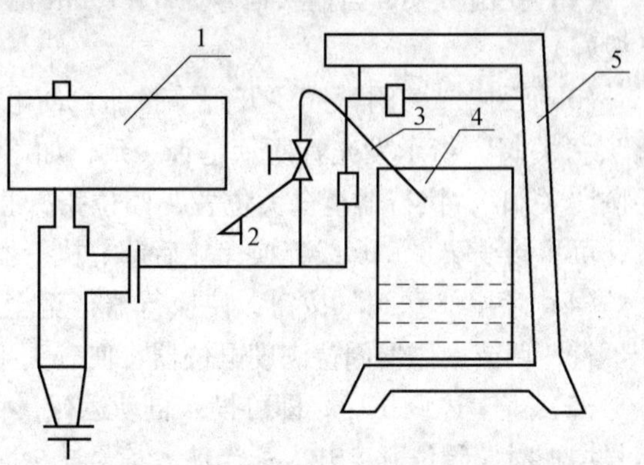

图 40-56　转子流量计标定校验示意图

1—流量计；2—校验阀；3—校验水管；4—校验容器；5—台秤；

输出与实际误差小于2.5%。接着用同样的方法测出流量在90%左右量程的水流量，算出相应的输出毫安值；如不符，则应调整转子流量计的范围电位器，使误差小于2.5%，这样反复几次后使上下限的误差值都小于2.5%，同时再测20%、40%、60%流量的实际水流量，计算误差。若误差均小于2.5%，说明转子流量计的线性符合要求；若不符合，需要继续调整，直至符合要求方可使用。

4. DK-2 型调速电机控制器

（1）将控制器先置于手动位置，将手动给定电位器旋到零，接通拖动电机电流，检查电机旋转方向是否与被拖动的喂料机旋转方向一致。

（2）接通控制器电源，旋转给定电位器，使调速电机开始转动，控制器面板上的转速表应有指示，手动信号条形表也同时指示出给定值的大小。

（3）使调速电机输出转速升至700～800r/min，用机械转速表或数字频率仪测出电动机输出的实际转速，调整转速表校完电位器，使面板上的转速读数与实际转速相符，然后锁紧。

（4）将手动给定信号电位器旋到最大给定值，再调整反馈电位器，使电机输出最大转速大于1250r/min，同时调整手动给定信号值到最大。

（5）将手动给定信号电位器旋回到零位，再调整低速限制电位器，使最低转速限制在300r/min左右。

（6）将0～10V的直流电压信号送到控制器接线端子1.2上，面板上自动信号指示应能指示出自动信号的大小，自动信号为10V时，表针应满刻度；否则应调整自动信号校表电位器，使指计到满刻度。

（7）将面板上手动/自动切换开关置于自动位置，当输入的自动信号由0～10V变化时，调速电机转速应从300r/min～1250r/min变化，然后将手动给定信号表指针与自动信号表指针对齐，切换手动/自动开关，调速电机转速应不变。

5. ZAZP 电动调节阀

（1）仪表通电前，应先仔细检查系统接线是否正确、可靠，无误后方可通电进行调试，调试时将面板上手动/自动切换开关置于手动位置。

（2）拉出机架，当输入信号为0～10mA时，将输入切换开关拨向0～10mA处（出厂时已拨好）。

（3）手按“关阀”或“开阀”按钮，使电动执行器动作，检查执行器动作方向与“开阀”、“关阀”指示发光管所示是否一致，如不符，可将操作器后面接线端子5、7线互换。手按“关阀”，执行器至全关位置，阀位指针指示应在0%位置，如不符反而在100%位置时，可将接线端8、10线互换，然后调节执行器调零装置，使表头指针处在0%位置。

（4）手按“开阀”按钮，使执行器行至全开位置（向上），表针指示应在100%位置；若不符，调节操作器阀位满度电位器，使表头指针处在100%位置上。

（5）经上述调试后，即可投入自动运行，将手动/自动切换开关拨向自动位置，当输入信号增加时，阀位开度开大；当输入信号减少时，阀位开度关小。

6. 系统调试

（1）调整各路电动机运转方向，使机械部分运转正常，并按各台电机的功率大小，确定好热继电器的整定电流。

（2）将电动操作器，调速电机控制器的手动/自动切换开关置自动位置。

（3）接通电源向微机输入时间、日期。按启动键，六台电机便自动有顺序地运转。

（4）当屏幕自动显示“系统运行报告”时，人为地推动冲量流量计检测板，电动调节阀立即工作，阀门被打开，并有阀位指示，离开检测板，阀门自动关闭，阀位指示为零。

（5）以上全部调试完毕，可以进行投料运行。

四、设备的管理与维修

（一）设备的管理规则

1. 设备运行可靠

预加水成球微机控制系统，必须在机械设备正常运行情况下，才能谈到预加水成球的控制，才能发挥微机控制系统的作用，因此必须加强对机械设备的管理。

2. 来料均匀工艺稳定

因为预加水成球微机控制系统是建立在来料基本稳定的基础上设计的，没有对供料系统进行控制，用户应根据厂方各自条件确保供料系统正常工作，如采用溢流或稳流方式控制来料。

3. 供水系统

在强调来料稳定同时，还应注意供水系统的水压、水质问题，真正做到雾化成球。

4. 操作维护

HC-O2 系列预加水成球微机控制系统，是采用20世纪80～90年代计算机控制技术，对操作，维护人员必须具备初中以上文化程度、工作责任心强、认真负责，特别是维修人员，必须具备电子技术方面知识，这样再经过培训、实践，基本能够使用维护好本单位的设备。

（二）操作使用规程

1. 开启总电源开关

三相电源指示灯应全亮、如全不亮或个别不亮，应关掉总电源开关进行检修，待检修后重新开启总电源开关。

2. 置自动/手动开关

将强电转换开关置于自动“2”的位置，此时各路电机的启停由计算机控制，并按顺序进行启停，若置于手动“1”的位置，各路电机的启停不受计算机的控制，只能用手动操作方式启停各路电机。

3. 调速电机控制器工作方式转换

将调速电机控制置于“自动”位置，调速电机的转速由计算机控制；若置于“手动”位置，调速电机转速只能用手动操作。

4. 电动调节阀操作器工作方式转换

将操作器控制置于“自动”位置，电动执行器的开度由计算机控制；若置于“手动”位置，阀门的开度只能由人工来调节。

5. 接通微机仪表电源

接通电源后，过数秒钟，调节屏幕的亮度和对比度旋钮，使荧光屏上的显示内容清晰为准（不需每次开机都调整）。

6. 输入日期

微机电源开启后，屏幕将显示如下字幕，如图 40-57 所示。

操作数字键，校正开机时间，此时光标指在第一个数字。

例如，1993 年 9 月 1 日，8 时 30 分。

按键顺序为：1993 09 01 08 30 00 即可自动进入第一幕。

7. 系统工作方式选择

按换页键后，显示“系统工作方式选择”正常工作时，生料流量控制方式，给水流量控制方式，都应选择“自动”料水关系，应选择跟踪。

8. 参数设定

根据立窑台时产量，设定料流量以及料水比值，先按修改键，再按数字键，选择键，逐项设定、修改，在运行过程中，随时根据生产状况，随时修改也可以，不影响控制。

9. 开机

通过以上操作，微机控制系统处于一切准备就绪，此时按启停键，各路电机 1、2、3、4、5、6 顺序启动，屏幕自动转换到第四幕，“系统运行报告”监运行情况。

10. 停机

如需停机，则按启停键，各路电机按 6、5、4、3、2、1 顺序停止工作，屏幕自动回到第一幕。

11. 重新开机

重新开机后，屏幕将出现如下内容如图 40-58 所示。

※※※※※※※※※※※※※※※※※
※　HC-02预加水成球　※
※　微机自动控制系统　※
※※※※※※※※※※※※※※※※※
您好！请校正时间:
年：1990 月：05 日：15
时：12　分：30　秒：00

图 40-57　屏幕显示内容

年××月××日××
※※※※※※※※※※※※※※※※
※　HC-02预加水成球　※
※　微机自动控制系统　※
※※※※※※※※※※※※※※※※
累计数
时××分××秒××

图 40-58　重新启动后显示的内容

屏幕上的“累计数”字样，表示停机前的各参数值和累计值是否继续保存，如需保存，则按保存键，如不需保存则按清除键。

(三) 故障诊断与修理

1. 屏幕无显示

原因：(1) 显示器或微机电源未打开。(2) 微机到显示器的信号电缆接触不良或脱落。(3) 微机 CRT 板插座松动或脱落。(4) 显示器有故障。(5) CRT 板无输出信号。(6) 显示器的光栅调的太亮或太暗，造成无字幕显示。(7) 微机熔断丝开路。(8) 微机电源有故障。

处理方法：(1) 检查显示器或微机电源是否开启，检查微机或显示器的 220V 电源插头座是否插牢。(2) 将微机到显示器的信号电缆插牢，同时用万用表检查信号电缆有无脱焊，开路现象。(3) 检查 CRT 板，将 CRT 板脱焊处焊牢，并插牢固。(4) 检查显示器内的熔断丝、电源、显像管座电压以及高压部分的硅元件。(5) 用示波器检测 CRT 板的输入脚，如无视频信号则应更换 CRT 板，有能力的单位可继续检查哪块芯片损坏。（6）调整显示器的亮度和对比度使之适中。（7）更换熔断丝（220V 为 0.5A、5V 为 3A,）。（8）微机电源共有三组，5V、±12V，分别检查 7805、7812、7912 三端稳压器，以及整流桥、电容等元件。

2. 开机后出现“死机”（按键无响应，或时钟变化速度不正常）

原因：（1）微机 CPU 板的 PIA（6840 芯片）有故障；（2）CPU 板的连接线脱落或虚焊；（3）微处理器 6802 有故障。

处理方法：（1）更换 PLA6840 芯片。（2）焊牢脱焊处和虚焊点。（3）更换微处理器 MC6802 芯片。

3. 无瞬时流量显示或显示有误差

原因：（1）冲量流量计或转子流量计无输出信号。（2）冲量流量计和转子流量计输出信号有开路或短路现象。（3）微机 A/D、D/A 板，基准 5V 没有，或有偏差。（4）A/D 转换芯片 ADC0809 损坏。（5）电流电压转换芯片 LM324 损坏，或外围元件损坏、虚焊等。（6）±12V 电源没有，或少一组。（7）A/D、D/A 板上的连接头插错位置。

处理方法：（1）首先检查计量仪表有无信号输出，无信号输出，说明仪表有故障，加以排除。（2）仔细检查线路，找开路或短路点。（3）检测基准 5V 电压，找出故障点，调准 5V 电压值。（4）更换 ADC0809 芯片，以及 LM324 芯片。（5）更换外围元件，如精密电阻、电容等。（6）检测 ±12V 电源、排除故障元件。（7）正确插准 A/D、D/A 板的输入输出插头。

4. 执行机构不能自动调节

原因：（1）电动调节阀调速电机有故障。（2）微机无控制信号输出。（3）线路连接有开路或短路。

处理方法：（1）检修电动调节阀调速电机故障。（2）微机 D/A 转换芯片 DAC1408 损坏，或电压电流转换芯片 LM324 外围元件有故障，应更换。（3）仔细检查线路的连接线。

5. 自动启动时，发出报警，显示某台电机故障

原因：（1）强电控制手动/自动切换开关位置不对。（2）微机无输出信号。（3）中间继电器或交流接触器不吸合。（4）无模拟检测电压值或微机检测不到。

处理方法：（1）启动前检查手动/自动切换开关位置。（2）找出无输出信号的线路，找出故障点并排除。（3）检测外供电源 12V 电压值。（4）检查中间继电器线圈或交流接触器的触点，更换损坏的元器件。

6. 按键失灵

原因：（1）粉尘大，使按键失灵。（2）键盘板与总线板的连接线松动或接触不良。

处理方法：（1）控制室做到密封无粉尘，更换失灵的按键。（2）插紧和插牢键盘板与总线板的连接。

第八节　水泥净浆搅拌机

一、概述

本产品是贯彻 GB 1346—2001《水泥标准稠度用水量、凝结时间、安定性检验方法》所规定的专用设备之一，是按 JC/T 729—2005《水泥净浆搅拌机》主要技术参数制造的新型

双转双速净浆搅拌机。将按标准规定的水泥和水混合后搅拌成均匀的试验用净浆，供测定水泥标准稠度，凝结时间及制作安定性试块之用，是水泥生产厂、建筑施工单位、有关大专院校和科研单位试验室不可缺少的设备。

二、主要结构与工作原理

（一）本产品主要结构

由双速电动机1，底座17，立柱16，减速箱21，滑板15，搅拌叶片14，搅拌锅13组成，结构示意图如图40-59所示。

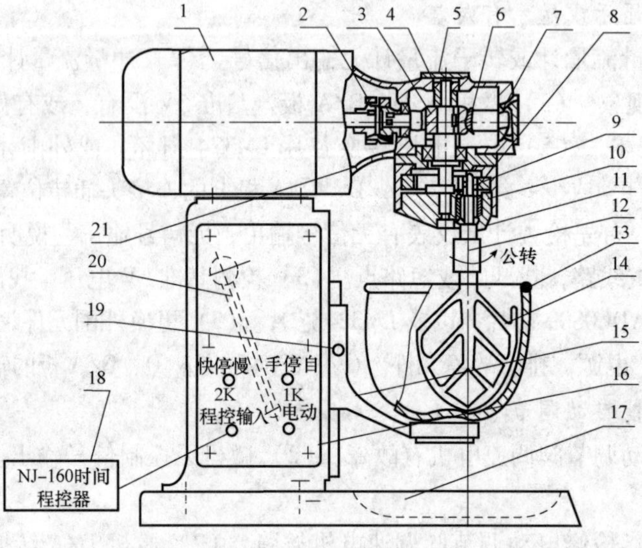

图40-59　NJ-160A型水泥净浆搅拌机结构示意图

1—双速电动机；2—连接法兰；3—涡轮；4—轴承盖；5—涡轮轴；6—蜗杆轴；7—轴承盖；8—内齿圈；9—行星齿轮；10—行星定位套；11—叶片轴；12—调节螺母；13—搅拌锅；14—搅拌叶片；15—滑板；16—立柱；17—底座；18—时间程控器；19—定位螺钉（背面）；20—手柄（背面）；21—减速箱

（二）本产品工作原理

双速电动机轴由连接法兰2与减速箱21内蜗杆轴6连接，经涡轮副减速使涡轮轴5带动叶片14公转，固定在叶片轴上端的行星齿轮9转绕固定的内齿圈8完成自转运动。双速电动机经时间程控器控制自动完成一次慢—停—快转的工作程序。搅拌锅13与滑板15用偏心槽旋转锁紧。

（三）主要规格及技术参数

（1）搅拌叶片转数及时间（表40-26）

（2）搅拌叶片宽度：111mm。

（3）搅拌叶片与叶片轴连接螺纹：M16×1mm。

（4）搅拌锅内径×最大深度：ϕ160mm×139mm。

（5）搅拌锅壁厚：1mm。

（6）搅拌叶片与搅拌锅之间工作间隙：（2±1）mm。

（7）外形尺寸：472mm×280mm×466mm。

（8）净重：45kg。

表 40-26　主要参数

搅拌速度	公转（r/min）	自转（r/min）	一次自动控制程序时间（s）
慢	62 ±5	140 ±5	120 ±3
停			15
快	125 ±10	285 ±10	120 ±3

三、安装与调试

（一）安装

（1）产品不需要特制基础及地脚螺钉，只需将本产品放置在平整的水泥平台上并垫一层 5 ~ 8mm 橡胶板。

（2）产品在出厂前，已将搅拌叶片与搅拌锅之间的工作间隙调整到（2 ±1）mm。

（3）电源及安全接地：产品出厂带有 2m 长电源线及四芯插头一只，必须确保相线和零线无误才能通电。出厂时电器绝缘已达标，为了充分保证用电安全，请将机身安全接地标志点用不小于 $1mm^2$ 截面的多股塑料铜芯线可靠接地。

（二）调整与使用

先把三位开关（1K，2K）都置于停，再将时间程控器插头插入面板的“程控输入”插座，然后方可接通电源。

自动搅拌操作：把 1K 开关置于自动位置，即完成慢搅 20s、停 10s 后报警 5s（共停 15s）、快搅 120s 动作，然后自动停止。

当一次自动程序结束后，若将 1K 开关置于停，再将 1K 开关置于自动，又开始执行下一次自动程序。

每次自动程序结束后，必须将 1K 置于停。以防停电后程控器误动作。

手动搅拌操作：把 1K 开关置于手动位置，再将三位开关 2K 置于慢、停、快、停，则分别完成各个动作，人工计时间。

搬动手柄 20 可使滑板 15 带动搅拌锅 13 沿立柱 16 的导轨上下移动，上移到位后旋紧定位螺钉 19 即可搅拌，在卸下搅拌锅时与之相反。自上往下看叶片自转方向为顺时针。公转方向与自转方向相反，如图上箭头所示。

NIJ-160A 型水泥净浆搅拌机电气原理图，如图 40-60 所示。

四、维修与管理

（一）维修

产品出厂前已将搅拌叶片与搅拌锅之间的工作间隙调整到（2 ±1）mm，经试车后或维修时确需调整，方法如下：

搅拌叶片与搅拌锅之间的工作空隙可用产品随机所配的间隙量针测量，若超过（2 ±1）mm，可松开调节螺母 12，旋转叶片 14，合格后再拧紧调节螺母 12，或松开电动机与立柱 16、减速箱 21 法兰与电动机 1 连接的螺钉，合格后再拧紧螺钉。

（二）管理

（1）应保持工作场地清洁，每次使用后应彻底清除搅拌叶片与搅拌锅内外残余净浆，

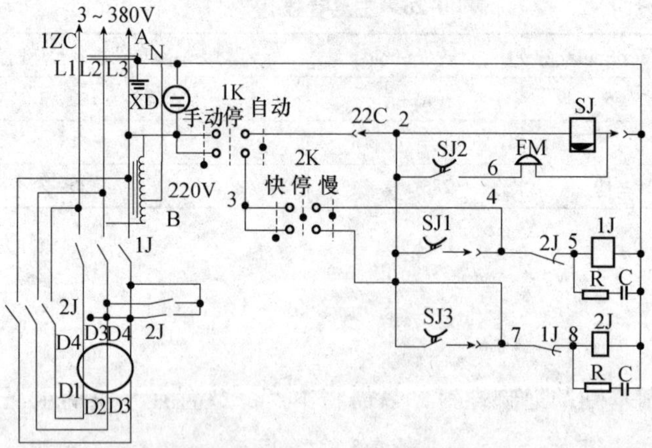

10	B	自耦变压器	BK-10	1只
9	C	交流金属化纸介电容	CJ41-2-0.4uF/630V	2只
8	R	金属膜电阻	RJ-2-100Ω	2只
7	1ZC	四芯插头	380V-20A	1只
6	2ZC	插头座	XS12K4Y插座、XS12J4P插头	1套
5	XD	氖泡指示灯	NXD9-0.5/220V红	1只
4	SL	时间程控器	NJ-160.AC220V	1只
3	1L.2L	中间继电器	JDZ2-62.AC220V	2只
2	1K.2K	三位开关	KN3-212	2只
1	D	双速三相异步电机	A07124/8	1只

图 40-60　NJ-160A 型水泥净浆搅拌机电气原理图

并清扫散落和飞溅在机器上的灰浆及脏物。擦干后套上护罩，防止落入灰尘。

（2）本机器无外部加油孔，减速箱内涡轮副、齿轮副及轴承等运动部件，每季加二硫化钼润滑脂一次，加油时可分别打开轴承盖4、7。滑板15与立柱16导轨及各相对运动零件的表面之间经常滴入机油润滑。每年应将机器全部清洗一次，加注润滑剂。

（3）本机器在运转时遇有金属撞击噪声，应先检查搅拌叶片与搅拌锅之间的间隙是否正确。

（4）当更换新的搅拌锅或搅拌叶片时，均应按前述方法调整间隙。

（5）使用搅拌锅时要轻拿轻放，不可随意摔碰，以防锅子变形。

（6）应经常检查电气绝缘情况。在（20±5）℃、相对湿度50%～70%时的冷态绝缘电阻≥5MΩ。

参 考 文 献

原国家建筑材料工业机械标准化技术委员会．水泥工业用技术装备最新标准选编［M］．北京：中国建材工业出版社，2008.

表 40-26　主要参数

搅拌速度	公转（r/min）	自转（r/min）	一次自动控制程序时间（s）
慢	62 ±5	140 ±5	120 ±3
停			15
快	125 ±10	285 ±10	120 ±3

三、安装与调试

（一）安装

（1）产品不需要特制基础及地脚螺钉，只需将本产品放置在平整的水泥平台上并垫一层 5 ~8mm 橡胶板。

（2）产品在出厂前，已将搅拌叶片与搅拌锅之间的工作间隙调整到（2 ±1）mm。

（3）电源及安全接地：产品出厂带有 2m 长电源线及四芯插头一只，必须确保相线和零线无误才能通电。出厂时电器绝缘已达标，为了充分保证用电安全，请将机身安全接地标志点用不小于 $1mm^2$ 截面的多股塑料铜芯线可靠接地。

（二）调整与使用

先把三位开关（1K，2K）都置于停，再将时间程控器插头插入面板的“程控输入”插座，然后方可接通电源。

自动搅拌操作：把 1K 开关置于自动位置，即完成慢搅 20s、停 10s 后报警 5s（共停 15s）、快搅 120s 动作，然后自动停止。

当一次自动程序结束后，若将 1K 开关置于停，再将 1K 开关置于自动，又开始执行下一次自动程序。

每次自动程序结束后，必须将 1K 置于停。以防停电后程控器误动作。

手动搅拌操作：把 1K 开关置于手动位置，再将三位开关 2K 置于慢、停、快、停，则分别完成各个动作，人工计时间。

搬动手柄 20 可使滑板 15 带动搅拌锅 13 沿立柱 16 的导轨上下移动，上移到位后旋紧定位螺钉 19 即可搅拌，在卸下搅拌锅时与之相反。自上往下看叶片自转方向为顺时针。公转方向与自转方向相反，如图上箭头所示。

NIJ-160A 型水泥净浆搅拌机电气原理图，如图 40-60 所示。

四、维修与管理

（一）维修

产品出厂前已将搅拌叶片与搅拌锅之间的工作间隙调整到（2 ±1）mm，经试车后或维修时确需调整，方法如下：

搅拌叶片与搅拌锅之间的工作空隙可用产品随机所配的间隙量针测量，若超过（2 ±1）mm，可松开调节螺母 12，旋转叶片 14，合格后再拧紧调节螺母 12，或松开电动机与立柱 16、减速箱 21 法兰与电动机 1 连接的螺钉，合格后再拧紧螺钉。

（二）管理

（1）应保持工作场地清洁，每次使用后应彻底清除搅拌叶片与搅拌锅内外残余净浆，

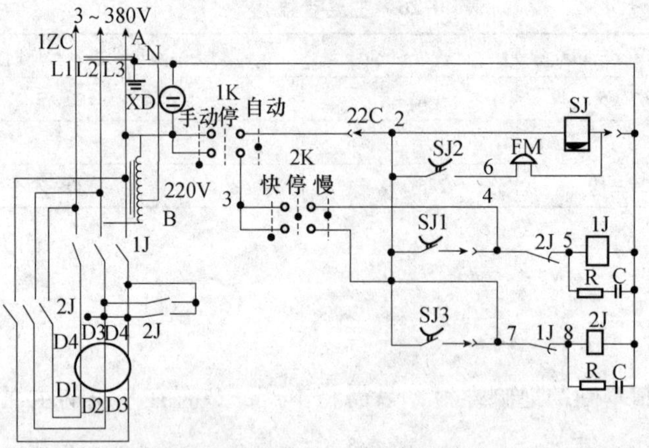

10	B	自耦变压器	BK-10	1只
9	C	交流金属化纸介电容	CJ41-2-0.4uF/630V	2只
8	R	金属膜电阻	RJ-2-100Ω	2只
7	1ZC	四芯插头	380V-20A	1只
6	2ZC	插头座	XS12K4Y插座、XS12J4P插头	1套
5	XD	氖泡指示灯	NXD9-0.5/220V红	1只
4	SL	时间程控器	NJ-160.AC220V	1只
3	1L.2L	中间继电器	JDZ2-62.AC220V	2只
2	1K.2K	三位开关	KN3-212	2只
1	D	双速三相异步电机	A07124/8	1只

图 40-60 NJ-160A 型水泥净浆搅拌机电气原理图

并清扫散落和飞溅在机器上的灰浆及脏物。擦干后套上护罩，防止落入灰尘。

（2）本机器无外部加油孔，减速箱内涡轮副、齿轮副及轴承等运动部件，每季加二硫化钼润滑脂一次，加油时可分别打开轴承盖4、7。滑板15与立柱16导轨及各相对运动零件的表面之间经常滴入机油润滑。每年应将机器全部清洗一次，加注润滑剂。

（3）本机器在运转时遇有金属撞击噪声，应先检查搅拌叶片与搅拌锅之间的间隙是否正确。

（4）当更换新的搅拌锅或搅拌叶片时，均应按前述方法调整间隙。

（5）使用搅拌锅时要轻拿轻放，不可随意摔碰，以防锅子变形。

（6）应经常检查电气绝缘情况。在（20±5）℃、相对湿度50%～70%时的冷态绝缘电阻≥5MΩ。

科技引领发展 服务创建和谐

上海建设路桥机械设备有限公司创建于1946年，1989年与路桥（香港）有限公司合资。

企业的主导产品是“山宝”牌各类破碎设备，其中包括颚式、锤式、反击式、辊式、立式、圆锥式等破碎机；圆振动、直线振动等工业筛分机；振动给料、板式给料等给料机；破碎筛分成套设备、人工制砂成套设备、水泥成套设备等。

上海建设路桥机械设备有限公司

企业始终把资源、环境、安全和效益放在同等重要的位置，坚持为用户着想，不断开发具有节能、环保、安全、高效性能的产品，获得较好的经济效益与社会效益。

企业的“山宝”商标被中国工商总局认定为“中国驰名商标”，“山宝”牌破碎机被认定为“中国名牌产品”，企业被认定为“上海市高新技术企业”，企业技术中心被认定为“国家技术中心”。

河南中材环保有限公司

河南中材环保有限公司是中国中材股份有限公司控股的专业环保公司，是我国建材行业规模最大、技术水平最高的环保企业，同时也是我国环保产业龙头企业之一，是全国环保产业重点骨干企业、全国环保产业协会常务理事单位，是我国大气污染治理行业中唯一的中国环保产业协会电除尘委副主任员会、袋除尘委员会副主任委员单位。公司先后获得全国环保产业重点骨干企业、全国环保科技先进企业、河南省出口创汇先进企业、河南省高新技术企业、河南省文明单位等荣誉。公司 2002 年通过 ISO9001 质量体系认证和 ISO14000 环境体系认证；2006 年，公司取得欧盟 CE 产品认证。“中材环保”牌袋收尘器荣获中国名牌产品。2007 年，公司取得商务部批准的境外工程总包权和劳务出口权。目前，公司总人数 649 人，其中中高级技术人才 74 人，高级专业人才 23 人，教授级高工 3 人，享受国家政府特殊津贴者 1 人。

公司在大气除尘研究、产品开发、设备制造和安装领域具有国内领先优势，主导产品在引进国际技术基础上自主开发的“中材环保”牌BS930电除尘器和LJP袋除尘器及组合式电袋除尘器、空气冷却器等，技术水平在国内处于领先地位，其中部分产品的技术指标填补了国内空白，新开发的长袋喷吹脉冲袋除尘器技术性能达到国际先进水平。公司产品袋除尘器2006年荣获“中国名牌”称号，产品广泛应用于建材、电力、冶金、化工等行业工业窑炉含尘气体的净化除尘，可为日产1000～10000t新型干法水泥生产线和10～90万kW火电机组配套环保除尘工程和装备。产品畅销全国并出口美国、德国、澳大利亚、马来西亚、津巴布韦等四十多个国家和地区。

公司近年来致力于高技术含量、高附加值和高创汇能力的产品开发与生产，极大地促进了公司技术创新和进步，提升了公司产品品质优势，市场占有率迅速提高，企业规模不断扩大。

承德市联创计控设备有限公司

CHengDe LIONCH Measurement and Control Equipment CO., LTD.

承德市联创计控设备有限公司为民营股份制企业，2004年荣获国家建筑材料工业机械标准化技术委员会颁发的第一号达标证书及连续喂料设备定点生产企业，河北省高新技术企业，河北省质量效益型示范企业，承德市中小科技型企业，参与了连续自动喂料设备的行业标准起草工作，是设计生产各种连续自动喂料设备、各类动静态仪表，专业维修、改造进口定量给料设备，集机、电、仪于一体的高科技公司。

中联认证中心
质量管理体系认证证书
承德市联创计控设备有限公司
质量管理体系符合：
GB/T 19001-2000 idt ISO 9001:2000

公司各有关专业技术配套，加工设备及检测手段齐全，工程技术人员45名，包括高级工程师8名（市级专业技术拔尖人才3名）工程师24名，具有多年的设计生产计量喂料设备经验，技术水平长期保持国内领先，产品广泛应用于水泥、新型建材、冶金、化工、电力、制药等行业，主要产品的各项技术指标在全国同行业中名列前茅。

公司以人为本，吸纳本行业中优秀技术人才，具有丰富的非标设计经验，相继开发出“微量连续自动精配料生产线”、“粉刷石膏生产线”、“干混砂浆生产线”等一批适合市场需要的新型配料系统。公司于2005年通过ISO9000认证并荣获“中国著名品牌”。

公司宗旨：给每个参加者广阔的空间和充分的时间，最大限度地发挥每个参加者的才华，使每个参加者能够实现自己的理想和抱负。同时，把公司建设成为国际知名公司。

多托辊电子皮带称

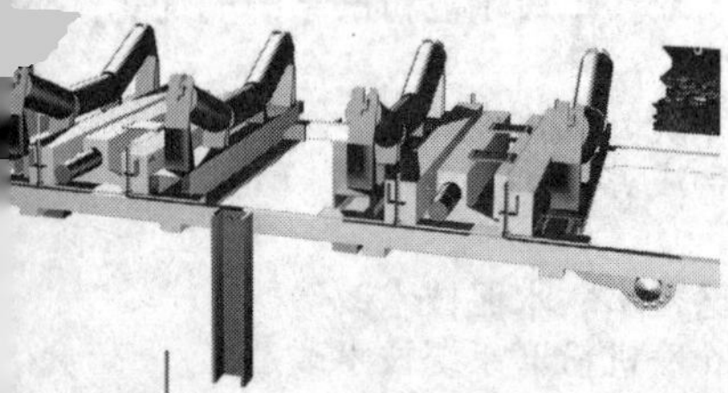

證书
产品定点生产企业
承德市联创计控设备有限公司

承德市联创计控设备有限公司
中国著名品牌
国家建筑材料工业机械标准化技术委员会

达标 证书
全国建材机械产品
承德市联创计控设备有限公司
国家建筑材料工业机械标准化技术委员会

公司优势

- 强大的设计人员队伍，具有丰富的非标设计经验。
- 引进国外先进技术，产品技术水平国内领先。
- 优质的售后服务，使您的设备运行无后顾之忧。
- 300 多家企业水泥及生料配料的业绩。
- 高水平的科研力量，使企业产品不断创新。
  - a. 微量连续自动精密配料生产线的开发，填补国内空白。
  - b. 新型建材自动配料生产线极大地提高了国内建材装备的自动化水平。
  - c. 计算机技术在产品中得到广泛应用。

LCCONT L 系列仪表

定量给料机

给煤机

自动化精密螺旋配料系统

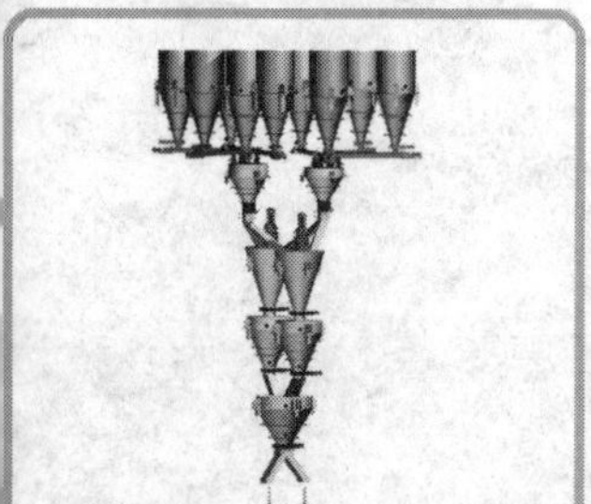
新型建材自动配料生产线

大袋包装机

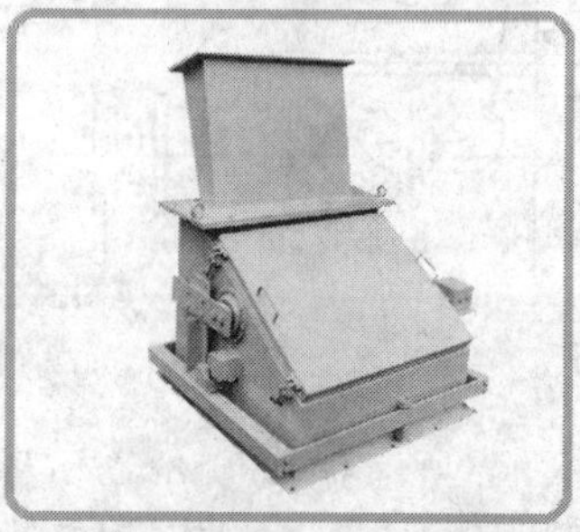
固体流量计

流量阀

扬州新建水泥技术装备有限公司

扬州新建水泥技术装备有限公司创建于 2001 年 8 月，是一家新型的服务于水泥熟料生产的企业。公司地处历史名城扬州南区，有“宁通”、“京沪”高速公路和“宁启”铁路横穿市区北郊，西有“润扬大桥”与镇江相连，南临长江—扬州港，水陆交通十分发达。

在中材国际南京水泥工业设计研究院高新技术力量支持下，公司产品获得飞跃发展，产品范围宽广，不但能为现有水泥企业设计、生产回转窑多风道煤粉燃烧器及其配套设施，同时还能为新建水泥企业设计生产成套的多风道煤粉燃烧器。公司拥有煤粉燃烧器制造的必备生产设备，有雄厚的技术力量。聘请了数名设计院的高级工程技术人员，还有一定数量富有实践经验、一直从事于燃烧器生产的老工人和具有中级技工的年轻工人，组成了一支技术生产强大的队伍。通过几年艰苦奋斗，公司已设计、制造出日产量 6000t 多风道煤粉燃烧器，于 2004 年通过江苏省经贸委、科技厅“产品鉴定”，“鉴定会议专家”结论是：“产品技术及质量已经达国际领先、国内先进水平”。2004 年获得国家建筑材料工业机械标准化技术质委会颁发的“中国品牌”和“中国著名品牌”称号，于 2005 年 6 月由国家科学技术委员会颁发水泥工业用多风道煤粉燃烧器的“国家重点新产品证书”，同年 9 月江苏省科学技术厅授予“江苏省高新技术企业荣誉称号”。

公司产品畅销全国各地，福建、山西、辽宁、河南、江苏、安徽、江西、浙江、重庆、四川、贵州、新疆、山东、黑龙江、陕西、内蒙古、河北、湖南、湖北等二十多个省市地区。由于注重产品质量，热情服务于用户，深受用户青睐和信赖。南京凯盛水泥技术工程有限公司从 2002 年第一个设计项目起至今 100 多个 1000～6000t/d 项目的煤粉燃烧装置全部由我公司生产配套，每个项目的使用效果全部达标达产。**由于注重产品的质量和不断优化，本公司成为南京凯盛水泥技术工程有限公司唯一煤粉燃烧器定点生产配套厂家。**

目前我公司正在按 ISO9001：2000 标准要求，继续保持、改进质量管理体系，在技术一流、质量一流、服务一流、信誉一流的质量方针为广大用户提供满意的服务，同时在广大用户的大力支持下为我国水泥工业的发展共创辉煌。